Gesamtverzeichnis des deutschsprachigen Schrifttums (GV) 1700 – 1910

Bearbeitet unter der Leitung von
Hilmar Schmuck und Willi Gorzny

Bibliographische und redaktionelle Beratung:
Hans Popst und Rainer Schöller

143

Sw - Tar

K · G · Saur München · New York · London · Paris 1985

CIP-Kurztitelaufnahme der Deutschen Bibliothek

Gesamtverzeichnis des deutschsprachigen Schrifttums :
(GV). -- München, New York, London, Paris : Saur.
Bd. 1 - 6 bearb. unter d. Leitung von Peter Geils
u. Willi Gorzny.
ISBN 3-598-30000-X

1700 - 1910 / bearb. unter d. Leitung von Hilmar
Schmuck u. Willi Gorzny. Bibliograph. u. red.
Beratung: Hans Popst u. Rainer Schöller

NE: Schmuck, Hilmar [Bearb.]

143. Sw - Tar. - 1985.

Techn. Realisierung und Druck: Norbert Gärtner, Mainz-Kastel
Binden: Karl Schaumann, Darmstadt
Printed in the Federal Republic of Germany
ISBN 3-598-30000-X (Gesamtwerk)

Swaay, G. J. van, magnetische en elektrische metingen, Bearbeitg., s.: Hallo, H. S., u. H. W. Land, elektrische u. magnetische Messungen u. Messinstrumente.

Swaim's, Will., Panacee. Belege u. Zeugnisse üb. Gebrauch u. Wirkung dies. Geheimmittels in d. gefährl. chronisch. Krankheiten. A. d. Engl. v. K. Ernst Weidemann. 8. (14⅛ B. u. 1 Stnt.) Zwickau 834, Gebr. Schumann.

Swaim's, Will., Panacee. Belege und Zeugnisse über Gebrauch und Wirkung dieses Geheimmittels in den gefährlichsten chronischen Krankheiten. Aus d. Engl. von K. Ernst Weidemann. Mit 1 Abbild. 8. Zwickau 835. Gebr. Schumann. 1¼ ₰

Swain's, Will. Paul, chirurgisches Vademecum. Die ärztlichen Hilfeleistungen in dringenden Fällen: bei Verletzungen, Vergiftungen u. Geburten. Zum Gebrauch für Aerzte u. Studirende. Nach der 3. Aufl. der „Surgical emergencies" autorisirte deutsche Ausg. von Siegfr. Hahn. Mit 117 (eingedr. Holzschn.-) Abbildungen. 8 (VIII, 263 S.) Berlin 882. Hempel. n. 6.—

Swain's, Will. Paul, chirurgisches Vademecum. Die ärztl. Hilfeleistgn. in dring. Fällen: bei Verletzgn., Vergiftgn. u. Geburten. Zum Gebrauch f. Aerzte u. Studirende. Nach der 3. Aufl. der „Surgical emergencies" autoris. deutsche Ausg. v. Siegfr. Hahn. Mit 117 Abbildgn. 2. Aufl. 8. (VIII, 263 S.) Berlin 883. Dümmler's Verl. n. 6.—

Swaine, Alfred: Die Arbeits- und Wirtschaftsverhältnisse der Einzelsticker in der Nordostschweiz und Vorarlberg ... [Erschien vollst. als Heft XIV von: Abh. aus d. Staatswiss. Sem. zu Strassburg i. E.] Strassburg, K. J. Trübner, 1895; 1 Bl., 46 S. 8.
Strassburg, Rechts- u. staatswiss. Fak., Inaug.-Diss. v. 1895

Swaine, Alfr., die Arbeits- u. Wirtschaftsverhältnisse d. Einzelsticker in d. Nordostschweiz u. Vorarlberg, s.a. Abhandlungen aus d. staatswissenschaftl. Seminar zu Strassburg i. E., Hft. 14.

Swaine, Dr. Alfr., Die Arbeits- u. Wirtschaftsverhältnisse der Einzelsticker in der Nordostschweiz und Vorarlberg. (Abhandlungen aus d. staatswiss. Seminar zu Strassburg i. E., Heft 14.) gr. 8⁰. Strassburg 1895.

Swaine, Augustus (geb. Weimar 1827): De psoitide. Berolini (1849). (25 S.) 8°
Berlin, Med. Diss. v. 14. Aug. 1849

Swallow, John Albert

Swallow, J. Alb., methodism in the light of the English literature of the last century, s.a. Beiträge, Münchener, zur roman. u. engl. Philologie, IX.

Swallow, John Albert [M. A. aus Manchester]: Methodism in the Light of the English Literature of the Last Century ... [Erschien vollst. als Heft IX von: Münchener Beitr. z. roman. u. engl. Philol. hrsg. v. Breymann & Koeppel.] Erlangen & Leipzig, A. Deichert Nachf., 1894; 2 Bl., 40 S. 8.
München, Phil. Fak., Inaug.-Diss. v. 1895

Jan Swammerdam

Johann Swammerdamm [Swammerdam: Bybel der natuure. Deutsch:] Bibel der Natur, worinnen die Insekten in gewisse Classen vertheilt, sorgfältig beschrieben, zergliedert, in saubern Kupferstichen vorgest., m. vielen Anm. ...orl. ...werden. Nebst Hermann Boerhave (Boerhaave) Vorr. von dem Leben des Verf. (Johann Swammerdamms Leben). Aus dem Holl. übers. Leipzig: Gleditsch 1752. XII, 410 S., LIII Taf. 2⁰ (Brockhaus). 6 ₰

Swan, Annie S., Aldersyde. Eine Grenzgeschichte aus der ersten Hälfte unseres Jahrhunderts. Autoris. Uebersetzg. v. El. Eckert. Mit e. Vorwort v. Th. Schott. 8. (II, 242 S.) Leipzig 891. A. Deichert Nachf. n. 2. 80; geb. n. 3. 60

Swan, Annie S., ein Gelübde. (Erzählung.) Frei übers. von Karoline v. Feilitzsch. (190 S.) 8. Wandsbek (910). Hamburg, Verlagsbuchh. „Bethel". Geb. in Leinw. 2.50

Swan, Annie S., auf lichten Höhen. Eine Erzählg. (240 S. m. Abb.) 8. Wandsbek (909). Hamburg, Verlagsbuchh. „Bethel". Geb. in Leinw. 3. 50

— Ein verlorenes Ideal. Erzählung. Berechtigte Übersetzg. v. Elise Eckert. 1. u. 2. Aufl. (279 S.) 8. Schwerin 908. F. Bahn. 1.60; geb. 2. —

Swan, Annie S., John Maitland. Eine Familiengeschichte. Autor. Uebersetzg. v. Elise Eckert. 2 Tle. in 1 Bd. gr. 8. (446 S.) Schwerin 897. F. Bahn. n. 5. —; geb. n. 6. —

— Paradiespforten. Roman. Autor. Uebersetzung v. Elise Eckert. 8. (258 S.) Ebd. 897. n. 3. —; geb. n. 4.

— Die enge Pforte. (Erzählung.) Freie Uebertragg. aus dem Engl. von E. v. Feilitzsch. (150 S.) 8. Wandsbek (910). Hamburg, Verlagsbuchh. „Bethel". Geb. in Leinw. 2. 50

— Prüfungen. Eine Ehestandsgeschichte. Aus dem Engl. v. Elise Eckert. 8. (210 S.) Ebd. 894. A. Deichert Nachf. n. 2. 60; geb. n.n. 3. 40

Swan, Anni S., wer ist Sieger? Roman. Berechtigte Uebersetzg. v. Elise Eckert. 1. u. 2. Aufl. (362 S.) 8. Schwerin 905. F. Bahn. n. 2. —; geb. n. 2. 50

Swan, (J.,) Localkrankheiten d. Nerven rc., s. Bibliothek der ausländ. Litt. f. prakt. Medizin 2r Bd.

Swan's Pigmentdruck, s. Simpson, G. W.

Swane, Wilhelm, aus Flensburg: Studien zur Casussyntax des Frühmittelenglischen. *Flensburg 1904: J. Kaack.* (VII, 121 S.) 8°
Kiel, Phil. Diss. v. [6. Aug.] 1904

Swanlund, Julius [aus Karlskrona (Schweden)]: Die Vegetation Neu-Amsterdams und St. Pauls in ihren Beziehungen zum Klima. Basel 1901. 54 S. 8°.
Basel. Phil. Diss. 1900/1901.

Swanlund, J[ulius]. Die Vegetation Neu-Amsterdams und St. Pauls in ihren Beziehungen zum Klima. Diss. Phil. Basel. 54 S. 8. Basel, Buchdr. des Basler Anzeiger, 1901.

Swanton-Bellor, Louise, Pierre und Pierrette oder die Gefahren des Herumstreichens. Gekrönte Preisschrift. Nach der 5. Aufl. in's Deutsche übertragen von Frz. Emil Drechsler. Leipzig 863. Wilfferodt. gr. 16, (123 S. u. 1 Holzschntaf.) n. 12 ngr.

Swarczyna, Paul, Stoffverteilung f. die Unter- u. Mittelklasse u. Oberstufe A u. B der dreiklassigen kathol. Volksschule. (4 Bl.) 55×78 cm. Breslau (907). F. Goerlich. 2.—

— Stoffverteilung f. die Unter-, Mittel- u. Oberstufe A u. B der geteilten einklassigen kathol. Volksschule. (4 Bl.) 55×78 cm. Ebd. (907). 2.—

— Stoffverteilung f. die Unter-, Mittel- u. Oberstufe A u. B der ungeteilten einklassigen katholischen Volksschule. (4 Bl.) 55×78 cm. Ebd. (907). 2.—

Swaroschin [Schlagwort]

Swaroschin, s.: Preussen. Messtischblätter.

Swarowsky, Ant., die Eisverhältnisse der Donau in Bayern u. Österreich von 1850–1890. Mit 2 Taf. u. zahlreichen Tab. [Aus: „Geograph. Abhandlgn."] Lex.-8. (68 S.) Wien 891. E. Hölzel. n. 2.—

Swarsensky, Samuel [aus Pyritz '(Pomm.)']: Statistischer Beitrag zur Kenntnis der Pleuritis ... Würzburg, Becker's Univ.-Buchdr., 1893; 15 S. 8.
Würzburg, Med. Fak., Inaug.-Diss. v. 1893

Swart, Friedrich

Swart, F., zur friesischen Agrargeschichte, s.: Forschungen, staats- u. sozialwissenschaftliche. 145. Heft.

Zur friesischen Agrargeschichte. Von F[riedrich] Swart. Mit 1 Kt. Leipzig: Duncker & Humblot 1910. XI, 384 S. 8°
Ein T. ersch. als Inaug.-Diss. Berlin 1904 u. d. T.: Agrarverfassung u. Erbrecht in Ostfriesland.
(Staats- u. Sozialwissenschaftl. Forschungen. H. 145.) [10. 10516

Swart, Friedrich, aus Westermarsch: Agrarverfassung und Erbrecht in Ostfriesland. ⟨T. 1.⟩ *(Berlin 1904: G. Schade.)* (47 S.) 8° ¶(Erscheint vollst. in: Staats- u. sozialwiss. Forschungen.)
Berlin, Phil. Diss. v. 13. Aug. 1904

Swart, Georg, approb. Arzt aus Westermarsch b. Norden: Beiträge zur Behandlung der tuberkulösen Erkrankung der Knochen und Gelenke des Fußes ⟨mit Ausschluß des Talo-cruralgelenkes⟩ aus der Königl. chirurgischen Universitätsklinik in Göttingen in der Zeit vom 1. XII. 1895 bis 1. XII. 1903. *Göttingen 1904: W. Goldschmidt.* (62 S.) 8°
Göttingen, Med. Diss. v. [1. Juli] 1904

Swart, Geo., Beiträge zur Behandlung der tuberkulösen Erkrankung der Knochen u. Gelenke des Fusses (m. Ausschluss des Talo-cruralgelenkes) aus der königl. chirurgischen Universitätsklinik in Göttingen in der Zeit vom 1. XII. 1895 bis 1. XII. 1903. Diss. (62 S.) 8. Göttingen 904. (Vandenhoeck & Ruprecht.) n. 1.40

Swart, Hugo, Regierungsrefer.: Der Wildpark im Zivil- und Strafrecht nach deutschem Reichs- und preußischem Landesrecht unter Berücksichtigung der geschichtlichen Entwicklung dargestellt. Borna-Leipzig 1908: Noske. XII, 64 S. 8°
Marburg, Jur. Diss. v. 28. Aug. 1908, Ref. André
[Geb. 8. Mai 85 Kassel; Wohnort: Melsungen; Staatsangeh.: Preußen; Vorbildung: Wilhelms-Gymn. Kassel Reife O. 04; Studium: München 1, Lausanne 1, Berlin 2, Marburg 2 S.; Rig. 23. Juni 08.] [U 09. 3130

Swart, Otto, Referendar: Der nicht rechtsfähige Verein nach dem Bürgerlichen Gesetzbuche. *Göttingen 1899: W. F. Kästner.* (93 S.) 8°
Göttingen, Jur. Diss. v. [9. Jan.] 1900

Swart, Otto, der nicht rechtsfähige Verein nach dem bürgerlichen Gesetzbuche. Diss. gr. 8. (93 S.) Göttingen 899. (Vandenhoeck & Ruprecht.) n. 2.30

Institut internat. de statist. Communication sur les Étrangers et les Provinciaux de France résidant à Paris dans les divers arrondissements, leurs professions. Sur les Étrangers résidant dans les cantons du Nord. Carte d'ensemble des Étrangers en France, par cantons. Cartes spéciale [!] pour les Allemands et pour les Belges. Par Victor de Swarte. (Berlin 1903: J. Sittenfeld.) (4 S.) 8° [Kopft.]

Swartendyk-Stirling, G., Ideen über die Indication, Wirkung u. den richtigen Gebrauch der Seebäder. 8. Hamb. 816. A. Campe. 16 gr

Swartz, John, wie viol?, s.: Håkanson, Claes.

Swartz, Olav., Adnotationes botanicae. Post mortem auctoris collectae, examinatae, in ordinem systemat. redactae atque notis et praefat. instr. a Joh. Em. Wikström, acced. Biographia Swartzii. Auctoribus C. Sprengel et C. A. Agardh. 8 maj. (16½ B., 2 Taf. u. S's. Bildn.) Holmiae 829. (Stralsund, Löffler.)

— dispositio system. muscorum frondosorum Sueciae, adjectis descript. et iconibus novar. specierum, cum tabb. aen. pict. 8. Erlang. 799. Palm. 1 rß 12 gr

Swarz, Ol., Flora Indiae occidentalis aucta atque illustrata, sive descriptiones plantarum in Prodromo recensitarum, c. 29 tab. aen. 3 Tmi. 8. maj. Erlang. Palm. 797–806. (I. 2 Rthlr. 16 gr. II. 1. 20 gr. II. 2. 1 Rthlr. III. 3 Rthlr. 8 gr.)
Schreibp. (I. 3 Rthlr. 8 gr. II. 1. 1 Rthlr. 4 gr. II. 2. 1 Rthlr. 12 gr. III. 4 Rthlr.) 1

— icones plantarum incognitarum, quas in India occidentali detexit atque delin., c. XIII tabb. pict. Fasc. I. Sect. I. et II. Fol. maj. Erlang. 794–800. Palm. 5 rß 6 gr

Swartz, Ol., Lichenes Americani, quos partim in Flora Indiae occidentalis descripsit, partim e regionibus diversis Americae obtinuit. Fasc. Inus cum XVIII Tab. color. 8maj. Norimb. Sturm. (Norimb. Felsecker in Comm.) 811.

— observationes botanicae, quibus plantae Indiae occidentalis aliaeque systematis vegetabil. etc., c. XI tabb. aen. 8maj. Erlang. 791. Palm. 2 rß Schrbp. 3 rß

— prodromus, seu nova genera et species plantarum. 8maj. Upsala 788. Academ. Buchh. 14 gr

— synopsis filicum, ear. genera et species systematice complectens etc., c. tabb. aen. 8maj. Kiel 806. (Hesse). 3 rß

Swarz, Olav, s. Swartz

Swarzenski, Baruch [im Fakultäts-Album: Benedict] (geb. Kosten 3. 8. 1842): Die progressive Muskelatrophie. Berlin (1867). (30 S.) 8°
Berlin, Med. Diss. v. 6. Aug. 1867

Swarzenski, Geo., mittelalterliches Bronzegeräth, s.: Vorbilder-Hefte aus dem kgl. Kunstgewerbe-Museum zu Berlin.

Swarzenski, Georg, Dr. iur.: Die Regensburger Buchmalerei des X. und XI. Jahrhunderts. *Leipzig 1900: E. Herrmann senior.* (35 S.) 4° ¶[Erschien vollst. u. mit Taf. 1901 als: Denkmäler d. süddeutschen Malerei d. frühen Mittelalters, Bd 1.]
Heidelberg, Phil. Diss. v. 1900

Die Regensburger Buchmalerei des 10. und 11. Jahrhunderts. Studien z. Gesch. d. deutschen Malerei d. frühen Mittelalters von Georg **Swarzenski**. Mit 101 Lichtdr. auf 35 Taf. *Leipzig: K. W. Hiersemann 1901.* (II, 228 S.) 4°
— **Denkmäler** d. süddeutschen **Malerei** d. frühen Mittelalters. T. 1. (01. 3885

— **Denkmäler der süddeutschen Malerei des frühen Mittelalters. 1. Tl. Die Regensburger Buchmalerei des X. u. XI. Jahrh. Studien zur Geschichte der deutschen Malerei des frühen Mittelalters. Mit 101 Lichtdr. auf 35 Taf.** gr. 4. (IX, 228 S.) Leipzig 901. K. W. Hiersemann. Geb. in Leinw. n. 75. —

Swarzenski, Geo., Denkmäler der süddeutschen Malerei des frühen Mittelalters. II. Tl. Die Salzburger Malerei von den ersten Anfängen bis zur Blütezeit des roman. Stils. Studien zur Geschichte der deutschen Malerei u. Handschriftenkunde des Mittelalters. Tafelbd. m. 457 Abb. auf 185 Lichtdr.-Taf. (VIII S. Text.) 34,5×26 cm. Leipzig 908. K. W. Hiersemann.
1. Tl. Ebd. 901. Geb. 75.—. In Leinw.-Mappe 96. —

— Das Kunstgewerbe im Altertum, im Mittelalter u. zur Zeit d. Renaissance, s.: **Geschichte, illustrierte, des Kunstgewerbes** I. (Bohncko, W.)

Die Salzburger Malerei von den ersten Anfängen bis zur Blütezeit des romanischen Stils. Studien z. Geschichte d. deutschen Malerei u. Handschriftenkunde d. Mittelalters von Georg **Swarzenski**. Tafelbd. Leipzig: K. W. Hiersemann 1908. 4°
= **Denkmäler** d. süddeutschen Malerei d. frühen Mittelalters. T. 2, Tafelbd. (08. 5625

Swarzenski, Geo., Stühle, s.: **Vorbilder-Hefte aus dem kgl. Kunstgewerbe-Museum zu Berlin.**

Swatek, Hans, Urkredit, e. billiger u. einfacher Hypothekarkredit. (10 S.) gr. 8. Budweis 904. Verlagsanstalt „Moldavia". n. — 50

Swatek, W., das **Schlittschuhlaufen.** Theoretisch-prakt. Anleitg. u. Schule zur Erlerng. der Kunst d. Schlittschuhlaufens von den einfachsten Uebgn. angefangen bis zu den complicirtesten Figuren. Nach eigener Methode bearb. Mit vielen in den Text gedr. Abbildgn. (in Holzschn.) gr. 16. (80 S. u. 16 lith. Taf.) Wien 874. Hartleben. 1. —

Swatek's, W., Schlittschuhlauf-Figuren. 2. Aufl. Neubearb. v. Rob. **Holletschek.** 8. (6 S. m. 50 Taf.) Wien 892. A. Hartleben. n. 1. 80

Swatek's, W., Schlittschuhlauf-Figuren. Neu bearb. v. Rob. Holletschek. 3. Aufl. (54 Taf. m. 8 S. Text.) 8. Wien (905). A. Hartleben. n. 1. 80

Swatek, W., 23 (lith.) **Tafeln** enth. Schlittschuhlauf-Figuren u. diverse Arten d. Eislaufes. gr. 8. (15 S.) Ebend. 877. 1. 80

Swatek, W., 23 (lith.) Tafeln enth. Schlittschuhlauf-Figuren u. diverse Arten d. Eislaufes. gr. 8. (1 Bl. Text.) Wien 885. Hartleben. n. 1. 80

Swatikow, Sergius: Die Entwürfe der Aenderung der russischen Staatsverfassung. Zur Entwicklung der konstitutionellen Ideen in Rußland (1730—1810). Heidelberg 1904: K. Rössler. (170 S.) 8° ¶ (Ohne Korrektur des Verfassers gedruckt.)
Heidelberg, Phil. Fak., Ref. Jellinek, Diss. v. 7. Nov. 1904
[Geb. 23. Apr. 80 Rostow; Wohnort: Rostow; Staatsangeh.: Rußland; Vorbildung: Gymn. Rostow Reife 99; Studium: Petersburg 5, Heidelberg 4 S.; Rig. 2. Aug. 04.]

Swätnoi, F., s. **Heym's,** J., russisch-französ.-deutsches Wörterbuch.

Swätnoi, Philemon Nikititsch

Swätnoi, Ph., russische Chrestomathie, oder ausgewählte Stellen aus russ. Prosaikern u. Dichtern, mit deutsch. Wort- u. Sach-Erklärungen. 1. Cursus. A. u. d. T.: РУССКАЯ ХРЕСТОМАТІЯ ИЛИ ИЗБРАННЫЯ МѢСТА ИЗЪ РУССКИХЪ ПРОЗАИКОВЪ И СТИХОТВОРЦЕВЪ Курсъ. I—II. gr. 8. Reval 846, Kluge. (Eggers.) n. 24 ngl

Swätnoi, Ph., Russische Chrestomathie, od. ausgewählte Stellen aus russ. Prosaikern u. Dichtern, mit deutschen Wort- und Sach-Erklärungen. 1. Cursus. 2. unveränd. Abdr. gr. 8. (XII u. 147 S.) Reval 851, Kluge. — 2. Cursus. gr. 8. (X u. 387 S.) Ebd. 849. (1.: n. 24 ngl 2.: n. 1⅓ ℛ) n. 2 ℛ 4 ngl

— kurzgefaßte Flexionslehre der russ. Sprache. 8. Riga 825. 2e verm. u. verb. Aufl. unt. d. T.: kurzgefaßte systemat. Grammatik d. russ. Sprache, (mit Berücksichtigung des Slawischen). 1r Thl. Wortarten oder Redetheile u. Flexion derselben. 8. Ebd. 830. (94 S.)

Swätnoi, Philemon Nikititsch, Orthographie der russ. Sprache. 8. Riga 819. (36 S.)

Swato-Janský Wěnec uwjtý k dewjtidennj wečernj pobožnosti kswatému Janu Nepomuckému, od. gednoho kněze cjrkewnjho, a spolunauda téhož dětictwj. 12. (VI u. 184 S.) Prag 851, Credner & Kleinbub in Comm. n. ½ ℛ

Swaton, Jh., Sammlungen und Beobachtungen über die Lungenfäule und Lungenseuche der Rinder, nebst ihrer Erkenntniß, Behandlung u. Heilung. gr. 8. Linz 834. (Prag, Kronberger u. Rziwnatz.) 7/8 ℛ

Swaton, Joh., Sammlungen u. Beobachtn. üb. d. Lungenfäule u. Lungenseuche d. Rinder, nebst ihrer Erkenntniß, Behandl. u. Heilung. gr. 8. (7 B.) Linz 834. (Prag, Kronberger u. Weber.)

Swatopleck, sonst Zweetibold, od. der heilige Knabe. 8. Prag 797. Buchler. 20 gr

Swatopluck sonst Zwentibold oder der heilige Knabe, 8. Prag, 797. Buchler. Schreibpap. 1 Rthl. Dasselbe Buch Druckpap. 23 ggl.

Swatosch, Hugo, Mann gegen Mann. Eine Parallele zwischen der Kriegführg. d. XVII. u. XIX. Jahrh., erläutert durch Kriegsbilder aus den Feldzügen 1859 u. 1866. gr. 8. (108 S.) Wien 883. (Seidel & Sohn.) n. 1. 60

Swatschina, Rud. Rob., Lehrerschaft u. Sozialdemokratie. Ein Wort zur Erwägg., allen Freunden v. Bildg. u. Wissenschaft vorgelegt. gr. 8. (32 S.) Berlin 894. Magazin f. Volkslitteratur, F. Harnisch & Co. n. — 50

Swatslawitsch, Igor., Heldengesang vom Zuge gegen die Polowzer.

Swatslawitsch, Igor, Heldengesang vom Zuge gegen die Polowzer. Aus dem Altrussis. d. XII. Jahrh. übers. u. mit dem Urtexte und einer böhm. Uebersetzung herausgeg. von W. Hanka. 8. Prag, Enders, 821.

Swaving, Antonie Johan. Kritische Studien über die Methoden der Bestimmung des Alkaloidgehaltes der Chinarinden. Erlangen, 1885.

Swayne, Geo. Carless and Margaret Sarah, Poems. 16. (IV, 95 S.) Darmstadt 868. (Heidelberg, C. Winter's Universitäts-Buchh.) *

Swea. Kleine Romane v. F. Bremer ꝛc., siehe: Bibliothek, Europäische. 667 u. 668. Bd.

Sweaborg, Depeschen, s. Depeschen, illustrirte.

Swearingen, Grace Fleming, aus Amerika: Die englische Schriftsprache bei Coverdale mit einem Anhang über ihre weitere Entwicklung in den Bibelübersetzungen bis zu der Authorized Version 1611. *(Weimar 1904: R. Wagner Sohn.)* (52 S.) 8°
Berlin, Phil. Diss. v. 4. Mai 1904

Swearingen, Grace Fleming, die englische Schriftsprache bei Coverdale, m. e. Anh. üb. ihre weitere Entwicklg. in den Bibelübersetzgn. bis zu der Authorized Version 1611. (52 S.) gr. 8. Berlin 904. Mayer & Müller. n. 1. 20

Swecenj neděle a swátků. Kniha wssem rodinám potřebná. 12. (XII u. 456 S.) Prag 851, Credner & Kleinbub in Comm. n. 12 ngr.

Swedberg, Ludus Heliconius, s. Swedenborg, Eman.

Swedelin, Alex., e. Beitrag zur Anatomie der Doppeldaumen. gr. 8. (45 S.) Dorpat 883. (Schnakenburg.) n. 1. —

Swedenborg, der deutsche. 2 Bde. 8. Amsterd. 783. Möller. 1 ₰ 8 gr.

Swedenborg, Emanuel, der geistige Columbus. Eine Skizze nach dem Englischen d. U. S. E. 8. (VIII, 228 S. m. photogr. Portr.) Zürich 879. Verlag neukirchl. Schriften. n. 1. 50; geb. n. 2. —

Swedenborg, Der Geisterseher. Nach der 2. Aufl. des schwedischen Originals übers. von J. Musäus. Weimar 1863. V: *Sjöberg, Christopher Chn Aug.* (Bygdén, Svenskt anon. och pseud. lex. Upsala 1898 ff. I.)

Swedenborg, der Geisterseher. Eine Darstellung seiner Persönlichkeit und wunderbaren Lebensschicksale, nebst seinen eigenen Mittheilungen über seine Visionen und Geistererscheinungen. Nach der 2. Aufl. des schwed. Orig. übers. von J. Musäus. gr. 8. (XXIII und 140 S. mit Swedenborg's lithogr. Portr.) Weimar 863, Voigt.

* **SWEDENBORG** der Jüngere. Oder authentische Nachrichten aus dem Geisterreiche, Leipzig, bey Johann Benjamin Georg Fleischer. 1789. 8°. (3 Mk. 50 Pfg., unbeschn., Adolf Weigel, 1904.)
Titel u. 194 S. Seltenes Jocosum mit drolligen Scenen.

Swedenborg, Emanuel

— abrégé des ouvrages, cont. la doctrine de la nouvelle Jerusalem céleste. gr. 8. Strassb. 788. Treuttel u. W. 1 ₰ 8 gr. Schrbp. 1 ₰ 16 gr.

Swedenborg, Eman., Adversaria in libros vet. testam. histor. Ex operibus ejus posthumis in biblioth. reg. acad. Holmensis asservatis nunc prim. ed. et notis illustr. Joh. Frid. Imm. Tafel. Fasc. I. Ps. 1 et 2. 8maj. Tubingae. [Stutgardiae, Ebner et Seubert.] [1. (6 B.) 840. ½ Thlr., Vlnp. ¾ Thlr.; 2. (16 B.) 841. 1¼ Thlr., Vlnp. 1⅞ Thlr.] 1¾ Thlr., Vlnp.

Swedenborg, Eman., Adversaria in libros Vet. Testamenti historicos. Ex operibus ejus posthumis in Bibliotheca regiae Academiae Holmiensis asservatis nunc primum edid. Jo. Fr. Imman. Tafel. Fasc. I. Pars III. 8maj. (10 B.) Tubingae 843, [Verlags-Expedition.] Velinp.

Swedenborg, Eman., Adversaria in libros Vet. Temamenti historicos. etc. Fasc. I. Pars IV. contin. Jesajam et Jeremiam. 8maj. (16 B.) Stuttgart 843, [Tübingen, Verlags-Expedition.] * 1 Thlr. 7½ Ngr., Velinp. Thlr. * 1
Fortsetzung s. Ejud. Diarium spirituale Pars V.
Fasc. I. Pars I. et II. Ibid. 1840, 41. 1 Thlr. 22½ Ngr., Velinp. 2 Thlr. 18¾ Ngr.

Swedenborgii, Eman., adversaria in libros Veteris Testamenti. E chirographo ejus in biblioth. reg. academiae Holmiensis asservato nunc primum ed. Jo. Fr. Im. Tafel. Partis V. vol. II. A. u. d. T.: Diarii spiritualis part. V. vol. II., continens partem II. indicis partium I., I. 2. II. IV. nec non adversariorum in libros Vet. Test. Libertas — Zelus. 8maj. (518 S.) Stuttgart 847, Verlags-Expedition. *

—— Adversaria in libros Vet. Testamenti. E chirographo ejus in Bibliotheca regiae Academiae Holmiensis asservato nunc primum ed. Jo. Fr. Im. Taf. Part. I. Vol. I. cont. explicationem Geneseos cap. I. ad cap. XXIX, vers. 30. seu inde an. 1—680. 8maj. (28 B.) Tübingen 847, Verlags-Expedition. * 2 Thlr. 5 Ngr. — Fein Papier *

Swedenborg, Eman., Adversaria in libros Veteris Testamenti. E chirographo ejus in bibl. reg. acad. Holmiensis nunc primum ed. Jo. Fr. Im. Tafel. Partis I. vol. II., cont. explicationem Geneseos cap. XXIX, v. 31 — cap. XXXV, v. 14. s. Nr. 681—1713. 8maj. (S. 441—876.) Tubingae 848, Verlags-Expedition. *
fein Pap. *

—— id. — Partis I. vol. III., cont. explicationem Geneseos cap. XXXV, v. 16 — cap. XLVII, v. 26. s. Nr. 1—1066. 8maj. (326 S.) Ibid. 852. *
fein Pap. *

—— id. — Partis I. vol. IV., cont. explicationem Geneseos cap. 47, v. 27 ad Exodi cap. 14, v. 28. sive Nr. 1067—2476. 8maj. (364 S.) Ibid. 852. * 1
Vlnp. *

—— id. — Partis I. vol. V., cont. explicationem Exodi cap. XIV, vers. 29. usque ad cap. XXVIII, vers. 43. s. tom. III. Nr. 1—2037. 8maj. (293 S.) Ibid. 853. * 1
fein Pap. *
Partis I. Vol. I et IV. Ibid. 1847 et 1852. * 3 Thlr. 27½ Ngr., Fein Papier * 5 Thlr. 27½ Ngr. Vgl. 11. Bd. 2. Abthl. S. 339.

Swedenborg, Eman., Apocalypsis explicata secundum sensum spiritualem, ubi revelantur arcana, quae ibi praedicta, et hactenus recondita fuerunt. Opus posthumum ex ipso autoris chirographo in bibliotheca regiae academiae Holmiensis asservato castigatius ed. Jo. Fr. Im. Tafel. Vol. I. Pars 1. gr. 8. (518 S.) Tübingen 861, Verlags-Expedition. (Osiander'sche Buchh.) Thlr. *

— arcana caelestica, quae in scriptura S. sunt detecta VIII Tmi. 4. maj. London, Schreuder. 749-56.

Swedenborg, Eman., Arcana coelestia, quae in scriptura sacra seu verbo domini sunt, detecta: hic primum quae in Genesi. Una cum mirabilibus, quae visa sunt in mundo spirituum in coelo angelorum. Ad fidem edid. principis 1749 ss. Londini excusae denuo castig. edid. Jo. Fr. Im. Tafel. Ps. I. (2 Vol.) et Ps. II., seu totius operis Vol. I — III. 8 maj. Tubingae 833, Zu-Guttenberg. [I. 1. (25½ B.) 833., 2. (29 B.) 834. à 2 Thlr. 2 Gr., f. Pap. 2 Thlr. 11 Gr., Pracht-Ausg. 3 Thlr. 5 Gr.; II. (33 B.) 835. 2 Thlr. 2 Gr., f. Pap. 2 Thlr. 22 Gr., Pracht-Ausg. 3 Thlr. 15 Gr.] 6 Thlr. 6 Gr., f. Pap. 7 Thlr. 20 Gr., Pracht-Ausg. Thlr.

—— Arcana coelestia quae in scriptura sacra seu verbo Domini sunt, detecta etc. Ad fid. edit. princip. 1749 ss. Lond. excusae denuo castignt. ed. Joan. Fr. Imman. Tafel. Vol. IV—XII. 8maj. Tubingae 830 — 41. [Stutgardiae, Ebner et Seubert.] [IV—VII. (105 B.) à $2\frac{1}{12}$ Thlr., mf. Pap. 2 Thlr. 11 Gr., Pracht-Ausg. $2\frac{7}{8}$ Thlr., VIII. (47 B.) $3\frac{2}{3}$ Thlr., mf. Pap. $4\frac{7}{12}$ Thlr., Pracht-Ausg. $5\frac{1}{2}$ Thlr., IX. ($25\frac{1}{4}$ B.) $2\frac{1}{12}$ Thlr., mf. Pap. $2\frac{1}{2}$ Thlr., Pracht-Ausg. 3 Thlr., X. ($25\frac{1}{2}$ B.) $2\frac{1}{12}$ Thlr., mf. Pap. $2\frac{1}{2}$ Thlr., Pracht-Ausg. 3 Thlr., XI. ($47\frac{1}{4}$ B.) $3\frac{2}{3}$ Thlr., mf. Pap. $4\frac{5}{8}$ Thlr., Pracht-Ausg. $5\frac{1}{2}$ Thlr., XII. ($22\frac{1}{4}$ B.) $1\frac{3}{4}$ Thlr., mf. Pap. $2\frac{1}{4}$ Thlr., Pracht-Ausg. $2\frac{2}{3}$ Thlr.]
$21\frac{7}{12}$ Thlr., mf. Pap. 26 Thlr. 7 Gr., Pracht-Ausg.
Vol. I—III. Ibid. 1833—35. 6 Thlr. 6 Gr., mittf. Pap. 7 Thlr. 20 Gr., Pracht-Ausg. 10 Thlr. 1 Gr.

—— Arcana coelestia, quae in scriptura sacra, seu verbo Domini sunt, detecta: Hic quae in Exodo, una cum mirabilibus quae visa sunt in mundo spirituum, et in coelo angelorum. Ad fidem edit. princip. 1749 ss. Londini excusae denuo castig. ed. Jo. Fr. Im. Tafel. Partis III. Vol. II. seu totius operis Vol. XIII. idque ultimum. 8maj. (40 B.) Tübingen 842. [Verlags-Expedition.] 3 Thlr. $3\frac{3}{4}$ Ngr., mittelf. Pap. 3 Thlr. $20\frac{1}{4}$ Ngr., Pracht-Ausg.
Vol. I—XII. Ibid. 1838—41. 27 Thlr. 25 Ngr., mittelf. Pap. 34 Thlr. $3\frac{3}{4}$ Ngr., Pracht-Ausg. 41 Thlr. $6\frac{1}{4}$ Ngr.

— Camena borea cum heroum et heroidum factis ludens: sive fabellae Ovidianis similes sub variis nominibus scriptae. Ad fidem edit. principis a. 1715 Gryphiswaldiae excusae denuo edidit Jo. Fr. Im. Tafel. 8maj. Tübingen 845, Verlags-Expedition. n. $\frac{2}{3}$ ß

Swedenborg, E. v. Die gesammte Christenlehre der neuen Kirche ... Tübingen 1831—32. Ü: *Hofacker, Ludw.* (Ky)

Swedenborg, Emmanuel von. Die Christenreligion in ihrer Ächtheit. Tübingen 1831—32. Ü: *Hofacker, Ludwig.* (Ky)

Swedenborg, Eman., die Christenreligion in ihrer Aechtheit; u. darinn: die gesammte Glaubenslehre d. Neuen Kirche, welche v. HErrn ward vorhergesagt bei Daniel im 7. Cap., v. 13 u. 14, u. in d. Offenbarung Cap. 21, v. 1 u. 2. (Uebers. v. L. Hofaker.) 4 Thle. gr. 8. ($97\frac{1}{2}$ B.) Tübingen 831, 32, Zu-Guttenberg. à 1 Thlr. 9 Gr., f. Pap. 1 Thlr. 21 Gr.
Zusamm. gen. hrbgs. Pr. 4 Thlr., f. Pap. Thlr.

Swedenborg, Emmanuel, du Ciel et de ses merveilles, et de l'enfer; d'après ce qui y a été entendu et vu, trad. du latin par J. P. Moët. Strassb. 819. Treuttel u. W. 2 ß 18 gl

– de coelo et ejus mirabilibus et de inferno ex auditis et visis. 4maj. London 758. Schreuder. 2 ß 12 gl

— de commercio animae et corporis, quod creditur fieri vel per influxum physicum, vel per influxum spiritualem, vel per harmoniam praestabilitam. Ad fidem edit. princip. anno 1769 Londini excusae denuo edid. Jo. Fr. Im. Tafel. 8maj. Stuttgart 843, Ebner u. Seubert. n. $\frac{1}{3}$ ß

—— de commercio animae et corporis, quod creditur fieri vel per influxum physicum, vel per influxum spiritualem, vel per harmoniam praestabilitam. Ad fidem edit. princip. anno 1769 Londini excusae denuo ed. Jo. Fr. Im. Tafel. 8maj. (3 B.) Stuttgardiae 843. [Tübingen, Verlags-Expedition.] *

—— Continuatio de ultimo Judicio et de mundo spirituali. Ad fidem edit. principis 1763 Amstel. excusae denuo castig. edid. Jo. Fr. Im. Tafel. 8maj. ($2\frac{1}{2}$ B.) Tübingen 846, [Verlags-Expedition.] *

— continuatio de ultimo judicio et de mundo spirituali. Ad fidem edit. princ. 1763 Amstelod. excusae denuo castigatius edid. Jo. Fr. Im. Tafel. gr. 8. (40 S.) Ebd. 847. n. $\frac{1}{3}$ ß

Swedenborgs, Em. (H. M. G. Kösters) demüthiges Danksagungsschreiben an den großen Mann, der die Nonexistenz des Teufels demonstrirt hat. Frkf. u. Leipz. 778. 8.

SWEDENBORG (ps.), Danksagungsschreiben an den großen Mann, der die Nonexistenz des Teufels demonstrirt hat. 1778.
Weller, Lex. Ps. p. 544.

– Danksagungsschreiben der großen Männer, die keinen Teufel glauben. 8. Liegnitz 778. Siegert. 3 gl

—— kurze Darstellung der Lehre der neuen Kirche, welche unter dem neuen Jerusalem in der Offenbarung verstanden wird. Aus der zu Amsterdam 1769 gedr. latein. Urschrift erstmahls wortgetreu übers. von Joh. Friedr. Imman. Tafel. gr. 8. (144 S.) Tübingen 854, Verlags-Expedition. *

Swedenborg, Emmanuel, deliciae sapientiae de amore conjugali post quas sequuntur voluptates insaniae de amore scortatorio. 8maj. Amsterd. 768. 2 ß

— Delitiae sapientiae de amore conjugiali; post quas sequuntur voluptates insaniae de amore scortatorio. Quarum editio princeps exiit Amstelodami MDCCLXVIII; haecce posterior, a Ldw. Hofaker, ad priorem accurata. 8maj. Tübingen 841, Zu Guttenberg. $1\frac{3}{4}$ ß — mittelfein Pap. $2\frac{1}{3}$ ß — fein Pap. $2\frac{7}{8}$ ß

—— Diarii spiritualis Part. I. Vol. I. et II. E chirographo ejus in Bibliotheca regiae Universitatis Upsaliensis asservato nunc primum ed. Jo. Fr. Im. Tafel. 8maj. Tübingen, Verlags-Expedition. [I. ($29\frac{1}{4}$ B.) 844. * 3 Thlr. 10 Ngr., II. ($36\frac{1}{4}$ B.) 45. * 4 Thlr. 5 Ngr.] *

—— id. Pars II. E chirographo ejus in Bibliotheca regiae Academ. Holm. asservato nunc primum ed. Jo. Fr. Im. Tafel. 8maj. (25 B.) Stuttgardiae 843. [Ebds.] *

—— id. Pars III. Vol. I. et II. E chirographo ejus in Bibliotheca regiae Academiae Holmiensis asservato nunc primum ed. Jo. Fr. Im. Tafel. 8maj. (41 B.) Stuttgardiae 844. [Ebds.] *

—— id. Pars IV sive diarium minus. E chirographo ejus nunc prim. ed. Jo. Fr. Im. Tafel. 8maj. (7 B.) Stuttgardiae 843. [Ebds.] *

—— id. Pars V. Vol. I. et II. cont. Indicem partium I, I. 2. II. IV. ut et Adversar. in libros Vet. Testamenti. Abdomen—Liber. Et s. tit.: Adversaria in libros Vet. Testamenti. E chirographo ejus in Biblioth. regiae Acad. Holm. asserv. nunc primum ed. Jo. Fr. Im. Tafel. Partis V. Vol. I. 8maj. ($32\frac{1}{4}$ B.) Ebds. 846. *

—— id. Pars. V. Vol. II. cont. Partem II. Indicis partium I, I. 2. II. IV. nec non Adversar. in libros Vet. Testamenti. Libertas—Zelus. Et. s. tit.: Adversaria in libros Veteris Testamenti etc. Partis V. Vol. II. 8maj. (33 B.) [Ebds. 847.] *

—— id. Pars VI. Cont. indicem partium II—IV. 8maj. ($9\frac{3}{4}$ B.) Ebds. 845. *

—— id. Pars VII. Continens Appendicem. Nunc primum ed. Jo. Fr. Im. Tafel. 8maj. (12 B., Bildn. u. 26 lith. S's Facs.) Ebds. 846. *

—— Diarii spiritualis partis VII. sectio II. E chirographo ejus in bibliotheca reg. acad. Holmiensis asservato nunc primum ed. Jo. Fr. Im. Tafel. 8maj. (86 S.) Tubingae 854, Verlags-Expedition. *
Pars I—VI et Partis VII. Sect. I. Ibid. 1844—46. * 27 Thlr. $22\frac{1}{2}$ Ngr.

—— diarii spiritualis partis VII. sectio III—V. gr. 8. Tübingen 859.60, Verlags-Expedition. (Osiander'sche Buchh.) * -

Inhalt:

Sect. 3. Narratiunculas de vitis hominum in diario E. Swedenborgii commemoratorum; quibus adjecta est genealogia familiae nobilis Swedenborgiae. Auctore Achatio Kahl. Edidit et facta, quibus Eman. Swedenborg, teste Eman. Kant, animum immortalem esse evicit, contra iteratos assultus viri clar. M. J. Schleiden, vindicavit Eman. Tafel. (44 S.) * 10 Ngr.

" 4. Opusculum posthumum de conjugio. E chirographo ejus in bibliotheca regiae acad. Holmiensis asservato nunc primum edidit Jo. Fr. Im. Tafel. (34 S.) * 7½ Ngr.

" 5. De justificatione, colloquia cum Calvino et 50 ejus associis de trinitate, de persona Christi, et de justificatione; aliqua de persona Calvini, ut et sciagraphia doctrinae Novae Ecclesiae. Opusculum posthumum, ex autographo ejus in bibliotheca regiae acad. Holmiensis asservato nunc primum edidit Jo. Fr. Im. Tafel. (IV und 22 S.) * 10 Ngr.

Pars I—VI und Pars VII, Sect. 1 und 2. Ebendas. 1844—54. * 28 Thlr. 12½ Ngr.

—— Dicta probantia veteris et novi Testamenti collecta et breviter explicata. E chirographo ejus in Bibliotheca regiae Academiae Holmiensis asservato nunc primum ed. Jo. Fr. Im. Tafel. 8maj. (6 B.) Tübingen 845, Verlags-Expedition. *

—— Doctrina principialis novae Domini ecclesiae, sive novae Hierosolymae, in Apocalypsi praedictae. Quam e scripto Swedenborgii posthumo deprompsit Ludov. Hofaker, German. Sect. I. — E. s. t.: Doctr. princip. novae Hierosolymae de Deo Triuno. 8maj. (8 B.) Tubingae 834, Zu-Guttenberg. 12 Gr., wss. Pap. 16 Gr., Vlnp.

Swedenborgs, E. (K. Kösters) Epilog zu dem letzten Act. Stockh. 780. 8.

– Epilog zu dem letzten Akt der Teufeleien des M. Kindleben. 8. Berl. 789. (Reimer). 2 gr

– de equo albo, de quo in Apocal. c. XIX. et dein de verbo et ejus sensu spirituali etc. 4maj. London u. Amsterd. 758. Schreuder. 10 gr

Swedenborg, Emanuel: Von den Erdkörpern der Planeten und des gestirnten Himmels Einwohnern. - o.O. 1770. 236 S.
beigedr.: Reflexionen uber diß Buch (S. 191-236.) *(Ehmann, 61*
»Die Uebersetzung ist von Oertinger, einem Petit-Neveu Oetingers, und unter dessen Aufsicht gefertiget; die Reflexionen sind von ihm selber.«)

Swedenborg, Emanuel: Von den Erdcörpern der Planeten und des gestirnten Himmels Einwohnern, allwo von derselben Art zu denken, zu reden und zu handeln, von ihrer Regierungs-Form, Policey, Gottesdienst, Ehestand und überhaupt von ihrer Wohnung und Sitten, aus Erzählung derselben Geister selbst durch Emanuel Schwedenborg Nachricht gegeben wird. Ein Werk zur Prüfung des Wahren und Wahrscheinlichen, woraus wenigst vieles zur Philosophie und Theologie, Physik, Moral, Metaphysik und Logik kann genommen werden aus dem Latein übersezt und mit Reflexionen begleitet von einem der Wissenschaft und Geschmack liebt [d.i. Friedrich Cristoph Oetinger]. Anspach 1771. 212 S.

— v. d. Erdkörpern der Planeten und des gestirnten Himmels Einwohnern. 8. Ansbach, Haueisen. (Gassert.) 771.

— von den Erdkörpern der Planeten u. des gestirnten Himmels Einwohnern; aus d. Latein. von F. C. Oetinger. 8. Frankf. (Ansb.) 771. (Gassert). 8 gr

Swedenborg, Eman., die Erdkörper in unserem Sonnensysteme, welche wir Planeten heißen; und Erdkörper am Fixsternhimmel: auch beider Bewohner, sowie ihre Geister u. Engel. Vernommenes u. Geschautes. Aus der latein. Urschrift übertragen von Ldw. Hofaker. gr. 8. Tübingen 841, Verlagsh. Zu Guttenberg. 5/8 ℛ

—— gedrängte Erklärung des innern Sinnes der prophetischen Bücher des alten Testaments und der Psalmen Davids. Mit einem doppelten Sachregister. Ein nachgelass. Werk aus der zu London 1784 erstmahls erschienenen latein. Urschrift in's Deutsche übers. von Joh. Friedr. Imman. Tafel. gr. 8. (190 S.) Tübingen 852, Verlags-Expedition. *

—— summaria expositio doctrinae Novae Ecclesiae, quae per Novam Hierosolymam in apocalypsi intelligitur. Ad fidem editionis principis a. 1769 Amstelodami excusae denuo edidit Jo. Fr. Imman. Tafel. gr. 8. (94 S.) Tübingen 859, Verlags-Expedition. (Osiander'sche Buchh.) *

— summaria expositio doctrinae novae ecclesiae, quae per novam Hierosolymam in Apocalypsi intelligitur. 4maj. Amsterd. 769. (List in Berl.) 16 gr

—— summaria expositio sensus interni librorum propheticorum ac psalmorum veteris testamenti; quibus adjecta sunt aliqua de historicis verbi. Opusculum posthumum ex ipso chirographo autoris in bibliotheca regiae academiae Holmiensis asservato denuo castigatius edid. Jo. Fr. Im. Tafel. gr. 8. (133 S.) Tübingen 860, Verlags-Expedition. (Osiander'sche Buchh.) *

Swedenborg, Eman., himml. Geheimnisse, welche in d. heil. Schrift od. in d. Worte d. Herrn enth., u. nun enthüllt sind. Hier zuerst, was in dem 1. Buche Mosis. Zugleich die Wunder, welche gesehen worden in d. Geisterwelt u. im Himmel d. Engel. Aus d. lat. Urschrift übers. v. Joh. Friedr. Imm. Tafel. 1. Bd. 1–6. Lfg. gr. 8. (18¼ B.) Tübingen 837—42. [Stuttgart, Ebner u. Seubert.] à L. 5 Gr., Schrbp. à

Swedenborg, Eman., himmlische Geheimnisse, welche in der heiligen Schrift oder in dem Worte des Herrn enthalten u. nun enthüllt sind. Aus der latein. Urschrift übers. von Dr. Joh. Friedr. Iman. Tafel. 1. Bd. 7—12. Lfg. gr. 8. (17¼ B.) Stuttgart 845. [Tübingen, Verlags-Expedition.] Thlr. à *
1–6. Lfg. Ebendas. 1837—42. à * 6¼ Ngr.

—— himmlische Geheimnisse, welche in der heiligen Schrift oder in dem Worte des Herrn enthalten, und nun enthüllt sind. Hier zuerst, was in dem ersten Buche Mosis. Zugleich die Wunder, welche gesehen worden in der Geisterwelt und im Himmel der Engel. Aus der latein. Urschrift übers. von Joh. Friedr. Imman. Tafel. 2. Bd. und 3. Bd. (oder 1. Thls. letzter Bd.) gr. 8. (897 S.) Tübingen 850. 855, Verlags-Expedition. à Bd. * 1 Thlr. 20 Ngr. *

—— dass. — 4. Bd. 1. Lfg. gr. 8. (95 S.) Ebds. 856. *
1. Bd. Ebendas. 1837—45. * 2 Thlr. 13⅓ Ngr.

—— himmlische Geheimnisse, welche in der heiligen Schrift oder in dem Worte des Herrn enthalten, und nun enthüllt sind. Hier, was in dem 1. Buche Mosis. Zugleich die Wunderdinge, welche gesehen und gehört worden sind in der Geisterwelt und im Himmel der Engel. Aus der latein. Handschrift übersetzt. 5.—11. Bd. 8. Basel, Riehm. [5. Bd. (670 S.) 866. * 2 Thlr. 24 Ngr., 6. Bd. (712 S.) 866. * 2 Thlr. 24 Ngr., 7. Bd. (566 S.) 867. * 2 Thlr. 12 Ngr., 8. Bd. (506 S.) 867. * 2 Thlr. 10 Ngr., 9. Bd. (558 S.) 867. * 2 Thlr. 4 Ngr., 10. Bd. (575 S.) 867. * 2 Thlr. 12 Ngr., 11. Bd. (586 S.) 868. * 2 Thlr. 12 Ngr.] *
1.—4. Bd. (Ebendas.) 1837—56. * 6 Thlr. 24 Ngr.

—— dass. — 1. Bd. 2. Aufl. 8. (XXIV und 481 S.) Ebendas. 867. *

Swedenborg, Imman., himmlische Geheimnisse, welche in der heiligen Schrift oder in dem Worte des Herrn enthalten und nun enthüllt sind. Hier, was in dem 2. Buche Mosis. Zugleich die Wunderdinge, welche gesehen und gehört worden sind in der Geisterwelt und im Himmel der Engel. Aus der latein. Urschrift übersetzt. 12.—16. Bd. 8. Basel, Riehm. [Oberstraß-Zürich, Mittnacht.] (*M. 43,60.) à Bd. *

Inhalt:

Bd. 12. (593 S.) 869. *M. 7,20.
" 13. (624 S.) 869. *M. 8.
" 14. Enth. 2. Buch Mosis Kap. 22—25 mit Nr. 9112 bis 9584. (604 S.) 869. *M. 7,60.
" 15. Enth. 2. Buch Mosis Kap. 26—29 mit Nr. 9585—10166. (693 S.) 869. *M. 8,80.
" 16. Enth. 2. Buch Mosis Kap. 30—40 mit Nr. 10167—10837. (653 S.) 870. *M. 8,20.

16 Bde. 1837—70. (*M. 107,90.) *M. 45.; geb. *M. 57. — Einzelne Bde. à *M. 3.; geb. *M. 3,80.

Swedenborg, Eman., vom jüngsten Gericht u. vom zerstörten Babylonien; wonach Alles, was in der Offenbarg. vorausgesagt, nun erfüllt ist; so wie es gehört u. gesehen worden. Aus der latein. Urschrift übers. 2. Aufl. gr. 8. (130 S.) Stuttgart 874. Neukirchliche Buchh. n. 1. —

—— das letzte Gericht, u. d. Zerstörung Babels; also, daß Alles, was in d. Offenbarung vorausgesagt ward, nunmehr schon erfüllt ist. Auf den Grund v. Vernommenem u. Geschautem. Nebst Weiterbericht üb. d. letzte Gericht u. Kunden aus d. Geisterwelt. A. d. lat. Urschrift übertr. v. Ludwig Hofaker. gr. 8. (10½ B.) Tübingen 841, Zu-Guttenberg, Vrlsh.

—— Grundlehre d. Neuen Kirche d. HErrn, od. d. Neuen Jerusalems, welches in d. Offenbarung verkündet ist. A. e. nachgelass. Schrift d. Verf. gezogen v. Ludw. Hofaker. 1. Abthl. — A. u. d. T.: Die Lehre v. Gott dem Dreieinigen. gr. 8. (11⅓ B.) Tübingen 834, Zu-Guttenberg. 14 Gr., f. Pap.

—— Grundzüge d. christl. Glaubens, s. Grundzüge.

— de nova Hierosolyma et ejus doctrina coelesti etc. 4. maj. London. Schreuder. 758.

Swedenborg, E. v. Vom Himmel und den wunderbaren Dingen desselben . . . Leipzig 1775. Ü: *Lenz, Johann Christoph.* (Ky) (MGT) (ML)

— vom Himmel u. von d. wunderbaren Dingen desselben, von der Hölle in der Geisterwelt; aus d. Latein. (v. J. Cph. Lenz). 8. Leipz. 775. (Brockhaus). 1 ℳ 12 ℊ

— v. Himmel u. v. d. wunderbar. Dingen desselben, von d. Geisterwelt, d. Zustande d. Menschen nach d. Tode u. von d. Hölle. 8. Leipz. Junius. (Gleditsch.) 775.

— Himmel u. Hölle beschrieben nach Gehörtem u. Gesehenem. Aus der latein. Urschrift übers. v. J. F. J. Tafel. 3. Aufl. gr. 8. (V, 580 S.) Ebend. 873. n. 2. —

—— von dem Himmel und seinen Wunderdingen, (von der Geisterwelt,) und von der Hölle, nach Gehörtem und Gesehenem. Aus der 1758 zu London erschienenen latein. Urschrift erstmahls wortgetreu übers. von Joh. Friedr. Imman. Tafel. gr. 8. (VIII und 600 S.) Tübingen 854, Verlags-Expedition. *

— von dem Himmel und seinen Wunderdingen [von der Geisterwelt,] und von der Hölle, nach Gehörtem und Gesehenem. Aus der 1758 zu London erschienenen latein. Urschrift erstmals wortgetreu übersetzt von J. F. Imman. Tafel. 2. Aufl. 1869. * ℳ 4,80., und 3. Aufl. gr. 8. (XI, 580 S.) Stuttgart 873, (Neukirchliche Buchh.) [Oberstraß-Zürich, Mittnacht.] * geb. *

(——) der Himmel mit seinen Wundererscheinungen, s. Himmel, der.
[Der Preis ist am a. O. in 1 Thlr. 12 Gr., f. Pap. 2 Thlr. abzuändern.]

— der Himmel mit seinen Wundererscheinungen u. die Hölle. Vernommenes u. Geschenktes; aus d. latein. Urschrift übers. v. Ldw. Hofaker. gr. 8. Tübing. 830. Zu Guttenberg. 1 ℳ 12 ℊ Fein P. 2 ℳ

(——) Heilig Jerusalem, s. Jerusalem.

— heilig Jerusalem u. dessen himml. Lehre. Nach Kunde aus dem Himmel; aus d. latein. Urschrift übers. v. L. Hofaker. (Enthält d. Text d. Schrift: Neue Kirche des Herrn ꝛc., mit Hinweglassung des Zusammentrags aus den Himmelsgeheimnissen.) gr. 12. Tübing. 830. Zu Guttenberg. 6 ℊ Fein P. 8 ℊ

— von dem Neuen Jerusalem, s. Von dem Neuen Jerusalem.

— vom neuen Jerusalem u. dessen himml. Lehre. 8. Leipz. Müller. 772.

— — dasselbe. 8. Altenburg, Richter. (Akadem. Buchh. in Jena.) 788.

— vom neuen Jerusalem u. dessen himml. Lehre; aus d. Latein. übers. 8. Reutling. 822. (Löffler in Manh.) 9 ℊ

—— index biblicus sive thesaurus bibliorum emblematicus et allegoricus. E chirographo ejus in bibliotheca regiae academiae Holmiensis asservato nunc primum edidit Jo. Fr. Imman. Tafel. Vol. 1 et 2. gr. 8. Tübingen 859. 60, Verlags-Expedition. (Osiander'sche Buchh.) [Vol. 1. (IV und 476 S.) Vol. 2. (480 S.) à Vol. * 3 Thlr. 15 Ngr.] *

Swedenborgii, Eman., index biblicus sive thesaurus bibliorum emblematicus et allegoricus. E chirographo ejus in bibliotheca regiae academiae Holmiensis asservato nunc primum edid. Jo. Fr. Imman. Tafel. Vol. III. gr. 8. (576 S.) Tübingen 863, Verlags-Expedition.
Vol. I. und II. Ebendas. 1860. * 7 Thlr.

Swedenborg, Imm., Itinerarium. Ex operibus ejus posthumis in Museo academiae Regiae Holmiensis asservatis nunc primum edidit Jo. Fr. Im. Tafel. Sectio I. Cont. partem latine scriptam. 8maj. Tübingen 840. Zu-Guttenberg. ⅜ ℳ Velinp. 13 ℊ

— de ultimo judicio et de Babylonia destructa ex apocal. 4. maj. Amsterdam. Schreuder. 758.

(——) die Neue Kirche d. HErrn, s. Kirche, die.
[Der Preis ist am a. O. in 12 Gr., f. Pap. 21 Gr. abzuändern.]

— die neue Kirche des Herrn u. ihre himml. Lehre. Nach Kunden aus d. Himmel; aus d. latein. Urschrift übers. von Ldw. Hofaker. gr. 8. Tübingen 830. Zu Guttenberg. 12 ℊ Fein Pap. 21 ℊ

Swedenborg's, Eman., Leben u. Lehre. Eine Sammlung authentischer Urkunden über Swedenborg's Persönlichkeit, u. ein Inbegriff seiner Theologie in wörtlichen Auszügen aus seinen Schriften. 2 Thle. in 1 Bde. gr. 8. (X, 110 u. 717 S.) Frankfurt a/M. 880. Mittnacht. n. 4. —; geb. n. 5. —

— über die Göttl. Liebe u. die Göttl. Weisheit, übers. v. J. Tafel. gr. 8. Ebd. ... 1⅜ ℳ Schreibp. 2⁵⁄₁₂ ℳ

—— Ludus Heliconius, sive carmina miscellanea, quae variis in locis cecinit. Edit. III., emend. et locuplet., rec. Joh. Frid. Eman. Tafel. 8maj. (2½ B.) Tubingae 841, Zu-Guttenberg, Vrlsh.

—— Matthäi 24. u. 25., erstmals aufgeschlossen mit d. Schlüssel des Herrn. Oder göttl. Vorverkünd. v. d. Entartungsverlaufe der so noch benannten Christen-Kirche. Uebers. a. d. Himmelsgeheimnissen v. Ludw. Hofaker. gr. 8. (5 B.) Tübingen 839, Zu-Guttenberg, Vrlsh.

— les Merveilles du Ciel et de l'Enfer et des terres Planétaires et Astrales. 2 Vol. gr. 8. Berlin, Rottmann. 782.

Swedenborg. Em., les merveilles du ciel et de l'enfer et des terres planétaires et astrales. Traduit du latin par A. J. P. A. Pernety. Berlin 786. 8. 2 voll.

Emanuel Swedenborg

Ema[nuelis] Swedenborgii [Swedenborg] Miscellanea observata circa res naturales...P.1-4. Lipsiae (4: Naupotami vulgô Schiffbeck bey Hamburg) 1722 (:4: Holl). 2 Bde 8°

P.1-3: 1722.
P.4 [u.d.T.]: Pars quarta miscellanearum observationum [Observatio] circa res naturales. 1722.

—— о небесахъ, о мірѣ духовъ, и объ адѣ. Переводъ съ латинскаго изданія: de coelo et ejus mirabilibus et de inferno. Ex auditis et visis. Londini 1758. gr. 8. (XLIII und 530 S.) Leipzig 863, Wagner. *

—— göttl. Offenbarungen. 3. Bd. — A. u. d. T.: Enthüllte Offenbarung Johannis od. vielmehr Jesu Christi, worin d. Geheimnisse, welche in ders. vorhergesagt u. bisher verborgen gewesen waren, aufgeschlossen werden. Aus der zu Amsterdam 1766 gedr. latein. Urschrift verdeutscht u. mit Beilagen verm. v. J. Fr. Imm. Tafel. 4 Bde. gr. 8. Tübingen, (Zu-Guttenberg.) 4 Thlr. 12 Gr., wß. Drckp. 6 Thlr. 6 Gr., Schrbp.

Bd. 1., 2. Kap. 1—13. (60½ B.) 829. 2 Thlr. 4 Gr., wß. Drckp. 3 Thlr. 4 Gr., Schrbp. 4 Thlr. 22 Gr.
" 3. Kap. 14—19. (26 B.) 830. 1 Thlr., wß. Drckp. 1 Thlr. 10 Gr., Schrbp. 2 Thlr. 8 Gr.
" 4. Kap. 20—22. samt Anmerkn. d. Uebersetzers zu allen 4 Bdn., u. einer, das Zerstreute wieder zusammenfass., Uebertragung d. ganzen Apokalypse in d. geistig. Sinn; u. als Anh.: die Fortsetz. vom Jüngsten Gericht u. von d. geistigen Welt, aus der zu Amsterdam 1763 gedr. latein. Urschrift verdeutscht, nebst Noten u. Zusätzen d. Uebersetzers. (27 B.) 831. 1 Thlr. 8 Gr., wß. Drckp. 1 Thlr. 16 Gr., Schrbp. 2 Thlr. 20 Gr.

—— dass. 7. Bd. — A. u. d. T.: Die Weisheit d. Engel, betreff. d. göttl. Liebe u. d. göttl. Weisheit. A. d. zu Amsterdam 1763 gedr. latein. Urschrift verdeutscht. gr. 8. (23½ B.) (Ebds. 833.) 1 Thlr. 8 Gr., wß. Drckp. 1 Thlr. 16 Gr., Schrbp.
1. u. 2. Bd. Ebendas. 1823, 24. 2 Thlr. 14 Gr., wß. Drckp. 3 Thlr. 4 Gr., Schrbp. 5 Thlr. 10 Gr.

—— göttl. Offenbarungen, a. d. lat. Urschrift verdeutscht v. Joh. Friedr. Imm. Tafel. 8. Bd., od. 9. Werk. — A. u. d. T.: Die Weisheit d. Engel, betreff. d. göttl. Vorsehung; aus d. zu Amsterd. 1764 gedr. lat. Urschr. verdeutscht. gr. 8. (33 B.) Tübingen 836, (Zu-Guttenberg, Brlsh.) 2 Thlr., Schrbp.

—— die johanneische Offenbarung nach ihrem Buchstabensinn u. geistigen Sinn. Od. göttl. Vorgemälde vom Ende-Stand der so noch benannten Christen-Kirche. Zusammengest. v. Ludw. Hofaker. gr. 8. (6¾ B.) Tübingen 839, Zu-Guttenberg, Brlsh.

Emanuel Swedenborg

[Teils.] Emanuelis Swedenborgii [Swedenborg] Opera philosophica et mineralia. Tres tomi. [T.1-3] (Dresdae & Lipsiae: Hekel 1734.) 2°

[T.1:][Swedenborg] Swedenborgius: Principia rerum naturalium sive novorum tentaminum phaenomena mundi elementaris philosophice explicandi. P.(1)-3.
[T.2:][Swedenborg] Swedenborgius: Regnum subterraneum sive minerale de ferro. Classis (1.)2.
[T.3:][Swedenborg] Swedenborgius: Regnum subterraneum sive minerale de cupro et orichalco. Classis (1)-3.

— Opera philosophica et mineralia, cum fig. 5 Tmi. fol. Dresdae, Walther. 734.

— üb. das weiße Pferd in der Offenbarung. Und sodann: Ueber das Wort u. dessen geistigen od. innern Sinn, aus den Himmelsgeheimnissen. (Uebers. v. Ldw. Hofaker). gr. 8. Tübing. 832. Zu Guttenberg. 5 gr Fein P. 7 gr

— irdische u. himml. Philosophie, zur Prüfung des Besten ans Licht gestellt v. F. C. Oetinger. 8. Frankf. a. M. ... Gebhardt u. K. 20 gr

— u. anderer irrdische u. himmlische Philosophie, z. Prüfung d. Besten, v. Fr. Ch. Oettinger. 8. Frankf. Garbe. (Gebhardt u. K. auch Hermann.) 733.

—— ангельская премудрость о божественной любви и о божественной премудрости. Переводъ Степ. Джунковскаго. [Die Weisheit der Engel. Uebers. von St. Dschunkowski.] gr. 8. (1. Lfg. 46 S.) Karlsruhe 864. Tübingen, Fues'sche Sortimentsh. *

Emanuel Swedenborg

Emanuelis Swedenborgii [Swedenborg] Principia rerum naturalium sive novorum tentaminum phaenomena mundi elementaris philosophice explicandi. P.(1)-3. Dresdae & Lipsiae: Hekel 1734. 1Bd 2° (=Swedenborg: [Teils.] Opera philosophica et mineralia [T.1.])

P.(1:) 1734.
P.2 [u.d.T.]: [Swedenborg] Swedenborgius: Examen principiorum rerum naturalium cum phaenomenis magneticis. 1734.
P.3: 1734.

— prodromus philosophiae ratiocinantis, de infinito et causa finali creationis. 8. Dresdae, Walther. 724.

Swedenborg, Em., Prodromus, philosophiae ratiocinantis de infinito, et causa finali creationis, deque mechanismo operationis animae et corporis. 270 pp. Dresd. et Lps. 8°. 1734.

—— Regnum animale anatomice, physice et philosophice perlustratum cujus pars IV. de carotidibus, de sensu olfactus, auditus et visus, de sensatione et affectione in genere, ac de intellectu et ejus operatione agit. E chirographo ejus in biblioth. regiae academiae Holmiensis asservato nunc primum ed. Jo. Fr. Im. Tafel. 8maj. (251 S. und 1 Stnt.) Tubingae 848, Verlags-Expedition. *

—— id. — Cujus supplementum sive partis VI. sectio I. de perioste0 et de mammis agit. E chirographo ejus in bibliotheca regiae academiae Holmiensis. asservato nunc primum ed. Jo. Fr. Im. Tafel. 8maj. (VIII und 252 S.) Ibid. 849. *

—— id. — Cujus pars VII. de anima agit. 8maj. (VI und 274 S.) Ibid. 849. *

Emanuel Swedenborg

Emanuelis Swedenborgii [Swedenborg] Regnum subterraneum sive minerale de ferro (Classis 2: sive minerale de vena et lapide ferri) Classis 1.2. Dresdae & Lipsiae: Hekel 1734. 1 Bd 8°

[(=Swedenborg: [Teils.] Opera philosophica et mineralia. T.2.)]

Emanuel Swedenborg

Emanuelis Swedenborgii [Swedenborg] Regnum subterraneum sive minerale de cupro et orichalco (Classis 2: sive minerale de vena et lapide cupri) Classis (1)-3. Dresdae & Lipsiae: Hekel 1734. 1 Bd 2°
[(=Swedenborg: [Teils.] Opera philosophica et mineralia. T.3.)]

— vera christiana religio, continens univers. theolog. novae eccles. a Daniel VII. 13. 14. et Apocal. XXI. 1. 2. praedictae. 8maj. Amsterd. 771. Sepp. 3 fl 12 gr

—— vera christiana religio continens universam theologiam Novae Ecclesiae a Domino apud Danielem cap. VII: 13—14, et in Apocalypsi cap. XXI: 1, 2. praedictae. Tom. I. Ad fidem editionis principis a. MDCCXXI Londini excusae denuo edid. Jo. Fr. Im. Tafel. gr. 8. (II und 520 S.) Tübingen 857, Verlags-Expedition. (Osiander'sche Buchh.) *

— la vraie Religion chrétienne, contenant la théologie universelle de la nouvelle église, prédite par le Seigneur, dans Daniel VII. 13. 14 et dans l'Apocalypse XXI. 1. 2., traduite du latin sur l'édition d'Amsterdam de 1771 par J. P. Moët. II Vols. gr. 8. Strassb. u. Paris 819. (Treuttel u. W.) 5 ℔ 12 gr

Swedenborg, Emmanuel, die wahre christl. Religion, welche die gesammte Gottesgelahrtheit der neuen Kirche enthält, wie solche bei Daniel u. in der Offenbarung vorhergesagt worden. 3 Thle. 8. Altenb. 784. Richter. 3 ℔ 23 gr

—— die wahre christliche Religion, enthaltend die ganze Theologie der neuen Kirche, sowie sie vom Herrn bei Daniel Kap. 7, 13. 14. und in der Offenbarung Kap. 21, 1. 2. vorhergesagt worden ist. Aus der zu Amsterdam im J. 1771 gedr. latein. Urschrift übers. von Joh. Friedr. Imman. Tafel. 1 Bd. gr. 8. (II und 412 S.) Tübingen 855, Verlags-Expedition.

—— die wahre christliche Religion, enthaltend die ganze Theologie der Neuen Kirche, so wie sie vom Herrn bei Daniel Kap. 7, 13. 14. und in der Offenbarung Kap. 21, 1. 2. vorhergesagt worden ist. Aus der zu Amsterdam im J. 1771 gedr. latein. Urschrift übers. von J. F. Imman. Tafel. 2—4. Bd. gr. 8. (1094 S.) Tübingen 857—59, Verlags-Expedition. (Osiander'sche Buchh.) [2. Bd. * 1 Thlr. 20 Ngr., 3. Bd. * 1 Thlr. 6 Ngr., 4. Bd. * 1 Thlr.] *
1. Bd. Ebendas. 1855. * 1 Thlr. 15 Ngr.

Swedenborg, Imman., die wahre christliche Religion enth. die ganze Theologie der neuen Kirche so wie sie vom Herrn bei Daniel, Kap. 7, 13. 14 und in der Offenbarung Kap. 21, 1. 2 vorhergesagt worden ist. Aus der latein. Urschrift ins Deutsche übersetzt. 2. Aufl. Lex.-8. (1072 S.) Ebendas. 872. *
geb. *
General-Index apart *

—**Revision d. bisher. Theologie, der protestant. u. röm.-kathol. 8. Bresl. 786. Löwe. (J. F. Korn). 10 gr**

— Sammlung etlicher Briefe rc. s. Sammlung.

SAMMLUNG ETLICHER BRIEFE HERRN EMANUEL SWEDENBORGS, betreffend einige Nachrichten von seinem Leben und Schriften, von einem Kenner und Liebhaber ins Deutsche übersetzt. — o.O. 1772 *(Briefe Swedenborgs an Oetinger, 32 S.; Stockholm, 23.9.1766 und 11.11.1766).*

— sapientia angelica de divino amore et de divina sapientia. Ad fidem edit. principis anno MDCCLXIII Amstelodami excusae denuo edid. Jo. Fr. Im. Tafel. 8maj. Londini 843. Stuttg., Ebner et S. n. 1⅔ ℔

—— Sapientia angelica de divino amore et de divina sapientia. Ad fidem edit. principis anno MDCCLXIII. Amstelodami excusae denuo ed. Jo. Fr. Im. Tafel. 8 maj. (14 B.) Stuttgardiae 843. [Tübingen, Verlags-Expedition.] *

—— Sapientia angelica de divina providentia. Ad fidem editionis principis a. 1764 Amstelodami excusae denuo ed. Jo. Fr. Im. Tafel. 8maj. (309 S.) Tübingen 855, Verlags-Expedition. *

—— Schriften im Auszuge, s. Geist.

— sämmtl. Schriften. 5 Thle. 8. Frankf. a. M. 776. Hechtel. 3 ℔ 8 gr

—— Scripta novae Domini ecclesiae, sive novae Hierosolymae, in Apocalypsi praedictae. Quae nunc iterum prelo submittunt Ludov. Hofaker et Gustav. Werner, Germani. Manipuli primi sect. I. — E. s. t.: Doctrina novae Hierosolymae de Domino. Cujus edit. princeps exiit Amstelodami 1763. 8 maj. (6 B.) Tubingae 834, Zu-Guttenberg.
9 Gr., wss. Pap. 12 Gr., Vlnp.

—— id. — Sect. II. — E. s. t.: Doctrina novae Hierosolymae de scriptura sacra. Cujus edit. princeps exiit Amstelodami 1763. 8 maj. (5 B.) Ibid. 835.
6 Gr., wss. Pap. 8 Gr., Vlnp.

—— id. — Sect. III. — E. s. t.: Doctrina vitae pro nova Hierosolyma ex praeceptis decalogi. Cujus edit. princeps exiit Amstelodami 1763. 8 maj. (5¼ B.) Ibid. 835.
7 Gr., wss. Pap. 9 Gr., Vlnp.

— de telluribus in mundo nostri solarii. 4maj. London 758. Schreuder. 1 ℔

Swedenborg, E. v. Die ganze Theologie der neuen Kirche . . . Basel 1795. Ü: *Donat, Carl August.* (MGT) (Ky)

— die ganze Theologie der neuen Kirche; mit Zusätzen u. Register (v. K. A. Donat). 2 Bde. gr. 8. Basel 795. (Reinicke in Leipz.) 5 ℔ Schrbp. 6 ℔

— traité curieux des charmes de l'Amour conjugal dans ce monde et dans l'autre, trad. du latin en françois p. de Brumore. 8. Berl. Rottmann. 784. •

— von der Verbindung der Seele mit dem Körper rc.; aus d. Latein. (von J. Cph. Lenz). 8. Leipz. 772. Müller. (Joachim). 3 gr

— Dass.; aus d. Latein. 8. Altenb. 776. Richter. 3 gr

von Swedenborg, Eman., V. d. Verbindung der Seele mit dem Körper, welche entw. durch e. physikalische od. durch e. geistl. Einfluß, od. auch durch e. vorherbestimmte Uebereinstimmung geschehen soll. 1769. In: dessen auserles. Schriften. Frkf. a. M. 1776. 8°. 3. Th. S. 1—71.

Swedenborg, E. v. Von der Vereinigung der Seele und des Leibes; a. d. Lat. Leipz. 1772. Ü: *Lenz, Johann Christoph.* (MGT) (Ky) (ML)

— der Verkehr zwischen Seele u. Leib. gr. 8. Tübing. 830. Zu Guttenberg. 12 gr Fein P. 16 gr

— über die Göttliche Vorsehung; herausgeg. v. Imm. Tafel. gr. 8. Ebd. ... 2 ℔ Schreibp. 2⅞ ℔

—— was dem Christen nach Christus Freier Wille bedeutet; nebst ein. Genetik d. Freiheit überh. Unter Dolmetschung d. Entsprechungsbilder ausgezogen v. Ludw. Hofaker. gr. 8. (5⅛ B.) Tübingen 839, Zu-Guttenberg, Brlsh.

—— was dem Christen nach Christus Liebe d. Nächsten u. Gute Werke sind. Unter Dolmetschung d. Entsprechungsbilder ausgezogen v. Ludw. Hofaker. gr. 8. (5 B.) Tübingen 839, Zu-Guttenberg, Brlsh.

— die Weisheit der Engel von der göttl. Liebe u. der göttl Weisheit. gr. 8. Stockh. 821. 2e A. 831. (Leipz., Sühring). 1 ℔ 16 gr Hbg. Pr. 1 ℔

Swedenborg, Eman., die Weisheit d. Engel von d. göttl. Liebe u. d. göttl. Weisheit. 2., unveränd. Ausg. gr. 8. (24½ B.) Leipzig 831, [Klinkhardt.] Thlr.

— die Weisheit der Engel v. der göttl. Liebe u. d. göttl. Weisheit. 2e unveränd. Aufl. gr 8. Leipzig 834. (Klinkhardt.) 1 ℔

—— die Weisheit der Engel, betreffend die göttliche Vorsehung. 2. Aufl. 8. [Ebendas.] 871. *ℳ 3.; geb. *
Vgl.: Aksakow.

—— die Weisheit der Engel, betreffend die göttliche Liebe und Weisheit. 2. Aufl. 8. [Ebendas.] 872. *ℳ 2.; geb. *

Swedenborg, Immanuel. Ausgewählte Werke. Aus den lateinischen Erstdrucken übersetzt und hrg. von L. Brieger-Wasservogel und J(acob) Herz. Band 1. Mit Buchornamenten von Emil Rudolf Weiss [und 1 Porträt-Tafel]: I' S' Theologische Schriften. Uebersetzt und eingeleitet von Lothar Brieger-W'. IV + 364 S. 8. Jena und Leipzig, Eugen Diederichs, 1904. [M. 8. —]
Darin S. 325/28: (Johann Caspar) Lavater an Swedenborg, (2 Briefe, 1768 *u.* 1769); *s. a. S. 358/62 betr.* deutsche *Ausgaben von Werken S's, in* Basel *ersch.*

— theolog. Werke, od. Lehre von Gott, der Welt, dem Himmel, der Hölle, der Geisterwelt u. dem zukünft. Leben ꝛc. 8. Leipz. 789. Kummer. 20 gr

— die Wonnen der Weisheit betreff. die eheliche Liebe. Dann die Wollüste der Thorheit betreff. die buhlerische Liebe. Aus der latein. Urschrift erstmahls in's Deutsche übers. von Jh. Fr. Imm. Tafel. gr. 8. Stuttgart 845, Ebner u. Seubert. Tübingen, Verlags-Exped. n. 1½ ℛ

—— die Wonnen d. Weisheit betreff. die eheliche Liebe. Dann die Wollüste der Thorheit betreff. die buhlerische Liebe. Aus der latein. Urschrift erstmals in's Deutsche übers. v. Joh. Fried. Iman. Tafel. gr. 8. (23½ B.) Tübingen 845, Verlags-Exped. *

Swederus, G., Schwedens Politik u. Kriege in den J. 1808—1814 vorzüglich unter Leitung des Kronprinzen Carl Johan. Deutsche, von dem Verf. gänzlich umgearb. Ausg. Aus dem Schwed. von C. F. Frisch. 2 Thle. Leipzig 866. Fr. Fleischer. gr. 8. (XII, 403 S., VIII, 408 S., mit 2 lithogr. Karten in qu. 4.) Jeder Thl. n. 2 ℛ

Swederus, Magnus Bernhard: Linnés Vorlesungen über die Cultur der Pflantzen. Utgifven. Inbjudningsskrift. Uppsala 1907. 14, VIII + 107 S. 8°

Swediauer, F., s. Swediauer, Franz Xaver

Swediauer, Franz Xaver

— prakt. Abhandl. üb. die Zufälle u. Heilart der Lustseuche; aus d. Engl. vom Verf. selbst übers. u. verb. 8. Wien 786.

— Abhandl. üb. die Zufälle, die Wirkungen u. die Behandl. der syphilit. Krankheiten; aus d. Französ. mit Anmerkk. von F. W. v. Hoven. 2 Thle. 8. Ludwigsb. 798, 799. Wien 802. Schalbacher. 16 gr

Swediaur, Frz. Xav., Anfangsgründe des Ackerbaues ꝛc. 8. Wien 778. Gräffer. 12 gr

— Arzneimittellehre, od. krit. Uebersicht der einfachen Arzneien; aus d. Latein. ꝛc. 2 Bde. gr. 8. Wien 801, 2. Schalbacher. 2 ℛ 12 gr

— prakt. Beobachtt. üb. hartnäckige u. eingewurzelte venerische Zufälle; aus d. Engl. vom Verf. selbst übersetzt. gr. 8. Wien 786. Gräffer. 18 gr

— s. W. Cullen, Anfangsgründe.

— descriptio praeparatorum anatomicorum et instr. chirurg. etc. 8maj. Wien 770. Gräffer. 6 gr

— s. Fordyce, Anfangsgründe.

— üb. d. syphilitischen Krankheiten, s. Eyerell, Darstellung ꝛc.

— von d. Lustseuche; aus d. Französ. v. G. Kleffel, mit Vorrede u. Anmerkk. v. Kurt Sprengel; nebst den Zusätzen der 4n französisch. Ausg. 2 Bde. gr. 8. Berl. 803. (Boike; Recht). 2 ℛ 4 gr Die Zusätze besonders. gr. 8. Ebd. 803. (Reimer). 12 gr 3r Bd. A. u. d. T.: Jos. Eyerell, Darstell. der neuesten Theorien ꝛc. über die syphilit. Krankheiten. Wien 802. (Rohrmann u. Schw.) 16 gr

— v. d. Lustseuche, a. d. Franz. v. G. Kleffel u. Vorrede u. Anmerk. v. Kurt Sprengel, nebst d. Zusätzen d. 4ten französischen Ausgabe. 2 Bände. gr. 8. Berlin, Himburg. 803.
die Zusätze besonders -

Swediaur, F., von der Lustseuche. Aus d. Franz. übers. von G. Kleffel. 2te mit Zusätzen verm. Aufl. 2 Bde. gr. 8. Berlin. 803. Ist jetzt Verlag von Liebeskind in Leipzig.

— materia medica seu cognitionis medicamentorum simpliciorum epicrisis analytica. 12. Hamb. 805. (A. Campe). 1 ℛ 14 gr

— methodus medendi hodierna in nosocomiis Londinensibus usitata. II Ptes. 8. Wien 777.

— pharmacopoea medici practici universalis et pharmacopoea chirurgica. 12. Frankf. 754.

— pharmacopoeia medici practici universalis, sistens praeparata chemico-pharmaceutica et medicam compos. cum eorum usu et dosibus. II Prts. 12. Paris 802. (Er. Fleischer in Leipz.) 2 ℛ Pars III. sistens pharmacopoeiam chirurgicam. 12. Paris 803. Tourneisen. 12 gr

— pharmacopoea medico-practica universalis, edidit et auxit J. B. van Mons. III Voll. 16. Brüssel 817. (Weber in Bonn). 3 ℛ 20 gr

Swediaur, pharmacopoea medico-practica universalis, edidit et auxit van Mons. III vol. 16. Brussellis. (Lips. Barth in Comm.) 820.

— novum nosologiae method. systema. II Voll. 8maj. Paris 812. (Halle, Waisenhaus-B.) 5 ℛ 12 gr

Swediauer, F., novum nosologiae method. Systema. VIII Vol. 8maj. Paris. (Halae, Waisenhausbuchh. in Comm.) 818.

Swediaur, F(ranz Xaver)

s.a. Schwediauer, Franz Xaver

Werken van Jan Pieterszn. Sweelinck. Uitg. door de Vereeniging voor Noord-Nederlands muziekgeschiedenis. (... uitg. en met inleiding en hist. aanteekeningen voorzien door Dr. Max Seiffert; 10: door Dr. H(erm.) Gehrmann.) D. 1–10. *'s-Gravenhage: M. Nijhoff; Leipzig: Breitkopf & Härtel 1894–1901.* 10 Bde 2°
1. Werken voor Orgel of Klavier. 1894.
2–5. Psalmen voor 4, 5, 6, 7 en 8 Stemmen. Boek 1–4.
1. (In 2 H.) 1896. 2. (In 2 H.) 1897. 3. 4. 1898.
6. Cantiones sacrae voor 5 Stemmen. 1899.
7. Chansons voor 5 Stemmen. 1899.
8. Rimes franç. et ital. voor 2, 3 en 4 Stemmen. 1900.
9. Verschill. Gelegenheids-Compositiën. 1901.
10. 'Composition Regeln Herrn Joh. Peterssen Sweling'. 1901. [fol. 1092]

Sweeney, J. Norbert, Augustin Baker. Ein Bild benediktin. Wirkens u. Geisteslebens aus der Reformationszeit Englands. Mit Genehmigg. d. Verf. aus dem Engl. übers. v. Joh. Baptist. Troxler. gr. 16. (107 S.) Einsiedeln 873. Gebr. Benziger. — 90

Sweet, Alex. E., u. J. Armoy **Knox**, humoristische Reise durch Texas von Galveston bis zum Rio Grande: Aus dem Engl. v. Rhold. Teuscher. Mit 167 Illustr. im Text u. 10 Holzschn.-Taf. gr. 8. (XII, 475 S.) Jena 884. Costenoble. n. 10. —

Sweet, Henry, Elementarbuch d. gesprochenen Englisch. Grammatik, Texte u. Glossar. 8. (LXIV, 63 S.) Oxford 885. Leipzig, T. O. Weigel. geb. n. 2. 40

Sweet, H., Elementarbuch d. gesprochenen Englisch [Grammatik, Texte u. Glossar]. 2., verb. Aufl. 8. (158 S.) Oxford 885. Leipzig, T. O. Weigel Nachf. cart. n. 2. 40

Sweet, Henry. Elementarbuch d. gesprochenen Englisch [Grammatik, Texte u. Glossar]. 3., verb. Aufl. 12. (155 S.) Leipzig 891. Chr. Herm. Tauchnitz, früher T. O. Weigel Nachf. Kart. n. 2. 40

Elementarbuch des gesprochenen Englisch ⟨Grammatik, Texte u. Glossar⟩ von Henry **Sweet**. 3. verb. Aufl. *Oxford: Clarendon Pr.; Leipzig: C. H. Tauchnitz 1900.* (V, 155 S.) 8° [44. 13699 6

Sweet, J(oshua) Edwin, A. M., aus Unadilla, Otsego Co., N. Y., U. S. A.: Aus d. pathol. Institut zu Giessen. Die Mischgeschwülste am unteren Ende des Urogenitalapparates der Kinder. *Giessen 1901: Hof- u. Univ.-Druckerei.* (95 S.) 8°
Giessen, Med. Diss. v. 1901

Sweling, Johann Eberhard, s. Schweling

Swellengrebel, Johann Gerhard Heinrich

Schwellengrebel, Joan. Gerard. Henr., dissertatio mathematica inaug. de quibusdam curvarum affinitatibus. 4maj. (100 S. und 4 Stnt.) Utrecht 847, Dannenfelser. *

Swellengrebel, J(oan.) G(erard) H(enr.), neun verschiedene Coordinaten-Systeme, im Zusammenhang untersucht. gr. 4. (XII und 224 S. mit 6 Stnt.) Bonn 853, Marcus. Thlr. *

Swellengrebel, Joan. Gerard Henr., Dissertatio historico-philosophica exhibens veterum de elementis placita. 8maj. (12¾ B.) Trajecti ad Rhenum 845. (Düsseldorf, libr. Bötticher.) *

—— analytisch-geometrische Untersuchungen über allgemeine Verwandtschafts-Verhältnisse von Coordinaten-Systemen. gr. 4. (XII und 166 S. mit 1 Stnt.) Bonn 855, Marcus. *

Swellengrebel, Nicolaas Hendrik, d'Amsterdam: Sur la nature et les causes de la maladie des taches en couronne chez la pomme de terre. Haarlem 1909. II | 48 p. et huit planches. 8°. Extrait des Archives Néerlandaises des Sciences exactes et naturelles. Série II. t. XIII. [19. XI. 08.].
Zürich Phil. Diss II. S 1908/09.

Über die Mauser der Lummen und Alken von Dr. Gust. **Swenander.** Trondhjem 1903: Aktietr. (6 S.) 8°
— Skrifter, Kgl. Norske Videnskabers Selskabs. 1903, No. 3. [44. 493 9

SWENANDER, Carl Gustaf.
Studien über den Bau des Schlundes und des Magens der Vögel. Inaugural-Dissertation von Gustaf Swenander. Uppsala (Trondhjem) 1902. 8:o. 240 s., 8 pl. (Ur: K. norske Vidensk. Selsk. Skr., 1901.)
Diss. Upsal. phil.

Studien über den Bau des Schlundes und des Magens der Vögel von Gust. **Swenander.** Mit 8 Taf. Trondhjem 1902: Aktietr. (240 S.) 8°
— Skrifter, Kgl. Norske Videnskabers Selskabs. 1901, No 6. [45. 6767 9

Die Vögel von G. **Swenander.** Mit 3 Taf. *Stockholm 1900: P. A. Norstedt & söner.* (50 S.) 8°
— Beiträge z. Fauna d. Bären-Insel. 1.
— **Handlingar,** K. Svenska Vetenskaps-Akademiens. Bihang. Bd 26, Afd. 4, No 3. [03. 11048

Swendendörffer, Bartholomäus Leonhard, s. Schwendendörffer

Swendsen, Ole, nordische Märchen. (74 S.) 8. Leipzig 910. Modernes Verlagsbureau. 2. —

Byzantinische Zellen-Emails-Sammlung A. W. Swenigorodskoi. Mit dem begleitenden Text: Geschichte u. Denkmäler des byzantinischen Emails. Von N. Kondakow. Frankfurt a. M. 1892. 4. [In Originaldecke als Umschlag u. in Futteral.]

Swent von Tollern oder: Der Alte im Bärenthale. Eine romantische Erzählung aus den Zeiten Gustavs Wasa. Leipz. [1803]. V: *Gleich, Joseph Alois,* nicht: *Gerle, Wolfgang Adolph.* (Euph III, 545) (GGr IX, 144) S. a. IV, 1839 u. VI, 7496.

Swerintzew, L., s. Swerinzew, Leonidas

Swerinzew, Leonidas, aus St. Petersburg: Zur Entstehung der Alpenseen. '(Beiträge zur Morphologie der Erdoberfläche.)' Eine geologisch-geographische Studie. St. Petersburg Typ.-Act.-Gesellschaft Dr. 1896. 4 Bl., 36 S. 8°.
Zürich. Phil. Diss. [v. 13. Jan. 1897].

Swerinzew, L.: Zur Entstehung der Alpenseen. (Beiträge zur Morphologie der Erdoberfläche.) Eine geologisch-geographische Studie. St. Petersburg 1896. 36 S. 8°

Swerintzew, L., systemat. Sach- u. Namen-Register zu d. 2. Serie d. Verhandlungen der kaiserl. mineralog. Gesellschaft zu St. Petersburg u. d. Materialien zur Geologie Russlands 1885—1895. (Russisch u. deutsch.) gr. 8. (VI, 90 S.) St. Petersburg 898. (Eggers & Co.) n.n. 2. 50

Swertner, P. (Resp.): Obs. binae de asthmate singulari..., s. Vogel, Rud. Aug. (Praes.)

Swerts, J., et G. Guffens, Souvenirs d'un voyage artistique en Allemagne. 2. Édition. Mit einer deutschen Vorrede des Verlegers. 16. (VIII und 87 S.) Aachen 858, Kornicker.

Swét, Kurt, der Ausbau des staatlichen kaufmännischen Fortbildungsschulwesens in Hamburg. (63 S.) kl. 8. Hamburg (904). (Crone & Martinot.) n. — 60
Sonderabdruck aus: „Hamburg. Schulzeitg."

Swet, Kurt, die staatliche Beaufsichtigung des kaufmännischen Fach- u. Fortbildungsschulwesens. Vortrag, geh. Sonnabend, den 8. X. 1908 in der Hauptversammlg. des 6. Kongresses des deutschen Verbandes f. das kaufmänn. Unterrichtswesen in Danzig. (10 S.) gr. 8. Braunschweig 908. (Essen, G. D. Baedeker.) — 40

Swet, Curt, aus Oppitz, z. Z. Lehrer an d. öffentl. Handelsschule in Zwickau, Sa.: Beiträge zur Lebensgeschichte und Pädagogik Joh. Bernh. Basedows. Zwickau 1898: C. A. Günther Nachf. (51 S.) 8°
Leipzig, Phil. Diss. v. [12. Jan.] 1899.

Die bisherige Entwickelung der Handelshochschulen. Von Kurt **Swet.** Essen: (Baedeker) 1909. 32 S. 8°
(Bericht über d. akad. Kurse f. Handelswiss. u. allgem. Fortbild. d. Stadt u. Handelskammer zu Essen in d. Zeit von 1907 bis 1909. Beil.) (10. 3484 8

— s.: Entwurf e. Normallehrplans f. Handelsrealschulen.

— **Gedanken zur Handelsrealschulfrage.** 6 Aufsätze. (III, 52 S.) 8. Ebd. (905). n. — 80
Sonderabdruck aus: „Deutsche Handelsschul-Lehrer-Zeitg."

— die **Handelsrealschule.** Kritische Betrachtungen u. prakt. Vorschläge. (24 S.) gr. 8. Ebd. (906). n. — 60
Sonderabdruck aus: „Ztschr. f. lateinlose höh. Schulen".

Swêt, Kurt, Dr.: Handelsrealschulen und höhere Handelsschulen. *Hamburg 1903: Lütcke & Wulff.* (67 S.) 8°
Hamburg, R in St. Pauli. P 1903 (841)

— **Handelsrealschulen** u. höhere Handelsschulen. Progr. (67 S.) gr. 8. Hamburg 903. (Herold.) n. 1. —

Swêt, Kurt, Dr.: Die Handelsrealschulfrage in Deutschland. Hamburg 1906: Lütcke & Wulff. (54 S.) 8°
Hamburg, R in St. Pauli OP 1906 (913)

— die **Handelsrealschulfrage** in Deutschland. Progr. (54 S.) 8. Ebd. 906. n. 1. —

— Die **Notwendigkeit** der Errichtung besonderer Handelsrealschulen in grösseren Städten m. bedeutender Handelstätigkeit. (32 S.) gr. 8. Kiel (907). Lipsius & Tischer. — 80
Sonderabdr. a.: „Ztschr. f. d. ges. Fortbildgssch.-Wesen in Preussen".

Swet, Kurt: Rückblicke und Ausblicke in die Entwicklung des lateinlosen höheren Schulwesens. T. 1. Rückblicke. Essen (Ruhr) 1910: Haarfeld. 109 S. 8°
Essen a. R., OR i. E. m. VS in d. Margaretenstr. P 1910 (605)
[S 10. 435

Swetak z Krkonoš, s. **Biblioteka.**

Swete, Henry Barclay, s.: Texte, kleine, f. theologische u. philologische Vorlesungen u. Übungen. 31. (Evangelienfragmente, zwei neue.)

Swetina, Alois

— u. **Gottfr. Schreier,** Lehrbüchlein der Geographie f. die Hand der Schüler der Volks- u. Bürgerschulen in Steiermark zur häuslichen Wiederholung u. Einübung des geograph. Lehrstoffes m. e. Anh. der Verfassungslehre u. der mathemat. Geographie. (V. Heft, Handbüchel aus den Realien, Geographie Steiermark.) 5. verm. u. verb. Aufl. 13.—15. Tauf. (68 S.) 8. Ebd. 906. n. — 25

Swetina, Alois, u. **Gfr. Schreier,** Lernbüchlein der Geographie, zum Handgebrauche für die Schüler steiermärk. Volks- u. Bürgerschulen zur häusl. Wiederholg. u. Einübg. des geograph. Lehrstoffes zusammengestellt. Ausg. A. Steiermark, Österreich-Ungarn, Europa u. die 5 Erdtheile. 2. verb. Aufl. (8. Tauf.) gr. 8. (40 S. m. 1 Fig.) Sternberg 901. A. R. Hitschfeld. n. — 20

— — dasselbe. Ausg. B: Steiermark, Österreich-Ungarn, Europa u. die 5 Erdtheile, m. e. Anh. der Verfassungslehre. 2. verb. Aufl. (8. Tauf.) gr. 8. (40 u. 8 S. m. 1 Fig.) Ebd. 901. n. — 25

— **Lernbüchlein der Geographie,** zum Handgebrauche f. die Schüler der Volks- u. Bürgerschulen in Steiermark zur häusl. Wiederholg. u. Einübg. des geograph. Lehrstoffes zusammengestellt. 3. verm. u. verb. Aufl. (10. Tauf.) Mit e. Anh. der Verfassungslehre. (52 S. m. 1 Fig.) gr. 8. Ebd. 903. n. — 24

Swetina, Al.: Das Wichtigste aus der österreichischen Geschichte von der Gründung der Ostmark bis auf unsere Tage für Volksschulen. 2. verbesserte und vermehrte Auflage. Mit einer Karte. Sternberg: Hitschfeld 1896. (46 S.) 8°

Swetina, Al., das Wichtigste aus der österreichischen Geschichte von d. ältesten Zeiten bis auf unsere Tage f. Volksschulen. 3., umgearb. Aufl. 8. (79 S. m. 1 Karte.) Sternberg 898. A. R. Hitschfeld. n.n. — 35

Swetina, Alois, **das Wichtigste** aus der österreichischen Geschichte von den ältesten Zeiten bis auf unsere Tage, f. Volksschulen u. verwandte Lehranstalten. 4. Aufl. Mit e. Kartenskizze. (79 S.) 8. Sternberg 903. A. R. Hitschfeld. n. — 35

Swetina, Al., **das Wichtigste aus der österreich. Geschichte von den ältesten Zeiten bis auf unsere Tage** f. Volksschulen u. verwandte Lehranstalten. 5. Aufl. 31. Taus. Mit e. Kartenskizze. (79 S.) 8. Sternberg 908. A. R. Hitschfeld. — 35

Swetschin, Sophie, Kampf u. Sieg. Ueber die morgenländ. u. abendländ. Kirche. Gedanken u. Betrachtungen über die Wahrheit u. Göttlichkeit des Christenthums. Aus den hinterlassenen Schriften der Verf. zusammengestellt u. hrsg. von Graf Falloux. Nach dem Französ. bearb. Regensburg 865. Manz. 8. (293 S.) 27 ngr.

Swetz, Alex., Pariser Strassenbau u. Strassenpflege, s.: **Reiseberichte üb. Paris.**

Свѣтская Философія (Weltliche Philosophie), s. **Благонамѣренный.**

Swiadectw, 50, na pamiatke pierwszego przystapienia do spowiedzi i komunii świętej. Lith. Breslau 868. Günther. gr. 8. In Couvert. n. 20 ngr.

Swjatło madrości prawdziwej. Prowadzace do bojaźni Bozej. Czyli uwagi siedm dni Tygodniowych. Na Wielki pożytek dusz naszych Zebrane. 12. (2 B.) Mikolowie 845. (Gleiwitz, Landsberger.) *

Swjatlowski, W. von, s.a. Svjatlovskij, V.

Swjatlowski, W. v., der Grundbesitzwechsel in Russland (1861—1908). (VII, 128 S.) gr. 8. Leipzig 909. Duncker & Humblot. 3. —

Swiatowski, Math., Prodromus Polonus, seu tractatus de dignitate et utilitate, impedimentis et subsidiis sedibusque scient. rei lit. promovendae. 8maj. Bresl. 765. (Gosohorsky). 20 gl

Swiatowski, Math., Prodromus Polonus, seu tractatus de dignitate et utilitate impedimentis et subsidiis sedibusque scient. rei. lit. promovendae. 8. maj. Breslau, Meyer. 765.

Swiba, B., De Heauton Timorumeno Terentiana. Pr. 1904. 28 S.

Swida, Frz., das Königreich Dalmatien. Land u. Leute, geschildert. Im Anhang: Das Insurrections-Gebiet. Von Vinc. v. Haardt. 8. (65 S. m. eingedr. Holzschn. u. 1 Chromolith.) Wien 882. Graeser. n. 1. —

Swida Dr. Franz: Zur Geschichte des Gymnasiums in Mitterburg. (25). Pola 91.
Progr.

—— das Herzogtum Krain, s. Länder, die, Oesterreich-Ungarns in Wort und Bild.

Swida, F., Krain, Küstenland u. Dalmatien, s.: Länder, die, Oesterreich-Ungarns in Wort u. Bild.

Swida Dr. Frz.: Über den Dichter Graf Adolf Friedrich v. Schack. 25. Triest St.-R. 86.
Progr.

Swida Dr. F.: Ein historischer Streifzug durch Triest's Umgebung. 36. Triest St. R. 82. s. auch S. 40.
Progr.

Swida Dr. Frz.: Studien zur küstenländischen Geschichte im Mittelalter mit bes. Berücksichtigung Triests. 37. Triest St.-R. 77.
Progr.

SWIDA, Franz: Versuch einer Darstellung der inneren Geschichte und der politischen Stellung Triests zu den Nachbarländern von den ältesten Zeiten bis zum Jahre 1295. — 1876. 72 S. **Diss. Graz, Univ.**

Swiderski, Bronislaus, approb. Arzt aus Ostrowo: Beiträge zur Eclampsie-Frage. Lissa i.P. 1900: A. Schmädicke. (33 S.) 8°
Giessen, Med. Diss. v. 1900.

Swiderski, P., Der platon. Menon ins Polnische übers., mit einigen Bemerk. üb. d. Zw d. Dialoges. Pr. 1888. 32 S.

Swiderski, Vladislaus (geb. 20. 6. 1824): De uteri inversione. Berolini (1853). (27 S.) 8°
Berlin, Med. Diss. v. 8. Aug. 1853

Swidersky, Hans

— — Die Erhaltung meines Weibes und meiner Manneskraft. Wiesbaden, Plauert & Thon (um 1900). 8°.
Verb. d. Ldg. Wiesbaden 6 J. 253/12.

Swieceny, Friedr., das Heimatrecht in den k. k. österreichischen Kronländern mit constituirten Ortsgemeinden. Eine übersichtliche Darstellung der diesfälligen älteren und neueren Vorschriften. gr. 8. (47 S.) Wien 855, Manz. *

Swieceny, Frdr., das Heimatrecht in den k. k. österreichischen Kronländern mit constituirten Ortsgemeinden. Die Erwerbung u. der Verlust der österreichischen Staatsbürgerschaft nach den Bestimmungen der Staatsverträge u. des bürgerlichen Rechtes in den nicht-ungarischen Ländern der Monarchie. 2. sehr verm. Aufl. Wien 861. F. Manz. 8. (VIII, 231 S.) 1 n$

Swiecianowski, Julius

Swiecianowski, J., Die aesthet. Scala in der Welt. M. e. Auszug a. d. gekr. Werk Die ästhet. Scala d. griech. u. röm. Baukunst. (Entstehung u. Analyse d. griech. Kunstformen.) 1877. 40 S. u. 5 Taf. L.

Swiecianowski, Jul., die musikalische Scala in der Welt. Was ist Schönheit? gr. 8. (8 S. m. 1 Steintaf. in qu. gr. 4.) Berlin 877. Stuhr. n. — 75

— dasselbe. 2., verm. Aufl. Mit 3 Taf. (in Buch- u. Steindr.). gr. 8. (18 S.) Ebend. 877. n. 1. —

— dasselbe. Mit einem Auszug aus dem gekrönten Werke: Die ästhetische Scala der griechischen u. römischen Baukunst. [Entstehung u. Analyse der griechischen Kunstformen.] 2., verm. Aufl. Mit 5 Taf. (in Buch- u. Steindr.). gr. 8. (40 S.) Ebend. 877. n. 2. 50

Swiecianowski, Jul., Trocken-Apparate zur Bedienung der Abtrittsanlagen u. der Abflusskanäle. Fol. (15 S. m. 3 Taf.) Warschau 883. (Berlin, Stuhr.) n. 3. —

Swiecicki, v., die Beckenknochengeschwulst. Kaiserschnitt. — Genesung. [Aus: „Frauenarzt".] gr. 8. (7 S.) Neuwied 891. Heuser's Verl. — 30

Święcicki, Heliodor von (*geb [Posen] 3.7.1854*): Historisch-kritische Beleuchtung der Pflege der Kinder bei den Griechen. Erster Theil einer von der hiesigen medicinischen Facultät gekrönten Preisschrift. Breslau (1877). (38 S.) 8°
Breslau, Med. Diss. v. 1. Aug. 1877

Swięcicki, Jos., andere Wege. Schauspiel in 3 Aufzügen. gr. 8. (106 S.) Bromberg (901). E. Hecht. n. 2. —

Swięcicki, Paulin, die menschliche Sprache, ihre Bildung und ihr ursprünglicher Bau. gr. 8. (106 S.) Leipzig 875, (Kasprowicz.) *

Swięcicki, Thaddaeus (geb. Oczkowice in Posen 26. 8. 1826): De syphilide tertiaria. Berolini (1850). (28 S.) 8°
Berlin, Med. Diss. v. 1. Aug. 1850

Swięcicki, Witold v., die Bedeutung der Kieselsäure als Bestandtheil der Pflanzen u. ihre Beziehung zum Lagern des Getreides, s.a. Berichte aus d. physiolog. Laboratorium rc. des landwirthsch. Instituts der Universität Halle.

Swięcicki, Vitold von: Die Bedeutung der Kieselsäure als Bestandtheil der Pflanzen und ihre Beziehung zum Lagern des Getreides. *Halle a. S. 1898: (J. Pässler, Dresden).* (45 S.) 4°(8°)
Halle, Phil. Diss. v. 1898

Swieczeny, Friedr., Das Heimatrecht in den K. K. österr. Kronländern. 8°. Wien 1861.

Swiedack, J. Karl [Wirkl. Name], s.a. Elmar, Karl [Pseud.]

ELMAR, Karl (d. i. *J. Karl Swiedack*, † 1888), Liebesrosen. Novellen. 2 Bde. Wien u. Leipzig, Josef Stöckholzer v. Hirschfeld, 1845. 8°.

Swiencicky Hilarion: Maxim der Grieche, seine Stellung und Bedeutung in der Entwicklung der Philosophie in Rußland.
H. 1902 PN 1523 **Diss.** Wien, Univ. 2695

Swienegel, de, als Wettrenner. Ein plattdeutsches Märchen (von Fhdr. v. Kobbe). Neu illustr. und mit einem Nachwort versehen von J. P. T. Lyser. 16. (28 S. mit eingedr. Holzschn.) Hamburg 853, Hoffmann und Campe.

Swiening, H., wie sehr wir Ursache haben uns heute d. Empfindungen d. Danks u. der Freude üb. die glückl. Errettung des Vaterlandes vom Feinde, zu überlassen. gr. 8. Berl. 813. (Schöne). 4 gr

Swientek, August., römische Briefe. Zur Jahresfeier des 1800 jähr. Jubiläum der Apostelfürsten Petrus u. Paulus. Kreuzburg 868. Thielmann. gr. 8. (102 S.) 10 ngr.

— die sechs christlichen Hauptwahrheiten. 6 Predigten in der Fastenzeit. Ebend. 865. 8. (IV, 60 S.) 7½ ngr.

Swientek, Augustinus *[geb. Skrzyschow bei Loslau in Oberschles. 21. 8. 1828]*: Theses theologicae . . . pro licentiati in ss. theologia honoribus rite capessendis. Vratislaviae (1851). (2 Bl.) 8°

Breslau, Kath.-theol. Liz.-Thesen v. 5. Juli 1851

Swientochowski, Alex., aus dem Volksleben, s. Universal-Bibliothek Nr. 1829.

Die Wohnungsverhältnisse der Arbeiter in Halle a. S. Resultate einer am 31. Aug. u. 2. Sept. 1900 v. Sozialdemokr. Ver. f. Halle u. d. Saalkreis veranst. Erhebung. Im Auftr. d. Vorstandes bearb. von Wilhelm **Swienty**. *Halle a. S.: Volksbuchh. 1901.* (93 S.) 8° [F.] 04·13701

Swierczewski, die Arbeit an der Tagespresse u. die innere Mission. Vortrag, geh. auf der Jahresversammlg. der „Thüringer Konferenz f. innere Mission" am 18. IX. 1900 in Sondershausen. gr. 8. (23 S.) Hamburg (901). Agentur des Rauhen Hauses. n. — 80

Sonderabdruck aus: „Flieg. Blätter a. d. Rauhen Hause".

Swierczewski, der evangelische Christ u. seine Zeitung. Vortrag, geh. auf dem 32. Kongreß f. innere Mission in Braunschweig am 22. IX. 1903. (19 S.) gr. 8. Braunschweig 903. H. Wollermann. n. — 30

Sonderabdr. a.: „Verhandlgn. des 32. Kongr. f. innere Mission".

— die Stellung zum bibl. Gottesglauben im Zeitungswesen d. Gegenwart, s. a. Hefte der freien kirchl.-soz. Konferenz.

Die Stellung zum biblischen Gottesglauben im Zeitungswesen der Gegenwart. Aus d. Verhandlungen d. freien kirchl.-soz. Konferenz zu Stuttgart 1901. Referat von Pfarrer **Swierczewski**, St. Ulrich b. Mücheln. *Berlin: Berl. Stadtmiss. 1901.* (82 S.) 8° [F.]

— Hefte d. freien kirchlich-sozialen Konferenz. H. 21/22. 01. 9360

Swierczewski, Stanisl., wider Schmutz u. Schwindel im Inseratenwesen. 3. erweit. Aufl. (89 S.) 8. Leipzig 907. Kleinzschachwitz, („Deutscher Kampf"-Verlag). 1. —

Swierßcz, Boleslav

— Napoleon III. na czele skoalizowanéj Europy. Studia dyplomacyi współczesnéj. Ebend. 868. gr. 8. (VII, 499 S.) 2½ ℛ︎

Swierßcz, Bolesl., Napoleon III. an der Spitze der Coalition von Europa. [Studien der modernen Diplomatie.] Aus dem Poln. 1. Heft. gr. 8. (58 S.) Posen 868, Leitgeber und Comp. *

— Napoleon III. u. die Territorial-Entschädigungen Frankreichs. [Aus dem Poln. übers.] Posen 868. (Merzbach.) gr. 8. (136 S.) n. 25 ngr

— Napoleon III. i terytoryalne wynagrodzenia Francyi. Leipzig 867. (Lucius.) gr. 8. (126 S.) n. 24 ngr

Swierstra, Johannes, geboren zu Britswerd (Friesland), Tierarzt am öffentlichen Schlachthof zu Utrecht: Kommen in dem Fleische und in makroskopisch gesunden Lymphdrüsen von tuberkulösen Tieren Tuberkelbazillen vor? Utrecht 1906. IV + 76 S. 8°. [26. VII. 06.]

Bern. Vet.-med. Diss. 1906/1907.

Swierstra, Johannes. Kommen in dem Fleische und in makroskopisch gesunden Lymphdrüsen von tuberkulösen Tieren Tuberkelbazillen vor? Diss. Vet.-Med. Bern ... von Joh' (**Umschlag*: J. Y) S'.... IV + 76 S. 8. Utrecht, P. den Boer, 1906.

Swierzewski, Franziskus Aloysius, approb. Arzt aus Allenstein: Zwei Fälle von Fettnekrose. *Leipzig (1899): A. Edelmann.* (19 S.) 8°

Leipzig, Med. Diss. v. 26. Juli 1899

(Nur in beschränkter Zahl für den Austausch)

Swięte Niewiasty obrazki pobożne kobietom żyjazym w świecie ofiarowane przez Klementyne Z Tańskich Hofmanowa. Tom. I. II. 8. (39⅝ B. u. 2 Stahlst.) Lipsk 843, Librairie étrangère.

Swieten's, Gerh. van, Biographie, s. Müller, Wilib.

van Swieten, Frhrr. Grhrd., († d. 18. Juni 1772.) Abhandl. von den Blattern, aus dessen Erklär. der Boerhavischen Lehrsätze; aus d. Latein. übers. 8. Frankf. a. M. 777. Varrentrapp. 18 kr

— Abhandl. von venerischen Krankheiten, nebst Boerhavens in Aphrodisiacum sive auctoris de lue venerea vorangesetzter Vorrede; aus d. Latein. übersetzt. gr. 8. Frankf. a. M. 777. Neue Aufl. 791. (Varrentrapp). 1 fl 4 kr

(Swieten, Gerard Freiherr van): Kurze Beschreibung und Heilungsart der Krankheiten, welche am öftesten in dem Feldlager beobachtet werden. 198 S., gbd.

Wien, Prag u.Triest: typ.Trattnern 1758

JB 3.560

Gerard [B^{n}] van Swieten

Des Gerhardt van Swieten Kurze Beschreibung und Heilungsart der Krankheiten, welche am öftesten in dem Feldlager beobachtet werden. 2. Aufl. Zürich: Heidegger 1760. 120 S. 8°

(Swieten, Gerard Freiherr van): Kurze Beschreibung und Heilungsart der Krankheiten, welche am öftesten in dem Feldlager beobachtet werden. 198 S., gbd.

Wien: typ.Trattnern 1763

angeb.: Catalogus remediorum, quae ad usus pauperum in nosocomio prostant. 1760

JB 3.561

(Swieten, Gerard Freiherr van): Kurze Beschreibung und Heilungsart der Krankheiten, welche am öftesten in dem Feldlager beobachtet werden. 2.Aufl. 198 S., gbd.

Wien: typ.v.Trattnern 1771

JB 154

(Swieten, Gerard Freiherr van): Kurze Beschreibung und Heilungsart der Krankheiten, welche am öftesten in dem Feldlager beobachtet werden. 3.Aufl. 198 S., gbd.

Wien: typ.v.Trattnern 1777

JB 3.562

[SWIETEN Gerhard van]. Kurze Beschreibung und Heilungsart der Krankheiten, welche am öftesten in dem Feldlager beobachtet werden. [Verf. –]. Trattner, Wien, Prag u. Triest 1785. 1 vol. 8 Bl. + 198 S.

Swieten, Gerard Freiherr van: Commentaria in Hermanni Boerhaave aphorismos de cognoscendis et curandis morbis. Adiecta vita auctoris. Tom.1 - 5, gbd., Abb.

Venetiis: typ.Pasquali 1745 - 1764

JB 1.829

Swieten, Gerard van: Commentaria in Hermanni Boerhaave aphorismos de cognoscendis et curandis morbis. Acc. Georgii Erhardi Hambergeri de praxi medica rationali addiscenda et proponenda praef. T. 1—5. [Nebst] Indicis suppl. a Johanne Adolpho Gladbachio. Hildburghusae et Meiningae 1747—75.

Gerard [Bn] van Swieten

Gerardi (l.b.) van Swieten Commentaria in Hermanni Boerhaave aphorismos de cognoscendis et curandis morbis. Acc. Georgii Erhardi Hambergeri [Hamberger] De praxi medica rationali addiscenda et proponenda Praefatio. T.1-5 [nebst Suppl.] Hildburghusae: Hanischius 1754-75. 6 Bde 4°

T. 1-3: 1754.
T.4: 1765.
T.5: 1773.
[Suppl.:] [Gladbach, 1716-1785] Gladbachius, Johannes Adolphus: Indicis in Swietenii commentariorum t.5 Supplementum. 1775.

Swieten, Gerard Freiherr van: Commentaria in Hermanno Boerhaave aphorismos de cognoscendis et curandis morbis. Editio novissima. Tom.1 - 11 (nebst) Suppl., gbd.

Wirceburgi: Stahel 1777 - 1792

JB 1.834

Swieten, Gerard Freiherr van: Commentariorum in Hermanni Boerhaave aphorismos compendium. (Auszüge.) Studio et opera R(alph) Schomberg. 240 S., gbd.

Francofurti et Lipsiae: Fleischer 1762

JB 2.001

Swieten, Gerard (Freiherr) van: Commentarium zu Boerhaave's Lehrsätzen von Erkenntniß und Heilung der sogenannten chirurgischen Krankheiten. (Commentarium in Hermanni Boerhaave aphorismos de cognoscendis et curandis morbis. Chirurgia. Dt.)

Danzig: Schreiber 1753 - 1755
in: Boerhaave, Hermann: Kurzgefaßte Lehrsätze von Erkenntniß und Heilung der sogenannten chirurgischen Krankheiten. (De cognoscendis et curandis morbis aphorismi... Auszüge. Dt.) Bd 1 - 4. 1753 - 1755

JB 3.021

Swieten, Ger(ard) Freiherr van: Constitutiones epidemicae et morbi potissimum Lugduni-Batavorum observati. Ex eiusdem adversariis edidit Maximilian Stoll. Tom.1 - 2, gbd.

Vindobonae et Lipsiae: Graeffer 1782

JB 5.130

Swieten, Ger(ard) Freiherr van: Constitutiones epidemicae et morbi potissimum Lugduni-Batavorum observati, ex ejusdem adversariis edidit Maximilian Stoll. Editio novissima, cum indice morborum. 544 S., gbd.

Coloniae Allobrogum: Societas Bibliopol.1783

JB 5.160

— constitutiones epidemicae et morbi potissimum Lugd. Bat. observati, ed. Max. Stoll. II Tomi. 8maj. Wien 782. (List in Berl.) 2 ₰ — id. lib. II Voll. 8maj. Leyd. 782. ... id. lib. 4. Leyd. 783. ... 3 ₰ 8 gr

— description abrégée des maladies dans les armées avec la methode de les traiter. 8. Wien 759. 8. 770. Leipz. 807. Wienbrack. 8 gr — Dass. deutsch, s. Beschreib. der Krankheiten im Feldlager ꝛc. Wien.

— Epidemien u. Krankengeschichten, nach Stolls Ausg., mit Erläuterr. v. Aug. Glo. Weber. 2 Bde. gr. 8. Leipz. 785. Weygand. 2 ₰ 16 gr

Swieten, Gerard Freiherr van: Erläuterungen der Boerhaavischen Lehrsäze von Erkenntniß und Heilung der Krankheiten. (Commentaria in Hermanni Boerhaave aphorismos de cognoscendis et curandis morbis. Dt.) Th.1 - 5, gbd., Abb.

Th.1: Wien: Krauß 1755
Th.2 - 5: Frankfurt u.Leipzig: Kraus 1767-1775

JB 1.831

Swieten, Gerard Freiherr van: Erläuterungen der Boerhaavischen Lehrsätze der Chirurgie. (Commentaria in Hermanni Boerhaave aphorismos de cognoscendis et curandis morbis. Chirurgia. Dt.) Bd 1 - 2, gbd.

Frankfurt u.Leipzig: Krauß 1778

JB 3.267

— Erläuter. der Boerhavischen Lehrsätze der Chirurgie. 2 Bde. 4. Wien 778. Krauß. (W. Nauck in Leipz.) 4 ₰

— Commentarien üb. die Boerhavischen Aphorismen, von Kenntniß u. Heilung der Krankheiten. 1r Thl. In e. nutzbaren Auszug zusammengebracht u. mit Anmerkk. bereichert v. Hnr. Tabor. gr. 8. Frankf. a. M. 783. (Gebhardt u. K.) 20 gr

– v. venerischen Krankheiten u. ihrer Heilart. gr. 8. Frkf. (Aue in Cöthen.) 791.

Swieten, Gerard Freiherr van: Oratio de morte dubia. Habita 6.April(is) anno 1767. Ed. Franz Xav(er) Jeslé. Diss. 38 S., gbd.

Viennae: de Trattner 1778

JB 5.261

Swieten, Gerard Freiherr van: Oratio de senum valetudine tuenda, quam adjectis thesibus... dissertationis inauguralis loco nunc primum typis edidit Johann Theodor Kaenzler. 42 S., gbd.

Viennae: typ.de Trattnern 1778

JB 2.931

Swieten, Gfr. L. B., de jure repressalium. 4. Viennae. 752.

Świetlik, Anton [approb. Arzt aus Wudzyn (Posen)]: Ueber das osteomalacische Becken... Posen, gedr. bei J. Leitgeber, 1887; 56 S. + 1 Bl. 8°
Würzburg, Med. Fak., Inaug.-Diss. v. 1887.

Świetlik, Anton, über das osteomalacische Becken. Diss. Würzburg 1887, Stahelsche Univ.-Buchh. 8°. 56 S.

Swietochowski, Georg v.: Ueber die Varicen der Placenta an der Hand eines an der Münchener Frauenklinik beobachteten Falles. Mit 1 Taf. München 1910: Kastner & Callwey. 16 S. 8°

München, Med. Diss. v. 15. Juli 1910, Ref. Döderlein

[Geb. 23. Febr. 88 Piotrkow, Russ.-Polen; Wohnort: Warschau; Staatsangeh.: Rußland; Vorbildung: Gymn. Krakau Reife Juli 06; Studium: Krakau 2, Zürich 2, München 6 S.; Rig. 15. Juli 10.] [U 10. 3595

von Swiezawski, Ladislaus [Holubie '(Kgr. Polen)']: Beiträge zur Kartoffelbaufrage ... Giessen, C. v. Münchow, Univ.-Dr., 1892; 40 S., 1 Bl. 8.

Giessen, Phil. Fak., Inaug.-Diss. v. 1892

Swift, Elijah, a. Boston, U.S.A.: Ueber die Form und Stabilität gewisser Flüssigkeitstropfen. Göttingen 1907: W. F. Kaestner. (49 S.) 8°

Göttingen, Phil. Fak., Ref. Minkowski, Diss. v. 2. Dez. 1907.

[Geb. 23. Okt. 82 Buffalo; Wohnort: Buffalo; Staatsangeh.: Vereinigte Staaten; Vorbildung: Harvard Univ. B.A. 24. Juni 03, M.A. 29. Juni 04; Studium: Göttingen 6 S.; Rig. 3. Juli 07.]

Swift, Jonathan

Swift, John, Abhandlung über die Zwiste und Mifshelligkeiten zwischen den Vornehmen und Gemeinen. Aus dem Engl. von Wirschinger. Augsb. 819. 8. 8 gr.

Swift, Jonathan. Anti-Longin oder die Kunst in der Poesie zu kriechen, anfänglich den Engländern zum Besten geschrieben . . . Leipz. 1734. Ü: *Schwabe, Joh. Joach.* (Waniek, Gottsched. Leipzig 1897. S. 223.) (Latendorf, Schönaich. Leipzig 1897. S. 41.)

Swift, Jonathan, Anti-Longin, oder d. Kunst in der Poesie zu kriechen, nebst dessen Staatslügenkunst. 8. Leipz. Löwe. 734.

Swift, Jonathan, Aufklärung der Bedientenwelt; aus d. Engl. 8. Zeitz 794. Heinse. 8 gr

— the battle of the books and other short pieces. gr. 16. (192 S.) Leipzig 886. Gressner & Schramm. n. — 80

— vernünftige u. moral. Belustigungen; aus d. Engl. 4. Frkf. 751. ... 1 ℳ

— s. G. Brunts Reisen.

— le Conte de Tonneau. III Vol. 8. Lausanne et Génève. 742.

SWIFT, Jonathan (1667—1745), Das im Menschen-Koth gefundene Gold, oder das große Geheimnisz, aus des Menschen Unflath u. Urin, dessen Temperament, Gedancken Thun u. Lassen, Glück u. Unglück zu erkennen .... Aus d. Englischen. v. J. R. Heunburg, auf Kosten guter Freunde. 1731. 8°. Sehr selten! (12 Mk., unbeschn., Max Jaeckel, Potsdam, 1910.)

— Gulliver bei den Zwergen, s.: Köhl's illustrierte Kinderbücher.

— Klugheitsregeln für Befehlende u. Dienerschaft, enthalt. 1) Unterricht für Gesinde; 2) von der feinen Lebensart od. feinen Sitten. 8. Zeitz 800. Webel. 8 gr

W[OLF, GEORG CHRISTIAN]. — **SWIFT, J.** Des berühmten Herrn D. Schwifts Mährgen Von der Tonne, Zum allgemeinen Nutzen des menschlichen Geschlechts abgefasset, Nebst einem vollständigen Begriffe der allgemeinen Gelehrsamkeit . . . ins Teutsche übersetzet. 2 Tle. in 1 Bd. Altona, Auf Kosten guter Freunde, 1729. 8°. 11 Bl. 244 S.; 7 Bl. 240 S. *Mit 1 (statt 2) Frontispis und 1 (statt 6) Kupfern.* Etw. bestoß. HLn. d. 19. Jh.

Wohl die erste deutsche Ausgabe dieser Satire auf die drei Konfessionen: römisch, anglikanisch u. calvinistisch. „C'est un tissu de plaisanteries dont il n'y a point d'idées ailleurs . . ." (Voltaire). Am Schluß des 2. Teiles die „Prophezeyungen a. d. J. 1708 . . . von Isaac Bickerstaff" (i. e. Swift). M. 2 Vorreden des Übersetzers.

Des berühmten Herrn D. Schwifts (Jonathan Swift) Mährgen von der Tonne, Zum allgemeinen Nutzen des menschlichen Geschlechts abgefasset, Nebst einem Vollständigen Begriffe einer allgemeinen Gelehrsamkeit. Aus dem Englischen ins Teutsche übersetzet. Th. 1—2. Altona. 1748. 8°.

— das Mährchen von der Tonne, mit Erläuterr. von Jh. Ksp. Risbeck. 8. Zürich 787. Orell. 16 gr

Swift, J. Mährchen von der Tonne; eine neue Übersetzung mit Erläuterungen . . . Zürich 1788 [1787]. Ü: *Riesbeck, Caspar.* (ML)

— englische Miscellen; eine Anekdote. 8. Leipz. 805. Sommer. (Nauck). 5 gr

— Museum, or the Liliputian library. X Vols. 8. Leipz. 811. Sommer. (Nauck). 2 ℳ 18 gr

— the same. X Vols. 8. Berl. 782. (Bolke). 2 ℳ

— Podróze Gulliwera w nieznajome kraje. Polskie wydanie ozdobione 450 drzeworytami przez J. J. Grandville, z przydaniem krótkiej wiadomości o Swifcie z Waltera Scotta przez J. N. Bobrowicza. II Tomi. gr. 8. (41 ¼ B.) Lipsk 842. Baumgaertnera.

— Podróże Gulliwera w nieznajome kraje. Polskie wydanie ozdobione 450 drzeworytami przez J. J. Grandville, z przydaniem krótkiej wiadomości o Swifcie z Walt. Scotta przez J. N. Bobrowicza. Nowe tanie wydanie. Poszyt 1—4. gr. 8. (1. Bd.: LXIV u. 271 S. 2. Bd.: 315 S. Mit eingedr. Holzschn.) Leipzig 851, Baumgärtner. (à ½ ℳ) 2 ℳ

— Podróże Gulliwera w nieznajome kraje. Polskie wydanie ozdobione 450 drzeworytami przez J. J. Grandville, z przydaniem krótkiej wiadomości o Swifcie z Walt. Scotta przez J. N. Bobrowicza. Nowe tanie wydanie. 2 Bde. gr. 8. Leipzig 852, Baumgärtners Buchh. [1. (LXIII und 271 S.) 2. (315 S.)]

Swift, J. Einige Predigten. A. d. Engl. Hamburg u. Leipzig [Zürich] 1757. Ü: *Waser, Johann Heinrich.* (wr)

— einige Predigten; aus d. Engl. 8. Zürich 758. Orell. 3 gr

— sämmtl. Predigten; aus d. Engl. v. Fr. W. Streit. 8. Gera 776. Rothe. 8 gr

— vorzügl. Predigten, nebst e. Vorschlag zur Beförder. des Christenthums u. guten Sitten u. anderen theolog.-moral. Aufsätzen. 8. Leipz. 798. Weygand. 15 gr

— le procès sans fin, ou l'histoire de Joh. Bull, trad. de l'Angl. par Nelly. 8. Dresd. 754. Walther. 12 gr

Jonathan Swift. Prosa-Schriften. (Hrsg., eingeleitet u. kommentiert von Felix Paul Greve.) Bd 1. Berlin: Oesterheld 1909. 8°

— Prosaschriften. (Hrsg., eingeleitet u. kommentiert v. Fel. Paul Greve.) 4 Bde. (457, 432, 550 u. 451 S.) 8. Berlin 909. 10. E. Reiss. 14.—; geb. 18. —

— Reise des Kapitains Samuel Brunt nach Kakklogallinien u. in d. Mond; nach d. Engl. frei übers. (von Jh. Fr. Kinderling). 8. Berl. 800. (Vergl. Brunt's Reisen.)

— Dass. neu verdeutscht. 8. Liegn. 751. Siegert. 5 gr

Swift, Jonath., Gullivers Reise nach Brobdingnag. Für die Jugend frei bearb. v. Wolfg. Pfleiderer. Mit 2 farb. u. 32 schwarzen Bildern v. J. Morten. (61 S.) gr. 8. Nürnberg (904). Th. Stroefer. Kart. n. 1. 80

Swift, J., Gulliver's Reise nach Liliput, s. a. Hausbibliothek, kleine, f. die Jugend.

— Gullivers Reise nach Liliput, s. a. Jugendschriften, hrsg. vom Lehrerhausvereine f. Oberösterreich.

Swift, Jonathan, Gullivers Reise nach Lilliput, s. a. Meyer's Volksbücher.

— dasselbe, s. a. Schönhausen, A. v.

Swift, Jonathan, Gullivers Reise nach Liliput. Der Jugend erzählt. 12. (48 S.) Leipzig 893. Greßner & Schramm. Kart. n. — 50

— dasselbe, s. a. Jugendbibliothek, kleine.

Gullivers Reise nach Liliput. Der Jugend erzählt nach Jonathan Swift. 2. Aufl. *Styrum: A. Spaarmann [1899?]*. (32 S.) 8° [J.]
— Jugend-Bibliothek, Kleine. No 161. [01. 4878

— Gullivers Reise nach Lilliput. Für die Jugend frei bearb. v. Wolfg. Pfleiderer. Mit 2 farb. u. 30 schwarzen Bildern v. J. Morten. (72 S.) gr. 8. Ebd. (906). Kart. n. 1. 80

Swift, Jonath., Gulliver's Reisen, s. a. Bibliothek der Romantiker.

— dasselbe, s. a. Christian, W.

— dasselbe, s. a. Hauke, Frdr., wundersame Reisen u. Abenteuer.

— dasselbe, s. a. Hoffmann, Frz.

— dasselbe, s. a. Jugendbücherei, deutsche.

— dasselbe, s. a. Meister, Frdr.

— dasselbe, s. a. Wagner, Ed.

— dasselbe. Für die Jugend neu bearb. v. Claus Bernhard. 8. (80 S. m. 4 Farbdr.) Stuttgart (899). G. Weise. Geb. n. — 50

Swift, Jonathan, Gullivers Reisen. Für die Jugend bearb. u. m. (3) farb. Illustr. versehen. gr. 8. (125 S.) Berlin (902). Globus-Verlag. Geb. — 60

— Gullivers Reisen. Nach dem Engl. Für die Jugend bearb. (238 S. m. 5 Farbdr.) gr. 8. Berlin (906). Globus Verlag. Geb. in Leinw. n.n.n. 1. 10

— Gullivers Reisen. Für die Jugend bearb. v. Rob. Haller. Mit (4) Farbendr.-Bildern nach Aquarellen v. Th. R. Grünberg. (156 S.) 8. Berlin (909). A. Weichert. Geb. (urspr. Pr. 3. —)

— dasselbe, nach Lilliput u. Brobdingnag, s. a. Schaffstein's Volksbücher f. die Jugend. 4. Bd.

Gullivers Reisen [Gullivers travels] nach Lilliput und Brobdingnag von Jonathan **Swift**. Nach Fr. Kottenkamps Übers. aus d. Engl. durchgesehen u. ausgewählt von H(ermann) Schaffstein. 2. Aufl. Für Knaben u. Mädchen v. 12ten Jahre an. Köln: H. & F. Schaffstein [1904]. (120 S.) 8° [J.]
= **Volksbücher**, Schaffsteins, f. d. Jugend. Bd 4. [06. 5788

Swift, Jonath., Gullivers Reisen in den Ländern Lilliput u. Brobdingnag. Mit zahlreichen Bildern u. Vignetten von Grandville. Für Knaben u. Mädchen vom 12. Jahre an. Nach Fr. Kottenkamps Uebersetzg. aus dem Engl. Durchgesehen u. ausgewählt v. Herm. Schaffstein. (IV, 102 S. m. 3 Farbdr.) Lex.-8. Köln 904. Schaffstein & Co. Kart. n. 3. —

– Gullivers Reisen in unbekannte Länder.

— dass. s. auch Bibliothek d. ält. Romandichter Englands. 5r B.

— Gullivers Reise in unbekannte Länder, s. a. Hoffmann, Frz.

— dasselbe. s. a. Universal-Bibliothek für die Jugend.

— Gulliver's Reisen in unbekannte Länder. Aus d. Engl. neu übersetzt von Fr. Kottenkamp. Nebst einer Notiz üb. J. Swift nach Walter Scott von Aug. Lewald. Mit 450 Bildern und Vign. von Grandville. 2 Bde. gr. 8. Stuttgart 839. Krabbe. 2 ℛ cart. 2 1/6 ℛ

—— Gulliver's Reisen in unbekannte Länder. A. d. Engl. v. Fr. Kottenkamp. Nebst einer Notiz über J. Swift, nach Walter Scott, v. Aug. Lewald. 2. Ausg. m. 450 Holzst. nach Grandville. (16 Lfgn.) gr. 8. (37 B.) Stuttgart 843, Krabbe. (à 3¾ Ngr.) Vollständ. 2 Bde. in Lwdbd.

—— Gülliver's Reisen in unbekannte Länder. Für die Jugend u. deren Freunde frei nach d. Engl. bearb. v. Frz. Hoffmann. 8. (18⅛ B. u. 29 Bild.) Stuttgart 844, [Stoppani.]

Swift, Jonathan, Gulliver's Reisen in unbekannte Länder. Für die Jugend und deren Freunde frei nach dem Engl. bearb. von Frz. Hoffmann. 1.—6. Aufl. Mit (9) Illustr. in Farbendr. nach Aquarellen von C. Offterdinger. gr. 8. (177 S.) Stuttgart 869—74, Thienemann. geb.

Swift. *Guilliver's Reisen* in unbekannte Länder. Für die reifere Jugend frei nach dem Englischen bearbeitet von Karl Seifart. Mit zahlreichen Bildern und Vignetten von Grandville, Offterdinger etc. Stuttgart, A. Kröner [1870]. XIV, 240 S. 8°. Farbig illustr. Orhlwd. 18.—
★ 1. Ausg. dieser deutschen Fassung. 3 Teile: Liliput, Brobdingnag, Hauyhnhnms. Sehr hübsch illustr. — Wenige Fleckchen, Einbd. leicht benutzt.

— Gulliver's Reisen in unbekannte Länder. Für die Jugend u. deren Freunde frei nach dem Englischen bearb. von Frz. Hoffmann. 7. Aufl. Mit (9) Illustr. in Farbendr. nach Aquarellen von C. Offterdinger. gr. 8. (177 S.) Stuttgart 878. Thienemann. geb. n. 4. 50

— Gullivers Reisen in unbekannte Länder. Für die Jugend u. deren Freunde frei nach dem Engl. bearb. v. Frz. Hoffmann. 8. Aufl. Mit 9 Illustr. in Farbendr. nach Aquarellen v. C. Offterdinger. gr. 8. (173 S.) Stuttgart 883. Thienemann. cart. n. 4. 50

— Gulliver's Reisen in unbekannte Länder. Für die Jugend u. deren Freunde frei nach dem Engl. bearb. v. Frz. Hoffmann. 9. Aufl. Mit 8 Illustr. in Farbendr. nach Aquarellen v. C. Offterdinger. gr. 8. (173 S.) Stuttgart 890. Thienemann. geb. n. 4. 50

— dasselbe. Eine Erzählg. f. d. Jugend. Frei bearb. v. Frz. Hoffmann. M. vielen Textillustr. u. 4 Farbendr.-Bild. nach Originalen v. C. Offterdinger u. A. Wald. gr. 8. (167 S.) Stuttgart 897. K. Thienemann. Geb. in Leinw. n. 3.—

Swift, Jonath., Gullivers Reisen in unbekannte Länder. Für d. Jugend bearb. v. Heinr. Weise. M. 6 Farbenbild. nach Aquarellen v. Frank Kirchbach. 8. (177 S.) Leipzig 898. O. Spamer. Geb. n. 2.—

— dasselbe in unbekannte Länder. Für die Jugend bearb. v. Heinr. Weise. 2. Aufl. Mit 6 Farbenbildern nach Aquarellen v. Frank Kirchbach. 8. (177 S.) Leipzig (900). O. Spamer. Geb. n. 2.—

[SWIFT, JONATHAN]. Des Capitains Lemuel Gulliver Reisen in unterschiedliche entfernte und unbekandte Länder. Erster [Zweiter. Dritter und Letzter] Theil [in 1 Band gebunden.] Die dritte Auflage. Hamburg, Thomas von Wierings Erben, 1739/46. 8°. 8 Bl. 223 S. 1 leeres Bl.; 1 Bl. 227 S., 6 S. Register und 2 leere Bl.; Titel und 308 S., ferner *10 Kupfertafeln (3 gestoch. Karten, 1 exotisches Alphabet und 6 Kupfer (Illustrationen zum Text.)* Einfacher alter Pbd. mit Papierschild, unbeschnitten.

Teerink 427. Dritte Auflage der ersten deutschen Übersetzung, die nach der in den gleichen Jahren (1727/28) erschienenen ersten französischen Übersetzung gemacht worden war. Der 3. Teil von S. 209 an enthält „des Hrn. Carolini, eines Venetians. Edelmanns, Schlüssel oder Erklärung derer in beyden vorgehenden Theilen beschriebenen vier Reisen.“ — Die Illustrationen sind aus der 1. u. 2. Aufl. wiederholt. — Erst 1761 erschien die erste Übersetzung aus der Originalsprache.

—— Gulliver's Reisen zu verschied. entfernten Nationen d. Welt. N. d. engl. Orig.-Ausg. neu übers. v. L. v. Alvensleben. Mit viel. lith. Abbildn., v. Grandville gez. 4 Thle. (à 4 Hfte.) 8. (35¼ B.) Meißen 838, 39, Goedsche. à H. 5 Gr.

— dasselbe, s.a. Schaffstein's Volksbücher f. die Jugend.

—— Gülliver's Reisen zu verschied. entfernten Nationen der Welt. Nach d. engl. Originalausg. neu übers. von L. v. Alvensleben. Mit Abbild. v. Grandville. 2 Bde. (4 Abthlgn.) Neue wohlf. Ausg. 8. (34½ B. u. 120 Kpfrt.) Meißen 845, Goedsche.

— dasselbe, in weit entfernte Regionen der Welt. Für die Jugend frei bearb. v. Wolfg. Pfleiderer. Mit 4 farb. u. 65 schwarzen Bildern v. J. Morten. (133 S.) gr. 8. Nürnberg (904). Th. Stroefer. Kart. n. 3.—

— Guillivers sämmtl. Reisen; aus d. Engl. von Jh. Ksp. Risbeck. 8. Zürich 788. Orell. 1 ₰

—— Gulliver's Reisen in fremde Welttheile. Für die reifere Jugend bearb. von Ed. Wagner. Mit 6 Bildern in Farbendr. nach Orig.-Aquarellen von Heinr. Leutemann. 8. (XII, 291 S.) Leipzig 875, Oehmigke's Verlag. geb. *

—— dass. — s. Universal-Bibliothek Nr. 651—659.

— dasselbe, zu den Zwergen u. Riesen. Für die Jugend bearb. u. m. Berücksicht. der neuen Rechtschreibg. hrsg. v. Frdr. Hanke. Mit 3 schwarzen Textbildern von E. Hanetzog, sowie 3 farb. Bildern v. Ernst Zimmer. (128 S.) 8. Berlin (904). Verlag Jugendhort. Geb. in Halbleinw. n. 1.40

Gullivers Reisen [Gullivers travels] zu den Zwergen und Riesen in den Ländern Lillipat und Brobdingnag von Jonathan **Swift**. Mit zahlr. Bildern u. Vignetten von Grandville. Für Knaben u. Mädchen vom 12ten Jahre an. Nach Dr. F[ranz] Kottenkamps Übers. aus d. Engl. Durchges. u. ausgew. von Hermann Schafstein. Köln: Schafstein & Co. [1904]. (101 S.) 8° [F.] [03. 1871]

— Reisen zu verschiedenen, bisher unbekannten Völkern; aus d. Engl. 4 Bde. 8. Leipz. 804, a. 810. Hinrichs. 2 ₰

— Schreiben an einen jungen Geistlichen, als ein Unterricht für Prediger; aus d. Engl. 8. Wien 783. Hartmann. 4 gr.

— — *Jonathan Swifts* prosaische Schriften. Aus d. Engl. von Paul Greve. 4 Bde. (jeder mit histor. u. biogr. Einleitgn. des Uebersetzers). Berlin, Oesterheld & Co., 1909. 8°. (Jeder Bd. geheft. Mk. 5—, in Leinen gebd. 6—, in Leder 8—; Vorzugsausgabe auf Bütten in Ganzldr. [100 num. Expll.] Mk. 15—.)

Swift, Dr. Jonath. (1667—1745), satyrische u. ernsthafte Schriften. (A. d. Engl. von *J. H. Waser* (1714—77), m. Vorreden von *Joh. v. Breitenfels* in Hamburg.) 8 Bde. (cplt.). Mit TVignetten u. 13 interess. Radirungen (zum „Mährchen von der Tonne“ und „Gullivers Reisen“) von *Sal. Gessner* (dem bekannten Idyllen-Dichter). Hamburg u. Leipzig (Zürich, Orell etc.), 1756—66. 8°. Saub. Hpgmtbde.

Vollständigste Ausgabe, die cplt. selten vorkommt. — I: 24 Bll., 455 S. II: 20 Bll., 416 S. III: 8 Bll., 355 u. 72 S. Mit 9 Kpfrn. IV: 7 Bll., 428 S. V: 8 Bll., 462 S., 3 Bll. Mit 4 Kpfrn. VI: 2 Bll., 406 S. VII: 1 Bl., 412 S. VIII: 1 Bl., 496 S., 1 Bl.

— satyr. u. ernsthafte Schriften; aus d. Engl. (v. Hnr. Waser). 8 Thle. gr. 8. Zürich 756—66. Orell. 5 ₰ 8 gr.

Swift, J. & John Arbuthnot.

Vorzüglichste prosaische Schriften, satyrische, humoristischen und anderen Inhalts; a. d. Engl. Leipzig 1798—99. Ü: *Pott, Degenhard*. (MGT) (Ky) (GGr) Ü: *Falk, Joh. Dan.* (Jl.)

— u. Arbuthnot, vorzügl. pros. Schriften, satyr. u. humorist. Inhalts; aus d. Engl. (v. D. Pott). 6 Thle. 8. Dresd. 798, 799. (Weygand in Leipz.) 4 ₰ 12 gr.

— Tagebuch in Briefen an Stella, s. Volksbibliothek der Literatur des 18. Jahrh.

—— a tale of a Tub and the battle of the books. Mit Anmerkn. hrsg. v. P. A. Fedor Possart. 8. (10½ B.) Leipzig 831, Kayser.

— Tale of a Tub: written for the universal improvement of mankind. With the author's apology and explanatory notes, by W. Wotton B. D. and others. 2 Vol. (New edit.) 16. Leipzig 841, Volckmar. 5/12 ₰

— „Testament“. Eingeleitet v. Hieronymus Lorm, übers. u. erklärt v. Arm. Friedmann. 8. (68 S. m. Bildn.) Wien 896. M. Perles. n. 1.60

— Gulliver's travels, s. a. Authors, English.

—— Gulliver's Travels, s. a. Bibliothek gediegener und lehrreicher Werke der englischen Litteratur.

Swift, Jonath., Gullivers Travels, s. a. Collection of british Authors.

Swift, Jonath., Gulliver's travels, hrsg. v. John Lang, s. a. Jugendlesebücher, fremdsprachliche, illustrierte. 5.

— dasselbe, s. a. Sammlung gediegener u. lehrreicher Werke der englischen Litteratur.

— Gulliver's travels, s. a. Schulbibliothek, französische u. englische.

Swift, Jonathan, Gulliver's travels, a voyage to Lilliput and Brobdingnag. Für den Schulgebrauch bearb. von E. Schridde. gr. 8. (X, 163 S.) Berlin 877. Weidmann. 1.50

Swift, Jon., Guilliver, Lemuel, Travels etc. 8. Dresd. 800. Walther. 1 ₰ 12 gr.

Swift, Jonathan, Lemuel Gulliver's travels. IV Vol. New edit. 16. Leipzig 841, [Renger'sche Buchh.] à ⅙ Thlr.

Vol. I. Voyage to Lilliput. (8 B.) Mit ein. vollst. Wörterbuche v. † Wilson (Jul. Körner). (13⅓ B.) 6 Gr.
- II. Voyage to Brobdingnag. (7½ B.)
- III. Voyage to Laputa. (7 B.)
- IV. Voyage to Houyhnhnms. (8⅙ B.)

Swift, J. Herrn Dr. Jonathan Swifts wo nicht unverbesserlicher doch wohlgemeynter Unterricht für alle Arten unerfahrner Bedienten, aus vieljähriger sorgfältiger Aufmerksamkeit u. Erfahrung zusammengetragen. Aus dem Englischen übersetzt. Frankfurt und Leipzig. 1748. 8°. 8 Bl. 112 S.

— Unterricht für alle noch unerfahrne Bedienten; aus d. Engl. 8. Zurich 764. Luschkn. 3 ℋ

—— Gulliver's voyage to Brobdingnag, s.a. Schüler-Bibliothek, englische.
Vgl.: Gulliver's Reise nach Liliput.

— Lemuel Gulliver's Voyage to Brobdingnag. (Gulliver's Travels Vol. II. New edit.) 16. the same 841. 1/6 ℞

— Lemuel Gulliver's Voyage to Houyhnhnms. (Gulliver's Travels Vol. IV. New edit.) 16. the same 841. 1/6 ℞

— Lemuel Gulliver's Voyage to Laputa. (Gulliver's Voyage Vol. III. New edit.) 16. the same 841. 1/6 ℞

— Lemuel Gulliver's Voyage to Lilliput. Mit e. vollständigen Wörterbuche von Jul. Körner. 16. Schneeberg 833. Schumann. 1/2 ℞ — Das Wörterbuch einzeln zu 1/4 ℞

Swift, Jonathan, († d. 19. Oct. 1745), Lemuel Gulliver's voyage to Lilliput. [Gulliver's travels. Vol. I.] Mit e. vollständ. Wörterbuche. (Neuer Abdr.) 8. (XVI u. 132 S.) Leipzig 851, Renger. 1/3 ℞

— Gulliver's voyage to Liliput, } s.a Schüler-Bibliothek, englische.

— Gulliver's voyage to Liliput, s.a. Rauch's English readings.

— Gulliver's Voyage to Lilliput. (Gulliver's Travels Vol. I. New edit.) 16. Leipzig 841, Volckmar. 1/6 ℞ — Mit einem vollständ. Wörterbuche 1/4 ℞

— Gulliver's Voyage to Lilliput. Zum Uebersetzen aus dem Englischen ins Deutsche, mit einem Wörterbuch u. einer Tafel der unregelmäßigen engl. Zeitwörter versehen. Herausg. von Henry Clifford. Zum Gebrauche für Schulen u. Haus. gr. 12. Hamburg 842, Heubel. 3/8 ℞

— a voyage to Liliput, hrsg. v. Rich. Sachse, s.: Authors, English.

Swift's, J., Werke, s.: Collection Spemann.

—— humoristische Werke. Aus d. Engl. übersetzt u. mit der Geschichte seines Lebens u. Wirkens bereichert v. Frz. Kottenkamp. 3 Bde. 8. (71 ⅐ B.) Stuttgart 844, [Rieger'sche Vrlgsh.]
Bd. 1. Vermischte prosaische Schriften.
„ 2. Das Mährchen als Tonne. — Aphorismen. — Gedichte. — Biographie.
„ 3. Gulliver's Reisen.

— humoristische Werke. Aus dem Engl. übersetzt u. mit der Geschichte seines Lebens u. Wirkens bereichert von Frz. Kottenkamp. 3 Bde. 1. Bd.: Vermischte prosaische Schriften. 2. Bd.: Das Mährchen als Tonne. — Aphorismen. — Gedichte. — Biographie. 3. Bd.: Gulliver's Reisen. 8. Stuttgart 844, Scheible, Rieger u. Sattler. 2 ℞

— — Die Wohlthat des F . . . es erkläret oder die Fundamental-Ursache der Krankheiten, denen das schoene Geschlecht so sehr unterworfen zu seyn pfleget, untersuchet. Wo a posteriori bewiesen wird, dass die meisten innerlichen Beschwehrungen so ihnen anhaengen, solchen Flatulentzen u. Blehungen, denen nicht zur rechten Zeit Luft gemacht wird, zuzuschreiben. Dem Deutschen Frauenzimmer zum Besten ihrer Frau Mutter-Sprache anvertrauet von Flatulent Puffendorf, geheimer Kammerdiener u. Flöh-Faenger der Graefin von Seufzer-Hayn in Hinter-Pommern. Langfart in Irland bei Simon Bumbubard in der Windmühle der Quatscher-Strasse gegenüber 1738. (In: Sammlung . . . . Moralischer u. Satyr. Meister-Stücke. Aus d. Engl. übers. 2te Probe. Berlin u. Leipzig 1738. 8°. S. 155—170. (In Breslau, Stadtbibl.)
— — Dasselbe. Reproduktion der vorigen Uebersetzung. O. O. u. J. (Cöln, Franz Teubner, c. 1890). 8°. Büttenpap. (Mk. 1—.) Vergriffen!

Swift, Jonathan, Works, s. Pocket-Edition of the most eminent Engl. authors etc., Vol. II., III., XIV—XVII.

— — Das wundervolle Wunder der Wunder, Als eine genaue Beschreibung der Geburt, Auferziehung, Lebens-Art, ... meines A - - S. (In: Sammlung . . . . Moralischer u. Satyr. Meister-Stücke. Aus d. Engl. 2te Probe. Berlin u. Leipzig 1738. 8°. S. 171—182.) (In Breslau, Stadtbibl.)
— — Dasselbe. Reproduktion der vorigen Uebersetzung. O. O. u. J. (Ebd., c. 1890). 8°. Büttenpap. (Mk. 1—.) Vergriffen!

Swift-Büchlein, das, od. Auswahl aus Jonathan Swift's u. seiner nächsten Freunde Aeußerungen v. 1691 bis 1740, in chronolog.-biologischer Folge gesammelt u. deutsch hrsg. v. Glob. Regis. Vademecum. br. 8. (XIV u. 490 S.) Berlin 847, Duncker & Humblot. 2 ℞

Swillus, Frz., ein Beitrag zur Jahnfeier am 15. X. 1902, dem 50 jährigen Todestage des „deutschen Turnvaters". Die Bestrebgn. Friedrich Ludwig Jahns, das Turnen zur deutschen Volkssache zu machen. 4. Aufl. 10. Tausend. (34 S.) gr. 8. Königsberg 902. Gräfe & Unzer, Buchh. n. — 25

Swillus, Franz, „Die Bestrebungen Friedrich Ludwig Jahns, das Turnen zur deutschen Volkssache zu machen", Königsberg i. Ostpr. 1902, 34 S., 8°.

Swillus, F.: Die Bestrebungen Friedrich Ludwig Jahns das Turnen zur deutschen Volkssache zu machen. 4. Aufl. Königsberg 1902. 36 S

Turnvater Jahn. Ein Lebensbild f. jeden Deutschen. Von F[ranz] Swillus, Lehrer zu Königsberg i. Pr. (4. Aufl.) *Königsberg i. Pr.: L. Krause & Ewerlien 1903.* (34 S.) 8° [F.]
[Umschlagt.:] Der Alte im Barte (Friedrich Ludwig Jahn). Von F. Swillus. [illegible] 10

Swin, Marcus, Zugabe zu seinem Bilde. Heide. (Friedrichstadt). 1834. P. 8°

Swinarski, Emil v., approb. Arzt: Aus d. gynäkol. Abt. d. Krankenhauses d. Elisabethinerinnen zu Breslau (Prof. Dr. Pfannenstiel). **Beitrag** zur Kenntnis der Geschwulstbildungen der Genitalien bei Pseudohermaphroditen. *Breslau 1900: Bresl. Genossenschafts-Buchdr.* (30 S.) 8°
Breslau, Med. Diss. v. 19. Okt. 1900

Swinarski, W[enzeslaus] von, Gerichtsassessor: Die **Beleihung** und Verpfändung einer Lebensversicherungspolize. *Breslau: W. Koebner 1901.* (IX, 69 S.) 8°
Rostock, Jur. Diss. v. [10. Dez.] 1901

Swinarski, W. v., die Beleihung u. Verpfändung e. Lebensversicherungspolize. gr. 8. (IX, 69 S.) Breslau 901. W. Koebner. n. 1. 20

Swinburne, Algernon Charles, Atalanta in Calydon. Eine Tragödie. Deutsch von Albr. Graf Wickenburg. Vom Dichter autorisirte Uebersetzung. 8. (XII, 80 S.) Wien 878. Rosner. n. 2. --

Swinburne, Algernon Charles, Atalanta in Calydon, s. a. Bibliothek der Gesamtlitteratur.

Atalanta in Calydon. Eine Tragödie von Algernon Charles Swinburne. Deutsch von Albrecht Graf Wickenburg. Mit e. Vorw. d. Übers. u. d. Bilde d. Dichters. Halle a.d.S.: O. Hendel (1902). (68 S.) 8⁰
(Bibliothek d. Gesamtlitteratur d. In- u. Auslandes. No 1565.)

— dasselbe and Lyrical poems, s. a. Collection of British authors.

Atalanta in Calydon: and lyrical poems. By Algernon Charles **Swinburne**. Selected with an introd. by William Sharp. Copyright ed. Leipzig: Tauchnitz 1901. 304 S. 8°
(Collection of British authors. Tauchnitz Ed. Vol. 3522.) [11. 8393

Swinburne, Algernon Charles, Chastelard. Tragödie. Deutsch v. Ost. Horn. 16. (IV, 195 S.) Bremen 873. Kühtmann & Co. n. 2. —; geb. m. Goldschn. n. 2. 70

Swinburne, Algernon Charles, Chastelard. Tragödie Deutsch v. Ost. Horn. 2. Aufl. 12. (IV, 196 S.) Norden 886. Fischer Nachf. n. 2. —

Chastelard. Ein Trauerspiel von Algernon Charles Swinburne. Ins Deutsche übertr. von Walther Unus [d.i. Walther E. Heinrich]. Berlin: Concordia 1908. 151 S. 8⁰
(Moderne Bühne.)

Swinburne, Algernon Charles, Chastelard. Ein Trauerspiel. Ins Deutsche übertr. v. Walth. Unus. (Moderne Bühne. Eine Sammlg. dramat. Werke.) (152 S.) 8. Berlin 909. E. Reiss. 3.50; geb. n 4. 50

— dasselbe and Mary Stuart, s. a. Collection of British authors.

Chastelard and Mary Stuart. Two tragedies. By Algernon Charles **Swinburne**. Copyright ed. Leipzig: Tauchnitz 1908. 319 S. 8°
(Collection of British authors. Tauchnitz Ed. Vol. 4027.) [11. 8771

— Love's cross-currents, s. a. Collection of British authors.

Love's Cross-Currents. A year's letters. By Algernon Charles **Swinburne**. Copyright ed. Leipzig: Tauchnitz 1905. 279 S. 8°
(Collection of British authors. Tauchnitz Ed. Vol. 3834.) [11. 8621

SWINBURNE, Algernon Charles (geb. 5. April 183*. † 9. April 1909.), Flossie die fünfzehnjährige Venus. Aus d. Engl. übers. von R. Werther (ps.). Privatdruck. (c. 1908.) 8⁰. 136 S. (Br. Mk. 15—, gebd. 20—, Luxusausgabe 30—.)

Swinburne, Algernon Charles, Gedichte. Aus dem Engl. (Aus fremden Gärten. Metrische Uebertragn. von Otto Hauser.) (100 S.) 8. Großenhain 905. Baumert & Ronge. n. 1. —

Algernon Charles **Swinburne**. Ausgewählte Gedichte und Balladen. Unter Mitw. von ... hrsg. von Walther Unus [d. i. Walther E. Heinrich]. Berlin: Reiss (1910). 210 S. 8° [11. 11403

(Swinburne, Eduard Baron, k. u. k. Hauptm. des Inft.-Reg. Nr. 18.) Sieben Monate aus meinem Leben. Episoden aus dem italienischen Revolutionskriege des Jahres 1848. Von einem k. k. Officier. 8. Wien 1861.

Swinburne, Heinrich

Swinburne, H., Reise v. Bayonne nach Marseille. gr. 8. Hamb.-Bohn. 789.

Swinburne, Hnr., Reise von Bayonne nach Marseille. gr. 8. Hamb. 789. (Schnuphase in Altenb.) 8 gr

— Reise durch beide Sicilien in den J. 1777—80; aus d. Engl. mit Anmerkk. von J. R. Forster. 2 Bde. gr. 8. Hamb. 785 —787. Bohn. (Campe). 3 ℛ 6 gr

Swinburne, Heinrich: Reisen durch Beide Sicilien, welche in den Jahren 1777, 1778, 1779 und 1780 zurückgeleget worden. Uebersetzt und mit Anmerkungen erläutert von Johann Reinhold Forster. Bd. 1. 2. Hamburg 1785 u. 1787. 2 Bde. XL. 536; VI. 640 S. 8⁰.

van *Swinden*, J. H., Diss. de analogia electricitatis et magnetismi, c. II tabb. aen. Münch., (G. Franz). 1 ℛ 12 gr

— Anfangsgründe der Meßkunde; aus d. Holländ. v. K. W. Gaab. gr. 8. Jena 797. (Hennings in Neisse). 2 ℛ

van Swinden's, J. H., Elemente d. Geometrie, aus d. Holländ. übersetzt u. vermehrt v. C. F. A. Jacobi. Mit 405 Figuren auf 21 Tafeln. gr. 8. Jena 834. Frommann. 3 ℛ

Swinden's, J. H. van, Elemente der Geometrie im Auszuge, vornehmlich diejenigen Sätze enth., auf welche als Hülfssätze in: „Beweise und Auflösungen sämmtlicher Lehrsätze und Aufgaben der Anhänge des Prof. Jacobi zu den 7 ersten Büchern der Geometrie van Swinden's" verwiesen ist, aus dem Holländ. übers. von de Niem. gr. 8. (III und 90 S. mit 72 Fig. auf 8 Stnt.) Halle 868, Schmidt's Verlag. * —

— de paradoxo phaenomeno magnetico. Münch., (G. Franz). 6 gr

— positiones physicae. Tom. I. et II. Pars I. 8maj. Harderwyck 786. Kasteel. 4 ℛ 12 gr

— — idem liber. T. IIIus. 8. maj. Utrecht. 797.

— tentamen theoretic. mathematicae de phaenomenis magneticis, cum fig. 4maj. Leipz. 773. (Brockhaus). 1 ℛ

— theoremata geometriae, c. fig. 8maj. Amsterd. (Harderwyck) 786. Kasteel. 1 ℛ 8 gr

Swinden, Jer., s. Swinden, Tobias

Swinden, Tobias

v. Swinden, ..., Betrachtt. von der Hölle u. Teufel. 8. Dessau 755. Cörner. 12 gr

— — theol. u. histor. Betrachtung v. d. Hölle u. Teufel u. s. w. A. d. Engl. u. Franz. Leipz. 731. 8. (auch anonym, s. S. 9.)

– Geschichte
— — des Teufels. Aus d. Engl. (des *Tobias Swinden)*. 2 Thle. Mit Titelkpf. Franckfurt a. M. 1733. 8⁰. (4 Kr. Gilhofer & Ranschburg, 1908.)

Swinden, Jer., gründliche historische Nachricht vom Teuffel u. s. w. A. d. Engl. u. Franz. übersetzt von Jo. Gebhard. Lp:. 730. 8.

Swinderen, P. J., Disquisitio de aero Malacitano et Salpensano. Groeningen 867. (Leer, Bock's Buchh.) gr. 8. (XII, 253 S. mit 2 Tabb. in Fol. u. qu. gr. Fol.) n. 1 ℛ 15 ngr.

Swinderen, Th. van, Allgemeen Overzigt over de Mineneralogie of Kennis der Delfstoffen, zoo deze wetenschap van de Hoogeschool te Groningen wordt vorgetragen. fol. 820.

Swinemünde [Sachliches OW]

Swinemünde. Prakt. Reisehandb. 13. Aufl., neu bearb. von Th[eod.] Stromer. Mit 3 Karten. *Berlin: A. Goldschmidt 1903–04.* (31 S.) 8° [J. u. Ant.]
= Reiseführer, Griebens. Bd 56 (vielm. 94). [04. 3861

Swinemünde und Stettin. Prakt. Reisehandbuch. 14. Aufl., neu bearb. von Weise, Badesekr. Mit 3 Karten. Berlin: A. Goldschmidt 1907–08. (25 S.) 8°
= Reiseführer. Griebens. Bd 94. [07. 15619

Swinemunde und Stettin. Prakt. Reisehandbuch. 15., neu bearb. Aufl. Mit 3 Kt. Berlin: A. Goldschmidt 1910–11. 28 S. 8°
(Griebens Reiseführer. Bd 94.)

Swinemünde [Schlagwort]

Swinemünde, s.: **Deutschland. Kürschner-Pelp.**

Swinemünde, s.: **Deutschland. Uebersichtskarte.**

Swinemünde, s.: **Flaggenkarte.** —

Swinemünde, s.: **Heringsdorf.**

Swinemünde, s.: **Ostseebäder.**

— s. **Rügen.** — **Ueckeritz.** — **Usedom.**

Swinemünde-Berlin, s.: **Automobilkarten.** **Automobil-Tourenkarte. Pharus-Auto-Strecke.**

Swingar, W. H. D., De patronatus et clientelae in civitate Romana inde ab antiquissimis temporibus ratione. Diss. 1821. 47 S. 4°. 1.20

Swingle, Walt. T., s.: **Studien**, cytologische, aus d. Bonner botan. Institut.

v. Swinin, Paul, unträgl. Heilmittel wider den Biß toller Hunde; aus d. Russ. übers., nebst 1 illum. Abbild. der Alisma Plantago Linn.; aus d. Russ. übers. v. D. A. W. Tappe gr. 8. St. Petersb. (Braunschw.) 817. Plüchart. 6 gr. Dresd. Arnold. 8 gr.

Swinin, Pavel Petrovic. Malerische Reise durch Nordamerica. A. d. Russ. ... Riga 1816. Ü: *Löwis, Andreas von.* (Ky) (R-N)

Swinin, P., malerische Reise durch Nordamerika. Aus d. Russis. 8. Riga, Hartmann (in Comm.) 816. -

— maler. Reise durch Nordamerika; aus d. Russ. (v. A. Löwis) 8. Riga 816. (Taubert in Leipz.) 18 gr.

Swinton, A., Reisen durch Norwegen, Dänemark, Rußland in den J. 1788—91; aus d. Engl. mit Anmerkk. v. F. G. Canzler. gr. 8. Berl. 793. Voß. 22 gr.

Swionteck, Leopold [aus Pniow i. Gal.]: Ueber den Zusammenhang der Phthisis pulmonum mit der scheidenförmigen Verknöcherung der Rippenknorpel. Strassburg, Druck von Ed. Hubert & E. Haberer, 1877. 8. 36 S.

Swinyn, s. Swinin

'Swirski, Geo., Untersuchungen über die Entwickelung des Schultergürtels u. des Skelets der Brustflosse des Hechts. Inaugural-Dissertation. Mit 2 (lith.) Taf. gr. 8. (60 S.) Dorpat 880. (Karow.) n. 1. 50

Switalski, B. W., s. Switalski, Wladislaus

Switalski, Martin [Oberl.]: 50 stereometrische Aufgaben aus der Optik für Ober-Prima. Braunsberg, Heyne's Buchdr., *1892;* 1—26 S. 4.
Braunsberg, k. G, OP 1892 (3)

Switalski, M.: Stereometrische Aufgaben über Maxima und Minima für elementare Lösung in Oberprima. Rastenburg, Druck v. W. Kowalski (1889); 50 S. 8°
Rastenburg, G, OP 1889 (15)

Switalski, Mart., Geschichte der polnischen Literatur, s.a. Sammlung Kösel.

Geschichte der polnischen Literatur. Von Martin **Switalski**, Prof. Kempten & München: J. Kösel 1908. (186 S.) 8° [J.]
(Sammlung Kösel. Bd 24.) [08. 16402 7

Switalski, Martin: Der propädeutische Unterricht in der Physik. Braunsberg, Heyne'sche Buchdr., *1895;* 3—16 S. 4.
Braunsberg, k. G, OP 1895 (3)

Switalski, W(ladislaus), Prof. Dr.: Die erkenntnistheoretische Bedeutung des Citats. — Ein Beitrag zur Theorie des Autoritätsbeweises. (Enthält außerdem: Preisaufgaben.) Braunsberg 1905: Heyne. (20 S.) 4°
Braunsberg, Vorl.-Verz. SS 1905

Switalski, W., die erkenntnistheoretische Bedeutung des Citats. Ein Beitrag zur Theorie des Autoritätsbeweises. (Progr.) (20 S.) Lex.-8. Braunsberg 905. (E. Bender). n. 1. —

Switalski, Wladislaus: Des Chalcidius Kommentar zu Plato's Timaeus. Ein Beitrag zur Quellenanalyse d. Kommentars. *Münster i. W. [1902]: Aschendorff.* (44 S.) 8° ¶ [Erschien vollst. 1902 als: Beiträge zur Gesch. d. Philos. d. Mittelalters, Bd 3, H. 6.]
München, Phil. Diss. v. 1899

Switalski, B. W., des Chalcidius Kommentar zu Plato's Timaeus, s. a. Beiträge zur Geschichte der Philosophie des Mittelalters. III. 6.

Des Chalcidius Kommentar zu Plato's Timaeus. Eine hist.-krit. Untersuchung von Dr. B. W. Switalski. Münster: Aschendorff 1902. (VI, 113 S.) 8°
(Beiträge z. Geschichte d. Philosophie d. Mittelalt. Bd 3, H. 6)

Das Leben der Seele. Eine Einführung in d. Psychologie von Dr. B. W[ladislaus] **Switalski**, Prof. Braunsberg: Bender 1907. (148 S.) 8° [07. 13517

— das deutsche Volkstum u. die Vaterlandsliebe nach Fichtes Reden an die deutsche Nation. Rede, zur Feier des Geburtstages Sr. Maj. des Kaisers u. Königs Wilhelm II. am 27. I. 1906 in der Aula des königl. Lyceum Hosianum zu Braunsberg geh. (45 S.) gr. 8. Braunsberg 906. (Bender's Buchh.) n.n. 1. 25

Das deutsche Volkstum und die Vaterlandsliebe nach Fichtes Reden an die deutsche Nation. Rede z. Feier d. Geburtstages d. Kaisers Wilhelm II. 1906 zu Braunsberg geh. von Dr. W[ladislaus] **Switalski**, Prof. Braunsberg: H. Grimme in Komm. 1906. (43 S.) 8° [06. 6174

Der Wahrheitsbegriff des Pragmatismus nach William James. Eine erkenntniskrit. Studie von Prof. Dr. W[ladislaus] **Switalski**. Braunsberg Ostpr. 1910: Heyne. 58 S. 8° [10. 17354 10

Switalsky, Victor [app. Arzt aus Halle a. S.]: Ueber Geburtsverletzungen der Vulva und Operationen bei kompletem Dammrisse ... Halle a. S., Hofbuchdr. v. C. A. Kaemmerer & C., 1896; 26 S., 2 Bl., 9 Bl. Tab. 8.
Halle, Med. Fak., Inaug.-Diss. v. 26. Okt. 1896

SWITLIK, Joseph (Warschau): De morbis retinae circulatione impedita. (Titel nach der Urkunde)
15.7.1869 – Urk; F 72; Chr 1869/70,11
Diss.Ingolst.-Landsh.-Mchn.

Switrau, J. H. W., s. Repertorium d. Chemie u. Pharmacie.

Switzer, S., s. Swizer, Steph.

Switzerland, s.a. Grieben's Reisebücher.

Switzerland. Berlin 1893, s. [Stromer, Theodor].

Switzerland. A practical Guide. Berlin, London 1909—1910 s. [Türler, Emil August].

Switzerland. [Edited by] ... the Jura-Simplon Railway. [Illustrated.] 8. Zurich [1893].

Switzerland. Practical Notes for Tourists. [Edited by the] North German Lloyd Steamship C°. [Illustrated.] 8-obl. s. l. [1896].

Switzerland. A pract. guide. With 7 maps. Berlin: Goldschmidt 1909–10. 162 S. 8°
(Grieben's guide books. Vol. 123.)

Switzerland, Chamounix and the Italian lakes. With [illustrations, 9] maps, [6] plans and [7] panoramas. 8. Zurich [1894].
Schmidt's Guides.

— **illustrated,** s.a. Europe, illustrated.

Switzerland, illustrated N° 6. Thun and the Lake of Thun. In-8°, 40 p. With 23 illustrations and 1 map. Zürich, Orell Füssli & Cie. 1879.

Switzerland illustrated. Nr. 7: Interlaken, by Gerber. — Nr. 8: The Upper-Engadine, by J. Pernisch. In-8°. Zürich, Orell Füssli & Cie. 1878.

Switzerland and the Swiss. Zurich ... 1875, s.a. [Byers, Samuel Hawkins Marshall].

Switzerland and the Swiss. By an American resident. gr. 8. (XXVI, 203 S. mit eingedr. Holzschn. und 2 Holzschntaf.) Zürich 875, Orell, Füssli und Comp. geb. *

de Switzyn, Alexander Mart. (geb. Warschau 11. 11. 1837): De tubae Eustachii catheterismo. Berolini (1867). (31 S.) 8°
Berlin, Med. Diss. v. 21. Dez. 1867

Swizer, Steph.

Switzer S.: Kurze u. bequeme Methode die italiänischen Brocoli ... u. andere fremde Küchenkräuter hervorzubringen. Nebst einer Nachricht v. der Lucerne ... u. andern Grassamen ... Aus. d. Engl. übers. Leipz. 1755. 231 S. 2 Tvl.
(Indeholder 8 Stykker om forskellige Nytteplanter, om »Lehmenbrennen« etc.).

Swizer, Steph., kurze Methode d. Italienischen Brocoli, spanischen Cardon, Celeriac, Finochi u. andere fremde Küchenkräuter hervorzubringen. Aus d. Engl. Mit 2 Kpf. 8. Leipzig, 1755. (Hilscher.) — 7½

Swoboda: Beiträge zur Meteorologie von St. Pölten. St. Pölten 1865.
Schul-/Univ.-Schrift

Swoboda, J.: Schattenreich, das, im Künstlerhaus.

Swoboda, A., Gesanglehre. Fol. ... Wien ..., (Beck.)

—— Guitarre-Schule. Fol. ... Wien ..., (Beck.)

—— System d. Tonsetzkunst. 1., 2. u. 4. Thl. Wien, (Beck.)
Thl. 1. Harmonie-Lehre (Generalbaßlehre). gr. 8. (12½ B. u. 3 Musikbeil.) 828. 1 Thlr. 16 Gr.
„ 2. Anleitung zum Contrapunctiren. gr. 8. ... 829. 1 Thlr. 2 Gr.
„ 4. Instrumentirungslehre (Partitursetzkunst). qu. Fol. ... 829. 2 Thlr. 16 Gr.
Der 3. u. 5. Thl. wird noch erwartet.

Swoboda Dr. Anton: Beiträge zur Beurtheilung des unechten Schlusses von Euripides „Iphigenie in Aulis". (22. 15). Karlsbad 93. 94.
Progr.

Swoboda, Ant., griechische Chrestomathie, s.: Thumser, Vikt.

Swoboda, Anton: Zur Kritik und Erklärung von Euripides' Iphigenie in Aulis. 8 (S. 3–12). K. k. Elisabeth-G. Wien 1899.
Progr.

Swoboda Anton: Quaestiones Nigidianae.
D: Selbstverlag, 1887.
1887 PN 486 Diss. Wien Univ. 1469

Swoboda, C. B., die Farben zur Decoration v. Steingut, Fayence u. Majolika. Eine kurze Anleitg. zur Bereitg. der farb. Glasuren auf Hartsteingut, Fayence u. auf ordinärem Steingut, Majolika, der Farbflüsse, Farbkörper, Unterglasurfarben, Aufglasurfarben f. feingelbe Fayencen, sog. Steingutscharffeuer-Farben, Majolikafarben rc., sowie kurze Behandlg. sämmtl. zur Bereitg. nöth. Rohmaterialien. 8. (VI, 116 S.) Wien 891. A. Hartleben. n. 3. —; geb. n. 3. 80

Swoboda CB, die Farben zur Dekoration von Steingut, Fayence und Majolika. (Bibliothek, Chemisch-technische 191) Wien 1891

— Grundriß der Thonwaaren-Industrie od. Keramik. 8. (VIII, 196 S. m. 36 Abbildgn.) Ebd. 895. n. 3. —; geb. n. 3. 80

-- Grundriss d. Thonwarenindustrie od. Keramik. (Bibl. Chem.-techn. 215) Wien 1895

Swoboda, Carl, s. Swoboda, Karl

Swoboda Edmund und **Forsek** W.: Zur Kenntnis einiger vom Isobutyraldehyd derivierender zweiwertiger Alkohole. S. 99. II b. 406 . . . .
Separatabdruck

Swoboda, Ernst, approb. Arzt aus Buchholz in Sachsen: Ueber Verletzungen der grossen Bauchgefässe. München 1899: Kastner & Lossen. (31 S.) 8°
München, Med. Diss. v. 1899.

Swoboda, Frz. Über Dictando- und Sprechübungen im Französischen an der Realschule. 12 S. 8. **Progr.** Rsch. V. Bez. Wien 1882.

Swoboda Franz: Die Extentistenbewegung in den Jahren 1670 bis 1673.
II. 1910 PN 2964 Diss. Wien, Univ. 1041

Swoboda Friedrich und Cles Hildebrand Freiherr von: Kinematographische Aufnahme von Geschützprojektilen während der Bewegung bei Tageslicht. Bestimmung der Lage des Geschosses im Raume nahe der Mündung und nahe dem Ziele; Messen der Anfangs- und Endgeschwindigkeit; Messen des Abgangs- und Einfallswinkels; Phasen während des Austrittes des Geschosses aus der Mündung (mit 3 Taf. und 2 Textfiguren). S. 123. II a. 787 . . . .
Separatabdruck

Swoboda, Gust., die nützlichsten Haus-Thiere: das Pferd, das Rind, das Schaf, in Bezug auf Altersbestimmung, Zucht, Fütterung, Mastung, Ankauf und Verkauf. gr. Lex.-8. (IV und 75 S. mit 8 naturgetreuen Stnt. in Farbendr.) Wien 857. Typographisch-literarisch-artistische Anstalt. *

—— die Physopathie, oder die Lehre, alle Krankheitsformen auf naturgemäßem Wege zu heilen. (In 3 Heften.) Lex.-8. (70 S.) Wien 857, (Gerold's Sohn.) *

Swoboda, Gustav — Die Physopathie, oder die Lehre, alle Krankheitsformen auf naturgemäßem Wege zu heilen. In 3 Heften. Von — —. Wien, 1857. Mechitharisten-Buchdr. (70 S. 8.)

Swoboda, Hanns, Lehrbuch der Handels-Arithmetik. gr. 8. (VI, 248 S.) Wien 884. Gerold's Sohn. n. 4. 80

Swoboda, H, Sammlung von Rechnungs-Aufgaben über Edelmetalle etc.,
— Sammlung von Rechnungs-Aufgaben über unbenannte u. benannte Zahlen,
} s.: Pöschl, R.

Beiträge zur griechischen Rechtsgeschichte. Von Heinrich **Swoboda**. Weimar: H. Böhlaus Nachf. 1905. (136 S.) 8°
[Aus: Zeitschrift d. Savigny-Stiftung f. Rechtsgesch. Romanist. Abt. Bd 26.]

Swoboda, H., in den schwarzen Bergen, } s.: National-Bibliothek, deutsch-österreichische

— vorläufiger Bericht üb. e. archäologische Expedition nach Kleinasien, s.: Jüthner, Jul.

Swoboda, Heinr., der Domv. Aquileja, s.: Lanckoroński, Karl Graf.

— s.: Entscheidung, die, in der Riesenthor-Frage.

Swoboda, Heinr., üb. d. liturgischen Ertrag v. Wilpert's neuen Katakombenfunden. [Aus: „Jahrb. d. Leo-Gesellsch. 1895".] gr. 8. (7 S.) Wien 896. (Verl.-Buchh. St. Norbertus.) n. — 36

Swoboda, Heinr., des Försters Fritz. Eine Erzählg. 8. (III, II, 213 S.) Dresden 899. E. Pierson. n. 4. —

Swoboda, Heinr., gesammelte Gedichte, Dramen u. Erzählungen. 2., verm. Aufl. Mit dem Portr. des Verfassers in Stahlst. 1—6. Lfg. 8. (96, 168, 99, 81, 103 u. 85 S.) Leipzig 881. Mutze. à n. 1. 50

Swoboda, Heinr., gesammelte Gedichte. (XVII, 179 S. m. Bildnis.) gr. 8. Leipzig (903). O. Mutze. n. 2. —; geb. n. 3. —

— des Königsschlosses Geheimnis od.: Die Adelsverschwörung. Historisches Schauspiel in 4 Aufzügen. (VII, 75 S.) gr. 8. Ebd. (903). n. 1. —

Swoboda, Heinr., griechische Geschichte, s.: Sammlung Göschen.

Griechische Geschichte von Dr. Heinrich **Swoboda**, Prof. 3., verb. Aufl. Leipzig: Göschen 1907. 194 S. 8°
(Sammlung Göschen. 49.)

— Grossstadtseelsorge. Eine pastoral-theolog. Studie. Mit 3 statist. Taf. (XXVIII, 454 S.) gr. 8. Regensburg 909. F. Pustet. 6. —; geb. in Halbfrz. 8. —

— in omnibus autem caritas u. Der Rosenkranz. 2 Erzählgn. (III, 163 S.) gr. 8. Ebd. (903). n. 1. 50; geb. n. 2. 50

Swoboda, Heinr., s.: Kirche, die kathol., unserer Zeit.

— Konkurrenzen f. eine einfache Pfarrkirche, f. e. Reliquiar u. f. e. heiliges Grab. Im Auftrage des k. k. Ministeriums für Kultus u. Unterricht u. der österr. Leo-Gesellschaft. (57 S. m. Abbildgn.) Fol. Wien (904). (Gerlach & Wiedling.) n. 12. 50

— zur Lösung der Riesentorfrage. Das Riesentor des Wiener St. Stefansdomes u. seine Restaurierg. gr. 4. (30 S. m. 1 Taf.) Wien 902. A. Schroll & Co. n. — 80

— Miniaturen aus dem Psalterium der hl. Elisabeth, s.a. Wlha, Jos.

Miniaturen aus dem Psalterium der heiligen Elisabeth. 54 photogr. Orig.-Aufnahmen von Josef Wlha mit krit. Text erl. von Prof. Dr. Heinrich Swoboda. Wien: J. Wlha 1898. (20 S., 54 Taf.) 4°

Swoboda, Heinr., Nelly. Trauerspiel in 5 Aufzügen. — In den schwarzen Bergen. Dramatisches Bild. Prag 868. Bellmann. gr. 8. (IV, 128 S.) n. 12 ngr.

Swoboda H.: Organisation d. Honigbiene u. der Bienenstaat. Neutitschein 1903. 26 S. P.
(Jahresbericht d. Mähr. Landes-Oberrealschule in Neutitschein 1902/03).

— Probleme u. Anregungen f. kirchliche Kunst. Vorstudien zu e. Concurrenz-Ausschreibg. f. Gegenstände d. kirchl. Kunst. gr. 8. (30 S.) Wien 901. H. Kirsch. n. 1.50

Swoboda, H., Ueb. den Process des Perikles. S.-A. 1893. 63 S.

Swoboda, Heinr., Thukydideische Quellenstudien. gr. 8. (III, 85 S.) Innsbruck 881. Wagner. n. 2. —

SWOBODA, Henricus: De imperii et sacerdotii relatione ab a. 800 usque ad imperii Romani occidentalis finem. — (1894) 270 Bl. 8° (Handschr.)
Diss. Wien, Univ. Diss. 515

Swoboda Heinrich: Früh-christliche Reliquiarien des k. k. Münz- und Antiken-Kabinettes. Diss. Wien, Univ.
D: Mitt. d. Zentralkomm. N. F. XVI (1890).
1889 PN 575 1861

Swoboda, H. (H.), über griechische Schatzverwaltung, s. Studien, Wiener, 10. Jahrg.

— Schön sein u. arm. Eine alltägl. Geschichte. — Eduard u. Kunigunde. Eine traur. Komödie in 1 Aufzug. (120 S.) 8. Ebd. 905. n. 2. —

Swoboda, H., die neugefundene Schrift d. Aristoteles vom Staate der Athener, s.: Sammlung gemeinnütziger Vorträge.

— Agda Sjöström, s. National-Bibliothek, deutsch-österreichische.

Swoboda Heinrich: Untersuchungen über die Quellen des Thukydideischen Geschichtswerkes, mit besonderer Berücksichtigung auf das 3. und 4. Buch.
1879 PN 154 Diss. Wien, Univ 656

ein Vandale, s. National-Bibliothek, deutsch-österreichische.

Swoboda, H., die griechischen Volksbeschlüsse. Epigraphische Untersuchgn. gr. 8. (X, 320 S.) Leipzig 890. Teubner. n. 8. —

— liturgische Wandtafeln f. den katholischen Religionsunterricht. 25 farb. Lithographien nach Entwürfen v. Jos. Reich u. Rich. Jordan hrsg. u. m. erläut. Text versehen. 2., erweit. Aufl. 60,5 × 70,5 cm. Nebst Text. (20 S.) gr. 8. München (903). Allgemeine Verlags-Gesellschaft. n. 25. —

Swoboda, Heinr., Wandtafeln zum Gebrauche bei dem Religionsunterricht an den allgemeinen Volks- u. Bürgerschulen. Unter techn. Mitwirkg. v. Rich. Jordan u. Frz. Kargl. qu. gr. Fol. (12 farb. Taf. m. 4 S. Erläutergn.) Wien 893. H. Kirsch. n. 9. 60; f. Aufspannen der Tafeln n.n. 8. 40

Swoboda, H., e. Weltbild unserer kirchlichen Kunst, gezeichnet in der Vatikanischen Ausstellung. Mit 6 Kunstbeilagen. Lex.-8. (48 S.) Paderborn 889. F. Schöningh. n. 1. 80

— neue Wendungen in der Leichenverbrennungsfrage, s.a. Vorträge u. Abhandlungen, hrsg. v. der Leo-Gesellschaft. 15.

SWOBODA, Heinrich 614
(F) Neue Wendungen in der Leichenverbrennungsfrage. Von Dr. Heinrich Swoboda. Wien. 1901. Mayer & Co. Gr.-8°. 24 S. K —.60

Swoboda, Herm., die gemeinnützige Forschung u. der eigennützige Forscher. Antwort auf die v. Wilhelm Fliess gegen Otto Weininger u. mich erhobenen Beschuldiggn. (55 S.) 8. Wien 906. W. Braumüller. n. 1.—

Swoboda, Herm., Harmonia animae. (V, 42 S.) gr. 8. Wien 907. F. Deuticke. 1 50

— Notgottesdienst u. Wiener Kirchennot. Rede, geh. am 25. III. 1909, anlässlich d. Generalversammlung des Vereines zur Erbaug. e. Kirche bei der Schmelz in Ottokring-Wien. (45 S.) 8. Wien (909). G. Eichinger. — 30

Die Perioden des menschlichen Organismus in ihrer psychologischen und biologischen Bedeutung. Von Dr. Hermann Swoboda. *Leipzig & Wien: F. Deuticke 1904.* (XIII, 135 S.) 8°

Studien zur Grundlegung der Psychologie. Von Dr. Hermann **Swoboda**. 1. Psychologie u. Leben. 2. Assoziationen u. Perioden. 3. Leib u. Seele. Leipzig & Wien: F. Deuticke 1905. (VIII, 117 S.) 8°

— Die kritischen Tage des Menschen u. ihre Berechnung m. dem Periodenschieber. (63 S. m. Periodenschieber auf Pappe.) kl. 8. Wien 909. F. Deuticke. 4.—

— Otto Weiningers Tod. (VI, 100 S.) 8. Ebd. 911. 2.—

Swoboda Hermann Dr.: Verstehen und Begreifen.
1901 PN 1372 Diss. Wien, Univ. 88

Swoboda, Jan.

— Malý Čech a Němec, čili prwopočatečni česté a německé cwičeni w mluweni Druhé wydáni. 8. W Praze 846, Kronbergra a Riwnáče. n. 1/3 ₰

Swoboda, Jan., malý čtenář čili čitanka pro malé ditky. Wydani 2. 8. (72 S.) Prag 847, Kronberger. 6 ngl

Swoboda, Jan., škola čili prwocatecnj, prakt., názorné, wšestranné, wyncowánj malých djtek. Mit 1 Stammtaf. gr. 8. Prag 839. (Kronberger u. R.) 21 ngl

—— Skolka čili prwočatečnj, prakt., názorné, wšestranné wyučowánj malých djtek. gr. 8. (XXIV und 254 S. mit 1 Stnt. in Fol.) Prag 848, Kronberger'sche Buchh.

Swoboda, Johann: Drei Erbauungsgebete, für Kranke des k.k.allgemeinen Krankenhauses in Wien. 31 S., gbd.

Wien: Ludwig 1845

JB 5.586

Swoboda, Johann —. Erhebung des Geistes zu Gott, für Kranke des k. k. allgemeinen Krankenhauses zu Wien. Von — —. 8. (48 S.) Wien. Gedruckt bei Leopold Grund 1854.

Swoboda, Joh., historisch-dogmatische Erörterungen praktischer Rechtsfälle aus allen Gebieten der Justizpflege. gr. 8. (VIII, 479 S.) Leipzig 873. Roßberg. n. 7. —

Swoboda, Joh., der Kampf der Nationalitäten in Oesterreich u. die Constituirung Deutschlands zu Einem Staate, völkerrechtl. betrachtet. gr. 8. (30 S.) Freiberg 848, Engelhardt. n. 1/6 ₰

Swoboda. Die Theresianische Militär-Akademie zu Wiener-Neustadt und ihre Zöglinge von der Gründung der Anstalt bis auf unsere Tage. Wien 1894.

Swoboda, Johann, k. k. Hauptm. im Lin.-Inft.-Reg. Nr. 51. Die k. k. Militär-Akademie zu Wiener-Neustadt. Mit 16 Tafeln in photogr. Glasdruck, 19 Holzschnitten und 1 Plan in Kupferdruck. 4. Wien 1873.

Swoboda, I., Der Staat, das Eigenthum, die Regalien, insbes. die Bergwerkshoheit in ihrer Genesis, welthistor. Entwicklung und heutigen Berechtigung. Abth. 1. Freiberg 1848. 8.
Nicht mehr ersch.

— der Staat, das Eigenthum, die Regalien, insbesondere die Bergwerkshoheit in ihrer Genesis, welthistor. Entwickelg. u. heutigen Berechtigung. 1. Abth. gr. 8. (VIII u. 145 S.) Ebd. 848. n. 1 ₰

Swoboda Josef: Die kritische Beurteilung der von Sartori herausgegebenen Sammlung der hinterlassenen politischen Schriften des Prinz Eugen von Savoyen an der Hand seines Nachlasses.
H. 1905 PN 1917 Diss. Wien, Univ. 911 a

Swoboda Josef: Quomodo Horatius verbis iocatus sit.
H. 1909 PN 2680 Diss. Wien, Univ. 1652

Swoboda, Jul., der Asphalt u. seine Verwendung. (162 S. m. 62 Abbildgn.) gr 8. Hamburg 904. L. Voss. n. 3.—

Swoboda, J. Die Entwicklung der Petroleum-Industrie in volkswirtschaftlicher Beleuchtung. In-8°. 8, 197 S. Basel. These. 1895.

Die Entwicklung der Petroleum-Industrie in volkswirtschaftlicher Beleuchtung v. Dr. Julius **Swoboda**. Tübingen: H. Laupp 1895. (197 S.) 8°
[Erschien auch als Inaug.-Diss. Basel 1895.]

Swoboda, Jul., Ottavia Rinnuccini, s. Familien-Bibliothek.

Swoboda, Jul., der letzte Wille e. Königin, s.: Familien-Bibliothek.

Swoboda, Karl, die Anlegung u. Benutzung transportabler u. stabiler Eiskeller od. Eisschränke, Eisreservoirs u. amerikan. Eishäuser, sowie die Konstruktion u. der Gebrauch v. Milch-, Wasser- u. Luftkühlern, Gefrornesmaschinen ꝛc. Für herrschaftl. u. landwirthschaftl. Haushaltgn., Konditoren, Schlächter ꝛc. 3. verm. u. verb. Aufl. v. F. Harzer's Anlegg. u. Benutzg. der Eiskeller. Mit 4 (lith.) Taf., enth. 49 Abbildgn. gr. 8. (96 S.) Weimar 874. B. F. Voigt. 2. 25

Swoboda K.: Berechnung und Construction der bei Seeleuchten in Anwendung kommenden Prismen-Reflectoren. Ein Beitrag zur Dioptrik der Seeleuchten. 23. Wien R. IV. 80.
Progr.

Swoboda, Karl, die Eisapparate der Neuzeit. Erläuterung und Beschreibung der in dem letzten Decennium in Anwendung gekommenen Eismaschinen. Mit besond. Berücksicht. der in der Pariser Weltausstellung von 1867 exponirten Eisapparate gemeinfaßlich dargestellt. gr. 8. (X, 28 S. mit 5 lithogr. Taf., enth. 24 Abbild. in 4. und qu. Fol.) Weimar 868, B. F. Voigt.

Swoboda, K., Eiskeller, s. Nöthling, Ernst.

Swoboda, Karl, Lehrbuch der Naturlehre für den Unterricht an achtklassigen Volks- u. Bürgerschulen. Dem vorgeschriebenen Lehrplane entsprechend in 3 concentr. Lehrstufen bearb. gr. 8. Wien 879. Hölder. à n. — 52
1. Für die 6. Klasse. Mit 105 Versuchen u. 52 in den Text gedr. Holzschn. (IV, 68 S.)
2. Für die 7. Klasse. Mit 63 Versuchen u. 65 in den Text gedr. Holzschn. 2., unveränd. Aufl. (IV, 75 S.)
3. Für die 8. Klasse. Mit 42 Versuchen u. 52 in den Text gedr. Holzschn. (IV, 75 S.)

Swoboda, Karl, Lehrbuch der Naturlehre für den Unterricht an achtklassigen Volks- und Bürgerschulen. Dem vorgeschriebenen Lehrplane entsprechend in 3 concentr. Lehrstufen bearb. gr. 8. Wien, Hölder. à Stufe * 52 Pf. *
Inhalt:
Stufe 1. Für die sechste Klasse. 2.—5. Aufl. (IV, 68 S. mit 105 Versuchen und 52 in den Text gedr. Holzschn.) 880—84.
" 2. Für die siebente Klasse. 2. Aufl. (IV, 75 S. mit 63 Versuchen und 65 in den Text gedr. Holzschn.) 881.
" 3. Für die achte Klasse. 2. und 3. Aufl. (IV, 75 S. mit 42 Versuchen und 52 in den Text gedr. Holzschn.) 383,

— das metrische Mass- u. Gewichts-System in Oesterreich nebst e. Anh. das Wichtigste aus der Alkoholometrie m. Bezug auf das Litermass. Bearb. f. Mittelschulen, insbesonders f. Handelsschulen u. Kaufleute. Mit 3 in den Text aufgenommenen Holzschn. u. e. Tabelle. gr. 8. (85 S.) Wien 873. Hölder. n. 1. 60

— das Metermaß in Deutschland, Frankreich u. Oesterreich. Ein besonders für Oesterreich-Ungarn bestimmtes gemeinschaftliches Hülfsbüchlein, enthlld.: geschichtl. Notizen über das Metermaß, die verschiedenen Preis- u. Maßumwandlungsmethoden, durchgeführt in einer großen Anzahl von Uebungsbeispielen ꝛc. Für Kaufleute, Fabrikanten, Aerzte, u. a. m. bearb. Mit einem Vorworte von Ad. Frhrn. v. Burg. Mit 1 Umrechnungstabb. u. 15 in den Text eingedr. Holzschn. Ebend. 870. 8. (VIII, 130 S.) 15 ngr.

— das Metermaß in Deutschland, Frankreich u. Oesterreich. Ein besonders f. Oesterreich-Ungarn bestimmtes, gemeinfaßl. Hülfsbüchlein, enth. geschichtl. Notizen üb. das Metermaß, die verschied. Preis- u. Maß-Umwandlungsmethoden, durchgeführt in e. großen Anzahl v. Uebungsbeispielen, u. die zum besseren Verständnisse der letzteren unentbehrl. arithmet. u. geometr. Grund- u. Hülfslehren. Für Kaufleute, Fabrikanten, Aerzte ꝛc. Mit e. Vorworte v. Adam Frhr. v. Burg. Mit 3 Umrechnungstabellen u. 16 in den Text eingedr. Holzschn. 2. verm. u. verb. Aufl. gr. 16. (XXIV, 127 S.) Weimar 873. B. F. Voigt. 1. 50

Swoboda's [Karl] Naturlehre für Bürgerschulen. In 3 concentr. Lehrstufen. Gänzlich umgearb. und den neuen Lehrplänen entsprechend eingerichtet von Laurenz Mayer. gr. 8. Wien, Hölder. *
Inhalt:
Lehrstufe 1. Für die 1. Classe. 6.—9. unveränd. Aufl. (VI, 98 S. mit 54 Holzschn.) 885—88. * 64 Pf.
" 2. Für die 2. Classe. 3.—5. unveränd. Aufl. (VI, 138 S. mit 105 Holzschn.) 886—88. * 90 Pf.
" 3. Für die 3. Classe. 4.—6. unveränd. Aufl. (IV, 107 S. mit 67 Holzschn.) 886—88. * 68 Pf.

Swoboda's Naturlehre f. Bürgerschulen. In 3 concentr. Lehrstufen. Gänzlich umgearb. u. den neuen Lehrplänen entsprechend eingerichtet v. L. Mayer. gr. 8. Wien, Hölder. n. 2. 22
1. Für die I. Classe. 10., unveränd. Aufl. Mit 54 in den Text gedr. Holzschn. (VI, 98 S.) 889. n. — 64
2. Für die II. Classe. 6., unveränd. Aufl. Mit 105 in den Text gedr. Holzschn. (VI, 138 S.) 889. n. — 90
3. Für die III. Classe. 6., unveränd. Aufl. Mit 67 Holzschn. (IV, 107 S.) 888. n. — 68

Swoboda's Naturlehre für Bürgerschulen. In drei concentrischen Lehrstufen. Gänzlich umgearbeitet und den neuen Lehrplänen entsprechend eingerichtet von Laurenz Mayer. I. Stufe. I. Cl. 11. unveränderte Auflage. Mit 54 in den Text gedruckten Holzschnitten. 8. (VI, 98. S.) —.32
Wien: Hölder 1890.

Swoboda's Naturlehre f. Bürgerschulen. In 3 concentr. Lehrstufen. Gänzlich umgearb. u. den neuen Lehrplänen entsprechend eingerichtet v. Laurenz Mayer. gr. 8. Wien, A. Hölder. n. 2. 22
1. Für die I. Classe. 12. unveränd. Aufl. Mit 54 in den Text gedr. Holzschn. (VI, 98 S.) 891. n. — 64
2. Für die II. Classe. 8. unveränd. Aufl. Mit 105 in den Text gedr. Holzschn. (VI, 138 S.) 892. n. 90
3. Für die III. Classe. 7. unveränd. Aufl. Mit 67 in den Text gedr. Holzschn. (IV, 107 S.) 890. n. 68

(F) Swoboda-Mayers Naturlehre für Bürgerschulen. In drei concentrischen Lehrstufen. Nach dem Tode der Verfassers neu bearbeitet von Joh. Max Hinterwaldner und Dr. Karl Rosenberg. 2. Stufe für die II. Classe. 9. durchgesehene und verbesserte Auflage. Mit 117 in den Text gedruckten Holzschnitten. Wien. 1893. Hölder. Gr.-8°. VI, 134 S. Geb. fl. —.64

Swoboda u. Mayer's Naturlehre f. Bürgerschulen. In 3 concentr. Lehrstufen. Nach d. Tode d. Verff. neu bearb. v. Joh. Max Hinterwaldner u. Karl Rosenberg. 1. Stufe f. d. I. Classe. 13., durchges. u. verb. Aufl. gr. 8. (IV, 116 S. m. 65 Holzschn.) Wien 893. A. Hölder. Geb. n. 1. 08

Swoboda u. Mayer's Naturlehre f. Bürgerschulen. In 3 concentr. Lehrstufen. Nach dem Tode des Verf. neu bearb. v. Joh. Max Hinterwaldner u. Karl Rosenberg. gr. 8. Wien, A. Hölder. Geb. n. 3. 88
1. Stufe f. die I. Classe. 14., im wesentlichen unveränd. Aufl. (IV, 119 S. m. 74 Holzschn.) 900. n. 1. 20
2. Stufe f. die II. Klasse. 10., im wesentlichen unveränd. Aufl. Inhaltlich unveränd., nach der neuen Rechtschreibung hergestellter Abdr. der 10. Aufl. (VI, 150 S. m. 117 Holzschn.) 902. n. 1. 40
3. Stufe f. die III. Classe. 8., durchgeseh. u. verb. Aufl. (IV, 128 S. m. 85 Holzschn.) 900. n. 1. 28

Swoboda-Meyers Naturlehre für Bürgerschulen. 1. Stufe für die I. Klasse. 15. Aufl. Gr.-8°. (ill. IV, 119 S.) geb. K 1.20
Wien: Hölder 1903.

Swoboda u. Mayer's Naturlehre f. Bürgerschulen. In 3 konzentr. Lehrstufen. Nach dem Tode der Verff. neu bearb. v. Joh. Max Hinterwaldner u. Karl Rosenberg. gr. 8. Wien, A. Hölder. Geb. n. 3. 59
1. Stufe f. die I. Klasse. 16. Aufl. Unveränderter Abdr. der 15. Aufl. (IV, 119 S.) 905. n. 1. 04
2. Stufe f. die II. Klasse. 11. Aufl. Inhaltlich unveränd. Abdr. der 10. Aufl. (VI, 150 S. m. 117 Holzschn.) n. 1. 25
3. Stufe f. die III. Klasse. 9. Aufl. Mit 85 in den Text gedr. Holzschn. Unveränd., nach der neuen Rechtschreibg. hergestellter Abdr. der 8. Aufl. (IV, 114 S.) 905. n. 1. 30

Swoboda-Mayers Naturlehre für Bürgerschulen. In drei konzentrischen Lehrstufen. Nach dem Tode der Verfasser neu bearbeitet von Joh. Max Hinterwaldner und Dr. Karl Rosenberg. I. Stufe, für die I. Klasse. 17., nach dem neuen Lehrplane vom 15. Juli 1907 umgearbeitete Auflage. Mit 69 in den Text gedruckten Holzschnitten. Wien 1909. A. Hölder. Geb. K 1.12.

Swoboda u. Mayer's Naturlehre f. Bürgerschulen. In 3 konzentr. Lehrstufen. Nach dem Tode der Verff. neu bearb. v. Joh. Max Hinterwaldner u. Karl Rosenberg. Ausg. A. Für Knabenbürgerschulen. II. u. III. Stufe. gr. 8. Wien 910. A. Hölder. Geb. 2. 50

II. Stufe f. die II. Klasse. 13., nach dem neuen Lehrplane vom 15. VII. 1907 umgearb. Aufl. (V, 168 S. m. 111 Holzschn.) Geb. 1. 40

III. Stufe f. die III. Klasse. 11., nach dem neuen Lehrplane vom 15. VII. 1907 umgearb. Aufl. (IV, 120 S. m. 59 Holzschn.) Geb. 1. 10

— — dasselbe. Ausg. B. Für Mädchenbürgerschulen. 3. Stufe f. die III. Klasse. 11., nach dem neuen Lehrplane vom 15. VII. 1907 umgearb. Aufl. (IV, 121 S. m. 65 Holzschn.) gr. 8. Ebd. 910. Geb. 1. 10

Swoboda-Mayers Naturlehre für Bürgerschulen in drei konzentrischen Lehrstufen. Neubearbeitet von Johann Max Hinterwaldner und Dr. Karl Rosenberg. Ausgabe B, für Mädchenbürgerschulen. Wien 1910. Alfred Hölder. II. Stufe, für die II. Klasse. 13. Auflage. Geb. K 1.50. III. Stufe, für die III. Klasse. 11. Auflage. Geb. K 1.24.

Swoboda, Carl (I.), G. Kinkel's Otto der Schütz illustrirt. gr. 4. (12 Holzschnt.) Wien 861, v. Waldheim's xylographische Anstalt. Thlr. *

Swoboda, Karl, G. Kinkel's Otto der Schütz illustrirt. Wien 862. v. Waldheim. 4. (12 Holzschntaf.) n. 2 Thlr.

Swoboda, Carl (II.), kleiner Rechen-Schlüssel der Eisengeschmeide-Waaren, und Einleitung über Zentner, Pfunde, Dutzend und Stücke, mit besten Rechnungsvortheilen. 16. (17 S.) Baja 859. (Pest, Gebr. Lauffer.) *

—— der Schnellrechner mit vielfach eingetheilten Tabellen, worin jede fragl. Quantität ohne Unterschied der Waaren und Producten-Gattung zu jedem beliebigen Preise fehlerfrei ausgerechnet ist. Ferner: die Art der Ausrechnung bis 100,000. Der Gebrauch im Ein- und Verkaufe. Die Erläuterung der Zentner- und Pfundrechnung ꝛc. gr. 8. (VI und 144 S.) Pest 859, (Gebr. Lauffer.) *

Swoboda, Max

Swoboda, (M.,) Zähmung u. Abrichtung d. Wildfänge. Ein Handbuch f. den Reiter. 2 Thle. Mit 2 Steint. 12. Wien 824, Heubner. Rthlr.

Swoboda, Otto, die kaufmännische Arbitrage. Eine Sammlung von Notizen und Usancen sämmtl. grösseren Wechselplätze für den prakt. Gebrauch bearb. 8. (III und 79 S.) Berlin 865, Gärtner. cart.

Swoboda, Otto, die kaufmännische Arbitrage. Eine Sammlung von Notizen u. Usancen sämmtl. grösseren Wechselplätze für den prakt. Gebrauch bearb. 2. umgearb. u. verm. Aufl. Berlin 870. Gaertner. gr. 16. (103 S.) geb. n. 20 Ngr.

Swoboda, Otto, die kaufmännische **Arbitrage**. Eine Sammlg. v. Notizen u. Usanzen sämmtl. grösseren Wechselplätze f. den prakt. Gebrauch. 3. umgearb. u. verm. Aufl. 8. (170 S.) Berlin 872. Gaertner. n. 3. —

Swoboda, Otto, die kaufmännische Arbitrage. Eine Sammlung von Notizen und Usancen sämmtl. grösseren Wechselplätze für den prakt. Gebrauch. 4. vollständig umgearb. und bedeutend verm. Aufl. gr. 16. (554 S.) Berlin 877, Gärtner. *

Swoboda, Otto, die kaufmännische Arbitrage. Eine Sammlung von Notizen u. Usancen sämmtlicher grösseren Wechselplätze, für den praktischen Gebrauch bearb. 5., vollständig umgearb. Aufl. 12. (634 S.) Berlin 881. Gaertner. geb. n. 8. —

Swoboda, Otto, die kaufmännische **Arbitrage**. Eine Sammlg. v. Notizen u. Usancen sämmtl. Börsenplätze f. den prakt. Gebrauch. 6. Aufl. 8. (897 S.) Berlin 886. Gaertner. geb. n. 10. —

Swoboda, O., die kaufmännische Arbitrage. Eine Sammlg. v. Notizen u. Usancen sämmtl. Börsenplätze, f. den prakt. Gebrauch bearb. 7., umgearb. Aufl. 8. (VIII, 1006 S.) Berlin 889. Gaertner. geb. n. 12. —

Swoboda, Otto, die kaufmännische **Arbitrage**. Eine Sammlg. v. Notizen u. Usancen sämmtl. Börsenplätze der Welt f. den prakt. Gebrauch. 8. unveränd. Aufl. 8. (IV, 1006 S.) Berlin 893. Haude & Spener. Geb. in Leinw. n. 12. —

— dasselbe. 9., vollständig umgearb. u. verb. Aufl., bearb. v. Adf. **Sandheim**. gr. 8. (VIII, 751 S.) Ebd. 894. Geb. in Leinw. n. 12. —

Swoboda, Otto, d. **kaufmännische Arbitrage**. E. Sammlg. v. Notizen u. Usancen sämtl. Börsenplätze d. Welt. 10., verm. u. verb. Aufl., bearb. v. Adf. Sandheim. gr. 8. (VIII, 743 S.) Berlin 898. Haude & Spener. Geb. in Leinw. n. 12. —

Swoboda, Otto, die **kaufmännische Arbitrage**. Eine Sammlg. v. Notizen u. Usancen sämtl. Börsenplätze der Welt. 11. verm. u. verb. Aufl., bearb. v. Adf. Sandheim. gr. 8. (VIII, 711 S.) Berlin 902. Haude & Spener. Geb. in Leinw. n. 12. —

Swoboda, Otto, die **Arbitrage** in Wertpapieren, Wechseln, Münzen u. Edelmetallen. Handbuch des Börsen-, Münz- u. Geldwesens sämtl. Handelsplätze d. Welt. 12. Aufl., gänzlich umgearb. u. stark verm. v. Max Fürst. (VIII, 915 S.) 8. Berlin 905. Haude & Spener. Geb. in Leinw. n. 16. —

Swoboda, Otto, die Arbitrage in Wertpap., Wechseln, Münzen u. Edelmetallen. Handbuch des Börsen-, Münz- u. Geldwesens sämtl. Handelsplätze der Welt. 13. Aufl., neu bearb. u. verm. v. Max Fürst. (VIII, 977 S.) 8. Berlin 909. Haude & Spener. Geb. in Leinw. 16. —

— der internationale **Arbitrageur**. Ein unentbehrlicher Rathgeber für Arbitrageure, Banken, Geldwechsler u. Capitalisten. (In 5 Lfgn.) 1. Lfg.: Die europäischen Staatspapiere. gr. 4. (48 S.) Bern 882. Haller. n. 3. —

— der internationale **Arbitrageur**. Ein unentbehrl. Rathgeber f. Arbitrageure, Banken, Geldwechsler u. Capitalisten. 2—5. Lfg. gr. 4. Bern 883. Nydegger & Baumgart. n. 21. — (1—5.: n. 24. —)

2. A. Lotterie-Anleihen. B. Stadt-Obligationen. (45 S.) n. 3. —
3. Die in Europa gehandelten Eisenbahn-Stammactien. (95 S.) n. 6. —
4. Die in Europa gehandelten Eisenbahn-Prioritäten. (98 S.) n. 6. —
5. Die in Europa gehandelten Bankpapiere. (91 S.) n. 6. —

— Börse u. Actien. Eine ausführliche Besprechung der Börse u. der an derselben vorkommenden Arten von Geschäften, des Actienwesens u. der auf dasselbe bezügl. Gesetze, sowie sämmtliche an deutschen Börsen courshab. in- u. ausländ. Werthpapiere. Nebst einem Anh.: Der kaufmännische Atlas (12 Tabb. in qu. Imp. Fol.) Cöln 869. Hassel. gr. 8. (VIII, 704 S.) geb. n. 3 Thlr. 20 Ngr.

Swoboda, Otto, der Börsenspeculant oder wie nützt man Hausse und Baisse gleich vorteilhaft aus ohne grosses Risiko? 12. Bern 880. Leipzig, Brehse. *

— der Börsenspeculant oder wie nützt man Hausse u. Baisse gleich vortheilhaft aus ohne grosses Risiko? Ein zuverlässiger Rathgeber im Aktienwesen u. bei Börsenoperationen. 12. (158 S.) Bern 880. Frobeen's Verl. n. 2. —

— Comtoir-Wissenschaften. Eine prakt. Anleitg. f. Bank- u. Waarengeschäfte. Hrsg. v. Hans Hauptmann. 3., vollständig neu bearb. Aufl. 2 Bde. gr. 8. Berlin 892. J. Springer. Geb. in Leinw. à n. 6. —
1. Die Buchführung. (VIII, 267 S.) — 2. Das Bankgeschäft. (XI, 312 S.)

— die gesammten Comtoirwissenschaften. Ein prakt. Lehrbuch f. den Unterricht, sowie e. Hülfsbuch f. die Comtoire der Bank- u. Waarengeschäfte. 1. Thl. Die einfache u. doppelte Buchführung. Eine prakt. Anleitg. f. Bank- u. Waarengeschäfte. gr. 8. (VI, 421 S.) Berlin 877. Springer's Verl. n. 7. —; geb. n. 8. 20

— die gesammten Comtoirwissenschaften. Ein praktisches Lehrbuch für den Unterricht, sowie ein Hülfsbuch für die Comtoire der Bank- u. Waarengeschäfte. 2. Bd. Das Bankgeschäft. gr. 8. (XIV, 360 S.) Berlin 877. Springer. n. 6. —; geb. n. 7. 20 (1. u. 2.: n. 13. —; geb. n. 15. 40)

— die gesammten Comtoirwissenschaften. Ein prakt. Lehrbuch f. den Unterricht, sowie ein Hülfsbuch f. die Comtoire der Bank- u. Waarengeschäfte. 2 Bde. 2. Aufl. gr. 8. Berlin 883. Springer. à n. 7. —; geb. à n. 8. —
1. Die einfache u. doppelte Buchführung, nebst e. Abhandlg. üb. die Vereinfachg. der doppelten Buchführg. (VI, 443 S.) 2. Das Bankgeschäft. (XVI, 430 S.)

Swoboda, Otto, Taschenbuch für Kaufleute, Banquiers u. Kapitalisten. Ein unentbehrliches Vademecum im Aktienwesen, bei Börsenoperationen u. insbesondere im Verkehr mit der Reichsbank. gr. 16. (158 S.) Bern 878. Frobeen's Verl. 2. —; geb. n. 2. 50

Swoboda Raimund: De Demosthenis procemiis, quae circumferuntur, capita duo.
1885 PN 378 Diss. Wien. Univ. 1450

Swoboda, Raimund, de Demosthenis quae feruntur prooemiis. gr. 8. (VI, 103 S. mit 1 Tab.) Wien 887, Konegen. *

Swoboda, Vincenz, Praktisch bewährtes Mittel zum sicheren Gewinn in allen Zahlen-Lotterien zu Wien, Prag, Brünn, Linz, Gratz. etc., nach einer Lotto-Combination u. mathematischen Zusammenstellung der 90 Lottozahlen in sich selbst. Nebst Anleitung u. mehreren Beispielen am Schlusse. 3. verb. Aufl. 16. (96 S., Neuhaus, Jansky. 1862 50 kr.

Swoboda, W., s. Swoboda, Wilhelm

Programm, Fünftes — des k. k. katholischen Gymnasiums zu Preßburg am Schlusse des Schuljahres 1855. Veröffentlicht am 31. Juli 1855 durch den Direktor des Gymnasiums Dr. Antonin Alt. Preßburg, 1855. Schnellpressendruck von Carl Fried. Wiegand. (50 S. 4.)
Inhalt: Wenzel Swoboda: Ueber die Construction der Materie nach der atonistischen Ansicht. — Dr. Tuschar: Aphoristisches für Philologen über das Unterrichtsverhältniß der Muttersprache zu jenem in den classischen. — Schulnachrichten.

Swoboda, Wenzel Aloys

Swoboda, W. A., s. Bücher, die vier, von d. Nachfolgung Christi.

— s. Handschrift Königinhofer.

— Harmonielehre. gr. 8. Wien 828. (Beck). 1 ℛ 16 g℞

— drei kirchl. Lieder; aus d. Latein., s. Lieder.

— drei kirchliche Lieder. Aus d. Latein. 8. Prag 826, Kronberger u. W.

Swoboda, Wenzel Aloys, Muster d. Redekünste aus röm. Classikern. Die Chrestomathie f. d. 2. Humanitätsclasse, verteutscht u. mit Erläutern. verf. 3. Thl. 1. Abthl. — A. u. d. T.: Epik. 1. Abthl. Das zweite Buch d. Aeneis. gr. 8. (23¼ B.) Prag 829, Enders.
1. u. 2. Thl. Ebendas. 1820. 1 Thlr. 8 Gr.
Vgl. Seneca's Troianerinnen.

— s. Sbirka Ceskych Narodnich Pisni.

—— Poëseos latinae Specimina. 12maj. (13½ B.) Pragae 832, Haase filii.

— s. Theater, tragisches, der Römer.

— allgemeine Theorie d. Tonkunst. 8. Wien 826, Ant. Strauß.

Swoboda, Wilhelm

Swoboda, W., Aneignung eines Wortvorraths in einer fremden Sprache, } s.: Studien, englische. 12. Bd.

Swoboda, Wilhelm, Elementarbuch der englischen Sprache für Realschulen. Wien und Leipzig 1904. Franz Deuticke. Preis geheftet 2 K 20 h, gebunden 2 K 50 h.

— John Heywood als Dramatiker, s.: Beiträge, Wiener, zur deutschen u englischen Philologie.

Swoboda, W., ‚Junior book', Lehr- und Lesebuch für den 1. Jahrgang des englischen Unterrichtes. (Mit einem Wörterbuch.) [Lehrbuch der englischen Sprache für höhere Handelsschulen. 1. Teil.] Gr.-8°. (VI, 174 S.) K 2.20, geb. K 2.80
Wien: Franz Deuticke 1905.

Swoboda, W., der VI. Congress der Société Nationale des Professeurs de Français en Angleterre, s. Studien, engl., 11. Bd. 3. Heft.

Swoboda W.: Constituierung der böhm. Erbmonarchie durch Karl IV. 28. 26. Znaim R. 80. 81.
Progr.

Swoboda Wilhelm, Lehrbuch der englischen Sprache. Wien und Leipzig. Verlag von F. Deuticke. I. Teil: Elementarbuch der englischen Sprache. 1904. Geh. K 1.90, geb. K 2.20. II. Teil: English Reader. 1905. Geh. K 3.10, geb. K 3.60. III. Teil: Literary Reader. 1905. Geh. K 3.10, geb. K 3.60. IV. Teil: Schulgrammatik der modernen englischen Sprache. 1905. Geh. K 2.80, geb. K 3.40.

Swoboda W. und **Kaiser R.**, Lehrbuch der englischen Sprache für höhere Handelsschulen. II. Teil. Senior-Book. Part. I. Lehr- und Lesebuch für den 2. Jahrgang des englischen Unterrichtes. Wien und Leipzig 1905. F. Deuticke. Geh. K 3.—, Geb. K 3.60.

Swoboda W. und **Kaiser K.**, Lehrbuch der englischen Sprache für höhere Handelsschulen. Senior Book. Part II. Lehr- und Lesebuch für den III. Jahrgang des englischen Unterrichtes. Wien 1907. F. Deuticke. Geh. K 3.—, geb. K 3.60.

Swoboda, Wilh., Lehrbuch der englischen Sprache für Mädchenlyceen u. andere höhere Mädchenschulen. 1. Tl. Elementarbuch. gr. 8. (VII, 170 S.) Wien 902. F. Deuticke. Geb. in Leinw. n. 2. 20

Swoboda's, W., Lehrbuch der engl. Sprache f. Mädchenlyzeen u. andere höhere Mädchenschulen. 2., umgearb. Aufl., besorgt v. A. Brandeis u. Th. Reitterer. 1. Tl.: Elementarbuch. Mit 1 (farb.) Münztaf. (VI, 179 S.) 8. Wien 908. F. Deuticke. Geb. 2. 40

Swoboda, Wilh., Lehrbuch der englischen Sprache für Realschulen. 4 Tle. 8. Wien, F Deuticke. Geb. in Leinw. n. 10. 80
I. Elementarbuch. (VIII, 167 S.) 904. n. 2. —
II. English reader. (Lehr- u. Lesebuch f. die 6. Klasse.) Mit 14 Abbildgn. im Text, 3 Beilagen u. e. Wörterbuch. (VI, 203, 15 u. 68 S.) 905. n. 3. —
III. English reader. (Lehr- u. Lesebuch f. die 7. Klasse.) Mit 8 Abbildgn. im Text, 1 Karte u. 2 Beilagen. (IV, 165, 69 61 S.) 905. n. 3. —
IV. Schulgrammatik der modernen englischen Sprache. (XII, 205 S.) 905. n. 2. 80

— dasselbe, f. höhere Handelsschulen. 4 Tle. 8. Ebd. Geb. u. geh. n. 10. 40
1. Junior book, Lehr- u. Lesebuch f. den 1. Jahrg. des engl. Unterrichts (m. e. Wörterbuch). (VI, 174 S.) 905. Geb. n. 2. 40
2. „Senior book". Part. I. Lehr- u. Lesebuch f. den 2 Jahrg. des engl. Unterrichts. Von Wilh. Swoboda u. Karl Kaiser. (Mit e. Wörterbuch, e. „Pictorial plan of London" u. mehreren in den Text gedr. Abbildgn.) (IV, 186 u. 54 S.) 906. Geb. u. geh. n. 3. —
3. „Senior book". Part. II. Lehr- u Lesebuch für den 3. Jahrg. des engl. Unterrichts. Von Wilh. Swoboda u. Karl Kaiser. (Mit e. Wörterbuch.) (IV, 171 u. 57 S.) 907. Geb. u. geh. n. 3. —
4. Schulgrammatik der modernen englischen Sprache m. besond. Berücksicht. der Geschäftssprache. (VIII, 125 S) 906. Geb. n. 2. —

— englische Leselehre nach neuer Methode. gr. 8. (VI, 58 S.) Wien 889. Hölder. n. 1. 10

— English reader. 2. Tl. des Lehrbuches der engl Sprache f. Mädchenlyzeen u. andere höhere Mädchenschulen. Mit 9 Abbildgn. im Text u. 4 Beilagen. (V, 217, 52 u. 18 S) gr. 8. Ebd. 903. Geb. in Leinw. n. 3. 75

— dasselbe. 3. Tl. des Lehrbuches der engl. Sprache f. Mädchenlyzeen u. andere höhere Mädchenschulen. Mit 3 Abbildgn. im Text u. 4 Beilagen. (V, 175, 55 u. 64 S.) 8. Ebd. 904. Geb. in Leinw. u. geh. n. 3. 80

— Schulgrammatik der modernen englischen Sprache. 4. Tl. des Lehrbuches der engl. Sprache für Mädchenlyzeen u. andere höhere Mädchenschulen. (XII, 214 S.) gr. 8. Ebd. 903. Geb. in Leinw. n. 2. 80
Der 3. Tl. ist noch nicht erschienen.

Swoboda W., Schulgrammatik der modernen englischen Sprache. Wien und Leipzig 1905. F. Deuticke. Geh. K 1.60, geb. K 2.20.

Swoboda, W. und Kaiser, K., „Senior Book". Part. I. [Lehrbuch der englischen Sprache für höhere Handelsschulen. II. Teil.] Gr.-8°. (ill. 186 S. mit einem Wörterbuch und einem „Pictorial Plan of London") K 3.—, geb. K 3.60
Wien: Franz Deuticke 1906.

Swoboda, W. und Kaiser, K., „Senior Book", Part. II. Lehr- und Lesebuch für den 3. Jahrgang des englischen Unterrichtes. [Lehrbuch der englischen Sprache für höhere Handelsschulen. III. Teil.] Gr.-8°. (174 S. mit einem Wörterbuch)
Wien: Franz Deuticke 1906. K 3.—, geb. K 3.60

— Methode Toussaint-Langenscheidt, s.: Studien, englische. 14. Bd.

Swoboda W.: Vermuthungen zur Chronologie des sogen. Markomannenkrieges unter Marc. Aurel u. Commodus 161—180 n. Chr. 23. Znaim R. 87. Progr.

— Vermuthungen zur Chronologie des sogenannten Markomannenkrieges unter Marc Aurel u. Commodus (161—180 n. Chr.). gr. 8. (25 S.) Znaim 887. Fournier & Haberler. n. — 80

Swoboda-Mayer's Naturlehre für Bürgerschulen, s. Swoboda, Karl und Laurenz Mayer

Swojetinsky, J., Trauerrede am Tage d. feierl. Leichenbegängnisses d. Pfarrers in Schönlinde, Jos. Palme, am 14. Jän. 1839 geh. gr. 8. (1 B.) Reichenberg 839, Pfeiffner.

Sword and gown, s. Collection of British Authors.

Swoy, Fr. Th., Topographie vom Markgrafth. Mähren. 3 Bde. gr. 8. Wien 793. (Heubner). 6 ℳ

Swrakoff, Kostantin D., aus Küstendil (Bulgarien): Der Einfluss der zeitgenössischen Philosophie auf Basedows Pädagogik. *Giessen 1898: Brühl.* (58 S.) 8°
Giessen, Phil. Diss. v. 1898

Swyghuisen Groenewoud, Jac. Corn., Institutio ad grammaticam Aramaeam ducens. In discipulorum usum. 8maj. Trajecti ad Rhenum 845. (Aachen, Mayer.) n. 4 ℳ

Worte beim Abschiede von den Räumen des Collegium Carolinum am 19. October 1877 gesprochen von Prof. Dr. L[ouis]-Ph[ilippe] Sy. 1877. 8 S. 8° *Br*

Sy, Richard [pr. Arzt aus Jena]: Die Eigennamen in der medicinischen Nomenclatur .... Jena, Frommannsche Buchdr. (Hermann Pohle), 1887; IV + 76 S. 8°
Jena, Med. Fak., Inaug.-Diss. v. [10. Sept.] 1887

Sy, R., die Eigennamen in der medicinischen Nomenclatur. Inaug.-Diss. gr. 8. (IV, 76 S.) Jena 887. (Pohle.) n. 2. —

Syard, Maria, Muster-Album. Journal f. feine weibl. Hand- u. Nadel-Arbeiten. 1. Jahrg. April—Decbr. 1851. 18 Hfte. (à 4 schw. u. 1 lith. u. col. Taf.) Imp. 4. Frankfurt a. M., Lizius. n. 2 ℳ 21 ngr

— Musterbuch f. feinere Frauenarbeiten z. Dichthäkeln, Stricken u. Straminsticken. 1 u. 2. Hft. qu. 8. (4 S. m. 30 lith. Taf.) Frankfurt a. M. 850, Brönner. (à 8 ngr) 16 ngr — Neue Aufl. qu. 8. (4 S. m. 30 lith. Taf.) Ebd. 851. 12 ngr

Syassen, Heinrich, appr. Arzt a. Oldenburg: Ein Beitrag zur pathologischen Anatomie der sympathisierenden Augenentzündung. München 1906: C. Wolf & Sohn. (29 S.) 8°
München, Med. Fak., Ref. Eversbusch, Diss. v. 22. Nov. 1906
[Geb. 20. Juni 75 Oldenburg i. Gr.; Wohnort: Oldenburg; Staatsangeh.: Oldenburg; Vorbildung: Realgymn. Quakenbrück Reife O. 96; Ergänzungsprüfung Gymn. Göttingen Reife O. 98; Studium: Göttingen 1, München 4, Berlin 1, Kiel 1, München 4 S.; Coll. 22. Nov. 06; Approb. 4. Mai 04.]

Sybel, Andeutungen üb. Mängel u. Verbessern. im öffentl. u. häusl. Erziehungswesen. Progr. v. Löffler. gr. 8. (1¾ B.) Potsdam 832, (Vogler.)

Sybel, Alfred von: Über das Zusammenwirken verschiedener Sinnesgebiete bei Gedächtnisleistungen. Leipzig: Barth 1909. 108 S. 8°
Göttingen, Phil. Diss. v. 1. Mai 1909, Ref. G. E. Müller
[Geb. 25. Juli 85 Marburg; Wohnort: Marburg; Staatsangeh.: Preußen; Vorbildung: Gymn. Marburg Reife O. 03; Studium: München 2, Göttingen 9 S.; Rig. 24. Febr. 09.] [U 09. 1407

Sybel, E., Rede bei der feierlichen Einweihung des evangelischen Krankenhauses Bethanien zu Reichenbach in Schlesien, am 18. Mai 1855 gehalten. Schreiberhau 855. (Breslau, Dülfer.) 8. (11 S.) n. 2½ ngr

Sybel, C., von der Wiege bis zum Grabe. Eine Reihe von Predigten in der Trinitatiszeit 1867 gehalten. Reichenbach in Schl. 868. Kuh. 8. (IV, 99 S.) n. 10 ngr.

Sybel, Eberhard, aus Tinnow: Casuistischer Beitrag zur Syphilis der Extremitäten. *Jena: G. Fischer 1900.* (16 S.) 8° Erlangen, Med. Diss. v. 20. Juli 1896

Sybel, F. von

Sybel-Berlin, F. v., d. Schutz gegen Flurschädiggn. durch gewerbl. Einwirkgn., s.: König, F.

Sybel, Frdr. v., das altkatholische Bisthum u. das Vermögen der römisch-kathol. Kirchengesellschaften in Preußen. gr. 8. (58 S.) Bonn 874. Cohen & Sohn. n. 1. 20

Sybel, F. v., die preussische Gemeindesteuer-Reform v. 1893 u. der ländliche Grundbesitz unter besond. Berücksicht. der Wertzuwachs-Steuer. (102 S.) Lex. 8. Berlin 908. Bruer & Co. 1. 50

— das Recht d. Staates bei Bischofswahlen in Preußen, Hannover u. der oberrheinischen Kirchenprovinz. Mit besond. Berücksicht. der Praxis. gr. 8. (80 S.) Ebend. 873. n. 1. 60

— Die organisatorische Weiterentwickelung der Invalidenversicherung u. der Unfallversicherung f. Land- u. Forstwirtschaft. (70 S.) Lex. 8. Berlin 909. K. Reuschel. 1. 50

Sybel, Friedr. Ludw. Karl v. Nachrichten üb. die Soester Familie Sybel 1423—1890. gr. 8. (IV, 139 S. m. 6 genealog. Taf.) Münch. 890, Oldenbourg. * 3 —

Sybel, Gerhard Arnold

Sybel, G. A., patristische Chrestomathie, aus Eusebius, Socrates u. Sozumenus, als Einleit. in d. Lectüre d. Kirchenväter, z. Gebr. akadem. Vorles. herausg. m. e. Wortregister. gr. 8. Halle, Hendel. 803.

— s. Luther; oder Auszug aus dessen Werken.

Sybel, Gthrd. Arn., († d. 14. Juni 1814.) Vorschritte zur innern theolog. Literatur durch auf Schulen begonnenes Lesen griech. Kirchengeschichtschreiber. 8. Halle 801. Dann unt. folg. T.: patrist. Chrestomathie, aus Eusebius, Socrates u. Sozomenus, als Einleit. in die Lectüre der Kirchenväter, zum Gebr. akadem. Vorlesungen hrsgg. mit e. Wortregister. gr. 8. Halle 803. Hendel. 10 gr.

Sybel, Heinrich von

Sybel, H. v., die Begründung des Deutschen Reiches durch Wilhelm I. Vornehmlich nach den preuß. Staatsacten. 5 Bde. gr. 8. München 890. Oldenbourg. à n. 7. 50; geb. à n.n. 9. 50; Luxus-Ausg. geh. à n. 12. —
1. 2. 1.—3. Aufl. (XIV, 423 u. XI, 545 S.) — 3. 1.—3. Aufl. (IX, 414 S.) — 4. 1. u. 2. Aufl. (X, 446 S.) — 5. 1.—3. Aufl. (X, 461 S.)

Sybel, Heinr. v., die Begründung d. Deutschen Reiches durch Wilhelm I. Vornehmlich nach den preußischen Staatsacten. 1.—3. Bd. 4., rev. Aufl. gr. 8. (XVI, 429; XI, 566 u. X, 417 S.) München 892. R. Oldenbourg. à n. 7. 50; geb. in Halbfrz. à n.n. 9. 50; Luxusausg. geh. à n. 12. —

— dasselbe. 6. u. 7. Bd. 1.—4. Aufl. gr. 8. (XII, 377 u. XI, 416 S.) Ebd. 894. à n. 7. 50; geb. in Halbfrz. à n.n. 9. 50; Luxusausg. geh. à n. 12. —

Sybel, Heinr. v., d. Begründung d. deutschen Reiches durch Wilhelm I. Vornehml. nach d. preuß. Staatsacten. 2. u. 4.—7. Bd. gr. 8. München, R. Oldenbourg. à Bd. n. 7. 50; geb. à Bd. n. 9. 50; Luxus-Ausg. à Bd. n. 12. —
II. 5., rev. Aufl. (XI, 566 S.) 896.
IV. V. 4., rev. Aufl. (X, 446 u. X, 475 S.) 892.
VI. VII. 5. Aufl. (XII, 450 u. XI, 416 S.) 895.

Sybel, Heinr. v., die Begründung des Deutschen Reiches durch Wilhelm I. Vornehmlich nach den preuß. Staatsacten. Volksausg. 7 Bde. 8. (XVI, 317; X, 412; VIII, 306; IX, 329; IX, 349; XII, 329 u. XI, 382 S. m. Bildnis.) München 901. R. Oldenbourg. Geb. in Leinw. à n. 3. 50

Sybel, Heinr. v., die Begründung des Deutschen Reiches durch Wilhelm I. Vornehmlich nach den preuß. Staatsacten. Volksausg. 2. Aufl. 7 Bde. (XVI, 317; X, 412; VIII, 306; IX, 329; IX, 349; XII, 329 u. XI, 382 S. m. Bildnis.) 8. München 908. R. Oldenbourg. Geb. in Leinw. 25. —

Sybel, Heinr. Carl Ludolf v., über die neueren Darstellungen der deutschen Kaiserzeit. Festrede am 28. Novbr. 1859 gehalten. gr. 4. (24 S.) München 859, (Franz.) *

— am Denkmal Stein's. Festrede geh. zu Nassau, 9. Juli 1872. 8. (24 S.) Ebend. 872. n. — 50

Sybel, Heinr. v., das neue Deutschland u. Frankreich. Sendschreiben an Herrn Forcade in Paris. Bonn 866. Cohen & Sohn. 12. (36 S.) 7½ ngr.

Sybel, H. v., Ueber die Emancipation der Frauen. 8°. Bonn 1870. (Auch in: Vorträge und Aufsätze.) gr. 8°. Berlin 1874. 23 S.

— Entstehung des deutschen Königthums. gr. 8. Frankfurt a/M. 844, Varrentrapp. n. 1⅓ ℛ

Sybel, Heinr. v., Entstehung des deutschen Königthums. 2., umgearb. Aufl. gr. 8. (V, 497 S.) Frankfurt a/M. 881. Literar. Anstalt. geb. n. 10. —

—— über die Entwicklung der absoluten Monarchie in Preußen. Rede, gehalten am 3. Aug. 1863 in der Aula der Friedrich-Wilhelms-Universität in Bonn. 8. (32 S.) Bonn 863, Cohen und Sohn.

— die Erhebung Europas gegen Napoleon I. Drei Vorlesungen, gehalten zu München am 24., 27. u. 30. März 1860. München 860. Literarisch-artist. Anstalt. gr. 8. (VI, 146 S.) n. 15 ngr

Prinz Eugen von Savoyen. Drei Vorlesungen gehalten zu München im März 1861 v. Heinrich von Sybel. München. 1861. 8°

de Sybel, Henr. (Car. Ludolphus) (geb. Düsseldorf 1817): De fontibus libri Jordanis: De origine actuque Getarum. Berolini (1838). (45 S.) 8° Berlin, Phil. Diss. v. 27. Apr. 1838

Sybel, H. v., der Frieden von 1871. 8. Düsseldorf 871. Frankfurt a. M., Literar. Anstalt. *

Sybel, Heinr. v., der Frieden v. 1871. gr. 8. (IV, 115 S.) Düsseldorf 871. Buddeus. n. 1. 60

Sybel, Heinr., der unheimliche Gast u. andere Geschichten. (V, 160 S.) 8. Braunschweig 906. A. H. Meyer. n. 1. 50

Sybel, Heinr. v., Gedächtnissrede auf Leopold v. Ranke. gr. 4. (18 S.) Berlin 886, (G. Reimer.) *
Aus: Abhandlungen der k. preuss. Akademie der Wissenschaften zu Berlin, besonders abgedruckt.

Sybel, H. v. Geschichte des ersten Kreuzzugs. Düsseldorf 1841. 551 S.

v. Sybel, Hnr., Geschichte des ersten Kreuzzugs. gr. 8. Düsseldorf 841, Schreiner. 2 Thlr.

— Geschichte des ersten Kreuzzugs. 2., neu bearb. Aufl. gr. 8. (VIII, 468 S.) Leipzig 881. F. Fleischer. n. 10. —

— Geschichte des ersten Kreuzzuges. 3., unveränd. [Titel=] Aufl. gr. 8. (VIII, 468 S.) Leipzig [881.] (899). R. Baum. n. 7. 50; geb. n. 10. —

(B) Sybel, Heinr. v., Geschichte d. ersten Kreuzzuges. 800. Jetzt: Leipzig, C. F. Tiefenbach.

Sybel, Heinr. v., Geschichte der Revolutionszeit von 1789 bis 1795. 1. u. 2. Bd. u. 3. Bd. 1. Abth. Düsseldorf 853—58. J. Buddeus. gr. 8. (1. Bd.: LX, 596 S. n. 3 Thlr.; 2. Bd.: X, 575 S. n. 3 Thlr.; 3. Bd.: 2 Bl., S. 1—342. n. 1 Thlr. 15 ngr.) n. 7 Thlr. 15 ngr.

— Geschichte der Revolutionszeit von 1789 bis 1795. 3. Bd. 2. Abth. Düsseldorf 860. J. Buddeus. gr. 8. (XVI, S. 343—590.) n. 1 Thlr. 15 ngr.

—— Geschichte der Revolutionszeit von 1789 bis 1795. 3 Bde. 2., verb. Aufl. gr. 8. Düsseldorf 859. 61, Buddeus' Verlag. [1. und 2. Bd. (XXXII und 1167 S.) 3. (XVI und 564 S.) à Bd. * 3 Thlr.] *

— Geschichte der Revolutionszeit von 1789—1795. 3., verm. u. verb. Aufl. 1—3. Bd. Düsseldorf 865,66. Buddeus' Verlag. gr. 8. (XII, 562 S., XIV, 572 S., XVI, 488 S.) Jeder Bd. n. 2 Thlr.

— — 4. Bd. A. u. d. T. Geschichte der Revolutionszeit von 1795—1800. 1. Bd. Ebend. 870. gr. 8. (IV, 368 S.) n. 2 Thlr.

— — Ergänzungsheft: A. u. d. T.: Oestreich u. Deutschland im Revolutionskrieg. Ebend. 868. gr. 8. (LXXI, 183 S.) n. 1 Thlr.

— Geschichte der Revolutionszeit von 1789—1800. 4. Bd. A. u. d. T. Geschichte der Revolutionszeit von 1795—1800. 1. Bd. 2. Abth. gr. 8. (V—XX u. S. 369—639.) Ebend. 872. n. 5. —

— dasselbe. 5. Bd. 1. Abth. gr. 8. (288 S. u. XLVIII S. Beilage.) Ebend. 874. n. 7. 50 (I—V, I.: n. 39. 50)

— Geschichte der Revolutionszeit von 1789 bis 1800. 5. Bd. A. u. d. T.: Geschichte der Revolutionszeit von 1795 bis 1800. 2. Bd. 2. Abth. gr. 8. (XVI u. S. 289—703 u. Register über die 5 Bde. 60 S.) Stuttgart 879. Frankfurt a/M., Literar. Anstalt. n. 11. — (cplt.: n. 50. 50)

— dasselbe. 5. Bd. 2., durchgeseh. Aufl. gr. 8. (XII, 811 S.) Ebend. 882. n. 16. 20

— dasselbe. 5 Bde. Neue Ausg. gr. 8. Ebend. 882. n. 50. 40
1—3. 4. Aufl. (XI, 603; VI, 462 u. VI, 506 S.) — 4. 2. Aufl. (XV, 647 S.) — 5. (XVI, 763 S.)

— Geschichte d. Revolutionszeit 1789—1800. Wohlf. Ausg. 1.—35. Lfg. 8. (1.—6. Bd. XII, 400; VII, 364; VI, 442; VI, 320; VI, 296 u. XIV, 326 S. u. 7. Bd. S. 1—16.) Stuttgart 897—898. J. G. Cotta Nachf. à Lfg. — 40; auch in 10 Bdn. à n. 2. 40; geb. in Leinw. à n. 3. —

— Geschichte der Revolutionszeit 1789—1800. Wohlf. Ausg. 36.—60. (Schluß=)Lfg. 8. (7. Bd. VI u. S. 17—448; 8. Bd. VI, 344 S.; 9. Bd. VI, 462 S. u. 10. Bd. VI, 360 S.) Stuttgart 899. 900. J. G. Cotta Nachf. à — 40; auch in 10 Bdn. à n. 2. 40; geb. in Leinw. à n. 3. —

—— über die Gesetze des historischen Wissens. 8. (32 S.) Bonn 864, Cohen und Sohn.

— die Gründung der Universität Bonn. Festrede zum 50jähr. Jubiläum der Rheinischen Friedrich=Wilhelms=Universität. Bonn 868. Cohen & Sohn. 8. (26 S.) 6 ngr.

Sybel, (Joan. Otto Petrus) Henr. (geb. Soest 13. 8. 1822): De haemorrhoea organorum, quae praesunt respirationi. Berolini (1847). (31 S.) 8°
Berlin, Med. Diss. v. 6. Apr. 1847

— s.: Kaiserurkunden in Abbildungen.

Sybel, H. v., s.: Commission, die historische, bei der königl. bayerischen Akademie der Wissenschaften 1858—1883.

— die Lehren d. heutigen Socialismus u. Communismus. gr. 8. (95 S.) Bonn 872. Cohen & Sohn. n. 1. —

v. Sybel, Heinr., die Universität Marburg u. das kurhess. Unterrichtswesen. 1. Die Universität. gr. 8. (28 S.) Marburg 848, Elwert. 4 ngr.

Neue Mittheilungen und Erläuterungen zur Begründung des Deutschen Reiches durch Wilhelm I. Von Heinrich v. Sybel. 6. u. 7. Bd. 5. Aufl. *München & Leipzig: R. Oldenbourg 1895.* (72 S.) 8° [F.]
Aus: Hist. Zeitschrift. Bd 75.

— Napoleon III. 8. (IV, 80 S.) Ebend. 873. n. 1. —

—— die deutsche Nation und das Kaiserreich. Eine historisch-polit. Abhandlung. gr. 8. (XVI und 126 S.) Düsseldorf (861)62, Buddeus' Verlag. *

—— die deutsche Nation und das Kaiserreich. Eine historisch-polit. Abhandlung. [2. Abdr.] gr. 8. (XVI und 126 S.) Düsseldorf 862, Buddeus' Verlag. *

Sybel. Der Operationsplan Friedrichs des Grossen für den Feldzug von 1757. Aus: „Vorträge und Abhandlungen von .....“ München u. Leipzig 1897.

— die politischen Parteien d. Rheinprovinz, in ihrem Verhältniß zur preuß. Verfassung geschildert. gr. 8. (VIII u. 87 S.) Düsseldorf 847, Buddeus. n. 1/2 Thlr.

— klerikale Politik im neunzehnten Jahrh. gr. 8. (120 S.) Ebend. 874. n. 1. 50

—— Preußen und Rheinland. 8. (26 S.) Bonn 865, Cohen und Sohn.

—— über das Reichsgrundgesetz der XVII Vertrauensmänner. gr. 8. (16 S.) Marburg 848, Elwert'sche Universitäts=Buchh.

— der heilige Rock zu Trier, s. Gildemeister, J.

—— kleine historische Schriften. (1. Bd.) gr. 8. (VII und 551 S.) München 863. [Stuttgart, Cotta'sche Buchh.] *

— kleine historische Schriften. 1. u. 2. Bd. München 869. Literar.-artist. Anstalt. gr. 8. (1 Bd. 2. Aufl. V, 551 S. u. 2. Bd. III, 473 S.) Jeder Bd. n. 2 $\mathcal{R}$

— kleine historische Schriften. 3. Bd. gr. 8. (III, 643 S.) Stuttgart 880. Cotta. n. 10. — (1—3.: n. 26. —)

— dasselbe. 1. Bd. 3. Aufl. gr. 8. (VII, 567 S.) Ebend. 880. n. 9. —

— kleine historische Schriften. 2. Bd. 2. Aufl. gr. 8. (V, 470 S.) Stuttgart 897. J. G. Cotta Nachf. n. 9 –

— s.: Staatsschriften, preussische, aus der Regierungszeit König Friedrich II.

—— über den Stand der neueren deutschen Geschichtschreibung. Rede gehalten zur academ. Feier des Geburtstages Sr. königl. Hoh. des Kurfürsten am 20. Aug. 1856. gr. 8. (16 S.) Marburg 856, Elwert'sche Universitäts-Buchh.

Sybel, Heinr., die Störungen in der deutschen Textilindustrie, s.: Pottboff, Heinr.

— über die heutigen Tories. Rede gehalten z. academischen Feier des Geburtstags Sr. Königl. Hoheit des Kurfürsten, am 28. Juli 1846. gr. 8. Marburg 846, Bayrhoffer'sche Universitätsbuchh. 3 ngl

— die deutschen u. die auswärtigen Universitäten. Bonn 868. Cohen & Sohn. 8. (35 S) 6 ngr

— die deutschen Universitäten, ihre Leistungen u. Bedürfnisse. Zugleich als 2. verb. u. verm. Aufl. der Schrift: „Die deutschen u. die auswärt. Universitäten." gr. 8. (67 S) Ebend. 874. 1. 20

Sybel, Heinrich v. Urkundliches über den Rastadter Gesandtenmord (III Jahrg. 1 Heft October 1876 der Zeitschrift „Deutsche Rundschau") 8. Berlin 1876.

- Der Ursprung des französischen Krieges, s.: Volksbücher, wissenschaftliche, f. Schule u. Haus.

—— über das Verhältniß unserer Universitäten zum öffentl. Leben. Rede, zur academ. Feier des Geburtstages S. K. H. des Kurfürsten am 28. Juli 1847. gr. 8. (15 S.) Marburg 847, Bayrhoffer's Universitäts-Buchh.

—— Vortrag über das Verhältniß der ersten Christen zu Staat und Gesellschaft im röm. Reiche vor dem Tribunal der Geschichte. Von einem Altbayer. 8. (50 S.) Frankfurt a. M. 857. Hedler. [Mainz, Kirchheim.]

— Vorträge u. Abhandlungen, s.a. Bibliothek, historische.

[S.] Vorträge und Abhandlungen v. Heinrich v. Sybel. M. e. biogr. Einl. v. C[onrad] Varrentrapp. München & Leipzig: R. Oldenbourg 1897. (3 Bl., 379 S.) 1 Bd. 8.
= Bibliothek, Historische Bd 3. {91. 6790

— Vorträge u. Aufsätze, s.a. Verein, allgemeiner, f. deutsche Literatur.

Sybel, H. v., Vorträge und Aufsätze. gr. 8°. Berlin 1874.
Enth. u. A.: Ueber die Emancipation der Frauen. — Die Lehren des heutigen Socialismus und Communismus. — Die Wirksamkeit der Staatsgewalt in socialen und ökonomischen Fragen.

— Vorträge u. Aufsätze. 3. unveränd. Aufl. gr. 8. (III, 363 S.) Berlin 885. Allgemeiner Verein f. deutsche Litteratur. n. 5. --

— was wir v. Frankreich lernen können. gr. 8. (16 S.) Bonn 872. Cohen & Sohn. n. — 50

Ueber die Wirksamkeit der Staatsgewalt in socialen und ökonomischen Fragen. Vortrag des Prof. Dr. HEINR. v. SYBEL, gehalten in der General-Versammlung des Niederrheinischen Vereins für öffentliche Gesundheitspflege am 19. October 1872 ... zu Düsseldorf. Separat-Abdruck aus dem Corresp.-Blatte Nr. 11 des Niederrh. Vereins für öffentl. Gesundheitspflege. Köln, 1872. Druck von M. DuMont-Schauberg. 8°.

— s.: Zeitschrift, historische.

Sybel, Heinr. Florens, Der siegreiche Anfang eines rechtmässigen Krieges in einer zu Clevo gehaltenen Danck-Predigt wegen des von Friderich d. Gr. d. 1. Oct. 1756 zu Lowositz erfochtenen Sieges vorgestellet Berlin 8

Sybel, Heinrich Karl Ludolf von, s. Sybel, Heinrich von

Sybel, Jh. Karl, Behandl. scheintodter neugeborner Kinder Aufgesetzt f. Hebammen. 8. Berl. 811. (Maurers B.) 3 gl

— s. K. A. Blumenthal, verbess. Medicinalverfassung.

Johann Karl Sybel

Erfahrungen über die Kuhpocken. Ein sicheres Mittel, um Menschen vor der Entstellung, der Verkrüppelung und dem Tode zu bewahren. Mitgetheilt von Johann Karl Sybel. Berlin: Felisch 1801. 144 S. 8

Sybel, J. K., Erfahr. üb. d. Kuhpocken, e. sicher. Mittel um Menschen von d. Entstellung, Verkrüpelung u. dem Tode d. Pocken zu bewahren. gr. 8. Berl. Felisch. (Gräff in Leipz.) 801.

— Erfahrr. üb. die Kuhpocken, ein sicheres Mittel, um Menschen vor d. Entstellung, Verkrüpelung u. dem Tode der Pocken zu bewahren. Mit 1 Kpf. gr. 8. Berl. 801. Felisch. (Weinbrack in Leipz.) 16 gl

— Nachr. von dem Städtchen Plauen an der Havel, besonders von der dort angelegten Porzellain-Manufaktur. 8. Berl. 812. Nicolai. 3 gl

— biographische Nachrichten üb. den zu Helmstädt verstorbenen Hofrath u. Dr. G. C. Beireis. 8. Berl. Maurer'sche Buchh. 811.

Sybel J. K.: Ueber die Schafpockenimpfung nebst einer Anweisung f. Landwirthe, wie diese Impfung ... alljährlich zu wiederholen ist Stendal 1805. 36 S. P

— kurzer Unterr. zur Erhaltung des körperl. Wohls, s. G. T. Ziebendahl, Anweisung.

— des Weibes schönste Stelle ist der Heerd. Eine Vorlesung, gehalten im Beisein der Damen, am 28. Oct. 1812, bei der 3r Stiftungsfeier der Mitternachtsgesellschaft zu Brandenburg. 8. Leipz. 813. Lauffer. 2 gr.

Sybel, Jh. Ldw. Fior., Beitrr. zur Westphäl. Kirchen- u. Litteraturgeschichte von Soest, nebst Hennecke's Jubelpredigt u. Rede. 8. (Münst.) 793. (Coppenrath). 9 gr.

Sybel, Johann Nikolaus

Liebknecht, Johann Georg [Präs.] u. Joh. Nic. Sybel (Soest) [Autor et Resp.]
De tempestatum apparenter et vere extraordinariarum ac speciatim frigoris, quod hyeme superiori sensimus intensissimi, causis, dissertatio.
Giessae 1710: Vulpius. (4), 40 S. 4°
(am Ende Nachwort von Prof. Joh. Chrn. Lange [dat.: 8. Id. Febr. 1710])

Lange, Joh. Christian [Präs.] u. Joh. Nic. Sybel (Soest) [Autor et Resp.]
Themata selecta ex variis philosophiae partibus depromta.
Giessae 23. Dez. 1710: Vulpius. 16 S. 4°
pro licentia doctoratus in philos. gradum consequendi

Sybel, Johann Otto Peter Heinrich, s. Sybel, Heinrich

Sybel, Ludw. v., christliche Antike. Einführung in die altchristl. Kunst. 1. Bd. Einleitendes. Katakomben. (VIII, 308 S. m. 55 Abbildgn. u. 4 farb. Taf.) Lex. 8. Marburg 906. N. G. Elwert's Verl. n. 7. —; geb. in Leinw. n. 8. 50

Sybel, Ludw. v., christliche Antike. Einführung in die altchristl. Kunst. 2. Bd. Plastik. Architektur u. Malerei. (VIII, 341 u. 44 S. m. 99 Abb., Titelbild u. 3 farb. Taf.) Lex.8. Marburg 909. N. G. Elwert's Verl.
1. Bd. Ebd. 906. 7. –; geb. 8.50 8.50; geb. 10. —

— die klassische Archaeologie u. die altchristl. Kunst, s.a. Reden, Marburger akademische.

Die klassische Archaeologie und die altchristliche Kunst. Rektoratsrede von Ludwig v. Sybel. Marburg: N. G. Elwert 1906. (18 S.) 8°
= Reden, Marburger akademische. No 16. [06. 14907

Sybel, Ludw. v., Athena u. Marsyas, Bronzemünze des Berliner Museums. Mit einem Textholzschn. u. einer Steindr.-Taf. gr. 4. (17 S.) Marburg 879. Elwert's Verl. n. 1. 60

Sybel, Ludw. v., das Bild d. Zeus. Vortrag geh. am 15. Dec. 1875. Mit 2 Lichtdrtaf. gr. 8. (24 S.) Marburg 876. Elwert's Verl. n. 1. 50

— Gedanken e. Vaters zur Gymnasialsache. Gewidmet der 12. Generalversammlung des Gymnasialvereins u. der 47. Versammlg. deutscher Philologen u. Schulmänner. (64 S.) gr. 8. Marburg 903. N. G. Elwert's Verl. n. 1. —

— Katalog der Sculpturen zu Athen. Kentrikon Mouseion. Barbakeion. Hagia Trias. Theseion. Stoa d. Hadrian. Ephoria. Südabhang der Akropolis. Akropolis. Mit systematischer Uebersicht u. epigraph. Index. 8. (XXIV, 459 S.) Ebend. 881. cart. n. 7. –

Sybel, Ludw. v., Kritik d. ägyptischen Ornaments. Archaeologische Studie. Mit 2 lith. Taf. gr. 8. (41 S.) Marburg 883. Elwert's Verl. n. 1. 20

— die Mythologie der Ilias. gr. 8. (VII, 317 S.) Ebend. 877. n. 7. 20

Indices lectionum ... quae in academia Marpurgensi per sem. hib. inde a d. XV. m. Oct. 1889 usque ad d. XV. m. Mart. 1890 habendae proponuntur. — Praemittitur Ludovici de Sybel P. P. O. de Platonis prooemiis academicis academicum prooemium. Marpurgi, typ. acad. Roberti Friedrich (1889); XVI + 9 S. 4°

— de Platonis prooemiis academicis academicum prooemium. Progr. gr. 4. (XVI S.) Ebd. 889. n. 1. —

a Sybel, Lvdovicvs ⟨geb. am 1 Juli 1846 in Marburg⟩: De repetitionibvs verborvm in fabvlis Evripideis ... Bonnae, form. C. Georgi (1868). 2 Bl., 62 S., 1 Bl. 8.
Bonn, Phil. Fak., Diss. v. 5 Dez. 1868

Die Sammlung der Gypsabgüsse der Universität Marburg. Im Reithaus, Barfüßerstr. No 1. Verzeichnis. (Verf.: Ludwig v. Sybel.) *Marburg: N. G. Elwert 1903.* (38 S.) 8° [03. 10149 4

Sybel, L. v., De scholiis veteribus in Pindari carmina. Diss. 1872. 89 S.

Sybel, L. v., Platon's Symposion, ein Programm der Akademie. Gratulationsschrift. gr. 8. (VIII, 122 S.) Marburg i/H. 888. Elwert's Verl. n. 3. —

— Platon's Technik. An Symposion u. Euthydem nachgewiesen. gr. 8. (VII, 46 S.) Ebd. 889. n. 1. 20

— über Schliemann's Troja. Vortrag. gr. 8. (28 S.) Ebend. 875. n. — 60

— Weltgeschichte der Kunst bis zur Erbauung der Sophienkirche. Grundriss. Mit 1 Farbtaf. u. 380 Textbildern. Lex.-8. (XII, 479 S.) Ebd. 888. n. 12. — ; geb. n. 14. —

Sybel, Ludw. v., Weltgeschichte der Kunst im Altertum. Grundriss. 2. verb. Aufl. Mit 3 Farbtaf. u. 380 Textbildern. Lex.-8. (XII, 484 S.) Marburg 903. N. G. Elwert's Verl. n. 10. —; geb. n. 12. —

Sybel, Ludw. v., wie die Griechen ihre Kunst erwarben. Akademische Kaisergeburtstagsrede. gr. 8. (22 S.) Marburg i/H. 892. N. G. Elwert's Verl. n. — 50

Sybel-Berlin, F. v., s. Sybel, F. von

Sybille, s. a. Sibille.

Sybille

— die geschickte Kartenaufschlägerin; oder: Anweisung auf zwanzigerlei Art Karten zu schlagen. 12. Preßburg 843. (Leipzig, Kummer.) 6 1/4 ngr.

Sybille, die gewandte Kartenschlägerin, od. neuester Schicksalsprophet ꝛc. Im Anh.: Das Orakel. Ein neues Gesellschaftsspiel. 3., verm. u. verb. Aufl. 8. (3 B. u. 11 lith. Tab.) Nürnberg 841, [Lotzbeck.] Thlr.

Sybille, die gewandte Kartenschlägerin, od. neuester Schicksalsprophet ꝛc. Ausgabe f. d. franz. Spielkarte. 8. (3 B. u. 11 lith. Tab.) Ebds. 842.

Sybille, der neuesten, wunderbare Prophezeiungen und Erscheinungen über die großen Ereignisse gegenwärtiger Zeit und der kommenden Zukunft. III. 1878 und 1879. 8. (15 S.) Neu-Ulm 878, Helb's Verlag.

Sybillen, der, Weissagungen u. Prophezeihungen od. Salomonischer Schlüssel zur Zukunft ꝛc. A. d. Poln. ins Deutsche übers. 3. Aufl. 8. ... Hanau 832, König.

Sybillentempel, der, d. Erläut. d. Gesch. d. Zeit gew. 16. 8. Nürnb. Raw. 796.

Sybillen-Weissagungen, 12 Bücher. Wunderbare Enthüllgn. wicht. Ereignisse vom Anfang bis zum Ende der Welt. Nebst den Prophezeihgn. der Königin Saba u. den Vorbedeutgn., Zeichen u. Ermahngn. vom jüngsten Tage. 8. (48 S. m. eingedr. Holzschn.) Reutlingen 873. Enßlin & Laiblin. — 20

Sybold, . Des Bürger S' Aelter von Bern Rechtliche Zuflucht an die helvetische Gesetzgebung gegen den Bürger [Carl Rudolf] Stuber, Distrikts-Statthalter in Bern. (Bern den 12 Hornung 1799.) 4. *o. O.* 1799.

Sybold, C., Anleitung ohne eingehende Fachstudien mit Sicherheit gute Photographien herstellen zu können. Für Touristen, Künstler, Architekten, Techniker und Alle, welche die Photographie zum Vergnügen oder zur Benützung in ihrem Beruf (Aufnahme von Skizzen, Anfertigung gewerbl. Musterblätter etc.) ausüben wollen. gr. 8. (21 S.) Görlitz 885, (Vierling.) *

Sybrand, T., moderne Menschen. Skizzen. 8. (66 S.) Dresden 896. E. Pierson. n. 1. —

Sybrecht, Gustav *Heinrich* [aus Asseln '(Westf.)']: Zur Lehre von den Blasenmolen ... Berlin, C. Vogts Buchdr., *1895*; 27 S., 2 Bl. 8.
Berlin, Med. Fak., Inaug.-Diss. v. 13. Aug. 1895

Sychova, E., moderne Magie. (47 S.) 8. Leipzig 907. M. Altmann. — 80

— Der magische Nachtpol od. Das Unbewußtsein des Menschen. Ein Beitrag zum Kampf um die Weltanschaug. (74 S.) 8. Ebd. 909. 1. 20

— Die Neugedankenlehre. Ein Schlüssel zu Erfolg u. Glück. (88 S.) 8. Ebd. 909. 1. 50

— Okkulter Wegweiser f. das Alltagsleben u. die Entwickelung des Willens zur höchsten Macht. (III, 87 S.) 8. Ebd. 907. 1. 50

Sychowski, Stanisl., Hieronymus als Litterarhistoriker, s. a. **Studien, kirchengeschichtliche.**

von Sychowski, Stanislaus: Hieronymus als Litterarhistoriker. E. quellenkrit. Untersuchg d. Schrift d. h. Hieronymus „de viris illustribus". [Erschien vollst. als Heft II d. II. Bds von: Kirchengesch. Studien hrsg. v. Knöpfler, Schrörs, Sdralek.] Münster i. W., Westfäl. Vereinsdr., 1894; 2 Bl., 44 S., 2 Bl. 8.
Münster, Kath.-theol. Fak., Inaug.-Diss. v. [30. Juli] 1894

Sychra, Matĕg J.

Sychra, M. J., Powjdatel aneb Sbjrka, rozmanytych pameti hodnych prjbehu, powjdacek, duwtypnych napadu a prupowedj, k pozycenj a obweselenj. 3 Hefte. s. Powjdatel.

Sychra, M. J., Versuch einer böhm. Phraseologie, durch kurze alphabet. geordnete, den ächten Geist der czechischen Sprache aussprechende, u. der größern Gemeinnützigkeit wegen verdeutschte Sätze. 2 Thle. 12. Brünn 821. Traßler. 1 ℛ 14 ℊ

Sychra, Matěg J., Weleslawjn. Wrawoučná hospodářská kniha. Nakladem Dědictwj Swatojanského. Pro rok 1846. C. XVIII. 8. (XII u. 372 S.) Prag 847. (Credner.) n. 1/3 ℛ

Sychrowsky, Eman., üb. die Anwendung u. den Nutzen der Fischwege. [Aus: „Mittheilgn. d. österr. Fischereivereines".] (Internationaler land- u. forstwirthschaftl. Congreß zu Wien 1890, Hft. 128.) gr. 8. (7 S.) Wien 890. (W. Frick.) n. — 60

Sycophanten, Alte, römische Delatoren und moderne Denunzianten ... Regensburg 1847. V: *Seitz, E.* (Th)

SYCOPHANTES, Purus Putus, Komische Schicksale eines Fünf-Gulden-Scheines auf seinen Wanderungen durch Wien und die Umgebungen zur Zeit des Congresses. Ein satyrisches Gemählde aus dem wirklichen Leben gezeichnet. 2 Bde. Brünn 1817—1818, bey J. G. Trassler. 8°. (8 Kr., Th. 2 apart, A. H. Huber, Salzburg, 1909.)

Sycz, Samuel [aus Krynok, Russland]: Ursprung und Wiedergabe der biblischen Eigennamen im Koran. Frankfurt a. M. 1903. 64 S. 8°.
Bern. Phil. Diss. 1902/1903.

Sycz, S., Ursprung u. Wiedergabe der biblischen Eigennamen im Koran. (64 S.) gr. 8. Frankfurt a/M. 903. J. Kauffmann. n. 2. —

Sydačoff, Bresnitz von [Pseud.], s. a. Bresnitz, Philipp Franz

[F.] Bulgarien und der bulgarische Fürstenhof. Politisch-feuilletonistische Aufzeichnungen. '(1879—1895.)' Von einem Diplomaten. (A. d. Umschl.: Von Bresnitz v. **Sydačoff.**) (2. Aufl.) *Berlin & Leipzig: F. Luckhardt 1896.* (VI, 136 S.) 1 Bd 8. [97. 4...

[F.] Die Christenverfolgungen in der Türkei unter d. Sultan Abdul Hamid. Aufzeichngen n. amtl. Quellen von Bresnitz v. **Sydačoff.** 2. Aufl. *Berlin & Leipzig: F. Luckhardt (1896).* (IV, 73 S.) 1 Bd 8. [97. 4948

Sydenham, Thom., Abhandlung üb. die Gicht, s. a. Klassiker der Medizin. 6. Bd.

Thomas **Sydenham.** Abhandlung über die Gicht [Tractatus de Podagra] ⟨1681⟩. Eingeleitet u. übers. von Julius Leopold Pagel, Prof. Leipzig: J. A. Barth 1910. 53 S. 8°
(Klassiker d. Medizin. Bd 6.) [10. 17635

* Sydenham, Th., Abhandlung von dem Podagra. 8. Landshut, Kopp. 792.

— Abhandl. von dem Podagra; übers. u. mit Anmerkk. beleucht v. Ign. Niederhuber. 8. Landsh. 792. (Storno). 6 ℊ

Sydenham, Th., Anweis. zur Cur der mehresten Krankheiten nebst Anh. vom Podagra u. der Wassersucht. 8. Nürnb. ... 2e A. 777. Schwarzkopf. (Stein). 12 ℊ

Sydenham, Thomas: Opera omnia medica. Editio novissima omni alia auctior. 72 S., 783 S., gbd.

Patvii: Manfrè 1700

JB 1.957

— opera omnia medica; access. G. Musgrave de arthridite diss. II Tomi. 4. Genf 760. de Tournes. 3 ℛ 16 ℊ

Sydenham, Th., Opera universa med. cur. C. G. Kühn, s. a. Scriptorum classicor., Vol. I.

Sydenhami, (Th.,) Opera universa medica. Edit. reliquis emendat. et vita auctoris auctum cur. C. G. Kühn gr. 12. Leipz. 827, Voss.

— Opuscula universa. 8. Lips. 711.

Thomas Sydenham

Thomae Sydenham, Tractatus de podagra et hydrope. Ed. in Germania 1. Wetzlariae: Winckler [um 1725]. 119 S. 8°

— Dass. in latein. Sprache: tractatus de podagra et hydrope 8. Leipz., Fr. Fleischer. 6 gl.

Thomas Sydenham

[Werke] Thomae Sydenham, Praxis medica experimentalis, sive Opuscula universa quotquot hactenus ab autore ipso ultimum revisa & aucta in lucem prodierunt. Nunc primum in unum coll.vol., à mendis probè repurgatum, indicibusque necessariis accuratissimis exornatum. Lipsiae: Fritsch 1711. 800 S. 8°

Thomas Sydenham

Thomae Sydenhams [Sydenham: Processus integri in morbis fere omnibus curandis. Deutsch:] Anweisung zur Cur der mehresten Krankheiten nebst e. Anh. [Tractatus de podagra et hydrope. Deutsch:] Vom Podagra und der Wassersucht. 2.,u.über die Hälfte verm. Aufl. Nürnberg: Schwarzkopf 1777. 224 S. 8°

Beigeb.: Haën, Antonius van: Von den Fiebern. Warschau & Dresden 1777.

Sydenham's, Thomas, sämmtl. medicin. Schriften, in die deutsche Sprache übersetzt von J. Kraft. Herausg. mit einer Lebensbeschreibung Sydenham's u. den nöthigen Anmerkk. versehen v. R. H. Rohatzsch. 2 Bde. oder 11 Hefte. gr. 8. Ulm 838, 39. Ebner. (à 1/4 ℔) 2 3/4 ℔

Sydenham, Thom., sämmtl. medicin. Schriften. Neu übers. u. mit e. Lebensbeschreibung Sydenham's u. verschiedenen Anmerkungen versehen. 4 Lfgn. (od.) 2 Bde. Neue verb. Aufl. gr. 8. (53¾ B.) Ulm 845, 46, Ebner, Brlgsh. à Bd. 1 Thlr. 8 Ngr.

Sydenham, Thomas; Medicinische Wercke. (Opera. Dt.) 484 S.(S.729 - 1212), gbd., Abb.

Franckfurt u.Leipzig: Straub 1735
in: Ettmüller, Michael: Kurtzer Begriff der gantzen Artzney-Kunst... (Compendium operum. Dt.) Neue verm.Aufl. 1735

JB 1.746

Sydenham, Thomas: Medizinische Werke. (Opera universa. Dt.) Übers.und mit Anmerkungen... versehen von Joseph Johann Mastalir. Bd 1-2, gbd., Abb.

Wien: Hörling 1786 - 1787

JB 1.747

Thomas Sydenham

[Werke, Ausz.Deutsch] Thomas Sydenham, sämtliche Werke. Aus d.Lat. in e. Ausz. hrsg. von H[einrich] G[ottlieb] Spiering. Leipzig & Altona: Kaven 1795. XX,325 S. 8°

Sydenham, Th., sämmtl. Werke; aus d. Latein. v. H. G. Spiering. 8. Altona 802. (Bechtold). (W. Rauck; a. Wienbrack in Leipz.) 1 ℔

— sämmtl. Werke, a. d. Latein. v. H. G. Spiering. 8. Altona, Kaven. (Sommer, auch Gräff in Leipz.) 802.

Syderi und Sylli, ein philosophischer Roman; a. d. Franz. Wien 1767. Ü: *Bob, Franz Joseph.* (MGT)

Sydonie, oder Leidenschaft u. Verhängniß. Memoiren eines Unglücklichen. gr. 8. Pesth. (Leipz. Gerh. Fleischer.) 814.

Sydonie oder Leidenschaft und Verhängniss; a. d. Franz. Pesth 1815. Ü: *Blum, Adolph (= Jos. Al. Gleich.)* (Ky)

SYDONIE, oder Leidenschaft und Verhängniß. Memoiren einer Unglücklichen. Aus d. Französ. frei übers. von Theod. Blum. Mit Titelkpfr. Pesth u. Leipzig, Hartleben u. Fleischer d. Jüng., 1815. Gr. 8°.
Tit. u. 266 S. (236 ist Druckf.). Zahmen Inhalts. Anon.-Lex. IV. p. 137 (nach Kayser) hat unrichtig Adolf Blum = Jos. Alois Gleich als Uebersetzer, dessen richtiger Name auf dem Titel steht, daher im Lex. zu streichen.

Sydov, Karl, s. Annalen der Menschheit &c. Prag, u. setze hinzu: (v. K. Sydov).

Sydow [Sachliches OW]

Sydow, Oberst Emil v. Ein Nachruf. (Geographisch-statistische Abtheilung des Grossen Generalstabes) 8. Berlin 1873.

Sydow, Oberst Emil v. Ein Nachruf. gr. 8. (24 S.) Berlin 874. Mittler & Sohn. n. — 60

Sydow [Schlagwort]

Sydow, a.: Geologische Karten (Preussen).

Sydow [Verfasser]

Goethes Faust in neuer Bearb. von A. Sydow. Berlin: Kühling & Güttner 1908. 86 S. 8° [10. 4000 7

Sydow, Adolf

Sydow, Aktenstücke betr. das vom königl. Consistorium der Prov. Brandenburg üb. mich verhängte Disciplinarverfahren wegen meines Vortrags „Ueber die wunderbare Geburt Jesu." 2. Aufl. gr. 8. (IV, 152 S.) Berlin 873. Leipzig, Barth. n. 1. 50

— Aktenstücke betr. das vom königl. Consistorium der Prov. Brandenburg üb. mich verhängte Disciplinarverfahren vor dem hohen Evangelischen Ober-Kirchenrath als höherer Instanz. [Der Aktenstücke 2. Sammlung.] gr. 8. (64 S.) Ebend. 873. n. — 60

Sydow, Ad., Beiträge zur Charakteristik der kirchlichen Dinge in Großbritannien. 1. u. 2. Heft. Enthaltend der „Schottischen Kirchenfrage" 1. u. 2. Abthl. Schluß u. Documente. gr. 8. Potsdam 844, 45, Stuhr'sche Buchh. 2 1/4 ℔

— Bericht über die in England erwachte Thätigkeit für Vermehrung &c. d. kirchl. Anstalten, s. v. Gerlach, O.

—— amtliche Berichte &c., s. Gerlach, O. v.

Sydow, R., Briefe an e. Theologen. Seitenstück u. Ergänzg. zu Paul Luthers Briefen an e. jungen Theologen. gr. 8. (28 S.) Berlin 895. F. Rühe. n. — 50

Sydow, Ad. Vide: Channing: Sociale Schriften.

— die wunderbare Geburt Jesu, s.: Vorträge, protestantische.

Sydow, Ad., die sechste Generalversammlung des evangel. Vereins zur Gustaf-Adolf-Stiftung gehalten am 21. und 22. Sept. d. J. zu Darmstadt. Ein briefl. Bericht. gr. 8. (24 S.) Berlin 847, G. W. F. Müller's Verlag.

— s. Monatsschrift f. d. unirte evangel. Kirche.

Sydow, Ad., Predigten ꝛc., s. Predigten zum Besten ꝛc.

Rede bei der Bestattung des Herrn Sam. Marot, am 16. Oct. 1865 gesprochen von Ad. Sydow. Berlin 1865: Mittler & S. 14 S. 8⁰ [Umschlagtit.]
Abgedr. in: FZ. 19 (1865) S. 353—358.
S. 12—14: Marot als Frmr.

Sydow, Ad., Rede bei der Bestattung des Herrn Sam. Marot, Königl. Ob.-Consist.-R., Dr. der Theologie ꝛc. am 16. Octbr. 1865 gesprochen. gr. 8. (14 S.) Berlin 865, F. Schulze. *

—— Rede gesprochen in Weißensee beim Begräbniß des Dr. Heinr. Krause, am 11. Juni 1868. 8. (15 S.) Berlin 868, Friedr. Schulze's Buchh. *
Aus: Protestantische Kirchenzeitung, besonders abgedruckt.

—— und G. Schweder, Reden bei der Bestattung des Predigers Dr. L. Jonas, Diakonus an St. Nikolai in Berlin, am 22. Septbr. 1859 gehalten. gr. 8. (16 S.) Berlin 859, Fr. Schulze. *

Sydow, Ad., Sammlung geistl. Vorträge. gr. 8. (28¼ B.) Berlin 839, [Dümmler'sche Buchh., Verl.]

—— offenes Schreiben über die Aufforderung vom 6. Jan. d. J. den „Gustav-Adolf-Verein" betreffend und an die Aussteller derselben. gr. 8. (15 S.) Berlin 847, (David's Buchh.) *

— offenes Schreiben über die Aufforderung vom 6. Jan. d. J. den „Gustav-Adolf-Verein" betreffend. u. an die Aussteller derselben. gr. 8. (15 S.) Berlin 847, J. Schmidt. n. 1/12 ₰

— s. Fr. Schleiermacher's sämmtl. Werke.

Sydow, Adolf. (Prediger an der neuen Kirche zu Berlin.) Worte gesprochen im Friedrichshain bei der Bestattung der am 18. und 19. März Gefallenen. Literarisches Institut. 2 Bl. 8.
Flugblatt. Berlin, 22. März 1848.

Sydow, Ad., Worte bei der Grundsteinlegung zu Schiller's Denkmal in Berlin am 10. Novbr. 1859 gesprochen. Berlin, Fr. Schulze. gr. 8. (8 S.) 1½ ngr

Sydow, A., Worte am Sarge Ludwig Tiecks. Gesprochen am 1. Mai 1853. 1. und 2. Aufl. gr. 8. (14 S.) Berlin 853, F. Schulze. *

Sydow, Albr. v., Bemerkungen auf e. Reise im J. 1827 durch d. Beskiden üb. Krakau u. Wieliczka nach d. Central-Karpathen, als Beitr. zur Characteristik dies. Gebirgsgegenden u. ihrer Bewohner. M. 1 Charte v. d. Central-Karpathen. gr. 8. (27 B.) Berlin 830, Dümmler.

von Sydow, Albrecht: Das Planzeichnen, die Anwendung der Messinstrumente und das militairische Aufnehmen und Croquiren. Bearbeitet als praktischer Leitfaden beim Selbststudium sowie auch bei Vorlesungen auf Militair-Schulen .... Berlin 1838. XXII, 602 S., 8 Tf. 8⁰.

v. Sydow, Albr., das Planzeichnen, die Anwendung der Meßinstrumente und das militairische Aufnehmen u. Croquiren. Bearbeitet als prakt. Leitfaden beim Selbststudium, so wie auch bei Vorlesungen auf Militair-Schulen, besonders aber für diejenigen Officiere, welche sich zu größeren militairisch-geodätischen Vermessungen vorbereiten wollen. Mit 8 erläut. Kpfrtaf. gr. 8. Berlin 838. Amelang. 3½ ₰

Sydow, Anna von

Gabriele von Bülow, Tochter Wilhelm v. Humboldts. Ein Lebensbild. Aus d. Familienpapieren Wilhelm v. Humboldts u. seiner Kinder. 1791 -1887. [Verf.: Anna v. Sydow.] Mit 2 Bildn. Berlin: E. S. Mittler & Sohn 1893. (XI, 572 S.) 8⁰ [F.]

Gabriele von Bülow, Tochter Wilhelm v. Humboldts. Ein Lebensbild. Aus d. Familienpapieren Wilhelm v. Humboldts u. seiner Kinder. 1791 -1887. [Verf.: Anna v. Sydow.] 2. Aufl. Mit 3 Bildn. Berlin: E. S. Mittler & Sohn 1894. (XI, 572 S.) 8⁰ [F.]

Gabriele von Bülow, Tochter Wilhelm v. Humboldts. Ein Lebensbild. Aus d. Familienpapieren Wilhelm v. Humboldts u. seiner Kinder. 1791 -1887. [Verf.: Anna v. Sydow.] 4. Aufl. Mit 3 Bildn. Berlin: E. S. Mittler & Sohn 1894. (XI, 572 S.) 8⁰ [F.]

Gabriele von Bülow, Tochter Wilhelm v. Humboldts. Ein Lebensbild. Aus d. Familienpapieren Wilhelm v. Humboldts u. seiner Kinder. 1791 -1887. [Verf.: Anna v. Sydow.] 8. Aufl. Mit 4 Bildn. Berlin: E. S. Mittler & Sohn 1897. (XI, 572 S.) 8⁰ [F.]

Gabriele von Bülow, Tochter Wilhelm v. Humboldts. Ein Lebensbild. Aus d. Familienpapieren Wilhelm v. Humboldts u. seiner Kinder. 1791 -1887. [Verf.: Anna v. Sydow.] 10. Aufl. Mit 8 Bildn. u. Abb. Berlin: E. S. Mittler & Sohn 1902. (XI, 572 S.) 8⁰ [F.]

Gabriele von Bülow, Tochter Wilhelm v. Humboldts. Ein Lebensbild. Aus d. Familienpapieren Wilhelm v. Humboldts u. seiner Kinder. 1791 -1887. [Verf.: Anna v. Sydow.] 11. Aufl. Mit 8 Bildn. u. Abb. Berlin: E. S. Mittler & Sohn 1905. (XI, 572 S.) 8⁰ [F.]

Sydow, Anna v., s.: Humboldt, Wilh. v., u. Caroline v. Humboldt in ihren Briefen.

Sydow, C., s. Sydow, Konrad

Sydow, Carl Julius Theodor, s. Sydow, Karl Julius Theodor

Sydow, Clara von, s. Sydow, Klara von

Sydow, Conrad, s. Sydow, Konrad

Sydow, E. von, s. Sydow, Emil von

Sydow, E. von, s. Sydow, Ernst von

Der Arbeitermangel auf dem Lande. E[mil] Sydow, Pastor, Ossecken. Berlin: J. Harrwitz Nachf. 1907. (18 S.) 8⁰ [F.]

Sydow, E. von, Atlante oro-idrografico. 25 carte delle terre e delle acque di tutte le parti del globo. Gotha, J. Perthes, ca. 1867.
Inhalt: der des Oro-hydr. Atlas.

Sydow, E. v., hydographischer Atlas. 27 (lithogr.) Flussnetze über alle Theile der Erde, nebst (lithogr. und ill.) Musterblatt und Anweisung zu deren zweckmäss. Ausfüllung. (8 S. in 4.) qu. Imp.-4. Gotha 847, J. Perthes. *

Sydow's, E. v., hydrographischer Atlas. 27 (lithogr.) Flussnetze (in Fol. und qu. gr. Fol.) über alle Theile der Erde, nebst (chromolithogr.) Musterblatt und Anweisung zu deren zweckmäss. Ausfüllung. 2. Aufl. qu. Fol. (8 S. Text in gr. 4.) Gotha 856, J. Perthes.

—— Гидрографическій Атласъ. (Hydrographischer Atlas.) 27 lithogr. Bl. (in qu. Fol. und qu. Imp.-Fol.) qu. Fol. (9 S. russ. Text in gr. 4.) Gotha 857, J. Perthes.

Sydow's, E. v., hydrographischer Atlas mit Orts- und Grenzbezeichnung. 27 (lithogr.) Flussnetze über alle Theile der Erde (in Fol. und qu. gr. Fol.), nebst (lithogr. und ill.) Musterblatt und Anweisung zu deren zweckmäss. Ausfüllung. Mit Text. (12 S. in 4.) Fol. Gotha 860, J. Perthes. Thlr. *

— Hydrotopischer Atlas. 28 Gewässer- und Ortskarten über alle Theile der Erde. Gotha, J. Perthes o. J. (à Bl. 12 Pf.)
Darin: Deutschland. — Nord-Deutschland. — Süd-Deutschland. Alpenland. — Karpathenländer, Polen u. Preussen. — Der Oesterreichische Kaiserstaat. — Der Preussische Staat. — Mittleres Nord-Deutschland.

Sydow's, E. v., hydrotopischer Atlas. 28 (lithogr.) Gewässer- und Orts-Karten über alle Theile der Erde. qu. Fol. (4 S.) Gotha 855(56,) J. Perthes. *

—— Гидротопический Атласъ. (Hydrothopischer Atlas.) 31 lithogr. Bl. (in qu. Fol. und gr. Fol.) qu. Fol. (6 S.) Gotha 857, J. Perthes. *

— ОРОГРАФИЧЕСКІЙ АТЛАСЪ. Gotha 857. J. Perthes. qu. Fol. (28 lith. Bl. u. 3 Bl. Text.) n. 1 *ℛ𝓉*.

Orographischer Atlas. 24 Bodenkarten über alle Theile der Erde. Ebda. o. J. (à Bl. 12 Pf.)
Darin: Deutschland. — Nord-Deutschland, der Preussische Staat. — Süd-Deutschland. — Alpenland. Karpathenländer, Polen u. Preussen. — Der Oesterreichische Kaiserstaat.

—— orographischer Atlas. 24 (chemityp.) Boden-Karten über alle Theile der Erde. qu. Fol. (4 S. Text.) Gotha 855, J. Perthes. *

— ОРО-ГИДРОГРАФИЧЕСКІЙ АТЛАСЪ. Gotha 857. J. Perthes. qu. Fol. (28 lith. Bl. in Farbendr. u. 3 Bl. Text.) n. 1 *ℛ𝓉*. 15 *ngr.*

— oro-hydrographischer Atlas. 25 (lith.) Boden- und Gewässer-Karten über alle Theile der Erde. Gotha 856. J. Perthes. (Mit 4 Bl. Text.) n. 1 *ℛ𝓉*. 5 *ngr.*; einzelne Karten à 2 *ngr.*

—— Оро-гидрографическій Атласъ. (Oro-hydrographischer Atlas.) 28 chromolithogr. Bl. (in qu. Fol. und gr. Fol.) qu. Fol. (6 S.) Gotha 857, J. Perthes. *

—— Атласъ сътей. 16 lithogr. Bl. qu. Fol. (12 S. russ. Text in gr. 4.) Gotha 856, J. Perthes. *

Sydow, E. v., **АТЛАСЪ СѢТЕЙ.** Gotha 857. J. Perthes. qu. Fol. (16 lith. Bl. u. 12 S. Text in gr. 4.) n. 25 *ngr.*

Sydow, E., Bildg. auf d. Lande, s. a. Zeitfragen d. christl. Volkslebens.

[F.] Bildung auf dem Lande. Von E. **Sydow.** *Stuttgart: Ch. Belser 1898.* (49 S.) 8.
= **Zeitfragen** d. christlichen **Volkslebens**. Bd 23. II. 2. [98. 4398

Sydow, Emil von (Hrsg.), s. B l a r a m b e r g , Johann von: Erinnerungen aus dem Leben . . .

Sydow, E. v., u. Herm. **Berghaus**, Deutschland, im M. von 1:2200000. Gotha J. Perthes, 1853. Lith. u. Farbendruck. Imp.-Fol. . . . . (KPA.)
——, —— (Mit Hauptrücksicht auf natürliche Bodengestaltung.) 2. Aufl. Ebenda 1857.
——, —— Ebda (1861?) . . . .

—— Gradnetz-Atlas. 16 Gradnetze über alle Theile der Erde, nebst Musterblatt und Bemerkungen über den Gebrauch der Gradnetze. qu. Imp.-4. (17 lithogr. Bl. und 10 S. Text.) Gotha 847, J. Perthes. *

Sydow, E. von, Die Grenzen Deutschlands aus dem Gesichtspunkte der Vertheidigung. Bd. 1. 2. Leipzig 1849. 8. . . . .

von **Sydow**, Emil: Grundriss der allgemeinen Geographie. Eine geographische Vorschule und Anhalt für jede Heimatskunde. Gotha 1862. XII, 236 S.
= von Sydow: Geographischer Leitfaden. Abth. 1. 8°.

Sydow, E. v., methodischer Hand-Atlas f. das wissenschaftliche Studium der Erdkunde. 1. u. 2. Abthl. Fol. (21 ill. Karten u. Text in gr. 4.) Gotha 842—44. Just. Perthes. *

—— dass. Supplementheft. 1. Lfg. Fol. (6 Karten.) Ebds. 846. *

—— dass. 2. Aufl. 2 Lfgn. (21 Karten in lithogr. Buntdr.) Fol. Ebendas. 845, 47. *
Einzelne Karten à * 5 Ngr.

—— methodischer Hand-Atlas für das wissenschaftl. Studium der Erdkunde. 3. Aufl. gr. Fol. (21 lithochrom. Karten und 1 Bog. Text.) Gotha 850, J. Perthes *

—— dass. — Suppl.-Heft. 2. (letzte) Lfg. Fol. (7 lithochrom. Karten und 7 S. Text.) Ebds. 851(52.) *
1. Suppl.-Heft. Ebendas. 1846. 1 Thlr.

—— methodischer Hand-Atlas für das wissenschaftliche Studium der Erdkunde. Neue Bearbeitungen aus dem J. 1861 gr. Fol. (5 chromolithogr. Karten mit 4 S. Text in Fol.) Gotha 861, J. Perthes. *

Sydow, E. v., methodischer Hand-Atlas für das wissenschaftliche Studium der Erdkunde. Neue Bearbeitungen aus dem J. 1864. 2 Blatt. Chromolithogr. gr. Fol. Gotha 864, J. Perthes. *

Sydow, E. von. Methodischer Hand-Atlas für das wissenschaftliche Studium der Erdkunde. 30 Karten. 4. Aufl. Gotha, J. Perthes, 1870.
15. Mittel-Europa. — 16—17. Nord-Deutschland nebst den preuss. Provinzen Preussen u. Posen. — 18—19. Süd-Deutschland mit der Schweiz.
(Bl. 15: 60 Pf., 16/17, 18/19 je 1 M.)

—— Handbook to the series of large physical maps for school instruction. Edited by J. Tilleard. gr. 8. (55 S.) Gotha 857, J. Perthes. *

Kirchenzucht. Mit besond. Berücks. d. in d. evang. Landeskirche Preußens geltenden Bestimmungen. Von E[mil] **Sydow**, Pastor. Gütersloh: Bertelsmann 1910. 88 S. 8° 11. 1349

—— geographischer Leitfaden. 1. Abthl.: Grundriß der allgemeinen Geographie. Eine geograph. Vorschule und Anhalt für jede Heimathskunde. gr. 8. (XII und 236 S. mit eingedr. Holzschn.) Gotha (861)62, J. Perthes. *

— Schul-Atlas in 37 (lith. u. color.) Karten. 3 Lfgn. qu. gr. 4. (4 S. Text.) Gotha 847. 48, J. Perthes. (à n. 1/2 *ℛ𝓉*) n. 1 1/2 *ℛ𝓉* — 2. Aufl. qu. gr. 4. (8 S. Text in 4.) Ebd. 850. n. 1 1/2 *ℛ𝓉* — in 38 (lithochrom.) Karten. 4. Aufl. qu. Imp. 4. (10 S. Text.) Ebd. 852. n. 1 1/2 *ℛ𝓉*

— **Schul-Atlas** in 38 (lith. u. in Farben gedr.) Karten. 5—7. Aufl. Gotha 853—55. J. Perthes. qu. Fol. n. 1 *ℛ𝓉*. 15 *ngr.*; einzelne Karten à 1½ *ngr.*

— — in 42 (lith. u. in Farben gedr.) Karten. (Mit 16 S. Text in Lex.-8.) 8. Aufl. 856. — 9. Aufl. Gotha 857. J. Perthes. qu. Fol. n. 1 *ℛ𝓉*. 15 *ngr.*; einzelne Karten à 1½ *ngr.*

— Schul-Atlas in 42 (lith. u. in Farben gedr.) Karten. 10—15. Aufl. Ebend. 858—63. qu. Fol. (Mit 16 S. Text in gr. 8.) n. 1 *ℛ𝓉* 15 *ngr.*; einzelne Karten à 1½ *ngr.*

Sydow, E. v., Schul-Atlas in 42 (lithogr. u. chromolithogr.) Karten. 16—19. Aufl. Gotha 865—67. J. Perthes. qu.-Fol. (16 S. Text in Lex.-8.) n. 1 *ℛ𝓉* 15 *ngr.* Einzelne Blatt 1½ *ngr.*

Sydow, E. v., Schulatlas in 42 Karten. 33. Auflage. Ausgabe für die österreichisch-ungarische Monarchie. Gotha und Wien 1881. Justus Perthes. Preis, geheftet 2 fl. 70 kr.

Sydow-Wagner's methodischer Schul-Atlas. Entworfen, bearb. und hrsg. von Herm. Wagner. 60 Haupt- und 50 Nebenkarten auf 44 (chromolithogr.) Taf. Fol. (16 S. Text.) Gotha 888, J. Perthes. geb. *

Sydow-Wagner's methodischer Schul-Atlas. Entworfen, bearb. u. hrsg. v. Herm. Wagner. 60 Haupt- u. 50 Nebenkarten auf 44 Taf. (In Farbendr.) 2.—4. Aufl. qu. Fol. (XVI S. Text.) Gotha 889—91, J. Perthes. In hoch 4. geb. * 8 —

Sydow-Wagner's Methodischer Schulatlas, bearbeitet von Hermann Wagner, 60 Haupt- und 50 Nebenkarten auf 44 Tafeln. 6. durchgesehene und berichtigte Auflage. Gotha 1895. Justus Perthes. (Min.-Erl. vom 28. December 1895. Z. 28801.) Geb. 1896. 3.60

Sydow-Wagner, Methodischer Schulatlas, bearbeitet von Hermann Wagner. 61 Haupt- und 50 Nebenkarten und 45 Tafeln. 7. berichtigte und erweiterte Auflage. Gotha 1897. Justus Perthes. (Min.-Erl. vom 29. August 1896, Z. 21502.) Geb. 3.—

[Emil v.] Sydow-Wagners methodischer Schul-Atlas. Entw., bearb. u. hrsg. v. Hermann Wagner. 63 Haupt- u. 50 Nebenktn auf 47 Taf. 8. durchges. u. erweit. Aufl. ... *Gotha: J. Perthes 1899.* (4 Bl, 47 Ktnbl.) 1 Bd 4. [91. 1035]

[Emil v.] Sydow-Wagners methodischer Schul-Atlas. Entw. bearb. u. hrsg. von Hermann Wagner. 63 Haupt- u. 50 Nebenkarten auf 47[!] Taf. 12., bericht. u. erg. Aufl. Gotha: J. Perthes 1905. (44 Karten.) 4°

—— Skol-Atlas i 45 Kartor. Efter 8. tydska upplagan. 1. Lfg. qu. Fol. (36 chromolith. Karten und 2 S. Text.) Gotha 856, J. Perthes. *

—— Skol-Atlas i 45 Kartor. Efter 8. tyska upplagan. 2. Lfg. qu. Fol. (8 lithogr. Karten, wovon 3 in Farbendr., in qu. Fol. und gr. Fol. und 18 S. Text in gr. 8.) Gotha 859, J. Perthes. *

1. Lfg. Ebendas. 1856. * 2 Thlr. 10 Ngr.

Der kartographische Standpunkt Europa's mit besonderer Rücksicht auf den Fortschritt der topographischen Spezial-Arbeiten. Von Emil von Sydow. (Aus den Mitteilungen aus Justus Perthes' geographischer Anstalt.) Die Jahre 1857—58, 60—63, 65—71. Gotha. (1858—72.) 4°.

Sydow, E. v., Стѣнный-Атласъ. Nr. I.: Европа. Fol. (9 lithochrom. Karten mit 15 S. russ. Text in Lex.-8.) Gotha 855(56,) J. Perthes. Thlr. *

—— dass. — Nr. II.: Азія. Fol. (9 chromolith. Karten mit 15 S. russ. Text in Lex.-8.) Ebds. 856. *

—— Стѣнный-атласъ. Nr. III.: Африка. (Wand-Atlas. Nr. III.: Afrika.) Fol. (9 chromolithogr. Karten mit 15 S. russ. Text in Lex.-8.) Gotha 857, J. Perthes. Auf Leinwand und in Mappe *

—— Стѣнный-Атласъ. Nr. 4: Австралія. (Wand-Atlas. Nr. 4: Australien.) gr. Fol. (6 chromolithogr. Bl. mit 18 S. russ. Text in Lex.-8.) Gotha 857, J. Perthes. Auf Leinwand und in Mappe *

—— dass. — Nr. IV und V.: Сѣверная и Южная Америка. (Nord- und Süd-Amerika.) Fol. (10 chromolithogr. Karten mit 15 S. russ. Text in Lex.-8.) Ebendas. 857. Auf Leinwand und in Mappe *

— Thüringen und der Harz im Maßstabe: $^1/_{1.000.000}$, eine physikalische Skizze. Nebst Begleitworten. 2 Blätter in Imp.-4. Ebend. 841. n. $^1/_6$ ₰

Sydow, E. v. und Credner, H. Thüringen und der Harz. Eine orographisch-geognostische Skizze. Gotha. 1843. 4.

—— Uebersicht der wichtigsten Karten Europa's. Mit besonderer Rücksicht auf das militair-geograph. Bedürfniss zusammengestellt. 1. Thl. Beiheft zum Militair-Wochenblatt. gr. 8. (VIII und 164 S. mit 9 lithogr. Beilagen in qu. Fol.) Berlin 864, (Mittler und Sohn.) *

Sydow, E. v., Übersichts-Karte von Mittel-Deutschland. Östlicher Theil. M. 1: 1000000. Gotha, Perthes, 1866. Chromolith. qu.-Fol. . . . . (Br. Mus.)
——, —— Mittlerer Theil. Ebds. 1866.

— Uebersichtskarte v. Ost- u. West-Preussen u. Polen. Fol. Lith. u. color. Ebd. 852. 6 ngr

Sydow, E. v. Der geographische Unterricht im Kgl. Preuß. Cadettencorps. Gotha 1857. 4°.

—— Учебный атласъ, состоящій изъ 46 раскрашенныхъ картъ. Выпускъ 1., по 8. изданію нѣмецкаго атласа. qu. Fol. (35 chromolith. Karten und 4 S. Text.) Gotha 856, J. Perthes. *

—— Учебный Атласъ. Выпускъ второй. (Schul-Atlas. 2. Heft.) 10 lithogr. und chromolithogr. Bl. (in qu. Fol. und gr. Fol.) qu. Fol. (16 S. Text in Lex.-8.) Gotha 857, J. Perthes. *

Sydow, E. v., Vorbereitung z. speciellen Studium d. Geographie, zunächst bestimmt f. d. Unterr. in d. k. 8. Divisions-Schule zu Erfurt. gr. 8. ($7^1/_2$ B., 7 Kart. u. mehr. Holzschn.) Erfurt 836, (Keyser'sche Buchh.) *

— Wand-Atlas. No. 1. Erdkarte in 2 großen Planigloben. Nebst 2 die nördl. u. südl. Halbkugel u. 2 die Hemisphären der 2 größten Oceane darstellenden Planigloben. (12 Sectionen, in 4 Farben lithogr., nebst Begleitworten.) 2. verb. Aufl. Fol. Gotha 844, J. Perthes. n. $1^1/_2$ ₰ Auf Leinwand gezogen u. in Mappe n. 3 ₰

— I. Abthl. No. 2. Europa. (12 Sect. in vier Farben lithogr. Roy.-Fol., nebst Begleitworten.) 2. verb. u. im Nebenlande ausgeführtere Aufl. Ebend. 842. n. $1^1/_2$ ₰ Aufgez. n. $2^5/_6$ ₰

Sydow, E. v., Wand-Atlas. Nr. 2. Europa. (9 grosse Sectionen in 4 Farben lithogr., nebst Begleitworten. 24 S. in 8.) 3., verb. Aufl. gr. Fol. Gotha 847, J. Perthes. *

—— dass. — Nr. 3. Asia. (12 Sectionen.) 2. Aufl. gr. Fol. Ebds. 845.

—— dass. — Nr. 4. Africa. (6 Sectionen.) 2. Aufl. gr. Fol. Ebds. 846.

—— dass. — Nr. 5 und 6. Nord- und Südamerika. (10 Sectionen.) 2. Aufl. gr. Fol. Ebds. 845.

—— dass. — Nr. 12. Deutschland. gr. Fol. (9 lithogr. Bl. in Buntdruck, nebst 24 S. Text. in gr. 8.) Ebds. 847. *

— Wand-Atlas. Nr. 1. Erdkarte in 2 grossen Planigloben. Nebst 2 die nördl. u. südl. Halbkugel darstellenden Planigloben u. nebst einer Erdansicht in Mercator's Projection. [12 Sect. (in gr. Fol.) in 4 Farben lith., m. Begleitworten (48 S. in gr. 8.)] 3. verb. Aufl. Gotha 851, J. Perthes. n. $1^1/_2$ ₰; auf Leinw. u. in Mappe n. 3 ₰

—— Wand-Atlas. Nr. 2.: Europa. (9 Sect. in gr. Fol. in 4 Farben lithogr., nebst Begleitworten 28 S. in gr. 8.) 4., verb. Aufl. Gotha 853, J. Perthes. *

—— dass. — Nr. 3.: Asia. (9 Sect. in gr. Fol. in 4 Farben lithogr., nebst Begleitworten 19 S. in gr. 8.) 3., verb. Aufl. Ebds. 854. *

—— dass. — Nr. 4.: Africa. (6 Sect. in gr. Fol., in 4 Farben lithogr., nebst Begleitworten 30 S. in gr. 8.) 3., verb. Aufl. Ebds. 855(56.) *

—— dass. — Nr. 5. und 6.: Nord-America in 8 Sect. und Süd-America in 4 Sect. (in gr. Fol.) (In 4 Farben lithogr., nebst Begleitworten 19 S. in gr. 8.) 3., verb. Aufl. Ebds. 855(56.) *

—— dass. — Nr. 7.: Australien. (6 lithogr. Sect. in gr. Fol., in 4 Farben color., nebst Begleitworten 72 S. in gr. 8.) Ebds. 856. *

Nr. 1. 3. Aufl. Ebendas. 1851. * 1 Thlr. 15 Ngr.

—— Wand-Atlas. Nr. 1.: Erdkarte in zwei grossen Planigloben. Nebst 2 die nördl. und südl. Halbkugel darstellenden Planigloben und einer Erdansicht in Mercator's Projection. (12 Sectionen [in gr. Fol.], in 4 Farben lithogr., mit Begleitworten [50 S. in gr. 8.]) 4., verb. Aufl. Gotha 858, J. Perthes. *

Auf Leinw. und in Mappe *

— Nr. 2. Europa. (9 grosse Sectionen, in 4 Farben lithogr., nebst [28 S.] Begleitworten.) 4. verb. Aufl. Gotha 853. J. Perthes. gr. Imp.-Fol. n. 1 ℛ𝓅. 15 𝓃𝑔𝓇.; auf Leinwd. gez. n. 2 ℛ𝓅. 25 𝓃𝑔𝓇.

— — Nr. 3. Asia. (9 Sectionen, in 4 Farben lith., nebst [19 S.] Begleitworten.) 3. verb. Aufl. Gotha 854. J. Perthes. gr. Imp.-Fol. n. 1 ℛ𝓅. 10 𝓃𝑔𝓇.; auf Leinwd. gez. n. 2 ℛ𝓅. 20 𝓃𝑔𝓇.

— — Nr. 4. Africa. (6 grosse Sectionen, in 4 Farben lith., nebst [30 S.] Begleitworten.) 3. verb. Aufl. Gotha 855. J. Perthes. gr. Imp.-Fol. n. 1 ℛ𝓅.; auf Leinwd. gez. n. 2 ℛ𝓅.

— — Nr. 5. u. 6. Nord- und Sud-America. Nach politischer Eintheilung color. (10 Sectionen nebst [20 S.] Begleitworten.) Gotha 856. J. Perthes. gr. Imp.-Fol. n. 1 ℛ𝓅. 10 𝓃𝑔𝓇.; auf Leinwd. gez. n. 2 ℛ𝓅. 20 𝓃𝑔𝓇.

— — Nr. 7. Australien. (6 Sectionen in 4 Farben color., nebst [72 S.] Begleitworten.) Gotha 856. J. Perthes. gr. Imp.-Fol. n. 1 ℛ𝓅. 15 𝓃𝑔𝓇.; auf Leinwd. gez. n. 2 ℛ𝓅. 15 𝓃𝑔𝓇.

Sydow-Habenicht, methodischer Wand-Atlas Nr. 2, 11 und 13. gr. Fol. Gotha 888, J. Perthes. *
Auf Leinw. in Mappe * ℳ 48.—.; mit Stäben *
Mit Stäben und lackirt *

Inhalt:

Nr. 2. Europa. Oro-hydrograph. Schulwandkarte, nach einem von Sydows Plan bearb. von H. Habenicht. 12 Bl. 1 : 3,000,000. Chromolithogr. * ℳ 12.—.; auf Leinw. in Mappe * ℳ 18.—.; mit Stäben * ℳ 21.—.; lackirt * ℳ 24.—.

„ 11. Italien. Oro-hydrographisch. 1 : 750,000. 9. Bl. * ℳ 10.—.; auf Leinw. in Mappe * ℳ 15.—.; mit Stäben * ℳ 18.—.; lackirt * ℳ 21.—.

„ 13. Frankreich. Oro-hydrographisch. 1 : 750,000. 9 Bl. * ℳ 10.—.; auf Leinw. in Mappe * ℳ 15.—.; mit Stäben * ℳ 18.—. und lackirt * ℳ 21.—.

Sydow-Habenicht. Methodischer Wand-Atlas. Nach E. v. Sydow's Plan bearb. v. H. Habenicht. Nr. 1, 3—8, 10, 12, 14. Chromolithogr. qu. gr. Fol. Gotha, J. Perthes.

1. Erdkarten. Oro-hydrograph. Schul-Wandkarte. Mittlerer Massstab: 1 : 2,000,000. 12 Blatt. 890. * 12 —; auf Leinw. in Mappe * 18 —; m. Stäben * 21 —; lackiert * 24 —.
3. Asien. Oro-hydrograph. Schul-Wandkarte. 1 : 6,000,000. 12 Bl. 891. * 13 —; auf Leinw. in Mappe * 18 —; m. Stäben u. Ringen * 21 —; lackiert * 24 —.
4. Australien u. Polynesien. Oro-hydrograph. Schul-Wandkarte. 1 : 6,000,000. 12 Bl. 892. * 12 —; auf Leinw. in Mappe * 18 —; m. Stäben u. Ringen * 21 —; lackiert * 24 —.
5. Afrika. Oro-hydrograph. Schul-Wand-Karte. 1 : 6,000,000. 9 Bl. 891. * 10 —; auf Leinw. in Mappe * 15 —; m. Stäben u. Ringen * 18 —; lackiert * 21 —.
6. Nord-Amerika. Oro hydrograph. Schulwandkarte. 1 : 6,000,000. 9 Bl. 889. * 10 —; auf Leinw. in Mappe * 15 —; m. Stäben * 18 —; lackiert * 21 —.
7. Süd-Amerika. Oro-hydrographisch. 1 : 6,000,000. 9 Bl. 889. * 10 —; auf Leinw. in Mappe * 15 —; m. Stäben * 18 —; lackiert * 21 —.
8. Deutsches Reich u. Nachbarländer. Oro-hydrograph. Schul-Wandkarte. 1 : 750,000. 12 Bl. 890. * 12 —; auf Leinw. in Mappe * 18 —; m. Stäben u. Ringen * 21 —; lackiert * 24 —.
10. Balkan-Halbinsel. Oro-hydrograph. Schul-Wandkarte. 1 : 750,000. 9 Bl. 890. * 10 —; auf Leinw. in Mappe * 15 —; m. Stäben u. Ringen * 18 —; lackiert * 21 —.
12. Spanische Halbinsel. Oro-hydrograph. Schul-Wandkarte. 1 : 750,000. 9 Bl. 889. * 10 —; auf Leinw. in Mappe * 15 —; m. Stäben * 18 —; lackiert * 21 —.
14. Britische Inseln. Oro-hydrograph. Schulwandkarte. 1 : 750,000. 9 Bl. 889. * 10 —; auf Leinw. in Mappe * 15 —; m. Stäben * 18 —; lackiert * 21 —.

Die zusammengesetzten Karten haben folgende Formate: Nr. 1, 3, 4, 8: 167×200 cm., Nr. 5, 6, 7, 10, 12, 14: 147×168 cm.

Sydow-Habenicht, Methodischer Wandatlas. Nr. 9. Oesterreich-Ungarn. Oro-hydrographische Schul-Wandkarte. Maßstab 1 : 750.000. 12 Blatt, geh. 7.20, aufgez. in Mappe 10.80, aufgez. mit Stäben 12.60, ebenso und lackirt 1896. 14.40

Sydow-Habenicht, Methodischer Wand-Atlas. Nr. 15: Skandinavien. Oro-hydrographische Schulwandkarte nach E. von Sydow's Plan bearbeitet von H. Habenicht. Maßstab: 1 zu 1,500.000. Gotha. Justus Perthes. (Min.-Erl. v. 25. Juni 1896, Z. 15602.) Geheftet 6.— Aufgezogen in Mappe 9.—, aufgezogen mit Stäben 10.80

Sydow-Habenicht, Methodischer Wandatlas. Nr. 16. Rußland. Oro-hydrographische Schulwandkarte nach E. v. Sydow's Plan, bearbeitet von H. Habenicht. Maßstab: 1 : 2,000.000. Gotha. Justus Perthes. (Min.-Erl. v 24. Juni 1895, Z. 14812.) Geheftet, in 12 Blatt 7.20, aufgezogen in Mappe 10.80, aufgezogen mit Stäben 12.60, desgleichen lackirt 1895. 14.40

Sydow's, E. v., physischer Wand-Atlas. Gotha, J. Perthes.

Inhalt:

Erdkarte in zwei Planigloben. 12 Bl. in Farbendr. 883. * ℳ 5.—.; aufgezogen in Mappe * ℳ 10.60.; aufgezogen mit Stäben * ℳ 14.—.; lackiert * ℳ 17.00.
Europa. 1 : 4,000,000. 9 Bl. in Farbendr. 883. * ℳ 5.; aufgezogen in Mappe * ℳ 10.—.; aufgezogen mit Stäben * ℳ 13.60.; lackiert * ℳ 16.60.
Asia. 1 : 8,000,000. 9 Bl. in Farbendr. 884. * ℳ 4.60.; aufgezogen in Mappe * ℳ 9.60.; aufgezogen mit Stäben * ℳ 13.—.; lackiert * ℳ 16.60.
Afrika. 1 : 8,000,000. 6 Bl. in Farbendr. 884. * ℳ 4.—.; aufgezogen in Mappe * ℳ 8.—.; aufgezogen mit Stäben * ℳ 11.—.; lackiert * ℳ 13.—.
Nord- und Süd-Amerika. 1 : 8,000,000. 10 Bl. in Farbendr. 886. * ℳ 5.—.; aufgezogen in Mappe * ℳ 10 —.; aufgezogen mit Stäben * ℳ 14.—.; lackiert * ℳ 17.—.
Australien in Mercators Projektion, 4 Bl. in Farbendr. 882. * ℳ 4.60.; aufgezogen in Mappe * ℳ 8.60.; aufgezogen mit Stäben * ℳ 12.—.; lackiert * ℳ 14.—.

—— Wand-Atlas üb. alle Theile d. Erde. I. Abthl. No. I—VI. Roy.-Fol. (Text in gr. 8.) Gotha, J. Perthes. *

No. I. Erdkarte in 2 gross. Planigloben. Nebst 2 die nördl. u. südl. Halbkugel, u. 2 die Hemisphären d. zwei grössten Oceane darstellenden Planigloben. (12 Sect., in 4 Farben lith.) (1½ B. Text.) 840. * 1 Thlr. 12 Gr.
- II. Europa. (12 Sect., in 4 Farben lith.) 1. Aufl. (2 B. Text.) 839. * 1⅓ Thlr., 2., verb. A. (2¼ B.) 840. * 1⅓ Thlr.
- III. Asia. (1 B. Text.) 839. * 1 Thlr. 8 Gr.
- IV. Africa. (6 Sect.) (¾ B. Text.) 839. 1 * Thlr.
- V. u. VI. Nord-America u. Sud-America. (à 6 Sect.) (1¼ B. Text.) 840. à * 1 Thlr. 8 Gr.

Sydow, Ernst von

Sydow, E. v. Deutschlands Eisenbahnen. Berlin 1845. 8°.

— u. F. W. v. Reden, Eisen-Bahn-Karte von Deutschland, s.a. v. Reden, F. W.

Sydow, E. v., Eisenbahnkarte von Deutschland und den angrenzenden Ländern. Berlin. 1847. ⅔ Thlr.

Sydow, E. v., stehendes Heer, Kriegsbudget und Volksbewaffnung. Mit besond. Beziehung auf Preußen, als Beitrag zur Wehrfrage der Gegenwart. gr. 8. (20 S.) Berlin 848, Schneider und Comp. *

— Uebersichtskarte d. Eisenbahnen v. Mittel-Europa. 1. bis 1846 berichtigte Ausg. Illum. u. gest. kl. Fol. Berlin 846, Schropp u. C. n. 6 𝓃𝑔𝓇

— Uebersichtskarte d. Eisenbahnen v. Mittel-Europa. Fol. Kpfrst. u. color. Berlin 850, Schropp & Co. — (Neue Ausg.) Ebd. 852. 6 ngr.

Sydow, E. v., Übersichtskarte der Eisenbahnen von Mittel-Europa. Berlin 1856. (Gr. Mo...)

Sydow, Ernst Theodor Heinrich, s. Sydow, Heinrich

Sydow, F. H., die preußischen Polizei-Strafgesetze unter Einfügung der für den Regierungs-Bezirk Potsdam und die Stadt Berlin erlassenen Spezial-Verordnungen. Zum Handgebrauch für den Richter, Anwalt und jeden Privatmann nach dem Text der verschied. Rechtsquellen hrsg. gr. 8. (XV und 344 S.) Berlin 851, G. Reimer.

Sydow, die Zulässigkeit des Rechtsweges und die Kompetenz-Konflikte in Preußen. Eine systematische Darstellung des bestehenden Rechtszustandes. Im amtlichen Auftrage bearb. Berlin 860. v. Decker. gr. 8. (XXII, 176 S.) 22½ ngr.

Sydow, Frz., Beiträge zur Geschichte d. Tracheotomie, s.a. Abhandlungen, Münchener medicin., VIII, 7.

Sydow, Franz [app. Arzt aus Hasselbusch, Prov. Brandenb.]: Beiträge zur Geschichte der Tracheotomie ... München, Buchdr. Kastner & Lossen; 1896; 59 S., 5 Taf. 8.
München, Med. Fak., Inaug.-Diss. v. 1896

Sydow, Franc. (geb. Berlin 17. 3. 1829): De periosteitide, quae dicitur phosphorica quaedam. Berolini (1852). (31 S.) 8°
Berlin, Med. Diss. v. 9. Aug. 1852

Akazien-Blüthen. Eine Sammlung Gedichte für Freimaurer von Friedr. v. Sydow. Sondershausen: Eupel in Comm. [1834]. IV, 172 S. 8°
Kl. 665.

Sydow, Friedr. v., Akazien-Blüthen. Eine Samml. Gedichte f. Freimaurer. 8. (11¼ B.) Sondershausen 834, (Eupel.)

— Almanach dramat. Sprüchwörter, zur Unterhaltung in gesell. Kreisen und für Privat-Bühnen. 1r Jahrg. 16. Leipzig 835. Kayser. ¾ rthl.

Sydow, Friedr. v., Almanach dramatisirter Sprüchwörter, z. Unterhalt. in gesell. Kreisen u. f. Privat-Bühnen. 1. Jahrg. 16. (10 B.) Leipzig 835, [Kößling'sche Buchh.]

—— kurzgef. Anleitung zum Briefschreiben u. zur Anfertig. aller im gewöhnl. Leben vorkomm. schriftl. Arbeiten. Nebst e. gedrängten Anh. üb. d. Regeln d. Rechtschreib. Ein Hilfsbüchl. z. Selbstunterr. f. Jedermann u. z. Gebr. in Stadt- u. Land-Schulen. 8. (16¼ B.) Sondershausen 833, Eupel.

—— kurzgefaßte Anleitung z. Briefschreiben u. z. Anfertigung aller im gewöhnl. Leben vorkomm. schriftl. Arbeiten. Nebst e. gedrängten Anh. v. den Regeln d. Rechtschreibung. 2., verb. Aufl. gr. 12. (11 B.) Sondershausen 838, Eupel.

Sydow, Friedr. v., Asträa, s. a. Asträa.

v. Sydow, (Fr.,) Asträa. Taschenbuch f. Freimaurer, a. d. J. 1824 — 28. 1r — 4r Jahrg. 12. Ilmenau, Voigt. 1r Jahrg. 1 Rthl. 12 gr. 2r J. 1 Rthl. — 3r J. 1 Rthl. 4r J. 2 Rthl. —

—— das Buch d. Erfahrung f. junge Offiziere, od. Winke d. Pflicht, Ehre u. Lebensklugheit f. Offiziere deutscher Heere zum richtig. Verhalten in u. außer d. Dienst. Nach d. Forderungen d. Gegenwart bearb. rc. 8. (16½ B. u. 1 Kpfr.) Ilmenau 828, [Weimar,] Voigt.

—— das Buch der Toaste. Eine Sammlung v. Toasten, Tischreden in Versen, rc. Zum Gebrauch bei feierl. u. fröhl. Gelegenheiten u. zur Erhöhung der Tafelfreuden. Original-Dichtungen. 1. Aufl. 16. (6½ B.) 843. u. 2., verb. u. verm. Aufl. 8. (8 B.) Sondershausen 846, Eupel. à

Sydow, Friedr. v., das Buch der Toaste. Eine Sammlung von Trinksprüchen, Tischreden und Tischliedern, wie auch Antworten auf ausgebrachte Gesundheiten. Neu bearbeitet von Friedr. Mayer. 3. Aufl. 1852. und 4., verm. und verb. Aufl. 16. (XVI und 172 S.) Sondershausen 855, Eupel's Verlag.

Sydow, Frdr. v., das Buch der Toaste. Eine Sammlung von Trinksprüchen, Tischreden und Tischliedern wie auch Antworten auf ausgebrachte Gesundheiten. Neu bearb. von Frdr. Mayer. 7. Aufl. Sondershausen 862. Eupel. 16. (XVI, 172 S.) 15 ngr.

Sydow, Friedr. v., das Buch der Toaste. Eine Sammlung von Trinksprüchen, Tischreden u. Tischliedern wie auch Antworten auf ausgebrachte Gesundheiten. Neu bearb. von Friedr. Mayer. 8. Aufl. Sondershausen 865. [Lübeck, Bolhoevener.] 16. (XII, 238 S.) cart. 15 ngr.

— Empfindungen d. Augenblicks. (Gedichte.) 8. Darmst. 822, Heyer.

v. Sydow, Fr., Erzähll. u. Gemälde. 8. Bamb. 823. Wesche in Frankf. 1 rthl. 4 gr.

— Fantasien geschäftsfreier Stunden. 1r Thl. Mit Kpf. 8. Freiberg 813. Craz u. G. 1 rthl. 8 gr.

—— der Freund in d. Noth. Ein Buch f. Jedermann, od. geprüfter Rathgeber f. d. beste u. zweckmäßigste Verhalten in d. wichtigsten u. schwierigsten Lage d. Lebens, besond. aber in solchen Verhältnissen, bei welchen man sich leicht irren u. Mißgriffe begehen kann. Aus d. Quell d. Erfahrung geschöpft u. zum gemeinnütz. Gebr. bearb. 8. (21 B.) Ilmenau 834, [Weimar,] Voigt.

—— der Freund in der Noth. Ein Buch f. Jedermann. Neue unveränd. Ausg. 8. (21 B.) Weimar 843, Voigt.

— 2. verb. Aufl. kl. 8. Ebend. 846. ⅓ rthl.

v. Sydow, Fr. W., die Fürstenbraut. Drama in 4 A. 8. Bamb. 822. Wesche in Frankf. 1 rthl.

—— die Gattin, Mutter u. Jungfrau nach d. Anforderungen d. vernünft., gebild. u. gefühlvollen Mannes. Oder Winke z. Ausbild. d. weibl. Geschlechtes aus d. Feder ein. Mannes. Forts. d. Werkes „die Jungfrau." 8. (13¼ B. u. Titelbild.) Leipzig 837, Rein'sche Buchh.

Freimaurerische Gedichte zum Gebrauch bei der Arbeit in Logen, wie auch zur Privat-Unterhaltung für Maurer. Bearb. von Friedr. Wilh. v. Sydow. Schneeberg: Selbstverl. 1815. IV, 148 S. 8°
Kl. 587. 70 Gedichte.

[N. Ausg. u. d. Tit.:]

Freimaurerische Gedichte zum Gebrauch bei der Arbeit in Logen, wie auch zur maurerischen Privat-Unterhaltung. Der sehr ger. und vollk. Loge Friedrich Wilhelm zum eisernen Kreuz im Or. von Erfurt mit Bruderliebe gewidmet von Friedr. Wilh. v. Sydow. Im Aug. des Maurer-Jahres 5816. o. O. [1816]. IV, 152 S. 8⁰

74 Gedichte.

— freimaurerische Gedichte, zum Gebr. bei der Arbeit in Logen, wie auch zur Privatunterhaltung. 8. Freiberg 816. Craz u. G. 16 gr

—— der Gelegenheitsdichter, s. Gelegenheitsdichter.

—— des Rothenburger Sänger-Vereins erste Gesangfest-Feier, am 21., 22. u. 23. August 1844 in Sondershausen. gr. 8. (3 B.) Sondershausen 844, Eupel. *

— der Gesellschafter. Eine Sammlung der sinnreichsten u. angenehmsten Unterhaltungsmittel in geselligen Kreisen. 16. Sondershausen 843, Eupel. 1/2 ₰

—— der Grandmusketier. Eine Erzähl. a. d. Zeit d. merkwürd. Campements bei Mühlberg 1730. 8. (17 B.) Leipzig 834, Gebr. Reichenbach.

— der Haus-Secretair, od. Leitfaden zu Fertigung schriftl. Arbeiten, wie sie d. verschied. Beziehungen d. Geschäftslebens u. der briefl. Mittheilung erfordern. Nach dem Bedürfnisse d. Zeit zum Gebr. in Schulen, zum Selbstunterr. u. zur Aushilfe f. alle Stände u. Volksclassen. Nebst e. Anleit. zu d. üblichen Titulaturen, zu d. äußern Form d. verschied. Schriften, u. zur Fertigung tabellar. Arbeiten. 8. (18½ B.) Neustadt a. d. O. 830, Wagner. Thlr.

— die Familie Heino, oder Bücher der Freude u. des Ernstes; belehrend. Unterhaltung f. die Jugend. Mit 2 Landschaften in Steindr. 8. Leipz. 822. (Ind.-Compt.) 1 ₰ 8 gr; (a. Schubert u. N. in Hamb. u. Itzehoe). 1 ₰ 6 gr

v. Sydow, Fr., Herrschaft und Gesinde. Zur Beleuchtung der zwischen Beiden bestehenden Verhältnisse, ihrer gegenseitigen Verpflichtungen, Gerechtsame u. Anforderungen u. der vorkommenden Mißgriffe und Verirrungen, nebst Vorschlägen zu vernünftiger u. wirksamer Beseitigung der die beiderseitige Zufriedenheit und das häusliche Leben störenden Mängel. 8. Weimar 844, Voigt. 3/4 ₰

Sydow, F. v. Hilfsbuch für Unteroffiziere u. Soldaten. Mit 1 Bldn. u. Zeichn. Ilmenau 1825. 136 S.

— Hülfsbuch f. Unterofficiere u. Soldaten, od. Inbegriff des Wissenswürdigsten, in Beziehung auf ihre Bestimmung u. Pflichten rc. Mit Portr., 3 Steindr. u. 2 Pergamenttafeln. schmal gr. 8. Ilmenau 825. Voigt. 12 gr

Der Johannistag. Eine Novelle für Freimaurer. Von Friedr. v. Sydow. Ilmenau: 1830. 8⁰

Abgedr. in: A. 5 (1830) S. 1—84.
TB. 245.

—— die Jungfrau nach d. Anforderungen d. vernünft., gebild. u. gefühlvollen Mannes, od. Winke z. Ausbild. d. weibl. Geschlechts, aus d. Feder ein. Mannes. 2 Bdchn. 1. Aufl. (18¾ B. u. Titbild.) 836. 1⅓ Thlr., 2., ganz neu bearb. Aufl. (in 1 Bde.) 8. (13½ B. u. Titbild.) Leipzig 841, Rein'sche Buchh.

—— der Jüngling u. d. Mann in Bezieh. zu sich selbst, wie auch zu Welt u. Menschen. Auch mit besond. Berücksichtig. d. Anforderungen, welche d. gebild. u. bessere Theil d. weibl. Geschlechts an d. männliche macht. Ein Seitenstück zu d. Werke: „Die Jungfrau, Gattin, Mutter u. Hausfrau." 8. (18¾ B. u. Titbild.) Leipzig 839, Rein'sche Buchh.

— neues Complimentirbuch für alle Stände; od. Anleitg., sich in allen geschäftl. u. geselligen Verhältnissen, m. Anstand, der Sittlichkeit u. Schicklichkeit gemäß u. dem Geiste der Zeit angemessen, zu verhalten. Besonders f. d. Mittel- u. Bürgerstand bearb. 8. (VIII u. 180 S.) Leipzig (837) 849, Schmidt 1/3 ₰

— der Krieg der Stände, oder unbefangene Beleuchtung der verschied. Berufsklassen nach ihrer natürl., polit. u. socialen Eintheilung, vorzüglich aber der sich unter den verschied. Ständen einander entgegenstreb. Verhältnisse rc. Mit Beachtung der Vergangenheit u. Gegenwart. Aus dem Leben. 8. Ebend. 841. 1 ₰

— der junge Mann von Welt. Regeln des Anstandes, feiner Lebensart, wahrer Höflichkeit, Lebensweisheit u. Weltklugheit. Jungen Männern, welche in die Welt treten, gewidmet. gr. 12. Sondershausen 843, Eupel. 1/2 ₰

Sydow, Friedr. v., der Mann von Welt u. feinen Sitten. Kein Komplimentir-Buch, sond. e. Anleit., sich gebührend, anständig u. gefällig in d. Kreisen d. Lebens zu bewegen. Für Solche, denen es an Gelegenheit mangelt, sich nach d. Anforderungen d. höhern Welt u. feinen Sitten auszubilden. 8. (16 B.) Leipzig 834, Kayser.

— der Mann v. Welt u. feinen Sitten. Kein Complimentir-Buch, sondern eine Anleitung, sich gebührend, anständig und gefällig in den Kreisen des Lebens zu bewegen. Für Solche, denen es an Gelegenheit mangelte, sich nach den Anforderungen der höhern Welt u. feinen Sitten auszubilden. 2. Aufl. gr. 8. Leipzig 846, Kößling. 1/2 ₰

—— der Mann von Welt und feinen Sitten. Kein Complimentir-Buch, sondern eine Anleitung, sich gebührend, anständig und gefällig in den Kreisen des Lebens zu bewegen. 2. Aufl. 8. (IV und 251 S.) Leipzig 850. [Luckau, Kutzscher.]

— der Mann von Welt u. feinen Sitten. Kein Complimentir-Buch, sondern eine Anleitg., sich gebührend, anständig u. gefällig in den Kreisen des Lebens zu bewegen. 2. Aufl. 8. (IV u. 251 S.) Leipzig 852, Kößling (jetzt: Luckau, Kutzscher). 1/2 ₰

Sydow, Friedr. v., der Mann von Welt und feinen Sitten. Anleitung, sich gebührend, anständig und gefällig in den Kreisen des Lebens zu bewegen. 3. (Titel-)Aufl. 8. (IV und 251 S.) Leipzig (850)58, Fr. Voigt. Thlr. *

—— Nachbar mit Rath, oder belehrende Unterhaltungen für den Bürger u. Landmann über geistl. u. weltl. Einrichtungen, Gesetze, Sitten u. Gebräuche rc. A. d. Leben gegriffen. 1. Aufl. Sangerhausen 836. 1 Thlr., u. 2. Ausg. 8. (à 22¾ B. u. 2 Tab.) Wesel 841, [Hamburg,] Prinz. *

— s. Alfred v. Seltow.

— Silberblättchen. 2 Bdchen. 8. Erfurt 819 u. 20, Keyser. 3 ₰

—— neuer Sitten- u. Höflichkeits-Spiegel. Ein Complimentirb. f. alle Stände rc. Besond. f. d. Mittel- u. Bürgerstand bearb. u. f. Personen jedes Alters u. Geschlechts berechnet. 8. (12½ B.) Nordhausen 837, (neuer Tit. 840,) [Fürst.]

Sydow, Friedr. v., der Soldat im Krieg u. Frieden. Eine Darstellung aller militär. Dienstverhältnisse vom Gemeinen bis z. General rc. Mit vergleich. Rückblicken in die vergang. Zeit. Ein treuer Wegweiser f. alle Grade u. Gattungen d. Soldatenstandes in dienstl. u. außerdienstl. Fällen, z. Beseitigung oft eintret. Zweifel u. Irrungen. 8. (24½ B. u. Titlkpfr.) Weimar 839, Voigt. Thlr.

—— die Sprache d. Herzens u. d. Liebe in Blumen. 2. Aufl. 8. (6 B.) Nordhausen 837, Müller.

— Stammbuchsverse in 16 Nordhausen, Müller. 1/8 ß

— auserlesene Stammbuchsverse, aus den besten Dichtern gesammelt. 2e Aufl. 835. 3e Aufl. 12. Ebd. 837. 1/6 ß

—— auserlesene Stammbuchverse, aus den beliebtesten Dichtern gesammelt. 3. Aufl. 8. (4 B.) Nordhausen 837, Müller.

—— der allzeit fertige Tischredner. Eine Samml. v. ganz neuen Orig.-Gesundheiten (od. Toasten), wie auch Beantwortn. ausgebrachter Gesundheiten. 1. Aufl. 12. (4½ B.) 838. ⅓ Thlr., u. 2., verb. u. m. 25 Toasten verm. A. 16. (8 B.) Sangerhausen 841, Robland. (Leipzig, Hermann.)

Sydow, Fr. von: „Gründliche Uebersicht der europäischen Staaten in 53 geographisch-statistischen Tabellen", Erfurt 1821

— gründl. Uebersicht der europ. u. außereuropäisch. Staaten, in geograph.-statist. Tabellen. 1s u. 2s Hft. gr. Fol, Erfurt 822. Keyser. 3 ß 16 gß

—— Unterhaltungsbilder. Eine Samml. Erzählungen. 8. (24 B.) Neustadt a. d. O. 830, Wagner.

— s. Unterhaltungsblatt, Sondershäuser.

—— der Weltbürger. Ein Bildungsbuch f. d. Umgang mit Menschen, od. geprüfte Rathschläge zu e. richtigen, pflichtmäß. u. vortheilhaft. Verhalten in allen ernsthaft. u. gesell. Verhältnissen d. Lebens nach d. Vorschriften d. Moral, d. Anstandes u. d. Lebensklugheit: auf Welt u. Menschen, wie sie sind, nicht wie sie sein sollten, berechnet, u. in Knigge's Geist nach d. Bedürfnissen uns. Zeit zum Gebr. aller Stände u. Volksklassen geschrieben. 2 Thle. 8. (51¼ B.) Ilmenau 830, [Weimar,] Voigt.

— der Weltbürger. Ein Bildungsbuch für den Umgang mit Menschen. 2 Thle. 2. Ausg. 8. Weimar 842, Voigt. 2½ ß

—— der berüchtigte Wildschütz d. sächs. Erzgebirges, Carl Stülpner. Ein biograph. Gemählde, der Wahrheit treu angelegt u. mit romant. Farben ausgemahlt. 8. (11¼ B.) Sondershausen 832, Eupel.

——, Woldemar, od. der Sturm v. Villarosa. Trauersp. in 5 Aufzügen, nach e. Sage aus Körners Nachlaß frei bearb. gr. 12. (6½ B.) Leipzig 834, Fischer u. Fuchs.

—— poet. Zwischenspiele in der Prosa d. Lebens. Eine Samml. v. Gedichten verschied. Inhalts. 2 Thle. gr. 12. (13½ B.) Leipzig 834, Fischer u. Fuchs.

Sydow, Friedrich Wilhelm von, s. Sydow, Friedrich von

Sydow, Fritz [aus Lübeck]: Die Leonischen Briefe des Petrus Bembus ... Rostock, C. Hinstorffs Buchdr., 1893; 43 S. 8.
Rostock, Phil. Fak., Inaug.-Diss. v. [17. Juli] 1893

Simson. Schauspiel in 5 Aufz. von Fritz **Sydow**. Als Ms. gedr. *[Marburg 1903: H. Bauer.]* (75 S.) 8° [F.] [o]. 9... 4

Sydow, Geo., das Krankenversicherungsgesetz, s.: Krankenkassen-Bibliothek. 1.

— Sozialgesetzgebung u. Sozialreform in Deutschland, s.a. Fortschritt, sozialer. Nr. 19.

Sydow, Geo, Socialgesetzgebung und Socialreform in Deutschland. 8°. Leipzig, F. Dietrich, 1904. (Socialer Fortschritt, Heft 19.)

Sydow, Georg, aus Niederschöneweide b. Berlin: **Theorie und Praxis in der Entwicklung der französischen Staatsschuld** seit dem Jahre 1870. ⟨T. 1: 'Die Theorie des Staatsschuldenwesens'.⟩ *Jena: G. Fischer 1902.* (44 S.) 8° ¶ (Erscheint vollst. im gleichen Verlage.)
Berlin, Phil. Diss. v. 13. Aug. 1902

Sydow, Georg. Theorie und Praxis in der Entwickelung der französischen Staatsschuld seit dem Jahre 1870. gr. 8°. Jena, Gustav Fischer, 1902.

Sydow, Geo., **Theorie u. Praxis in der Entwicklg. der französ. Staatsschuld seit dem J. 1870. Mit e. Vorwort v. Adph. Wagner. Lex.-8. (VII, 218 S. m. 2 Fig.) Jena 903. G. Fischer.** n. 5. —

Sydow, H., s.: Annales mycologici.

Sydow, H., der Brand v. Paris od. Deutschlands u. Frankreichs Versöhnuug. gr. 8. (40 S.) Stuttgart 871. Moser. n.n. — 75

Sydow, H. u. P. **Sydow,** Fungi aliquot novi a F. Stuckert in Argentina lecti, s.: Mémoires de l'herbier Boissier. Nr. 4.

Sydow, H. v., Sabbathsweihe, s.a. Sabbathsweihe.

Sydow, H. v., Sabbathsweihe. Bearbeitung der 150 Psalmen Davids von frommen deutschen Dichtern. Ein Haus- und Familienbuch zur religiösen Erbauung dargeboten. Greiz 859. Bredt in Comm. 8. (X, 382 S.) 25 ngr.

Sydow, Hans von

Sydow-Dobberphul, H. v., Beiträge zur Währungsfrage, s.a. Schriften d. deutschen Vereins f. internationale Doppelwährung.

Beiträge zur Währungsfrage. Von H[ans] v. Sydow-Dobberphul. Berlin: H. Walther 1893. (2 Bl., 49 S.) 1 Bd 8°
(Schriften d. Deutschen Vereins f. internat. Doppelwährung. H. 16.)

Sydow, Hans von: Über Eisenbahnfrevel durch Geisteskranke. Rostock 1909: Adler. 31 S. 8°
Rostock, Med. Diss. v. 12. Juni 1909, Ref. Schuchardt
[Geb. 2. Sept. 83 Rostock; Wohnort: Stralsund; Staatsangeh.: Mecklenburg-Schwerin; Vorbildung: Realgymn. Rostock Reife O. 03; Studium: München 3, Rostock 7 S.; Coll. 25. Jan. 09; Approb. 14. Juni 09.] [U 09. 3728

Sydow, H. v., Genealogie der Familie von Sydow. Mit Stammtfln. Vierteljahrsschrift Herold. Berlin 1876. 8. S. 239—256, 316—408. Auch S.-A.

— Genealogie der Familie von Sydow. Mit 9 Stammtfln. Dobberphul 1877. 8. Nicht im Handel.
— Dasselbe. Nebst Personalbestand der Familie von Sydow am 28. Mai 1878. Soldin 1878.

Genealogie der Familie von Sydow. Von Hans v. **Sydow**. 2. verb. Aufl. Als Ms. gedr. *Hamburg: F. Schlothe 1897.* (XIV, 126 S., 1 Facs., 12 Tab.) 1 Bd 4. [98. 1191

Sydow, Hans v., Genealogie d. Familie v. Sydow. 2., verb. Aufl. M. 1 Wappentaf., 1 Heliograv. u. 11 Stammtaf. 4. (XIV, 126 S.) Hamburg 897. Berlin, J. A. Stargardt. n. 10. -

Sydow-Dobberphul, H. v., die Silberentwerthung und die internationale Krisis der Landwirthschaft, der Industrie und des Welthandels, s.a. Schriften des Deutschen Vereins für internationale Doppelwährung.

Die Silberentwerthung und die internationale Krisis der Landwirtschaft, der Industrie und des Welthandels. Vortrag, geh. 1885 in d. Generalversamml. aller z. landwirthschaftl. Centralver. d. Reg. Bez. Frankfurt a./O. gehörigen landw. Vereine von H[ans] v. **Sydow**-Dobberphul. Berlin: Walther & Apolant 1886. (52 S.) 8° [F.]
— **Schriften** d. Deutschen Vereins f. internat. Doppelwährung. H. 12. [c6. 4937

Sydow, *Ernst Theodor* Heinrich [aus Stettin]: Zur Casuistik der grossen atypischen Resectionen am Fuss ... Berlin, Buchdr. v. G. Schade, *1891;* 30 S., 1 Bl. 8.
Berlin, Med. Fak., Inaug.-Diss. v. 7. Nov. 1891

'Die Sünde aber der Eltern ...' Roman von Henning v. **Sydow**. Berlin: Concordia [1907]. (451 S.) 8° [F.] [07 11128

Sydow, Herbert von, Referendar: Die juristische Natur der Eintragungsbewilligung ⟨§ 19 Grundbuchordnung⟩, ein Beitrag zur Lehre von der Verfügung im Sinne des Bürgerlichen Gesetzbuches. Heidelberg 1910: Hörning. 55 S. 8°
Heidelberg, Jur. Diss. v. 21. April 1910, Ref. Heinsheimer
[Geb. 4. Nov. 82 Dobberphul; Wohnort: Spremberg; Staatsangeh.: Preußen; Vorbildung: Gymn. Potsdam Reife O. 00; Studium: Berlin 2, Genf 1, Tübingen 1, Berlin 3 S.; Rig. 4. Mai 09.] [U 10. 2031

Sydow, Herrm. v., Geschichte der Deutschen, s. Geschichte.

Sydow, Herm. v., der poetische Haus- u. Familienfreund &c., s.a. Haus- u. Familienfreund.

v. Sydow, Herm., der poetische Haus- u. Familienfreund. Eine vollständ. Aushilfe mit den besten u. neuesten Gedichten für alle heiteren u. ernsten Familienfeierlichkeiten, wie bei andern ähnlichen Lebensereignissen. 2. (Titel-)Aufl. gr. 8. (IV u. 768 S. m. 1 Stahlst.) Schneeberg (841. 42) 852, Goedsche. In Engl. Einb. 1⅓ ₰

v. Sydow, Herrm., der Weg zur Ehre, Liebe u. zum Glücke! oder Winke für jeden bildungsfähigen Jüngling, um in seiner sittl. u. geistigen Bildung sichere Fortschritte zu machen u. gebildet, brav, allgemein geachtet, geliebt u. sonach glücklich zu werden. 8. Chemnitz u. Schneeberg 842, Goedsche Sohn. 3/8 ₰ — 2. unveränd. Ausg. 8. Ebend. 845. 3/8 ₰

Sydow, Hugo *Carolus Ludovicus* [Borussus]: De Juvenalis arte compositionis. . . . Halis Saxonum, form. Kaemmererianis, 1890; S. 3—34, 1 Bl. 8°
Halle, Phil. Fak., Inaug.-Diss. v. [20. Aug.] 1890

Sydow, J., et N. Gillet, Grammaire allemande théorique et pratique. Ouvrage rédigé d'après une méthode toute nouvelle et divisé en trois cours concentriques. 2e édit. 8. Aachen 882, Jacobi und Comp. [1. Cursus. (XII, 212 S. mit 1 Stnt.) *M 2.; 2. und 3. Cursus. (246 S.) *M 3.] *

Sydow, J., der Gratulant am Weihnachtsfest. Eine Sammlg. ansprech. u. pass. Wünsche f. Eltern, Vormünder &c. 16. (15 S.) Landsberg a/W. 876. Bolger & Klein. — 15

Sydow, J., Schulfeier am Christfeste. Enthaltend Gedichte, Gebete, Ansprachen, Predigten &c. 8. (IV, 100 und 16 lithogr. Musikbeilagen.) Landsberg 856(57,) Bolger und Klein. *

Sydow, J., Schul-Feier am Christfeste. Enth. Gebete, Ansprachen, liturg. Andachten, Gedichte, Wünsche u. Arien. 2. Aufl. 16. (112 S.) Landsberg a/W. 876. Bolger & Klein. — 75

Sydow, J., Schul-Feier am Christfeste. Enth. Gebete, Ansprachen, liturg. Andachten, Gedichte, Wünsche u. Arien. 2. Aufl. 16. (112 S.) Landsberg a/W. 879. Bolger & Klein. n. — 75

— Weihnachts-Arien. 16. (16 S.) Ebend. 876.

Sydow, J. G. W. von, s. Sydow, Wilhelmine von

Sydow, Johanna v., [Veronica v. G.], behalte mich lieb! Mitgabe beim Eintritt in die Welt u. das gesellschaftl. Leben. Unseren Sechzehnjährigen gewidmet. Mit 30 Text-Illustrat. u. einem Titelbilde von C. Röhling. 8. (X, 182 S.) Leipzig 881. Spamer. geb. n. 4. —; m. Goldschn. n. 5. —

Sydow, Johanna v., Brevier der Eleganz. Plaudereien und Enthüllungen aus dem Toilettenzimmer und Salon. Rathgeber am Putztisch und in Gesellschaftsfragen. Zur Vervollständigung ihres „Moden- und Toiletten-Breviers". Mit 40 Abbildungen nach Zeichnungen von C. Döpler d. J. 8. (VIII, 254 S.) Leipzig 879, Spamer. geb. * geb. mit Goldschn. *

— Brevier der Eleganz. Plaudereien u. Enthüllungen aus dem Toilettenzimmer u. Salon. Rathgeber am Putztisch u. in Gesellschaftsfragen. Zur Vervollständigung ihres „Moden- u. Toiletten-Breviers". Mit 40 Abbildungen nach Zeichnungen von C. Döpler d. J. 8. (VIII, 254 S.) Ebend. 881. geb. n. 6. —; m. Goldschn. n. 7. 50

Sydow, Johanna v., s.: Buch, das, der Hausfrau.

Sydow, Johanna v., der kleine Dietrich od. das Buch der Hausfrau im Schlüsselkorb. Unter Beteiligg. erfahrener Frauen u. Benutzg. der besten wirtschaftl. Hilfsquellen hrsg. 1.—4. Aufl. 32. (IV, 284 S.) Berlin 893. 894. (K. J. Müller.) Kart. n. 1. —

[F.] Der kleine Dietrich oder Das Buch d. Hausfrau im Schlüsselkorb. Unter Beteiligg erfahr. Frauen ... hrsg. v. Johanna v. Sydow. 8. Aufl. *Berlin: Komm.-V. v. K. J. Müller [1896].* (2 Bl., 284 S., 16 Bl.) 1 Bd 8. [96. 6322

Sydow, Johanna v., der kleine Dietrich od. d. Buch d. Hausfrau im Schlüsselkorb. 11., neubearb. Aufl. 32. (265 S.) Berlin 898. K. J. Müller. Geb. n. 1. —

— s.: Haus, mein, meine Welt.

— s.: Jahrbuch f. die Offizierfrau.

— u. Frau H. Engelken, die Kraftküche. (Umschlag: Tropon. Die Kraftküche.) 16. (XII, 146 S.) Berlin 899. A. Bodenburg. Kart. — 40

— s.: Küche, die praktische.

— der Kleinen Lieblingsbuch. Mit Beiträgen v. Pauline u. Frida Schanz, W. Gleim u. Anna Hillmar. hoch 4. (VIII, 154 S. m. 149 farb. Holzschn. u. 1 farb. Titelbild.) Stuttgart 890. Deutsche Verlags-Anstalt. geb. 4. —

—— Mode, Tracht, Putz und Toilette, Zierrath und Schmuck. Unentbehrliches sowie Interessantes aus dem Gebiete der Toilette. 2. Ausg. Mit 60 Text-Abbild. und Titelbild von C. Döpler d. J. und A. 8. (VIII, 292 S.) Leipzig 882, Spamer. geb. *

Sydow, Johanna v., [Veronica v. G.], Moden- u. Toiletten-Brevier. Unentbehrliches u. Entbehrliches aus dem Gebiete von Tracht u. Mode, Toilette u. Putz-Zierrath u. Schmuck. Mit 60 (Holzschn.-)Abbildungen nach Zeichnungen von Emil Döpler d. J. 8. (VIII, 292 S.) Leipzig 877. Spamer. geb. n. 6. —; m. Goldschn. n. 7. 50

Sydow, Johanna v. Moden und Toiletten-Brevier. Unentbehrliches und Entbehrliches aus dem Gebiete von Tracht und Mode, Toilette und Putz, Zierrat und Schmuck . . Leipzig Verlag Otto **Spamer** [Um 1880].
VIII – 292 S m. 60 Abb., 1 Taf. in Holzschnitt 8°

SYDOW, Johanna v., Moden- und Toilettenbrevier. Unentbehrliches und Entbehrliches aus dem Gebiete von Tracht und Mode, Toilette, und Putz, Zierrat und Schmuck. Mit 60 Abbildungen. Leipzig 1882. 8°. (Eleg. Lwdbd. Mk. 6—.) (2 Mk. 50 Pfg., Anton Creutzer, Aachen, 1904.)

SYDOW, Johanna von. Moden- und Toiletten-Brevier. Tracht, Mode, Putz, Zierat und Schmuck. Mit 60 Abbildungen nach Zeichnungen von E. Doepler d. J. Leipzig, Spamer, o. J. (ca. 1890).

— d. praktische Offiziersfrau. Taschenbuch f. d. gesellschaftl. u. wirtschaftl. Leben d. Militärfamilie. Unt. Mitwirkg. von W. v. Gehren, St. v. Lüttwitz, Franke, C. v. Seydlitz u. a. Offizieren u. Offiziersfrauen hrsg. 16. (289 S.) Berlin 898. R. Eisenschmidt. Kart. n. 2. —

— die praktische Offizierfrau. Taschenbuch-Ausg. des Damen-Jahrbuchs. Unter Mitwirkg. erfahrener Hausfrauen zugleich als wirthschaftl. Rathgeber der Militärfamilie hrsg. 2., neu bearb. Aufl. 16. (X, 276 S.) Oldenburg 901. G. Stalling's Verl. Kart. 1. 50

Sydow, J. v., Lieschens Puppenstube, s.: Gregor, E.

Sydow, J. v., wilde Rosen. Bilder aus Nah u. Fern. gr. 8. (242 S.) Berlin 874. Exped. d. Sonntags-Blattes. 4. —; geb. m. Goldschn. n. 5. 50

— — Im Toilettenzimmer. Plaudereien und Enthüllungen aus dem Gebiete der Eleganz und aus dem Salon. Rathgeber am Putztisch und in Gesellschaftsfragen . . . Zur Vervollständigung ihres Werkes: Mode, Tracht, Putz und Toilette herausgegeben von *Johanna von Sydow.* Zweite Ausgabe . . . Verlag und Druck von Otto Spamer in Leipzig [1882]. 8°. (Bibl. Lipperheide no. 3288:)
Titelbild in Holzschn., VIII S., 1 Bl., 254 S. m. 40 eingedr. Holzschn. nach Zeichnungen von E. Döpler d. J.

Sydow, Karl Julius Theodor

Sydow, Car. Julius Theod. (geb. Berlin 15. 4. 1806): Observationes circa permagnum vulnus articuli genu. Berolini (1828). (23 S.) 8°
Berlin, Med. Diss. v. 25. Okt. 1828

Sydow, Karl Ludwig (Mittelmark) A. S. 142/5

Commentatio iuris feudalis de natura et indole investiturae per birretum tum ad feuda atque allodia tum ad honores ecclesiasticos aeque ac seculares accommodatae. Präs. Ludwig Martin Kahle. Göttingen (Hager) 6. III. 1749. 78 S.

Gew.: August Friedrich Eichel, Johann Gebhard Lautensack.
W. v.: Präs. 34126

Sydow, Klara von

Sydow, Clara v., der Ausweg. Eine Erzählg. 8. (306 S.) Berlin 893. Besser. n. 4. —; geb. n. 5. —

Sydow, Clara v., Einsamkeiten. Roman. (443 S.) 8. München 911. C. H. Beck. 5.50; geb. in Leinw. 6. 50

Sydow, Clara v., alte Geschichten. Zwei Novellen. 8. (464 S.) Dresden 887. Pierson. n. 6. —

— das selbe Lied. Novelle. 8. (238 S.) Berlin 884. Gebr. Paetel. n. 4. —; geb. n. 5. 50

Sydow, Clara v., miteinander, s.: Fehsenfeld's Romansammlung. I. Jahrg. 8. Bd.

Sydow, Clara v., Novellen. [Was macht man auf Hohenstein? Dorette Rickmann.] 8. (IV, 237 S.) Berlin 881. Paetel. n. 4. —; geb. n. 5. 50

Salto mortale. Von Clara v. Sydow. Stuttgart: Greiner & Pfeiffer [1899]. (72 S.) [Umschlagt. F.]
(Türmer-Bücher. Jg. 1, H. 9. 10.)

Sydow, Konrad

Sydow, Conr. (geb. Stettin 18. 12. 1855): De fide librorum Terentianorum ex Calliopii recensione ductorum. Berolini: Mayer et Mueller 1878. (66 S.) 8°
Berlin, Phil. Diss. v. 16. März 1878

Sydow, Conr., de fide librorum Terentianorum ex Calliopii recensione ductorum. Dissertatio inauguralis. gr. 8. (66 S.) Berlin 878. Mayer & Müller. n. 1. 20

Sydow, Konrad [Dr.]: Zum Gebrauch von adeo bei Plautus. Stettin, Druck v. Herrcke & Lebeling, 1896; 3—13 S. 4.
Stettin, Stadt-G, OP 1896 (147)

Sydow, Konrad von, bacc. iur. a. Rastatt: Die staatsrechtliche Stellung des Statthalters von Elsaß-Lothringen. Borna-Leipzig 1907: R. Noske. (VI, 45 S.) 8° [F.]
Leipzig, Jur. Fak., Diss. v. 25. März 1908
[Geb. 8. März 81 Rastatt; Wohnort: Potsdam; Staatsangeh.: Preußen; Vorbildung: Gymn. Gütersloh Reife O. 00; Studium: Heidelberg 3, Berlin 4 S.; Rig. 15. Nov. 04.]

Sydow L. C.: Entwurf zu Vorlesungen üb. Thierarzneikunde, besonders f. Aerzte u. Wundärzte bestimmt. Berl. 1811. 294 S.

Sydow, L. C., Entwurf zu Vorlesungen über Tierarzneikunde. Berlin 11. Gädicke. M. 3.75.

Sydow, Frau Margarethe v., s. a. Rosen, Frz.

Sydow, M. v., aus d. Buch d. Träume. Erzählgn. 8. (III, 339 S.) Dresden 898. E. Pierson. n. 4. —

Ⓢ **Sydow**, M. v., aus d. Buch d. Träume. 898. Jetzt: Berlin, Verl. Berlin-Wien.

Sydow, M. v., Anna Steinhofer, s.: Hesse's, Max, Volksbücherei.

Sydow, Marie. Dr. Adolf Sydow. Ein Lebensbild, den Freunden gewidmet. 8. (203 S. m. Portr. in Stahlst.) Berl. 884. Nicht im Handel.

Sydow, Marie, Dr. Adolf Sydow. Ein Lebensbild, den Freunden gewidmet. gr. 8. (203 S. m. 1 Stahlst.-Portr.) Berlin 885. G. Reimer. n. 2. 50

Sydow, Max, aus Berlin: Burkart von Hohenfels und seine Lieder. *Berlin (1901): G. Schade.* (42 S.) 8° ¶(Enthält nur T. 1 u. 2 d. eingereichten Arbeit. Das Übrige soll demnächst erscheinen.)
Berlin, Phil. Diss. v. 13. Juli 1901

Sydow, Max, Burkart v. Hohenfels u. seine Lieder. Eine litterarhistor. Untersuchg. gr. 8. (70 S.) Berlin 901. Mayer & Müller. n. 2. 40

Sydow, Osc. v., Tancred. Ein Lebensbild aus den Zeiten der Kreuzzüge. 8. (IV, 234 S.) Leipzig 880, Böhme. * cart. *M 2,90.; geb. *

Sydow, Paul

Sydow P.: *Andreas Allescher.* Nachruf. 1903. [Rostr. Saml.].

Sydow, P., Anleitung zum Sammeln der Kryptogamen. 8. (IV, 144 S.) Stuttgart 885. J. Hoffmann. n. 2. 50; geb. n. 3. —

(B) **Sydow,** P., Anleitung z. Sammeln d. Kryptogamen. 885. Jetzt: Stuttgart, E. Schweizerbart.

Sydow, P., s.: Botaniker-Kalender, deutscher.

Sydow, P., die bisher bekannten europäischen Characeen. 8. (XXVIII, 104 S.) Berlin 882. Stubenrauch. n. 2. —

Sydow, P., die Flechten Deutschlands. Anleitung zur Kenntnis u. Bestimmg. der deutschen Flechten. Mit zahlr. in den Text gedr. Abbildgn. gr. 8. (XXVIII, 331 u. Reg. 44 S.) Berlin 887. Springer. n. 7. —; geb. n. 8. —

— index, s.a. Saccardo, P. A., sylloge fungorum.

— Index universalis et locupletissimus nominum plantarum hospitum specierumque omnium fungorum has incolentium, quae e sylloge fungorum Saccardiana et e litteratura mycologica usque ad finem anni 1897 in lucem edita. gr. 8. (VII, 1340 S.) Berlin 898. Gebr. Borntraeger. n.n. 77. —

— die Lebermoose Deutschlands, Oesterreichs u. der Schweiz. 8. (XVI, 95 S.) Ebend. 882. n. 1. 20

— et H. **Sydow, Monographia Uredinearum seu specierum omnium ad hunc usque diem descriptio et adumbratio systematica. Vol. I. Fasc. I. Genus Puccinia.** gr. 8. (192 S. m. 9 Taf.) Leipzig 902. Gebr. Borntraeger. n.n. 12. —

— et H. **Sydow,** Monographia Uredinearum seu specierum omnium ad hunc usque diem descriptio et adumbratio systematica. Vol. I. Fasc. II—V: Genus Puccinia. (XXXV u. S. 193—972 m. Abbildgn. u. 16 Taf.) Lex.-8. Leipzig 902—904. Gebr. Borntraeger. Subskr.-Pr. n.n. 52. — (Vol. I. vollst. erhöh. Preis: n.n. 75. —)

— et H. **Sydow,** Monographia Uredinearum seu specierum omnium ad hunc usque diem descriptio et adumbratio systematica. Vol. II. Fasc. 1 et 2. Lex. 8. Leipzig, Gebr. Borntraeger. Subskr.-Pr. nn 36. 75
1. Genus Uromyces. (144 S. m. 5 Text-Taf.) 909. nn 11.25
2. Dasselbe. (XIX u. S. 145—396 m. Abb.) 910. nn 25. 50

— die Moose Deutschlands. Anleitung zur Kenntniss u. Bestimmung der in Deutschland vorkommenden Laubmoose. 8. (XVI, 185 S.) Ebend. 881. n. 2. —

Sydow, Paul: Die französische Originalkomödie des XVI. Jahrhunderts. Halle a. S. 1908: John. VIII, 144 S. 8°
Halle, Phil. Diss. v. 21. Dez. 1908, Ref. Suchier
[Geb. 29. Dez. 84 Kobylnik b. Posen; Wohnort: Halle a. S.; Staatsangeh.: Preußen; Vorbildung: Stadt-Gymn. Halle Reife M. 02; Studium: Halle 9 S.; Rig. 31. Juli 08.] [U 09. 1714

Sydow, P., Sylloge fungorum, s.: **Saccardo, P. A.**

Sydow, P., Taschenbuch der wichtigeren essbaren u. giftigen Pilze Deutschlands, Oesterreichs u. der Schweiz, s.a. **Sammlung naturwissenschaftl. Taschenbücher. I.**

Sydow, P[aul]. Taschenbuch der wichtigeren essbaren und giftigen Pilze Deutschlands, Österreichs und der Schweiz, nebst allgemeinen für den Pilzfreund nützlichen Bemerkungen. Mit [1 Figur und] 64 Tafeln in Dreifarbendruck Nach den von M Bessin nach der Natur in Öl gemalten Originalen. XII + 53 + 1 + 65 S. 8. Heidelberg, Carl Winter, (1905). [geb. M. 4. 50]
Sammlung naturwissenschaftlicher Taschenbücher. [Band] 1. Die wichtigeren e' und g' Pilze, von P. S'.

— **Thesaurus litteraturae mycologicae et lichenologicae,** s.: **Lindau, Gust.**

Sydow, Paul G.A.: Ernst Moritz Arndt, s. Als Deutschland erwachte.

Sydow, Paul G. A., s.: **Monatsblatt des evangelischen Lehrerbundes.**

Sydow, Paul G. A., Freiherr vom Stein, s.a. Als Deutschland erwachte.

Freiherr vom Stein. Von Paul G. A. Sydow. Mit 9 Abb. Hamburg: Schloeßmann 1909. 98 S. 8°
(Als Deutschland erwachte. H. 4.) [09. 17114

Sydow, Paul G. A., Volks- u. Jugendlektüre. Vortrag, geh. auf der Hauptversammlg. der freien kirchlich-sozialen Konferenz in Berlin am 24. V. 1903. (31 S.) gr. 8. Hamburg 903. (Agentur des Rauhen Hauses.) n. — 30
Sonderabdruck aus: „Flieg. Blätter a. d. Rauhen Hause".

Sydow, Reinhold

Sydow, R., d. preuß. Ausführungsgesetze u. Verordngn. zu d. Reichs-Justizgesetzen, s.a. Guttentag's Sammlg. preuß. Gesetze, Nr. 6.

Sydow, R., die preußischen Ausführungsgesetze und Verordnungen zu den Reichs-Justizgesetzen. Text-Ausg. mit Anmerkungen und Register. 16. (XIX, 362 S.) Berlin 879, Guttentag. cart. *

Sydow, R., die preußischen Ausführungsgesetze und Verordnungen zu den Reichs-Justizgesetzen. Text-Ausg. m. Anmerkgn. u. Register. 2., veränd. Aufl. 16. (XX, 311 S.) Berlin 887. Guttentag. cart. n. 2. —
— 3. Aufl. 1895.

— u. L. **Busch,** die deutsche Gebührenordnung f. Rechtsanwälte u. das preuß. Gebührengesetz, s.a. Guttentag's Sammlg. deutscher Reichsgesetze.

Sydow, R.: Die deutsche Gebührenordnung für Rechtsanwälte u. das preußische Gebührengesetz vom 27. 9./6. 10. 1899. Unt. bes. Berücks. der Entscheidungen des Reichsgerichts hrsg. mit Anm. u. Kostentabellen. Fortgef. von L. Busch. 8. Aufl. Berlin 1909.
(Guttentag'sche Sammlung Dt. Reichsgesetze. Nr 17.)

— 10. Aufl. 1911.

Sydow, R[einhold], u. L[ouis] *Busch.* Die Deutsche Gebührenordnung für Rechtsanwälte in d. Fass. d. Novellen vom $\frac{17.\ V.\ 1898}{1.\ VI.\ 1899}$ u. d. preuss. Gebührengesetz vom $\frac{27.\ IX.}{6.\ X.}$ 1899. Unter. bes. Berücks. d. Entscheid. d. Reichsgerichts hrsg. mit Anmerk. u. Kostentab. 9. verm. Aufl. Berlin 1910. 8°.
(Guttentag-che Sammlung Deutscher Reichsgesetze. Nr 17.)

Sydow, R., Gebührenordng. für Notare, 2. Aufl. von E. Mosler, s.: Guttentag's Sammlung preuß. Gesetze.

Sydow, R[einhold]. Gebührenordnung für Notare vom 25. Juni 1895 in d. Fass. d. Bekanntmach. vom 6. Okt. 1899 nebst d. einschläg. Vorschriften d. Preuss. Gerichtskostengesetzes. Text-Ausg. m. Anmerk. u. Kostentab. 3. Aufl. bearb. von J. Raesnitz. Berlin 1908. 8°. [1. Aufl. 1895.]
(Guttentagsche Sammlung Preuss. Gesetze. Nr 4.)

Sydow, R., preußische Gebührenordnung f. Notare. 4. Aufl., s.: Guttentag's Sammlung preußischer Gesetze. (Rausnitz, J.)

— Gebührenordnung für Rechtsanwälte. Text-Ausg. mit Anmerkungen, Kostentabellen u. Sachregister. 16. (IV, 57 S.) Ebend. 880. cart. n. — 40

— Gebührenordnung f. Rechtsanwälte. Textausg. m. Anmerkgn., Kostentabellen u. Sachregister. 2. Aufl. 16. (V, 64 S.) Ebend. 884. cart. n. — 50

— Gebührenordnung f. Rechtsanwälte. Text-Ausg. m. Anmerkgn., Kostentabellen u. Sachregister. 3., verm. Aufl. 16. (IV, 63 S.) Ebd. 888. cart. n. — 60

— Gerichtskostengesetz. Gebührenordnung f. Gerichtsvollzieher. Gebührenordnung f. Zeugen u. Sachverständige. Text-Ausg. mit Anmerkungen, Kostentabellen u. Sachregister. 16. (IV, 100 S.) Ebend. 879. cart. n. — 60

—— Gerichtskostengesetz. Gebührenordnung für Gerichtsvollzieher. Gebührenordnung für Zeugen und Sachverständige. Gebührenordnung für Rechtsanwälte. Text-Ausg. mit Anmerkungen, Kostentabellen und Sachregister. 16. (IV, 100; IV, 57 S.) Ebendas. 880. geb. *

—— Gerichtskostengesetz und Gebührenordnung für Gerichtsvollzieher, nebst der Novelle vom 29. Juni 1881. Gebührenordnung für Zeugen und Sachverständige. Text-Ausg. mit Anmerkungen, Kostentabellen und Sachregister. 2. verm. Aufl. 16. (VII, 124 S.) Ebendas. 882. cart. *

— Gerichtskostengesetz u. Gebührenordnung für Gerichtsvollzieher, nebst der Novelle vom 29. Juni 1881. Gebührenordnung f. Zeugen u. Sachverständige. Text-Ausg. m. Anmerkgn., Kostentabellen u. Sachregister. 3., verm. Aufl. 16. (V, 122 S.) Ebd. 887. cart. n. — 80

— 4. Aufl. 1891.

— — deutsches Gerichtskostengesetz, nebst Gebührenordnungen f. Gerichtsvollzieher u. f. Zeugen u. Sachverständige, s.a. Guttentag's Sammlung deutscher Reichsgesetze.

Sydow, R. u. Busch, L.: Das Deutsche Gerichtskostengesetz nebst den Gebührenordnungen für Gerichtsvollzieher und für Zeugen und Sachverständige. In der Fassung vom 20. Mai 1898. Unt. bes. Berücks. der Entscheidungen des Reichsgerichts hrsg. mit Anm. u. Kostentab. 6. Aufl. Berlin 1900.
(Guttentag'sche Sammlung Dt. Reichsgesetze. Nr 15.)

— 7. Aufl. 1903.

Sydow, R[einhold], [u.] L[ouis] Busch, Deutsches Gerichtskostengesetz nebst Gebührenordnungen für Gerichtsvollzieher u. f. Zeugen u. Sachverständige. Unter bes. Berücks. d. Entscheid. d. Reichsgerichts. hrsg. m. Anmerk. u. Kostentab. 8. Aufl. Berlin 1907. 8°.
(Guttentagsche Sammlung Deutscher Reichsgesetze. Nr 15.)

— — dasselbe. 8. Aufl. Nachtrag, enth. die Novelle vom 1. VI. 1909 u. Ergänzgn. (32 S.) 16. Berlin 909. J. Guttentag. — 30

— Gerichtsverfassungsgesetz für das Deutsche Reich. Text-Ausg. mit Anmerkungen. 32. (VII, 81 S.) Ebend. 878. cart. n. — 60

— Gerichtsverfassungsgesetz m. Einführungsgesetz u. Nebengesetzen. Text-Ausg. m. Anmerkgn. u. Sachregister. 4., verm. Aufl. 16. (VI, 133 S.) Ebd. 888. cart. n. — 80

Sydow, R. u. Busch, L.: Gerichtsverfassungsgesetz mit Einführungsgesetz, Nebengesetzen u. Ergänzungen. In der Fassung des Gesetzes vom 17. Mai 1898. Unt. bes. Berücks. der Entscheidungen des Reichsgerichts. 8. Aufl. Berlin 1899.
(Guttentag'sche Sammlung Dt. Reichsgesetze. Text-Ausg. mit Anm. Nr 14 a.)

Sydow, R., Gerichtsverfassungsgesetz, weiterbearb. von L. Busch, s.a. Guttentag's Sammlung deutscher Reichsgesetze.

Sydow, R[einhold], [u.] L[ouis] Busch. Gerichtsverfassungsgesetz mit Einführungsgesetz. Unter bes. Berücks. d. Entscheid. d. Reichsgerichts. 9. Aufl. Berlin 1905. 8°.
(Guttentagsche Sammlung Deutscher Reichsgesetze. Nr 14.)

— u. A. Hellweg, d. preuß. Gesetze betr. d. Notariat in d. Landestheilen d. gem. Rechts u. d. Landrechts, einschließl. d. Gebührenordng. f. Notare, s.a. Guttentag's Sammlung preuß. Gesetze, Nr. 4.

—— die preußischen Gesetze, betreffend das Notariat in den Landestheilen des gemeinen Rechts und des Landrechts, s. Kühne.

— u. A. Hellweg, die preußischen Gesetze betr. das Notariat in den Landestheilen des gemeinen Rechts u. des Landrechts. 2., veränd. Aufl., hrsg. u. mit Anmerkgn. versehen. 16. (XXI, 186 S.) Ebd. 890. cart. n. 1. 60

– u. Louis Busch

— — Konkursordng. u. Anfechtungsgesetz, s.a. Guttentag's Sammlung deutscher Reichsgesetze.

Sydow, R. u. Busch, L.: Konkursordnung u. Anfechtungsgesetz mit Einführungs- u. Nebengesetzen. In der Fassung der Gesetze vom 17. Mai 1898. Unt. bes. Berücks. der Entscheidungen des Reichsgerichts. 8. Aufl. Berlin 1899.
(Guttentag'sche Sammlung Dt. Reichsgesetze. Text-Ausg. mit Anm. Nr 13.)

Sydow, R[einhold], u. L[ouis] Busch, Konkursordnung und Anfechtungsgesetz. Unter bes. Berücks. d. Entscheid. d. Reichsgerichtes hrsg. m. Anmerk. 10. Aufl. Berl[in] 1906. 8°. [1. Aufl. 1878.]
(Guttentagsche Sammlung Deutscher Reichsgesetze. Nr 13.)

Sydow, R[einhold], u. L[ouis] Busch: Konkursordnung und Anfechtungsgesetz. Unt. bes. Berücks. d. Entscheid. d. Reichsgerichtes hrsg. mit Anm. 11. Aufl. Berlin 1911. 8° [1. Aufl. 1878.]

— Konkursordnung mit Einführungsgesetz, Nebengesetzen u. Ergänzungen. Text-Ausg. m. Anmerkungen u. Sachregister. 2., verm. Aufl. 16. (XXIV, 136 S.) Ebend. 881. cart. n. — 80

— Konkursordnung m. Einführungsgesetz, Nebengesetzen u. Ergänzungen. Text-Ausg. m. Anmerkgn. u. Sachregister. 3. Aufl. 16. (XXIII, 144 S.) Ebend. 886. cart. n. — 80

— Konkursordnung m. Einführungsgesetz, Nebengesetzen u. Ergänzungen. Text-Ausg. m. Anmerkgn. u. Sachregister. 4., verm. Aufl. 16. (XXIV, 144 S.) Ebd. 890. cart. n. — 80

Sydow, R.: Konkursordnung mit Einführungsgesetz, Nebengesetzen u. Ergänzungen. 5. Aufl. Berlin 1892.
(Guttentag'sche Sammlung Dt. Reichsgesetze. Text-Ausg. mit Anm. Nr 13.)

—— **Konkursordnung für das Deutsche Reich. Text-Ausg. mit Anmerkungen und Register. 16. (XXII, 104 S.) Ebendas. 878.** cart. *

—— **das. — s. Reichs-Justizgesetze.**

— Rechtsanwaltsordnung. Text-Ausg. m. Anmerkgn. u. Sachregister. 2. Aufl. 16. (VI, 64 S.) Ebend. 884. cart. n. — 50

— Rechtsanwaltsordnung, 4. Aufl. v. E. Mosler, } s.: Guttentag's Sammlung deutscher Reichsgesetze.

— u. Max Jacobsohn, Rechtsanwaltsordnung, s.a. Guttentag's Sammlung deutscher Reichsgesetze. Nr. 16.

Sydow, R[einhold], Rechtsanwaltsordnung. Vom 1. Juli 1878. Text-Ausg. m. Anmerk. u. Sachreg. 5. Aufl. bearb. von Max *Jacobsohn*. Berlin 1907. 8°.
(Guttentag'sche Sammlung Deutscher Reichsgesetze. Nr 16.)

— Rechtsanwaltsordnung für das deutsche Reich. Text-Ausg. mit Anmerkungen u. Sachregister. 16. (VI, 54 S.) Ebend. 879. cart. n. — 40

— dasselbe. Gebührenordnung für Rechtsanwälte. Text-Ausg. mit Anmerkungen, Kostentabellen u. Sachregister. 16. (IV, 54 u. IV, 57 S.) Ebend. 880. geb. n. 1. 40

— dasselbe. Gerichtskostengesetz. Gebührenordnung für Gerichtsvollzieher. Gebührenordnung für Zeugen u. Sachverständige. Gebührenordnung für Rechtsanwälte. Text-Ausg. mit Anmerkungen, Kostentabellen u. Sachregister. 16. (IV, 54; IV, 100 u. IV, 57 S.) Ebend. 880. geb. n. 2. —

— Die Reichsfinanzreform. Rede, geh. im deutsch. Reichstag am 19. XI. 1908. Hrsg. v. der Vereinigg. zur Förderg. der Reichsfinanzreform. (64 S.) 8. Berlin 908. H. Hillger. — 15

Sydow, R. u. Busch, L.: Civilprozeßordnung mit Einführungsgesetzen, Nebengesetzen u. Ergänzungen. In der Fassung des Gesetzes vom 17. Mai 1898. Unt. bes. Berücks. der Entscheidungen des Reichsgerichts. 8. Aufl. Berlin 1898.
(Guttentag'sche Sammlung Dt. Reichsgesetze. Nr 11a.)

— Civilprozeßordnung mit Gerichtsverfassungsgesetz. Text-Ausg. mit Anmerkungen u. Register. 16. (XVI, 74 u. VIII, 358 S.) Ebend. 877. cart. n. 2. —

— **dasselbe. 2., verm. Aufl. 16. (XXXII, 684 S.) Ebend. 881. cart.** n. 3. —

Sydow, R., Civilprozeßordnung m. Gerichtsverfassungsgesetz, Einführungsgesetzen, Nebengesetzen u. Ergänzungen. Text-Ausg. m. Anmerkgn. u. Sachregister. 3. Aufl. 16. (XX, 578 S.) Berlin 884. Guttentag. cart. n. 2. 50

— Civilprozeßordnung mit Gerichtsverfassungsgesetz, Einführungsgesetzen, Nebengesetzen und Ergänzungen. Text.-Ausg. mit Anmerkgn. u. Sachregister. 4., verm. Aufl. 16. (XVIII, 607 S.) Ebd. 888. cart. n. 2. 50

— 5. Aufl. Berlin 1891.
— 6. Aufl. 1893.
— 7. Aufl. 1896.
(Guttentag'sche Sammlung Dt. Reichsgesetze. Text-Ausg. mit Anm. Nr 11.)

–u. Louis Busch

— — Zivilprozeßordnung u. Gerichtsverfassungsgesetz, s.a. Guttentag's Sammlung deutscher Reichsgesetze. No. 11.

Sydow, R[einhold], u. L[ouis] *Busch*, Zivilprozessordnung und Gerichtsverfassungsgesetz in d. neuesten Fassungen. Unter bes. Berücks. d. Entscheid. d. Reichsgerichts hrsg. m. Anmerk. 10. Aufl. Berlin 1905. 8°.
(Guttentag'sche Sammlung Deutscher Reichsgesetze. Nr 11.)

Sydow, R[einhold], u. L[ouis] *Busch:* Zivilprozeßordnung und Gerichtsverfassungsgesetz nebst d. neuesten Novelle im Anh. Unt. bes. Berücks. d. Entscheid. d. Reichsgerichts hrsg. mit Anm. 11. Aufl. Berlin 1909. 8°
(Guttentag'sche Sammlung deutsch. Reichsgesetze. 11.)
[Dasselbe.] 12. Aufl. [Nebst] Nachtr. Berlin 1910.

Zivilprozeßordnung und Gerichtsverfassungsgesetz in der vom 1. Juni 1910 ab geltenden Fassung. Unter besond. Berücks. d. Entscheidungen d. Reichsgerichts hrsg. mit Anm. von R[einhold] Sydow. Fortgeführt von L[ouis] Busch. 13. Aufl. Berlin: Guttentag 1910. XVI, 1151 S. 8°
(Guttentag'sche Sammlung Deutscher Reichsgesetze. Nr 11.)

—— **Civilprozeßordnung für das Deutsche Reich, s. Reichsgesetzgebung, deutsche. — Reichs-Justizgesetze.**

Sydow, Rudolf: Kritische Beiträge zu Cäsars Bellum Gallicum. *Berlin 1898: A. Haack.* (23 S.) 4°
Berlin, Collège royal français, P 1898 (53 [vielm. 52])

Sydow, Rud., kritische Beiträge zu Cäsars bellum gallicum. Progr. 4. (23 S.) Berlin 898. W. Weber. n. 1.

Sydow, Rud. (Albert. Theod.) (geb. Stettin 2. 10. 1857): De recensendis Catulli carminibus. Berolini: Mayer et Mueller 1881. (76 S.) 8°
Berlin, Phil. Diss. v. 28. Mai 1881

Sydow, Rud., de recensendis Catulli carminibus. Dissertatio inauguralis philologica. gr. 8. (77 S.) Berlin 881. Mayer & Müllor. 1. 50

Sydow, R. v., Darstellung d. Erbrechts nach d. Grundsätzen d. Sachsenspiegels, mit Rücksicht auf d. verwandten Quellen. Eine gekr. Preisschr. gr. 8. (24 B. u. 1 Stnt.) Berlin 828, Dümmler.

Sydow, Stanisl. Chr. Vinc., katholisches Gebet- und Gesangbuch, worin im I. Thl. auserlesene Morgen-, Abend-, Meßgebete rc., ferner Andachtsübungen und Gebete auf die Festtage des Herrn und der Heiligen rc. enthalten sind. Der 2. Thl. umfaßt eine zahlreiche Sammlung gottesdienstl. Gesänge rc. lateinisch und deutsch. 2 Thle. 2., verb. und verm. Aufl. gr. 12. (XII und 657 S. mit 1 Stahlst.) Lissa 850, (Günther.)

Sydow, Stanisl. Chr. Vinc., katholisches Gebet- und Gesangbuch, worin im I. Thl. auserlesene Morgen-, Abend-, tägliche-, wöchentliche- rc. Gebete rc. enthalten sind. Der 2. Thl. umfaßt eine zahlreiche Sammlung gottesdienstlicher alter und neuer allgemein gebräuchlicher Gesänge mit den sonn- und festtäglichen Vespern und dem Officium defunctorum lateinisch und deutsch. 2 Thle. (in 1 Bd.) 3., verb. Aufl. gr. 12. (XVIII und 805 S. mit 1 Stlkpfr.) Lissa 856, Günther.

Vlnp. -

Sydow, Stanisl. Chr. Vinc., katholisches Gebet- und Gesangbuch, worin im 1. Theil auserlesene Morgen-, Abend-, Tägliche-, Wöchentliche- ꝛc. Gebete ꝛc. enthalten sind. Der 2. Theil umfaßt eine zahlreiche Sammlung gottesdienstlicher alter und neuer allgemein gebräuchlicher Gesänge ꝛc. 2 Thle. 4. Aufl. Lissa 861. Günther's Verlag. 12. (XVIII, 805 S. u. 1 Stahlst.) 15 ngr.; feine Ausg. 22½ ngr.

Sydow, Stanislaus Chr. Vinc., Katholisches Gebet- und Gesangbuch, worin im ersten Theil auserlesene Morgen-, Abend-, Tägliche, Wöchentliche, Meß-, Buß-, Beicht-, Kommunion- und Ablaß-Gebete; ferner Andachtsübungen und Gebete auf die Festtage des Herrn und der Heiligen durchs ganze Kirchenjahr, so wie Gebete bei gewissen Anlässen und Nöthen, als auch Gebete für Kranke und Verstorbene enthalten sind. Der zweite Theil umfaßt eine zahlreiche Sammlung gottesdienstl. alter und neuer allgemein gebräuchl. Gesänge mit den sonn- und festtägl. Vespern und dem Officium Defunctorum lateinisch und deutsch. 8. Aufl. 2 Thle. in 1 Bd. 8. (VIII, 392; 267 S.) Nebst Anhang, enth.: die sonn- und festtägl. Vespern des ganzen Kirchenjahres nebst einem kurzen Auszuge aus dem kirchlichen Kantionale nach Erforderniß der Sonn- und Festtage mit dem Officium defunctorum lateinisch und deutsch. 8. Aufl. 8. (148 S.) Thorn 887, Lambeck. *

v. Sydow, Baron Thdr., der Deklamationssaal. Eine neue Anthologie f. Kunstredner. 8. Pesth 819. Hartleben. 1 ℛ Hbg. Pr. 12 ℊ

— Empfindungen des Augenblicks. (Gedicht.). 8. Darmst. 822. Heyer. 16 ℊ

Sydow, Wilhelmine Friederike Karoline, s.a. G r ö n a u , Isidore

v. Sydow, Wilhelmine, gen. Isidore Grönau, Arwid. Ein Roman aus der Wirklichkeit. 2 Thle. 8. (IV u. 427 S.) Leipzig 850, Wienbrack. 2 ℛ

Sydow, Wilhelmine v., Arwid. Ein Roman aus der Wirklichkeit. 2 Thle. 8. (IV und 427 S.) Leipzig 859, Wienbrack.

Sydow, Wilhelmine v., [genannt Isidore Grönau], die Belagerung von Stralsund. Historischer Roman. 2 Thle. (in 1 Bde.) 8. (IX und 399 S.) Berlin 861, Vogel und Comp. (Leipzig, Mittler.)

Sydow, Wilhelmine v., † (Isidore Grönau,) üb. Frauenvereine u. and. mit ihnen verwandte Hülfs- u. Volks-Bildungs-Anstalten, wie sie sind u. hier u. da gebess. werden möchten, um d. Anfordern. d. Zeit u. d. Gemeinwohls zu genügen. Mit e. Anh. tabellar. Schemas z. Erleichterung d. Uebersicht bei d. Geschäftsführung. gr. 8. (11½ B.) Weimar 836, Voigt.

Sydow, Wilhelmine v., († Isidore Grönau,) die drei Freundinnen. — Die Freiheits-Jünger. — Joseph der Pompier. Drei Erzähln. f. Familienkreise u. zur nützl. Unterhalt. d. Jugend. 8. (7½ B.) Berlin 834, Vereins-Buchh.

—— die Gartenbestellung, Obst- u. Blumen-Kultur im Freien wie im Zimmer. Nebst gründl. Anweis. d. Pfropfens, Okulirens u. Kopulirens junger Obst- u. Rosen-Bäumchen, u. e. kurzen Hindeutung auf d. Behandl. d. Weinstöcke. Auch Anweis. zu Bereitung d. Knochenmehles als Düngungsmittel. gr. 12. (4 B.) Sondershausen 834, (Eupel.)
Bildet einen Anhang zu deren „Koch- u. Wirthschaftsbuch" ꝛc.

—— Glück folgt der Tugend nach. — Nur nicht verzagt, od.: Die edle Schweizer-Familie. — Susanne Neisacher. Drei Erzähln.; der belehr. Unterhalt. d. Jugend aller Stände bestimmt. 8. (7½ B.) Berlin 834, Vereins-Buchh.

Sydow, Wilhelmine v., gen. Isidore Grönau, Johann Adolph der letzte Herzog von Sachsen-Weißenfels. Historischer Roman aus den denkwürdigsten Epochen des 17. und 18. Jahrhunderts. Treu nach den vorzüglichsten geschichtlichen Quellen bearb. 3 Thle. 8. (VI und 770 S.) Leipzig 852, Wienbrack.

Sydow, Wilhelmine v., genannt Isidore Grönau, allgemeines Koch- und Wirthschaftsbuch für Haushaltungen jeder Art. Ein unentbehrliches Handbuch für alle Hausmütter, Haushälterinnen und Köchinnen. 2 Thle. 6. verb. u. verm. Aufl. Sondershausen 854. Eupel. gr. 8. (VIII, 319; VII, 270 S.) 1 ℛ.
1. Thl.: Die Kochkunst in der Stadt, wie auf dem Lande. Ein Buch für Freunde kräftiger Hausmannskost so wie für Feinschmecker. Enthltd. 865 erprobte Vorschriften zur Bereitung der besten und nahrhaftesten Speisen ꝛc.
2. Thl.: Die Wirthschaftskunst. Ein Wegweiser für alle Zweige des Haushaltes. Enthltd.: Alle Arten warmer und kalter Getränke ꝛc. Ferner: Erprobte Farbenrecepte ꝛc.

— allgemeines Koch- und Wirthschaftsbuch für Haushaltungen jeder Art. Ein unentbehrliches Handbuch für alle Hausmütter, Hauswirthinnen u. Köchinnen. 2 Thle. 7. verb. u. verm. Aufl. Sondershausen 859. Eupel. gr. 8. (VIII, 320 S.; VII, 280 S.) 1 ℛ
Inhalt: 1. Thl.: Die Kochkunst in der Stadt, wie auf dem Lande. Ein Buch für Freunde kräftiger Hausmannskost, so wie für Feinschmecker. — 2. Thl.: Die Wirthschaftskunst. Ein Wegweiser für alle Zweige des Haushaltes.

—— Koch- u. Wirthschaftsbuch f. Haushaltungen jeder Art. 2 Thle. gr. 12. (18½ B.) Sondershausen 834, Eupel.
Anhang hierzu, vgl. deren „die Gartenbestellung" ꝛc.

—— Koch- u. Wirthschaftskunst f. Haushaltungen jeder Art. 2 Thle. — A. u. d. Ttln.: Die Kochkunst in der Stadt wie auf dem Lande. Ein Buch f. Freunde kräft. Hausmannskost so wie f. Feinschmecker. — Die Wirthschaftskunst. Ein Wegweiser f. alle Zweige d. Haushaltes. 2., durchaus verb. u. verm. Aufl. (21⅝ B.) 837., 3., verb. u. verm. A. (25⅝ B.) 840. à ¾ Thlr., u. 4., verb. u. verm. A. gr. 12. (28½ B.) Sondershausen 842, Eupel.

—— Koch- und Wirthschaftsbuch für Haushaltungen jeder Art. 2 Thle. 5., verb. Aufl. A. u. d. T.: Die Kochkunst in der Stadt wie auf dem Lande. Ein Buch für Freunde kräftiger Hausmannskost sowie für Feinschmecker. — Die Wirthschaftskunst. Ein Wegweiser für alle Zweige des Haushaltes. 8. (377 und 316 S.) Sondershausen 847, Eupel's Verlag.

Sydow, Wilhelmine v., der Krieg um Schleswig-Holstein, oder Dank in Erinnerung. Ein Epos. Erfurt 864. Bartholomäus. 16. (36 S.) 7½ ngr.

— die Marketenderin. Eine Volkserzählung. Leipzig 859. Hübner. 8. (169 S.) 20 ngr.

Sydow, W. v., Olivia, s.: Lindau's Reisebibliothek

Sydow, Wilhelmine v., genannt Isidore Grönau, Palme und Lorbeer. Ein anglo-indianisches Zeitbild aus den zwanziger Jahren. 3 Thle. Leipzig 858. Hübner. 16. (157; 181; 152 S.) 2 ℛ.

—— der moderne Theetisch. Enth. z. Einleit.: Die Anordnung aller Gattungen v. Theegesellschaften, vom häusl. bis z. großartigsten Maaßstabe, nebst ein. Anweis. zu d. Arrangement d. Spieltische u. aller Arten dazu gehör. geist. Unterhaltn. u. Gesellschaftsspiele. Dann in 15 Abthl.: Die Bereitung d. feinsten Backwerke ꝛc. gr. 12. (13⅝ B.) Sondershausen 838, Eupel.

Sydow, Wilhelmine v., † (genannt Isidore Grönau), die Verirrten. Ein Roman f. die Gegenwart. 2 Thle. gr. 12. (15¼ B.) Sondershausen 843, Eupel.

Sydow-Dobberphul, Hans von, s. S y d o w , Hans von

Sydow-Habenicht: Methodischer W a n d a t l a s , s. S y d o w , Emil von und H. Habenicht

Sydow-Mosler: G e b ü h r e n o r d n u n g für Notare, s. S y d o w , Reinhold und E. Mosler

Sydow-Wagner: Methodischer S c h u l a t l a s , s. S y d o w , Emil von und Hermann Wagner

Sye, Christian Georg [aus Haale]: Aus dem Zoolog. Institut in Kiel. Beiträge zur Anatomie und Histologie von Iaera marina . . . . Kiel, Buchdr. v. Carl Böckel, 1887; 37 + 1 S. + 3 Bl. u. 3 Taf. 8°.
Kiel, Phil. Fak., Inaug.-Diss. v. 16. Febr. 1887.

Sye, Chr. G., Beiträge zur Anatomie u. Histologie von Iaera marina. [Aus dem Zoolog. Institut in Kiel.] Inaug.-Diss. gr. 8. (37 S. m. 3 Steintaf. u. 3 Bl. Erklärgn.) Kiel 887. (Lipsius & Tischer.) n. 2. —

Nachrichten von dem Jungfrauenkloster zu Ichtershausen aus dem Zeitbuche des **Nikolaus von Syghen.** (Hamburg. 1836.) Siehe in: Beiträge zu der teutschen, besonders thüringischen Geschichte des Mittelalters. Hrgg. v. Ludwig Friedrich Hesse. Bd. 1, Abth. 2. 8°.

SYHNN, FRIDERICUS SEBASTIANUS - SCHENAUER, JOANNES MATTHIAS: Ascensiones in corde suo disposuit in valle lacrymarum. Sechsfacher Anstoß des zum Berg-Calvariae ein Geist aufsteigender Wanders-Mann: auf sechsfache Stimme des leidenden Heylands durch die Tugend überwunden . . . Die Poesie verfasset vom . . . Friderico Sebastiano Syhnn . . . Die Music von Joannes Mathia Schenauer. Pressburg (1729). Royer (5 f.)

SYHNN, FRIEDRICH SEBASTIAN - SCHENAUER, JOANNES MATTHIAS. Capiabunt in animam justi . . . die beschuldigte Unschuld, oder der . . . Welt-Erlöser im Jahr 1728. (Text von Friedrich Sebastian Sylhnn) Music von Joannes Mathias Schenauer. Pressburg 1728. Royer. 49 S.

SYHNN, FRIDERICUS - SCHENAUER, JOANNES MATHIAS. Das Leben in dem Todt: Oder Daß durch die Göttliche Liebe Deß leidend und sterbenden Heylands Von Hölle, Sünd und Todt erlöste Menschliche Geschlecht. Gesungener vorgestellet in einem Oratorio. Zugeschriben und gewidmet der hohen Ehre und Andacht des sammentlichen respective Hohen Adels Zu Preßburg. An grünen Donnerstag, als den 18. April, In dem GOttes-Hauß zu St. Salvator, bey denen Wohl-Ehrwürigen P. P. der Gesellschafft Jesu: im Jahr 1726. Die Poesie von Herrn Friderico Sebastiano Syhnn, Cantzellisten bey (Titul) Seiner Hoch-Reichs-Fürstlichen Genaden Herrn Herrn Ertz-Bischoffen zu Gran, Primaten deß Königreichs Hungarn &. Die Music von Herrn Joanne Mathia Schenauer Hochgedachter Hoch-Fürstlichen Genaden Cammer-Musico. Gedruckt zu Preßburg bey Johann Paul Royer. 1726. 6 f. - 200 mm

Sykan, Carl, Orts-Repertorium d. Kronlandes Kärnten. Nach den neuesten offiziellen Quellen u. unter Mitwirkg. der k. k. Bezirkshauptmannschaften bearb. gr. 8. (147 S.) Klagenfurt 875. Bertschinger & Heyn. n. 2. 40

Syke [Schlagwort]

Syke, s.: Preussen, Messtischblätter.

Syke [Verfasser]

Syke, Arth. Aschl.

— Lehre der heil. Schrift von der Erlösung d. Menschen durch Jesum Christum; aus d. Engl. gr. 8. Lpz. 777. (Ziegler u. S. in Zürich). 1 ꝑ 16 ℊ

— Paraphrasis des Briefs an die Hebräer; aus d. Engl. mit viel. Anmerkk. v. J. S. Semler. gr. 8. Halle 779. Schwetschke u. S. 1 ꝑ 4 ℊ

— Untersuchung üb. die Gründe u. die Verbindung der natürl. u. geoffenbart. Religion; aus d. Engl. von J. A. Emmerich. 2 Thle. 8. Hildburgh. 790, 92. Hanisch. 1 ꝑ 8 ℊ

Syke, Arth. Aschl., Versuch üb. die Natur, Absicht u. den Ursprung der Opfer; aus dem Engl. mit Anmerkk. von J. S. Semler. 8. Halle 778. Schwetschke u. S. 14 ℊ

Sykophanten, alte, römische Delatoren u. moderne Denuncianten. Eine Betrachtung mit besond. Rücksicht auf das Treiben unserer heutigen Tagespresse. gr. 8. (80 S.] Regensburg 847, Manz. 1/3 ꝑ

Sykora, vide Sikora.

Sykora, Ed., geometr. Formenlehre, — Lehrbuch d. Geometrie, } s.: Močnik, Frz. Ritter v.

Sykora, Edmund Die geographische Verbreitung der Solanaceen. 16 S. 8. Progr. G. *Bielitz* 1881.

Sykora, J. N., Auszug aus der deutschen Sprachlehre. Ein Hilfsbüchlein für die böhmische Jugend zur leichten Erlernung der deutschen Sprache. 13. Aufl. Prag 862. Pospischil. 8. (207 S.) n. 7½ ngr.

Sýkora, Joh. N., *ehemaliger Lehrer an der Kreishauptschule zu Pilsen.* Kurzgefasstes Lehrbuch der böhmischen Sprache und Rechtschreibung. Zum Selbstunterrichte für Deutsche. Verfasst und mit einem bedeutenden Vorrathe der zu diesem Zwecke nöthigen deutschen und böhmischen Wörter versehen. Neue Ausgabe. *Prag* 1857. Druck u. Verlag von *Jarosl. Pospíšil* VI, 141 S. 2 Bl. 8°. 24 kr.

Sykora, W., u. **F. Schiller,** kurzgefaßte Chemie der Rübensaft-Reinigung. Zum Gebrauche für prakt. Zuckerfabrikanten. 8. (IV, 285 S.) Wien 881. Hartleben. 3. 25

Sykytka, Wenzel, das Holz, dessen Benennungen, Eigenschaften, Krankheiten u. Fehler. Ein Leitfaden zum leichten Erkennen einzelner Holzarten u. eines schadhaften Holzes für Eisenbahn-, Gruben-, Forst-, Holz- u. Civiltechniker, sowie Bau- u. Zimmermeister. Mit 57 Taf., enth. 220 (lith.) Fig., worunter 25 natürl. Holzquerschnitte. 8. (VI, 154 S.) Prag 882. Dominicus. n. 9. 60: Cartonnagebd. n.n. — 40: Leinw.-Bd. n.n. — 80

Sykytka, Wenz., d. Holz, dessen Benennungen, Eigenschaften, Krankheiten u. Fehler. 8. (VI, 154 S. m. 57 Taf.) Prag 882. Berlin, W. u. S. Löwenthal. n. 9. 60

Sylbenjagd, die, oder Unterhaltung am Theetisch durch Homonymen, Charaden u. s. w. Mit 1 Vign. 12. Leipzig, Hartknoch. 818.

Sylbenmaße, von dem, den Versarten, dem Reim u. d. Deklamation rc. 8. Offenb. 813. Brede. 1 ꝑ 8 ℊ

Sylbentafeln, so eingerichtet, daß sie als Wandtafeln von jedem Lehrer gebraucht werden können. 6 Bog. Freiberg 824. Craz u. G. 6 ℊ

— s. auch Silben.

Sylburgii, Fr., Catalogus codicum Graecor. mss. in bibliotheca nunc Vaticana asservatorum. Francof. 701. 4. Dieses Buch ist ein Theil der: *Monumenta pietatis et litteraria virorum illustrium.*

Sylburg, (Friedr.,) Epistolae quinque ad Paulum Melissum. Nunc primum ed. Fr. Creuzer. gr. 8. Frankf. a. M 827, Brönner.

Syling, J. A., de νεωκόροις s. templi curatoribus. Rost. 1702. 4.

Sylla, piece dramatique, mise en Vers Italiens . . . Berl. 1753. V: *Friedrich II. König von Preussen.* H: *Tagliazucchi, Jean Pierre.* (Milchs)

Sylla ein theatralisches Stück a. d. Franz. Halberst. 1753. Ü: *Eichholz, Friedrich Wilhelm.* (ML) (MGT)

Sylla; e. theatral. Stück, aus d. Französ. von Fr. Wlh. Eichholz. 8. Halberst. 753. Groß. 1 ℊ

Sylla. Ein theatralisches Stück nach dem französischen Entwurf (König *Friedrichs II.*) übersetzet (von *Eichholtz*). Halberstadt 1757. 48 S. = G. III. 367. 32.

Sylla, Franciscus, Silesius: Qua ratione poetae veteres Romani in hexametro sensus interstitium collocaverint. Vratislaviae 1906: Grass, Barth & soc. (76 S.) 8°

Breslau, Phil. Fak., Ref. Skutsch, Diss. v. 29. Dez. 1906

[Geb. 25. März 76 Poppelau, Kr. Oppeln; Wohnort: Poppelau; Staatsangeh.: Preußen; Vorbildung: Gymn. Brieg Reife O. 98; Studium: Breslau 16 S.; Rig. 28. Nov. 06.]

Sylla, Rafael, der Triumpf der Wahrheit. Drama in 2 A. 8. Hamb. 805. Kratzsch. (Altenb., Schnuphase). 8 gr.

Syllabaire des écoles et des familles. 12. (51 S.) Strasbourg 847, Levrault. — 2. édition. 12. (54 S.) Ebd. 848. 3 ngr.

Syllabaire, nouveau, françois et latin, à l'usage des enfans de l'Eglise catholique-romaine. 12. Lausanne, Pott. 769.

— nouveau, instructif et amusant. Contenant: 1) Les prémiers Elémens de la lecture; 2) des sentences morales divisées par Syllabes; 3) la description de Gravures correspondantes aux vingt-six lettres de l'Alphabet, dont le Texte est extrait de Buffon etc. 8. Wien 816. Müller. 16 gr.

Syllabaire, nouveau, ornée de 26 figures élégamment coloriées, et contenant: des exercices pour apprendre à épeler et à lire, de petits contes, des fables, des dialogues et des prières. qu. 8. Berlin 843, Winckelmann et fils. relié 1 ℛ

***Syllabaire* etc., en 49 tableaux in-plano, avec le livret d'emploi in 12. Strassb. 821. Levrault. 1 ℛ 20 gr.**

Syllabir- u. Lesebuch, erstes, der hochdeutschen Sprache, für Bürger- u. Landschulen. gr. 8. Leipz. 815. (Andrä). 2 gr.

— Dass. f. Stadt- u. Landschulen. 8. Leipz. 814. P. Vogel. 3 gr.

Syllabir- u. Lesebuch f. d. Kinder d. 2. Klasse in deutschen Stadt- u. Landschulen. 8. (.. B.) Lüneburg 837, Herold u. Wahlstab'sche Buchh. 25 Gr. *

Syllabirbuch zum Gebrauch bei fernern Vorübungen zum Lesenlernen. Nach Dr. G. Stephani's Elementarbuch. 2e Aufl. 8. Schleßw. 816. Koch. 2 gr.

Syllabir- und Lesebüchlein, Neues

— für die Jugend. 8. Nürnb. ... Homann. (Jembo). 4 gr.

Syllabir- und Lesebüchlein, Neues, für Kinder, um in kurzer Zeit richtig lesen zu lernen. München 1789. V: *Pallhausen, Vincenz von.* (Ky)

Syllabir- u. Lesebüchlein, neues, für Kinder, um in kurzer Zeit richtig lesen zu lernen, (v. V. v. Pallhausen). 8. Münch. 789. Lentner. 8 gr.

Syllabus bibliothecae Bernensis codicum MStorum. Bern 1773. V: *Sinner, Herr zu Ballaigue, Johann Christoph.* (Ky)

Le Syllabus, et l'Encyclique. Texte officiel (trad. de Msgr. Marilley) et quelques notes (par F. Bungener.) 1re et 2e édition. 63 pp. in-12. Genève et Bâle, H. Georg. 1873. —. 60

Syllabus

— u. **Modernisten-Enzyklika** Pius X., v. Vigilius, s.: Flugschriften des Evangelischen Bundes.

Syllabus, der, des römischen Papstes Pius IX. in seinen Hauptsätzen für das kathol. Volk erklärt von dem Verf. des „kleinen kathol. Katechismus von der Unfehlbarkeit." 1. und 2. Aufl. 8. (16 S.) Leipzig 872, Mayer. * — 20

— der, Pius X. Der hl. röm. u. allgemeinen Inquisition Erlaß vom 3. VII. 1907 („Lamentabili sane exitu"). Lateinischer u. deutscher Text. Mit dem Pastoralschreiben der Kölner Bischofskonferenz vom 10. XII. 1907. (32 S.) gr. 8. Freiburg i/B. (908). Herder. — 40

Syllabus, nicht römischer, sondern deutscher, des gesunden Menschenverstandes. Von L. 56 Stn. 8. Zürich, Verlags-Magazin. [1874.] 1. 20

Syllabus, Nicht römischer, sondern deutscher, des gesunden Menschenverstandes; ein Verzeichnis der hauptsächlichsten Irrthümer und Fehler ... Zürich 1875. V: *Lempens, Carl Franz.* (CLZür Forts. II)

Syllabus scriptorum de academia Gryphiswaldensi et ad historiam ejusdem pertinentium ... Gryphiswaldiae [1756]. V: *Balthasar, Aug. de.* (Erman & Horn, Bibliogr. d. dtsch. Universitäten. 2. Leipz. u. Berl. 1904.)

Syllabus DD. Sodalium. Intra et extra pactum mortuale ... Lucernae 1768. V: *Reisach, Ferdinand.* (Jes)

„**Syllabus**" II. Der neue „Syllabus". Textum latine et germanice ed. Anton. Michelitsch. [Aus: „Michelitsch, der biblisch-dogmat. Syllabus Pius' X."] (31 S.) 8. Graz 907. Styria. — 25

Syllepsis scriptorum post communicatas per dominum superintendentem ... Hamburgi 1721. V: *Sennert, Christoph.* (R-N)

SILLER, Joseph (Tirschenreuth): De haemophthalmo.- Landishuti: Thomann (1817). 30 S. 8.2.1817 - Pe 358; F 57
Diss. Ingolst.-Landsh.-Mchn.

***Sylloge* actorum publicorum, quae celebris suo merito Pacificationis Viennensis anno 1606 initia etc. 8maj. Pesth 790. Eggenberger. 14 gr.**

Sylloge antiquitatum Saxonicarum. S. l. 1744. V: *Weisse, Chn Hnr.* (Hauptkat. d. Univ.-Bibl. Tübingen. F. Nachtr. 3.)

— antiquitatum Saxonicar., s. de originibus et rebus antiquissimorum Saxoniae incolarum comment. historica. 8. Erfurt, Weber. 744.

Sylloge commontationum, quam viro clarissimo Constantino Conto obtulerunt philologi batavi. Lex.-8. (VIII, 147 S.) Leiden 893. E. J. Brill. n.n. 5. —

* Sylloge commentationum theologicar. edit. a D. J. Pott et G. A. Ruperti. VIII Vol. 8. Gottingae, Vandenhöck et R. 800—8.

—commentation. theologicar. ed. a D. J. Pott et G. A. Ruperti. VIII Voll. 8. Helmst. 800—7. (Vandenhöck u. R. in Götting.) 8 ℔

— commentation. theologicar. ed. a D. I. Pott. et G. A. Ruperti. 8 Vol. 8. Helmstedt, Fleckeisen. 800—808. (à 1 Rthlr.)

—selectiorum dissertationum ab anno 1830 in Academia Upsalensi editarum. Fasc. I. Semestri vernali 1830. 4. Upsala 830. (Leipz., Brockhaus). 1 ℔ 12 gr

— epigrammatum graecorum, quae ante medium saeculum a. Chr. n. tertium incisa ad nos pervenerunt, ed. Ernestus Hoffmann. gr. 8. (245 S.) Halle a/S. 893. C. A. Kaemmerer & Co. n. 6. —

— epigraphica orbis romani. Cura et studio Hectoris de Ruggiero edita. Vol. II. Fasc. 1—5. gr. 8. Rom 892—894. (Loescher & Co. — Leipzig, G. Fock.) Subskr.-Pr. à n.n. 1. 25; Ladenpr. à n.n. 1. 50
Inscriptiones Italiae continens. Ed. Dantes Vaglieri. Fasc. 1—5. (160 S.)

Sylloge epigraphica orbis romani. Cura et studio Hectoris de Ruggiero edita. Vol. II. Fasc. 6 et 7. gr. 8. Rom 894. (Leipzig, Buchh. G. Fock.) Subskr.-Pr. à n.n. 1. 20; Ladenpr. à n.n. 1. 40
Inscriptiones Italiae continens. Ed. Dantes Vaglieri. Fasc. 6 et 7. (S. 161—224.)

Sylloge epigraphica orbis romani. Cura et studio Hectoris de Ruggiero edita. Vol. II. Fasc. 8—28. gr. 8. Rom (14 Via Nomentana), L. Pasqualucci. à n.n. 1. 20
Vol. II. Pars I. Inscriptiones Italiae regionum I. II. III. IV. V. continens. Ed. Dantes Vaglieri. Fasc. 8—28. (XII u. S. 225—886.) 891—904.

Sylloge epistolarum collecta et digesta per P. Burmannum. Leid. 727. 5 Vol. 4.

Sylloge, inscriptionum antiquarum Graecarum et Latinarum, f. a. Osann.

Sylloge Inscriptionum antiquarum graecar. et latinar. Edid. Frider. Osann. Fasc. VIII—X. (Cum indicibus.) Fol. maj. Darmstadii, Leske. [VIII. (16 B. u. 1 Stnt.) 829., IX. (16 B.) 830, à 2 Thlr., X. (36 B. u. 2 Stnt.) 834. 4 Thlr. 12 Gr.]
Fasc. I—VII. Ebendas. 1822—27. 12 Thlr.

—lectionum Graecarum, glossarum, scholiorum in Tragicos Graecos atque Platonem ex Codd. MSS. qui in bibl. Imp. Paris. adservantur, erutorum, in ord. redacta. Accedit observatt. critt. Symbole in scriptores aliq. classicos et Graecos et Romanos nonnullarum. Utramque collegit et publ. G. Faehse. 8maj. Leipz. 813. Weidmann. 2 ℔ Schrbp. 2 ℔ 12 gr

Sylloge variarum in Sophoclis tragoediis lectionum. Halae 1822. V: *Martin, Johann Frdr.* (Cat. d. Stadtbibl. Zürich. Zürich 1864—97.)

Sylloge monumentorum ad mysterium conceptionis immaculatae virginis deiparae illustrandum, cura et industria Ant. Ballerini. Lex.-8. (X und 460 S.) Romae 854. (Lipsiae, Gerhard.) *

Sylloge monumentorum ad mysterium conceptionis immaculatae virginis deiparae illustrandum cura et industria Ant. Ballerini. Pars II. Lex.-8. (LXXXVII und 881 S.) Rom 856. (Regensburg, Manz.) **
Pars I. Ebendas. 1854. * 1 Thlr. 20 Ngr.

— nova Epistolarum varii argumenti. V Vol. 8. maj. Nürnb. Felsecker. 760—769. (I. 1 Rthlr. 16 gr. II. 1 Rthlr. III. IV. à 1 Rthlr. 8 gr. V. 18 gr.)

Sylloge nova epistolarum varii argumenti vol. I—V. Norib. 1760—69. H: *Uhl, Johann Ludwig.* (ML) (BrMm)

—nova epistolarum varii argumenti ed. J. L. Uhl. V Voll. 8maj. Nürnb. 760. Felssecker. 6 ℔ 2 gr

—operum minorum praestantiorum ad artem obstetriciam spectantium quam curavit atque ed. et indicibus necess. auxit Jh. Chr. Tr. Schlegel, c. tab. aen. II Tomi. 8maj. Leipz. 795, 96. Weidmann. 4 ℔ 12 gr Schrbp. 6 ℔

—opusculorum vet. poeticor., Catulli epithalamium Pelei, Tibulli Messalam, Lucani Pisonem, Claudiani consulatum IV. Honorii, et Statii Achilleidem complexa, in us. juvent. studiosae. Coll. et not. adspersit H. G. Reichard. 8. Leipz. 793. Schwickert. 10 gr

Sylloge selectiorum opusculorum argumenti medico-practici. Coll. et ed. Ern[estus] Godofr[edus] Baldinger. Vol.1-6. Gottingae: Dieterich 1776-82. 6 Bde 8°

Vol.1: 1776.
Vol.2: 1777.
Vol.3: 1778.
Vol.4: 1779.
Vol.5: 1780.
Vol.6: 1782.

Sylloge selectiorum opusculorum de mirabili sympathia, quae partes inter diversas corporis humani intercedit: ed. cura Io[annis] Christ[iani] Traug[ott] Schlegel. Lipsiae: C.F.Schneider 1787. 454 S. 8°

—selectiorum opusculorum de mirabili Sympathia, quae partes inter diversas corporis humani intercedit a Jh. Chr. Tr. Schlegel. 8. Leipz. 787. Lincke. 20 gr

SYLLOGE PLANTARUM novarum itemque minus cognitarum a praestantissimis botanicis adhuc viventibus collecta et a societate regia botanica Ratisbonensi edita.**)
(Tomus I.) Cum tabula aenea. Ratisbonae 1824. Typis viduae C. E. Brenck. 8°.
Tomus II. Cum tabula lithographica. ib. 1828. —

—plantarum novarum itemque minus cognitarum a praestantissimis botanicis adhuc viventibus collecta, et a Soc. reg. bot. Ratisb. edita. Cum tabb. aen. 8. Nürnb. 824. N. A. 829. Riegel u. W. 1 ℔

Sylloges e praestantissimis Graeciae scriptoribus juventutis scholasticae in usum concinnatae II Ptes. 8maj. Halle 780, 81. Waisenhaus-B. (I. Prosaica. 18 gr, II. Poëtica. 18 gr) 1 ℔ 12 gr

Sylloge scriptorum de spiritibus puris et animabus humanis, deque anima bestiarum. Ratisbonae 1790. V: *Herrich, Nic. Aug.* (Haupt-kat. d. Univ.-Bibl. Tübingen. A. S. 42.)

Sylloge, Synonymon in Evangeliis, maxime tribus prioribus, prima. Viteb. 1811. V: *Schulze, Johann Daniel.* (MGT)

— versuum memorialium cum ex veterum, tum ex recent. quorund. scriptis excerptorum, et ordine alphab. digestorum. 16. Merseb. 826, Sonntag.

— versuum memorialium cum ex veterum, tum ex recent. quorund. scriptis excerptorum, et ordine alphab. digestorum. 16. Merseb. 826. (Weidemann). 16 gr

Die Giftprüfung und die Konzession zum Handel mit Giften. Anleitung z. Erlangung d. Konzession z. Handel mit Giften; Erläuterungen f. d. Vorbereitung z. Giftprüfung. Zsgest. von Ernst **Syllwasschy**. Berlin: A. L. Herrmann (1908). (118 S.) 8° (08. 16536)

Syllwasschy, Ernst, die Giftprüfung u. die Konzession zum Handel m. Giften. Anleitg. zur Erlangg. der Konzession zum Handel m. Giften; Erläutergn. f. die Vorbereitg. zur Giftprüfg. 2. Aufl. (128 S.) 8. Berlin (909). A. L. Herrmann. 1.60

Syllwasschy, Ernst, die Schaufenster-Dekoration der Drogenhandlung. Anleitung zur wirkungsvollen Anordng. der auszustell. Waren Mit 8 Abbildgn. u Muster-Dekorationen. (VII, 127 S.) 8. Braunschweig 905. J. H. Meyer. n. 2.40; geb. in Leinw. n. 3.—

— Die Schaufenster-Dekoration der Drogenhandlung. Prakt. Lehrbuch zur Herstellg. wirksamer Schaufenster-Auslagen m. allgemeinen Regeln f. die Ausübg. der Dekorationskunst. Mit 16 Abb. v. Muster-Dekorat. u. zahlr. erläut. Zeichngn. 3. Aufl. (V, 162 u. 16 S.) 8. Braunschweig 909. J. H. Meyer. 2.80; geb. 3.40

Sylow, L. (Hrsg.), s. A b e l, Niels Henrik: Oeuvres complètes.

Ueber die neuen beständigen transportablen Statsfonds v. Ludwig Christian **Sylow**. Kopenhagen. 1801. 8°.

Sylow, L. C. Ueber den neuen beständigen transportablen Staatsfonds. 8°. Kopenhagen, Proft, 1801.

Sylph, der, ist des Lesekabinets z. Nutz. u. Vergn. ꝛc.

SYLPHE, Der, eine Wochenschrift nach der Mode (hrsg. von Johann Carl May). Cassel 1778.
Anon.-Lex. IV. p. 137. (nach Strieder u. Meusel). — Sehr selten!

Sylphe, kritischer, e. Wochenblatt vom Jan. bis Juli 1752. 4. Frankf. a. M. 752. Hechtel. 1 ℛ

Sylphen, die, e. Zauberoper in 3 Akten nach Gozzi v. Robert. 8. Lpz. Rein. 804.

Sylphen, Die. Zauberoper in 3 Akten nach Gozzi. Leipz. 1806. V: *Robert, Ludwig.* (GGr VIII, 577)

Sylphen. Novellenkränze, s. Riedel, C.

Sylphen. Novellenkränze, herausgeg. von Karl Riedel. kl. 8. Leipzig 843, Schreck. 1 ℛ

Sylphen, Gnomen, Salamander u. Ondinen ꝛc., s. Gespräche über Sylphen.

Über Sylphen, Gnomen, Salamander und Ondinen. 2 Thle. 1793. 8°. (6 Sgr. Ed. Fischhaber, Reutlingen, c. 1870, ohne Ortsangabe; jetzt viel theurer!)

Ueber Sylphen, Gnomen, Salamander und Ondinen. Einige Gespräche. Weißenf. u. Leipz. 793. 8.

Sylphide, la, ou l'ange-gardien. 32. Leipz. 795. Wolf. (Schmidt). 10 gr

— le même liv. 18. Leipz., Indust.-Compt. 8 gr

— le même liv. 18. Lausanne 795. Pott. 6 gr

— die, od. d. schützende Genius, v. d. Verfasserin d. Karoline v. Lichtfeld. 8. Wittenb. Kühne. (a. Joachim in Lpz.) 802.

Sylphide, das Seefräulein, auf ihrer Lustreise, s. H. Walden, Zöglinge froher Laune ꝛc. 16 Bdchen.

Sylt [Sachliches OW]

Sylt und Föhr. Führer für Touristen und Kurgäste. Mit (lithogr. und color.) Karte (in gr. 4.). 8. (VIII, 48 S.) [Lübeck 877.] Hamburg, Seelig. *

Sylt, die Königin der Nordsee. Ein Führer durch die Nordseebäder Westerland u. Wenningstedt auf der Insel Sylt. Hrgg. im März 1908 v. d. Badedirektion in Westerland-Sylt. Westerland-Sylt (1908.) 8°
[Umschlagt.:] Westerland. 1908.
—— ebd. (1910.) 8°
—— ebd. (1911.) 8°

Königin der Nordsee Sylt in Wort und Bild. Illustrierter Führer durch Westerland und die Insel. Westerland, Berlin. 1902. 8°.

Sylt in Wort u. Bild. (Königin der Nordsee.) Illustrirter Führer durch Westerland u. die Insel. Taschenbuch f. Badegäste m. Ortsplan u. Inselkarte, Eisenbahn- u. Dampfschiff-Fahrplänen, Fahrpreisen u. Taxen, Fluttabellen, Telefonverzeichnis, Wohnungs- u. Adressenlisten etc. schmal 8. (112 S.) Westerland 902. (Berlin, O. Seehagen.) n. —50

Sylt in Wort u. Bild, neue Ausg., s.: Meyer, Carl.

Sylt [Schlagwort]

Sylt, Insel, s.: Friesland.

Sylva, Carmen, aus deren Leben, s.: Stackelberg, N. Freiin v.

Sylva's, Carmen, Lebensbild, s.: Kremnitz, M.

Sylva, Carmen, und Franz Liszt. [Weimar 1893]. V: *Beyer, Conrad.* (EB)

Sylva, Carmen, u. ihre Werke, s.: Schmitz, M.

de Sylva. Betrachtungen über die Taktik und die Strategik, oder wahre Grundsätze der Kriegswissenschaft, mit Betrachtungen über die letzten Kriege. A. d. Franz. 8. Breslau 1780.

de Sylva, Marquis ..., Gedanken üb. die Taktik u. Strategik, od. wahre Grundsätze der Kriegswissenschaft; aus d. Französ. Mit Kpf. gr. 8. Bresl. 780. W. G. Korn. 3 ß Französ.: Pensées sur la tactique et stratégétique, ou vrais principes de la science militaire. gr. 8. Ebd. 778. 9 ß

— — dieselben franz. 8. Strasb. König. 778.

†Sylva, Carmen [Elisabeth, Königin von Rumänien], s.a. Carmen Sylva.

Sylva, Carmen [Pseud.], s.a. Elisabeth, Königin v. Rumänien.

Sylva, Carmen, vom Amboß. 1. u. 2. Aufl. 12. (122 S.) Bonn 890. Strauß, Verl. n. 3. —; geb. m. Goldschn. n. 4. —

Sylva, Carmen (Königin Elisabeth v. Rumänien), s.a. Astra.

— Astra, s.a. Dito u. Idem.

Sylva, Carmen (Elisabeth Königin v. Rumänien), Astra. Roman v. Dito u. Idem. 8. (385 S.) Bonn 886. Strauß. geb. n. 7. —

— s.: Aus Carmen Sylva's Königreich.

—— s. Aus zwei Welten. Von Dito und Idem.

Balladen und Romanzen von Carmen Sylva [d. i. Elisabeth Königin von Rumänien]. 3. Aufl. *Berlin: A. Duncker 1901.* (VI, 128 S.) 8° [F.]
— Elisabeth Königin von Rumänien: Meine Ruh. [4.] [c> 438 11

— unter der Blume. gr. 16. (VI, 79 S.) Regensburg 903. W. Wunderling. n. 2. —; geb. in Ldr. n. 3. —

—— s. Boleyn, Anna. Von Dito und Idem.

— Deficit. Roman. 8. (IV, 541 S.) Bonn 890. Strauß, Verl. n. 6. —; geb. n. 7. —

—— s.a. Dichtungen, rumänische.

— rumänische Dichtungen. Deutsch v. C. S. Mit Beiträgen v. Mite Kremnitz. 3. Aufl. 8. (VIII, 340 S.) Ebd. 889. n. 5. —; geb. n. 6. —

—— s. Dito u. Idem.

— Rheintochters Donaufahrt. 10.—16. V. 1904. (72 S. m. Abbildgn.) gr. 8. Ebd. 905. n. 2. 80

—— Leidens Erdengang. Ein Märchenkreis. 8. (169 S.) Berlin 882, A. Duncker. *M 4.; geb.

—— Leidens Erdengang. Ein Märchenkreis. 2. Aufl. (III, 169 S.) 1885 und 3. Aufl. 8. (III, 163 S.) Berlin 888, A. Duncker. *M 4.—.; geb. *

—— dass. — Illustrirt von Emma Marie Elias. gr. 4. (74 S. mit 12 Vollbildern.) Ebendas. 888. geb. mit Goldschn. *

— dasselbe. Ein Märchenkreis. Illustrirt v. Emma Marie Elias. gr. 4. (73 S.) Ebd. 889. n. 15. —

—— Leidens Erdengang. Ein Märchenkreis. 4. Aufl. 8. (163 S.) Berl. 890, A. Duncker. * 4 —; geb. * 5 —

—— dass. — Illustrirt v. Emma Marie Elias. Neue (Titel-)Ausg. gr. 4. (V, 73 S.) Ebd. 892. geb. m. Goldschn. 7 50

— Leidens Erdengang. Ein Märchenkreis. 5. Aufl. 8. (III, 163 S.) Berlin 899. A. Duncker. n. 4. —; geb. in Leinw. m. Goldschn. n. 5. —

— Leidens Erdengang. Ein Märchenkreis. 6. Aufl. (III, 163 S.) 8. Berlin 904. A. Duncker. n. 2. —; geb. in Leinw. n. 3. —

— Leidens Erdengang. Ein Märchenkreis. 7. Aufl. (III, 163 S.) 8. Berlin 908. Weimar, A. Duncker. 2.—; geb. in Leinw. 3. —

— es ist vollbracht! Das Leben meines Bruders Otto Nicolaus Prinz zu Wied. gr. 4. (72 S. m. 6 Taf. u. 1 Fksm.) Berlin 902. A. Duncker. Geb. in Leinw. n. 5. —

—— es klopft. 1.—3. Aufl. 8. (117 S.) Regensburg 887, Wunderling. *M 3.—.; geb. **

— es klopft. 4. Aufl. 8. (117 S. m. Portr.) Regensburg 888—890. Wunderling. n. 3. —; geb. m. Goldschn. n. 4. —

— es klopft. 5. Aufl. 8. (119 S. m. Bildnis.) Regensburg 903. W. Wunderling. n. 3. —; geb. in Leinw. m. Goldschn. n. 4. —

Sylva, Carmen (Königin Elisabeth v. Rumänien), es klopft. 6. Aufl. (119 S. m. Bildnis.) kl. 8. Regensburg 908. W. Wunderling. 3.—; geb. in Leinw. 4. —

—— s.a. Feldpost. Von Dito und Idem.

— Feldpost, s.a. Dito u. Idem.

— u. Mite Kremnitz (Dito u. Idem), Feldpost. Roman. 4. Aufl. (4. Tausend.) (432 S.) 8. Bonn 903. Leipzig, A. Kröner. n. 2. —; geb. n. 3. —

— Frauenmuth. (6 Theaterstücke.) 8. (III, 292 S.) Bonn 890. Strauß, Verl. n. 6. —; geb. n. 7. —

—— ein Gebet. 8. (78 S.) Berlin 882, A. Duncker.

—— dass. — 2. Aufl. 8. (80 S.) Ebendas. 883. *M 2.; geb. *

—— ein Gebet. 3. Aufl. 8. (80 S.) Berlin 887, A. Duncker. *M 2.—.; geb. *

Sylva, Carmen (Elisabeth, Königin v. Rumänien), ein Gebet. 4. Aufl. 8. (80 S.) Berlin 897. A. Duncker. n. 2. —; geb. n. 3. —

†Carmen Sylva [Elisabeth, Königin von Rumänien], Gedanken aus ihren Werken, s. Lewin, A., Gedenkbüchlein.

— s.: Gratz, Josephine, so sollt Ihr Euch kleiden!

—— Hammerstein. [Als Mscr. gedr.] gr. 8. (104 S.) Leipzig 880. (Bukarest, Sotschek und Comp.) **

Sylva, Carmen (Königin Elisabeth v. Rumänien), Handwerkerlieder. 12. (VII, 144 S.) Bonn 891. E. Strauß Verl. n. 3. —; geb. in Leinw. m. Goldschn. n. 4. —

—— Handzeichnungen. 8. (III, 274 S.) Berlin 884, A. Duncker. *ℳ 5.; geb. *

—— Heimath! Gedichte. 12. (VI, 83 S.) Ebd. 891. * 2 —
geb. m. Goldschn. * 3 —

— die Hexe. Zu der Statue von Carl Cauer. Mit einem Titelbild (Holzschntaf.). 8. (72 S.) Berlin 882. A. Duncker. n. 2. —; geb. n. 3. —

Höhen u. Tiefen von Carmen Sylva [d. i. Elisabeth Königin von Rumänien]. 3. Aufl. *Berlin: A. Duncker 1901.* (X, 149 S.) 8° [F.]
— Elisabeth Königin von Rumänien: Meine Ruh. [1.] (o. Ass. 11

— durch die Jahrhunderte, s.: Aus Carmen Sylva's Königreich.

—— Jehovah. 8. (84 S.) Leipzig 882, Friedrich. *
geb. **

—— dass. — 2. Aufl. 8. (77 S.) [Ebendas. 883.] Bonn, Strauss' Verlag. *ℳ 2,50.; geb. *

—— s. In der Irre. Von Dito und Idem.

— in der Irre, s.: Dito u. Idem.

— Islandfischer, s.: Loti, Pierre.

—— s. Loti, Pierre, Islandfischer.

— in der Lunca. Rumänische Idylle. (66 S. m. 2 Farbdr.) gr. 4. Regensburg 904. W. Wunderling.
Geb. in Leinw. n. 4. 50

—— Meister Manole. Trauerspiel in 4 Aufzügen. 8. (VII, 110 S.) Bonn 892, Strauß Verlag. * 2 —; geb. * 3 —

— Märchen e. Königin. Mit Bildschmuck v. Elias, Fidus, Kado. 8. (III, 341 S. m. Bildnis.) Bonn (901). Stuttgart, E. Strauß. n. 4. —; geb. in Leinw. n. 5. —

—— Meerlieder. 12. (V, 121 S.) Ebd. 891. * 2 —
geb. m. Goldschn. * 3 —

— Pelesch im Dienst. Ein sehr langes Märchen f. den Prinzen Heinrich XXXII. von Reuß. 12. (103 S. in Blaudruck m. farb. Grund.) Bonn 888. Strauß, Verl. geb. m. Goldschn. n. 3. —

—— Pelesch-Märchen. A. u. d. T.: Aus Carmen Sylva's Königreich. 1. und 2. Aufl. 8. (VII, 224 S. mit 3 Illustr. und Facs.) [Leipzig 883, Friedrich.] Bonn, Strauß' Verlag. *
geb. *

— Pelesch-Märchen (Aus Carmen Sylvas Königreich). 4. verm. Aufl. 8. (VIII, 295 S.) Bonn 899. Stuttgart, E. Strauß. n. 5. —; geb. in Leinw. n. 6. —; ermäß. Preis 2. —; geb. 3. 20

— Mein Penatenwinkel. 1. Bd. (VII, 352 S.) 8. Frankfurt a/M. 908. H. Minjon. Geb. in Leinw. 5. —

— s.: Rache u. andere Novellen.

— Rache u. andere Novellen, s.: Dito u. Idem.

—— Mein Rhein! Dichtungen. Illustrirt von E. Doepler d. J. Nebst 20 landschaftl. Radirungen, unter Leitung von Hans Meyer ausgeführt von F. Krostewitz und R. Heinrich. 4. (64 S.) Leipzig 884, Titze. geb. mit Goldschn. *

—— mein Rhein! Dichtungen. Illustrirt von E. Doepler d. J. Nebst 20 landschaftl. Radirungen, unter Leitung von Hans Meyer ausgeführt von F. Krostewitz und R. Heinrich. 2. und 3. Aufl. 4. (64 S.) Leipzig 885,86, Titze.
geb. mit Goldschn. *

—— Mein Rhein! Dichtungen. Illustriert v. E. Doepler d. J. Mit 20 photogr. Rheinansichten. 4. Aufl. gr. 4. (64 S. m. Randeinfassgn.) Lpz. 891, Titze. geb. m. Goldschn. * 10 —

—— Meine Ruh! gr. 8. (VIII, 447 S. mit 1 Titelbild in Lichtdr.) Berlin 884, A. Duncker. *ℳ 7,50.; geb. *

—— meine Ruh. 2. Aufl. 4 Bdchn. 8. Berlin 885, A. Duncker. *ℳ 10.—.; geb. in 1 Bd. *
geb. in 4 Bde. *

Inhalt:
Bdchn. 1. Balladen und Romanzen. (VI, 132 S.) *ℳ 3.—.; geb. *ℳ 4.—.
" 2. Höhen und Tiefen. (X, 149 S.) *ℳ 3.—.; geb. *ℳ 4.—.
" 3. Mutter und Kind. (VI, 57 S.) *ℳ 2.—.; geb. *ℳ 3.—.
" 4. Weltweisheit. (VIII, 70 S.) *ℳ 2.—.; geb. *ℳ 3.—.

Meine Ruh von Carmen Sylva [d. i. Elisabeth Königin von Rumänien]. 3. Aufl. (5: 1. Aufl.). [1–5]. *Berlin: A. Duncker 1901.* 5 Bde 8° [F.]
1 — Höhen u. Tiefen. 2 — Mutter u. Kind.
3 — Weltweisheit. 4 — Balladen u. Romanzen.
5 — Blutstropfen. (o. Ass. 11

— meine Ruh. 3. Aufl. 8. (X, 149; VI, 57; VIII, 70; VI, 128 u. IV, 153 S. m. Bildnis.) Berlin 901. A. Duncker. n. 6. —; geb. in Leinw. n. 7. 50
Hieraus einzeln:
— Höhen u. Tiefen. 3. Aufl. (X, 149 S.) n. 1. 50; geb. in Leinw. n. 2. 50
— Weltweisheit. 3. Aufl. (VIII, 70 S.) n. 1. —; geb. in Leinw. n. 2. —
— Mutter u. Kind. 3. Aufl. (VI, 57 S.) n. 1. —; geb. in Leinw. n. 2. —
— Balladen u. Romanzen. 3. Aufl. (VI, 128 S.) n. 1. 50; geb. n. 2. 50
— Blutstropfen. (IV, 154 S.) n. 1. 50; geb. in Leinw. n. 2. 50

†Carmen Sylva [Elisabeth, Königin von Rumänien], Sappho. [Als Mscr. gedr.] gr. 8. (73 S.) Leipzig 880. (Bukarest, Sotschek und Comp. **

— Seelen-Gespräche. 12. (X, 136 S.) Bonn 900. Stuttgart, E. Strauß. Geb. in Leinw. m. Goldschn. n. 3. —

— das Sonnenkind u. andere Märchen, s.: Volksbücher, Wiesbadener.

— die Sphinx, gedichtet, geschrieben u. gemalt v. C. S. Musik v. Aug. Bungert. (Prachtausg.) qu. gr. 4. (15 autogr. S. m. farb. Titel, Umschlag u. 2 farb. Textillustr.) Berlin 890. F. Luckhardt. n. 5. —

—— Stürme. 8. (IV, 195 S.) Bonn 881, Strauß' Verlag. *
geb. *

—— Stürme. 2. Aufl. 8. (V, 195 S.) Bonn 886, Strauß. *
geb. *

— Stürme. 3. Aufl. 8. (V, 195 S.) Bonn 889. Strauß, Verl. n. 5. —; geb. n. 6. —

— Stürme. 4. Aufl. (V, 195 S.) 8. Bonn 903. Leipzig, A. Kröner. Geb. in Leinw. n. 3. —

— Thau. kl. 4. (III, 192 S.) Ebd. 900. Geb. in Leinw. m. Goldschn. n. 3. —

— die beiden Masken Tragödie—Komödie, s.: Saint-Victor, Paul de.

— s.: Vacaresco, H., Lieder aus dem Dimbovitzathal.

— aus zwei Welten, s.a. Dito u. Idem.

† Carmen Sylva [Elisabeth, Königin von Rumänien], aus zwei Welten. 8. (360 S.) [Leipzig 883, Friedrich.] Bonn, Strauß' Verlag. geb.

Weltweisheit von Carmen Sylva [d. i. Elisabeth Königin von Rumänien]. 3. Aufl. *Berlin: A. Duncker 1901.* (VIII, 70 S.) 8° [F.]
— Elisabeth Königin von Rumänien: Meine Ruh. [3.]

— geflüsterte Worte. gr. 16. (215 S.) Regensburg 903. W. Wunderling. n. 3. —; geb. in Ldr. n. 4. —

— geflüsterte Worte. 2. Aufl. (215 S.) 16. Regensburg 903. W. Wunderling. n. 3. —; geb. in Ldr. n. 4. —

— dasselbe, 1. Tl. 3. Aufl. (V, 227 S.) u. 2. Tl. (VIII, 315 S.) 16. Ebd. 905. 906. à n. 3. —; geb. in Ldr. à n. 4. —

— Geflüsterte Worte. I.—III. Tl. 16. Regensburg (910). W. Wunderling. Kart. à 2. 80; Geschenk-Ausg., geb. in Ldr. à 4. —
I. 4. u. 5. Aufl. (V, 227 S.) — II. 3. u. 4. Aufl. (VIII, 315 S.) — III (Insomnia.) 1. u. 2. Aufl. (210 S.)

Sylva, J., fort mit den Spiel-Banken! Ein Loosungswort der Gegenwart! Unpartheiisches Gutachten über die Berechtigung dieser Forderung, über die Gemeinschädlichkeit der Spiel-Banken u. eine billige zweckentsprechende Lösung dieser Frage. München 867. Fritsch. gr. 8. (126 S.) 15 ngr.

da Sylva, Jos. v. Seabra, Vorstell. der bedenkl. Umstände, in welchen sich die portugies. Monarchie befindet, nachdem die Gesellsch. Jesu aus d. Gränzen Spaniens vertrieben worden; aus d. Französ. 8. Wittenb. 770. Zimmermann. 4 gr.

Sylva-Tarouca, Ernst Graf, kein Heger, kein Jäger! Ein Handbuch der Wildhege für weidgerechte Jagdherren u. Jäger. gr. 8. (VI, 238 S. m. Abbildgn.) Berlin 899. P. Parey. Geb. in Leinw. n. 3. 50

Sylva-Tarouca, Frz. Graf v., der Park. Eine Studie. 12. (54 S.) Wien 894. W. Frick. n. 1. 60

Sylvae Cratyli seu variae in varios scriptores veteres lucubrationes. (a ... Kapp). 8. Augsb. 822. Wolff. 1 Thlr 8 gr.

Sylvain, ein Singspiel in einem Aufzuge übersetzt aus dem Französischen (1. Aufführung in Wien 18. XI. 1778). Wien 1778. V: *Marmontel, Jean Franc.* (O. G. Th. Sonneck, Catalogue of Opera Librettos. Washington 1914. Bd. I, S. 1007) (Allg. Theateralmanach 1782. Wien. S. 67) (BiblPort)

Sylvain, Carl, Leben des ehrwürdigen Pater Hermann im Kloster Augustin-Maria vom heil. Sakramente, unbeschuhter Carmelite. Autorisirte Uebersetzung nach der französ. Ausg. gr. 8. (X, 264 S.) Aachen 882. Jacobi & Co. n. 3. —

Sylvan. Ein Handbuch für Forstmänner, Jäger und Jagdfreunde. - Marburg, Cassel (ab 1823 Heidelberg, Leipzig). Bd. 1-12. 1813-1828.
Früher s.: Taschenbuch f. Forst- u. Jagdfreunde
Forts. s.: Taschenb. z. Nutzen u. Vergnügen

Sylvan. Ein Jahrbuch f. Forstmänner, Jäger u. Jagdfreunde auf das Jahr ... Hrsg. v. C[hristian] P[eter] Laurop u. V[alentin] F[riedrich Stephan] Fischer (1824 ff.:) u. W[ilhelm] F[riedrich] Frhr. von der Borch.
[Mit z. T. farb. Kupfern.]
Marburg, Kassel: Krieger 1813–1822.
Heidelberg, Leipzig: Groos 1823–1826.
1813. 1814. 1816–1822.
N. F. Jg. 1. 1823 – 3. 1825/26.
Anf. u. d. T.: Neujahrsgeschenk für Forst- und Jagdliebhaber. 1794 ff.

Laurop, C. P. und Fischer, V. F. (Herausgeber): „Sylvan, ein Taschenbuch für Forstmänner, Jäger und Jagdfreunde", 8 Bändchen, Marburg 1813—1822 (Krieger); neue Folge, herausgegeben von Laurop, Fischer und Freiherrn W. F. von der Borch, a. u. d. T.: „Taschenbuch zur Unterhaltung für Wald- und Jagdfreunde", Marburg 1823—1829 (Akad. Buchhandlung).

Sylvan. Ein Taschenbuch (Jahrbuch) f. Forstmänner, Jäger u. Jagdfreunde, f. die J. 1813—22; hrsgg. v. C. P. Laurop u. V. F. Fischer. Mit Kpf. 12. Marb., Krieger. à Jahrg. 1 Thlr 16 gr Zusammen nur 10 Thlr Neue Folge auf die J. 1823 bis 1828 von C. P. Laurop u. V. F. Fischer u. Frhrr. W. F. v. d. Borg. 1r—4r Jahrg. Mit Kpf. 12. Heidelb., Groos. (à 1 Thlr 16 gr.) 6 Thlr 16 gr Für 1831. Neue Folge. 7r (5r) Jahrg. Mit 6 Kpf. Hennings in Gotha. 1 Thlr 14 gr. (A. u. d. T.: Taschenbuch zum Nutzen u. Vergnügen f. Wald- u. Jagdfreunde auf das J. 1831; hrsgg. v. C. P. Laurop u. W. F. v. d. Borg.)

Sylvan, Jahrbuch für Forstmänner, Jäger u. Jagdfreunde auf d. J. 18$\frac{27}{28}$. Von V. F. Fischer u. W. F. Frh. v. der Borch. Neue Folge. 4. Jahrg. gr. 12. (8½ B., 7 Kpfr. u. Vign.) Heidelberg, Groos.
Neue Folge 1—3. Jahrg. 1823, 24, 25/26. Ebendas. à 1 Thlr. 16 Gr. — Fortsetzung, vgl. Taschenbuch zum Nutzen u. Vergnügen rc. „Sylvan, ein Jahrb. f. Forstmänner rc., hrsg. v. C. P. Laurop u. V. F. Fischer." Jahrg. 1813—22. gr. 12. Marburg. [Cassel, Krieger's Vrlgh.] à J. 1 Thlr. 16 Gr., ungetrennt 10 Thlr.

Sylvan, Jagdbilder aus Siebenbürgen. 8. (XI, 177 S.) Minden 878. Köhler. n. 1. 20

Sylvan, Filip, aus Alsheda (Schweden): Zur mechanischen Behandlung der Fettleibigkeit. *Berlin (1901): G. Schade.* (30 S.) 8°
Berlin, Med. Diss. v. 15. Febr. 1901

Sylvander, s.a. S i l v a n d e r

Sylvander [Pseud.], s.a. B r o c k e, Heinrich Christian von

Sylvander, Gedanken v. d. wilden Bäumen. 4. Wolfenb. Meißner. 726.

— v. edlen Leben; zufäll. Betrachtung v. d. Glückseligk. d. Tugend. 8. Hanau. 726.

Sylvander, ..., (Hnr. Chr. v. Brocke,) von der Natur, Eigenschaft u. Fortpflanzung der wilden Bäume. 4. Wolfenb. 754.

Sylvaneion. Ein Conversationsblatt f. unbefangene, gebildete Forstmänner; hrsgg. von J. L. Klauprecht u. E. W. Mayr. 1r Jahrg. 1s—3s Hft. 1826. gr. 8. Aschaffenb., Knodé. 1 ₰ 12 gr

K l a u p r e c h t, J. L. und Meyer, E. H.: „Sylvaneion, ein Taschenbuch für denkende Forstmänner", Aschaffenburg 1828 (Knode).

Sylvanie oder die Macht des Goldes, s. N o v e l l e n - S a m m l u n g.

Sylvans, G., Pastorentöchter u. Diakonissensache. (16 S.) 8. Leipzig 907. G. Wigand. —30

* **SYLVANUS** (ps.). — D a s v e r w ö h n t e M u t t e r : S ö h n g e n, Oder: P o l i d o r s G a n t z b e s o n d e r e r u n d ü b e r a u s l u s t i g e r L e b e n s - L a u f f A u f S c h u l e n u n d U n i v e r s i t ä t e n N e b s t V i e l e r l e y a n d e r n c u r i e u s e n AVANTUREN. Zum beliebigen Zeit-Vertreib und Gemüths-Ergötzung Denen Liebhabern Mitgetheilet Von SYLVANO. Freyberg (Berlin), 1728. 8°. (In Berlin: Yv 2181.)

* **SYLVANUS** aus Philyrea (ps.). — SYLVANI aus PHILYREA F a b e l n u n d E r z e h l u n g e n, O d e r A l t e s u n d N e u e s i n M o d e - T r a c h t, i n d e u t s c h e n V e r s e n. Erste (einz.) Sammlung. Frankfurt a. d. Oder 1753. 8°. (In Berlin 2 Expll.: Yl 3226; an Yl 1371.)
190 Seiten. — Mehr war auch nicht in d. Bibl. J. J. Schwabii, II. p. 370, d. i. 374, u. in der Bibl. J. C. Adelungii, Dresd. 1807. p. 103. (v. Meusebach). — Weller, Lex. Ps. p. 545: Goedeke IV², 94, 12 hat „96 Bll."

SYLVANUS SATYRUS. Spaziergänge eines Menfchen-affen in die Stadt der Affen-Menfchen. Skizziert, radiert und interpretiert von Sylvanus Satyrus, einem auf Wartegeld fitzenden Orang-Utang. (Spaßhafter Faftnachtsfcherz.) Berlin o. J. (ca. 1825). 4°. Br. Illuftr. O.-U.
Seltene pfeudonyme Schrift. Verlag und Verfaffer unbekannt. 11 S. Text und 6 Tafeln mit draftifchen Karikaturen.

SYLVANUS, Satyrus (ps.), S p a z i e r g ä n g e e i n e s M e n s c h e n - A f f e n i n d i e S t a d t d e r A f f e n - M e n s c h e n. Skizzirt, *radirt* u. interpretirt von *Satyrus Sylvanus*, einem auf Wartegeld sitzenden Orang-Outang. Spaßhafter Fastnachts-Spaß. (Berlin) Verlag von Gebrüder Gropius, o. J. (ca. 1825). Gr. 4°. (Besaß Dr. Franz S c h n i t z e r in München.)
11 S. Text (incl. Tit. u. 1 S. „Voräffung") u. 6 r a d i r t e T a f e l n m i t d r a s t i s c h e n C a r i c a t u r e n. — Selten! (Weller, Lex. Ps. p. 545.)

Sylvanus, F. J., Herbarium der gewöhnlichsten Giftpflanzen, s. H e r b a r i u m.

Sylvanus, Fr., (Psdn.) s. Wildfänge in Dianens Gebiet.

SYLVANUS, Julius u. Friedrich: Wildfänge in Dianens Gebiet. Eine Sammlung von Jagd-Anecdoten, merkwürdigen Waidmanns-Erfahrungen und Notizen aus der Geschichte des Wildes. - Breslau 1831-1834. 3 Bd.

Sylvanus, Jul., (Psdn.,) Wildfänge in Dianens Gebiet. Eine Samml. von Jagd-Anekdoten, merkwürd. Waidmanns-Erfahrr. u. Notizen aus d. Geschichte des Wildes. 1s Rudel. 12. Bresl. 831. Pelz. 12 gr

Sylvén, Nils, die Genliseen u. Utricularien d. Regnell'schen Herbariums. (48 S. m. 7 Taf.) 8. Uppsala 908. Berlin, R. Friedländer & Sohn. nn 3. —
Sonderabdr. aus: „Arkiv f. botanik".

Zwei im Bergianischen Garten im Sommer 1906 gefundene Senecio-Hybriden, S. nebrodensis L. × viscosus L. u. S. nebrodensis L. × vulgaris L. von Nils **Sylvén**. Mit 1 Taf. Stockholm 1907: I. Marcus. (8 S.) 4°
— Meddelanden från Kgl. Svenska Vetensk.-Akad. trädgård Bergielund vid Vetensk.-Akad. tvåhundraårsfest till minne af C. v. Linnés födelse. No 3.
— **Acta** horti Bergiani. Bd 4, No 3. [07. 10930]

(S Y L V E R I U S G E R M A N U S): **Teutscher Reichs-Staat oder ausführl. u. umständl. Beschreibung des heil. R. Reichs teutscher Nation etc., vermehrt durch Cph. Laur. B I L D E R - B E C K. 2. Aufl.** *Leipz.* u. *Frankf.* 709. 710. nebst Additt. 710. — verbessert von C. S. H. v. A. *Ebend.* 738. 4.

Sylvester, s. Silvester, auch Sacy.

Sylvester [Sachliches OW]

□ Zum treuen Herzen i. O. Strassburg i/E. Sylvester. [Strassburg] o. J.: [Du Mont-Schauberg]. 2 Bl. 8° [Kopftit.]
4 Lieder ohne Noten.

Sylvester, Benjamin, der Wahrheitsfreund, oder des Knaben Zeugniss. Nach der 3. Aufl. des Engl. Dresden 1859. B: *Heubner, Otto Leonh.* (Ky)

Sylvester, Benjamin, der Wahrheitsfreund, oder des Knaben Zeugniß. Nach der 3. Aufl. des Engl. (Von O. L. H e u b n e r.) Mit 2 lith. (u. color.) Abbildgn. Dresden 859. Kunbe. 8. (2 Bl., 97 S.) 15 ngr.

Sylvester [persönlicher Name]

S y l v e s t e r, Pater. Ein Landpfarrer wie er ist und nicht wie er von Gott und Rechtswegen sein sollte. (Johann Konrad Frei, Pfarrer von Illnau gewidmet) Von Pater S'. 8. *o. O. u. J.* [1871,80].

Sylvester [Familienname]

S y l v e s t e r, Antwort auf die in dem altkatholischen Schema enthaltene Bemerkung von dem heiligen Geiste. Aus dem Russ. übers. [Ausg. der Gesellschaft der Freunde geistl. Aufklärung.] gr. 8. (92 S.) St. Petersburg 875, (Röttger.) *

Sylvester, die hohe Bedeutung der Taufe u. des Abendmahls, nach Jac. Böhme, populär bearb. für jeden Christen. Hamburg 866. Nolte. gr. 16. (46 S.) n. 6 ngr.

Sylvester, über die Herstellung des Gleichgewichtes im österreichischen Staatshaushalte. Wien 856. Braumüller. gr. 8. (43 S.) n. 10 ngr.

S y l v e s t e r. Ueber die Herstellung des Gleichgewichtes im österreichischen Staatshaushalte. Von — —. Wien, 1856. Gedr. bei Josef Stöckholzer von Hirschfeld in Wien. Wilhelm Braumüller. (43 S. 8.)

Sylvester's humoristisches Unterhaltungsblatt und literarisches Quodlibet v. J. 1872. 4 Stn. fol. Zürich. 1873. —. 30

Sylvester, (Thdr. Schwarz), Ludwig v. Zollern. 1r Thl. 8. Berl. 821. Reimer. 1 ₰ 12 gl

SYLVESTER, Armand. Im Rausche der Leidenschaft. Budapest, Verlagsbüro Arpad (um 1900).
Verb. d. Ldg. I Berlin 3 E. M. 101/04.

— — Dasselbe. Budapest, Emmerich Gerő (um 1895).
Verb. d. Ldg. Potsdam M. J. 61/97.
S. a. unter Silvestre.

SYLVESTER, Armand. Die kleinen Schwänke des Herrn Cadet-Bitara. Budapest, Gustav Grimm (um 1900). 8°.
Verb. d. Ldg. I Berlin 3 E. M. 101/04.

Sylvester, Ewald, der Minne Sang. (91 S.) 8. Leipzig 905. Modernes Verlagsbureau. n. 1. 50

Sylvester, Glieb, Naturstudien, gebildeten u. sinnigen Lesern gewidmet. Mit 17 Holzschn. (auf 6 Holzschntaf.) gr. 8. (XII, 253 S.) Gütersloh 871. Bertelsmann. n. 2. 40

Sylvester, Graham. Die vorbeugende Bekämpfung der kontagiösen Venus-Gifte auf naturgemässem Wege m. Hilfe kosmetischer Kräuter-Präparate. gr. 8. (IV, 109 S.) Lpz. 892, (Roegner). * 2 50

Sylvester, Graham, die vorbeugende Bekämpfung der kontagiösen Venus-Gifte (lues, ulcus molle, gonorrhoea) auf naturgemässem Wege m. Hilfe kosmetischer Kräuter-Präparate. 2. Taus. gr. 8. (IV, 109 S.) Leipzig 892. Administration der physiognost. Central-Station (Komm.-Kto. A. Roegner). n. 2. 50

Sylvester, Graham, die vorbeug. Bekämpfg. d. kontagiösen Venus-Gifte (lues, ulcus molle, gonorrhoea) auf naturgem. Wege m. Hilfe kosmet. Kräuter-Präparate. Als Kompendium d. modernen Gesundheitslehre unt. völlig neuen Gesichtspunkten f. gebildete Männer bearb. (Naturärztl. Konsultationen.) (3. Umschlag-Taus.) gr. 8. (IV, 109 S.) Leipzig 898. Administration d. physiognost. Central-Station. n. 2. 50

Sylvester, Hector (Pseud.), s.a. Wölfert, Wilhelm

Sylvester, Hect. (Wilh. Wölfert), aus d. Flammen gerettet, } s.: Bloch's, Ludw., Herren-Bühne, Nr. 40.

Sylvester, Hect., s.: Geschichten, intime.

Sylvester, Hect.: Mit 13 Jahren u. anderes, s. Bibliothek Eros.

Sylvester, Hect., das goldene Kleeblatt. Phantastische Komödie in 1 Vorspiele u. 4 Akten. 8. (191 S.) Leipzig 894. E. Rust. n. 2. —

Sylvester, H., s.: Königswort, c.

Sylvester, Hect.: Die Maske des Gehängten u. anderes, s. Bibliothek Eros.

Sylvester, Hect. (Wilh. Wölfert), Opfer der Leidenschaft. Eine Überraschung. Das Halsband der Marquise. Unter blonden Bestien, s.: Bibliothek intimer Geschichten.

Sylvester, Hekt., Quasimodo. Ein Roman in Versen. 8. (VI, 294 S.) Leipzig 885. Rust. n. 3. —; geb. n. 4. —

– Ein Turnerstückchen, s.a. Bloch's, Ludw.: Herren-Bühne. Nr. 39.

Sylvester, Hektor, Ein Turnerstückchen, Schwank in 1 Aufz., Berlin, 18 S., 8°.

— der Weg zur Hölle. Roman. 8. (159 S.) Berlin 896. R. Jacobsthal. 1. 50

Sylvester, Jul., Bilder aus d. Burschenschaftsleben. (III, 63 S.) 8. Salzburg (908). A. H. Huber. 1. —

—— Die brennende Frage. Ein flücht. Gedankenbild. 2. Aufl. 12. (16 S.) Salzb. 888. (Wien, Lesk.) * — 40

– Die Gemeindebetriebe in Österreich, s.: Schriften des Vereins f. Sozialpolitik. 180. I. (Horáček, C.)

Sylvester, Jul. Prosit Blume! 8. (III, 63 S.) Wien 892, Lesk. * 1 25; geb. * 2 —

Sylvester, Ludwig

— Martin Luther u. Joh. Gottlieb Fichte, Prophet u. Philosoph des deutschen Protestantismus. Erweiterung e. im Bromberger Zweigverein d. Evangel. Bundes am 11. XI. 1907 geh. Vortrages, zugleich zum Gedächtnis der vor 100 Jahren geh. „Reden an d. deutsche Nation". (24 S.) 8. Berlin 908. G. Nauck. — 20

Sylvester, Ludw., Luther, der Reformator auch des öffentlichen Lebens. Vortrag, geh. im Zweigverein d. Evangel. Bundes zu Fürstenwalde. (18 S.) 8. Fürstenwalde (907). (Berlin, G. Nauck.) nn — 10

Sylvester, Paul, die Versuchung d. jungen Jesus. gr. 8. (23 S.) Berlin 892. (Bibliograph. Bureau.) n. — 50

SYLVESTER, R. Die Gouvernante als Detektivin. (Um 1910.) 8°.
Verb. d. Ldg. III Berlin A. 4. J. 981/14.

Sylvester, Rud., die deutschen Baugewerkvereine u. ihre Bewegungen in den letzten Jahren. [Aus: „Haarmann's Zeitschr. f. Bauhandwerker".] 12. (24 S.) Leipzig 881. Knapp. n. — 60

Sylvester, Th., Jephtah. Trauerspiel in 3 Aufzügen. 8. (III, 96 S.) München 890. Merhoff. 1. 50

Sylvesterabend, der, oder die Nachtwächter. Lustspiel von L. Lebrün. 8. Mainz, Kupferberg. 820.

Sylvester-Abend. 1851. [Leipzig 1851: Kramer.] 1 Bl. 8° [Kopftit.]
2 Lieder ohne Noten v. A. Mahlmann u. M. Zille.

Sylvester-Abend 1853. [Leipzig 1853: Vollrath.] 1 Bl. 8° [Kopftit.]
2 Lieder ohne Noten von Sulzer u. M. Zille.

Loge Apollo. Sylvester-Abend 1857. [Leipzig 1857: Vollrath.] 2 Bl. 8° [Kopftit.]
Tt. 2611. 6 Lieder ohne Noten.

Loge Apollo. **Sylvester-Abend 1860.** [Leipzig 1860: Polz.] 8 S. 8⁰ [Umschlagtit.]
Tt. 2612. 7 Lieder ohne Noten.

Loge Harmonie. **Sylvester-Abend.** 1862. [Chemnitz 1862: Pickenhahn.] 8 S. 8⁰ [Umschlagtit.]
6 Lieder ohne Noten von A. Mahlmann, O. Marbach, H. Waldow u. a.

Loge Harmonie. **Sylvester-Abend.** 1864. [Chemnitz 1864: Pickenhahn.] 8 S. 8⁰ [Umschlagtit.]
7 Lieder ohne Noten.

Sylvesterabend, am. gesungen in der Loge Minerva z. d. 3. P. (in Leipzig.) ca. 1800. 8. 2 Bl. — Fehlt bei Kloss. — Lied: „des Jahres letzte Stunde".

Sylvester-Album, humoristisches, zur Erheiterung der verkrachten Menschheit, mit vielen feinen (eingedr.) Illustr. gr. 16. (15 S.) Berlin 879. Huth & Co. — 10

Sylvester-Almanach für Freymaurer. Eine Spende. Dresden 1815. V: *Menke, Carl Ferdinand.* (MGT) (GGr)

Maurerischer Sylvester-Almanach oder Auswahl aus den Arbeitsfrüchten der g. u. v. ☐. zu den drei Schwerdtern und wahren Freunden im Or. von Dresden. [Hrsg. von Karl Ferd. Menke.] Sylvester-Abend 1815. Spende 1. [Dresden 1815]: Meinhold. XVI, 174 S. 8⁰
Kl. 47. Mehr nicht erschienen?

Sylvesterblatt des Punsch. 1872. 4 Stn. fol. Zürich. —. 20

Sylvester-Feier 31. Dez. 1854. Berlin 1854. V: *Fischer, Robert.* (wolfstieg II, 852)

Loge Apollo. **Sylvester-Feier 1864.** [Leipzig 1864: Polz.] 2 Bl. 8⁰ [Kopftit.]
Tt. 2613. 5 Lieder ohne Noten, davon 2 von O. Marbach, 2 von M. Zille.

Sylvesterfeier, zur. Leipzig. Bär u. Hermann.) ca. 1865. 8. 2 Bl.
Fünf Lieder.

Loge Apollo. **Sylvester-Feier** 1868. [Leipzig 1868: Polz.] 2 Bl. 8⁰ [Kopftit.]
6 Lieder ohne Noten, von E. Anschütz, O. Marbach u. a.

Loge Apollo. **Sylvester-Feier 1896.** [Leipzig 1896.] 4 Bl. 8⁰ [Umschlagtit.]
6 Lieder ohne Noten.

Loge Apollo. **Sylvester-Feier 1898.** Tafelloge. [Leipzig 1898.] 5 Bl. 8⁰ [Umschlagtit.]

Loge Apollo. **Sylvester-Feier 1900.** Tafelloge. [Leipzig 1900: Gröber.] 6 Bl. 8⁰ [Umschlagtit.]
8 Lieder ohne Noten.

[Dasselbe.] Ebendas. 1902. 5 Bl. 8⁰
7 Lieder ohne Noten.

Sylvestergedanken. S'-G' eines unabhängigen Staatsbürgers. Zürich 1867 sa[Pestalozzi-Wiser, Rudolf].

Sylvestergedanken eines unabhängigen Staatsbürgers; ein Beitrag zur zürcherischen Culturgeschichte vom Jahr 1867. Zürich 1867. V: *Pestalozzi-Wiser, Rudolph.* (Cat. d. Stadtbibl. Zürich. Zürich 1864—97.)

Sylvester-Gedanken eines unabhängigen Staatsbürgers. Ein Beitrag zur zürcherischen Culturgeschichte vom Jahre 1867. 1. u. 2. Aufl. Zürich 867. Schabelitz'sche Buchh. 8. (11 S.) 3 ngr.

Sylvesterlied bei der Damenhuldigung auf dem Clubb zu Helmstädt den 21. Dec. 1819. V: *Helmuth, Friedrich Wilhelm.* (Bresl 31, S. 214)

Sylvesternacht, die, Fragment aus ein. Manuscript; nebst ein. Dampfbadsrede, ein. Festrede f. Juristen u. d. Dr. Ortolanus Wasserrede f. d. Völker Europa's. gr. 8. (2½ B.) Leipzig 836, Pönicke u. Sohn.

Sylvesternacht, e., auf dem Mississippi, s.: Familien-Bibliothek.

Sylvesternacht-Farbendruck-Wandkalender, 1882, 1 fl
Prag: Ignaz Fuchs 1881.

„**Sylvesternacht**" Farbendruck-Wandkalender pro 1883. 80 kr. — Derselbe auch böhmisch 80 kr. Prag: Fuchs 1882.

[Sylvesterrede.] (Als Hs.) [Unterz.:] A. [Dat.·.] Görliz [!] 1809. 6 Bl. 8⁰ [Kopftit.]
In Versen. Üb. Freude u. Schmerz: „Zwei Genien hat der Vater dem Leben, . . ."

Sylvester- u. Neujahrs-Scherz in Art des Kladderadatsch. Verlag von A. Hofmann u. Comp. 2 Bl. Fol.
Flugblatt. Berlin. 1848/49.

SYLVESTERSCHERZE in Bildern. Stärkungsmittel für angehende junge Herren und abgehende alte Bauern. Hrsg. vom Reichsschweinigel. O. O. u. J. (187*). 12⁰. 5 Bll. (1 Rthl. Scheible, vor 1885; jetzt theurer!) Schwerlich noch aufzutreiben.

Sylvestertag, Der, ein Vorschlag zur Güte. [Halberstadt 1798.] V: *Fischer, Gottlob Nathanael.* (ML)

BRAUNSCHWEIG. — Sylvester-Zeitung, Braunschweiger, vom 1. Januar 1890. Druck und Verlag von A. Vogel & Co., **Braunschweig.**
In Oesterreich verboten.

Sylvester- u. Januar-Zeitung des Kladderadatsch. 1 lith. B. in Imp.-Fol. Berlin 849, Hofmann & Co. n. 1/6 ₰

Sylvester-Zeitung des Kladderadatsch. 1848. Verlag von A. Hofmann u. Co. 1 Bl. Fol.
Flugblatt. Berlin, 1848/49.

Sylvester-Zeitung, lustige. Red.: A. Retemeyer. Fol. (4 S.) Berlin 896. O. Dreyer. —10

Sylvester- und Neujahrs-Zeitung in Art des Kladderadatsch. 1852—55. Redakt.: E. Dohm. gr. 4. (à Jahrg. 8 S. mit eingedr. Holzschn.) Berlin, Hofmann und Comp. à Jahrg. *

Sylvester- u. Neujahrs-Zeitung des Kladderadatsch. 1 Bog. in gr. Fol. m. eingedr. Holzschn. Berlin 852, Hofmann & Co. n. 1/6 ₰

Sylvester- und Neujahrs-Zeitung des Kladderadatsch. 1859. Red.: E. Dohm. Berlin, Hofmann & Co gr. 4. (8 S. m. Holzschn.) n. 5 ngr

Sylvester-Zeitung der heiteren Welt. Berlin 863. J. Abelsdorff. gr. 4. (4 S. m. Holzschn.) 2½ ngr

Sylvestre, Armand, und Morand, Eugène. Griselidis. Lyrische Oper in drei Akten mit einem Vorspiel von Armand Sylvestre und Eugen Morand. Musik von M. [Jules] Massenet. Deutsch von Alex[ander] Ehrenfeld. [Text.] Im Selbstverlag des Zürcher Stadttheaters. II + 52 S. 8. Zürich, Buchdr. Jean Frey, 1903. [fr. —.70]

SYLVESTRE, Jules, Interessante Enthüllungen aus dem Leben u. Treiben der gefeiertsten Schönheiten aller Zeiten u. Länder. Mit 14 (Hlzsch.-)Portraits. Erste Aufl.

Die wärmsten Stuben werden kalt,
Die schönsten Mädchen werden alt,
O Eitelkeit! o Eitelkeit!

Verlag: Henry Fellinger-Smith. London u. Berlin (c. 1880?). Gr. 8⁰. (1 Mk. 50 Pfg. Adolf Weigel, 1893; 2 Mk. J. Taussig, Prag, c. 1902; jetzt höher!)
101 (incl. Tit.) S. (sämmtl. in brauner Linien-Einf.).

Sylvestri, Com. Cam. de, chronologia in III part. divisa ex Ital. versa. 4. Amsterdam. (F. C. W. Vogel, Lipsiae.) 729.

SYLVIA oder die Braut ohne Bräutigam. Ein Schäferspiel in 5 Abhandlungen (Akten). Frankfurt und Leipzig 1743. 8⁰. Selten! (In Stuttgart.)
W. v. Maltzahn III. p. 533, Goedeke IV, 80, 41.

— od. die Bauerleiche. Prosaische Oper, a. d. Engl. des Lillo. 8. Rothenb. Hermbstädt. (Linke in Lpz.) 776.

Sylvia, der Traum des Madonnenmalers. Klostersuppe. Geheilter Argwohn. Drei Erzählgn. (184 S.) kl. 8. Luzern 910. Räber & Co. 1.50; geb. 2.50

— Gertrud v. Wart. Erzählung. (79 S.) kl. 8. Ebd. 908. —80; geb. in Halbleinw. 1.25

Sylvie u. Moleshof, a. d. Franz. d. Dorat. 8. Frkf. Andreä. 770.

Sylvino, Nicolao, auf Tod u. Leben, s. a. Bibliothek, illustrierte, der Reisen u. Abenteuer. 24. Bd.

Auf Tod und Leben. Eine Erzählung aus d. Trapperleben d. wilden Westens von Nicolao **Sylvino.** Berlin: E. Freyhoff [1905]. (116 S.) 8° [F.]
= **Bibliothek,** Illustrierte, d. Reisen u. Abenteuer. Bd 24. [06. 9376

Sylvio, Don, v. Rosalva Abentheuer, von C. M. Wieland, 2 Theile, neue Aufl. mit Kupf. 8. Leipzig, 772. Weidmanns. Holländisch-Pap. 1 Rthl. Dasselbe Buch ordinair Papier 20 sgl.

Sylvius; ein Jagdgedicht. Weimar [1779]. V: *Rochow, Friedrich Eberhard von.* (MGT)

Sylvius, Dr. ..., Evangelium und Kirche. Eine kathol. Protestation gegen den Protestantismus, der sich „Kirche" nennt. gr. 8. Regensburg 843, Manz. 11/12 ₰

Sylvius, über die Zukunft der Kirche in Oesterreich. Briefe. gr. 8. (132 S.) Regensburg 848, Manz. 1/2 ₰

Sylvius, Äneas. Traktat üb. die Erziehung der Kinder, s. Bibliothek der kathol. Pädagogik II. Bd.

Sylvius, Aeneas, de viris illustribus, siehe: Bibliothek des literarischen Vereins in Stuttgart. 1. Thl.

Franciscus de le Boë **Sylvius.** De Pthisi. Neu hrsg. u. z. erstenmal in d. Deutsche übers. von Dr. Oskar Seyffert, Stabsarzt a. D. Berlin: J. Springer 1907. (IV, 89 S.) 8° [07. 9620

Sylvius, Zacharias (Ed.):

s.: Platearius, Johannes: Schola Salernitana sive de conservanda valetudine praecepta metrica. Cum luculenta...Arnaldi de Villanova in singula capita exegesi. Nova editio. Augustae Vindelicorum: 1753

JB 6.553

Symann, Ernst: Die Politischen Kirchspielsgemeinden des Oberstifts Münster. Eine verfassungs- u. verwaltungsgeschichtl. Studie. Münster i. W.: Coppenrath 1909. VIII, 49 S. 8° ¶ (Ersch. vollst. als: Münstersche Beiträge z. Geschichtsforschung. N. F. 20.)
Münster, Phil. Diss. v. 13. Nov. 1909, Ref. Meister
[Geb. 29. Febr. 72 Gelsenkirchen; Wohnort: Münster i. W.; Staatsangeh.: Preußen; Vorbildung: Gymn. Warburg Reife O. 94; Studium: Jura Bonn 1, München 2, Leipzig 1, Göttingen 3, Phil. Münster 7 S.; Rig. 7. Aug. 09.] [U 10. 3806

Symanski, Johann Daniel

Symanski, J. D., Blüthen auf den Denkstein d. Vaterlandsliebe niedergelegt. gr. 8. Berl. 817. Maurers B. 1 ₰

— — Ernst, Scherz und Laune. Ebd., bei L. Oehmigke, 1838. 8⁰. 79 S. (2 Mk., Expl. im Orig.-Umschl., der Vorige; 2 Mk. E. Frensdorff, 1908.)

Symanski, J. D., Ernst, Scherz u. Laune. (Gedichte.) 8. (5 B.) Berlin 839, Heymann.

– s. F r e i m ü t h i g e , Der, für Deutschland.

[G e d i c h t.] **Zur Feier des funfzigjährigen Stiftungsfestes der Loge zum flammenden Stern im Or. von Berlin.** Vom Br. J[oh.] D[aniel] **Symanski.** Am 5ten Tage des Märzmonats 1820. [Berlin 1820.] 2 Bl. 8⁰ [Umschlagtit.]
„Als Prometheus' mächt'ge Flamme . . ."

Symanski, Joh. Daniel: C a n t a t e zur Feier d. Einweihung d. neuen Tempels der Gr. Nat.-Mutterloge zu den 3 Weltkugeln ..., s. G ä h r i c h , Wenzel.

Symanski, Joh. Daniel: C a n t a t e zur St. Joh.- u. Stiftungsfeier in der Gr. Nat.-Mutterloge ... Zu den 3 Weltkugeln, s. G ä h r i c h , Wenzel.

C a n t a t e zum 50jährigen Stiftungs-Feste der Loge zum flammenden Stern. Berlin, den 5ten März 1820. [Am Ende:] Gedichtet vom Br. J[oh.] D[aniel] S y m a n s k i, in Musik gesetzt vom Br. A. **Schneider.** [Berlin 1820: Büxenstein.] 4 Bl. 8⁰ [Umschlagtit.]
Ohne Noten: „Tief verhüllt vom dichten Schleier . . ."

– s. L e u c h t e , Die.

[L i e d.] Dem vorsitzenden Meister. [Unterz.:] J[oh.] D[an.] **Symanski.** [Berlin] o. J. 1 Bl. 8⁰ [Kopftit.]
Ohne Noten: „Was mächtig sich im Busen regt, . . ."

L i e d e r t a f e l für Maurer. Hrsg. von J[oh.] D[aniel] **Symanski.** Berlin: Rücker 1827. VIII, 172 S. 8⁰
Kl. 1704. Die Melodien hierzu von A. N e i t h a r d t erschienen besonders. 23. KB.

– s. M a r i e n b u r g , Die Sankt, und setze hinzu: (v. J. D. Symanski).

M n e m o s y n o n von J[oh.] D[aniel] **Symanski.** Berlin: Oehmigke 1837. 316 S. 1 Bildn. 8⁰ [Kupfertit.]
[D a s s e l b e.] Berlin: Heymann 1839. 316 S. 1 Bildn. 8⁰
Tt. 2379. Gedichtsammlung, darunter auch frmrische Gedichte.
1837 in 23. 25; 1839 in 215.

— Schriftproben. gr. 8. Berl. 816. Maurers B. 4 K

– s. S e l a m oder die Sprache der Blumen.

– s.a. T u g e n d s p i e g e l für die Jugend.

— Tugendspiegel für die Jugend. 2e Ausg. mit 12 Kupf. 8. Berlin 827, Rücker.

SYMANSKI, J. D. *Tugendspiegel* für die Jugend von J. D. Symanski. Zweite mit 12 Kupfern versehene Ausgabe. Berlin, Aug. Rücker [c. 1840]. VI, 314 S., gestochener Titel und 10 (statt 12) handkolor. Kupfer. Kl.-8⁰. Neuerer Halbleinenbd. 25.—
Erzählungen u. Gedichte v. Goethe, Schiller, Uz, Voß, Gryphius, Herder, Tiedge, Bürger, Basedow, Lavater etc. Bibliotheksstempel der Prinzessin Maria zu Anhalt a. d. Titel. Teilweise fleckig.

REGIOMONTANUS, Carl (d. i. *Johann Daniel Symanski*), V e r i r r u n g e n. E i n B r u c h s t ü c k a u s d e m e h e l i c h e n L e b e n d e s G r a f e n v o n B l u m d o r f. Eichstädt 1824. 8⁰. Selten! (4 Mk. H. Streisand, Berlin, 1906.)

— — der Zuschauer ꝛc. s. Zuschauer.

Symanski, Walther [Arzt]: Nr. 21. Aus d. anatom. Institut zu Königsberg i. Pr. Über den Austritt der Wurzelfasern des Nervus oculomotorius aus dem Gehirn beim Menschen und einigen Säugetieren ... M. e. lithogr. Taf. ... Königsberg i. Pr., Hartungsche Buchdr., *1896;* 2 Bl., 65 S., 1 Bl., 1 Taf. 8.
Königsberg, Med. Fak., Inaug.-Diss. v. 29. Juli 1896

Symanski, Walth., üb. d. Austritt d. Wurzelfasern d. Nervus oculomotorius aus dem Gehirn beim Menschen u. ein. Säugetieren. Diss. gr. 8. (66 S. m. 1 Taf.) Königsberg 896. (W. Koch.) n. 1. 40

Symbanta, Tou neou Robinson: συντεθέντα μὲν εἰς Γερμανικὸν ἰδίωμα . . . Βιέννῃ 1792. V: *Campe, Johann Heinrich.* Ü: *Belius, Konstantinus.* (BrMm)

Symbola doctorum ienensis gymnasii in honorem gymnasii isenacensis collecta, ed. G. R i c h t e r. 4. Jena 894. (G. Neuenhahn.) n. 2. 50
De corruptis quibusdam Senecae tragoediarum locis disputavit Gust. R i c h t e r. — Eränica v. Eug. W i l h e l m. — Ein Fragment des Origenes. (Philokalia, Cap. XV, 19 = p. 84,15 – 86,3 ed. Robinson.) Von Paul K o e t s c h a u. — Linguistisch-historisches v. Otto S c h r a d e r. — Christian Thomasius als Gast in Erhard Weigels Schule zu Jena. Ein Beitrag zur Geschichte der Pädagogik im 17. Jahrh. Von Alfr. R a u s c h. (IV, 70 S.)

Die drey ökumenischen **Symbola,** die Augsburgische Confession und die repetitio confessionis Augustanae. Hrgg. v. A u g u s t T w e s t e n. Kiel. 1816. 8°

Symbola exegetico-critica ad librum ecclesiastis. Francof. a. O. 1811. V: *Middeldorpf, Heinrich.* (schr)

Symbola, philologorum Bonnensium in honorem Friderici Ritschelii collecta. 2 Fasc. Leipzig 864,67. Teubner. Lex.-8. (VII u. S. 1—454, IX u. S. 455—860.) Jeder Fasc. n. 3 ₰

Symbola Renati. Eine Lebens-Erinnerung. 2. Aufl. Berlin 1870. 3. Aufl. Bielefeld 1872. V: *Cassel, Paul.* (Ky)

Symbola Renati. Eine Lebens-Erinnerung (von Paulus Cassel). 2. Aufl. 1870. * 80 Pf., und 3. Aufl. 16. (XVI, 72 S.) Berlin 872, Heinersdorff. [Bielefeld, Gülker und Comp.] *

Symbolae A n t i l l a n a e s. fundamenta florae Indiae occidentalis ed. Ignatius Urban. Vol. I, Fasc. 1. 2. Berolini: Fratres Borntraeger 1898. 99. 8⁰

Symbolae Bethmanno-Hollwegio oblatae die XII. Sept. 1868 donum dederunt Beseler, Brunsius, Homeyer, Mommsenus, Rudorffius, Berolinenses. hoch 4. (127 S. mit 1 Stnt.) Berlin 868, Weidmann'sche Buchh.
Inhalt:
Beseler, G., der Neubruch nach dem älteren deutschen Rechte. — Bruns, G., zur Geschichte der Cession. — Homeyer, G., die Loosstäbchen, ein Nachtrag zu „dem germanischen Loosen 1853". — Mommsen, Th., ad capita duo Gelliana. — Rudorff, A. F., ad legum saecularium Constantini capita iudiciaria.

Symbolae criticae in quaedam loca Platonis et Horatii. Dorpati 1821. V: *Morgenstern, Carl.* (Hoff)

Symbolae Haganae. — S. Barkey.

— ad interpretationem S. Codicis (a G. B. Funck). II Partes. 8. Kopenh. 768, 69. (Schubothe). 8 ℛ

Symbolae Joachimicae. Festschrift des königl. Joachimsthalschen Gymnasiums. Aus Anlass der Verlegung der Anstalt veröffentlicht von dem Lehrer-Collegium des königl. Joachimsthalschen Gymnasiums. 1. Teil. gr. 8. (V, 329 S.) Berlin 880. Weidmann. n. 7. —

— dasselbe. 2. Tl. gr. 8. (V, 336 S. m. 3 Taf.) Ebend. 880. n. 8. —

Symbolae ad Luciani Samosatensis de morte Peregrini libellum rectius aestimandum . . . Thorun 1789. V: *Germar, Joh. Carl Siegfr.* (Hoff)

— literariae. Brem. 744-49. 3 Tom. 8. 2 rthl. 4 gr.

— — Collectio nova. Hal. 754. 8. 8 gr.

Symbolae Litterariae. Opuscula varia philologica scientifica antiquaria Signa, Lapides, Numismata, Gemmas et Monumenta medii aevi nunc primum edita complectentes. Decadis secundae Vol. 1 — 10. adjectis tabulis aere incisis. 8maj. Romae. 751 — 754. (Viennae, Volke.)

Symbolae literariae. Edid. publ. gymnasior. Doctores societ. conjuncti. I—III. 8maj. (11¼, 12⅛ u. 12¼ B.) Amstelodami 837—39, van der Vinne. (Lipsiae libr. Weidmann; T. O. Weigel.) à *

Symbolae literariae. Edidere publici gymnasiorum doctores societate conjuncti. IV. 8maj. (14 B.) Amstelodami 840, Sulpke et Diederichs fratres. (Lipsiae, libr. Weidmann.) *
I—III. Ibid. 1837—39. à * 1 Thlr. 17½ Ngr.

—— literariae. Edidit Doctorum in Gymnasiis Batavis societas. VI. Curarunt, mandatu societatis Ger. Dornseiffen, Arn. Ekker, Alb. de Jongh. 8maj. (8½ B. u. 1 Taf.) Trajecti ad Rhenum 845. (Leipzig, T. O. Weigel.) *

Symbolae literariae. Edidit doctorum in gymnasiis Batavis societas. Curarunt, mandatu societatis, Ger. Dornseiffen, Arn. Ekker, Albert. de Jongh. (Fasc.) VII. 8maj. (162 S.) Trajecti ad Rh. 845. (Amisfurti, Taats fratres.) *

—— id. — (Fasc.) VIII. 8maj. (206 S.) Ibid. 846. *
(Fasc.) I—IV. et VI. Ibid. 1837—40. à * 1 Thlr. 17½ Ngr.

Symbolae literariae duisburgenses, vide Museum Duisburgense.

Symbolae literariae Duisburgenses; Museum Duisburgense construct. a Jh. Pt. Berg. II Tomi in IV Ptes. 8. Haag u. Duisb. 782—86. 2 ℔ 16 ℛ

— litterariae Haganae ad incrementum scientiarum omne genus a variis amice collatae c. Nicol. Barkey. Class. I. Fasc. I. 8. Haag 779. Comitt. (Erschien an der Stelle des Museum Haganum.)

Symbolae literariae ad incrementum scientiarum omne genus . . . Bremae 1744—49. H: *Iken, Conrad.* (Barbier) (Ebert) (BrMm)

— — ad incrementum scientiarum omne genus. III Tmi. 8. Bremen; Rump. (Compt. f. Literatur in Leipz.) 747.

Symbolarum literariarum ad incrementum scientiarum omne genus collect. altera. 8. Halle 754. (Hannov., Hahn). 18 ℛ

Symbolae ad illustranda nonnulla ex iis N. T. locis, quae de παρουσίᾳ Christi agunt. Tub. 1808. V: *Flatt, Chn Friedrich.* (Winer)

Symbolae, novae, Joachimicae. Festschrift des königl. Joachimsthalschen Gymnasiums aus Anlass d. 300jähr. Jubiläums der Anstalt, veröffentlicht von d. Lehrer-Kollegium des kgl. Joachimsthalschen Gymnasiums. (280 S. m. Fig. u. 3 Taf.) gr. 8. Halle 907. Buchh. d. Waisenhauses. 5. —

—— physicae seu icones et descriptiones Insectorum, quae ex itinere per Africam borealem et Asiam occidentalem Frid. Guil. Hemprich et Chr. Godofr. Ehrenberg studio novae aut illustratae redierunt. Percensuit Fr. Klug. Regis jussu et impensis ed. C. G. Ehrenberg. Decas V. Imp.-Fol. (10½ B. u. 10 ill. Kpfrt.) Berolini 845, G. Reimer. *
Decas I—IV. Ibid. 1828—34. à * 11 Thlr. 15 Ngr.

Symbolae physicae etc., Fortsetzung, s.: Hemprich, Frider. Guilelm., et Chrn. Godofr. Ehrenberg.

Symbolae Pragenses. Festgabe der deutschen Gesellschaft f. Alterthumskunde in Prag zur 42. Versammlg. deutscher Philologen u. Schulmänner in Wien 1893. Gedr. m. Unterstützg. der Gesellschaft zur Förderg. deutscher Wissenschaft, Kunst u. Literatur in Böhmen. Lex.-8. (222 S. m. 2 Taf.) Wien u. Prag 893. F. Tempsky. — Leipzig, G. Freytag. n. 8. —

—— syriacae, s. Anecdota syriaca.

Symbole, die, d. Bibel u. der Kirche. gr. 8. (92 S.) Leipzig 898. W. Friedrich. n. 2. —

Drey ökumenischen Symbole, die, die Augsburgische Confession und die Repetitio Confessionis Augustanæ, herausgeg. von Aug. [Detl. Chr.] Twesten. Kiel. 1816.

Symbole, die, der Freimaurer. Von O. G. (73 S.) 8. Leipzig (909). Jaeger's Verl. 1.50

Symbole der alten Kirche, ausgewählt von Hans Lietzmann, s.a. Texte, kleine, f. theologische Vorlesungen u. Uebungen.

Symbole der alten Kirche, ausgewählt von Lic. Hans Lietzmann, Prof. in Jena. Bonn: A. Marcus & E. Weber 1906. (32 S.) 8°
= Texte, Kleine, f. theolog. Vorlesungen u. Übungen. 17/18. [07. 3901

Symbole, die kirchlichen, u. ihre Lehre. 8. (60 S.) Berlin 874. (Goetz'sche Buchh.) n. 1 —

Symbolen, üb. die, der kathol. Kirche, (v. Wlh. Bausch). 8. Regensb. 785.

Symbolik, die, der Blumen, Selam, oder die oriental. u. die deutsche Blumensprache. 1. u. 2. Aufl. Leipzig 868,70. Matthes. 32. (XIV, 50 S.) cart. n. 5 ngr.

Die Symbolik des Illuminaten-Ordens. o. O. u. J. 16 S. 8°. [Umschlagtit.]

Symbolik durch Kränze u. Kronen. Ueberbleibsel eines Wörterbuchs der Bildersprache. Unterhaltend f. Jedermann, aber unentbehrl. für bildende Künstler, (v. J. A. Breysig). gr. 8. Berl. 809. (Nauck). 12 gr Hbg. Pr. 6 gr

Symbolik durch Kränze u. Kronen, Ueberbleibsel d. in Königsberg als Manuscr. mit d. neuen Schauspielhause verbrannt. Wörterb. d. Bildersprache. gr. 8. Berlin, Weiß. (Fink.) 809.

Holl. Pap.

Symbol-Katechismus für Haus und Schule. Ein Unterricht über die Bekenntnißschriften oder Symbole der evangelisch-luther. Kirche in Fragen und Antworten. 1. Aufl. 1860. und 2. Aufl. 8. (48 S.) Stuttgart 861, Belser'sche Verlagsh.

Symbolographia funebris ad insignia L. Lásszló Báro Ebergényi, campo mareschalli. fol. Viennae, s. a. (1724.)

Symbolstreit, der kurhessische. 2 Abthln. gr. 8. Marburg, Elwert's Univ.-Buchh. à ⅓ Thlr.

Abthl. 1. Schriften v. A. F. C. Vilmar, Chr. Fr. Kling u. Joh. Ludw. Ertel. (8¼ B.) (839) 840.
" 2. Schriften v. Herm. Hupfeld u. Jul. Martin. (11 B.) 840.

Symbolum apostolicum, das, u. ein Wort an seine Gegner. Eine Stimme aus der Gemeinde im März 1844. gr. 8. (¾ B.) Leipzig, Gebhardt u. Reisland.

Symbolum S. Joannis Evangelistae Aquila... Viennae 1716. V: *Winter, Thomas.* (Jes)

Symbolzwang, kein, u. nur das Schriftwort; od.: Würdigung d. geg. d. Erklär. d. Pfarrer d. dortmunder Kreis-Synode erschien. Schriften, von ein. Mitgliede d. dortmunder Kreis-Synode. gr. 8. (10 B.) Dortmund 838, Krüger.

Syme, James

Syme, J., Abhandlung üb. d. Ausschneidung krankhaft. Gelenke, s. a. Hand-Bibliothek, chirurg., 14. Bd.

Syme, James: Abhandlung über die Ausschneidung krankhafter Gelenke. (Treatise on the excision of diseased joints. Dt.) 106 S., gbd., 2 Taf.

Weimar: Landes-Industrie-Comptoir 1832

JB 3.418

Syme, James, über Harnröhrenverengerung und Dammfistel. Aus dem Engl. übers. von Schröder. gr. 8. (VIII und 67 S.) Leipzig 851, Kollmann.

Syme, James, über die Krankheiten des Mastdarms, aus dem Engl Besonders abgedruckt aus den Analekten für Chirurgie von Prof. Blasius und Dr. Moser. gr. 8. Berlin 839. Heymann. 5/12 ℛ

Symens, Hermann: Ueber den Einfluss der Folia digitalis und des Pyramidons auf den Leukocytengehalt des Bluts und deren Anwendung bei Pneumonie. *Würzburg 1897: Becker.* (30 S.) 8°
Würzburg, Med. Diss. v. 1897

Symens, Paul, approb. Arzt aus Pewsum: Ueber einen Fall von diffuser beiderseitiger Mammahypertrophie. *Göttingen 1901: Dieterich.* (28 S.) 8°
Göttingen, Med. Diss. v. [15. Juli] 1901

Symens, Paul, über e. Fall von diffuser beiderseitiger Mammahypertrophie. Diss. gr. 8. (28 S. m. 1 Taf.) Göttingen 901. (Vandenhoeck & Ruprecht.) n. 1.—

Symersky, Jos., die Verehelichung der Stellungspflichtigen u. der Militärpersonen. Eine Zusammenstellg. u. Erläuterg. der diesbezügl. Gesetze u. Verordngn. gr. 8. (188 S.) Olmütz 874. (Grosse.) n.n. 2. 40

Symes, Gesandtschaftsreise nach dem Königr. Ava, Pegu, Arracan rc.; aus d. Engl. mit Anmerkk. von J. Hager. gr. 8. Hamb. 800. (Campe). 2 ℛ 12 gr (s. auch Geschichte der See- u. Landreisen, 13r Bd.)

—Dass. aus d. Engl. v. Sprengel, s. Bibliothek d. neuesten u. wichtigst. Reisebeschreibb. 4r Bd. gr. 8. Weimar.

— — dasselbe aus dem Engl. im Auszuge v. M. C. Sprengel, (a. d. 4ten Thl. d. Bibl. d. Reisebeschr. abgedr.) gr. 8. Weimar, Land. Ind. Compt. 801.

Symes, Michael: Nachricht von der brittischen Gesandtschaft nach dem Königreiche Ava im Jahre 1795. Aus dem Englischen auszugsweise übersetzt und mit Anmerkungen versehen von M. C. Sprengel.
in: Bibliothek der neuesten und wichtigsten Reisebeschreibungen. Bd. 4. Weimar 1801. XXX, 239 S., 1 Krt. 8°.

Symes, Michael: Reise des brittischen Gesandten Herrn Michael Symes nach dem Königreiche Ava im Jahre 1795. Aus dem Englischen auszugsweise übersetzt . . . von M. C. Sprengel. Weimar 1801. [= BR. 4. Band.]

Symes-Thompson, E. Süd-Afrika als klimatischer Winteraufenthalt, s. Fuller, Arth.

Symmachus, Quintus Aurelius

—octo orationum Fragmenta, an B. G. Niebuhr's Ausg. d. Fronto.

Symmachi, Q. Aur. V. C., octo orationum ineditarum partes, cum vetere anonymi Oratoris fragmento, et Pliniani Panegyrici variis aliquot lectionibus. Accedunt Editoris Angeli Maji notae, et dissertatio de Symmacho et codicis specimen. I Vol. 8maj. Mediolani. 815. (Viennae, Volke.)

Symmachi, Q. Aur., octo orationum ineditarum partes, cum vetere anonymi oratoris fragmento, et Pliniani Panegyrici variis aliquot lectionibus. Acced. additamenta quaedam ad exemplar Mediolanense. 8maj. Frkf. a. M. 816. Hermann. 14 gr Hbg. Pr. 6 gr

Symmachi, Q. A., quas supersunt, s.: Monumenta Germaniae historica.

Symmachi, Q. Aurelii, relationes. Recensuit Guil Meyer. gr. 8. (IV, 60 S.) Leipzig 872. Teubner. n. 1. 60

Symmachus, s.a. Zum 25 jährigen Papstjubiläum Leo XIII.

Symmachus, Zum 25 jährigen Papstjubiläum Leo's XIII. (48 S.) Warnsdorf: Opitz 1903. K —.10

Συμμικτα Ἱστορίας ἐκκλησιαστικης ὑπο τινος ὀρθοδοξου Ανωνυμου κατα το **1805** *συγγραφεντα*. **8. Leipz. 806. (Serig). 8 gr**

SYMON, Franz von (Zitomir/Polen): De origine docetismi. (Titel nach der Urkunde.) 16.7.1864 - Urk; P 44
Diss. Ingolst.-Landsh.-Mchn.

Symon, Frz. St.

— Anleitung zum Situations- oder Planzeichnen. II. Entworfen von Fr. v. Harscher, verm. u. mit erklär. Texte versehen von Symon. 2. Aufl. qu. Lex.-8. (12 Steindrucktaf. u. Text.) Ebend. 843. n. 1/2 ß

— Vorlagen zum Fortifikations-Zeichnen. qu. Lex.-8. (12 Steindrucktaf. u. Text.) Ebend. 843. 2/3 ß

Symon, Frz. St., Vorlagen zur praktisch-mathem. Zeichnungslehre. 1. Hft. qu. Lex.-8. (12 Steindrucktaf. u. Text.) München 843, Roller. 2/3 ß

Symonds, das konträre Geschlechtsgefühl, s.: Ellis, Havelock.

Symonds, J. A., Sketches in Italy, } s. Collection of
—— new Italian Sketches, } British Authors.

Symons, Arth., Dante Gabriel Rossetti, s. d. Kunst d. Gegenwart. II. 3.

Dante Gabriel Rossetti von Arthur **Symons**. Mit 29 Mattkunstdruckbild., 24 Reprod. in Tondr., 1 Grav. u. 1 Vierfarbentaf. Berlin: Verlagsanst. f. Lit. u. Kunst [1910]. 59 S. 2°
(Kunst d. Gegenwart. Samml. moderner Künstlermonographien. [12.]) ln. 1910

Symons, Barend

Symons, B., germanische Heldensage. 2., verb. Aufl. [Aus: „Paul's Grundr. d. german. Philol., 2. Aufl."] gr. 8. (VI, 138 S.) Strassburg 898. K. J. Trübner. n. 3.50

Symons, B., germanische Heldensage. Der 2. verb. Aufl. 2. Abdr. (VII, 138 S.) Lex.-8. Strassburg 905. K. J. Trübner. n. 3.50; geb. in Leinw. n. 4.50
Sonderabdr. a.: „Paul's Grundriss der german. Philologie".

Sijmons, B., s.: Lieder, die, der Edda.

Sijmons, B., die Lieder der Edda, s.: Handbibliothek, germanistische.

Symons, E., Die Sage von theban. Kreon in d. griech. Poesie. Diss. 1872. 97 S.

Symons, Ernst Zu Rückerts Verskunst. I. Die Behandlung des Reims. 31 S. **Progr.** Fr. Rg. *Berlin* 1876.

Symons, Fernand, La sculpture belge, s.: Hessling, Egon.

Symons, G. J., s.: Meteorologie, die moderne.

Symons, James William (Jersey)
Inaug. Diss. on the diseases of the urinary organs.
[lt. Dekanatsbuch nur handschriftlich eingereicht.]
Dr. med. Giessen 3.1.1843.

Symony, F., die Gletscher des Dachsteingebirges. Lex.-8. (36 S.) Wien 871, (Gerold's Sohn.) * — 50
Aus: Sitzungsberichte der k. Akademie der Wissenschaften, besonders abgedruckt.

Sympathia nebst P. Servii ausführl. Bedenken von der sogen. Waffen-Salben: oder von den Wunderwerken der Natur und Kunst. O. O. u. J. 8.

Sympathie, Die, oder der wiedergefundene Bräutigam. Wien 1777. 1781. V: *Geusau, Anton Ferd. Edl. von.* (Annalen. Wien 1804. Int.-Bl., Sp. 148) (Zeitschr. f. Büch. N. F. 15, 1923, S. 123)

Sympathie, die, oder der wiedergefundene Bräutigam. Mit Kpf. 8. Wien 781. (Leipz., Barth). 8 gr

SYMPATHIE, Die, oder der wiedergefundene Bräutigam. Eine Geschichte. Mit Kupf. Wien, Gerold, 1781. 8°. (1/3 Rthl.)
Korn's (Breslau) Geschichts- u. Romanen-Cat. 1798; Kayser p. 122. — Selten!

Sympathie, die, ein Universalmittel wider alle Teufeleyen. 8. Würzb.

Sympathie, Die, ein Universalmittel wider alle Teufeleyen, zum Behufe der neuen Philosophie und der alten Religion. Sterzingen in Tyrol 1775. V: *Gassner, Johann J.* (?) (BSchwLk V, 5, 1/1)

Die Sympathie, ein Universalmittel wider alle Teufeleyen, zum Behufe der neuen Philosophie u. der alten Religion. 1775. 157 S. 8° bey Wolf in Augsb. u. zum 2ten mal vermehrt bey ebendenselben. *Sterzingen in Tyrol 1775. 8°

Sympathiebüchlein od. die enthüllten natürlichen Zauberkräfte u. Geheimnisse der Natur. Eine Sammlung v. 338 erprobten sympathet. Mitteln gegen viele Krankheiten bei den Menschen u. Thieren. Von einem alten Schäfer. br. 8. (88 S.) Zürich 849, Köhlersche Buchdruckerei. 5/12 ß

Sympathien. O. O. 1756. 2. Aufl. Zürich 1758. Zürich 1774. 1779. V: *Wieland, Christoph Martin.* (Ky) (GGr)

Sympathien, (v. Cph. Mt. Wieland). 8. Zürich 758. Geßner. 4 gr

Sympathien. Schsp. v. Grafen v. Lehndorf. gr. 8. Danzig, Troschel. 794. — 12

Sympathien und Antipathien. Erzählung für die Frauenwelt von der Verf. der „Mädchenträume" zc. St. Gallen 865. Scheitlin & Zollikofer. 8. (VI, 204 S.) 27 ngr

Sympathien beym Grabe der Schweiz. Vom Verfasser der Reisen unter Sonne, Mond und Sternen. Erfurt 1804. 2. Aufl. 1804. V: *Schorch, Heinrich.* (Zeitschr. f. Büch. N. F. 15, 1923, S. 124)

Sympathien mit Joseph II. . . . [Linz] 1784. V: *Cremeri, Benedict Dominik Anton von.* (Feil)

Sympathien, die, des deutschen Volkes im ostasiatischen Kriege. (12 S.) gr. 8. Cassel 904. C. Vietor. n. — 30

Sympathies, les,. Essai dramat. p. Lehndorf Bandels. 8. Berl. W. Oehmigke. 793.

Sympher, A., s.: Berg- u. Hüttenwesen, das, des Oberharzes.

Sympher, Leo

Sympher, die wirthschaftl. Bedeutung der Kanalfrage, s.a. Zeitfragen, volkswirthschaftliche. 169.

Die wirthschaftliche Bedeutung der Kanalfrage. Vortrag geh. zu Berlin 1900 von Sympher, Reg.- u. Baurath. Berlin: L. Simion 1900. (36 S.) 8°
(Zeitfragen, Volkswirthschaftliche. H. 169.)

— die wirthschaftliche Bedeutung des Rhein-Elbe-Kanals. 2 Bde. Mit Genehmigg. des Hrn. Ministers der öffentl. Arbeiten als Privatarbeit veröffentlicht. Lex.-8. (VI, 154 u. III, 6, 3, 72, 17, 7, 31, 9, 6, 3, 5, 7 u. 10 S. m. 10 farb. Karten u. Plänen.) Berlin 899. F. Siemenroth. Kart. n. 20. —

Sympher: Der Dampfbetrieb auf künstlichen Wasserstrassen. Münster i.W. 1885.

Sympher, s.: Donau-Main-Kanalprojekt, das.

— Emscherthallinie u. Kanalisirung der Lippe. Im amtl. Auftrage bearb. gr. 8. (16 S. m. 1 farb. Karte.) Berlin 901. E. S. Mittler & Sohn. n. — 40

Internat. ständiger Verband d. Schiffahrt-Kongresse. Die neuen wasserwirtschaftlichen Gesetze in Preußen. Im Auftr. d. Preuß. Minist. d. öffentl. Arbeiten f. d. 10. Internat. Schiffahrt-Kongreß in Mailand zsgest. von Dr.-Ing. [Leo] **Sympher**, Geh. Oberbaurat. Berlin: W. Ernst & Sohn 1905. (108 S.) 8° [06. 989

Sympher. Karte des Verkehrs auf deutschen Wasserstrassen im Jahre 1885. Nach den Ergebnissen der Statistik d. Deutschen Reiches, nach Handelskammerberichten u. anderweiten Quellen auf Veranlassg. d. Central-Vereins f. Hebg. der deutschen Fluss- u. Kanalschiffahrt bearb. u. m. Unterstützung d. Hrn. Ministers der öffentlichen Arbeiten hrsg. 1 : 1,250,000. 4 Blatt. Lithogr. u. color. gr. Fol. Mit Erläutergn. gr. 8. (8 S.) Berl. 889, Berliner Lithogr. Institut. 6 —

Karte des Verkehrs auf deutschen Wasserstrassen im Jahre 1900. Nach d. Ergebnissen d. Statistik d. Deutschen Reiches, nach Handelskammerberichten u. anderweiten Quellen auf Anordnung d. Herrn Ministers d. öff. Arb. zsgest. von [Leo] **Sympher**, Geh. Baurath. Maassst. 1:1,250,000. [Mit 1 Nebenkarte]. *Berlin: Berl. Lith. Inst. 1902.* (4 Kartenbl. je 52 × 47 cm.) quer-gr. 2° [kol.] [03. 1781

Sympher und Maschke, Karte der deutschen Wasserstrassen unter besond. Berücksicht. der Tiefen- und Schleusenverhältnisse. Im Auftrage Sr. Exc. des Hrn. Ministers der öffentl. Arbeiten in Preussen hrsg. Unter Benutzung der Liebenow'schen Karte von Central-Europa nach amtl. Quellen bearb. 1 : 1,250,000. 4 Bl. Lithogr. und color. gr. Fol. Berlin 887, Berliner Lithogr. Institut. 7 50

—— —— u. Maschke. Karte d. deutschen Wasserstrassen unter besond. Berücksicht. d. Tiefen- u. Schleussenverhältnisse. Im Auftrage Sr. Exc. d. Hrn. Ministers d. öffentl. Arbeiten in Preussen hrsg. Unter Benutzg. d. Liebenow'schen Karte v. Central-Europa nach amtl. Quellen bearb. Lithogr. u. kolor. 1 : 1,250,000. (4 Bl.) gr. Fol. Ebd. 887. * 7 50
Auf Leinw. m. Stäben od. in Mappe * 12 —

Karte der deutschen Wasserstraßen unter besond. Berücks. d. Tiefen- u. Schleusen-Verhältnisse von [Leo] **Sympher** u. Maschke. Im Auftr. d. Herrn Minist. d. öff. Arb. nach amtl. Unterlagen bearb. von Sympher, Geh. Baurat. Maßst. 1:250,000. [Mit 3 Nebenkarten.] (Bl. 1–4.) 3. Aufl. *Berlin: Berl. Lith. Inst. 1903.* (4 Kartenbl. je 52 × 47 cm.) quer-gr. 2° [kol.] [03 11346

— d. Methoden d. statist. Erhebgn. bei Voranschlagg. des Güterverkehrs auf zu erbauenden Kanälen, s.: Rentzsch, H.

Sympher, der Nord-Ostsee-Canal, s.: Canäle.

Sympher, L.: Rhein-Weser-Kanal 1905. Die Garantieverpflichtungen der Provinzen und die anfangs vom Staat und von den Provinzen zu leistenden Zuschüsse. Berlin 1905. 99 S. 4°

Die Speisung des Rhein-Hannover-Kanals. Bearb. im Auftrage des Ministers der öffentlichen Arbeiten von L. Sympher und E. Block. Berlin, 1909. 56 S. mit 3 Taf.

Der Talsperrenbau in Deutschland von Dr.-Ing. [Leo] **Sympher**, Geh. Oberbaurat. Nach d. Festrede z. Schinkelfest d. Architekten-Ver. zu Berlin 1907. Mit 25 Textabb. Berlin: W. Ernst & Sohn 1907. (34 S.) 8°
Aus: Zentralblätter d. Bauverwaltung. [07. 13816

—— **Transportkosten auf Eisenbahnen und Kanälen. gr. 8. (V, 112 S. mit 1 Bl. Zeichnungen und mehreren in den Text gedr. Holzschn.) Berlin 885, Ernst und Korn.** *

Untersuchungen über den Schiffahrtsbetrieb auf dem Rhein-Weser-Kanal. Von Dr. Ing. [Leo] **Sympher**, Geh. Oberbaurat, Thiele, Reg. u. Baurat, Block, Maschinen-Bauinsp. Mit 13 Abb. u. 4 Taf. Berlin: W. Ernst & Sohn 1907. (88 S.) 4°(8°)
Aus: Zeitschrift f. Bauwesen. Jg. 1907. [07. 17870

Sympher. Der Verkehr auf deutschen Wasserstrassen in den J. 1875 u. 1885. Lex.-8. (25 S. m. 2 Karten.) Berl. 891, Ernst u. Sohn. * 1 60
Aus: Zeitschrift f. Bauwesen, besonders abgedruckt.

— wasserwirtschaftl. Vorarbeiten. Lex.-8. (IV, 103 S. m. 3 Fig. u. 5 lith. Taf.) Leipzig 901. W. Engelmann. n. 8. —

— die wasserwirthschaftliche Vorlage. Mit Benutzg. amtl. Unterlagen bearb. gr. 8. (IV, 148 S. m. 3 farb. Karten.) Berlin 901. E. S. Mittler & Sohn. n. 1. 50

— die Zunahme der Binnenschiffahrt in Deutschland von 1875—1895. (Mit 2 Karten in Farbendr. u. 1 Taf.) gr. 8. (16 S.) Berlin 899. F. Siemenroth. n. 2. —
Sonderabdruck aus: „Zeitschr. f. Binnenschiffahrt".

Symphonia. Sirenum selectarum in quatuor vocibus composita. [Coloniae] 17?? V: *Aler, Paul.* (Jes)

Symphonia. Fliegende Blätter für Musiker und Musikfreunde. Jahrg. 1863—67. à Jahrg. 11 Nrn. (à 1—1½ Bog.) hoch 4. Leipzig, Kahnt. Jahrg. 1863—65. à * 24 Ngr., 1866 und 1867. à 1 —

Symphonia. Fliegende Blätter für Musiker und Musikfreunde. Jahrg. 1868. 11 Nrn. (à 1—1½ Bog.) hoch 4. Leipzig, Kahnt. * 3 —

Symphonie, die, der Liebe, v. Xeros. 8. (V, 95 S.) Dresden 901. E. Pierson. n. 1. 50; geb. n. 2. 50

Symphonien, Beethovens, nach ihrem idealen Gehalt. Dresden 1854. 8°. V: *Elterlein, Ernst von.* (EB)

Die beliebtesten **Symphonien** und symphonischen Dichtungen des Konzertsaals v. ... nebst e. Einl. üb. d. Entwickelg u. Bedeutg dieser Kunstformen v. A. Pochhammer. *Frankfurt a. M.: H. Bechhold [1898].* (411 S.) 1 Bd 8. [98. 10518

Symphonien u. symphonischen Dichtungen, die beliebtesten, d. Konzertsaals v. E. Humperdinck, G. Erlanger, Glück, A. Hahn, J. Knorr, Müller-Reuter, A. Niggli, H. Riemann, B. Widmann, Witting, nebst e. Einleitg. üb. d. Entwickelg. u. Bedeutg. dieser Kunstformen v. A. Pochhammer. 8. (411 S.) Frankfurt a/M. 898. Stuttgart, J. Schmitt. Geb. in Leinw. n. 5.—

Symphonien u. symphon. Dichtungen, die beliebtesten, d. Konzertsaals von E. Humperdinck etc. 8. (411 S.) Frankfurt a. M. 898. Berlin, H. Seemann Nachf. Geb. n. 5.—

Richard Strauss Symphonien und Tondichtungen. Erl. von G[ustav] Brecher [u.a.], nebst e. Einl.: Richard Strauss' Leben u. Schaffen. Hrsg. von Herwarth Walden. Berlin: Schlesinger [1908]. (180 S.) 8⁰
(Meisterführer. No 6.)
(Schlesingersche Musik-Bibliothek.)

Symphonion-Musikwerke: Schatullen, Automaten, Sprech-Apparate, Orchestrions. 10. Aufl. (o. O.) 1904

Symphoremata, Adriani Gylmani, supplicationum pro processibus in supremo Camerae Imp. Auditorio impetrandis. Francof. 1601—3. N. A. 1630—33. H: *Gilhausen von Lich, Ludwig* [?]. (Fahnenberg, Lit. d. K. Reichskammerger. Wetzlar 1792. S. 55.)

Symposiast, der. Festzeitung u. Programm d. Kostüm-Festes d. Schriftstellervereins Symposion u. der Mitglieder der Genossenschaft deutscher Bühnenangehöriger d. Leipziger Stadttheaters am 8. März 1884 in den Gesammträumen d. Krystall-Palastes zu Leipzig. Fol. (10 S. m. eingedr. Illustr. u. Facsims.) Leipzig 884. Friedrich. — 50

MANFREDS geheime Symposien. Baltimore 1701 (i. e. 1870). Kl. 8⁰. 44 S. (In Wien, Stadtbibl.: Secr. A 118.) Höchst fades sotadisches Machwerk. (2/3 Rthlr. Scheible; 3 Mk. Bielefeld.)
— — Dasselbe. Rom und Paris, gedruckt auf Kosten guter Freunde. O. J. (187*). 12⁰. 70 S.
— — Dasselbe. Chicago. Gedruckt auf Kosten guter Freunde. O. J. (c. 1880). Breit-kl. 8⁰.
47 S. (incl. Tit.), 1 S. Verz. von 15 weiteren erot. Schriften.

Symposion. Ein Liederkranz für Freunde einer fröhlichen Tafel, von Spiritus Asper u. Nestorius. gr. 8. Altenb. 825, Lit. Compt.

— dasselbe, Mit Begleitung d. Pianoforte. qu. Fol. Ebd.

Symposion oder: Blätter für Ernst und Laune v. Der Erzähler (SG I).

Symposion, od.: Blätter f. Ernst u. Laune. I. Jahrg. 1835. 52 Nrn. (½ Bog.) gr. 4. St. Gallen 835, Huber u. Comp. *

Symposion

— Belletristische Halbmonatsschrift. Lyrik, Dramatik, Novelle, Kritik. Hrsg. von Herm. Kiehne. 1. Bd. Juli—Dezbr. 1901. 12 Nrn. 12. (à ca. 8 S.) Kiel. Nordhausen (Riemannstr. 13), Hermann Kiehne. 2.50

— dasselbe. 2. Bd. 1902. 24 Nrn. 12. (à ca. 8 S.) Ebd. 5.—

Symposion. Deutsche Serie I. 8. Prag (kgl. Weinberge Nr. 698), Symposion, Hugo Kosterka. 1.—
Die Thüren des Lebens. Ein Buch. Von Paul Leppin. Mit 1 Zeichng. v. Ferd. Krombholz. (55 S.) (902.)

Symposion, von der Würde der weibl. Natur u. Bestimmung, s. Mt. Chr. F. Bomhard.

Symposion von der Würde der weiblichen Natur und Bestimmung . . . Bamberg. 1815. 2. . . . Ausg. 1817. V: *Bomhard, Martin Christian Friedrich.* (MGT)

Symposion, von d. Würde d. weibl. Natur u. Bestimmung; deutschen Frauen und Jungfrauen gewidmet. 8. Bamb. Kunz. 815.

Belinp.

Synagoga Hamburgensis qualis sit et qualis sit constituenda, nec non de Rabbinis eorumque electione. Editio altera. — Die Synagoge zu Hamburg, wie sie war, ist und sein soll. Nebst einem Anhang über Rabbiner und Rabbinerwahl, von den Herausgebern. 2. Aufl. 8. (56 S.) Hamburg 854, Hoffmann und Campe.

Synagoge, die, eine jüdisch-religiöse Zeitschrift; zur Belehrung und Erbauung für Israeliten. In Verbindung mit vielen jüdischen Gelehrten herausg. von L. Adler. 1r Jahrg. 12 Hefte. gr. 8. Würzburg 838. Etlinger. n. 2 ₰ — 2r Jahrg. 6 Hfte. gr. 8. München 839. Fleischmann. n. 1 ₰

Synagoge, die, eine jüd.-relig. Zeitschr.; zur Belehr. u. Erbau. f. Israeliten. In Verbind. mit vielen jüd. Gelehrten hrsg. v. L. Adler. I. Jahrg. 6 Hfte. gr. 8. Würzburg 838. [Regensburg, Manz.] Thlr. *

—— dass., hrsg. v. dems. 2. Jahrg. 6 Hfte. gr. 8. (24 B.) München 839, Fleischmann. *

Synagoge f. Berlin, s.: Sammel-Mappe hervorragender Concurrenz-Entwürfe.

Synagoge, die deutsche, oder Ordnung des Gottesdienstes für die Sabbath- u. Festtage des ganzen Jahres; zum Gebrauche der Gemeinden, die sich der deutschen Gebete bedienen. Herausgeg. von E. Kley und C. S. Günsburg. 2 Theile. gr. 8. Berlin, Maurersche Bchh. 817 u. 818. (Ir 1 Thlr. 8 Gr. IIr 16 Gr.)

Synagoge, Die, zu Hamburg, wie sie war und wie sie sein soll . . . Kjöbenhavn [Hamburg] 1842. V: *Mendelssohn, Moses.* (Der Orient 1842. Nr. 29. S. 231.)

Synagoge, die, zu Hamburg, wie sie war und wie sie sein soll. Von einem alten Gemeindemitgliede. Lex.-8. Kjöbenhavn 842. (Hamburg, Berendsohn.) n. 1/6 ₰

Synagoge, die, zu Hamburg, wie sie war, ist und sein soll. Nebst einem Anhang über Rabbiner und Rabbinerwahl, von den Herausgebern. A. u. d. T.: Synagoga Hamburgensis qualis sit et qualis sit constituenda, nec non de Rabbinis eorumque electione. 2. Aufl. Hamburg 854. Hoffmann u. Campe. 8. (56 S.) 7½ ngr

— die, in Leipzig und ihre Einweihung am 10. Septbr. 1855. Leipzig, Weber. Fol. (4 S. m. Holzschn. im Text.) 2½ ngr

Synagogen-Blatt. Redig. von Lüpschütz. 1. Jahrg. April — Decbr. 1855. 20 Nrn. (Bog.) gr. 4. Schwerin 855, Oertzen und Schloepke. *

Synagogenbrand-Prozeß, der Neustettiner, vor den Geschworenen zu Cöslin u. Konitz. Eine genaue Darstellg. der Anklage, der Zeugenverhöre, der Vertheidigg. u. des Urtheils. 8. (46 S.) Stuttgart 884. Levy & Müller. n.n. — 50

Synagogengebete, die, zum Gebrauche beim Gottesdienst, in Auswahl geordnet und übersetzt von J. A. Francolm. 8. Grünberg 842, Levysohn. n. 5/6 ₰

Synagogengemeinde, die israelitische (Adass Jisroel) zu Berlin (1869—1904.) Ein Rückblick. (43 S.) 8. Berlin 904. L. Lamm. n. — 60

Die Israelitische **Synagogengemeinde** ⟨Adass Jisroel⟩ zu Berlin. ⟨1869–1904.⟩ Ein Rückblick. Berlin: Nathanson & Lamm 1904. (43 S.) 8° [F.] [05. 3177

Synagogen-Ordnung für die Synagogen des Großherzogth. Mecklenburg-Schwerin festgesetzt von d. Großherzogl. israelitischen Oberrath in Schwerin. gr. 8. Schwerin 843, Kürschner. (Berlin, Plahn'sche Buchh.) n. 1/4 ₰

Synagogen-Ordnung, Württembergische, s.: Gebete.

Synagoge-Ordnung der Gesellschaft der Brüder zu Breslau. Breslau 1829. V (Anm.): *Friedenthal, Marcus Beer.* (Nowack, Schles. Schriftst.-Lex. Breslau 1836—43. III, 32.)

v. **Synau**, Clara; Trspl. in 5 A. (von Chr. H. Nielsen). 8. Dorpat 797. Meinshausen in Riga. 12 ℊ

Synaxarium. as-Sinkisâri Synaxarium, das ist Heiligen-Kalender der Coptischen Christen. Aus dem Arabischen übersetzt von F. Wüstenfeld. Gotha 1879.

Synaxarium das ist Heiligen-Kalender der coptischen Christen. Aus dem Arab. übers. von F. Wüstenfeld. I. u. II. gr. 8. (X, 324 S.) Gotha 879. F. A. Perthes. à n. 3. —

Synaxarium Alexandrinum ed I. Forget, s. Corpus scriptorum christianorum orientalium. III, 18.

Synaxarium Alexandrinum [Synaxarium arabico-jacobiticum] ed. I[acobus] Forget. T. 1. Fasc. 1. Parisiis: C. Poussielgue; Lipsiae: O. Harrassowitz 1905. 8° = Corpus scriptorum christian. oriental. Script. arab. Ser. 3, T. 18. Fasc. 1. [05. 1138

Synaxes Xaverianae sive methodus decendialem devotionem piè obeundi . . . Hildesii 1731. V: *Lambertz, Johann.* (Jes)

Syncellus Georgicus et Nicephorus C. P. ex recens. Wlh. Dindorf. II Voll. 8maj. Bonn 829. Weber. 6 ₰ Schrbp. 8 ₰ Velinp. 9 ₰ 20 ℊ

Synchronismus vom Anfang der Welt bis ans Ende des Jahres 1791, in 2 Taf. Fol. Frkf. a. M. 792. Jäger. 4 ℊ

Synchronismus der griech. Colonisationen v. Inachus bis auf Alexander d. Gr.; nach Raoul Rochette „histoire critique de l'établissement des Colonies grecques," graphisch dargest. durch R(ühle). v. L(ilienstern). 6 lith. u. ill. Bl. Roy.-Fol. Berlin 830, Schropp u. Comp. Thlr.

Synedrions-Gesetze [der Asiatischen Brüder]. [Dat.:] $\frac{15}{3}$ 1746 [d. i. 1786.] [Nebst] Nachtr. [1. 2.] 11 S. 2° [Umschlagtit.]
Nachtr. [1.] [Dat.:] $\frac{7}{4}$ 1748 [d. i. 1788]. S. 13—16.
"[2.] [Dat.:] $\frac{20}{1}$ 1750 [d. i. 1790]. S. 18—26.
cf. Die Brüder St. Joh. d. Evangelisten aus Asien. 1803 S. 45—64.
Kl. 2696. Gesetze u. Nachtr. 1. in 193;

Vierstimmiges Haus-Choralbuch zu dem Evangel. Gesangbuch f. d. Prov. Pommern enth.: 75 Choral- u. 26. geistl. Volksmelodien m. Texten f. Harmonium od. Piano hrsg. v. Bernhard **Synergius**, Kantor in Eschenriege. *Neustettin: F. A. Eckstein (1897).* (2 Bl., 72 S.) 1 Bd 4. [93. 3650

Synergius, Bernh., vierstimm. Hauschoralbuch zu d. evang. Gesangbuch f. d. Prov. Pommern, enth.: 75 Choral- u. 26 geistl. Volksmelodien m. Texten. Für Harmonium u. Piano. Imp.-4. (IV, 72 autogr. S.) Neustettin 898. F. A. Eckstein. n. 3. —

Synesius. Catastasis, graece. Lipsiae 1711. H: *Börner, Chn Frdr.* (Hoff)

— de dono astrolabii, s. Kolbe, der Bischof Synesius von Cyrene als Physiker und Astronom.

Synesii Cyrenaei Calvitii Encomium. Ad fidem complur. codicum Mss. rec., interpretat. germanica instr. et Dionys. Petavii suasque annotationes adjecit Io. Geo. Krabigerus. 8maj. (36 halbe B.) Stuttgartiae 834, [Beck et Fränkel.]

Synesius. Epistolae, cum scholiis graecis. Viennae 1792. H: *Demetriades, Gregor.* (Barbier)

Synesios d. Kyrenaeers aegypt. Erzählungen üb. d. Vorsehung. Griech. u. Deutsch. Nach Handschriften verbess. u. erläut. v. Joh. Geo. Krabinger. gr. 8. (25 B.) Sulzbach 835, v. Seidel'sche Buchh.

— Homélies traduites pour la première fois du grec en français, et avec le texte grec corrigé publiées par Bernard Kolbe. gr. 8. (21 S.) Berlin 850, Behr's Buchh. *

— zwei hinterlassene Homilien, die eine über das heil. Weihnachtsfest, die andere über Psalm LXXIV, zum erstenmale aus dem Griech. ins Deutsche übers. von Bernh. Kolbe. gr. 8. (15 S.) Berlin 850, Stargardt. *

Synesii, episcopi hymni metrici. Apparatu critico adjecto ed. Johs. Flach. gr. 8. (XVI, 53 S.) Tübingen 875. Fues. n. 1. 60

Synesius fünfter Hymnus, übers. u. erläut. v. C. F. K. Rosenmüller, 8. Leipz. 786.

Synesios, s.: Loblied, e., auf d. Kahlkopf.

Synesii Cyrenaei quae exstant opera omnia. Ad codd. mss. fidem recognovit et annotationes criticas adjecit Jo. Geo. Krabinger. Tom. I.: Orationes et homiliarum fragmenta. 8maj. (L und 412 S.) Landishuti 850, libr. Thomann.

Synesius, (des Kyrenäers,) Rede an den Selbstherrscher Arkadios, oder über das Königthum, griech. u. deutsch. Nach Handschr. verb. u. erläut. v. J. G. Krabinger. gr. 8. Münch. 825. Lentner. 1 ₰ 2 ℊ

Synge, J. M., der heilige Brunnen. Eine Legende in 3 Akten. Deutsch v. Max Meyerfeld. (60 S.) 8. Berlin 906. S. Fischer, Verl. n. 1. 50; geb. n.n. 2. 50

Syngros, Kyriakos L., von Konstantinopel: Ueber Verbindungen des Hydroxylamins mit Metallcarbonaten. Uster-Zür. A. Diggelmann Dr. 1892. 46 S., 1 Bl. 8°.
Zürich, Phil. Diss. [v. 11. Juli 1892].

Synnerberg, Karl

Synnerberg, C., textkritische Bemerkungen zu Cornelius Nepos. [Aus: „Finska Vetenskaps-Societetens Förhandlingar".] 8. (15 S.) Helsingfors 889. (Berlin, Mayer & Müller.) n. — 60

— observationes criticae in M. Minucii Felicis Octavium. [Aus: „Acta soc. scient. fennicae".] gr. 4. (27 S.) Ebd. 889. n. 1. 50

Synnerberg, C., Randbemerkgn. zu Minucius Felix. [Aus: „Finska Vetenskaps-Societetens Förhandlingar".] gr. 8. (23 S.) Helsingfors 897. (Berlin, Mayer & Müller.) n. — 80

Synnerberg, C., Randbemerkgn. zu Minucius Felix II. (21 S.) gr. 8. Helsingfors 903. (Berlin, Mayer & Müller.)
Sonderabdruck aus: „Finska Vetenskaps-Societetens Förhandlingar". n. 1. — (I u. II.: n. 1. 80)

Synnerberg, C., De clientelae apud Romanos sub Caesaribus ratione Diss. 1865. 75 S.

Synodal-Ausschreiben, Das jüngste, betreffend das Auftreten methodistischer Sendboten in Württemberg. Eine geschichtliche Berichtigung und Beleuchtung. Ludwigsburg 1860. V: *Paulus, Ernst Phil.* (Heyd) (Zu) (Tübz 14, 37) (Ky)

Synodal-Ausschreiben, das jüngste, betr. das Auftreten methodistischer Sendboten in Württemberg. Eine geschichtliche Berichtigung u. Beleuchtung. (Von Ph. Paulus.) Ludwigsburg 860. (Basel, Balmer & Riehm in Comm. Lex.-8. (16 S.) 2 ngr.

Synodalbefehl, an sämmtl. Baden-Durlach. Aemter und Specialate ꝛc. v. 10. July 1793. Fol. Frankf. Gebhardt u. K. 802.

— — v. März 1798. Fol. Ebend.

Synodal-Beiträge, Bremensche und Verdische. St. 1–4. Stade 1792–94. 4°
Hrsg. v. Joh. Kasp. Velthusen.

Synodal-Bericht, 1., d. California- u. Oregon-Districts der deutschen evang.-luth. Synode v. Missouri, Ohio u. anderen Staaten. A. D. 1887. gr. 8. (40 S.) St. Louis 887. (Dresden, H. J. Naumann.) n. — 50

Synodal-Bericht, 2., 3. u. 4., d. California- u. Oregon-Districts der deutschen evangel.-luther. Synode v. Missouri, Ohio u. a. Staaten. gr. 8. St. Louis, Mo. (Dresd., H. J. Naumann.) [2. Ber. 1889. (56 S.) * — 80; 3. Ber. 1891. (61 S.) * — 50; 4. Ber. 1892. (72 S.) * — 90.] * 2 20

— dasselbe. 5. Bericht. 1894. gr. 8. (78 S.) Ebd. 894. n. — 75

Synodal-Bericht, 6., des California- u. Oregon-Districts d. deutschen evang.-luther. Synode v. Missouri, Ohio u. a. Staaten. A. D. 1895. gr. 8. (70 S.) St. Louis, Mo. 895. (Zwickau, Schriften-Verein.) n. — 75

Synodal-Bericht, 18., des mittleren Districts der deutschen evangel.-luther. Synode von Missouri, Ohio und andern Staaten. 1874. gr. 8. (68 S.) St. Louis, Mo., 874. (Dresden, Naumann.) ** 1 25

— 19., d. mittleren Districts der deutschen evang.-luther. Synode v. Missouri, Ohio u. a. Staaten. A. D. 1875. gr. 8. (84 S.) Ebend. 875. 1. 50

—— zwanzigster, dass. — 1876. gr. 8. (Ebendas.) *

—— einundzwanzigster, dass. — 1877. gr. 8. (79 S.) (Ebendas.) *

—— erster, des nordwestlichen Districts der deutschen evangelisch-luther. Synode von Missouri, Ohio und andern Staaten. 1875. gr. 8. (68 S.) (Ebendas.)

—— zweiter, dass. — 1876. gr. 8. (72 S.) (Ebendas.) *

Synodalbericht, 3., des nordwestlichen Districts der deutschen evang.-luth. Synode von Missouri, Ohio u. a. Staaten. 1877. gr. 8. (77 S.) St. Louis Mo. 877. (Dresden, H. J. Naumann.) n. 1. 20

— dasselbe. 4. Bericht. 1879. gr. 8. (76 S.) Ebend. 879. n. 1. —

—— fünfter, des nordwestlichen Distrikts der deutschen evangelisch-lutherischen Synode von Missouri, Ohio und anderen Staaten im J. 1880. gr. 8. (88 S.) (Ebendas.) * 1 —

erster, des südlichen Distrikts der deutschen evangelisch-lutherischen Synode von Missouri, Ohio und anderen Staaten. A. D. 1882. gr. 8. (66 S.) St. Louis, Mo. (Dresden, H. J. Naumann.) * 1 —

— 18., d. westlichen Districts der deutschen evang.-luth. Synode v. Missouri, Ohio u. a. Staaten. 1874. gr. 4. (82 S.) Ebend. 874. n.n. 1. 25

—— neunzehnter, des westlichen Districts der deutschen evangelisch-luther. Synode von Missouri, Ohio und andern Staaten. 1875. gr. 8. (67 S.) (Ebendas.)

—— zwanzigster, dass. — 1876. gr. 8. (Ebendas.)

—— einundzwanzigster, dass. — 1877. gr. 8. (123 S.) (Ebendas.) *

—— zweiundzwanzigster, dass. — 1879. gr. 8. (131 S.) (Ebendas.) *

—— dreiundzwanzigster, des westlichen Distrikts der deutschen evangelisch-lutherischen Synode von Missouri, Ohio und anderen Staaten. 1880. gr. 8. (80 S.) (Ebendas.) * 1 20

—— dass. — vierundzwanzigster. 1882. gr. 8. (83 S.) (Ebendas.) * 1 25

—— dass. — fünfundzwanzigster. 1883. gr. 8. (78 S.) (Ebendas.) * 1 —

—— 26., des westlichen Districts der deutschen evangel.-luther. Synode von Missouri, Ohio und anderen Staaten. A. D. 1885. gr. 8. (59 S.) (Ebendas.) 885. *

— 27., des westlichen Districts der deutschen evangel.-luther. Synode von Missouri, Ohio und anderen Staaten. 1886. gr. 8. (68 S.) (Ebendas.) 886. *

— 27., d. westlichen Districts der deutschen evang.-luth. Synode v. Missouri, Ohio u. anderen Staaten. 1886. gr. 8. (68 S.) Ebd. 888. n. — 70

— 28., des westlichen Districts der deutschen evangel.-luther. Synode von Missouri, Ohio und anderen Staaten. 1888. gr. 8. (80 S.) (Ebendas.) 888. *

— 29. u. 30., d. westlichen Districts der deutschen evang.-luth. Synode v. Missouri, Ohio u. a. Staaten. gr. 8. (Ebd.) [29. Ber. 1889. (93 S.) * 1 20; 30. Ber. 1891. (56 S.) * — 50.] * 1 70

— dasselbe. 31. Bericht. 1892. gr. 8. (77 S.) Ebd. 892. n. — 90

— 32., d. westlichen Districts d. deutschen evang.-luther. Synode v. Missouri, Ohio u. and. Staaten. A. D. 1894. gr. 8. (64 S.) Ebd. 894. n. — 75

Synodal-Bericht, erster, des Illinois-Districts der deutschen evangelisch-luther. Synode von Missouri, Ohio und andern Staaten. 1875. gr. 8. (32 S.) St. Louis, Mo. 875. (Dresden 875, H. J. Naumann.)

— zweiter, dass. — 1876. gr. 8. (93 S.) (Ebendas.) *

— 3., des Illinois-Districts der deutschen evang.-lutherischen Synode von Missouri, Ohio u. a. Staaten. 1877. gr. 8. (107 S.) St. Louis, Mo. 877. (Dresden, H. J. Naumann.) n. 1. 50

— dasselbe. 4. Bericht. 1879. gr. 8. (104 S.) Ebend. 879. n. 1. 20

— fünfter, des Illinois-Distrikts der deutschen evangelisch-lutherischen Synode von Missouri, Ohio und anderen Staaten. 1880. gr. 8. (104 S.) St. Louis, Mo. (Dresden, H. J. Naumann.) * 1 20

— dasselbe. 6. Bericht, versammelt in Crete, A. D. 1882. gr. 8. (116 S.) Ebend. 882. n. 1. 75

— 7., d. Illinois-Distrikts der deutschen evang.-luth. Synode v. Missouri, Ohio u. anderen Staaten, versammelt zu Chicago, Ills. A. D. 1883. gr. 8. (96 S.) Ebend. 883. n. 1. 25

— 8., des Illinois-Distrikts der deutschen evangel.-luther. Synode von Missouri, Ohio und anderen Staaten, versammelt zu Quincy, Illinois. A. D. 1885. gr. 8. (93 S.) (Ebendas.) 885. *

— 9., des Illinois-Districts der deutschen evangel.-luther. Synode von Missouri, Ohio und anderen Staaten, versammelt zu Chicago, Illinois., A. D. 1886. gr. 8. (84 S.) (Ebendas.) 886. *

— 10., d. Illinois-Districts d. deutschen evang.-luth. Synode v. Missouri, Ohio u. anderen Staaten, versammelt zu Schaumburg, Cook Co., Ill., vom 23. bis 29. Mai 1888. gr. 8. (88 S.) Ebd. 888. n. 1. —

— 11., 12. u. 13., d. Illinois-Districts der deutschen evangel.-luther. Synode v. Missouri, Ohio u. a. Staaten, versammelt zu Chicago. gr. 8. (Ebd.) [11. Ber. 1889. (128 S.) * 1 60; 12. Ber. 1891. (102 S.) * 1 —; 13. Ber. 1892. (144 S.) * 1 50.] * 4 10

— dasselbe. 14. Bericht. Chicago, Ill., vom 16. bis 22. Mai 1894. gr. 8. (77 S.) Ebd. 894. n. — 75

— 15., d. Illinois-Districts d. deutschen evang.-luther. Synode v. Missouri, Ohio u. anderen Staaten, versamm. zu Chicago, Ill., v. 5. bis 11. Juni 1895. gr. 8. (80 S.) Ebd. 895. n. — 75

— erster, des Jowa-Districts der deutschen evangelisch-luther. Synode von Missouri, Ohio und andern Staaten im J. 1879. gr. 8. (124 S.) St. Louis, Mo. 879. (Dresden, H. J. Naumann.)

— zweiter, des Jowa-Districts der deutschen evangelisch-lutherischen Synode von Missouri, Ohio und anderen Staaten. 1880. gr. 8. (110 S.) (Ebendas.) * 1 50

— dass. — dritter. 1882. gr. 8. (96 S.) (Ebendas.) * 1 50

— dass. — vierter. 1883. gr. 8. (94 S.) (Ebendas.) ** 1 25

— 5., des Jowa-Districts der deutschen evangel.-luther. Synode von Missouri, Ohio und anderen Staaten 1885. gr. 8. (68 S.) (Ebendas.) 885. *

— 6., d. Jowa-Districts d. deutschen evang.-luth. Synode von Missouri, Ohio u. anderen Staaten. A. D. 1886. gr. 8. (71 S.) Ebd. 887. n. — 70

— dasselbe. 7. Bericht. 1888. gr. 8. (55 S.) Ebd. 888. n. — 60

— 8. u. 11., d. Jowa-Districts der deutschen evang.-luther. Synode v. Missouri, Ohio u. and. Staaten. gr. 8. Ebd. à n. — 75
8. A. D. 1889. (80 S.) 889. — 11. A. D. 1894. (68 S.) 894.

— 9. u. 10., d. Jowa-Districts der deutschen evang.-luth. Synode v. Missouri, Ohio u. a. Staaten. gr. 8. (Ebd.) [9. Ber. 1891. (72 S.) * — 70; 10. Ber. 1892. (77 S.) * — 90.] * 1 60

Synodal-Bericht, dritter, des Canada-Distrikts der deutschen evangelisch-luther. Synode von Missouri, Ohio und anderen Staaten. Im J. 1882. gr. 8. (56 S.) St. Louis, Mo. (Dresden, H. J. Naumann.) * — 75

— dass. — vierter. 1883. gr. 8. (43 S.) (Ebendas.) * — 75

— 5., des Canada-Districts der deutschen evangel.-luther. Synode von Missouri, Ohio und anderen Staaten. Im J. 1885. gr. 8. (67 S.) (Ebendas.) 885. *

— 6., d. Canada-Districts der deutschen evang.-luth. Synode v. Missouri, Ohio u. anderen Staaten. Im J. 1886. gr. 8. (86 S.) Ebd. 886. n. 1.

— 7., des Canada-Districts der deutschen evangel.-luther. Synode von Missouri, Ohio und anderen Staaten 1888. gr. 8. (76 S.) (Ebendas.) 888. *

— 8. u. 9., d. Canadadistricts der deutschen evang.-luth. Synode v. Missouri, Ohio u. a. Staaten. gr. 8. (Ebd.) [8. Ber. 1889. (47 S.) * — 80; 9. Ber. 1891. (91 S.) * 1 —.] * 1 80

— dasselbe. 10. Bericht. 1892. gr. 8. (76 S.) Ebd. 892. n. — 90

— 11., d. Canada-Districts d. deutschen evang.-luther. Synode v. Missouri, Ohio u. and. Staaten. Im J. 1894. gr. 8. (87 S.) Ebd. 894. n. — 90

— 1., d. Kansas-Districts der deutschen evang.-luth. Synode v. Missouri, Ohio u. anderen Staaten. A. D. 1888. gr. 8. (52 S.) Ebd. 888. n. — 60

—— 2., 3. u. 4., d. Kansas-Districts der deutschen evang.-luth. Synode v. Missouri, Ohio u. a. Staaten. gr. 8. (Ebd.) [2. Ber. 1889. (77 S.) * 1 —; 3. Ber. 1891. (60 S.) * — 60; 4. Ber. 1892. (68 S.) * — 90.] * 2 50

— 5., d. Kansas-Districts der deutschen evang.-luther. Synode v. Missouri, Ohio u. and. Staaten. A. D. 1894. gr. 8. (63 S.) Ebd. 894. n. — 75

—— erster, der evangelisch-lutherischen Concordia-Synode, gehalten zu Süd-Pittsburg, Pa., im J. 1882. gr. 8. (48 S.) Pittsburg, Pa. (Dresden, H. J. Naumann.) * — 75

—— erster, des Minnesota- und Dakota-Distrikts der deutschen evangelisch-lutherischen Synode von Missouri, Ohio und anderen Staaten. A. D. 1882. gr. 8. (82 S.) St. Louis, Mo. (Dresden, H. J. Naumann.) * 1 50

—— dass. — zweiter. 1883. gr. 8. (84 S.) (Ebendas.) * 1 25

—— 3., des Minnesota- und Dakota-Districts der deutschen evangel.-luther. Synode von Missouri, Ohio und anderen Staaten, versammelt zu Lewiston, Minn., vom 17. bis 23. Juni 1885. gr. 8. (103 S.) St. Louis 885. (Dresden, H. J. Naumann.) *

Synodal-Bericht, 4., des Minnesota- und Dakota-Districts der deutschen evangel.-luther. Synode von Missouri, Ohio und anderen Staaten, versammelt zu Benton, Minn., vom 16. bis 22. Juni 1886. gr. 8. (136 S.) (Ebendas.) 886. *

— 5., d. Minnesota- u. Dakota-Districts d. deutschen evang.-luth. Synode von Missouri, Ohio u. anderen Staaten, versammelt zu Hamburg, Minn., vom 7. bis 13. Juni 1888. gr. 8. (73 S.) Ebd. 888. n. — 70

6., 7. u. 8., d. Minnesota- u. Dakota-Districts der deutschen evang.-luth. Synode v. Missouri, Ohio u. a. Staaten. gr. 8. (Ebd.) [6. Ber. 1889. (132 S.) * 1 60; 7. Ber. 1891. (110 S.) * 1 —; 8. Ber. 1892. (80 S.) * — 90.] * 3 50

—— erster, des Nebraska-Distrikts der deutschen evangelisch-lutherischen Synode von Missouri, Ohio und anderen Staaten. A. D. 1882. gr. 8. (55 S.) (Ebendas.) * — 75

—— dass. — zweiter. 1883. gr. 8. (80 S.) (Ebendas.) * 1, 25

—— 3., des Nebraska-Districts der deutschen evangel.-luther. Synode von Missouri, Ohio und anderen Staaten. A. D. 1885. gr. 8. (59 S.) (Ebendas.) 885. *

Synodal-Bericht, 4., d. Nebraska-Districts der deutschen evang.-luth. Synode v. Missouri, Ohio u. anderen Staaten. A. D. 1886. gr. 8. (48 S.) St. Louis 887. (Dresden, H. J. Naumann.) n. — 50

—— 5., 6. u. 7., d. Nebraska-Districts der deutschen evang. luth. Synode v. Missouri, Ohio u. a. Staaten. gr. 8. (Ebd.) [5. Ber. 1888. (70 S.) * — 70; 6. Ber. 1889. (70 S.) * 1 —; 7. Ber. 1891. (52 S.) * — 50.] * 2 20

— dasselbe. 8. Bericht. 1892. gr. 8. (75 S.) Ebd. 892. n. 1. —

— 17., der allgemeinen deutschen evang.-luth. Synode von Missouri, Ohio u. a. Staaten, versammelt als 2. Delegaten-Synode zu St. Louis, Mo., im J. 1878. gr. 8. (110 S.) Ebend. 878. n. 2. —

—— dass. — achtzehnter, der allgemeinen deutschen evangelisch-lutherischen Synode von Missouri, Ohio und anderen Staaten, versammelt als dritte Delegaten-Synode zu Fort Wayne, Indiana, im J. 1881. gr. 8. (138 S.) St. Louis, Mo. 881. (Dresden, H. J. Naumann.) * 1 80

— 19., der allgemeinen deutschen ev.-luth. Synode v. Missouri, Ohio u. anderen Staaten, versammelt als 4. Delegaten-Synode zu St. Louis, Mo., im J. 1884. gr. 8. (189 S.) Ebend. 884. n. 1. 60

— 20., der allgemeinen deutschen evang.-luth. Synode v. Missouri, Ohio u. anderen Staaten, versammelt als 5. Delegaten-Synode zu Fort Wayne, Ind., im J. 1887. gr. 8. (94 S.) Ebd. 887. n. 1. —

— dasselbe. 21. Bericht, versammelt als 6. Delegaten-Synode zu Milwaukee, Wis., im J. 1890. gr. 8. (102 S.) Ebd. 890. n. 1. 20

Synodal-Bericht, 22., der allgemeinen deutschen evang.-luth. Synode v. Missouri, Ohio u. andern Staaten, versammelt als 7. Delegatensynode zu St. Louis, Mo., im J. 1893. gr. 8. (144 S.) St. Louis, Mo. 893. (Zwickau, Schriften-Verein.) n. 1. 50

Synodal-Bericht der Deutschen Evangelisch-Lutherischen Synode von Iowa: 1854–1930.

Annual, 1854–75; biennial, 1876–1930. Title varies: BERICHT ÜBER DIE ALLGEMEINE SYNODE DER EVANGELISCH-LUTHERISCHEN SYNODE VON IOWA UND ANDEREN STAATEN, 1894–1930. There are also Reports of the following Districts of the Synod:

1. Nordlicher District: 1875–1930.
2. Östlicher District: 1875–1930.
3. Südlicher District: 1875–1930.
4. Westlicher District: 1875–1930.
5. Wisconsin-District: 1894–1930.
6. Dakota District: 1894–1930.
7. Texas District: 1895–1930.
8. Iowa-District: 1895–1930.

All published by the official publisher of the Synod, under various imprints, until the organization of the Wartburg Publishing House, Chicago.

Chicago, IL

Synodal-Bericht der Deutschen Evangelisch-Lutherischen Synode von Missouri, Ohio und anderen Staaten: 1, 1847–1918?

Annual, 1847–53; triennial, 1854–?

Also published in English as PROCEEDINGS. Place of publication varies: Chicago. Imprints: 1st, 1847: St. Louis, Gedruckt bei Arthur Olshausen, 2d, 1848, St. Louis, Gedruckt bei Arthur Olshausen, 3d, 1849: Chicago, Gedruckt bei R. Höflgen im Auftrag der Verlagsgesellschaft obiger Synode.

Continued as VERHANDLUNGEN DER VERSAMMLUNGEN DER DEUTSCHEN EVANGELISCH-LUTHERISCHEN SYNODALKONFERENZ, 1878?–1934?

Note: Published for the various American districts: VERHANDLUNGEN DES ... DISTRICTS DER EVANGELISCH-LUTHERISCHEN SYNODE VON MISSOURI, OHIO UND ANDEREN STAATEN:

1. Westlicher District: 1854–1930.
2. Oestlicher District: 1854–1936.
3. Mittlerer District: 1854–1936.
4. Nördlicher District: 1862–1879.
5. Südlicher District: 1883–1921.
6. Illinois District: 1862–1906.
7. Nord-Illinois District: 1907–1924.
8. Süd-Illinois District: 1907–1936.
9. Zentral-Illinois District: 1909–1924.
10. Wisconsin District: 1876–1916.
11. Süd-Wisconsin District: 1918–1936.
12. Nord-Wisconsin District: 1919–1924.
13. Iowa District: 1879–1925.
14. Nord-Michigan District: 1883–1936.
15. Minnesota District: 1913–1925.
16. Minnesota- und Dakota District: 1882–1910.
17. Nebraska District: 1882–1921.
18. Nord-Nebraska District: 1927–1933.
19. Süd-Nebraska District: 1927–1933.
20. Kansas District; 1888–1922.
21. California- und Oregon-District: 1889–1897.
22. California- und Nevada-District: 1901–1936.
23. Oregon- und Washington-District: 1901–1931.
24. Texas District: 1909–1936.
25. North Dakota- und Montana-District: 1910–1925.
26. South Dakota District: 1906–1934.
27. Colorado District: 1921–1925.
28. Oklahoma District: 1924–1928.
29. Atlantischer District: 1909–1934.

St. Louis, MO

Synodalbericht der Deutschen Evangelisch-Lutherischen Synode von Nebraska: 1890?–?

Westboro, NE

Synodalbericht der Lutherischen Synode von Buffalo: 1848–56, 1873–1903.

Until 1886 officially called THE SYNOD OF THE LUTHERAN CHURCH, EMIGRATED FROM PRUSSIA. Originally composed of congregations which emigrated in 1839 under J. A. A. Grabau and settled around Buffalo and in Wisconsin.

Buffalo, NY

Synodalbericht der Riograndenser Synode: no. 1, 1894–?

Annual report, with some irregularities. Quarto, each report 80–88 pages; illustrated, including portraits. Sub-title: 1) Bericht der Synodalversammlung (in 1924–33); 2) Bericht über die Ordentliche Synodalversammlung der Deutsch-Evangelischen Kirche von Rio Grandenser do Sul, 1934–37. Place of publication varies with city in which the Synod was held. 1924–37 printed by Druck, Rotermund & Co., with variations.

Sao Leopoldo

Synodalbericht 1873—74, vorgetragen an der Synode in Trogen von Dekan Heim. 42 Stn. 8. Appenzell am Rh. 1875.

Synodalbericht 1875/76 vorgetragen an der Synode in Trogen, den 6. Novb. 1876, von Heim, Dekan. 49 S. 8. Amtsbl. von Appenzell A. Rh. LII. Bd. 1877.

—— erstattet der 3. ordentlichen Versammlung [27. Aug. 1873] der Bezirkssynode Celle sammt den dadurch hervorgerufenen Beschlüssen der Synode, und Vortrag des Past. Pfotenhauer über die Frage: In welcher Weise hat in jetziger Zeit die Kirchengemeinde ihre Sorge für die sittliche Bewahrung der confirmirten Jugend zu bethätigen? gr. 8. (16 S.) Celle 874, Schulze'sche Buchh. * — 30

—— erster, des Wisconsin-Distrikts der deutschen evangelisch-lutherischen Synode von Missouri, Ohio und anderen Staaten im J. 1882. gr. 8. (95 S.) (Ebendas.) * 1 50

— 2., d. Wisconsin-Distrikts der deutschen evang.-luth. Synode v. Missouri, Ohio u. anderen Staaten versammelt zu Sheboygan, Wis., vom 12. bis 18. Juni 1883. gr. 8. (80 S.) Ebend. 883. n. 1. 25

—— 3., des Wisconsin-Districts der deutschen evangel.-luther. Synode von Missouri, Ohio und anderen Staaten, versammelt zu Milwaukee, Wisc., vom 3. bis 9. Juni 1885. gr. 8. (79 S.) (Ebendas.) 885. *

Synodalberichte der Riograndenser Synode. 1887 ff. [Mit wechselndem Erscheinungsort.]

Synodalblatt. Wochenschrift für alle Freunde des Fortschritts im Judenthum. Hrsg. von einem Vereine jüd. Schriftsteller. 1871. August — Decbr. 21 Nrn. (Bog.) 4. Leipzig, (Leiner.) * 2 —

—— dass. — Redact.: Jos. Klingenstein. Jahrg. 1872. 52 Nrn. (Bog.) 4. (Ebendas.) * 4 70

Synodal-Blatt, lutherisches. Herausg. von R. Lohmann. 1. u. 2. Jahrg. 1861 u. 62. à 12 Hefte (à 2—3 Bgn.). Neu-Ruppin, Oehmigke. gr. 8. Jeder Jahrg. n. 2 ₰

— aus den Verhandlungen und im Auftrage der Generalsynode der evangelisch-protestantischen Landeskirche Badens im Jahre 1861 herausg. von einer dazu ernannten Kommission. Karlsruhe 861. (Groos.) gr. 8. (XVI, 547 S.) n. 1 ₰ 20 ngr.

Synodalblätter aus Bayern. Nr. 1–50. Ansbach 1849. 4°
Hrsg. v. Frh. v. Aufsess.

Evangelisch-Lutherischer Synodal-Bote: 1886?–1894.
Semi-monthly. Organ of Deutsche Evangelisch-Lutherische Synode von Minnesota und anderen Staaten. Edited by Otto Daniel August Hoyer; by A. F. Reim. Published by Lehrer-Collegium des Dr. Martin Luther College, New Ulm.
New Ulm, MN

Synodal-Brief, zweiter, von der Synode der aus Preußen ausgewanderten lutherischen Kirche, versammelt zu Buffalo, N. Y., im Juli 1848. Nebst etlichen Nachträgen des Kirchen-Ministerii gedachter Gemeinen, und eine Beantwortung des Pastors Grabau zu Buffalo gegen die missourischen Rottenbeschützer, Löber, Walther ꝛc. als eine Wahrung der Rechte des christl. Predigtamts und christl. Protestation gegen die Aufrichtung demokrat. Grundsätze innerhalb der luther. Kirche Nord-Amerika's öffentlich ausgegeben für alle luther. Christen in Nord-Amerika und Deutschland. gr. 8. (159 S.) Buffalo 850. (Nördlingen, Beck'sche Buchh.) *

— dritter, von der Synode der aus Preußen ausgewanderten luther. Kirche, versammelt zu Buffalo, N. Y., im Septbr. 1851. Nebst verschied. Beilagen. gr. 8. (144 S.) Ebd. 852. n. 12 ngr.

Synodal-Brief, 3., von der Synode der aus Preußen ausgewanderten lutherischen Kirche, versammelt zu Buffalo, N. Y., im Septbr. 1851. Nebst verschied. Beilagen. gr. 8. (144 S.) Buffalo 853. (Nördlingen, Beck'sche Buchh.) *

Synodal-Brief, vierter, von der Synode der aus Preußen ausgewanderten lutherischen Kirche, versammelt zu Buffalo, N. Y., im Mai und Juni 1853. Nebst verschiedenen Beilagen. Theil 1, den Synodalbrief enthltd. Buffalo 853. (Nördlingen, Beck.) gr. 8. (55 S.) n. 7 ngr.

Synodalbuch. Die Akten der Synoden u. Quartierkonsistorien in Jülich, Cleve u. Berg 1570—1610, hrsg. v. Eduard Simons, s. a. Urkundenbuch zur rheinischen Kirchengeschichte. 1.

Synodalbuch. Die Akten d. Synoden u. Quartierkonsistorien in Jülich, Cleve u. Berg 1570–1610 . . . in Gemeinschaft mit . . . hrsg. von Prof. D. Eduard Simons. Neuwied: Heuser 1909. XVI, 838 S. 8°
(Urkundenbuch z. rheinischen Kirchengeschichte. Bd 1.)

Synodalentag, der, zu Worms am 31. X. 1904. Bericht über die Vorträge, Verhandlgn. u. Feiern, erstattet vom Arbeitsausschuß. 1.—3. unveränd. Aufl. (96 S.) gr. 8. Frankfurt a/M. 904. 905. M. Diesterweg. n. — 50

Synodalfragen. Zur Orientirung über die bevorsteh. General-Synode. Hrsg. von Herm. Frhr. v. d. Goltz und Adf. Wach. 1.—4. Heft. gr. 8. (87; 99; 90; 96 S.) Bielefeld 874,75, Velhagen und Klasing. à Heft * M. 1,20. * 4 80

Evangelisch-Lutherischer Synodal-Freund: 1888?–1910?
Monthly. Organ of Evangelisch-Lutherische Synode von Michigan und anderen Staaten. Edited & published by Otto Daniel August Hoyer
Quarto, each 12 pages.
Saginaw, MI

Synodal-Freund und Sendbote: 1898–1900.
Monthly. The Augsburg and Michigan Synods merged in 1897. This title reflects the merger of the two synodical publications. In Oct. 1900 the "Synodal Freund" dropped the name "Sendbote", which never reappeared independently. (Vol. XI, No. 9 (Jan. 1898) to Vol. XIV, No. 5 (Sept. 1900?) W. Linsemann & F. F. Scheibel, Jan. 1898 – Sept. 1898, J. F. Mayer, Hanfeldt & Bodamer, Oct. 1898 – Sept. 1900
Saginaw, MI

Synodal-Handbuch der deutschen evang.-luth. Synode v. Missouri, Ohio u. a. St. Auf Beschluß der Synode zusammengestellt. 3., auf Beschluß der Synode rev. Aufl. 12. (134 S.) St. Louis, Mo. 888. (Dresden, H. J. Naumann.) geb. n. 1. 25

Synodal-Hoffnungen u. Wünsche. Von e. sächs. Geistlichen. 8. (29 S.) Lpz. 891, H. Bredt. * — 40

Synodaljubelfest. Das S-J in Chur, am 21. Juni 1837. Enthaltend die Beschreibung des Festes und die gehaltenen Reden, nebst geschichtlichen Nachrichten über die wesentlichsten Momente der bündnerischen Synode. 8. Chur 1838.

Synodalordnung, s. Kirchenvorstands- und Synodalordnung.

Synodal-Ordnung f. die israelit. Religionsgemeinschaft d. Großherzogth. Baden, nebst Wahlordng. Im Anh.: Gesetz v. 18. Juni 1892, d. Besteuerg. f. allgem. kirchl. Bedürfnisse betr. Amtl. Ausg. m. e. Einleitg. gr. 8. (51 S.) Mannheim 895. J. Bensheimer's Verl. n. n. — 40

Synodal-Ordnung f. das Großherzogthum Sachsen-Weimar-Eisenach. 4. (12 S.) Weimar 873. (Böhlau.) n. — 25

Synodal-Ordnung des Hochdeutschen Reformirten Synods und der mit ihr verbundenen Gemeinden in den Vereinigten Staaten von Nord-Amerika. *Lancaster, Pa.: Henrich und Benjamin Grimler, In ihrer Neuen English und Deutschen Buchdruckerey 1805. pp. 20.*

Synodal-Ordnung, die Weimarische. gr. 8. (40 S.) Weimar 870. (Böhlau.) * — 50

Synodalpredigten. Neue Reihe. Nr. 1—6. gr. 8. Zürich, Schultheß & Co. n. 2. 70
1. Predigt bei der ersten ordentl. Versammlung der vom Volke gewählten evangel.-reform. Kirchensynode des Kantons Zürich. Geh. in St. Peter zu Zürich den 26. X. 1896. Von Alfr. Graf. (12 S.) 896. n. — 40
2. Synodalpredigt gehalten in St. Peter zu Zürich den 27. Okt. 1897. Von Gottfr. Schönholzer. (12 S.) 897. n. — 40
3. Eine gegenseitige Fürbitte f. Christengemeinden u. ihre Vorsteher. Synodalpredigt über II. Thess. 2, 16, 17, geh. am Vorabend der zürcher. Kirchensynode, Dienstag, den 25. X. 1898 in der St. Peterskirche in Zürich. Von Gtlieb. Schuster. Anh.: Übersicht der zürcher. Synodalpredigten seit 1834. (23 S.) 898. n. — 60
4. Synodalpredigt üb. 1. Kor. 10, 13 u. 14, geh. zu St. Peter in Zürich am 14. XI. 1899. Von Frdr. Melli. Anh.: Übersicht d. zürcher. Synodalpredigten seit 1834. (23 S.) 899. — 45
5. Jesu Christo nach! Synodalpredigt üb. Matth. 16,24, geh. am Vorabend der zürcher. Kirchensynode, Dienstag, d. 13. XI. 1900 in der St. Peterkirche in Zürich. Von Emman. Simmler. Anh.: Übersicht d. zürcher Synodalpredigten seit 1834. (22 S.) 900. — 45
6. Christengeist u. Kirchenziele. Synodalpredigt üb. Ephes. 4, 3—6, geh. am Vorabend der zürcher. Kirchensynode, Dienstag, den 12. XI. 1901 in der St. Peterkirche in Zürich. Von Hartm. Hirzel. Anh.: Übersicht der zürcher. Synodalpredigten seit 1834. (25 S.) 901. n. — 40

Synodalpredigten. Neue Reihe. Nr. 7. 8. Zürich 903. Schultheß & Co. n. — 45
Christliche Dienstpflicht. Synodalpredigt über Markus 10, 42—45, geh. am Vorabend der zürcher. Kirchensynode Dienstag den 6. X. 1903 in der St. Peterkirche in Zürich. Von Otto Bickel. Anh.: Uebersicht der zürcher. Synodalpredigten seit 1834. (22 S.)
Nr. 1—6. Ebd. 896—901. n. 2. 75 (6. erhöh. Pr. — 45).

Synodalpredigten. Neue Reihe. Nr. 8 u. 9. 8. Zürich, Schultheß & Co. à — 45
Flury, J., Freudigkeit im Werk des Herrn. Synodalpredigt üb. 1. Korinther 15, 58, geh. am Vorabend d. zürcher. Kirchensynode, Dienstag, den 29. XI. 1904 in der St. Peterkirche in Zürich. Anh.: Übersicht d. zürcher. Synodalpredigten seit 1834. (26 S.) 904. (Nr. 8.) — 45
Sutz, Johs., wachset in der Gnade u. Erkenntnis Jesu Christi! Synodalpredigt üb. 2. Petr. 3, 18, geh. am Vorabend der zürcher. Kirchensynode, Dienstag, den 14. XI. 1905 in der St. Peterkirche in Zürich. Anh.: Übersicht der zürcher. Synodalpredigten seit 1834. (26 S.) 905. (Nr. 9.) — 45

Synodalpredigten. Neue Reihe. Nro 6. 8. Zürich, Schulthess & Co., 1901. [fr. —. 45]
s. Hirzel, Hartmann.

Synodalpredigten. Neue Reihe. Nro 7 *u.* 8. 8. Zürich, Schulthess & Co., 1903 *u.* 1904. [fr. —. 45 *u.* —. 50]
s. Bickel, Otto — Flury, J[osias].

Synodalpredigten. Neue Reihe. Nro 9 *u.* Nro 10. 8. Zürich, Schulthess & Co., 1905 *u.* 1906. [*je* fr. —. 50]
s. Finsler, R[udolf] — Sutz, Johannes.

Synodalpredigten. Neue Reihe. [Nr. 11.] 8. Zürich, Aug. Frick, 1908.
s. Keller, Albert.

Synodalpredigten, drei, gehalt. v. E. A. Ackermann, J. C. G. Ackermann u. L. Hering. 8. Nürnb. 813. (v. Ebner). 4 gr

Synodalreden, s. a. Meyer, G. W.

Synodalreden, gehalten v. protestant. Distrikts-Dekanen im Königr. Baiern, gesammelt u. hrsgg. v. G. W. Meyer u. C. F. R. Kaiser. 2 Bde. gr. 8. Sulzb. 813, 16. v. Seidel. 1 rß

Synodal-Richter, Synodal-Examinatoren und Diözesan-Synoden. Mit besond. Bezugnahme auf Dr. Binterim's Schrift: „Die Wünsche und Vorschläge der kathol. Geistlichkeit Düsseldorfs rc." gr. 12. (82 S.) Köln 849, Bachem. *

Synodal-Schreiben an die Gemeinden der evangelisch-lutherischen Kirche in Baden u. Nassau. gr. 8. (16 S.) Breslau 852, Geiser. n 2 ngr

Die künftige **Synodalverfassung** der Herzogthümer. Schleswig 1836. 8°

Synodal-Verfassung, die, der Hannoverschen Landeskirche, empfohlen durch das kirchliche Leben, von Christianus Augustanus II. Celle 863. Schulze. 8. (48 S.) n. 5 ngr

Synodal-Verhandlungen der freyen unabhängigen deutschen Reformirten Gemeinen von Pennsylvanien, gehalten in Jackson Taunschip, Libanon County, den 14ten, 15ten und 16ten October, 1827. *Reading, Pa.: Johann Ritter und Co. 1828. 10 S.*

Synodal-Verhandlungen der unabhängigen reformirten Gemeinen in Pennsylvanien; gehalten in der Stadt Riehmstaun, Lancaster County, den 4ten und 5ten September, 1826. *Fünfte Jahres-Versammlung. Reading, Pa.: Heinrich B. Sage 1826. 12 S.*

Synode, die. Ein Blatt zur Besprechung der Angelegenheiten unserer protestant. Landeskirche, besond. ihrer künftigen Verfassung. Redig. von Greverus. 1. Jahrg. Juli 1848 — Juni 1849. 102 Nrn. (½ Bog.) gr. 4. Oldenburg 848, Stalling.

Synode **Florentin contre Sixte IV. en Faveur de L. de Medicis et de sa maison. 8. Lausanne 770. Pott u. C. 3 gr**

Synode, die gegenwärtige allgemeine der deutschen protestant. Kirche in Berlin. Eine freimüth. Ansprache an Regierende u. Regierte, an Geistliche und Laien von einem Laien. gr. 8. Berlin 846, Grobe. n. 1/12 rß

Synode général, XXXe, de l'église réformée de France, 1. Session tenue a Paris du 6. Juin au 10. Juillet 1872. Procès-verbaux et actes publié per l'ordre du synode. gr. 4. (458 S. m. 1 Steintaf.) Paris 873. Sandoz & Fischbacher. n. 10. —

Synode, die römische, v. J. 743. Synodus Romana, habita a S. Zacharia Papa in basilica S. Petri a. Ch. 743. Post Baronium Mansiumque novis codicum manuscriptorum subsidiis ed. Aug. Jos. Nürnberger. [Aus: „29. Bericht d. Philomathie in Neisse".] gr. 8. (21 S.) Mainz 898. F. Kirchheim. n. — 60

Synodi, des königl. zu Rendsburg, Ansprache an sämmtliche Lehrer der beiden Herzogth. Schleswig und Holstein, s. Ansprache.

Synodicon belgium, sive acta omnium ecclesiar. Belgii, a celebrato Concilio Trident. usque ad concordatum an. 1801. Tom. IV. — E. s. t.: Nova et absoluta Collectio Synodorum Episcopatus Gandavensis, acced. illuc spectantia rei ecclesiast., pleraque inedita, omnia diligenter recognita et in tres sectiones distributa. Collegit, illustr., ed. Petr. Franc. Xaver. de Ram. 4maj. (78½ B.) Mechliniae 840. (Moguntiae, Kirchheim, Schott et Thielmann.) •

Synodicon Herbipolense, s. Himmelstein.

Σύνοδος, ἡ ἁγία καὶ οἰκουμενικὴ ἐν Φλωρεντίᾳ. Διὰ μοναχοῦ Βενεδικτίνου. gr. 8. (XIII und 563 S.) Rom 864, (Spithöver. — Leipzig, Brockhaus' Sortiment und Antiquarium.) **

Synodus, der Berner, von 1532. Das wichtigste Denkmal der Reformation in Bern, eine Anweisung zur rechten Führung des evangel. Predigtamtes. 8. (115 S.) Basel 870, (Bahnmaier's Verlag.) * — 80

Synodus Brixinensis, diebus 27—31. VIII. 1900 praeside celsissimo et reverendissimo principe-episcopo Simone Aichner celebrata. gr. 8. (VII, 28 u. 167 S.) Brixen 900. (A. Weger.) n. 1. 50; geb. in Halbldr. n. 2. —

Synodus Laudensis octava quam illustrissimus ac reverendissimus D. D. Cajetanus Comes Benaleus Dei et Apostolicae Sedis gratia Episcopus Laudensis et solio pontificio assistens celebrabat feriis III, IV et V post dom. XII post Pentecosten id est diebus 29, 30, 31 mensis Augusti anni 1854. XXIII, 309 S. 2 Bl. 8°. 5 lir. a.

Synogowitz, Eduardus *(geb Posen 28.10 1838)*: De placenta praevia. Vratislaviae (1865). (23 S.) 8°
Breslau, Med. Diss. v. 23. Dez. 1865 [vielmehr 7. Febr. 1866]

Synonime oder Sammlung einiger ähnlich bedeutender Wörter der deutschen Sprache. Wien 1791. V: *Richter, Joseph.* (Hans Viktor Pisk: Josef Richter. Diss. Wien 1927. S. 128)

Synonyme

— od. Samml. einiger ähnliches bedeutenden Wörter der deutschen Sprache. gr. 8. Wien 794. v. Mösle. 8 gr

Synonyme, Ausgewählte Englische. Karlsruhe 1854. V: *Killinger.* (Grossh. Hof- u. Landesbibl. Carlsruhe 1876.)

Synonymen, ausgewählte englische. Deutsch bearb. zum Gebrauch für den öffentl. und Privatunterricht. gr. 8. (XVI und 212 S.) Karlsruhe 854, Müller'sche Hofbuchh.

Synonymen, deutsche, oder sinnverwandte Wörter, gekrönte Preisschrift v. Fischer, Petersen u. Sander. 2 Bde (oder 9r u. 10r Bd. der Schriften der Manheimer deutschen Gesellsch.) gr. 8. Manh. 793. Pränumerat.-Compt. (Körner in Frankf. a. M.) 2 ℛ 12 gr (s. auch **Schriften** der Manheimer deutschen Gesellschaft.)

Synonymen, deutsche, od. sinnverwandte Wörter, gekrönte Preisschr. v. Fischer, Petersen u. Sander. 2 Bde. (ist d. 9te u. 10te Bd. d. Mannheim. deutsch. Gesellsch.) gr. 8. Mannh. Pränumerat. Comt. (Schwan u. G.) 793.

Synonimen d. deutschen Sprache rc., s. a. Meineke.

Synonymen, Die, der deutschen Sprache in einer Reihe von Fabeln, Parabeln . . . Halberst. 1814—15. V: *Meinecke, Johann Heinrich Friedrich.* (ErschDL) (Gi)

Synonymes français, leur différ. significat. et le choix, qu'il en faut faire pour parler avec justesse, par Beauzé. II Vols. 12. Hamb. 796. Fauché. 1 ℛ 8 gr

— français par Diderot, d'Alembert et de Jaucourt. 8. Stuttg. 802. Metzler. 16 gr

Synonymous, english, or the difference between words estemeed synonymous in the english language. 8. Leipzig, Gerh. Fleischer. 804.

Synopsis basilicorum, s. Ius graeco-romanum.

Synopsis oder Begriff des Schau-Spiels. Aufgeführt... durch J. B. B. 1750, s. Bebber, Johann Baptist

Synopsis Chronologica Seu Ratio temporum et rerum succinta . . . Graecii 1711. V: *Andrian, Carl.* (Jes)

— doctrinae sacrae. 8maj. Augsb. 764. (Kranzfelder). 1 ℛ

— doctrinae sacrae. 8. maj. Augsb. Wolf. 764.

Synopsis Euclidis applicati, seu Elementa Geometriae . . . Graecii 1730. V: *Tosch, Carl.* (Jes)

Synopsis evangelica. Ex quattuor evangeliis ordine chronologico concinnavit, brevi commentario illustravit, ad antiquos testes denuo recensuit Constantinus de Tischendorf. Editio tertia emendata. Lipsiae 1871.

Synopsis Evangeliorum Matthaei, Marci et Lucae vide G. M. L. de Wette.

Synopsis Evangeliorum Matthaei, Marci, Lucae. Graece ed. J. J. Griesbach. Hal. 776. 8. 1 rthl. Ib. 797. 8. 1 rthl. Ib. 809. 8. 1 rthlr. 12 gr.

— **Evangeliorum** Matthaei, Marci et Lucae, graece, text. recens et selectam lectionis variet. adj. 8. maj. Halae, Curt. 797.

— — — — cum parallelis Joannis pericopis. Graece. Ex rec. Griesbachii cum selecta lectt. variet. et brevib. argum. et notationibus adjectis. (Ed. Lücke.) Berol. 818. 4. 2 rthlr. 12 gr.

—— evangeliorum Matthaei, Marci et Lucae cum Joannis pericopis parallelis. Textum ex ordine Griesbachii, dispartitum cum varia scriptura selecta edid. M. Roediger. 8 maj. (17½ B.) Halae 829, Grunert.

Synopsis Evangeliorum Matthaei, Marci et Lucae, cum parallelis Ioannis pericopis. Ex recens. Griesbachii, cum selecta Griesbachiana lection. variat. atque enotata Lachmanniana lectione. Concinnav. et breves argumentorum notationes adiecer. G. Mart. Leber. de Wette et Frid. Lücke. Edit. II. emend. Lex.-8. Berolini 842, Reimer. n. 1⅓ ℛ

Synopsis fiscologica. Lugduni Bat. [Halae] 1701. V: *Zeidler, Johann Gottfried.* (WR)

Synopsis fontium Austriae provinciarumque subditarum a J. C. M. D. Viennae Austriae 1778. V: *Crantz, Hch. Joh. von.* (BiblPort)

— fontium Austriae provinciarumque subditarum. 8. Wien 778. (Beck). 10 gr

Synopsis fontium Austriae

Synopsis fontium Austriae provinciarumque subditarum. 199 S., gbd.

Viennae Austriae: Bernard 1778

JB 2.768

— fontium Austriae provinciarumque subditarum. 8. Vien. Wappler et B. 778.

Synopsis Genealogiae Austriacae. Graecii 1713. V: *Sarmeda, Daniel.* (Jes)

— geographica globi terraquei. 8. Pressb. 755. Landes. 14 gr

Synopsis Historiae universalis ab Orbe condito usque ad tempora Caroli Magni . . . Viennae Austriae 1713. V: *Andrian, Carl.* (Jes)

Synopsis historico-genealogica Regiae Domus Lotharingicae. Graecii 1747—48. V: *Vorster, Sigm.* (Jes)

Synopsis hymnologiae illustris Germaniae. Gryphiswaldiae 1718. V: *Klein, M. C. E.* (Myl)

Synopsis juris ecclesiastici ad normam M. Schenkl. . . . Passavii 1834. V: *Pösl, Friedrich.* (Wa) (EngJ) (Ky) (Schmal) (Th) (Schletter, Handb. d. jurist. Litt. Grimma 1843. S. 97.)

Synopsis juris ecclesiastici ad normam Mauri Schenke. In usum auditorum (ed. Fr. Poesl). 8maj. Passau 834. Winckler. (Pustet.) 5/12 ₰

Synopsis iuris ecclesiastici publici et privati, quod per terras hereditarias . . . Mariae Theresiae olim obtinuit . . . Vindob. 1776—99. V: *Riegger, Paul Joseph Ritter von* oder: *Rautenstrauch, Franz Stephan.* (WBL) (Weber) (ML)

— methodica quadrupedum ova parientium, seu amphibiorum Linnaei classis prima. 8. Mainz 789. Kupferberg. 2 gr

Synopsis militaris, oder kurtzer Begriff worinen ausführlich enthalten: I. Das Kayserliche Reglement, oder monatliche Verpflegung der Generalität und Soldatesca zu Ross und Fuss. II. Was die Kayserl. Guarnisonen in unterschiedlichen Vestungen zu unterhalten Jährlich erfordern. III. Was zur Defension einer Vestung, wenn sie feindlich angegriffen, erfordert wird. IV. Was zur Belagerung einer Vestung an Kriegs-Requisiten beyzuschaffen ist. V. Von der Artillerie und was deme anhängig. VI. Ein curieuses Project, wie viel Soldatesca zu Ross und Fuss die Kayserl. Erb-Länder ins Feld stellen können. 12. Augsburg (ca. 1712).

Leunis, Römer, Senft u. Frank, Synopsis der drei Naturreiche. Ein Handbuch für höhere Lehranstalten etc. 7 Bände. 8°. 2. vielfach verm. u. verb. Aufl. Mit vielen Holzschn. i. Text. Thl. I: Zoologie. Hannover 1860. Thl. II: Botanik. Abth. 1: Allgemeiner Theil und Schlüssel zur speziellen Botanik. Abth. 2: Spezielle Botanik — Phanerogamen. Abth. 3: Kryptogamen-Register. Hannover 1877. Thl. III. Abth. 1: Mineralogie. Abth. 2: Geognosie. a) Atmosphäro-, Hydro- u. Petrographie. Mit 122 Holzschn. b) Formationenlehre. Mit 333 Holzschn. Hannover 1875—78.

Synopsis nummorum Graecorum qui in bibliotheca Magni Ducis Badarum Carolsruhensi servantur . . . Karlsruhe 1879. V: *Brambach, Wilh.* (Zuwachsverz. d. Bibliotheken in Zürich 1898 ff.)

*Synopsis polemica. Klgft., v. Kleinmayr. 1772.

Synopsis polemica, potiores fidei quaestiones . . . disquirens. Viennae 1759. V: *Briger, Candidus.* (EB)

— polemica, potiores fidei quaest. immo laesiones disquirens. 8. Wien 759. Trattner. 12 gr

Synopsis Rei Nummariae Veterum Honori . . . Dominorum Baccalaureorum . . . Styrae 1724. V: *Edschlager, Christian.* (Jes)

Synopsis, Rerum per Europam gestarum a sancita ad Pyreneos Pace usque ad nuper partam Ultrajecti, Rastadii et Badae. Norimb. 1715. V: *Freschot, Casimir.* (AarK) (Barbier)

—— ritualis Romani in visitandis, providendis et adjuvandis infirmis. Qua appendix ad quemcunque librum pro infirmis, praecipue vero ad libellum slovenicum: Voditel proti objubleni desheli, cujus etiam paginas indicat. 8. (2¼ B.) Klagenfurti 843, Leon.

— totius sacrae scripturae, seu summaria vulgatae et tirini veteris et novi testament. facies. 8. Bresl. 758. W. G. Korn. 12 gr

Synopsis stirpium Aragoniae, cum mantissa et fig. 4. Frkf. a. M. 779—81. (Varrentrapp). 2 ₰ 18 gr

— Theologia moralis. 8. maj. Augsb. Wolf.

Synopsis vitae, virtutum, ac miraculorum sancti Joannis Francisci Regis e Societate Jesu. Pragae 1738. V: *Jouvancy, Joseph de.* (JesCorrections I, Sp. 22)

— oder gedrängte Zusammenstell. der wichtigsten Pharmaka nach Rubriken, für angeh. Aerzte 2c. 8. Nürnb. 804. Stein. 6 gl.

Synopticus s.a. Springer, Rud.

Zur österreichischen Nationalitätenfrage. Staat und Nation. Staatsrechtliche Untersuchung über die möglichen Principien einer Lösung und die juristischen Voraussetzungen eines Nationalitäten-Gesetzes von Synopticus. Mit einer Literatur-Uebersicht. Wien. 1899. Dietl. Gr.-8°. 39 S. fl. —.50

— s.: Staat u. Nation.

Syntagma
— criticum variorum auctorum. Ex bibl. J. H. Schminckii. Marb. 717. 4. 1 rthl.

Syntagma dissertatt. selectt., jus publ. Germaniae universale illustrantium, c. praef. Jo. Jac. Moseri. *Tubing.* 735. 4.

Syntagma de rebus rusticis et oeconomicis e scriptor. rei rusticae per Schoenium. Erford. 735. 8.

Syntax, des Doktor, Reise. Ein Gedicht in 26 Gesängen, nebst 30 kolor. Steinstichen. gr. 8. Berlin 822, Maurersche Buchh. Rthlr.

Syntax der russischen Sprache, mit der deutschen vergleichend dargestellt (von J. Nikolitsch). gr. 8. (VIII und 114 S.) Mitau 853, Reyher'sche Brlgsh.

† Syntax, Peregrinus, (Friedr. Ferd. Hempel.)

— s. Museum ausländ. Meisterwerke, 54, 144 u. 154 Bdchen.

Syntax, Peregr., (F. Ad. Hempel.) Reimlexicon, allgemeines deutsches. 2 Bde. Lex.-8. Leipzig 826. Brockhaus, ist jetzt der Pr. nur 2 ℳ

— s. Rousseau's auserl. Werke.

— s. Voltaire: Henriade.

— s. Voltaire's auserl. Werke.

Syntaxis Graeca oder Untersuchung der Eigenschaften der Griechischen Sprache. Wolfenbüttel 1716. V: *Wachner, Andreas Georg.* (ML)

Syntaxis latina in usum mediae grammatices classis alumnorum collegii regii Argent. 8. Argent. (Levrault, Strasb.) 777.

Syntaxis latina, s. a. Schröer, G.

— latina, regulis perspicuis ac concinnis comprehensa, captu potissimum juventutis accommodata. Appendix cont. Exempla germanica latine reddenda et Prosodiam latinam (a T. G. Schröer). 8maj. Posonii 829. Landes. 12 gl.

Synthesis. Sammlung histor. Monographien philosoph. Begriffe. I.—III. Bd. 8. Heidelberg, Carl Winter. 10.—; geb. in Leinw. n 12. 40
Baumann, Jul., der Wissensbegriff. Eine historisch-philosoph. u. philosophisch-krit. Monographie. (VIII, 231 S.) 908. (Bd. I.) 3.—; geb. 3. 80
Rehmke, Johs., das Bewusstsein. (250 S.) 910. (Bd. III.) 3.40; geb. n. 4. 20
Stöhr, Adf., der Begriff des Lebens. (VIII, 356 S.) 909. (Bd. II.) 3.60; geb. n 4. 40

Syntipas. Syntipae Philosophi Persae Fabulae LXII. Graece et Latine. Ex duobus codicibus Mosquensibus primum edidit et animadversiones adiecit Christianus Fridericus Matthaei. Accesserunt scholia inedita Porphyrii aliorumque ad Iliados Homeri Ω et notitia variorum Codd. Mss. Lipsiae 1781.

Syntipae Persae fabulae LXII. graec. et lat. ed. et animadvers. adj. Chr. Fr. Matthäi. 8maj. Moskau 781. (Leipz., Breitkopf u. H.) 12 gl.

Συντίπας. De Syntipa et Cyri filio Andreopuli narratio e codd. Pariss. edita Jo. Fr. Boissonade. 12maj. Paris 828. (Weigel in Leipz.) 1 ℳ 12 gl.

Syo, E. de, Magnetapparate z. Ausscheiden v. Eisen, Stahl, sowie aller sogen. magnet. Körper aus nicht magnet. Materialien. Deren Entstehg., Geschichte u. Anwendg. gr. 8. (27 S. m. 41 Fig.) Augsburg 895. (B. Schmid's Sort.) n. — 60

Syo, E. de, autogenes Schweissen, Löten, Nieten usw., s.: Uhland's techn. Bibliothek.

Syo, Karl de

Syo, Carl de, das Decret über die Erhaltung und Verwaltung der Güter des Clerus vom 6. November 1813. Uebersetzt und unter Berücksichtigung der darauf bezüglichen preuß. Gesetze, so wie der ähnlichen Verhältnisse auf der rechten Rheinseite, erläutert. Köln 863. Du Mont-Schauberg. gr. 8. (VII, 294 S.) n. 1 ℳ 10 ngr.

Syo, Carl de, das die Kirchen-Fabriken betreffende Decret vom 30. Decbr. 1809. Uebersetzt und unter Berücksicht. der darauf bezügl. preuß. Gesetze erläutert. gr. 8. (VII und 276 S.) Köln 861, Du Mont-Schauberg'sche Buchh. *

— das die Kirchen-Fabriken betreffende Decret vom 30. December 1809. Uebersetzt und unter Berücksichtigung der darauf bezüglichen preuß. Gesetze erläutert. 861. (VII, 276 S.) n. 1 ℳ 10 ngr. — 2., verb. u. verm. Aufl., enth. zugleich die Erläuterung der auf der rechten Rheinseite geltenden erzbischöflichen Verordnung vom 31. Januar 1849 und des Decrets-Entwurfes über die allgemeine Verwaltung des Kirchenvermögens im Großherzogthum Berg vom 6. November 1813. Ebend. 864. gr. 8. (VIII, 353 S.) n. 1 ℳ 15 ngr.

Syola, M., Erlebtes u. Erlittenes. Gedichte. (V—VIII, 123 u. I S.) 8. Dresden (908). E. Pierson. 2.50; geb. n 3. 50

— „Herbert Smyth" u. andere Novellen. (V, 150 S.) 8. Ebd. 908. 2.—; geb. n 3. —

— Vita Nostra. Schauspiel in 5 Akten m. 2 Vorspielen. (VII, 167 S.) 8. Ebd. 908 2. 50

— Wilhelm v. Oranien, Prinz d. Niederlande. Drama in 5 Akten u. 4 Zwischen-Akten. (107 S.) 8. Leipzig 909. Modernes Verlagsbureau. 2. —

Wilhelm von Oranien, Prinz der Niederlande. Drama in 5 Akten u. 4 Zwischen-Akten von M. Syola. Berlin-Leipzig: C. Wigand 1909. 107 S. 8°

Syord, Jean Marie (Annecy) A. S. 281/20

Dissertatio inauguralis juridica de privilegiis bonorum ecclesiasticorum.
Strassburg (Piescker) 20. IV. 1733. 23 S.
34129

Gew.: Paul Esprit Feydeau.

Syphiliden, die, im Kindes-Alter. Nach Beobachtungen von Friedinger, Mayr und Zeissl. Lex.-8. (12 S. mit 5 eingedr. Farbendr.) Wien 858, Typographisch-literarisch-artistische Anstalt. *
Aus: Jahrbuch für Kinderheilkunde, besonders abgedruckt.

Syphilidologie, od. d. neuesten Erfahrungen, Beobachtungen u. Fortschritte d. Inlandes u. Auslandes üb. d. Erkenntn. u. Behandl. d. vener. Krankheiten. Eine Samml. d. Wissenswerthesten u. Interessantesten aus d. neuesten Werken, Zeitschriften etc. Hrsg. v. Friedr. J. Behrend. 1—4. Bd. à 4 Hfte. gr. 8. Leipzig, Kollmann. [1. (40 B.) 838, 39, 2. (40½ B.) 839, 40., 3. (40 B.) 841., 4. (39½ B.) 842, 43. à H. ⅝ Thlr.]

—— dass., Ergänzungsheft. — A. u. d. T.: Darstellung d. Verlaufs u. d. Behandl. d. primär. vener. Krankheit u. ihrer Varietäten, v. Will. Wallace. Deutsch bearb. unt. Redakt. v. Friedr. J. Behrend. gr. 8. (21⅛ B.) Ebds. 842.

Syphilidologie, od. die neuesten Erfahrungen etc. über die venerischen Krankheiten. Hrsg. v. Fr. J. Behrend. 5—7. Bd. à 4 Hfte. gr. 8. (119 B. u. 1 Kpfr.) Leipzig 843—46, Kollmann. à Hft. 19 Ngr.
1—4. Bd. u. Ergänzungsheft. Ebendas. 1838—43. 11 Thlr. 7½ Ngr.

Syphilidologie oder die neuesten Erfahrungen, Beobachtungen und Fortschritte des Inlandes u. Auslandes über die Erkenntniss u. Behandlung der venerischen Krankheiten mit Berücksichtigung der dyskrasischen Hautleiden. Eine Sammlung von Originalaufsätzen, Abhandlungen, Notizen u. Auszügen aus den neuesten Werken etc. Herausg. von F. J. Behrend. Neue Reihe. 1. Bd. 1—4. Heft und 2. Bd. 1. Heft. Mit 8 Abbildgn. Erlangen 857, 58. Palm u. Enke. gr. 8. (1. Bd.: IV, 676 S.; 2. Bd.: S. 1—144.) Jedes Heft n. 24 ngr.
1—7. Bd. u. Ergänzungsheft, Leipzig 838—46. Kollmann. 18 ℛ︀. 25 ngr.

Syphilidologie oder die neuesten Erfahrungen, Beobachtungen und Fortschritte des Inlandes und Auslandes über die Erkenntniss und Behandlung der venerischen Krankheiten mit Berücksichtigung der dyskrasischen Hautleiden. Eine Sammlung von Originalaufsätzen, Abhandlungen, Notizen u. Auszügen aus den neuesten Werken, Zeitschriften, Dissertationen, Preisschriften etc. Herausg. von Frdr. J. Behrend. Neue Reihe. 2. Bd. 2—4. Heft u. 3. Bd. 1—4. Heft. Erlangen 859—62. Palm & Enke. gr. 8. (2. Bd.: IV, S. 145—608; 3. Bd.: IV, 626 S.) Jedes Heft n. 24 ngr.

Sypniewski, Alfred von

— Geschichte d. neuesten Zeit v. J. 1816 bis auf d. Gegenwart m. bes. Berücksicht. Österreich-Ungarns u. Deutschlands, zusammengest. u. bearb. v. S. 4., wesentl. verb. Aufl. gr. 8. (VIII, 300 S.) Wien 896. W. Braumüller. n. 3.—

Sypniewski, Alfr. Ritter v., 50 Jahre Kaiser. Für die Völker Österreich-Ungarns. gr. 8. (IV, 438 S. m. 4 Portr.) Wien 898. C. Teufen. n. 4. 50

Syra, s.: Theater f. die weibliche Jugend. 26.

Syra, oder die Macht der Liebe. Ein christliches Trauerspiel in 5 Aufzügen aus dem Anfange des 4. Jahrh. Aus Wiseman's „Fabiola" ausgezogen und zur Aufführung in Erziehungsinstituten dramatisch bearb. von J. St. 12. (84 S.) Augsburg 858, Kollmann'sche Buchh.

Syrach, od. ein Wort d. Wahrheit üb. die Frage: haben die Fränk. Directoren, od. der Kaiser den Frieden Deutschlands gehindert? (v. J. M. Weissegger). 8. Deutschl. 799. (Dannheimer in Kempt.) 6 ℛ︀

Syrach der Enkel oder: Ein Wort der Wahrheit. . . . Deutschland [Kempten] 1799. V: *Weissegger von Weissenegg, Joseph Maria.* (Wr)

Syracuse Central Demokrat: 1858—1899?
Democratic weekly; supported Tilden. Circulation: 1870, 1088 (est.); 1880, 1020; 1890, 1239; 1898, 1250. Edited & published by Julius Schwarz, 1858—68?; by Joseph Hofmann, [with his son, 1873—88], 1868—88; by Louis C. Hofmann, 1889—91; by Leo J. Hofmann, 1892—96; edited by Ludwig C. Renning, & published by F. J. Kuntz, 1897—99.
Syracuse, NY

Syracuse Union: 1852—1941?
Republican weekly. For Sunday edition, see SONNTAGSBLATT. Circulation: 1870, 350 (est.); 1880, 700 (est.); 1890, 700; 1900, 2575; 1905, 3000; 1910, 2500; 1925, 1723. Edited & published by Alexander von Landberg, 1852—96; by J. P. Pinzer, 1897—1904; edited by J. P. Pinzer, & published by Pinzer-Union Publishing Co., 1905—12; edited & published by Alexander E. Oberländer, 1913—34; edited by Alexander E. Oberländer, & published by Oberländer Press, 1835—41. See *Rowell, 1870—85; Ayer, 1880—1941.*
Syracuse, NY

Syrakuser, die, Trauerspiel in 5 Akten von J. F. von Auffenberg. 8. Bamberg, Göbhardt. 820.

Syrau [Schlagwort]

Syrau, s.: Sachsen. Karte. Messtischblätter.

Syrbe, Johann Jakob

Syrbius, J. J., de auctoritate S. S. inter gentiles. Jen. 1705. 4.

Syrbe, Johann Jakob [Praes.], s. Cappelmann, Andreas: De re scholastica recte constituenda. Schediasma philos.

Syrbe, Johann Jakob [Praes.], s. Frisius, Samuel: De sabbatho gentili.

Syrbe, J. J., de Pauli in urbem Romae ingressu. Jen. 1732. 4.

Syrbe, I. Ia., instit. philosophiae primae novae et eclecticae. 8. Ienae. Meyer. 726.

— philosophiae rationalis. 8. ibid. 723.

Syrbe, Johann Jakob [Praes.], s. Ritter, Johann Matthias: De desiderio hominis infinito dissertatio.

Syrbius, J. J., de sabbato gentili. Jen. 1700; rec. 1726. 4; rep. in Tempe Helv. 2. p. 527 ss.

Syrbe, Johann Jakob [Praes.], s. Weidler, Jo. Friedrich: De philosophia prima in locum et honorem suum restituenda dissertatio.

Syrce, der Marquisin von, und des Grafen von Mirbelle Geschichte, in Briefen, aus dem Franz. 2. Theile mit Kupf. 8. Nürnberg, 774. Bauer. 1 Rthl.

Syrce, d. Marquisin von, u. des Grafen v. Mirbelle Gesch. 2 Thle. 8. Nürnb. Schmidmer. 774.

Syré, Vincenz, pr. Arzt: Über einen Fall von enormer Magendilatation infolge von Abknickung des Duodenums durch entzündliche Adhäsionen bei Cholelithiasis und Carcinom der Gallenblase. Brandenburg a. H. 1909: Wiesike. 16 S. 8°
Erlangen, Med. Diss. v. 30. Juli 1909, Ref. Hauser
[Geb. 28. Nov. 70 Münster i. W.; Wohnort: Pritzerbe; Staatsangeh.: Preußen; Vorbildung: Gymn. Münster Reife O. 91; Studium: Würzburg 7, Erlangen 1, Greifswald 1 S.; Coll. 7. Juni 09; Approb. 12. Juli 03.] [U 10. 828

Syrée: Über den mündlichen Gebrauch der lat. Sprache an Gymnasien. 7 S. – Aachen, Progr. 1868.

Syrée, Gustav, aus Aachen: Ueber den Konkurrenzkampf der Kulturhefe Frohberg mit Saccharomyces Pastorianus III unter verschiedenen Bedingungen. *Jena: G. Fischer 1898.* (35 S.) 8°
Erlangen, Phil. Diss. v. 27. Juli 1898

Beschreibung der Uralten Adelichen nunmehr Freyherrl. Familie von Syrgenstein, Ursprung, Wappen, Wachsthum etc. (von J. G. Frh. v. u. zu Syrgenstein.) Mit Portr. und Wappenabbildg. O. O. u. J. (1766). 4.

v. Syrgenstein, Reichsfrhrr. Marqb., Gedichte. Mit 1 Kpf. u. 1 Vign. 8. Kempt. 800. Dannheimer. 1¼ ℛ 8. Münch. 798. Fleischmann. 20 ℛ

— dichterische Versuche meiner Jugend. 8. Ingolst. 790.

Syria descripta a Scherifo El-Edrisio etc., s. *Analecta* arabica, Pars III.

Syria, the Holy Land, Asia minor, etc. illustrated. In a Serie of Views drawn from nature, by W. H. Bartlett, Will. Purser etc.: with Descriptions of the plates by Joh. Carne, Esq. author of „Lettres from the East" etc. Part. I–XX. Mit Stahlst. u. Text. gr. 4. London 836—38. Fisher, Son and Co. (Asher.) n. 17 5/6 ℛ

Syriaca inedita. Eine Sammlg. syr. Uebersetzgn. v. Schriften griech. Profanliteratur. Mit e. Anh. Aus den Handschriften d. britt. Museums hrsg. v. Ed. Sachau. gr. 8. (XIII, 134 S.) Halle 870. Buchh. d. Waisenh. n. 6. —

Syriani in Hermogenem commentaria, edidit Hugo Rabe. 2 voll. 8. Leipzig, B. G. Teubner. n. 3.20
1. Commentarium in libros περὶ ἰδεῶν. Accedit Syriani quae fertur in Hermogenis libros περὶ ἰδεῶν praefatio. (XVI, 112 S.) 892. n. 1.20
2. Commentarium in librum περὶ στάσεων. Accedunt indices. (VIII, 222 S.) 893. n. 2. —

Syriani in metaphysica commentaria ed. Guilelm. Kroll, s.a. Commentaria in Aristotelem graeca. VI. 1.

Syriani in Metaphysica commentaria. Consilio et auct. Acad. litt. reg. boruss. ed. Guilelmus Kroll. Berolini: G. Reimer 1902. (XIII, 219 S.) 4°(8°)
(Commentaria in Aristotelem graeca. Vol. 6, P. 1.)

Συριάνου τοῦ Φιλοξένου εἰς τὸ ΒΓΜΝ τῶν Ἀριστοτέλους μετὰ τὰ φυσικὰ ὑπομνήματα ed. H. Usener. 1870. 106 S. 4°.

Syrien [Schlagwort]

Syrien, s.a. Afrika. Karte, neue, von.

— s.a. Europa. Baur, C. F. — Hand- u. Reisekarten. 52.

Syrien, s.a. Geschichtskarten. Kiepert.

Syrien. Blanckenhorn, Max, Karte v. Nord-Syrien. 1 : 500,000. Farbendr. 68,5×47 cm. Nebst Erläutergn u. e. Anh. üb. neue barometr. Höhenmessgn. in Syrien. [Aus: „Grundzüge der Geologie u. physikal. Geographie v. Nord-Syrien".] gr. 4. (15 S.) Berlin 891. R. Friedländer & Sohn. n. 8. —

Syrier, die heutigen, s.a. Reisen u. Länderbeschreibungen.

Syrier, Die heutigen, oder gesellige und politische Zustände der Eingeborenen in Damaskus, Aleppo und im Drusengebirg. Aus dem Englischen übersetzt und mit statistischen Nachrichten aus der Handschrift des Verfassers vermehrt. Stuttgart und Tübingen 1845.

Syringius, Christianus Hildericus (d. i. Schweser, Christoph Heinrich): „Aurea praxis iuris decimando oder: Nützliche Vorstell- und Ausübung des Zehend-Rechts", Nürnberg 1708. — Vorh.. Bibl. des Oberlandesgerichts Celle — Md. 626 — 2. Auflage, Augsburg 1719, vorh.: Bibl. des German. Museums Nürnberg. — 4. Aufl., Augsburg 1735, vorh. Bibl. des Kammergerichts Berlin — Ec. 1116ᵃ.

Syring, Chr. Hilderich, (d. i. Frid. Schweser.) Aurea praxis juris decimandi. — Nützliche Vorstellung u. Ausüb. d Zehentrechts. *Nürnb.* 708. 8. *Augsb.* 719. 725. 4.

Syring, Ch. H., praxis decimandi, od. Vorstell. u. Ausüb. d. Zehendrechts. 4. Augsb. 755.

C(hr). H(ild). S(YRINGII). (SCHWESER, Chr. H.): **Theatrum servitutum od. Schauplatz d. Dienstbarkeiten. *Nürnb.*, Bauer u. Raspe. (709.) 769. 4. (2 Thl.)**

Syrings, C. H., Vorstellung und Ausübung des Zehendrechtes. 4°. Augspurg 1719.

Syring, E., Anleitung zur Buchführung f. Baugenossenschaften, Bau- u. Sparvereine, s.: Handbibliothek f. das deutsche Genossenschaftswesen. 4.

Syrkin, Ch[aja], [aus Petersburg]: Ueber Tuberkulose im Kindesalter vom zweiten bis zum sechsten Lebensjahre. Zürich 1907. 30 S. 8°. [4. III. 07.]
Zürich. Med. Diss. 1906/1907.

[Syriotes, Ioannes Michaelis filius]: *Ἀρχαιολογία τῆς νήσου Χίου.* 40 S. 4° (2°)
Halle-Wittenberg, Phil. Diss. v. 11. Aug. 1863
Geb. [Chios (Griechenland) Nov. 1834]

Syrkin, Ch[aja]. Ueber Tuberkulose im Kindesalter vom zweiten bis zum sechsten Lebensjahre. Diss. Med. Univ. Zürich. 30 S. 8. Zürich, Gebr. Leemann & Co., 1907.

Syrkin, G. J., Ma'recheth ha-domam. Aus dem Mineralreiche. Mit besonderer Rücksicht auf Handel u. Industrie. In hebräischer Sprache leichtfasslich dargestellt. Mit einem Vorwort von J. Fürst. Leipzig 869. Hunger. gr. 8. (VIII, 174 S.) 25 ngr.

Syrkin, N., geschichtsphilosophische Betrachtungen. gr. 8. (III, 140 S.) Berlin 896. F. Gottheiner. n. 3. —

Syrkin, N., was muß man von der Psychologie wissen? Allgemeinverständlich beantwortet. gr. 8. (68 S. m. 1 Fig.) Berlin (901). H. Steinitz. n. 1. —

Syrkin, Nachmann, Empfindung u. Vorstellung, s.a. Studien, Berner, zur Philosophie u. ihrer Geschichte. XXXIII.

Syrkin, Nachman. Empfindung und Vorstellung. II + 86 S. 8. Bern, Scheitlin Spring & Cie., 1903. (fr. 1. 50)
Berner Studien zur Philosophie und ihrer Geschichte. Hrg. von Dr. Ludwig Stein.... Band 83.

Syrokomla, Ladisl., Hans vom Friedhof. (Janko Cmentarnik.) Eine Dorfgeschichte. Aus dem Poln. metrisch übertr. v. M. Morgenroth. 12. (63 S.) Leipzig 894. W. Friedrich. n. 1. —

Syrokomla, Wladysl., pisma epiczne i dramatyczne. 9 Bde. Posen 869. Jagielski. 8. (III, 272; 245; 237; 274; 266; III, 244; III, 236; IV, 249; u. IV, 230 S.) n. 12 ℛ; in engl. Einb. n.n. 15 ℛ

Syrovátka-Pán, Hans, das österreichische Marktrecht. gr. 8. (56 S.) Wien 902. M. Perles. n. 1. 20
Sonderabdruck aus: „Öst. Zeitschr. f. Verwaltung".

Syrovy, Ceněk, Böhmisch, s.: Neufeld's Unterrichtsbriefe.

Syrový, Cenĕk, böhmische Unterrichtsbriefe, s.: Bača, Paul.

Syrovy, Vincenz, Lehrbuch der deutschen Sprache für Tschechen, s.: Zikil, Rich.

Syrski, üb. die Reproductions-Organe der Aale. [Mit 2 (lith.) Taf. (in Lex. 8. u. qu. 4.] [Aus: „Sitzungsber. d. k. Akad. d. Wiss."] Lex.-8. (12 S.) Wien 874. (Gerold's Sohn.) n. — 80

Syrski, Dr.: Über die Reproduktionsorgane der Aale. S. 69. I. 315.
Separatabdruck

SYRUCZEK, Eugen: Kurzer Abriß der allgemeinen Forstbotanik zur Belehrung für angehende Forstmänner und Oekonomen nebst einem Anhang über sämtliche in den k.k. österreichischen deutschen Staaten und Galizien noch in Wirksamkeit bestehenden Forstgesetze und Verordnungen. - Prag 1846. 681 S., 7 Taf.

Syruczek, Eug., kurzer Abriß d. allgemeinen Forstbotanik z. Belehrung f. angehende Forstmänner u. Oekonomen, nebst e. Anhange üb. sämmtl. in d. k. k. österr. deutschen Staaten u. Galizien noch in Wirksamkeit bestehenden Forstgesetze u. Verordnungen. Mit 8 color. Steintaf. gr. 8. Prag 846. (Calve'sche Buchh.) n. $2^1/_6$ ₰ bei Credner das. n. $2^1/_2$ ₰

SYRUCZEK, Eugen: Das Forstgesetz vom 3. December 1852 und die bestehenden Jagd-Gesetze mit den Bezug nehmenden Straf-, Waffen- und Polizeigesetzen... - Rumburg 1853. 108 S.

Syruczek, Eugen —. Das Forstgesetz vom 3ten Dezember 1852 und die bestehenden Jagdgesetze, mit den Bezug nehmenden Straf-, Waffen- und Polizeigesetzen, Verordnungen und Erläuterungen. Zusammengestellt und kommentirt von — —. 8. (108 S., XVIII.) Rumburg. Gedruckt bei Moritz Adam. 1853.

Syruczek, Eugen —. Das Forstgesetz vom 3ten Dezember 1852 und die bestehenden Jagdgesetze, mit den Bezug nehmenden Straf-, Waffen- und Polizeigesetzen, Verordnungen und Erläuterungen. Zusammengestellt und kommentirt von — —. (2te vermehrte und verbesserte Auflage.) 8. (1 Blatt, 110 S. und XVIII.) Rumburg. Gedruckt bei Moritz Adam. 1853.

Syruczek, Eugen —. Nachtrag zur Broschüre: Das Forstgesetz vom 3. Dezember 1852 und die bestehenden Jagdgesetze mit den Bezug nehmenden Straf-, Waffen- und Polizeigesetzen, Verordnungen und Erläuterungen, zusammengestellt und kommentirt von — —. 8 (20 S.) Rumburg. Buchdruckerei von Moritz Adam.

Syrup, Friedrich, Diplom-Ingenieur a. Hannover: Astigmatische Spiegelung im dreiaxigen Ellipsoid. Rostock 1905: H. Winterberg. (45. S.) 8° [F.]
Rostock, Phil. Fak., Ref. Wachsmuth, Diss. v. 20. Juli 1905
[Geb. 9. Okt. 81 Lüchow; Wohnort: Hirschberg; Staatsangeh.: Preußen; Vorbildung: Leibniz Reformsch. (Realgymn.) Hannover Reife O. 00; Studium: Hannover T.H. 6, München 2, Rostock 2 S.; Rig. 17. Juli 05.]

Syrus, Publilius

Syri, Publii, Mimi similiumque sententiar. collectio a Geo. Fabricio congesta. Cum commentario Des. Erasmi Roterod. in P. Syri Mimos interpret. germ. metrica indicibusque locuplet. in us. cum omnium romanae poeseos cultorum tum inprimis eorum qui commendat. memoriae sui in albis amicor. cum insignibus veterum sententiis conjungere cupiunt, edid. J. F. Kremsier. Edit. II. emend. — A. u. d. T.: Des Publius Syrus Sinnsprüche u. d. Geo. Fabricius Sammlung ähnl. Stellen griech. u. röm. Dichter. Metr. in d. Teutsche übertr., mit umfass. Register vers. u. insbesond. d. Gebr. f. Stammbücher gewid. v. J. F. Kremsier. 2., verb. Aufl. 8. ($8^1/_2$ B.) Leipzig 834, Hinrichs.

Syrus, P., u. mehrerer Alten Denksprüche, metrisch übers. v. J. L. Schwarz. gr. 8. Götting. 813. Dieterich. 6 gr

—— Sententiae etc. cur. C. Zell, s. Auctores class., Vol. X.

Syri, P., Sententiae, vide Auctores latini minores edit. Tzschucke. T. I. P. 4.

— sententiae edid. Majus, s. Bentlei.

— et alior. sententiae cum D. Laberii prologo et fragm. add. J. C. Orelli, s. *Carmina* sentent. poët. latin.

Syri Mimi et aliorum sententiae cum D. Laberii prologo et fragmentis moralibus. Acc.. Sententiae collectae per G. Fabricium nec non J. Camerarii et Jani Anysii Sententiae, Jos. Scaligeri Jambi gnomici et Mureti Institutio puerilis. Syrum et Laberium recens., versionem graecam J. Scaligeri ejusdemq. in eam scholia adjecit, notis variis partim integris partim selectis illustravit, animadv. J. Casp. Orelli suasque et indices addid. J. Conr. Orellius. Lips. et Sorav. 822. 8. — Ist der *erste* Theil der *Carmina sentensiosa*, wovon der Titel oben angegeben ist.

— — vid. Phaedrus, Edit. Biponti.

— sententiae recens. F. H. Bothe, s. *Poëtae* lat. scenic.

Syri, Publilii, sententiae, s. Publili.

—— Sententiae ed. Swedberg, s. Senecae.

Syri, Publ., sententiae in us. Gymnas. Fridericiani ed. S. Ranisch. 8. Altenb. 756.

— sententiae ex recens. Gruteri ed. K. H. Tzschucke. 12. Meissen (Leipz.) 790. (W. Vogel). 2 gr

— sententiae, cum Desbillonii emendationibus nunc primum editis, Dionysii Catonis Disticha de moribus ad filium, Curtii Symbosii Aenigmata. Acced. D. Laberii et Cn. Mattii fragmenta, sententiae veterum poëtarum per Georgium Fabricium collectae, alii similis argumenti versus antiqui. Edid. Carol. Zell. 8. Stuttg. 829. Hoffmann. 9 gr

Syri, Publii, Sententiae. Adhibito libro scripto Gryphiswald. membran., nunquam antea collato rec. et variet. lectionis instr. Car. Guernh. Reinhold. In us. scholar. Edit. minor. Acced. aliquot novae sententiae ex Libro Gryphiswald. excerptae. 8mai. ($2^1/_8$ B.) Anclamiae 838, Dietze.

Syri, Publilii, sententiae. Ad fidem codicum optimorum primum rec. Ed. Woelfflin. Accedit incerti auctoris liber, qui vulgo dicitur de moribus. Leipzig 869. Teubner. gr. 8. (III, 165 S.) n. 1 ₰ 6 ngr

Syri Mimi, Publilii, sententiae. Rec. Guil. Meyer. gr. 8. (78 S.) Leipzig 880, Teubner. * 2 40

Syri Mimi, Publilii, sententiae. Rec. Guil. Meyer. gr. 8. (78 S.) Leipzig 881. Teubner. n. 2. 40

— similesque sententiae selectae e poëtis antiquis, latinis etc. etc. J. F. Kremsier. 8. Leipz. 809. Neuer Titel 818. (List in Berl.) 1 ℔ 12 gr

— — selectae e poëtis antiquis latinis, ed. I. F. Kremsier. 8. Lips. Sommer. 809.

Syri, Publii, Mimi, similesque Sententiae selectae e poëtis antiquis, Latinis etc. etc., a J. F. Kremsier. Repetita Editio. Lipsiae, Sommer. 818.

Syrutschek, Julius

Syrutschek, Jul., Anleitung zur zweckmäßigen Bewirtschaftung des bäuerlichen u. des Gemeinde-(Gemeinschafts-) Waldes in Nieder-Oesterreich. Im Auftrage des niederösterreich. Landesausschusses ausgearb. (VI, 62 S. m. 5 Abb. u. 2 Taf.) gr. 8. Wien 903. (W. Frick.) n. 1. 60

Syrutschek, Jul., der Bachernjäger. Eine Dichtg. aus den südsteier. Bergen. Illustriert v. Arth. Schreyer. 12. (121 S.) Dresden 900. E. Pierson. n. 2.50; geb. n. 3.50

Syrutschek, Jul., Dorffrieden u. Alpenwildnis. Geschichten aus den Tiroler Bergen. 8. (VII, 268 S.) Dresden 897. E. Pierson. 3. 50

Syrutschek, Jul., Fährten im Schnee. Eine Waldgeschichte aus Nordtirol. 8. (56 S.) Klagenfurt 891. Leon sen. n. — 80

— über forstgesetzwidrige Holzschlägerungen in servitutsfreien Bauernwaldgn. u. das forstpolizeil. Strafverfahren. gr. 8. (52 S.) Wien 896. W. Frick. n. 1. 20

— Mutterherzen. Slovenische Dorfgeschichten aus Untersteiermark. 8. (220 S.) Linz (902). Wien, Oesterreich. Verlagsanstalt. n. 2. 50; geb. n. 3. 50

Syruzek, Eug., s. Syruczek

Sysel, Gust., 100 Fabeln im Stile der Sezession. (95 S.) kl. 8. Eger (907). J. Kobrtsch & Gschihay. 1. —

System. Zeitschrift f. moderne Geschäfts- u. Betriebskunde in Handel u. Industrie . . . Nebst Propaganda- u. Reklame-Nachrichten. Hrsg. von Friedr. Hermann Wechsung unter Mitarbeitersch. namhafter Männer . . . [Jg. 1], H. 1. Berlin: System-Verl. 1908. 4°

System. Zeitschrift f. moderne Geschäfts- u. Betriebskunde in Handel u. Industrie, Gewerbe u. Verkehr. Nebst Propaganda- u. Reklame-Praxis u. Berichten üb. prakt. Kontor-Ausstattgn., Bürobedarfs-Artikel, Ausstellungswesen etc. Hrsg. v. Frdr. Herm. Wechsung unt. Mitarbeiterschaft namhafter Männer a. Industrie-, Handels- u. Finanzkreisen, sowie erfahrener Juristen u. Fachschriftsteller. Organ des Vereins deutscher Reklame-Fachleute. 2. Jahrg. 1909. 24 Hefte. (à ca. 24 S. m. Abb.) Lex. 8. Berlin, System-Verlag. 10. —

System, Allgemeines, für das Volk zur Grundlage aller Erkenntnisse . . . Nicosia [Hanau] 1775. N. A. 1783. V: *Knigge, Adolph Franz Frdr. Ludwig von.* (WR) (KY) (STRI) (ML) (Rotermund, Gel. Hannover. Bremen 1823.) (ROTERM)

— allgem., für das Volk, zur Grundlage aller Erkenntnisse, (v. Ad. v. Knigge). 8. (Hanau) 775. Schulz. 3 gr

— allgem., f. das Volk, zur Grundlage aller Erkenntnisse. 8. Hanau, Schulz. 780.

System der Amnestie und dessen Anwendung auf die Frage: Sind die . . . Stände des Reichs noch heut zu Tage schuldig, ihren Unterthanen alles . . . zurückzustellen, was sie diesen während dem 30jährigen Kriege . . . nahmen . . .? Freyburg i. Br. 1783. V: *Hiller, Matthias.* (Pütter, Litt. d. Teutsch. Staatsr. Gött. 1773—91. IV. 497.) (MGT)

System, das anthropologische, der Philosophie, von Carl Prantl. In seinem histor. u. innern Zusammenhange, sowie in Bezug auf die Religion gewürdigt. gr. 8. (IV u. 40 S.) Augsburg 848, Schmid. 3 ngr

System, das anthropologische, der Philosophie von Dr. Carl Prantl. In seinem histor. und innern Zusammenhange, sowie in Bezug auf die Religion gewürdigt. gr. 8. (IV und 40 S.) Augsburg 852, Schmid'sche Vrlgsh.

System der reitenden Artillerie. 8. Leipzig 1822.

System der reitenden Artillerie. O. O. 1823. V: *Monhaupt, Ernst.* (ADB)

System der reitenden Artillerie. 8. Leipz. 823. Baumgärtner. 18 gr

— ausführl., d. Glaubenslehren, aus dogmat. Vorles. 2 Bde. 4. Nrnb. Fleischer. 778.

System, Das zum Theil einzige wahre, der christlichen Religion. Berlin 1787. V: *Mauvillon, Jacob.* (ML) (KY)

System der Feld-Artillerie zu Fuss. O. O. 1825. V: *Monhaupt, Ernst.* (ADB)

System der Feldartillerie zu Fuß. Vom Verf. des Systems der reitenden Art. Mit 1 Pl. Leipzig 1825. 205 S.

— der Feldartillerie zu Fuß. Vom Verf. des Systems der reitenden Artillerie. Mit 1 Plan der Schlacht bei Ligny. 8. Leipz. 825. Baumgärtner. 1 ℔

System und Folgen des Illuminatenordens aus den gedruckten Originalschriften desselben gezogen. In Briefen. München: Strobl 1787. 234 S. 8°
cf. D. neuesten Religionsbegebenheiten. 10 (1787) S. 778—790.
Kl. 3243. Schildert die Schädlichkeit des Ordens.

— u. Folgen d. Illuminatenordens, a. d. Originalschr. desselben. 8. München, Strobl. (Fleischmann, auch Gräff in Leipz.) 787. Rthlr.

— u. Folgen des Illuminatenordens; aus d. Originalschr. desselben. 8. Münch. 787. Strobl. (Fleischmann); (a. Wienbrack in Leipz.) 12 gr.

System der Freimaurerei der Loge »Zur edlen Aussicht« in Freib. i. Br. Freiburg i. Br. 1866—1867. B: *Trentowski, Bronislaus Ferdinand v.* & *August Ficke.* (wolfstieg II, 590)

System der Freimaurerei der Loge zur edlen Aussicht in Freiburg i. Br. 3 Hefte. Freiburg, Poppen & Sohn. 4. Einleitung und 1. Grad. 1866. 43 S. 2. Grad. 1867. 15 S. 3. Grad. 1867. 21 S.

Das Gallsche System der Schädellehre (Cranioscopie). Über die Fähigkeiten und Kräfte des Menschen und die Verrichtungen des Gehirns. Nach den letzten von Dr.(Franz Joseph) Gall kurz vor seinem Tode gemachten Beobachtungen. 2.von (Giovanni Antonio Lorenzo) Fossati... verm.und verbess.Aufl. 1 Bl., gbd., Abb.

Leipzig: Baumgärtner o.J.

JB 4.185

—— das Gallsche, d. Schaedellehre (Cranioscopie). Ueber d. Faehigkeiten u. Kraefte d. Menschen u. d. Verrichtungen d. Gehirns. Nach d. letzten, v. Gall kurz vor sein. Tode gemachten Beobachtn. u. nach d. 2. v. Fossati mit d. groessten Sorgfalt verm. u. verb. Aufl. Mit ill. u. schw. Abbild. 1 Bl. Imp.-Fol. Leipzig (830), Baumgärtner.

System d. Gartennelke, gestützt auf d. allgemein geltende Weismantel'sche Nelkensystem; nebst e. Anleit. z. Erziehung etc. d. Nelke, u. e. Anh. üb. d. Kultur einiger andern Lieblingsblumen. Mit e. nach d. Natur gemalten Nelkentabelle. gr. 8. Berlin, 1827. (Leipzig), Amelang. (— 22½) — 4

System der bürgerlichen Gesellschaft, oder, natürliche Grundsätze der Sittenlehre und Staatskunst . . . A. d. Franz. . . . Breslau 1788—89. Ü: *Brunn, Friedrich Leopold.* (Hitzig) (Ky) (MGT)

— der bürgerl. Gesellschaft, oder Grundsätze der Sittenlehre u. Staatskunst; aus d. Französ. (von Fr. L. Brunn). 2 Thle. gr. 8. Bresl. 788, 89. (Gosohorsky). 1 Rthlr. 4 gr.

— d. bürgerl. Gesellschaft, oder Grundsätze der Sittenlehre und Staatskunst. 2 Thle. gr. 8. Breslau, Meyer. 788–89. (I. 16 gr. II. 12 gr.)

— der Gesetzgebung f. das gerichtl. Verfahren, (v. H. E. v. Globig), s. a. System e. Criminal-Polizei etc.

System der Gesetzgebung für das gerichtliche Verfahren. Leipzig 1809. V: *Globig, Hans Ernst von.* (Ky)

— d. Gesetzgebung f. das gerichtliche Verfahren, v. H. E. v. Globig. gr. 8. Leipzig, Vergang. 809.

System einer vollständigen Gesetzgebung für die Kaiserl. Russische Gesetzkommission. Dresden 1815—18. V: *Globig, Hans Ernst von.* (MGT)

System des Gleichgewichts und der Gerechtigkeit. Frankf. a. M. 1802. V: *Vogt, Nicolaus.* (AarK) (Ky) (MGT) (Kn)

— des Gleichgewichts u. der Gerechtigkeit, (von Nik. Vogt). 2 Bde. Mit 2 Karten. gr. 8. Frkf. a. M. 802. Andreä. 4 Rthlr. Holl. P. 5 Rthlr. 8 gr.

System des Gleichgewichts als nützliches und praktisches Resultat der Geschichte. Mainz 1786. V: *Vogt, Nicolaus.* (Ky)

— des Gleichgewichts, als nützl. u. prakt. Resultat der Geschichte, (v. Nik. Vogt). 8. Mainz 786. ... 10 gr.

— das Gothenburger, u. d. deutsche Abstinenzbewegg. (Von Ernst Rolffs.) (20 S.) 8. Hamburg 910. Deutschlands Großloge II. — 15

— des Handels, (von Leuch.) 2 Bde. gr. 8. Nürnb. Exped. d. Handl. Zeit. 804.

- dess. 3. Thl. s. Theorie d. italienischen Buchhaltens.

System der natürlichen Hefereinzucht. Gesammelte Vorträge u. Arbeiten hrsg. von Dr. M[ax] Delbrück, Prof. in Berlin, u. Dr. F[ranz] Schönfeld, Vorsteher an d. Lehranst. f. Brauerei in Berlin. Berlin: P. Parey 1903. (VIII, 148 S.) 8°

System, Das, der kirchlichen Hierarchie. München 1806. V: *Nömer, Franz Andr.* (Ky) *Nömer, Joseph.* (schmal) (Th)

— der kirchl. Hierarchie, (von J. Nömer). gr. 8. Münch. 806. Lentner. 1 Rthlr. 16 gr.

System der Coquetterie; in Briefen eines Frauenzimmers . . . a. d. Franz. Liegnitz 1796. V: *Wichmann, Christian August.* (MGT)

SYSTEM der Coquetterie, in Briefen eines Frauenzimmers über Begierde und Kunst zu gefallen. Aus d. Französ. (von Chrn. Aug. Wichmann). Liegnitz 1796. 8°. (48 xr. Scheible, vor 1870; 1 Mk. 50 Pfg. G. Priewe, 1895; jetzt höher!)
Anon.-Lex. IV. p. 140 (nach Meusel).

— der Coquetterie, in Briefen e. Frauenzimmers üb. die Begierde u. Kunst zu gefallen; aus dem Französ. 8. Liegnitz 796. (Leipz., Serig). 6 gr.

— d. Koketterie, a. d. Franz. 8. Liegnitz, Siegert. 796.

System einer vollständigen Criminal-Polizey- und Civil-Gesetzgebung . . . Dresden 1809. V: *Globig, Hans Ernst von.* (Ky) (MGT)

—einer vollständ. Criminal=, Polizei= u. Civil=Gesetzgebung (v. H. E. v. Globig). 1r—3r Thl. gr. 8. Dresd. 80 . Walther. (1r Thl. Criminal=Coder. 1 ℛ 6 ℊ, 2r Thl. Polizei=Coder. 20 ℊ, 3r Thl. Civil=Coder. 1 ℛ 22 ℊ) 4 ℛ 4r Thl. System der Gesetzgebung f. d. gerichtl. Verfahren. gr. 8. Leipz. 809. Beygang. 2 ℛ 8 ℊ 2e Ausg. mit sm. Namen. 4 Thle. Mit Zusätzen. gr. 8. Dresd. 815—818. (Imm. Müller in Leipz.) 7 ℛ 18 ℊ

System einer vollständigen Criminal=, Polizei= und Civil=Gesetzgebung, f. die kaiserl. russische Gesetz=Comm. 2te mit einigen Zugaben verm. Aufl. 1r u. 2r Thl. gr. 8. Dresd. Walther. (in Comm.) 815. 2 22
auch einzeln:
1r Thl. Criminal=Coder 1 18
2r Thl. Polizei=Coder 1 4

System, Kurzes, der natürlichen Religion. Leipzig 1771. V: *Hedebrand, Jakob Heinrich.* (HS 2, 297) (Zeitschr. f. Büch. N. F. 15, 1923, S. 124)

—kurzes, der natürl. Religion. 8. Leipz. 771. Weidmann. 6 ℊ

—üb. das landschaftliche, in Schlesien. gr. 8. Liegn. 777. Siegert. 7 ℊ

—— das Lavatersche, der Physiognomik, od. d. Kunst durch d. Constitution, d. äusseren Gewohnheiten u. vorzügl. durch d. Untersuchn. d. Formen d. Kopfes u. d. Gesichtszüge d. Menschen dess. Geschmack, Neigungen, Capacität, Anlagen, Grad d. Bildung u. Reife zu erkennen. Mit ill. u. schw. Abbild. 1 Bl. Imp.-Fol. Leipzig (830), Baumgärtner.

System des Layenzehendrechts. Augsburg 1780. V: *Sartori, Joseph von.* (KY) (WBL)

System des Layenzehend-Rechts oder historisch-rechtliche Untersuchung der Frage: Ob ein Decimator-Laicus zur Concurrenz bey sich ergebenden Kirchen-Pfarr- oder Schulhaus-Baulichkeiten de jure könne gezogen werden? Augsburg 1780.

—des Layenzehendrechts, (v. Jo. v. Sartori). 8. Augsb. 780. Mauracher. 6 ℊ

System, das metrische, der Maße u. Gewichte nebst Tabellen u. leichtfaßlicher Anleitung zur Reduktion der alten Maße u. Gewichte f. Jedermann. 8. (20 S.) Basel 871. Schneider. — 30

System, Metternich's, oder die Ministerverschwörung in Wien vom Jahr 1834. Schlußprotocoll der Wiener Ministerial-Conferenz vom 12. Juni 1834 ... Leipzig 1848. V: *Ruge, Arnold* (?). (Erman & Horn, Bibliogr. d. dtsch. Universitäten. 1. Leipz. u. Berl. 1904.)

Metternich's System oder die Ministerverschwörung in Wien vom Jahre 1834. Schlußprotokoll der Wiener Ministerial-Conferenz vom 12. Juni 1834 im authentischen Abdruck mit dem Einleitungs- und Schluß-Vortrage des Fürsten Metternich. Leipzig, A. Ruge, 1848. 31 S. 8°.

System der Natur oder von den Gesetzen der physischen und moralischen Welt. Frankf. u. Leipz. 1788. V: *Holbach, Paul Henry Thiery Baron d'.* (EB)

System der Natur. Deutsch bearbeitet. Leipz. 1841. V: *Mirabaud, Jean Bapt. de.* (WINER)

System, neues, einer naturgemäß., einfach. u. weniger kostspiel. Bodencultur d. Weinlandes, zum Versuch mit einflußreichen Bemerkn. f. d. Cultur d. Ackerlandes, insbesond. üb. Benutzung d. Dung= u. Reitzmittel. Nebst Angabe e. Versuches, Frühlings-Reifschäden abzuhalten. Mit nächster Rücksicht auf d. fränk. Weinbau bearb. gr. 8. (5¼ B.) Würzburg 834, Stahel.

System, neues, für die Feldartillerie von Louis Napoleon Bonaparte (jetzigen Kaiser der Franzosen.) Resultate der im Jahre 1850 gemachten Versuche; Angabe einer Prüfung aller Einwürfe. Deutsch und mit Anm. von einem Artill. Offizier. gr. 8. Pesth, H. Geibel 1853. Geh. 1 fl. 12 kr.

Neues System der Feld-Artillerie, welches seit dem Jahr 1827 bei der französ. Armee angenommen worden ist. Mit Taf. Mannheim 1836. 34 S.

—neues, der irregulären Fortification, nebst Angabe von d. Vertheidigung fester Plätze. Mit K. 8. Berl. 767. Lange. 18 ℊ

System, neues, Höhen und Entfernungen leicht und sicher zu bestimmen, oder die Chorographimetrie, erfunden von Karl Aug. Baron v. Klein. Zum Gebrauche in Schulen eingerichtet von einem Lehrer. 7., ganz umgearb. Aufl. Wiesbaden 864. Limbarth. 8. (56 S. u. 2 lith. Taf.) n. 10 ngr.

Neues System der Kräfte des mensch. Verstandes, nach d. Unterschiede der untern u. oberen Erkenntnißkräfte. Brl. 8°.
1770

— neues, des Zuschneidens der Damenkleider auf Grundlage des Dreiecks, nebst einigen geometrischen u. anatomischen Vormerkungen. Methode Vaillant. Praktisches Lehrbuch für Fachleute u. zum häuslichen Gebrauche. Mit 46 in den Text gedr. Holzschn. In's Deutsche übertragen von Mathilde Clasen-Schmid. qu. gr. 4. (28 S.) Leipzig 880. Hoffmann & Ohnstein. n. 1. 50

—der deutschen Orthographie, mit Hinsicht auf Adelungs Wörterbuch. 3 Bdchn. 8. Münch. 813—15. (Nürnb., Stein). 16 ℊ

System, Österreichs, als die wahre Ursache seiner Niederlagen. Leipz. 1866. V: *Schöffel, Josef.* (Schöffel, J., Erinnerungen aus meinem Leben. Wien 1905.)

System des jetzgeltenden Oldenburgischen Particularrechts. Oldenb. 1804. H: *Strackerjahn, Gerhard Ant. Gramberg & Siegen.* (MGT) S. a. Particular-Recht, Jetzt geltendes Oldenburgisches.

System, Philosophisches und juristisches, von den Ehen. Ansbach 1777. V: *Lith, Johann Wilhelm von der.* (ML)

— philosoph. u. jurist., von den Ehen. 8. Ansb. 777. Haueisen. 12 gr

System, Philosophisches, der gesammten Phisik oder: die Philosophie des Herrn Nicolas. Aus d. Französ. übers. Glogau 1801—1804. V: *Réstif de la Bretonne, Nicolaus Edme.* Ü: *Gerstener, Franz Joseph Anton.* (BGE VI[3], 438)

— üb. das physiokrat., ein Beitr. von d. Verf. der ökonom. u. kameralist. Tabellen (J. C. E. v. Springer). 8. Nürnb. 780.

— das polit., der Regierung von Amsterdam in seinem wahren Lichte. 8. Hamb. 781. Reuß. 3 gr

System einer unvernünftigen Polizey. Hrsg. mit Anmerkungen erweitert u. einem Sachregister versehen. Motto: Quid rides? mutato nomine de te Fabula narratur. Basel 1797. V: *Schwarz, Johann Ludwig.* (BGE VII[3], 251)

— der unvernünftigen Polizei, erweitert hrsgg. u. mit e. Sachregister versehen von Jh. Ldw. Geo. Schwarz. 8. Basel 797 (Levrault in Straßb.) 10 gr

— Prochek. (Übungssystem koordinierter Muskelgruppen.) Eingeleitet v. Ferd. Hueppe. 3. Aufl. 5.—10. Tausd. (16 S. u. 16 Bl. m. Abb. u. Bildnis.) gr. 8. Prag 906. (Leipzig, C. F. Steinacker.) In Leinw.-Mappe 5. —

System der Reiterei. . . . Berlin u. Posen 1822. V: *Bismarck, Friedrich Wilhelm Graf von.* (Ky)

— der Reiterei. Vom Verfass. der Vorlesf. üb. die Taktik f. Reiterei (Grafen Bismarck). 8. Berl. u. Posen 822. Mittler. 1 ß 4 gr

System, das Sohrey'sche, in d. Praxis. (Von Heinr. Roller.) [Aus: „Pionier".] gr. 8. (4 S.) Berlin (893). (Leipzig, J. H. Robolsky.) n. — 25

— der directen Steuern in Frankreich, nach dem Franz. herausgegeben von Carl Thum. gr. 8. Mainz, Kupferberg. 813.

System einer Steuerrectification nach rechtlichen Grundsätzen. Pappenheim 1806. V: *Welsch, Johann Baptist.* (Ky)

System einer Steuerrectification, nach rechtl. Grundsätzen, (v. Jh. Bapt. Welsch). gr. 8. Pappenheim 806. (Krüll in Landsh.) 20 gr Anh. dazu: sind die Beitrr. zur Steuerrectification.

— e. Steuerrectification, nach rechtl. Grundf. gr. 8. Pappenheim. (Krüll in Landshut.) 808.

* — einer Steuerrektifikation im Herzogth. Neuburg ꝛc. Beiträge hierzu 2s u. 3s Heft. gr. 8. Landsh. Krüll. 807. (2s 16 gr. 3s 8 gr.)

System Taaffe, das. gr. 8. (48 S.) Wien 882. Sintenis. n. — 60

— das wahre einzige, der christl. Religion, (v. J. v. Mauvillon) gr. 8. Berl. 787. Unger. 1 ß 12 gr

System, das wahre, der rein mosaischen Religion. Ernstliche Schritte zur Beförderung d. Wahrheit in Religions- u. Glaubenssachen unter den Israeliten. Eine theolog.-philosoph. Abhandlung in 3 freimüthigen Gesprächen zwischen einem Talmudisten u. Antitalmudisten. Deutschland 1815. 8°. Ppb.
XII—276 S. — Selten!

— das wahre, der rein mosaischen Religion. 8. Deutschl. 815. (Frankf., Hermann). 1 ß 8 gr

System der Freymaurer-Loge Wahrheit und Einigkeit zu drey gekrönten Säulen in P[rag]. Philadelphia 1594 [Prag: v. Schönfeld 1794.] 434 S. 8°

°[Dasselbe.] N. Ausg. [Leipzig: Rein] 1800. 434 S. 8°

cf. D. neuesten Religionsbegebenheiten. 17 (1794) S. 370—372; FZ. (Wien) 3 (1876) S. 28 (G. Brabbée); Brabbée, G.: Sub Rosa. 1879 S. 123—124; Z. 25 (1895) S. 92 bis 94 (J. Duschenes), abgedr. in: Bh. 30 (1896) S. 93—95.

Kl. 1937, Tt. 1419. Höchst selten. Gesetzbuch der Loge, deren Grundlage das Zinnendorfsche System bildet. Ritual für die drei Johannisgrade, Annalen der Loge von 1783 bis 1790, zsgest. von O. Reilly. Beigefügt ist eine Rede über die Verbindung der Künste u. Wissenschaften mit der Mrei, ein Gedicht beim Tod Josefs II u. eine Abhandlung von J. Cornowa üb. die Pflicht, für die hinterlassenen Kinder der Brr zu sorgen.

System, welches, der direkten Steuern ist das gerechteste u. zweckmäßigste? Eine brenn. Zeitfrage u. deren Beantwortg. Hrsg. vom 1. schwäb. Bauern-Verein in Mertingen. gr. 8. (51 S.) Augsburg 883. (Donauwörth, Veith.) n. — 30

System der allgemeinen Weltgeschichte. Mainz 1785. V: *Vogt, Niclas.* (Kn) (Ky) (MGT) (HS)

— der allgem. Weltgeschichte, (v. Nikl. Vogt). 4. Mainz 785.

System, Das Wentzel'sche, der Beschäftigung der Sträflinge mit Feld- und Handarbeiten. Berlin 1855. V: *Mitsche-Collande, Aug. v.* (Tübz 3, 58) (Ky)

—— das Wentzel'sche, der Beschäftigung der Sträflinge mit Feld- und Handarbeiten beleuchtet von einem Freunde der freien Arbeiter auf dem Lande (von Mitschke-Collande). gr. 8. (15 S.) Berlin 855, Moeser. *

System der Wesen . . . Deutschland [Frankfurt] 1768. V: *Reinhard, Adolph Friedrich von.* (MI.) (Ky) (Wr)

— der Wesen, enthalt. die metaphys. Principien der Natur, u. Erläuter. des Systems, (v. Ab. Fr. v. Reinhard). 12. o. O. (Frankf.) 768, 69. (Fr. Fleischer in Leipz.) 8 gr.

— der Wesen. 2 Theile. 12. Frankfurt. (Benjamin Fleischer in Leipzig.) 770.

System der Wundarzneikunst für Feldwundärzte . . . Leipzig 1790. V: *Hebenstreit, Ernst Benj. Glieb.* (call)

System der Wundarzneikunst für Feldwundärzte. Nebst einem Anhange, welcher die Grundsätze der medizinischen Kriegspolizei und des medizinischen Kriegsrechts enthält. 484 S., gbd.

Leipzig: Weygand 1790

JB 3.575

System der Wundarzneikunst für Feldwundärzte. Nebst einem Anhange, welcher die Grundsätze der medizinischen Kriegspolizei und des medizinischen Kriegsrechts enthält. 482 S., gbd.

Wien: typ.v.Trattnern 1791

JB 3.576

System (Zweckmässiges) der Staatswirthschaft, oder kurzer Begriff von allen Grundregeln der Haushaltungskunst im Grossen. 8°. Wien, Kurzboeck, 1786.

— zweckmäßiges, d. Staatswirthschaft, od. kurzer Begriff v. allen Grundregeln der Haushaltungskunst im Großen. 8. Wien, Kurzböck. (Camesina.) 786.

A. T. **Systema Arithmeticum.** Nordhausen. 10½ B. 8. 1700.

Systema astronomiae Aegyptiacae quadripartitum. Lipsiae 1833. V: *Seyffarth, Gustav.* (EB)

Systema Brahman. vide Paulinus.

Systema mundi Tychonicum Secundum celeberrimorum Astronomorum Tychonis de Brahe et J. B. Riccioli, S. J. Hypotheses concinatum a J. G. Doppelmajero. Norimbergae J. B. Homann 1723? 1 Bl.

— neologiae medicae. 8. Nordhausen, Coeler. 756.

— novum politicum Galliae ex epistola anglica. 4. 742.

— position. Theologicarum etc. 8. Augsb. Bolling. 774.

Systema instituendae Societatis literariae germanorum Benedictinae. Kempten 1752. V: *Legipontius, Oliver.* (Adel)

Systema solare et Planetarium ex hypothesi Copernicana secundum elegantissimas Illustrissimi quondam Hugenii deductiones novissime collectum et exhibitum a J. B. Homanno, Noribergae 1723? 1 Bl.

Systematik des Zeichnens unter Zugrundelegung der Streckenvergleichung. Bearbeitet von Julius Kajetan. 59 Tafeln. Abbildungen. Wien. 1900. Schroll & Co. Fol. 15 S. in Mappe. K 12.—

Systeme

— le, des anciens et des modernes, sur l'état des ames. II Vols. 8. Lond. 757. (Schäfer in Frankf. a. M.) 1 ℔

Système, die beiden, d. D. Quesnay u. Adam Smiths kritisch beleuchtet. Aus d. Nachlasse e. berühmten Staatsmannes bearb. u. hrsg. v. Fr. Weidemann. 8. (5½ B.) Merseburg 832. [Leipzig, Drobisch.]

Systeme, die beiden, des D. Quesnay u. Adam Smiths kritisch beleuchtet. Aus dem Nachlasse eines berühmt. Staatsmannes bearb. u. herausgg. v. D. Fr. Weidemann. 8. Merseb. 832. Weidemann. 8 gr

Système, sur le, continental, et sur ses rapports avec la Suède. 8. Amsterdam, Kunst- et Industrie-Bureau. 813.

Sur le système continental et sur ses rapports avec la Suède. Hambourg 1813. 8°

— le, fédératif des anciens en parallèle av. celui des modernes. 8. Heidelb. 809. (Mohr). 8 gr

— le, gallican atteint et convaincu d'avoir été la première et la principale cause de la révolution qui vient de décatholiser et de dissoudre la Monarchie très-chrétienne etc. gr. 8. Frankf. 795. (Coppenrath in Münst.) 8 gr

Système glaciaire ou Recherches sur les glaciers... par MM. L. Agassiz, A. Guyot & E. Desor... *s.* Agassiz, L[ouis]. Nouvelles études... sur les glaciers.... Paris, Leipzig 1847.

Système métrique décimal, le, dans son application usuelle. A l'usage des écoles. Avec figures (color.) gr. in-12. Strasbourg 840. Veuve Levrault. 1/6 ℔

— naturel et politique des états par le célèbre docteur Quesnay, ou de l'origine et des progrès d'une science nouvelle etc. 8. Berne, Typ. Soc. — 10

Système, Nouveau, d'artillerie de campagne maintenant adopté en France. Avec 12 planches grand aigle. (Fehlen.) (Donation Liechtenstein.) 8. Mannheim 1836.

Nouveau Système d'artillerie de campagne adopté en France. (90) 8. av. 12 pl. Mannheim 1836.

— nouveau, de la défense des places fortes, et un raisonnement sur la fortification irrégulière, av. fig. 8. Berl. 766. Lange. 18 gr

Nouveau système sur la manière de défendre les places par le moyen des contremines. (Mit Taf.) Francfort sur le Mayn 1744. 58 S.

***Système*, nouveau, sur la manière de défendre les places par le moyen de contre-mines. 4. Frankf. a. M. 784. (Schäfer). 16 gr**

— de philosophie, contenant la logique et la méthaphysique, par Pierre Bayle. gr. in-8. Berlin 785. (Leipzig, Fr. Fleischer.) 5/6 ℔

Systeme, Die volkswirthschaftlichen, und die Handelspolitik der Europäischen Staaten . . . Stuttg. 1877. V: *List, Frdr.* (Kat. d. stat. Bureaus. Dresden 1890.)

Systeme, die zwei, der polit. Oekonomie, od. die Theorie der Physiokraten od. Oekonomisten. 8. Wien, Geistinger. 812. — 12

System-Grundzug u. **Ueberblick** der Stenotachygraphie (Engschnellschrift), aufgebaut nach d. Grundsätzen: Schreibe wie Du sprichst (hörst)! — Verwandte Laute, ähnl. Zeichen! — Einfach, logisch, kurz u. deutlich! Vom Propaganda-Ausschuss d. allgem. österr. Stenotachygraphen-Verbandes. gr. 8. (4 S.) Tetschen 897. (Brüx, Th. Patera.) — 15

Systemkarte der Gabelsberger'schen Stenographie. Entworfen von Ernst Hessel unter Mitwirkung von J. Jahne & V. Zwierzina. Geh. —.06, 10 Exempl. —.40, 20 Exempl. —.70, 100 Exemplare 2.50
Wien: Stenographischer Verlag 1894.

System-Tabelle zur „Neuen Schrift". 8. (4 S)
Wien: Ullrich Selbstverl. 1896. —.06

Systemurkunde der deutschen Kurzschrift von Wilh. Stolze. Durch übereinstimm. Beschluß der Vertretung d. Verbandes Stolze'scher Stenographenvereine u. d. stenograph. Prüfungskommission zu Berlin festgestellt im Sept. 1888. gr. 8. (8 S.) Berlin 888. Mittler & Sohn. n. — 40

Systemurkunde der vereinf. deutschen Stenographie (Einigungssystem Stolze-Schrey). Aufgest. vom Einigungsausschuss der Stenographieschulen Stolze, Schrey, Velten, angenommen v. Verbande Stolzescher Stenographenvereine, d. W. Stolzeschen Stenographenverbänden, d. Schule d. vereinf. Stenographie (Schrey) u. d. Veltenschen Schule. gr. 8. (4 S.) Berlin 897. F. Schrey. n.n. — 10

Systemurkunde der vereinfachten deutschen Stenographie (Einigungssystem Stolze-Schrey). Aufgestellt v. Einigungsausschuss d. Stenographieschulen Stolze, Schrey, Velten; angenommen v. Verbande Stolzescher Stenographenvereine, d. W. Stolzeschen Stenographenverbänden, der Schule d. vereinfachten Stenographie (Schrey), der Veltenschen Schule, der Merkerschen Schule u. d. Schule Buschhorn-Ziemer. (4 S.) 8. Berlin 899. F. Schrey. — 10

Systemurkunde der vereinfachten deutschen Stenographie (Einigungssystem Stolze-Schrey). Aufgestellt vom Einigungsausschuss der Stenographieschulen Stolze-Schrey, Velten; u. angenommen vom Stenographenverband Stolze-Schrey. (4 S.) gr. 8. Berlin 906. Buchh. des Stenographen-Verbandes Stolze-Schrey. — 10

Systemurkunde der Vereinfachten deutschen Stenographie (Einigungssystem Stolze-Schrey). Aufgest. v. Einigungsausschuß d. Stenographieschulen Stolze, Schrey, Velten u. angenommen v. Stenographenverband Stolze-Schrey. Berlin: Gerdes & Hödel 1906. (2 Bl.) 8° [J.] 07. 16067

Sywall, Karl: Übersichtliche Zusammenstellung der meteorologischen Verhältnisse von Weidenau für die Jahresperiode vom 1. Jänner bis 31. Dezember 1903. (Umschlagtitel: Die meteorologischen Verhältnisse von Weidenau und Umgebung im Jahre 1903.) . . . vom 1. Jänner bis 31. Dezember 1904. (Umschlagtitel: Die . . . 1904.) S. 23—26. 8. S. 25—28. 8.
Progr. K. k. Staats-Gymn. *Weidenau* 1904. 1905.

Szabo: Die geologischen Verhältnisse Ofens. 29 S. 8°.– Ofen OR., Progr. 1856.

SZABÓ, ANDREAS, ein Diener Jesu Christi, von Gnaden Gottes erster Bischof zu Kaschau, entbiethet seinen in Christo geliebten Kindern, den Gläubigen seines Kirchensprengels, seinen Gruß, und väterlichen Segen! Kaschau 1806. o. Dr. 21.

Szabó, Emerich, populäre Kanzelreden auf alle Sonn- u. Feiertage des Jahres. Aus dem Ung. Deutsch hrsg. v. Ant. Ribónyi. 4 Bde. gr. 8. Budapest. (Leobschütz, G. Schnurpfeil.) n.n. 13.50
I. Jahrg. 1. u. 2. Bd.: Sonntagspredigten. Festtagspredigten. (479 u. 187 S.) 893. — II. Jahrg. Sonntagspredigten. (1. Bd.) (520 S.) 895. — II. Jahrg. Festtagspredigten. (2. Bd.) (432 S.) 895. — Suppl.-Bd. zum 1. Jahrg. (Gelegenheits- u. andere Reden.) (304 S.) 893.

Szabó, Endre, u. Tamás **Tóth,** Zeichenmeister zum Elementar-Zeichnen. Im Sinne der Beschäftigungs-Methode Frdr. Fröbels, zum Gebrauche in Kindergärten, Volksschulen u. Familien zusammengestellt. gr. 8. (16 S. m. 60 Steintaf.) Klausenburg 875. Stein. In Mappe. n. 2. —

Szabó, Ervin, s.: Bibliographia economica universalis.

Szabó, Ervin, s.: Catalogue de la bibliothèque de la chambre de commerce et d'industrie de Budapest.

– s. Veröffentlichungen d. Stadtbibliothek v. Budapest.

Szabó, Franz M., Schützen-Mitglied. Auszug aus der Geschichte des kais. und königl. ung. Inft.-Reg. **Nr. 32.** Im 1. Säculum seines Bestandes. Dem geliebten Haus-Reg. gewidmet durch die Ofner bürgerliche Schützen-Gesellschaft. (In deutscher und ung. Sprache.) 8. Budapest 1886.

SZABO, Georgius: De animae humanae spiritualitate et quomodo anima humana differat ab anima bruti. — (1909) 83 S. 8° (Handschr.) Diss. 915
Diss. Wien, Univ.

Szabó, J.: Geschichte der Geologie von Schemnitz. Budapest 1885.

Szabó, J.: Geologische Karte der Umgebung von Buda-Pest. (Aus d. Denksch. d. 32. Vers. deutsch. Naturf. u. Aerzte.) Wien 1859. Fol.

Szabó, J.: Vorkommen und Gewinnung des Salpeters in Ungarn. (Aus dem Jahrbuch der k. k. geolog. Reichsanstalt. Jahrg. II.) Wien 1850. 4°

Szabó, János (Hrsg.), s. Arndt, Johann: Az igaz keresztyénségről . . .

***Szabó*, Jos., cultura peponum. 8maj. Ofen 790. Typogr. Soc. 5 ℛ**

—descriptio Persici imperii ex Strabonis tum et aliorum auctorum cum illo comparatorum fide composita. Commentatio. 8maj. Heidelb. 811. Mohr. 20 ℛ

Szabó, Jos., üb. e. **neue Methode,** die Feldspathe auch in Gesteinen zu bestimmen. Mit 11 (eingedr.) Holzschn. u. 5 color. (lith.) Taf. (in qu. gr. 4. u. qu. Fol. gr. 8. (88 S.) Budapest 876. (Berlin, Friedländer & Sohn.) n. 4. —

Szabó, Karl, régi magyar könyvtár. Az 1531—1711. Megjelent magyar nyomtatványok könyvészeti kézikönyve. 8. (XIV, 751 S.) Budapest 879. (Tettey & Co.) n. 12. —
Verzeichniss der von 1531—1711 in ungar. Sprache erschienenen Bücher.

SZABÓ, NIKOLAUS: Die Lehre des Hl. Bernhard über die Gnaden und Tugenden der Gottesmutter. Innsbruck 1933. Theol. Diss. Maschinschr. 64 S. - 340 mm

Szabó, Paul, der Repsbau oder pract., auf 30jähr. Erfahrung gegründete Anleitung zur Erzeugung des Repses und zu dessen Bewahrung vor allen Widerwärtigkeiten und Schaden hauptsächlich vor dem Erfrieren. gr. 8. (21 S.) Pesth 850, Geibel.

Szabó P. Der Repsbau von.... gr. 8. Pesth, Hermann Geibel 1853. 20 kr.

Szabó, Richard, Kazinczy-Album. Fol. (... S.) Pest 860, Werfer.

Szabó, Sadoc, O. P., Albert Ehrhards Schrift: „Kathol. Christentum u. mod. Kultur". Ein Beitrag z. Klärg. der religiösen Frage in der Gegenwart. (VI, 208 S.) 8. Graz 909. U. Moser. 2. —

SZABO, Simon: Expositio historica dogmatica et moralis liturgiae s. Joannis Chrysostomi. — (1894) 140 S. 4° (Handschr.) Diss. 461

Diss. Wien, Univ.

Szabó, Zoltán von: Aus d. Kgl. botan. Garten d. Universität Breslau. Monographie der Gattung Knautia. Leipzig 1905: (Breitkopf & Härtel). (S. 389—442.) 8° ¶ (Aus: Englers Botan. Jahrbücher, Bd 30.)

Breslau, Phil. Fak., Ref. Pax, Diss. v. 10. Aug. 1905

[Geb. 25. Nov. 82 Budapest; Heimatsort: Budapest; Staatsangeh.: Ungarn; Vorbildung: Gymn. Budapest Reife Sommer 01; Studium: Budapest 4, Breslau 4 S.; Rig. 19. Juli 05.]

Szabó-Nogáll, Janka v., die Flachsblume, s. a. National-Bibliothek, allgemeine.

SZABÓ-NOGÁLL, Janka von

(F) Die Flachsblume. Erzählung von Janka von Szabó-Nogáll. (Allgemeine National-Bibliothek. Nr. 212.) Wien. [1899.] Daberkow. 8°. 64 S. fl. —.10

Szabó v. Sáró, Ludw., die Militär-Karten der österreichisch-ungarischen Monarchie. Eine kurze Studie üb. die geodät. Arbeiten u. Karten des k. u. k. militär-geograph. Institutes. Aus dem Ung. von H. D. v. D. gr. 8. (78 S. m. 2 Taf.) Budapest 901. C. Grill. n. 2. —

SZABÓKY, ADOLF: Kirchenlieder für die katholische Schuljugend. Herausgegeben vom St. Stephans-Vereine. Pesth 1856. Gedr. bei Jos. Beimel u. Bas. Kozma. 83, 4 S. - 16°

- Dass. 2. Aufl. Pesth 1857: J. Beimel u. B. Kozma. 84 S. - 130 mm

- Dass. 10. Aufl. Wien 1857: Mechitaristen Congregation.

Szabóky, Adf., latin olvasó-könyv. Lateinisches Lesebuch. 8. (72 S.) Pesth 853, Heckenast's Verlag. *

Szabrański, Wladislaus: Synthese des Elavonols. Bern 1907. 56 S. 8°. [22. VI. 05.]

Bern. Phil. Diss. 1906/1907.

Szabrański, Wladislaus. Synthese des Flavonols. Diss. Phil. Bern. 56 S. 8. Bern, W. Wälchli, 1907.

Szac-Schatz, Anton: Gravidität und Myom. Leipzig 1909: Lehmann. 49 S. 8°

Leipzig, Med. Diss. v. 8. Dez. 1909, Ref. Zweifel

[Geb. 4. Jan. 74 Pleschen; Wohnort: Berlin; Staatsangeh.: Preußen; Vorbildung: Gymn. Greifenberg i. P. Reife O. 97; Studium: Phil. Breslau 1, Med. Berlin 10 S.; Coll. 15. Dez. 09; Approb. 25. Mai 06.] [U 10. 3067

Szadek, Karl

Szadek, K., index bibliographicus dermatologiae. 1. Jahrg. Die Litteratur des J. 1888. gr. 8. (81 S.) Hamburg 890. Voss. n. 1. 50

Szadek, Karl, Index bibliographicus dermatologiae. 2. Jahrg. Die Litteratur d. J. 1889. gr. 8. (96 S.) Hamburg 892. L. Voss. n. 1. 50

— index bibliographicus syphilidologiae. 1.—3. Jahrg. Die Litteratur d. J. 1886. 1887. 1888. gr. 8. (50, 71, 67 S.) Ebd. à Jahrg. n. 1. 50

— Index bibliographicus syphilidologiae. 4. u. 5. Jahrg. Die Litteratur d. J. 1889 u. 1890. gr. 8. (78 u. 72 S.) Ebd. 892. 893. à n. 1. 50

Szadkowski, Leonhard: Aus d. Pathol. Inst. zu Leipzig. Drei Fälle von Gehirnmissbildung. ⟨Cyclencephalie⟩. Mit 5 Taf. Posen 1910: Winiewicz. 48, III S., 5 Taf. 8°

Leipzig, Med. Diss. v. 30. Sept. 1910, Ref. Marchand

[Geb. 18. Okt. 81 Kurnik; Wohnort: Leipzig; Staatsangeh.: Preußen; Vorbildung: Auguste-Viktoria-Gymn. Posen Reife O. 05; Studium: Naturw. Leipzig 6, Med. Zürich 1, Leipzig 11 S.; Coll. 27. Sept. 10; Approb. 18. Juli 11.] [U 11. 3100

Szadowski, Johs. Nep., Makrina Mieczyslawska, Aebtissin des Basilianerinnen-Klosters von Minsk. Eine geschichtliche Episode aus den Verfolgungen der katholischen Kirche in Rußland. Nach dem französ. Original bearb. Freiburg im Br. 864. Herder. 12. (VIII, 68 S.) 4 ngr.

Szadrowsky, H., Choralbuch m. Vor- u. Nachspielen zum Gesangbuch f. die evangel. Kirche der Kantone Glarus, Graubünden, St. Gallen u. Thurgau. gr. 4. (XXXIV, 183 S.) Frauenfeld 873. Huber. 7. 50

Szadrowsky, H[einrich]. Die Glocken der Stadt St. Gallen. ⟨Notizen aus dem ... am 16. November 1875 gehaltenen Vortrag ....⟩ SA. 8. [St. Gallen 1876.]

Szardrowsky, H., Heiden et le chemin de fer Rorschach-Heiden, s. a. l'Europe illustrée.

Szadrowsky. H[einrich]. Heiden et le Chemin de fer Rorschach-Heiden. Avec 22 Illustrations [dont 6 planches] et 2 Cartes. (L'Europe illustrée. № 4.) 8. Zurich [1878 - °*Umschlag*: 1894, 95 –].

— Heiden et le chemin de fer Rorschach-Heiden. Avec 22 illustr. (gravées sur bois) et 2 cartes (lith.). 8. (40 S.) Ebend. 878. n. — 50

Szadrowsky, H.: Heiden u. die Rossbach-Heiden-Bahn, s. a. Europe, illustrated. – l'Europe illustrée. Wanderbilder, europäische.

Szadrowsky, H., Heiden u. die Rorschach-Heiden-Bahn. Mit 22 (Holzschn.-)Illustr. u. 2 (lith.) Karten. 8. (40 S.) Zürich 877. Orell, Füssli & Co. Verl. n. — 50

Szadrowsky, H[einrich]. Heiden und die Rorschach-Heiden-Bahn. Mit 22 Illustrationen (2. *Aufl.*: von G[ustave] Roux und J[ohann] Weber) [wovon 6 Tafeln] und 2 Karten. (Illustrirte Wanderbilder. № 4.) 8. Zürich.

[1. Aufl. 1877.] — 2. Aufl. [1880].

Szadrowsky, H[einrich]. Heiden and the Rorschach-Heiden-Railroad. With 22 Illustrations [6 Plates] and 2 Maps. (Switzerland illustrated. № 4.) 8. Zurich [1878].

— Heiden and the Rorschach-Heiden-Railroad. With 22 illustr. (woodcuts) and 2 (lith.) maps. 8. (40 S.) Ebend. 878. n. — 50

Szafarkiewicz, Bruno Joseph. (geb. Goczanowo in Posen 9. 9. 1821): De theoremate Tayloriano. Berolini (1845). (37 S.) 4°

Berlin, Phil. Diss. v. 16. Aug. 1845

Szafarkiewicz, Julianus (*geb. Gotzanowo in Pos. 23. 3. 1821*): Doni matutinalis, quod vuglo [!] Morgengaba dicitur, origo ac jus. Vratislaviae (1849). (33 S.) 8°

Breslau, Jur. Diss. v. 13. [vielmehr 16.] Jan. 1849

Szafarkiewicz, Władysław (*geb. Dzierschnica in Pos. 10. 5 1828*): Beobachtungen über die Erregung von Wärme oder Kälte beim Uebergang des galvanischen Stromes zwischen heterogenen Leitern. Breslau (1853). (22 S., 1 Taf.) 8°

Breslau, Phil. Diss. v. 15. Juni 1853

Szafarzyka, P. J., slowian'ski Narodopis przełożył z czeskiego Piotr. Dahlmann. gr. 12. Wrocławiu 843, Schlettera. $1^{1}/_{3}$ ß — Vergl. Schafarik.

Szaffka, Emanuel, Handbuch des Geräteturnens, Ungar., Budapest, 249 S., Kl.-8°.

Szafieddini **Hellensis ad Sulthanum Elmelik Eszszaleh Schemseddin Abulmekarem Ortokidam carmen arabicum. E C. MM. Bibl. Reg. Paris. edid., interpr. et lat. et german. annotat. illustr. G. H. Bernstein. Fol. maj. Leipz. 816. Barth. 2 ß 15 gr**

Szafran, T., Wywody etymologiczne w dziele Cycerona: „De natura deorum". Pr. 1894. 24 S. 1.—

v. Szafraniec Bystrzonowski, L., Serbien, seine europäischen Beziehungen u. die orientalische Frage. Aus d. Französ. 8. Leipzig 845, Thomas. 1 ß

Szafranski, Telesfor, s. a. Torn, Teo v.

Szafranski, T., der Abt v. Bergen. Ein Spielmannslied in 4 Aventiuren. 16. (95 S.) Schweidnitz 890. Maisel. n. 2. —

— Humor im deutschen Reichstage. Aus den amtl. stenograph. Berichten üb. die Verhandlgn. des deutschen Reichstages von 1871—1893 zusammengestellt. 8. (III, 196 S.) Berlin 894. H. Walther. n. 2. —; geb. 3. —

— dasselbe. 2., durchgeseh. Aufl. 8. (192 S.) Ebd. 894. n. 2. —; geb. 3. —

In Liebeswinkeln. Von Teo v. Torn [d. i. Telesfor **Szafranski**]. Berlin: G. E. Nagel [1903]. (128 S.) 8° [F.]
— **Bibliothek,** Nagel's, illustrierter Humoresken. Bd 11. 12. [06. 5481

Die russische Meldung. Humoreske von Teo v. Torn [d. i. Telesfor **Szafranski**]. (Berlin: F. Schulze [1906].) (16 S.) 8° [Umschlagt. Text stenogr.]
— **Zehnpfennigbücher,** Schulzes. No 44. [06. 5810

Szafranski, Telesfor, Carlas Onkel, s.: Universal-Bibliothek.

Szafranski, T., die drei Rubel d. Zaren u. and. Skizzen. gr. 16. (116 S.) Lübeck 896. (E. Schmersahl.) n. 1. —

– s. Trinkewitz, M.: Unter der Linde.

Der Verwandlungskünstler u. andere Humoresken. Von Teo v. Torn [d. i. Telesfor **Szafranski**]. Mülheim a. d. Ruhr: J. Bagel [1905]. (120 S.) 8° [F.] [06. 2313

Szagunn, Heinr., die landwirtschaftlichen Arbeiter-Verhältnisse in der Prov. Brandenburg im J. 1905. Auf Grund d. v. Arbeitsamt d. Landwirtschaftskammer f. d. Prov. Brandenburg veranstalteten Erhebgn. bearb. (163 S. m. 6 Taf. u. 1 Karte.) Lex. 8. Berlin 910. Puttkammer & Mühlbrecht. 3. 60

— Einkommensverhältnisse der landwirtschaftlichen Arbeiter in der Provinz Brandenburg im Vergleich zu denen der gewerblichen Arbeiter in Berlin. 8°. Berlin, A. Mieck, 1905.

Szagunn, Walter, Referendar: Das Recht der freien Rede in den deutschen Parlamenten. Berlin 1909: Pilz. 71 S. 8°
Jena, Jur. Diss. v. 22. Juli 1910, Ref. Rosenthal
[Geb. 6. Okt. 86 Ganz; Wohnort: Friedrichshagen b. Berlin; Staatsangeh.: Preußen; Vorbildung: Wilhelms-Realgymn. Berlin Reife O. 05; Studium: Berlin 2. Jena 1. Berlin 3. Jena 2 S.; Rig. 13. Juli 09.] [U 10. 2275

SZAJBELY, Henricus: De satisfactione poenitentiali. — (1835) 50 S. 8° (Handschr.) Diss. 44
Diss. Wien, Univ.

Szajdzicki, E.: Goethe's Drama „Torquato Tasso" im Zusammenhange mit seinen Erlebnissen für den Schulgebrauch exponiert. 30. Kolomea 86.
Progr.

Szajnoch, K. Boleslaw Chrobri. Szkice historyczne. 2 tom. 8. Lemberg 1848.

Szajnoch, K., Jerzy Lubomirski. Dramat historyczny. gr. 8. (XXII u. 117 S.) Lemberg 850, Wild. $^{5}/_{6}$ ß

Szajnocha, Ladisl., ein Beitrag zur Kenntniss der jurassischen Brachiopoden aus den karpathischen Klippen. [Mit 2 (lith.) Taf.] [Aus: „Sitzungsber. d. k. Akad. d. Wiss."] Lex.-8. (16 S.) Wien 881. (Gerold's Sohn.) n.n. — 70

– Ein Beitrag zur Kenntnis der jurassischen Brachiopoden aus den karpathischen Klippen (mit 2 Taf.). S. 84. I. 69.
Separatabdruck

— die **Brachiopoden-Fauna** der Oolithe v. Balin bei Krakau. Mit 7 (lith.) Taf. [Aus: „Denkschr. d. k. Akad. d. Wiss."] Imp.-4. (44 S.) Ebend. 879. n. 4. 40

Szajnocha, Ladislaus, Dr.: Die Brachiopoden-Fauna der Oolithe von Balin bei Krakau (mit 7 Taf.). D 41. II. 197.
Separatabdruck

Szajnocha, Ladisl., zur Kenntniss der mittelcretacischen Cephalopoden-Fauna der Insel Elobi an der Westküste Afrika's. [Mit 4 (lith.) Taf.] Imp.-4. (8 S.) Wien 884. (Gerold's Sohn.) n. 2. —

– Zur Kenntnis der mittelkretazischen Cephalopoden-Fauna der Inseln Elobi an der Westküste Afrikas (mit 4 Taf.). D 49. II. 231.
Separatabdruck

Szajnocha, Ladislaus, die Petroleumindustrie Galiziens. 2. Aufl. Mit 3 statist. Tab. u. 1 Uebersichtskarte. (34 S.) Lex.-8. Krakau 905. (Leipzig, M. Weg.) n. 1. 50

Szajnocha, Ladisl., über fossile Pflanzenreste aus Cacheuta in der Argentinischen Republik. Lex.-8. (26 S. mit 2 Taf. und 1 Tab.) Wien 888, (Tempsky.) *
Aus: Sitzungsberichte der k. Akademie der Wissenschaften, besonders abgedruckt.

– Über fossile Pflanzenreste aus Cacheuta in der Argentinischen Republik (mit 2 Taf. und 1 Tabelle). S. 97. I. 219.
Separatabdruck

Szajnocha, Ladisl., üb. einige carbone Pflanzenreste aus der argentinischen Republik. [Aus: „Sitzungsber. d. k. Akad. d. Wiss."] Lex.-8. (11 S. m. 2 Taf.) Wien 891. (F. Tempsky.) n — 80

– Über einige karbone Pflanzenreste aus der Argentinischen Republik (mit 2 Taf.). S. 100. I. 203.
Separatabdruck

Szajnok, Teodor, przewodnik fotograficzny dla użytku fotografów zawodowych i miłośników. Liczne illustracye. 12. (VIII, 174 S.) Berlin 893. R. Oppenheim. n. 3. 50

Szakáll, Julius, aus Budapest: Über den Bau des Urogenitalsystems der Krokodile. *Budapest 1899: Pester Lloyd Gesellschaft.* (52 S.) 8°
Giessen, Phil. Diss. v. 1899

Szakolzai, Arpád, König und Volk. Artikelserie von der Auflösung bis zum Wiederzusammentritte des ungarischen Parlamentes, mit einem Rückblick auf die historische Entwickelung des allgemeinen Wahlrechts. 8°. Budapest, S. Deutsch; Wien, Ign. Brand, 1906.

Szakolczai, Arpád, König u. Volk. Artikelserie v. der Auflösung bis zum Wiederzusammentritte des ungar. Parlamentes, m. einem Rückblick auf die histor. Entwicklung des allgemeinen Wahlrechtes. (72 S.) gr. 8. Budapest (906). (S. Deutsch & Co.) — Wien, Wiener Volksbuchh. n. 1. —

Szakolczai, Arpád, s.: Zeitschrift f. ungar. öffentl. u. Privatrecht.

Szalader Comitat [Schlagwort]

Szalader Comitat - Neue und vollständige Karte von dem – im Königr. Ungarn etc. durch L. S. v. E. 1789. (dem Grafen Georg Festetits etc. gewidmet). G. Schütz fecit. 1:120,000. 2 Bl.

Szalaj, J. W. Wegweiser für die Reisenden nach dem Kurort zu Szczawnica. Przewodnik dla podróżujących do wód Szczawnickich. Przez — —. Kraków. W drukarni „Czasu" 1857. (30 S. 8.)

Szalai, Jak., s.: Jacob.

Szalatnay, Jos. Gust. Ad., Bilder aus der Toleranz-Zeit im Königreich Böhmen. 8. (IV, 99 S.) Barmen 890. Klein. n. 1. 20

Szalatnay, Just., die Evangelisationsarbeit in Königgrätz in Böhmen, s.a. Festschriften f. Gustav-Adolf-Vereine. Nr. 39.

Szalatnay, Justus: Die Evangelisationsarbeit in *Königgrätz* in Böhmen. Lpz. o. J. 16 S. [Festschr. f. Gust.-Adolf-Ver. 39.)

SZALAY, Alfred: Super coelibatum. — (1851) 56 S. 4° (Handschr.) Diss. 92
Diss. Wien, Univ.

Szalay, B., Jonas Lammle's Abentheuer (aus seinen eigenen Briefen); aus d. Ungar. gr. 12. Kaschau 827. Wigand. 8 gr.

Szalay, Benj., (Karl v. Kisfabudy), s. Jonas Lämmle's Abentheuer.

Szalay, E., Tractatus medicus de morbis cutis secundum formas externas dispositis. 8. Wien 818. Wimmer. 12 gr.

Szalay, Edm. v., s.: **Fejérváry de Komlós-Keresztes**, Géza Baron.

Szalay, Emerich v., s.: Denkmäler, die historischen, Ungarns auf der Millenniums-Ausstellung 1896.

Das Königin Elisabeth-Gedenkmuseum [Az Erzsébet Királyné emlék-múzeum]. Von Emerich v. Szalay. Budapest 1908: Stephaneum. 77 S. 8°

Über die Idee der Menschheit und die Pflichten der Freimaurerei. Von Karl Szalay. [ca 1903?]
[Bericht d. symb. Grloge v. Ungarn. 1903 S. 25.]

Szalay, Ladisl., diplomatische Aktenstücke zur Beleuchtung der ungar. Gesandschaft in Deutschland. gr. 8. (33 S.) Zürich 849. (Orell, Füßli & Co.) n. n. 6 ngr.

Szalay, Ladisl. v., die Blitzschläge in Ungarn in den J. 1890 bis 1900, s.: Publikationen der königl. ungar. Reichsanstalt für Meteorologie u. Erdmagnetismus. 4. Bd.

— neuere Daten zur Statistik der Blitzschläge in Ungarn. (Ungarisch u. deutsch.) (30 S. m. 1 Taf.) 4. Budapest 905. (L. Toldi.) n. 1. —
Sonderabdruck aus: „Jahrbb. d. ung. Reichanst. f. Meteorol. u. Erdmagnetismus".

Szalay, Ladisl. v., zur ungarisch-kroatischen Frage. gr. 8. (78 S.) Pest 863, Gebr. Lauffer. *

Szalay, Ladisl. v., Geschichte Ungarns. Deutsch von Heinr. Wögerer. (In 6 Bdn.) 1. Bd. gr. 8. (XV und 372 S.) Pest 866, Gebr. Lauffer. *

Szalay, Ladisl. v., Geschichte Ungarns. 2. Bd. und 3. Bd. 1. und 2. Abthl. Deutsch von Heinr. Wögerer. gr. 8. Pest, Lauffer. [2. Bd. (XXI, 511 S.) 870. * M. 7,20.; 3. Bd. 1. Abthl. (VI, 406 S.) 874. * M. 6.; 2. Abthl. (II, 290 S.) 875. * M. 4.] * 17 20
1. Bd. Ebendas. 1866. * M. 6.

— Lettres sur la Hongrie. I—III. 8. (23 S.) Zürich 849, (Orell, Füssli und Comp.)

— das Rechtsverhältniss der serbischen Niederlassungen zum Staate in den Ländern der ungar. Krone. gr. 8. (III und 171 S.) Pest 862, Gebr. Lauffer. *

Szalay, László

— Magyarország' története. 1. und 2. Kötet. gr. 8. Leipzig, Geibel. [1. (XV und 310 S.) 851., 2. (XV und 310 S.) 852. à * 1 Thlr. 20 Ngr.] *

Szalay, László, Magyarország' története. 3. und 4. Kötet. gr. 8. Leipzig, Geibel. [3. (XII und 595 S.) 853. * 2 Thlr. 12 Ngr., 4. (X und 600 S.) 854. * 2 Thlr. 12 Ngr.] *
1. und 2. Kötet. Ebendas. 1851—52. * 3 Thlr. 10 Ngr.

Szalay, Mich., u. Jos. Kahn. Die ungarische Metropole 1889. Neuer localer u. commercieller Führer durch Budapest. 12. (226 S. m. Illustr.) Budapest 889, Kilián. geb. * 2 —

Szalay, Michael, und Josef Kahn, Die ungarische Metropole 1889. Neuer localer und commercieller Führer durch Budapest. 8. (67 S.) Geb. Budapest: Kilian 1889. 1.—

Szale, Johann v. — Wegweiser zur schnellen Auffindung politischer Gesetze und Verordnungen in der früher unter dem Titel: Landesgesetz- und Regierungs-, gegenwärtig Landesregierungsblättern für Ungarn erschienenen Ausgabe vom Jahre 1848 bis Ende 1854. I. Theil. In alphabetischer Ordnung zusammengestellt von — —. Ungarisch-Altenburg. 1855. Druck von Alexander Czéh. (X, 90 S. 8.)

Szale, Johann v. — Wegweiser, Fortsetzung des unter dem obigen Titel im Jahre 1854 durch den Unterzeichneten verfaßten Indexes aller politischer Verordnungen in den Landes-Regierungs-Blättern vom Jahre 1855 bis zu Ende des Jahres 1856. Mit einer Zugabe eines Normalien-Indexes 2c. und des Feldpolizei-Gesetzes vom Jahre 1840 in deutscher Uebersetzung mit einem Anhang. Im J. 1856 verfaßt durch — — Ungarisch-Altenburg, 1857. Dr. von Alex. Czéh. (96 S. 8.)

Szalkay, Jul., s.: General-Bericht d. XII. internat. Thierschutz-Congresses.

Szalla, E. A., s. Flaggenkarte Hamburgischer Rheder.

Szaltinis. Kas antra menesi išeinas raßtas, pavestas gilæsniam givasties ißpazinimui. Mætas 1, Nr 1. Tilzėje: Storost 1905. 8°
[Die Quelle. Zweimonatsschrift z. tieferen Erkenntnis d. Lebens.] [10. 1:04

Szamatolski, Ludw., Albanien im Lichte neuerer Forschung. (Progr.) (30 S.) gr. 8. Berlin 910. Weidmann. 1. —

Szamatólski, M. [aus Berlin]: Ueber die sogenannte Phosphorvanadinsäure und deren Verbindungen ... Berlin, Druck v. Rosenthal & Co. (1890); 47 + 1 S. + 1 Bl. 8°
Berlin, Phil. Fak., Inaug.-Diss. v. 12. Jul. 1890.

Szamatólski, Siegfried

— s.: Jahresberichte f. neuere deutsche Litteraturgeschichte.

— s: Litteraturdenkmäler, lateinische, des XV. u. XVI. Jahrh.

Szamatólski, Siegfr., Ulrichs v. Hutten deutsche Schriften, s. a. Quellen u. Forschungen zur Sprach- u. Culturgeschichte.

Szamatólski, Siegfried [aus Berlin]: Ulrichs von Hutten Deutsche Schriften. (Erster Theil) ... (Aus: Quellen u. Forsch. z. Sprach- u. Kulturgesch. der germ. Völker, Hf. 67) Strassburg, Verl. v. Karl J. Trübner, 1889; 2 Bl. + 38 S. + 1 Bl. 8°
Berlin, Phil. Fak., Inaug.-Diss. v. 13. Aug. 1889.

Szamborski, J. F. A., eine method. Aussprachlehre d. poln. Sprache für Deutsche. 8. Königsb. 825. (Th. Enslin in Berl.) 4 gr

Szamborski, J. F. A., Lehrbuch d. poln. Sprache f. Deutsche. 8. ... Königsberg 819, Hartung. (Leipzig, Fort.)

— Krótka Nauka Jeografii stopniami prowadzona. 8. Königsb. 821. Bornträger. 8 gr

— polnische Orthographie (ganz Polnisch.) 8. Königsb. 825, (Enslin in Berlin.)

— Latwy Sposob poznània Polskiéy Pisowni. 8. Königsb. 824. (Th. Enslin in Berl.) 4 gr

Szamborsky, J. F. A. v., s.: Stechern.

Szameitat, Albert, a. Bioncourt ⟨Lothr.⟩: Über die Einwirkung von Ammoniak auf Itacon- und Teraconsäure. Straßburg i. E. 1904: C. Müh & Cie. (44 S.) 8°
Straßburg, Math.-naturwiss. Fak., Ref. Thiele, Diss. v. 1904
[Geb. 2. Nov. 80 Bioncourt, Kr. Château-Salins i. Lothr.; Wohnort: Straßburg i. E.; Staatsangeh.: Elsaß-Lothringen; Vorbildung: Oberrealschule Straßburg Reife S. 99; Studium: Chemieschule Mulhausen i. E. 2, Straßburg 8 S.; Rig. 29. Nov. 04.]

SZAMER, MICHAEL: Danck-Predig Am gewöhnlichen Jahr-Tag, der im Jahr 1594 wieder eroberten Festung Raab. Gehalten a Reverendissimo Michaele Szamer, Praeposito S. Benedicti ... den 12. April 1744. Raab (1744): Gregori Johann Streibig. 14 f. - 190 mm

Számmer, Procop, s. Quodlibet, das, oder das Sechsunddreißiger-Spiel.

Szamotulski, Theodor, Gerichtsref. in Posen: **Der Vertragsschluß** ohne Annahmeerklärung gegenüber dem Antragenden. *Grätz [!] ⟨Posen⟩ 1903: H. Hartmann.* (37 S.) 8° [Ant. u. F.]
Freiburg i. B., Rechts- u. staatswiss. Diss. v. 1903

Szamoylenko, Elisabeth, a. Stepanowka ⟨Rußland⟩: Muskulatur, Innervation und Mechanismus der Schleuderzunge bei Spelerpes fuscus. Freiburg i. B.: Speyer & Kaerner 1904. (26 S.) 8°
Freiburg i. B., Med. Fak., Ref. Wiedersheim, Diss. v. 1904
[Geb. 25. Aug. 80 Stepanowka, Rußland; Wohnort: Freiburg; Staatsangeh.: Rußland; Vorbildung: Mädchengymn. Jekaterinoslaw Reife Mai 99; Studium: Breslau 1, Freiburg 9 S.; Rig. 18. Nov. 05.]

Szamoylenko, Elisab., Muskulatur, Innervation u. Mechanismus der Schleuderzunge bei Spelerpes fuscus. Diss. (26 S. m. 6 Abbildgn.) 8. Freiburg i/B. 904. Speyer & Kaerner. n. — 80

Szana, Alex., d. gesunde u. ungesunde Radfahren. Kurze ärztl. Rathschläge f. Radfahrer. 12. (22 S.) Temesvár 898. (Polatsek.) n. — 35

Szankovits Carl: Leopold I., Herzog von Oesterr. und Steiermark, in seinen Beziehungen zum Papste Johann XXII. und dem französischen König Karl IV.
H. 1896 PN 1030 Diss. Wien, Univ. 795

Szankowski, Teofil v., a. Zabrodze ⟨Rußland⟩: Einfluß der Palmkernkuchen auf den Fettgehalt der Milch im Vergleich mit Raps- und Erdnußkuchen. Halle a. S. 1905: C. A. Kaemmerer. (62 S.) 8°
Halle, Phil. Fak., Ref. Kühn, Diss. v. 31. Okt. 1905
[Geb. 11. Mai 80 Zabrodze, Russ.-Polen; Wohnort: Wierzbno in Rußland; Staatsangeh.: Rußland; Vorbildung: Privatgymn. Sosnowice Reife Nov. 99; Studium: Jena 3, Halle 6 S.; Rig. 27. Febr. 05.]

Szanto, E., Anleihen griechischer Staaten, } s. Studien, Wiener.
—— Hypothek und Scheinkauf im griechischen Rechte. }

Szanto, Emil, ausgewählte Abhandlungen. Hrsg. v. Heinr. Swoboda. Mit e. Bildnis Szantos in Heliograv., e. Taf. u. Abbildgn. im Texte. (XXIV, 419 S.) gr. 8. Tübingen 906. J. C. B. Mohr. n. 9. —

Szanto, Emil, Bericht über e. Reise in Karien, s.: Hula, Ed.

Szanto, Emil, das griechische Bürgerrecht. gr. 8. (IV, 165 S.) Freiburg i/B. 892. J. C. B. Mohr. n. 4. —

Szanto Emil: De civitate Attica. Diss. Wien, Univ.
H. 1879 PN 157 1422

Szanto, E., Zur att. Phratrien- u. Geschlechteverfassung. S.-A. 1885. 15 S.

Szanto, Emil, die griechischen Phylen. gr. 8. (74 S.) Wien 901. (C. Gerold's Sohn.) n. 1. 70
Sonderabdruck aus: „Sitzungsber. d. k. Akad. d. Wiss."

Szanto, Emil: Die griechischen Phylen. S. 144/5.
Separatabdruck

Szántó, E, Untersuchungen über das attische Bürgerrecht, s.: Untersuchungen aus der alten Geschichte.

Szántó, Sim., zwei Briefe an den heiligen Geist im Konzil. Wien 870. Herzfeld & Bauer. gr. 8. (15 S.) n. 4 ngr.

v. Szapari, Graf Jh. Pt., wie der unthätige Reichthum Hungarns zu gebrauchen. 8. Nürnb. 784. Zeh. 4 gr.

Szapáry, Graf Julius, an der Spitze Ungarns. Ein Lebens- u. Charakterbild. gr. 8. (VII, 149 S.) Leipzig 891. Duncker & Humblot. n. 3. —

v. Szapàry, Graf Frz., Flugschrift eines Oekonomen, üb. einige höchst bedeutende Ursachen der seit mehr. Jahren, unter unsern Augen so sichtbar zunehmenden Krankheiten, vorzüglich der Fieber und d. Cholera, sammt Angebung der gewiß wohlthätig dagegen wirkenden Mittel. Pesth 831. Heckenast. 1/2 rß

Szápary, Frz. v., Handbuch der Magnetotherapie. Aus dem Französ. übers. von v. Wallenstedt. Berlin (855.) F. Schneider. 8. (V, 240 S.) n. 25 ngr.

Szápáry, Frz. Graf, Katechismus des Vital-Magnetismus zur leichteren Direction der Laien-Magnetiseurs. Zusammengetragen während seiner zehnjähr. magnet. Laufbahn nach Aussagen von Somnambulen u. vieler Autoren. gr. 8. Leipzig 845, O. Wigand. n. 2 rß

— s. Lehre, die magnetische.

Szapáry's (Frz. Graf,) Magnetismus v. anno 1850. I. Grundton [zur Harmonie der Wissenschaften.] II. Aries. Lex. 8. (VI u. 272 S.) Graz 850. (Dirnböck.) 3 rß 12 ngr.

— Table-Moving. Somnambulisch-Magnetische Traumdeutung beurtheilt. Paris 854. (Leipzig, Kittler.) gr. 8. (163 S. und: Table-Moving. [Fortsetzung.] Auszüge aus den Protokollen der Heil-Tische und Heil-Federn einiger Magnetisch-Kranken des Grafen F. Szápary. 312 S.) n. 2 rß.

— das Tischrücken. (Fortsetzung.) Geistige Agapen. Psychographische Mittheilungen der Pariser Deutsch-Magnetischen Schule. Paris 854. (Berlin, F. Schneider.) gr. 8. (XXIV, 327 S. u. lith. Portr.) n. 2 rß.

SZAPÁRY, JOHANN: Lob- und Ehrenrede auf das hohe Titularfest des Ordens der Allerheiligsten Dreyfaltigkeit hochlöbl. englische Erzbruderschaft erwehnten Ordens, ihre Würdenswahlen bestättigte, in bemeldter Klosterkirche zu Pressburg in Hungarn vor einer zahlreichen Gegenwart abgeredet. Preßburg 1766. Gedr. bey Joh. Mich. Landerer. 16 S. 1 f - 220 mm

SZAPÁRY, JOHANN: Rede von dem Dreyeinigen Gott auf das hohe Titularfest des Ordens der Allerheiligsten Dreyfaltigkeit von Erlösung gefangener Christen da eine hochlöbliche englische Erzbruderschaft dieses Ordens ihre Würdenwahlen bestättigte, in bemeldter Klosterkirche zu Pressburg in Hungarn vor zahlreicher Gegenwart abgeredet. Pressburg 1767: Bey Joh. Mich. Landerer. 8 f. - kl. 4°

SZAPÁRY, PAUL GRAF: Funiculus triplex. Eccl. 4. v. 12. Dreyfaches Band. Ein Sinnbild göttlicher Dreyeinigkeit in einer jährlich-gewidmeten Lob- und Ehren-Rede, auf das hohe Titular-Fest des Ordens der allerheiligsten Dreyfaltigkeit, welches, der eine hochlöbl. englische Erz-Bruderschaft erwehnten Ordens ihre Würdens-Wahlen bestättiget, in gedachter Ordens-Kirche zu Presburg in Ungarn vorgestellet. (Pressburg) 1765: Gedruckt bey Johann Michael Landerer. 8 f. - kl. 4°

Szaraniewicz, Isidor: Kritische Blicke in die Geschichte der Karpatenvölker im Altertum und im Mittelalter . . Lemberg: Selbstverl. 1865; 2. Aufl. 1871.

Szaraniewicz, Isidor, kritische Blicke in die Geschichte der Karpaten-Völker im Alterthum u. im Mittelalter. [Mit e. lith. Karte (in qu. 4.)] gr. 8. (144 S.) Lemberg 871. (Wild.) n. 3. —

— die Hypatios-Chronik, als Quellen-Beitrag zur österreich. Geschichte. gr. 8. (XVII, 150 S.) Ebend. 872. n. 3. 20

Szardrowsky, H., s. Szadrowsky, Heinrich

Szarewski, Marian, die Armee im Felde, s.: Publikationen, militär-ärztliche. (Hoen, Max. Ritter v.)

— Behelf z. Lösung v. Aufgaben aus d. taktischen u. operativen Sanitätsdienste, s.: Publikationen, militärärztl. (Hoen, Max. Ritter v.)

— Die operative u. sanitätstaktische Tätigkeit des Armeechefarztes, s.: Publikationen, militärärztliche. (Hoen, Max. v.)

Szarka, J., Dissert. de Vaporum mutationibus, quas in atmosph. terr. subeunt. 8. Ofen 799. (Eggenberger in Pesth). 4 gr.

Szarka, Jos. v., Lehrbuch d. Comptabilitäts-Wissenschaft, systematisch entworfen. 2 Thle. gr. 8. (34¼ B.) Wien 822, 23, Schulbücher-Verschleiß-Administr. (Gerold.)

Szarłowski A.: Historische Skizze der Stadt Stanislau. 23. Stanislau 87. Progr.

Szarota, Marcel, aus Warschau: Die letzten Tage der Republik Krakau. Breslau, R. Nischkowsky, 1910. IV, 176 S. 8°. [18. VII. 08.]
Bern. Phil. Diss. 1910/11

Szarota, Marcel. Die letzten Tage der Republik Krakau. Diss. Phil. Bern. IV + 175 S. 8. Breslau, R. Nischkowsky, 1910.

Szarvady, Frdr., Auf! Deutschland. 8. (32 S.) Hamburg 850, Hoffmann & Campe. 1/6 rß

Szarvady, Friedr., Paris. Politische und unpolitische Studien und Bilder. 1848—1852. I. Bd. 8. (VI und 427 S.) Berlin 852, Besser's Verlag. *

Szarvady, Friedr., der Suezkanal. gr. 8. (XI und 200 S. mit 2 lithogr. Karten, wovon 1 ill., in Fol. und qu. gr. Fol.) Leipzig 859, Brockhaus. *

Szarvas, Gabr., s.: Lexicon linguae hungaricae aevi antiquioris.

— s.: Wörterbuch, historisches, der ungar. Sprache.

Szarvassi, Arth., das Prinzip d. Erhaltung d. Energie u. die Theorie d. elektromagnetischen Erscheinungen in bewegten Körpern. (56 S.) gr. 8. Wien 910. A. Hölder. 1. 50
Sonderabdr. aus: „Sitzungsber. d. k. Akad. d. Wiss."

– Das Prinzip der Erhaltung der Energie und der Theorie der elektromagnetischen Erscheinungen in bewegten Körpern. 1. Teil. S. 119. IIa. 281.
– – 2. Teil (mit 3 Textfiguren). S. 120. IIa. 337.
Separatabdruck

– Über das Turbulenzproblem. S. 123. IIa. 1307.
Separatabdruck

Szarvassi, Arth., über die magnetischen Wirkungen e. rotiernden elektrierten Kugel. (13 S. m. 1 Fig.) Wien 902. (A. Hölder.) n. — 20
Sonderabdruck aus: „Sitzungsber. d. k. Akad. d. Wiss."

Szarvassi, Arthur, Dr.: Über die magnetischen Wirkungen einer rotierenden elektrisierten Kugel (mit 1 Textfigur). S. 111. IIa. 1053.
Separatabdruck

de **Szarzyński**, Stanislaus (geb. Janow in Schles. 1. 10. 1819): De Secali cornuto ejusque viribus nocentibus et salutaribus. Berolini (1844). (43 S.) 8°
Berlin, Med. Diss. v. 29. Aug. 1844

Szasky, I. Tomka, introductio in orbis hodierni geographiam. 8. Viennae, Monath. 750.

Szastecki, J. Urkundliches zur Geschichte der Stadt Schwerin an der Warthe. 17 S. Progr. *Schwerin a. W.* 1883.

Szász, Joseph, a. Nagyvarad in Ungarn: Die Ungarische Landwirtschaft der Gegenwart mit besonderer Berücksichtigung der Extensität und Intensität ihres Betriebes. (Berlin 1907: G. Schade.) (121 S.) 8°
Berlin, Phil. Fak., Ref. Orth, Diss. v. 1. Juni 1907
[Geb. 17. Mai 83 Nagyvarad (Ungarn); Wohnort: Nagyvarad; Staatsangeh.: Österreich; Vorbildung: Oberrealsch. Budapest Reife M. 03; Studium: Leipzig 2, Landw. Hochsch. Berlin 4, Univ. Berlin 1 S.; Rig. 6. Mai 07.]

Szász, Jos., die ungarische Landwirtschaft der Gegenwart m. besond. Berücksicht. d. Extensität u. Intensität ihres Betriebes. (121 S.) gr. 8. Berlin 907. (Budapest, S. Deutsch & Co.) 1. 80

SZASZINEK, VIKTOR: Geschichte, Statuten und Andachten der Bruderschaft des kostbarsten Blutes Christi. 2. Aufl. Ofen 1868 - 8°
- Dass. Ofen 1861: M. Bagó. 72 S. - gr. 8°
- Dass. Budapest 1899: Druck Müller. 44 S. - 160 mm

(Szaszkiewicz, Alexander, k. u. k. Oberstlieutenant des Generalstabes.) Leitfaden der allgemeinen Kriegsgeschichte. Zum Gebrauche an den k. u. k. Militär-Akademien und für das Selbststudium. Verfasst im Auftrage des Reichs-Kriegs-Ministeriums. Mit 1 Uebersichts-Skizze und 47 Gefechts-Skizzen. (1 Bd. Text u. 1 Schuber mit Karten.) 8. Wien 1896.

Szászváros [Schlagwort]

Szászváros, s.: Oesterreich-Ungarn. Spezialkarte.

Szathmári, Karl v., Verhandlungen u. Commissions-Bericht über billige Bahnen. Aus der staatswirthschaftlichen Abtheilung des ungar. Landes-Agricultur-Vereins. Pest 865. (Ráth.) 4. (III, 99 S. mit 1 chromolithogr. Eisenbahnkarte von Ungarn in Imp.-Fol.) n. 20 *ngr.*

Szathmáry, **Jos. M. D.**, Tractat. de inoculatione vaccinae, in commodum plebis imprimis editus. 8. Ofen 818. Typ. Soc. 3 *gl*

Szatmárvár, Heinr., das Königreich Rumänien, } s. Filek v. Wittinghausen, E.
—— das Königreich Serbien, }

Szauter, Ant., Gebete und Lieder aus den besten deutschen katholischen Gebet- und Gesangbüchern gesammelt, und insbesondere zum Gebrauche für die katholische Schuljugend herausg. Fünfkirchen 861. (Weibinger & Sohn.) 8. (147 S.) n. 12 *ngr.*

Szauter, Anton, u. **Frz. Bokor**, die Realien in der kathol. Volksschule. 2 Thle. 8. Fünfkirchen 871. Budapest, Aigner. à n. 1. 40
1. Erstes Handbuch für Schüler. Geschichtslehrliche Gegenstände. (192 S.)
2. Zweites Handbuch f. Schüler. Naturwissenschaftliche Gegenstände. (240 S.)

Szavits, Emil, der serbisch-ungarische Aufstand vom J. 1735. Historische Abhandlung. gr. 8. (51 S.) Leipzig 876, Schmaler und Pech. * 1 50

Szawle [Schlagwort]

Szawle, s.: Europa. Uebersichtskarte.

Szczawinski, W., Praktyczna Gramatyka Jezyka niemieckiego. [Die Kunst der Polyglottie. 78. Teil.] 8°. (VIII, 182 S.)
Wien: Hartleben 1903. geb. K 2.20

Szczawinski, W., Lehrbuch der deutschen Sprache f. Polen, s.: Kunst, die, der Polyglottie. 78. Tl.

Szczawinski, Wlad., Lehrbuch der deutschen Sprache f. Russen, s.: **Kunst, die, der Polyglottie.**

SZCZEKLIK, Carolus: Doctrina christiana de iure proprietatis bonorum materialium hominibus singulis competenti exponatur demonstretur et a commentis adversariorum nostri aevi vindicetur. — (1891) 234 S. 4° (Handschr.) Diss. 487
Diss. Wien, Univ.

Szczepaniak, Joh., Universal-Nivellir-Instrument als Tachoometer. Mit 2 (lith.) Taf. gr. 8. (36 S.) Wien 878. Hartleben. 1. 25

Szczepańska, Frau E. v., s.: Conserven, die, v. Früchten, Pflanzenstoffen erleichtert, sparsamst u. trefflich herzustellen.

Szczepańska, Frau E. v., was muß e. junge Frau in der Ehe wissen? Hand- u. Lehrbuch f. junge Frauen u. Mütter üb. Mutterpflichten, Kindespflege u. Kindererziehg. 1. u. 2. Aufl. 8. (à 32 S.) Dessau (901. 902). Anhalt. Verlagsanstalt. — 80

Szczepańska, Frau E. v., was muß e. junge Frau in der Ehe wissen? Hand- u. Lehrbuch f. junge Frauen u. Mütter üb. Mutterpflichten, Kinderpflege u. Kindererziehung. 6. Aufl. 17.—20. Tausend. (52 S.) 8. Leipzig (910). H. Hedewig's Nachf. — 80; geb. 1. 25

— was muß e. junges Mädchen vor u. von der Ehe wissen? Hand- u. Lehrbuch f. junge Mädchen üb. alle Verhältnisse des Braut- u. Ehestandes. 1. u. 2. Aufl. 8. (à 44 S.) Ebd. (901. 902). — 80

— Was muß e. junges Mädchen vor u. v. d. Ehe wissen. Hand- u. Lehrbuch f. junge Mädchen üb. alle Verhältnisse des Braut- u. Ehestandes. 9. verb. Aufl. 15.—18. Taus. (64 S.) 8. Ebd. (910). — 80; geb. 1. 25

Szczepański, v., kurze Darstellung der Geschichte des 4. Rheinischen Infanterie-Regiments Nr. 30 1815—1885. Bearb. für die Unteroffiziere und Mannschaften. kl. 8. (106 S. mit 3 Portr., 14 Skizzen im Text und 1 Marschkarte.) Berlin 886, [Mittler und Sohn.]
Nicht im Handel.

Szczepański, v., Musterblätter f. das militärische Planzeichnen 1 : 125,000 m. e. Anh.: Rathschläge f. das Zeichnen v. Krokis u. Skizzen. 1. u. 2. Aufl. qu. Lex.-8. (16 lith. S. m. 8 S. Text.) Neisse 891. J. Graveur. n. 1. 25

Szczepański, v., Musterblätter f. das militär. Planzeichnen im Maßstabe 1:12,500 m. e. Anh.: Rathschläge f. das Zeichnen von Krokis u. Skizzen. 3., verb. Aufl. qu. Lex.-8. (16 lith. S. m. 8 S. Text.) Neiße 897. J. Graveur. n. 1. 25

Szczepański, Alexander: Das deutsche und englische E i n i g u n g s v e r f a h r e n bei gewerblichen Streitigkeiten. (Eine vergleichende Skizze.) Erlangen 1909: Junge. 129 S. 8°
München, Staatswirtsch. Diss. v. 24. Juli 1908, Ref. Brentano.
[Geb. 19. Okt. 82 Saratow; Wohnort: Warschau; Staatsangeh.: Rußland; Vorbildung: Gymn. Samara Reife Juni 00; Studium: Jura Warschau 8, Phil. Berlin 2, Staatsw. München 4 S.; Rig. 24. Juli 08.]

Szczepański, Alfr., das Theater in Polen, s.: Bylicki, Frz., die Musik in Polen.

WALZER-DYNASTIE, Die. Eine Plauderei (von *Alfred Szczepanski*). Wien 1893.
Anon.-Lex. V. p. 321. (Eigenbericht.)

– Dass., s.a. S z c p e p a n s k i , Jos.

Szczepański, C. v., das Gemütsleben u. seine Pflege. Vortrag, geh. im Frauenverein der Johannesgemeinde. 8. (20 S.) Darmstadt 899. A. Bergstraeßer. n. — 25

Szczepanski, Fritz v., bibliotheca electrotechnica. Wissenschaftlich m. Autorenregister versehenes Repertorium der neueren deutschen, französ. u. engl. elektrotechn. Litteratur. gr. 16. (76 S.) St. Petersburg 892. F. v. Szczepanski. n. 1. 50

Szczepanski, F. v., Rossica u. Baltica. Verzeichniss der in u. üb. Russland u. die balt. Provinzen im J. 1884 erschienenen Schriften in deutscher, französ. u. engl. Sprache. I. Jahrg. 12. (62 S.) Reval 885. Lindfors' Erben. n. — 40

— dasselbe. II. Jahrg. 12. (31 S.) Ebend. 886. n.n. — 50

Szczepański, F. v., Russica. Verzeichniss der in und über Russland im J. 1885 und 1886 erschienenen Schriften in deutscher, französ. und engl. Sprache. II. und III. Jahrg. 12. (31; 29 S.) Reval 886,87, Lindfors' Erben.
à Jahrg. * *
1. Jahrg. Ebendas. 1885. * 40 Pf.

Szczepański, G. v., s.a. Schwindel, der romantische, in der deutschen Mythologie u. auf der Opernbühne.

(**Szczepansky**, G. v.) Der *romantische Schwindel in der deutschen Mythologie* u. auf der Opernbühne. Von *Sz.* 4 Stücke (in 1 vol.). Elberfeld, Bädeker, o. J. (1885—86). 8°. Eleg. blau Hklbldrb. m. Fileten.
4 gelehrte u. geistreiche Essais, mit starken Angriffen auf Prof. K. Müllenhoff u. die Anhänger der J. Grimm'schen Schule. — Vf. nennt s. vollen Namen nur auf d. Titel d. 4. Stückes.

(*Szczepanski,* G. v.) Der Weltenbaum von Neuschwanstein. Elberfeld, Bädeker (1886). 8°. Beibd.
48 S. Ebenso geistreiche wie gelehrte Abhandlung. — Bildet Stück 4 von: Der romantische Schwindel in der deutschen Mythologie u. auf der Opernbühne. Von Sz. 4 Stücke. Ibid. s. a. (1885—86).

Szczepanski, J., Antygona Sofoklesa przez. Pr. 1904. 80 S.

Szczepański, J. J.

— u. W. Scholz, Berliner Randzeichnungen, s.: Scholz, W.

Szczepański, J. J., rozmowy łatwe etc., s. Frings, M. J.

Szczepański, J. J., Wieczory familijne czyli powieści nauczające i dramy moralne w 4 językach dla pożytku młodzieży obojéj płci. Wydanie nowe. 4. Lwów 840. Millikowsky. 2/3 ℛ

Szczepanski, Josef, prakt. Arzt aus Bachor (Westpreussen): Beitrag zur Therapie des **Galen.** *Berlin (1899): G. Schade.* (32 S.) 8° ¶ (Enthält d. Übers. von Galen, θεραπευτικὴ μέθοδος, XIV, 8–19.)
Berlin, Med. Diss. v. 8. Aug. 1899

Szczepański, Jos., die Walzer-Dynastie. Eine Plauderei üb. Musik, Sitten u. Tänze. Vortrag, geh. im wissenschaftl. Club. [Aus: „Wiener Mode".] gr. 8. (16 S.) Wien 893. (L. Weiß.) n. — 70

– Dass., s.a. S z c p e p a n s k i , Alfred

Szczepanski, Klara von

Szczepański, C. v., die Reform der höheren Mädchenschule. Ein Wort zur Orientierg. f. deutsche Frauen u. Männer. (III, 35 S.) kl. 8. Gießen (907). E. Roth. — 60

Szczepański, Ladisl., S. J., nach Petra u. zum Sinai, s.a. Veröffentlichungen des biblisch-patrist. Seminars zu Innsbruck. 2.

Nach P e t r a und zum Sinai. 2 Reiseberichte nebst Beiträgen z. bibl. Geogr. u. Geschichte. Von Ladislaus Szczepański S.J. Mit 2 Kartenskizzen. Innsbruck Rauch 1908. XX, 597 S. 8°
(Veröffentlichungen d. bibl.-patrist. Seminars zu Innsbruck. 2.)

Szczepański, Paul v., die Falzgräfin, s.a. Deva-Roman-Sammlung. 17. Bd.

— die Falzgräfin, s.a. Romansammlung „Deva". 17.

Szczepański, P. v., die Falzgräfin. Ein Berliner Roman. 8. (228 S.) Leipzig 889. Reißner. n. 3. —; geb. n. 4. —

— eigene Geschichten, s.a. Romansammlung „Deva". 21.

— eigene Geschichten. Novellen. 8. (VII, 212 S.) Ebd. 890. n. 3. —; geb. n. 4. —

Paul v. Szczepański. Die H o f d a m e . Roman. Berlin: F. Fontane & Co. 1904. (572 S.) 8°

— die Hofdame. Roman. 2. Aufl. (572 S.) 8. Berlin 904. F. Fontane & Co. n. 6. —; geb. n. 7. 50

— Moskau in Blut u. Schnee. Reisebriefe aus dem revolutionierten Russland. (228 S.) 8. Berlin 906. F. Fontane & Co. n. 2. —

— der Narr des Glücks. Roman. 2 Bde. 8. (529 S.) Leipzig (901). G. Wigand. n. 6 —; geb. in Leinw. n. 8. —

Szczepański, Paul v., Neu-Berlin, s.a. Deva-Roman-Sammlung. 19. Bd.

— Neu-Berlin, s.a. Romansammlung „Deva". 19.

— Neu-Berlin. Erzählungen. 8. (III, 237 S.) Ebd. 890. * 3 —
geb. * 4 —

— Mod. Raubritter, s.a. Romansammlung „Deva". 24. 25.

Szczepański, Paul v., moderne Raubritter. Roman. 2 Bde. 8. (211 u. 175 S.) Leipzig 891. Dresden, E. Reißner. n. 6. —; in 1 Bd. geb. n. 7.

Szczepánski, Paul von

Moderne Raubritter. Roman. Bd. 1. 2.
Leipzig: Reißner 1892. 8°

Szczepański, Paul v., Sie emanzipiert sich. Novelle. 8. (146 S.) Leipzig (902). G. Wigand. n. 2.—; geb. in Leinw. n. 3.—

— Spartanerjünglinge. Eine Kadettengeschichte in Briefen. 8. (85 S.) Leipzig 901. G. Wigand. n. 2.—; geb. in Leinw. n. 3.—; auf Büttenpap., geb. in Kalbldr. n. 12.—

Szczepański, Paul v., Spartanerjünglinge. Eine Kadettengeschichte in Briefen. 6. Aufl. (113 S.) kl. 8. Leipzig (908). G. Wigand. 2.—; geb. in Leinw. 3.—

Szczepanski Vinzenz: De coniecturis ad digamma restituendum factis. Pars prior.
H. 1886 PN 429 Diss. Wien, Univ. 1458

Szczepansky, G. von, s. Szczepanski

Szczepkowski, A. Essai critique et analytique sur Mathurin Régnier. Diss. Rostock 1875. 30 S.

Szczęsnowicz, Stanislaus, k. und k. Hauptmann. Auszug aus der Geschichte des k. u. k. Infanterieregiments Ritter von Rodakowski Nr. 95. Dem Regimente gewidmet von seinem Kommandanten Oberst Erwin Ritter von Krismanić. 8. Lemberg 1904

Szczesny, Oscar: Beiträge zur Kenntniss der Textur der Froschhaut. Diss. Dorpat. 43 pp. mit einer lithographirten Tafel. 1867. 8°

Szczesny, Vict., kritische Betrachtungen zum Arbeitskammergesetz-Entwurf. (14 S.) 8. Berlin 910. Borussia. —50

Lösung oder Umgehung der Streitfrage: Fabrik oder Handwerk? Von Victor Szczesny, Reg.R. Berlin: Borussia [1909]. 48 S. 8° [Umschlagt.] [og. 12189

— Stellenvermittlergesetz vom 2. VI. 1910, nebst den wichtigsten einschläg. Bestimmungen der Gewerbeordnung u. allen preuß. Ausführungsvorschriften erläut. 2. Aufl. (171 S.) 16. Berlin 910. F. Vahlen. Geb. in Leinw. 2.40
1. Aufl. (81 S.) 910. Geb. 1.50

Szczurat. B., De infinitivi Homerici origine casuali. Pr. 1902. 17 S.

Szczurat, Vasil, Wundt's Apperzeptionstheorie. (28 S.) gr. 8. Brody 903. F. West. n. 1.—

Szczurat, Wasyl: Zur Frage nach den nominalistischen Äusserungen bei Descartes. S. 41—46. 8. K. k. zweites Staats-Gymn. *Lemberg* 1908. Progr.

Szczybalski, Philipp, prakt. Arzt: Aus d. Kgl. pathol.-anat. Universitäts-Institut zu Königsberg i. Pr. Ein Fall von Cysticercus racemosus des Gehirns mit Arteriitis obliterans gigantocellularis. *Königsberg i. Pr. 1900: H. Jaeger.* (29 S.) 8°
Königsberg, Med. Diss. v. 8. Aug. 1900

Szczytnicki, v., Dienst-Unterricht des bayerischen Kavalleristen, s.: Glutinl.

Dienst-Unterricht des deutschen Kavalleristen von [Xaver] v. Szczytnicki, Oberlt. Mit Taf. u. zahlr. Abb. Berlin: Voß 1904. (246 S.) 4° [F.] [es. 14830

— dasselbe, des deutschen Kavalleristen. (Neue Aufl.) (246 S. m. Abbildgn., 1 Bildnis u. 6 farb. Taf.) 8. Berlin 906. Vossische Buchh. n.n. —60; kart. n.n. —70

Szdellar, Franc., Dissertationes selectae chronologico-biblicae super Vetus Testamentum. Graz, 1736, 8°.

Szeberinyi, J., Corpus synodorum evang. Hungariae, s. Corpus.

Szeberinyi, J. M., a két protestáns hitfelekezet föderátiója a cs. és kir. hadseregben. Wien 869. Braumüller. gr. 8. (90 S.) n. 20 ngr.

— der Pseudo-Protestantismus auf kirchenrechtlichem Gebiete mit besonderer Berücksichtigung der protestantischen Kirchenverhältnisse Oesterreichs. Ebend. 865. gr. 8. (XIV, 163 S.) n. 20 ngr.

Szeberinyi, Joh. Mich., Festpredigt über Johannis Kap. X., V. 14, 15, 16. Am Tage der Einweihung der 1. k. k. evangelischen Garnisonskirche in Wien, den 22. Dezember 1861 gehalten. Wien 862. Braumüller. gr. 8. (15 S.) n. 4 ngr

Szechenyi in Döbling während der Modellirung seiner Büste durch Hanns Gasser. Photographie nach einem Original-Aquarelle von Kiss. Wien, Josef Bermann. 1860.
In Quart. 3½" h. 8" br. 1 fl., in 12 1½ h. 3" br. 50 kr.
S. auch Mignon-Photogr. unter I S. 18, u. photogr. Album unter II S. 25.

Széchenyi, Graf Béla, s.a. Ergebnisse, Die wissenschaftlichen, der Reise des...

Széchényi, Béla Graf, die wissenschaftlichen Ergebnisse der Reise in Ostasien 1877—1880. 2 Bde. Nach dem im J. 1890 erschienenen ungar. Originale. gr. 4. (1. Bd.: Die Beobachtgn. während der Reise, CCLIII, 851 S. m. 175 Fig., 10 zum Tl. farb. Taf. u. 1 geolog. Karte.) Nebst Atlas (in Mappe) zur Reiseroute. Orig.-Aufnahme v. Gust. Kreitner. Geographischer Tl. 17 Blätter. Geologische Karte von Ludw. v. Lóczy. 15 Blätter. 1 : 100,000. à 35 × 36 cm. Farbendr. Wien 893. (E. Hölzel.) n. 100.—

Széchenyi, Graf Béla, wissenschaftliche Ergebnisse der Reise in Ostasien 1877—1880. 2. u. 3. Bd. gr. 4. Wien (E. Hölzel). Als Rest. (Kplt n. 100.—)
2. Die Bearbeitung des gesammelten Materials. Nach dem im J. 1896 erschienenen ungar. Original. Mit 6 zinkograph. u. 17 lith. Taf. (XIII, 783 S.) 898.
3. Dasselbe. Nach dem im J. 1897 erschienenen ungar. Original. Mit 14 lith. u. 1 zinkograph. Taf., 37 zinkograph. Fig. im Text u. 7 Tab., ferner m. dem Generalindex zu dem ganzen Werke. (VII, 523 S.) 899.

Széchenyi, Graf Béla, Funde aus der Steinzeit im Neusiedler Seebecken mit einigen Mittheilungen aus dessen Vergangenheit. Erinnerung an den internationalen Congress der Anthropologie u. der vorgeschichtlichen Archäologie, Buda-Pest, im Septbr. 1876. gr. 8. (40 S. mit 6 Holzschntaf. u. 1 lith. Plan.) Budapest 877. (Kilian.) n. 4.—

Széchenyi, des Grafen Bela, Reisen, s. Kreitner, Gust., im fernen Osten.

— trouvailles de l'age de la pierre dans le bassin du lac de Neusiedl, accompagnées de quelques remarques sur son passé. En souvenir au congrès international d'anthropologie et d'archéologie préhistoriques, Budapest, en septbre. 1876. gr. 8. (40 S. mit 6 Holzschntaf. u. 1 lith. Plan.) Budapest 877. (Kilian.) n. 4.—

Széchényi, Graf Dénes, Beitrag zum Reitunterrichte. hoch 4. (106 S.) Pest 872. (Wien, Sintenis.) *

Széchényi, Graf Dénes, Beitrag zum Reitunterrichte. 2. Aufl. gr. 8. (III, 91 S.) Wien 887. Beck. n. 2.—

Széchényi, Dénes Graf, Beitrag zum Reitunterrichte. 3. Aufl. 8. (91 S.) Wien 895. F. Beck. Geb. in Leinw. n. 3. 40

Széchényi, Dénes Graf. Verschiedenes üb. Reiten u. Fahren. gr. 8. (178 S. m. Abbildgn.) Wien 892, Fr. Beck. 3 —

SZÉCHENYI, NIKOLAUS: Trauungs-Rede gelegentlich der feierlichen Trauung des Grafen Nikolaus Zichy und der Baronin Franciska Ludwigsdorff in Deutsch-Altenburg am 2. September 1895. (Oedenburg) 1895: (Witwe H. Seiler). 7, 1 S. - 290 mm

v. Széchenyi, Graf Stephan, über die ungarische Akademie 1842. Uebers. u. mit Anmerk. von Sincerus. gr. 8. Leipzig 843, Köhler. n. 1/2 ℔

Széchenyi, Steph. v., über die ungarische Akademie 1842. Uebers. u. mit Anmerk. von Sincerus. gr. 8. (5 B.) Leipzig 843, [Winter.]

(Széchényi, Graf Stefan.) Ein Blick auf den anonymen „Rückblick" (von Bernh. R. v. Meyer), welcher für einen vertrauten Kreis, in verhältnissmässig wenigen Exemplaren im Monate October 1857 in Wien, erschien. Von einem Ungarn. 8. London 1859.

Széchenyi, Graf Stephan, üb. d. Donauschifffahrt. A. d. Ungrischen v. Mich. v. Paziazi. gr. 8. (13¼ B.) Ofen 836. (Pesth, Kilian sen.)

—— Einiges üb. Ungarn. N. d. „Néhány szó a'lóverseny körül" a. d. Ungar. übers. v. Herm. Klein. gr. 8. (15¼ B.) Pesth 839, Heckenast.

Szechenyi, Steph. Graf. Ueber den Credit. Leipz. 1830. Ü: *Paziazi.* (EB)

Széchényi, Graf Steph., über den Credit. A. d. Ungarischen. gr. 8. (18½ B.) Leipzig 830. [Pesth, Heckenast.] Thlr.

Szechényi, Graf Steph., üb. den Credit; aus d. Ungar. gr. 8. Leipz. 830. (Schreck). 1 ℔ 16 gl

Széchenyi, Graf Stephan, über den Credit. Aus d. Ungarischen übers. von Jos. Wojdisek. 2e verb. Aufl. gr. 8. Pesth 830. Verlag v. Heckenast. 1⅔ ℔

Szechenyi, Stephan Graf: „Kreditwesen", nach der 3. Originalauflage aus dem Ungarischen übersetzt von Michael von Paziazi, Pesth 1830. — Vorh.: Bücherei der Industrie- und Handelskammer Leipzig.

— Licht, oder aufhellende Bruchstücke u. Berichtigungen einiger Irrthümer und Vorurtheile. Aus d. Ungar. übersetzt von Paziazi. gr. 8. Pesth 832. Heckenast. 2 ℔

Széchenyi S.: Ueber Pferde, Pferdezucht u. Pferderennen. Aus d. Ungar. übers. v. J. Vojdisek. Leipz. u. Pesth 1830. 180 S.

— üb. Pferde, Pferdezucht u. Pferderennen; aus d. Ungarisch. übers. v. Jos. Vojdisek. gr. 8. Pesth 830. (Schreck in Lpz.) 1 ℔

— über Pferde, Pferdezucht und Pferderennen. Aus d. Ungar. übers. von Joh. Wojdisek. gr. 8. Pesth 830. Verlag von Heckenast. 1 ℔

Szechenyi, Stephan, politische Programm-Fragmente. 1847. Aus dem Ungarischen mit Anmerkungen eines Oppositionellen. gr. 8. (183 S.) Leipzig 847, Jurany.

—— Stadium. 8 maj. ... Pestini 833, [Heckenast.]

v. Széchenyi, Graf Stephan, academischer Vortrag. Uebersetzt von Jos. v. Droß. gr. 8. Preßburg 843, Schaiba. (Leipzig, Engelmann.) n. 1/2 ℔

Szeck, s. Teleki.

Szeck, D. Teleki v., Reise durch Ungarn u. e. angrenzende Länder, a. d. Ung. v. L. v. Nemeth, m. Karten. gr. 8. Pest, Hartleben. 805. Rthlr.

Széesen, Ant. Graf, Denkrede auf Georg v. Mailáth. Deutsche Ausg. gr. 8. (20 S.) Budapest 884. Kilián. n. — 80

Szécsen, Ant. Graf, acht Essays. Aus dem Ungarischen übers. 8. (270 S.) Wien 879. Gerold's Sohn. n. 5. 60

Szécsen, Graf Ant., politische Fragen d. Gegenwart besprochen. gr. 8. (IV u. 150 S.) Wien 851, (Jasper, Hügel &) Manz. 1 ℔

Szécsi, Frz., die Reise nach dem Witwenstand. Lustspiel in 3 Akten. Aus dem Ung. übers. v. Béla Diósy. (132 S.) gr. 8. Budapest (904). R. Lampel. n. 3. —

Szedlák, Mathias, 1848/49-er pens. Honvéd-Artillerie-Lieutenant. Enthüllungen aus der Zeit der ungarischen Revolution und Emigration (1848—1861). gr. 8 Budapest (1897).

Szedler, Alex., seměnko. Povídka ze života Huculů. Z polského. Otištěno z „Pražských Novin". Prag 859. Haase Söhne. 12. (159 S.) 15 ngr.

Szegedi, Ioh., Rubricae, seu Synopsis titulorum capitum et Articulorum univers. juris hungarici. III Partes. 8. maj. Budae, Typ. 734.

Szegedi, Michael, Primatus Rom. Pontificis adversus cl. Io. Baumeister Lutheranum theologum Halensem iterum assertus. Tirnau 1748, 4°.

Szegedin [Schlagwort]

Szegedin, s.: Woerl's Reisehandbücher.

SZEGEDY, Josephus: Vindiciae Gregorii VII. pontificis Romani maxime ex eius epistolis haustae. — (1865) 130 S. 4° (Handschr.) Diss. 219 Diss. Wien, Univ.

Szeghely, Ign., der Entwurf e. ungarischen Strafprocessordnung. gr. 8. (63 S.) Wien 883. Manz. n. 1. 20

Trenk (sol), Der entlarvte, vielleicht noch zu rechter Zeit .... (von *Leo Maria Szeitz*). Pesth 1790.
l. c. (nach Petrik und Wurzbach).

SZEITZ, LEO MARIA: Die Schwere Wolke. Ein bedeutender Wink für Katholiken in Ungarn / wider die politischen Freydenker und falschen Aufklärer. o. O. 1790. o. Dr. 40 S. - 8°

Szék, Sam. Teleki de, Bibliotheca. P. I. Auctores classici Graeci et Latini, Patres et scriptores ecclesiastici veteres — cum brevi vitar. descriptione. Vienn. 796. 8. 1 rthl. 16 gr.

Székács, Jos., unmaßgebliche Ansichten über den Ministerial-Entwurf zu einer Kirchen-Coordination der Evangelischen beider Bekenntnisse in Ungarn rc. Uebers. von Joh. Hunfalvy. gr. 8. (114 S.) Pesth 856, Lauffer und Stolp.

Székács, Josef, unmaßgebliche Ansichten über den Ministerial-Entwurf zu einer Kirchen-Coordination der Evangelischen beider Bekenntnisse in Ungarn u. s. w. Uebersetzt von Joh. Hunfalvy. Neue (Titel-)Ausg. 8. (114 S.) Pest 860, Gebr. Lauffer.

—— Gesetze, betreffend die freie und öffentliche Religionsübung der evangel. augsburger und helvet. Confession in Ungarn. 2. Aufl. 8. (... S.) Pest 860, Osterlamm.

Székely, Alexander: Untersuchung der rohen Mesitylensulfosäure und Auffindung des Isopropylbenzols im Steinkohlenteer. 1910. 47 S. 8° ¶ Vgl. Berichte d. Deutschen Chem. Gesellschaft. Jg. 43.
München, Dr.-Ing.-Diss. v. 6. 8. 1910

Székely, Aug. v., die Behandlung der tuberkulösen Lungenschwindsucht. gr. 8. (VII, 120 S.) Berlin 894. A. Hirschwald. n. 2. 80

Székely, Ed., keine Phylloxeragefahr mehr!!! Originelles Rebenpflanzsystem zum Schutze unserer Weingärten gegen die Phylloxera u. zur Erhaltg. ihrer Tragfähigkeit. Nach den Daten d. prakt. Rebenzüchters Conr. Lutz frei bearb. gr. 8. (24 S.) Fünfkirchen 891. (L. Engel.) n. — 60

Székely, Jos. v., das Gefälls-Strafverfahren in beiden Hälften der österreichisch-ungarischen Monarchie. gr. 8. (31 S.) Budapest 882. Gebr. Révai. n. — 80

Székely, Stef.: Neuestes Handbuch der ungar. u. deutschen Umgangssprache, s. Boros, Gabr. v.

Székely, Steph., Hermeneutica biblica generalis secundum principia catholica. gr. 8. (IV, 446 S.) Freiburg i/B. 902. Herder. n. 5. —; geb. in Halbfrz. n. 6.80

Székely, Stef.: Neuestes Taschenbuch ungar. u. deutscher Gespräche, s. Boros, Gabr. v.

Szekely's Vertheidiger strafbarer als Szekely, e. freimüth. Bemerkung. 8. Prag 786. Gerle. 2 gr

Székhely, Ladisl. Hólics, s.a. Georg Schobri, der Räuberhauptmann in Ungarn.

Székhely, Ladislav Hólics

Georg Schobri, der Räuberhauptmann in Ungarn. Charaktergemälde der neuesten Zeit. Nach den Ungarischen bearb. und hrsg. von *** Th. 1.2.
Leipzig: Klein 1837. 8°

Titelbl. von Th. 1 fehlt.

Székhely, Ladislav Hólics, Georg Schobri, der Räuberhauptmann in Ungarn der neuesten Zeit. Nach d. Ungar. des — bearb. u. hrsg. von ** ***. 2 Bde. Leipzig 1838. 8°. (1 Mk. 50 Pfg. Jul. Neumann, 1908.)

Szekrényesy, A., die Kunst zu gefallen. Kurzgefaßte Lebensphilosophie f. d. aufblüh. Jugend. 12. Tirnau 834. Wachter. 5 gr

Szekrényesy, A., das Lachen, od.: das einfachste Mittel das Leben zu erheitern, das Gesicht zu verschönern, u. zugleich d. allereinfachste Geheimniß die Hypochondrie gründl zu heilen. 16. (6 B.) Pesth 830, [Heckenast.]

Szekrényesy, A., das Lachen, oder: das einfachste Mittel, das Leben zu erheitern, das Gesicht zu verschönern, u. zugleich das allereinfachste Geheimniß, die Hypochondrie gründl. zu heilen. 16. Pesth 830. Wigand; (u. Schreck in Leipz.) 6 gr

Székulics, Frl. Fanny, s.: Dumbrava, Bucura.

Szeleczky, Karl, theoret.-prakt. Anweis., die französ. Aussprache, in Ermangelung e. Lehrers, in kurzer Zeit zu erlernen, nebst e. Leseübungen für Ungarn rc. 8. Preßb. 813.

— französ. Grammatik, nach e. neuen, f. jedes Alter faßl. Methode bearb., u. zum Gebr. der Schulen eingerichtet. Mit berichtigenden Anmerkk. zu der Sprachlehre des Abbé Mozin. gr. 8. Wien 816. Gerold. 1 fl 8 gr

— kurzgefaßte u. doch vollständ. engl. Grammatik nach eigener Methode bearb., nebst e. leichten u. zweckmäß. Lehrart. 8. Preßb. 820. Landes. 20 gr

Szeli, Abraham (Coron-Apatza) A. S. 1030/5

Dissertatio inauguralis pathologico-medica proponens damna graviora ex abortibus praecipue frequentioribus oriunda eorumque genesin.
Altdorf (Meyer) V. 1750. 32 S. 34132

Gew.: Paul Jakob von Marperger.

Széli, Károly (Übers.u.Comm.):

s.: Steidele, (Raphael) Johann: Magyar bábamesterség. (Lehrbuch von der Hebammenkunst. Ung.) Bétsben: 1777

JB 3.882

Szeliga. Die Organisation der Arbeit der Menschheit und die Kunst der Geschichtsschreibung Schlossers, Gervinus, Dahlmanns und Bruno Bauers. Charlottenburg, E. Bauer 1846. 48 S. 8.

Szeliga, ..., die Organisation d. Arbeit d. Menschheit u. die Kunst d. Geschichtschreibung Schlossers, Gervinus', Dahlmanns u. Br. Bauers. gr. 8. Charlottenburg 846, Bauer. n. 8 ngr

— s. Universalreform.

Szelinki, Emil, zur Reform der Gymnasien. 4. (19 S.) Strassburg i/Westpr. 878. (Leipzig, Teubner.) n. — 80

Szelinski: Die Auflösungen im Trimeter des Aeschylus und Sophokles. 28 S. – Hohenstein, Progr. 1868.

Szelinski, Arthur De Persio Horatii imitatore 11 S. *Hohenstein* 1879
Progr.

Szelinski, Bruno, a. München: Ueber N-Methylolbenzamid. München 1904: C. Wolf & Sohn. (104 S.) 8°
München, Phil. Fak., Ref. v. Baeyer, Diss. v. 31. Jan. 1905
[Geb. 16. Febr. 80 München; Wohnort: München; Staatsangeh.: Bayern; Vorbildung: Gymn. Kempten Reife Juli 99; Studium: München (jur.) 1, Heidelberg 1, München 7 S.; Rig. 22. Dez. 04.]

Szelinski, Emil, de nominibus personarum cum veris tum fictis et significantibus apud poetas satiricos romanos. Caput I. et II. Dissertatio inauguralis philologica. gr. 8. (44 S.) Königsberg 863, (Nürmberger.) *

Szelinski, G., Musterkatalog f. Haus-, Schul- u. Volksbibliotheken. 8. (30 S.) Wien 888. Szelinski. n.n. 1. 20

Szelinski, Victor [aus Westpreussen]: Nachträge und Ergänzungen zu „Otto, die Sprichwörter und sprichwörtlichen Redensarten der Römer" ... Jena, G. Neuenhahn Univ.-Buchdr., 1892; 38 S. 8.
Jena, Phil. Fak., Inaug.-Diss. v. 1892

Szelong, Josef [aus Tarnopol, Galizien]: Aus dem Kinderspital in Zürich. Ein Fall von angeborener netzförmiger Hypertrophie der menschlichen Magenschleimhaut. (Mit 2 Abbildungen im Text.) Zürich 1902. 20 S. 8°.
Zürich, Med. Diss. 1901/1902

Szelong, Josef. Ein Fall von angeborener netzförmiger Hypertrophie der menschlichen Magenschleimhaut. Diss. Med. Univ. Zürich. *Kopftitel:* Aus dem Kinderspital in Zürich. — [Mit 2 Abbildungen.] 20 S. 8. Zürich, W. Steffen & Cociffi, 1902.

Szemák, Stef., theoret.-prakt. Unterrichts-Briefe zur Erlerng. d. ungar. Sprache, s.: Pollacsek, Mor.

SZEMAN, Johannes: Historia ecclesiae catholicae in Hungaria ab initiis usque ad annum 1526. — (1899) 169 S. in Mappe. 4° (Handschr.) Diss. 590
Diss. Wien, Univ.

Szematism pravoslavne wostoczne Eparchije ciele Dalmacije i Istrije zagodinu 1854. 8. (38 S.) U Beczu Peczatnia O. O. Mechitarista. (Schematismus der rechtgläubigen orientalischen Eparchie von ganz Dalmatien und Istrien für das Jahr 1854. Wien. Druckerei der P. P. Mechitharisten.

Szemere, Alb., der See- u. klimatische Winter-Kurort Abbazia, seine Heilmittel u. deren physiolog. u. therapeut. Bedeutg. gr. 8. (VIII, 116 S.) Stuttgart 885. Enke. n. 2. —

Szemere, Bartholom., Graf Ludwig Batthyány, Arthur Görgei, Ludwig Kossuth. Politische Charakterskizzen aus dem Ungarischen Freiheitskriege. 3 Abthlgn. Hamburg 853. Hoffmann u. Campe. 12. 2 *ßf.*
1. Abth.: Graf Ludwig Batthyány. (2 Bl., 110 S.) 15 *ngr.*
2. " Arthur Görgei. (2 Bl., 151 S.) 20 *ngr.*
3. " Ludwig Kossuth. (2 Bl., 159 S.) 25 *ngr.*

Szemere, Emerich, kleines Handbuch des Schachspiels. Unter Mitwirkg von Géza v. Maróczy. 12. (VIII, 109 S. m. Diagr.) Wien (902). A. Hartleben. Geb. in Leinw. n. 1.80

Vier Reichstags-Reden [Négy országgyülési beszéd] (autor. Übers. aus d. Ungarischen.) Homestead. Die Erziehung d. Jugend. Journalisten-Schule. Landesverteidigungs-Erziehung. Nicolas de Szemere. Budapest 1902: Athenaeum. (71 S.) 8°

SZEMETHY, Geysa: De argumento cosmologico et teleologico. — (1894) 106 S. 4° (Handschr.) Diss. 530
Diss. Wien, Univ.

Szemlér, Mich., Elementar-Zeichen-Vorlagen f. Mittelschulen. 4 Hfte. 2. Aufl. [12 (lith.) Blatt.] qu. 4. Budapest 873. Lauffer. à n. 1. 20

Szemsö, Lajos, Geschichte der Leibesübungen, Ung., Budapest 1902. 101 S., 8°.

Szemzö, Lajos, Methode des Turnunterrichts (Ungar.), Budapest 1904, 107 S., 1 Taf., 8°.

Szén, Karl J. A., Samenkörner zur Volksbildung in Deutschland. Eine Schrift f. Ungelehrte. 1e Samml. 8. Neust. a. d. O. 817. Wagner. 6 *gl*

— vervollständigter u. vereinfachter Vortrag der gemein. Arithmetik. 8. Neust. a. d. O. 818. Wagner. 12 *gl*

Szénásy, A., klinische Diagnostik der Pseudoplasmen, s.: Klinik, Wiener.

Szende, Jul., Handbuch f. Diplomaten. 1899. 8. (VIII, 266 S.) Wien (899). A. Hölder. Geb. in Leinw. n. 5. —

Szendrei, J., catalogue descriptif et illustré de la collection de bagues de Madame Gustave de Tarnóczy. Avec 300 gravures. 8. (LVI, 384 S.) Paris 889. (Budapest, L. Révai.) n. 4. 80

Szendrei, Joh., ungarische kriegsgeschichtliche Denkmäler in d. Milleniums-Landes-Ausstellung. Im Auftr. d. Commission f. die kriegshistor. Gruppe verf. Übers. v. Jul. v. Reymond-Schiller. Hrsg. v. kgl. ungar. Handelsminister, als Präses der Landes-Commission f. d. Millenniums-Ausstellg. Lex.-8. (980 S. m. 900 Abb.) Budapest 896. (G. Ranschburg.) n.n. 12. —

SZENE. Schaudernde – a. d. Geschichte d. Menschenfresser, die jüngst in Ungarn hingerichtet wurden. Wien 1781/82.

Vogelwiese, Scene von der Dresdner —. Herr Schmidt mit seinen Töchtern im Berliner Elisium. Lithogr. (4 Mk. Jos. Baer & Co., 1891.)

Szenen, s. Scenen.

Szenen und Bilder aus dem ungarischen Revolutions-Kriege. Von dem Verf. der kurzgefaßten Schilderung der magyar. Revolution. br. 8. (IV und 304 S.) Pest 850, Heckenast's Verlag. (Leipzig, G. Wigand.) Thlr. *

Szenen, bunte, aus der Tierwelt. 4. (8 Chromolith. m. Text.) Stuttgart 886. G. Weise. n. — 50; unzerreißbar geb. 1. 50

—— dass. — 8 Bl. in Farbendr. (auf Leinw.) mit Text. Aus dem Engl. 4. Ebendas. 887. geb. 1 50

Szenen und Gespräche. Zur lehrreichen Unterhaltung für die reifere Jugend. Von dem Verf. der Beatushöhle. Mit 1 Stahlst. 8. Regensburg 843, Manz. 3/8 *ßf*

— kurze. Für Gesellschaften, Familienfeste, Polterabende u. Hochzeiten. Nr. 1—8. 8. Landsberg a/W., Bolger & Klein. à — 60
Braune, Edm., Backfischchens Wette. Heiterer Dialog f. 2 junge Damen. (8 S.) (907.) (Nr. 2.)
— Lebrechts Werbung. Heiterer Dialog f. 1 Dame u. 1 Herrn. (8 S.) (907.) (Nr. 1.)
— Lorchens Rendezvous. Heiterer Dialog f. 1 Dame u. 2 Herren. (8 S.) (907.) (Nr. 3.)

Szenen, kurze. Nr. 1—5. 8. Leipzig, G. Richter. à — 75
Bliß, Paul, der Kavalier. Komische Szene f. 2 Herren. (8 S.) (908.) (Nr. 3.)
— Der Konfusionsrat. Komische Szene f. 1 Dame u. 1 Herrn. (10 S.) (908.) (Nr. 1.)
— Das Versuchskarnickel. Komische Szene f. 1 Dame u. 2 Herren. (9 S.) (908.) (Nr. 2.)
Kohut, Adph., die Freier. Soloszene f. 1 Dame. (6 S.) (908.) (Nr. 4.)
Nowak, Hans Alfr., errungen. Bluette. (16 S.) (910.) (Nr. 5.)

* — kurze, f. 2 od. mehr Personen. Nr. 11—16. 8. Mühlhausen i/Th., G. Danner. à — 75
Bliß, Paul, Ehen werden im Himmel geschlossen. Komische Scene f. 1 Herrn u. 1 Dame. (14 S.) (909.) (Nr. 13.)
— Eine kluge Frau. Komische Scene f. 2 Damen u. 1 Herrn. (16 S.) (910.) (Nr. 14.)
— Der Probekandidat. Komische Scene f. 1 Dame u. 2 Herren. (16 S.) (910.) (Nr. 15.)
Lehnhard, Paul R., Krischan Dämel's Lustreise. Komische Scene f. 3 Herren. (14 S.) (909.) (Nr. 11.)
Reinhold, Paul, Amor in Uniform. Humoristische Scene f. 1 Herrn u. 2 Damen. (16 S.) (909.) (Nr. 12.)
Schneider, Louis, Kurmärker u. Picarde. Genrebild m. Gesang in 1 Akt. (16 S.) (910.) (Nr. 16.)
* Der Titel lautet in Wirklichkeit: Scenen.

Szenen vom Welttheater. 1. Bd. schmal 8. Zschopau (905). F. O. König. n. 2. —
Kathinka v. Saltanoff, die Nichte der Exzellenz. Interessante Erlebnisse e. russ. Aristokratin während der Belagerg. v. Port Arthur. Von Torso v. Salter. (VIII, 162 S.)

Szenes, Sigism., Bericht üb. die Verhandlungen der 1. Versammlung der deutschen otologischen Gesellschaft zu Frankfurt a/M. 1892. [Aus: „Monatsschr. f. Ohrenheilkde."] gr. 8. (14 S.) Berlin 892. O. Coblentz. n. 1. —

— dasselbe, üb. die 2. Versammlung zu Frankfurt a/M. (19.—21. Mai 1893). [Aus: „Monatsschr. f. Ohrenheilkde."] gr. 8. (40 S.) Ebd. 893. n. 2. —

Szenic, kurzer Dienstunterricht f. d. Infanteristen in deutscher u. poln. Sprache, s.: Thiel.

Szenic: Disquisitiones analyticae nonnullarum qualitatum superficierum secundi gradus. Schrimm. 1865.
Schul-/Univ.-Schrift

Szenic, Stanislaus Über Kettenbrüche. Erster Teil. XXII S. *Leobschütz* 1878.
Progr.

Szenic, (Boleslaus) Stanislaus *(geb. Bieczyny in Pos. 1.5.1831)*: De superficiebus confocalibus secundi gradus. Vratislaviae (1855). (29 S.) 8° *[Forts. ist d. Progr. d. Progymn. zu Schrimm v. 1865.]*
Breslau, Phil. Diss. v. 15. Dez. 1855

Szenic, Telesfor (geb. Szelejewo in Posen (1. 1.) 1843): Der Typhus abdominalis und seine Folgezustände. Berlin (1869). (32 S.) 8°
Berlin. Med. Diss. v. 13. Mai 1869

Szenic, Wladislaus [aus Schrimm, Prov. Posen]: Über α.β.β.Trichlorbuttersäure und deren Derivate. . . . Leipzig, Druck v. Carl Marquart, 1889: 28 S. + 1 Bl. 8°
Leipzig, Phil. Fak.. Inaug.-Diss. v. 4. Dez. 1889

Szeniczey, Gustav von

— das neue Wechsel-Exekutions-Verfahren nach der am 8. April 1869 erlassenen k. ungar. Justizministerial-Verordnung. Uebersetzt v. Alex. Ritter. gr. 8. (IV, 111 S.) Ebend. 871. n. 2. —

Szeniczey, Gust. v., das summarische Civil-Prozeß-Verfahren. Nach der 2. Aufl. des Werkes „sommás polgári törvenykezési eljárás" übersetzt durch Alex. Ritter. Ein unentbehrl. Hülfsbuch für Gerichtsbeamte, summar. Gerichte, Advokaten ꝛc. Pest 869. Lauffer. gr. 8. (240 S.) n. 28 ngr.

Szeniczey, Gust. v., das summarische Civil-Prozeß-Verfahren nach der 2. verb. Aufl. d. Werkes „sommás polgári törvenykezési eljárás m. e. Beilage enth. die durch den k. ung. Cassations- u. obersten Gerichtshof im summar. Prozeß-Verfahren seit 1869 gebrachten wichtigeren Grundsatz-Beschlüsse übers. durch Alex. Ritter. Ein unentbehrl. Hilfsbuch f. Gerichtsbeamte, summar. Gerichte, Advokaten ꝛc. 2. nach dem amtl. Landesgesetzblatt bis auf die neueste Zeit vervollständ. Aufl. gr. 8. (344 S.) Budapest 872. Lauffer. n. 4. —

SZENT MÁRTONYI, IGN(ATIUS): Klage eines Seelenhirten beym Tode Josephs Gállyuff Bischofs von Agram (Auctore Ign. Szent Martonyi Poesoos Professore). Agram 1786: Mit Trattnerischen Schriften. 4 S. - 8°

Szente, Jos., die Metermaße und das Rechnen mit denselben. Für Elementar-, höhere Volks- und Bürgerschulen, sowie zum Selbstunterricht. Ins Deutsche übertragen von P. J. Wiener. 8. (92 S.) Budapest 875, Aigner. * 1 —

Szentesy, Béla, die geistige Ueberanstrengung d. Kindes (v. e. noch nicht besproch. Seite dargestellt). I. Thl.: Von d. Wiege bis zur Mittelschule. II. Thl.: D. Psycho-Physiologie d. Musicirens. (Mit e. Abb.) Uebersetzt v. Ed. Löbl, Heinr. Ehrenhaft. 8. (XV, 123 S.) Budapest 898. (Wien, Manz.) n. 1. 20

Die geistige Ueberanstrengung des Kindes [A gyermekek szellemi megeröltetése, deutsch]. (Von e. noch nicht besprochenen Seite dargest.) 1. Th.: Von d. Wiege bis z. Mittelschule. 2. Th.: Die Psycho-Physiologie d. Musicirens. Von Béla Szentesy. Uebers. von Dr. med. Eduard Löbl, Dr. med. Heinrich Ehrenhaft. Budapest 1898: Pester Buchdr. A.G. XV, 123 S. 8°

Szentivany, M., s. Szentivanyi, Martin

SZENTIVÁNYI, MARTIN: Strittige Abhandlungen der Ketzerey-Lehren, Von Denen Ertz-Ketzern, Ketzereyen, und irrigen Glaubens-Lehren, die in unsern sibenzehenden von der Geburth Christi Jahr-Hundert, dass ist im Jahr 1600. biss auf 700. neu entsprungen, und erwecket, oder widerumb hervor gezohen worden, Von R. P. MARTINO SZENTIVÁNYI, Aus der Gesellschaft Jesu, erstens in Latein beschriben, und zusammen getragen; Anjetzo aber in Teutsch übersetzet, Von R. P. JOANNE LYDL, Eben erwähnter Gesellschaft Priestern im Jahr 1703. Gedruckt zu Tyrnau, in der Academischen Buch-Druckerey, durch Johann Andreas Hörmann. 304 S. - 8°

—— Analysis seu resolutio XII praecipuorum erroneorum dogmatum in fide modernorum acatholicorum. Das. 1703, 8°; Münster 1704, 12°; Köln 1704 u. 1716, 12°.

SZENTIVÁNYI, MARTIN. Deß berühmten Ungarischen Jesuiten R. P. MARTINI SZENTIPHANI, Curioses Friedens Gespräch Mit Einigen Uncatholischen Ungarischen Herrn Ob Zu Beylegung dernoch-wehrenden höchst-schädlichen innerlichen Kriegs-Unruhe, die Jesuiten aus dem gantzen Königreich Ungarn auszuschaffen, oder nicht vielmehr darinnen zu manuteniren seyn. Aus dem Lateinischen in das Teutsche übersetzet. Wien. Bey Johann Baptist Schönwetter, Universitäts Buchhändlern. 1706. 20 S. - 4°

Szentivany, M. Irrthumbs-Bezüchtigung, Anbelangend die Heyl-lose . . . Verblendungs-Predig oder Marktschreyverey . . . Tyrnau 1704. Ü: *Lydl, Joh.* (Jes)

SZENTIVÁNYI, MARTIN: Irrthumbs-Bezüchtigung, Anbelangend Die Heyl-lose und ärgerliche so genannte Erleuchtungs, In der Wahrheit aber Verblendungs-Predig, Oder Marckschreyerey, Welche nach seinem von den Kirchen Gottes und dem Heil. Capuccíner-Orden schändlichen, und Gott-vergessenen Abfall Meinulphus Viart von Warburg gebührtig; (Weiland in seinem heiligen Ordens-Stand P. Basilides genannt) In der Thumb-Kirchen S. Andreae zu Hildesheimb in Beywohnung einer Volck-reichen Menge. so wohl der Einheimischen, als Fremdlingen gehalten hat, den 30. Julij im Jahr 1702. In Druck von MARTINO SZENT-IVÁNY Der Societät Jesu Priestern, und Theologen auff der Universität zu Tyrnau in Ungarn. Daß zwölffte von ihm beschriebenes, Ketzer-Stürmisches Hand-Büchlein. Tyrnau, gedruckt in der Academischen Buch-Druckerey 1704. 118 S. - 4°

SZENTIVÁNYI, MARTIN: Fünfzig / Motiva / Und / Betrachtungen, / Warum / Unter so vielen Religionen und unter- / schiedener Glaubens-Bekantnussen deren zu un- / sern Zeiten in der Christenheit / gepfleget / wird / Der Alleinige / Römisch-Catholische Glaub / zu erwehlen, und / Allen andern Glaubens-Bekantnussen / vorzuziehen? Nebst noch Fünfzig Ursachen, warum / Niemand mit guten Gewissen Lutherisch wer- / den, oder da er schon Lutherisch ist, im Luthertum verharren möge. / Vorhero in Lateinischer Sprach, nunmehro aber- / mahlen zum Nutz und Heil unserer Seelen / ins Teutsche übersetzt, samt einen / Schreiben, / Welches Weyland ihro Päpstliche Heiligkeit Clemens XI. An ihro Fürstliche Durchlaucht ANTON ULRICH, / Herzogen zu Braunschweig und Lüneburg den 2. / Febr. 1710. haben ergehen lassen. Cum permissu Superiorum. Raab, gedruckt bey Gregori Johann Streibig, Königl. Priv. Bischöfl. Buchdruckern. 178 S. - 137 mm

Szentivany, M. Lutherisches Nichts zur Sach, Nichts zum Zweck des Vorhabends . . . Tyrnau 1703. Ü: *Lydl, Johann.* (Jes)

SZENTIVÁNYI, MARTIN: Lutherisches Nichts zur Sach, Nichts zum Zweck Des Vorhabens, Oder Ungereumbte Beantworthungen eines aus der Hohen Königsbergischen Schuel Lutheråners auff XV. Fang-Rede der Catholischen, widerleget. Von Rever. Patre MARTINO SZENT-IVÁNY Der Societet Jesu Theologen in Hocher Schul zu Tyrnau in Hungarn. Denen Un-Catholischen Herren zum neuen Jahr 1703. wohlgeneigtist in Lateinischer Sprach verehret, und nun auch ins Teutsch übersetzet. Von R. P. J. L. Ermelter Societet Priestern. Gedruckt zu Tyrnau in der Academischen Buchdruckerey, durch Johann Andreas Hörmann 1703. 228 S. - 8°

Szentiványi, Mart., Oeconomia philosophica. 8. Budae, Typ. 782.

— Opuscula Polemica. II Tmi. 4. ibid.

Szentivany, Martin. Fünff-zig Vrsachen, Und Bewegungen, Warumb In so villfältigen Gottes-Dienst . . . allein der Römisch-Catholische Glaub . . . zu erwählen? . . . Tyrnau 1702. Ü: *Lydl, Joh.* (Jes)

SZENTIVÁNYI, MARTIN: Fünfzig Vrsachen, Vnd Bewegungen, Warumb in so villfältigen Gottes-Dienst, und unterschiedlichen Glaubens-Bekandtnüssen, welche der Zeit in der Christenheit schweben, allein der Römisch-Catholische Glaub, allen andern vorzuziehen, und zuerwählen? Von den Ehr-Würdigen Patre MARTINO SZENTIVÁNYI Der Gesellschaft Jesu Theologo, in Vorstellung eines Neu-Catholischen, Allen Uncatholischen Herzen Zu einem Rothen Ey im Jahr 1702. auß treu-meinendem Herzen zugeschrieben, und dargeschenkt. Aus Unkosten Ihro Eminentz des Cardinal von Kollonitsch. Gedruckt zu Tyrnau, in der Academischen Buchd. durch Joh. Andreas Hörmann. 168 S. - 12°

SZENTIVÁNYI, MARTIN: Freundlicher, Und in Geheim gehaltener Wort-Kampf, Die Frag: Ob die Gesellschafft Jesu in dem Königreich Hungarn einsässig zu erhalten, betreffend. Von einem gantz eifrigen Catholischen, mit etlichen Uncatholischen ausgeführt. Allen Catholischen Herren, Welche Die Erhaltung, und Fortgang, deß Catholischen Glaubens in diesem Königreich wolhertzig eifern, In Lateinischer Sprach unterthänigst aufgetragen, Von dem Ehrwürdigen MARTIN SZENT-IVÁNY, der gemeldten Gesellschafft Jesu Priestern, Anjetzo aber in das Teutsche von Einem andern Gesellschaffter übersetzet. Wienn, verlegts Joh. Baptist Schönwetter, Univers. Buchhandler, im Rothen Ygel. 56 S. - 16°

SZENTIVÁNYI, MARTIN: Zeit- und Streit-Abhandlung, Von dem Anfang, Fortgang, und Abnemmung der Griechischen Kirchen-Trennung: wie auch von der mit vielen Verlangen erlangter Wieder-Vereinigung der Griechen mit der Römischen Kirchen. Aus Befehl, Gewalt, und Unkosten Jhrer Eminenz Hn. Herrn Leopold Von Kolonitz. Der H. Röm. Kirchen Cardinal, der Deutschen Landschaften Beschützer, und Ertz-Bischoff zu Gran, &c. Zu Gunst der unter der Ungarischen Cron wohnhafften Wallachen, Reußen, und Rascianer in Lateinischer Sprach beschriben Von dem Ehrw. P. MARTIN SZENTIVÁNY, der Gesellschafft Jesu Priestern. Und nachmals der Teutschen Nation zu Lieb in ihrer Mutter Sprach übersetzet durch einen Priester besagter Gesellschafft &c. Mit Bewilligung der Obern. Wienn, verlegts Joh. Baptist Schönwetter, Universitäts Buchh. im roten Ygel 1704. 168 S. - 12°

(SZENTIVÁNYI, MARTIN:) Vier und Zwanzig Wichtige Zweiffel Denen Pastorn Augspurgerischer, und Schweitzerischer Confession zum Neuen Jahrs-Geschenk von einem seiner Seeligkeit höchst-geflissenen, und darum eiffrigst nachforschenden Christen, Welche Religiom oder Glaubens-Arth unter so vielen und unterschidlichen Glauben, so im Königreich Hungarn geduldet werden, zu erwehlen sey. Gedruckt zu Tyrnau, im Jahr 1700. 16 S. - gr. 4°

(SZENTIVÁNYI, MARTIN:) Katholische Zweifls-Auflösungen, Sechs vornehmen Glaubens-Zweifl, Deren Uncatholischen gegen die Warheit deß Römischen Catholischen Glaubens. Von einem von Villen Jahren mit höchsten Fleiß nachforschenden aufgezeichnet, welche doch, unter so villen und mannigfältigen in der Christenheit zu jetzigen Zeiten schwebenden Glaubens-Religionen die wahre, und seeligmachende vor allen andern zu-erwöhlen, und zuhalten seye. Allen ausser der Römisch-Catholischen Kirch sich befindenden Herrn zur Schenck-Gab deß neuen 1701 Jahrs wol-geneigtist vorgetragen, und verehret. Auß Freygebigkeit und Unkosten Ihro Gnaden Herrn Herrn Johann Wilhelm Frey-Herrn von Walterskirchen. Herrn in Wolffs-Thal, Pergen, Hundshamb, &c. Ihro Käyserlichen Majest Cammer-Herrn. Gedruckt zu Tyrnau in der Academischen Buchdruckerey durch Johann Hörmann. 45 S. - 4°

Szentkatolna, de, s: **Bálint-Illyés.**

Kabard nyelvtan. (Grammatica Cabardica.) Irta: Dr. **Szentkatolnai Bálint Gábod.** *Klausenburg: J. Stein (1900).* (820 S.) 8° [Text lith.] (91.7747

Szentkuty, Stefan, die Ursachen des Misslingens im Negativverfahren, u. Rathschläge, demselben abzuhelfen. Handbuch für prakt. Fotografen. Mit besonderer Rücksicht auf Anfänger u. Laien. Gesammelt u. gestützt auf 18jähr. Praxis hersg. [Als Mscr. gedr.] Pest 870. (Kilian.) 8. (36 S.) n.n. 1 ℛ 10 ngr.

Szentpétery (Sigismund v.), Die mesozoischen Eruptivgesteine der südlichen Hälfte des Persányer Gebirges, mit bes. Berücks. d. geol. Verhältnisse. M. geol. Kt.-Skizz. u. 1 Textfig. Kolozsvár 1910. 62 S.
Aus: Naturwiss. Museumshefte 1909. Bd 4. No 2.

Szép, Joan., notitia artis orator. veter. et novae. II Partes. 8. Pressb., Belnay. 2 ℛ

Szepesházy, Karl v., und J. C. v. **Thiele.** Merkwürdigkeiten des Königreiches Ungarn oder historische, statistisch-topographische Beschreibung. (2 Bde.) 8. Kaschau 1825.

v. Szepesházy, C., u. J. C. v. Thiele, Merkwürdigk. des Königr. Ungarn, oder: histor.-statist.-topograph. Beschreib. aller in diesem Reich befindl. 42 königl. Freistädte, 16 Zipser Kronstädte, Jazygiens, Groß- u. Klein-Kumaniens, der privilegirten Heiducken-Städte rc. 2 Bde. Mit 1 Abbild. d. Karpathen. gr. 8. Kaschau 825. Wigand. 4 ℛ — Dasselbe bei Mayer in Wien. 2 ℛ 16 ℊ

— u. J. C. v. Thiele, neuester Wegweiser durch das Königr. Ungarn u. nach allen angränzend. Ländern. gr. 8. Kaschau 827. (Wigand). 1 ℛ 20 ℊ

Szepesie, Emerici, carmina. gr. 8. (183 S.) Wien 870. (Budapest, Zilahy.) n. 2. —

Szépligeti, Gy., Braconidae u. Ichneumonidae, s.: Fauna, die, Südwest-Australiens.

Szeps, M., Gleichberechtigung für den Mittelstand. (Sep.-Abdr. aus dem „Neuen Wiener Tageblatt".) 8°. Wien, „Steyrermühl", 1885.

Szerdahely, G. A., aesthetica sive doctrina boni gustus ex philosophia pulch. deducta in scientias et artes amoeniores. II Ptes. 8maj. Pressb. 779. Belnay. 1 ℛ 8 ℊ

— diploma graecum S. Stephani regis monialibus Coenobe Vesprimiensis etc. 8maj. Pesth ... Kilian. 12 ℊ Schrbp. 16 ℊ

— silva Parnassi Pannonii. 8. Vien. Schmidt. (Doll, Augsb.) 788.

— silva Parnassi Pannonii. 8. Wien 788. Schmidt. 20 ℊ 8maj. Ofen 803. Typ. Soc. 10 ℊ

Szerdahelyi, Heinrich, dipl. Tierarzt. akad. Landwirt und cand. phil.: Alkaloid-Intoxikation mit Paraplegia (paresis) posterior et Ischuria paradoxa catarrhalis. Bern 1906. 60 + 2 S. 8°. [16. II. 06.]
Bern. Vet.-med. Diss. 1905/1906.

Szerdahelyi, Heinrich. Alkaloid-Intoxikation mit Paraplegia ⟨paresis⟩ posterior et Ischuria paradoxa catarrhalis. Diss. Vet.-Med. Bern. 61 S. 8. Bern, Ott & Bolliger, 1906.

Szerdahelyi, Heinrich: Alkaloid-Intoxikation beim Pferde und Einiges an das Reichs-Kriegs-Ministerium. Magyar-Ovár 1903. 38 S.

Szereday, A. Sigism., charitas initialis affectiva super omnia sacramentalis et virtualis. Fol. Albae Carolinae 792. (Eggenberger in Pesth). 3 ℛ

Szereday, Ant.

— collectio continens tabulas vetustorum ac recent. monumentorum, quae in templo alba olim Juliensi nunc Carolinensi in Transilvania sunt fueruntque locata. 4. Pesth 791. Kilian. 16 ℊ

Szereday, Ant., notitia veteris et novi capituli ecclesiae Albensis Transilvaniae. 4. Pesth 791. Kilian. 16 ℊ

Szerednye [Schlagwort]

Szerednye, s.: Oesterreich-Ungarn. Spezialkarte.

Szerelmey, N., Magyar hajdan és jelen, s. Magyar hajdan és jelen.

Szerencse-rovatal, nagy, egyedüli a császár. kir. lutri-játék keletkezete óta az első, a legjobb és a legbiztosabb. Foglalja magában az elvont-, a kikiáltás-, a kettős-, magány-és a kármas-játékot. A lutri-játszók számára egy elkerülhetlenül szükséges kézikönyvecske. Szerzette K. W...... Négy részbe osztott első kiadás. gr. 8. (112 S.) Gratz 856, Ferstl'sche Buchh. Thlr. *

Szerlecki, Vladisl. Alf., Dictionnaire abrégé de Thérapeutique, ou exposé des moyens curatifs emp'oyés par les praticiens les plus distingués de la France, de l'Allemagne, de l'Angleterre et de l'Italie, dans toutes les maladies rangées d'après l'ordre alphabetique. 2 Vols. gr. in-8. Paris 837. (Freiburg, Waizenegger; a. Wagner.) 8 ₰ jetzt 5 ₰

Szerlecki, Vladisl. Alf., Tractatus de fractura colli ossis femoris, cui annexa est observatio rarissima de ossium mollitie. 4. (5¼ B. u. 3 Stnt. qu. gr. Fol.) Friburgi 834, Wagner.

Szerlecki, Vlad. A., prakt. Handwörterbuch d. Heilungslehre, od. Darstell. d. Heilmethoden d. berühmt. prakt. Aerzte Deutschlands, Frankreichs, Englands, Italiens u. Americas. N. d. 2. franz., ganz umgeänd. u. bedeut. verm. Ausg. frei bearb. u. mit den in d. medicin. u. chirurg.-ophthalmolog. Klinik in Freiburg v. Baumgärtner u. Beck befolgten Heilmethoden u. a. Zusätzen verm. v. Verf. d. Originals. 2 Thle. (od. 9 Abthln.) gr. 8. (73½ B.) Stuttgart 838—41, [Scheible, Rieger u. Sattler.] à Abthl. ½ Thlr.

—— Monographie üb. d. Tabak, dess. Einwirkung auf d. menschl. Organismus, u. Heilkräfte in verschied. krankhaften Zuständen. Eine gekr. Preisschr. gr. 8. (8½ B.) Stuttgart 840, Ebner u. Seubert.

— s. Rozycki's Kriegsoperationen während d. Krieges im J. 1831.

— s. Zeitschrift f. Therapie.

Priedas prie 'Tevynes Sargo' 1899. Apie Sunaudojima vandenu ant auginimo žuvių vežių u kitokių vandeninių sutvėrimų. Pāra:z Szernas. Tilžeje 1899. (60 S.) 8°
[Beilage zu "Tevynes Sargas" 1899. Über Behandlung d. Gewässer z. Zucht von Fischen, Krebsen u. anderen Wassertieren. Verf. von Szernas. Tilsit.] [illegible] 10

Szezepanski, Premierlieutenant im Regiment. Kurze Darstellung der Geschichte des 4. Rheinischen Infanterie-Regiments **Nr. 30** 1815—1885. Auf Befehl des Regimentskommandeurs Oberst Streccius bearbeitet für die Unteroffiziere und Mannschaften. Mit 3 Portraits, 14 Skizzen und 1 Marschkarte kl. 8. Berlin 1886

BERNHARD u. Hildebrand. Eine (zahme) poetische Phantasie (in 6 Gesängen, von *Karl Ferd. Szhmid*). Eisenach, J. G. E. Wittekindt, 1781. 8°. (70 Pfg. Scheible.)
Anon. Lex. I. p. 195 (nach Kayser u. Meusel).
— — Dasselbe, in: Ganymed f. d. Lesewelt. Bd. 2. Ibid. eod. a. 8°. S. 173—286.

SZIEGMUND, WILHELM: Mein Tagebuch. Ein Gedenkbüchlein an die siebente Secularfeier zu Groß-Maria-Zell und die von Sr. Eminenz dem Fürstprimas von Ungarn Johann Scitovszky v. Nagykér geführte National-Wallfahrt im Monat September 1857. Pest 1857. Gedr. bei Jos. Gyurián. 42 S. - 8°

Szielasko, Alfred

Szielasko, A., die Bildungsgesetze der Vogeleier bezüglich ihrer Gestalt. Eine oolog. Studie. gr. 8. (23 S.) Gera-Untermhaus 902. F. E. Köhler. n. 1.—

Szielasko, Alfred: Untersuchungen über die Gestalt und die Bildung der Vogeleier. *Königsberg i. Pr. 1904: O. Kümmel.* (29 S.) 8°
Königsberg, Med. Diss. v. 30. Jan. 1904

SZIGETH, Ferdinandus: De relatione inter ecclesiam et statum. — (1853) 64 S. 8° (Handschr.) Diss. 157
Diss. Wien, Univ.

Szigethy, Karl, s.: Fauna, die, d. Balatonsees.

Szigetvári, Ivan, Jugendspiele und -ausflüge, Ungar., Budapest 1892, 20 S., 8°.

Sziglávy, Paul [Pseud.], s. a. Borsod, August

Sziglávy, Paul (d. i. *August Baron Bors de Borsod*), Fata Morgana. Federzeichnungen. 2 Bde. Wien (Mannbach) 1870. 8°. 288 u. 318 S. (Mk. 8—.)
Pikante Schilderungen aus Oesterreich-Ungarn, wo das Buch verboten gewesen. Enth. auch Scandalosa aus den Tagen der ungarischen Revolution. Eine Edelfrau wird wegen Verbreitung politischer Schriften auf dem Marktplatz einer Komitatsstadt von einem österreichischen Kommando öffentlich mit Ruthen gezüchtigt.
— Dasselbe. 2. Auflage. Ebd. 1876. 8°. (4 Mk., Jos. Baer & Co., Frf. a. M., 1890; 6 Mk. Th. Ackermann, München, Cat. 49.)

Sziglávy, Paul, Fata Morgana. Federzeichnungen. 2 Bde. 8. (288; 318 S.) Wien 876, [Hügel'sche Buchh.] Steckler's Buchh. 8 —

Sziglávy, Paul, eine Ziegerhöhle. Roman. 3 Bde. 8. (242, 242 u. 276 S.) Budapest 878. Zettey & Co. n. 10. —

— die Töchter des Fürsten. Roman. 3 Bde. 8. (266, 276 u. 267 S.) Ebend. 876. n. 7. —

Szigligett, Ed., Rauschgold. Lustspiel in 3 Akten. Nach dem Ungar. frei bearb. von J. Schnitzer. 8. (175 S.) Budapest 879, Grill'sche Hofbuchh. * 3 —

Szigmund, Wilhelm. Mein Tagebuch. Ein Gedenkbüchlein an die siebente Säcularfeier zu Gross-Maria-Zell und die von Sr. Emin. dem Fürstprimas von Ungarn, Johann Szitovszki v. Nagy-Kér, geführte National-Wallfahrt im Monate September des Jahres 1857. Eigenthum des Verfassers. *Pest* 1857. Gedr. bei *Jos. Gyurian.* 42 S. 8°.

Szigyártó, Z. Dizionario italiano-ungherese, s. Benkö, C.

Sziklay, Johann von: Die Bibliographie des Balaton, s. Sziklay, Julius von

Sziklay, Johann, s. Europe, Illustrated und Europe illustrée.

Sziklay, J., u. E. László, Führer durch die Landes-Ausstellung. Mit e. kurzen Wegweiser v. Budapest. Deutsch v. Geo. Mayer. 8. (III, 117 S. m. lith. Portr. d. Kronprinzen Rudolf u. 1 lith. Plan der Ausstellg.) Budapest 885. Lampel. n. — 80

Sziklay, Johann s. Hongrie. A travers la H' méridionale. Zurich ([18]90) — Krauss, Ferdinand, & Sziklay, Johann — South Hungary. Through S' H'. Zurich [1890] — Südungarn. Durch Süd-U'. Zurich ([18]90) — Vienna. From V' to Budapest.... Zurich ([18]89) — Vienne. De V' à Budapest.... Zurich ([18]89) — Wien. Von W' nach Budapest.... Zürich ([18]89).

Sziklay, J. Hungary. — La Hongrie, s. Imendörffer, A.

Sziklay, Johann. Through the Hungarian Plain. By John Sz'. With 23 Illustrations by J[ohann] Weber [5 Plates] and a Map. (Illustrated Europe. № 127.) 8. Zurich ([18]90).
To and through Hungary. Part 7.

Sziklay, Johann. A travers la grande plaine de Hongrie (*Umschlag:* La gr' pl' hongroise). Par Jean Sz'. Avec 23 Illustrations de J[ohann] Weber [dont 5 planches] et une carte. (L'Europe illustrée. № 135.) 8. Zurich ([18]90).
A travers la Hongrie. 7ᵉ fascicule.

— durch Süd-Ungarn, } s.: Wanderbilder, europäische.
— durch die ungar. Tiefebene, }

Sziklay, Johann. Durch die ungarische Tiefebene. Mit 23 Illustrationen von J[ohann] Weber [wovon 5 Tafeln] nebst einer Karte. (Europäische Wanderbilder. No 174.) 8. Zürich ([18]89).
Nach und durch Ungarn. Bändchen 7.

— nach u. durch Ungarn, s.: Krauss, J.

– s. Ungarn in Wort u. Bild.

— von Wien nach Budapest, s.: Wanderbilder, europäische.

Sziklay, J., siehe: *Wanderbilder.*

SZIKLAY (vormals SIEGLER), JOHANN BAPT.: Sechs Fastenprediglen für die gebildeten Stände zur Fastenzeit des Jahres 1862 gehalten in der Festungs Haupt-Pfarrkirche »Maria Himmelfahrt« zu Ofen. Pesth 1862. Druck u. Eigenthum d. Alois Bucsánszky. VIII, 148 S. - 217 mm

Sziklay, J. B., die Schule des Kreuzes. Sechs Predigten für die gebildeten Stände zur Fastenzeit des Jahres 1862 gehalten in der Festungs-Hauptpfarrkirche zu Ofen. Pest 862. Bucsánsky. 8. (148 S.) n. 10 ngr.

Sziklay, Jul. v., Bibliographie des Balatonsees, s.a. Resultate d. wissenschaftlichen Erforschung des Balatonsees.

Die Bibliographie des Balaton von Dr. Julius (a. d. Vort.: Johann) v. **Sziklay.** (Wien: E. Hölzel in Komm. 1906.) (65 S.) 4°(8°)
= **Resultate** d. wissenschaftl. Erforschung d. Balatonsees. Bd 3, T. 5. [<6. 763>

Szikra (Gräfin Iska Teleki), die Einwanderer. Roman aus der ungar. Gesellschaft. Einzig autoris. Uebersetzg. v. Arth. S. Ebenthal. (168 S. m. Abbildgn.) 8. Budapest 905. F. Sachs. n. 2. —

Szilágyi, A. (Hrsg.), s. Actes et documents pour servir á l'histoire de l'alliance de George Rákoczy.

Szilágyi, Alex., Gabriel Bethlen u. die schwedische Diplomatie. Aus dem ungar. Original. [Aus: „Ungar. Revue".] gr. 8. (76 S.) Budapest 882. Kilian. n. 1. 60

Szilágyi, Alex., Georg Rákóczy I. im 30jährigen Kriege 1630—1640. Mit Urkunden aus schwed. u. ungar. Archiven. Deutsche Ausg. gr. 8. (XXVI, 145 S) Budapest 883. Kilian. n. 3. —

Szilágyi, Alex., die letzten Tage der magyarischen Revolution. Enthüllung der Ereignisse in Ungarn und Siebenbürgen seit dem 1. Juli 1849. Unter Mitwirkung des Verf. ins Deutsche übertragen. gr. 8. (IV und 107 S.) Leipzig 850, Haendel.

Szilágyi, Arth. Karl, Abhandlgn. aus d. Bereiche des Militärrechtes. Lex.-8. (89 S.) Wien 896. (L. W. Seidel & Sohn.) n. 2. —

Szilágyi, Arth. Karl, Moderner Kinderschutz in Ungarn. Socialpolitische Aufgabe. Vortrag. 8°. Wien, Fromme, 1908.

Szilágyi, Arthur Karl: Das Militärstrafrecht bei den Römern. (Szilágyi, Abhandlungen aus dem Bereiche des Militärrechtes. [I.]) (1896.)

SZILAGYI, Josephus: De potestate impedimenta matrimonium dirimentia statuendi. — (1837) 40 S. 4° (Handschr.) Diss. 2
Diss. Wien, Univ.

Szilágyi, Jul., die Betriebskontrolle der Spiritusfabrikation. Ein prakt. Handbuch f. Brennereileiter, Brennereibesitzer, Finanzbeamten, landwirtschaftl. u. techn. Lehranstalten. Mit e. Vorwort v. Jean Effront. Mit 43 Textabbildgn., 1 farb. Taf. u. 2 Brennerei-Bauplänen. (XV, 457 S.) gr. 8. Berlin 907. M. Brandt & Co. Geb. in Leinw. n. 10. —

SZILÁGYI, MARTIN, Weltpriester, vormahlig Calvin. Paedicant aus Siebenbürgen; Rede auf den hohen Festtag der glorreichen Gedächtniss des heil. Apostels Paulus, da dieser in der Hofpfarrkirche zu St. Michael in Wien 1771 auf das feyerlichste begangen wurde. Pressburg 1771: J. M. Landerer. 24 S. - 210 mm

Szilard, B., Beiträge zur allgem. Kolloidchemie. (42 S. m. Fig.) gr. 8. Dresden 908. Th. Steinkopff. 1. 50

Szilasi, s.: Gesetzartikel XXXVII. v. J. 1895 üb. die Erfindungspatente f. Ungarn.

SZILASI, Gregorius: De schismate orientali. — (1862) 77 S. 8° (Handschr.)
Diss. Wien, Univ. Diss. 259

Szili, Adf., Augenspiegel-Studien zu e. Morphographie des Sehnerven-Eintrittes im menschl. Auge. I. Tafeln. 89 Abbildgn. auf 24 Taf. Nebst Text. gr. 8. (92 S.) Wiesbaden 901. J. F. Bergmann. Kart. n. 18. 60

Szili, A., die Brille, s.: Sammlung gemeinverständlicher wissenschaftlicher Vorträge.

Szillányi, Komorn im J. 1849 mit besond. Hinblick auf die Operationen der ungar. Armee an der oberen Donau u. Waag. Mit einer (lith.) Uebersichts-Karte der Umgebung v. Komorn (in qu. gr. 4.) u. d. Facsimiles der hervorragendsten Persönlichkeiten dieser Festung. gr. 8. (VIII u. 266 S.) Leipzig 850, Grunow & Co. n. 1½ ₰

Szillányi, Komorn im J. 1849 mit besond. Hinblick auf die Operationen der ungar. Armee an der oberen Donau und Waag. gr. 8. (VIII und 266 S. mit 1 lithogr. Uebersichts-Karte der Umgegend von Komorn in qu. gr. 4. und den Facsimiles der hervorragendsten Persönlichkeiten dieser Festung.) Leipzig 851, [Herbig.] *

Szillay, Albertine: Lehrbuch der französischen Sprache ..., s. Werner, Alexander

SZILLUS, H., Eine verbotene Frucht. Essen 1904. Im Selbstverlage. 8°. (Kr. 1,80.) (1 Kr., Origlwdbd., A. H. Huber, Salzburg, 1908.)

SZILVASY, Michael: De benedictionibus liturgicis. — (1868) 138 S. 4° (Handschr.) Diss. 234
Diss. Wien, Univ.

SZILVEK, Ludovicus: De creatione mundi. — (1881) 144 S. 8° (Handschr.)
Diss. Wien, Univ. Diss. 443

SZILVESZTER, Franciscus: Doctrina d. Thomae Aquinatis de domino in bono fortunae cum moderni socialismi placitis comparata. — (1900) 115 S. 8° (Handschr.) Diss. 799
Diss. Wien, Univ.

Szily, A. von: Erscheinungen am engen Streifenmuster. Ein Beitrag zur Erforschung der optischen Bewegungsempfindung (mit 3 Textfiguren). S. 121. III. 155.
Separatabdruck

Szily, I., introduct. v. cleri Sabariensis, quam illustris ac R. D. etc. 4. Vien. Trattner. 777.

Szily, Koloman von

Szily, Coloman v., s.: Georgius de Hungaria, Arithmetik aus d. J. 1499.

Szily, Koloman: Unsere T h ä t i g k e i t auf dem Gebiete der Naturwissenschaften im letzten Jahrzehnt. Pest 1877.

Szimits, J. De Banater Schwob. Neue Folge: de Heedschwob. Humoristische Gedichte in banat-schwäb. Volksmundart. 16. (112 S.) Temesvar 891, Ramel. * — 90

Szinnyei, J., bibliotheca hungarica historiae naturalis et matheseos. 1472—1875. 8. (VIII, 1008 Sp.) Budapest 878. (Kilian.) n. 10. —

Szinnyei, Jos., finnisch-ugrische Sprachwissenschaft, s.a. S a m m l u n g Göschen.

Finnisch-ugrische S p r a c h w i s s e n s c h a f t. Von Dr. Josef Szinnyei. Leipzig: Göschen 1910. 156 S. 8°
(Sammlung Göschen. 463).

Szinovácz, Geo., allgemeines österreichisches Wechselrecht u. Wechselverfahren in Fragen und Antworten, nach eigener mehrjähr. Erfahrung u. den vorzüglichsten Commentaren verfaßt. (Ungarisch u. deutsch.) Mit dem Text d. Gesetzes im Anhange. Preßburg 854. (Wigand.) gr. 8. (XXIII, 248 S.) n. 1 ₰. 10 ngr

Szirányi, Jos. v., s.: W a p p e n, die, aller souverän. Länder der Erde.

Szirmai, Jos. (Jos. Stricker), d. 1. S c h u l j a h r. Fibel m. steiler Kurrentschrift. 8. (112 S. m. Abb.) Budapest 892. Franklin-Verein. Geb n. — 50

— dasselbe m. steiler L a t e i n s c h r i f t. 8. (100 S. m. Abb.) Ebd. 892. Geb. n. — 50

— u. Adf. **Mayer**, dasselbe nach der gemischten Schreiblesemethode. 3. Aufl. 8. (95 S. m. Abb.) Ebd. 888. Geb. n. — 50

— Leop. **Klein** u. Adf. **Mayer**, d. 2. 6. S c h u l j. Deutsches Lesebuch f. d. Volksschulen Ungarns. 8. Ebd. Geb. n. 5. —
2. 3. Aufl. (144 S.) 889. n. — 60
3. 3. Aufl. (151 S.) 890. n. — 80
4. 2. Aufl. (243 S.) 887. n. 1. —
5. Für Volks- u. Wiederholungsschulen. (272 S.) 881. n. 1. 20
6. Dasselbe. (304 S.) 881. n. 1. 40

Szirmay de Szirma, Ant.

—Hungaria in Parabolis, sive commentarii in adagia et dicteria Hungarorum historiae jocose conscripti edit. Kovachich etc. 8maj. Ofen 807. (Eggenberger in Pesth). 20 gr

—notitia hist. Comitatus Zempléniensis. 8. Pesth 804. Eggenberger. 1 ₰ 8 gr

Szirmay, A.: Notitia historica montium et locorum viniferorum Comitatus Zempleniensis. Cassoviae 1798. -- [Zit. nach BJ]
Thienemann: Szirmay a Szirma, A.

S z i r m a y, Ant., notitia politica, historica, topographica Inclyti **C o m i t a t u s** Ugochiensis. 8. Pest, Eggenberger. 805.

Szirmay de Szirma, Ant., notitia politica, historica, topographica inclyti comitatus Zempléniensis. 8. Pesth 805. Eggenberger. 1 ₰

Szirtes, Art., die Kunst des Lebens. 1. Buch. (84 S.) kl. 8. Charlottenburg 908. Virgilius-Verlag. 1. —

Szivessy, Guido: Untersuchungen über den Lichtbogen in Schwefelkohlenstoffdampf. Leipzig: J. A. Barth 1909. 38 S. 8° ¶ (Aus: Jahrbuch d. drahtlosen Telegr. u. Telephonie. Bd 3, H. 3.)
Straßburg, Math.-naturwiss. Diss. v. 10. Mai 1909, Ref. Braun
[Geb. 23. Juli 85 Vöslau; Wohnort: Stuttgart; Staatsangeh.: Württemberg; Vorbildung: Friedrich-Eugens-Realsch. Stuttgart Reife M. 04; Studium: Stuttgart Techn. Hochsch. 6, Straßburg 3 S.] [U 10. 4126

Szklarski, Valentinus (geb. Sulkowice 15. 2. 1797): De trichomate Berolini (1823). (31 S.) 8°
Berlin, Med. Diss. v. 18. Juni 1823

Szklenar, G.

—hypercriticon exam. vetustiss. magnae Moraviae situs D. Katana. 8. Wien 788. Doll. 8 gr

Szklenar, G., vetustissimus magnae Moraviae situs et primus Hungarorum ingressus. 8. Posen 788. Doll in Wien. 12 gr

Szkoła polska. Pismo miesięczne poświęcone pedagogici. Wraz z szółką dla dzieci, pismem poświęconém nauce i rozrywce dla dzieci. Red.: Ewaryst Estkowski. Rok 3. 1851. 12 Zeszyt. gr. 8. Posen 851, Stefanski's Verlag. (Leipzig, Gräfe.)

Szółka niedzielna. Nódl sie i pracuj, a bedziesz szczeéliwy. (Red.: X. T. Borowiez.) Rok. X. 52 Nrn. (½ B.) 4. Leszno 846, Günther. *

—— dass. Rok. XI. 1847. 52 Nrn. (½ B.) 4. Ebds.

Szkołka niedzielna. Rok XII. 1848. 52 Nrn. (½ Bog.) 4. Lissa 848, Günther. *

—— dass. — Pismo czasowe poświęcone włościanom. Rok XIII—XV. 1849—1851. à 52 Nrn. (½ Bog.) 4. Ebds. à Jahrg. *

Szkołka niedzielna. Pismo czasowe poświęcone włościanom. Rok 16. und 17. (1852 und 1853.) à Jahrg. 52 Nrn. 4. Lissa, Günther. [1852. * 20 Ngr., 1853. * 15 Ngr.] *

Szkolny, Eugen, appr. Arzt aus Berlin: Ueber Amyloidentartung der Nieren bei chronischer parenchymatöser Nephritis. *München 1899: Kastner & Lossen.* (19 S.) 8°
München, Med. Diss. v. 1899

Szkolny, Fel., u. Hugo **Caro**, B ü r g e r l i c h e s G e s e t z b u c h f. das Deutsche Reich nebst Einführungsgesetz, erläutert. (In ca. 18 Lfgn.) 1. Lfg. gr. 8. (S. 1—128.) Berlin 898. Struppe & Winckler. n. 2. —

Szkolny, Fel., u. Hugo Caro, bürgerliches Gesetzbuch für das Deutsche Reich nebst Einführungsgesetz, erläutert. 2. u. 3. Lfg. gr. 8. (S. 129—400.) Berlin 899. Struppe & Winckler. n. 4. 25

Szkolny, Isidor, Theorie u. Praxis der Prämiengeschäfte, nach e. originalen Methode dargestellt. Nebst 2 Hilfstab. 8. (VIII, 104 S.) Frankfurt a/M. 883. Sauerländer. geb. n. 2. 40

Szlagier, Anton von, aus Lithauen, Gouvernement Kowno: Ueber das 3,2′-Dioxyflavonol. Bern 1906. 32 S. 8°. [8. XII. 05.]
Bern. Phil. Diss. 1905/1906.

Szlagier, Anton von. Ueber das 3, 2′-Dioxyflavonol. Diss. Phil. Bern. 32 S. 8. Bern, W. Wälchli, 1906.

Szlávik, Carl, Personalstand des k. k. Ministeriums für Cultus und Unterricht und aller demselben unterstehenden Lehr- und Bildungsanstalten mit Ausschluss der Trivialschulen, im Bereiche der österreich. Monarchie für das J. 1854. Mit Bewilligung dieses hohen k. k. Ministeriums aus den ämtl. Quellen zusammengestellt. 12. (XVIII und 788 S.) Wien 854, Beck'sche Universitäts-Buchh. **

Szlávik, Mathias: Die Reformation in Ungarn. Halle a. S. 1884: Waisenhaus. 56 S. 8°
Halle-Wittenberg, Phil. Diss. v. [28. Juli] 1884
Geb. Dobschau (Ungarn) 24. 10. 1860. V.
Verf. erlebte die Diplomerneuerung 1934 als em. Professor der ehemal. theologischen Akademie zu Eperjes (Ungarn) in Rakosszentmihály bei Budapest.

Szlemenicz, P., Elementa juris Hungarici judiciarii criminalis. Edit. II. 8maj. Poson. 827. (Andreä in Leipz.) 2 ₰

Szlemenicz, P., Elementa juris Hungarici judiciarii criminalis. Edit. II. 8maj. (15 B.) Posonii 827, Schwaiger.

Szmid, A. J., Chodowla, pielęgnowanie, żywienie i używanie koni, bydła rogatego, owiec, kóz i trzody chlewnéj, oraz wyszczególnienie ich chorób zwyczajnych i sposobów leczenia. Książka doręczna dla posiedzicieli mniejszych dóbr i włościan. Przetłumaczył podług 2. wydania A. Żmudziński. 8. (IV und 195 S.) Lissa 854, Günther.

Szmideberg, H., polnische Erzählungen, — polnische Novellen u. Skizzen, } s.: Weber's moderne Bibliothek.

SZMIGELSKI, Victor: De voto spectata praeprimis differentia inter votum solemne et simplex in theoria et praxi. — (1883) 124 S. 4° (Handschr.)
Diss. Wien, Univ. Diss. 366

Das Feldartillerie-Material 96. Untersuchung, Behandlung u. Gebrauch d. Munition, Rohre ... u. Wagen. Zsgest. in Fragen u. Antworten von Szmula, Hauptm. Berlin: Liebel 1904. (IV, 56 S.) 8° [F.] [05. 536

Szmula, das Feldartillerie-Material 96. Untersuchg., Behandlg. u. Gebrauch der Munition, Rohre, Lafetten, Protzen u. Wagen. Zusammengestellt in Fragen u. Antworten. 2., verb. Aufl. (IV, 56 S.) 16. Berlin 905. Liebel. n. — 50

— das Feldhaubitz-Material 98. Untersuchung, Behandlung u. Gebrauch der Munition, Rohre, Lafetten, Protzen u. Wagen. Zusammengestellt in Fragen u. Antworten. (IV, 47 S.) kl. 8. Ebd. 904. n. — 50

— Neues Handbuch f. Einjährig-Freiwillige usw. der Feldartillerie, s.: Zwenger.

— Handbuch für die Offiziere, Sanitätsoffiziere, oberen Militärbeamten u. die Offizieraspiranten des Beurlaubtenstandes üb. die allgemeinen Dienst- u. Standespflichten. (IV, 64 S.) 8. Ebd. 906. n. 1. —

— Leitfaden f. die Kanoniere u. Fahrer d. Feldartillerie, s.: Batsch u. Zwenger.

Szmula, Lothar

Szmula, der Batterie-Chef. Prakt. Winke f. Erziehg., Ausbildg., Verwaltg. d. Batterie. (VII, 130 S.) gr. 8. Berlin 908. Liebel. 2.50; geb. 3.10

SZMYD, Adalbertus: Bulgari in relatione ad Nicolaum I. pontificem Romanum. — (1906) 105 Bl. 4° (Handschr.) Diss. 695
Diss. Wien, Univ.

Szmyt, Lucian. (geb. Radzewo in Posen 16. 10. 1836): De polypis uteri nonnulla. Berolini (1862). (32 S.) 8°
Berlin. Med. Diss. v. 9. Aug. 1862

Szó, egy, a magyar királyház és nemzethez a magányból. gr. 8. (III und 20 S.) Wien 859, (Manz und Comp.) *

Szöge, s.: Manteuffel, Carl Frhr. v.

Szokalski, Victor, über die Empfindungen der Farben in physiologischer u. pathologischer Hinsicht. Eine der Academie der Wissenschaften zu Paris vorgelegte Abhandlung. Deutsche vom Verfasser selbst bearb. und verm. Ausg. gr. 8. Gießen 842, Ricker'sche Buchh. n. 1 ₰

SZÖKE, Casimirus: Indoles et mutua relatio virtutum socialium amoris in proximum et iustitiae secundum mentem d. Thomae. — (1906) 55 Bl. 4° (Handschr.) Diss. 792
Diss. Wien, Univ.

Szokolay, Steph., der ungarische Hausadvokat auf Grundlage der neuesten Gesetze. 8. (254 S.) Pest 853, (Geibel.) *

Szokolay, Dr. Stephan —. Der ungarische Hausadvokat auf Grundlage der neuesten Gesetze von — —. (254 S.) Pesth. Buchdruckerei von Emil Müller. 1853.

Szolayski, Bogdan [aus Krakau]: Zur Kenntnis des *p*-Nitrosotoluols und Nitrosobenzols. Zürich 1899. 116 S. 8°.
Zürich. Phil. Diss. 11. 8. 1898/99.

Szold, Benjamin: The eleventh chapter of the Book of Daniel. *Berlin* 1897. in: Studies, Semitic, in Memory of Alexander Kohut. [97. 209

Szold, Benj., israelitisches Gebetbuch für die häusliche Andacht. 2., gänzlich umgearb. Aufl. hrsg. von M. Jastrow. Nebst: Gebete für Kinder für Haus u. Schule. 8. (IV, 163 u. Kindergebete 20 S.) Philadelphia 875. (Schäfer & Koradi). geb n. 4. —

Szold, Benj., das Buch Hiob, nebst e. neuen Commentar. (In hebr. Sprache.) gr. 8. (XXIV, 498 S.) Baltimore 886. (Leipzig, K. F. Köhler.) geb. n. 10. —

Szold, Benj., Moses Mendelssohn. Eine Gedenkschrift zu dessen 150. Geburtsfeier. 8. (52 S.) Baltimore 879. (Philadelphia, Schäfer und Korabi.) *

Szold, Benjamin —. Gottesdienstlicher Vortrag bei der Einweihungsfeier einer Synagoge. Von — —. 8. (36 S.) Preßburg. Druck der vormals Schmid'schen Buchdruckerei. 1854.

Szołdrski, Johann Graf: Die landwirtschaftliche Entwickelung der Provinz 'Großherzogtum Posen' von 1772–1900 mit besonderer Berücksichtigung der Regulierungsgesetzgebung. *Posen 1903: 'Dziennik Poznański'*. (191 S.) 8°
München, Staatswirtsch. Diss. v. 1903

von Szoldrski, Josef [Dr. jur., app. Arzt aus Posen]: Ueber die Kehlkopfbrüche ... Heidelberg, Univ.-Buchdr. v. J. Hörning, 1892; 34 S. 8.
Würzburg, Med. Fak., Inaug.-Diss. v. 1892

Szoldrski, Jos. v., üb. die Kehlkopfbrüche. Diss. gr. 8. (34 S.) Heidelberg 892. (J. Hörning.) n. — 80

Szolga, Mariani, Articuli apologetici C. de S. S. Rosario. Augsb. 790. Doll. 4 ℛ

Szöllösi, Eug., das öffentliche Unterrichtswesen Ungarns in der Gegenwart. 1. Tl. Volksschulwesen. Mit e. Anh.: Das Unterrichtswesen in Kroatien-Slavonien von Vj. Dominković. (VIII, 160 u. XLVIII S.) gr. Budapest 904. (R. Lampel). n. 5. —

Das öffentliche Unterrichtswesen Ungarns in der Gegenwart. Hrsg. von Eugen Szöllösi. T. 1. *Budapest: F. Wodianer & Söhne 1904.* 8°

v. Szöllösy, Joh. Nep., Sprachlehre, um nach Ollendorff's Methode mittelst Selbstunterricht in der kürzest möglichen Zeit französisch, deutsch, englisch, italienisch, russisch, spanisch, ungarisch, walachisch u. türkisch geläufig sprechen u. verstehen zu lernen, mit Gesprächen des gesellschaftl. Umganges, Redensarten u. Vocabulären in allen 9 Sprachen. br. 8. (XVI u. 686 S.) Klausenburg 850, Barra's Wwe & Stein. 2⅔ ℛ

Szöllösy, Johann Nep. v., k. k. österr. pens. Rittmeister. Tagebuch gefeierter Helden und wichtiger kriegerischer Ereignisse der neuesten Zeit. (Biographien, hauptsächlich von hervorragenden Generälen etc. aller Länder, welche sich in der Zeit von 1793—1832 ausgezeichnet haben.) Nebst entsprechenden Aphorismen. Seinen Waffenbrüdern geweiht. 8. Fünfkirchen in Ungarn **1837.**

Szöllösy, L. v., Mann u. Weib. **Zwei grundleg. Naturprinzipien. Eine sexualphilosoph. Untersuchg.** (III, 124 S.) 8. Würzburg 908. C. Kabitzsch. 2. —

Szolyva [Schlagwort]

Szolyva, s.: Oesterreich-Ungarn. Spezialkarte.

Szomaházy, Steph., die Mausefalle, s. a. Thalia.

[G.] Die **Mausefalle**. Lustspiel in 1 Aufz. v. Stephan **Szomaházy**. Deutsch v. C. Langsch ... *Mühlhausen i. Th.: G. Danner [1897].* (39 S.) 1 Bd 8.
= **Thalia.** [No] 23.

Szombath, A. J., monumenta protestantium Hungariae ecclesiastica. Pars 1. gr. 8. (260 S. mit Portr. des Autors und 2 Tab.) Pest 860, (Ráth.)

Szombathy, Josef

Szombathy, J., Abbildungen v. fünf Jurak-Samojeden. Mit e. Einleitg. v. Fr. Müller u. m. 4 Taf. [Aus: „Mittheilgn. der Anthropolog. Gesellsch. in Wien".] gr. 4. (10 S.) Wien 886. (Hölder.) n. 2. —

– Altertumsfunde aus Höhlen bei St. Kanzian im österreichischen Küstenlande (mit 193 Textfiguren). Siehe I. Abt. Mitteilungen der prähistorischen Kommission, II. Bd., Nr. 2.
Separatabdruck

Szombathy, Jos., über Ausgrabungen in den mährischen Höhlen im Jahre 1881. [Mit 1 (lith.) Taf. u. 2 Profilen im Text.] [5. Bericht der prähistor. Commission der mathematisch-naturwissenschaftlichen Classe der kaiserl. Akademie der Wissenschaften über die Arbeiten im Jahre 1881. 2.] [Aus: „Sitzungsber. d. k. Akad. d. Wiss."] Lex.-8. (18 S.) Wien 882. (Gerold's Sohn.) n. — 60

– Ausgrabungen am Salzberg bei Hallstatt, 1886 (mit 1 Karte und 3 Textfiguren).
Separatabdruck

Szombathy, Josef, Fünfter Bericht der prähistorischen Commission der mathem.-naturw. Cl. d. k. Akad. d. Wissensch. über die Arbeiten im Jahre 1881. 2. Ueber Ausgrabungen in den mährischen Höhlen im Jahre 1881. (Sitzb. d. k. Akad. d. Wissensch. 85. Bd. I. Abth. 1882. Februar.) gr. 8. (18 S. mit 1 Tafel) in Comm. geh. 30 kr. Wien: Gerold's Sohn 1882.

Szombathy, Josef: 5. Bericht der prähistorischen Kommission. Von Ferdinand von Hochstetter. 2. Über Ausgrabungen in den mährischen Höhlen im Jahre 1881 (mit 1 Taf. und 2 Holzschnitten). S. 85. I. 90.
Separatabdruck

– 7. Bericht der prähistorischen Kommission. Von Ferdinand von Hochstetter. 3. Ausgrabungen in den mährischen Höhlen im Jahre 1883 (mit 2 Textfiguren). S. 89. I. 353. Siehe I. Abt. Mitteilungen der prähistorischen Kommission und Ferdinand von Hochstetter.
Separatabdruck

Szombathy, Jos., urgeschichtliche Forschungen der Umgegend von Wies in Mittel-Steiermark, s.: Radimský, V.

– Das Grabfeld zu Idria bei Bača (mit 231 Textfiguren). Siehe I. Abt. Mitteilungen der prähistorischen Kommission. I. Bd., Nr. 1, 2, 3 und 5.
Separatabdruck

— neue figural verzierte Gürtelbleche aus Krain. [Aus: „Mittheilungen der anthropolog. Gesellsch. in Wien".] 4. (6 S. m. 1 Abbildg. u 1 Lichtdr.-Taf.) Wien 894. (A. Hölder.) n. 1. 60

– Die Tumuli von Gemeinlebarn. Ausgegraben von Dr. Adalbert Dungel (mit 2 Taf. und 76 Textfiguren).
Separatabdruck

– Ein Tumulus bei Langenlebarn in Niederösterreich (mit 23 Textfiguren).
Separatabdruck

Szombathy, Jos., die Vorläufer des Menschen, s.: Vorträge des Vereines zur Verbreitung naturwissenschaftlicher Kenntnisse in Wien. 48. Jhrg. 1. Hft.

Szombathy, Stephan

A székes-fehérvári városi alreáltanoda IV. évkönyve, az 1857-58 tanév végén. *Székesfehérvárott* 1858. *Özvegy Számmer Pálné* betüivel. 35 S. 8°.
(Viertes Jahrbuch der Stuhlweissenburger städtischen Unterrealschule. *Stuhlweissenburg* 1858. Gedruckt bei *Paul Szämmer's Wt.*) [Ungarisch und deutsch zugleich.]
INHALT. Vergleichung der Formenlehre der ung. u. der deutschen Sprache. Von *Stephan Szombathy*. (S. 3—19).

Szomszédváry, die Steuerschraube auf kroatisch-slavonischem Boden. gr. 8. (39 S.) Agram 880. Suppan in Comm. n. — 80

Szongott, Thdr., s.: Bericht des Wiener Stadtphysikates.

Szonn, **Friedr., die Medicin auf der Wiener Weltausstellung 1873. Mit Berücksicht. der Chemie u. Pharmacie. Skizzen. gr. 8. (136 S.) Riga 874. Kymmel.** n. 8. —

Szonn, Friedrich, Ueber Superfötation, mit Bezugnahme auf die gerichtliche Medicin. Diss. Dorpat. 8°. 59 pp. *1865.*

Szontágh, A. von: Beitrag zur feineren Anatomie des menschlichen Gaumens. S. 20. 3.
Separatabdruck

Die Freimaurerei, ihr Wesen, ihre Grundsätze, ihre Aufgaben, ihre Geschichte und Organisation mit besonderer Rücksicht auf unsere vaterländischen Verhältnisse. [Von Abrah. **Szontagh.**] Hrsg. von der Freimaurer-Grossloge in Ungarn. [Übers. aus d. Ungar. von Titl, rev. von Balduin Grolleer.] Budapest: Aigner in Komm. 1882. 34 S. 8⁰

[2. Aufl. u. d. Tit.:]
Die Freimaurerei. Ein Wort der Aufklärung über Wesen, Grundsätze, Aufgaben, Geschichte und Organisation derselben. Mit besonderer Rücksicht auf unsere vaterländischen Verhältnisse. [Von Abrah. Szontagh.] 2. verm. Aufl. Budapest 1888: Fanda. 39 S. 8⁰

[Dasselbe.] 3. verb. Aufl. Ebendas. 1900. 39 S. 8⁰
Auszug in: FZ. 42 (1888) S. 177—179; Inl. 15 (1888) Nr 9, 10.
Recens. f. 1. Aufl.: Al. 8 (1882) S. 271—275; FZ. 36 (1882) S. 387—389; L. 5 (1882) S. 176; SL. 2 (1882) S. 170; BrL. 1 (1882—1883) S. 48; f. 2. Aufl.: FZ. 42 (1888) S. 183 (K. Pilz).
cf. f. 1. Aufl.: Z. 12 (1882) S. 82 (M. Amster); f. 2. Aufl.: O. 1888 S. 47 48.
Tt. 1568. D. Orig. erschien 1882. Zweck d. Schr.: das nichtmrische Publikum aufzuklären u. d. Vorurteile gegen d. Bund zu zerstreuen.

Szontagh, Abraham, Gründungsgeschichte des Nationalturnvereins, Ungar., Budapest 1888, 41 S., 8⁰.

Vom Tanz. Ein Beytrag zur Berichtigung der Urtheile über denselben, mit Rücksicht auf die von Hrn. *Jos. Fornet* darüber herausgegebene Brochüre (!) verfaßt (von *Daniel Szontágh*). Eperies 1797. Gedruckt mit Papischen Schriften. 8⁰. 139 S. (l. c. 100, 183, 1.)
Das Anon.-Lex. IV. p. 339 hat „1795" (nach Petrik u. Meusel); Kayser hat „1797".

Szontagh, Nik. v., Neu-Tátrafüred. (Bad Neu-Schmecks.) Klimatologische und therapeutische Studie. 8. (VIII, 72 S.) Budapest 877, (Tettey und Comp.) * 2 —

Szontagh, Nik., Tátraführer, s. a. Singer & Wolfner's Reisehandbücher.

Szontagh, Dr. Nikolaus, Tátra-Führer. Wegweiser in die hohe Tátra und in die Bäder der Tátra-Gegend. Aus dem Ungarischen von Friedrich Nikházy. Mit 3 Karten. 8. (VIII, 226 S.) In Lnwd. geb. 1. -
Budapest: Singer & Wolfner 1896.

Szontagh, Nik., Tátraführer. Wegweiser in die Hohe Tátra u. in die Bäder der Tátragegend. Unter Mitwirkg. des ungar. Karpathen-Vereins. Aus dem Ung. v. Frdr. Nikházi. 2., neu bearb. Aufl. Mit 4 Karten. Mit Unterstützg. der Kaschau-Oderberger Eisenbahndirektion. (218 S.) kl. 8. Budapest 904. Singer & Wolfner. Geb. in Leinw. n. 2. —

Szontágh, Oscar: *Ueber einige neue Benzol-Derivate. 55 S. 4⁰ (2⁰)
Halle-Wittenberg, Phil. Diss. v. 21. Dez. 1874
Geb. Wien 8. 5. 1851. V.

Szontagh, Thom. v., Erläuterungen zur geologischen Specialkarte der Umgebungen v. Nagy-Károly u. Akos (Zone 15, Col. XXVII) u. v. Tasnád-Széplak (Zone 16, Col. XXVII.) 1 : 75,000 der geologischen Specialkarte der Länder der ungarischen Krone. Geologisch aufgenommen von J. v. Matyasovsky u. Th. v. Szontagh. Lex.-8. (17 S.) Budapest 893. (F. Kilián.) n. 1. 50

Szontagh, Dr. Thom. v., Umgebungen von Nagy-Károly u. Ákos. (Zone 15. Col. XXVII) u. von Tasnád-Szeptak. (Zone 16. Col. XXVII) 1 : 75.000. Geologisch aufgenommen von J. v. Matyasovszky und Dr. Th. v. Szontagh. Erläutert von Dr. Thom. v. Szontagh. Lex.-8. (17 S.) Budapest: Kilián 1893. —.75

Szontágh de Igló et Zabár, Alb., die Grundbesitzer Ungarns, s.: Baross de Bellus, Karl.

***Szörényi*, Alex., Philippicae Sacrae, seu Orationes Doctissimorum aeque ac Sanctissimorum Ecclesiae Procerum. 12. Ofen 762. Typ. Soc. 3 fl**

Szostakowski, Jacob [illegible]: Ueber [illegible] Degeneration der Arterien bei [illegible]. Berlin (1869). [illegible]
Berlin, Med. Diss. v. 29. Juli 1869

Szostakowski, Josephus (*geb. Lissa in Pos. 1814*): De mundi principiis secundum Platonem. Vratislaviae (1839). 50 S. (8⁰)
Breslau, Phil. Diss. v. 1. Febr. 1839

Szostakowskiego, J., polska grammatyka mniejsza ułożana. 8. (8½ B.) Trzemeszmie 846, Oławski.

***(de Szotdroky Szotdrski,** Andr.), **Czarownika Povolna abo Krotka. Nauka y Prestoga y Strony Czarownic. Gedanska 714. 4.**

Szrant, Victor: Die Cholera in ihrer Vertheilung auf die einzelnen Bezirke des Preuss. Staates mit Rücksicht auf die Bodenverhältnisse. Halle 1874: Lipke. 33 S. 8⁰
Halle-Wittenberg, Med. Diss. v. 21. Mai 1874
Geb. Skrzynki (Kr. Posen West: Posen) 24. 9. 1848. V.

Szreniawita słow kilka o artykułach p. feuilletonisty „Czasu" i o broszurze „Co się komu należy." (Einige Worte über die Artikel des Herrn Feuilletonisten im „Czas" und über die Broschüre: „Was jemandem recht und billig ist." 8. (15 S.) Leipzig 860, (Gerhard.)

Szrzeniawa's Wortforschungslehre der polnischen Sprache. 2 Bde. gr. 8. (67½ B.) Lemberg 842, 43. (Leipzig, Librairie etrangère; Lissa u. Gnesen, Günther.)

Sztachovics, Remigius, Braut-Sprüche u. Braut-Lieder auf dem Heideboden in Ungarn gesammelt u. geordnet. Wien 867. (Braumüller.) gr. 8. (V, 327 S.) n. 1 ⅔

(SZTACHOVICS, REMIGIUS ALOYSIUS.) Katholisches Gebet- und Gesangbuch für Kirche und Haus. Wien 1868: Verlag Mayer & Co. Druck der Mechitaristenbuchdruckerei. 608 S. - 8⁰

Sztam, Antonius *(geb. Lubosch in Pos. 8. 11. 1823)*: De strumae et cretinismi pervulgatione endemica eorumque causis. Vratislaviae (1852). (32 S.) 8°
Breslau, Med. Diss. v. 6. Okt. 1852

Sztandar: Czerwony **Sztandar** (Rote Fahne)
① Nacz. Organ S. D. K. P. i. L. (Organ der soz. dem. Partei) ⑤ in der Schweiz: 1902—1905 ⑧ Zürich, dann Krakau, Warschau, Berlin ⑪ St. Gutt ⑬ Zieliński: Bibljografja ⑮ In polnischer Sprache.

Sztanojovich, Lazar, der heilige Stuhl und der Napoleonismus. gr. 8. (51 S.) Wien 860, (Mechitharisten-Congregations-Buchh.) *

SZTANYAK, Franciscus: Expositio et demonstratio articuli symboli: Qui conceptus est de Spiritu sancto natus ex Maria virgine. — (1887) 235 S. 4° (Handschr.) Diss. 405
Diss. Wien, Univ.

(**Sztáray**, Irma Gräfin.) Aus den letzten Jahren der Kaiserin Elisabeth. [Mit 2 Tafeln.] IV + 270 S. 8. Wien, Adolf Holzhausen; Leipzig, Wilhelm Engelmann, 1909. [M. 4.50, geb. 6.—]

Aus den letzten Jahren der Kaiserin Elisabeth [von Österreich]. (Verf.: Irma Gräfin Sztáray.) Wien: Holzhausen; Leipzig: W. Engelmann 1909. 270 S. 8°

Sztáray, Sorma Gräfin, s.a. **Aus den letzten Jahren der** Kaiserin Elisabeth.

SZTARILL, Stephanus: De antiquitate generis humani iuxta chronologiam sacrorum librorum. — (1886) 151 S. 4° (Handschr.) Diss. 378
Diss. Wien, Univ.

Sztavinszky, Kasimir, graph. Darstellg. d. Organisation der bewaffneten Macht Österreich-Ungarns auf Grund d. Wehrgesetze u. der organ. Bestimmgn. 2. Aufl. 8. (39 S.) Fünfkirchen 896. (Wien, L. W. Seidel & Sohn.) n.n. — 70

Sztavinszky, graph. Darstellg. der Organisation der bewaffneten Macht Österreich-Ungarns auf Grund der Wehrgesetze u. der organischen Bestimmungen. 4. Zehntausend. (40 S.) 8. Pecs 908. (Wien, L. W. Seidel & Sohn.) nn — 70

Sztehlo, Andr., Leitfaden zum evangelischen Konfirmanden- und Katechumenen-Unterricht. 2. umgearb. Aufl. Pest 856. Heckenast. 8. (16 S.) n. 2 ngr.

Sztehlo, Ant., christliche Religionslehre. Leitfaden zum evangel. Confirmanden-Unterricht. Pest 864. Osterlamm. 8. (30 S.) n. 2½ ngr.

Sztehlo, Andr., evangelisch-christliche Religionslehre, f. Bürger- u. Realschulen, Untergymnasien u. zum Konfirmanden-Unterricht. 3. gänzlich umgearb. Aufl. gr. 8. (51 S.) Budapest 870. (Grill.) n. — 40

Sztehlo, Andr. Evangelisch-christliche Religionslehre f. Bürger- u. Realschulen, Untergymnasien u. zum Confirmanden-Unterricht. 5. Aufl. gr. 8. (48 S.) Preßb. 891, Stampfel. * — 40

Sztehlo, Ant., s. Sztehlo, Andr.

Sztehlo, Cornel, das ungarische Ehegesetz u. s. Beziehgn. zu Oesterreich. Vorgetragen in der am 26. Febr. 1896 abgeh. Sitzg. d. jurist. Gesellschaft in Wien. gr. 8. (22 S.) Budapest 896. (Wien, Manz.) n. — 60

Szterényi, Hugo, über die eruptiven Gesteine des Gebietes zwischen O-Sopot und Dolnya-Lyubkova im Krassó-Szörényer Comitate. Lex.-8. (72 S. mit 2 lithogr. Taf. und 2 Bl. Erklärungen.) Budapest 883. (Berlin, Friedländer und Sohn.) *
Aus: Mittheilungen aus dem Jahrbuche der k. ungar. geologischen Anstalt, besonders abgedruckt.

Szterényi, Jos., die Arbeiterversicherung in Ungarn, s.: Zacher, die Arbeiter-Versicherung im Auslande.

— Entwurf f. e. neues ungarisches Gewerbe- u. Arbeiterschutzgesetz. (X, 416 S.) Lex. 8. Jena 908. G. Fischer. 7. —

Szterényi, Jos., Grundzüge der Handwerkspolitik der ungarischen Regierung. Rede, geh. am 18. Aug. 1907 auf dem 8. Landeskongress der ungarischen Gewerbekorporationen in Pécs. Hrsg. vom ungar. Landes-Industrie-Verein. 8°. Budapest, Europa VI, 1907.

Industrie, Gewerbliches und Commerzielles Unterrichtswesen in Ungarn. Aus Anl. d. internat. Ausstellung in Brüssel von Josef Szterényi, kön. Rath. Budapest 1897: Brüder Klein. (79 S.) 8°

Szterényi, Jos., s.: **Mitteilungen, volkswirthschaftliche, aus Ungarn.**

Szterényi, Josef, Mintalapok. Musterblätter für Gewerbetreibende der Metall-Industrie. Wien und Budapest. Verlag von Gerlach & Schenk. Das Werk erscheint in Heften und je vier Hefte des genannten Gewerbezweiges bilden einen Jahrgang. Ein Jahrgang 43.20, für Schulen 21. — 1898.

SZTOLLAR, Thomas: Ss. patrum doctrina de resurrectione mortuorum. — (1909) 177 Bl. 4° (Handschr.) Diss. 963
Diss. Wien, Univ.

SZTREDA, Rudolphus. Historia Ecclesiae catholicae in Hungaria regnante Josepho II. (1780—1790). — (1906) 5, 159 Bl. 4° (Handschr.) Diss. 852
Diss. Wien, Univ.

Szubert, J., Przyjęcie dzieci do pierwszéj spowiedzi i komunii świętej. 8. (42 S.) Lissa 848, Gunther. 1/6 ℛß

Szubinski, Alfred, aus Berlin: **Beiträge** zur feineren Structur der Leberzelle mit besonderer Berücksichtigung der Pathogenese des Icterus. *Jena: G. Fischer 1899.* (26 S.) 8°
Göttingen, Med. Diss. v. [15. März] 1900

SZUCHANEK, Josephus: Exponatur et probetur ecclesiae potestas in matrimonium legislativa et judiciaria. — (1891) 122 S. 4° (Handschr.)
Diss. Wien, Univ. Diss. 586

Szücs, Jos., Studien üb. Protoplasmapermeabilität. Üb. die Aufnahme der Anilinfarben durch die leb. Zelle u. ihre Hemmg. durch Elektrolyte. (37 S. m. 4 Fig.) gr. 8. Wien 910. A. Hölder. 1. —
Sonderabdr. aus: „Sitzungsber. d. k. Akad. d. Wiss."

Szücs, Josef: Studien über Protoplasmapermeabilität. Über die Aufnahme der Anilinfarben durch die lebende Zelle und ihre Hemmung durch Elektrolyte (mit 4 Textfiguren). S. 119. I. 737.
Separatabdruck

Szuhany, F., s.: Tax-, Sportel- u. Stempelordnung, die Großh. Badische.

Szujew, W., Beschreib. seiner Reisen von St. Petersburg nach Cherson; aus d. Russ. Mit Kpf. gr. 4. Dresd. 789. Richter. 1 ℔ 12 gr

Krikszczioniu Kryžiaus Szuile arba Gruntingas Pamokinimas apie mielajį Kryžių, su Pridėjimu nůbažnoms Maldoms. Taje isz wokiszkos Kalbos perstate Kr. Gedratis. Memel 1897: Ch. Gedrat; [Szilleo, Ostpr.: J. L. Sakuth]. (352 S.) 8° [F.]
[Des Christen Kreuzesschule oder gründl. Belehrung über d. liebe Kreuz, mit Beil. frommer Gebete. Aus d. Deutschen übers. von Chr. Gedrat] :05.353o 10

Szujski, Jos., der Antrag des galizischen Landtages gegenüber dem Interesse der österreichisch-ungarischen Monarchie. Erörterungen. gr. 8. (18 S.) Krakau 869. (Wien, Manz.) *

Szujski, J., die Polen u. Ruthenen in Galizien, s.: Völker, die, Oesterreich-Ungarns.

Szujski, Jos., s.: Scriptores rerum polonicarum.

Szujski, W. R. v., Die Agrarfrage. Ein Entwurf zu ihrer definitiven Lösung. gr. 8⁰. Berlin, Puttkammer u. Mühlbrecht, 1906.

Szujski, W. R. v., die Agrar-Frage. Ein Entwurf zu ihrer definitiven Lösg. (38 S.) gr. 8. Berlin 907. Puttkammer & Mühlbrecht. n. — 80

Szujski, Wlad. Ritter v., die galizische Rohölindustrie. Ihre Gegenwart u. ihre Zukunft. (31 S.) 8. Berlin 908. Berliner Union. 1. —

Szukalski, Stanislaus [aus d. Prov. Posen]: Ein Beitrag zur Casuistik der Atresia ani vaginalis. . . . Greifswald, Druck v. Julius Abel, 1890; 30 S. 8⁰
Greifswald, Med. Fak., Inaug.-Diss. v. 22. Jul. 1890

Szukits, Dr. Ferd. Ueber die Menstruation in Oesterreich. Wien, Dr. von Karl Gerolds Sohn. 1857. (39 S. 8)

Szulc, F., polska w roku 1793, s. Biblioteka pamietników.

Szulc, Casimirus *(geb. Samon bei Strasburg in Westpr. 15. 10. 1825)*: De origine et sedibus veterum Illyriorum. Posnaniae: J. C. Żupański (1856). (78 S.) 8⁰ *[In d. Akten schreibt sich d. Verf.: Schultz!]*
Breslau, Phil. Diss. v. 8. [vielmehr 12.] März 1856

Szulc, M. A., Grammatyka Francuzka dla gimnazyów i wyźszych szkół miejskich podług grammatyki Dra. Ahna ułożona. gr. 8. (IV u. 232 S.) Berlin 850, Mittler & Sohn. 27 ngr

Szulca, M. A., Grammatyka francuzka dla gimnazyów i wyższych szkół miejskich podług grammatyki Dra Ahna. Wydanie 2. przejrzane i poprawione. (Französische Grammatik für Gymnasien und höhere Stadtschulen, nach Dr. Ahn's Grammatik. 2., durchgeseh. und verb. Ausg.) gr. 8. (VI und 271 S.) Berlin 857, Mittler und Sohn.

—— Wypisy francuzkie na kwarte szkół gimnazyalnych ułożone. gr. 8. (IV und 92 S.) Berlin 850, Mittler und Sohn. *

Szulc, Michael *Thaddäus* [aus Posen]: Ein Beitrag zur Casuistik der Atresia vaginae membranacea . . . Greifswald, Druck v. J. Abel, 1897; 34 S. 8⁰
Greifswald, Med. Fak., Inaug.-Diss. v. 26. Juli 1897.

Szulczewski, A., allerhand fahrendes Volk in Kujawien, s. a. Beiträge zur Volkskunde der Prov. Posen. 2.

Allerhand fahrendes Volk in Kujawien. Hrsg. von A. Szulczewski. Lissa i. P.: F. Ebbecke 1906. (48 S.) 8°
— Beiträge z. Volkskunde d. Provinz Posen. Bdch. 2. [07. 9.11

Szułdrzyński, Ladislaus (geb. Guttowo 19. 3. 1829): De consilio, quo interrogationes in iure in ordine iudiciorum privatorum introductae sunt deque variis eius persequendi rationibus. Berolini (1852). (102 S.) 8°
Berlin, Jur. Diss. v. 6. Dez. 1852

Szułdrzyński, Sigism. (geb. Guttowo 1830): De origine ac progressu tutelae muliebris, quae apud Romanos obtinuit. Berolini (1853). (VIII, 150 S.) 8°
Berlin, Jur. Diss. v. 20. Juli 1853

Szültenbürjer, Schorse (E. Honig), s. a. Aus d. Göttinger Bürgerleben.

[F.] Aus dem Göttinger Bürgerleben. (Humoristische) Erzählgn in Göttinger Mundart v. Schorse Szültenbürjer. *Göttingen: L. Hofer 1896.* (4 Bl., 59 S.) 1 Bd 8. [97. 155

Versicherungs-Gesellschaft zu Schwedt. Denkschrift zum 75jährigen Jubelfest, von *Szuman.* Schwedt 1901.

Szuman, Henr. (geb. Wladislawo 3. 2. 1822): Quaestiones de in integrum restitutione ex clausula generali. Berolini (1846). (54 S.) 8°
Berlin, Jur. Diss. v. 27. Mai 1846

Szuman, Leo *(geb. Kujawki in Pos. 13. 11. 1852)*: Die bösartigen ossificirenden Geschwülste periostalen und parostalen Ursprungs. Breslau 1876. (62 S.) 8°
Breslau, Med. Diss. v. 29. Juli 1876

Szumla [Schlagwort]

Szumla — Plan von — S. Türkey hydr. u. orogr. G. K. Fluss- und Bergkarte des türkischen Reichs in Europa und Asien etc. von Ferd. Aug. v. Witzleben. Magdeburg. 1829. 1 : 52,000 circa.

Szumowski, Stanisław [aus Lublin (Russisch-Polen)]: Die Absorption der löslichen Fermente durch das Fibrin. Freiburg (Schweiz) 1898. 51 p. 8⁰.
Freiburg. Mathem.-naturw. Diss. 1897/98.

Szumski, Stanislaus *(geb. Chobienitz in Pos. 13. 5. 1848)*: Ueber Beckenabscesse bei Männern. Breslau 1872. (27 S.) 8°
Breslau, Med. Diss. v. 27. März 1872

Szumski, Thom. von, s. Beschreibung, Kurze, eines neuerfundenen Schaufel-Beils und Zelt-Tuches.

v. Szumsky, Thom., Einmal Eins, von 1—15, für alle vier Rechnungsarten, um d. Erlernen derselben der Jugend zu erleichtern. gr. 8. Berl., Mittler. 2 gr

—— polnische Grammatik mit prakt. Beispielen u. Aufgaben, kurz u. deutl. verfaßt, nebst poln. Lesebuche f. Anfänger, welches leichte Gespräche, Briefe, Fabeln u. Gedichte mit nöthigen Vokabeln, wie auch die dem Militärstande nothwend. Gespräche u. Vokabeln, u. am Ende e. kurzen Vergleich d. poln. Sprache mit d. russ. enthält. Für d. Schul- u. Privatgebr. entworfen. Neue, verm. u. verb. Ausg. 5. Aufl. 8. (15 B. u. 2 Bl. Vorschriften zum Schönschreiben.) Posen 832, Heine u. Comp.

— theoret.-prakt. poln. Grammatik, mit Gesprächen, Briefen u. Vocabeln; nebst einem poln. Lesebuch, welches prosaische u. poet. Auszüge aus den besten Schriftstellern, u. das zum Uebersetzen derselben nöthige Wörterbuch enthält. 8. Bresl. 821. W. G. Korn. 16 gr

— theoret.-prakt. Grammatik d. französ. Sprache f. Deutsche rc. nebst e. Lesebuche. gr. 8. Berl. 813. Mittler. 1 ℔ Das Lesebuch apart 12 gr

Szumsky, polnisches Lesebuch mit vorangeschickter kurzgefaßter Grammatik ꝛc. 8. Breslau, W. G. Korn. 810.

v. Szumski, Thom., poln. Lesebuch, welches prosaische u. poet. Auszüge aus den Werken der älteren u. neuesten poln. Schriftsteller u. das z. Uebersetzen derselben nöthige Wörterbuch enthält. 2 Thle. 8. Bresl. 821. W. G. Korn. 1 ℛ 6 ℊ Das Wörterbuch apart. 6 ℊ

Szumsky, J., russischer Selbstlehrer, enthaltend eine kurze u. deutlich abgefaßte Grammatik, allgemein nöthige Redensarten, Gespräche ꝛc. 8. Breslau, Max u. Comp. 813.

— russ. Selbstlehrer, enthaltend eine kurze u. deutlich abgefaßte Grammatik, allgemein nöthige Redensarten, Gespräche ꝛc. 8. Posen 813. (Hinrichs in Leipz.) 14 ℊ (Die Redensarten u. Vocabul. besond.) 6 ℊ

Szumsky, J., s. S z u m s k i, Thom. von

Szumsky, Thom. von, s. S z u m s k i

Szupak, J., experimentelle Untersuchungen üb. den Pneumothorax. Diss. gr. 8. (65 S.) Jurjew (Dorpat) 891. (E. J. Karow.) n. 1. 50

SZUPPAN, SIGISMUND: Die unbefleckte Empfängniss der seligsten Jungfrau Maria, als Dogma erklärt zu Rom, den 8. Dez. 1854, in hohen Auftrage Sr. Eminenz des Hochwürdigsten Cardinal-Fürst-Primas und Erzbischofs zu Gran Johann Bapt. Scitovszky von Nagy Kér, veröffentlicht in der Collegiatspfarrkirche zu Tirnau, am Sonntage Cantate den 6. Mai 1855. und in Sinne des hohen diesbezüglichen Rundschreibens Seiner Eminenz näher beleuchtet durch Sigismund Szuppan, Dr. der Philosophie, des fürsterzbischöflichen Gymnasiums zu Tirnau, Consistorialrath, Seiner Heiligkeit ad Honores Kämmerer. Tyrnau 1855. Druck v. Sigmund Winter. 29 S. - 8°

SZUPPAN, SIGISMUND: Zur Erinnerung an die zu Tirnau, den 3. April 1859, Dominica Laetare, in der Klosterkirche der wohlehrwürdigen Ursulinen begangene Primizfeier des wohlehrw. neugeweihten Priesters Mauritius Skrivanek, Lehrer am fürsterzbischöfl. Gymnasium zu Tyrnau von D. Sigismund Szuppan. Cum approbatione Rssmi Ordinariatus. Auf inständiges Verlangen des Primizianten in Druck gegeben. Tyrnau 1859. Druck v. Sigmund Einter. 22 S. - 8°

SZUPPAN, SIGMUND: Predigt zum Dankfeste, welches nach dem glücklich bezwungenen Bürgerkriege am 1. November 1849 in der Collegiatpfarrkirche zu Tirnau, feierlichst begangen worden ist. Gehalten von Sigmund Szuppan, geistl. Redner und Professor der Religionslehre am erzbischöfl. Lyceo zu Tirnau 1849. Tirnau 1849. Druck von Michael Spanraft, k. k. priv. Buchdrucker. 30 S - 8°

Szurek, Karl, Dienst-Instruction für Gerichtsdiener u. Gerichtsvollzieher. 8. (VIII, 171 S.) Wien 880. Manz. cart. n. 2. —

SZUREK, Stanislaus: Der Philemonbrief und die Sklaverei der alten Welt. — (1910) X, 100 Bl. 4° (Handschr.) Diss. 597
Diss. Wien, Univ.

Szurmiński, Michael *(geb. Wtorek in Pos. 9. 9. 1847)*: Ueber solide Eierstockstumoren. Breslau (1872). (29 S.) 8°
Breslau, Med. Diss. v. 26. Juli 1872

Szutsek, Rud., das praktische Wetterschiessen. Bearb. v. S. als Leiter des Landes-Wetterschiess-Rayons nächst Windisch-Feistritz auf Grund seiner Erfahrgn. in der Schiess-Saison 1900. hoch 4. (26 S. m. 3 Taf.) Graz 900. H. Wagner. n. 1. —

Szuwart, Wincenty, Wzory kalligraficzne polskie. qu. 8. (27 Bl.) Krakowie 847, Wildt. — (Nowie wydanie.) qu. gr. 8. (27 lith. Bl.) Leipzig 850, Wengler. n. 2/3 ℛ

Szvorényi, Michael

— causa religionis contra libertinos defensa. 8maj. Ofen 799. Typ. Soc. 10 ℊ

Szvorenyi, Michael, Idea encyclopaediae theologicae secundum Vindobonensem studii theologici reformationem proposita. Wien, 1785. 8°, 75 S.

Szvorényi, Mich., jus privat. ecclesiae Hungariae. III Tom. 8. Wesprimii 804. (Eggenberger; a. Schwaiger in Pesth), 2 ℛ 8 ℊ

— jus publicum commune et particulare ecclesiae Hungaricae. III Tomi. 8maj. Wesprimii 803. (Schwaiger in Pressb.) 2 ℛ

— synopsis critico-hist. decretorum Synodalium pro ecclesia hungarico-cathol. editorum. 8maj. Wesprimii 807. (Eggenberger; a. Schwaiger in Pesth). 1 ℛ 4 ℊ

Szwagnic de historia ingenuita antiquiore commentarii. Warschau 823. (Cnobloch in Leipz.) . . .

Szwajcarja w obrazach (Die Schweiz in Bildern)
① dwutygodnik ilustrowany (Zweiwochenschrift, illustriert) ⑤ 1908 ⑧ Zürich ⑪ Stefan Dzikowski ⑮ Zieliński: Bibljografja ⑯ In polnischer Sprache.

Der deutsche Sprachunterricht in der zweisprachigen Volksschule. Von Wladislaus **Szwedzinski**, Lehrer in Benice. *Berlin: F. Zillessen (1900).* (24 S.) 8° [F.] [01. 19553

Friedrich Gottlob Szwencki

De aneurysmatis Structura. Halae (1815:) Schimmelpfennig. 12 S. 8°

Halle, Med. Diss. v. 24. Febr. 1815

Szwojcer, J., üb. e. Flecktyphusepidemie im Reserve-Krankenhaus zu Warschau. [Aus: „Allg. med. Centralzeitung".] gr. 8. (34 S.) Berlin 893. O. Coblentz. n. 2. —

Szwykowska, H. v., Blumen-Grüße in Gratulationen m. Blumenspenden f. Groß u. Klein zu Geburtstagen, Polterabendfesten u. Hochzeitstagen, ferner Gelegenheitsdichtgn. zu Jubiläums- u. Begrüßungsfeierlichkeiten, sowie sonst. heiteren u. ernsten Anlässen. 8. (VIII, 142 S.) Berlin 891. S. Mode's Verl. n. 1. —

Szwykowska, Hedwig v., Gratulationsschatz für Familienfeste u. poetische Angebinde für alle Fälle des Lebens. Berlin 870. Janke. 8. (VIII, 296 S.) n. 20 ngr.

— aus dem Herzen. Dichtungen. Göttingen 869. Vandenhoeck & Ruprecht's Verl. 8. (X, 111 S.) n. 15 ngr.

Szwykowska, H. v., Ich gratulire! Glückwünsche und Gelegenheits-Dichtungen für Groß und Klein. Enth. Neujahrs- und Geburtstags-Gratulationen, Gelegenheitsgedichte zu Tauf-, Namens-, Confirmations-, Polterabend-, Hochzeits-, Jubiläumsfesten und Condolenzen. Nebst Stammbuchversen und Toasten. 8. (243 S.) Berlin 876, Mode's Verlag. 2 25

Szwykowska, H. v., Ich gratulire! Glückwünsche und Gelegenheits-Dichtungen für Groß und Klein. Enthaltend Neujahrs- und Geburtstags-Gratulationen, Gelegenheitsgedichte zu Tauf-, Namens-, Confirmations-, Polterabend-, Hochzeits-, Jubiläumsfesten und Condolenzen. Nebst Stammbuchversen und Toasten. 2.—5. Aufl. 8. (243 S.) Berlin 878—84, Mode's Verlag.

Szwykowska, H. v., ich gratulire! Glückwünsche u. Gelegenheits-Dichtgn. f. Groß u. Klein. Enth. Neujahrs- u. Geburtstags-Gratulationen, Gelegenheitsgedichte zu Tauf-, Namens-, Confirmations-, Polterabend-, Hochzeits-, Jubiläumsfesten u. Condolenzen. Nebst Stammbuchversen u. Toasten. 8. Aufl. 8. (243 S.) Berlin 890. Mode's Verl. 2. 25

Szwykowska, H. v., ich gratuliere! Glückwünsche u. Gelegenheits-Dichtgn. f. Groß u. Klein. Enth. Neujahrs- u. Geburtstags-Gratulationen, Gelegenheitsgedichte zu Tauf-, Namens-, Confirmations-, Polterabend-, Hochzeits-, Jubiläumsfesten und Condolenzen. 11. Aufl. 8. (248 S.) Berlin (900). S. Mode's Verl. 2. 25

Szwykowski, Ign. v., Anton van Dyck's Bildnisse bekannter Personen. — Jconographie ou le cabinet des portraits d'Antoine van Dyck. — Ausführliche Nachricht über diejenigen 185 Platten, welche von und nach den Werken des Meisters im Kunstverkehr unter diesen generellen Bezeichnungen verstanden werden, so wie sie vom J. 1632 bis 1759 durch 15 verschiedene Ausg. und Aufl. bekannt geworden sind. gr. 8. (408 S.) Leipzig 859, R. Weigel. *
Aus: Archiv für die zeichnenden Künste, besonders abgedruckt.

—— historische Skizze über die frühesten Sammel-Werke altniederländischer Maler-Portraits, bei Hieron. Cock zu Antwerpen und Heinr. Hondius im Haag, gegen Ende des 16. und zu Anfang des 17. Jahrh. Nächst Auskunft über sechs verschiedene Ausgaben. Würdigung eines jeden der interessanten 70 Bildniss-Blätter und einem alphabet. Register. Versuch eines Beitrags zur Kunstgeschichte jener Zeiten. gr. 8. (54 S.) Leipzig (856)57, R. Weigel. *

Szyc, Joach., Kalendarz hystoriczny polski. Z wspomnień narodowych ułożył. 8. (111 S.) Posen 852, Merzbach.

Szydlowski, Joseph, Beiträge zur Mikroskopie der Faeces. Diss. Dorpat. 8°. 54 pp. mit einer lithographirten Tafel. 1879.

Szydlowski, Leo: Über die Einwirkung von salpetriger Säure auf Lysin. S. 115. IIb. 621.
Separatabdruck

Szydlowski, L., über die Kältemischung aus kristallisiertem Natriumsulfat u. konzentrierter Salzsäure. (37 S. m. 3 Fig.) gr. 8. Wien 907. A. Hölder. 1.20
Sonderabdr. aus: „Sitzungsber. d. k. Akad. d. Wiss."

— Über die Kältemischung aus kristallisiertem Natriumsulfat und konzentrierter Salzsäure (mit 3 Textfiguren). S. 116. IIa. 855.
Separatabdruck

Szydlowsky, Ign., Barbara, s. Laborant aus d. Riesengebirge.

Szyllera, Fryderyka, s.a.v. Schiller, Fr.

Szyllera, Fryderyka, dzieła dramatyczne przekład M. B. 2 Tom. 8. (47 B. u. S's. Portr.) Lipsk 843, 44, Nakładem Ksiegarni Zagranicznej. (Librairie étrangère.) à

Szyller, Frdr., Dzieła dramatyczne przekładu Mich. Budzyńskiego. Tom 1—3. Z portretem autora. Wydanie 2. Tom IV. 8. (I: ...S. II: ...S. III: ...S. IV: IV u. 420 S.) Leipzig 850, Librairie étrangère. (à 1½ ₰) 6 ₰

Szyman A.: De cystis echinococcos continentibus. Diss. Culmae 1853. 45 S. P.

v. Szymanowitz, (f. preuß. Prem.-Lieut. a. D.,) Ideen über die Formation d. Feld-Artillerie. Eine Denkschrift. gr. 8. Leipzig 846, O. Wigand. ¼ ₰

Szymanowski, Joh., der Tod durch Erstickung vermittelst eines Knebels aut durch Branntwein [ein Alkoholunglück]. Eine Skizze aus der gerichtsärztlichen Praxis im Lichte chirurgischer Erfahrungen. Helsingfors 861. (Petersburg, Eggers & Co.) gr. 8. (88 S.) n. 20 ngr.

Szymanowski, Józ., Pisma, s. Biblioteka, klass. Polsk. T. 26.

Szymanowski, Jul., Additamenta ad ossium resectionem Dissertatio inauguralis. Accedit tab. lithogr. (in 4.) gr. 8 (54 S.) Dorpat 856(57), (Glaeser's Verlag.) *

Szymanowski, Jul., desmologische Bilder für Aerzte und Studirende. 2., durch neue Taf. und einen Text vervollständigte Aufl. 16. (XXI und 71 S. mit 223 Abbild. auf 30 Stnt.) Reval 858, Kluge's Verlag. Thlr. * 1 10

—— der Gypsverband, mit besond. Berücksicht. der Militair-Chirurgie. gr. 8. (XI und 282 S. mit 50 Abbild. auf 4 Kpfrt. in qu. gr. 4.) St. Petersburg 857, Eggers und Comp. (Leipzig, Hartmann.) *

Szymanowski, Jul. v., Handbuch der operativen Chirurgie. Deutsche Ausg. von dem Verf. und C. W. F. Uhde. 1. Thl. gr. 8. (XXII, 482 S. mit 743 in den Text eingedr. Holzst.) Braunschweig 870, Vieweg und Sohn. *

—— der Tod durch Erstickung vermittelst eines Knebels aut durch Branntwein (ein Alkoholunglück.) Eine Skizze aus der gerichtsärztl. Praxis im Lichte chirurg. Erfahrungen. gr. 8. (88 S.) Helsingfors 861. (St. Petersburg, Eggers und Comp.) *

Szymanowski, Oswald Korwin, Beiträge zur Geschichte d. Adels in Polen. gr. 8. (XI, 103 S.) Zürich 884. Schulthess. n. 3. 20

Szymanowsky, Oswald Korwin, die Poniatowski. Eine historisch-genealog. Untersuchung. gr. 8. (VII, 64 S.) Genf 880. Müller. n. 2. —

Szymanowsky. D. chirurg. Resultat m. Reise nach d. Kriege v. 1866. (S.-A.) Prag 1867.

Szymanowsky, Oswald Korwin, s. Szymanowski

Szymanski, Ad., unter Ansiedlern u. Verschickten. Skizzen aus Sibirien. Aus dem Poln. übers. v. Elise Hübner. (Sibirien!! v. e. Polen.) 8. (237 S.) Frankfurt a/O. 894. H. Andres & Co. n. 2. 40; geb. n. 3.

Szymanski, Adam, Hanuschja, s.: Deva-Roman-Sammlung.

— sibirische Novellen, s.: Deva-Roman-Sammlung.

Szymanski, Ant., die Reaktion in d. Bildg. d. preuß. Volksschullehrerstandes, s. a. Fragen d. öffentl. Lebens, I, 9.

[F.] Die Reaktion in der Bildung des preussischen Volksschullehrerstandes. Von Anton Szymanski. (6. Taus.) *Berlin: Kritik 1896.* (16 S.) 1 Bd 8.
= Fragen d. öffentlichen Lebens. H. 9. [97. 1878

Szymanski, Eugen, Arzt a. Berent ⟨Westpr.⟩: Zur Kasuistik des Ulcus rodens corneae. Greifswald 1905: H. Adler. (32 S.) 8°
Greifswald, Med. Fak., Ref. Schirmer, Diss. v. 13. Apr. 1905
[Geb. 29. Sept. 76 Berent; Wohnort: Ramsbeck i. W.; Staatsangeh.: Preußen; Vorbildung: Gymn. Brilon Reife O. 96; Studium: Marburg 4, München 1, Greifswald 5 S.; Rig. 8. Juli 00.]

Szymanski, F.

— W. Lenders u. Krüger, Beiträge zur Kenntniss d. chem. Zusammensetzg. d. Zuckerrohrs, — — — zur Gewinng. d. Rohrzuckers aus Zuckerrohr, s.: Berichte d. Versuchsstation f. Zuckerrohr in West-Java, II.

Szymansky, F., meteorolog. Wahrnehmgn. d. Versuchsstation f. Zuckerrohr in West-Java, s.: Scholvien, A.

Szymański, Franz *(geb. Ludomy in Pos. 18. 1. 1853)*: Ueber einige parasitische Algen. Namslau 1878. (23 S.) 8° *[Im Buchhandel 1878 bei Koebner in Breslau.]*
Breslau, Phil. Diss. v. 30. März 1878

Szymanski, Frz., über einige parasitische Algen. Inaugural-Dissertation. gr. 8. (23 S.) Namslau 878. (Breslau, Koebner.) n. 1. —

Szymański, Johann Miecislaus: **Hornschwämme von Aegina und Brioni bei Pola.** *Breslau 1904: H. Fleischmann.* (52 S.) 8°
Breslau, Phil. Diss. v. 22. Juli 1904

Szymanski, Kasimir [Referendar am Kgl. Amtsger. zu Pr. Friedland, Wpr.]: Setzt die actio Publiciana immer ehemaligen Besitzerwerb des Klägers voraus? ... Konitz, Druck v. W. Dupont, 1896; 3 Bl., 45 S., 1 Bl. 8.
Breslau, Jur. Fak., Inaug.-Diss. v. 7. März 1896

Szymansky, Kasimir, setzt die actio Publiciana immer ehem. Besitzerwerb d. Klägers voraus? Diss. gr. 8. (46 S.) Konitz 896. (Breslau, Schletter.) n. — 80

Szymański, Maximil. (Eduard.) (geb. Rogasen 12. 10. 1815): De natura familiae Graecae. Berolini (1840). (32 S.) 8°
Berlin, Phil. Diss. v. 10. Juli 1840

Szymański, Petrus (geb. Borek in Posen 25. 11. 1851): Determinatio areae et voluminis superficiei definitae per aequationem:
$(x^2 + y^2 + z^2)^2 = a^2 x^2 + b^2 y^2 + c^2 z^2 = 0.$
Berolini (1876). (24 S.) 8°
Berlin, Phil. Diss. v. 15. Dez. 1876

Szymański, Sigismund [aus Schildberg]: Einiges über Lermontovs „Dämon." E. Beitr. z. russ. Litteraturgeschichte ... Posen, Drukarnia Dziennika Poznańsk., 1897; 61 S. 8.
Breslau, Phil. Fak., Inaug.-Diss. v. 2. Aug. 1897

Szymańsky, Sigism., einiges üb. Lermontows „Dämon". E. Beitrag zur russ. Litteraturgeschichte. Diss. gr. 8. (58 S.) Posen 897. (Breslau, Schlotter.) n. 1. —

SZYMANSKI, STANISLAUS EDUARD. Ueber zwei neue Nitro-β-Naphtylamine und deren Derivate. (Bern) Karlsruhe, 1892.

Szymanski, Th., Methode d. geographischen Unterrichts in Volksschulen, s.: Knaak, H.

Szymanski, Th., Realienbuch, s.: Franke, M., u. O. Schmeil.

Szymanski, Theodorus: Sacrificia Graecorum in bellis militaria. Marpurgi 1908: Koch. 91 S. 8°
Marburg, Phil. Diss. v. 26. Aug. 1908, Ref. Maaß
[Geb. 25. Nov. 84 Berent; Wohnort: Fulda; Staatsangeh.: Preußen; Vorbildung: Gymn. Fulda Reife O. 04; Studium: Marburg 2, München 1, Marburg 6 S.; Rig. 26. Febr. 08.] [U 09. 3219

Szymansky, s. Szymanski

Szymanzig, Max: Immermanns 'Tristan und Isolde'. ⟨Teildr.⟩ Marburg 1910: Koch. VIII, 89 S. 8° ¶ (Vollst. als: Beiträge z. dtsch. Literaturwiss. Nr 17. 1911.)
Marburg, Phil. Diss. v. 14. Dez. 1910, Ref. Elster
[Geb. 12. Aug. 82 Berlin; Wohnort: Brandenburg a. H.; Staatsangeh.: Preußen; Vorbildung: Friedrichs-Werdersche Oberrealsch. Berlin Reife O. 01, Erg. Mai 05; Studium: Berlin 4, Freiburg i. B. 1, Berlin 1, Marburg 5 S.; Rig. 7. März 08.] [U 11. 3499

v. Szymborski, Ritter Th. Rep. Mar., Bemerkk. über die Wehr- u. Sicherheits-Anstalten Deutschlands. 8. Coburg 819. (Riemann). 8 gr.

Szymborski, N. v., Bemerkungen über die Wehr- und Sicherheitsanstalten Deutschlands. 8. Coburg, (Biedermann.) 820.

Szymkiewicz, Beitrag zur Lehre v. den künstlichen Missbildungen am Hühnereie. [Mit 1 (lith.) Taf.] [Aus dem embryolog. Institute d. Prof. Schenk in Wien.] [Aus: „Sitzungsber. d. k. Akad. d. Wiss."] Lex.-8. (9 S.) Wien 875. (Gerold's Sohn.) n. — 40

Szymkiewicz, Dr. Beitrag zur Lehre von den künstlichen Mißbildungen am Hühnereie (mit 1 Taf.). S. 72. III. 139.
Separatabdruck

Szymkiewicz, Frz. Stanisl. Ueber den Schwefel- u. Phosphorgehalt der Leberzellen des Rindes in den verschiedenen Lebensaltern. Diss. gr. 8. (81 S.) Dorp. 891, (Karow). * 2 —

Szymonawicz, S., Poezye, s. **Biblioteka.**

Szymonowicz, Ladisl., Lehrbuch der Histologie u. der **mikroskopischen Anatomie, m. besond.** Berücksicht. **des menschl. Körpers einschliesslich der mikroskop. Technik. Mit 169 Orig.-Illustr. im Text u. 81 desgleichen auf 52 teils farb. Taf. gr. 8.** (XI, 455 S.) Würzburg 900. 901. A. Stuber's Verl. n. 15.—; geb. n. 17.—

Szymonowicz, Ladisl., Lehrbuch der Histologie u. der mikroskop. Anatomie m. besond. Berücksicht. des menschl. Körpers, einschliesslich der mikroskop. Technik. 2. Aufl., vollständig umgearb. u. ergänzt unter Mitarbeit v. Rud. Krause. Mit 201 Illustr. im Text u. 125 desgleichen auf 60 teils farb. Taf. (XII, 536 S.) gr. 8. Würzburg 909. C. Kabitzsch. 15.—; geb. in Halbfrz. 17. —

Szymonowicza, Szym., Sielanei, s. Biblioteka, klass. Polsk. T. 28.

SZYMONSKI-LUBICZ, Gustav J. E. (Musinka/Polen): De operatione herniae radicali. (Titel nach der Urkunde)
6.7.1872 - Urk; Chr 1871/72,20 Diss. Ingolst.-Landsh.-Mchn.

Szyperski, Leo *(geb. Glesno in Pos. 7. 1. 1835)*: De Simonis Simonidis vita, ingenio, poesi. Vratislaviae (1865). (42 S.) 8°
Breslau, Phil. Diss. v. 15. Aug. 1865

Szyrgens, A. [Pseud.], s.a. Keil, Adolf

Szyrgens, A.: Das Vordringen des Katholizismus in Ostpreußen, s.a. Flugschriften des Evang. Bundes.

[F.] Das Vordringen des Katholizismus in Ostpreussen. Von A. **Szyrgens**. *Leipzig: C. Braun 1897.* (37 S.) 8.
= **Flugschriften** d. Evangel. Bundes. [No] 145. '(Reihe 13, 1)'. [97. 7061

Szyrwid's Punkty Kazań, s.: **Drucko, litauische u. lettische, d. 16. u. 17. Jahrh.**

Szyszkowitza, Ksiedza A. Rozmowa chłopka z swoim plebanem o Sukience Chrystusa Pana zachowanej w Kosciele Katedralnym miasta Trewiru, z powodu w polskim jezyku wydanego listu przez Pana J. Ronge. 8. (1½ B.) Gliwicach 845, Landsberger.

Szyszyłowicz, Ign. v., Caryocaraceae (Rhizoboleae), Marcgraviaceae, Theaceae (Ternstroemiaceae), s.: Engler, A., u. K. Prantl, d. natürl. Pflanzenfamilien, III, 6.

Szyszyłowicz, Ign., diagnoses plantarum novarum a Cl. D. Const. Jelski in Peruvia lectarum. Pars I. [Aus: „Dissertationes acad. litterarum Cracov."] gr. 8. Krakau 894. (Buchh. der poln. Verlags-Gesellschaft.) n. — 60
Saxifragaceae, Cunoniaceae, Rosaceae, Leguminosae, Celastraceae, Aquifoliaceae, Rhamnaceae, Tiliaceae, Theaceae, Hypericaceae, Clusiaceae, Flacourtiaceae, Araliaceae, Clethraceae, Ericaceae, Myrsineae, Symplocaceae, Cucurbitaceae, Hepaticae. (25 S.)

Szyszyłowicz, Ign. Plantae a I. Sz. in itinere per Cernagoram et in Albania adjacente lectae, s. Beck, G.

— pugillus plantarum novarum Americae centralis et meridionalis. [Aus: „Mathematico-naturales dissertationes acad. litt. Cracov".] gr. 8. (4 S.) Ebd. 894. n. — 20

T,** des Fräul. von, Geschichte; e. Gemälde aus d. großen Welt. 8. Lpz. Sommer. 807.

Taaffe, Graf, 1879—1889. Eine innerpolit. Studie aus Oesterreich. gr. 8. (45 S.) Leipzig 889. O. Wigand. — 75

Taaffe (Graf). Rede des Reichtagsabgeordneten *Gustav von Pacher* in der Generaldebatte des österreichischen Abgeordnetenhauses für den 1881er Staatsvoranschlag. Gehalten am 28. April 1881. Gr. in-8°, 20 S. Zürich, Verlagsmagazin. 1881.

Taaffe, des Grafen, politisches Vermächtnis. 1. u. 2., unveränd. Aufl. gr. 8. (18 S.) Wien 895. C. Gerold's Sohn. — 50

Taaks, geodätische Tafeln für die Nord- und Ostsee-Küste nebst Erläuterungen und nebst einem Coordinaten-Verzeichnisse von 336 an der Ems, Jade, Weser, Elbe und an der Nordsee beleg. festen Punkten für Nautiker, Techniker und Geometer berechnet nach Gauß'schen Formeln. 2 Hefte. 4. (74 S.) Aurich 865, Spielmeyer. *

Taaks und E. Abshoff, Die Wünsche der Industrie, besonders der Kali-Industrie hinsichtlich der Anlage des Mittellandkanals, der Kanalhäfen Hannover und Linden und der Belebung der Leineschiffahrt. Zwei Vorträge, gehalten am 19. September 1907 im Verein für die gemeinschaftlichen Interessen des Hannoverschen Kalibergbaues. Hannover, 1907. 23 S.

Taaks, Arnold, approb. Arzt aus Grossefehn: **Ursachen des Abortus.** *Leipzig 1902: B. Georgi.* (27 S.) 8°
Leipzig, Med. Diss. v. (5. Apr.) 1902

Alttestamentliche Chronologie. Von Gerhard Taaks. Mit 1 Beilage: Tabellen. *Uelzen: Selbstverl. 1904.* (117 S.) 4°(8°) [c4. 938]

Taaks, Gerh., alttestamentliche Chronologie. Mit e. Beilage: Tabellen. (119 S.) Lex.-8. Uelzen 904. Osterode a. H., A. Sorge. n. 4. —

— zwei Entdeckungen in der Bibel. (III, 15 S.) gr. 8. Ebd. 904. n. 1. —

Taaks, Hermann [app. Arzt aus Schafhaus bei Esens in Ostfriesland]: Ueber die Behandlung der Gonorrhoe mit Sozojodol. ... Würzburg: Druck d. Ferdinand Röhrl'schen Buchdr., 1889. 25, 1 S. 8°
Würzburg, Med. Fak., Inaug.-Diss. v. 1889

at-Ṯa ʿālibī, Abū Manṣūr ʿAbd al-Malik Ibn Muḥammad

— — Der vertraute Gefährte des Einsamen in schlagfertigen Gegenreden von Abu Manssur Abdu'lmelik Ben Mohammed Ben Ismail Ettsaälebi aus Nisabur. Übersetzt ... durch Gustav Flügel. Nebst einem Vorworte des Herrn Hofrathes Joseph Ritter von Hammer. Wien 1829.

Ta'anit. Der Tractat — des babylonischen Talmud zum ersten Male ins Deutsche übertragen ... von O. Straschun. Mit einem Vorwort von Aug. Wünsche. Halle 1883.

Taatz, Karl, Festbüchlein, d. deutschen Jugend z. Lehr' u. Lust gewidmet. kl. 8. Berlin 846, Weinholz. geb. 5/6 ₰

— Jugendbilder. In Darstellungen des religiös-sittlichen Lebens, der Natur- u. Kunstwelt. Eine Festgabe der deutschen Jugend gewidmet. Mit 6 Stahlstichen. 8. Berlin 845, Reichardt u. Comp. geb. 1 ₰

— Jugendbilder. In Darstellungen des religiös-sittlichen Lebens, der Natur- u. Kunstwelt. Eine Festgabe der deutschen Jugend gewidmet. 8. (14¼ B. u. 6 Stahlst.) Berlin 845, [Leop. Schlesinger.]

Taback, s. Tabak

Tabaczyński, Leop. (Stanisl.) (geb. Redecz in Polen 15. 11. 1840): De resectione ossium subperiosteali, praecipue ossis maxillae inferioris. Berolini (1863). (32 S.) 8°
Berlin, Med. Diss. v. 25. Aug. 1863

Tabak, der. Organ f. Tabak-, Cigarren- u. Cigarettenindustrie u. Handel. Hrsg. u. Red.: Alex. Leo. 1. Jahrg. April—Decbr. 1897. 9 Nrn. (à ca. 24 S. m. Fig.) Lex.-8. Stuttgart (Hohenstaufenstr. 12), A. Leo. n. 4. —

Tabak. Fachblatt f. die Gesamtinteressen der deutschen Tabakindustrie. Unter Mitarbeit hervorrag. Fachmänner red. v. F. Calebow. 1. Jahrg. Febr. 1904—Jan. 1905. 24 Nrn. (à ca. 12 S.) hoch 4. Dresden, Calebow & Co. 5. —

Taback, ein pestilenzialisches Kraut! Zeitgemäße Warnungen an Alt u. Jung, v. ein. prakt. Arzt u. Chemiker. 12. (2¾ B.) Grimma 846, Verlags-Comptoir.

Taback, der, im deutschen Zollgebiete. Produktion und Besteuerung, Einfuhr und Ausfuhr für die Zeit vom 1. Juli 1871 bis 30. Juni 1872, mit Darlegung der Ergebnisse früherer Jahre und der einschlag. Zoll- und Steuer-Gesetzgebung. Hrsg. vom kaiserl. statist. Amte. Imp.-4. (VI, 27 S.) Berlin 873, Verlag des königl. preuss. statist. Bureaus.

Tabak-Arbeiter, der. Organ d. Tabakarbeiter u. Arbeiterinnen Deutschlands. Red.: F. Geyer. Jahrg. 1896. 4. Quartal. Oktbr.—Dezbr. 13 Nrn. (Bog.) Fol. Leipzig (Buchdruckerei u. Verlags-Anstalt d. Leipziger Volkszeitung). — 75

— dasselbe. Jahrg. 1897—1898. à 52 Nrn. (Bog.) Fol. Ebd. à Jahrg. 3. —
Kann auch vierteljährlich bezogen werden.

Tabak-Arbeiter, der. Organ der Tabakarbeiter u. Arbeiterinnen Deutschlands. Red.: F. Geyer. Jahrg. 1899—1902. à 52 Nrn. Fol. (à ca. 4 S.) Leipzig, G. Heinisch. à Jahrg. 3.—

Tabak-Arbeiter, der. Organ der Tabakarbeiter u. Arbeiterinnen Deutschlands. Red.: F. Geyer. Jahrg. 1903 bis 1906. à 52 Nrn. (358, 364, 360 u. 366 S.) Fol. Leipzig, Leipz. Buchdruckerei. à Jahrg. n. 3. —

Tabak-Arbeiter, der. Organ der Tabakarbeiter- u. -Arbeiterinnen Deutschlands. Red.: F. Geyer. Jahrg. 1907—1910. à 52 Nrn. (à ca. 6 S.) 47×32 cm. Leipzig, Leipziger Buchdruckerei. à Jahrg. 3. —

— dasselbe, s. a.: Gewerkschafter, der.

Tabakarbeiter-Kalender, österreich., f. d. J. 1910. Hrsg. im Auftrage d. Gewerkschaft d. Tabakarbeiterinnen u. -Arbeiter Oesterreichs. (169 S. m. Abb. u. Titelbild.) gr. 8. Wien, (Brüder Suschitzky). 1.—

Tabakbau, s. Toba(c)kbau.

Der Tabakbau in Bayern. Zum Unterrichte der Landwirthe. München 1832.

Tabakbau, der, in der Schweiz. Leichtfassliche Anleitung zum Anbau und zur Behandlung des Tabaks. In-8⁰. Chur, Kellenberger. — 80
1880.

Tabackbau, Tabackfabrikation und Tabackhandel im deutschen Reich und in Luxemburg, nach den statistischen Ergebnissen der Arbeiten der Taback-Enquête-Commission. Herausg. vom Kais. Statist. Amt. Mit 8 Kartogrammen. 1880. (Stat. d. deut. Reichs. Bd. 42.) . . . . 10.

Tabakfabrikant, s. Tabaksfabrikant

Tabak-Industrie-Kalender. Hrsg. v. G. Lewinstein. 1898. gr. 16. (VIII S., Notizkalender, 96 u. 58 S.) Leipzig, Schulze & Co. Geb. in Leinw. n. 3. –

— dasselbe. Beigabe, s.: Adressbuch d. Cigarren- u. Cigaretten-Fabriken im Deutschen Reiche.

Tabak-Industrie-Kalender. Hrsg. v. G. Lewinstein. 5. Jahrg. 1902. 12. (VIII S., Notizkalender, 81 u. 63 S.) Leipzig. Schulze & Co. Geb. in Leinw. n. 3.—

Tabak- u. Cigarren-Kalender f. das Jahr 1907. 5. Jahrg. (VI S., Schreibkalender u. 246 S. m. 1 Karte.) 16. Hamm, Th. O. Weber. Geb. in Leinw. 1. 50

Tabak- u. Cigarren-Kalender f. d. J. 1910. 8. Jahrg. (VI S., Schreibkalender u. 263 S. m. 1 Bildnis.) 16. Hamm, Th. O. Weber. Geb. in Leinw. 2.—

Tabakmonopol. s. Tabaksmonopol

Tabakmonopols-Ordnung u. Verzehrungssteuer f. Ungarn, Croatien, Slavonien, Siebenbürgen, Serbien, das Temeser Banat, die Militär-Grenze. 16. (102 S.) Wien 851, Tendler & Co. 1/4 ℳ

Berliner Gewerbe-Ausstellung 1896. Das **Tabak-Museum** der Firma Loeser & Wolff. *(Berlin): Eigenth. u. Verl. d. Firma (1896).* (64 S.) 1 Bd quer-8. [4. 6512

Taba(c)kraucher, der, e. unentbehrl. Handbüchlein f. Alle, welche d. freie Kunst d. Taba(c)krauchens treiben, v. Nicotiana Tabaca. 8. (2 1/4 B.) Breslau 830, (Aderholz.)

Tabak-Rundschau. Fach- u. Handelszeitschrift f. die gesamte Tabak-, Zigarren- u. Zigaretten-Branche. Red.: P. Rümmler. Ständ. Mitarbeiter: P. Grote. Jahrg. 1906. 52 Nrn. (à ca. 16 S.) 4. Potsdam, Rob. Müller. n. 4.—

Tabaksbau, Der, im Meininger Unterland nach vielseitig gemachten Erfahrungen. Meiningen 1865. V: *Hossfeld, W.* (BMarsch 1091)

Tabaksbauer u. Tabaksfabrikant, der, s. Buse, G. H., Handbuch d. Waarenkunde. gr. od. das Ganze der Handlung. 11 Thle. gr Bd.

Tabaks-Collegium, s. Tabaks-Kollegium

Tabaks-Distrikt der Provinz Bahia. Mappa do fumo no Estado da Bahia. [Massst. ca. 1:625,000.] *Hamburg: Hoffmann & Campe [1900?].* (1 Kartenbl. 32 × 34 cm.) 2⁰ [oo. 10388

TABAKSDOSE, Die, eine Anekdote fürs Theater. Potsdam (Löffler in Mannheim). 1781.

Tabaksfabrikant, der, od. gründl. Anweis. zu Bereitung aller Sorten Rauch- u. Schnupftabake ganz nach holländ. Manier; auch wie man alle Gattungen von deutschen Tabaksblättern ohne Darre ganz haltbar machen könne, so wie solche in Holland behandelt werden. 8. Posen u. Bresl. 811, 12. Glogau 817. (N. Günter'sche B.) 12 gr (s. auch unten: Tabaksrecepte).

— — dasselbe. 8. Posen, Kühn. 811.

Tabaksfabrikant, der, od. gründl. Zubereitung aller Sorten Rauch- u. Schnupftabaken; ganz nach Holländ. Manier. 8. Breslau, Barth. 812. 1/6 thlr.

Tabacks-Fabrikant, der Bremer, nebst einer Einleitung, enthaltend eine launige Geschichte des Tabacks und seiner Einführung in Europa. 16. Erfurt 842, Hennings u. H. 1/4 ℳ

— der aufrichtige rc. 8. Altona 789. Kaven. 4 gr

— der wahrhaft ächte, f. Tabakfabrikanten u. Tabakhändler rc. 8. Amsterd. 810. (Rein in Leipz.) 8 gr

— der wohlerfahrne, od. deutliche Anweis. alle Gattungen von Rauch- u. Schnupftabake nach den neuesten chem. Entdeckungen vorzügl. gut zu fabriciren rc. gr. 8. Dresd. 810. (Grimmer). 8 gr 2e Aufl. Ebd. 820. 12 gr 3e Aufl. gr. 8. Ebd. 825. 12 gr

— der wohlerfahrne, od. deutliche Anweisung alle Gattungen v. Rauch- u. Schnupftabaken nach d. neuesten chemischen Entdeckungen vorzüglich gut zu fabriciren rc. gr. 8. Dresden, Hilscher. 810. — 8

— — der wohlerfahrne, oder deutl. Anweis. alle Gattungen von Rauch- u. Schnupftabaken rc. 2te Aufl. 8. Dresden, Hilscher. 820.

Tabacksfabrikant, der wohlerfahrne, od. deutl. Anweis. alle Gattungen v. Rauch- u. Schnupftabacken nach d. neuesten Entdeckn. in d. Chemie vorzügl. gut zu fabriciren rc. 4. Ausg. gr. 8. (6 B.) Quedlinburg 840, Ernst'sche Buchh.

Tabaksfabrikation, neueste durchaus verbesserte, od. Anweis. Rauch- u. Schnupftabake zu fabriciren u. schadhaftes Gut zu verbessern. 8. Erlang. 819. Palm. 6 gr

Tabacksfabrikation, die, aus Runkelrübenblättern. Nebst e. Anh. kürz. Mittheiln. von allgem. Wichtigkeit f. Tabacksraucher. Von Einem, der schon seit länger als 20 Jahren nur Runkelrübenblätter geraucht hat. 12. (3 B.) Nordhausen 840, Fürst.

Tabaksgesellschaft, enth. polit. Erzähl. u. lust. Begebenheiten. 8. Ostindien. 740. — 3

Freyes Tabaksgewerbe und Tabaks-Regal, nebst einer Geschichte des Tabaksgewerbes in den Königl. Preuß. Staaten. 1797.

Tabaksgewerbe und Tabaksregal (Freies), nebst einer Geschichte des Tabaksgewerbes in den preussischen Staaten. 8°. Frankfurt a. M., Akad. B., 1798. (Sander in Berlin.)

Tabaks-Kollegium

Tabacks-Collegium, das, des alten Schmauchers Muff, od. das wahre Buch für Tabacksraucher, voller interessanter Notizen über Natur, Anbau, Fabrikation, Veredlung, Verfälschung und Genuß des Tabacks, über seinen Einfluß auf Gesundheit u. Geselligkeit, Tabackspfeifen u. Geräthschaften rc. Nebst einer Zugabe von Tabacks-Anekdoten, Tabacksgedichten u. Tabacksliedern. Mit Musikbeilagen. br. 12. Weimar 837. Voigt. 2/3 ℔

Tabacks-Collegium, das, des alten Schmauchers Muff, oder das wahre Buch für Tabacksraucher. Nebst einer Zugabe von Tabacks-Anecdoten, Tabacksgedichten und Tabacksliedern. Mit Musikbeil. 2. Ausg. 12. Weimar 842, Voigt. 2/3 ℔

Tabackmonopol (Gegen das). Denkschrift der Bremer Handelskammer, Febr. 1878. Bremen 1878.

Tabaksmonopol. Eine Freiheits- u. Verfassungsfrage. [Aus: „Magdeburg. Zeitg."] gr. 8. (82 S.) Magdeburg 878. Faber. n. 1. 30

Das Tabaksmonopol. E. Freiheits- u. Verfassungsfrage. 2. Aufl. Magdeburg 1878.

Tabaksmonopol, das. Eine Grabrede. 8. (20 S.) Stuttgart 882. Kohlhammer. — 20

— das, u. seine Gemeinschädlichkeit. Nach den Artikeln der Lahrer Zeitung: „Tabaksteuer u. Tabakmonopol". 1. u. 2., wesentlich vervollständ. Aufl. gr. 8. (64 S.) Lahr 878. Schauenburg. 1. 20

— das, vor der II. Badischen Kammer. Stenographischer Bericht über die Verhandlungen in der Sitzung vom 21. März 1882. gr. 4. (20 S.) Mannheim 882. Bensheimer. n. — 60

Tabak-Monopol, Kein, mehr! Zergliederte Darstellung über die Aufhebung des Tabakmonopoles und Einsetzung einer Tabaksteuer. Pest 1868. V: *Premelić, Albert.* (WFM II, S. 290)

—— das, für das deutsche Reich. Eine Stimme aus Oesterreich. 8. (14 S.) Augsburg 881, [Literar. Institut von Dr. M. Huttler.] Haugg. *
Aus: Augsburger Postzeitung, besonders abgedruckt.

—— das, vom Standpunkt der Nichtraucher aus beleuchtet. Zugleich eine Epistel an die Tabaksraucher aller Parteien. Unsern Reichstagsabgeordneten gewidmet von einem bayer. Patrioten und Freunde reiner Luft. gr. 8. (16 S.) München 882, (L. Finsterlin.) *

Das Tabaks-Monopol und die Strassburger Tabaks-Manufactur vor dem 10. deutschen Handelstage. Berlin 1882. 8°

Tabackspfeife, die, eine Erzählung aus d. Kriegsbegebenheiten d. 18. u. 19. Jahrh. in Deutschland. 8. Leipz. 823, Kayser.

Tabackspfeife, die. Eine Erzählung aus den Kriegsbegebenheiten des 18. u. 19. Jahrhunderts in Deutschland. .. Leipzig ... (Künzel.) 1 ℔

Tabackspfeife, die, eine Erzählung aus d. Kriegsbegebenheiten, des 18n u. 19n Jahrhunderts in Deutschland. 8. Leipz. 823. (L. Schumann). 1 ℔

Tabakspflanzer, der, od. gründl. Anweis. zum inländ. Tabaksbau. 8. Nürnb. 812. Schneider u. W. 8 ℊ

Tabakspflanzer, der. Anleitung um mit Vortheil Tabak zu bauen. Herausg. im Auftrag des landwirthschaftl. Vereins. Mit 8 Abbildgn. (auf 2 lith. Taf.) Emmerich 855. Romen. 8. (33 S.) 7½ ngr.

Tabaksplanteur, s. A. C. Stauß.

Tabaksrauchen, über d. Missbräuche des,. 8. Wien, Schrämbl.

Tabacksraucher, der, ein unentbehrl. Handbüchlein für Alle, welche die freie Kunst des Tabacksrauchens treiben, von Nicotiana Tabacca. (Neue Ausg.) 16. Magdeburg 842, Baensch. n. 1/12 ℔

Tabaksrecept, ein offenbares Geheimniß den schlechten Tabak gut zu machen. 8. Amsterd. 809. . . . 12 ℊ

Tabaksrecepte, neu entdeckte, od. Anweis. alle Sort n Rauch- u. Schnupftabake auf holländ. Art zu fabriciren rc. 8. Amsterd. 807. (N. Günter'sche B. in Glogau). 8 ℊ (Vergl. oben: Tabaksfabrikant).

Zur Tabakssteuer-Frage. Denkschrift d. Comité's d. zollvereinsländischen Vereins d. Tabaks-Fabrikanten, Producenten u. Händler. Als Ms. gedr. — Berlin: Duncker 1867. 90 S. 8°

Tabaksteuer, Die amerikanische, (Inland revenue) auf Deutschland angewandt. [Bremen 1877.] V: *Meier, Herm. Hnr.* (WFM)

Tabaksteuer (Zur) und das Mittel, solche entbehrlich zu machen. 8°. s. l. 1878.

Tabaksteuerfrage (Zur). Besprechung der Vorlagen durch einen Interessenten. 8°. Berlin 1879.

Tabaksteuerfrage (Die) in Deutschland. Von einem Fachmanne. 8°. Mainz 1873.

Tabaksteuerfrage (Die) und ihre Entwickelung. Den Mitgliedern des Reichstages von der Kommission der Tabakarbeiter Berlins. Lex.-8°. Berlin 1895.

Tabaksteuer- und Zollfrage (Zur). Ein Vorschlag aus der Pfalz. (Aus: „Pfälzer Zeitung.") 8°. Berlin, Puttkammer u. Mühlbrecht, 1879.

Tabaksteuergesetz vom 15. VII. 1909. Hrsg. im Reichsschatzamte. (31 S.) gr. 8. Berlin 909. J. Springer. nn — 25

— vom 15. VII. 1909 (RGBl. S. 793) m. d. Ausführungsbestimmgn. v. 24. u. 27. VII. 1909 u. d. Nachverzollungs- u. Nachversteuerungs-Ordng. v. 31. VII. 1909. (XII, 47 S.) Lex. 8. Berlin 909. C. Heymann. 1. —

Süddeutsche Tabaks-Zeitung. Mannheim: Katz 1890–(1902).8°

Tabakverläge u. Tabaktrafiken. Verordnung des k. k. Finanzministeriums vom 22. III. 1899, Z. 14.514, betr. die Errichtg. u. Besetzg. v. Tabakverlägen u. Tabaktrafiken. (Verordnungsblatt des k. k. Finanzministeriums Nr. 61 v. 1899.) (Redactionelle Beilage des Kärnt. Gemeindeblattes 1899.) gr. 8. (12 S.) Klagenfurt (899). (J. Heyn.) n. — 24

Tabak- u. Cigarren-Zeitung, Bremer. Hrsg.: C. W. Roussell. 1. Jahrg. April 1887—März 1888. 52 Nrn. (B.) Fol. Bremen, Roussell. n. 6. —

Deutsch-Amerikanische Tabak-Zeitung: 1883/–1884/

Weekly trade journal. German edition of UNITED STATES TOBACCO JOURNAL. Errors in numbering: 39 repeated, and 58–65 omitted in numbering. Edited by Oscar Hammerstein, & published by U.S. Tobacco Journal Publishing Co.
New York, NY

Tabak-Zeitung, deutsche. Wochenschrift für Tabakfabrikanten, Tabakhändler u. Tabakproducenten. Organ des deutschen Tabak-Vereins. Red.: Lewinstein. 1. Jahrg. April—Decbr. 1868. 39 Nrn. (à 1½ Bgn.) Berlin, Peiser's Verl. gr. 4. n. 15 ngr.

— — 2. u. 3. Jahrg. 1869—70. à Jahrg. 52 Nrn. (à 1½ Bgn.) Ebend. gr. 4. Jeder Jahrg. n. 2 ℛ

Tabak-Zeitung, deutsche. Wochenschrift f. Tabakfabrikanten, Tabakhändler u. Tabakproducenten. Organ d. deutschen Tabak-Vereins u. d. v. der westdeutschen Versicherungs-Aktien-Bank in Essen garant. Feuer-Versicherungs-Verbandes f. die deutsche Tabak-Industrie. Red.: Lewinstein. 4. Jahrg. 1871. 52 Nrn. (1½ B.) gr. 4. Berlin, Peiser's Verl. n. 6. —

— dasselbe. 5. u. 6. Jahrg. 1872 u. 1873 à 52 Nrn. (1½ B.) gr. 4. Ebend. à Jahrg. n. 8. —

— dasselbe. 7—9. Jahrg. 1874—1876 à 52 Nrn. (B.) Fol. Ebend. à Jahrg. n. 12. —

Tabak-Zeitung, deutsche. Wochenschrift für Tabak-Fabrikanten, Händler u. Producenten. Organ des Vereins der deutschen Tabak-Fabrikanten u. Händler, sowie des von der Westdeutschen Versicherungs-Actien-Bank in Essen garantirten Feuerversicherungs-Verbandes für die deutsche Tabak-Industrie. Red.: G. Lewinstein. 10—15. Jahrg. 1877—1882. à 52 Nrn. (B.) Fol. Berlin, W. Peiser's Verl. à Jahrg. n. 12. —

Tabak-Zeitung, deutsche. Wochenschrift f. Tabak-Fabrikanten, Händler u. Producenten. Organ d. Vereins der deutschen Tabak-Fabrikanten u. Händler, sowie d. v. der Westdeutschen Versicherungs-Actien-Bank in Essen garantirten Feuerversicherungs-Verbandes f. die deutsche Tabak-Industrie. Red.: G. Lewinstein. 16—19. Jahrg. 1883—1886. à 52 Nrn. (B.) Fol. Berlin, W. Peiser's Verl. à Jahrg. n. 12. —

Tabak-Zeitung, deutsche. Wochenschrift f. Tabak-Fabrikanten, Händler u. Producenten. Organ d. Vereins d. deutschen Tabak-Fabrikanten, -Händler, sowie d. v. der Westdeutschen Versicherungs-Aktien-Bank in Essen garantirten Feuerversicherungs-Verbandes f. die deutsche Tabak-Industrie. Red.: G. Lewinstein. 20.—23. Jahrg. 1887—1890. à 52 Nrn. (B.) Fol. Berlin, W. Peiser's Verl. à Jahrg. n. 12. —

Tabak-Zeitung, deutsche. Wochenschrift f. Tabak-Fabrikanten, Händler u. Producenten. Organ d. Vereins der deutschen Tabak-Fabrikanten u. Händler, sowie d. v. der Westdeutschen Versicherungs-Actien-Bank in Essen garantirten Feuerversicherungs-Verbandes f. die deutsche Tabak-Industrie. Red.: G. Lewinstein. 24.—27. Jahrg. 1891—1894. à 52 Nrn. (à ca. 2 Bog.) Fol. Berlin, W. Peiser's Verl. à Jahrg. n. 12. —

Tabak-Zeitung, deutsche. Wochenschrift f. Tabak-Fabrikanten, Händler u. Producenten. Organ d. Vereins d. deutschen Tabak-Fabrikanten u. Händler, sow. des v. d. Westdeutschen Versicherungs-Action-Bank in Essen garant. Feuerversicherungs-Verbandes f. d. deutsche Tabak-Industrie. Red.: G. Lewinstein. 28.—31. Jahrg. 1895—1898. à 52 Nrn. (à ca. 8 S.) Fol. Berlin, W. Peiser, Verl. à Jahrg. n. 12. —
Kann auch vierteljährlich bezogen werden.

Tabak-Zeitung, deutsche. Wochenschrift für Tabak-Fabrikanten, Händler u. Producenten. Organ des Vereins der deutschen Tabak-Fabrikanten u. Händler etc. Red.: G. Lewinstein. 32.—35. Jahrg. 1899—1902. à 52 Nrn. gr. Fol. (à ca. 8 S.) Berlin, W. Peiser. à Jahrg. n. 12. —

Tabak-Zeitung, deutsche. Wochenschrift für Tabak-Fabrikanten, Händler u. Producenten. Organ d. Vereins der deutschen Tabak-Fabrikanten u. Händler usw. Red.: A. Matthies. 36.—39. Jahrg. 1903—1906. à 52 Nrn. (à ca. 8 S.) Fol. Berlin, W. Peiser. à Jhrg. n. 12. —

Tabak-Zeitung, deutsche. Organ d. Tabak-, Zigarren- u. Zigaretten-Fabriken u. Handlgn. Organ d. Vereins der deutschen Tabak-Fabrikanten u. Händler usw. Red.: A. Matthies. 43. Jahrg. 1910. 52 Nrn. (à ca. 12 S.) 32×22,5 cm. Berlin. Eberswalde, Johs. Müller. (Nur direkt.) 14. —

Tabak-Zeitungen, vereinigte: Die Cigarre. 13. u. 14. Jahrg. Der deutsche Cigarrenhändler. 8. u. 9. Jahrg. Grösstes u. verbreitetstes Fachblatt d. Tabakbranche. Organ des Vereins aller Tabakinteressenten Deutschlands, Sitz Berlin usw. Jahrg. 1909 u. 1910. à 52 Nrn. (à ca. 48 S.) 31,5×23 cm. Berlin, Bennigson & Ehrlich. à Jahrg. 8. —

Tabarelli, Rich., de gratia Christi in I—II partem summae theologicae S. Thomae Aquinatis a. q. CIX ad. q. CXIV. (XII, 533 S.) gr. 8. Rom 908. M. Bretschneider. 6. —

at-Ṭabarī Abū Ga'far

At-Tabari, Abu-Djafar Mohammed Ibn Djarir, Annales, quos ediderunt J. Barth, Th. Nöldeke, O. Loth, E. Prym, H. Thorbecke, S. Fränkel, J. Guidi, D. H. Müller, M. Th. Houtsma, S. Guyard, V. Rosen et M. J. de Goeje. I.—III. gr. 8. (à 320 S.) Leiden 879, Brill. à Bd. ** ℳ 8. **

Taberistanensis, id est Abu Dschaferi Mohammed ben Dscherir Ettaberi Annales regum atque legatorum dei ex Cod. Mspto. Berolin. Arabice ed. in Latin. transtulit Jo. Godofr. Lud. Kosegarten. Vol. I. 4 maj. (37 B.) Gryphisvaldiae 831, Mauritius.

Taberistanensis id est Abu Dschaferi Mohammed ben Dscherir Ettaberi Annales regum atque legator. Dei. Ex cod. manuscripto Berolinensi Arabice ed. et inlatin. transt. Jo. Godofr. Lud. Kosegarten. Vol. II. 4maj. (18½ B.) Gryphisvaldiae 838, [Koch's Vrlsh.] *
Vol. I. Ibid. 1831. * 6 Thlr. 16 Gr.

Taberistanensis sive Abu Dschaferi Mohammed ben Dscherir Ettaberi annales regum et legatorum Dei. Ex cod. manu scripto Berolinensi arabice ed. et in latinum transtulit Joan. Godofr. Ludov. Kosegarten. Vol. III. 4maj. (IV und 251 S.) Gryphisvaldiae 853, libr. Koch. *

Vol. I. et II. Greifswald 1831—38. jetzt Berlin, Gsellius'sche Buchh. * 10 Thlr.

Tabari, Geschichte der Perser u. Araber zur Zeit der Sasaniden. Aus der arab. Chronik übers. u. m. ausführlichen Erläuterungen u. Ergänzungen versehen von Th. Nöldeke. gr. 8. (XXVIII, 503 S.) Leiden 879. Brill. n.n. 12. —

Tabarz [Sachl. Ordnungswort]

Tabarz u. Cabarz mit ihrer Umgebung. Gewidmet ihren Freunden u. Solchen, die es werden wollen. 1. u. 2. Hft. 12. Friedrichsroda 881. (Leipzig, Gracklauer.) n.n. — 75

1. (VIII, 36 S.) n.n. — 25

2. (II u. S. 37—108 m. 2 lith., z. Thl. color. Karten.) n.n. — 50

Tabarz u. **Cabarz** mit ihrer Umgebung. Gewidmet ihren Freunden u. Solchen, die es werden wollen. 2. Aufl. [Mit 2 Karten.] 12. (VIII, 148 S.) Friedrichroda 883. (Gotha, Thienemann.) cart. n. 1. —

Tabarz u. Umgebungen. (Neue Reise-Führer v. Just. Perthes.) Mit 1 Ortsplan, 3 Karten u. 1 Rundschaukarte vom Inselsberg. (VI, 100 S.) kl. 8. Gotha 904. J. Perthes. Geb. n. 1. 50

Tabarz [Schlagwort]

— s. a.: Thüringen.

Tabarz. Wegekarte von Tabarz' Umgebungen. 1 : 25,000. [Sonderausg. aus dem Führer „Tabarz u. Umgebgn."] 25,5×30 cm. Farbdr. Gotha (904). J. Perthes.

Tabatiere, die, der Neujahrsabend und Amönens Reise durchs Leben, drey humoristische Novellen, v. J. F. Schütze, s. Begebenheiten, wahre, im romantischen Gewande v. Jäger 5r.

Tabatschnik, Beyla. Studie über Enuresis nocturna infantum. Diss. Med. Univ. Zürich. 37 S. 8. Zürich, Schereschewsky, 1910.

Tabbert, Joachim (Treptow/Pommern) A. S. 1193/23

Dissertatio inauguralis medica de emendandae historiae clinicae fundamentis. Präs. Georg Ernst Stahl. Halle (Henckel) VII. 1711. 36 S.

Gew.: Friedrich Hoffmann. 34137

Tabbert, Rich., nach d. Transvaal-Goldfeldern. Schilderg. v. Land u. Leuten. Zugleich e. Führer f. Touristen u. Auswanderer. gr. 8. (95 S. m. 5 Illustr.) Berlin (O., Neue Friedrichstr. 118) 896. Schmitz & Bukofzer. n. 1. 50

Tabea. Red.: Frau Frida Fetzer. 12. Jahrg. 1894. 12 Nrn. (Bog.) gr. 8. Hamburg, J. G. Oncken Nachf. n.n. 1. 80

Tabea. Red.: Frau Frida Fetzer geb. Rauschenbusch. 13.—16. Jahrg. 1895—1898. à 12 Nrn. (Bog.) gr. 8. Hamburg. Cassel, Verlagshaus d. dtsch. Baptisten J. G. Oncken Nachf. à Jahrg. n.n. 1. 80

Tabea. (Zeitschrift f. Frauen u. Jungfrauen.) Red.: Frau Frida Fetzer, geb. Rauschenbusch. 17.—20. Jahrg. 1899 bis 1902. à 12 Nrn. gr. 8. (à ca. 16 S.) Cassel, J. G. Oncken Nachf. à Jahrg. n.n. 1. 60

Tabea. (Zeitschrift f. Frauen u. Jungfrauen.) Red.: Frau Frida Fetzer, geb. Rauschenbusch. 21.—24. Jahrg. 1903 bis 1906. à 12 Nrn. (à Jhrg. IV, 192 S.) gr. 8. Kassel, J. G. Oncken Nachf. à Jhrg. n. 1. 75

Tabea. Red.: Frau Frida Fetzer, geb. Rauschenbusch. 25.—28. Jahrg. 1907—1910. à 12 Nrn. (à Jahrg. IV, 192 S.) gr. 8. Kassel, J. G. Oncken Nachf. à Jahrg. 1. 75

Tabea, stehe auf! ... Festreden gehalten bei der Jahresfeier des Diakonissenhauses (*1902:* in) Riehen.... 8. Basel, Basler Druck- und Verlags-Anstalt.

... Zwei Festreden gehalten ... den 3. Oktober 1901 von Inspektor Eugen Zeller ... und J[acob] Kägi, erstem Pfarrer am Diakonissenhaus.... 22 S. 1901.

... Drei Festreden gehalten ... den 24./25. September 1902 von Pfarrer Ernst Zäslin ..., Pfarrer A[rnold] v. Salis ... und J[acob] Kägi.... 30 S. 1902.

Tabea, Die würtembergische, oder Das merckwürdige ... Leben und seelige Sterben der ... Jungfrauen B. Sturmin. . . . 2. Aufl. Stuttg. 1732. 4. A. 1791. V: *Rieger, Georg Conrad.* (Myl) (Heyd) (Cat. d. Stadtbibl. Zürich. Zürich 1864—97.)

Tabea, die würtemberg., od. Leben u. Sterben der Jungfer Beate Sturm; mit e. Vorrede herausgg. v. M. F. Roos. 8. Stuttg. 791.

Tabea, die Würtembergische, oder das merkwürd. äußere u. innere Leben und selige Sterben der weil. gottseligen Jungfer Beata Sturmin, welche d. 11. Jan. 1730 zu Stuttgart gestorben ist. Mit einer Vorrede von Magnus Fr. Roos. Neue Ausg. 16. Stuttgart 845. (Becher.) 3/4 ℔

Tabel, geographisch-historisch-statistieke, van Nederland. Door E. M. 3 Bl. in Roy.-Fol. Groningen 838. van Zweeden. (Bremen, Kaiser.) n. 2/3 ℔

Tabella intonationum in missa solemni ex editione typica missalis romani excerpta et ad celebrantium commoditatem disposita. (In Rot- u. Schwarzdruck.) (1 Bl.) 30,5×44 cm. Regensburg (909). F. Pustet. — 30; auf Pappe — 90

Tabella pro missis votivis recte ordinandis. Tabula directiva pro sanctissimo missae sacrificio. Epitome praecipuarum ceremoniarum missae planae. 2 Blatt in 4. und Imp.-Fol. Freiburg im Br. 855(61), (Herder'sche Verlagsh.) *

Tabella nova cabbalistica de fortuitate Sortis. Fol. Augsb. 768. v. Jenisch 6 St. 1 fl

Die tabella Rabellina oder magia divino-mosaica (spirituum coactiva) deutsch übers. von einem der gelehrtesten Doct. der orient. Sprachen. Constantinus M. hat dieß Buch nach Rom gebracht. 320. Mit Constantinus, Sadocks, Rabellinus Portr. u. viel. schwarzen abgebild. Tabellen d. Cherubim, Seraphim, nigromant. Geister rc. 4. 18 Bl.

Defixionum **tabellae**. Consilio et auctor. academiae litt. regiae borussicae ed. Ricardus Wuensch. *Berolini: G. Reimer 1897.* (XXXII, 52 S.) 2°(4°)
— Inscriptiones atticae. 3, p. 3.
— **Inscriptiones** graecae. Vol. 3, p. 3. [04. 15427

Defixionvm **tabellae** Atticae. Collegit, collectas praemissa praefatione ed. Ricardvs Wvensch. *Berolini: G. Reimer 1897.* (2 Bl., XXXII, 52 S.) 1 Bd 2.(4.)
— Corpus inscriptionum Atticarum. Appendix. [97. 1365

Tabelle zum Ablesen der Fehlerprozente beim Distanzschätzen. Wien [1907]. V: *Henke, Carl.* (EB)

Tabelle zum Ablesen der Fehlerprozente beim Distanzschätzen. 41×51,5 cm. Wien (907). G. Freytag & Berndt. — 30

Tabelle über die Accentuation der griechischen Declinationen. V: *Walch, Georg Ludwig.* (Russell XVI, II, 2, 2192)

— üb. die Accentuation d. griech. Declinationen. Fol. Berl. ... Nauck. 6 gr

Tabelle der Amtsgerichtssitzungen und der Audienztage der Gerichtspräsidenten in Civil- und Polizeistrafsachen im Kanton Bern im Jahr 1872. 1 Bl. gr. Fol.
Bern 1872.

Tabelle der Amtsgerichtssitzungen und der Audienztage der Gerichtspräsidenten in Civil- und Polizeistrafsachen im Kt. Bern i. J. 1873. 1 Bl. gr. fol.
Bern 1873.

Tabelle, Analytische, zum Bestimmen der Fische der Schweiz. O. O. [1894]. V: *Schoch, Gustav.* (Cat. d. Stadtbibl. Zürich. Zürich 1864—97.)

Tabelle zum sofortigen Auffinden jedes Tages in der Woche oder im Monat vom J. 1860 bis 1900. (Vierzigjähr. Kalender.) 8. (... S.) Pest 860, Osterlamm.

Tabelle zur Auffindung der Ablaufs-Fristen bei Anmeldung und Einreichung des Rechtsmittels der Appellation, der Revision und der Nichtigkeits-Beschwerde, desgl. zur Einlegung des Recurses. Frankfurt a. d. O. u. Berlin 1847.

Tabelle, enth. Aufgaben f. d. vier Species in unbenannten ganzen Zahlen. Hrsg. v. d. meurser Lehrer-Conferenz. 2. Aufl. (¼ B.) Meurs 841, Dolle. Auf Pappe. pr. Dtzd.
Hülfsbüchlein hierzu. 8. (2¼ B.) Ebds. 837. 4 Gr.

Tabelle, enthaltend Aufgaben für die vier Species in unbenannten ganzen Zahlen. Herausgeg. von der Mörser Lehrer-Conferenz. 4. Meurs 842, Dolle. Auf Pappe. pro Dutzend ¼ rf

— enthalt. Aufgaben in benannten Zahlen. .. Wesel 840. Prinz. n. 1 gr — Hülfsbüchlein dazu. 8. Ebd. n. $^1/_6$ rf

Tabelle ü. d. ... z. Milit.-Wittwen- u. Waisenfond ... zu leistenden monatl. ordentl. Beiträge. München 1876.

— zur Bemessung d. Beitrages z. Wiener k. k. Krankenanstaltenfonde. gr. 8. (128 S.) Wien 892, Manz. * 2 40

— zur Bemessung des Beitrages zum allgemeinen Krankenhausfond in Wien. Zusammengestellt von einem prakt. Juristen. gr. 8. (8 S.) Ebend. 882. n. — 40

Tabelle zur Bemessung von Gebüren bei grundbücherlichen Eintragungen. Zusammengestellt von einem prakt. Juristen. gr. Fol. Wien 882. Manz. n. — 40

— zur Bemessung des Schulbeitrags zum n. ö. Landesfond. Zusammengestellt von einem prakt. Juristen. gr. 8. (16 S.) Ebend. 882. n. — 40

Tabelle zur Berechnung der Differenzen bei Eisenbahn- und Staats-Papieren. Berlin (853.) Grobe. (Bergemann.) (1 Bgn. in gr. Fol.) 7½ ngr

Tabelle zur Berechnung der Empfängniszeit bei außerehelichen Geburten. (2 S.) 4. Weimar (903). H. Große. Auf Pappe n. n. — 40

Tabelle f. die Berechnung der Frachtzuschläge bei Declaration d. Werthes f. Güter u. Tabelle f. die Berechnung der Frachtzuschläge bei Declaration d. Interesses rechtzeitiger Lieferung v. Gütern. qu. Fol. (2 Bl.) Berlin 885. Siemenroth. n. — 20

Anonym: „Tabelle zur Berechnung der jährlichen Geldrente für die ungewissen Gefälle, sowohl nach dem historischen als dem Grundertragsprincipe, nebst Anweisung zu ihrem Gebrauche", Osnabrück 1833 (Rackhorst).

— zur Berechnung der jährlichen Geldrenten für die ungewissen Gefälle, sowohl nach d. historischen, als Grundvertrags-Princípe, nebst einer Anweisung zu ihrem Gebrauche. gr. Fol. Osnabrück 833. Rackhorst. n. ⅛ rf

Tabelle üb. Berechnung der Geld-Vergütung für nicht in natura verabreichte Stiefeln, Schnürschuhe, Sohlen u. Hemden nach den durch Allerh. Cabinets-Ordre vom 26. März festgestellten Etatssätzen. 4. (8 S.) Kosel O/S. 889. Mode. n. — 40

Tabelle z. Berechnung d. spezifischen Gewichts sämmtl. Pulversorten. Spandau 1878.

— zur Berechnung der neuen Grundsteuer (im K. Sachsen), nach Höhe der durch das Finanz-Gesetz vom 13. Septbr. 1843 f. die Jahre 1844 u. 45 ausgeschriebenen 9 Pfennige von jeder Steuereinheit etc. 4. Bautzen 843, [Helfer.] *

— zur Berechnung der neuen Grundsteuer (im K. Sachsen), nach Höhe der durch das Finanz-Gesetz vom 13. Sept. 1843 für die Jahre 1844 und 45 ausgeschriebenen 9 Pfennige von jeder Steuereinheit etc. 4. Bautzen 843, Schulze'sche B. 1½ gr

— zur Berechnung der Hypotheken-, Contracts- u. Quittungs-Stempel-Beträge, über 5 Thlr. bis 20,000 Thlr. resp. unter Berücksicht. des durch Gesetz vom 13. Septbr. 1850 angeordneten außerordentl. Stempel-Steuer-Zuschlags. Für Gerichts-Directoren, Advocaten, Justiz-Beamtete u. Capitalisten. gr. 8. (19 S.) Leipzig 851, Magazin für Literatur. n. ⅙ rf

— die Berechnung der Invaliditäts- u. Altersversicherungs-Beitrags-, Zusatz- u. Doppel-Marke zum Gebrauche f. Postbeamte, Fabrik-, Etablissements-Besitzer, Bureaux u. Private enth., aufgestellt v. H. W. in Sp. 1 bis 100 Stück Marke u. die Hunderte bis Tausend. 49,5×33 cm. Speyer 891. Kleeberger. n. — 25; auf Pappe n. — 40

Tabelle zur Berechnung d. Cubikinhaltes runder Baumstämme im Metermass. Zum besond. Gebrauch bei Grubenholzübernahme f. Bergbaue zusammengestellt. gr. 16. (15 S.) Pilsen 875. Maasch. n. — 40

Tabelle zur leichten und raschen Berechnung der Frachtbeträge für die nach dem Decimalsysteme eingerichteten Frachttaxen des Mitteldeutschen Eisenbahn-Verbandes. Zum Gebrauche für Eisenbahnbeamte u. Kaufleute. Cassel 863. (Württenberger.) 4. (26 S.) n. 5 ngr.

— zu leichter Berechnung d. Abschnitte von Kugeln u. Ellipsoiden, so wie aller Gefäße, die aus solchen Körpern gebildet sind. Für Gewerbtreibende u. Beamte. gr. 8. (1¼ B.) Halle 840, Heynemann. *

— zur leichteren Berechnung der Beiträge für die königl. allgemeine Wittwen-Verpflegungs-Anstalt, wie sie durch den mittelst Gesetzes vom 17. Mai 1856 genehmigten Tarif (Ges.-S. S. 477—491) festgestellt worden sind. Berlin 865. v. Decker. gr. 8. (19 S.) 3 ngr.

— zur leichteren Berechnung der Beiträge f. die königl. allgemeine Wittwen-Verpflegungs-Anstalt, wie sie durch den mittelst Gesetzes vom 17. Mai 1856 genehmigten Tarif [Gesetzes-S. S. 477—491] festgestellt u. in Folge d. Münzgesetzes vom 9. Juli 1873 [Gesetzes-S. S. 233—240] auf Mark u. Pfennige umgerechnet worden sind. gr. 8. (19 S.) Berlin 875. v. Decker. — 60

Tabelle zur leichtern Berechnung der Branntweinsteuer . . . Grimma 1839. V: *Reinsperg, Eman. J. A. von.* (EngMt) (Ky)

— zur leichtern Berechnung d. Branntweinsteuer, nach dem durch die Allerh. Verordnung vom 30. Juli 1838 festgesetzten, berichtigten Hebesatze. (Von Reinsperg.) gr. 12. Grimma 839. Verlags-Comptoir. 1/8 ₰

— zur Berechnung der Prinzipal-Grundsteuer nach den Grundsteuer-Reinerträgen. Berechnet durch das Kataster-Amt Hildesheim I. gr. 8. (4 S.) Hildesheim 880. Lax. n.n. — 30

Tabelle zur schnellen Berechnung der auf den österreichischen Eisenbahnen für die Beförderung von Militär-Personen u. Frachten nach dem Militär-Tarife entfallenden Gebühren, ohne Agiozuschlag, dann ohne Auf- u. Abladegebühr. [Mit einer (lith.) Eisenbahnkarte (in qu. Fol.)] Zusammengestellt von einem k. k. Militär-Beamten. Prag 869. Hunger. 8. (20 S.) n. 5 ngr.

Tabelle zur schnellen Berechnung der auf den oesterreichischen Eisenbahnen für die Beförderung von Militär-Personen und Frachten nach dem Militär-Tarife entfallenden Gebühren, ohne Agiozuschlag, dann ohne Auf- und Abladegebühr. Zusammengestellt von einem k. k. Militär-Beamten. 8. (20 S. mit 1 lithogr. Eisenbahnkarte in qu. Fol.) Prag 869, Satow. [Kosmack und Neugebauer.] *

— zur schnellern Berechnung der Getreide- u. anderer Früchte, nach baierischer trockner Messerei. Fol. Münch. 183.. Weber. 4 gr.

— zur Berechnung v. Tagelöhnen nach 100theiligem Münzsystem. Von 1 bis 5 Mark von 4 zu 4 Pfennigen steigend u. von ½ bis 25½ Tagen m. allen dazwischen liegenden Viertheilen. Zum Gebrauch f. alle, welche m. Aufstellg. v. Taglohnlisten zu thun haben, besonders aber praktisch geeignet f. Fabriken, Bau-Unternehmer, Eisenbahn-Werkstätten, Bahnmeistereien etc. qu. Fol. (8 autogr. S.) Ludwigshafen 876. Lauterborn. n. 2. —

Tabelle zur Berechnung der Verwahrungsgebühren (Rüstgeld, Depositen-Taxe) von gerichtlichen Depositen im Sinne des Allerhöchsten kaiserlichen Patentes vom 26. Januar 1853, R.-G.-Bl. Nr. 18, und der kaiserl. Verordnung vom 12. Septbr. 1858, R.-G.-Bl. Nr. 151. Placatformat, unaufgezogen —.24
Klagenfurt: Kleinmayr 1891.

— zur Berechnung der Waarenpreise nach neuem Gewichte. Mit abgerundeten Verkaufspreisen. Fol. (1 Bl.) Jena 872. Neuenhahn. — 15

— z. Berechnung der Zinsen von 1 Silbergroschen bis 20,000 Thaler, f. einen Tag bis zu einem Jahr. Lex.-8. Coblenz 829. N. Gelehrten-B. (Hergt). 6 gr.

— zur Berechnung d. Zinsen v. 1 Silbergroschen bis 20,000 Thaler, f. ein. Tag bis zu ein. Jahr. 3. Aufl. (2 B.) 835., u. 4. Aufl. gr. 8. (1 B. o. Pag.) Coblenz 838, Hergt. ▲

— zur Berechnung der Zinsen von 1 Sgr. bis 20,000 Thlr. für einen Tag bis zu einem Jahre. 5. Aufl. Coblenz 853. Hergt. gr. 8. (15 Bl.) 5 ngr.

Tabelle zur Berechnung der Zinsen von 1 Silbergroschen bis 20,000 Thaler für einen Tag bis zu einem Jahre. 6. Aufl. Coblenz 870. Hergt. gr. 8. (28 S.) n. 5 ngr.

— zu landwirtschaftlichen u. gewerblich. Berechnungen u. zu den Aufzeichnungen in der landw. Buchführung in der Fortbildungsschule. qu. Fol. 2 Blatt. Bruchsal (898). O. Katz. — 25; auf Leinw. — 60

Tabelle über die Besoldungsverhältnisse der schweizerischen Volksschullehrer.
, Beilage zu: „Schweiz. Schularchiv", 1882, N° 2.

— zum Bestimmen der Pflanzenfamilien. [Aus: „Curie's Anleitg."] 8. (S. VII—XXIII.) Leipzig 891. J. C. Hinrichs' Verl. n. — 70

— zur Bestimmung des kubik'schen Inhalts von Quadersteinen f. Steinbruchbesitzer, Steinarbeiter u. Fuhrleute rc. schmal gr. 8. (16 S.) Eisenberg 848, Schöne. n. 4 ngr.

Tabelle zu Bestimmung des kubischen Innhalts der Baumstämme. Nach dem Decimalsystem berechnet und zum Gebrauche für das Grossherzoglich-Badische Forstpersonale bestimmt. - Rastatt 1812. 135 S.

— s.a. Tabelle des kubischen Inhalts der Baumstämme.

Tabelle zur Bestimmung der Luftfeuchtigkeit . . ., s.a. Baumgartner, Andreas

— z. Bestimmung der Luftfeuchtigkeit nach den Anzeigen des Thermo-Hygrometers (Psychrometers) nach Percenten der bei bestehenden Temperatur mögl. Feuchtigkeit u. nach dem Gewichte des Wasserdunstes in e. Wiener Kubikfuß in W. Granen, bei 28 P. Z. Luftdruck. qu. gr. Fol. Wien 832. Heubner). 6 gr.

— zur Bestimmung deutscher Wirbelthiere. Stralsund 869. Hingst Nachf. gr. 8. (38 S.) n. 10 ngr.

— u. besondere Bestimmungen zur Berechnung des Honorars f. Brückenbauten u. Arbeiten im Eisenconstructionsfache. Hrsg. vom österreich. Ingenieur- u. Architekten-Verein. (2 S.) Fol. Wien (Spielhagen & Schurich). n. 2. —

Tabelle, zum Boston-Spiel. 4. Leipz. 824, Taubert.

— zum Boston-Spiel. gr. 4. Leipzig 840. Rocca. n. 1/12 ß

— zum Boston-Spiel. Kupferstich. gr. 4. Leipzig 841, Rocca. n. 1/12 ß

— des Brief-Porto-Tarifs für das Ausland, bearb. nach der von der General-Post-Direction zu Berlin redigirten Official-Ausgabe für die Postanstalten des norddeutschen Bundes unter Berücksichtigung aller in Bezug auf folgende Wege bis Monat Decbr. 1868 zwischen dem norddeutschen Bunde u. fremden Staaten abgeschlossenen Post-Verträge. Dresden 869. Tittel. Imp.-Fol. 2½ ngr

Tabelle, Chronologische, der Geschichte des salzburgischen Erzstiftes und Alphabetisches Register zu J. Th. Zauners Chronik und G. A. Pichlers Landesgeschichte von Salzburg. Salzburg 1865. V: *Dürlinger*, *Joseph.* (Bücher-Samml. d. hist. Ver. v. u. f. Oberbayern. München 1867.)

Tabelle, Chronologische, aller Römischen Kaiser vom Julius Cäsar an bis auf Joseph II. Dresden 1785. V: *Gottschling*, *Paul Rudolph.* (OL)

— — für die unteren Klassen des Gymnasiums zu Bückeburg. Ebend. 869. gr. 8. (16 S.) n. 4 ngr

— chronologische, für die Tertia des Gymnasiums zu Bückeburg. I. Mittlere Geschichte. Bückeburg 869. Wolper. gr. 8. (32 S.) 7½ ngr

Tabelle, F. W. Frhr. v. W. J. Chronologisch-historische, der ältern und neuern scandinavisch-dänischen Geschichte. Kopenh. 1780. V: *Wedel-Jarlsberg*, *Frdr. Wilh. Freih. v.* (Bruun, Bibl. Danica III, 24.)

— zur sanskritischen Deklination u. Konjugation. Fol. (4 lith. S.) Dorpat 884. Krüger. n. — 80

— der Decimalmasse u. Gewichte, gegründet auf 1 Meter = $\frac{1}{40\,000\,000}$ d. Erdmeridians. Lith. gr. Fol. Schwarzenberg 888. (Schneeberg, Gödsche.) n. — 20

Tabelle der Diagnose der Lungenkrankheiten, s. Townsend

— zur Ermittlung der Abzüge in Procenten bei Rübenlieferungen. Ein Hülfsbuch f. Zuckerfabriken. 4. (9 S.) Strehlen 874. Gemeinhardt. geb. n. 3. —

—— zur Ermittelung der Abzüge in Procenten bei Rübenlieferungen. Ein Hülfsbuch für Zuckerfabriken. 2. verm. Aufl. gr. 4. (57 S.) Strehlen 885, Gemeinhardt. * 6 —

Tabelle zur Feststellung der Fehlerprozente f. das Entfernungsschätzen. Zusammengestellt v. E. 4. (8 S) Berlin 900. A. Bath. n. — 40

Tabelle . . . der Flora des Fuerstenthums Lueneberg. Ed. 6. Lueneberg, 1870. 4°.

—— der wichtigsten goniometrischen Formeln, s. Romett, Chr.

— über die in der Proceßordnung in bürgerlichen Rechtsstreitigkeiten vorkommenden Fristen mit Angabe des betreffenden Artikels u. der hienach vorzunehmenden Rechtshandlung. Bamberg 869. Buchner. 8. (26 S.) 5 ngr

—— über den Gang d. Cholera in St. Petersburg. 2 Blätter Roy.-Fol. St. Petersburg 832, Brieff.

Tabelle über die Gebühren der Anwälte in gerichtlichen Angelegenheiten. [Bauschgebühr u. Einzelgebühr, voll u. zum Satze v. 7/10 u. ½.] gr. 8. (13 S.) Mannheim 875. Bensheimer. n. — 50

Tabelle d. Gebühren d. Gerichte (1. Instanz) u. d. Rechtsanwälte (1. u. 2. Instanz) in bürgerl. Rechtsstreitigkeiten u. Konkursen. qu. 4. (2 S.) Dresden 898. (C. Weiske.) n. — 25

Tabelle, enth. die der Staatskasse und dem Gerichtsvollzieher gebührenden, aus Partei-Aufträgen vereinnahmten Gebühren-Antheile. (§ 23 Nr 3 Ger. Vollz. Ord. v. 31. März 1900.) Aufgestellt von e. Gerichtsbeamten. Rogasen 1900.

Tabelle, Genealogische, des Cron Printzen zu Dännemarck und Norwegen, 32 Ahnen . . . O. O. u. J. V: *Hertzberg*, *Frdr. Wilh. v.* (Bruun, Bibl. Danica III, 373.)

— der (latein.) Genus- u. Casusregeln. gr. Fol. (Stralsund 835. Löffler.) 1/12 ß

— geographische, von Deutschland, f. Schulen. Fol. Nürnb. Zeh. 811.

Tabelle, geograph. u handelswiss., f. Kontor u Bureau. 1888. 89. 4° (Neustadt 1888-89)

Tabelle, Geographische, zum Behuf des Studiums der allgemeinen Geschichte. Zürich 1794. V: *Maurer*, *Joh. Rud.* (Cat. d. Stadtbibl. Zürich. Zürich 1864—97.)

— d. alten Geschichte. Fol. Stade. 823. (Herold in W. in Lüneburg). 4 gl

— alten Geschichte f. Schulen. gr. Fol. Stade 824, Pockwitz.

Tabelle von den Getauften, Begrabenen und Geehelichten in der Stadt Kassel, von den Jahren 1765—85. [Frankf. 1784.] V: *Strieder*, *Friedrich Wilhelm.* (stri)

— der deutschen Giftkräuter. gr. Fol. Salzb., Oberer. 1 gl

Tabelle der deutschen Giftkräuter. Salzburg o. J. (um 1815?) gr. Fol.

— graphische, zur Bestimmung der Riemenbreite. (Von Rud. Escher.) (5 S. m. 1 Fig.) gr. 8. Zürich (904). Rascher & Co.) n. — 20
Sonderabdruck aus: „Schweiz. Bauzeitg."

— f. die Haltepunkte u. senkrechten Treff-Flächen der Nahvisire d. Infanterie-Gewehrs M. 71—84. Lith. u. color. Fol. Hannover 887. Helwing's Verl. n.n. — 30

— f. Himmelsbeobachtungen. (Von Jos. Berchtold.) I—III. (4, 2 u. 2 S.) gr. 8. Diessen (910). J. C. Huber. à — 05

Tabelle f. Himmelsbeobachtungen. Aus dem Buchhdl. zurückgezogen.

Tabelle, Historisch-chronologische, der Römischen Kaiser von Julius Cäsar bis auf Joseph den Zweyten. O. O. [ca. 1785]. V: *Etzdorf, Marquard Graf von.* (MGT)

— historisch-chronologische, mit geographisch-statist. Memorabilien verbunden die merkwürdigsten Ereignisse von Erschaffung der Welt bis 1837 enthaltend in 3 Ausgaben. .. Wien ... Bermann u. Sohn. 1 1/12 ℛ 1 1/3 ℛ 2 ℛ

Tabelle, Historisch-chronologische, aller Römischen Päpste, von dem heil. Petrus an bis auf den jetztregierenden Papst Pius VI. . . . O. O. [ca. 1785]. V: *Etzdorf, Marquard Graf von.* (MGT)

Tabelle, Historische, über die alte und neue Geschichte. Halberstadt 1791. V: *Bastian, Wilh. Glieb.* (MGT)

— historisch-geographisch-statistische üb. die vereinigten Staaten von Nord-Amerika. gr. Fol. Oldenburg 843, Schulze. 1/6 ℛ

—— histor.-statist., v. England. Nebst kurzem Abriß d. Geschichte Großbritanniens, s. Uebersicht.

— histor.-statistische, von England. Nebst kurzem Abriß d. Geschichte Großbritanniens. gr. Fol. Leipz. 830. Hinrichs. 4 gr

—— histor., statist.-polit. u. militär., v. Spanien, s. Uebersicht.

— histor.-statist., polit. u. militärische, von Spanien u. Portugal. Nebst e. Abriß d. Geschichte beider Länder. gr. Fol. Leipz. 830. Hinrichs. 4 gr

Tabelle, Historisch-topographische, der deutschen Bundesstaaten nach dem Stande von 1840. Carlsruhe 1840. Imp.-Fol. . . . . (RFA.)

— historisch-topographische, der deutschen Bundesstaaten nach dem Stande von 1840. Imp.-Fol. Stuttgart 840. Macklot. 5/12 ℛ — Feine Ausg. 5/8 ℛ — Auf Leinwand und in Futteral 1 1/8 ℛ

— üb. d. körperl. Inhalt der Stamm- u. Nutzhölzer. 8. Bamb. 805. Lachmüller. 6 gr

• — üb. den körperl. Inhalt d. Stamm- u. Nutzhölzer. 8. Bamb. Lachmüller. 810.

Tabelle des kubischen Inhalts der Baumstämme. Rastatt 1812. 2. Aufl. 1822. 3. Aufl. 1829. V: *Jägerschmid, Carl Frdr. Vict.* (BaBb)

– s.a. Tabelle zu Bestimmung des kubischen Inhalts der Baumstämme.

– s.a. Tabellen zur Bestimmung ...

— zum Invaliden-Versicherungsgesetz. qu. Imp.-Fol. Trier (901). F. Lintz. n. 1.75; auf Leinw. m. Stäben n. 4.75

Tabelle der großherzogl. bad. 12pfd. ... Kanonen- ... Röhre, s. Tabelle und Konstruktionen ...

Tabelle üb. d. Klassification d. Gläubiger im Concurse nach d. Preuß. Gesetzen, mit Berücksichtigung derjenigen neuen Gesetze, welche die Allgem. Gerichts-Ordnung sowie das Allgem. Landrecht ergänzen oder abändern, und mit steter Verweisung auf d. Commentar zur Allgem. Gerichts-Ordnung von Graevell. Roy.-Fol. Berlin 834. Ed. Brandenburg; jetzt Crantz. 1/3 ℛ

— der französischen regelmäßigen Konjugation. gr. 8. (28 S.) Frankfurt a/M. 899. C. Jügel's Verl. n.n. — 15

Tabelle der Conjugation aller Französ. Zeitwörter zur schnellsten u. leichtesten Erlernung derselben. (1 Bog. in Fol.) Brandenburg 850, Müller. 3 ngr

Tabelle und Constructionen der Großherzoglich Badischen 12 ℔. der u. 6 ℔. der Canonen- u. 7 ℔. der Haubitz-Röhre. Fol. Carlsruhe 839. (Braun.) n. 1/2 ℛ Herabgesetzter Pr. 3/8 ℛ

Tabelle und Constructionen der Grossherzoglich Badischen 12ttner und 7ttner Kanone, sowie der 7ttgen Haubitze. fol. Carlsruhe 1841. 1,50.

— d. Kostenpreises v. geröstetem Kaffee bei e. Brennverlust von 18—25 Proc. u. bei Preisen d. Roh-Kaffee's von 50—130 Pfg. per Pfund [ohne Brennkosten u. ohne Berechng. der etwa ausgelesenen schlechten Bohnen], nebst Umrechng. d. Gewichtsverlustes beim Rösten. 58×23 cm. Leipzig 888. Jüstel & Göttel. n.n. 1. —

Tabelle aller Kriegsvorfälle v. 9. Febr. bis 28. Octbr. 1788. 4. Wien.

— kunstgeschichtliche, zum Gebrauch beim Besichtigen v. Kunstwerken zusammengestellt von B. v. d. K. qu. gr. 4. (39 S.) Leipzig 886. Hirt & Sohn. n. 2. 25

Tabelle über die Lehre von den Salzen . . . Weimar 1784. V: *Göttling, Johann Frdr. August.* (Gatterer, Repert. d. mineral. Litt. Giessen 1798—99. I, 66.)

—— über d. k. k. österr. Lotterie-Anlehen von fl. 25,000,000 Conv. Münze im J. 1834, zur Uebersicht d. wahren Capital-Werthes aller Loose insgesammt u. jed. einzel. Looses-Abtheil. insbesondere. (1/2 B.) Frankfurt a. M. 834, Krug.

— aller Markbanknoten, welche zur Zahlg. verwendet u. welche nicht verwendet werden dürfen. gr. 8. (1 Bl.) Neu-Ulm 876. Helb's Sort. n. — 10

Tabelle des Metermasses im Vergleiche mit d. alten bayer. Längenmasse. 4. München

— des Meter-Systems. 4 Blatt. Chromolith. gr. Fol. Weissenburg 874. Wentzel. n. 4. —

—— der Münzen aller Länder, s. Braun, Ant. Hedwig.

Tabelle des Normal-Holzvorrathes, berechnet vom Bureau des Kantonsforstmeisters. Bern 1864.

— Tabelle d. Obstbaumzucht. Fol. Hannover. Hahn. — 1¼

Tabelle d. Obstbaumzucht, od. kurze Uebersicht z. Erziehung, Pflanzung u. Wartung d. Obstbäume. gr. Fol. Cassel, 1805. 6. Aufl. 1829. Luckhardt. — 1¼

— die Obstbaumzucht, od. kurze Uebersicht zur Erziehung der Pflanzen u. Wartung d. Obstbäume. Fol. Kassel 805. Griesbach. 2 ℛ

— der Obstbaumzucht, od. kurze Uebersicht z. Erziehung, Pflanzung u. Wartung d. Obstbäume. Neue verb. Aufl. gr. Fol. Kassel 828. Luckhardt. 1 ℛ 6e Aufl. Ebd. 829. 1¼ ℛ

Tabelle der Obstbaumzucht, od. kurze Uebersicht zur Erziehung, Pflanzung u. Wartung d. Obstbäume. 6., verb. Aufl. gr. Fol. Cassel 829, Luckhardt.

— der Obstbaumzucht, od. kurze Uebersicht, der Erziehung, Veredlung u. Wartung d. Obstbäume. Imp.-Fol. Münch. 829. (Krüll in Landsh.) 1½ ℛ

—— der Obstbaumzucht, od. kurze Uebersicht d. Erziehung, Veredlung u. Wartung d. Obstbäume, auf allerhöchst. Befehl durch d. General-Comité d. landwirthschaftl. Vereins f. den bayer. Landmann bearb. Imp.-Fol. (1 B. mit Holzschn.) München 829. (Regensburg, Manz.)

Tabelle über die von Prof. Dr. [Friedrich] Schauta in der Zeit vom 3. Februar 1887 bis 15. April 1893 ausgeführten Operationen bei entzündlichen Erkrankungen der Adneke. Gesammtzahl 216; gestorben 13 ⟨6%⟩. Wien: Bergmann 1893. 93 S. 8° [11. 1439 11

— orthographische. Imp.-Fol. Köln (898). H. Theissing. n. 1.50; auf Pappe n. 3.—

—— über sämmtliches Papiergeld nach den neuesten Quellen. gr. Fol. Eichstätt 876, Krüll'sche Buchh. *

Tabelle der Linneischen Pflanzenklassen. O. O. u. J. V: *Gaill, Gelasius.* (MGT)

— praktische, zur Bestimmung d. Cubik-Inhaltes runder Holzstämme v. 1 bis 30 Meter Länge u. 10 bis 100 Centimeter mittleren Durchmesser. Mit besond. Berücksicht. d. Klotzholzes. schmal 8. (36 S.) Reutlingen 887. Bardtenschlager. — 30

— praktische, der neuen u. alten sächsischen Gewichte. Dresden 868. Burdach. (gr. Fol.) n. 5 ngr.

— zur Preisberechnung der Waaren nach dem Ellenmaaße, von ¼ bis 100 Ellen nach preuß. Münzfuße berechnet. (à Elle 8–100 gGr.) Nebst Interessen-Tabellen. Hauptsächlich für Tuchfabrikanten u. Tuchkaufleute. Luckenwalde 865. (Leipzig, Haesele jun.) 8. (XXXII, 126 S.) n. 15 ngr.

Tabelle der Produkte jedes Zehntels von 0,0 bis 50,0 m. d. Sinus d. Winkel von 15° zu 15°. Hrsg. v. Reichs-Marine-Amt. Berlin: Siegismund 1909. 15 S. 8° [10. 13971

Tabelle über die Produktion des Bergwerks-, Hütten- und Salinenbetriebes im Zollverein für die Jahre 1860–1864. Berlin. 1865.

Tabelle über die Produktion des Bergwerks-, Hütten- u Salinenbetriebs im Zoll-Vereine für die Jahre 1860-1869. fol Berlin

Tabelle über die Produktion des Bergwerks-, Hütten- und Salinen-Betriebes im Zollvereine für das Jahr 1860—70. (Berlin o. J.) 4. . . . . (b.)

Tabelle der Rechtschreibung. 2. Aufl. Kempten 1820. V: *Müller, Franz Jos.* (Ky)

— der Rechtschreibung, (v. F. J. Müller). 2e verb. Aufl. Fol. Kempt. 820. Dannheimer. 1 ℛ

— der neuen Rechtschreibung. 8. (4 S.) Duisburg 880. Ewich. — 3

— zur Reduction des Preußischen Gewichts in Zollgewicht. Berlin (853.) Decker. (1 Bgn. in Fol.) 2½ ngr.

— zur Reduction süddeutscher Währung in Reichswährung, bearb. m. besond. Rücksicht auf handl. u. bequemen Gebrauch in Bankgeschäften, Fabriken u. grösseren gewerbl. Etablissements sowie f. Staats- u. Gemeindeverrechngn. Schmal Fol. (3 S.) Carlsruhe 874. Bielefeld. — 35

Tabelle, Schematische, über den Ursprung der Freimaurerei, s. Goblet d'Alviella, Eug.

— f. Schnittwaaren-Händler, enthalt. die nach Viertelellen fortschreitende Berechnung des Geldbetrages von Schnittwaaren in der Länge von 13 bis 48 Ellen u. in d. Preisen von 24 bis 200 Groschen pro Elle. 4. Görlitz 822. Zobel. 1 ℛ 16 ℛ

— statistische, v. Deutschland u. Oesterreich-Ungarn. Imp.-Fol. (1 Bl.) Leipzig 872. G. Schulze. — 25

—— statistische, der Eisenbahnen in Oesterreich-Ungarn, nach dem Stande vom Jan. 1877. Imp.-Fol. Teschen 877, Prochaska. In Carton *

— statistische, der Eisenbahnen in Oesterreich-Ungarn, nach dem Stande vom Jan. 1877. Imp.-Fol. Teschen 880. Prochaska. In Carton. n. 1.20

— statistische, von Frankreich, s. Zeittafel.

Statistische Tabelle von Großbritannien und Irland, s.a. Zeittafel.

Tabelle, Statistische, von Grossbritannien und Irland. Neueste Aufl. Leipz. 1844. V: *Wagner, Carl Theod.* (Ky)

Statistische Tabelle von Italien, s.a. Zeittafel.

Tabelle, Statistische, von Italien. Neueste Aufl. Leipzig 1844. V: *Wagner, Carl Theodor.* (Ky)

— statistische, nebst Meilenzeiger der Eisenbahnen v. Oesterreich-Ungarn. Imp.-4. (1 Bl.) Teschen 872. Prochaska. n. — 60

Tabelle, Statistische, über die vornehmsten europäischen Staaten. Gotha 1778. V: *Gaspari, Adam Christian.* (R-N) (Ky) (MGT)

— statistische, d. Königreichs Württemberg. Zusammengestellt auf Grund der neuesten amtl. Mittheilgn. u. nach dem Stande der neuesten Volkszählg. Imp.-Fol. (1 Bl.) Stuttgart 871. Grüninger. n. — 75

— statistisch-topographische, von dem Großherzogthum Baden bearb. auf dem Bureau des Großherz. Generalquartiermeisterstabs 1844. No. 1 u. 2. Imp.-Fol. Carlsruhe 845. (Braun.) n. $2/3$ ℳ

— der Stempelscalen sowie der wichtigeren Stempel- u. Gebührensätze. Imp.-Fol. Prag 876. Verl. der Bohemia. n. — 40

— zur evangelischen Synopse. Leipzig 870. Dörffling & Franke. gr. 4. (4 S.) $2\frac{1}{2}$ ngr.

Tabelle zur evangelischen Synopse. 3. Aufl. Leipz. 1893. V: *Luthardt, Chph Ernst.* (EB)

— synoptische, der Formologie der englischen Sprachlehre. Lex.-8. Erlangen 845, Enke. 3 ngr.

—— üb. d. etymolog. Theil d. engl. Grammatik. Imp.-Fol. (1 B.) Leipzig 835, C. Fleischer. *

— enth. die berechneten Teilbeträge auf 1 bis 12 Monate f. die Staatseinkommensteuer m. Zuschlag u. die Ergänzungssteuer m. Zuschlag, gültig vom 1. IV. 1909. (23 S.) 8. Düsseldorf (909). L. Schwann. Kart. 1. —

Tabelle und Übersicht der Anzahl der Studierenden auf der Universität Göttingen von 1767 bis 1816. Göttingen 1816. V: *Willich, Frdr. Chph.* (Erman & Horn, Bibliogr. d. dtsch. Universitäten 2. Leipz. u. Berlin 1904.)

— zur Umrechnung d. Geldpreises d. alten bayr. Flüssigkeits- u. Trockenhohlmasses in das neue metrische Mass. gr. Fol. (1 lith. Bl.) Würzburg 871. Staudinger in Comm. n. — 20

— zur Umrechnung d. Geldpreises vom bayer. in das metrische Gewicht. [1 bayer. Zentr. = 122 Zollpfund.] gr. Fol. (1 lith. Bl. Ebend. 871. n. — 20

— zur Umrechnung d. Geldpreises vom bisherigen Längen- u. Flächenmass in das neue metrische Mass. gr. Fol. (1 lith. Bl.) Ebend. 871. n. — 20

— zur Umrechnung v. Kauf- u. Pachtpreisen u. Erträgen v. Ländereien f. altes Mass in neues u. umgekehrt. 12. (6 S.) Schwerin 902. E. Herberger. n. — 20

— zur Umrechnung der russischen Münze in deutsche Reichswährung von 1 bis 1000 Rubel zum Course v. 250 bis 300. qu. gr. Fol. Ostrowo 876. Priebatsch. — 25

— zur Umrechnung der süddeutschen Währung in Reichswährung. (Plakat.) qu. gr. Fol. Darmstadt 874. (Jonghaus.) — 15

—— zur Umsetzung des bisherigen Medicinal-(Unzen)-Gewichts in das neue Medicinal-(Grammen-)Gewicht. 1.—4. Aufl. gr. 8. Berlin 867,68, Gaertner. *

Tabelle zur Umsetzung des bisherigen Medizinal-[Unzen-]Gewichts in das neue Medicinal-[Grammen-]Gewicht. [Auf Grund der Minist.-Verfügung vom 29. Aug. 1867.] 5. Aufl. 4. Berlin 869, Gaertner. *

— über die wesentlichen Unterscheidungslehren der verschiedenen christlichen Kirchen. Herausg. von einem evangel. Geistlichen. 2. verb. Aufl. Görlitz (855.) Heinze u. Co. (1 Bgn. in Fol.) $1\frac{1}{4}$ ngr.

— zur Untersuchung der häufigsten u. merkwürdigsten Pflanzen aus der Flora des Fürstenthums Lüneburg. [6. Abdr.] Lüneburg 869. (Engel.) 4. (4 S.) n. 1 ngr.

—— zur Untersuchung der häufigsten und merkwürdigsten Pflanzen aus der Flora des Fürstenth. Lüneburg. [6. Abdr.] 4. (4 S.) Lüneburg 870, (Engel's Buchh.)

Tabelle über sämmtliche Veränderungsarten aller beweglichen und unveränderlichen Redetheile. Kempten 1820. V: *Müller, Franz Jos.* (Ky)

Tabelle der griechischen Verba anomala nach Halm's Klasseneintheilung. Landshut 1858. 2. Aufl. 1863. V: *Kohl, Otto.* (Ky) (Centr. Anz. f. Fr. d. Lit. 1. Jg 1858. S. 122.)

—— der griechischen Verba anomala nach Halm's Klasseneintheilung. (Von Kohl.) Lex.-8. (32 S.) Landshut 858, Thomann'sche Buchh.

— der griechischen Verba anomala nach Halm's Klasseneintheilung. (Von Kohl.) 2. Aufl. 863. — 3. Aufl. Landshut 864. Thomann. gr. 8. (32 S.) 6 ngr.

— der griechischen Verba anomala nach Halm's Klasseneintheilung. 4. Aufl. Landshut 867. Thomann'sche Buchh. Lex.-8. (32 S.) 6 ngr.

— der griechischen unregelmässigen Verba. (Für das Gymnasium in Jauer als Mscr. gedr.) Jauer 867. Plahn'sche Buchh. 4. (16 S.) 3 ngr.

— der griechischen unregelmässigen Verba. [Für das Gymnasium in Jauer als Mscr. gedr.] 4., verb. Aufl. gr. 8. (16 S.) Jauer 882. Schultze. n. — 50

— der gebräuchlichsten unregelmäßigen französ. Verben. gr. 8. (12 S.) Flensburg 887. Huwald. n. — 15

— der gebräuchlichsten unregelmäßigen französischen Verben. 2. Aufl. gr. 8. (16 S.) Flensburg 894. Huwald. n. — 30

— der lateinischen unregelmässigen Verben. gr. 8. (IV, 31 S.) Leipzig 894. A. Grunert. n. — 30

Tabelle, Vergleichende, der Preussischen Thaler zu 24, 30, 36 und 42 Groschen . . . Berlin 1812. V: *Gädicke, Johann Christian.* (MGT) (Ky) (NN)

— vergleichende, der preuß. Thaler zu 24, 30, 36 u. 42 Groschen von 1 Pfennig bis zu 10,000 Thaler, (von J. C. Gädicke). Fol. Berl. 812. Gädicke. 2 gr

—— zur Vergleichung des neuen preuß. Gewichts mit dem petersburger. — Tabelle zur Vergleichung des petersburger Gewichts mit dem neuen preuß. 1 Bog. in qu. Fol. Ostrowo 858, Priebatsch.

— zur Vergleichung d. Wiener u. metrischen Gewichtes, sowie zur Preisumwandlung von einem auf das andere Gewichtssystem. Fol. Tabor 875. Jansky in Comm. auf Pappe aufgezogen. n. — 32

—— zur Vergleichung d. gangbarsten europä. Münzen, Maase u. Gewichte mit preuss. Gelde, Maas u. Gewicht. Fol. Neubrandenburg 839, [Brünslow.]

— zur Vergleichung der gangbarsten europäischen Münzen, Maaße u. Gewichte mit Preuß. Gelde, Maaß u. Gewicht. Fol. Neubrandenburg 839. Dümmler. n. 1/6 ₰

— zur Vergleichung der verschiedenen europäischen Münzen, Längen-, Feld-, Getreide- u. Flüssigkeits-Maaße, sowie der Gewichte mit den sächsischen Münzen, Maaßen u. Gewichten. [Abdruck aus der Monatsschrift „Teutonia".] gr. 8. (7 S.) Freiberg 852, Frotscher & Wolf. n. 4 ngr

— Verhältniß d. verschlagenen Münze u. d. neuen u. alten Courant-Münze gegen einander. Fol. Berlin, Gädicke. 812.

Tabelle der Verpflegs-Gebühren für die Mannschaft des russ. Heeres mit den zugehörigen Uebersichts-Tabellen laut Kriegsministerium-Erlass vom 2. August 1851. 8. Petersburg 1851.

— zur Verwandlung des württ. Flächenmaßes in das Metermaß. Durchgesehen vom kgl. Katasterbureau. (52 S.) gr. 8. Stuttgart (906). K. Wittwer. Geb. in Leinw. n. 1.80

— zur Verwandlung der württemb. Fuss, Zoll, Linien in Meter, Deci-, Centi-, Millimeter u. umgekehrt. 16. (4 S.) Stuttgart 872. Grüninger. — 20

— zur Verwandlung der Gulden u. Kreuzer in Mark u. Pfennige u. umgekehrt. gr. 16. (4 S. auf Carton.) Coburg 875. Sendelbach. — 25

Tabelle zur Verwandlung von Conventions-Münze in österreichische Währung, von österr. Währung in Conv.-Münze und von Wiener-Währung in österr. Währung etc. und den Regeln zur Berechnung. *Brünn* 1858. Druck u. Verlag von *Buschak* und *Irrgang*. 4 Bl. 16°.

— zur sofortigen statistischen Verwerthung d. täglich anfallenden Krankheits-Materials f. den Jahresbericht. gr. 4. (IV, 40 Bl.) München 888. J. A. Finsterlin. geb. n.n. 1. 50

Tabelle über die Volksmenge von 630 Städten . . . Giessen 1806. V: *Snell, Friedrich Wilhelm Daniel.* (MGT) (Stri)

— s.a. Tabellen . . .

—— vollständigste, der Entwerthungs-Termine für Papiergeld. Nach offiziellen Mittheilungen. Fol. München 876, Höpfner's Buchh.

Tabelle zur Währungsstatistik. 2. Ausgabe. 2. Teil 3 Heft. 13. Abschnitt: „Daten zur Zahlungsbilanz". Fol. (Pag. VII, 213—817.) K 5.—
Wien: Hof- und Staatsdruckerei 1904.

Tabelle zur Warnung vor Gesundheitsgefahren verschiedener Handwerker. Wien 1806. V: *Berchthold, Leop. Graf v.* (Call)

Tabelle des Deutschen Wechselrechts. (Auszug aus Wächter. Wechsellehre.) Stuttgart. o. J. Fol. in 8° gebunden.

— üb. den innern Werth der Münzen aller Länder. Fol. Düsseld. 812. Sondon. 10 gr

— üb. den innern Werth der Münzen aller Länder u. d. Rechnungsmünzen jeder europ. Nation. Fol. Münch. 820. (Finsterlin). 1 ₰

Tabelle über den innern Werth der Münzen aller Länder und der Rechnungsmünzen jeder europ. Nation. Fol. München, Thienemann. 820.

Tabelle des Werthverhältnisses von 10,000 Quart Spiritus à 4 bis 30 pro Cent ohne Faß. Fol. Stettin 851, Müller & Co. 1/4 ₰

Tabelle für das Zifferrechnen. Tuttlingen 853. Kling. (1 Bl. in Fol.) 4 ngr.

Tabelle — Tabellen.

— genau ausgerechnete, üb. den in Baiern neu eingeführten Malz- u. Branntwein-Aufschlag rc. 8. Kempt. 809. Dannheimer. 2 gr

— f. die Aussprache, in 23 Blättern, mit der Anleit. z. Gebrauche. Straßb. 821. Levrault. 20 gr

— zur leichten Ausübung der 4 Species od. Rechnungsarten. Fol. Stuttg. 788. (Sattler). 2 gr

— z. Berechnung d. Abgaben u. Thara, nach d. Erhebungs-Rolle vom 19. Nov. 1824. gr. 4. Danzig 825. Anhuth. 8 gr

— z. Bestimmung des kubischen Inhalts, sowohl des runden, als des beschlag. Holzes rc. (Von G. L. Dave). gr. 8. Hannov. 801. Helwing. 1 ₰ 12 gr

— zu Boston-Whist. 4. Magdeb. 824. Creutz; (a. Osterwald in Rinteln). 2 gr

— chronolog., genealog., aller römisch-deutschen Könige u. Kaiser sammt ihren Gemahlinnen. Von d. Wiederherstellung des abendländ. bis z. Entstehung d. österreich. Kaiserthums Uebersicht d. röm.-deutschen Kaiserthronfolge in einem Zeitraume von 1062 Jahren, in 4 gr. Fol. Blättern. Wien 815. Binz. 1 ₰ 8 gr

— zur bequemen Einricht. der Tauf-, Hochzeit- u. Leichenbücher Fol. Freiburg, Wagner. d. Buch 16 gr

— d. berühmt. Epochen, s. Uebersicht.

— z. Erleichterung d. Orthographie, in den mehrsten einig. Zweifel unterworfenen Worten, nach den in d. Cansteinischen Bibel angenommenen Grundsätzen. Fol. Halle ... Waisenhaus-Buchh. 1 gr

— zur leichtern Erlernung d. französ. Conjugationen. Fol. Dresd. u. Leipz. 806. Arnold. 8 gr

— der vorzügl. Fabriken u. Manufakturen in den Provinzen Niederrhein, Cleve, Jülich u. Berg, Westphalen u. Sachsen. 4. Trier 820. (Lintz). 18 gr.

— geograph., in 30 Blättern. 1—30. Fol. Tübing. 818—20. Laupp. (à 4 gr) 5 ₰ Hbg. Pr. 2 ₰ 12 gr Einzeln 3 gr

— geograph., von Europa, entworfen nach den neuesten Bestimmungen u. Abänderr. bis zu Ende d. Jahres 1816. gr. Fol. Nürnb. 817. Monath u. K. 4 gr

— üb. das Geschlecht d. latein. Substantive. Fol. Glogau ... N. Günter'sche B. 1 gr

— für Kaufleute u. Kapitalisten, die, ohne rechnen nöthig zu haben, den Werth u. d. Verhältniß der Staatspapiere nach ihrem Verlust, ihren Zinsen u. verschied. Zahlungszeiten zu wissen wünschen, nebst e. Anweis. z. Gebrauch dieser Tabelle. Fol. Wien 798. (Heubner). 6 gr

— der latein. Conjugationen. illum. Fol. Feiberg 815. Craz u. G. 3 gr

— üb. Kupferstecher-Arbeit. 2e Aufl. Leipz. 807. Barth. 6 gr

— nützliche, zur Erklär. der in Deutschland üblichen Münze, Gewicht, Maaß u. Zahlenbenennung. Fol. Quedlinburg 823. Ernst. 2 gr

— der gewöhnl. Rechnungs-, Gold- u. Silbermünzen im 24 fl. Fuß. Fol. Landsh. 824. Weber in Münch. 16 gr

— statist. u. politische, von Italien u. Spanien. gr. Fol. Leipz. 828. Hinrichs. 4 gr Mit 1 ill. Karte 10 gr

— statistische, woraus die, aus den glaubwürdigsten Nachrr. entnomm. geograph. Größe, Volkszahl, Bevölkerung, Staatseinkünfte, Ausgaben, Staatsschulden u. Kriegszustand der vorzügl. europ. Staaten, ferner d. Türkei u. d. nordamerikan. Freistaaten, desgl. der statist. berechnete Werth jedes einzelnen Mannes in diesen Ländern zu ersehen ist. Fol. Chemn. 791. Maucke. 2 gr

— statist.-polit.-militärische, der deutschen Nation. 5e Aufl. gr Fol. Leipz. 830. Hinrichs. 4 gr

— summarische, welche die geistl. Obrigkeit üb. die Zahl der geschloss. Ehen, Gebornen u. Gestorbenen bei den betreff. Behörden einzustellen hat. Freiburg, Wagner. 2 gr

— der Tonzeichen u. d. numerirten Vokale z. Erleichterung des Lesenlernens im Englischen. Fol. Berl. 823. Nauck. 2 gr

— üb. sämmtl. Veränderungsarten aller bewegl. u. unveränderl. Redetheile, (v. F. J. Müller). Fol. Kempt. 820. Dannheimer. 2 gr

— zur Vergleichung der neuen preuß. Silber- u. Kupfergeldsorten mit den alten, nach deren frühern Normalwerth. gr. Fol. Bresl., W. G. Korn. 4 gr

— zur Verwandl. der niederländ. Thaler in Gulden im 24 Guldenfuß v. 1—1850 Stck. Frankf. a. M., Körner. 3 gr

— üb. d. Werth der Conventionsmünze nach königl. Verordnung v. 1. Oct. 1827. 8. Celle 817. Schulze. 2 gr

— der Werthsvergleichung der bisher. Groschen u. Pfennige gegen die neu eingeführten Silbergroschen u. Pfennige, u. umgekehrt. Magdeb. ... Rubach. 1 gr

Tabellen

— accurate genealog., des ganzen Hauses Sachsen. Fol. Leipz. 786. (Brockhaus). 6 gr

— accurate genealogische, d. ganzen Hauses Sachsen. Fol. Leipz. Heinsius. (Gleditsch.) 786. — 6

— allgemeine, üb. die gesammte Literatur ꝛc. Salzb., Oberer. 5 gr

Tabellen zum Gebrauche bey der Analytik griechischer Stellen für Anfänger. München 1786. V: *Caill*, *Gelasius*. (MGT)

— anatom., zur Angiologie u. Neurologie, s. Angiologie.

(Tabellen, anatom., zur) Angiologie u. Neurologie. gr. Fol. (3 Blätter.) Jena 829, Schmid.

Tabellen, anatomische, nach den Wachspräparaten der k. k. Josephsakademie ꝛc. s. Scherer, Jos. v.,

— zur richtigen Anwend. d. Stempelpapiers bei Prozessen, Contrakten ꝛc. nach d. königl. preuß. Gesetze v. 20. Nov. 1810. u. dessen nachherigen Declarationen. 4. Halle 817. Waisenhaus-B. 16 gr

— über Arbeitslöhne. Enthaltend die Berechnung des Arbeitslohns von ¼ bis 30 Tage zu 30 bis 90 Kr. Für Ingenieur- und Bau-Bureaux, Architekten, Fabrikanten etc. gr. 8. (17 S.) Chur 848, Hitz.

— arithmetische, als Uebung im Rechnen ꝛc. 8. Magdeb. 799. Heinrichshofen. 4 gr

Tabellen Nr. 82 und 83 aus dem Manuscript: Thürheim'sche kriegshistorisch-österreichische Armee-Tabellen. K. k. Inft. Reg. Erzherzog Rainer Nr. 59. (Lithographirt.) 4. Salzburg 1878.

— zu Art. 1—4 der Notariats-Gebühren-Ordnung. hrsg. v. e. Finanz-Rechnungs-Revisor. [Beilage zur Würzburger Volksausg. bayer. Gesetze. 41. Bdchn. 2. Abth.] Fol. (7 S.) Würzburg 876. Stahel. n. — 70

— üb. die Aufzeichnung u. Aufbewahrung der kirchl. Urkunden. Fol. Hildburgh. 789. Hanisch. 2 ggr

Tabellen für medicinisch-statistische Aufzeichnungen zum Gebrauch für practische Aerzte und Hospitäler. Hrsg. vom Verein zur Förderung der wissenschaftl. Heilkunde. 16. (IV und 96 S.) Leipzig 864, Denicke. geb. *

Tabellen über die Ausfuhr von Korn- und Fettwaaren, sowie einiger anderer Artikel aus dem Königreiche Dänemark und den Herzogthümern Schleswig und Holstein im Jahre 1837. Auf Veranstaltung des Königlichen Generalzollkammer- und Commerz-Collegii hrgg. Kopenhagen. 1838. Quer-Fol.

Tabellen über die Ausfuhr von Korn- und Fettwaaren, Branntwein, Vieh etc. aus dem Königreiche Dänemark und den Herzogthümern Schleswig und Holstein in den Jahren 1838 und 1839, ingleichen aus dem Fürstenthum Lübeck in der Zeit vom 18. März bis ult. Decbr. 1839. Hrgg. von der Commission für das statistische Tabellwesen. Kopenhagen. 1840. Fol.

— ausführliche, zur leichtern Berechnung der Lehngelds-Renten, nebst Anleitung und Beispielen. gr. 4. Dresden 846. (Leipzig, Fr. Fleischer.) baar 1/2 ℛ

— ausführliche, der von e. Kapital von 45 bis 100,000 Gulden, zu 1/2 bis 10 Procent inclus. der jährl. u. monatl. verfall. Interessen. Fol. Augsb. 778. v. Jenisch u. St. 4 ggr

— ausführliche, zur bequemeren u. schnelleren Reduction der vorzüglichsten im deutschen Zollverein vorkommenden Handelsgewichte auf Zoll- u. Sächsisches- [Leipziger-] Handelsgewicht. Ein Hülfsbuch f. alle Zoll-, Steuer-, Post- u. Eisenbahn-Offizianten, sowie f. alle Kauf- u. Geschäftsleute. Berechnet von einem Zollbeamten. gr. 8. (22 S.) Grimma 852, Gebhardt. 1/6 ℛ

— zur Ausmittlung des lebenden Gewichtes des Mastviehes durch das Maßband u. kurze Anweisung über die Anwendung desselben. [Aus Schwinghammer's Rindviehzucht abgedr.] 8. (27 S.) München 848, Palm. n. 1/6 ℛ

Tabellen zur Ausrechnung des cubischen und Quadrat-Inhalts der Quadersteine und Platten. Halle 1819. 8.

— zur Ausrechnung d. kubischen u. Quadrat-Inhalts d. Quadratsteine u. Platten. 8. Halle 822, (Hemmerde.)

— z. Ausrechnung des kubischen u. Quadrat-Inhalts d. Quadratsteine u. Platten. 8. Halle 822. (Schwetschke u. S.) 1 ℛ 12 ggr

— zur Ausrechnung der schles. Pfandbriefe. 12. Bresl. 777. W. G. Korn. 8 ggr

— zur Ausrechnung des Silbers u. Goldes nach d. feinen Gehalt u. in der rohen Masse rc. 2e Aufl. 12. Berl. 798. Maurers B. 20 ggr

Tabellen zum 1. Bande der Beschreibung der Stadt Rom (v. Ernst Platen, Carl Bunsen u. s. w. Stuttgart. 1829.) Quer-Fol.
1. Synchronistische Tabellen über die Stadtgeschichte Roms.
2. Statistische Tabellen über das alte Rom.

Tabellen f. Bautechuiker. Auszug aus P. Stüblen's Ingenieur-Kalender. qu. 32. (76 S.) Essen 893. G. D. Baedeker. Kart. n. — 75

Tabellen für Bautechniker. Auszug aus Bode's Westentaschenbuch (Ergänzung zu P. Stühlen's Ingenieur-Kalender). (III, 72 S.) 6,5×10 cm. Essen 903. G. D. Baedeker. Kart. — 75

Bayerische Tabellen zur Berufs- und Gewerbestatistik bearb. auf Grund d. Zählung vom 14. Juni 1895. *München: G. Franz 1902.* (XXV, 697 S.) 4°
= Beiträge z. Statistik d. Königr. Bayern. II. 62. [illegible] 3

Tabellen zur Berechnung der im Königr. Hannover bestehenden indirecten Abgaben. Fol. (24 S.) Verden 846, Treffan. n. 1/4 ℛ

Tabellen zur Berechnung der verschiedenen Breiten von Seidenstoffen auf Basis von 23 1/2 Zoll. Bearbeitet von einem Angestellten im Seidenfache. 2. revidirte Aufl. Zürich, Schabelitz'sche Buchh. (C. Schmidt.) gbdn. 4. —
1871.

— zur Berechnung der Fracht in Liespfunden rc. Hamb. 808. Nestler u. M. 5 ggr

— zur Berechnung der Gagen f. einzelne Tage u. Monate nach Mark u. Pfennigen (von M. 1.— bis M. 400.—). (40 S.) 8. Hamburg (909). Green & Krause. — 75

Tabellen zur Berechnung der Gerichtskosten nach dem Reichsgesetze vom 28. Juni 1878. 4. (4 S. auf Cartonpap.) Würzburg 879, Staudinger'sche Buchh. *

Tabellen zur Berechnung der Hebegebühren zu 1%, 3%, 4%, u. 6%. 4 Blatt. qu. Fol. Friedeberg 875. (Landsberg a. d. W., Volger & Klein.) à n. — 20

— zur Berechnung der Heuern für Seeleute in Reichsmünze. 16. (31 S.) Hamburg 882. Kramer. n. — 40

— zur Berechnung des viereckigen und runden Holzes, s. Gegenbaur.

— zur Berechnung vierkantiger Hölzer und Sandsteine nebst Erklärung zu deren Benutzung. Ein Hülfsbuch für Baugewerke. 8. (24 S.) Leipzig 866, Crusius.

— z. Berechnung der Carolinen, Ducaten u. Louisd'ors zu Thalern, nach dem unter Buchhändlern gebräuchl. Course. 8. Hannov. 802. Hahn. 6 ggr

— zur Berechnung des Kubik-Inhaltes aller Arten Kisten und Fässer von 1 Zoll Ausdehnung bis 4 Fuß, zum Gebrauch für den Kaufmann sowohl als für Seeleute. Nach Blunt's neuester Ster.-Ausg. „the expeditions measurer" aus dem Engl. von S. W. Schultheß. Hamburg 861. Salomon & Co. 4. (196 S.) 2 ℛ 9 ngr

— zur Berechnung der gebräuchlichsten Legirungen f. Münzen u. Planschengold nach Grammen u. der tausendtheil. Feuerprobe m. zahlreichen Uebungsbeispielen. Nebst e. Anh., enth. die Umwandlg. d. alten französ. Onces-Gewichtes in Gramme u. der Karate u. Vierundsechzigstel in Tausendtheile, sowie den Gehalt u. Wert der couranten Gold- u. Silbermünzen. qu. Fol. (64 S.) Pforzheim 872. Riecker in Comm. geb. n. 12. —

Tabellen zur leichten Berechnung des Preises . . . der . . . Wolle . . . 2. Aufl. Einbeck 1854. V: *Grill, Carl.* (Ky)

Tabellen zur leichten Berechnung des Preises sowol einzelner Pfunde als größerer Quantitäten der nach Centnern à 117¼ Pfund Cölnisch gekauften Wolle, von 1 Ggr. an bis 97 Thlr. per Centner. (Von C. Grill.) 2. verm. Aufl. Einbeck 854. Ehlers. 8. (22 S.) n. 2½ ngr.

— z. leichten u. richtigen Berechnung runder Gefäße, od. z. Bestimmung d. körperl. Inhalts derselben in Preuß. Quarten. 8. Luckau 823, (Leipz., Reclam.)

—— zur leichten u. schnellen Berechnung d. Sächs., Preuß., Weimar., Gothaischen u. Saalfeld. Geldes nach Gulden u. Kreuzern Rhein. gr. 8. (¾ B.) Saalfeld 829. (Leipzig, Reclam.)

— z. leichten u. schnellen Berechnung aller in den sächs. Fürstenthümern und den angrenz. Ländern zeither gangbar gewesenen Münzcourse, sowohl nach rhein. Gulden, als auch nach preuß. Courant der üblichen Vereins-Courantmünze. 3. verm. Aufl. 12. Saalfeld 841, Niese. 1/8 rf

— z. leichten u. schnellen Berechnung d. Wechselarbitragen mit e. kurzen Verzeichn. d. in d. vornehmst. europ. Handelsstädt. gangb. Wechselmünzen, s. Herm. Kalkmann.

— z. Berechnung d. Rationen u. Portionen ꝛc. gr. 8. Dresd. 806. Hilscher. 12 gl

— f. die Berechnung der jährlichen Rentenzahlungen bei Renten-(Annuitäts-)Darlehen. gr. 8. (116 S.) Stuttgart 898. W. Kohlhammer. n. 2.—

Tabellen über die Berechnung der Stempelsätze. Berlin 1838. V: *Schmidt, O. K. F.* (Russell XVI, I, 2, 1868)

Tabellen über die Berechnung der Stempelsätze nach dem Stempelsteuer-Gesetze vom 7. März 1822 u. den in Bezug auf dasselbe ergang. Verordnn. gr. 4. Berlin 838. Nicolai. 1/4 rf

— zur Berechnung v. Taglöhnen u. Marktpreisen. gr. 8. (14 S.) Chur 873. (Kellenberger.) n. 1. —

Tabellen zur Berechnung der Wertstempel nach dem Preußischen Stempelsteuergesetz vom 26. Juni 1909 ... Breslau: Kern 1909. 36 S. 8⁰
Aus: Das preußische Stempelsteuergesetz v. 26. Juni 1909 von Ernst Schumann u. Karl Obst.

— zur Berechnung einfacher u. zusammengesetzter Zinsen. 8. Münch. 827. (Jaquet). 2 gl

— zu Berechnung einfacher u. zusammengesetzter Zinsen. 8. München 827, (Weber.)

— zur Berechnung der Zinsen à 3, 3½, 4, 4½, 5 u. 6 Procent von 1 bis 1000 Reichsmark von einem Tage bis zu einem Jahre. gr. Fol. (6 Tabellen.) Darmstadt 874. Jonghaus. n. 1. —; geb. n. 1. 60

— über die Sächsischen Besitzungen, s. J. Gll. Böttcher.

— z. Bestimmung d. innern Gehalts d. beschlag. u. runden Holzes, s. Fabricius.

Tabellen zur Bestimmung des Gehaltes und des Preises . . . des . . . Holzes . . . Giessen 1787. V: *Fabricius, Georg Alexius.* (Ky) (MGT)

Tabellen zu Bestimmung des Gehaltes und des Preises, sowohl des beschlagenen als des runden Holzes, hauptsächlich zum Gebrauch für Forstbediente, Bau- und Zimmerleute. Giessen, Krieger der jüng. 188 S. 8. 1787.

— z. Bestimmung d. Gehaltes u. Preises des beschlag. u. runden Holzes, hauptsächl. z. Gebrauch f. Forstbediente, (v. G. Al. Fabricius). gr. 8. Frankf. 787. 2e A. 795. Krieger. 16 gl N. A. 814. 20 gl

Tabellen zur Bestimmung des Gehalts und Preises von unbeschlagenem rundem Holze. - Stuttgart 1796. 89 S. - Dass. Stuttgart 1815. 122 S. - 2. Aufl. u. d. T.: Tafeln zur Bestimmung des Gehalts und des Preises runder unbeschlagener Stämme... vorzugsweise aber auch zum Gebrauch des württembergischen Forstpersonals. ebd. 1836. X, 122 S. - 3. Aufl. ebd. 1841. - 4. Aufl. aufs Neue durchges. u. m. neuen Tab. vers. ebd. 1852. X, 118 S. - 5. Aufl. ebd. 1858. XVI, 186 S. - 6. Aufl. nebst einem Anh. üb. d. Vergleichung von Maaßen verschiedener Staaten u. das Rechnen mit Dezimalbrüchen. ebd. 1865. X, 222 S. v. Christian Friedrich Hartmann

Tabellen zur Bestimmung des körperlichen Inhaltes der Baumstämme. Zum Gebrauche für das Grossh. Badische Forstpersonale eingerichtet, und nach dem Decimalsystem berechnet. Amtliche Ausgabe. - Karlsruhe 1854. 140 S. - 2. Aufl. 1855. 140 S. - 3. Aufl. ebd. 1857. 140 S. - 5. Aufl. ebd. 1869. 140 S.

— zur Bestimmung des körperlichen Inhalts der Baumstämme. Amtliche Ausg. 2. Aufl. Karlsruhe 855. Gutsch. 8. (2 Bl., 140 S.) n. 20 ngr.

Tabellen zur Bestimmung des cubischen Inhaltes der Baumstämme. 2. A. Rastatt 1822.

– s.a. Tabelle des kubischen Inhalts der Baumstämme.

—— zur Bestimmung d. kubischen Inhalts d. Baumstämme. Nach d. Dezimalsystem berechnet zum Gebr. f. d. großh.-badische Forstpersonale, aber auch zum Nutzen f. auswärt. Forstbeamte ꝛc. 3., verm. u. verb. Aufl. 8. (12 B.) Rastatt 829. (Frankfurt a. M., Andreä.)

Tabellen zur Bestimmung des Kubik-Inhalts der runden Hölzer nach zehntheiligem Masse berechnet. Kl. in-8⁰, 28 S. Solothurn, Verlag von Otto Häfelin. In Kommission der Buchhandlung Jent. 1888. cart. — 80

— zur Bestimmung des Kubik-Inhalts runder Holzstämme nach Metermass berechnet. In-8⁰, 46 S. Solothurn, Ebendas. 1888. cart. 1 —

— zur Bestimmung des in Liter auszudrückenden Rauminhaltes von Gefässen mittelst des in Kilogramm ausgedrückten Gewichtes ihrer Wasserfüllung hersg. von der Normal-Eichungs-Kommission des norddeutschen Bundes. Berlin 870. Moeser. gr. 4. (20 S.) n. 10 nqr.

(F) Tabellen zur Bestimmung einheimischer Samenpflanzen und Gefässsporenpflanzen. Für Anfänger insbesondere für den Gebrauch beim Unterrichte zusammengestellt von Dr. Anton Schwaighofer. 9. Auflage. Wien. 1900. Pichler's W. & S. Gr.-8⁰. VI, 138 S. Geb. K 1.60

Tabellen über die Bevölkerungsvorgänge Berlins. Hrsg. vom Statistischen Amt der Stadt Berlin. 1906—18. Berlin

Tabellen über die Bevölkerungsvorgänge Berlins. Hrsg. v. Statist. Amt d. Stadt Berlin. [1.] Im J. 1906. Berlin 1908: Loewenthal. 4⁰

Tabellen üb. die Bevölkerungsvorgänge Berlins im J. 1907. Hrsg. vom statist. Amt der Stadt Berlin. (VI, 126 S.) Berlin, W. & S. Loewenthal. 3. 50. 1909.

Tabellen üb. d. Bevölkerungsvorgänge Berlins in d. J. 1907 u. 1908. Hrsg. vom statist. Amt der Stadt Berlin. 33,5×26 cm. Berlin, Puttkammer & Mühlbrecht. 6. 50
1907. (VI, 128 S.) 909. 3.—. — 1908. (VI, 128 S.) 910. 3. 50

— üb. die Bewegung der Bevölkerung der Stadt Berlin im J. 1897. Bearb. im statist. Amt der Stadt Berlin. gr. 4. (69 S.) Berlin 900. R. Hülsen. n. 3.—

— für Brodverkäufer u. Käufer, um den Preis d. Brodes nach d. Gewichte zu bestimmen. 4. Leipz. 805. Leo. 6 gr

Tabellen, Chemisch-pharmaceutisch-klinische. 1. Heft. Enthaltend die usuellsten Säuren und ihre Verbindungen ... München 1814. V: *Graff, Johann Baptist.* (MGT) (call) (EngM) (Ky)

— chemisch-pharmaceut.-klinische, 1s Heft. Enth. die usuellsten Säuren u. ihre Verbindd. zum klin. Gebrauche, (v. Jh. Bapt. Graf). Fol. Münch. 814.

— chronolog., der allgem. Weltgeschichte von d. Schöpfung der Welt bis auf das Jahr 1808 nach Lenglet du Fresnoy; herausgg. v. J. Picot; aus d. Französ. v. Jh. Karl Weifert. 1r Thl. A. u. d. T.: Chronolog. Regententabellen vom Anfange d. Staaten bis auf d. Jahr 1808. 8. Leipz. 809. Steinacker. 1 rß 4 gr 2r Thl. in 2 Abtheill. A. u. d. T.: Chronolog. Uebersicht d. merkwürd. Begebenheiten eines jeden Jahres von Erschaffung d. Welt bis 1808 rc. 2 Abtheill. 8. Ebd. 809. 3 rß 10 gr 3r Thl. A. u. d. T.: Chronolog. Angabe der merkwürd. Menschen von den ersten Zeiten bis 1808 rc. 8. Ebd. 810. 1 rß 10 gr 4r Thl A. u. d. T.: Vermischte chronolog. Aufsätze u. Angaben für studir. Jünglinge u. alle Freunde eines gründl. Studiums d. Geschichte. 8. Ebd. 810. 1 rß (Alle 4 Thle compl. 7 rß)

— Fortsetz. v. J. Picots Chronologie d. allgem. Weltgeschichte; enth. e. chronolog. Uebersicht d. merkwürd. Begebenheiten in den Jahren 1808—15. 1r Bd. 3 Abtheill. 8. Leipz. 815 u. 816. Steinacker. 3 rß (A. u. d. T.: J. G. Weickert, histor. Tagebuch d. wichtigsten Jahre unsers Lebens, od. chronolog. Uebersicht rc.)

— chronologische, worin alle Päbste, Kaiser nebst Könige enthalten, welche von Christi Geburt an bis jetzt regiert haben. 8. Amsterdam, Arkstee. 745. — 4

— chronologische, alter und neuer Zeiten. 8. Ebendas. 746. — 4

— zu Dr. Weber's übersichtlicher Darstellung der Weltgeschichte. Nebst zwei Anh.: Die deutschen Kaiser. — Die wichtigsten geschichtl. Begebenheiten, chronologisch geordnet. Leipzig 866. Engelmann. gr. 8. (IV, 82 S.) n. 5 ngr

— zu Dr. Weber's übersichtlicher Darstellung der Weltgeschichte. Nebst 2 Anh. Anh. I.: die deutschen Kaiser. Anh. II.: die wichtigen geschichtl. Begebenheiten chronologisch u. synchronistisch geordnet. 2. verb. Aufl. gr. 8. (IV, 84 S.) Leipzig 872. Engelmann. n. — 50

— darüber, was ein Pfund, eine Elle oder ein Stück bis 10000, zu 3 Pfennigen bis 16 Schillinge, u. zu 1 bis 90 Mark gerechnet, betragen. Fehlerfrei. Hamburg (857.) Nolte u. Köhler. 8. (152 S.) n. 12 ngr

— darüber, was ein Pfund, eine Elle oder ein Stück bis 10000, zu 3 Pfennigen bis 16 Schillinge, und zu 1 bis 90 Mark gerechnet, betragen. gr. 16. (152 S.) Hamburg 858, [Nolte.] *
geb. *

— über die Declination der Sonne und Zeitgleiche (equation of time) für die J. 1853, 1854, 1855, 1856, 1857 und 1858 nach dem Meridian von Greenwich. gr. 8. (15 S.) Hamburg 853, (Perthes-Besser und Mauke.) *

Tabellen, Drei, über den Preussischen Staat, welche das Wissenswürdigste aus der Statistik der Geographie ... enthalten. Königsberg u. Leipzig 1790. V: *Bötticher, Jacob Gottlieb Isaac.* (ML)

Tabellen zur Einführung in die qualitative chemische Analyse. Im Gebrauch im chemischen Laboratorium der Universität Basel. Basel, 1899. 4to.

Tabellen zur Einführung in d. qualitative chem. Analyse. Im Gebrauch im chem. Laboratorium der Universität Basel. gr. 4. (16 S.) Basel 900. C. F. Lendorff. n. 1.20

Tabellen zum Gebrauch bey der Einimpfung der Schutzblattern. Mitau 1811. V: *Schiemann, Carl Christian.* (call) (MGT)

— berechnet für den Einkauf des Garns, der Spinnmaterialien, Victualien, des Bauholzes, so wie aller übrigen Gegenstände, die Thalerweise gekauft werden. Ein Handbüchlein für das handeltreibende Publikum, für Landleute u. Bauarbeiter. 3. Aufl. Gütersloh 854. Bertelsmann. 12. (168 S.) 5 ngr

— berechnet für den Einkauf des Garns, der Spinnmaterialien, Victualien, des Bauholzes, so wie aller übrigen Gegenstände, die Thalerweise gekauft werden. Ein Handbüchlein für das handeltreibende Publikum, für Landleute und Bauarbeiter. 3. Aufl. 12. (168 S.) Gütersloh 854(57), Bertelsmann.

— für den thalerweisen Einkauf. 8. Gütersloh, Bertelsmann. 1/4 rß — dass. für den stückweisen Einkauf. Ebd. 1/4 rß

— zur Erleichterung der vier ersten Rechnungsarten und das grosse Einmal-Eins. 8. (8 S.) Wien 864, Gorischek's Universitäts-Buchh. *

— zur Erleichter. der Stempel-Berechnungen nach d. preuß. Gesetz vom 7. März 1821. 8. Glogau 822. Neue Günter'sche Buchh. 12 gr

Tabellen, zur Erleichterung d. Stempel-Berechnungen nach dem Preuß. Gesetz vom 7. März 1822. 8. Glogau 822, Günther. Rthlr.

— zur schnellen u. sichern Ermittlung der Zinsen zu 3, 4 und 5% pro Anno von jedem Tage eines zu 180 Tagen gerechneten halben Jahres in den in Deutschland, England, Frankreich, Rußland, den vereinigten Staaten u. mehrern andern Ländern gebräuchlichsten Rechnungsmünzen für den gesammten Handelsstand und für Capitalisten. 1. Heft à 4% pro Anno. Fol. Leipzig 841, Tauchnitz jun. 1/2 rß — 2. u. 3. Heft. Fol. Ebend. 842. à n. 1/2 rß

— etymolog., der engl. Sprache, von Buchholz. Fol. Halle 802. R. A. 806. Hendel. 8 gr — Der französ. Sprache. Fol. Ebd. 792. R. A. 806. Hendel. 6 gr — Der italien. Sprache. Fol. Ebd. 802. R. A. 806. Hendel. 6 gr — Der latein. Sprache. Fol. Ebd. 803. R. A. 806. 6 gr

— für Feldkanonen-Batterien (F. K. 96 n/A). (15 S. auf Karton.) 16. Berlin 909. A. Bath. — 50

— zur griechischen Formenlehre. gr. 4. Thorn 842, Lambeck. n. 1/12 rß

— zur griechischen Formenlehre. [2. verb. Aufl.] gr. 4. (11 S.) Thorn 848, Lambeck. n. 1/12 ℛ

Tabellen und Fragen über das Vornehmste aus der Mythologie. Berlin 1780. V: *Müchler, Johann Georg.* (Adel) (Ky) (MGT)

Tabellen u. Fragen üb. d. Vornehmste aus d. Mythologie (v. J. G. Müchler). gr. 8. Berl. 780. Rottmann. 12 gl

— u. Fragen üb. d. vornehmste in d. Naturgeschichte. 8. Berlin, Hesse. (Müller.) 781. — 4

— u. Fragen üb. d. Vornehmste in d. Naturgeschichte. 8. Berl. 781. Hesse. (Petsch). 4 gl

— für die Fristen zur Anmeldung u. Rechtfertigung der Rechtsmittel in Civilprozessen, u. zwar I. für ein Gemein-Jahr von 365 Tagen, sowie II. für die bei einem Schalt-Jahre in der Zeit vom 9. Novbr. bis 29. Februar [nach der Insinuation des Erkenntnisses berechnet] eintretenden Abweichungen, aufgestellt von einem Mitgliede des Königl. Appellations-Gerichts zu Naumburg. gr. 8. (18 S.) Naumburg 849, Weber in Comm. n. 1/6 ℛ

Tabellen, Fünf, in sechs Blättern über den Russischen Staat, welche das Wissenswürdigste aus der Statistik, Geographie . . . enthalten. Königsberg u. Leipzig 1791. V: *Bötticher, Jacob Gottlieb Isaac.* (MS) (EngG)

Die fünf ersten geneal. Tabellen des gräfl. Hauses Solms. Schneeberg 1769. 4.

Tabellen zum bequemen Gebrauch für ausübende Markscheidekunst. Siegen 1808. 8.

Geneal. Tabellen zu einer Familiengeschichte der Herren, Freiherren und Grafen Buxhöwden etc. Arensburg 1846. fol.

— genealog., z. Geschichte der heutigen europ. Reiche u. Staaten. Fol. Gießen 774. Krieger. 3 gl

— — einiger fürstl. Häuser, mit dazu dienl. histor. Erklär. 2 Thle. 4. Frankf. 729. 1 8

Tabellen, Genealogische, einiger Fürstlicher und Gräflicher Häuser in Spanien, Italien . . . Frankfurt a. M. 1728. V: *Sommersberg, Frdr. Wilhelm von.* (ADB)

—— genealogische, über die Familien v. Montfort rc., s. Banotti, J. N. v.

Geographische Tabellen, über die politische Eintheilung des ganzen Erdbodens. Leipzig: Crusius. 1774. 40 S. 4°.
Staatsbibliothek Regensburg

— geograph., üb. die polit. Eintheilung des ganzen Erdbodens. 4. Leipz. 774. (W. Vogel). 3 gl

— geographische, von Europa. Fol. Magdeb. 795. Scheidhauer. 4 gl

— geographische, von ganz Europa. Fol. Bregenz, Brentano. 6 gl

Tabellen, geographische General-, aller churfürstl. Sächs. Länder u. Kreise. Fol. Lpz. Hilscher. (Compt. f. Litt.) 772. Rthlr. — 8

— geographische, als Hülfsmittel zum Selbstunterricht, oder Leitfaden zum Unterricht in Schulen entworfen von H. M. 2., umgearb. Aufl. Lübeck 857. (Dittmer'sche Buchh.) 4. (98 S.) geb. n. 1 ℛ

Tabellen, Geographische und historische. Magdeburg 1810. V: *Wachsmuth, Ernst Wilhelm Glieb.* (Ky)

— geograph. u. historische, (v. Wlh. Wachsmuth). Fol. Magdeb. 810. Heinrichshofen. 7 gl Schrbp. 9 gl

Tabellen, Geographische, für die Jugend . . . Friedrichstadt 1782—83. V: *Lipsius, Johann Gottfried.* (Ky) (MGT)

— geograph., f. die Jugend zur Vorbereitung u. Wiederholung, (v. J. G. Lipsius). 2 Thle. Nebst e. Anh. qu. Fol. Dresd. 782, 783. Gerlach. 1 ℛ 4 gl

Tabellen, Geographische, der Mineralwässer und Bäder in den deutschen Staaten . . . Zürich 1836. V: *Lavater, Johs.* (EngM) (Cat. d. Stadtbibl. Zürich. Zürich 1864—97.)

— geographische, der Mineralwässer u. Bäder in d. Deutschen Staaten, in Ungarn, Frankreich, Schweiz, Italien und Großbritanien, mit einer Hydracologie begleitet, vorzüglich für Aerzte. Von J. L. Mit 1 Tabelle. gr. 8. Zürich 836, Schultheß. 1/2 ℛ

— geographische, von der Schweiz. Fol. Bregenz, Brentano. — 6

— — von allen 4 Welttheilen, nebst e. geograph. Wörterbuch. 8. Leipz. Arkstee. 745. — 6

Tabellen, Geographisch-politisch-Statistische, von Deutschland, zum Gebrauch auf Schulen bestimmt. Bresl., Brieg u. Leipz. 1785. V: *Kosmann, Joh. Wilh. Andr.* (MS) (Weber)

— geograph.-polit.-statistische, warin die Größe, Bevölkerung, d. Reichthum rc. der vornehmsten europ. Staaten zu übersehen sind. gr. Fol. Prag 786. Schönfeld. 1 ℛ

Tabellen, Geographisch-statistische. Göttingen 1780 [1781]. V: *Scharnhorst, Gebhard von.* (MGT)

— geograph.-statist., der gesammten österreich. Erbstaaten, (von H. W. Blum v. Kempen). 1e Abtheil. gr. Fol. Wien 796. Binz. 14 gl

Tabellen, Geographisch=statistische — des österreichischen Kaiserstaates. Nach der neuen politischen Eintheilung. (Jede Tabelle behandelt Ein Kronland.) Mit dem Wappen des Kronlandes. — 1. Lage, 2. Grenzen, 3. Größe in geographischen Quadrat=Meilen, 4. Bevölkerung nach Zahl, Religion und Sprache, 5. Klima und Produkte, 6. Industrie, 7. Handel, 8. Straßen, 9. Eisenbahnen, 10. Telegraphen, 11. Pässe, 12. Ebenen, 13. Thäler, 14. Orographie, 15. Hydrographie, 16. Statthalterei, 17. Kreise, 18. Bezirke, 19. Gerichtsbarkeiten, 20. Befestigte Orte, 21. Städte, 22. Wichtigere Dörfer, 23. Armee=Ergänzungs=Bezirke. Prag. Karl Bellmanns Verlag und Druck. (1—9. Lieferung. 8. je ein Bogen.) 1857.

—— geographisch-statistische, des österreichischen Kaiserstaates. Nach der neuesten polit. Eintheilung. Nach Angabe von A. B. Gavenda, ausgeführt von E. Jovitsich. I—IV, IX—XIII, XVI, XVIII, XXI, XXII. Imp.-Fol. Prag 857—60, Bellmann's Verlag. à Tab. * 8 Ngr. *

Inhalt:

I. Das Erzherzogth. Oesterreich unter der Enns.
II. Das Erzherzogth. Oesterreich ob der Enns.
III. Das Herzogth. Salzburg.
IV. Das Herzogth. Steiermark.
IX. Die gefürstete Grafschaft Tirol und Vorarlberg.
X. Das Königr. Böhmen.
XI. Die Markgrafschaft Mähren.
XII. Das Herzogth. Schlesien.
XIII. Das Königr. Galizien und Lodomerien mit dem Grossherzogth. Krakau und den Herzogth. Auschwitz und Zator.
XVI. Die Königr. Croatien und Slavonien.
XVIII. Temeser Banat und Wojwodschaft Serbien.
XXI. Das Grossfürstenth. Siebenbürgen. Mit dem Wappen des Kronlandes.
XXII. Das lombardisch-venetianische Königreich.

Tabellen. Geographisch-Statistische Tabelle[n].... No. 1–2. fol. Bregenz 1795.
No. 1. G'-St' Tabelle von der Schweiz.
No. 2. G'-St' Tabelle von den schweizerischen zugewandten Orten [und] Der gemeinen Herrschaften....

Tabellen. Geographisch-statistische T' über die Schweiz. Zürich 1795 s.aK[örner], H[einrich].

Tabellen, Geographisch-statistische, über die Schweitz . . . Zürich 1795. V: *Körner, Joh. Heinrich.* (Ky) (MS) (MGT) (BrMm) »1796« (EngG) »für die Schweitz« (Adel)

— geograph.=statist., üb. die Schweiz, (v. Hnr. Körner). Fol. Zürich 795. Ziegler u. S. 9 gl.

— geograph.=statistische, üb. sämmtl. Theile der Erde, mit einer speciellen tabellar. Uebersicht d. Königr. Würtemberg. 2e verb. Aufl. gr. Fol. Stuttg. 819. Steinkopf. 1 rf 12 gl

— geograph.=statist.=topothetische, v. Herzogth. Braunschweig=Lüneburg Wolfenbüttelschen Antheils. Fol. Helmst. 803. Fleckeisen. 4 gl.

Tabellen, geologische, und Durchschnitte über den grossen Gotthardtunnel. Spezialbeilage zu den Berichten des Schweizer. Bundesrathes über den Gang der Gotthardbahn-Unternehmung. 1. Lfg. Fol. (24 S. mit 3 Stnt. in qu. Imp.-Fol.) Bern 874, Dalp'sche Buchh. *

— geologische, u. Durchschnitte üb. den grossen Gotthardtunnel. Specialbeilage zu den Berichten d. Schweizer. Bundesrathes üb. den Gang der Gotthardbahn-Unternehmg. 1—3. Lfg. Fol. (à ca. 24 S. m. 3 Steintaf. in qu. Imp.-Fol.) Bern 874—76. Orell Fuessli & Co. Verl. à n. 4. —

—— und Durchschnitte, geologische, über den Grossen Gotthardtunnel. Spezialbeilage zu den Berichten des schweizer. Bundesrathes über den Gang der Gotthard-Unternehmung. 2.—6. Lfg. Fol. Zürich, Orell, Füssli und Comp. [2. Lfg. (5 Stnt. in Imp.-Fol. und 6 Tab.) 876. * ℳ 4.; 3. Lfg. (16 S. mit 3 Stnt. in Imp.-Fol.) 876. * ℳ 4.; 4. Lfg. (24 S. mit 5 Stnt. in Imp.-Fol.) 877. * ℳ 4.; 5. Lfg. (36 S. mit 6 Stnt. in Imp.-Fol.) 878. * ℳ 8.; 6. Lfg. (40 S. mit 2 Stnt. in Imp.-Fol.) 879. * ℳ 6,40.] *
1. Lfg. [Bern 874, Dalp'sche Buchh.] Zürich, Orell, Füssli und Comp. * ℳ 4.

Tabellen und Durchschnitte, geologische, über den Grossen Gotthardtunnel. Spezialbeilage zu den Berichten des schweizerischen Bundesrathes über den Gang der Gotthard-Unternehmung. 7.—10. Lfg. Fol. Zürich 882, Orell, Füssli und Comp. [7. Lfg. (60 S. mit 10 Stnt.); 8. Lfg. (64 S. mit 9 Stnt.); 9. Lfg. (86 S. mit 10 Stnt.); 10. Lfg. (53 S. mit 9 Stnt.).] à Lfg. * ℳ 12. *

— zum Gebrauch beim Geschichtsunterricht. gr. 8. (21 S.) Neubrandenburg 872. Krüger. n. — 50

— zur Gewichtsberechnung v. Gummiwaren. (86 S.) kl. 8. Dresden 907. Berlin, Union, Zweigniederlassg. 1. —

Tabellen zur Gewichtsschätzung des Schlachtviehs. Weimar 1870

Tabellen über verschiedene Goldmünzen zum wöchentlichen notirten Geld-Cours al Marco in Hamburger Banco. O. O. [184?]. V: *Hadel, J. F. C.* (CBH)

— grammatikal., der französ. Sprache z. Gebrauch der Jugend. Fol. Münst. 801. Waldeck. 3 gl

Tabellen der Handwerker, der Fabriken, sowie der Handels- und der Transportgewerbe im Zollvereine. Nach den Aufnahmen im Jahre 1861. (Berlin 1863?)

Tabellen der Handwerker, der Fabriken, sowie der Handels- und Transportgewerbe im Zoll-Vereine. Nach den Aufnahmen im J. 1861 vom Central-Bureau des Zoll-Vereins zusammengestellt. (Berlin 1864.) gr. 4. . . . . (LBK.; D.)

—— zur Herstellung von Goldlegirungen zu $^{58}/_{100}$ und $^{75}/_{100}$ Feingehalt aus Scheidgold, 20=Franken=Stücken, russischen Imperialen, amerikanischen Golddollars und englischen Sovereigns. [Ein Nachtrag zu Millauer's „Gold und Silber und das Kilogramm als Gewichtseinheit."] gr. 8. (16 S.) München 870, Beck.

— zur Herstellung von Goldlegirungen zu $^{55}/_{100}$ u. $^{75}/_{100}$ Feingehalt aus Scheidgold, 20=Franken=Stücken, russischen Imperialen, amerikanischen Golddollars u. englischen Sovereigns. [Ein Nachtrag zu Millauer's „Gold u. Silber u. das Kilogramm als Gewichtseinheit."] München 870. Gummi. gr. 8. (16 S.) 5 ngr.

— u. Hülfs-Wissenschaften zur Baukunde des Architekten u. Ingenieurs. Unter Mitwirkung von Fachmännern der verschiedenen Einzelgebiete bearb. von den Herausgebern der Deutschen Bauzeitung u. des Deutschen Baukalenders. Mit etwa 450 (eingedr.) Holzschn. gr. 8. (VIII, 507 S.) Berlin 879. Toeche in Comm. n. 9. —

Tabellen, Historisch-chronologische, in welchen die vornehmsten Geschichten der Europäischen Könige und Potentaten kürtzlich angezeiget sind . . . Thorn 1721. V: *Jänichen, Peter.* (BrMm)

Tabellen zum Gebrauch bey Höhenmessungen mit dem Barometer . . . Freyburg u. Constanz 1811. V: *Lory, Matth. von.* (MGT) (Call) (Ky)

— z. Gebrauch bei Höhenmessungen mit d. Barometer, womit man ohne Logarithmen d. Höhen aus d. beobacht. Barometerständen berechnen kann, (v. Math. v. Lori). gr. 8. Freiburg u. Konstanz 811. Herder. 4 gr.

Tabellen über 90 in- und ausländische Hohöfen, ihre Erzeugung und Verwendung an Kohlen und Eisenstein, sowie über die Dimensionen, das Ausbringen und Verwenden einiger Hohöfen mit einer und zwoen Formen, in Steyermark, Russland, Bayern und Oberpfalz. 8. . . . . (EA.)

—— 100, zum Gebrauch im Handel mit Vieh, besonders beim Ein- und Verkauf von Schweinen nach 100 Pfunden. Berechnet von 1 bis 1000 Pfund im Preise von 5—15 Thlr. 8. (100 S.) Parchim 866, (Wehdemann.) *

—— 100, zum Gebrauch im Handel mit Vieh, besonders beim Ein- und Verkauf von Schweinen nach Hundert Pfunden. Berechnet von 1 bis 1000 Pfund im Preise von 5 bis 15 Thlr. 8. (100 S.) Parchim 869, Wehdemann.

— in welchen die in Thaers Landwirthschaft vorkomm. engl. Geld-, Maaß- u. Gewichtssorten in österreich. verwandelt werden, qu. Fol. Wien ... v. Mösle. 4 gr.

Tabellen über den körperlichen Inhalt der Stamm- und Nutzhölzer. Auch u. d. T.: Kubiktafeln zum Gebrauche bei Holzabgaben aus den Staatswaldungen in Oberfranken. - Bayreuth, Lübeck 1797. - 5. Aufl. Bayreuth. 1854. 29 S.

— Interessen-, von 100 Thaler, in Thaler zu 24 Groschen, u. Groschen zu 12 Pfennigen, von ½ p. C. bis zu 12 p. C. ꝛc. 4. Berl. Gädicke. 812.

— cabbalistische, nebst cabbala aegyptiaca. 8. Berl. 774. Ringelmacher. 2 gr.

Cabalistische Tabellen, welche vermittelst der Arithmetica zukünftige Dinge entdecken. Amsterd. 744. 8.

— katechet., nach Fuhrmann's kleinem Katechismus. 8. Rothenb. 777. Hermbstädt. 6 gr.

Tabellen für Käufer u. Verkäufer v. Ellenwaaren, berechnet auf das neue Metermaaß. 16. (9 S.) Hamburg 872. Richter. n. — 30

— zum Gebrauch f. Kaufleute u. Rechnungsführer bei Berechnung des Conventionsgeldes nach Franken u. Centimen. 8. Helmst. 809. Fleckeisen. 4 gr.

— kleine, sich d. Rechnen zu erleichtern. Nebst d. kl. Katechismus Lutheri. 32. Potsd. 827, (Magaz. f. Ind in Leipz.)

— kleine, sich das Rechnen zu erleichtern. Nebst dem kleinen Katechismus Lutheri. 32. Potsd. 828. (Magazin f. Ind. in Leipz.) 2 gr.

„Tabellen über Längen-, Flächen- und Körpermaasse, über den innern und gangbaren Werth der Münzen .... Nach bayerischem Kubikschuh und Gewicht berechnet", Kempten 1843. — Vorh.: Com. Bibl. Hamburg.

— üb. einige wichtige Lehren d. Christen. 8. Hannov. 777. Schmidt. 2 gr.

— zur deutschen Literaturgeschichte. Für Wiederholgn., Prüfgn., Nachschlagen etc. Von Germanicus. (48 S.) 8. Leipzig (906). S. Schnurpfeil. — 30

— logarithmische, f. Seefahrer. 8. Stockh. 763. (Brockhaus in Leipz.) 6 gr.

— logarithmische, f. Seefahrer. 8. Stockholm. (Gleditsch in Leipz.) 763. — 6

Tabellen zur Lohnberechnung von 50 Heller bis 6 Kronen ausgerechnet für ¼ Tag bis 30 Tage. Nothwendiges Hilfsbuch für das gesammte Baugewerbe und für alle Fabriken. 12. (56 S.) Geb. —.60
Wien: Stock 1893.

— über das Material des Königlich Preußischen Trains. Berlin 863. Voß. gr. 8. (23 S.) 3 ngr.

— militair-statistische, aller souveränen Länder der Erde. Bearb. von T. 8. (III, 52 S.) Leipzig 878. Ruhl. n. 1. —

— militair-statistische, aller souverainen Länder der Erde. 2. Aufl. 8. (III, 52 S.) Leipzig 884. Ruhl. n. 1. —

— — 3. Aufl. 1893.

— militär-statistische, aller souveränen Länder der Erde. 4. Aufl. 8. (87 S.) Leipzig 894. M. Ruhl. n. 1. 50

— der chemischen Mischungsgewichte. (Von A. Bezold.) 12. Erlangen 841, Fd. Enke. ¼ ℛ

— u. amtliche Nachrichten über den Preuss. Staat f. d. J. 1849. Hrsg. von dem statist. Bureau zu Berlin. I u. II. Fol. I. (Bd.) Die statistische Tabelle, d. i. Nachrichten über die Gebäude, die Einwohner u. den Viehstand, so wie die Uebersicht d. verschiedenen Wohnplätze enthaltend. (VIII u. 425 S.) II. (Bd.) Die Bevölkerungsliste, enthaltend die Nachrichten üb. die im Laufe des J. 1849 Geborenen, Getrauten u. Gestorbenen; — die Kirchen- u. Schul-Tabelle; so wie die Tabelle von den Sanitäts-Anstalten. (VI u. 622 S.) Berlin 851, Hayn. (I: n. 3½ ℛ II: n. 5 ℛ) n. 8½ ℛ

Tabellen und amtliche Nachrichten über den Preussischen Staat für das Jahr 1849. Herausgegeben von dem statistischen Büreau zu Berlin.
Band II. Die Bevölkerungsliste, enthaltend die Nachrichten über die im Laufe des Jahres 1849 Geborenen, Getrauten und Verstorbenen; die Kirchen- und Schul-Tabelle, sowie die Tabelle von den Sanitäts-Anstalten. Berlin 1851.
• III. Bericht über die in den Jahren 1848 und 1849 auf den Stationen des meteorologischen Instituts im Preussischen Staate angestellten Beobachtungen. Berlin 1851.
• V. Gewerbe-Tabellen für 1849 und 1852. Berlin 1854.
Dieselben für das Jahr 1852. (In einem Bande.) Berlin 1855.

Tabellen und amtliche Nachrichten über den Preussischen Staat für das J. 1849. Herausg. von dem statistischen Bureau zu Berlin. IV. (Bd.) Die Resultate der Verwaltung enthaltend. Berlin 853. Hayn. Fol. (VIII, 667 S.) n. 5 ℛ. 20 ngr.

— — (Gewerbe-Tabellen für 1849 u. 1852.) V. (Bd.) Die Gewerbe-Tabelle, enthltd.: Die mechanischen Künstler und Handwerker, bei denen der Meister mit Gehülfen arbeitet, die Anstalten und Unternehmungen zum literarischen Verkehr gehörig, die Handelsgewerbe, die Schifffahrt, das Fracht- und Lohnfuhrwesen, die Gast- und Schankwirthschaft, die Civilbeamten in Staatsdiensten, die Kommunalbeamten, die ländlichen Erwerbsverhältnisse, so wie die Handarbeiter und das Gesinde, für 1849 u. 1852. Ebend. 854. Fol. (XII, 1088 S.) n. 8 ℛ. 20 ngr.

—— dass. — für die J. 1849 und 1852. Hrsg. von dem statist. Bureau zu Berlin. VI. und VII. (Bd.) Fol. Ebds. 855. *

Inhalt:

(Bd.) VI. Tabelle der Fabrikations-Anstalten und Fabrikunternehmungen aller Art für 1849 und 1852. 2 Abthlgn. (XI und 1586 S.) * 12 Thlr.

- VII. Die statist. Tabelle, d. i. die Nachrichten von den Gebäuden, der Volkszahl und dem Viehstande. Die Uebersicht der verschied. Wohnplätze. Die Bevölkerungs-Listen. Die Kirchen- und Schul-Tabelle. Die Sanitäts-Tabelle. (VI und 236 S.) * 2 Thlr.

1. und 2. Bd. Ebendas. 1851. * 8 Thlr. 15 Ngr. Den 3. Bd. bildet: Dove, H. W., Bericht über die 1848 und 1849 auf den Stationen des meteorolog. Instituts in Preussen angestellten Beobachtungen. Berlin 851, Deckersche geheime Ober-Hofbuchdr. 2 Thlr.

—— und amtliche Nachrichten über den preussischen Staat für das J. 1855. Die statist. Tabelle, d. i. die Nachrichten von den Gebäuden, der Volkszahl und dem Viehstande. — Die Uebersicht der verschied. Wohnplätze. — Die Uebersicht der persönl. und gewerbl. Verhältnisse der Juden. — Die Bevölkerungs-Listen, d. i. die Nachrichten über die im Laufe der J. 1853, 1854, 1855 Geborenen, Getrauten und Gestorbenen. — Die Kirchen- und Schul-Tabelle. — Die Sanitäts-Tabelle. — Die Gewerbe-Tabelle, enthaltend die mechan. Künstler und Handwerker, bei denen der Meister mit Gehülfen arbeitet etc. — Die Gewerbe-Tabelle der Fabrikations-Anstalten und Fabrik-Unternehmungen aller Art. Hrsg. von dem statist. Bureau zu Berlin. Fol. (VI und 308 S.) Berlin 858, Hayn. *

—— und amtliche Nachrichten über den preussischen Staat. Hrsg. von dem statistischen Bureau zu Berlin. Fol. Berlin 858, Verlag des k. statist. Bureaus. cart. *

Inhalt:

Ergebnisse der in den Jahren 1848 bis 1857 angestellten Beobachtungen des meteorologischen Instituts. (XXIV und 179 S.)

Tabellen und amtliche Nachrichten über den Preussischen Staat für das Jahr 1858. (X. Bd.) Herausg. von dem statistischen Bureau zu Berlin. Berlin 860. v. Decker. Fol. (XII, 626 S.) n. 5 *ℳ* 10 ngr

Tabellen und Nachrichten von der adeligen Familie derer von Nettelhorst. 2 Bll. u. 5 Tfln. fol.

Tabellen, Naturgeschichtliche, Hülfs- und Erleichterungsmittel für Lehrer und Schüler ... Heilbronn 1829. V: *Gehring*. (Ky)

—— naturgeschichtl., Hülfs- u. Erleichterungs-Mittel f. Lehrer u. Schüler in Stadt- u. Land-Schulen, in welchen nach dem „Denkfreunde" v. Schlez unterrichtet wird. N. d. 9. Aufl. bess. bearb. gr. Fol. (6 B.) Heilbronn 829, Drechsler.

— — Naturgeschichtliche, nach J. F. Schlez gemeinnütziger Naturgeschichte mit Bezug auf die bildl. Darstellungen in den Unterhaltungen aus der Naturgeschichte. 1s Heft. Fol. Straubing, Schmidt. 817.

— naturgeschichtliche, nach J. F. Schlez gemeinnütziger Naturgeschichte mit Bezug auf die bildl. Darstellungen in d. Unterhalt. aus d. Naturgeschichte. 1s Heft. Fol. Straubing. 817. (Schorner). 9 *gr*

— neun. üb. die Buchstaben, d. Lesen, d. Kalligraphie, Arithmetik, Naturgeschichte u. Geographie. 8. Manh., Pränum.-Cpt. 3 *ℳ* 8 *gr*

Tabellen betreffend den Notenumlauf und Metallbestand der Reichsbank, sowie die Bewegung des Privatdiskonts an der Berliner Börse. Zusammengestellt von der Deutschen Bank [Remboursabteilung]. Ausg. 1907. Berlin, 1908. 4 S.

Tabellen über die Preisbewegung der nachgenannten Waren, während der Jahre 1908, 1909 und 1910: Baumwolle, Blei, Gummi, Jute, Kaffee, Kupfer, Mais, Petroleum, Roggen, Roheisen, Salpeter, Schmalz, Silber, Weizen, Wolle, Zink, Zinn, Zucker. Graphische Darstellungen von der Deutschen Bank. Berlin 1910.

— von den couranten Preisen von Kaffee- u. Tafelservicestücken der Berliner Porzellanfabrik. Fol. Berl. 798. Sander. 4 *gr*

—— für Procent-Zuschlag nach dem 100theiligen Münzsystem von 2 bis 85% auf 1 Centime, Pfenning, österreich. Kreuzer etc. etc. bis 100 Franken, Reichsmark, österreich. Gulden, nebst (2) Tabellen (in gr. Fol.) zur Angabe des Prozent-Ergebnisses auf den Kosten und auf dem Erlös. gr. 4. (III, 196 S.) St. Gallen 875, (Huber und Comp.) *

— für die im prakt. Leben vorkomm. Rechnungen, s. Rechnungs-Tabellen.

— üb. Rechnungsmünzen, Münzfuß, Wechselgeschäfte, Handlungsgewicht rc. der vornehmsten europ. Handelsstädte. 16. Münch. 814. 3e A. 818. (Leipz., Lauffer). 14 *gr*

— üb. Rechnungsmünzen, Münzfuß, Wechselgeschäfte rc. 8. Nürnb. Riegel u. W. (in Comm.) 814.

— — über Rechnungsmünzen, Münzfuß, Wechselgeschäfte, Handlungsgewicht rc. der vornehmsten europ. Handelsstädte. 3te Aufl. 16. München, Zeller. (Leipzig, Lauffer in Comm.) 818.

— zur Reduction der Außer-Meridian-Höhen. Aus dem Engl. nach der für das Hydrograph. Büreau der brittischen Admiralität veranstalteten 5. Londoner Ausg. von H. B....r. Hamburg 856. (Leipzig, Rein.) gr. 8. (30 S.) 15 ngr

—— zur Regulirung der Gewinnste bei Scheibenschießen nach Kreisen. Nebst einem Anhang zur Berechnung der Einlagen. 8. (64 S.) Erding 852. (Landshut, Krüll'sche Universitäts-Buchh.)

— u. Resultate aus d. Stuttgarter Kirchenregister gezogen, als Materialien zur polit. Arithmetik. gr. 8. Ulm 793. Wohler. 5 *gr*

— üb. die Rettungsmittel in allen Arten von Scheintodt u. Zufällen, von d. Colleg. med. sanit. Fol. Berl. 801. Nauck. 2 *gr* 2e verb. u. verm. A. 822. (Vogler in Potsd.) 4 *gr*

— üb. d. Rettungsmittel in allen Arten von Scheintodt u. Zufällen, v. d. Colleg. med. sanit. Fol. Berlin, Nauck. 801. — 2

— Rinder- u. Kalbe- Milch- Butter- Eyer- Käse- u. Federvieh-, für Frauenzimmer. Fol. Leipz. Compt. f. Litt. 802. — 20

Tabellen betreffend das Schulwesen von Baselland 1847—48. Liestal.

— 16 genau berechnete, des Werthes der Heller, Kreuzer u. Gulden bis auf 3000 Gulden zu 1—10 Procent. 8. Kempt. 808. Dannheimer. 2 *gr*

—— für Spiritus-Interessenten. 16. (18 S.) Breslau 871, (Schletter'sche Buchh.) [Hepner's Verlag.]

— für Spiritus-Interessenten. 16. (18 S.) Breslau 871. (Skutsch.) — 50

— über den preußischen Staat, siehe J. Gll. Böttcher.

Tabellen über den russischen Staat, siehe J. Gll. Böttcher.

— üb. die Staatswirthschaft eines europ. Staats der 4n Größe nebst Betracht. üb. dies.; aus d. Französ. gr. 4. Leipz. 786. (Brockhaus). 12 gl

— über d. Staatswirthschaft e. europ. Staats d. 4ten Größe nebst Betracht. üb. dies. a. d. Franz. gr. 4. Leipzig, Heinsius. (Gleditsch.) 786. — 12

Tabellen über die Staatswissenschaft eines europäischen Staates der vierten Grösse . . . A. d. Franz. Leipzig 1786. V: *Heinitz, Frdr. Anton Freih. von.* (MS)

— f. die neuen Standquartiere der königl. sächs. Armee im J. 1810. Fol. Dresd., Arnold. 3 gl

— statistische. Beiträge zur Kenntniß der Zustände Schwedens während 20 Jahren der Regierung Königs Karl XIV. Johanns. Fol. Hamburg 843, Nestler u. Melle. n. 5/8 ♯

(Tabellen. Statistische Tabellen. [Hrg. durch die] Zürcherische Seidenindustrie-Gesellschaft Zürich. Jahr 10: Campagne 1900—1901 (*Tabellen A u. B: Jahr 11: Campagne 1901—1902). Ganzer Jahrgang: Juli 1900 bis Juni 1901. IV S. + 16 Tabellen.) 4. ([Zürich] 1901.) (Abt. fr. 8.— für die Schweiz, fr. 10.— für das Ausland.)

(Tabellen. Statistische Tabellen. [Hrg. durch die] Zürcherische Seidenindustrie-Gesellschaft Zürich. Jahr 11: Campagne 1901-1902 *Tabellen A u. B: Jahr 12: Campagne 1902-1903 —.) 4. [Zürich.] (Jahresabt. fr. 8. — für die Schweiz, fr. 10. — für das Ausland.)

(Halbjahr I: Juli bis Dezember 1901. II S. + 7 Tabellen. — 1902 März 18.)
(Ganzer Jahrg.: Juli 1901 bis Juni 1902. III S. + 16 Tabellen. — 1902 Oktober 20.)

(Tabellen. Statistische Tabellen. [Hrg. durch die] Zürcherische Seidenindustrie-Gesellschaft Zürich. Jahr 12: Campagne 1902-1903 —*Tabellen A u. B: Jahr 13: Campagne 1903-1904 —.) 4. [Zürich.] (Jahresabt. fr. 8.— für die Schweiz, fr. 10.— für das Ausland)

(Halbjahr I: Juli bis Dezember 1902.) II S. + 7 Tabellen. (1903 März 28.)
(Ganzer Jahrg.: Juli 1902 bis Juni 1903.) III S. + 15 Tabellen. (1903 Oktober 13.)

(Tabellen. Statistische T'. [Hrg. durch die] Zürcherische Seidenindustrie-Gesellschaft, Zürich. Jahr 13: Campagne 1903-1904 — *Tabellen A u. B: Jahr 14: Campagne 1904-1905 —.) 4. [Zürich.] (Jahresabt.: Schweiz fr. 8. —, Ausland 10. —)

(Halbjahr I: Juli bis Dezember 1903.) II S. + 7 Tabellen. (1904 März 25.)
(Ganzer Jahrg.: Juli 1903 bis Juni 1904.) III S. + 15 Tabellen. (1904 Oktober 20.)

(Tabellen. Statistische T'. [Hrg. durch die] Zürcherische Seidenindustrie-Gesellschaft, Zürich. Jahr 14: Campagne 1904-1905 — *Tabellen A u. B: Jahr 15: Campagne 1905-1906 —.) 4. [Zürich.] (Jahresabt.: Schweiz fr. 8. —, Ausland 10. —) Q⁴

(Halbjahr I: Juli bis Dezember 1904.) II S. + 7 Tabellen. (1905 Juni 6.)
(Ganzer Jahrg.: Juli 1904 bis Juni 1905.) III S. + 15 Tabellen. (1905 September 5.)

(Tabellen. Statistische T'. [Hrg. durch die] Zürcherische Seidenindustrie-Gesellschaft, Zürich. Jahr 15: Campagne 1905-1906 — *Tabellen A u. B: Jahr 16: Campagne 1906-1907 —.) 4. [Zürich.] (Jahresabt.: Schweiz fr. 8. —, Ausland 10. —)

(Halbjahr I: Juli bis Dezember 1905.) II S. + 7 Tabellen. (1906 März 20.)
(Ganzer Jahrg.: Juli 1905 bis Juni 1906.) III S. + 15 Tabellen. (1906 Oktober 31.)

(Tabellen. Statistische T'. [Hrg. durch die] Zürcherische Seidenindustrie-Gesellschaft, Zürich. Jahr 16: Campagne 1906-1907 — *Tabellen A u. B: Jahr 17: Campagne 1907-1908 —.) 4. [Zürich.] (Jahresabt.: Schweiz fr. 8. —, Ausland 10. —)

(Halbjahr I: Juli bis Dezember 1906.) II S. + 7 Tabellen. (1907 März 25.)
(Ganzer Jahrg.: Juli 1906 bis Juni 1907.) III S. + 15 Tabellen. (1907 September 15.)

(Tabellen. Statistische T'. [Hrg. durch die] Zürcherische Seidenindustrie-Gesellschaft, Zürich. Jahr 17: 1907-1908 — *Tabellen A u. B: Jahr 18: Campagne 1908-1909—.) 4. [Zürich.] (Jahresabt.: Schweiz fr. 8.—, Ausland 10.—)

(Halbjahr I: Juli bis Dezember 1907.) II S. + 7 Tabellen. (1908 Februar 29.)
(Ganzer Jahrg.: Juli 1907 bis Juni 1908.) III S. + 15 Tabellen. (1908 August 31.)

(Tabellen. Statistische T'. [Hrg. durch die] Zürcherische Seidenindustrie-Gesellschaft. Jahr 18: Campagne 1908-1909 — *Tabellen A u. B: Jahr 19: Campagne 1909-10—.) 4. [Zürich.] (Jahresabt.: Schweiz fr. 8. —, Ausland 10. —)

(Halbjahr I: Juli bis Dezember 1908.) II S. + 7 Tabellen. (1909 März 5.)
(Ganzer Jahrg.: Juli 1908 bis Juni 1909.) III S. + 15 Tabellen. (1909 September 15.)

(Tabellen. Statistische T'. [Hrg. durch die] Zürcherische Seidenindustrie-Gesellschaft. Jahr 19: Campagne 1909—1910 — *Tabellen A u. B: Jahr 20: Campagne 1910—1911 —.) 4. [Zürich.] (Jahresabt.: Schweiz fr. 8. —, Ausland 10. —)

(Halbjahr I: Juli bis Dezember 1909.) II S. + 7 Tabellen. (1910 März 15.)
(Ganzer Jahrg.: Juli 1909 bis Juni 1910.) III S. + 15 Tabellen. (1910 September 10.)

Tabellen, Statistische, der Stadt Essen 1907 ff. Essen-Ruhr 1908 ff.
1907. 1909; 1908. 1910.

Tabellen, statistische, der Fabrikarbeiter-, Kranken-, Unterstützungs- u Invalidenkasse zu Neustadt bei Magdeburg. 4° Magdeburg 1893

Tabellen, Statistische, der Länder der Erde. O. O. [Leipz.? 186?] V: *Delitsch, Otto & Hugo Franz Ritt. v. Brachelli.* (Kat. d. stat. Bureaus. Dresden 1890.)

—— statistische, des russischen Reiches für das J. 1856. In ihren allgemeinen Resultaten zusammengestellt und hrsg. auf Anordnung des kaiserl. russ. Ministeriums des Innern durch das statist. Central-Comité. Aus dem Russ. übers. und bearb. von E. v. Olberg. gr. 8. (IV und 134 S.) Berlin 859, Mittler und Sohn. Thlr.

— statistische, aus dem deutschen Reichs-Anzeiger u. königl. preuß. Staats-Anzeiger. 1. Sem. 1876. gr. Fol. (31 Tab.) Berlin 876. C. Heymann's Verl. in Comm. n.n. 1. 25

Tabellen, Statistische, der merkwürdigsten Europäischen Staaten. Prag 1781. V: *Schmidtburg, G. R. Freih. von.* (MGT)

— statistische, üb. d. vornehmst. europ. Staaten. Fol. Gotha, Ettinger. 778. — 4

— statistische, über verschiedene Stände u. Gewerbe Bayerns zur richtigern Beurtheilung der billigen Verleihung oder gegründeten Abweisung von Selbstständigkeits-Gesuchen in Gewerbesachen, u. zur Regulirung der bestehenden Ungleichheiten für alle Polizei-Behörden, Gewerbetreibende rc. mit Zugrundelegung der v. Hermann'schen Gewerbe- u. Bevölkerungs-Statistik, vom J. 1850 (v. Pfeiffer). qu. gr. 8. (16 S.) Augsburg 852, v. Jenisch & Stage. 1/6 ♯

Tabellen, Statistische, zur bequemen Übersicht der Grösse, Bevölkerung . . . der vornehmsten und merkwürdigern Staaten in Europa. . . . Prag 1781. 2. Ausg. Leipz. 1783. 3. Ausg. 1785—86. V: *Schmidtburg, G. R. Freih. von.* (MS) (Ky)

— statistische, z. bequemen Uebersicht d. Größe, Bevölkerung, des Reichthums u. d. Macht der vornehmsten europ. Staaten, (v. G. R. v. Schmidtburg). gr. Fol. Prag 783. Schönfeld. 1 Thlr 4 gr

Tabellen, statistische, üb. die Währungs-Frage d. österreichisch-ungar. Monarchie. Verf. im k. k. Finanz-Ministerium. Fol. (VIII, 446 S.) Wien 892, (Hof- u. Staatsdruckerei). * 8 —

Statistische Tabellen über den Wettkampf am Eidgen. Turnfest, Freiburg 1878, Basel 1886, Luzern 1888, Schaffhausen 1897, La Chaux-de-Fonds 1900, 4°. 6 Bde.

— statistische, der Zuckerkampagnen 1891/92 bis 1895/96. Hrsg. v. d. „Centralblatt f. die Zuckerindustrie d. Welt.“ 12. (V S. m. 17 Tab.) Magdeburg 897. Schallehn & Wollbrück. In Leinw. kart. n. 3. -

— dasselbe 1892/93 bis 1896/97. 12. (V S. m. 18 Tab.) Ebd. 898. n. 3. —

Tabellen, statistisch-topogr., vom Großh. Baden, in 2 Bl. bearb. auf dem Großh. Generalquartiermeisterstab. Karlsruhe 844. (G. Braun.) baar 1/2 Thlr

— der von inländischem Branntwein zu zahlenden Steuer. Fol. Nordhaus. 811. Nitzsche. 2 gr

— Steuerabgaben, Agio, Disconto, od. Rabbatt von ⅛ p. C. bis 25 p. C. u. von 1 Thaler bis 10,000 Thaler. 4. Ebend. 812.

Tabellen der von inländischem Brauntwein zu zahlenden Steuern. fol. Nordhausen, Nitzsche, 1811.

— synchronistische, d. Völkergeschichte, siehe a. D. G. J. Hübler.

Tabellen, Synchronistische, der Völkergeschichte, hauptsächlich nach Herrn Hofrath Gatterers Versuch einer allgemeinen Weltgeschichte. Freyberg 1795 —1804. V: *Hübler, Daniel Gotthilf Joseph.* (MGT)

— synoptische, od. Osteologie des menschl. Körpers. Royal-Fol. Weimar 804. Ind.-Compt. 6 gr

Tabellen, Systematische, über die französische Sprachlehre . . . Libau 1805. 2. Aufl. 1811. V: *Krüger, Wilh. Georg.* (MGT) (NN)

— für Techniker, Industrielle und Gewerbtreibende der Eisenbranche. Herausg. von einem Rheinpreußen. Köln 859. Eisen. gr. 8. (2 Bl., 59 S.) n. 15 ngr.

— topograph.-statist., des Großherzogth. Berg. Fol. Düsseld., Hofbuchhandl. 10 gr

— f. Überführung der russischen Masse u. Gewichte ins Metrische u. umgekehrt, sammt Vergleichg. u. Preisen zwischen ihnen. (In russ., deutscher u. französ. Sprache.) (32 S.) 22×11,5 cm. Moskau 902. (Riga, N. Kymmel.) — 60

— zur augenblickl. Uebersicht eines jeden Geldbetrags in Conventionsmünze. Wien ... Rehm. 8 gr

— zur chronolog. Uebersicht der Hauptveränderr. v. Rußland; aus d. Russ. 12. Götting. 802. Schröder. 8 gr

Tabellen zur Übersicht der Hauptveränderungen von Europa; nach d. Franz. des Bürgers Koch. Göttingen 1800. B: *Martens, Gg Frdr. von.* (MGT)

— zur genauen Umrechnung der Gutegroschen und Pfennige in Silbergroschen und Pfennige und umgekehrt. Hildesheim (857.) Lax. 8. (7 S.) 2½ ngr.

Tabellen zur Umrechnung sämmtlicher Conventions - Münze - Coupons - Gattungen der österreich. Währung von 1 bis 100 Stück, nebst einem vollständigen Verzeichnisse aller im Wiener Courszettel notirten Staats-, Industrie- u. Lotteriepapiere u. s. w. *Wien. Wallishausser'sche* Buchh. *(Jos. Klemm).* 2 Bl., 8°. 4°.

—— zur Umrechnung der bisherigen schweizerischen Maße und Gewichte in neue metrische und umgekehrt und zur Vergleichung der Preisverhältnisse nach altem und neuem Maß. Amtliche Ausg. nach Anordnungen des Regierungs-Rathes des Kantons Schwyz. 16. (23 S.) Einsiedeln 877, Gebr. Benziger. *

— zur Umrechnung der Wiener Maße u. Gewichte in die d. metrischen Systems u. umgekehrt, nebst e. Anh. enth. die spezif. u. absoluten Gewichte einiger Körper. Zum Gebrauch f. das k. k. Heer. gr. 4. (142 S.) Wien 874. k. k. Hof- u. Staatsdruckerei. n. 1. 60

— zur Umrechnung von Rubel in Reichsmark u. Pfennige von 1—100 Rubel zum Course von 201 bis incl. 239, nebst Berechnung des Bruchtheil-Courses. 16. (40 S.) Kreuz 877. Moersig. — 50

— zur schnellen u. leichten Umrechnung der Gulden u. Kreuzer des 24½ Guldenfußes in die früher gangbar gewesenen Münzsorten u. umgekehrt. 2. mit Tab. verm. Aufl. gr. 8. Rudolstadt 844, Renovanz. n. 1/6 Thlr

— zur Umrechnung der süddeutschen Währung in Reichswährung und umgekehrt. Amtliche Ausgabe. Stuttgart

— zur Umrechnung der süddeutschen Währung u. umgekehrt. Amtl. Ausg. 16. (16 S.) Darmstadt 874. (Jonghaus.) n.n. — 6

—— dass. — (Plakat.) qu. gr. Fol. Ebendas. 874.

— zur Umwandlung d. kurhessischen Bau- od. Werkmaaßes in Metermaas. I. Längenmaas. gr. Fol. (1. Bl.) Kassel 871. Hühn. n. — 30

— zur Umwandlung der bisherigen württembergischen Flüssigkeitsmaße in das Litermaß u. zur Berechng. der hierauf bezügl. Preise. Ein unentbehrl. Handbuch f. Weinhändler, Wirthe, Weingärtner ꝛc. 8. (VIII, 96 S.) Stuttgart 872. Grüninger. — 80

—— zur Umwandlung der bayerischen Fusse, Quadrat- und Kubikfusse in metrisches Mass und umgekehrt. 8. (25 S.) München 870, Th. Ackermann. *

—— zur Umwandlung der Cubik-Meter in englische und preussische Cubik-Fusse und der englischen und preussischen Cubik-Fusse in Cubik-Meter. gr. 8. (IV, 91 S.) Mannheim [Strassburg] 870, Schneider's Verlag.

— zur Umwandlung d. bayrischen Längen- u. Flächen-Maaßes in metrisches Maaß u. umgekehrt. Zum dienstl. Gebrauche bearb. vom kgl. bayr. Kataster-Bureau. Mit e. lith. Taf. gr. 8. (62 S.) München 874. (J. A. Finsterlin.) n. 2. —

— zur Umwandlung des bayerischen Längen- u. Flächenmaßes in metrisches Maß u. umgekehrt, ebenso dienlich zur Umwandlung der Preise, Kosten u. Erträge. Zum Gebrauche für Forstbeamte bearb. nach den Tabellen in Ganghofer's Holzrechner [älterer Ausg.]. Mit 2 lith. Taf. gr. 8. (48 S.) Augsburg 878. Schmid's Verl. n. 1. —

— zur Umwandlung der bayerischen Masse u. Gewichte in metrische u. umgekehrt. Mit e. einleit. Erklärg. der Decimalbruchrechng., d. metr. Systemes, der neuen bayer. Massordng. u. s. w. 8. (XXIV, 84 S.) München 871. Th. Ackermann. — 90

Tabellen zur Umwandlung der bisherigen süddeutschen Münzen in die neuen Reichsmünzen und umgekehrt. Schwabach 1872

— zur Umwandlung des Zollgewichts in das Wiener- und bayerische Gewicht und dieser Gewichte in das Zollgewicht von $^1/_{100}$ Pfund und 1 Loth bis 100 Zentner. Zum Gebrauche für Zollbeamte, Spediteurs, Handelsleute &c. insbesondere in Oesterreich, Bayern, so wie in Württemberg &c. Innsbruck 860. (Pfaundler.) gr. 8. (27 S.) n. 10 ngr.

— zum Unterricht in d. französ. Sprache. gr. 4. Stuttg., Steinkopf. 3 gl

— zum Unterricht in Volksschulen. gr. 8. (20 S. m. 4 Steintaf.) Bielefeld 881. Velhagen & Klasing. n.n. — 25

— zum Unterricht in Volksschulen. gr. 8. (19 S. m. 4 Karten.) Bielefeld 885. Velhagen & Klasing. n.n. — 25

Tabellen zum Unterricht in Volksschulen. gr. 8. (20 S. mit 4 Karten.) Bielefeld 886, Velhagen und Klasing. ** — 25

Tabellen zum Unterricht in Volksschulen. gr. 8. (20 S. m. Karten.) Bielefeld 888. Velhagen & Klasing. n.n. — 25

—— zum Unterricht der Volksschulen. (Ausg. 1892.) gr. 8. (20 S. m. 4 Karten.) Bielef., Velhagen u. Klasing. ** — 25

— zu dem Vereins-Zolltarife, und zwar zur Berechnung der Abgaben nach der neuen Gewichts- und Münz-Eintheilung, so wie zur Reduction des Brutto-Gewichts auf Netto-Gewicht. Bremen 859. (Kühtmann & Co.) 4. (35 S.) n. 8 ngr.

— vergleichende, der bisherigen Maße u. Gewichte aller deutschen Staaten mit den neuen Maßen u. Gewichten des norddeutschen Bundes, nach dem Gesetz vom Jahre 1868, sowie der wichtigsten Gold- u. Silbermünzen &c. aller Länder der Erde. Leipzig 868. Pardubitz. 32. (45 S.) n. 5 ngr; in engl. Einb. n. $7^1/_2$ ngr.

—— vergleichende, der bisherigen Maße und Gewichte aller deutschen Staaten mit den neuen Maßen und Gewichten des norddeutschen Bundes, nach dem Gesetz vom J. 1868, sowie der wichtigsten Gold- und Silbermünzen &c. aller Länder der Erde. 32. (45 S.) Leipzig 870, Pardubitz. [Lorber.] * geb. *

Tabellen, Vergleichende, der Russischen Silber- und Kupfer-Münzen **und des Preussischen Courant-Geldes gegen einander** . . . Berlin 1812. V: *Gädicke, Johann Chn.* (MGT) »1813« (Ky) (NN)

— vergleichende, der russ. Silber- u. Kupfermünzen u. d. preuß. Courantgeldes gegen einander, von 1 Kopeken bis 10,000 Rubel, u. von 1 Pfennig bis 10,000 Thaler, (v. J. C. Gädicke). 8. Berl. 813. Gädicke. 2 gl

— zur Vergleichung d. französ.-republikan. u. des Gregorianischen Kalenders v. Sept. 1792 bis 31. Dec. gr. Fol. Altona 805. Hammerich. 4 gl

Tabellen zur Vergleichung der neuen Schweizer-Masse und Gewichte mit den neuen Massen und Gewichten der Nachbar-Staaten. Bern 1839. V: *Trechsel, Frdr.* (AarK)

— zur Vergleichung der neuen Schweizer Maaße und Gewichte mit den Maaßen und Gewichten der Nachbar-Staaten. Bearbeitet in Folge Beschlusses d. Konferenz d. konkordirenden Kantone vom 5. Febr. 1836. Lex.-8. Solothurn 840. (Kaßmuß.) $^3/_8$ rß

Tabellen zur Vergleichung d. neuen Schweizer-Maße u. Gewichte mit d. Maßen u. Gewichten d. Nachbar-Staaten. Bearb. in Folge Beschlusses d. Konferenz d. konkordir. Kantone v. 5. Febr. 1836. Lex.-8. (5 B.) Solothurn 840, (Scherer'sche Buchh. Thlr.

Tabellen zur Vergleichung der vornehmsten Münzen in Europa. Berlin 1787. V: *Fischer, Ernst Gottfried.* (Ky) (MGT)

— über das Verhältniß der Pistolen zu Courant und des Courants zu Pistolen, wenn die Pistole resp. zu $5^2/_3$ rß, $5^3/_4$ rß u. $5^5/_6$ rß gerechnet wird; imgleichen der Neuen $^2/_3$-Stücke mit Conventions-Münze und Courant, das Stück Neue $^2/_3$ zu 18 gl 2 S Conventions-Münze gerechnet. Entworfen von G. H. W. D. 4 Osterode 839. Sorge. n. $^1/_3$ rß

— v. Verhältnissen, d. meklenb. Münzen gegen andere Geldsorten &c. Leipz. Gräff. — 12

— v. Verhältnissen der Mecklenburg. Münzen gegen andere Geldsorten &c. 8. Leipz. 764. (Wienbrack). 12 gl

Tabellen aus der landwirthschaftlichen u. landwirthschaftl.-technischen Verhältnisskunde. Auszug aus dem österreich. landwirthschaftl. Kalender 1883. gr. 16. (IV u. S. 57—261.) Prag 883. Calve. n. 1. —

Tabellen, enthltd. die Verhältnißzahlen für die Umrechnung der in Preußen bisher gültigen Landesmaaße u. Gewichte in die durch Maaß- u. Gewichtsordnung für den norddeutschen Bund festgestellten neuen Maaße u. Gewichte. Berlin 869. v. Decker. gr. 4. (27 S.) n. 4 ngr.

Tabellen. 1. Zur Verwandlung von Conv.-Münze in österr. Währung. 2. Zur Verw. von österr. Währung in Conv.-Münze. 3. Zur Verw. von Wien.-Währ. in österr. Währ. Druck u. Verl. von *Buschak & Irrgang* in *Brünn*. 1 Bl. Fol.

Tabellen zur Verwandlung der im Herzogthum Sachsen-Coburg bisher gültigen Landesmaaße in die durch die Maaß- und Gewichtsordnung für den norddeutschen Bund festgestellten neuen Maaße. Koburg 1868. V: *Hock, F., Forstrat.* (Russell VI, 470)

Tabellen zur Verwandlung der alten Masse und Gewichte des Grossh. Baden in die neuen. Karlsruhe 1811—12.

— zur Verwandlung d. alten Maße u. Gewichte des Großherzogthum Baden, in die neuen allgem. badischen. 1r Bd. gr. 8. Frankf. am M. Hermann. 812.

— zur Verwandlung der alten Maaße u. Gewichte d. Großherzogth. Baden in die neuen allgem. Badischen. 2 Bde mit Nachtr. gr. 8. Karlsr. 812. Müller. 3 f 3 Kr

— — Nachtrag zu denselben. gr. 8. Ebend. 813.

Tabellen, Vier, über die churfürstlich- und herzoglich-Sächsischen Besitzungen . . . Leipz. 1791. V: *Bötticher, Jac. Glieb Isaak.* (EB)

— üb. d. Volksmenge v. 630 Städten. gr. Fol. Gießen, Tasché u. M. 806. — 6

– s.a. Tabelle . . .

Tabellen über die, nach der allerh. Resolution vom 24. Mai 1834, in den Herzogthümern Schleswig und Holstein am 1. Febr. 1835 vorgenommenen Volkszählung. Auf Veranlassung der Rentekammer herausgegeben. Kph. 1836. Fol.

Tabellen, Vollständige nach dem Decimalmaass berechnete, zur Bestimmung des cubischen Inhalts, sowohl des runden, als des beschlagenen Holzes . . . Hann. 1801. V: *Duve, G. L.* (MGT) (Ky)

Vollständige Tabellen über Geld-Wechsel, Gold- und Silber-Speculationen der vornehmsten Handlungsstädte in Europa nach deren jeden Cours besonders. Altona. 1786. — (Stahl, D, und J. Ernst), Schlüssel zu den Tabellen etc. Altona. U. A.

— vollständ., üb. Geld-, Wechsel-, Gold-, u. Silber-Speculationen der vornehmsten Handlungsstädte in Europa, nach denen jeder Cours besonders eingerichtet. 8. Hamb. 797. Gundermann. 2 ß 8 Kr

— üb. alle Vorfälle d. Türkenkrieges. 6 Stck. Fol. Wien, Wucherer. 788. — 9

Tabellen zur Vorlesung über die amerikanische Konkurrenz. 1. 2. Berlin 1902: Mittler. 4°
1. Die Grundlagen d. Produktion.
2. Die Vereinigten Staaten u. d. Aussenhandel.

Tabellen zur Währungs-Statistik. Verfasst im k. k. Finanz-Ministerium. Wien 1893.
2. Ausgabe. Theil I. 1896—1899.
" II. 1900—1904.
3. " 1903—1906.

— zur Währungs-Statistik. Verf. im k. k. Finanz-Ministerium. Fol. (VIII, 355 S.) Ebd. 893. n. 5.—

Tabellen zur Währungs-Statistik. Verf. im k. k. Finanz-Ministerium. 2. Ausg. I.—VII. Hft. Fol. Wien (Hof- u. Staatsdruckerei). n. 4. 80

I. 1. Abschn.: Die Edelmetallproduction. — 2. Abschn.: Wert d. Edelmetalle. Wertverhältnis zwischen Gold u. Silber. — 3. Abschn.: D. Münzen d. österreichisch-ungar. Monarchie. Rechnungswert verschied. Währungs- u. Münzsorten in österreich. Währg. — 4. Abschn.: Die Edelmetallbewegg. (S. 1—52 h.) 896. n. — 60
II. 5. Abschn.: Ausmünzgn. (S. 53—91.) 896. n. — 60
III. 6. Abschn.: Industrielle Verwendung. (S. 93—144.) 896. n. 1. —
IV. 7. Abschn.: Aus d. Statistik d. Zettelbanken. Staatl. Notenausgabe. Staats-Cassascheine. (S. 145—226; 92 a—g u. 144 a—f.) 898. n. — 60
V. 8. Abschn.: Disconto. Valuta- u. Wechselcurse. (S. 227—304.) 898. n. — 60
VI. 9. Abschn.: Geldumlauf, Edelmetallwerth. (S. 305—487 u. Nachtrag zum 8. Abschn. S. 304 a. u. b.) 896. n. 1. —
VII. 10. Abschn.: Creditverkehr. (Tabellen 118—172.) (S. 489—596.) 898. n. — 40

— zur Währungs-Statistik. Verf. im k. k. Finanz-Ministerium. 2. Ausg. 8. u. 9. Hft. Fol. Wien (Hof- u. Staatsdruckerei). n. 1. 40

8. Nachtrag zum 5. Abschn. Ausmünzungen 1895, 1896 u. 1897. (S. 597—654.) 898. n. — 40
9. Nachtrag zum 6. Abschn. Industrielle Verwendg. 1895, 1896 u. 1897. Titel, Inhalt und Register. (1. Thl. X u. S. 657—770.) 899. n. 1. —

— dasselbe. 2. Ausg. II. Thl. 1. u. 2 Heft. Fol. Ebd. n. 3. —

II. 1. 11. Abschn.: Der auswärtige Handel. (Tabellen 173—180.) (67 S.) 900. n. 1. —
2. 12. Abschn.: „Effectencurse". (Tabellen 181—223.) (S. 69 bis 211 m. 8 graph. Darstellgn.) 901. n. 2. —

— zur Währungs-Statistik. Verf. im k. k. Finanz-Ministerium. 2. Ausg. II. Thl. 3. u. 4. Heft. Fol. Wien (Hof- u. Staatsdruckerei). n. 7. —

3. 13. Abschn.: „Daten zur Zahlungsbilanz". (Tabellen 224 bis 458.) (VII u. S. 213—847.) 904. 5. —
4. 14. Abschn.: „Preise, Löhne, Kaufkraft des Geldes." (Tabellen 459—503.) (X u. S. 849—939.) 904. n. 2. —

— dasselbe. II. Ausg. V. u. VI. Heft. Fol. Ebd. n. 5. —

V. 8. Abschn.: Discont, Valuten- u. Devisencourse. (S. 497 bis 600 m. 10 Taf.) 905. n. 4. —
VI. 9. Abschn.: „Geldumlauf, Edelmetallvorrath". (Oesterreichisch-ungar. Monarchie.) (S. 601—660.) 906. n. 1. —

— dasselbe. 3. Ausg. I.—IV. Heft. Fol. Ebd. n. 4. 80

I. 1. Abschn.: Die Edelmetallproduction. — 2. Abschn.: Wert der Edelmetalle. Wertverhältnis zwisch. Gold u. Silber. — 3. Abschn.: Die Münzen der österreichisch-ungarischen Monarchie. Rechnungswert verschiedener Währungs- u. Münzsorten in Kronenwährung. — 4. Abschn.: Die Edelmetallbewegung. (100 S.) 903. n. 1. —
II. 5. Abschn.: Ausmünzungen. (S. 101—187.) 903. n. — 80
III. 6. Abschn.: Industrielle Edelmetallverwendung. Nachtrag zum 5. Abschn.: Ausmünzungen 1903. (S. 189—324 u. 187 a—e m. 2 graph. Taf.) 904. n. 1. —
IV. 7. Abschn.: „Aus der Statistik der Zettelbanken. Staatliche Notenausgabe. Staats-Kassascheine". (S. 325—496.) 904. n. 2. —

Waldnerische geneal. Tabellen. O. O. u. J. (ca. 1790.) fol.

—— was ein Pfund, Elle od. Stück bis zu 10000 von 3 Pfennig bis 16 Schilling u. von 1 bis 90 Mark betragen. 16. (9 B.) Hamburg 830, Herold.

— was Ein Pfund, Elle oder Stück bis zu 10000, von 3 Pfenning bis 16 Schilling u. von 1 bis 90 Mark betragen. (Neue Ausg.) Fehlerfrei! kl. 8. Hamburg 842, Herold. n. 5/12 ℔

— was ein Pfund, Elle, Stück ic. bis 10000 kosten ic. Hamburg, Vollmer. — 6

— üb. d. steigend. u. fallend. Wechselcourse, siehe J. F. Oeser.

— der Weltgeschichte, in 2 Blättern. gr. Fol. Leipz. 819. Cnobloch. 6 gl.

Tabellen für die allgemeine Weltgeschichte ... s. [Meyer, Remigius].

Tabellen f. d. Weltgeschichte u. d. Schweizergeschichte, s. Brömmel, Berthold

— wie in Hamburg der Curs in Louisd'or steigt u. fällt u. sich gegen Hamburger Bancogeld u. wiederum gegen Louisd'or à 5 ℔ von 1 Pfund bis 1000 Pfund berechnet, accurat verhält, ingleichen wie Bancogeld gegen Louisd'or steigt u. fällt. Götting. 772. Dieterich. 6 gl.

— der Wittwen- u. Waisengeld-Beiträge, der Pensionen, sowie der gesetzl. Wittwen- u. Waisengelder der preussischen Staatsbeamten bez. der Hinterbliebenen derselben. Lex.-8. (35 S.) Leipzig 885. Bredow. n. — 80

— womit auf die geschwindeste u. leichteste Art durch die blosse Addition alle Frankfurter Wechselcourse berechnet werden können, (v. C. F. Wanzel). gr. 4. Frankf. a. M. 802. (Schäfer). 2 ℔

— womit man auf d. geschwind. u. leicht. Art d. bloße Addition alle Frankfurter Wechselcourse berechnen kann. (v. C. F. Wanzel.) gr. 4. Frankf. Eßlinger. 802. 2 —

— woraus zu ersehen, wie nach Leipziger Werth die Carolinen, Louisd'or u. Ducaten gegen Frankfurter Werth stehen. 8. Götting. 772. Dieterich. 6 gl.

Tabellen worinnen der cubische Inhalt eines jeden Stammes von 6 bis 48 Zoll dick, und von 1 bis 60 Schu lang richtig ausgerechnet zu finden etc. - Giessen 1771. 48 S.

— worin der cubische Inhalt eines jeden Stammes ausgerechnet zu finden ist. gr. 8. Gießen 776. Krieger. 16 gl.

Tabellen wornach die Silber-Barren in der Altonaischen Bank in Bankogeld zu berechnen . . . Altona [17??]. V: *Andersen*, *Andreas Otto*, *S. Jensen* & *D. Stahl.* (MGT) *Jansen.* (Ky)

Zehn Tabellen über den Werthstempel für alle vorkommende Fälle nach dem Stempelgesetz vom 20. Nov. 1810 genau ausgerechnet und zum bequemen Gebrauch eingerichtet. Berlin 1811.

Tabellen, zehn, über die Zahl und Ursachen der Brandfälle in Württemberg von 1854-72. fol Stuttgart 1874

Tabellen für Zuckerchemiker. 3. Aufl. Lex.-8°. (378 S.) Prag: Řivnáč 1905.

— zwei. Verwandlung hannover'scher Ellen in Meter u. umgekehrt. Umrechnung der Preise f. die hannov. Ellen in solche f. das Meter u. umgekehrt. (Nach den gesetzl. Verhältnißzahlen.] gr. Fol. (1 Bl.) Hannover 871. Schmorl & v. Seefeld. n. — 25

— zwei chronolog., f. Anfänger, worin alles Merkwürdige der Zeit u. Personen vom Anfange d. Welt bis jetzt enthalten ist. Fol. Wien 784. Wucherer, 5 gl.

— 2, über Größe, Volksmenge ic. von Frankreich. Fol. Hamb. Mutzenbecher. (Villaume.) 797. — 4

— zwei practische, für Techniker und Mathematiker, aufgestellt von einem Techniker. 16. Altona 842, Aue's Buchh. (C. Th. Schlüter.) 1/3 ℔

— 12, zur Bestimmung des Inhalts von Hohlgefässen zum Gebrauche in den Werkstätten der Blech- u. Metallarbeiter. [Aus: „Ztschr. f. Metallindustrie".] Fol. Stuttgart 882. (Ludwigsburg, Neubert.) n. 1. —

Tabellenbüchlein, gemeinnütz., f. Handlung u. Haus, oder neuester Rathgeber in sehr vielen vorkommenden Fällen, ohne sich u. andern z. Schaden, mit Sicherheit zu rechnen. In 20 Abschnitten. gr. 8. Bresl. 820. Schöne. 8 gl.

Tabellenwerk f. das Kunstzeichnen an Primar-, Sekundar- u. gewerbl. Fortbildungsschulen. Hrsg. unt. Mitwirkg. e. Commission bern. Schul- u. Fachmänner. 2 Serien. à 24 z. Tl. farb. Taf. à 60×90 cm. Bern 892. W. Kaiser. à n.n. 9. —

Tabellen-Werk, Statistisches. s.a. Tabel-Werk, Statistisches

Statistisches *Tabellen-Werk.* Herausg. v. der allerhöchst ernannten Commission. H. 1-2. Kopenh. 1842-46. Tv.-Fol.
(Der Volkszahl in den Herzogthümern . . . 1840, 1845 m. m.).

Tabellenwerk, statistisches, herausg. v. der Allerhöchst ernannten Commission. 2. Hft., enthaltend eine detaillirte Darstellung der Volkszahl in den Herzogthümern Schleswig, Holstein u. Lauenburg am 1. Febr. 1845; Tabellen über die in den Herzogth. Schleswig u. Holstein Verehelichten, Geborenen u. Verstorbenen in dem Zeitraume vom 1. Febr. 1840 bis dahin 1845; so wie summar. Tabellen über die Volkszahl in dem Königreich Dänemark am 1. Febr. 1845. qu. Fol. (XXVIII u. 345 S.) Kopenhagen 847. (Reitzel.) n. 2 1/2 ℔

Tabellenwerk, Statistisches. Enthaltend Tabellen über die Waaren-Einfuhr und Ausfuhr, Schiffahrt und Branntweinproduction etc. des Königreichs Dänemark, des Herzogthums Schleswig und des Herzogthums Holstein für das Jahr 1852—1856. Herausgegeben von dem statistischen Bureau. (Deutsche Ausgabe des 10. Bandes, neue Reihe.) (4 Bde.) Kopenhagen 1854—1857.

Tabel-Werk, statistisches, herausgeg. von der allerhöchst ernannten Commission. 3 Abthl. Fol. Kopenhagen 840—43. (Reitzel.) baar 3 3/8 ℔ — dass. gr. Fol. Ebend. 846. n. 1 2/3 ℔

Tabel-Werk, statistisches, hrsg. von d. allerh. ernannten Commission. Fol. (69 B.) Kopenhagen 840, (Reitzel.) **

—— dass. (Fortsetz. 2 Abthln.) gr. Fol. (76 B.) Ebds. 842. **

Tabel-Werk, statistisches. Hrsg. von der allerhöchst ernannten Commission. Fol. (53 1/2 B.) Kopenhagen 843, (Reitzel.) **

—— dass. Hrsg. v. d. allerhöchst ernannten Commission. (1842 u. 1843.) gr. Fol. (110 B.) Ebds. 846. *

—— dass. 2. Hft., enthaltend eine detaillirte Darstellung der Volkszahl in den Herzogthümern Schleswig, Holstein u. Lauenburg am 1. Febr. 1845; Tabellen über die in Schleswig u. Holstein Verehelichten, Geborenen u. Verstorbenen in dem Zeitraume vom 1. Febr. 1840 bis dahin 1845; so wie summar. Tabellen über die Volkszahl in dem Königreiche Dänemark am 1. Febr. 1845. qu. ½ gr. Fol. (91½ B.) Ebds. 846. *

Tabel-Werk, statistisches. Hrsg. von der allerhöchst ernannten Commission. Inhalt: Tabellen über die Gesammt-Ein- u. Ausfuhr von Waaren nach u. von d. Königr. Dänemark, den Herzogth. Schleswig u. Holstein — mit Ausnahme der zollfreien Districte — dem Fürstenth. Lübeck; über den Handelstrafik zwischen dem Königreich u. den Herzogthümern; über die Handelsflotte des Königreichs u. der Herzogth. Schleswig u. Holstein; über die Schiffahrt des Königreichs u. der Herzogthümer nebst der Fahrt durch den Schleswig-Holsteinischen Canal; über den Handel Flensburgs mit Westindien; über verausgabten Drawback, sowie endlich über d. Holstein-Lauenburg. Transit f. das J. 1844. Fol. (CIV u. 431 S.) Kopenhagen 847. (Reitzel.) n. 1¼ ß (2. Hft. siehe: Tabellenwerk.)

Fest-Lieder zur Feier des Johannis-Tages gesungen von den versammelten Br. Br. in der Tafel □ z. schw[arzen] Bär am 24. Junius 1847. [Unterz.:] T[a]b[er]g[e]r. [Hannover 1847.] 2 Bl. 8° [Kopftit.]
2 Gesänge ohne Noten.

Taberger, J. G., der Scheintod in seinen Beziehungen auf d. Erwachen im Grabe, u. die verschied. Vorschläge zu e. wirksamen u. schleunigen Rettung in Fällen dieser Art. Höhern Behörden z. Berücksichtigung u. meinen Mitbürgern z. Beruhigung geschrieben. M. 1 Kpfrt. 8. (8 B.) Hannover 829, Hahn.

Taberistanensis Annales, s. at-Ṭabarī Abū Ga'far

Taberna, B., Synopsis theologiae practicae. III Ptes. 8. Cöln. 754.

Tabernacki, Constantinus *(geb. Kolmar in Pos. 15.2.1814)*: De hernia crurali. Vratislaviae (1841). (36 S.) 8°
Breslau, Med. Diss. v. 14. Juli 1841

Tabernakelwache. Monatshefte f. die Mitglieder der Tabernakelwache. Mit der Beilage: Das fromme Kind. Red.: Rob. Kiel. 9. Jahrg. 1905. 12 Nrn. (à ca. 8 u. 8 S. m. Abbildgn.) 4. Lahrbach. (Fulda, Fuldaer Actiendruckerei.) 1.—

Tabernakelwache. Monatsbote f. die Mitglieder d. Tabernakelwache. Mit der Beilage: Das fromme Kind. Red.: Rob. Kiel. 10.—14. Jahrg. 1906—1910. à 12 Nrn. (16 u. 16 S. m. Abb.) gr. 8. Salzschlirf. (Fulda, Fuldaer Actiendruckerei.) à Jahrg. 1.20

Tabernakel-Wacht, Monats-Blätter z. Preise d. allerheiligsten Altars-Sacraments. Unt. Mitwirkg. zahlr. Mitglieder d. Priester-Anbetg. hrsg. v. Jos. Blum. 1. u. 2. Jahrg. 1897—1898. à 12 Hfte. (à ca. 3 Bog.) gr. 8. Dülmen, A. Laumann. à Jahrg. 2.40

Tabernakel-Wacht. Monatsblätter zum Preise des allerheiligsten Altars-Sacraments. Unter Mitwirkg. v. Mitgliedern des eucharist. Priester-Vereins hrsg. von Jos. Blum. 3. u. 4. Jahrg. 1899 u. 1900. à 12 Hfte. gr. 8. (à Jahrg. IV, 576 S. m. Abbildgn.) Dülmen, A. Laumann. à Jahrg. n. 3.20

— dasselbe, 5. u. 6. Jahrg. 1901 u. 1902. à 12 Hfte. gr. 8. (à Jahrg. IV, 288 S.) Ebd. à Jahrg. n. 2.—

Tabernakel-Wacht. Monats-Blätter zur Belehrg. u. Erbaug. f. die Verehrer des allerheiligsten Altars-Sakraments. Unter Mitwirkg. von Mitgliedern des eucharist. Priester-Vereins hrsg. v. der Benediktiner-Abtei Merkelbeek bei Gangelt (Rhld.). Red.: D. Korbinian M. Wirz, O. S. B., 7.—10. Jahrg. 1903—1906. à 12 Hefte. (à ca. 24 S. m. Abbildgn.) gr. 8. Dülmen, A. Laumann. à Jhrg. n. 1.20

Tabernakel-Wacht. Illustrierte Monatsblätter zur Belehrg. u. Erbaug. f. die Verehrer des allerheiligsten Altars-Sakramentes. Vereinsorgan der Bruderschaft der tägl. Besuchg. des Allerheiligsten. Hrsg. v. den Benediktiner-Klöstern Merkelbeek bei Gangelt (Rhld.) u. Kornelimünster. Red.: D. Korbinian M. Wirz, O. S. B. 11.—14. Jahrg. 1907—1910. à 12 Hefte (à ca. 24 S.) gr. 8. Dülmen, A. Laumann. à Jahrg. 1.20

Tabernaemontanus, Jacobus Theodorus

Tabernämontani, J. Th., neu vollkommenes Kräuterbuch, m. Fig. Fol. Basel, Brandmüller. 731.

TABERNAEMONTANUS, Jacobus Theodorus: Neuw Kreuterbuch, mit schönen, künstlichen und leblichen Figuren unnd Conterfeyten aller Gewächse der Kreuder, Wurtzeln, Blumen ... so in Teutschen und Welschen Landen ... oder in der neuwem Welt wachsen ... durch Jacobum Theodorum Tabernaemontanum. - Franckfurt am Mayn 1588. 820 S., Reg., Fig. - D. Jacobi Theodori Tabernaemontani New und volkommenlich Kreuterbuch ... Das ander Theyl, darinn von ihrer Gestalt, Unterscheidt, Complescion, Natur, Eygenschafften und Tugenden ... gehandelt wirdt ... Alles digerirt und vollbracht durch Nicolaum Braun ... - Franckfurt am Mayn 1591. 822 S., Reg., Fig. - Neuw vollkommentlich Kreuterbuch, mit schönen und künstlichen Figuren aller Gewächs der Bäumen, Stauden und Kräutern so in Teutschen und Welschen Landen, auch in Hispanien, Ost- und West Indien ... wachsen... Durch Jacobum Theodorum Tabernaemontanum, ... mit vielen ... nützlichen Artznayen ... gemehret durch Casparum Bauhinum, ... - D. Jacobi Theodori Tabernaemontani New und vollkommen Kräuterbuch ... Das ander Theil, darinnen von ihrer Gestalt ..., Natur, Eygenschafften ... gehandelt wird... Alles in schöner Ordnung ... beschrieben durch Nicolaum Braun, ... jetzunder ... gemehret und verbessert durch Casparum Bauhinum, ... - D. Jacobi Theodori Tabernaemontani New und vollkommen Kreuterbuch ... Das dritte Theil ... gemehret durch Casparum Bauhinum, ... - Franckfurt am Mayn 1625. 3 Tl. i. e. Bd. - New vollkommenlich Kräuter-Buch, mit schönen und künstlichen Figuren aller Gewächs der Bäumen, Stauden und Kräuten, so in Teutschen und Welschen Landen, auch in Hispanien, Ost- und West-Indien ... wachsen ... das erste Theil, darinn viel ... Artzeney vor allerley ... Kranckheiten beyde des Menschen und des Viehes... beschrieben werden ... durch Jacobum Theodorum Tabernaemontanum, ... verbessert durch Casparum Bauhinum, ... Jetz widerumb ... vermehret durch Hieronymum Bauhinum, ... - D. Jacobi Theodori Tabernaemontani New und vollkommen Kräuter-Buch... Das ander und dritte Theil, darinnen von ihrer Gestalt ..., Natur, Eigenschafften, Tugenden ... gehandelt wird ... Alles in schöner Ordnung zu ... Nutzen ... allen Aertzten, Apoteckern ... beschrieben durch Nicolaum Braun, ... Nochmals aber an unzehlichen Orthen ... gemehret und verbessert durch Casparum Bauhinum, ... jetzt ... mit Zuthun ... newer Registera ... vermehret durch Hieronymum Bauhinum, ... Basel 1664. 2 Bd. 1529 S., Reg., Fig. - Neu vollkommen Kräuter-Buch ... Das erste Theil... durch Jacobum Theodorum Tabernaemontanum, ... Erstlichen durch Casparum Bauhinum ... gebessert; zum andern durch Hieronymum Bauhinum, ... vermehrt, und nun zum vierten Mahl ... übersehen ... und ... zu hochverlangter Vollkommenheit gebracht. - D. Jacobi Theodori Tabernaemontani Neu und vollkommen Kräuter-Buch ... Das ander und dritte Theil ... Alles in schöner Ordnung ... beschrieben durch Nicolaum Braun, ... Demnach erstlichen durch Casparum Bauhinum, ... gebessert; zum andern durch Hieronymum Bauhinum, ... vermehrt; und nun zum vierten Mahl ... übersehen... - Offenbach am Mayn 1731. 1529 S., Reg., Fig.

Tabert, Bruno, das Leben e. Kellners im Lichte d. Evangeliums. 2. Aufl. (3.—5. Taus.) (40 S.) 8. Berlin 908. (Bonn, J. Schergens.) p — 25

Table alphabétique du Code fédéral des obligations. In-16°. Berne, Dalp. 1883. 1 —

Table alphabétique générale des matières contenues dans le Journal télégraphique depuis 1869 jusqu'à la fin de 1900. Volumes 1 à 24. 85 p. 4. Berne, Bureau international des administrations télégraphiques, 1901. [fr. 1.35]

Table chronologique générale des ouvrages de Frédéric le Grand et Catalogue raisonné des écrits qui lui sont attribués. Berlin 1857. H: *Preuss, Joh. Dav. Erdmann.* (Petz)

Table d'honneur des victimes de la persécution religieuse dans le Jura, 1873—1878. In-12°, 104 p. Porrentruy, J. Gürtler. 1879. — 50

Table, le merveilleux. (12 S. m. 6 Farbdr.) 16. Stuttgart (903). G. Weise. n. — 10

Table raisonné sur le Systeme physiocratique. S. l. 1772. V: *Carl Friedrich, Markgraf zu Baden.* (MGT)

Table de reduction des monnais de l'Allemagne, de l'Autriche, de l'Angleterre, de la Belgique, de la France, des Pays-Bas et de la Suisse. 16. (1 B.) Aix-la-Chapelle 840, Mayer.

Table de reduction des monnaies de l'Allemagne, de l'Autriche, de l'Angleterre, de la France, de la Belgique, des Pays-Bas et de la Suisse. Nouv. édit. revue et corrigée. 16. Aix-La-Chapelle 844, Mayer. $6^1/_4$ ngl

Table de reduction des monnaies de l'Allemagne, de l'Autriche, de l'Angleterre, du Danemark, de la France, de la Belgique, des Pays-Bas, de la Russie, de la Suède et de la Suisse. Nouvelle édition, revue, corrigée et augmentée. gr. 16. (16 S.) Aachen 860, Mayer.

Table de tir du Canon de 10,5cm (en acier fretté) (modèle 1881) pour Obus et shrapnels du poids de 16,0 kg. et charges de 1685 gr. de poudre à faible fumée.... [Publié par la] Station fédérale d'essais d'artillerie. Janvier 1901. 8 p. 8. (Aarau, Sauerländer.)

— des verbes à l'usage des éléves de l'institution Friederikenschule à Bernbourg. Fol. Bernburg 846, Gröningsche Buchh. 3 ngl

Tableau abrégé des calamités de l'année 1771 . . . Erlang. 1772. V: *Meynier, Johann Jacob.* (ML)

Tableau abrégé de la monarchie prussienne et des pays qui confinent avec elle. Tracé en forme d'itinéraire avec des réflexions politiques et critiques. Berlin 1794. V: *Denina, C. J. M.* (Fock 140, S. 33) (BiblPort)

— d'Aix-la-Chapelle, pour servir à l'instruction et à l'édification des voyageurs etc. gr. 8. Mainz 786. Kupferberg. 12 gl — le même liv. 8. Leipz. ... W. Nauck. 20 gl

Tableau de l'Allemagne de la litterature Allemande . . . Leipzig 1782. V: *Dyk, Johann Gottfried.* (MGT) »Berne 1782« *Rivers, Lord (= Johann Carl Wezel).* (BrMm) Ü: *Huber, Ldw. Ferd.* (Barb)

— de l'Allemagne et de la litérature allemande, par un Anglois (Lord Rivers). 8. Bern 782. Haller. 14 gl (Vergl. Briefe von u. an Lord Rivers).

— — le même. 8. Leipz. Dyk. 782.

Tableau d'Angleterre pour l'année 1780 . . . S. l. 1784. V: *Forster, Johann Reinhold.* (ML) (Ky) (MGT)

— de l'Angleterre pr. l'année 1780—83. (par Jh. R. Forster). 8. Lond. 784. Treuttel u. W. 1 rf — Dass. deutsch. 8. Dessau 784.

Tableau der gesammten k. k. österreichischen Armee [auch Kriegsmarine] für das Jahr 1866. fol. Berlin 1866.

— de Berlin. 8. Leipz. Sommer. 801.

Tableau de Berlin etc., s. Asher, A.

Tableau de Berlin et de ses Environs. Cont. une description détaillée de tout ce qui est remarquable dans la capitale de la Prusse, dans Charlottenburg et Potsdam. Nouv. edit. augm. d'un catalogue des auteurs classiques Allemands et de leurs chefs d'oeuvres. Mit 7 Ansichten u. 1 Grundriss von Berlin. 8. Berlin 837. Asher. Velinp. in Leinwand cart. n. $1^1/_2$ rf (Vgl. A. Asher.)

TABLEAU de Berlin à la fin du 18me siècle. Berlin, Decker, 1801. 8°. (3 Mk. Max Mai, Berlin, 1895.)

— de Berlin à la fin du 18eme siecle. 8. Berl. 801. Schlesinger). (W. Nauck in Leipz.) 1 rf

Tableau botanique des genres observés en Russie . . . Vienne 1810. V: *Trinius, Carl Bernh. & Jos. Liboschitz.* (R-N)

Tableau des schweizer. Bundesrathes. Mit Kopf- u. Fussleisten. Zürich, Art. Inst. Orell Füssli. 1893. 2 —

Tableau des schweizerischen Bundesrates 1898. Zürich, Art. Institut Orell Füssli. 1898. 1 —

Tableau des schweizerischen Bundesrats 1899. Zürich, Art. Institut Orell Füssli. 1899. 1 —

Emigration de la Suisse pour les pays d'outre-mer en 1901. Tableau dressé par le bureau fédéral d'émigration, d'après les renseignements fournis par les agences suisses d'émigration. 4 p. 4. 21. III. [19]02.

Tableau comparatif des conditions et formalités requises pour le dépôt des marques de fabrique ou de commerce dans les divers pays. (Neue Aufl.) (57 S.) 4. Berne 906. (Leipzig, G. Hedeler.) n. 2. —

— comparatif de la différence entre la valeur de la livre tournois et celle de franc. .. Andernach ... Lassaulx. $1\frac{1}{4}$ gl

Tableau de la confédération Germanique. Traduit de l'allemand. Berlin 1789. V: *Müller, Johannes von.* Ü: *Callenberg, Georg Alexander Heinrich Hermann Reichsgraf von.* (ML) (GGr)

— de la conféderation germanique. 8. Berl. 789. (Reimer). 1 ℔

— de la Confédération germanique. 8. Berlin, Unger. 789. 1 —

—— des conjugaisons françoises, tant régulières qu'irrégulières. Od. vollständ.-prakt. Anleitung das Conjugiren in d. französ. Sprache auf e. leichtere u. viel Zeit erspar. Art zu erlernen. 3. Aufl., durchges. u. verb. v. Remi Duval. 8. (15 B.) Erfurt 828, [Otto.]

Tableau des conjugaisons françaises, tant régulières qu'irrégulières. 3. Aufl. durchgesehen u. verb. von Remi Dûval. 8. Hamburg 844, Heubel. n. 5/12 ℔

— — pour conjuguer tous les verbes réguliers et irréguliers de la langue italienne. fol. Berlin, Flittner. 816.

— pour conjuguer tous les verbes réguliers et irréguliers de la langue italienne. Fol. Berl. 816. (Sander). 8 ℊ

— de Paris, critique, par un solitaire au pied des Alpes. VI Vols. 8. Bern 783. Typ. Soc. 5 ℔

Tableau des députés composants le convent général des francmaçons, réunis sous le régime rectifié assemblés à Wilhelmsbad depuis le 16. juillet jusqu'au 11. sept. 1782 suivant le nouvel ordre établi pour les provinces. [Braunschweig 1782: Kolb.] 2 Bl. 2° [Kopftit.]

Tableau der Direktion der öffentlichen Bauten betr. die Vertheilung der Creditsumme der Hochbauten pro 1872. 3 Stn. 4.
Bern 1872.

Tableau des dons en argent envoyés à la Caisse fédérale pour les inondés [de 1868]. [E.] 8. [Berne 1869–1870.]

Tableau zur Eintheilung des theoretischen Dienst-Unterrichts für den deutschen Infanteristen. Ein Hülfsmittel für den Kompagniechef u. die instruir. Offiziere. Auf Grund praktischer Erfahrungen zusammengestellt von einem Kompagniechef. gr. 8. (19 S.) Berlin 880. Mittler & Sohn. n. — 60

Tableau von der Erzaufbereitung der Grube Bergwerkswohlfahrt bei Clausthal. Clausthal. 1879.

Tableau de l'Europe en Janvier 1796.... Hambourg s. a. [Baudus, Marie-Jean-Louis-Amable de].

Tableau de l'Europe en Janvier 1796. Hamb. 1796. V: *Baudus, Marie Jean Louis Aimable de.* (schr I, 168)

— de l'Europe, en Janv. 1796. gr. 8. Hamb. 796. Fauché. 8 ℊ

Tableau des ff. composant la L[oge] de St. Jean, sous le titre distinctif de l'aurore naissante, régulièrement constituée par le G[rand] O[rient] de France à la date du 17me jour 6me mois 5807. à l'Orient de Francfort sur Main à l'époque du 24me jour du 4me mois de l'an de la v[raie] l[umière] 5811. Francfort sur Main [1811]: Gerhard. 46 S. 8°.

Concorde: **Tableau** des ff. composant la □ S. Jean, sous le titre distinctif de la Concorde à l'Or. de Strassbourg.
1803; 1804.

Landau i. Pf.: **Tableau** des ff. composant la L. St. Jean sous le titre distinctif de l'Union Philantropique à l'O. de Landau. 1814: Georges et Prinz. 16 S. 8.
Sehr selten.

Tableau des f. f. membres actuels de la □ française Royale York de l'Amitié à l'Or. de Berlin. 5767. 4 Bl. 2°. [Kopftit.]
Sehr selten.
Damit verbunden „Indicateur pour le travail maçonique des trois premiers. G. d. l. Or. etc. 1791/92.

Vraie Fraternité: **Tableau** des ff. qui composent la L[oge] de la vraie-Fraternité, à l'Or. de Strasbourg [!]. A l'époque de la fête du solstice d'été. 8°.
1826; 1827.

Coeurs fidèles: **Tableau** des ff. qui composent la □ des Coeurs fidèles à l'Or. de Strassbourg.
1826; 1827.

— v. Freyberg, s. a. H. Keller.

Tableau von Freyberg. Frankf. u. Leipz. 1786. V: *Keller, Heinrich.* (ML)

Tableau aus dem neuen Gebühren-Gesetze vom 13. December 1862, R. G. B. XL. 89, bezüglich des gerichtlichen Verfahrens, mit den nöthigen Erläuterungen, zum Gebrauche für Richter u. Rechtsfreunde. Prag 863. Calve'sche Universitäts-Buchh. Imp.-Fol. (1 Bgn.) n. 5 ngr

Tableau général des frères francs-maçons, qui ont été initiés aux mystères de l'ordre dans la Vénérable, Très-Juste et Très-Parfaite Loge la Royale Yorck de l'amitié, séante à l'Or.: de Berlin... Berlin 1782. 40 Bl. 1 Taf. 2°

Tableau général méthodique et alphabétique des matières contenues dans les publibcations de l'académie impériale des scienes de St.-Petersbourg depuis sa fondation. 1. partie. Publications en langues étrangères. gr. 8. (XII, 488 S.) St. Petersbourg 873. Leipzig, Voss. n. 6. 30

— général méthodique et alphabétique des matières contenues dans les publications de l'académie impériale des sciences de St.-Pétersbourg. Suppl. I, comprenant les publications en langues étrangères depuis 1871 jusqu'au 1 novembre 1881. Lex.-8. (VII, 56 S.) St.-Pétersbourg 882. Leipzig, Voss' Sort. n. — 80 (Hauptwerk u. 1. Suppl.: n. 7. 10)

— général de la Russie moderne et situation de cette empire etc. par V. C. av. 2 Chartes. 8. Strasb. Treuttel et W. 807. 5 12

— grammatical, représentant un' aperçu de la construction, et des conjugaisons franç. etc. le texte polonais à côté, fol. Bresl. G. Korn. — 8

—— graphisches, des Courses der Börsen-Effecten vom 1. Jänner 1859 bis Ende Juni 1862. Lithogr. Imp.-Fol. Wien 862, (Wessely und Büsing.) *

Tableau de la guerre de la pragmatique-sanction en Allemagne et en Italie, avec une relation orig. de l'expéd. du prince Charles-Edouard en Ecosse et en Angleterre. T. 1 1.2. 2 1.2. Berne 1784.

— de la guerre de la pragmatique sanction en Allemagne et en Italie. II Toms. gr. Bern 784. Typ. Soc. 20 gr

Tableau de la guerre de la pragmatique sanction en Allemagne et en Italie. Berlin 1800. V: *Powerer, Chevalier.* (EB)

Tableau de la guerre de la Pragmatique Sanction en Allemagne et en Italie. Berlin 1800. V: *Power (Oberst).* (HHBD IX, 74)

— le même liv. gr. 8. Berl. 800. Schöne. 2 ß

Tableau de la guerre et de la révolution ..., s. Tableau historique de la guerre ...

— historique de Laurent Ganganelli, souverain Pontife sous le nom de Clement XIV. gr. 8. Leipz. 776. W. Vogel. ...

— **historique de la guerre franco-allemande.** [15. Juillet 1870– 10. Mai 1871.] gr. 8. (614 S.) Berlin 871. van Muyden. n. 7. 50

— historique de la guerre de la revolution de France, depuis an 1792 — 1794., précédé d'une introduction generale et suivie d'une table chronologique des évènemens de la guerre pendant les campagnes de 1792, 93 u. 94, avec un atlas militaire du récueil de 19 cartes et plans. III Vols. 4. Strassb. 808. Treuttel u. W. 20 ß 6 gr Velinp. 40 ß 12 gr (Perthes u. B. in Hamb.) 20 ß

— historique de la Littérature françoise depuis son origine jusqu'à nos jours etc. T. I. Holl. Pap.

Tableau historique et politique de commerce d'Angleterre, tel qu'il fut en 1772. [Hamb. u. Halle 1773.] V: *Taube, Friedrich Wilhelm von.* (ML)

— historique et politique de l'état ancien et actuel etc. Berne, Typ. — 10

— historique et topographique de Francfort a. M. ou qui de étrangers pour cette ville et les environs. Neue Ausg. 8. Frankf. 827, Schäfer.

— historique et topographique de Napoléonshöh près de Cassel, avec un plan et figur. 8. Marburg, Krieger.

— historique, de la vie des Rois de Pologne, voyez Hautepierre.

Tableau von Deutschland, Historisch-statistisches, in seiner früheren und jetzigen Gestalt, mit Skizzen über den Schweizerbund und die Niederlande Holland und Belgien. Frankfurt a. M. o. J. gr. Fol. . . . . (TStLA.; RPA.; D.)

Tableau, calligraph., f. Schildermaler. gr. Fol. Lithochrom. Wesel 849, Bagel. 1/6 ß

TABLEAU, Kleines, von Paris . . . . 1784. s. Mercier, L.-S.

— kleines, v. Paris. 8. Halle, Hemmerde und Schw. 784.

— kleines, von Paris. 8. Halle 784. Schwetschke u. S. 4 gr

Tableau von Leipzig im Jahr 1783. Leipzig 1783. V: *Heidecke, Benjamin.* (R-N) (Ky) (MGT) »eine Skizze. 1784« V: *Krögen, Carl Heinrich.* (ML)

— von Leipzig. 8. Halle, Hemmerde u. Schw. 784.

— von Leipzig im J. 1793, (von B. Heidecke). 8. Halle 784. Schwetschke u. S. 10 gr

Tableau von Leipzig im Jahr 1783. Eine Skizze. Hg. v. Georg Wustmann. Leipzig 1902. V: *Heidecke, Benjamin.* (EB)

— littéraire, représentant les écrivains français les plus célèbres dans l'histoire de la littérature et leurs principaux ouvrages. gr. 8. Liegnitz 816. Kuhlmey. 4 gr

— de la littérature française; arrangé dans un ordre chronologique. Mit 1 Tab. gr. 4. Leide 845. (Leipzig, T. O. Weigel.) n. 5/6 ß

Frères réunis: [**Tableau** de la Loge „des Frères réunis" à l'Or. de Strassbourg: 1856; 1857; 1868.] Vgl. W. 12388.

Ferdinand aux neuf étoiles: **Tableau** des Loges de Ferdinand aux neuf étoiles et de l'Isis réunies sous le nom de Ferdinand aux neuf étoiles. Strassbourg i. E. 1782. 2 Bl. 2°. [Kopftit.]
Selten.

Patrie-Humanité: [**Tableau** des membres de la Loge „Patrie-Humanité" à Mexico. 1893.]

Tableau militaire des Imperiaux et des Suedois. [Berlin 1772.] V: *Hennert, Carl Wilhelm.* (ML)

Tableau der Militärschulen im Jahr 1884. 1 Blatt gr. in-fol. Bern, B. F. Haller. 1884. — 20

Tableau, Le, de la Mort. . . . Francfort 1764. V: *Caraccioli, Louis Ant. Marquis de.* (BrMm)

—naturel des rapports qui existent entre dieu, l'homme et l'univers. II Vols. 8. Basel 782. (Typogr. Soc. in Bern). 1 ₰ 8 gl.

— — le même. 8. Edimbourg (Böhme, Leips.) 761.

— nouveau, de Dresde ou description topograph. de cette ville, cont. des notices sur tout ce qu'elle offre de curieux et d'intéressant aux étrangers sous le rapport de l'histoire etc. Avec 1 nouv. plan de la ville. 8. Dresd. 818. Arnold. 1 ₰ 16 gl.

— nouveau de Spa. Manuel indispensable à ceux qui fréquentent ce lieu funeste et à tout homme, qui veut connoître les moeurs de ce siècle. gr. 8. Leipz. 784. W. Nauck. (Mainz, Kupferberg). 12 gl. Hbg. Pr. 5 gl.

Tableau des off.·. et membres composant la r.·. □.·. de St. Jean sous le titre distinctif de L'Union désirée à l'O.·. de Coblence. Mayence 1810: Pfeiffer. 20 S. 8°

— sämmtlicher preußischer Orden, Ehrenzeichen, Dienstauszeichnungen, Erinnerungskreuze u. Denkmünzen. Berlin 868. Schlesier. Lith. Imp.-Fol. n. 6 ngr.; color. n. 12 ngr.

Tableau, orohydrographisches, der Karpathen aus der Übersichts-Karte von Mittel-Europa. 1 : 750,000. Hrsg. vom k. k. militär-geograph. Institut. 6 Bl. Chromolithogr. qu. gr. Fol. Wien 886, (Lechner's Sortiment.) à Bl. * 1 40

Tableau de parentage entre l'auguste Maison Imperiale de toutes les Russies et la Serenissime Maison Ducale de Meclenbourg-Schwerin et Gustrow. Schwerin 1800. V: *Rudloff, Frdr. Aug.* (Ky) (MGT)

Tableau de Paris. Hamburg 1781. V: *Mercier, Louis Sebastien.* (RHBD Kulturgesch. 26) S. a. IV, 4420a.

— des pavillons qui s'arborent sur les vaisseaux de guerre et de commerce de toutes les Puissances maritimes existant dans les cinq parties du Monde. Imp.-Fol. (color.) Anvers 846, Kornicker. 1¾ ₰

— le petit de Paris. 8. Dessau, Gelehrte Buchhandl. 783.

— le petit, de Paris. 12. Dessau 783. (Landsh., Storno). 8 gl.

— philosophique d'une Somnambule, ou Dieu, l'homme et la nature. 8. Strasb. Academ. Buchh. 788.

— des poids des principales Villes de l'Europe, comparés entre eux et calculés sur les données du M. Gebhard à Berlin, par J. B. W. fol. Bern, Walthard. (Sauerländer en Comm.) 811. Rthlr.

Tableau, politique, de l'Europe après la Bataille de Leipsic, voyez Maisonfort, aussi Ivernois.

— raisonné de l'histoire litteraire du dix-huitième siécle, redigé par une société des gens de lettres, (Herausgg. v. v. Felice). 4. Yverdon 779 sqq.

Tableau d. Reichstags-Wahlen von 1871—1898. 54×80 cm. Farbdr. Dresden 898. H. Schoenfeld. — 50

Tableau der französ. Republik. Farbendruck. fol. Zürich, Lithographen-Genossenschaft. 6. — 1872.

Tableau, le, des Sabines, Vaudeville en un Acte, par Jouy, Longchamps et Dieulafoy, nouv. Edit. gr. 8. Brunsv. Pluchart. 812.

Tableau des sons français. (Système Viëtor.) 3. éd. 73,5×123 cm. Marburg (909). N. G. Elwert's Verl. 2.—; aufgezogen n 4. —

— de Spa. Manuel indispensable etc. gr. 8. Leipz. Sommer.

Tableau speculatif, de l'Europe, par Général D***. [Hamburg?] 1798. V: *Dumouriez, Charles François.* (BrMm)

— speculatif de l'Europe. gr. 8. Hamb. 798. Perthes u. B. 12 gl.

Tableau statistique de l'Allemagne à l'usage de la jeunesse. Göttingen 1792. V: *Emmert, Joh. Hch.* (KY 2/123) (BiblPort)

— statistisches, der fünf europ. Großmächte, nach d. besten statist. Werken, besonders nach Hassel, Stein rc. rc. 1 lithogr. Blatt in gr. Imp.-Fol. Freiburg 841, Wagner. n. 1⅙ ₰

Tableau de la Suisse Saxonne, ou du pays montagneux sur la rive superieure de l'Elbe, et des parties limitrophes de Bohème. Mit 1 Ansicht u. 1 Charte. 8. Dresden 826, Arnold. 1 Rthl. — Mit 31 Ansicht. u. 1 Charte.

Tableau synoptique pour servir à l'étude de l'économie politique. 1 Bog. in Imp.-Fol. Bâle 848, libr. Schabelitz. Schrbp. *

— synoptique de la langue allemande, ou moyen duquel on a fait disparaître les longueurs de l'enseignement de cette langue, inséparable de la forme des grammaires. Méthode applicable à toutes les langues de l'Europe. gr. 8. Strasb. König. 801.

— du system métrique décimal. Dressée d'après les Lois, les Ordonnances royales et les Instructions ministerielles en vigueur depuis le 1er Janvier 1840 sous la direction de M. F. Sarrus. 4 color. Blätter in Roy.-Fol. Strasbourg 840. Levrault. 1 ₰

— des verbes latins, qui ont le redoublement au parfait. 8. (19 S.) Genf 875. Menz. n. — 80

Tableau des verbes latins qui ont le redoublement au parfait. 8. (19 S.) Genf 879, [Menz.] Mueller. *

— welches auf einen Blick den ganzen Gang der doppelten Buchhaltung darstellt., wie solche im Handel überhaupt gebräuchl. ist. 2 lithogr. Bl. in Royal-Fol. Bern 830. Jenni. (Streng in Frankf.) 18 gr

Tableau — Tableaux

— d'Amsterdam et des environs etc. avec deux plans, une carte et 5 vues de la ville. 8. Amsterdam 809. Hesse 1 ₰ 12 gr

— pour calculer les intérets et Calendrier perpetuel. Fol. Bern ... Jenni. 5 gr

— de Cayenne. gr. 8. Paris 799. (W. Nauck in Leipz.) 1 ₰

— de Cayenne. gr. 8. Paris. (Sommer, Leipz.) 799.

— des Conjugaisons ou nouveau systême grammatical des verbes français, sous le rapport du mécanisme. kl. qu. Fol. Kopenh. 820. Bonnier. 6 gr

— de la Nature. 2 Vol. 12. Tübing. Cotta. 808.

— de Petersbourg, ou lettres sur la Russie, écrites en 1810, 11 et 12, par Dr. C. Müller, et trad. de l'allemand par G. Léger, avec un plan de Petersbourg. gr. 8. Mainz 814. Kupferberg. 2 ₰ 16 gr Velinp. 3 ₰ 6 gr

— du Siècle p. un Auteur. connu. 8. Zürich, Orell, Füssli et Comp. 760.

— de la Société et des moeurs en France, en Suisse et en Allemagne. II Vol. 12. Berne, Soc. Typ.

— du nouveau Tems, en forme de lettres, écrit en 1778-779. III Vol. 8. Berne, Soc. Typ. 791. 2 —

— des verbes, od. Tabellen d. Stammzeiten der regelmäßigen, unregelmäßigen u. mangelhaften Zeitwörter nach den darauf angezeigten Wertteneigungen. qu. Fol. Nürnb. 815. Zeh. 4 gr

— de la vie, ou les moeurs du 18me siecle. II Vols. av. fig. 18. Mainz 791. Kupferberg. 16 gr (a. Storno in Landsh.) 2 ₰ 8 gr

Tableaux servant à l'analyse chimique. 2 parties. Traduites de l'allemand par Jean Krutwig. Lex.-8. Bonn 885. Weber. geb. à n. 2. 50
1. Caractères des éléments et de leurs combinaisons. Subliés par Otto Wallach. (14 Tab.)
2. Méthodes de recherche et de séparation des éléments. Publiées par Aug. Kekulé et Otto Wallach. 2. éd. française. (16 Tab.)

Tableaux servant à l'analyse chimique. Deux parties. Traduits de l'allemand par J. Krutwig. Bonn, 1886. Roy. 8vo.

Tableaux anatomiques. Nr. I. (Réimpression.) Farbendr. auf Leinw. Karlsruhe 896. J. Bielefeld's Verl. Mit Stäben n. 6. —
Les organes de la respiration et de la circulation du sang de l'homme et ceux des reptiles et des poissons. 112×84 cm.

Tableaux anatomiques pour écoles. Nr. 1, 4 et 5. Chromolith. Imp.-Fol. Karlsruhe 885. Bielefeld's Verl. Auf Leinw. gedr. u. m. Stäben. à n. 6. —
1. Les organes de la respiration et de la circulation du sang de l'homme et ceux des reptiles et des poissons.
4. Le squelette de l'homme.
5. Le système nerveux. Les nerfs du cerveau et les nerfs spinaux avec les ganglions vue d'en bas et de face.

Tableaux anatomiques pour écoles. VIII. Organes de la digestion chez l'homme. Farbendr. auf Leinw. Imp.-Fol. Karlsruhe 890. J. Bielefeld's Verl. Mit Stäben. n. 6. —

Tableaux anatomiques pour écoles. V et VIII. Nouvelles impressions. Farbendr. Karlsruhe 893. J. Bielefeld's Verl. Auf Leinw. gedr. m. Stäben. à n. 6. —
V. Le système nerveux. Par L. Keller. 120×84,5 cm.
VIII. Organes de la digestion chez l'homme. Par P. Zilles. 88×84 cm.

Biblische Tableaux. Lithographirt. Wien. Herzfeld & Bauer. Nr. 1. kl. Hoch-Folio. 35 kr. Nr. 2 kl. Querfolio 50 kr. 1864.

Tableaux de la bonne Compagnie, par Rétif-de la Bretonne et autres. II Vols. avec 17 fig. 12. Leips. Sommer.

— de la bonne Compagnie, ou traits caractéristiques, anecdotes secrètes etc. II Vol. 12. Basle, Flick. 788. 2 —

Tableaux de genre de l'Orient, s. Genre-Bilder aus dem Oriente.

Tableaux de genre de l'Orient, recueillis dans le voyage de S. A. R. Msgr. le Duc Maximilien de Bavière et dessinés par Henri de Mayr. Avec un texte explicatif par Séb. Fischer. Livr. 1—3. Tab. 1—18. gr. Fol. Stoutgart 846, 47, Ebner et Seubert. à n. 3⅓ ₰

Tableaux de genre de l'Orient, recueillis dans le voyage de S. A. R. le duc Maximilien de Bavière et dessinés par Henri de Mayr. Avec un texte explicatif par Sebast. Fischer. Livr. 4—7. gr. Fol. (S. 29—66 m. 18 lith. Taf.) Stouttgart 847—49, Ebner & Seubert. à n. 3⅓ ₰ (7 livrs. n. 25⅓ ₰)

Tableaux de la guerre en 1866, s. Sammlung franz. Lesestücke.

Tableaux des guerres de la succession d'Espagne. (Augsbourg 1711.)

— de l'Histoire de France choisis dans les Auteurs français (L. P. Anquetil Barante Capefigue Jay Lacretelle Lémontey Michaud Millot Petitot Richelieu Saint-Aulaire Ségure Simonde de Sismond Thierry Thiers u. Voltaire) et arrangés en ordre chronologique par S. Fränkel. II Toms. gr. in-8. (26 B.) Berlin 842, Klemann.

Tableaux d'histoire naturelle. No. 1: Champignons comestibles — No. 2: Ch' vénéneux et ch' douteux. 2 feuilles fol., *chacune sous couverture* 8. Bienne et Zurich, Ernest Kuhn, [1910]. *à* fr. 2.—, collé sur toile *à* 4. 50

Tableaux de l'histoire suisse. Bern *s.* Schweizergeschichte in Bildern.

Tableaux historiques du moyen âge, s. Bibliothek gediegener und interessanter französischer Werke.

— historiques de la révolution franç.,contenant 208 gravures des différentes scènes de la révolution, depuis l'assemblée des notables jusqu'au 18. brumaire, avec autant de discours historiques, et les portraits des personnages les plus remarquables. III Vols. Fol. (Strassb. u. Paris, Treuttel u. W.) 216 ℛ

— histor. de la Révolution franç. gr. 8. (Lotter, Augsb.) 795.

Tableaux historiques et topographiques ou relations exactes et impartiales des trois événemens mémorables qui terminèrent la campagne de 1796 sur le Rhin. Savoir: La retraite de Moreau, avec une carte typométrique où les marches sont fidèlement tracées; le siège de Kehl, accompagné d'un plan détaillé des attaques et de la défense de ce fort et le siège de la tête-de-pont d'Huningue. avec un plan topographique très-étendu de la contrée, dans lequel se trouvent exactement tracés les travaux de ce siége, tant de l'attaque que de la défense. (Mit 1 Karte u. 2 Abbild.) 8. Basle 1798.

Tableaux historiques et topographiques des événemens mémorables, qui terminèrent la fameuse campagne de 1796 sur le Rhin . . . Bale 1798. V: *Mechel, Chn von.* (MGT) (Ky)

— historiques et topographiques, ou rélations exactes et impartiales de trois événemens mémorables qui terminèrent les campagnes de 1796 sur le Rhin, enrichis de cartes et de plans etc. (par Chr. de Mechel). 8. Basel 798. (Tourneisen in Paris u. Cassel). 8 ℛ 16 gℊ — Dass. auch deutsch. Ebd. 798.

Tableaux de monnaies d'Allemagne et de Suisse. Expliquées et comparées suivant le cours ordinaire entr'elles et avec l'argent de France et d'Angleterre. Suivis d'une notice sur les differents poids et mesures. Redigés et publ. par Ch. Jugel. 8. (4½ B. incl. 1 Tab.) Francfort s. M. 830, Jugel.

—— nouveaux, des monnaies. Revue des différentes monnaies qui ont cours actuellement en Allemagne, suivant la convention de Vienne du 24. janvier 1857, comparées entr' elles et réduites en argent de France, d'Angleterre, d'Italie et de Russie. Suivis d'une notice sur les cours du change ainsi que sur les différens poids et mesures en usage dans les principales villes de commerce. Manuel indispensable au voyageur et à l'homme d'affaires. 4. Édit. entièrement revue et corrigée. 8. (IV und 76 S.) Frankfurt a. M. 859, Jügel's Verlag. *

— pittoresques des moeurs, usages et divertissements des peuples russes, tartares, s. a. Darstellungen, malerische 2c., von Leipzig.

— pittoresques des moeurs, usages et divertissements des peuples russes, tartares, mongoles et autres nations russes, p. Geisler et Richter, franç.-allem. 4 Cah. av. pl. enlum. gr. 4. Leipz. Industr. Compt. 804. (à 6 Rthlr.) 24 —

Tableaux statistiques indiquant l'état de la Suède pendant 20 années du règne de Charles XIV. Jean. qu. Fol. (8 Taf.) Strasbourg 842. (Heidelberg, C. F. Winter.) n. ⅔ ℛ

Tables pour le calcul de la différence de hauteur ... s. (Wild, Heinrich).

Tables for calculating in a short and sure manner the freight from 5 sh. to 5 £ for 40 cube-feet and from 1 cube-inch to 5000 cube-feet. — Tabellen zur schnellen und sichern Berechnung der Fracht à 5 sh. bis 5 £ pr. 40 Cubikfuß und von 1 Cubikzoll bis 5000 Cubikfuß. Fol. (39 S.) Hamburg 853, Th. Niemeyer. *

— des principales dimensions et poids de bouches à feu de campagne, de siège et de place avec leurs affûts et avant-trains, des projectiles etc. kl. Fol. Lpz. 817. Barth. 2 ℛ 15 gℊ

Tables généalogiques des mille vingt-quatre Quartiers des princes de Prusse. IV Tom. gr. Fol. Berl. 796. Belitz. 2 ℛ

— des matières contenues dans la Collection des Oeuvres de M. de Voltaire et d'autres pièces particul. 8. Gotha 780. Ettinger. 12 gℊ

— quatre, grammaticales, présentant un apperçu de la construction et des conjugaisons françaises, tirées d'un plus ample ouvrage à l'usage journalier de ceux qui apprennent cette langue. Le text polonais en regard. Fol. Bresl. 1806. W. G. Korn. 8 gℊ

— de rapports des nouvelles monnoyes republicaines, avec les anciennes monnoyes de France, de pays de Trèves et de Cologne et de l'empire. 4 tables. Coblence, Lassaulx. 802. — 4

Tables de réduction pour la transformation de anciens poids et mesures suisses en poids et mesures nouveaux [métriques] et vice versa. Ed. officielle. 4. (18 S.) Bern 876. Dalp. n. — 40

— des verbes français. gr. Fol. Zittau 794. Schöps. 2 gℊ

Tablet-Krämer, Der kleine. [Roman.] Leipzig 1804—1805. V: *Meyer, Ehregott.* (BGE VII³, 502/3)

Tablettkrämer, der kleine, v. E. Meyer. 2 Bde. 8. Leipz. Gräff. 804. 5. (I. 1 Rthlr. 8 gr. II. 1 Rthlr. 16 gr.)

Tabletten, Ungarische, eines Independenten. Leipzig 1844. V: *Hugo, Albert.* (EngG)

Tabletten, Ungarische, aus der Mappe eines Independenten. 8. Leipzig 844. (Geo. Wigand.) 1½ ℛ

Tablettes d'un amateur des arts. VII Livrais. av. 27 bell. grav. gr. 8. Leipz. Sommer. 804.

Tablettes chronologiques à l'usage de l'enseignement élémentaire. gr. in-12. Paris et Strasbourg 832. Levrault. 5 gℊ

Tablettes Fantastiques, ou bibliothèque très particulière pour quelques pays et hommes. Dessau 1782. V: *Lamberg, Max. Jos. Graf von.* (Ky)

Tablettes **Fantastiques, ou biblioth. très - particulière pour quelques pays et hommes (par Compte M. J. de Lamberg). 4. Dessau, (Leipz.) 782. Barth. 1 ℛ**

Tablettes généalogiques des illustres maisons des Ducs de Zaeringen . . . Paris et Strasbourg 1810. V: *Türkheim, Johann Freih. von.* (HS) (BrMm) (Ky)

Tablettes **généalogiques des illustr. maisons des ducs de Zaeringen, Margr. et Grands ducs de Bade (par J. de Türkheim). 8. Darmst. 810. Heyer. 1 *ℛ* 4 *gr***

Tablettes à images. qu. gr. 4. (12 ill. Stnt. auf Pappe.) Stuttgart 864, Thienemann. In Carton. Elegante Ausg. in 4.

—— statistiques indiquant l'état de la Suède pendant 20 années du règne de Charles XIV. Jean. qu. Fol. (8 Taf.) Strasbourg 842. (Heidelberg, C. F. Winter.) *

Tablica symboliczna historyi polskiéj. Leipzig (854.) Librairie étrangère. (1 lith. Tab. in Farbendr. in gr. Fol.) n. 2 *ℛ*.

Tablica o zidu s hrvatskim i srpskim malim i velikim štampanim slovima. (Wandtafeln des großen und kleinen Alphabetes in croatischer und serbischer Sprache). Vier Tafeln in Druckschrift. Wien 1895. K. k. Schulbücher-Verlag. (Min.-Erl. v. 14. Juni 1895, Z. 14147.) Jede Sprach-Ausgabe (2 Tafeln), unaufgezogen —.50

Tablice ścianne do czytania. — Wand-Lesetafeln. Angelegt nach der Methode des Seminars zu Münsterberg und herausg. durch das Lehrer-Collegium des Königl. Seminars zu Creutzburg O/S. Breslau 860. Hirt. (5 Bl. in gr. Fol.) n. 12⅔ *ngr.*

Tabo der Helde. Eine Sage aus der Zeit Carls des Großen. Von Fischart dem Jüngern. 2. (Titel-)Ausg. Wiesbaden (841.) 855. Friedrich. 8. (207 S.) 10 *ngr.*

Tabor [Sachl. Ordnungswort]

Berg Tabor oder Lomnitz. kl. 8. 1. Heft. Prag, Kath. Gerzabeck 1852.

Tabor [Schlagwort]

Tabor, s: Europa. Liebenow.

Tabor [Verfasser]

Tabor, A., Beitr. zur rechtl. Erörterung d. Verbindlichkeiten, welche aus d. Eintritt in eine bestehende Handlungs-Firma entspringen; besonders hinsichtlich der schon vor dem Eintritt auf derselben gelastet habenden Schulden. Als Beilage ist ein, diesen Gegenstand betreff. Parere löbl. Handelskammer der freien Stadt Frankfurt angehängt. gr. 8. Frankf. 826. Varrentrapp. 3 *gr*

Tabor, C. W., s.a. T a b o r , Karl Wigand

Tabor, C. W. Beiträge zur Beförderung geometrischer und geographischer Messungen. Frankfurt 1801.

Tábor, Fr., ernste Worte zur Situation Ungarns, mit dem Motto: „Freie Wahrheit ist die stärkste Schutzwehr jeder Volksfreiheit und eines geordneten öffentlichen Lebens." St. Pölten 861. Passy & Sohn. gr. 8. (IV, 39 S.) 9 *ngr.*

Tabor, Franz, *k. k. Landes-Haupt-Casse-Official.* Handbuch über den Organismus der k. k. österr. Regierungs-Wirthschaft vorzugsweise für den Gebrauch der Finanz-Rechnungs-Kasse-, Steuer- und Gefälls-Beamten. *Agram* 1858. *Carl Albrecht.* XIV u. 305 S., 8°,

Tabor, Frz., Handbuch über den Organismus der k. k. österreichischen Regierungs-Wirthschaft, vorzugsweise für den Gebrauch der Finanz-, Rechnungs-, Kasse-, Steuer- und Gefälls-Beamten. 4. Aufl. Agram 858. (Wien, Braumüller.) gr. 8. (XXII, 306 S.) n. 1 *ℛ*. 26 *ngr.*

Tabor, Hans: Untersuchungen über die Fesselstrecksehnengalle des Pferdes. Mit 6 Abb. auf 2 Taf. Dresden 1910. 51 S.

Leipzig, Vet.-med. Diss. v. 1910.

Tabor, Heinrich

Tabor, H., Abhandl. üb. d. thier. Magnetismus. Heidelb. 8°. Salzb. med. chir. Zt. 1790, IV, 39. A. L. Z. 1796, n. 95.

1790

Tabor, H., Abhdl. üb. Nervenschwäche, nebst neuer Muthmaßung üb. d. Nervenflüssigkeit. 125 S. Dürkheim. 8°. Salzb. med. chir. Z. 1792, III, 146.

1792

—Abhandl. üb. Nervenschwäche, nebst e. Muthmaßung üb. die Nervenflüssigkeit. 8. Heidelb. 792. (Braun). 8 *gr*

Tabor, H, Anweis. f. Hypochondristen, ihren Zustand gehörig einzusehen u. zu verbessern. Durkh. 8°. Salzb. Zt. 1797, II, 225. N. A. D. B. VII, 108. A. L. Z. n. 242.

1793

—Anweis. f. Hypochondristen, ihren Zustand gehörig einzusehen u. zu verbessern. 8. Heidelb. (794.) Pfähler. 6 *gr*

Tabor, Hnr., († d. 10. Nov. 1795.) Apologie des Lebens u. der Meinungen K. F. Bahrdts. 8. Dürkheim 797. (Pfähler in Heidelb.) 3 *gr*

Tabor, Heinrich (Hrsg.):

s.a. Auszüge aus den besten und neuesten englischen medicinischen Streitschriften. Bd 1. Heidelberg u.Leipzig: 1792

JB 2.314

—Auszüge aus engl. medicin. Streitschriften. 8. Heidelb. 792. Braun. 12 *gr*

– (Übers.), s. B e r g m a n n , Torbern Olof: Kleine physische und chemische Werke.

—collectio dissert. et programmatum quas in usus medicos elaboravere inclyt. Acad. Heidelberg. Professores. Vol. I. 8maj. Heidelb. 797. Braun. 1 *ℛ* (A. u. d. T.: Geo. Matth. Gattenhof, Dissertat. medicae et Programmata).

Tabor, H., Entwurf üb. d. Heilkräfte d. Einbildungskraft. Frankf. u. Lpz. 8°. A. D. B., LXXVIII, 97.

1786

— Entwurf üb. die Heilkräfte der Einbildungskraft. 8. Frankf. a. M. 786. Brönner. 3 gr

— üb. d. Gebrauch u. Mißbrauch der peruvian. Rinde. 8. Heidelb. 799. (Braun). 5 gr

– (Übers.), s. G l a s s , Thomas: Abhandl. über das Fieber.

– (Übers.), s. G u i d e t i , J. T.: Medinzinische Abhandlungen über gallige Fieber.

— Handbuch f. Gichtkranke u. Podagristen; nach d. Französ. des Hrn. Gacher frei übersetzt, ganz umgearb. u. mit Zusätzen versehen. 8. Dürkheim 792.

– (Übers.), s. H e r z , Simon: Betrachtungen über das Nervenfieber.

— französ. medicin. Literatur, od. Auszüge aus den neuesten französ. Werken üb. Physik, Medicin u. Oekonomie. 1s u. 2s Stück. gr. 8. Heidelb. 790. (Braun). 18 gr

– (Übers.), s. L o g a n , Georg: Abhandl. über die Gifte.

— üb. den thier. Magnetismus. 8. Heidelb. 790.

– (Übers.), s. R a h n , Johann Heinrich: Über Sympathie und Magnetismus.

— Reflexionen üb. den wahren Werth der christl. u. natürl. Religion. 8. Heidelb. 788. Pfähler. 10 gr

– (Übers.), s. S c h r i f t e n , Anatomische.

Tabor, Skizze e. med. Psychologie. 8°. 1787

– (Hrsg.), s. S w i e t e n , Gerard Frhr van: Kommentarien über die boerhavischen Aphorismen ...

Tabor, Heinr. (Frankf. a. M.) [Auctor et Resp.]
Dissertatio inauguralis medica de variolis.
Giessae 20. Dez. 1776: Joh. Jac. Braun. 24 S.
pro gradu doctoris legitime obtinendo.

Tabor, Johann Heinrich (Aurich) A. S. 30/24

De exceptionibus fori declinatoriis in processu mandati S. C. Präs. Johann Stephan Pütter. Göttingen (Schulz) 6. IV. 1750. 46 S.

34140

Tabor, Johann Otto

Tabor, Joh. O.: Decisiones atque consultationes, de variis selectisque juris publ., feud. ac priv. argumentis. Opus cura Joh. Conr. Sondershausen digestum. Francofurti ad M. 1702. fol.

Tabor, Johann Otto [Praes.], s. S c h u s t e r , Georg: Exercitium juridicum de refutatione feudi, Von Abretung der Lehn.

— tractatus in quibus varia et difficillima iuris themata explicantur, et ad usum fori accommodantur cura ac opera A. Mylii. II Vol. fol. Lps. Weidmann. 717.

T a b o r , Joh. O.: „Sehr nützlicher Tractat von Bier-Brau-Recht", in das Teutsche übersetzt (von Ge. Ernst Rösch), Regenspurg 1722. — — Vorh.: Kammergericht Berlin — Ee. 125.

Tabor, K. A., die Geschichte des Gräflich Altenburg-Bentinck'schen Erbfolgestreites in einem Umrisse. gr. 8. (XVI u. 185 S.) Mainz 847, Kupferberg. 2/3 rf

— über die vorgebliche Kabinetsjustiz der deutschen Bundesversammlung u. provisor. Centralgewalt in der Gräfl. Bentinck'schen Sache; einige Worte der Berichtigung u. Abwehr. gr. 8. (IV u. 60 S.) Frankfurt a. M. 850, Varrentrapp. n. 1/6 rf

Tabor, Dr. K. A., Einige Randbemerkungen zum Entwurf des deutschen Reichsgrundgesetzes der XVII. Kommission. Mainz, Fl. Kupferberg, 1848. 29 S. 8°.

Tabor, K. A.: Die Statusfrage des hohen Adels mit bes. Bez. auf die rechtlichen Wirkungen des Bundesbeschlusses vom 12. Juni 1845 auf den Gräflich Aldenburg-Bentinck'schen Erbfolgestreit. Göttingen 1845.

Tabor, Karl Wigand, vollständiges Handbuch der Gasbeleuchtungskunst, nach den neuesten Erfahrungen u. Erfindungen bearbeitet. 2 Bde gr. 8. Frankfurt a. M. 822. Andreä. 6 rf

Tabor, Wenzel: Die R o s e von Sonnino, s.a. V o l k s - B i b l i o t h e k , Neue.

Die | Rose von Sonnino | oder | Wer war der Mörder? | Eine Erzählung aus Italien | von | Wenzel Tabor. | Motto: | Wenn Zwei Dieselbe lieben, | Das thut niemalen gut. | *(Vignette mit Reihennummer 55)* | Oberhausen u. Leipzig. | Verlag von Ad. Spaarmann.
Kol.: Spaarmann'sche Buchdruckerei. (Bauer & Witzler).
48 S., 160 × 108, kol. U.-Fig.: *Ich riß den Dolch aus der Scheide und stach als Blut floß, | kam ich zu mir.*, 107 × 88, Lith. u. Druck Weilandt Düsseldorf.
Priv.-Bes.

– Drei W e i h n a c h t e n , s. V o l k s - B i b l i o t h e k , Neue.

Tabora [Schlagwort]

Tabora, s.: Kolonialkarten, Kiepert, R.

Tabora [Verfasser]

Tabora, Demeter, Ritter von, Dr. med., Assistenzarzt d. medizinischen Universitätsklinik: Über die Beziehungen zwischen Magensaftsekretion und Darmfäulnis. Naumburg a. S. 1906: Lippert (37 S.) 8° ¶ (Aus: Deutsch. Archiv für klin. Medizin 1906.)
Gießen, Med. Fak., Hab.-Schr. v. 1906

– Die E r k r a n k u n g e n des Magens, s. R i e g e l , F.

Tabora, Demeter Ritter von, approb. Arzt aus Czernowitz: Zur **Kasuistik** der Leberechinococcen mit Durchbruch in die Gallenwege. Mit 3 Taf. *Gießen 1902: v. Münchow.* (30 S.) 8°
Gießen, Med. Diss. v. 1902

Tábori, Rob., das Leben in Fortsetzungen, s.: Meyer's Volksbücher.

Taborsky, Chrys., Lobstimme d. göttl. Herrlichkeit und Lob- u. Ehrenpredigten. 4. Augsb. Wolf. 737. 1 —

Táborský, Fr., s.: Schwaiger, H., Auswahl seiner Werke.

Taborsky, Frz., kurz gefaßtes Lehrbuch über den k. k. österreichischen Staats-Rechnungs- und Controlls-Dienst auf Grund der kaiserl. Verordnung vom 21. Novbr. 1866, enth. die allgemeinen cameralist. Grundsätze und die neuen Verrechnungs- und Controllsvorschriften der Staatsgeldgebarung, ferner die kaufmänn. Buchführung der k. k. Montanämter und eine besondere Abhandlung über die Verrechnung der — den Militär-intendenzen unterstehenden k. k. Militärcassen und Truppenkörper-Ämter. Mit zahlreichen Formularien. gr. 8. (V, 487 S.) Brünn 887, Winiker. * 6 -

Taborsky, Frz. Kurzgefaßtes Lehrbuch üb. den k. k. österreichischen Staats-Rechnungs- u. Controlls-Dienst, auf Grund der kaiserl. Verordng. vom 21. Novbr. 1866 ꝛc. 2. (Titel-)Aufl. gr. 8. (V, VIII, 479 S.) Brünn 890, Winiker. 3 —

Taborsky, Otto v., Construction und Betrieb d. Locomobilen. Handbuch f. Maschinisten, Besitzer u. Wärter von Locomobilen, Landwirthschafts und Fabriksbeamte, angehende Techniker, sowie für Locomobilenwärter-Lehrcurse. Mit 306 Abbildgn. 8. (XI, 487 S.) (Mechanisch-technische Bibliothek. Band 1) 5.—
Dasselbe gebunden (nur fest) 5.80
Wien: Hartleben 1889.

Taborsky v. Hirschfeld, Pet., der Manipulant, enthltd. die in der Kompagnie vorkommenden und für einen Transportsführer nothwendigen tabellarischen Eingaben und Formularien. Für Unteroffiziere der k. k. Fußtruppen. Olmütz 852. (Wien, Prandel u. Meyer.) gr. 8. (2 Bl., 23 S., 49 S. Tab. und 1 Tab. in Fol.) n. 20 *ngr*

Tabouillot, geb. Giesler, Mathilde v., des Christen freudiger Aufblick z. himml. Vater. — Gebete u. Betrachtn. 2. verm. u. verb. Aufl. 12. (4¾ B.) Wesel 839, Klönne.

— s. Damen-Almanach.

—— Damen-Almanach f. d. J. 1842. 16. (218 Seit. u. 2 Stnt.) Wesel 841, [Hamburg,] Prinz. *

Tabouillot, geb. Giesler, der Erbe von Morton Park, s. Erbe.

Tabouillot, geb. Giesler, Mathilde Franziska, der Meister ist da u. rufet Dich! Ein vollständ. Gebet- u. Erbauungsbuch f. die gebildete christkathol. Frauenwelt. 16. (Mit 1 Stahlst.) Borken 843. Wesel, Bagel. ⅓ ß fein Pap. ½ ß

—— Olthono, s. Olthono.

— Olthono, oder: Die Tempelweihe. Drama in 4 Aufz. 8. Wesel 841, Klönne. n. ⅓ ß

—— Producte der rothen Erde, s. Producte.

TABOUROT, Jean. (ps. *Thoinot Arbeau*). — Czerwinski, Albert, Die Tänze des XVI. Jahrhunderts und die alte französische Tanzschule vor Einführung der Menuett. Nach *Jean Tabourot's* Orchésographie herausgeg. von —. Mit Portrait *Thoinot Arbeau's*, 34 Figuren in Holzschnitt (Positionen) u. 72 Notenbeispielen u. Tanzmelodieen. Danzig: Selbstverlag des Verfassers . . . . 1878. Gr. 8°. VIII + 140 S. mit 35 eingedr. Holzschnitten. (Bibl. Lipperheide no. 3058.) (Mk. 15—.) (8 Mk. Jos. Baer & Co., Frf. a. M., 1908; 12 Mk. O. Rauthe, Berlin, 1909; 12 Kr. 60 H. A. H. Huber, Salzburg, c. 1908.)

Tabula alimentaria Baebianorum. Illustravit deque publicis Romanorum alimentis dissertationum praemisit Guil. Henzen. Mit 1 Tab. 8maj. Romae 845. (Berlin, Besser's Verlagsb.) n. ⅚ ß

Tabula anatom. Leonardi da Vinci summi quondam pictoris e bibliotheca Augustiss. Magn. Britann. Hannoveraeque Reg. deprompta, Venerem obversam e legibus naturae hominibus solam convenire, ostendens. Roy.-4. (1 B. u. 1 Stndr.) Lunaeburgi 830, Herold et Wahlstab.

Novi Belgii, novaeque Angliae nec non Pennsylvaniae et Partis Virginiae Tabula multis in locis emendata a Justo Danckers. 1700? 1 : 2,250,000. 1 Bl.

Tabula, Circuli Westphaliae, in omnes suas status et provincias accurate divisi, nova et exacta. Noribergae, J. B. Homann. [1705?] . . . . (Br. Mus.)

— — exhibens diagnosim et therapiam praecipuorum statuum morbosorum generalium, auct. J. Th. Schimko, Med. Doct. et Practico Posoniens. Querfol. Posonii, Landes. 820.

Tabula illustrandae doctrinae de computatione graduum inserviens. Lipsiae 1807. V: *Haubold, Christian Gottlieb.* (Schletter, Handb. d. jurist. Litt. Grimma 1843. S. 54.)

Ducatus Juliaci et **Bergensis** tabula geographica, simul ducatum Cliviae et Meursiae. Nürnberg. 1 Bl. c. K. v.

— elementaria, pro pueris elementariis. 8. Leipz., Centr.-Compt. 1 Sgr

Tabula functionis lumma ejusque derivatae itemque logarithmi naturalis, cum differentiis. Lund 859. (Greifswald, Academische Buchhdlg.) 4. (8 S.) n. 5 *ngr.*

Tabula generalis, Regni Bohemiae, Ducatus Silesiae, Marchionatus Moraviae et Lusatiae, sumtibus J. B. Homanni. Norimbergae [1720?]
2 Ausgaben. . . . . (Br. Mus.)

Tabula generalis regni Hungariae, Croatiae et Slavoniae nec non magni principatus Transylvaniae, conspectum mappae generalis in IX sectiones moduli majoris distributae, civitates, oppida, stationes et vias postales singillatim accurateque exhibens secundum geometricas partium dimensiones, recentissimasque observationes astronomicas elaborata. Ad normam Lipszkianae delineata. gr. Fol. Kupferst. u. color. Pragae 848, Berra. ⅔ ß

Tabula geographica continens Despotatus Wallachiae atque Moldaviae, provinciam Bessarabiae, itemque provinciam Polonicam Podoliae, tanquam regiones, in quibus bellum praesens geritur. Nürnberg 1769. 1 Bl. c. K. v.

— geographica imperii Germanici, per novissim. observat. emendata. Berl. . . . Acad. B. 1 ß

Tabula Geographica Imperii Germanici per novissimas observationes emendata . . . a J. C. R. . . . [1790?] . . . . (Br. Mus.)

Tabula geographica Imperii Germanici in qua simul stationes cursuum et veredariorum publicorum exhibentur. 1762. 1 Bl. c. K. v.

— geographica itineraria, meridianam Dioeceseos Aggerhusiensis partem in Parochias divisam exhibens. 1 Bl. Berl. . . . Academ. B. 4 Sgr

R . . . ., J. C. Tabula geographica principatus Anhaltini et finitimarum regionum. Berlin. 1 Bl. c. K. v.

Tabula Historiam Graecii typographicam prosa versuque complectens. Graecii 1721. V: *Mitterdorffer, Sebastian* oder *Sigismund Prembsel.* (so)

Tabula breviter complectens Historiam typographicam. Graecii 1721. V: *Prembsel, Siegmund* (JES) oder: *Mitterdorfer, Jos.* [?]. (WBL) (SO)

Tabula intonationum. (4 S.) gr. 8. Düsseldorf (909). L. Schwann. Auf Karton, m. Leinw. überzogen 1. —

— Italiae antiqu. geographica. Fol. Pesth 800. Eggenberger. 18 ℛ

Tabula itineraria Peutingeriana, s. a. Peutinger.

Tabula itineraria Peutingeriana, primum aeri incisa et edita a Franc. Christoph. de Scheyb 1753. Denuo cum codice Vindoboni collata, emendata et nova Conradi Mannerti introductione instructa studio et opera Academ. Lit. Reg. Monacensis. Lipsiae 1824. Fol.

Tabula Leonrodiana Eystettensis explicata et illustrata. Accedunt vitae pontificum Eystettensium ad saeculum usque XVI ex pontificali Gundecariano descriptae. gr. 4. (XI, 20 S.) Eichstätt 872. (Krüll.) n. — 80

— mnemonica historiae philosophicae secundum ordinem Bruckeri, adornata a J. C. B. Fol. maj. Frankf. 759. Fleischer. 8 ℛ

— Norici Romani, s. A. A. Muchar, Beitr.

Tabula Orbis antiqui scholarum in usum. Ex Oberlini compend. delineata. 12. Strasburg. (Leipzig, Gleditsch in Comm.) 820.

— Orbis antiqui scholarum in usum. Ex Oberlini compend. delineata. 12. Strassb. 820. Heitz. 5 ℛ

Tabula poliometrica Germaniae ac praecipuorum quorundam locorum Europae. Regenspurg, E. F. Bader. [1720?] . . . . (Br. Mus.)
——, —— Nürnberg, Homann's Erben 1731. . . . . (Br. Mus.)

Tabula refractionum . . ., s. Tabulae . . .

Tabula stoechiometrica, pondera aequivalentia mixtionis complectens. Tabelle der Formeln u. Aequivalente der Grundstoffe u. der chemischen Verbindungen. Zum Gebrauche für Chemiker. [Aus: Manuale pharmaceut. Hageri.] Lissa [Leipzig] 865. E. Günther's Verlag. gr. 8. (117 S.) 1 ℳ

Tabulae aedium Farnesiarum ab Annibale Carracoio depictae et a Carolo Caesio aeri insculptae. fol. Romae. 753.

Tabulae anatomicae novae, s. Tafeln.

Tabulae, quibus antiquitates graecae et romanae illustrantur. Ed. Steph. Cybulski. Tab. IIIb, XII, XIII u. XVa u. b. Farbdr. Leipzig, K. F. Koehler. n. 22. —; Texte dazu, gr. 8. n. 3 —
IIIb. Nummi romani. (Die röm. Münzen.) Von Eug. Pridik. 59,5 × 79,5 cm. 902. n. 4. —; erklär. Text. (39 S. m. 2 Abbildgn.) n. 1. —
XII. XIII. Theatrum. Von Steph. Cybulski. Ed. II. à 77,5×59 cm. 902. à n. 4. —. Erklär. Text von Ernst Bodensteiner. (39 S. m. 10 Abbildgn. u. 4 Taf.) 902. n. 1. —
XVa. b. Urbs Roma antiqua. (Das alte Rom.) Von Mich. Rostowzew. 75 × 95 u. 77 × 94 cm. 902. n. 10. —; erklär. Text. (26 S. m. 23 Abbildgn.) n. 1. —

Tabulae, quibus antiquitates graecae et romanae illustrantur. Ed. Steph. Cybulski. Tab. I. II. V.—VII. XI. XIV a u. b u. XVI—XX. Farbdr. Leipzig. K. F. Koehler. n. 54. —; Text zu Taf. V—VII, XI, XIV a u. b. u. XVI—XX, gr. 8, n. 4. 25
I. Arma et tela Graecorum. Ed. III. 77×57,5 cm. (903.) n. 4. —
II. Milites graeci. Ed. III, emendatior. 78,5×59,5 cm. (903.) n. 4. —
V. Arma et tela exercitus romani. Ed. II, emendatior. 79,5×60,5 cm. (906.) n. 4. —; erklär. Text: Die römischen Verteidigungs- u. Angriffswaffen. Von Mart. Fickelscherer. (11 S.) (905.) n. — 25
VI. VII. Exercitus romanus. Ed. II, auctior. à 79,5×60,5 cm. (906.) à n. 4 —; erklär. Text: Das römische Heer. Von Mart. Fickelscherer. (4 u. 8 S.) (905.) Unentgeltlich.
XI. Domus romana (das römische Haus). Ed. III, auctior. 79,5×61,5 cm. (906.) n. 4. —; erklär. Text. 3. verb. Aufl. (27 S. m. 15 Abbildgn.) 905. n. 1. —
XIV a. b. Athenae. Ed. II, emendatior, quam curavit R. Loeper. 2 Blatt à 59×72,5 cm (903). n. 10. —; erklär. Text: Das alte Athen. Von R. Loeper. Mit 15 Abbildgn. (84 S.) 905. n. 1. 50
XVI—XVIII. Vestitus Graecorum. Von Walth. Amelung. à 80×62 cm. (903) à n. 4. —
XIX. XX. Vestitus Romanorum. à 80×62 cm. à n. 4. —; erklärender Text zu den Taf. XVI—XX: Die Gewandung der alten Griechen u. Römer. Von Walth. Amelung. (61 S. m. 35 Abbildgn.) n. 1. 50

— dasselbe. Taf. IV. Die griech. u. röm. Schiffe. Erklärender Text v. Steph. Cybulski. 2. Aufl. Durchgesehen u. verb. v. E. Kohlhauer. (23 S. m. 14 Abbildgn.) gr. 8. Ebd. 903. n. 1. —

Tabulae quibus antiquitates graecae et romanae illustrantur. Ed. Steph. Cybulski. Tab. IV. VIII—X. Farbdr. Leipzig, K. F. Koehler. 16. —; auf Leinw. 20. —; m. Stäben 22.40
Anthes, Eduard., castra romana. (Das röm. Lager.) Ed. II, emendatior. 61×82 cm. (908.) (VIII.) 4. —; auf Leinw. 5. —; m. Stäben 5.60; Text. (11 S.) Lex. 8. — 60
Cybulski, Steph., das griechische Haus. 3. Aufl., besorgt v. Hans Lamer. 80×61 cm. (910.) (X.) 4. —; auf Leinw. m. Ösen 5. —; m. Stäben 5.60; Text. (30 S. m. 5 Abb.) Lex. 8. 1. —
— Navigia. Ed. II. 62×82,5 cm. (908.) (IV.) 4. —; auf Leinw. m. Oesen 5. —; m. Stäben 5. 60
Schneider, Rud., machinae et tormenta. (Die Kriegsmaschinen der alten Griechen u. Römer.) Ed. II, emendatior. 61×82 cm. (908.) (IX.) 4. —; auf Leinw. 5. —; m. Stäben 5.60; Text. (18 S. m. 22 Abb.) Lex. 8. — 60

— **botanicae**, unter Mitwirkg. v. A. F. Blakeslee u. A. Guilliermond red. v. E. Baur u. E. Jahn, gezeichnet v. R. Ehrlich. I. u. II. Serie je 5 Taf. (Taf. 1. 157×100,5 cm.) Farbdr. Mit Erläutergn. in deut., engl. u. französ. Sprache. (Taf. 1. 2: 4 S.) 32,5×24,5 cm. Berlin (906. 07). (Gebr. Borntraeger.) à 30. —; einz. Taf. 8. —; Aufzug à nn 3. 50

Tabulae ad expeditiorem calculum logarithmorum . . . Altona 1818. V: *Matthiessen, Erhard Adolph.* (KY)

Tabulae ad expeditiorem calculum logarithm. summae vel differentiae duarum quantitatum per logarithmos tantum datarum. A. u. d. T.: Tafeln zur bequemen Berechnung d. Logarithmen der Summe aller Differenzen zweier Größen, welche selbst u. durch ihre Logarithmen gegeben sind. (v. E. A. Matthiessen). 4. Altona 818. Hammerich. 2 ℳ 4 ℛ Schrbp. 2 ℳ 16 ℛ

Tabvlae ceratae Pompeis repertae annis MDCCCLXXV et MDCCCLXXXVII. Ed. Carolvs Zangemeister. *(Berolini: G. Reimer 1898.)* (2 Bl., 273—454 S.) 2.
= Inscriptiones parietariae Pompeianae. Suppl. P. 1.
= Corpus inscriptionum Latinarum. Vol. IV, Suppl. P. 1. [98. 1974]

Tabulae chronologicae, hydrodromicam pestis Gangeticae dissipationem explicantes . . . Braunschweig 1832. V: *Sander, Georg Carl Heinrich.* (EngM)

—— chronolog. hydrodromicam Pestis Gangeticae dissipationem explicantes. Acced. tabula geograph. (Roy.-Fol.) Fol. maj. (6½ B.) Brunsvigae 832, [Horneyer.]

Tabulae chronologicae et genealogicae regnorum regumque europaeorum. S. l. 17?? V: *Corber, Caspar.* (Jöch)

Tabulae codicum manu scriptorum praeter graecos et orientales in bibliotheca Palatina Vindobonensi asservatorum. Volumen I. Vindobonae, MDCCCLXIIII. 8° . . . vgr.
— — *Volumen II. Vindobonae. MDCCCLXVIII* . . . „ 8.—
— — *Volumen III. Vindobonae, MDCCCLXIX* . . . „ 12.—
— — *Volumen IV. Vindobonae, MDCCCLXX* . . . „ 10.—
— — *Volumen V. Vindobonae, MDCCCLXXI* . . . „ 9.60
— — *Volumen VI. Vindobonae, MDCCCLXXIII* . . . „ 10.50
— — *Volumen VII. Vindobonae, MDCCCLXXV* . . . „ 9.—
— — *Volumen VIII. Vindobonae, MDCCCXCIII* . . . „ 5.—
— — *Volumen IX. Vindobonae, MDCCCXCVII* . . . „ 9.—
— — *Volumen X. Vindobonae, MDCCCIC* . . . „ 10.60

Tabulae codicum manu scriptorum praeter graecos et orientales in Bibliotheca Palatina Vindobonensi asservatorum edid. Academia caesarea Vindobonensis. Vol. I. Wien 864. Gerold. gr. 8. (3 Bl., 442 S.) n. 2 ₰ 20 ngr.

Tabulae codicum manu scriptorum praeter graecos et orientales in bibliotheca palatina Vindobonensi asservatorum edid. academia caesarea Vindobonensis. Vol. 2—4. Wien 868—70. Gerold's Sohn. gr. 8. [Vol. 2. (461 S.) n. 2 ₰ 20 ngr, Vol. 3. Cod. 3501—5000. (655 S.) n. 4 ₰, Vol. 4. Cod. 5001—6500. (490 S.) n. 3 ₰ 10 ngr.] n. 10 ₰

Tabulae codicum manu scriptorum praeter Graecos et Orientales in bibliotheca Palatina Vindobonensi asservatorum. Edidit Academia Caesarea Vindobonensis. Vol. V—VII. gr. 8. Wien 871—75. Gerold's Sohn. n. 29. 10 (I—V.: n. 67. 10)
V. Cod. 6501—9000. (480 S.) n. 9. 60
VI. Cod. 9001—11500. (516 S.) n. 10. 50
VII. Cod. 11501—14000. (442 S.) n. 9. —

Tabulae codicum manu scriptorum praeter graecos et orientales in bibliotheca Palatina Vindobonensi asservatorum. Ed. academia caesarea Vindobonensis. Vol. VIII. Cod. 14001—15500. gr. 8. (267 S.) Wien 893. (F. Tempsky.) n. 5. 40 (I—VIII.: n. 72. 60)

Tabulae, codicum manu scriptorum praeter graecos et orientales in bibliotheca Palatina Vindobonensi asservatorum. Edidit academia caesarea Vindobonensis. Vol. IX. (Codicum musicorum pars I.) Cod. 15501—17500. gr. 8. (X, 420 S.) Wien 897. (C. Gerold's Sohn.) n. 9. — (I-IX.: n. 80. 50)

— codicum manuscriptorum praeter graecos et orientales in bibliotheca Palatina Vindobonensi asservatorum. Edidit academia caesarea Vindobonensis. Vol. X. (Codicum musicorum pars II.) Cod. 17501—*19500. gr. 8. (VI, 587 S.) Wien 899. (C. Gerold's Sohn.) n. 10.60; (I—X n. 91.10)

Tabulae geneologicae Ducum Superioris et Inferioris Silesiae . . . Wratislaviae 1723. V: *Sommersberg, Frdr. Wilh. v.* (Nent) (ADB)

Tabulae historico-genealogicae . . . Augspurg [ca. 1712]. V: *Bodenehr, Gabr. & Joh. Stridbeck.* (EB)

Tabulae logarithmico-Trigonometricae, in usum Candidatorum Geometriae. 8. Ofen 816, Universitäts-Buchdruckerei.

Tabulae mnemonicae ex primis matheseos elementis concinnatae. Augustae Vind. et Freiburgii in Br. 1750. V: *Steinmeyer, Philipp.* (Jes)

Tabulae novae; ein Beitrag zur Geschichte der römischen Kredit- und Schuldkrisen. Frauenfeld 1858—60. V: *Müller, Paul.* (Cat. der Stadtbibl. Zürich. Zürich 1864—97.)

— pro divino officio recitando nec non missa s. celebranda cum quibusdam adnotationibus de horis canonicis, breviario, missali et missis votivis atque defunctorum, usui seminariorum propositae. Wilna 864. Zawadzki. gr. 8. (40 S.) 6⅔ ngr.

—— ordinis Theutonici ex tabularii regii Berolinensis codice potissimum edidit Ernestus Strehlke. 4. (VII, 491 S.) Berlin 869, Weidmann'sche Buchh. (*ℳ 15.) *

Tabulae parallelae antiquae Teutonicae linguae dialectorum Moeso-Gothicae Franco-Theotiscae . . . Oeniponti 1776. V: *Michaeler, Carl.* (SO)

— prosodiae latinae. 4. Basel 783. Schweighäuser. 1 ℛ

L. Tabulae vegetationis in Brasilia physiognomiam illustrantes. E Martii flora Brasiliensi seorsim expressae. (Leipzig) 1856. Fol.

Tabula refractionum in usum speculae Pulcovensis congestae. Lex.-8. (IV, 39 S.) Petropoli 870. (Leipzig, Voss. n.n. 2. —

Tabulae in usum scholarum ed. sub cura Iohannis Lietzmann. [1.] Bonnae: Marcus & Weber 1910. 4° (11.1939)

Tabulae exhibentes sedes antiquae Societatis Jesu . . . Viennae 1899. V: *Weiser, Friedr.* (EB)

— sinuum et tangentium, it. logarithmorum 10,000, deutsch. 8. Gießen, Lammer. 725. — 10

— succinctae historico-chronologico-genealogicae. II Pts. 12. Insbruck, Wagner. 793. — 10

Tabulae synchronisticae. S. l. [ca. 1835]. V: *Schröer, Tobias Gfr.* (WBL)

Tabularium für die deutsche Geschichte, s. Registrum oder merkwürd. Urkunden für die deutsche Geschichte von Sudendorf.

Nástěnná tabule pravěkých památek z říše Rakousko-Uherské. Z rozkazu vysokého c. k. ministerstva kultu a vyučování vydáno od c. k. centrální komisse pro památky umělecké a historibké. Návrh a slova od Dr. M. Mucha. Akvarelly od Ludvika J. Fischera. Verlag v. Ed. Hölzel in Wien. [Böhmische Ausgabe der mit dem Ministerial-Erlasse vom 19. August 1895, Z. 1052. (Minist.-Vdgs.-Blatt. 1895, S. 301), publicirten deutschen Wandtafel]. (Min.-Erl. v. 4. März 1896, Z. 3771.) Bei Bezug durch den Buchhandel: Ausgabe I sammt Text, unaufgespannt 1.20, Ausgabe II sammt Text, mit Leinwandeinfassung und Oesen 1.50, Ausgabe III sammt Text, auf Leinwand gespannt mit Holzleisten 2.20. Für Gemeinde- und Schulbehörden, bei Bezug im Wege der k. k. Centralcommission für Kunst- und historische Denkmale in Wien. Ausgabe I sammt Text, unaufgespannt —.60, Ausgabe II sammt Text, mit Leinwandeinfassung und Oesen - .90, Ausgabe III sammt Text, auf Leinwand gespannt, mit Holzleisten 1.60
1896.

Tabuletkrämer, der,. Lstsp. in 3 A. v. A. K. Walder. 8. Freyberg, Craz u. G. 803.

Tabuletkrämer, der kleine, od. Abentheuer eines jungen Berliners; nach d. Französ. bearb. von Ferd. Rosen. 2 Thle. 8. Berl. 832. Bechtold u. H. 1 ₰ 12 gr

Tabuletkrämer, Der kleine,
oder Abenteuer eines jungen Berliners. Nach d. Franz. v. Ferd. Rosen. Berlin 1833.
V: *Kock, Paul de.* (BGE)

TABULETKRAMER, Der kleine, oder Abenteuer eines jungen Berliners. Nach d. Französ. bearb. von Ferd. Rosen. 2 Thle. Berlin, bei Bechtold u. Hartje, 1833. — *A. E.:* Gedruckt bei J. F. Flick's Erben in Rathenow. Gr. 8°. (3 Mk. 50 Pfg., geles. Expl., W. H. Kühl, Berlin, c. 1885.)
„Liederlicher Roman mit zahlreichen Schäferscenen." I: Tit., 1 Bl. Vorr., 238 S. II: Titel u. 236 S. — Freie Bearbeitung von Paul de Kock's „Gustave, ou le mauvais sujet".

TABULETTENKRAMER, Der. Eine satyrisch-komische Schrift. 2 Bde. (soviel ersch.). Mit 1 Titelvign. (Thoenert inv. & sc.). Leipzig 1787. Bey Johann Gottlieb Beygang. 8°. (à Bd. 1½ Rthl.) (10 Mk., gebrauchtes Expl., Gust. Fock, Lpz., 1909.)

Tabulettenkrämer, die kleinen, ein Lesebuch für die Jugend. Mit 5 illum. Kpf. gr. 12. Zürich 824. Trachsler. 1 ₰ 12 gr

Tabulski, A.: Ueber den Einfluss der Mathematik auf die geschichtliche Entwickelung der Philosophie bis auf Kant. Leipzig 1868. 8°
Diss. Jena

Tabulski, A. Entwurf eines Lehrplanes für den mathematischen Unterricht am Kön. Gymnasium zu Rogasen nebst einigen Bemerkungen über die Methodik desselben. 23 S. **Progr.** *Rogasen* 1879.

Tabulski, Vincenz [pr. Arzt, aus Posen]: Exstirpation einer hydronephrotischen, secundär in ein Lipom verwandelten Niere. ... Greifswald: Druck v. Julius Abel 1889. 27 S. 8°
Greifswald, Med. Fak. Inaug.-Diss. v. 25. Febr. 1889

Taburno, J., die Wahrheit üb. den Krieg! Autoris. Ausg., deutsch v. Manfr. Kyber. (V, 184 S.) 8. Berlin 905. S. Cronbach. n. 2.—

Tacchi della Pietà, Armand [wirkl. Name], s. Arno, Carl [Pseud.].

Jahres-Bericht des k. k. zweiten Lemberger Ober-Gymnasiums für das Schuljahr 1854. 4. (34 S.) Lemberg. Gedruckt bei Peter Piller und Sohn.
Inhalt: Ueber die Ursachen des Verfalls des Studiums der lateinischen Sprache und über die Mittel zur Hebung desselben, von Dr. Tachau. — O akcentuacyi greckiej i łacińskiej, von Franz Kozminski. (Ueber die griechische und lateinische Accentuirung.) — Schulnachrichten.

Tachau, Hermann, a. Wolfenbüttel: Aus d. Kgl. Universitätsklin. f. Geburtshülfe u. Gynäkol., Göttingen. Beiträge zur Lumbalanästhesie mit Stovain. Göttingen 1908: Kaestner. 36 S. 8°
Göttingen, Med. Diss. v. 5. Jan. 1909, Ref. Runge
[Geb. 15. Jan. 84 Frankfurt a. M; Wohnort: Berlin; Staatsangeh.: Preußen; Vorbildung: Gymn. Wolfenbüttel Reife O. 02; Studium: Freiburg i. B. 1, Leipzig 1, Göttingen 4, Kiel 1, Berlin 1, Göttingen 3 S.; Coll. 30. Jan. 08; Approb. 9. Dez. 08.] [U 09. 1327

Tachau J. und **Fick** A.: Vorläufige Ankündigung einer Untersuchung über die Abhängigkeit der Muskelarbeit von der Stärke des Nervenreizes. S. 46. II. 350 . . vgr.
Separatabdruck

Tachau, J.: Über die Ursachen des Verfalles des Studiums der lateinischen Sprache, und über die Mittel zur Hebung desselben. 9 S.– Lemberg 2.G., Progr. 1854.

Tachau, Jacob, aus Hamburg: Experimentalkritik eines neuen von Adolf Fick construirten Pulswellenzeichners. Zür. Zürcher u. Furrer Dr. 1864. 28 S., 1 Bl.. 1 Taf.. 1 Bl. 8°.
Zürich. Med. Diss. v. 3. Aug. 1864.

Tachau, Ludwig

Tachau, L, Die Arbeiten üb. die Tragödien des L. Annaeus Seneca in den letzten Jahrzehnten. 2 Tle. S.-A. 1897—1898. 92, 90 S.

Tachau, Ludwig Über die Behandlung einiger Abschnitte der deutschen Grammatik auf der unteren Stufe höherer Lehranstalten. 4 (S. III—XXVII).
Progr. R.- u. Volkssch. d. isr. Gem. *Frankfurt a. M.* 1888 (385).

Tachau, Ludw., d. prophetischen Bücher d. Hl. Schrift nach ihrem Gedankeninhalte gewürd. E. Wegweiser f. d. Lektüre d. Propheten. Für d. jüd. Religionsunterricht an höh. Schulen u. d. jüd. Haus zusammengest. gr. 8. (IV, 122 S.) Wolfenbüttel 899. J. Zwißler. n. 1. 20; kart. n. 1. 50

Tachau, Ludwig. Erläuterung von [Friedrich von] Schillers Wilhelm Tell. Für höhere Lehranstalten bearbeitet. 174 S. 8. Wien, F. Tempsky; Leipzig, G. Freytag, 1908. geb. M. 2. 80

Tachau, L., biblisches Lesebuch. Für die jüd. Jugend in Schule u. Haus bearb. I. Tl., II. Tl., 2 Abtlgn. u. III. Tl. gr. 8. Wolfenbüttel 899. J. Zwißler. n. 5.45; Einbde. à n.n.n. — 25; in 1 Bd. n. 5.—; Einbd. n.n.n. — 50
I. Mit e. Karte v. Palästina u. Abbildgn. (VIII, 254 S.) n. 1.80
II. 1. Aus den Propheten. 1. Abtlg.: Aus den früheren (ersten) Propheten. Mit e. Karte v. Palästina u. Abbildgn. (III, 200 S.) n. 1. 20
2. Dasselbe. 2. Abtlg.: Aus den späteren (letzten) Propheten. (S. 201—396 m. 1 Karte.) n. 1. 20. (In 1 Bd. n.n. 2. 25; Einbd. n.n.n. — 25)
III. Die Schriften. (III, 190 S.) n. 1. 25

Tachau, Ludwig [Dir. Dr.]: Der Neubau der Samsonschule. Wolfenbüttel, Druck v. Angermann & Fischer, 1897; 3--8 S., 1 Bl. Taf., 1 Bl. Pl. 4.
Wolfenbüttel, Samson-S, OP 1897 (728)

— die Psalmen. [Aus: „Biblisches Lesebuch, f. die jüd. Jugend in Schule u. Haus bearb."] gr. 8. (74 S.) Ebd. 899. n. — 50; Einbd. n.n.n. — 20

Tachau, Ludw., de enuntiatorum finalium apud Euripidem ratione atque usu. Dissertatio inauguralis. gr. 8. (73 S.) Göttingen 880. (Vandenhoeck & Ruprecht.) n. 2. —

Tachauer, A(braham), aus Würzburg: Über diejenigen Flächen, auf denen zwei Scharen geodätischer Linien ein conjugiertes System bilden. (*Würzburg 1902: C. J. Becker.*) (67 S.) 8° Würzburg, Phil. Diss. v. 1902

Tachauer, A., über diejenigen Flächen, auf denen zwei Scharen geodätischer Linien e. conjugiertes System bilden. Diss. (68 S. m. 1 Taf.) gr. 8. Würzburg (903). (F. Freudenberger.) n. 2. —

Tachauer, G., Das Verhältniss von Flavius Josephus zur Bibel u. Tradition. Diss. 1871. 76 S. 4°.

Tachauer, Josef, aus Würzburg: Die Laute und Flexionen der 'Winteney-Version' der Regula S. Benedicti. *Würzburg 1900: Verlagsdruckerei.* (57 S.) 8° Würzburg, Phil. Diss. v. 1900

Tacheo-Graphia. Oder geschwinde Schreib-Kunst, vermittelst welcher e. jedweder die teutsche Spraache so geschwinde schreiben kan, als selbe mag geredet werden. Allen Kunst-begierigen zuliebe aufs Kürtzeste verfasset u. an den Tag gegeben. Gedruckt im J. 1678. Neu hrsg. vom akadem. Stenographen-Verein nach Stolze-Schrey zu Berlin. (48 S. m. 1 Taf.) 8. Berlin (904). (Buchh. des Stenographenverbandes Stolze-Schrey.) n. 4. —

— Quod ab altissimo largè datur timentibus eum, gratè accipite, timentes pariter & diligentes Dominum. Studio rerum comparatur notitia Cognitionem subsequitur amor. Desiderio seu delectatione datur assiduitas. Frequentia dat experientiam. Haec virtutem, illa potentiam. Hac perficitur mirabilis haec ars, quae plus praestat, quam promittit. Anno M DC LXXVIII. Ed. nova. Akademischer Stenographen-Verein nach Stolze-Schrey zu Berlin. (45 S. u. 1 Titelbl.) 8. Ebd. (904). n. 4. —

„Tachkemoni," Mekamen, oder Divan von Jehuda Ben Salomo Al-Charisi, genannt Alchofni. Nach genauer Durchsicht und möglichst correcter Läuterung des Textes und der Punctation, herausg. von M. E. Stern. Wien 854. (Greß.) 8. (2 Bl., 140 S.) n. 1 ℛ.

TACHMINTSI, Emanuel J. (Bukarest): Ueber Schwindsucht.- München: Weiss 1856. 18 S. 2.8.1856 - Urk (De phthisi.); F 69
Diss. Ingolst.-Landsh.-Mchn.

Tachy, der. Organ des Werbevereins Dahms f. Steno-Tachygraphie u. seiner sämtl. Landes- u. Provinzial-Vereine. Red.: Joh. Dahms. Mit der Beilage: Engschnellschrift. Organ des Werbe-Vereins Dahms in Akademiker-, Lehrer- u. Schülerkreisen. Red.: O. Legel. 2. Jahrg. 1910. 12 Nrn. (à ca. 12 u. 4 autogr. S. m. Abb.) gr. 8. Berlin-Rixdorf. (Leipzig, O. Dittmar.) nn 3. —

Der Tachygraph.

—— s. Apollo.

Tachygraph, der. Unterhaltende u. belehr. Zeitschr. f. Roller'sche Stenographen. Organ d. Verbands Roller'scher Stenographen. Red.: R. Teichert. 17. Jahrg. 1888. 12 Nrn. Nebst: Apollo. Unterhaltendes u. belehr. Monatsblatt f. Roller'sche Stenographen. Hrsg.: Karl Tolle. 4. Jahrg. 1888. 12 Nrn. ($^1/_2$ autograph. B.) u. Der Pionier. Monatsschrift f. Roller'sche Stenographie. Red. in B.: H. Roller. 9. Jahrg. 1888. 12 Nrn. ($^3/_4$ B.) gr. 8. Berlin. (Leipzig, Robolsky.) n. 8. —; ohne „Apollo" n. 6. —

Tachygraph, der. Unterhalt. u. belehr. Zeitschrift f. Roller'sche Stenographen. Organ d. Verbands Roller'scher Stenographen. Red.: K. Tolle. 25. Jahrg. Nebst Beilage: „Der Pionier", Monatsschr. f. Roller'sche Stenographie. 17. Jahrg. 1896. 12 Nrn. (à ca. 16 autogr. u. 16 S. in Typendr.) gr. 8. Berlin (N., Müllerstr. 180), H. Roller. n.n.n. 6. —; m. d. „Apollo" zusammen: n.n.n. 8. —

— dasselbe. 26. u. 27. Jahrg. 1897 u. 1898. à 12 Nrn. (Bog.) Nebst Beilage: Stenograph. Bibliothek. gr. 8. Ebd. à Jahrg. n.n.n. 6. —

Tachygraphie, deutsche, od. kurze Anweis. mittelst besonderer einfacher Charaktere, so schnell, als ein öffentl. Redner spricht, u. mit solcher Deutlichkeit zu schreiben, daß die Schrift auf immer brauchbar bleibt. Mit 4 Steintaf. gr. 8. Leipz. 820. Hartmann. 8 ℊ

Tachygraphie, od. die Kunst, so schnell u. fertig zu schreiben, wie e. öffentl. Redner spricht. 8. (2½ B. u. 4 Stnt. 4.) Tübingen 830, Osiander.

Tachymeter, die Wagner-Fennel'schen, d. mathematisch-mechanischen Instituts v. Otto Fennel in Cassel. hoch 4. (XII, 43 S. m. eingedr. Fig.) Cassel 886. Berlin, Springer. n. 2. —

Tacitus minor, s. Schlacht, die, bei Forbach.

Die Schlacht bei Forbach und die Wehrkraft des deutschen Volkes. (Eine Instruktion f. d. Ungläubigen.) Von Tacitus Minor. Leipzig: E. Spieler 1904. (126 S.) 8° [05. 5676

Die Schlacht bei Forbach und die Wehrkraft des deutschen Volkes. (Ein Instruktionsbuch f. d. Ungläubigen.) **Tacitus** minor. (2. Aufl.) Berlin, Leipzig: Polit. Verl. 1904. (126 S.) 8° [04. 3791 11

Tacitus, Cornel., die neue Germania. Ein satir. Scherz. (59 S. m. Abb.) gr. 8. Lissa 909. O. Eulitz. 2. —

Tacitus, (P.) Cornelius

—— über Abstammung, Wohnsitze und Eigenthümlichkeiten der Völker Germaniens, übersetzt von Georg Korn. 8. (22 S.) Leipzig 871, Leuckart. *
Vgl.: Holtzmann, Adf. — Wormstall, Jos.

—— Agricola, s. Universal-Bibliothek Nr. 836.

— Agrikola, übers. (v. G. G. Gebauer), mit e. Vorr. Gf. Hnr. Burgharts, in Druck befördert v. Jh. Jak. Hagen. 8. Bresl. u. Leipz. 755. Pietsch. 3 ℊ

— Agricola, ex recens. J. A. Ernesti, ed. M. F. Sörgel, 8. Lemgo 772. Edit. altera 809. Meyer. 2 ℊ

Tacitus, C. Agricola, aus der Urkunde übersetzt, nebst dem Lateinischen Text. Gotha 1776. U: *Koch, Friedrich Christian.* (ML) (KY)

— *Agricola.* Übersetzt. Carlsr. 785. 8. 9 gr.

— Agricola, ad exempl. Bip. recud. cur., emend., animadvers. et novam vers. German. adj. Mch. Engel. 8maj. Lpz. 788. Göschen. 7 ℊ

— Agrikola; e. Biographie, latein. u. deutsch, mit Anmerkk. v. J. C. Schlüter. 8. Duisb. 808. Bädecker in Essen. 18 ℊ

Tacitus, Caj. Corn., Agricola. ed. Gothofr. Seebode. 8. Gottingae, Vandenhöck et Ruprecht. (in Commiss.) 811.

— — id. lib. cum observationibus. 8. ibid. 811.

— Agricola, in usum praelect. seorsim ed. G. Seebode. 8. Götting. 812. Vandenhöck u. R. 4 gr cum observation. 8 gr

— Agricola ad fidem recens., edidit et select. observat. illustr. T. N. J. van Bloch. 8. Kopenh. 814. Schubothe. 6 gr.

— — id. lib. ed. J. D. G. Seebode. 8. Hannover, Gebr. Hahn. 815.

— — id. lib. illustr. S. N. J. Bloch. 8. Hafn. Schubothe. 815.

— — übers. von J. J. Stolz. Brem. 816. 8. 8 gr.

Taciti, *Agricola*. In usum schol. (sine notis) ed. Seebode. Götting. 812. 8. 2 gr. Hannov. 816. 8. 2 gr.

— — Agricola. Deutsch, nebst Rechtfertigungen v. L. Döderlein. gr. 8. Aarau, Sauerländer. 817.

— Agricola. Deutsch, nebst Rechtfertigungen v. Ldw. Döderlein. gr. 8. Aarau 818. Sauerländer. 8 gr

— — Lat. u. Deutsch m. Commentar v. G. L. Walch. Berl. 820. 8.

Tacitus Agricola. Übersetzt von F. C. Rumpf. Giessen 821. 8.

— Agricola. Cum lect. variet. atque annotat. edid. Dr. F. Dronke. 8 maj. Coblenz 824. Hoelscher.

— Agricola, übersetzt u. erläut. v. H. W. F. Klein. 8. Münch. 825. Fleischmann. 12 gr

— id. lib. Ed. G. Seebode. 8 maj. Hannov. 827. Hahn. 2 gr.

— id. lib. cum interpretatione a Gust. Schede. gr. 8. Ilmenau 827. Voigt.

—— Agrikola. Urschrift, Uebersetz., Anmerkn. u. e. Abhandl. üb. d. Kunstform d. antiken Biographie, durch G. L. Walch. (Mit Gordons Situationskarte von d. Römerstrassen, Lagerplätzen u. a. Ueberresten d. Römerzeit in England u. Südschottland.) gr. 8. (34 B.) Berolini 828, Nauck. 3 Thlr., wss. Drckp. 3 Thlr. 12 Gr., engl. Drckp. 3 Thlr. 18 Gr., Schrbp.

— Agricola. Urschrift, Uebersetzung, Anmerkk. u. e. Abhandl. üb. die Kunstform d. antiken Biographie, durch G. L. Walch. (Mit Gordons Situationskarte von d. Römerstraßen 2c.) gr. 8. Halle 828. (Nauck in Berl.) 3 ℛ Weiß Druckp. 3 ℛ 12 gr Engl. Druckp. 3 ℛ 18 gr Schreibp. 4 ℛ

—— Agricola, als Versuch u. Ankündigung e. neuen Verdeutschung sämmtl. Werke d. Tacitus, übers. v. W. Bötticher. 8. (4½ B.) Berlin 830, Th. Enslin.

—— Agricola. Einleitung, Uebersetzung und Commentar von D. A. F. Nissen. Zum Druck bereitet und hrsg. von Friedr. Lübker. gr. 8. (XIV und 249 S.) Hamburg 847, (Nestler und Melle.) *

— Agricola. In usum scholarum recognovit brevique annotatione instruxit Franc. Ritter. Editio III. gr. 12. (IV u. 56 S.) Bonnae 852, Habicht. ⅙ ℛ

— Agricola. Germania. Dialogus de oratoribus. Iterum recogn. Car. Halm. Lipsiae 857. Teubner. 8. (82 S.) 3¾ ngr.

— — Lat. u. deutsch m. krit. u. erklär. Anm. v. A. J. F. Henrichsen. I. Hälfte. 1858. 74 S. 4°.

— Agricola. Lateinisch u. deutsch mit krit. u. erklär. Anmerkungen von A. J. F. Henrichsen. 1. Hälfte. Altona 858. (Lehmkuhl u. Co.) gr. 4. (74 S.) n. 20 ngr.

— Agricola. Ex Wexii recensione recognovit et perpetua annotatione illustravit Frid. Kritzius. Berlin 859. F. Schneider. gr. 8. (XV, 163 S.) n. 20 ngr.

— Agricola, übers. von Voigtland. Pr. 1862. 19 S. 4°.

— — Recensuit P. Hofman Peerlkamp. Editio II. emendata et aucta. Leiden 864. Brill. 8. (VIII, 211 S.) nn. 1 ℛ 8⅓ ngr.

—— Agricola. Ex Wexii recensione recognovit et perpetua annotatione in usum scholarum illustravit Frid. Kritzius. Editio II. aucta et emendata. gr. 8. (XVI und 163 S.) Berlin 865, F. Schneider. [Weber.] *

—— Agricola. Lateinisch und deutsch mit krit. und erklärenden Anmerkungen von A. J. F. Henrichsen. 2. Hälfte. 2 Abthlgn. gr. 4. (48; 50 S.) Altona [Leipzig] 871, Mentzel's Verlag. à Abthl. *ℳ 1,50. *
1. Hälfte. [Ebendas.] 1858. *ℳ 2.

—— Agricola. Ex Wexii recensione recognovit et perpetua annotatione in usum scholarum illustr. Friedr. Kritzius. Ed. tertia, aucta et emendata. gr. 8. (XVI, 163 S.) Berlin 874, Weber. *

—— Agricola. Erklärende und kritische Schulausg. von Carl Peter. gr. 8. (VI, 126 S.) Jena 876, [Dufft.] Fischer. *

Agricola. Für den Schulgebrauch erklärt von Ign. Prammer. 8. (XVI, 87 S.) Wien 880. Gerold's Sohn. n. 1. —

— Agrikola u. Germania. Uebers. u. m. den nöthigsten Anmerkgn. versehen v. C. H. Krauß. Mit Anhängen f. philologisch-gebildete Leser. gr. 8. (VI, 92 S.) Stuttgart 883. Metzler's Verl. n. 2. 20

— Agricola. Hrsg. v. Osk. Altenburg. Text. (VI, 47 S. m. 1 Karte.) gr. 8. Leipzig 904. B. G. Teubner. Geb. n. — 60; Erklärungen. (71 S.) Geh. n. — 80

— Jul. Agrikola; übers. (von Fr. Chr. Koch). Nebst d. latein. Text. gr. 8. Gotha 777. Ettinger. 8 gr

— — — ein biograph. Versuch, a. d. Latein. mit Anmerkungen von J. A. Arzt. 8. Meißen, Erbstein. (Gödsche.) 800.

— Jul. Agrikola; ein biograph. Versuch; aus dem Latein. mit Anmerkk. v. G. F. Arzt. 8. Meißen 800. 2e A. 820. Goedsche. 16 gr

Tacitus, Caj. Corn., Alterthümer v. Germanien, oder üb. Germaniens Lage, Sitten und Völker, in e. System gebracht von Ph. L. Haus. 2 Thle. gr. 8. Mainz, Univ. Buchh. 791—92. Rthlr.

—— Alterthumskunde von Germanien oder Tacitus über Germanien in ein System gebracht u. mit Zusätzen von den übrigen klass. Schriftstellern erl. von Ph. L. Haus. Th. 1. 2. Mainz 1791—92. 8.

— Alterthumskunde v. Germanien, od. Tacitus, üb. Germanien in ein System gebracht u. mit Zusätzen erläutert v. Ph. Ldw. Haus. 2 Thle. gr. 8. Mainz 791 u. 92. (Andreä in Frankf. a. M.) 1 ℛ

— Annalen.

— dies., s.a. Baumann, (E. C. F.)

— Annalen, s.a. Bibliothek, kleine.

— Annalen, s.a. Collection Spemann.

— dasselbe, s.a. Kultur, antike.

— dasselbe. s.a. Meisterwerke, historische, der Griechen u. Römer.

—— Annalen, s.a. Universal-Bibliothek.

Tacitus, C. Annalen. Erstes und zweites Buch. Ein Probestüek für Kenner. Halle 1780. Ü: *Bahrdt, Carl Frdr.* (Degen)

— Annalen 1s u. 2s Buch, e. Probestück von Karl Fr. Bahrdt. 8. Halle 780. Gebauer. 12 gr.

— — Annalen. Deutsch von Johann Christoph Schlüter. (2 Bde.) 8. Duisburg und Essen 1809 und 1814.

— Annalen, deutsch, v. J. C. Schlüter. 3 Bde. 8. Duisb. 809—818. Bädecker in Essen. 3 ₰ 12 gr.

— Annalen. Uebersetzt v. C. Frhr. v. Hacke. 1r Bd. gr. 8. Frankf. 825, Wesché.

Tacitus, Caj. Cornel., Annalen, übers. v. C. Frh. v. Hacke. 2. Bd. gr. 8. (17 B.) Frankfurt a. M. 829, [Wesché'sche Brlgsbuchh.] Thlr.
1. Bd. Ebendas. 1825. 1 Thlr. 12 Gr.

— (Annalen.) Sechs erste Bücher seit dem Abscheiden des göttlichen Augustus (Annalen Buch I—VI.) durch ausführlichen Sprach- und Sachcommentar erklärt zum Schul- und Privatgebrauche von F. W. Otto. Mainz 854. Kupferberg. gr. 8. (X, 838 S.) 3 ₰. 15 ngr.

— Annalen. Schulausgabe von Ant. Aug. Draeger. 1. Bd. Buch I—VI. Leipzig 868. Teubner. gr. 8. (VI, 286 S.) 22⅔ ngr.

— — 2. Bd. Buch XI—XVI. Ebend. 869. gr. 8. (252 S.) 18 ngr.

— Annalen. Schulausgabe v. A. Draeger. 1. u. 2. Bd. Buch 1—16. 2. Aufl. gr. 8. (VI, 284 S.) Leipzig 873. 74. Teubner. 4. 65
1. (VI, 284 S.) 2. 40. — 2. (264 S.) 2. 25.

— Annalen. Schulausgabe von A. Draeger. 1. Bd.: Buch I—VI. 3. Aufl. gr. 8. (VIII, 302 S.) Leipzig 878, Teubner.
2. Bd. Ebendas. 1874. ℳ 2,25.

— Annalen. Schulausg. v. A. Draeger. 1. u. 2. Bd. gr. 8. Leipzig 882. Teubner. 4. 65
1. Buch I—VI. 4. Aufl. (VI, 302 S.) 2. 40
2. Buch XI—XVI. 3. Aufl. (262 S.) 2. 25

— Annalen. Schulausg. v. A. Draeger. 1. Bd. Buch I—VI. 5. Aufl. gr. 8. (VI, 298 S.) Leipzig 887. Teubner. 2. 40

— dasselbe. Schulausg. v. A. Draeger. 1. Bd. 1. u. 2. Hft. 6., vorb. Aufl. v. Ferd. Becher. gr. 8. Leipzig, B. G. Teubner. à 1. 50
1. Buch I u. II. (VIII, 156 S.) 891.
2. Buch III—VI. (S. 157—321.) 895.

— dasselbe in Auswahl u. der Batavoraufstand unter Civilis. Hrsg. v. Carl Stegmann. Text. gr. 8. (IV, 322 S.) Ebd. 897. Geb. n. 2. 20

Des P. Cornelius **Tacitus** Annalen I—III. F. d. Schulgebr. bearb. u. erl. v. Dr. Rudolf Lange, Dir. ... zu Rostock. Text. Komm. *Bielefeld & Leipzig: Velhagen & Klasing 1896.97.* 2 Bde 8.
Text. M. 1 Kt. 1896. (XVI, 158 S.) Kommentar. 1897. (2 Bl., 170 S.)
(Sammlung latein. u. griech. Schulausgaben.) [97. 8166

— Annalen, hrsg. v. Joh. Müller. Für den Schulgebrauch bearb. von A. Th. Christ. I. u. II. Bd. 8. Leipzig 896. G. Freytag. à n. 1. 20; geb. in Leinw. à n. 1. 60
I. (ab exc. D. Aug. I—VI). Tiberius. (XVIII, 262 S. m. 4 Stammtaf., 12 Abb. u. 5 Karten.)
II. (ab exc. D. Aug. XI—XVI). Claudius u. Nero. (XVI, 257 S. m. 17 Abb. u. 6 farb. Karten.)

Tacitus, P. Cornelius, Annalen. Herausgegeben von Johann Müller. Für den Schulgebrauch bearbeitet von A. Th. Christ. I. Bd. (Ab exc. D. Ausg. I—VI.) Tiberius. Mit 5 Karten und 12 Abbildungen. 8. (XVIII, 262 S.) —.80, geb. 1.—
Prag: Tempsky 1896.

Tacitus, P. Cornelius, Die Annalen. Herausgegeben von Johann Müller. Für den Schulgebrauch bearbeitet von A. Th. Christ. II. Band. (Ab. exc. D. Aug. XI—XVI.) Claudius und Nero Mit 6 Karten und siebzehn Abbildungen 8. (XV, 256 S.) —.80 geb. 1.—
Prag: Tempsky 1896.

— Annalen. Schulausg. v. A. Draeger. 2. Bd. 1. u. 2. Hft. 4., verb. Aufl. v. Ferd. Becher. gr. 8. Leipzig, B. G. Teubner. à 1. 35
1. Buch XI—XIII. (128 S.) 899. 1. 35
2. Buch XIV—XVI. (133 S.) 899. 1. 35

— dasselbe in Auswahl u. der Bataveraufstand unter Civilis. Hrsg. v. Carl Stegmann. Kommentar. gr. 8. (IV, 164 S.) Ebd. 899. Geb. n. 1. 40

— Annalen in Auswahl u. der Bataveraufstand unter Civilis. Hrsg. v. Carl Stegmann. Hilfsheft. Mit 1 Titelbild, sowie 22 Abbildgn. im Text u. auf 3 Taf. (IV, 191 S.) gr. 8. Leipzig 903. B. G. Teubner. Geb. n. 1. 80 (Text m. Kommentar u. Hilfsheft: n. 5. 40)

— dasselbe. Für den Schulgebrauch erklärt v. A. Draeger. I. Bd. 1. Heft. Buch I u. II. 7. verb. Aufl. v. Wilh. Heraeus. (VIII, 154 S.) 8. Leipzig 907. B. G. Teubner. 1.50; geb. 2.—
(Teubners Schulausgaben griech. u. lat. Klassiker mit Anm.)

— dasselbe. Text. I. Annalen Buch I—VI. 2. Aufl. (V, 159 S.) 8. Ebd. 907. Kart. 1.20; Kommentar. (IV, 95 S.) 909. Geb. 1.—

— dasselbe. Text II. Annalen Buch XI—XVI. Historien Buch IV—V. 2. Aufl. (S. 159—270.) 8. Ebd. 907. Geb. 1.—

— dasselbe. Zeittafel. (S. 263—322 m. 1 Stammtaf. u. 3 Karten.) 8. Ebd. (907). —80

— Annalen, hrsg. v. Joh. Müller. Für den Schulgebrauch bearb. v. A. Th. Christ. I. Bd. (Ab exc. D. Ausg. I—VI.) Tiberius. 2., bericht. Aufl. (XVIII, 279 S. m. 5 Karten u. 13 Abb.) 8. Leipzig 903. G. Freytag. — Wien, F. Tempsky. Geb. 2. —

— dasselbe in Auswahl u. der Bataveraufstand unter Civilis. Hrsg. v. Carl Stegmann. Text. 2. Aufl. (V, 334 S. m. 3 Karten.) Ebd. 907. Kart. 2.40; Kommentar. 2. Aufl. (IV, 163 S.) 909. Geb. 1.40
(B. G. Teubners Schülerausgaben griech. u. lat. Schriftsteller.)

— Annalen u. Historien in Auswahl. Für den Schulgebrauch hrsg. v. Andreas Weidner. 3. Aufl. Mit e. Anh.: Drei Briefe des jüngeren Plinius u. des Trajan u. Monumentum Ancyranum, bearb. v. Rud. Lange. Mit 4 Karten u. 24 Abbildgn. (XIV, 230 S.) 8. Leipzig 905. G. Freytag. Geb. in Leinw. n. 1. 80

— Annales. Ad optimor. exemplar. fidem recens. a G. R. Ruperti. 8maj. Götting. 804 u. 5. Dieterich. 1 ₰ 8 gGr. Hbg. Pr. 22 gGr. Schreibp. 2 ₰ Hbg. Pr. 1 ₰ 8 gGr. Velinp. 3 ₰ Hbg. Pr. 2 ₰ Der Commentar 2 ₰ Hbg. Pr. 1 ₰ 8 gGr. Schrbp. 3 ₰ Hbg. Pr. 2 ₰ Velinp. 4 ₰ 12 gGr. Hbg. Pr. 3 ₰ 8 gGr.

— Annalium lib. XVI. ex recensione novissima cum perpetua, brevi tamen adnotatione ad libros priores in usum scholarum. 8. Dortmund, Gebr. Mallinckrodt. 812.

—Annalium lib. XVI. ex recens. novissima cum perpetua, brevi tamen adnotatione ad libros priores in usum scholarum. 8. Dortm. 812. (Schulz in Hamm). 1 ₰ 831. Hbg. Pr. 6 gGr.

—— Annales. Recogn., annotat. crit. adjecit Theoph. Kiesslingius. 12maj. (19¼ B.) Lipsiae 829, Teubner. 21 Gr., engl. Pap.

— Annalium liber I. Specimen novae editionis criticae ad codices Mediceos denuo diligenter exactae a J. C. Orelli. Pr. 1844. 41 S. 4°. 1.20

— annalium libri I et II. Schul-Ausg. von Karl Tücking. gr. 8. (IV, 156 S.) Paderborn 881. F. Schöningh. n. 1. 50

—— Annales. Für den Schulgebrauch erklärt von W. Pfitzner. 1. und 2. Bdchn. gr. 8. Gotha, F. A. Perthes.
Inhalt:
Bdchn. 1. Buch I und II. (IV, S. 1—130.) 883. ℳ 1,20.
» 2. Buch III—VI. (S. 131—293.) 884. ℳ 1,50.

Taciti, Cornelii, Annales. Erklärt v. Dr. W. Pfitzner. 8. Wien, Carl Graeser. I. Bändchen. Buch I u. II. (Schulausgabe griech. u. lat. Classiker. A. 7.) (IV u. 129 S.) 72 kr. II. Bdch. Buch III u. IV. (Schulausg. 22.) (S. 131—239.) 78 kr. 1884.

—— annales. Für den Schulgebrauch erklärt von W. Pfitzner. 3. und 4. Bdchn. gr. 8. Gotha 885, F. A. Perthes.
Inhalt:
Bdchn. 3. Buch XI—XIII. Ausg. a. Kommentar unterm Text. (S. 295—427.) ℳ 1.20. — Ausg. b. Text und Kommentar getrennt in 2 Heften. (S. 165—232; S. 1—66) ℳ 1.20.
» 4. Buch XIV—XVI. Ausg. a. Kommentar unterm Text. (S. 429—558.) ℳ 1.50. — Ausg. b. Text und Kommentar getrennt in 2 Heften. (S. 233—304; S. 67—126.) ℳ 1.50.
1. und 2. Bdchn. Ebendas. 1883,84. *ℳ 2.70.

— annales. Für d. Schulgebrauch erklärt v. W. Pfitzner. 1. Bdchn. Buch I u. II. 2., verb. Aufl. Ausg. A, Kommentar unt. Text. gr. 8. (VI, 135 S. m. 1 Stammtaf.) Gotha 892. F. A. Perthes. 1. 20; Ausg. B, Text u. Kommentar getrennt in 2 Hftn. (IV, 71 u. 63 S. m. 1 Stammtaf.) 1. 20

— Annales. Für den Schulgebrauch erklärt von W. Pfitzner. I. Bdchn. Buch I u. II. 3., umgearb. Aufl. Ausg. A. Kommentar unterm Text. gr. 8. (IV, 140 S.) Gotha 898. F. A. Perthes. 1. 20

— dasselbe. Ausg. f. d. Schulgebrauch v. W. Pfitzner. 3., verb. Aufl. Ausg. B, Text u. Kommentar getrennt in 2 Hftn. gr. 8. (IV, 71 u. 69 S.) Ebd. 898. 1. 20

— dasselbe. Nach Text u. Kommentar getrennte Ausg. (B) 2 Hfte. 4., umgearb. Aufl. gr. 8. (VI, 71 u. 75 S.) Ebd. 903. 1.20

— Annales. Nach Text u. Kommentar getrennte Ausg. (B) f. den Schulgebrauch v. W. Pfitzner. I. u. II. Bdchn. Je 2 Hefte. 8. Gotha, F. A. Perthes. à 1.50; geb. 1.80
I. Buch I u. II. 5., verb. Aufl., besorgt v. O. Wackermann. (VI, 71 u. 95 S.) 908.
II. Buch III—VI. 3., verb. Aufl., besorgt v. O. Wackermann. (IV, 92 u. 85 S.) 908.

— annalium ab excessu divi Augusti libri. Erklärt v. Karl Tücking. 1. Buch. 2., verb. Aufl. 8. (106 S.) Paderborn 895. F. Schöningh. n. — 80
(Schöninghs Ausgaben lat. u. griech. Klassiker.)

— annalium ab excessu divi Augusti libri. Erklärt v. Karl Tücking. Buch II. 2., verb. Aufl. 8. (86 S.) Paderborn 895. F. Schöningh. n. — 70
(I. u. II.: n. 1. 50)

— Annalium ab excessu divi Augusti libri. Recognovit brevique adnotatione critica instruxit C. D. Fisher. (VIII, 422 S.) 8. Oxford (906). Clarendon Press. n.n. 5. —

— Ausstellung e. histor. Stücke d. Tacitus, s. P. H. Boost.

Tacitus, C. Beschreibung des alten Deutschlands, mit Anmerkungen. Altenburg 1786. Ü: *Müller, Christian Carl Frdr.* (Ky)

— Beschreib. des alten Deutschlands, mit Anmerkk. (v. C. K. F. Müller). 8. Altenb. 786. Richter. . . .

—— sechs erste Bücher seit dem Abscheiden des göttlichen Augustus (Annalen Buch I—VI.) durch ausführlichen Sprach- und Sachcommentar erklärt zum Schul- und Privatgebrauche von F. W. Otto. gr. 8. (X und 838 S.) Mainz 854, Kupferberg.

— Codex laurentianus Mediceus 68 I u. II phototypice editus, praefatus est Henr. Rostagno, s.: Codices graeci et latini. VII.

Tacitus, C. Das alte Teutschland, oder von der Lage, den Sitten und Völckern Germaniens, aufs neue übersetzt . . . Berl. 1724. Ü: *Jablonski, Joh. Theod.* (Ebert)

— Dialog über die Redner. Uebers. u. mit den nöthigsten Anmerkungen versehen von C. H. Krauß. Nebst einem Anh. f. philolog. Leser. gr. 8. (VI, 90 S.) Stuttgart 882. Metzler's Verl. n. 2. —

— Dialogus de oratoribus et Germania, s. a. Codices graeci et latini.

— dialogus de oratoribus, siehe a. Quintilianus.

— dialogus de oratoribus, s. de causis corruptae eloquentiae vulgo Tacito inscriptus. Denuo recens., varietat. lect. et conjectoras eruditorum adj., annotat. selecta alior. et sua illustr. Jh. Hnr. Aug. Schulze. 8maj. Leipz. 788. Fritsch. (Hahn). 16 gr.

— Dialogus de oratoribus in usum scholar. suar. rec. et varietatem lectionis adj. Gf. Seebode. 8. Götting. 813. Vandenhöck u. R. 6 gr. Schrbp. 8 gr.

— Dialogus de oratoribus: recensuit Dr. Gothofr. Seebode. 8. Gotting. Vandenhöck et R. 814.
Schreibp.

— — In usum schol. (sine notis) ed. Seebode. Hann. 816. 8. 2gr.

— Dialogus de Oratoribus, ed. G. Seebode. gr. 8. Hannov. 827, Hahn.

—— Dialogus de oratoribus ex recens. E. Dronke. 8 maj. (3½ B.) Conlluenciae 828, Hölscher.

—— id. recens. et annotat. instr. E. Dronke. 8 maj. (19½ B.) Ibid. 828.

—— de oratoribus dialogus. Recens. et annotat. critica instr. Fr. Osann. 8 maj. (6 B.) Gissae 829, Heyer, pat.
8 Gr., wss. Drckp.

— dialogus de oratoribus a corrupt. nuper illatis repurg. ex Lipsiana edit. anni 1574 opera J. C. Orelli. 8maj. Zürich 830. (Leipzig, Fr. Fleischer.) ½ ℛ

— Dialogus de oratoribus a corruptelis nuper illatis repurgatus ex Lipsiana edit. anni M. D. LXXIV. Opera Jo. Casp. Orellii. Acced. Justi Lipsii curae primae integrae, Wopkensii sel. annotatt., Rauchensteinii observat. nonnullae, Gutmanni dissertatio etc. 8maj. Zürich 830. Gessner. 1 ℛ

—— Dialogus de oratoribus a corruptelis nuper illatis repurgatus ex Lipsiana edit. anni M.D.LXXIIII. Opera Jo. Casp. Orellii. Acced. Justi Lipsil curae primae integrae, Wopkensii sel. annotat., Rauchensteinii observat. nonnullae, Gutmanni dissertatio, qua Tacitum dialogi scriptor. non esse demonstratur, et chrestomathia Frontoniana ex Romana edit. nusquam adhuc repetita. 8 maj. (15½ B.) Turici 830, [Siegfried.] 1 Thlr., hrbgs. Pr.

—— Dialogus de oratoribus ab Imm. Bekkero ad cod. Farnesianum recognitus. — Mutata quorundam locor. lect. additaque et his et cet. omnibus, qui etiam post Bekkeri operam nondum ad liquidum perducti videri possunt, lect. divers. et adnotat. crit., scholar. maxime in us. edid. Guil. Boetticher. 8. (4 B.) Berolini 832, Trautwein.

—— de oratoribus dialogus. Recogn. brevique annotat. instr. Franc. Ritter. In us. lection. academicar. et gymnasior. 8maj. (3½ B.) Bonnae 836, Habicht.

—— Dialogus de oratoribus. Bearb. u. z. Gebr. f. Schulen hrsg. v. Carl Theod. Pabst. 8. (9¼ B.) Leipzig 841, [Köhler'sche Vrlsh.]

—— Dialogus de oratoribus. Text. recogn. et selecta variet. lectionum annotationibusq. instr. Phil. Car. Hess. 8maj. (22¼ B.) Lipsiae 841, Kollmann.

—— Dialogus de oratoribus cum nova collatione cod. Perizoniani in usum scholarum ed. Jo. Casp. Orellius. 4. (6 B.) Turici 846, Orell, Füssli et soc.

— dialogus de oratoribus. In usum scholarum recognovit brevique annotatione instruxit Franc. Ritter. Editio II. Bonn 859. Habicht. 12. (IV, 65 S.) 5 ngr.

— Dialogus de oratoribus. Ins Deutsche übertr. v. Bomback. Pr. 1866. 81 S. 4°.

— dialogus de oratoribus. In's Deutsche übertragen von Bomback. Ehingen 866. (Tübingen, Fues'sche Sortimentsh.) 4. (31 S.) n. 10 ngr.

—— dass. — Ad codices denuo conlatos recognovit Adolfus Michaelis. 8. (XXIV, 74 S.) Leipzig 868, Breitkopf und Härtel.

— dialogus de oratoribus. Für den Schulgebrauch erklärt v. Geo. Andresen. gr. 8. (78 S.) Leipzig 872. Teubner. — 75

— dasselbe. Erklärende u. krit. Schulausg. von Carl Peter. gr. 8. (IX, 151 S.) Jena 877. Fischer. n. 2. 80

— dialogus de oratoribus. Für den Schulgebrauch erklärt von Geo. Andresen. 2., verb. Aufl. gr. 8. (76 S.) Leipzig 879. Teubner. — 90

Taciti, P. Cornelii, dialogus de oratoribus. Recognovit Aemilius Baehrens. gr. 8. (103 S.) Leipzig 881. Teubner. n. 2. —

— dialogus de oratoribus. Erklärt von Ed. Wolff. Ausg. A. Kommentar unterm Text. gr. 8. (IV, 103 S.) Gotha 890. F. A. Perthes. 1. 20; Ausg. B. Text u. Kommentar getrennt in 2 Hftn. (IV, 34 u. 68 S.) 1. 20

— dialogus de oratoribus. Für den Schulgebrauch erklärt v. Geo. Andresen. 3., verb. Aufl. gr. 8. (80 S.) Leipzig 891. B. G. Teubner. — 90

— Dialogus de oratoribus, cap. XXVIII bis Schluss übers. u. krit. exegetisch erlaeutert von John. Pr. 1892. 21 S. 4°. 1.20

P. Cornelius Tacitus, Dialogus de oratoribus. Erkl. v. Dr. Constantin John, Rektor ... zu Schwäb. Hall. Berlin: Weidmann 1899. (VII, 164 S.) 1 Bd 8°
(Sammlung griech. u. lat. Schriftsteller m. deutschen Anm.)

— dasselbe. Recognovit Alfr. Schöne. gr. 8. (IV, 95 S.) Dresden [Schumannstr. 44] 899. Dr. A. Schöne. n. 3. —

— epitoma. In usum scholarum concinnavit Alois Cappelmann. Edi curavit Rich. Cappelmann. Vol. I. Germaniam, Agricolam, Historias complectens. Wien 861. Gerold. 8. (II, 262 S.) n. 14 ngr.
Hieraus einzeln: Germania. Agricola.

Taciti, Cornelii, Germaniae agricolae historiarum epitome. In usum scholarum concinnavit Aloisius Capellmann. kl. 8. (50 S.) Wien, Gerold's Sohn. 1867. 20 kr.

—— ab excessu divi Augusti libri. Rec. W. Pfitzner. Part. I. gr. 8. (71 S.) Gotha 883, F. A. Perthes.

Taciti C., excessu divi Augusti libri. Recensuit W. Pfitzner. Partic. I. (Text-Ausg. griech. u. lat. Classiker. II. Bändchen.) 8. (S. 1—71.) Partic. II. (Text-Ausg. XII. Bändchen.) (S. 72—164.) Ebds. à 36 kr.
1884.

—— ab excessu divi Augusti libri. Quartum recognovit Carolus Halm. Fasc. I et II. Lib. I—XVI. 8. (373 S.) Leipzig 884, Teubner. à Fasc. 75 Pf.

—— dass. — In usum scholarum rec. Mich. Gitlbauer. Pars I [I—VI]. 8. (VIII, 253 S.) Freiburg i. Br. 887, Herder'sche Verlagsh. *ℳ 1.20.; geb. *

— dasselbe. Scholarum in usum ed. Ign. Prammer. Pars I. Libri I—VI. 8. (XL, 252 S.) Wien 888. Gerold's Sohn. cart. n. 1. 80

— dasselbe. Pars II. Libri XI—XVI. 8. (XXVI, 295 S.) Ebd. 888. n. 1. 70

— dasselbe. Libri I—III. Scholarum in usum recensuit Rob. Novák. gr. 8. (112 S.) Prag 890. Kober. n. 1. 40

— ab excessu divi Augusti (annalium) libri I—VI. Ed. Geyza Némethy. gr. 8. (V, 198 S.) Budapest 893. R. Lampel. n. 1. 30

P. Cornelius Tacitus Ab excessu Divi Augusti Buch I u. II. F. d. Gebrauch d. Schüler erkl. v. Georg Andresen. Text. Anm. *Berlin: Weidmann 1897.* 2 Bde 8.
Text. (2 Bl., 90 S., 1 Bl.) Anm. (53 S.)
(Griech. u. lat. Schulschriftsteller m. Anm.) [97. 3035

—— der Freiheitskampf der Bataver unter Claudius Civilis. Mit Einleitung, Commentar und 2 Karten versehen von Carl Christ. Conr. Völker. 1. Lfg.: Einleitung und Text. gr. 8. (VII und 111 S. mit 1 chromolithogr. Karte.) Elberfeld 861, Bädeker'sche Buchh. *

—— der Freiheitskampf der Bataver unter Claudius Civilis. Mit Einleitung, Commentar und 2 Karten versehen von Carl Christ. Conr. Völker. 2. Lfg. Fortsetzung der Einleitung und Commentar. gr. 8. (VII und 160 S. mit 1 chromolithogr. Karte.) Elberfeld 863, Bädeker'sche Buchh.
1. Lfg. Ebendas. 1861. 10 Ngr.

—— s. Gerber, A., et A. Greef, lexicon Taciteum.

— Germania.

— dasselbe u. Agricola, s. a. Bibliothek der Gesamt-Litteratur d. In- u. Auslandes.

— dasselbe, s. a. Bibliothek, kleine.

(Tacitus. Die Germania des P. Cornelius T.) s. a. Marina, G[iuseppe]. Romanentum und Germanenwelt.... Jena 1900.

— dasselbe, s. a. Meyer's Volksbücher.

— dasselbe, s. a. Schul-Texte, griechische u. lateinische.

— dasselbe, s. a. Statuen deutscher Kultur.

——, —— deutsch von Thudichum, sieh: Frdr. Thudichum, Der altdeutsche Staat. 1862.

— dasselbe, Schulwörterbuch dazu, s.: Wolff, E.

——, —— Recensuit, notis perpetuis ... illustravit J. C. Vetter. Erlangae 1714. 8. (D.)

— — Cum variorum notis et suis ed. J. C. Dithmarus. Francof. 725. 8. Ib. 749. 8. Ib. 769. 8. 8 gr.

—— Germania. Mit deutschen Anmerkungen versehen (von L. C. Rühl). Halle 1744. 12.

— — Cum observatt. J. G. Hauptmanni. Lips. 747. 8. 3 gr.

——, —— übers. mit Anmerkk. von P. J. Holl. Bamberg 1777. 8.

— — Cum selectis variorum suisq. notis ed. C. H. Joerdens. Berol. 785. 8. 2 gr. Ib. 794. 8. 2 gr.

— — Cum versione germ. adnotationibus et indice geogr. Altenb. 786. 8. 10 gr.

— — Cum observatt. Longolii ed. J. Kappius. Lips. 788. 8. 8 gr.

— — Cum annotationibus in usum juvent. ed. J. H. Emmert. Götting. 791. 8. 8 gr.

— Germania. Mit Stellen aus alten Autoren belegt, erläutert, verglichen ꝛc. v. J. F. Schwedler. 2 Thle. 8. Halle 793, 95. Hendel. 14 ℛ

—— Germania. Mit Stellen aus den alten Autoren belegt, erläutert, verglichen, hie und da ergänzt u. zum Gebrauch in Schulen herausg. von J. F. Schwedler. Halle 1794—95. 4.

— — Lat. u. Deutsch von J. C. Schlüter. Dortm. 798. 8.

— — Mit grammatischen, philologischen und historischen Anmerkungen von Koch. Meiss. 799. 8. 8 gr.

— c. variet. lect. brevibusque adnotatt. ed. a G. G. Bredow. 8. Helmst. 800. Ed. II. 816. Fleckeisen. 4 ℛ

— Germania et vita Iulii Agricolae. 12. Lugduni. (Turneisen fil., Paris.) 804.

— — Cum variis lectt. brevibusque annotatt. ed. Bredow. Helmst. 808. 8. Ed. emend. et auct. Ib. 816. 8. 4 gr.

— Germania, deutsch, mit Anmerkk. von G. G. Bredow. Mit Kpf. 8. Helmst. 809. Fleckeisen. 12 ℛ Neu herâgg. v. J. D. Billerbeck. 8. Ebd. 826. 10 ℛ

—— Germania et J. Agricolae vita. Norimbergae 1810. 12.

— — Lat. u. Deutsch mit Anmerkungen von G. A. Fischer. Münch 811. 12. 10 gr.

— Germania seu de situ, moribus et populis Germaniae ed. G. Seebode. 8. Hannov. 815. 8maj. 827. Hahn. 2 ℛ

—— Germania übers. m. Anmerkk. u. e. vierf. Register von F. W. Tönnies. Berlin 1816. 8.

—— Germania seu de situ, moribus et populis Germaniae ed. Seebode. Hannoverae 1816. 8.

— Germania, recens. annotationemque Bredovii integram addidit Frz. Passow. Edit. alt. auctior. 8. Bresl. 817. Max u. C 12 ℛ

——, —— übers. von G. Sprengel. Halle 1817. 8.

— — Lat. u. Deutsch von Gust. Sprengel, mit Erläuterungen von K. Sprengel. Mit einer Charte. Zweyte sehr verb. Aufl. Halle 819. 8. 16 gr. (Die erste Ausg. hat den Lat. Text nicht.)

— — Lat. u. Deutsch mit Erläuterungen von K. Sprengel. Herausgegeben von J. Eyerel. Wien 819. 8.

—— Germania. Lateinisch u. deutsch von J. C. Schlüter. 2. durchaus verb. Ausg. Hamm 1821. 8.

—— Germania et J. Agricolae vita ad exemplar Bipontinum. Marburg 1821. 8.

— Germania. Uebersetzt, mit Anmerkk. u. einer dazu gehör. Charte von G. G. Bredow. Neu herausgeg. von D. J. Billerbeck 8. Helmstadt 826, Fleckeisen.

— Germania, curante Chr. Fr. Teubert. 12. Leipz. 826. W. Vogel. 6 gr.

— dass. Uebersetzt u. mit Anmerkk. versehen v. H. W. Fr. Klein. gr. 12. München 826, Fleischmann.

— id. lib. ed. G. Seebode. gr. 8. Hannov. 827, Hahn.

—— die Germania des, übers. u. in volksthüml., deutschrechtl. u. geograph.-histor. Hinsicht erläutert. Für Gelehrte u. denkende Freunde d. Alterthums aus gebild. Ständen, v. F. Bülau, J. Weiske u. K. v. Leutsch. gr. 8. (24½ B. u. 1 Karte v. Germanien nach Tacitus.) Leipzig 828, [Lehnhold.]

—— Germania. Urschrift, Uebersetz. u. e. Abhandl. üb. antike Darstellung in Bezieh. auf Zweck u. Zusammenhang in Tacitus Germania v. G. L. Walch. 1. Hft. gr. 8. (5 B.) Berlin 829, Dümmler.

—— (Germania seu) de situ, moribus et populis Germaniae libellus. Textu recogn. ed. J. B. Durach. 12 maj. (1½ B.) Ratisbonae 829. [August. Vindel., Kollmann.]

—— Germania seu de situ, moribus et populis Germaniae libellus. Hrsg. u. mit krit., grammat. u. histor. Anmerkn. erläut. v. Joh. v. Gruber. gr. 8. (10 B. u. 1 Karte, kl. Fol.) Berlin 832, Dümmler.

—— Libellum de Germania, vitam Agricolae et dialogum de oratoribus compl. Hannoverae 1832. 8. maj.
A. u. d. T.: Taciti Opera recogn. G. A. Ruperti. Vol. 4. . . . . (D.)

Tacitus. Germania. Text Übersetzung Erläuterung. von Fr[anz] Dor[otheus] Gerlach und Wilhelm Wackernagel. 2 Abtheilungen. 8. Basel 1835–1837.
Abtheilung 1. Text. — *A. u. d. T.:* C. Cornelii Taciti Germania. Ad optimorum codicum fidem emendavit, notis criticis et varietate lectionis selecta instruxit Fr. Dor. G'. Basileæ.
Abtheilung 2. Übersetzung und Erläuterung. — *A. u. d. T.:* Tacitus. Germania. Übersetzt und erläutert von Fr. Dor. G'. Basel.

Tacitus, Caj. Cornel., Germania. Text, Uebersetzung, Erläuterung. von Fr. Dor. Gerlach u. Wilh. Wackernagel. 1. u. 2. Abthl. gr. 8. Basel, Schweighauser'sche Buchh. Thlr.
A. u. d. Ttln.:
Abthl. I. Germania ad optimor. cod. fid. emend., notis crit. et variet. lectionis selecta instr. Gerlach. (6¼ B.) 835. 11 Gr.
- II. Germania, übers. u. erläut. v. Gerlach. (18 B.) 837. 1 Thlr. 20 Gr.

—— Germania. Ed. et quae ad res Germanor. pertinere videntur e reliquo Tacitino opere excerpsit Jac. Grimm. 8 maj. (8¼ B.) Gottingae 835, libr. Dieterich.

Tacitus. C. Cornelius T' de Germania. Recognovit, isagoge instruxit, commentario illustravit, et lectionis varietatem indicesque adjecit M[oritz Matthäus] Weishaupt.... 8. Solodori 1844.

—— de Germania. Recognovit, isagoge instruxit, commentario illustravit et lectionis varietatem indicesque adjecit M. Weishaupt. 8. (39¾ B.) Solodori 844, Jent et Gassmann.

—— de Germania. Ed. M. Weishaupt. 8. (3 B.) Ibid. 844. *

——, —— übers. u. mit Einl. vers. von J. Horkel. In: Geschichtschrr. d. deut. Vorz. I. Berlin 1849. . . . . (D.)

Tacitus' Germania. Nach einem bisher nicht verglichenen Coder übers. v. dem Hrsg. einer latein. Briefsammlung (Gust. Schwetschke). 8. (VI u. 58 S.) Halle 849, Schwetschke & Sohn. — 2. Aufl. 8. (VI u. 58 S.) Ebd. 849. 6 ngr.

— Germania. Lateinisch u. Deutsch von Ludw. Döderlein. hoch 4. (77 S. m. 1 lith. Karte u. lith. Titel.) Erlangen 850, Enke. n. 24 ngr.

— Germania. Agricola. Dialogus de oratoribus. Ex recognitione Car. Halmii. 8. (79 S.) Lipsiae 851, Teubner. ⅛ ₰

— — In usum scholarum recognovit breviqve annotatione instruxit Franc. Ritter. Ed. II. Bonnae 853. Habicht. 12. (IV, 46 S.) 5 ngr.

— Germania in usum scholarum recognita a Maur. Hauptio. Berolini 855. Weidmann. 8. (53 S.) 5 ngr.

——, —— Agricolae vita et de oratoribus dialogus. Ex rec. C. H. Weise. Edit. stereotypa. Lipsiae 1855. 8.

— Germania, Agricola, Dialogus de oratoribus. Edid. Frid. Haase. Edid. stereot. Lipsiae 856. B. Tauchnitz. gr. 8. (79 S.) 3¾ ngr.

— Germaniae sive de origine situ moribus ac populis Germanorum liber. Herausg. u. sachlich erläutert von Thdr. Finck. 1. Abth.: Tacitus Leben, Character, Wirken und Schriften, Text u. besserer handschriftl. Apparat seiner Germania. Göttingen 857. Dieterich. gr. 8. (3 Bl., 250 S.) n. 1 ₰. 5 ngr.

—— Germania and Agricola, and also selections from the Annals. With english notes, critical and explanatory. By Charles Anthon. gr. 12. (LIX und 402 S.) New York 858. (Philadelphia, Schäfer und Koradi.) geb. *

—— Germania. Ex Hauptii recensione recognovit et perpetua annotatione illustravit Frid. Kritzius. gr. 8. (XII und 119 S.) Berlin 860, F. Schneider. *

——, —— Agricola. Wien 1861. 8.
Dasselbe in: Tacitus, Epitoma. In usum schol. concinnavit A. Capellmann. Ed. curavit R. A. Capellmann. Vol. 1.

Tacitus, Cornelius. Germania. Frankfurt a. M. 1862. Ü: *Schierenberg, Aug.* (Kat. d. Bibl. d. dtsch. Reichstages. Berl. 1882.)

——, —— Ins Deutsche übertragen nebst einem Vorworte von L. H. O. Müller. Jever 1862. gr. 4.
Gymn.-Progr.

— — Ins Deutsche übertragen nebst einem Vorworte von L. H. O. Müller. Jever 862. Mettcker & Söhne. gr. 4. (32 S.) n. 10 ngr.

—— Germania. Ex Hauptii recensione recognovit et perpetua annotatione illustravit Frid. Kritzius. Editio altera aucta et emendata. gr. 8. (XVI und 131 S.) Berlin 864, F. Schneider. [Weber.] *

— — für den Schulgebrauch an Gymnasien, zunächst für Abiturienten, commentirt von J. A. Tschofen. Mit einer Vorrede über die Wohnsitze der alten Deutschen nebst Text u. (lithogr.) Karte. Triest 865. (Wien, Gerold's Sohn.) gr. 8. (112 S.) n. 1 ₰ 14 ngr.

— — Erklärt von Carl Tuecking. Paderborn 867. Schoeningh. gr. 8. (60 S.) n. 5 ngr.

—— Germania, ausführlich erklärt von L. Curtze. Cap. I—X. gr. 8. (XII, 424 S.) Leipzig 868, Priber. *

—— dass. — Mit Anmerkungen von Bernh. Hüppe. gr. 8. (73 S.) Münster 868, Theissing'sche Buchh. *

—— dass. — Uebersetzt von A. Bacmeister. 8. (74 S.) Stuttgart 868, Neff.

— — Ex Hauptii recensione recognovit et perpetua annotatione illustravit Frid. Kritzius. Editio III. emendata. Berlin 869. Weber. gr. 8. (XVI, 131 S.) n. 20 ngr.

— — Deutsch von S. Dyckhoff. Paderborn 869. Schöningh. 8. (45 S.) n. 5 ngr.

—— dass. — übersetzt von Max Oberbreyer, s. a. Universal-Bibliothek Nr. 726.

——, —— übersetzt von M. Oberbreyer. Leipzig 187.. 12.
lat: Universal-Bibliothek Nr. 726.

—— dass. — Wortgetreu aus dem Lateinischen übersetzt von H. R. Mecklenburg. 32. (50 S.) Berlin 871, H. R. Mecklenburg. *

— dasselbe. Erläutert v. Heinr. Schweizer-Sidler. gr. 8. (XIV, 90 S.) Halle 871. Buchh. d. Waisenh. n. 1. 50

— dasselbe. 2. Aufl. gr. 8. (VII, 87 S.) Ebend. 874. n. 2. —

— dasselbe. Erklärt v. Carl Tuecking. 2. verb. Aufl. gr. 8. (64 S.) Paderborn 873. F. Schoeningh. n. — 60

—— Germania Agricola et Dialogus. (Tom II., S. 192—270.) 874.

——, —— Germania ... Tertium recogn. C. Halm. Lipsiae 1874. 8.

— die Germania. Deutsche Uebersetzg. v. Ant. Baumstark. 8. (44 S.) Freiburg i/Br. 876. Herder. — 50

— Germania, besonders f. Studirende erläutert v. Ant. Baumstark. gr. 8. (XVI, 148 S.) Leipzig 876. T. O. Weigel. n. 2. —

— dasselbe. Wortgetreu aus dem Lat. übers. von H. R. Mecklenburg. 32. (50 S.) Berlin 877. H. R. Mecklenburg. n. — 25

—— dass. — Erklärt von Carl Tücking. 3. verb. Aufl. gr. 8. (68 S.) Paderborn 877, F. Schöningh. *

— dasselbe, für den Schulgebrauch erklärt v. Ign. Prammer. gr. 8. (VIII, 71 S.) Wien 878. Hölder. n. 1. 20

— dasselbe. Erläutert v. Heinr. Schweizer-Sidler. 3., neu bearb. Aufl. gr. 8. (XVI, 86 S.) Halle 879. Buchh. des Waisenhauses. n. 1. 80

— dasselbe. Uebers. v. A. Bacmeister. 2. Aufl. 8. (74 S.) Stuttgart 881. Neff. 1. 20

— Germania, besonders für Studirende erläutert von Anton Baumstark. Neue wohlfeile Ausgabe. 8. (XV, 148 S.) Mit einer Karte Germaniens von H. Kiepert. Leipzig 882. T. O. Weigel. n. 1. 20

—— Die Germania. Erklärt von Carl Tücking. 4. verb. Aufl. 5. verb. Aufl. Paderborn 1882. gr. 8.

— dasselbe. Erklärt von Carl Tücking. 5., verb. Aufl. gr. 8. (73 S.) Paderborn 882. F. Schöningh. n. — 60

—— Germania. Agricola. Dialogus de oratoribus. Quartum recognovit Carolus Halm. 8. (100 S.) Leipzig 883, Teubner.

— dasselbe. Erläutert v. Heinr. Schweizer-Sidler. 4. neu bearb. Aufl. gr. 8. (XVI, 95 S.) Halle 884. Buchh. d. Waisenh. n. 1. 80

—— Germania. Erklärt von Karl Tücking. 6. verb. Aufl. gr. 8. (73 S.) Paderborn 885, F. Schöningh. *

— dasselbe. Erläutert von H. Schweizer-Sidler. 5., neu bearb. Aufl. Lex.-8. (XVIII, 105 S.) Halle a/S. 889. Buchhandlg. d. Waisenhauses. n. 2. —

— dasselbe, s. a. Pflaumer, W.

— Germania. Lateinisch, m. Uebertragg. in Volapük v. W. Pflaumer. 8. (25 S.) Halle 889. Schroedel & Simon. n. — 50

— dasselbe. Erklärt v. K. Tücking. 7., verb. Aufl. gr. 8. (73 S.) Paderborn 889. F. Schöningh. n. — 60

— Germania, Agricola, dialogus de oratoribus. Scholarum in usum recensuit R. Nowák. 8. (100 S.) Prag 889. Storch Sohn. n. 1. —

— dasselbe. Scholarum in usum ed Ign. Prammer. Adiecta est tabula, qua Germaniae antiquae situs describitur. 12. (XI, 35 S.) Wien 889. Gerold's Sohn. cart. n. — 60

— dasselbe, f. den Schulgebrauch erklärt v. I. Prammer. 2., verb. Aufl. 2 Abthlgn. gr. 8. Wien 889. Hölder. n. 1. 80
1. Text m. Vorwort, Inhaltsangabe u. Verzeichniss der Eigennamen. (VI, 24 S.) n. — 30
2. Einleitung, Commentar u. Register. (VIII, 76 S.) n. 1. —

— dasselbe. Erklärt v. U. Zernial. Mit 1 Karte von H. Kiepert. gr. 8. (IV, 101 S.) Berlin 890. Weidmann. 1. 40

— Germania. Erklärt v. Karl Tücking. 8., verb. Aufl. 8. (91 S.) Paderborn 894. F. Schöningh. n. — 60

Des P. Cornelius Tacitus Germania und Agricola. F. d. Schulgebr. bearb. u. erl. v. Dr. Friedrich Seiler, Prof. ... zu Wernigerode. Text. Kommentar. *Bielefeld & Leipzig: Velhagen & Klasing 1895.* 2 Bde 8. Text. (XXV. 84 S., 1 Kt.) Komm. (2 Bl., 102 S.)
(Sammlung latein. u. griech. Schulausgaben.) [96. 6776]

— dasselbe. F. d. Schulgebrauch erklärt v. Ed. Wolff. gr. 8. (XXVI, 110 S. m. 1 farb. Karte.) Leipzig 896. B. G. Teubner. 1. 35

(P. Cornelius) Tacitus' Germania. Erkl. v. U[nico] Zernial. 2. verb. Aufl. M. 1 Kt. v. H[einr.] Kiepert. *Berlin: Weidmann 1897.* (VI, 113 S., 1 Kt.) 1 Bd 8.
(Sammlung griech. u. lat. Schriftsteller m. deutschen Anm.) [97. 3879]

— dasselbe. F. d. Schulgebrauch übers. u. hrsg. v. Frdr. Seiler. 12. (48 S.) Leipzig 897. G. Freytag. Geb. n. — 40

Tacitus, Publius Cornelius, Germania. Für den Schulgebrauch übersetzt und herausgegeben von Dr. Friedrich Seiler. 8. (48 S.) geb. —.20
Prag: Tempsky 1897.

— dasselbe. Hrsg. v. Johs. Müller. F. d. Schulgebr. bearb. v. A. Th. Christ. M. 1 Karte v Altgermanien. 8. (XII, 42 S.) Leipzig 898. G. Freytag. n. — 40; geb. n. — 70

Tacitus, P. Cornelius, Die Germania. Herausgegeben von Johannes Müller. Für den Schulgebrauch bearbeitet von A. Th. Christ. Mit einer Karte von Altgermanien. 8. (XII, 41 S.) Wien: Tempsky 1898. —.24, geb. —.40

— dasselbe. Erklärt v. Karl Tücking. 9., verb. Aufl. 8. (120 S.) Paderborn 899. F. Schöningh. n. — 80

— Germania. Für den Schulgebrauch erklärt von Geo. v. Kobilinski. Text u. Anmerkgn. gr. 8. Berlin 901. Weidmann. Geb. n. 1.80
Text. (28 S. m. 1 Karte.) Geb. n. — 60
Anmerkungen. (100 S.) Geb. in Leinw. n. 1.20
(Griech. u. lat. Schriftsteller mit Anm.)

— dasselbe. Erläutert v. H. Schweizer-Sidler. 6. Aufl., vollständig neu bearb. v. Ed. Schwyzer. gr. 8. (XII, 104 S.) Halle 902. Buchh. des Waisenhauses. n. 2.—

— de Germania libellus. Ed. notisque auxit Lad. Okęcki. (II, 74 S.) gr. 8. Cracoviae 903. (Leipzig, Simmel & Co.) n. 2.—

— Germania. Hrsg. v. Osk. Altenburg. Text. Mit e. Karte. (VI, 46 S.) gr. 8. Leipzig 903. B. G. Teubner. n. — 60; Erklärungen. Mit 25 Abbildgn. auf 4 Taf. (58 S.) 903. Geb. n. — 80
(B. G. Teubners Schülerausgaben griech. u. lat. Schriftsteller.)

— Germania u. Agricola. Für den Schulgebrauch bearb. u. erläutert v. Frdr. Seiler. Text. (Neudr.) (XXV, 84 S. m. 2 farb. Karten.) 8. Bielefeld 904. Velhagen & Klasing. Geb. in Leinw. n. 1.—; Kommentar. (Neudr.) (102 S.) 904. Geb. n. 1.—

Montzka Dr. Heinrich: Die Germania des Cornelius Tacitus. Für den Gebrauch an lateinlosen Schulen übersetzt und erläutert. 38. (Quart.) und Karte. Brünn Lehranst. f. Textilindustrie. 04.
Progr.

— dasselbe. Hrsg. v. Johs. Müller. Für den Schulgebrauch bearb. v. A. Th. Christ. Mit 1 Karte v. Altgermanien. 2., bericht. Aufl. (XII, 42 S.) 8. Leipzig 906. G. Freytag. — Wien, F. Tempsky. Kart. — 70

[Cornelius] Tacitus' Germania für d. Schulgebr. erkl. von Eduard Wolff. 2., verb. Aufl. Mit 1 Karte. Leipzig & Berlin: B. G. Teubner 1907. (XXVI, 118 S.) 8° (07. 5633

— Germania. Hrsg. v. Osk. Altenburg. Text. 2. Aufl. (VI, 52 S. m. 1 farb. Karte.) 8. Leipzig 909. B. G. Teubner. Geb. — 60

La Germania di Cornelio Tacito [Tacitus]. Nel ms. latino N. 8 della Biblioteca del Conte G. Balleani in Jesi. Ed. diplomat.-critica a cura di Cesare Annibaldi. Leipzig: Harrassowitz 1910. 88 S. 8° (10. 10300

— s. a. Germania antiqua.

—, — libelus. Helmstadt o. J. 8.

—, — antiqua oder Taciti Historische Nachricht von Teutschland und den Teutschen in den alten Zeiten. Der Schul-Jugend zum Besten mit teutschen Anmerkungen versehen (von L. C. Rühl). Halle 1720. 12. . . . . (D.)

Tacitus, C. Germania antiqua oder historischer Bericht von Teutschland und den Teutschen . . . Halle 1725. Ü: *Rühl, Leonh. Chph.* (Ebert) (Degen)

— — dasselbe deutsch mit lateinischen Noten. 12. Ebendas. 725.

— Germania antiqua, mit deutschen Noten. 12. Halle, Renger. 744.

— Germania antiqua. Libellum post Maur. Hauptium cum aliorum veterum auctorum locis de Germania praecipuis ed. Karol. Muellenhoffius. 8. (169 S.) Berlin 873, Weidmann'sche Buchh. *

—. — antiqua. Erläutert von H. Schweizer-Siedler. 2. Aufl. Halle 1874. 8.

— — Germania antiqua. Cornelii Taciti libellum post Maur. Hauptium cum aliorum veterum auctorum locis de Germania praecipuis edidit Karolus Muellenhoffius. Berlin 1883. 8.

— Germanien, s. a. Kultur, antike. III.

Tacitus, Caj. Cornel., Germanien, übers. mit Anmerkk. v. P. J. Holl. 8. Bamb. 777. Klebsadel. 6 gr.

— *Germanien*. Übers. von Kretschmann. Leipz. 779. 8. 8 gr.

— — Übers. mit Commentar von Anton. Leipz. 781. 8. 18 gr. Görlitz 799. 8. 18 gr.

— — oder *Alterthümer* von Germanien — in ein System gebracht von P. L. Haus. Mainz 791. 92. 2 Thle. 8. 1 rthl. 2 gr.

— — Übers. mit Anmerk. u. einem historischen Wörterbuch von J. H. M. Ernesti. Nürnb. 791. 2 Thle. 8. 1 rthl. 12 gr.

— üb. Germanien; latein. u. deutsch, v. Jh. Cph. Schlüter. 8. Dorpat 798. 2e verb. Aufl. 8. Hamm 821. Wundermann. (Barth in Leipz.) 8 gr.

— über Germanien, latein. u. deutsch, v. J. Ch. Schlüter. 8. Dortmund, Blothe. (Mallinkrodt.) 798.

— — Übers. mit Anmerk. und einer Charte von Bredow. Helmst. 809. 8. 12 gr.

— — Übers. mit Anmerk. von Tönnies. Berl. 816. 8. 8 gr.

Tacitus Germanien und Julius *Agricola*. Übersetzt von Freyh. von Hacke. Karlsr. 816. 8.

Tacitus, C. Germanien, übersetzt mit lat. Text und Erläuterungen von Kurt Sprengel. Halle 1817. 2. Aufl. 1820 [1819]. Ü: *Sprengel, Gustav.* (MGT)

— Germanien, übers. v. Gust. Sprengel, mit d. latein. Text u. Erläuterr. v. Kurt Sprengel. Mit 1 Karte. gr. 8. Halle 817. 2e A. 819. Schimmelpfennig. 16 gr.

— Dass. latein. u. deutsch v. K. Sprengel, herausgg. v. Jos. Eyrel II. gr. 8. Wien 819. v. Mösle. 12 gr. NB. ist Nachdruck.

— — über Germanien. Latein. u. Deutsch von J. Chr. Schlüter. 2te Aufl. 8. Hamm, Schultz u. W. 821.

– Geschichtbücher. s. Tacitus: Geschichtsbücher.

— Geschichte der Kaiser Claudius u. Nero. [Annalen, Buch XI—XVI.] Uebers. u. erklärt v. Adf. Stahr. gr. 8. (328 S.) Berlin 879. Guttentag. n. 6.—
(Annalen I—VI, XI—XVI, in 1 Bd.: n. 10.—)

— Geschichte des Germanikus im Orient, aus e. Verdeutschung des Tacitus mitgetheilt v. Hnr. Bal. Möller. gr. 8. Altona 766. Iversen. 4 ß

— Geschichte der Regierung d. Kaisers Tiberius. [Annalen, Buch 1—6.] Uebersetzt u. erklärt v. Adf. Stahr. gr. 8. (IV, 429 S.) Berlin 871. Guttentag. n. 8. —

Tacitus' Geschichte der Regierung des Kaisers Tiberius. Uebers. und erklärt von Ad. Stahr. gr. 8. Berlin 879, Brachvogel und Ranft. * 10 —

— Geschichtsbücher, übers. v. Hnr. Gutmann. Mit philolog. u histor. Anmerkk. gr. 8. Zürich 824. Orell. 1 ß 12 gl

—— Geschichtbücher. Deutsch v. Joh. Chrstph. Schlüter. 8. (24¼ B.) Essen 834, Bädeker.

— Geschichtbücher. Deutsch von Jos. Christoph. Schlüter. 8. Essen 834. Bädeker. 1⅓ ß

—— Geschichtswerke, s. Meisterwerke, historische, der Griechen und Römer.

— Gespräch üb. d. Redner od. Von d. Ursachen d. Verfalls d. Beredsamkeit, s. a. Universal-Bibliothek.

—— Gespräch über d. Redner, übers. u. mit e. vollständ. Realcommentare vers. v. J. G. Ab. Hübsch. gr. 12. (9½ B.) Nürnberg 837, Bauer u. Raspe.

—— Gespräch üb. die Redner, übersetzt u. erklärt von Ed. Wolff. gr. 4. (44 S.) Frankf. a. M. 891. (Lpz., G. Fock.) * 1 20

— historiae. Insigniore lectionum varietate adjecta recognovit, in studiosae juventutis gratiam ed. Gf. Seebode. Fasc. 1. 8. Hildesh. 814.

—— Taciti Historiae, Germania, vita Agricolae, dialogus de oratoribus. Prolegomena de grammatica Tacitina et index nominum propriorum. Lipsiae 1835. 8. maj.
A. u. d. T.: Taciti Operum quae supersunt. Emend. N. Bachius. Vol. 2.

—— Historiarum lib. quinque. Text. recogn., animadversionibus instr. Theoph. Kiesslingius. 8maj. (18½ B.) Lipsiae 840, [Hartung.]

— Historiarum libri quinque. Textum recognovit, animadverss. instruxit Theoph. Kiesslingius. 8maj. Lipsiae 840. Wunder. 1½ ß

—— Historiae una c. Germania et Agricola. 8maj. (20 B.) Monachii 840, libr. scholar. regia. (Ratisbonae, Manz.) *

— historiarum libri qui supersunt. Schulausg. von Carl Heraeus. 1. Bd.: 1. u. 2. Buch. Leipzig 864. Teubner. 8. (VI, 215 S.) 15 ngr

— historiarum libri, qui supersunt. Schulausgabe von Carl Heraeus. 2. Bd. Buch 3—5. Leipzig 870. Teubner. gr. 8. (230 S.) 15 ngr

— historiarum libri qui supersunt. Schulausg. v. Carl Heraeus. 1. u. 2. Bd. 2., vielfach verb. Aufl. gr. 8. Leipzig 872. 75. Teubner. 3. 30
1. 1. u. 2. Buch. (VI, 232 S.) 1. 50
2. 3—5. Buch. (227 S.) 1. 80

— historiarum libri qui supersunt. Schulausg. von Carl Heraeus. 1. Bd. Buch I u. II. 3., vielfach verb. Aufl. gr. 8. (VI, 246 S.) Leipzig 877. Teubner. 1. 80

—— Historiarum libri qui supersunt. Schulausg. von Karl Heraeus. 2. Bd.: Buch III—V. 3. durchgehends verb. Aufl. gr. 8. (232 S.) Leipzig 884, Teubner.
1. Bd. Ebendas. 1877. ℳ 1,80.

—— historiarum libri qui supersunt. Schulausg. von Carl Heraeus. 1. Bd. Buch I und II. 4. durchgehends verb. Aufl. gr. 8. (VI, 256 S.) Leipzig 885, Teubner.

— dasselbe. Erklärt v. Ed. Wolff. 1. Bd. Buch I u. II. Mit 1 Karte v. H. Kiepert. gr. 8. (VI, 236 S.) Berlin 886. Weidmann. 2. 25

— historiarum libri qui supersunt. Erklärt v. Ed. Wolff. 2. Hft. Buch III, IV u. V. gr. 8. (VIII, 249 S.) Berlin 888. Weidmann. 2. 25 (1. 2.: n. 4. 50)

—— Historiarum libri I et II. Scholarum in usum recensuit Rob. Novák. 8. (105 S.) Prag 892, Storch Sohn. * 1 20

— historiarum libri qui supersunt. Schulausg. von Karl Heraeus. 2. Bd. Buch III—V. 4., zum Tl. umgearb. Aufl. Besorgt v. Wilh. Heraeus. gr. 8. (VIII, 212 S.) Leipzig 899. B. G. Teubner. 2. 10

— historiae cum fragmentis et supplementis. Recensuit J. van der Vliet. Accedunt duae tabulae topographicae. 8. (VIII, 259 S.) Groningen 900. J. B. Wolters. n. 3. —

— dasselbe. Für den Schulgebrauch erklärt v. K. Knaut. 1. Bdchn. Buch I. Ausg. A. (Kommentar unterm Text.) gr. 8. (IV, 102 S.) Gotha 902. F. A. Perthes. n. 1. 30; Ausg. B. (Text u. Kommentar getrennt in 2 Hftn.) (IV, 39 u. 63 S.) n. 1. 30

— dasselbe. Für den Schulgebrauch erklärt v. K. Knaut. II. Bdchn. Buch II. Ausg. A. Kommentar unterm Text. (97 S.) gr. 8. Gotha 903. F. A. Perthes. n. 1. 30; Ausg. B. Text u. Kommentar getrennt in 2 Heften. (46 u. 51 S.) n. 1 30

— Historiarum libri qui supersunt. Schulausg. v. Carl Heraeus. 1. Bd. Buch I u. II. 5., zum Tl. umgearb. Aufl., besorgt v. Wilh. Heraeus. (VIII, 242 S.) gr. 8. Leipzig 904. B. G. Teubner. Geb. n. 2. 80

— Historien, s. a. Bibliothek, kleine.

— Historien, s. a. Universal-Bibliothek.

—— Historien. 1. und 2. Buch. Für den Schulgebrauch erklärt von Ign. Prammer. gr. 8. (X, 119 S.) Wien 883, Hölder. *

—— Historien. 3., 4. und 5. Buch. Für den Schulgebrauch erklärt von Ign. Prammer. gr. 8. (VIII, 167 S.) Wien 885, Hölder. *
1. und 2. Buch. Ebendas. 1883. *ℳ 1.20.

— Historien, hrsg. v. Joh. Müller. Für den Schulgebrauch bearb. v. A. Th. Christ. 8. (XII, 304 S. m. 15 Abbildgn. u. 3 Karten.) Leipzig 903. G. Freytag. Geb. in Leinw. n. 2. —

Christ, A. Th., Die Historien des P. Cornelius Tacitus. 8°. (ill. XI, 304 S. mit 3 Karten) geb. K 2.40
Wien: Tempsky 1903.

— histories: with notes for colleges, by W. S. Tyler. gr. 12. (453 S.) New-York 849. (Philadelphia, Schäfer & Koradi.) n. 1⅔ ß

Tacitus s. Horkel, J[ohannes]. Die Römerkriege.... Berlin... 1849.

— Jahrbücher, übers. von Strodtbeck, s. Classiker des Alterthums.

— Jahrbücher. 1. Buch. Wortgetreu nach H. R. Mecklenburg's Grundsätzen aus dem Lat. übers. v. B. K. 1. Hft. 16. (64 S.) Berlin 890. H. R. Mecklenburg. n. — 25

— Jahrbücher. 2. Hft. 1. Buch. Hauptstück 28 u. ff. Wortgetreu nach H. R. Mecklenburgs Grundsätzen aus dem Lat. übers. v. B. K. 32. (S. 65—112.) Berlin 894. H. R. Mecklenburg. n. — 25

— Von Deutschlands Lage, Sitten u. Völkern, mit erkl. Anmerkk., Ausführr. u. Abhh. u. e. geogr.-histor. Wörterbuche von J. H. M. Ernesti. 2 Bände. Nürnberg u. Altdorf 1791—92. 8. . . . . (D.)

— Deutschlands Lage, Sitten u. Völker, mit erklär. Anmerkk. u. e. geograph.-histor. Wörterbuche von J. H. M. Ernesti. gr. 8. Nürnb. 791. Monath u. K. 22 *gr* Das Wörterbuch apart 14 *gr*

— Über Germaniens Lage, Sitten u. Völker. Uebers. u. erläutert von M. Weishaupt. Kempten 1875. gr. 8.

— über Germaniens Lage, Sitten u. Völker, in e. System gebracht v. P. L. Haus. 2 Thle. gr. 8. Frankfurt, Andreä. 791. 92.

— von Germaniens Lage, Sitten u. Völkern, übers. u. mit Anmerkk. erläutert, nebst beigedruckt. latein. Texte, v. Gf. Angel. Fischer. 12. Münch. 811. Lentner. 9 *gr*

— üb. Lage, Sitten u. Völker Germaniens; aus d. Latein. von F. W. Tönnies, mit Anmerkk. u. e. Registern. gr. 8. Berl. 816. Dümmler. 8 *gr*

— von der Lage, den Sitten u. Völkern Germaniens, übers. u. mit histor. Noten erläutert v. Fd. Bischoff. 8. Eisenach 816. (Bärecke). 16 *gr*

— — von der Lage, den Sitten u. Völkern Germaniens, übers. u. mit histor. Noten erläutert v. Ferd. Bischoff. 8. Eisenach, Wittekindt. 816.

— über Germaniens Lage, Sitten u. Völker, übers. u. erläutert v. M. Weishaupt. gr. 8. (65 S.) Kempten 875. Dannheimer. — 60

— üb. Lage, Sitten u. Völkerschaften Germaniens; aus d. Latein. mit e. Commentar von K. Glo. Anton. 8. Dessau 781. (Leipz., Barth). 8 *gr* Neue umgearb. Aufl. 8. Görlitz 799. Anton in Halle. 18 *gr*

— üb. Lage, Sitten u. Völkerschaften Germaniens, a. d. Latein. m. e. Commentar von K. G. Anton. 8. Leipz. Haug. (Barth.) 781.

— — dass. 8. Görlitz, Anton.

—, — und Agricolas Leben übers. von (K.) Frh. von Hacke. Carlsruhe 1812. 8.

— üb. Lage, Sitten u. Völkerschaften Germaniens; aus d. Latein. v. H. v. Martius. 8. Moskau 812.

— Von der Lage ... Germaniens u. J. Agricolas Leben. Übers. von Frh. von Hacke. Carlsruhe 1818. 8.

— üb. Lage, Sitten u. Völkerschaften Germaniens; aus d. Latein. von v. Mecklenburger. (Für die Frauen u. Jungfrauen Mecklenburgs eingerichtet). 1s Heft. 4. Güstrow 824. (Neubrandenb., Dümmler). 4 *gr*

— übers. u. mit Anmerkk. versehen v. H. W. Fr. Klein. gr. 12. Münch. 826. Fleischmann. 12 *gr*

— Germaniens Lage, Sitten und Völkerschaften und das Leben des J. Agricola. Übers. von W. Bötticher. Halle 1889. 8.
Ist: Bibliothek der Gesamt-Litteratur. Nr. 337.

– Das Leben des Agricola.

— dasselbe. s. Universal-Bibliothek.

— das Leben des Agrikola, übers. v. J. J. Stolz. gr. 8. Bremen 816. Heyse. 8 *gr*

Tacitus, C. Leben des Argricola übersetzt. Bremen 1817. Ü: *Stolz, Joh. Jacob.* (ErschDL)

— d. Leben d. Agrikola. Uebersetzt v. Fr. Karl Rumpf. 8. Gießen 821. (66 S.)

— das Leben des Agricola. Schulausg. von Ant. Aug. Draeger. Leipzig 869. Teubner. gr. 8. (54 S.) n. 5 ngr.

— dass. — Uebersetzt von Adf. Bacmeister. gr. 16. (89 S.) Stuttgart 872, Neff.
Vgl.: Hoffmann, Emman.

— das Leben d. Agricola. Schulausgabe v. A. Draeger. 2. Aufl. gr. 8. (52 S.) Leipzig 873. Teubner. — 60

— das Leben d. Agricola. Schulausg. v. A. Draeger. 3. Aufl. gr. 8. (IV, 52 S.) Leipzig 879. Teubner. — 60

— das Leben d. Agricola. Schulausg. v. A. Draeger. 4. Aufl. gr. 8. (IV, 50 S.) Leipzig 884. Teubner. — 60

— Das Leben d. Agricola. Schulausg. v. A. Draeger. 5. Aufl. gr. 8. (IV, 51 S.) Lpz. 891, Teubner. — 60

Das Leben des Agricola [Agricola] von [Cornelius] **Tacitus**. Schulausg. von Dr. A[nton August] Draeger, weil. Dir. zu Aurich. 6., umgearb. Aufl., besorgt von Dr. W[ilhelm] Heraeus, Oberl. Leipzig & Berlin: B. G. Teubner 1905. (58 S.) 8° 1.40

Tacitus, C. Das Leben des berühmten Römischen Feldherrn Julius Agricola ... Bresslau u. Leipz. 1755. Ü: *Gebauer, Christian Glieb.* (Degen) (Ky)

Tacitus, C. Leben des Römischen Feldherrn Agricola. ... Karlsruhe 1785. Ü: *Molter, Frdr. Valentin.* (MGT) (Ky)

— Leben des röm. Feldherrn C. J. Agrikola, (v. Fr. V. Molter). Mit 1 Plan. 8. Karlsr. 785. (Braun). 9 *gr*

— Leben des röm. Feldherrn C. J. Agrikola. 8. Carlsruhe, Macklot. (Gebhardt u. K. in Frankf.) 785. — 9

— deutsch v. Mch. Engel. (Mit Text). 8 Leipz. 788. Göschen. ...

— das Leben des Julius Agricola, für den Schulgebrauch an Gymnasien, zunächst für Maturanden, commentirt von J. A. Tschofen. Zur Erinnerung an die Feier des 5. Centenars der Gründung der Universität Wien, welche am 1., 2. u. 3. Aug. d. J. dortselbst stattfand. Triest 865. (Wien, Gerold's Sohn.) gr. 8. (46 S. mit 1 lith. Karte der britann. Inselgruppen.) n. 22 ngr

— das Leben d. Jul. Agricola. Uebersetzt v. Adf. Bacmeister. gr. 16. (89 S.) Stuttgart 872. Neff. 1. 20

— Lebensbeschreib. des Jul. Agricola, latein. u. deutsch, mit Anmerkk. v. K. F. Renner u. J. C. Finke. 8. Götting. 808. 8 gr 2e verb. Aufl. von neuem durchgesehen u. berichtigt von Aug. Schlegel. 8. Ebd. 816. (Vandenhöck u. R.) 12 gr Schrbp. 16 gr

— Lebensbeschr. des Jul. Agricola, latein. und deutsch, mit Anmerk. von Renner und Finke. 8. Göttingen, Brose. 808.

— Lebensbeschreibung des Julius Agricola, latein. und deutsch mit Anmerk. von Renner u. Finke. 2te verb. Aufl. von neuem durchgesehen u. berichtiget v. Aug. Schlegel. 8. Götting. Brose. 815.
Schreibp.

— Lebensbeschreibung des Julius Agricola. Für den Schulgebrauch hrsg. v. Heinr. Smolka. Mit 1 Abbildg. u. 1 Karte v. Britannien. 8. (52 S.) Leipzig 902. G. Freytag. n. — 60

—— Lexicon zu seinen Werken, s. Gerber, A., et A. Greef.

— libri qui supersunt. Iterum recogn. Car. Halm. 2 tomi. Lipsiae 857. Teubner. 8. (LIV, 330; XLVIII, 323 S.) Jeder Bd. 9 ngr; Velinp. 15 ngr
Inhalt. Tom. I.: Annales. — Tom. II.: Historiae et libri minores.

—— libri qui supersunt. Tertium recognovit Carol. Halm. 2 tomi. 8. Ebendas. 874. à Tom. M 1,20.
Inhalt:
Tom 1. Annales continens. (LII, 330 S.)
» 2. Historias et libros minores continens. (LV, 323 S.)
Daraus besonders abgedruckt:
Germania, Agricola et Dialogus. 1874.

—— Libri qui supersunt. Quartum recognovit Carolus Halm. 2 tomi. 8. Leipzig 883, Teubner. à Tom. M 1,20.
Inhalt:
Tom. 1. Libros ab excessu divi Augusti continens. (IV, 373 S.)
» 2. Historias et libros minores continens. (396 S.)

Cornelii Taciti libri qui supersunt. Quartum recogn. Carolus Halm. T. 1. 2. *Lipsiae: B. G. Teubner 1889–97.* 2 Bde 8°
1. Libros ab excessu Divi Augusti continens. 1889.
2. Historias et libros minores continens. Ed. ster. 1897.
(Bibliotheca script. graec. et rom. Teubneriana.) [04. 9877

Cornelii Taciti libri qui supersunt. Quartum recogn. Carolus Halm. Ed. ster. T. 1. 2. *Lipsiae: B. G. Teubner 1897–1901.* 2 Bde 8°
1. Libros ab excessu Divi Augusti continens. 1901.
2. Historias et libros minores continens. 1897.
(Bibliotheca script. graec. et rom. Teubneriana.) [04. 11483 4

Cornelii Taciti Libri qui supersunt. Quartum recogn. Carolus Halm. Ed. ster. T. 1. 2. Lipsiae: Teubner 1907–09. 8°
1. Libros ab excessu divi Augusti cont. 1909.
2. Historias et libros minores cont. 1907.
(Bibliotheca scriptorum Graec. et Rom. Teubneriana.)

[Tacitus, Cornelius]: Cornelii Taciti libri, qui supersunt. 4. recogn. Carolus Hahn. T. 2 Fasc. 2. Lipsiae 1910. 8°
2, 2. Germaniam, Agricolam, dialogum de oratoribus continens. Ed. ster.

Tacitus, C. Annalium locos tres adhuc perperam intellectos et partim desperatos nunc explanatos. Greifswald 1817. H: *Wortberg, Lambert Ign.* (Ky)

— Annalium locos tres adhuc perperam intellectos et partim desperatos nunc explanatos ed. (L. J. Wortberg). 8maj. Greifsw. 817. Mauritius. 6 gr

— opera ed. Doederlein, siehe: Bibliotheca script. Lat. Pars V.

— — recognovit, emend. supplem. explevit G. Brotier. 5 Vol. 8. Mannh. Acad. Bchh. (Löffler.) (I. 12 gr. II. 8 gr. III. 10 gr. IV. 16 gr. V. 14 gr.)
Postp.

— — c. notis Minellianis a C. Haussio. II Tmi. 8. Lips. 714.

— — c. notis Bernegger. 8. Frcf. 737.

Tacitus, Caj. Cornel., Opera, c. not. integris J. Lipsii et J. F. Gronovii quibus et suas adj. J. A. Ernesti. 8maj. Leipz. 752. Ed. II. 772. Weidmann. 3 Thlr 16 gr

— Opera. Ad opt. recentissimasque editt. accuratiss. collatas recusa. 8. Würzb. 777. Stahel. 20 gr

Tacitus, C. Opera cum varietate lectionum selecta novisque emendationibus . . . Bipont. 1779—80. H: *Embser, Joh. Val.* (Ky)

— Opera c. varietate lectionum selecta novisque emendationibus; acced. notae et Index histor. (ed. J. V. Embser). IV Tmi. 8maj. Bip. 779,80. Ed. II. auct. et emend. IV Voll. 8maj. ibid. 792. Treuttel u. W. in Strassb. Schrbp. 3 Thlr 10 gr

— Opera recogn., emend. supplem. explevit G. Brotier. V Voll. 8. Manh. 780, 81. Löffler 2 Thlr 12 gr Postpap. 3 Thlr 18 gr

— — sine notis et scholiis. 8. Würzburg, Stahel. 787.

— — cum scholiis in utilitatem iuvenum, ed. G. W. A. Lempelius. Tom. I. 8. Schleswig. Boje. (Röhss.) 791.

— Opera cum scholiis in utilitatem juvenum ed. G. W. A. Lempelius. Tom. I. 8. Schlesw. 791. (Hammerich in Altona). 20 gr

Tacitus, C. Opera, ex recensione G. Ch. Crollii . . . Ed. 2. . . . Biponti 1792. H: *Exter, Friedrich Christian.* (Gi)

— Opera, c. varietate lectionum selecta novisque emendationibus, acced. notae et index histor. IV Tmi. 8. maj. Biponti. (Treuttel et W., Strasb.) 792.

— Opera in usum scholarum diligenter expressa. II Voll. 8. Halle 793. Waisenhaus-B. 1 Thlr 8 gr Ed. nova. 818, 19. Ed. nova. II Tom. (T. I. Annales. T. II. Historiae). 8. ibid. 825. 1 Thlr 15 gr

— — Cum variis lectt. Bipont. et Hal. 793. 2 Tom. 8. 1 rthlr. 12 gr. Ed. nova 818. 2 Tom. 8. 1 rthlr. 12 gr.

Tacitus, C. Opera. Tübingen 1797—98. H: *Hutten, Joh. Georg.* (ErschDL) »1798« (Ky)

— — Cum notitia literaria variis lectt. novisque emendatt. Acc. notae et index historicus. Cura Exteri. Bipont. 779. 4 Tom. 8. 2rthl. 12gr. Ed. 2. Ib. 792. 4 Tom. 8. 3rthl. 10gr. Ib. 797. 8. (sine notis) 1 rthlr. 16 gr.

— Opera (cur. J. H. Hutten). II Tom. 8maj. Tübing. 798. v. Cotta. 18 𝒢

— Opera ex recens. J. A. Ernesti, denuo curavit J. J. Oberlinus. II Tom. 8maj. Leipz. 801. Weidmann. 5 𝒻 Schrbp. 6 𝒻 8 𝒢 Holländ. Pap. 12 𝒻

— Opera, in usum scholarum. 8. Leipz. 801. Weidmann. 1 𝒻 12 𝒢 Schrbp. 2 𝒻

— — Cum commentario perpetuo edid. G. A. Ruperti. Götting. 805. 2 Tom. 8. 3 rthlr. 8 gr. (Enthält blos die *Annalen*. T. I. Text. 1 rthl. 8 gr. T. II. Commentar. 2 rthl.)

— — in usum scholarum ad optimas editionis diligenter expressa. 2 Tmi. 8. Halae, Waisenh. Bchh. 809.

— — Ex rec. noviss. cum brevi annotat. ad libros prior. Tremon. 812. 8. 1 rthlr.

— — Mit Einleitung Zeit- u. Geschlechtstafeln u. Anmerkk. von J. K. Weikert. Leipz. 813-16. 3 Bde. 8. 4 rthl. 16 gr. (Bd. I. Germania, Agricola et Dial. de orat. Bd. II. Annales. Bd. III. Historiae.)

— Opera. Mit Einleitungen, Zeit- u. Geschlechtstafeln u. erklär. Anmerkk. v. J. K. Weickert. 3 Bde. gr. 8. Leipz. 813—816. Schwickert. 4 𝒻 16 𝒢

— Opera ex recens. J. J. Oberlini, cur. J. Traner. II Tom. 8maj. Upsala 814. (Reimer in Berl.) 3 𝒻 8 𝒢

— Opera. Edid. Gf. Seebode. Vol. I. 8. Hannov. 815. Hahn. 6 𝒢

— Opera quae supersunt, edit. accurata correcta. 8. Würzb. 815. Stahel. 1 𝒻

Taciti, *Opera*. Edid. Seebode. Hannov. 816. Tom. I. 8. 6 gr. (Enthält Dial. de orator., Agricola, Germania.)

— Opera. Cum indice rerum. Ad opt. libror. fidem ad cur. C. H. Weise. II Tom. Ed. stereot. 16. Leipz. 816 Tauchnitz. 1 𝒻 Hbg. Pr. 14 𝒢 Fein Pap. 1 𝒻 12 𝒢 Hbg. Pr. 1 𝒻 8 𝒢 in 8. II Tom. ibid. 829. 1 𝒻 f. Pap. 1 𝒻 12 𝒢

— Opera juxta accuratissimam D. Lallemand editionem. 12. Leyden 817.

— — Opera Vol. I et II. P. Ia et IIa. 12. Abo, Fremkoll u. Sohn. (Meyer in Comm.) 818.

— — Opera in usum schol. II Tom. Ed. nova. 8. Halle, Waisenhausbuchh. 818 et 819.

Taciti Opera. Ad optim. edd. fidem. Lips. 821. 22. 2 Tom. 12. 1 rthl.

— — Opera ex recensione Oberlini curavit J. Tranèr. II Tomi. 8maj. Upsalae. (Lips. Hartmann, auch Reimer in Berlin in Comm.) 821.

— id. lib. in us. schol. ad opt. editiones diligenter expressa. Tom I. Annales. 18 gr. T. II. Historiarum Lib. V. 21 gr. 8. Halle 822, Waisenhaus.

— Opera ex recens. Ernestiana, recogn. I. Bekkerus. In us. scholar. 8. Berolini 825, Reimer. (Lips. Weidmann.) 1 Rthl. 8 gr. Schreibp.

— Opera, ex recens. Ernestiniana, recogn. Imm. Bekkerus. In usum scholar. 8. (Berl.) u. Leipz. 825. Weidmann. 1 𝒻 8 𝒢 Schrbp. 1 𝒻 16 𝒢 (List in Berl.) Hbg. Pr. 12 𝒢

— Opera c. G. H. Lünemann. II Tom. 8. Hannov. 825. Hahn. 20 𝒢

Taciti, (C. Corn.,) Opera. Cum indice rerum. Ad opt. libror. fidem ad cur. C. H. Weise. Edit stereotypa. II. Tomi. 16. Lips. 826, Tauchnitz. 1 Rthl. Velinp.

— quae extant Opera juxta accuratissimam D. Lallemant editionem. 12. Leyd. 830. Savy.

—— Opera. Recens. et commentarios suos adjec. Ge. Henr. Walther. IV Ti. 8 maj. (123 B.) Halae 831, 32, Schwetschke et fil. 5 Thlr., Vlnp.
Tom. I. II. Annales. 2 Ti.
- III. Historiae.
- IV. Opera minora. Acced. Cod. Florentin. collatio et index adnotationum.

—— ab ILipsio IFGronovio NHeinsio IAErnestio FAWolfio emendatus et illustratus, ab Imm. Bekkero ad Codices antiquissimos recognitus. II Ti. (Cum Indice verbor.) 8maj. (109 B.) Lipsiae 831, Weidmann. 5 Thlr., Schrbp. 7 Thlr. 12 Gr., Vlnp.

—— ad Codices antiquissimos recognitus ab Imm. Bekkero. In us. scholar. II Ti. 8. (42½ B.) Lipsiae 831, Weidmann.
Tom. I. Annales. 12 Gr.
- II. Historiae. Germania. Agricola. De orator. Index. 12 Gr.

—— Opera. Recognovit brevique annotatione instr. Franc. Ritter. Tom. I. — E. s. t.: Taciti Annales. 8 maj. (30¼ B.) Bonnae 834, Habicht.

—— Opera ad optimor. libror. fidem recogn. et annotatione perpetua triplicique indice instr. Geo. Alex. Ruperti. Vol. I. — E. s. t.: Annalium libri sex priores. 8 maj. (42¾ B.) Hannoverae 834, Hahn.

—— id. — Vol. II. — E. s. t.: Taciti Annalium libri sex posteriores. 8 maj. (36 B.) Ibid. 834.

—— id. — Vol. IV. — E. s. t.: Libellum de Germania, vitam Agricolae et dialogum de oratoribus compl. 8 maj. (53¾ B.) Ibid. 832.
Vol. III. wird noch erwartet.

Tacitus, Caj. Cornel., Operum quae supersunt. Emendavit et scholar. in us. illustr. Nicol. Bachius. Vol. I. — E. s. t.: Taciti Annales. 8 maj. (38 B.) Lipsiae 834, Vogel. Thlr.

—— id. — Vol. II. — E. s. t.: Taciti Historiae, Germania, vita Agricolae, dialogus de oratoribus. Acced. Prolegomena de grammatica Tacitina et index nominum propriorum. 8 maj. (39½ B.) Ibid. 835.

—— Opera. Recognovit brevique annotatione instr. Franc. Ritter. Tom. II. — E. s. t.: Taciti historiae et opera minora. 8maj. (28⅓ B.) Bonnae 836, Habicht.
Tom. I. Ibid. 1834. 1 Thlr. 12 Gr.

—— Opera ad optimor. libror. fid. recogn. et perpet. annotat. triplicique indice instr. Geo. Alex. Ruperti. Vol. III. — E. s. t.: Taciti historiarum V lib. 8maj. (47¾ B.) Hannoverae 839, libr. aul. Hahn.
Vol. I. II. III. Ibid. 1832, 34. 8 Thlr.

Tacitus, Caj. Corn., Operum quae supersunt. Emend. et schol. in us. illustr. Nicol. Bachius. Vol. III. Et. s. tit.: Taciti historiarum quinque libri. (Praefationem filii editoris, et ea, quae tribus jam prius editis voll, quorum quartum omnium primum est editum, sunt addenda et in iis corrigenda.) 8maj. Lipsiae 839. W. Vogel. 3½ ₰

— Opera quoad extant. Ex fide optimor. libror. accurate recens. C. H. Weise. Nova editio stereot. 2 Vol. 16. Leipzig 846, K. Tauchnitz, 7/12 ₰ fein Pap. 1 ₰

Taciti, Cornelii, Opera quae supersunt. Ex accurat. edit. crit. repetit, concisa adnotatione, prooemio de grammatica Tacitea et nomenclatore geograph. explicavit Fr. Dübner. 12. (22 B.) Paris 846, Didot fratres. *

Tacitus. C. Cornelii Taciti opera quae supersunt. Ad optimorum librorum fidem recensuit atque in scholarum usum edidit Io[hannes] Gaspar Orellius. (Ed. min.) 2 Vol(umina). 8. Turici, Londinii, Amstelodami 1846–1847.

— Opera quae supersunt ad fidem codicum Mediceorum a Jo. G. Baitero denuo excussorum ceterorumque optimorumque librorum recens. atque interpretatus est Jo. Casp. Orellius. Vol. I. gr. Lex.-8. (41½ B.) Turici 846, Orell, Füssli et soc.

— Opera quae supersunt ad optimorum librorum fidem recensuit atque in scholarum usum edid. Jo. Casp. Orellius. Vol. I. (Edit. minor.) 8maj. (20 B.) Ibid. 846.

— dies. Ad opt. libror. fid. recens. atque in scholar. usum ed. Jo. Gasp. Orellius. (Editio minor.) Vol. II. gr. 8. (262 S.) Ebd. 847. ½ ₰ (II voll. 1 ₰)

— opera. Ad codd. antiquos exacta et emendata commentario crit. et exeget. illustrata ed. Franc. Ritter. IV voll. gr. 8. Vol. I et II. Annales. (I: LXXII u. 368 S. II: IV u. 348 S.) Vol. III. Historiae. (411 S.) Vol. IV. Libri minores: Germania, Agricola, dialogus. (XX u. 378 S.) Cantabrigiae 848. Coloniae, J. G. Schmitz. Lipsiae, T. O. Weigel. baar 6 ₰

Taciti, Cornelii, Opera quae supersunt ad fid. codd. Mediceorum ab Jo. Geo. Baitero denuo excussorum ceterorumque optimor. libror. recens. atque interpret. est Jo. Gasp. Orellius. Vol. II. (et ultimum.) 8maj. (VIII und 602 S.) Turici 848, Orell, Füssli et soc.

Vol. I. Ibid. 1846. 2 Thlr. 15 Ngr.

— opera quae supersunt. Ex recognitione Caroli Halmii. II tomi. 8. Tom. prior annales continens. (VIII u. 330 S.) Tomus posterior, historias et libros minores continens. (XVIII u. 320 S.) Lipsiae 850. 51, Teubner. (à 9 ngr) 18 ngr

— id. — Erklärt von Carl Nipperdey. I. Bd. Ab excessu divi Augusti I—VI. Mit den Varianten der Florentiner Handschrift. gr. 8. (XXIV und 314 S.) Leipzig 851. [Berlin,] Weidmann'sche Buchh.

Taciti, Cornelii, opera. Edidit Frid. Haase. 2 vol. Edit. stereot. Lipsiae 855. B. Tauchnitz. 16. (LXXXII, 432; XIV, 455 S.) Jeder Bd. 9 ngr

— — Ausg. in gr. 8. Ebend. 855. (LXX, 332; XIV, 367 S.) Jeder Bd. 9 ngr; Prachtausg. jeder Bd. 1 ₰ 7½ ngr

Tacitus. P. Cornelii Taciti Opera quae supersunt. Ad fidem codicum Mediceorum ab Jo[anne] Georgio Baitero denuo excussorum ceterorumque optimorum librorum recensuit atque interpretatus est Io[annes] Gaspar Orellius. Ed 2ª. 2 volumina. gr.-8. 1859–[1895].

Volumen 1. Ed. altera. Turici 1859. — *A. u. d. T.:* P. C' T' Annalium ab excessu Divi Augusti quae supersunt .... rec' atque int' est Io. G' Orellius. Ed. altera T' 1859.

Volumen 2 Germania — Dialogus de claris oratoribus — Agricola — Historiae. Editionem alteram curaverunt H[enricus] Schweizer-Sidler, G(eorgius) Andresen, C(arolus) Meiser. [4 partes = 7 fasciculi] Berolini 1877–[1895].

Die einzelnen Theile u. u. bes. Titeln.

— opera quae supersunt ad fidem Codd. Mediceorum ab Jo. G. Baitero denuo excussorum ceterorumque optimorum librorum recens. atque interpretatus est Jo. Gaspar Orellius. Vol. I. A. u. d. T.: P. Corn. Taciti Annalium ab excessu Divi Augusti quae supersunt etc. Editio II. Zürich 859. Orell, Füssli & Co. Lex.-8. (XXII, 592 S.) 3 ₰ 10 ngr

— — Ex vetustissimis codicibus a se denuo collatis, glossis seclusis, lacunis retectis, mendis correctis recensuit Franc. Ritter. Leipzig 864. Engelmann. gr. 8. (XXXVIII, 799 S.) 2 ₰ 22½ ngr

Tacitus, P. Cornelius, opera quoad extant. Ex fide optimorum librorum accurate recensuit C. H. Weise. Editionis ster. C. Tauchnitianae nova impressio. 2 Tomi. 16. Leipzig 867, Holtze. à Tom. 9 Ngr.

Inhalt:

Tom. 1. Annalium libb. I—VI. XI—XVI. (IV und 419 S.)
» 2. Historiarum libri V. Germania. Agricola. Dial. De oratoribus. Index. (397 S.)

— Opera quoad extant. Ex fide optimorum librorum accurate recensuit C. H. Weise. Novae editionis stereotypae C. Tauchnitianae nova impressio. 2 vol. 16. 51½ Bog. Leipzig 870, Holtze. à Thl. ℳ 1,05.

Inhalt:

Vol. 1. Annalium libri I—VI. XI—XVI.
» 2. Historiarum libri V. — Germania. — Agricola. — Dialogus de oratoribus. — Index.

Taciti, P. Cornelii, opera quae supersunt, ad fidem codicum Mediceorum ab Jo. Geo. Baitero denuo excussorum ceterorumque optimorum librorum rec. atque interpretatus est Jo. Gasp. Orellius. Vol. II. Germania. Dialogus de claris oratoribus. Agricola. Historiae. Ed. II. curaverunt H. Schweizer Sidler, G. Andresen, C. Meiser. Fasc. 1. Lex.-8. Berlin 877. Calvary & Co. pro cplt. n. 18. — (I. u. II.: n. 28. —)

De situ ac populis Germaniae liber. Ad fidem codicum Vaticanorum, Perizoniani, Neapolitani ceterorumque optimorum librorum denuo rec. atque interpretatus est H. Schweizer-Sidler. (IX, 86 S.) Einzelpr. 4. 50.

Taciti, P. Cornelii, opera quae supersunt, ad fidem codicum Mediceorum ab Jo. Geo. Baitero denuo excussorum ceterorumque optimorum librorum rec. atque interpretatus est Jo. Casp. Orellius. Vol. II. Germania. Dialogus de claris oratoribus. Agricola. Historiae. Ed. II. curaverunt H. Schweizer-Sidler, G. Andresen, C. Meiser. Fasc. 2 et 3. Lex.-8. Berlin 877. 80. Calvary & Co. n. 7. 50

2. Dialogus de oratoribus. Ad fidem codicum optimorum denuo rec. atque interpretatus est Geo. Andresen. (S. 87—146.) n. 3. —
3. De vita et moribus Julii Agricolae liber. Ad fidem codicum Vaticanorum rec. atque interpretatus est Geo. Andresen. (S. 147—222.) n. 4. 50

— opera quae supersunt, ad fidem codicum Mediceorum ab Jo. Geo. Baitero denuo excussorum ceterorumque optimorum librorum rec. atque interpretatus est Jo. Casp. Orellius. Vol. II. Germania. Dialogus de claris oratoribus. Agricola. Historiae. Ed. II. curaverunt H. Schweizer-Sidler, G. Andresen, C. Meiser. Fasc. 4 et 5. Historiarum liber I et II, ed. Carolus Meiser. gr. 8. (S. 223—390.) Berlin 884. 86. Calvary & Co. à 4. 50

— dass. — Erklärt von Karl Nipperdey. 1. Bd.: Ab excessu divi Augusti I—VI. 8. verb. Aufl., besorgt von Geo. Andresen. gr. 8. (418 S.) Berlin 884, Weidmann'sche Buchh.

— opera quae supersunt. Rec. Joa. Müller. Vol. I. Libros ab excessu divi Augusti continens. 8. (VI, 336 S.) Leipzig 884. Freytag. n. 1. 50

Taciti, P. Cornelii, opera quae supersunt, ad fidem codicum Mediceorum ab Jo. Geo. Baitero denuo excussorum ceterorumque optimorum librorum rec. atque interpretatus est Jo. Casp. Orellius. Vol. II: Germania. Dialogus de claris oratoribus. Agricola. Historiae. Edit. II. curaverunt H. Schweizer-Sidler, G. Andresen, C. Meiser. Fasc. 5: Historiarum liber II, ed. Carolus Meiser. gr. 8. (S. 309—390.) Berlin 886, Calvary und Comp. 4 50

Vol. I und Vol. II, Fasc. 1—4. Ebendas. 1879—84. ℳ 26.50.

Taciti, Cornelii, opera quae supersunt. Rec. Ioa. Müller. Vol. II. Historias et opera minora continens. 8. (360 S.) Prag 887. (Tempsky. — Leipzig, Freytag.) n. 1. 50 (1. 2.: n. 3. —)

Taciti, P. Cornelii, opera quae supersunt. Rec. Ioa. Müller. Vol. I et II. (Neudr.) 8. Wien 890. F. Tempsky. — Leipzig, G. Freytag. à n. 1.50; geb. à n.n. 1.85
I. Libros ab excessu divi Augusti continens. (III, 336 S.)
II. Historias et opera minora continens. (360 S.)

Taciti, P. Cornelii, opera quae supersunt, ad fidem codicum Mediceorum ab Jo. Geo. Baitero denuo excussorum ceterorumque optimorum librorum rec. atque interpretatus est Jo. Casp. Orellius. Vol. II. Germania. Dialogus de claris oratoribus. Agricola. Historiae. Ed. II. curaverunt H. Schweizer-Sidler, G. Andresen, C. Meiser. Fasc. 6. Historiarum liber III, ed. Carolus Meiser. gr. 8. (S. 391—456.) Berlin 891. S. Calvary & Co. 4. 50

— opera quae supersunt, ad fidem codicum Mediceorum ab Jo. Geo. Baitero denuo excussorum ceterorumque optimorum librorum recensuit atque interpretatus est Jos. Casp. Orellius. Vol. II. Germania. Dialogus de claris oratoribus. Agricola. Historiae. Ed. II. curaverunt H. Schweizer-Sidler, G. Andresen, C. Meiser. Fasc. 7. (Schluss.) Historiarum liber IV. et V. ed. Carolus Meiser. gr. 8. (S. 457—572.) Berlin 895. Leipzig, O. R. Reisland. n. 4. 50
(Vol. I kplt.: n. 16. —; II kplt.: n. 30. —)

— opera quae supersunt. Recensuit Ioa. Müller. Ed. maior. Vol. I. Libros ab excessu divi Augusti continens. Ed. II. emendata. (IV, 338 S.) 8. Leipzig 902. G. Freytag. — Wien, F. Tempsky. n. 3. —

— dasselbe. Ed. minor. Vol. I. Libros ab excessu divi Augusti continens. Ed. II. emendata. (351 S. m. 3 Karten.) 8. Ebd. 903. Geb. in Leinw. n. 2. 50

— Opera quae supersunt. Recensuit Ioa. Müller. Ed. maior. Vol. II. Historias et opera minora continens. Ed. II. emendata. (363 S.) 8. Leipzig 906. G. Freytag. — Wien, F. Tempsky. 3. 50

— dasselbe. Ed. minor. Vol. II. Historias et opera minora continens. Ed. II. emendata. (307 S.) 8. Ebd. 906. Geb. 2. —

—— opera minora ordine chronologico disposita: Oratores, Agricola, Germania. In usum scholarum emendata a Jos. Ant. Tschofen. gr. 8. Triest 866. (Wien, Lechner's Sortiment-Conto.) *

— opera minora recognovit brevique adnotatione critica instruxit Henr. Furneaux. (X, 123 S.) 8. Oxford (899). Clarendon Press. n.n. 1. 50

— Opera omnia ex recens. J. A. Ernesti. Cum indd. rer. et verbor. 8. Berl. 770. Haude u. Sp. 1 ℛ 8 gr

— — ed. omnia. 8. Würzb. Stahel. 813.

— de Oratoribus edd. J. D. G. Seebode. 8. Hannov. 815. Hahn. 2 gr gr. 8. ibid. 827. 2 gr

[P.] Cornelii Taciti. De origine et moribus Germanorum Liber a. D. 09 scriptus. Ex codice Stuttgartiensi ed. I. Holub ... Freudenthal: W. Krommer 1899. (1 Bl., III, 35 S., 1 Bl., 1 Taf.) 1 Bd 8⁰

—— de origine, moribus ac situ Germanorum libellus. Omnium codd. hucusque cognitor. lectione accuratissime subinnotata nec non de libelli fatis et codice ceteror. omnium fonte quaestione addita. Cura Joan. Ferd. Massmann. — A. u. d. T.: Germania des C. Corn. Tacitus. Mit den Lesarten sämmtlicher Handschr. und geschichtl. Untersuchungen über diese und das Buch selbst. Von Hans Ferd. Maßmann. gr. 8. (XIV und 236 S. mit 3 Stnt, in qu. Fol.) Quedlinburg 847, Basse.

— de origine et situ Germanorum liber. Rec. Alfr. Holder. gr. 8. (56 S.) Leipzig 878. Teubner. n. 2. —

—— de origine et situ Germanorum liber, s. a. Bücherschatz, germanischer.

—— De origine et situ Germanorum liber. Ed. Alfr. Holder. Freiburg i. Br. 1882. 8.
Ist: Germanischer Bücherschatz. Bd. 1.

— de origine, situ et moribus Germanorum. Ex cod. Stuttgartiensi ed. I. Holub. Pars I. 8. (IV, 18 S.) Freiwaldau 898. A. Blažek. n. — 50

TACITUS
Cornelii Taciti De origine ritu et moribus Germanorum. Liber a. D. 99 scriptus. Ex codice Stuttgartiensi edidit I. Holub. Freudenthal. 1899. Kromer. 8°. 35 S. mit 1 Tafel. fl. —.30

— de origine, situ et moribus Germanorum. Liber a. D. 99 scriptus. Ex codice Stuttgartiensi ed. I. Holub. gr. 8. (III, 35 S. m. 1 Taf.) Freudenthal 899. W. Krommer. n. — 50

– De origine, situ, moribus ac populis Germanorum libellus.

— dasselbe, s. a. Bibliothek, kleine.

——, —— (Gymnasialprogramm.) Hamm 1841. 8.

—— de origine, situ, moribus ac populis Germanorum libellus. Ad fid. cod. Perizoniani, nunquam adhuc collati, ed. et notas adiecit Ludov. Tross. Access. dialogus de oratoribus et Suetonii de viris illustribus libellus, ad eundem codic. accurate expressi. 8maj. (8½ B. u. 1 lith. Schrifttaf.) Hammonae 841, libr. Schulz. *

— de origine, situ, moribus ac populis Germanorum liber. Für den Schulgebrauch erklärt v. Glob. Egelhaaf. Ausg. A. Kommentar unterm Text. gr. 8. (IV, 48 S.) Gotha 885. F. A. Perthes. — 60; Ausg. B. Text u. Kommentar getrennt in 2 Hftn. (IV, 19 u. 29 S.) — 60

—— dass. — Ausg. b. Text und Kommentar getrennt in 2 Heften. gr. 8. (VI, 19; 29 S.) Ebendas. 886.

— dasselbe. In usum scholarum ed. Joa. Müller. 8. (VII, 27 S.) Leipzig 885. Freytag. n. — 30

Taciti, Cornelii, de origine situ moribus ac populis Germanorum liber. Scholarum in usum ed. Joa. Müller. Ed. III. 8. (30 S.) Wien u. Prag 889. Tempsky. — Leipzig, Freytag. n. — 30

— de origine, situ, moribus ac populis Germanorum liber. F. d. Schulgebrauch erklärt v. Glob. Egelhaaf. 3. Aufl. Ausg. A: Kommentar unt. Text. gr. 8. (IV, 49 S.) Gotha 896. F. A. Perthes. — 60

— de origine, situ, moribus ac populis Germanorum liber. Für den Schulgebrauch erklärt v. Glob. Egelhaaf. 4. Aufl. Ausg. A. (Kommentar unterm Text.) gr. 8. (IV, 51 S.) Gotha 900. F. A. Perthes. — 60; Ausg. B. (Text u. Kommentar getrennt in 2 Hftn.) (IV, 19 u. 32 S.) — 60

— dasselbe. Recensuit Ioa. Müller. Ed. maior. Ed. altera emendata. 8. (V, 36 S.) Wien 900. F. Tempsky. — Leipzig, G. Freytag. n. — 60

— dasselbe. Ed. minor. Ed. II emendata. 8. (28 S.) Ebd. 900. n. —40

— de origine, situ, moribus ac populis Germanorum liber. Für den Schulgebrauch erklärt v. Glob. Egelhaaf. 5. Aufl. Ausg. A. Kommentar unterm Text. (IV, 51 S.) gr. 8. Gotha 903. F. A. Perthes. n. — 60; Ausg. B. Text u. Kommentar getrennt in 2 Heften. (IV, 19 u. 34 S.) n. — 60

— De origine, situ, moribus ac populis Germanorum liber. Nach Text u. Kommentar getrennte Ausg. (B) f. den Schulgebrauch v. Glob. Egelhaaf. 7., m. der 6. gleichlaut. Aufl. 2 Hefte. (IV, 19 u. 36 S.) 8. Gotha 909. F. A. Perthes. — 60; geb. — 90

—— Präparationen, s. Freund's Schüler-Bibliothek.

— Probe e. neuen Uebersetzung d. Jahrbücher des Tacitus. 4. Schleusing. 829. (Progr.)

— Probe e. neuen Uebersetzung des Tacitus, s. J. P. C. Greverus.

— Probe einer Uebersetzung des Tacitus v. Glo. Aug. Tittel. 4. Karlsr. 770.

— Rednerdialog, s. Meisterwerke d. Griechen u. Römer. XII.

Der Rednerdialog [Dialogus de oratoribus] des **Tacitus**. Hrsg. u. erkl. von R. Dienel. Textheft. Einl. u. Komm. Leipzig: Teubner 1908. 8°
(Meisterwerke d. Griechen u. Römer in kommentierten Ausg. 12.) [61. 1795] 11

— Schrift üb. Teutschland übers. v. Carl Ludw. Roth. gr. 4. (2¼ B.) Nürnberg 835, Fr. Campe.

— historische Schriften in Auswahl. Für d. Schulgebrauch hrsg. v. Andr. Weidner. 2 Tle. 8. Leipzig, G. Freytag. n. 2. 90; geb. n. 3. 60
1. Text. M. 6 Karten u. 26 Abb. (XXII, 330 S.) 896. n. 1. 20; geb. n. 1. 60
2. Schüler-Kommentar. (308 S.) 897. n. 1. 70; geb. n. 2. —

Tacitus' Historische Schriften in Auswahl. Für den Schulgebrauch herausgegeben von Andreas Weidner. I. Theil: Text. Mit fünf Karten und 26 Abbildungen. 8. (XVIII, 282 S.) 75 kr. geb. 1.—
Prag: Tempsky 1896.

Tacitus, C. Von den Sitten der alten Deutschen. A. d. Lat. Leipz. 1779. Ü: *Kretschmann, Carl Frdr.* (OL) (MGT) (Ky) (Degen) (JL)

— von d. Sitten der alten Deutschen, aus d. Latein. mit Anmerkk. (von K. F. Kretschmann). 8. Leipz. 779. Weidmann. 8 ℊ

——, —— Nachgedruckt Frankfurt u. Leipzig 1780. 8.

— de situ, moribus et populis Germaniae, cum comment Dithmari et notis Conringii, Lacari et Leibnitii c. excerpt. et clar. J. Gronovii. 8. Frankf. a. d. O. 725. Editio altera priori emendat. 749. Ed. III. 766. (Sander in Berl.; a. Köhler in Leipz.) 8 ℊ

— — id. lib. c. praef. et observat. I. G. Hauptmann. 8. Lips. Iunius. 747. — 3

——, —— Cum perpetuo et pragmatico commentario J. C. Dithmari. Accedunt in adpendice notae Conringii, Lacarrii et Leibnitii ... Editio altera priori emendatior. Francofurti a. V. 1749.. 8. . . . . (D.)

Tacitus, Publius Cornelius, De situ ... libellus. (Gottingae 1750.) 12.
——, —— Editio II. Gottingae 1755. 8.
——, —— [wie Ausg. von 1749]. Editio III. Francofurti a. V. 1766. 8.. . . . . . (D.)

— — id. lib. c. comment. Dithmari et not. Conringii, Lacarri et Leibnitz. c. excerpt. et clar. I. Gronovii. 8. Frcf. Braun. (Acad. Buchh.) 766. — 8

— — id. liber c. comment. Dithmari et notis Conringii, Lacarri et Leibnitii. 8. Francof. a. O. 769. Jetzt Verlag von Flittner, u. Köhler in Leipzig.

——, —— De moribus et populis Germaniae, cum comment. Dithmari et notis Conringii, Lacarri et Leibnitii. Leipzig 1769. 8.

— de situ, moribus et populis Germaniae, cum indice geographico in usum scholarum ed. M. V. Sörgel. 12. Lemgo 769. Ed. n. 16. ibid. 809. Meyer. 2 ℊ

——, —— Cum indice geographico ed. F. Soergel. Lemgoviae 1770. 12.

— de situ, moribus et populis Germaniae libellus, scholar. in usum separatim ed. selectasq. var. not. adj. K. H. Jördens. 8. Berl. 783. Mit n. Tit. 794. Lange. 1 ℊ

— de situ, moribus et populis Germaniae libellus, ex recens. Jh. Aug. Ernesti. In us. praelect. privatarum iterata ab Jh. B. Carpzov. 8. Helmst. 784. (59 S.)

Tacitus, C. De situ, moribus et populis Germaniae libellus . . . Altenburg 1786. H(Ü): *Müller, Chn Carl Frdr.* (Ky)

— — id. lib. ex recens. Ernesti et Gruter, c. vers. german. et indice geograph. 8. Altenb. Richter. (Acad. Buchh., Ien.) 786. — 10

Tacitus, Caj. Cornel., de situ, moribus et populis Germaniae libellus, ex recens. Ernesti et Gruteri, c. vers. german. et indice geograph. (a Chr. Karl Fr. Müller). 8. Altenb. 786. (Hennings in Neisse). 10 ℊ

— ex recens. P. D. Longolii, ed. A. J. Kappio. 8. Leipz. 788. Fr. Fleischer. 8 ℊ

— de situ, moribus et populis Germaniae libellus et Jul. Agricolae vita ad exemplar. Bipont. 8. Nürnb. 790 auch 800 u. 810. Riegel u. W. 2 ℊ

— — id. lib. c. annot. et vocabulor. explicat. in usum juventutis ed. I. H. Emmert. 8. Gött. Brose. (et. Göthe, Lips.) 791. — 8

— — id. lib. notas adi. C. H. Iördens. 8. Berol. Lange. 794. — 1

— — id. lib. mit grammat., philolog. und histor. Anmerk. z. Schulgebrauch v. C. G. G. Koch. 8. Meißen, Erbstein. (Göbhsche.) 799.

— de situ, moribus et populis Germaniae libellus. Mit grammat., philolog. u. histor. Anmerkk. z. Schulgebrauch v. Chr. Gli. Gtthlf. Koch. 8. Meißen 799. (Goedsche). 8 ℊ

— de situ, moribus et populis Germaniae libellus. 8. Nrnb. Riegel et W. 800. — 2

— in usum scholar. ed. A. Windig-Brorson. 8. Kopenhag. 804. Arnzen u. H. (Barth in Leipz.) 4½ gl

— — id. lib. c. variet. lectionis brevibusque adnotationibus ed. a G. G. Bredow. 8. Helmstedt, Fleckeisen. 808.

— — id. lib. 8. maj. Lips. Göthe. 808.

— — id. lib. c. indice Geographico in usum scholar. ed. M. V. Sörgel. 12. Lemgo, Meyer. 809.

— (de Situ, moribus et populis Germaniae libellus.) Von Germaniens Lage, Sitten u. Völkern, übersetzt u. mit Anmerk. erläutert, nebst beigedrucktem latein. Texte, von Angel. Fischer. 12. Münch. Lentner. 811.

— de situ, moribus et populis Germaniae libellus, versus et notis historicis et antiquariis illustratus a W. F. Bischoff. 8. Eisenach 816. (Bärecke).

— — id. liber c. variet. lect. brevibusque adnotation. edit. a C. G. Bredow. Ed. IIda. 8. Helmstädt, Fleckeisen. 816.

—— De situ ... libellus et J. Agricolae vita. Carlsruhae 1818. 8.

——, —— libellus. Lateinisch u. deutsch von G. Sprengel mit Erläuter. von K. Sprengel. 2. sehr verbess. Aufl. Mit 1 Karte. Halle 1819. 8.

— de situ, moribus et populis Germaniae, et Jul. Agricolae vita; mit e. deutschen Uebersetzung von K. Frhrn. v. Hacke. gr. 8. Karlsr. 819. Müller. 16 gl Velinp. 18 gl

— — id. liber. Lateinisch und Deutsch herausgegeben von Jos. Eperel. gr. 8. Wien, v. Mösle. 819.

— vollständig erläutert v. J. F. K. Dilthey. 8. Braunschw. 822. Meyer. 20 gl Schrbp. 1 rf 8 gl

— de situ, moribus et populis Germaniae libellus et Jul. Agricolae vita ad exempl. Bipont. 12maj. Marb. 822. Krieger. 2 gl

——, —— libellus. Vollständig erl. von J. F. K. Dilthey. Braunschweig 1823. 8. (D.)

— de situ, moribus et populis Germaniae libellus. Mit grammat., antiquar., geograph., kritischen u. andern Anmerkk. v. Fr. W. Altenburg. 8. Hildburgh. 824, Kesselring.

——, —— ex recens. et cum selectis observationibus hucusque anecdotis P. Longolii ex mscr. editus a J. Kappio. Ed. altera auct. et emendatior. Textum passim refinxit varietatem lectionis supplevit notasque suas adjecit Ph. C. Hess. Lipsiae et Soraviae 1824. 8.

— de situ, moribus et populis Germaniae libellus ex recens. et cum selectis observatt. hucusque anecdotis P. D. Longolii ex Msc. edit. a J. Knappio. Ed. II. auct. et emend. Text. passim refinxit, var. lect. supplev. notasque suas adj. Ph. C. Hess. 8maj. Leipz. 824. Fr. Fleischer. 18 gl

— de situ, moribus et populis Germaniae libellus. Mit grammat., antiquar., geograph., krit. u. andern Anmerkk. v. Fr. Wilh. Altenburg. 8. Hildburgh. 825. Kesselring. 12 gl

— de situ, moribus et populis Germaniae libellus. Textu recogn. cum selecta variet. lect. et brevi tum alior. tum sua annotat. ed. G. Fr. K. Günther (früher edit. Bredow). 8. Helmst. 826. Fleckeisen. 4 gl

— de situ, moribus et populis Germaniae libellus. Textu recognito ed. J. B. Durach, in Lyceo regio Ratisbon. 8. Regensburg 829. (Kollmann in Augsburg.) $^1/_8$ rf

— de situ, moribus et populis Germaniae libellus. Textu recogn. edid. J. B. Durach. 12maj. Regensb. 829. Pustet. 3 gl

— de situ, moribus et populis Germaniae libellus. Commentariis instruxit Gli. Kiessling. 8maj. Lpz. 832. Teubner. 21 gl

—— de situ, moribus et populis Germaniae libellus. Recogn. breviq. annotat. instr. Franc. Ritter. In us. lection. academicar. et gymnasior. 8maj. (2¼ B.) Bonnae 836, Habicht.

— de situ, moribus et populis Germaniae. Mit lateinischem Urtext, in's Deutsche übersetzt u. erläutert von Karl Ant. Löw. Mannheim 862. Rotter. gr. 8. (XII, 175 S.) n. 1 rf

— de situ ac populis Germaniae liber, Frdr. Kritzii annotatione illustratus. 4. ed. curavit W. Hirschfelder. gr. 8. (XVIII, 93 S.) Berlin 878. Weber. n. — 80

— Synonyma et per figuram dicta. Collegit, digessit, alior. scriptor. locos aliquot comparavit K. L. Roth. 8maj. Nürnb. 826. Campe. 8 gl

Tacito volgarizzatto da Bernardo Davanzatti, rivedetto e corretto da G. Biaglioli, III Vol. 12. Parigi, Turneisen fil. 804.

Tacitus, C., a. d. Lat. übers. und mit den nöthigsten Anmerkungen begleitet. Magdeb. u. Halle 1765—77. Ü: *Patzke, Johann Samuel.* (ML)

Tacitus, Caj. Corn., übers. von K. F. Bahrdt. 2 Thle. 8. Halle, Gebauer. 807. (1r 1 Rthlr. 18 gr. 2r 2 Rthlr. 6 gr.)

— Tacitus, Cornelius, ab J. Lipsio, J. F. Gronovio, N. Heinsio, J. A. Ernestio, F. A. Wolfio emendatus et illustratus, ab Imm. Bekkero ad Codices antiquissimos recognitus. II Tom. (Cum Indice verbor.) 8maj. Lpz. 831. Weidmann. 5 rf Schrbp. 7 rf 12 gl Velinp. 10 rf

— ad Codices antiquiss. recognitus ab Imm. Bekkero. In usum scholar. II Tom. 8. Leipz. 831. Weidmann. 1 rf Velinp. 1 rf 12 gl

——, —— Text, Uebersetzung, Erläuterung von Fr. Dor. Gerlach u. Wilh. Wackernagel. 1. u. 2. Abthl. Basel 1835—37. gr. 8.
Abth. 1. a. u. d. T.: Germania ad optimorum codicum fidem emendavit, notis criticis et variet. lectionis selecta instruxit Gerlach. Ebda 1835. 8.
Abth. 2. H. 1. a. u. d. T.: Germania, übersetzt und erläutert von Gerlach. Ebda 1837. 8.

Tacitus, C. Cornelius. Erklärt von Karl Nipperdey. 1 u. 2. Bd. (Sammlung Griechischer u. Latein. Schriftsteller mit Deutschen Anmerkgn.) gr. 8. 1. Bd. Ab Excessu divi Augusti I—VI. Mit den Varianten der Florentiner Handschrift. (XXIV u. 314 S.) 2. Bd. Ab excessu divi Augusti XI—XVI. Mit den Varianten der Florentiner Handschrift u. der Rede des Claudius. (IV u. 244 S.) Leipzig 851. 52, Weidmann. (1: ½ rf 2: ⅔ rf) 1⅙ rf

Tacitus, Cornelius. Erklaert von Karl Nipperdey. 1. u. 2. Bd. 2. verb. Aufl. Berlin 855, 57. Weidmann. 8. 1 rf. 14 ngr.
1. Bd.: Ab excessu Divi Augusti I—VI. Mit den Varianten der Florentiner Handschrift. (XXXV, 338 S.) 24 ngr.
2. Bd.: Ab excessu divi Augusti XI—XVI. Mit den Varianten der Florentiner Handschrift und der Rede des Claudius. (299 S.) 20 ngr.

Tacitus, Cornel., erklärt von Karl Nipperdey. 1. Bd., Ab excessu divi Augusti I—VI. Mit den Varianten der Florentiner Handschrift. 3. Aufl. 862. (XXXVIII, 349 S.) — 4., verb. Aufl. Berlin 864. Weidmann. 8. (XXXVII, 370 S.) 25 ngr

—— a Carolo Nipperdeio recognitus. Pars I—III. 8. Ebendas.

Inhalt:
Pars I. II. Ab excessu divi Augusti libros sex primos continens. (XI, 157; IV, 149 S.) 871,72. à Pars 90 Pf.
» III. Historias cum fragmentis continens. (IV, 183 S.) 874. M 1,50.

Tacitus, Cornelius, a Carolo Nipperdeio recognitus. Pars IV. Agricolam, Germaniam, dialogum de oratoribus continens. Accedit index nominum. (V, 132 S.) Berlin 876, Weidmann'sche Buchh.
Pars I—III. Ebendas. 1871—64. M 3,30.

Tacitus, Cornelius. Erklärt von Karl Nipperdey. 1. und 2. Bd. gr. 8. Berlin, Weidmann'sche Buchh.
Inhalt:
Bd. 1. Ab excessu divi Augusti I—VI. 5. verb. Aufl. (XLIII, 376 S.) 1871. M 2,70., und 6. verb. Aufl. (XLII, 394 S.) 874. M 3.
» 2. Ab excessu divi Augusti XI—XVI. Mit den Varianten der Florentiner Handschrift und der Rede des Claudius. 3. verb. Aufl. (317 S.) 873. M 2,40.

— erklärt von Karl Nipperdey. 1. Bd. Ab excessu divi Augusti I—VI. 7., verb. Aufl., bearb. von Geo. Andresen. gr. 8. (422 S.) Berlin 879. Weidmann. 3. —

— dasselbe. 2. Bd. Ab excessu divi Augusti XI—XVI Mit der Rede des Claudius über das jus honorum der Gallier. 4., verb. Aufl., bearb. von Geo. Andresen. gr. 8. (308 S.) Ebend. 880. 2. 40

— erklärt v. Karl Nipperdey. 1. Bd. Ab excessu divi Augusti I—VI. 8. verb. Aufl., besorgt v. Geo. Andresen. gr. 8. (418 S.) Berlin 884. Weidmann. 3. —

— dasselbe. Deutsch m. Erläutergn., Rechtfertiggn. u. geschichtl. Supplementen v. C. L. Roth. 2., 7., 13., 19., 21. Lfg. (à ca. 3 B.) 8. Berlin, Langenscheidt. à Lfg. n. — 35
2. Lfg. 4. Aufl. 888. — 7. Lfg. 5. Aufl. 889. — 13. Lfg. 3. Aufl. 888. — 19. Lfg. 3. Aufl. 889. — 21. Lfg. 4. Aufl. 889.

——, —— Erklärt von Karl Tücking. 7. verb. Aufl. Paderborn 1889. gr. 8.

Tacitus, P. Cornelius. Erklärt v. Karl Nipperdey. 1. u. 2. Bd. gr. 8. Berl. 892, Weidmann. 5 70
1. Ab excessu divi Augusti I—VI. 9. verb. Aufl., besorgt v. Geo. Andresen. (430 S.) 3 —.
2. Ab excessu divi Augusti XI—XVI. Mit der Rede d. Claudius üb. das ius honorum der Gallier. 5. verb. Aufl. Besorgt v. Geo. Andresen. (320 S.) 2 70.

Tacitus, P. Cornelius. 1. Tl.: Germania u. Auswahl aus d. Annalen. F. d. Schulgebrauch bearb. u. hrsg. v. Jos. Franke u. Ed. Arens. 8. (XI, 196 S. m. 1 Karte.) Münster 896. Aschendorff. Geb. n.n. 1. 30
(Aschendorffs Sammlung lat. u. griech. Klassiker.)

— dasselbe. Kommentar. 8. (IV, 115 S.) Ebd. 896. n. 1. —

— 2. Tl.: Auswahl aus d. Historien u. d. vita Agricolae. F. d. Schulgebrauch bearb. u. hrsg. v. Jos. Franke u. Ed. Arens. 8. (XI, 74 S. m. 1 Karte.) Ebd. 897. Geb. n. — 85

Tacitus, P. Cornelius. Erklärt v. Karl Nipperdey. 1. Bd. Ab excessu divi Augusti I—VI, 10. verb. Aufl. Besorgt v. Geo. Andresen. (443 S.) 8. Berlin 904. Weidmann. n. 3. —
(Sammlung griech. u. lat. Schriftsteller mit deutschen Anm.)

Tacitus, P. Cornelius. Erklärt v. Karl Nipperdey. 2. Bd. Ab excessu divi. Augusti XI—XVI. Mit der Rede d. Claudius üb. das ius honorum der Gallier. 6. verb. Aufl. Besorgt v. Geo. Andresen. (347 S.) 8. Berlin 908. Weidmann. 2. 80

— 1. Tl.: Germania u. Auswahl aus den Annalen. Für den Schulgebrauch bearb. u. hrsg. v. Jos. Franke u. Eduard Arens. 3. verb. Aufl. (XIX, 208 S. m. 1 Karte.) 8. Münster 907. Aschendorff. Geb. 1. 45

— dasselbe. 1. u. 2. Tl. Kommentar. 8. Ebd. 905. 1. 75
1. Germania u. Auswahl aus den Annalen. 2. Aufl. (116 S.) 1. —
2. Auswahl aus den Historien u. der vita Agricolae. (75 S.) — 75

— vom Kaiser Tiberius, s. Houssaye.

—— Kaiser Tiberius [Annalen Buch 1—6] übers. von Vict. Pfannschmidt. 8. (429 S.) Leipzig 884, Kempe. *

Tacitus. Übersetzung des allgemeinen (Cap. 1—27) u. des besonderen Teils der Germania von Jos. Schlüter. 12, 10 SS. Progr. *Andernach* 1880. 1882.

— von d. Ursachen des Verfalls d. röm. Beredsamkeit, übers. u. mit krit. u. histor. Anmerkk. u. Erläuterr. begl. v. Jh. Jak. Hnr. Nast. 8. Halle 787. Gebauer. 1 ₰

— ‚der Germanen Ursprung, religiöse Gebräuche u. Sitten'. (Germanien i. J. 99 n. Chr.) Übers. v. J. Holub. Lex.-8. (V, 33 S.) Freudenthal 899. W. Krommer. n. — 50

—— vita Julii Agricolae. Ad libros scriptos et editos recogn., emendat. et critica notat. fontes lect. indicante instr. G. L. Walchius. 8maj. (4 B.) Berolini 827, Nauck. 4 Gr., f. Drckp.

—— vita Julii Agricolae, ex recens. Franc. Ritteri. In us. lect. academ. et gymnasior. 8maj. (4 B.) Bonnae 832, Habicht.

—— Vita Iulii Agricolae. Iterum recogn. brevique annotat. instr. Franc. Ritter. In us. lection. academicar. et gymnasior. 8maj. (3 B.) Bonnae 836, Habicht.

— de vita et moribus Cn. J. Agricolae libellus. Textum recens. et ad fidem cod. Vat. emend. notasque adspersit U. J. H. Becker. Lex.-8. Hamb. 826. Fr. Perthes. 18 gr

— de vita et moribus C. J. Agricolae liber. Edit. et annotat. illustr. P. Hofmann Peerlkamp. 8maj. Leyden 827. Luchtmans. 14 gr

— id. lib. In usum schol. edidit F. G. W. Hertel. gr. 8. Leipz. 827, Hartmann.

— de vita et moribus C. J. Agricolae libellus. In usum schol. ed. Fr. Gf. Wlh. Hertel. 8maj. Leipz. 827. (Lehnhold). 10 gr Schrbp. 16 gr

— de vita et moribus C. J. Agricolae libellus. Mit Erläuterr. u. Exkursen v. K. Ldw. Roth. gr. 8. Nürnb. 833. (832.) Schrag. 1 ₰

—— de vita et moribus Cn. Julii Agricolae, libellus. Mit Erläutern. u. Exkursen v. C. Ludw. Roth. gr. 8. (18½ B.) Nürnberg 833, Schrag.

— de vita et moribus Cn. Julii Agricolae liber. Recensuit Fr. Carol. Wex. 8. (32 S.) Brunsvigae 852, Vieweg & Fil. 1/3 ₰

— dass. Nach kritisch berichtigtem Texte erklärt von Fr. Carl Wex. 8. (VI u. 89 S.) Ebd. 852. 1/3 ₰

— dass. Ad fidem. codd. denuo collatorum recensuit et commentariis enarravit Fr. Carol. Wex. gr. 8. (XII u. 338 S.) Ebd. 852. n. 2 1/2 ₰

Tacitus, P. Cornelius, de vita et moribus Cn. Julii Agricolae liber. Erklärt von Carl Tuecking. Paderborn 869. Schöningh. 8. (72 S.) 6 ngr.

— de vita et moribus Cn. Julii Agricolae liber. Erklärt v. Karl Tücking. 3., verb. Aufl. gr. 8. (82 S.) Paderborn 890. F. Schöningh. n. — 80

P. Cornelii Taciti de vita et moribus Cn. Jul. Agricolae liber. Erkl. von Alfred Gudeman. *Berlin: Weidmann 1902.* (117 S.) 8°
(Sammlung griech. u. lat. Schriftsteller mit deutschen Anm.)

Taciti, P. Cornelii, de vita et moribus Cn. Jul. Agricolae liber. Nach Text u. Kommentar getrennte Ausg. (B) f. den Schulgebrauch v. Karl Knaut. 2., verb. Aufl. 2 Hfte. gr. 8. (IV, 23 u. 44 S.) Gotha 902. F. A. Perthes. n. — 80

— de vita et moribus Julii Agricolae liber. Ad codices Vaticanos et veteres editiones iterum recens. atque annotat. illustr. Ern. Dronke. 8maj. (9 1/2 B.) Fuldae 844, Müller. *

— de vita et moribus Julii Agricolae liber. Ad codices Vaticanos in usum praelectionum ed. et rec. Carol. Ludov. Urlichs. gr. 8. (55 S.) Würzburg 875. Stuber. n. 1. 80

— dasselbe. Erklärt von Carl Tücking 2., verb. Aufl. gr. 8. (72 S.) Paderborn 878. F. Schöningh. n. — 60

— de vita et moribus Julii Agricolae liber. Rec. J. J. Cornelissen. gr. 8. (40 S.) Leiden 881. Brill. n.n. 1.25

— de vita et moribus Julii Agricolae liber, s. a. Studien, Berliner, f. classische Philologie u. Archäologie.

Cornelii Taciti de vita et moribus Iulii Agricolae liber. Ad fidem codicum ed. A[lfred] E. Schoene. Berolini: S. Calvary & soc. 1889. (47 S.) 8°
= Studien, Berliner, f. classische Philologie u. Archaeologie. Bd 10, H 1.

— dass. — Erklärt v. Karl Tücking. 3. verb. Aufl. gr. 8. (82 S.) Paderb. 890, F. Schöningh. * — 80

Skřivan, A., Výbor ze spisů Tacitových. Podle vydání O. Weidnera upravil. S pěti mapkami a 25 obrázky. Prag und Wien 1896. F. Tempsky. (Min.-Erl. v. 24. April 1896, Z. 5659) —.75, gebunden 1.—

— über die Weltstellung von Germanien, de situ Germaniae liber. Nach der Lesart aller Handschriften ins Besondere der Münchener, Stuttgarter u. Florentiner. Wiederhergestellte lateinische Fassung. Uebersetzt und erklärt von R. Mosler. 1. Thl. Leipzig 862. Engelmann in Comm. gr. 8. (IV, 128 S.) n. 20 ngr.

Tacitus, P. Cornelius, Werke, s. a. Bibliothek, Langenscheidt'sche, sämtl. griech. und röm. Klassiker.

— Werke, s. a. Classiker des Alterthums.

— Werke, Präparation, s. Freund's Schüler-Bibliothek.
Vgl.: Baumstark, Ant.

— erläutert, s. Lahussaye.

— dasselbe, s. a. Prosaiker, römische, in neuen Uebersetzungen.

— Werke, s. a. Sammlung griechischer und römischer Classiker.

— Werke. Deutsch von C. L. Roth, s. Sammlung, neueste, ausgewählter griechischer und römischer Classiker.

— v. Becher, s. Samml. d. neuest. deutsch. Uebers. d. röm. Prosaiker 15r.

— Werke, s. a. Volksbibliothek, deutsche, der griech. und röm. Classiker.
Vgl.: Draeger, Ant. Aug. — Morgenroth, Max.

— Werke, übers. von H. Gutmann. Vollständig in 10 Bdchn. 16. Stuttgart ..., Metzler. Subscr.-Pr. à 1/6 ₰

Tacitus, C. Werke a. d. Lat. übers., und mit den nöthigsten Anmerkungen begleitet. Magdeburg u. Halle 1765—77. Ü: *Goldhagen, Johann Eustach. & Johann Samuel Patzke.* (BrMm) (Degen) (Ebert) (Ky)

Tacitus, Caj. Cornel., Werke; aus d. Latein. mit den nöthigen Anmerkk. (v. Goldhagen u. Jh. Sam. Patzke). 6 Thle. gr. 8. Magdeb. (Halle) 765—77. (1r u. 2r Thl. N. A. 771.) (Laue in Berl.) 2 ₰ 6 gr

Tacitus *Werke.* Übersetzt mit Anmerk. von J. S. Müller. Hamb. 765. 3 Thle. 8. 4 rthlr.

— Werke, a. d. Latein. mit d. nöth. Anmerkungen v. Patzke. 6 Thle. gr. 8. Halle, Curt. 771. (à 9 gr.)

— übersetzt von K. Fr. Bahrdt. 2 Thle. 8. Halle 781. Gebauer. 3 ₰

— — Übersetzt mit Anmerk. von G. L. Becher. Frankf. 802. Band I. 8. 1 rthlr. 12 gr. (Enthält nur die *Annales.*)

— Werke, übers. v. Karl Fr. Bahrdt. 2 Thle. 8. Halle 807. Gebauer. 4 ₰

— Werke, deutsch mit Abhandlungen u. Anmerkungen, v. K. W. Woltmann. 6 Bde. gr. 8. Berlin, Realschulbuchhandl. 811—16.

— Werke, deutsch, mit Abhandll. u. Anmerkk. v. K. L. Woltmann. 6 Bde. gr. 8. Berl. 811—17. Reimer. 10 ₰ (Enders in Prag). 4 ₰

— — Übersetzt von F. K. von Strombeck. Braunschw. 816. 3 Bände. 8. 5 rthlr. (Band 3. in 2 Abth.)

— Werke, übers. v. H. Gutmann. 5 Bdchen. 16. Stuttg. 829—831. Metzler. 20 gr

Tacitus, C. Werke. Stuttg. 1829—40. Ü: *Gutmann, Joh. Hnr.* (schles)

Cajus Cornelius **Tacitus** Werke (übers. v. H. Gutmann.)
Bd. 1. Agricola's Leben und Germanien. Stuttgart. 1829.
Bd. 2. Gespräch über die Redner. ebd. 1830.
Bd. 3—5. Die Geschichtbücher (Historien). ebd. 1831.
Bd. 6—10. Die Jahrbücher (Annalen). ebd. 1834—40.

— Werke, übers. v. H. Gutmann. 6s—10s Bdchen. 16. Stuttgart 834-40. Metzler. (à 1/6 Thlr.) 5/6 Thlr.

Tacitus, C. Cornelius, Werke. Nach d. Ausg. J. C. v. Orelli's neu übersetzt von H. Gutmann. 2 Abthlgn. in 1 Bd. gr. 8. (VIII u. 833 S.) Zürich 847, Orell, Füßli & Co. 2 Thlr.

—— Werke. Lateinisch mit deutscher Uebersetzung und erläut. Anmerkungen. 1.—4. Bd. 8. Leipzig, Engelmann. à Bd. 22½ Ngr.
Inhalt:
Bd. 1. Annalen I bis VI. (IV und 456 S.) 864.
" 2. Annalen XI—XVI. (372 S.) 865.
" 3. Historien I—III. (319 S.) 867.
" 4. Historien IV. V. Agricola. Germania. Gespräch über die Redner. (340 S.) 868.

—— Werke. Mit Erläuterungen, Rechtfertigungen und geschichtl. Supplementen von C. L. Roth. 25 Lfgn. oder 2 Bde. 12. [Stuttgart.] Berlin, Langenscheidt'sche Verlagsh. [1.—7. Lfg. 3. und 4. Aufl. (166 S.) 873,83; 8.—11. Lfg. 3. Aufl. (128, 148 S.) 877,82; 12.—19. Lfg. 2. Aufl. (125, 114, 187 S.) 866,68; 20.—22. Lfg. 3. Aufl. (S. 1—144.) 882; 23.—25. Lfg. 2. Aufl. (S. 145—292.) 868.]
à Lfg. * 35 Pf. *

— Werke. Deutsch mit Erläuterungen, Rechtfertigungen u. geschichtlichen Supplementen von Carl Ludw. Roth. 6., 11. u. 22. Lfg. 8. Stuttgart 882. Werther. à n. — 35
6. Annalen. 3. Lfg. 4. Aufl. 2. Bd. (S. 49—96.)
11. Dasselbe. 7. Lfg. 3. Aufl. (4. Bd. S. 1—48.)
22. Historien, 2. Buch, Kap. 42 bis Schluß, u. 3. Buch, Kap. 1—17. 3. Aufl. (7. Bd. S. 97—144.)

— dasselbe, s. a. Collection Spemann.

Tacitus. Werke. Mit einer Einleitung und nach der Uebers. von Wilh. Bötticher. Stuttgart 1883/4 = Collection Spemann. B: *Eyssenhardt, Frz.* Vgl. Cbl. f. Bibliotheksw. 19 (1902), S. 101. (DARP)

Tacitus, P. Cornelius, Werke. Deutsch mit Erläuterungen, Rechtfertigungen und geschichtl. Supplementen von Carl Ludw. Roth. 2., 4., 6., 12.—18., 20. und 23.—25. Lfg. 8. Berlin 888, Langenscheidt'sche Verlagsh. à Lfg.
Inhalt:
Lfg. 2. Dialog, Kap. 24 bis Schluß. — Germania, Kap. 1—30. 4. Aufl. (1. Bd. S. 33—80.)
" 4. Agricola's Leben, Kap. 37 bis Schluß. — Rechtfertigung zu den drei kleinen Schriften. 4. Aufl. (1. Bd. S. 129—168.)
" 6. Annalen, 2. Lfg. 4. Aufl. (2. Bd. S. 49—96.)
12—18. —— dass. — 3. Aufl. 8.—14. Lfg. (4. Bd. S. 49—125; 5. Bd. 114 S.; 6. Bd. 144 S.)
" 20. Historien. 1. Lfg. 4. Aufl. (7. Bd. S. 1—48.)
" 23—25. —— dass. — 4.—6. Lfg. 3. Aufl. (7. Bd. S. 145—292.)

Tacitus, des P. Cornelius, Werke. Deutsch m. Erläutergn., Rechtfertiggn. u. geschichtl. Supplementen v. Carl Ludw. Roth. 1., 3., 5., 6., 8.—11. u. 16. Lfg. 8. Berlin, Langenscheidt. à n. — 35
1. Über Deutschland. Agrikolas Leben. 1. Lfg. 4. Aufl. Rev. v. H. Uhle. (1. Bd. IV u. S. 1—32.) 894.
3. — dasselbe. 3. Lfg. 3. Aufl. Rev. v. H. Uhle. (1. Bd. S. 81—128.) 894.
5, 6, 8—11, 16. Annalen. 1.—4., 6., 7. u. 12. Lfg. In 4. u. 5. Aufl. Rev. v. H. Uhle. (96, 128, 48 u. 48 S.) 891—894.

— Werke. Deutsch mit Erläutergn., Rechtfertiggn. u. geschichtl. Supplementen von Carl Ludw. Roth. 3., 12., 16. u. 22. Lfg. 8. Berlin, Langenscheidt's Verl. à n. — 35
3. 4. Aufl. (1. Bd. S. 81—128.) (901.)
12. Annalen. 8. Lfg. 4. Aufl. (4. Bdchn. S. 49—96.) (902.)
16. Dasselbe. 12. Lfg. 5. Aufl. (6. Bdchn. S. 1—48.) (902.)
22. Historien. 3. Lfg. 4. Aufl. (2. Bdchn. S. 97—144.) 899.

Tacitus' Werke. Deutsch m. Erläutergn., Rechtfertiggn. u. geschichtl. Supplementen v. Karl Ludw. Roth. 3. 5. 11. 13. 20. 24. u. 25. Lfg. kl. 8. Berlin-Schöneberg, Langenscheidt's Verl. à n. — 35
3. 5. Aufl. (1. Bd. S. 81—128.) (906.)
5. Annalen. 1. Lfg. 6. Aufl. (2. Bd. S. 1—48.)
11. Annalen. 7. Lfg. 5. Aufl. (4. Bd. S. 1—48.) (906.)
13. Annalen. 9. Lfg. 4. Aufl. (4. Bd. S. 97—125.) (905.)
20. 24. Historien. 1. u. 5. Lfg. 5. Aufl. (7. Bd. S. 1—48 u. 193 bis 256.) (906.)
25. Historien. 6. Lfg. 4. Aufl. (S. 257—292.) (903.)

Tacitus, P. Cornelius, Werke. Deutsch m. Erläutergn., Rechtfertiggn. u. geschichtl. Supplementen v. Carl Ludw. Roth. 4. 7. 8. 12. 14.—16. 18. 19. u. 21.—23. Lfg. kl. 8. Berlin-Schöneberg, Langenscheidt's Verl. à Lfg. — 35
4. Agricolas Leben. Schluß. 5. Aufl. (S. 129—168.) (910.)
7. Annalen. 3. Lfg. 6. Aufl. (1. Bd. S. 97—140.) (908.)
8. 12. 14. 15. Dasselbe. 4. 8. 10. u. 11. Lfg. 5. Aufl. (3. Bd. S. 1—48; 4. Bd. S. 49—96 u. 5 Bd. S. 1—114.) (910. 09. 07.)
16. Dasselbe. 12. Lfg. 6. Aufl. (6. Bd. S. 1—48.) (910.)
18. 19. Dasselbe. 14. u. 15. Lfg. 4. Aufl. (6. Bd. S. 97—187.) (997. 09.)
21—23. Historien. 2.—4. Lfg. 5. Aufl. (7 Bd. S. 49—192.) (909.07.)

— sämmtl. Werke, übers. v. Jh. Sam. Müller. 3 Bde. gr. 8. Hamb. 765, 66. Bohn. 4 Thlr.

Tacitus, Cornelius. Sämmtliche Werke. Uebersetzt von Dr. Carl Friedrich Bahrdt. (3. Bde.) 8. Wien und Prag 1801.

— sämmtl. Werke, v. Becher, s. a. Samml. d. neuest. Uebers. röm. Prosaiker 15e Abth.

— sämmtl. Werke, übers. v. G. L. Becher. 1r Bd. (A. u. d. T.: Annalen vom Hintritte Augusts an). 8. Frankf. a. M. 802. Hermann. 1 Thlr. 12 Gr. Hbg. Pr. 18 Gr. (Vergl. Samml. d. n. Uebersetzungen d. röm. Prosaiker. 15e Abtheil.)

— sämmtl. Werke, übersetzt u. mit Anmerkk. begleitet v. Fr. R. Ricklefs. 1r—3r Bd. gr. 8. Oldenburg 825—26, Schulze. (1r Bd. 1 Rthl. 14 gr. 2r 1 Rthl. 20 gr. 3r 1 Rthl. 12 gr.)

—— sämmtl. Werke, übers. u. mit Anmerkn. begl. v. Fr. R. Ricklefs. 4. (letzt.) Bd. Germania. Agricola. Ueber d. Verfall d. Beredsamkeit. Nebst e. antiquar., geograph. u. histor. Wortregister. gr. 8. (25½ B.) Oldenburg 827, Schulze.
1—3. Bd. Ebendas. 1825, 26. 4 Thlr. 22 Gr.

— dass. übers. m. krit. Anmerkk. v. Chr. G. Herrmann. 1r Bd. gr. 8. Gießen 827, Heyer.

—— sämmtl. Werke, übers. v. W. Bötticher. 4 Bde. 8. Berlin, Th. Enslin.
Bd. 1. Annalen. 1—6. Buch. (20½ B.) 831. 2 Thlr.
" 2. —— 11—16. Buch. (24½ B.) 832. 1 Thlr. 18 Gr.
" 3., 4. Die Historien u. die kleineren Schriften. (43¼ B.) 834. 2 Thlr. 18 Gr.

— sämmtliche übriggebliebene Werke, übersetzt von Fr. Karl von Strombeck. 1r u. 2r Bd. n. 3n Bdes 1ste u. 2te Abtheil. (1r u. 2r Bd. enth. die Jahrbücher. 3r Bd. 1ste Abtheil. Bücher d. Geschichte. 3r Bd. 2te Abthl. kleinere Schriften.) gr. 8. Braunschw. Vieweg. 815 u. 16.

— auf uns übergekommene Werke, verdeutscht u. mit krit. Anmerkk. versehen v. Geo. Chr. Hermann. 1r Bd. gr. 8. Gießen 827. Heyer. 1 Thlr. 8 Gr. Hbg. Pr. 12 Gr. (Vergl. auch G. Chr. Hermann).

— üb. Wohnungen u. Lebensart german. Völker; übers. v. J. Fr. Schwedler. 8. Halle 793. Hendel. 4 Gr.

Tack, Frdr., Ueber die Bildung des Hagels und die Entladung der Hagelwolken.

Tack, Johannes: Die Entstehung des Hollandsganges in Hannover und Oldenburg. Ein Beitrag zur Geschichte d. Arbeiterwanderung. *Leipzig: Jäh & Schunke 1901.* (85 S.) 8° ¶[Erschien vollst. 1902 als: Volkswirtsch. u. wirtschaftsgesch. Abhandl., H. 2.]
Leipzig, Phil. Diss. v. [7. Jan.] 1902

Tack, Johs., die Hollandsgänger in Hannover u. Oldenburg, s. a. **Abhandlungen,** volkswirtschaftliche u. wirtschaftsgeschichtliche. 2. Hft.

Tack, Johannes: Die Hollandgänger in Hannover und Oldenburg. Ein Beitrag zur Geschichte der Arbeiter-Wanderung. — Lpz.: Jäh & Schunke 1902. XV, 217 S. (Volkswirtschaftl. und wirtschaftsgeschichtl. Abhandlungen. H. 2.)

Tacke. On Shakespeare's Macbeth. Luckenwalde, H. B., 1871. 9 S. 4. Progr.

Tacke, Bruno (geb. Wissen an d. Sieg 26. 8. 1861): Ueber die Bedeutung der brennbaren Gase im thierischen Organismus. (Remscheid 1884.) (26 S.) 8°
Berlin, Phil. Diss. v. 23. Juni 1884

Tacke, Br., Hochmoorkultur u. Fehnkultur, s.: Fleischer, M.

Tacke, Bruno, **Mitteilungen üb. die Arbeiten der Moor-Versuchsstation in Bremen, s.: Jahrbücher, landwirtschaftl. 27. Bd. IV. Erg.-Hft.**

Tacke, Br., üb. d. Wirkg. d. Kalisalze auf Moorboden, s.: **Arbeiten d. deutsch. Landwirtschafts-Gesellschaft,** Hft. 20.

Tacke, E. [aus Nordhausen]: Aus d. physikal. Institut d. Univ. Greifswald. Über den W e r t der s'Gravesande'schen Methode zur Bestimmung des Elasticitätscoefficienten dünner Drähte. ... Greifswald: Druck v. Julius Abel 1889. 24 S. u. 1 Taf. 8°
Greifswald, Phil. Fak., Inaug.-Diss. v. 16. März 1889

Tacke, Eberhard

Tackius, Eberh., Diss. exhibens aegrum nostalgia laborantem. Giss. 4°.
1706

Tackius, Eberhard (Worms)
Dissertatio inauguralis medica, exhibens aegrum nostalgia laborantem.
Giessae Hassorum [23.] Sept. 1707: Joh. Reinh. Vulpius. 28 S. 4°
pro supremis doctoratus medici honoribus ... rite obtinendis.
auch in: Valentini, Michael Bernh.: Praxis medicinae infallibilis. 1711 und 1721 (S. 630-644). Strieder 16, 270.

Tacke, Eberhard (Worms) A. S. 1343/20

Miscellanea curiosa, de novellarum publicarum usu et abusu in rebus physico-medicis.
Präs. Michael Bernhard Valentini.
Giessen (Müller) III. 1707. 14 (richt.: 24) S.

Gew.: Eberhard Melchior (Grossvater), Johann Martin Tacke (Vater).
W. v.: Johann Daniel Assmus. 34141

Tacke, Friedrich, approb. Arzt: Über Epityphlitis im Bruchsack. *Tübingen: H. Laupp 1900.* (16 S.) 8° ¶ (Aus: Beiträge zur klinischen Chirurgie, Bd 29, H. 1.)
Rostock, Med. Diss. v. [20. Dez.] 1900

Tacke, Friedrich Peter

— grundl. Abh. v. d. Menschen Gefälligkeit. 8. Wolfenb. Meißner. 740.

TACKE, Friedr. Pet., S c h r i f t m ä ß i g e B e t r a c h t u n g d e r S c h o o ß - u. B u s e n - S ü n d e, welche allen Heyls-Begierigen zu sorgfältiger Vermeidung gründlich vorstellen und dafür, als dem vornehmsten Stricke des Satans, wodurch eine unzählige Menge Menschen ins Verderben u. Verdammniß gezogen u versenket wird, wohlmeinend warnen wollen ———. (Motto: „Famam" multi, conscientiam pauci verentur." Plinius.) Leipzig (o. Adresse, aber Wolfenb., Meißner).
16 S. (incl. Tit., 1 Bl. Zuschr., 4 Bll. Vorr.) u. 4 Bll. Reg. — Einiges in lat. u. deutschen V e r s e n.

— d. H a u p t l e i d e n s c h a f t e n, als unselige Quellen d. Heuchelchristenthums gründlich widerlegt. 8. Ebendas. 754.

— d. d. herrschende Neigungen gebild. S c h e i n c h r i s t. 8. Ebend. 743.

— d. S ü n d e n d. Menschen nach d. Tode ꝛc. 8. Ebendas. 737.

— unerkannte W o h l t h a t Gottes, daß Gott nicht durch Engel, sondern durch Menschen lehre. 8. Breslau, Seidel. 745.

Zum Selbstunterricht u. f. Schulen u. Vereine. Vollständiges Lehrbuch der deutschen Volks-Kurzschrift. Ganz vereinfachte Arendssche Stenographie. Im Auftr. d. Hauptverbandes Arendsscher Stenographen bearb. von J. **Tacke**. 1. Aufl. Berlin: Lehrmittel-Verl. d. Hauptverb. Arendsscher Stenogr. [um 1910]. 32 S. 8° [11. 3330

Tacke, Louis, die Wandgemälde der Aula des neuen herzoglichen Gymnasiums zu Wolfenbüttel. Nach den Originalen photogr. von Fritz Freund. qu. Fol. (8 Bl.) Wolfenbüttel 880. Zwissler. In Carton. n. 20. —

Tacke, Max (geb. am 7 Juni 1855 in Wesel a. Niederrh.): Das Chlorsaure Kali in medicinischer Hinsicht ... Bonn, Univ.-Buchdr. v. C. Georgi 1878. 67 S. 8.
Bonn, Med. Fak., Diss. v. 21 Okt. 1878

Tacke, Max, die spinale Kinderlähmung (Poliomyelitis anterior acuta), ihre Ursachen, ihr Wesen u. ihre Heilung, s. a. Kneipp's, Seb., Heilverfahren.

TACKE, Dr. med. Max
Die spinale Kinderlähmung. Schriftenreihe: Pfarrer Seb. Kneipp's Heilverfahren wissenschaftlich beleuchtet, Heft 1. Kösel, Kempten.

Tacke, Rudolphus: De sternopago. Halis Saxonum (1864): Orphanotropheum. 17 S., 2 Taf. 4°
Halle-Wittenberg, Med. Diss. v. 18. Okt. 1864
Geb. Bocholt (Westf.) 2. 2. 1840. V.

Tackels, C. J., le nouvel a r m e m e n t de la cavalerie depuis l'adoption de l'arme se chargeant par la culasse pour l'infanterie. Huy 870. Leipzig, Luckhardt's Verl. gr. 8. (127 S. mit 6 Steintaff. in 4. u. Fol.) n. 1 ⁊ß 15 ngr.

— —, le nouvel armement de la cavalerie. Cassel 1870. 8.

Tackels, C. J., **Armes de guerre.** Étude pratique sur les armes se chargeant par la culasse, les mitrailleuses et leurs munitions. gr. 8. (220 S. mit 7 Stnt. in qu. gr. 4. und qu. gr. Fol.) Huy 869. (Leipzig, Luckhardt'sche Verlagsh.) *

—— C o n f é r e n c e s sur le tir et projets divers relatifs au nouvel armement. gr. 8. (139 S. mit 6 Stnt in gr. 8., qu. und qu. gr. Fol.) Ebendas. 869. *

— K r i e g s f e u e r w a f f e n. Praktische Studie über die Hinterladungsgewehre, die Kugelspritze u. ihre Munition. Mit Genehmigung des Verf. aus dem Franz. übers. von O d e n. Ebend. 869. gr. 8. (V, 242 S. mit 7 lith. Taff. in qu. Fol. u. qu. gr. Fol.) n. 2 ⁊ß 10 ngr.

Tacken, Franz, Gerichtsassessor in Naumburg a. S.: Der Ausgleichungsanspruch der Mitbürgen nach dem Recht des BGB. Naumburg a. S. 1907: G. Pätz. (IX, 51 S.) 8° [F.]
Breslau, Jur. Fak., Ref. Fischer-Meyer, Diss. v. 16. Okt. 1907
[Geb. 3. Dez. 77 Bleiwäsche; Wohnort: Naumburg; Staatsangeh.: Preußen; Vorbildung: Gymn. Paderborn Reife O. 98; Studium: Bonn 1, Leipzig 3, Halle 2 S.; Rig. 19. Jan. 06.]

Der Ausgleichungsanspruch des Mitbürgen nach dem Recht des Bürgerlichen Gesetzbuchs. Dogmat. Abhandlung mit Beiträgen z. Lehre v. Bürgenregreß u. Gesamtschuldnerausgleich von Dr. Franz **Tacken**, Ger.Ass. Berlin: J. Guttentag 1907. (VII, 51 S.) 8° [F.] [07. 17421

Ratschläge für das Assessorexamen. Prakt. Winke f. d. Anfertigung d. z. großen Staatsprüfung zu fertigenden theoret. u. prakt. Arbeit: Proberelation. Hrsg. von Dr. Franz **Tacken**, Ger.Ass. 1. u. 2. Aufl. Berlin: Heymann 1910. x, 199 S. 8° [II. 4758

Tackius, s. T a c k e

(Tackmann, E.) Gallerie des Kurhessischen Militairs o. O. [um 1825].
Tit.; 31 Taf. in kol. Lithogr. gr 2°.
Unvollständig. 9 Taf. fehlen.

Tackmann, E. [Uniformen der Kgl. Hannoverschen Armee um 1830.]
18 Taf. in kol. Lithogr. 2°.

(F) **Der Fall Tacoli-Ledóchowski.** Herausgegeben vom **Katholischen Actions-Comité** [von Dr. Sigismund Freiherr von **Bischoffshausen**]. **Wien.** [1900.] Kirsch. Gr.-8°. 27 S. K —.30

Tactique

— s. auch Taktik.

— ou discipline selon le nouveau Réglement **Prussien**, av. fig. 8. Frcf. Eslinger. 759. 1 12

— ou discipline selon le nouveau réglement Prussien; av. fig. 8. Frankf. a. M. 759. (Schäfer). 1 ℛ 12 gr

M* de C***.** Grande Tactique et manoeuvres de guerre suivant les principes de S. M. Prussienne. (Mit 12 Taf.) (2 Bde. in 1 Bd.) 4. Cologne 1780.

Tactique, Grande, et manoeuvres de Guerres suivant les principes de Sa Majesté Prussienne, Renfermant des Reflexions sur la nécessité de conformer la Discipline Militaire ... A Potzdam 1781. V: *Bourscheid, Joh. Wilhelm v.* (Bespr. Realzeitung 1/5 1781, S. 276—281) (biblrort)

De C***., Grande tactique et manoeuvres de guerre, renfermant des réflexions sur la nécessité de conformer la discipline militaire et la tenue des troupes, au génie de chaque nation; suivies d'un précis de la campagne de 1778, entre les armées Autrichiennes et Prussiennes, traduit de l'Allemand. Ouvrage enrichi de 12 plans de marches et batailles. (Avec tableau des opérations.) Partie 1. 2. Potzdam et Paris. 4.

T a c t i q u e des jeux de hasard etc. voyez S m y l, J.

Tactique, **la, de l'Infanterie,** par un Officier **Prussien.** (Maj. de Mosch). av. 30 Plans. gr. 8. Dresd. 787. Walther. 1 ℛ 8 gr Dass. deutsch mit 30 Pl. gr. 8. Ebd. 784. 1 ℛ 8 gr

Tactique et manœuvres des Prussiens. Pièce posthume par M. le D. de G. (*le duc de Gisors*). 1767. *Ohne Druckort.* 8°.

— **Navale**, ou traité d'Evolutions etc. gr. 4. Lpz. F. C. W. Vogel. 763.

La Tactique prussienne selon les réglements. 2 v. 8. Francfort 1759. 1769. 1770.

Tacsak, Ignaz [pr. Arzt aus Prov. Posen]: Zur Casuistik des Situs viscerum inversus m. Beschreibg e. neuen Falles ... Greifswald, Druck v. J. Abel, 1893; 30 S. 8.
Greifswald, Med. Fak., Inaug.-Diss. v. 15. Apr. 1893

Taczak, Theodor, Priester d. Erzdiöz. Gnesen-Posen: Dämonische B e s e s s e n h e i t. Ein Kapitel aus d. kathol. Lehre von d. Herrschaft des Fürsten d. Sünde u. d. Todes. Münster i. W. (1903): Westfäl. Vereinsdruckerei. (61 S.) 8°
Münster, Kath.-theol. Diss. v. (8. Aug.) 1903

Taczanowski, L. Faune ornithologique de la Sibérie orientale, s. **Mémoires** de l'académie imp. des sciences de St.-Pétersbourg.

Tada, G.: B e i t r ä g e zur Lungenpathologie der Säuglinge, s. B a r t e n s t e i n, L.

Tadd, J. Liberty, neue Wege zur künstlerischen Erziehung der Jugend. Zeichnen, Handfertigkeit, Naturstudium, Kunst. Für Deutschland hrsg. v. der Lehrervereinigung f. die Pflege der künstler. Bildung in Hamburg. gr. 8. (XII, 212 S. m. 330 Abbildgn.) Leipzig 900. R. Voigtländer. n. 5.—; geb. n. 6.—

Tadd, J. Liberty, neue Wege zur künstlerischen Erziehung der Jugend. Zeichnen, Handfertigkeit, Naturstudium, Kunst. Für Deutschland hrsg. v. der Lehrervereinigg. f. die Pflege der künstler. Bildg. in Hamburg. 2., unveränd. Abdr. XII, 212 S. m. 330 Abbildgn.) Lex.-8. Leipzig 903. R. Voigtländer. n. 5.—; geb. n. 6.—

Taddel, Hnr. Fr., († 1782.) Handbuch d. mecklenburg. Geschichte. 8. Rostock 768.

Taddel, Heinrich Friedrich (Rostock) A. S. 572/27a

De probatione agnationis per solam identitatem nominis et insignium secundum iura feudalia Meckleburgica.
Göttingen (Schultz) 19. IX. 1761. 62 S.
34143

Taddel, Hnr. Fr., Prüfung des Versuchs üb. die Zulässigkeit u. Unzulässigkeit landesherrl. Bedienten bei landständ. Berathschlagungen. 4. Rostock 774.

Taddel, Joachim Friedrich [Praes.], s. W a g n e r, Johann Friedrich: De appellatione ad parem.

Taddel. Johann Gottlieb (Güstrow) A. S. 572/45

Dissertatio inauguralis iuridica de proxenetis et proxeneticis. Präs. Hermann Becker.
Greifswald (Röse) 24. IV. 1772. 28 S.
34144

Taddel, Johann Jakob A. S. 301/13

Dissertatio theologica inauguralis, de spiritus sancti circa Augustanam confessionem speciali cooperatione, ex dicto : Matth. X. v. 17. 18. 19. 20. considerata.
Präs. Franz Aepinus.
Rostock (Adler) X. 1730. 54 S. 34147

Taddel, Johann Jakob (Schwerin) A. S. 1383/56

Dissertatio politica de Jesuitis caute tolerandis.
Präs. Johann Friedrich Schomer.
Wittenberg (Gerdes) 28. VIII. 1723. 16 S.
34146

Taddel, Johann Jakob (Schwerin) A. S. 1345/37

Dissertatio academica mathematico-physica, de umbra.
Präs. Johann Hermann Becker.
Rostock (Schwiegerow) IV. 1722. 28 S.

Gew. : Albert Franz Aepinus. 34145

Taddel, Johann Jakob Andreas (Rostock) A. S. 153/30

Dissertatio inauguralis iuridica, sistens quaestionem: quibusnam reddendae sint rationes tutelares, pupillo adhuc minore ? praecipue ex reformat. polit. Meclenburg. de 1572. ...
Göttingen (Barmeier) 7. III. 1789. 32 S.

Gew.: Johann Richelmann. 34148

Taddel, J. J. A., de infallibilitate apostolorum. Rost. 1760. 4.

Tadel des Sendschreibens eines Berliners an seinen König bei der Thronbesteigung. Bayreuth 1798. V: *Gagern, Hans Christoph Ernst Freih. von.* (Ky) (MGT)

Tadel d. Sendschreibens d. Berliners (Fr. Gentz) an seinen König bei d. Thronbesteigung, (v. H. Chph. E. v. Gagern). gr. 8. Bayreuth 798. Lübeck. 4 gr

Tadeus, M., Olympia. Pr. 1897. 20 S. u. 1 Plan.

Tadey, Karl Christian

— Ueber die Anlegung höherer Bürgerschulen in Schleswig-Holstein. Schleswig. 1832. P.

Tadey, C. Chr., über d. Anlegung höherer Bürgerschulen in Schleswig-Holstein. 8. (2¼ B.) Schleswig 832, Koch.

Tadey, C. Chr., die höhere Bürgerschule, mit besond. Berücksichtig. d. Hrzgth. Schleswig-Holstein dargest. gr. 8. (14½ B.) Schleswig 836, Koch.

Tadey, C. Chr., s. Schulblatt, Schleswig-Holsteinisches.

—— Uebungen d. latein. Declinationen in deutschen Beispielen, als Vorschule zu Bröders Uebungen d. latein. Conjugationen etc.; e. Hülfsbuch f. d. ersten Unterr. im Latein. gr. 8. (9¼ B.) Schleswig 831, Koch.

—— Verhandlungen d. Provinzialstände-Versammlungen zu Roeskilde, Wiborg, Schleswig, die Errichtung höh. Bürgerschulen betreff.; dargest. u. mit einigen Anmerkn. begleit. 8. (4⅓ B.) Schleswig 837, Koch.

Der freymüthige Tadler sein selbst. Leipzig 1725.

Tadler, der, nach d. Mode. Lstsp. v. Stephani. gr. 8. Lpz. Rein. 795.

TADLER, Der Poetische, 3 Stücke. Schlesien. O. J. (Leipzig, Bauch, c. 1725.) 4⁰. 3 Bog.
Der Studente nach der Mode, Bruder Lustig &c. — Sehr selten! Cat. Meissner III. p. 550.
Der Cat. Rüdiger hat S. 409 ebenfalls 3 Stücke: „Schlesien, o. J. (c. 1730). 4⁰."

Der Vernünftige Tadler Der Poetischen Sammelung (s. dort) Auserlesener Sinn-Gedichten, Oden, Satyren, Fabeln und Erzählungen So zu haben Bey Herrn Jacob Horst Buchhändleren Vor den Minoriten. Gedruckt, zu Kölln am Rhein bey Balthasar Wilms, in der Klöckergass 1772. 4 Bl. in 4⁰. (7 Mk. 50 Pfg. Max Perl's Octob. Auction 1907, No. 881.)

Die vernünftigen Tadler und Tadlerinnen. Eisenach 1745. 8⁰

Tadler, der Zellische vernünftige, oder moral. und satyr. Abhandl. d. in dem gemein. Leben vorfallenden Begebenh. 8. Zelle, Runge. 742.

Tadler, Die Zellischen vernünftigen, oder moralische und satirische Abhandlungen, derer in dem gemeinen Leben vorfallenden Begebenheiten, wöchentlich ans Licht gestellet, nebst vollständigen (!) Register. 52 Stücke. ZELLE, 1742. Zu finden in der Deetzischen Buchhandlung. 8⁰. (In Dresden: Lit. Germ. rec. D. 391, 1 vol.) Rar!
Tit., 414 fortlaufend pag. S., 6 Bll. Reg., 1 Bl. Druckf. Jedes Stück mit einem moralisirenden Viervers eingeleitet. —

TADLER, Die Zellischen vernünftigen, oder moralische und satyrische Abhandlungen derer in dem gemeinen Leben vorfallenden Begebenheiten, wöchentlich an's Licht gestellet. 52 Stücke u. Reg. Zelle, Deetz, 1742. 8⁰. (In Dresden: Lit. Germ. rec. D. 391.)
Selten! — Cat. Monath IV, Nürnb. 1785, hat p. 160: „Braunschweig, Runge, 1742. 8⁰."

§ **TADLERINNEN,** Die Vernünfftigen. 2 Jahrgänge (= Thle., à 52 Stücke). (Belletrist. Wochenschrift, hrsg. von Joh. Christoph Gottsched u. Joh. Frdr. May.) Halle und Leipzig 1725—26. 8⁰. (Jahrg. 1 apart., 426 S., 6 Mk. 50 Pfg. A. Bielefeld, vor 1885; jetzt theurer!)

Tadlerinnen, Die vernünftigen. Leipz. 1725—26. 2. Aufl. 1738. 3. Aufl. 1748. V: *May, Joh. Frdr., Johann Georg Hamann, Louise Adelgunde Vict. Gottsched geb. Kulmus, Joh. Chph Gottsched & Clio ps.* (Milberg, Die moral. Wochenschr. Meissen 1880. S. 27 f.) H: *Gottsched, Joh. Chph & Joh. Frdr. May.* (Waniek, Gottsched. Leipz. 1897. S. 31 f.) (JL)

— — Dasselbe. 2 Thle. Mit 1 Titelvign., gestoch. von M. Bernigeroth jun. Leipzig und Hamburg, verlegts Conrad König, 1738. 8⁰. (75 Mk. Adolf Weigel, 1906; 80 Mk., sehr schönes Expl. in Kalbldrbdn., Emil Hirsch, München. 1909.)
8 Bll., 464 u. 470 SS. u. 9 Bll. Reg.

§ — — Dasselbe. (Nachdruck.) Erster Jahr-Theil 1725. — Anderer Jahr-Theil 1726. Frankfurt und Leipzig, Bey Johann Brandmüller. 1740. 8⁰. (In München: Per. 187.) (54 Mk., sehr schönes Expl., C. G. Börner, Lpz., 1908.)

Tadlerinnen, die vernünftigen, 2 Thle. 8. Basel, Flick. 746.

— — Dasselbe. 2 Thle. Dritte (letzte sehr verbess.) Auflage. Mit Titelvignetten von J. Haas. Hamburg, verlegts Conrad König. 1747. (Gesammt-Titel: 1748.) Gr. 8⁰. (In Marburg, Univ.-Bibl.) (52 Mk., sehr schönes Expl. in gepr. Ldrbd. d. Zeit, Max Perl's Berliner Oct.-Auct. 1907 no. 402; 80 Mk., Ganzldrbde., E. Frensdorff, 1907.)
I: Tit. m. Vign., 6 Bll. Vorr. u. 464 SS. II: 498 SS. (incl. Tit. m. derselb. Vign.), nebst 14 Bll. Reg.

Tadra, Ferd., s.: Acta judiciaria consistorii Pragensis.

— Beiträge zur Geschichte des Feldzuges Bethlen Gábors gegen Kaiser Ferdinand II. im Jahre 1623; nebst Originalbriefen Albrechts von Waldstein. Ar. 55. 401 . . . . —.90
Separatabdruck

Tadra, Ferd., Beiträge zur Geschichte des Feldzuges Bethlen Gabors gegen Kaiser Ferdinand II. im Jahre 1623. Nebst Orig.-Briefen Albrechts v. Waldstein. [Aus: „Arch. f. österr. Gesch."] Lex.-8. (64 S.) Wien 877. Gerold's Sohn in Comm. n.n. — 90

— Briefe Albrechts v. Waldstein an Karl v. Harrach [1625—1627], s.: Fontes rerum austriacarum.

— *Cancellaria Arnesti.* Formelbuch des ersten Prager Erzbischofs Arnest von Pardubic. Nach einer Handschrift der k. k. Universitätsbibliothek zu Prag. Ar. 61. 267 . . . . K 5.40
Separatabdruck

— cancellaria Arnesti. Formelbuch des ersten Prager Erzbischofs Arnest v. Pardubic. Nach einer Handschrift der k. k. Universitäts-Bibliothek zu Prag hrsg. [Aus: „Archiv f. österr. Geschichte".] Lex.-8. (320 S.) Wien 880. Gerold's Sohn in Comm. n. 5. 40

— Index zu diesen *Cancellaria Arnesti*. Ar. 61. 567 . . . . —.30
Separatabdruck

— dasselbe. Index. [Aus: „Archiv f. österr. Geschichte".] Lex.-8. (S. 321—331.) Ebend. 881. n.n. — 30

Tadra, Ferd., Cancellaria Johannis Noviforensis episcopi Olomucensis [1364—1380]. Briefe u. Urkunden d. Olmützer Bischofs Johann v. Neumarkt. Hrsg. v. F. T. Lex.-8. (157 S.) Wien 886. (Gerold's Sohn.) n. 2. 40

Tadra Ferdinand: Zur Kaiserwahl 1619. Aktenstücke des k. sächsischen Hauptstaatsarchivs zu Dresden. S. 88. 565 . . . . 2.—
Separatabdruck

— zur **Kaiserwahl 1619**. Actenstücke des kgl. sächs. Hauptstaatsarchivs zu Dresden. Mit einer Einleitung: Ueber die Stellung Kursachsens gegenüber dem König Ferdinand u. dem böhmischen Aufstande bei der Kaiserwahl 1619. [Aus: „Sitzungsber. d. k. Akad. d. Wiss."] Lex.-8. (132 S.) Ebend. 878. n. 2. —

—— s. Patera, Ad., das Buch der Prager Malerzeche 1348—1527.

— s.: Summa cancellariae.

— *Summa Gerhardi*. Ein Formelbuch aus der Zeit des Königs Johann von Böhmen (1336—1345). Ar. 63. 95 . . . . 4.40
Separatabdruck

— **Summa Gerhardi**. Ein Formelbuch aus der Zeit des Königs Johann von Böhmen [c. 1336—45], hrsg. [Aus: „Archiv f. österr. Geschichte".] Lex.-8. (290 S.) Ebend. 882. n. 4. 40

— Albrecht von Waldstein seit der Schlacht auf dem weißen Berge bis zu seiner Erhebung zum Herzog und Oberkommandanten der kaiserlichen Armee (1620 bis 1625). (Einleitung zu seinen Briefen.) Siehe F. II. 41. Band. 2. Hälfte.

Bei Tafel. [Leipzig] o. J.: [Bär]. 4 Bl. 8° [Kopftit.]
7 Liedertexte.

— zur zollamtlichen Abfertigung v. Verschnitt-Weinen u. -Mosten. Hrsg. v. der kaiserl. Normal-Aichungs-Kommission. gr. 8. (XII, 33 S. m. 2 Fig.) Berlin 894. (J. Springer.) Kart. n.n. 1. 20

Tafel der I. Arbeit der Grossloge von Ungarn für die drei St. Johannisgrade. Or. von Pest am 30. Jänner 5870. 3 S. 8°. [Kopftit.]

[Architektonische **Tafel** resp. Arbeitstafel, aufgenommen über die Generalversammlung der Symbol. Grossloge von Ungarn.]
1897; 1913; 1916.

Tafel, Die, von Bantia. O. O. [1853]. V: *Schweizer, Heinrich.* (Cat. der Stadtbibl. Zürich. Zürich 1864—97.)

— zur Berechnung der wahren Anomalie f. Excentricitätswinkel von 0° bis 20° 20', nebst e. Tafel zur genäherten Auflösung der Kepler'schen Gleichung, s.a. Veröffentlichungen d. Rechen-Instituts der königl. Sternwarte zu Berlin.

Tafel zur Berechnung der wahren Anomalie für Excentricitätswinkel . . . Berlin 1892. V: *Tietjen, Frdr.* (Berl)

Tafel zur bequemen Berechnung der Logarithmen . . . Altona 1818. V: *Matthiessen, Ehrhard Adolph.* (MGT) (Ky) »1817« (Kat. d. Bibl. d. Techn. Hochsch. Berlin 1900.) (Leipz. Litt.-Ztg. 1818. Nr. 212 f.)

Tafel zur Berechnung gleichmäßiger Jahreszahlungen bei Annuitäts-Anlehen, tilgbar in 1—100 Jahren. gr. 4. (2 S.) Sulzbach 888. v. Seidel. n. — 20

Chronologische Tafel der Schlachten, Treffen u. Belagerungen der preussischen Armee von 1656—1804. Berlin 1804.

— chronolog., der Schlachten, Treffen u. Belagerungen d. königl. preuß. Armee von 1656—1804. gr. Fol. Berl. 811. Braunes. illum. 16 *K*

Tafel des Ein-mal-Eins. Lithogr. v. Frdr. Krätzschmer. gr. Fol. Leipzig 835, Fort. (?) •

—— des Eins-in-Eins. Lithogr. gr. Fol. Leipzig 835, Fort. (?) •

— zur Einübung der französ. Konjugation. (Von R. Jahnke.) 60,5×85 cm. Farbdr. Mit Text auf der Rückseite. Leipzig (910). B. G. Teubner. Auf Leinw. m. Stäben 3. 20

Tafel der Ellenmaße verschied. Länder u. Städte. Fol. (1 B.) Nürnberg 829, Leuchs u. Comp.

— zur Ermittelung d. Alkoholgehaltes v. Spiritusmischungen. Amtliche Ausg. der kaiserl. Normal-Aichungs-Kommission. gr. 8. (96 S.) Berlin 888. Springer. cart. n.n. — 60

— dasselbe. Ergänzungstafel f. hochprozent. Spiritusmischgn. gr. 8. (47 S.) Ebd. 888. cart. n.n. — 40

Tafel zur Ermittelung des Alkoholgehaltes v. Spiritusmischungen. Ausg. f. Gewichtsalkoholometer. Hrsg. v. der kaiserl. Normal-Aichungs-Kommission. 4. Abdr. gr. 8. (VII, 168 S. m. Abbildgn.) Berlin 890. J. Springer. Kart. n.n. 1. 50
Vergriffen.

— zur Ermittelung der Dichte v. Braunkohlentheer-Destillaten mittelst d. Thermo-Aräometers. Hrsg. v. der kaiserl. Normal-Aichungs-Kommission. gr. 8. (IX, 59 S. m. Abbildgn.) Ebd. 892. Kart. n.n. 4. —

— zur Ermittelung der Dichte v. amerikanischem Petroleum u. dessen Produkten mittelst d. Thermo-Aräometers. Hrsg. v. der kaiserl. Normal-Aichungs-Kommission. gr. 8. (IX, 90 S. m. 2 Abbildgn.) Berlin 892. (J. Springer.) Kart. n.n. 2. —

Tafel zur Ermittelung der wahren Dichte (bei 15 Grad Celsius) des zur Branntweindenaturirung dienenden Aethers aus der scheinbaren Dichte u. der Temperatur. Amtliche Ausg. gr. 8. (7 S.) Berlin 902. R. v. Decker. n. — 20

— zur Ermittelg. d. Stärke v. denaturirtem Branntwein. Amtl. Ausg. 12. (III, 20 S.) Berlin 898. J. Springer. In Leinw. kart. n.n. — 50

1. Tafel der Quadrat- und Cubikwurzeln der Zahlen in ihrer natürlichen Folge von 1 - 1000. (2. Anhang) Königsberg 1825. 11 S. 8°

Tafel, Prof. Dr. Fr. Imman., s. Müllensiefen, Thdr.

Geschichtliche und statistische Tafel des alten und neuen Deutschlands, Schweizerbundes und der Niederlande (Holland und Belgien). Frankfurt a. M. o. J. (1835?) 1 Blatt Imp.-Fol., 100 66,5 cm (beschn.), teilweise koloriert. Zusammengefaltet in Buchdeckel. Fol.

—— der Getreid-Maße verschied. Länder u. Städte. Fol. (1 B.) Nürnberg 829, Leuchs u. Comp.

Tafel, die Gewichts-Verhältnisse. s. Leuchs, J. C.

Tafel der Gewichts-Verhältnisse aller Länder u. Städte. gr. Fol. Nürnberg 845, Leuchs u. Comp. 9 ngl

— der deutschen Giftkräuter, Leitfaden f. d. Schulunterricht. Fol. Bamb. 805. (Wesché). 2 gl

Tafel zur Heimatkunde der Prov. Posen. Hrsg. vom Kaiser Friedrich-Museum 1908. 96×66,5 cm. Farbdr. Mit 1 Bl. Text. Lex. 8. Posen (908). (Lissa, O. Eulitz.) Mit Leinw.-Rand u. Metallstäben nn — 50; Erläuterungen dazu, v. Pfuhl. (16 S.) 8. 909. — 10

Tafel der anstockenden Krankheiten, welche sich in d. Schulen entwickeln od. verbreiten können. qu. Fol. Leipzig 895. R. Böhm. Auf Pappe n. — 80

— der Kulturgewächse von Europa, s. K. Ritter, 6 Karten von Europa.

— liturgische. gr. 8. (4 S. auf Carton.) Passau 889. Waldbauer. n.n. — 50

Tafel der fünfstelligen Logarithmen und Antilogarithmen ... Marburg 1855. V: *Stegmann, Frdr. Ludw.* (Ky)

Tafel der fünfstelligen Logarithmen und Antilogarithmen. Nebst einer tabellar. Zusammenstellung der in den verschiedenen Anwendungen am meisten gebrauchten Zahlen (von Friedr. Stegmann). 8. (VI und 60 S.) Marburg 855, Koch. *

— logistischer Logarithmen. Zugabe zu den Vega-Hülsse'schen u. andern Logarithmen-Tafeln. Aus Callet's „Tables de Logarithmes". gr. Lex.-8. Nürnberg 843, Riegel und Wießner. 1/4 ₰

—— der natürlichen Logarithmen auf fünf Decimalen und der Gaussischen Logarithmen. 8. (IV und 52 S.) Marburg 856, Koch. *

Tafel, logarithmisch-trigonometrische, mit drei Decimalen (von Bremiker). 32. (6 S.) Berlin 871, Nicolai's Verlag. *

Tafel der Münzen aller Länder nach ihrem innern Werth dargestellt. Nürnberg 1820. *Leuchs, Joh. Carl.* (Ky)

— der Münzen aller Länder nach ihrem innern Werth dargestellt (von J. C. Leuchs). Fol. Nürnb. 820 auch 832. Leuchs u. C. 8 gl

—— der Münzen aller Länder, nach ihrem innern Werth berechnet. gr. Fol. (1 B.) Nürnberg 832, Leuchs u. Comp.

— der Münzen aller Länder, nach ihrem inneren Werthe berechnet. 4. Aufl. Roy.-Fol. Nürnb. 842, Leuchs u. Co. n. 1/3 ₰

Tafel sämmtlicher preussischer Orden, Ehrenzeichen Dienstauszeichnungen, Erinnerungskreuze u. Denkmünzen. (6. Aufl.) Chromolith. Imp.-Fol. Berlin 878. Liebel. n. 2. —

— der Planetenstunden. 28,5×19,5 cm. Leipzig (910). Theosoph. Verlagshaus. Auf Pappe — 60

— d. Sinusse, s. a. Unterberger.

Tafel der Sinusse, Tangenten und Secanten. Wien 1777. V: *Unterberger, Leopold Freih. von.* (Ky)

— der Sinusse, Tangenten u. Secanten, mit ihren Logarithmen, nebst d. Logarithmen der natürl. Zahlen von 1 bis 20,000. 4. Wien 777. Trattner. 2 ₰

—— statistische, von Deutschland, s. Stark, A.

— stöchiometr., od. Aequivalenten-Scala für Chemiker. Heilbr. 827. Drechsler. 18 gl

Tafel, Topographische, vom Ocker-Departement. Braunschweig 1808. V: *Bosse, Rudolph Hnr. Bernhard von.* (Ky)

— topograph., v. Ocker-Departement. (v. R. H. B. v. Bosse). Fol. Braunschw. 1e, 2e u. 3e Aufl. 808. Vieweg. 8 gl

— körperlicher Übungen f. Schule u. Haus. (Von Albrecht.) (Mit untergedr. Text.) 76×128 cm. Berlin (908). Amelang'sche Lehrmittelhandlg. Auf Leinw. m. Stäben, Ausg. f. Knaben 5. —; Ausg. f. Mädchen. 5. —

— zur Umwandlung v. Graden Reaumur (R) in Grade der hunderttheiligen Thermometerskale (C) u. umgekehrt. Hrsg. auf Veranlassg. der physikalisch-techn. Reichsanstalt. 8. (3 S.) Berlin 892. P. Stankiewicz. n. — 10; kleine Ausg. (1 Bl.) n. — 10

— zur Vergleichung der Angabe des aichfähigen Getreideprobers m. anderen bei Getreidehandel üblichen Qualitätsbestimmungen. Hrsg. v. der kaiserl. Normal-Aichungs-Kommission. gr. 8. (VIII, 18 S.) Berlin 893. J. Springer. Kart. n. — 60

Tafel zur Vergleichung der Angaben der eichfähigen Getreideprober miteinander u. mit anderen Qualitätsangaben v. Getreide. Hrsg. v. der kaiserl. Normal-Eichungskommission. 3., abgeänd. Aufl. (VIII, 75 S.) 8. Berlin 909. J. Springer. Geb. in Leinw. 2.80; erm. Pr. 2. 60

— zur Vergleichung der Angaben des aichfähigen Getreideprobers m. anderen bei Getreidehandel üblichen Qualitätsbestimmungen. Hrsg. v. der kaiserl. Normal-Aichungs-Kommission. 2. verm. Aufl. gr. 8. (VIII, 28 S.) Berlin 899. J. Springer. Kart. n.n. 1. —

Tafel der am 3. November 1872 in Pest abgehaltenen IV. Versammlung der Grossloge von Ungarn für die 3 St. Johannisgrade. Pest 1872. Fol. 9 S.
In ungarischer und deutscher Sprache.

— zur Verwandlung des Bremer Gewichts in Kölner Gewicht und Tafel zur Verwandlung des Kölner Gewichts in Bremer Gewicht. Von 1 bis 100000 Pfund. Fol. Oldenburg 845, Stalling. 1/12 ₰

— der Wein- u. Flüssigkeits-Maaße verschied. Länder u. Städte. gr. Fol. Nürnb. 829. Leuchs u. C. 8 gr.

Tafel der Zollsätze f. die m. Zollzuschlägen belegten Waren. Für den Dienstgebrauch der Zollstellen hrsg. im Reichsschatzamt. (59 S.) 4. Berlin 906. R. v. Decker. n. — 75

Tafel, Adf., I. Die Weiber v. Weinsberg. Vorspiel zu II. Der Schreckenstag v. Weinsberg. Volksschausp. gr. 8. (33 S. m. 1 Abb.) Heilbronn 895. O. Weber. n. 1. --

Tafel, Albert, aus Stuttgart: Aus d. Universitäts-Augenklinik in Freiburg i. B. Über die Technik der optischen Iridektomie. *Freiburg i. B.: Speyer & Kaerner 1903.* (63 S.) 8°
Freiburg i. B., Med. Diss. v. 1903

Tafel, Alb., über die Technik der optischen Iridektomie. Diss. (62 S.) gr. 8. Freiburg i/B. 903. Speyer & Kaerner. n. 1, 20

Tafel, Christian Friedrich August

Tafel, Chrst. Frider. Aug., Commentat. de divortiis apud Romanos. Cap. I. De variis nuptiarum generibus apud Romanos. 8. (4½ B.) Oeringae 833. (Heilbronn, Drechsler.)

— s. Gutachten, rechtliches, d. Juristen-Fakultät in Tübingen über 7 Rechtsfragen.

Tafel, Chrn. Friedr. Aug., Civil-Rechtssprüche, s. Civil-Rechtssprüche, auserlesene.

Tafel, Chr. Fr. Aug., auserlesene Civil-Rechtssprüche der höheren Gerichtsstellen in Würtemberg. 1. Bd. 3 Hfte. Heilbronn (842)—46, Drechsler. (à 1/2 ₰) 1 1/2 ₰ Vergl. Civil-Rechtssprüche.

Tafel, Chrn. Friedr. Aug., auserlesene Civil-Rechtssprüche der höheren Gerichtsstellen in Württemberg. Fortgesetzt von Thdr. Tafel. Stuttgart 857. Lindemann. 2. u. 3. Bd. à 3 Hefte (à 8 Bgn.) 8. Jedes Heft n. 18 ngr.
1. Bd. 845. (Ebend.) n. 1 ₰. 5 ngr.

Tafel, E., Untersuchungen üb. den Bau u. die Entstehung der endocarditischen Efflorescenzen. Inaug.-Diss. gr. 8. (28 S.) Tübingen 888. (Laupp.) n. — 60

Tafel, Emma, Anleitg. z. Schneiden u. Nähen v. Weißzeug. Bearb. f. Frauenarbeitsschulen. 2. Aufl. 8. (32 S.) Stuttgart 896. Holland & Josenhans. n. — 40

Tafel, Eugen [approb. Arzt aus Stuttgart]: Untersuchungen über den Bau und die Entstehung der endocarditischen Efflorescenzen .... Tübingen, Druck v. Heinrich Laupp jr., 1888; 28 S. 8°
Tübingen, Med. Fak., Inaug.-Diss. v. 1888

Tafel, Eugenie, Gräfin Agnes aus d. Hause Mansfeld. Erzählung aus dem 16. Jahrh. gr. 8. (VI, 233 S.) Gotha 897. G. Schloeßmann. n. 2. 40; geb. in Leinw. n. 3. 40

Tafel, Eugenie, Allerlei fürs Haus. gr. 8. (VII, 105 S. m. Abbildgn.) Berlin 890. Buchhandlg. der deutschen Lehrer-Zeitg. (Fr. Zillessen). geb. m. Goldschn. n. 2. —

Tafel, Eugenie, aus dem Alltagsleben. Erzählung. 8. (84 S.) Langenberg 886. Joost. n. — 80

— Anna-Marie. Erzählung. 8. (111 S.) Ebend. 884. n. 1. —

— Daheim. Erzählung. 8. (156 S.) Ebend. 885. n. 1. 50

— Einsam. Tagebuchblätter. Erzählung. 8. (63 S.) Ebend. 884. n. — 60

—— gesammelte Erzählungen. 1. und 2. Bd. 8. (311; 328 S.) Ebendas. 887. à Bd. *M 3.—. *
geb. à Bd. **M 3.60. **

— in der Familie. Novelle. 8. (125 S.) Ebd. 889. n. 1. 25

Tafel, Eugenie, Feldpostbriefe. Erinnerung an 1870/71. (155 S.) 8. Berlin (908). F. Zillessen. Geb. in Leinw. n. 2. —

— Frauenliebe. Erzählung. 8. (87 S.) Ebend. 886. n. — 80

— das alte Haus. E. Erzählg. aus d. 16. Jahrh. gr. 8. (VII, 344 S.) Ebd. 899. n. 4. —; geb. in Leinw. n.n. 5. 50

Tafel, Eugenie, deutsches Hausfrauen-Buch. Praktische Anleitung zur Führung der Haushaltung. [1. Thl.: Die Hausfrau. — 2. Thl.: Kochbuch.] gr. 8. (XXXVII, 512 S.) Langenberg 879. Joost. 3. —

— deutsches Hausfrauen-Buch. Prakt. Anleitg. zur Führg. d. Haushaltg. (1. Die Hausfrau. 2. Kochbuch. 3. Häusl. Buchführg.) 2., verm. Aufl. gr. 8. (XXXVII, 523 S.) Langenberg 895. J. Joost. Geb. in Leinw. n. 3. —

— die bürgerliche Küche. Leichtfaßl. Anweisg., nahrhafte u. wohlschmeck. Speisen auf gute u. sparsame Art zu bereiten. 8. (XV, 251 S.) Schweidnitz 898. G. Brieger. Geb. n. 1. —

Tafel, Eugenie, die bürgerliche Küche. Leichtfaßliche Anweisg., nahrhafte u. wohlschmeck. Speisen auf gute u. sparsame Art zu bereiten. 2. verm. u. verb. Aufl. (XIII, 263 S. m. 1 farb. Taf.) 8. Schweidnitz (909). G. Brieger. Geb. in Leinw. 1. 20

— die gute Küche. Prakt. Kochbuch f. d. einf. u. feineren Haushalt. 2., verm. u. verb. Aufl. 8. (XVI, 359 S.) Ebd. 896. Geb. in Leinw. 1. 80

Tafel, Eugenie, die gute Küche. Prakt. Kochbuch f. den einfachen u. feineren Haushalt. Mit kolor. Pilztaf. u. Nahrungsmittel-Tab. 3. verm. u. verb. Aufl. 8. (XVIII, 382 u. XV S.) Schweidnitz 899. G. Brieger. Geb. in Leinw. 1.80

— Die gute Küche. Praktisches Kochbuch f. den einfachen u. feineren Haushalt. Mit kolor. Pilz- u. Fischtafel. 4. verm. u. verb. Aufl. (XVIII, 400 S.) 8. Ebd. (909). Geb. in Leinw. 2. —

— für's häusliche Leben. 8. (V, 97 S.) Ebd. 895. n. 1. —

— Lotte Lebrecht. Erzählung. 8. (87 S.) Ebend. 884. n. — 90

— aus den Papieren der Großmutter. Erzählung. gr. 8. (53 S.) Zürich 887. Schröter & Meyer. n. 1. —

— im Buchecker Pfarrhaus. Erzählung. 8. (47 S.) Ebend. 884. n. — 50

— d. praktische Ratgeber b. Einmachen u. Dörren v. Früchten u. Gemüsen, nebst Anleitg. zur Bereitg. kalter u. warmer Getränke, Liqueur, Punsch 2c. 8. (31 S.) Ebd. 895. n. — 50

— am Sonntag. Eine Erzählung. 8. (93 S.) Halle 882. Strien. n. 1. —

— im stillen Wald. Novelle. 8. (88 S.) Zürich 886. Schröter. n. 1. —

— im stillen Wald. Novelle. gr. 8. (88 S.) Ebd. 887. n. 1. —

— wer weiß, wozu es gut ist? In ernster Schule. 2 Erzählgn. gr. 8. (46 S.) Ebd. 887. n. — 50

Tafel, Fr. Imman., das Leben Jesu, nach den Berichten der Evangelisten gerechtfertigt u. vertheidigt gegen die Angriffe des Dr. Strauß u. des Unglaubens überhaupt. Aus dem Nachlasse des Verf. Herag. von einigen Freunden des Verf. Basel 865. Riehm. gr. 8. (VIII, 174 S.) 24 *ngr.*

Tafel, G., die Soldansprüche des im J. 1787 in d. Dienst d. holländ.-ostind. Compagnie nach d. Cap d. guten Hoffnung abgegang. u. von da nach d. Inseln Ceylon u. Java versend. würtemberg. Infanterie-Regiments an die k. würtemberg. Staats-Casse, beziehungsweise geg. Kriegs-Minister v. Hügel u. Genossen in Stuttgart, u. die geg. Hofrath u. Hof-Cameral-Verwalter v. Canzleiter geführte Criminal-Untersuchung, nach d. Acten dargest. gr. 8. (11 B.) Stuttgart 840, [Scheible, Rieger u. Sattler.] *

Tafel, Gottlieb Lukas Friedrich

— s. **Acominati**, Mich.

Tafel, Gli Lukas Fr., Pindari carminum Pythiorum quintum cum octavo recens. illustr. Dissert. inaug. philologica. 4. Tübing. 819. Laupp. 9 *gr*

— *Theophanis chronographiae.* Probe einer neuen kritisch-exegetischen Ausgabe. S. 9. 21 . . . . 2.80
Separatabdruck

Tafel, Gottlob L. F., Theophanis Chronographia. Probe einer neuen kritisch-exegetischen Ausgabe. (Aus d. Sitzungsberichten d. k. Akad. d. W.) Wien 852. (Gerold.) gr. 8. (154 S.) n. 28 *ngr.*

Tafel, T. L. F., De collectionibus quibusdam juris Graecorum canonici Tubingensibus. Gel. 1827. 18 S. 4°. 1.20

—— und Gg. M. Thomas, der Doge Andreas Dandolo und die von demselben angelegten Urkundensammlungen zur Staats- und Handelsgeschichte Venedigs. Mit den Orig.-Registern des Liber albus, des Liber blancus und der Libri pactorum aus dem wiener Archiv. gr. 4. (167 S.) München 855, (Franz.) *

Aus: Abhandlungen der k. bayer. Akademie der Wissenschaften, besonders abgedruckt.

Tafel, T. L. F., dilucidationum Pindaricarum spec. Ium. 4. Tübingen, Laupp. 819. — 9

— Dilucidationum Pindaricarum II Voll. Vol. I. et II. Et. s. titulo: Pindari Olympia et Pythia. Pars I. et II. 8maj Berl. 825—27. Reimer. 4 *ℛ* 6 *gr* Schrbp. 5 *ℛ* 8 *gr*

– (Hrsg.), s. Eustathius Thessalonicensis: Opuscula.

Tafel, Theoph. Luc. Frid., Fragmenta libri VII. geograph. Strabonis etc., s.a. **Fragmenta.**

Tafel, Th. L. F., Fragmenta libri VII Geograph. Strabonis Palatino-Unatic. emend. Pr. 1844. 42 S. 4°. 2.—

— und Thomas G. M., Dr.: Friedens- und Handelsvertrag des griechischen Kaisers Michael Palaeologus mit der Republik Venedig vom Jahre 1265. S. 5. 180 . . . . —.66
Separatabdruck

Tafel, G. L. F., u. G. M. **Thomas**, Friedens- u. Handelsvertrag des Griech. Kaisers Michael Palaeologus mit der Republik Venedig vom J. 1265. [Probe einer Ausg. der Fontes rerum Venetarum.] [Aus den Sitzungsberichten 1850 d. kais. Akademie d. Wissensch. abgedr.] Lex. 8. (43 S.) Wien 851. (Braumüller.) n. 1/4 *ℛ*

—— —— Friedens- und Handelsvertrag des griech. Kaisers Michael Palaeologus mit der Republik Venedig vom J. 1265. (Probe einer Ausg. der Fontes rerum Venetarum.) Lex.-8. (43 S.) Wien 852, (Gerold's Sohn.) *

Aus: Sitzungsberichte der k. Akademie der Wissenschaften J. 1850, besonders abgedruckt.

Tafel G. L. Fr., Dr.: Über die Herausgabe urkundlicher Quellen zur venetianischen Handelsgeschichte. S. 5. 167 . . . . vgr.
Separatabdruck

Tafel, G. L. F., s.a. **Komnenen und Normanen.**

Tafel, G. L. F. Komnenen und Normannen. Beiträge zur Erforschung ihrer Geschichte, in Urkunden des XII. u. XIII. Jahrhunderts, enthaltend Eustathius' Grabrede auf Kaiser Manuel den Komnenen, dessen 5 Jahre der Komnengeschichte (1180–85) und der letzte Krieg der Normannen wider das griechische Kaiserreich. Aus d. Griech. mit Beilag. Ulm 1852.

— s. **Livii** Pat. historiarum.

Tafel, T. L. F., Macedonica. I. De portu sinuque Thessalonicensi. II. De Bardario et de gente Bardariotarum. S.-A. 1837. 46 S. 1.20

Tafel, Th. C. F. De marmore viridi veterum. (Verde antico.) (Aus den Abh. d. k. Akad.) München. 1836. 4.

Tafel, T. L. F., In Laonici Chalcocondylae Atheniensis historiam Turcicam meletemata critica. Gel. 1858. 16 S. 4°. 1.—

— — Griechische Originalurkunden zur Geschichte des Freistaates Ragusa (mit 1 Taf.). S. 6. 507 . . . . vgr.
Separatabdruck

Tafel, G. L. F., und G. M. Thomas, griechische Original-Urkunden zur Geschichte des Freistaates Ragusa. gr. 8. (31 S. und 2 Stnt. in gr. 8. und qu. Fol.) (Wien 851, Braumüller.) Thlr. *
Aus: Sitzungsberichte der philosoph.-histor. Classe der kaiserl. Akademie der Wissenschaften, Jahrg. 1851. Mai-Heft, besonders abgedruckt.

— s.a. Polyhymnia.

Tafel, G. L. F., Polyhymnia. Versuch e. Uebers. auserles. Epigramme d. griechischen Blumenlese. 8. Zürich, Orell. 868.

— s. Prodromus corporis juris civilis.

Tafel, G. L. F., s.: Prosaiker, griechische, bezw. röm., in neuen Uebersetzgn.

Tafel, Theophilus Lucas Fridericus: Symbolarum criticarum geographiam Byzantinam spectantium partes duae. ([S.-A.] Abhandlungen der III. Classe der königl. Akademie der Wissenschaften. Bd. 5. Abth. 2 u. 3.) Th. 1. 2. 2 Bde. München 1849. 107; 136 S. 8°.

Tafel, T. L. F., De Theodosio Melitino, inedito Historiae Byzantinae scriptore. Pr. 1828. 17 S. 4°.

Tafel, Theoph. Luc. Frid., de Thessalonica ejusque agro Dissert. geograph. 8maj. (43 B.) Berolini 839, G. Reimer.

Tafel, G. L. Fr., und G. M. Thomas, Urkunden zur älteren Handelsgeschichte der Republik Venedig, s. Fontes rerum austriacarum.

Tafel u. Thomas, Urkunden zur älteren Handels- und Staatsgeschichte der Republik Venedig mit besonderer Beziehung auf Byzanz und die Levante. Vom 9. bis zum Ausgange des 15. Jahrh. Wien 1856—57. 3 Theile. 8°. Thl. 1: 814—1205. Thl. 2: 1205—1255. Thl. 3: 1256—1299.

Tafel, Theophilus Lucas Fridericus: De via militari Romanorum Egnatia, qua Illyricum, Macedonia et Thracia jungebantur, dissertatio geographica. Tubingae 1837. 50 S. 4°.

Tafel, T. L. F., De via militari Romanorum Egnatia qua Illyricum, Macedonia et Thracia jungebantur. Pars occidentalis. Pr. 1841. 59 S. 4°. 1.20

Tafel, Theoph. Luc. Fr., de via militari Romanorum Egnatia, qua Illyricum, Macedonia et Thracia jungebantur, Dissertatio geographica. 4maj. Tubingae 842, libr. Laupp. $2^1/_3$ ₰

Tafel, Gottlob L. F., s. T a f e l, Gottlieb Lukas Friedrich

Tafel, Gustav

--Die Neuner. Eine Schilderung d Kriegsjahre des neunten Regiments, Ohio Vol Infantrie, 1861-64. Cinci, 1897.

Tafel, Hermann, Justizref. 1. Kl. in Stuttgart: Die Geltung des Territorialprinzips im deutschen Reichsstrafrecht. *Stuttgart 1902: W. Kohlhammer.* (97 S.) 8°
Tübingen, Jur. Diss. v. 1902

Tafel, Herm., die Geltung des Territorialprinzips im deutschen Reichsstrafrecht. (IV, 97 S.) gr. 8. Stuttgart 902. W. Kohlhammer. n. 2.—

TAFEL, J. Ueber Indazol und Chinazol. (Erlangen) Nürnberg [1884].

Tafel, J. F. Leonhard, s. T a f e l, Leonhard

Tafel, Jakob Heinrich (Tübingen) A. S. 832/26

Casus practicus in puncto successionis feudalis in feudo foeminino. Dissertatio inauguralis.
Präs. Gabriel Schweder.
Tübingen (Reis) 15. III. 1721. 32 S. 34149

Tafel, Johann Friedrich Immanuel

Tafel, J. F. Im., Antwort an Hrn. Prof. Steudel, die theolog. Werke Imm. Swedenborg's betreffend. 4. Tübing. 822. (Zu-Guttenberg). 2 ₰

– (Übers.), s. A n t w o r t e n, Einige schlichte, auf die Frage: Warum nimmst du das Zeugnis Swedenborgs an?

Tafel, Joh. Friedr. Imman., vergleich. Darstellung u. Beurtheilung d. Lehrgegensätze d. Katholiken u. Protestanten, mit besond. Rücksicht auf Möhler u. seine protestant. Gegner. Zugleich die erste Darstell. u. Begründ. d. Unterscheidungslehren Swedenborg's gegenüber d. Entstellungen u. Gegensätzen in Möhler's Symbolik, in Guerike's Kirchengeschichte, im Christenboten u. in d. evangel. Kirchenzeitung. A. d. Quellen geschöpft u. mit Originalstellen belegt. gr. 8. ($42^1/_2$ B.) Tübingen 835, Zu-Guttenberg, Vrlsh.

Tafel, Joh. Friedr. Imm., Erklärung der Neuen Kirche an die Menschheit. Nebst einer Nachweisung der dicken Finsterniß, welche bis vor hundert Jahren in Beziehung auf die Hauptwahrheiten der universellen Religion und die einfachsten Forderungen des Gewissens allenthalben geherrscht hatte, seitdem aber allmählig dem damahls erschienenen Lichte zu weichen begann. gr. 8. (24 S.) Tübingen 858, Verlags-Expedition. Thlr. *

Tafel, Joh. Frdr. Imm., die Fundamentalphilosophie in genet. Entwickelung, mit besonderer Rücksicht auf die Geschichte jedes einzelnen Problems. 1. Thl. gr. 8. (IV u. 564 S.) Tübingen 848, Verlags-Expedition. n. $2^1/_2$ ₰

Tafel, Jh. Fr. Imm., zur Geschichte der Neuen Kirche. (Zugleich im Magazin für die Neue Kirche, Bd. III. abgedruckt.) gr. 8. Tübingen 841, Sortiments-Buchh. Zu-Guttenberg. $1^1/_2$ ₰

Tafel, Joh. Fr. Imm., Geschichte u. Kritik d. Skepticismus u. Irrationalismus in ihrer Beziehung zur neuern Philosophie, mit besond. Rücksicht auf Hegel. Zugleich d. letzten Gründe f. Gott, Vernunftgesetz, Freiheit u. Unsterblichkeit. gr. 8. (30 B.) Tübingen 834, Laupp.

— die Hauptwahrheiten der Religion, oder Stunden des Nachdenkens über die letzten Gründe der Religionswahrheiten. 1. Thl. 1. Abth. gr. 8. (158 S.) Ebd. 852. n. $^1/_{12}$ ₰

– (Übers.), s. K a t e c h i s m u s, oder Unterricht in den Lehren der neuen Kirche für Kinder.

—— Magazin für d. Neue Kirche, s. Magazin.

Tafel, (J. Fr. J.,) Magazin f. die neue Kirche. 1r Bd. 1s Heft, ist eine Beilage zu Swedenborg's Offenbarungen. 2r Band.

—— Magazin f. d. Neue Kirche, Bd. 1. Hft. 3—12. — A. u. d. T.: Sammlung v. Urkunden, betreff. d. Leben u. d. Charakter Em. Swedenborg's; a. d. Quellen treu wiederges. u. mit Anmerkn. begleitet. 1. u. 2. Abthl. gr. 8. (31 B.) Tübingen 839. [Stuttgart, Ebner u. Seubert.]
Bd. 1. Hft. 1. u. 2. u. Bd. 2. 1. Hft. vgl. Magazin. — 3. Abth. der: Sammlung v. Urkunden, s. unten: Dess., Samml. v. Urk.

– (Hrsg.), s.a. M a g a z i n für die wahre christliche Religion ...

—— für d. wahre christl. Religion u. ihre einzige Erkenntnißquelle d. heil. Schrift. In Verbind. mit mehr. Theologen hrsg. 1. Bd. 1—4. Lfg. gr. 8. (..B.) Tübingen 841, Zu-Guttenberg, Vrlsh.*

Tafel, Joh. Friedr. Imman., Magazin f. die wahre christl. Religion u. ihre einzige Erkenntnißquelle, die Heilige Schrift. In Verbindung mit mehr. Theologen hrsg. 2. Bd. (oder des 1824 angefangenen Magazins für die Neue Kirche 4. Bd.) A. u. d. Ttl.: Swedenborg u. seine Gegner, oder Beleuchtung der Lehren u. Berichte Swedenborg's, gegenüber den Entstellungen u. Angriffen seiner Gegner ꝛc. 3. Thl. — Swedenborg's Lehre mit Rücksicht auf die Einwürfe gegen sie u. auf die christl. Dogmatik in ihrer geschichtl. Entwickelung aus den Quellen dargestellt u. vertheidigt ꝛc. gr. 8. (33½ B.) Stuttgart 844. [Tübingen, Verlags-Expedition.] Thlr. *

—— dass. 4. Bd. (oder des 1824 angefangenen Magazins f. die Neue Kirche 6. Bd.) 12 Hfte. gr. 8. Ebds. 845. *

—— Magazin für die wahre christliche Religion. In Verbindung mit mehreren Theologen hrsg. (oder des 1824 angefangenen Magazins für die N. K. 7. Bd.) 12 Hefte. gr. 8. 5. Bd. Tübingen 849—50, Verlags-Expedition. *

— Religionssystem der neuen Kirche. 1r Bd. 1s Hft. gr. 8. Tübing. 832. (Zu-Guttenberg). 7 gl

—— Sammlung v. Urkunden, betreff. d. Leben u. d. Charakter Em. Swedenborg's. 3. Abthl. A. d. Quellen treu wiedergeg. u. mit Anmerkn. begleitet. gr. 8. (6¼ B.) Tübingen 842, Zu-Guttenberg, Vrlsh.
1. u. 2. Abthl., vgl. oben: Dess., Magazin f. d. Neue Kirche, 1. Bd. Hft. 3—12.

– (Hrsg.), s. Seneca, Lucius Annaeus: Selectae sententiae.

—— Staat und Christenthum oder ein Versöhnungsversuch in den religiösen, polit. und sozialen Kämpfen unserer Zeit. gr. 8. (21 S.) Tübingen 852, Buchhandlung Zu-Guttenberg.

J. F. Im. **Tafel's** Supplement zu Kant's Biographie u. zu d. Gesammt-Ausgg. sr. Werke, od.: die v. Kant gegeb. Erfahrungsbeweise f. d. Unsterblichk. u. fortdauernde Erinnerungskraft d. Seele, durch Nachweis. e. groben Fälschung in ihrer Unverfälschtheit wieder hergestellt; nebst e. Würdig. sr. früh. Bedenken gegen — sowie sr. spät. Vernunftbeweise für d. Unsterblichk. *Stuttg.*, Becher u. Müller. 845. gr 8° 9gl

—— Swedenborg und der Aberglaube. Offenes Sendschreiben an M. J. Schleiden, Prof. in Jena. 2 Thle. 8. (... S.) Tübingen 856. 59, Verlagsexpedition. (Osiander'sche Buchh.)

– (Hrsg.), s. Swedenborg, Emanuel: Adversaria in libros veteris testamenti historicos.

– (Hrsg.), s. Swedenborg, Emanuel: Arcana coelestia ...

– (Hrsg.), s. Swedenborg, Emanuel: Camena borea ...

– (Hrsg.), s. Swedenborg, Emanuel: De commercio animae et corporis ...

– (Hrsg.), s. Swedenborg, Emanuel: Continuatio de ultimo iudicio ...

– (Übers.), s. Swedenborg, Emanuel: Kurze Darstellung der Lehre der neuen Kirche ...

– (Hrsg.), s. Swedenborg, Emanuel: Diarium spiritualis.

– (Hrsg.), s. Swedenborg, Emanuel: Dicta probantia ...

– (Übers.), s. Swedenborg, Emanuel: Himmlische Geheimnisse ...

– (Hrsg.), s. Swedenborg, Emanuel: Ludus Heliconius.

– (Übers.), s. Swedenborg, Emanuel: Göttliche Offenbarungen.

– (Hrsg.), s. Swedenborg, Emanuel: Regnum animale anatomice.

– (Hrsg.), s. Swedenborg, Emanuel: Sapientia angelica ...

– (Übers.), s. Swedenborg, Emanuel: Die Wonnen der Weisheit, betr. die eheliche Liebe.

Tafel, J. F. J., Swedenborg und seine Gegner oder Beleuchtung der Lehren u. Berichte Swedenborgs gegenüber den Entstellungen und Angriffen seiner Gegner. 3 Bde. Tübingen 1841—44. Gr.-8°. (12 Kr., Hlwd., Gilhofer & Ranschburg, 1904.)

Tafel, Jh. Fr. Imm., Swedenborg u. seine Gegner ꝛc. 1. Thl. u. 2. Thl. 1. Abthl. — A. u. d. T.: Die durchgängige Göttlichkeit der Heiligen Schrift, oder der tiefere Schriftsinn, die Selbstbeglaubigung des Wortes Gottes; u. die innere Unhaltbarkeit sowohl der bloß buchstäblichen, als der natürl. u. mythischen Schrifterklärung, mit besond. Rücksicht auf das Leben Jesu u. die Streitschriften des Dr. Strauß. Zugleich Antwort an Dr. Steudel, an Dr. Carové, an das Theolog. Literaturblatt der Allgem. Kirchenzeitung, u. an Dr. Rheinwalds Repertorium. 2. Ausg. gr. 8. Tübingen 841, Laupp'sche Buchh. n. $2\frac{1}{12}$ ℳ

— Swedenborg u. seine Gegner, od. Beleuchtung der Lehren u. Berichte Swedenborg's, gegenüber den Entstellungen u. Angriffen seiner Gegner. Zugleich ein Beitrag zur Dogmatik u. Dogmengeschichte. 4. Thl. Enthaltend: Antwort an Dr. Möhler u. an Prof. Perrone. 2. verm. u. verb. Aufl. A. u. d. T.: Friedens-Theologie [Irenik]. gr. 8. (IV u. 242 S.) Ebd. 852. n. ⅔ ℳ

— die Unsterblichkeit und Wiedererinnerungskraft der Seele, erwiesen aus Schrift, Vernunft und Erfahrung, und bestätigt durch Erfahrungsbelege aus den Schriften der griechischen und römischen Classiker und der Christen aus den folgenden Jahrhunderten. (Abdr. aus der Wochenschrift für die Erneuerung der Kirche.) Tübingen 853. Verlags-Expedition. 8. (180 S.) n. 20 ngr.

— Vorwort zu einer angekünd. Uebersetzung der theolog. Werke des Em. v. Swedenborg. 4. Tübing. 821. (Zu-Guttenberg). 2 gl

Tafel, Julius [Dr.]: Eine neue Darstellungsmethode der Amido-Korper der Fettreihe .... Würzburg, k. Universitätsdr. v. H. Stürtz, 1888; 59 + 1 S. u. 1 Taf. 8°
Würzburg, Phil. Fak., Hab.-Schr. v. 1888

Tafel, Julius, eine neue Darstellungsmethode der Amido-Körper der Fettreihe. Hab.-Schr. Würzburg 1888, Stahelsche Univ.-Buchh. 8°. 59 S. mit einer Taf.

Tafel, Leonh., Bericht an den zur Durchführung der Reichs-Verfassung ꝛc. niedergesetzten Ausschuß der verfassunggebenden Reichs-Versammlung. gr. 4. (16 S.) Stuttgart 849. (Hofbuchdruckerei Zu Guttenberg.) n. 2 ngr.

Tafel, Leonh., die Bibel ist das Wort Gottes. Eine Erwiderung gegen einen Angriff auf das Christenthum in einem deutschen Tagblatte New-Yorks. 8. (34 S.) Stuttgart 874, Neukirchliche Buchh. [Oberstraß-Zürich, Mittnacht.]

Tafel, Leonh., der Christ und der Atheist oder die durchgängige Göttlichkeit der heil. Schrift. gr. 12. (42 S.) Philadelphia 856(57), (Schäfer und Koradi.) *

Tafel, L., das neue Christenthum. Briefe an einen Weltbürger, der Wahrheit sucht, bearb. nach dem Franz. des Le Bois des Guays. 2. Aufl. Philadelphia 868. (Schäfer & Koradi.) 8. (225 S.) In engl. Einb. n. 1 ₰ 20 ngr.

Tafel, Leonhard [Übers.]
s. Cooper, James Fenimore: J.F. Cooper's Amerikanische Romane. Bd 1.

— s. Dio Cassius, röm. Geschichte.

Tafel, Leonh., Elementarbuch d. latein. Sprache nach d. analyt. Methode. 3 Abthln. gr. 8. (23½ B.) Ulm 840, [Stettin'sche Brlsbuchh.]
Abthl. 1. Anleitung nebst zwischenzeil. Uebersetzung.
» 2. Lateinischer Text.
» 3. Deutscher Text.

—— Hamilton u. seine Gegner, od. Darlegung d. hamilton. Sprachlehrmethode, in welcher diese als vor and. formell bildend, u. als Zeitbedürfniß erwiesen wird. 8. (4½ B.) Stuttgart 837, Beck u. Fränkel.

Tafel, Leonh., Homöopathie oder Allopathie? Bildet Vereine für homöopath. Behandlung der Kranken. Aude sapere! Basel 868. Riehm. gr. 8. (20 S.) 5 ngr.

— analytisches Lehrbuch der englischen Sprache. gr. 8. (XXVIII u. 143 S.) Stuttgart 847, Rommelsbacher. n. 16 ngr.

Tafel, Leonh., analytisches Lehrbuch der französischen Sprache. 8. (10 B.) Stuttgart 846, Rommelsbacher. *

— analytisches Lehrbuch der französischen Sprache. gr. 8. (XXIV u. 134 S.) Ebd. 847. n. 16 ngr.

Tafel, Leonh., Lehrbuch d. engl. Sprache nach Hamiltonischen Grundsätzen. (1. Kurs.) 8. (15 B.) Ulm 831. (Stuttgart, Beck u. Fränkel.)

Tafel, (Oberlehrer D.) L., Lehrbuch der engl. Sprache nach Hamiltonischen Grundsätzen. 8. Ulm 831. (Löflund in Stuttg.) 14 gr.

Tafel, Leonh., Lehrbuch d. engl. Sprache rc. 2. Kurs. Mit e. katechet. Grammatik. gr. 8. (38¼ B.) Stuttgart 835, Cotta. Thlr.

—— Lehrbuch d. franz. Sprache nach Hamiltonischen Grundsätzen. 1. u. 2. Kurs. 8. Stuttgart, [Beck u. Fränkel.] [1. (14¼ B.) 831., 2., verb. Ausg. (13¼ B.) 835. à 14 Gr., 2. (35 B.) 833. 1 Thlr.]
2. Kurs. Interlinearübersetz. Franz. Text. Nebst e. katechet. Grammatik. (2 Thle.)

—— Lehrbuch d. griech. Sprache nach Hamiltonischen Grundsätzen. 8. (17 B.) Ulm 831. (Stuttgart, Beck u. Fränkel.)

— Lehrbuch der griech. Sprache nach Hamilton. Grundsätzen. 8. Ulm 831. (Löflund in Stuttg.) 14 gr.

—— Lehrbuch d. italiän. Sprache nach Hamiltonischen Grundsätzen. 8. (16 B.) Ulm 831. (Stuttgart, Beck u. Fränkel.)

— Lehrbuch der italien. Sprache nach Hamilton. Grundsätzen. 8. Ulm 831. (Löflund in Stuttg.) 14 gr.

—— Lehrbuch d. latein. Sprache nach Hamiltonischen Grundsätzen. 8. (15 B.) Ulm 831. (Stuttgart, Beck u. Fränkel.)

— Lehrbuch der latein. Sprache nach Hamilton. Grundsätzen. 8. Ulm 831. (Löflund in Stuttg.) 14 gr.

—— Lehrbuch d. span. Sprache nach hamilton. Grundsätzen. 2 Abthln. gr. 8. (19 B. u. 1 Tab. in ½ gr. Fol.) Stuttgart 837, E. G. Liesching.
Abthl. 1. Vorwort u. Interlinearübersetzung.
» 2. Spanischer Text u. katechet. vergleich. Grammatik.

Tafel, Leonh., Rathgeber und Dolmetscher für Auswanderer, nebst 1 (lith. u. color.) Karte von Nord-Amerika (in Fol.). 853. (210 S.) — 2. verb. Abdr. Stuttgart 854. Schweizerbart. 16. (254 S.) n. 12 ngr.

Tafel, Leonard [Übers.]
s. Scott, Walter: Ivanhoe. 1827.

Tafel, Leonh., die analytische Sprachmethode. gr. 8. Stuttgart 846, Cotta. 12 ngr.

Tafel, Leonhard [Übers.]
s. Thackeray, William Makepeace: Pendennis. 1851.

Tafel, J. F. Leonh., u. Louis H. Tafel, neues, vollständiges englisch-deutsches u. deutsch-englisches Taschen-Wörterbuch, m. der Aussprache der deutschen u. der engl. Wörter u. m. besond. Berücksicht. der techn. Ausdrücke der Künste u. Wissenschaften f. Geschäftsleute u. Schulen. — New a. complete english-german a. german-english pocket dictionary. 2 Thle. 4. Aufl. gr. 16. (434 u. 440 S.) Philadelphia 873, (Schäfer & Koradi.) geb. n. 5. —

— s. Xenophon's Werke.

Tafel, Sigmund: Die Ueberlieferungsgeschichte von Ovids Carmina amatoria. Verfolgt bis zum 11. Jahrhundert. Tübingen: Heckenhauer i. Komm. 1910. VI, 80 S. 8°
München, Phil. Diss. v. 16. Juli 1909, Ref. Vollmer, Weyman
[Geb. 17. März 86 Stuttgart; Wohnort: Stuttgart; Staatsangeh.: Württemberg; Vorbildung: Karls-Gymn. Stuttgart Reife Juli 04; Studium: München 5, Paris 1, München 2 S.; Rig. 10. Juli 09.] [U 10. 3705

Tafel, Thdr., und Hopfengärtner, auserlesene Civil-Rechtssprüche, s. Civil-Rechtssprüche.

Tafel, Theophil Lukas Friedrich,
s. Tafel, Gottlieb Lukas Friedrich

Tafel, Victor E[ugen]: Studie über die Constitution der Zink-Kupfer-Nickel-Legierungen sowie der binären Systeme Kupfer-Nickel, Zink-Kupfer, Zink-Nickel. Freiberg i. S.: Craz & Gerlach 1908. 50 S., 15 Taf. 4°
¶ S. 1—26 auch in: Metallurgie. Jg. 5; Bericht über Abschnitt 3: ebd. Jg. 4. 1907.
Dresden, Dr.-Ing.-Diss. v. 2. 4. 1908

Tafel, Vict. E., Studie üb. die Constitution der Zink-Kupfer-Nickel-Legiergn. sowie der binären Systeme Kupfer-Nickel, Zink-Kupfer, Zink-Nickel. Diss. (50 S. m. Fig. u. 19 Taf.) Lex. 8. Freiberg 908. Craz & Gerlach. 5. —

Tafelbäckerin, die wiener, od. gründl. Anleitung z. Bereitung aller Arten Mehlspeisen; auch: Sülzen, Crêmes, gefaumter Milch, Gefrorenen, Gelées, Conserves, Marmeladen u. Säften. 8. (9¾ B.) Leipzig 837, Drobisch. (?)
Aus: P. Wohlgemuth's Kochbuch, besond. abgedruckt.

Tafelbilder aus dem Museum des Stiftes Klosterneuburg. Aufgenommen von Carl Drexler. Erläuternder Text v. Camillo List. gr. Fol. (33 Lichtdr.-Taf. m. III, 15 S. illustr. Text.) Wien (902). F. Schenk. In Mappe n. 35. —

Ⓑ **Tafelbilder** aus dem Museum des Stiftes Klosterneuburg. (KBL 32.) Jetzt: Wien, Franz Malota. Erm. Pr. 10. –

TAFEL-CONFECT, Ohren-vergnügendes und Gemüth-ergötzendes. Andere Tracht und dritte Tracht, bestehend in je 15 Quodlibeticis, oder Tafel-Stucken, von 1, 2, oder 4 Stimmen, theils mit 2 Violin, ad libitum pro Ritornello, oder obligat. theils ohne Violin, mit einem Cembalo, oder Violoncello, wie in dem Indice zu finden. Praesentiret von einem noch lebenden u. beständigen Musurgo. Canto. Augspurg, J. J. Lotter, 1737. 4°-obl. 35 u. 40 Seiten. Sehr selten! (30 Mk., Hprgt., R. Bertling, Dresden, 1897:)

Ein **Tafelgemälde** aus dem schwarzen Orden, als Memento für die Schüler des heil. Lazarus aus Bethanien. 1795. 8°
Kl. 2794.

TAFELGEMÄLDE, Ein, aus dem schwarzen Orden. Bethanien, Saligot u. Co. (Düsseldorf, Schreiner) 1795.
Weller, fing. Dr. p. 162.

Tafelgesang. o. O. u. J. Gottsleben. 2 Bl. 8° [Kopftit.]
2 Lieder ohne Noten.

TAFEL-GESANG bey der Feier der Primiz des . . Weltpriesters Carl von Scherz, am 7. Februar 1830 gesungen auf der bürgerl. Schießstätte zu Pressburg Pressburg 1830 Gedr. bey S. L. Simon. 2 S. - 4°

Tafelgesang für Freunde und Beförderer der Wohlthätigkeit . . . Dresden 1794. V: *Zschiedrich, Carl Aug.* (MGT) (ML)

Tafel-Gesang zum silbernen Maurer-jubiläum des Br. Mor. Schanz im Or. Chemnitz am 10. April 1874. »Was rief zu diesem frohen Kreis . . .« Chemnitz 1874. V: *Geidel, Friedrich Hermann.* (wolfstieg I, 914)

Tafelgesang zum Verbrüderungsfeste am 25. Juni 1853 in der Loge Harmonie, im Or. von Chemnitz. 8. 1 Bl.

Tafelgesang, dem Br. Winkler an seinem Wiegenfeste, den 9. Febr. 1843, gewidmet. [Dresden 1843.] 1 Bl. 8° [Kopftit.]
Ohne Noten: „Auf, Brüder, stimmet zum Gesang. . .“

Tafel-Gesänge zur Eröffnungsfeier der Loge „zum treuen Herzen“ im Or. Strassburg im Elsass am 5. Januar 1873. Strassburg 1873: Wolff. 7 S. 8°. [Umschlagtit.]
5 Lieder ohne Noten.

Tafelgesänge bei der Feier des Johannisfestes in der Loge zu den drei Schwertern und Asträa zur grünenden Raute, i. O. Dresden am 24. Juni 1882. [Dresden 1882: Ramming.] 4 Bl. 8° [Umschlagtit.]
5 Lieder ohne Noten von Chr. Klötzer, Wissmann, K. H. Heydenreich, R. Spalteholz.

Tafelgesänge zur Friedensfeier im Logenhause in Altenburg. Den 9ten Aug. 1807. [Altenburg 1807.] 14 S. 8° [Umschlagtit.]
6 Lieder ohne Noten.

Tafel-Gesänge [aus der Loge Friedrich zum goldnen Zepter in Breslau]. Breslau o. J.: Grass, Barth & Co. 4 Bl. 4°
5 Lieder.

Tafel-Gesänge bei der 82sten Geburts-Feyer des Hochw. General-Grossmeisters Sr. Hochfürstlichen Durchl. des Br. Carl, Landgrafen und Prinzen von Hessen-Cassel. [Altona 1826.] 1 Bl. 8° [Kopftit.]
2 Gesänge ohne Noten.

Tafel-Gesänge am Geburtsfeste des Hochw. Durchlauchtigsten General-Grossmeisters, des Landgrafen und Prinzen Carl zu Hessen etc. in der Loge Carl zum Felsen in Altona, den 19. Dec. 1824. [Altona 1824.] 2 Bl. 8° [Kopftit.]
6 Lieder ohne Noten.

Johannisfest der Freimaurer-Loge zur Harmonie in Chemnitz am 26. Juni 1887. **Tafel-Gesänge.** [Chemnitz 1887: Geidel.] 2 Bl. 8° [Kopftit.]
5 Lieder ohne Noten von H. F. Geidel, Rocke, Fink u. E. Rittershaus.

Johannisfest der Loge zur Harmonie im Or. Chemnitz am 26. Juni 1892. **Tafel-Gesänge.** [Chemnitz 1892.] 2 Bl. 8°. [Kopftit.]
5 Lieder ohne Noten.

Tafel-Gesänge bei der Johannisfest-Feier der Provinzial-Gross-Loge von Schlesien im Or. von Breslau. Am 24. Juni 1869. Breslau [1869]: Storch & Co. 4 Bl. 8°.
6 Lieder ohne Noten.

Tafel-Gesänge der Loge zur Harmonie in Chemnitz am 10. Sept. 1876. [Chemnitz 1876: Geidel.] 4 Bl. 8° [Kopftit.]
Tt. 2616. 6 Lieder ohne Noten, 1 von H. Geidel, 1 von Waldow, 1 von A. Levy, 1 von O. Marbach.

Tafel-Gesänge zum silbernen Maurerjubiläum des Br. Schippel Or. Chemnitz am 14. Jan. 1883. [Chemnitz 1883.] 2 Bl. 8⁰ [Kopftit.]
4 Lieder ohne Noten. Von R. Fischer, H. Waldow, O. Marbach u. a.

Tafel-Gesänge zur Secular-Feier [!] der allgemeinen altschottischen Loge zu den drei Weltkugeln im Or. zu Berlin am 30ten Nov. 1842. [Berlin 1842.] 11 S. 8⁰ [Umschlagtit.]
Abgedr. in: Acta, betr. d. Secularfeier d. allg. altschott. L. z. d. drei W., Berlin. 1842 S. 32–34.
6 Gesänge ohne Noten.

Tafel-Gesänge bei dem Schwester-Kränzchen unserer guten Loge Horus. Am 29. März 1869. [Breslau 1869: Storch & Co.] 4 Bl. 8⁰ [Umschlagtit.]
4 Lieder ohne Noten.

Tafel-Gesänge bei dem Schwester-Kränzchen unserer guten Loge Horus. Am 5. März 1870. Breslau [1870]: Storch & Co. 4 Bl. 8⁰ [Umschlagtit.]
5 Lieder ohne Noten.

Tafel-Gesänge aus Schwester-Kränzchen vom alten Kränselvater der Loge ... Breslau 1870. V: *Carnall, R. A. v.* (SJL)

Tafelgesänge aus Schwester-Kränzchen vom alten Kränzelvater der Loge [Horus in Breslau]. Zum Besten ihres Tempelbaues hrsg. von der St. Johannis-Loge Horus in Breslau. Breslau 1870. H: *Carnall, Rudolph Arvid von.* (Wolfstieg II, 819)

Tafel-Gespräch zwischen einem österreichischen Wirth, einem Voralberger, einem Ober- und Unterinnthaler ... O. O. 1796. V: *Feldhofer, A. A. von.* (GGr)

Tafel-Hymne bei der 71 ten Geburtsfeyer des Br. Behre in der Loge Pf[orte] z. E[wigkeit]. Hildesheim, den 14 ten May 5817. 2 Bl. 8⁰ [Umschlagtit.]
Ohne Noten: „Versammelt, Brüder, sind wir hier zum Mahle, . . .“

Tafel-Kalender, Klagenfurter, f. 1882. 4. aufgez. 18 kr.
Klagenfurt: Kleinmayr 1881.

Tafel-Kalender, Klagenfurter, für das Jahr 1883, quer 4. aufgezogen, 18 kr.
Klagenfurt: Kleinmayr 1882.

Tafel-Kalender, Klagenfurter, 1883. zweiseitig aufgezogen 18 kr.
Klagenfurt: Kleinmayr 1882.

Klagenfurter Tafelkalender, 1884 Klagenfurt, Joh. Leon sen Zweiseitig aufgezogen 18 kr.
— — f. d. Schaltj. 1884. quer-4. Klagenfurt, Ferd. v. Kleinmayr. Aufgezogen 18 kr.
Klagenfurt: Kleinmayr 1883.

— Tafelkalender für das Gemeinj. 1885. Quer-4. Klagenfurt, Joh. Leon sen. Zweiseitig aufgezogen 18 kr. N. b.
Klagenfurt: Kleinmayr 1884.

— Tafelkalender f. d. Gemeinj. 1886. Ebds. Quer 4. aufgezogen. 18 kr.
Klagenfurt: Kleinmayr 1885.

Tafel-Kalender, Klagenfurter, für das Schaltjahr 1888. Quer-4. Zweiseitig aufgezogen. Klagenfurt, Kleinmayr. fl. —.18.
Klagenfurt: Kleinmayr 1887.

Tafel-Kalender, Klagenfurter, für das Schaltjahr 1892. Zweiseitig aufgezogen —.18
Klagenfurt: Kleinmayr 1891.

Angermann, Bruno: **Tafel-Karte** zu Ehren des Br. Bruno Angermann. 8. Febr. 1904. Dresden [1904]: Ulrich. 2 Bl. 8⁰ [Umschlagtit.]
Enth. auch ein Fest-Lied ohne Noten von W. Ulrich: „Wer ist der Maurer, hochgeehrt, . . .“

Tafel-Lied. o. O. u. J. 1 Bl. 8⁰ [Kopftit.]
Ohne Noten: „Jetzt sei der hochwillkomm'nen Stunde, . . .“ Rekt. Kneisner, Hamburg.

Tafellied. o. O. u. J. 1 Bl. 8⁰ [Kopftit.]
Ohne Noten: „Ladet, beym Brüdermahl, . . .“

Tafellied. [Unterz.:] G. o. O. u. J. 1 Bl. 8⁰ [Kopftit.]
Ohne Noten: „Wenn Pulver blitzt und Harmonieen tönen, . . .“

Tafellied. o. O. u. J. 1 Bl. 8⁰ [Lithogr.] [Kopftit.]
Ohne Noten: „Willkommen heut' zu unserm Stiftungsfeste, . . .“

Tafellied. Am 18ten Dec. 1837. o. O. [1837]. 1 Bl. 8⁰ [Kopftit.]
Für Solo u. Chor. Ohne Noten: „Heil Euch, ihr edlen Brüder, . . .“

Tafellied am 27. April 1838. [Altenburg 1838.] 1 Bl. 8⁰ [Kopftit.]
Ohne Noten: „Wir feiern ein seltsames Jubelfest . . .“

Tafellied am 1. Mai 1844. 8. 2 Bl.
Zur Installation der Loge Karl z. d. 3 Ulmen in Ulm.

Tafellied am 1. Mai 1844. [Ulm 1844.] 2 Bl. 8⁰ [Umschlagtit.]
Tt. 2617. Ohne Noten: „Wenn man in der profanen Welt . . .“

Tafel-Lied zum 6. Juni 1850. [Hamburg: 1850.] 1 Bl. 8° [Kopftit.]
Ohne Noten: „Lasst uns, beim hellen Gläserklange, . . .“

Tafellied zum 25. Oct. 1852. [Hamburg: 1852.] 1 Bl. 8° [Kopftit.]
Ohne Noten: „Dem Festmahl freudig beigesellt, . . .“

TAFEL-LIED (Mel. Der Fiaker-Marsch). O. O. u. J. (c. 189*). Hoch-8° Offenes Bl., einseitig mit lat. Lett. gedr.

Loge Carl zum aufgehenden Licht Or.·. Frankfurt a. M. **Tafel-Lied** zum 30. Okt. 1904. Homburg [1904]: Schudt. 1 Bl. 2° [Kopftit.]
Ohne Noten: „Stimmt an mit hellem hohen Klang . . .“

Tafel-Lied dem Br. v. Blücher zur Feier seines Geburtsfestes gewidmet, von den Mitgliedern des Maurer-Clubs d. 29. Febr. 1816. o. O. 1816. 2 Bl. 8° [Umschlagtit.]
Ohne Noten: „Eine kleine Zahl der Brüder...“

Tafel-Lied dem Br George Bluhm zum 50jährigen Maurer-Jubiläum gewidmet. Hamburg, den 12. Mai 1878. [Unterz.:] M. C. [Hamburg 1878: Kümpel.] 1 Bl. 8° [Kopftit.]
Ohne Noten: „Vereinet hier zu guter Stunde . . .“

Loge Carl zum aufgehenden Licht. **Tafel-Lied** zu dem Brudermahl mit Schwestern Frankfurt a. M., den 6. Okt. 1901 gewidmet von Franz **Söhnlein.** [Frankfurt a. M. 1901: Knauer.] 2 Bl. 8° [Umschlagtit.]
Ohne Noten: „Wenn wir hier im Logensaale . . .“

Tafellied den vielgeliebten Bbrn. Joh. Heinr. Büttner und Phil. Heinr. v. Beseler zur goldenen Feier ihrer Maurerweihe in Dank und Freude gewidmet. Den 5ten Oct. 1849. »... Auch hier, in heitrer, froher Tafelrunde ...« V: *Pepper, Peter Otto Heinrich.* (wolfstieg I, 730)

Tafel-Lied gesungen bei Wielands Einführung als Frey-Maurer in die ger. u. vollk. Loge Amalia zu Weimar den vierten April 1809. »Ihr, der Menschheit treue Söhne ...« Weimar 1809. V: *Werner, Friedrich Ludwig Zacharias.* (wolfstieg I, 957)

Tafellied bei der Einweihung des neuen Logenhauses der Provinzial-Loge von Niedersachsen in Hamburg am 22. Mai 1879. [Unterz.:] H. E. Hamburg [1879]: Reese. 2 Bl. 8° [Umschlagtit.]
Ohne Noten: „Aus der Zeit, der altersgrauen, . . .“

Tafellied zur Einweihungsfeier des renovirten Logengebäudes des Tempels der Eintracht im Or.·. Posen am 5. Nov. 1873. Posen [1873]: Neumeyer. 1 Bl. 8° [Kopftit.]
Ohne Noten: „Wir sind die Könige der Welt, . . .“

Tafellied. Zur Feier des funfzigjährigen Bestehens der Ehrw. Gr. Loge zu Hamburg. Den 3. Febr. 1861. [Hamburg 1861: Nobiling.] 2 Bl. 8° [Umschlagtit.]
Ohne Noten: „Wie, bei dreier Herren Strale [!], . . .“

Tafellied zur Feyer des hohen Geburtsfestes Seiner Hochfürstlichen Durchlaucht Ferdinand Herzogs von Braunschweig und Lüneburg gesungen von den Brüdern der Loge Ferdinand zur Glückseligkeit in Magdeburg am 12. Jan. 1792, als an welchem Tage zugleich die feyerliche Einweihung des neuen Logensaales begangen worden. [Magdeburg 1792]: Günther. 2 Bl. 8° [Umschlagtit.]
Ohne Noten: „Auf, Brüder, stimmt zum Hochgesang . . .“

Tafel-Lied an der Feier St. Johannis des Taeufers. 1780. o. O. [1780]. 2 Bl. 8° [Umschlagtit.]
Ohne Noten: „Freye Brüder, . . .“

Tafellied bei der Feier des Johannisfestes in der Loge F[erdinand] z[ur] G[lückseligkeit] 1810. »Brüder, o seyd uns willkommen«. Von F. G. v. S. [Magdeburg 1810.] V: *Schlicht, Friedrich Gustav von* (?). (wolfstieg I, 594)

Tafellied zur Feier der Lichteinbringung in den Tempel des neuerbauten Logenhauses der ehrw.·. St. Joh.-Loge Friedrich-Wilhelm zum eisernen Kreuz in Bonn. [Bonn 1883: Georgi]. 1 Bl. 8° [Kopftit.]
Ohne Noten: „Es werde Licht! So schallt' am ersten Tage . . .“

Tafellied zur Feier des 25jährigen Maurer-Jubiläums der gel.·. Brr.·. Georg Schmidt, Friedr. Reinhardt, Phil. v. Fischer-Treuenfeld, Wilh. Westenburger am 23. Febr. 1895. [Mainz 1895.] 2 Bl. 8⁰ [Umschlagtit.]
Ohne Noten: „Begrüsst den Tag, Ihr Brüder in der Runde, . . ."

Bolzenthal, Christian Gottfr.: **Tafellied** gesungen zur Feier des 50jährigen Maurer-Jubiläums unseres allverehrten und geliebten, hochverdienten Christian Gottfr. Bolzenthal. Cottbus, am 8ten Juni 1832. 2 Bl. 4⁰ [Umschlagtit.]
Ohne Noten: „Sey gegrüsst im Bruder-Kreise, . . ."

Fölsch, J. H.: Loge „Zur Bruderkette" [in Hamburg]. **Tafel-Lied** zur Feier des 50jährigen Maurer-Jubiläums des geliebten Bruders J. H. Fölsch. Hamburg, den 11. Februar 1882. [Unterz.:] M. C. Hamburg o. J.: Kümpel. 2 Bl. 8⁰. [Umschlagtit.]
Ohne Noten: „Und führt der Winter draussen noch" . . .

Knittel, Karl Wilh. Gottlob: **Tafellied** zur Feier des goldenen Maurerjubiläums des geliebten Br. Carl Wilh. Gottlob Knittel. [Weimar 1883: Hofbuchdr.] 1 Bl. 8⁰ [Kopftit.]
Ohne Noten: „Wie wir bei Gesang und Wein . . ."

Tafellied zur Feier des Tages am Montag den 11. Mai 1896. Hamburg [1896]. V: *Meyer, E. C.* (wolfstieg I, 978)

Tafellied zum Feste der Installation der St. Johannisloge Boanerges zur Bruderliebe. am 18. Junius 5832. E. G. A. Böckel sowie H. W. J. Wolff brüderlichst gewidmet von den Mitgliedern der ▭ B[oanerges] z[ur] B[ruderliebe]. Hamburg [1832]: Menck. 2 Bl. 8⁰ [Umschlagtit.]
Ohne Noten: „Freude fülle unser Herz . . ."

Tafellied zur Festloge am 17. Dec. 1831. [Hamburg: 1831.] 1 Bl. 8⁰ [Kopftit.]
Ohne Noten: „Sey uns willkommen schönes Fest, . . ."

Tafellied zur Geburtsfeier des Durchlauchtigsten General-Grossmeisters Carl von Hessen, gefeiert in der g.·. u. v.·. ▭ zu den vereinigten Freunden im Or.·. von Mainz, den 29ten Dec. 5816. Vom Br.·. G. . . sch. Mainz [1816]: v. Zabern. 2 Bl. 8⁰ [Umschlagtit.]
Ohne Noten: „Sey uns gegrüsst, in uns'rer Bundeshalle, . . ."

Tafellied am Geburtstage des Königs am 15ten Oct. 1843. [Unterz.:] F. M. o. O. [1843]. 1 Bl. 8⁰ [Kopftit.]
Ohne Noten: „Ein fröhlicher Tag ist erstanden, . . ."

Tafel-Lied zum Gesellen-Schmauss. Sonnabend, den 29. April 1899. [Unterz.:] — s. [Dresden 1899.] 1 Bl. 21,5× 57,4 cm [Kopftit.]
Ohne Noten: „Ein Regenwurm im Paradies . ."

Tafellied zum Gesellentrunk. [Unterz.:] P. N. Dresden, den 21. Mai 1910. [Dresden 1910: Heinrich.] 2 Bl. 4⁰ [Umschlagtit.]
Ohne Noten: „Hallo! Heut ist Gesellentrunk, . . ."

Tafel-Lied. Dem Br. C. C. Hartmann zur silbernen Jubelfeier seiner Ordensweihe am 17ten Febr. 1849. In Liebe und Verehrung gewidmet. [Hamburg 1849]: Witt. 2 Bl. 8⁰ [Umschlagtit.]
Ohne Noten: „Leise mischt in hohe Wonne . . ."

Tafel-Lied zum Jäger-Ball-Fest. Breslau 1873. V: *Fritsch.* (Kat. d. Druckschr. üb. Breslau. Breslau 1903. S. 66.)

Tafellied am Johannis-Feste 1825, am Tage der maurerischen Jubelfeier des Br. v. Beulwi[t]z, in der ▭ Günther zum stehenden Löwen zu Rudolstadt. [Rudolstadt 1825.] 2 Bl. 8⁰ [Umschlagtit.]
Ohne Noten: „Sey uns willkommen holdes Fest, . . ."

Tafel-Lied zum Johannis-Fest den 24. Juni 1831 von mehreren Brüdern gewidmet. [Hamburg 1831]: Menck. 2 Bl. 8⁰ [Umschlagtit.]
Ohne Noten: „Preis't, Maurerbrüder, Ihn, den grossen Meister, . . ."

Tafel-Lied zur maurerischen Jubelfeier der Brüder Joh. Heinr. Fölsch, Joach. Matth. Buthmann, Benjamin Jac. Cohen, Juls. Silberberg, Wilh. Berendsohn, Isidor Popper, Bernh. Weinstein. Hamburg, den 10 Dez. 1882. Hamburg [1882]: Kümpel. 2 Bl. 8°. [Umschlagtit.]
Ohne Noten: „Heute braust in hellen Tönen“ ...

Tafellied bei der Jubelfeier unsers [Brs] Friedr. Wilh. Schlinzigk gesungen von den versammelten Brüdern d. g. u. v. St. Joh. L. z. d. d[rei] Rosen i. W[alde] i. O. z. S[orau]. Am 6. Jan. 5825. [Sorau 1825.] 2 Bl. 8° [Umschlagtit.]
Ohne Noten: „Freude rief euch heute, Brüder!“

[Autogr.] **Tafel-Lied** am 50jährigen Jubelfeste der Loge Janus, den 10ten Dez. 5834. [Bromberg 1834.] 2 Bl. 8° [Kopftit.]
Ohne Noten: „Ein seltnes Fest voll schöner hoher Freude, ...“

Tafel-Lied zum vierzigjährigen Jubelfeste der freimaurerischen Vereinigung Sophrosyne in Ohrdruf an 9. Jan. 1910. o. O. [1910]. 1 Bl. 8° [Kopftit.]
Ohne Noten: „Was grüsst helleuchtend weithin in die Lande ...“

Tafellied Sr. Majestät dem König Wilhelm von Preussen unserm erhabenen Protector zu seinem fünf und zwanzigjährigen Maurer-Jubiläum ehrfurchtsvoll gewidmet von der Prov.-Loge von Niedersachsen zu Hamburg den 22ten Mai 1865. »Heil dem Protector heut ...« [Hamburg 1865.] V: *Ney, Heinrich.* (wolfstieg I, 961/2)

Tafel-Lied zur 25jährigen segensvollen Maurer-Arbeit unseres Br F[ranz] E[rnst] H[einr.] Lundberg am 28. Oct. 1884. Hamburg 1884: Herbst. 2 Bl. 8° [Umschlagtit.]
Ohne Noten: „Wir sind vereint zur frohen Tafelrunde...“

Cantor, Herm.: Maurerisches **Tafellied**. Gesungen zu Ehren des Br. Hermann Cantor, am Abende seiner Aufnahme als Ehren-Mitglied der Beethoven □ No. 661 [in New York]. — 7. Mai 1895. [New York 1895.] 1 Bl. 8°. [Kopftit.]
Ohne Noten: „Willkommen Ihr Brüder, aus Süden und Norden“ ...

Tafel-Lied bei dem fünfundzwanzigjährigen Maurer-Jubiläum des Br. Wilh. Boedeker am 28. Jan. 1866. [Hannover 1866]: Göhmann. 1 Bl. 8° [Kopftit.]
Ohne Noten: „Dem Mann, der uns glänzt bei unserm stillen Werke ...“

Tafellied gesungen beym 50jährigen Maurer-Jubiläum des Brs. v. Oertel am 10. Oct. 5709 in der Loge Minerva z. d. 3 P[almen] in Leipzig. Gd. »Sey gegrüsst, verehrter Greis ...« [Leipzig 1809.] V: *Gerhard, Wilhelm.* (wolfstieg I, 889)

Tafellied. Unserm Br. Jac. Herm. Meiners am Tage seiner 50jährigen Maurerweihe 1851 gewidmet. Hamburg [1851]: Witt. 2 Bl. 8° [Umschlagtit.]
Ohne Noten: „Auf, Brüder, füllt zum Rande die Pokale ...“

Tafellied. Gesungen von den Brüdern Mitglieder der Loge Boanerges zur Bruderliebe am 18. März 1839. Hamburg [1839]: Menck. 2 Bl. 8°
Ohne Noten: „Sind wir vereint im heil'gen Bruderbunde, ...“

Pabst: **Tafel-Lied.** Unserm Br. Pabst als Repräsentanten der ger. und vollk. Loge Royal York zur Freundschaft in Berlin gesungen von treuverbundenen Brüdern der ger. und vollk. Loge zur Wahrheit und Freundschaft in Fürth. Am Stiftungstage den 11. Juny 5805. [Fürth 1805.] 2 Bl. 4° [Umschlagtit.]
Ohne Noten u. mit Deklamation: „Dem Bruder, der sich ächten Ruhm ...“

Tafellied bei der Säcular-Feier der Reception Friedrichs des Grossen, Königs von Preussen, am 14. Aug. 1838. o. O. [1838]. 2 Bl. 8° [Kopftit.]
Ohne Noten: „Es glänzte einst ein grosser Stern ...“

Tafellied zum vierten Sangfest des Aargauischen Männerchors ... O. O. 1830. V: *Fröhlich, Albert Emanuel.* (ABJP)

Tafellied, dem Br. Jac. Schleiden zur goldenen Feier seiner Maurerweihe, den 3. Febr. 1850, in Dank und Freude gewidmet. Hamburg [1850]: Nobiling. 2 Bl. 8° [Umschlagtit.]
Ohne Noten: „Auf, Brüder des Bundes, die Becher geschwungen ...“

Westerland auf Sylt: **Tafel-Lied** bei dem Schwesternfeste am 27. Juli 1889 Westerland-Sylt. Westerland [1889]: Buchdr. der Seebade-Direction. 1 Bl. 14,2×34,5 cm [Kopftit.]
Ohne Noten: „Stosst an! Das ist die höchste Freud, . . .“

Tafellied zum Schwesternfeste der Loge "zur Bruderkette" in Hamburg, s. Lied, den verehrten Schwestern gewidmet.

Tafellied zum Schwesternfeste der Loge „Zur Bruderkette“ [in Hamburg] am 21. Januar 1903. [Unterz.:] M. C. [Hamburg 1903.]: Krüger. 2 Bl. 8⁰. [Umschlagtit.]
Ohne Noten: „Rührt Laute und Geige“ . . .

Tafel-Lied [und Schwesternlied] zum 28. Stiftungsfeste der Vereinigung „Felsenfest“ am Dienstag, den 12. Febr. 1901. [Hamburg 1901.] 2 Bl. 8⁰ [Umschlagtit.]
2 Lieder ohne Noten.

Tafellied den geliebten Brdrn. J. F. Siemers und P. Calais am Tage ihres goldenen Jubelfestes den 17. Sept. 1861 gewidmet. Ppr. »Lass dich mit deinem Himmelsglanz . . .« Hamb. [1861]. V: *Pepper, Peter Otto Heinrich.* (wolfstieg I, 933)

Tafellied zur 68sten Stiftungsfeier der g. v. u. v. St. Johannisloge zur goldenen Kugel in Hamburg. J. N. Blaesing und J. G. Boehlcke gewidmet von den treu verb. Brüdern. Hamburg, den 29. Aug. 1837. [Hamburg 1837]: Appel. 2 Bl. 8⁰
Ohne Noten: „Es senkt sich heut' auf rosigem Gefieder . . .“

Tafel-Lied zu Ehren der 25jährigen Stiftungsfeier der ehrw. St. Johannisloge Vesta zu den drei Thürmen in Boitzenburg. Dem Br Joh. Carl Richter, sowie dem Br Carl Schmarsow, sowie allen Beamten und Mitgliedern brüderlichst gewidmet von der Loge Boanerges zur Bruderliebe in Hamburg, den 29. Dec. 1847. o. O. 1847. 2 Bl. 8⁰ [Umschlagtit.]
Ohne Noten: „Begrüsst das Fest mit lautem Jubelklange, . . .“

Tafel-Lied zum Stiftungs-Fest der Breslauer Dichterschule. Breslau, den 16. November 1879. (Breslau. Druck von Th. Schatzky.) 8⁰.

Tafel-Lied zum dreissigjährigen Stiftungsfeste des Mr. .·. Cl[ubs] in Leisnig 1899. [Leisnig 1899.] 1 Bl. 17,5×31,8 cm [Kopftit.]
Ohne Noten: „Brüder! Jedem sei die Freude, . . .“

Tafel-Lied am Tage der Einführung Wielands als Freimaurer in die ger. u. vollk. Loge Amalia in Weimar am 4ten April 1809. Weimar [1809]. V: *Werner, Friedrich Ludwig Zacharias.* (wolfstieg I, 957)

Ferdinand z. Glückseligkeit: **Tafellied am Tage der Wiederherstellung der Loge [Ferdinand] zur Glückseligkeit zu Magdeburg am 28sten Sept. 1778. [Magdeburg 1778.] 2 Bl. 8⁰ [Umschlagtit.]**
Ohne Noten: „Schöner Tag sey uns gegrüsst . . .“

Reusche, E.: Scherzhaft verfasstes aber aufrichtig dankbar gedachtes **Tafellied** zur 25jährigen Jubelfeier des Br. E. Reusche, als Arzt der Freimaurer-Kranken-Institute. Hamburg den 7. April 1880. [Hamburg 1880]: Kümpel. 2 Bl. 8⁰ [Umschlagtit.]
Ohne Noten: „War einst ein Doctor Eisenbart . . .“

Tafel-Lied bei der Vorfeier des Geburtstages des Br. Wieland. Gesungen in der Loge Amalia [in Weimar] am vierten Sept. 1810. [Weimar 1810.] 2 Bl. 8⁰ [Umschlagtit.]
Kl. 1804. Ohne Noten: „Noch eine süsse Pflicht gebeut . . .“

Tafel-Lied dem geliebten Br. Zimmermann zu seinem goldenen Maurerjubiläum gewidmet von den Beamten der Loge Ferdinande Caroline [in Hamburg] 12. April 1867. Hamb. 1867. V (Text): *Erich, Gustav E.* (wolfstieg I, 978)

Tafel-Lieder. o. O. u. J. 1 Bl. 8⁰. [Kopftit.]
7 Lieder ohne Noten.

Tafellieder: **Tafellieder.** o. O. u. J. 8 S. 8⁰. [Kopftit.]
7 Lieder ohne Noten.

Tafellieder. [Unterz.:] Schw. o. O. u. J. 6 Bl. 8⁰ [Umschlagtit.]
3 Gesänge ohne Noten: 1. Maurerlied. 2. Trinklied. 3. Champagnerlied.

Tafel-Lieder. o. O. u. J. 16 S. 8⁰ [Umschlagtit.]
8 Gesänge ohne Noten.

Bayreuth: **Tafel-Lieder.** [Bayreuth] o. J.: [Mühl]. 1 Bl. 8⁰ [Kopftit.]
4 Gesänge ohne Noten: 1. „Deutschland, Deutschland über Alles . . .“ 2. „Die Kette“. 3. Bundeslied. 4. Den Schwestern.

Tafel-Lieder. [Zeitz] o. J.: [Richter]. 2 Bl. 8⁰ [Umschlagtit.]
5 Lieder ohne Noten.

Tafellieder am 9ten Dez. 1824. o. O. [1824]. 4 Bl. 8⁰ [Kopftit.]
7 Lieder ohne Noten.

Tafellieder am 11. Dez. 1825. o. O. [1825]. 4 Bl. 8⁰ [Kopftit.]
6 Lieder ohne Noten.

Tafellieder am 26. April 1829. o. O. 1829. 2 Bl. 8⁰ [Kopftit.]
5 Lieder ohne Noten.

Tafel-Lieder, gesungen am Tage St. Johannis 1831. [Berlin 1831]: Dieterici. 8 S. 8⁰ [Umschlagtit.]
6 Lieder ohne Noten.

Tafellieder am 24. Juni 1843. o. O. [1843]. 8 S. 8⁰ [Kopftit.]
6 Gesänge ohne Noten.

Tafel-Lieder zum 18. August 1849. Druck von F. Zschiesche. 4 Bl. 8.
Flugblatt. Berlin, 1848/49.

Tafellieder zu den Banketten am 26.—28. 7. 1880 des 5. Allgemeinen Deutschen Turnfestes in Frankfurt a. M., Frankfurt a. M. 1880, 20 S., 8⁰.

Tafellieder zur Dichterfahrt des Vereins »Breslauer Dichterschule«. Ohlau, den 11. Juni 1876. Breslau. Druck von Oscar Raabe. 8⁰.

Tafel-Lieder zur Einweihungs-Feier der ▭ Carl zum Felsen in Altona, am 3. Oct. 1873. [Altona: 1873.] 2 Bl. 8⁰ [Umschlagtit.]
4 Lieder ohne Noten.

Tafel-Lieder zur Feier des Johannis-Festes, 24. Juni 1871. [Hamburg: 1871.] 2 Bl. 8⁰ [Kopftit.]
5 Lieder ohne Noten.

Tafel-Lieder zur Feier des Johannis-Festes, 24. Juni 1872. [Hamburg: 1872.] 2 Bl. 8⁰ [Umschlagtit.]
8 Lieder ohne Noten. 1. Den besuchenden Brüdern. 2. Den Schwestern. 3. Armenlied.

Tafel-Lieder zur Feier des fünfundsiebenzigjährigen Jubiläums der Loge zur aufgehenden Morgenröthe im Or. Frankfurt a. M. 4. Nov. 1883. [Unterz.:] F. A. Frankfurt a. M. [1883]: Fey. 2 Bl. 8⁰ [Umschlagtit.]
2 Gesänge ohne Noten.

Hessemer, Friedr. Maxim.: **Tafel-Lieder** bei der Feier des 25jährigen Maurer-Jubiläums des Br.·. F. M. Hessemer. Am 11. Oct. 5856. [Frankfurt a. M. 1856.] 8 S. 8⁰ [Umschlagtit.]
3 Gesänge ohne Noten, davon 1 von H. Hoffmann.

Tafel-Lieder zur Feier des fünfzigjährigen Maurerjubiläums des verehrten und geliebten Brs Heinr. Adolph Täschner am 25. Oct. 1864 in der Loge Balduin zur Linde Or. Leipzig. [Leipzig 1864: Bär & Hermann.] 4 Bl. 8⁰ [Umschlagtit.]
6 Gesänge ohne Noten, darunter 1 von O. Marbach.

Tafellieder zur Feier des goldenen Maurerjubiläums des Br. Heinr. Herm. Eger am 20. Juni 1869. [Chemnitz 1869: Pickenhahn.] 1 Bl. 8⁰ [Kopftit.]
[1] in: Programm f. d. Joh.festfeier [d. Loge Harmonie, Chemnitz] u. d. 50jähr. Mauerjubil. d. Br. Eger 1869.
2 Lieder ohne Noten.

Tafellieder zum 21. Febr. 1874 gewidmet dem Club „Felsenfest“ vom Br W. S. Hamburg [1874]: Korff & Pollheim. 2 Bl. 8⁰ [Umschlagtit.]
2 Lieder ohne Noten.

Tafel-Lieder für das Festmahl der Jahres-Versammlung der Grossen Loge zur Sonne im Or. Hamburg am 7. Mai 1893. Hamburg [1893:] Mönch. 6 Bl. 8⁰. [Umschlagtit.]

Tafellieder zum Festmahle am 25. Sept. 1857. Altenburg [1857]: Hofbuchdr. 2 Bl. 8⁰ [Umschlagtit.]
2 Lieder ohne Noten.

Tafellieder zum Festmahle am 24. Sept. 1857. Altenburg [1857]: Hofbuchdr. 2 Bl. 8⁰ [Umschlagtit.]
2 Lieder ohne Noten.

Tafel-Lieder gesungen in der Fest-tafel-Loge am Tage der Einweihung des neuen Logen-Gebäudes der Loge Friedrich Wilhelm zur Eintracht in Bremen am 23. Jan. 1881. [Bremen 1881: Guthe.] 2 Bl. 8⁰ [Umschlagtit.]
3 Lieder ohne Noten.

Tafellieder zum goldenen Freimaurer-jubiläum des verehrtesten und geliebtesten Brs. Carl Heinr. Wilh. Goetz. Am 10. Oct. 1880 in der Loge Balduin zur Linde in Leipzig. [Leipzig 1880: Naumann.] 4 Bl. 8⁰ [Umschlagtit.]
7 Lieder ohne Noten.

Tafellieder der Freimaurer-Loge zur Harmonie in Chemnitz am 82. Stiftungsfeste den 26. Mai 1881. [Chemnitz 1881: Geidel.] 3 Bl. 8⁰ [Kopftit.]
Tt. 2620. 6 Lieder ohne Noten.

Tafellieder der Freimaurer-Loge zur Harmonie im Or. Chemnitz am 85. Stiftungsfeste den 22. Mai 1884. [Chemnitz 1884: Geidel.] 2 Bl. 8⁰ [Kopftit.]
5 Gesänge ohne Noten von M. Pfalz, J. J. Ihlée, F. A. L. Höfer, F. H. Geidel, O. Marbach.

Tafellieder der Freimaurer-Loge zur Harmonie im Or. Chemnitz zum 92. Stiftungsfeste den 7. Mai 1891. [Chemnitz 1891: Geidel.] 2 Bl. 8⁰ [Kopftit.]
4 Lieder ohne Noten, darunter 2 von R. Fischer.

Tafellieder von den Br. Br. aus treuen Herzen gesungen am Geburtstage des [Br.] Wilm den 27ten März 1851. [Berlin 1851.] 6 Bl. 8⁰ [Umschlagtit.]
6 Lieder ohne Noten.

Tafellieder am Gesellschaftsabend der Loge „Zum Pelikan" den 9. Febr. 1875, gewidmet von H. E. Hamburg [1875]: Reese. 2 Bl. 8⁰
3 Lieder ohne Noten.

Tafel= u. Gesellschafts=Lieder. 5., verm. Aufl. gr. 16. (31 S.) Krefeld 879. Klein. — 10

Tafel= u. Gesellschafts=Lieder. 6. Aufl. 16. (31 S.) Crefeld 883. Klein. n. — 10

Tafel-, Gesellschafts- u. Commers-Lieder. Doppel=Ausg. der Tafel= u. Gesellschafts=Lieder. gr. 16. (64 S.) Krefeld 879. Klein. — 25

Tafellieder zum 50 jährigen Haus-Jubiläum der Logen Apollo und Balduin zur Linde im Or. Leipzig am 12. Sept. 1897. [Leipzig 1897: Zechel.] 4 Bl. 4⁰ [Umschlagtit.]
7 Lieder ohne Noten von O. Marbach, H. Prager, L. Kosegarten, Goetz.

Goslar: **Tafellieder** [der Loge Hercynia zum flammenden Stern. Goslar] o. J.: [Brückner]. 8 S. 8⁰ [Kopftit.]
5 Lieder ohne Noten.

Tafel-Lieder der Loge Hercynia z[um] fl[ammenden] St[ern]. Goslar 1885: Brückner. 31 S. 8⁰
24 Lieder ohne Noten.

Tafel-Lieder der Hercynia z[um] fl[ammenden] St[ern]. [Goslar] o. J.: [Brückner]. 16 S. 8⁰
9 Lieder ohne Noten.

Tafellieder bei der Installationsfeier der □ Albert zur Eintracht. Or. Grimma, 12. Sept. 1858. Grimma [1858]: Roessler. 12 S. 8⁰ [Umschlagtit.]
Tt. 2016. 8 Gesänge ohne Noten, davon 2 von O. Marbach, 1 von Lappe, 1 von F. S. Lucius.

Grimma: **Tafellieder** zum Johannisfest. [Grimma] o. J.: [Schiertz & Winkler]. 8 S. 8⁰ [Umschlagtit.]
6 Lieder ohne Noten, darunter 2 von H. Waldow.

Tafellieder am Johannis-Feste 1824. o. O. 1824. 2 Bl. 8⁰
4 Lieder ohne Noten.

Tafellieder am Johannisfest 1827. o. O. [1827]. 2 Bl. 8⁰ [Kopftit.]
2 Lieder ohne Noten.

Tafellieder am Johannisfest 1828. [Hamburg: 1828.] 2 Bl. 8⁰ [Kopftit.]
4 Lieder ohne Noten.

Tafellieder am Johannisfeste 1829. [Hamburg: 1829.] 2 Bl. 8⁰ [Kopftit.]
4 Lieder ohne Noten.

Tafellieder am Johannisfeste 1830. [Berlin 1830.] 4 Bl. 8⁰. [Kopftit.]
6 Liedertexte.

Tafellieder am Johannisfest 1830. [Hamburg: 1830.] 2 Bl. 8° [Kopftit.]
3 Lieder ohne Noten.

Tafellieder am Johannisfeste 1831. o. O. [1831]. 2 Bl. 8° [Kopftit.]
4 Gesänge ohne Noten.

Tafellieder am Johannisfest 1833. o. O. [1833]. 2 Bl. 8° [Kopftit.]
2 Gesänge (der 1. von F. Meyer) ohne Noten.

Tafel-Lieder zum Johannis-Feste 1847. [Frankfurt a. O. 1847: Trowitzsch & S.] 4 Bl. 8° [Umschlagtit.]
5 Gesänge ohne Noten.

Tafellieder zum Johannisfeste 1886. [Leipzig 1886: Naumann.] 4 Bl. 8° [Umschlagtit.]
6 Gesänge ohne Noten.

Tafellieder zum Johannisfest 1892 der Logen Apollo und Balduin zur Linde. [Leipzig 1892: Naumann.] 4 Bl. 8° [Umschlagtit.]
6 Gesänge ohne Noten von O. Marbach, K. O. Müller u. a.

Tafellieder zum Johannisfeste der Logen Apollo und Balduin zur Linde im Or. Leipzig. 1894. [Leipzig 1894: Naumann.] 4 Bl. 8° [Umschlagtit.]
5 Gesänge ohne Noten von E. Anschütz, O. Marbach, F. Stromberg.

Tafellieder zum Johannisfeste der Logen Apollo und Balduin zur Linde. 1898. [Leipzig 1898: Zechel.] 4 Bl. 8° [Umschlagtit.]
6 Gesänge ohne Noten von E. Anschütz, O. Marbach, L. Kosegarten u. a.

Tafellieder zum Johannisfeste 1900 der Logen Apollo und Balduin zur Linde. [Leipzig 1900: Zechel.] 4 Bl. 8° [Umschlagtit.]
6 Gesänge ohne Noten, darunter 1 von E. Anschütz, 1 von A. Mahlmann.

Tafellieder zum Johannisfeste 1903 der Logen Apollo und Balduin zur Linde. [Leipzig 1903: Zechel.] 4 Bl. 8° [Umschlagtit.]
6 Gesänge ohne Noten, darunter 1 von E. Anschütz, 1 von O. Marbach.

Tafellieder zum Johannisfeste der Logen Apollo und Balduin zur Linde 1905. [Leipzig 1905: Zechel.] 4 Bl. 8°.
6 Lieder.

Tafellieder zum Johannisfeste der Logen Apollo und Balduin zur Linde [in Leipzig] 1909. [Leipzig 1909: Zechel.] 4 Bl. 8°.
5 Lieder.

Tafellieder zum Johannisfest der Loge zur Harmonie Or. Chemnitz am 23. Juni 1889. [Chemnitz 1889.] 1 Bl. 8° [Kopftit.]
2 Lieder ohne Noten: 1. „Vaterlandslied" (Nach A. Mahlmann): „Ertöne begeisterndes Vaterlandslied, ..." 2. „Den Schwestern" von H. Waldow: „Im fröhlichen Kreise ..."

Tafellieder zum Johannisfest am Sonntag, den 24. Juni 1894. Hamburg [1894]: Altschwager. 4 Bl. 8°
5 Lieder ohne Noten.

Tafel-Lieder am Johannis-Tage 1852. Frankfurt a. O. [1852]: Trowitzsch & S. 4 Bl. 8° [Umschlagtit.]
6 Gesänge ohne Noten.

Tafellieder zur 50 jährigen Jubel-Feier des Br Heinr. Friedr. Stuewer, am Mittwoch, 7. Juni 1893. Brüderlich gewidmet von der Loge „Zum Pelikan". Hamburg: [1893.] 2 Bl. 8° [Umschlagtit.]

Tafel-Lieder zur 50jährigen Jubelfeier der Loge „Victoria zur beglückenden Liebe" in Zeitz am 21. Februar 1909. [Zeitz 1909: Brendel] 2 Bl. 8°. [Kopftit.]

Tafel-Lieder beim fünfzigjährigen Jubelfeste der Loge „Zur Siegenden Wahrheit" zu Gleiwitz am 19. April 1863. Gleiwitz [1863]: Neumann. 2 Bl. 8° [Umschlagtit.]
Tt. 2602. 3 Gesänge ohne Noten.

Tafel-Lieder f. Lehrer-Versammlungen. 8. (16 S.) Wiesbaden 885. Bechtold & Co. n. — 25

Tafel- u. andere Lieder d. Allg. T. V. zu Volkmarsdorf. 8°.

Z. Hansa: **Tafel-Lieder** [der Loge „zur Hansa", Bremen]. o. J. 29 S. 8°.

Tafellieder der Loge zur Harmonie in Chemnitz zum 78. Stiftungsfeste am 10. Mai 1877. [Chemnitz 1877: Geidel.] 3 Bl. 8⁰ [Kopftit.]
5 Lieder ohne Noten von J. Otto, A. v. Nostitz u. Jänckendorf, K. Seidel, O. Marbach u. a.

Tafel-Lieder der Loge zur Harmonie in Chemnitz zum 80. Stiftungsfeste am 22. Mai 1879. [Chemnitz 1879: Geidel.] 2 Bl. 8⁰ [Kopftit.]
4 Lieder ohne Noten, von R. Fischer, J. J. Ihlée, H. Waldow.

Loge zum goldenen Hirsch i. O. v. Oldenburg. **Tafellieder.** [Oldenburg ca 1900: Stalling.] 10 S. 8⁰ [Kopftit.]
9 Lieder ohne Noten.

Tempel des Friedens: **Tafellieder** [der Loge „z. Tempel des Friedens" in Metz.] [Metz, o. J.: Amtl. Zeitg. f. Lothr.] 2 Bl. 8⁰. [Kopftit.]
6 Lieder ohne Noten

Tafel-Lieder für die vereinigten Logen zum stillen Tempel und Pforte zur Ewigkeit in Hildesheim. [Hildesheim] 1828. 8 S. 8⁰ [Umschlagtit.]
5 Lieder ohne Noten.

Tafel-Lieder zur Logenweihe [der Loge „zu den drei Rosen im Walde" in Sorau] am 22. September 1847. o. O. [1847]. 2 Bl. 8⁰. [Kopftit.]
3 Lieder.

Tafel-Lieder zur Logen-Weihe am 22. Sept. 1847. o. O. [1847]. 2 Bl. 8⁰ [Kopftit.]
3 Gesänge ohne Noten, 2 von Wehrmann u. Melcher, 1 von Paalzow u. Heinrich.

Anschütz, Emmerich: Loge Apollo [in Leipzig]. Diamantene Maurerjubelfeier des Br. Emmerich Anschütz. Sonntag, den 6. Mai 1894. **Tafel-Lieder.** [Leipzig 1894.] 8 S. 8⁰ [Umschlagtit.]
4 Gesänge ohne Noten von Wagner, H. Pilz u. Th. Winkler.

[**Tafellieder.**] Zum 25 jährigen Maurer-Jubiläum des Br. Herrig, am 19. Juni 1864. [Berlin 1864: Sittenfeld.] 10 S. 8⁰ [Umschlagtit.]
Tt. 2479. 9 Tafellieder.

Tafel-Lieder zum fünfzigjährigen Maurer-Jubiläum der BBr. Masche u. [Leop. Eug.] Dieckhoff am 17. Febr. 1858. Stettin [1858]: Grassmann. 5 Bl. 8⁰ [Umschlagtit.]
7 Gesänge ohne Noten.

Tafellieder bei der Säcularfeier der Loge Balduin zur Linde. Leipzig am 28. Mai 1876. [Leipzig 1876: Naumann.] 15 S. 8⁰ [Umschlagtit.]
Tt. 2619. 11 Lieder von O. Marbach, A. Mahlmann, Goethe, W. Wendt gedichtet. Ohne Noten.

Tafel-Lieder zur St. Andreas-Fest-Feier in der Gr. Landes-Loge der Freimaurer von Deutschland am 23sten Nov. 1842. [Berlin 1842.] 2 Bl. 4⁰ [Umschlagtit.]
3 Lieder ohne Noten.

Tafellieder zum St. Johannisfeste. Berlin 1843: Sittenfeld. 4 Bl. 8⁰ [Umschlagtit.]

Tafel-Lieder zum St. Johannis-Feste am Donnerstag, den 24. Juni 1880. Hamburg [1880]: Altschwager. 2 Bl. 8⁰ [Umschlagtit.]
4 Lieder ohne Noten.

Tafellieder zur Schillerfeier des Vereins »Breslauer Dichterschule«. Den 12. November 1876. Breslau. Druck von Oscar Raabe vorm. C. H. Storch & Comp. 8⁰.

Loge zur Einigkeit. **Tafellieder** gesungen bei dem Schwesternfeste am 6. April 1872. [Frankfurt a. M. 1872.] 2 Bl. 8⁰ [Kopftit.]
6 Gesänge ohne Noten.

Tafellieder zum Schwesternfeste der Loge Balduin zur Linde am 31. Okt. 1903 [in Leipzig]. [Leipzig 1903: Zechel.] 5 Bl. 8⁰. [Umschlagtit.]
6 Lieder ohne Noten.

Loge Balduin zur Linde. **Tafellieder** zum Schwesternfeste am 31. Okt. 1909. [Leipzig 1909: Zechel.] 4 Bl. 8⁰ [Umschlagtit.]
5 Gesänge, davon 1 von O. Marbach (1 mit Noten), 1 von A. Lortzing.

Tafellieder zum Schwesternfeste der Logen Balduin zur Linde und Apollo zu Leipzig am 27. Nov. 1847. [Leipzig 1847.] 4 Bl. 8⁰ [Umschlagtit.]
5 Gesänge ohne Noten.

Tafellieder zum Schwesternfeste der Loge Balduin zur Linde in Leipzig am 31. Oktober 1885. [Leipzig 1885: Zechel.] 4 Bl. 8⁰
6 Lieder ohne Noten.

Tafel-Lieder, gesungen auf dem Schwestern-Fest der Vereinigung „Felsenfest". 22. Nov. 1903. Hamburg [1903]: J. H. Meyer. 2 Bl. 8⁰ [Umschlagtit.]
2 Lieder ohne Noten.

Tafel-Lieder, gesungen auf dem Schwesternfest der Vereinigung „Felsenfest" [in Hamburg] verbunden mit dem Stiftungsfest des Quartetts „Felsenfest". 24. Nov. 1907. [Hamburg 1907.] 2 Bl. 8⁰ [Umschlagtit.]

[Dasselbe.] [Andr. Ausg.] Ebendas. [1907]. 2 Bl. 8⁰
3 Gesänge ohne Noten.

Tafellieder für das Schwestern-Fest der Wittwen- und Waisen-Stiftung der Loge Hermann zum Lande der Berge O.·. Elberfeld am 13. Febr. 1876. [Elberfeld 1876: Fastenrath.] 3 Bl. 8⁰ [Umschlagtit.]
4 Lieder ohne Noten.

Tafel-Lieder bei dem Schwesternkränzchen unserer guten Loge Horus. Am 30. Januar 1869. [Breslau 1869: Storch & Co.] 4 Bl. 8⁰. [Umschlagtit.]
3 Lieder ohne Noten.

Loge Carl zum aufgehenden Licht. **Tafel-Lieder** zur Schwestern-Loge am 7. Febr. 1897. Frankfurt a. M. [1897]: Knauer. 1 Bl. 8⁰ [Kopftit.]
3 Gesänge ohne Noten.

Tafellieder, 60, von einem Handwerksmann, s. a. Buchner, H.

Tafellieder, 60, von einem Handwerksmann (Hutmachermstr. Heinr. Buchner). Für Gewerb-, Musik- u. gesellige Vereine, zu Communalschmäusen, Hochzeiten und andern Festmahlen. gr. 8. Chemnitz 838. (Starcke; Leipzig, Hinrichs.) n. 1/2 Rthlr.

Tafel-Lieder zur fünfundzwanzigjährigen Stiftungsfeier der Loge Albert zur Eintracht. [Grimma 1883: Schiertz & Winkler.] 8 S. 8⁰ [Umschlagtit.]
Tt. 2621. 7 Gesänge ohne Noten von A. May, H. Fiedler, Fink, H. Waldow, G. H. Wegener, O. Marbach.

Tafel-Lieder zur 100 jährigen Stiftungsfeier der Loge „Ferdinande Caroline" am Sonntag, den 10. Sept., 1876. Hamburg [1876]: Nobiling. 2 Bl. 8⁰ [Umschlagtit.]
3 Gesänge ohne Noten.

Tafellieder zur Stiftungs-Feier der hochw. Gr. National-Mutterloge zu den drei Weltkugeln. Berlin, den 13. Sept 1824. [Berlin 1824]: Amelang. 4 Bl. 8⁰ [Umschlagtit.]
5 Lieder ohne Noten.

Schmölln: **Tafel-Lieder.** Stiftungsfest den 11. März 1884. Schmölln [1884]: Leiste. 2 Bl. 8⁰ [Umschlagtit.]
2 Gesänge ohne Noten.

Tafellieder zum 109. Stiftungsfeste der Loge Balduin zur Linde in Leipzig. Sonntag, den 8. März 1885. [Leipzig 1885: Naumann.] 4 Bl. 4⁰.
5 Lieder ohne Noten.

Tafellieder beim Stiftungsfest der Loge Balduin zur Linde 1893. [Leipzig 1893: Zechel.] 4 Bl. 8⁰.
6 Lieder ohne Noten.

Tafellieder zum Stiftungsfeste der Loge Balduin zur Linde. Im Orient Leipzig am 13. März 1898. [Leipzig 1898: Zechel.]
5 Lieder ohne Noten.

Tafellieder zum Stiftungsfeste der Loge Balduin zur Linde. Im Or. Leipzig am 8. März 1899. [Leipzig 1899: Zechel.] 4 Bl. 8⁰ [Umschlagtit.]
6 Lieder ohne Noten.

Tafellieder zum 124. Stiftungsfeste der Loge Balduin zur Linde am 11. März 1900. [Leipzig 1900: Zechel.] 2 Bl. 8⁰. [Kopftit.]
4 Lieder ohne Noten.

Tafellieder zum 125. Stiftungsfeste der Loge Balduin zur Linde am 24. März 1901. [Leipzig 1901: Zechel.] 4 Bl. 8⁰ [Umschlagtit.]
5 Gesänge ohne Noten von M. Claudius, H. Prager, O. Marbach, L. Kosegarten.

□ B[alduin] z[ur] L[inde]. Zum 126. Stiftungsfeste. **Tafellieder.** [Leipzig 1902: Zechel.] 2 Bl. 8⁰ [Kopftit.]
4 Lieder ohne Noten, davon 2 von O. Marbach.

Loge Balduin zur Linde. **Tafellieder** zum 127. Stiftungsfest den 15. März 1903. [Leipzig 1903: Zechel.] 4 Bl. 8⁰ [Umschlagtit.]
5 Gesänge ohne Noten.

Loge Balduin zur Linde. **Tafellieder** zum 128. Stiftungsfeste am 20. März 1904. [Leipzig 1904: Zechel.] 4 Bl. 8⁰.
5 Lieder ohne Noten.

Tafellieder zum Stiftungsfeste der Loge Balduin zur Linde. Im Or. Leipzig am 19. März 1905. [Leipzig 1905: Zechel.] 4 Bl. 8⁰ [Umschlagtit.]
5 Gesänge ohne Noten.

Loge Balduin zur Linde. **Tafellieder** zum 130. Stiftungsfeste am 18. März 1906. [Leipzig 1906: Zechel.] 4 Bl. 8⁰.
6 Lieder ohne Noten.

Loge Balduin zur Linde. **Tafellieder** zum 131. Stiftungsfeste am 17. März 1907. [Leipzig 1907: Zechel.] 4 Bl. 8⁰ [Umschlagtit.]
6 Gesänge ohne Noten, darunter 1 von Liebknecht, 1 von J. J. Ihlée.

Loge Balduin zur Linde. [Leipzig]. **Tafellieder** zum 132. Stiftungsfeste am 15. März 1908. [Leipzig 1908: Zechel.] 4 Bl. 8⁰.
5 Lieder ohne Noten.

Tafellieder zum 19 jährigen Stiftungs-Feste der Vereinigung „Felsenfest“ am 12. Febr. 1892. Hamburg [1892]: Köhler. 4 Bl. 8⁰ [Umschlagtit.]
2 Lieder ohne Noten.

Tafellieder, gesungen auf dem 24 jähr. Stiftungsfest der Vereinigung „Felsenfest“ am 12. Febr. 1897. [Hamburg 1897.] 2 Bl. 8⁰ [Umschlagtit.]
2 Lieder ohne Noten.

Vereinigung „Felsenfest“ [in Hamburg]. **Tafellieder** zum 25 jährigen Stiftungsfeste am 21. Febr. 1898. Hamburg 1898: J. H. Meyer. 2 Bl. 8⁰ [Umschlagtit.]
2 Lieder ohne Noten.

Tafel-Lieder zum 26jähr. Stiftungs-Feste der Vereinigung „Felsenfest“ [in Hamburg] am 12. Febr. 1899. [Hamburg 1899.] 2 Bl. 8⁰ [Umschlagtit.]
2 Gesänge ohne Noten.

Tafel-Lieder zum 75 jährigen Stiftungsfeste der Prov.-Loge von Mecklenburg. Rostock, am 17/22. Sept. 1894. [Rostock 1894.] 2 Bl. 8⁰ [Umschlagtit.]
7 Gesänge ohne Noten.

Tafellieder beym funfzigjährigen Stiftungsfest der Loge Ferdinand zur Glückseligkeit in Magdeburg am 28. Sept. 1828. [Magdeburg 1828.] 2 Bl. 8⁰ [Kopftit.]
3 Gesänge ohne Noten, davon 1 von F. Boré u. 1 von K. G. Kretschmann.

Tafel-Lieder zum 50 jährigen Stiftungs-Fest der Loge „Zur Perle am Berge“ i. O. Perleberg den 4. März 1900. Perberg [1900]: Mancke. 4 Bl. 8⁰ [Umschlagtit.]
1 Quartett, 4 Solo- u. 3 Chorgesänge ohne Noten.

Tafellieder zum Stiftungsfest [der Loge Lessing zu den drei Ringen] 1888. [Greiz 1888: Löffler.] 2 Bl. 8⁰ [Kopftit.]
6 Gesänge ohne Noten.

Tafellieder zum Stiftungsfest [der Loge Lessing zu den drei Ringen] 1890. [Greiz 1890: Löffler.] 2 Bl. 8⁰ [Kopftit.]
7 Lieder ohne Noten.

Tafellieder am Stiftungsfeste der Loge zur Eintracht am 9. Dec. 1830. [Berlin 1830.] 4 Bl. 8⁰ [Kopftit.]
6 Lieder ohne Noten.

Tafellieder am Stiftungsfeste der Loge zur Eintracht am 9ten Dec. 1832. [Berlin 1832.] 2 Bl. 8⁰ [Kopftit.]
4 Lieder ohne Noten.

Tafellieder am Stiftungsfeste der Loge zur Verschwiegenheit am 3ten Sept. 1828. [Berlin 1828.] 3 Bl. 8⁰ [Kopftit.]
6 Lieder ohne Noten.

Blankenese: Frm. V. „Eintracht“ Blankenese. **Tafellieder** zum Stiftungs- u. Schwesternfest. Dienstag, den 2. Jan. 1906. Blankenese [1906]: Kröger. 2 Bl. 8⁰ [Umschlagtit.]
4 Gesänge ohne Noten.

Tafellieder am Tage des 50jährigen Maurer-Jubiläums des Br. F. Ph. Rosenstiel am 10ten Febr. 1831. [Berlin 1831.] 2 Bl. 8⁰ [Kopftit.]
4 Lieder ohne Noten.

Tafellieder für gesellige Vereine, gesammelt und hrsg. von Felix Fröhlich. 1. Heft. 8. (32 S. mit Melodien.) Altenburg 856, Schnuphase'sche Buchh. Thlr. **

Tafel-Lieder zur Vereins-Loge in Halberstadt am 29. Sept. 1847. [Halberstadt 1847.] 2 Bl. 8⁰ [Umschlagtit.]
3 Gesänge ohne Noten.

Voigt, Lorenz Wilh.: **Tafel-Lieder** dem Br.·. Lorenz Wilh. Voigt freundlichst gewidmet am Fest-Abend des 29sten Aug. 1840. [Frankfurt a. M. 1840.] 8 S. 8⁰ [Umschlagtit.]
4 Gesänge ohne Noten.

Tafellieder der g. u. v. St. Johannis-Loge Wilhelm zu den drei Säulen im O. zu Wolfenbüttel. [Wolfenbüttel 1854: Holle.] 15 S. 8⁰
[Umschlagtit.:] Tafellieder gesungen bei der am 6. Juni 1854 im O. zu Wolfenbüttel abgehaltenen Vereins-Loge.
7 Gesänge ohne Noten.

Conover, J. Carence: Elfter maurerischer District, f. & a. m. New Jersey. **Tafel-Loge** zu Ehren des höchst ehrw. J. Clarence Conover. Am Donnerstag den 24. März 1910. o. O. [1910]. 4 Bl. 8⁰. [Umschlagtit.]

Tafelloge zur gemeinsamen Feier des 50. Geburtstages Sr. Majestät des Kaisers Wilhelm II. Mittwoch, 27. Jan. 1909 seitens der Grossen Loge von Hamburg und der Logen Absalom, St. Georg, Emanuel, Ferdinande Caroline, Ferdinand zum Felsen, zur Brudertreue an der Elbe, zur Bruderkette, Globus, Gudrun und Phönix zur Wahrheit. [Hamburg 1909: Rademacher.] 4 Bl. 8⁰
[Umschlagtit.:] Fest-Tafelloge.
2 Lieder ohne Noten.

Tafel-Loge Ferdinand zum Felsen, Nov. 22, 1845. [Hamburg 1845.] 1 Bl. 8⁰ [Kopftit.]
2 Lieder ohne Noten.

Tafelloge. Johannisfest 1883. [Leipzig 1833: Engelhardt.] 8 S. 8⁰ [Umschlagtit.]
5 Lieder ohne Noten, 2 davon von O. Marbach, 2 von M. Zille, 1 von F. S. Lucius.

Tafelloge. Johannisfest 1890. [Leipzig 1890: Naumann.] 7 S. 8⁰ [Umschlagtit.]
6 Lieder ohne Noten von M. Zille, E. Anschütz, O. Marbach u. a.

Tafelmacher, August [aus Uelzen]: Zu dem dritten Gauss'schen Beweise des Reciprozitäts-Satzes für die quadratischen Reste gehörende Untersuchungen. . . . Osnabrück, Druck v. J. G. Kisling, 1889; 2 Bl. + 24 S. + 1 Bl. 4⁰
Göttingen, Phil. Fak., Inaug.-Diss. v. 25. Febr. 1889

Tafelmacher, Aug. Zu dem dritten Gauss'schen Beweise d. Reciprozitäts-Satzes f. die quadratischen Reste gehörende Untersuchungen. Diss. 4. (24 S.) Osnabrück 889. (Gött., Vandenhoeck u. Ruprecht.) * 1 20

Tafelmacher, *August* Zu dem dritten Gauss'schen Beweise des Reciprocitäts-Satzes für die quadratischen Reste gehörende Untersuchungen. 4 (24 S.). **Progr.** Rg. *Osnabrück* 1890 (321).

Tafelmeier, Hans, appr. Arzt a. Nandlstadt: Ueber einen Fall von vollständiger subcutaner Zerreissung der Arteria axillaris. München 1899: Kastner & Callwey. (28 S.) 8⁰
München, Med. Fak., Ref. v. Angerer, Diss. v. 22. Nov. 1904
[Geb. 29. Dez. 71 Nandlstadt; Wohnort: Nandlstadt; Staatsangeh.: Bayern; Vorbildung: Gymn. Freising Reife Juli 92; Studium: München 2, Erlangen 2, Halle 1, München 4 S.; Coll. 22. Dez. 98; Approb. 24. Febr. 98.]

Tafeln

— zur zollamtlichen Abfertigung v. Verschnittweinen u. Verschnittmosten. Hrsg. im Reichsschatzamt. (109 S.) Lex.-8. Berlin 906. J. Springer. n.n. 1. 50

Tafeln zur Abkürzung trigonometrischer Höhenberechnung zugleich mit Rücksicht auf Erdkrümmung u. Refraction. 2. Aufl. gr. 12. (46 S.) Hannover 850, Helwing. n. 1/3 ℛ

Tafeln, Acht, der Geschichte des Fürstenthums Breslau . . . Breslau 1816 [1815]. V: *Stein, Carl Wilhelm.* (KY) (MGT)

— acht, der Geschichte des Fürstenth. Breslau in ihrer Verbind. mit d. Geschichte des ganzen Herzogth. Sachsen u. der preuß. Monarchie. Von den ältesten bekannten Zeiten bis 1815, (von Karl Fr. Stein II.) gr. 4. Bresl. 815. W. G. Korn. 4 ℛ

—— 48, zur Vergleichung geograph. Größen u. Maaße rc., s. Roon, A. v.

— 48, zur Vergleichung geograph. Größen u. Maaße; für Geschäftsmänner und Reisende besonders abgedruckt aus A. v. Roon, Grundzüge der Erd- u. Staatenkunde rc. qu. gr. 4. Berlin 845, Duncker u. Humblot. 2 ℛ

Tafeln, Alphabetische, über das Atomengewicht der meisten unorganischen Körper. [Schneeberg] o. J. V: *Berzelius, Joh. Jac. Frhr. v.* (TÜBZ 9, 3)

Tafeln über Batterie-Bau. (Mit 23 Tafeln, 2 Planen und 1 Tabelle in 1 Schuber.) (Donation Liechtenstein.)
kl. 8. (ohne Druckort zirka 1830.)

— z. bequemen Berechnung d. Logarithmen, s. *Tabulae.*

Tafeln zur bequemern Berechnung der Logarithmen der Summe aller Differenzen zweyer Größen, welche selbst u. durch ihre Logarithmen gegeben sind. 4. Altona, Hammerich. 818.

Schreibrav.

Tafeln zur Berechnung der Branntweinsteuer (Verbrauchsabgabe, Zuschlag zur Verbrauchsabgabe, Maischbottichsteuer, Branntweinmaterialsteuer) und der Branntweinsteuerrückvergütung. kl. 4. (22 S.) Karlsruhe 887, Müller'sche Hofbuchh. **
Vgl.: Branntweinsteuergesetz für Baden.

Tafeln zur Berechnung der Branntweinsteuer und von Branntweinsteuervergütungen. Berlin [1907?]: O. Drewitz. (34 S.) 8° [F.] 07. 15106 S

Tafeln zur Berechnung der Branntweinsteuer und von Branntweinsteuer-Vergütungen. Berlin [1909]: Drewitz. 34 S. 8° 09. 6998

Tafeln zur Berechnung der Grundsteuer. Berlin 864. v. Decker. gr. 4. (IV, 26 S.) 15 ngr.

Tafeln zur Berechnung von Höhenunterschieden ... s. (Wild, Heinrich).

Tafeln zur Berechnung v. Höhenunterschieden aus Horizontaldistanz u. Höhenwinkel in Centesimal- u. Sexagesimal-Teilung. Nebst Hülfstafeln u. Anleitgn. Hrsg. vom eidgen. Departement des Innern. (XXX, 105 S.) gr. 8. Brugg 905. (Bern, H. Körber.)
Geb. in Leinw. n.n. 5.—

Tafeln zur Berechnung der Preise des neuen Centners u. des neuen Pfundes im Vergleich zum alten Gewicht. Stettin (858.) (Grassmann.) 8. (8 S.) n. 2½ ngr.

— zur Berechnung des Stempelpapieres. Allen Beamten der indirecten Steuerbranche, allen Oberinspectoren, Obercontroleurs, Hauptamtsassistenten, Rendanten u. Stempelimpostennehmern nothwendig. Dresden (858.) Meinhold. 8. (39 S.) n. 5 ngr.

— zur Berechnung der Wahrscheinlichkeit des Vorkommens von Beobachtungsfehlern. (Berlin 853. C. Heymann.) (6 lithogr. Bl. in 4.) n. 10 ngr.

Tafeln für geodätische Berechnungen zwischen den Breiten von 35° und 71°. Nach Bessels Elementen des Erdsphäroides. Cassel 187?. 8.

Tafeln zur Berichtigung von metallenen u. gläsernen Hohlmaassen nach dem Gewichte der Wasserfüllung der Raumgrössen von 25 Liter bis 1/32 Liter hersg. von der Normal-Eichungs-Kommission des norddeutschen Bundes. Berlin 870. Moeser. gr. 4. (19 S.) n. 10 ngr.

Tafeln zur Bestimmung des Ertrages an Brettern verschiedener Stärkeklassen aus rundgemessenen Stämmen. Für Holzhändler u. Gewerbtreibende. gr. 16. (43 S.) Bern 878. Wyß. n. — 60

Tafeln zur Bestimmung des Ertrages an Brettern verschiedener Stärkeklassen aus rundgemessenen Stämmen. 2. Aufl. Kl. in-8°, 43 S. Bern, K. J. Wyss. 1879. — 70

Tafeln zur Bestimmung des Inhalts der Fässer. Berlin 1804. V: *Eytelwein, Johann Albert.* (Ky) (MGT) (Hitzig) (Koner) (Kat. d. Bibl. d. Techn. Hochsch. Berlin 1900.)

Tafeln zur Bestimmung d. Inhalts u. d. Preises runder unbeschlagener Stämme. Zum Gebr. d. Waldbesitzer, Holzhändler, Zimmerleute u. aller übrigen in Holz arbeit. Handwerker, vorzugsweise aber auch z. Gebr. d. württemberg. Forstpersonals. 2. Aufl. Lex.-8. (8¼ B.) Stuttgart 830, Beck u. Fränkel.

— zur Bestimmung des Inhalts und Preises runder unbeschlagener Stämme, zum Gebr. d. Waldbesitzer, Holzhändler, Zimmerleute rc. rc. 3. Aufl. gr. 8. Stuttgart 841, Beck u. Fränkel. ⅔ rß

— zur Bestimmung des Inhalts u. d. Preises runder unbeschlagener Stämme. Zum Gebrauch der Waldbesitzer, Holzhändler, Zimmerleute rc., vorzugsweise aber auch zum Gebrauche des Forstpersonals. 4. Aufl. gr. 8. (X u. 118 S.) Stuttgart 852, Beck & Fränkel. n. 16 ngr

— zur Bestimmung des Inhalts und des Preises runder unbeschlagener Stämme. Zum Gebrauche für Waldbesitzer, Holzhändler, Zimmerleute u. alle übrigen in Holz arbeitenden Handwerker, vorzugsweise aber auch zum Gebrauche des Forstpersonals. 5. Aufl. Aufs Neue durchges., verb. und mit neuen Tabellen verm., nebst e. Anh. über Decimal-Brüche von Joh. Geo. Decker. Stuttgart 858. Oetinger. gr. 8. (XVI, 186 S.) n. 18 ngr.

—— zur Bestimmung des Inhalts und des Preises runder unbeschlagener Stämme. Nebst einem Anh. über die Vergleichung von Maaßen verschied. Staaten und das Rechnen mit Dezimalbrüchen. Zum Gebrauche für Waldbesitzer, Holzhändler, Zimmerleute und alle übrigen in Holz arbeit. Handwerker, vorzugsweise aber auch zum Gebrauche des Forstpersonals. 6. Aufl. Durchgesehen, verb. und verm. von Chrn. Friedr. Hartmann. 8. (X und 222 S.) Stuttgart 865, Oetinger. cart. *

Tafeln zur Bestimmung des Inhaltes und des Zuwachses der vorzüglichsten deutschen Holzarten, zu den Vorlesungen gehörig, welche im Winterhalbjahr von Michaelis 1818 bis Ostern 1819 von Oberforstrath Cotta über Waldschätzung gehalten worden sind. - Dresden o.J. 12 S., 33 S. Taf.

— zur Bestimmung des Kubik-Inhaltes v. Rundhölzern, samt e. Tabelle zur leichten Berechng. des Körperinhaltes e. Baumstammes nach Kubikschuhen. (16 S.) 16. Wels (881). J. Haas. n. — 25

— zu den Bestimmungen über die Zollbehandlung der Mineralöle. Hrsg. im Reichsschatzamt. (185 S.) gr. 8. Berlin 906. R. v. Decker. n. 1.50

Tafeln chirurgische lithographierte

Chirurgische lithographierte Tafeln. Eine auserlesene Sammlung der nöthigsten Abbildungen von äußerlich sichtbaren Krankheitsformen, anatomischen Präparaten, so wie von Instrumenten und Bandagen, welche auf die Chirurgie Bezug haben, zum Gebrauch für praktische Chirurgen. Bd 1 - 3, gbd., Abb.

Graetz: Kienreich 1827 - 1830

JB 3.159

—— der Chorden für alle Winkel d. Quadranten, z. Gebr., die gemess. Winkel auf d. Papier zu entwerfen, nebst Beschreib. e. dazu gehörig. Stangenzirkels. gr. 12. (5¾ B. u. 2 Kpfrt.) St. Petersburg 817, (Eggers u. Comp.) *

— der Chorden für alle Winkel des Quadranten, z. Gebrauch, die gemessenen Winkel auf d. Papier zu entwerfen, nebst Beschreib. e. Stangenzirkels. Mit 2 Kpf. 8. St. Petersb. 820. (Leipz., Kummer). 16 gr

Tafeln, 3 (farbige), übersichtlich systemat. geordneter im Adriatischen Meere u. in den Süsswässern der Umgebung vorkomm. Fische. Je 87×62,5 cm. Nebst: Namenverzeichnis. (In latein., deutscher, italien., ungar. u. slaw. Sprache.) (8 S.) 15×23,5 cm. Graz 909. Leykam. 30.—

— 300, zum Studium d. deutschen Renaissance- u. Barockstils. Eine systemat. Auswahl aus den Sammelwerken v. Ortwein-Scheffers, Bakalowits, Paukert etc. 30 Lfgn. hoch 4. (80 Taf. m. 2 Bl. Text.) Leipzig 888—890. E. A. Seemann. à n. — 80

Auch in einzelnen Gruppen erschienen à Lfg. n. 1. —

Gruppe I. Fassaden u. Fassadenteile. 10 Lfgn.
II. Holzwerk, Täfelgn., Mobiliar, Stuck. 6 Lfgn.
III. Schlosserarbeit, Beschläge, Gitter etc. 5 Lfgn.
IV. Ornamentale Füllgn. u. Dekorationsmotive. 3 Lfgn.
V. Gerät u. Schmuck. 3 Lfgn.
VI. Töpferarbeiten, Kamine. Oefen, Krüge etc. 3 Lfgn.

— 30 (lith.), zur Kryptogamen-Kunde aus dem Handbuche der botan. Terminologie von G. W. Bischoff. (Nebst Register.) gr. 4. (IV u. 15 S.) Nürnberg 849, J. L. Schrag. n. 3 ß

— 30, z. Sprachbuch, 1e—3e Abtheil., enth. 11 Lesetaf. u. 19 grammat. Tafeln. Karlsr. 827. Braun. 10 fl

(Tafeln, 11 lithographierte, über die Dimensionen der Geschütz-Röhre, die Schuss- und Wurfweiten und Bestimmung der Ladung.) (Donation Liechtenstein.) 8. (Wien zirka 1830.)

Tafeln und Realregister, Encyclopaedische, zur Übersicht und Verbindung der in der Handbibliothek des Wissenswürdigsten enthaltenen Artikel. Als Anhang zur Deutschen Taschen-Encyklopädie. Leipzig u. Altenburg 1816—20. V: *Hasse, Frdr. Chn Aug.* (Petz)

Tafeln zu dem (sic) Erfahrungen im berg- und hüttenmännischen Maschinen-, Bau- und Aufbereitungswesen. Jahrg. 1857. *Wien. Friedr. Manz.* 27 Bl. Folio. Die Tafeln sind lithograph.

Normal-Aichungs-Kommission des Norddeutschen Bundes, Tafeln zur Ermittelung der Gewichtszulagen, welche man zu der Wasserfüllung von Raum-Grössen u. s. w. hinzuzufügen hat, etc. Berlin [o. J.]

Tafeln zur Ermittelung des körperlichen Inhalts der Baumstämme nach metrischem Maasse. Amtliche Ausgabe (für das Grossherzogthum Baden). - Karlsruhe 1872. 162 S.

Tafeln zur Ermittelg. des körperlichen Inhaltes der Baumstämme nach metr. Maße. Amtl. Ausg. (Neudr. 1897 der Ausg. 1872.) 8. (IV, 162 S.) Karlsruhe (897). G. Braun'sche Hofbuchdr. u. Verl. Geb. in Leinw. n. 3. —

—— forstbotan., enth.: die farbigen Abbild. d. Blätter, Blüthen u. Früchte der Holzpflanzen Deutschlands nach d. Natur; nebst Klassification u. kurzer Beschreib. ders. nach Linné, (v.) Burgsdorf, Bechstein, Borckhausen, Wildenow rc. Hrsg. von e. Gesellschaft pract. Forstmänner. 1. Lfg. od. 1. u. 2. Hft. gr. 4. (6 Stnt. u. 2 B. Text.) Naumburg 829, Wild.

— forstbotan., enthaltend: die farbigen Abbildd. der Blätter, Blüthen u. Früchte d. Holzpflanzen Deutschlands nach d. Natur; nebst Klassification u. kurzer Beschreib. derselben nach Linné u. A. hersgg. v. e. Gesellsch. prakt. Forstmänner. (1e Liefer.) 8 Hefte. gr. 4. Naumb. 829. Wild. 4 ß

Tafeln zur Graduirung von Karten in der konformen Projektion der Trigonometrischen Abtheilung. Berlin 1897. 7 S. 8°.

Tafeln, historische, für den Unterricht an der St. Galler Kantonsschule. 1. Abt. Von der Urzeit bis auf Augustus. St. Gallen 1836.

Tafeln zur allgemeinen Instruction für die Zimentirungsämter. *Wien* 1858. *K. k. Hof- u. Staatsdruckerei.* 8 Stück Taf. Qu.-Fol.

— kleine hygrometrische, für die Beobachter des Psychrometers. 16. Göttingen 844, Vandenhoeck u. Ruprecht. 1/8 ß

— über die Knochenbrüche aus d. „Chirurgischen Kupfertafeln" rc. zum Gebrauch für prakt. Chirurgen zusammengestellt von Rob. Froriep. 38 Kupfertaf. gr. 4. (100 S. Text.) Weimar 847, Landes-Industrie-Comptoir. 3 1/2 ß

— landwirthschaftliche. Nr. 17, 29 u. 30. Chromolith. Wien 870. Prag, Calve. Imp.-Fol. Jede Nr. n. 20 ngr

Nr. 17. Obstspalier. Zusammengestellt u. beschrieben von A. Frhr. v. Babo.

Nr. 29. 30. Die der Landwirthschaft nützlichen u. schädlichen Vögel. Zusammengestellt u. beschrieben von Wilh. Schleicher.

— landwirthschaftliche. Nr. 1—30. Lith. u. color. u. chromolith. mit eingedr. Texte. Imp.-Fol. Wien 871—74. Berlin, Czihatzky in Comm. In Umschlag. à n. 2. —

1. Obstbau. Von A. Frhr. v. Babo.
2. Weinbau. Von A. Frhr. v. Babo.
3. Kellerwirthschaft. Von A. Frhr. v. Babo.
4. Düngerlehre. Von A. Frhr. v. Babo.
5. Drainage. Von Otto Schmidt.
6. Wiesenbewässerung. Von Otto Schmidt.
7. Bienenzucht. Von L. J. Mellicher.
8. Gemüsebau. Von Rud. Abel.
9. Hopfenbau. Von Frz. Wilh. Hofmann.
10. Seidenraupenzucht. Von Frz. Wilh. Hofmann.
11. Künstliche Fischzucht. Von Gust. Jäger.
12. Forstwirthschaft [Holzzucht]. Von J. Pitasch.
13. Forstwirthschaft [Forstbenützg.]. Von J. Zenker.
14. Feldbau. Von M. Rohrmann.
15. Rindviehzucht. Von Heinr. Frhr. v. Doblhoff.
16. Rindviehnutzung. Von Heinr. Frhr. v. Doblhoff.
[2. Serie.] 17. Obstspalier. Von A. Frhr. v. Babo.
18. Tabakbau. Von A. Frhr. v. Babo.
19. Flachsbau. Von Frz. Wilh. Hofmann.
20. Rübenbau. Von Jos. Raimund.
21. Oelbau. Von Jos. Pasqualis.
22. Hauswirthschaft. Von A. Freiin v. Babo.
23 u. 24. Pferdezucht. I. u. II. Von F. Müller.
25. Schweinezucht. Von Max Baron v. Washington.
26 u. 27. Geflügelzucht. I. u. II. Von Max Baron v. Washington.
28. Schafzucht. Von Const. Curti.
29 u. 30. Die der Landwirthschaft nützlichen u. schädl. Vögel. I. u. II. Von Wilh. Schleicher.

Tafeln, landwirthschaftliche. 26—28. Chromolith. Imp.-Fol. Wien. Prag 871. Calve in Comm. — Berlin, Nieter. à n. 2. —

26. 27. Geflügelzucht 1. u. 2. Zusammengestellt u. bearb. von Max Baron v. Washington.

28. Schafzucht. Zusammengestellt u. beschrieben v. Const. Curti.

— für die ersten Leseübungen. 4 Bog. gr. Fol. Münch. 813. Schulfond-Verlag. (Thomann; a. Krüll in Landsh.) 12 kr

— über die Lurationen aus den „Chirurgischen Kupfertafeln" zum Gebrauch f. prakt. Chirurgen zusammengestellt von Rob. Froriep. 22 Kupfertaf. gr. 4. (66 S. Text.) Weimar 847, Landes-Industrie-Comptoir. 2 ß 6 ngr

— naturgeschichtliche, f. Schule u. Haus. II. u. III. Farbdr. Annaberg 897. Graser. à n. 1. 20; auf Leinw. à n. 2. 50 (I.—III.: n. 3. 30; auf Leinw. n. 7. —)

II. Tafel giftiger u. verdächtiger Pilze. Von W. Raschke. 46,5 × 75,5 cm.
III. Tafel einheim. Schmetterlinge. Von W. Raschke. 48 × 75 cm.

Die I. Taf. erschien nur u. d. Einzeltitel: Deutsch's, R., Tafel essbarer Pilze.

Tafeln, naturgeschichtliche, f. Schule u. Haus, Fortsetzg., s.: Raschke, W.

Nautische Tafeln. Hrsg. v. Reichs-Marine-Amt u. von d. Inspect. d. Bildungswesens d. Marine. Kiel: Toeche 1903. XVII, 195 S. 4°

— nautische. Hrsg. vom Reichs-Marine-Amt u. v. der Inspection des Bildungswesens der Marine. (XVII, 195 S.) Lex.-8. Kiel 903. Universitäts-Buchh. Geb. in Leinw. n.n. 6. 50

— Nautische Tafeln, der k. k. Kriegsmarine gewidmet. Triest 1853.

— nautische, der k. k. Kriegsmarine. [Mit 2 (chromolith.) Karten (in qu. 4.)] gr. 8. (XVIII, 272 S.) Wien 871. (Pola, Schmidt.) geb. n. 7. 30

Tafeln, nautische, der k. k. Kriegsmarine. Auf Anordnung d. k. k. Reichs-Kriegs-Ministeriums [Marine-Section] zusammengestellt u. hrsg. vom hydrograph. Amte der k. k. Kriegsmarine. Ster.-Ausg. gr. 8. (XVI, 272 S.) Pola 882. (Triest, Dase. — Schimpff.) n.n. 6. —

—— nautische, der k. k. Kriegsmarine. Auf Anordnung des k. k. Reichs-Kriegs-Ministeriums [Marine-Section] zusammengestellt und hrsg. vom hydrograph. Amte der k. k. Kriegsmarine. Ster.-Ausg. 2. verb. Aufl. gr. 8. (XVI, 278 S.) Pola 885. (Triest, Schimpff.) geb. **

— dasselbe. 2. Aufl. gr. 8. (XVI, 298 S.) Pola 885. (Triest, Schimpff.) geb. n.n. 4. —

— nautische, d. k. u. k. Kriegs-Marine. Auf Anordg. d. k. u. k. Reichs-Kriegs-Ministeriums (Marine-Section) zusammengest. u. hrsg. v. hydrograph. Amte d. k. u. k. Kriegs-Marine. Ster.-Ausg. 3., verm. u. durchgeseh. Aufl. gr. 8. (XVIII, 301 S.) Pola 896. (Triest, F. H. Schimpff. — Wien, Gerold & Co.) Geb. in Leinw. n.n. 8. —

Tafeln neue anatomische

Neue anatomische Tafeln mit auswählender Benutzung der vorzüglichsten und kostbarsten ausländischen Werke von (Hippolyte) Cloquet, (John) Lizars, (Paolo) Mascagni u.A. Liferung 1, 16 S., gbd., 8 Taf.

Weimar: Landes-Industrie-Comptoir 1827

JB 6.262

Tafeln, neue anatom., mit auswählender Benutzung d. vorzügl. u. kostbarsten, besond. ausländ. Werke. — Tabulae anatomicae novae ad illustr. corporis humani fabricam. — 2. Lfg. (Nach Breschet, J. u. H. Cloquet, Gall, Rolando.) gr. Fol. (8 Stnt. gr. Roy.-Fol. u. 6 B. deutschen u. latein. Text.) Weimar 828, Indust.-Compt.
1. Lfg. Ebendas. 1827. 1 Thlr. 18 Gr.

Tafeln, Neue geometrische, für die Dezimaleintheilung des Quadranten. Berlin 1799. V: *Hitzig, Julius Eduard* & *Christian Ludwig Ideler.* (Hitzig)

— neue trigonometr., f. d. Decimaleintheilung d. Quadranten, berechnet von J. P. Hobert und L. Ideler. gr. 8. Berlin, Realschulbuchh. 799.

— — dasselbe mit französ. Text. gr. 8. Ebend. 799.

Tafeln, Neue, welche den kubischen Gehalt und Werth des . . . Bau- und Werkholzes enthalten . . . Frankf. a. M. 1788. V: *Müller, Johann Helfrich.* (MGT) »1789« (Ky)

Neue Tafeln, welche den cubischen Gehalt und Werth des runden beschlagenen und geschnittenen Bau- und Werkholzes enthalten; verfertiget mittelst der Müllerischen Rechenmaschine, nebst einer Anweisung, wie daraus der Gehalt richtiger als bisher gefunden werden könne. Frankfurt, Varrentrapp und Wenner, 222 S. 8. 1788.

Tafeln, neue, welche d. kubischen Gehalt u. Werth des runden, beschlagenen u. geschnitt. Bauholzes enthalten, (von Gf. Helfr. Müller). gr. 8. Frankf. a. M. 789. Varrentrapp. 22 gr 2e verb. Aufl. gr. 12. Ebd. 816. 1 ₰ Schrbp. 1 ₰ 8 gr

— der chemischen Nomenclatur, v. Morveau, Lavoisier, Berthollet u. Fourcroy, a. d. Franz. von F. v. Meidinger. gr. Fol. Wien, Camesina. 801.

[Tafeln betreffend Preisbewegung für Kohlen.] O. O. 1907. qu. 2°.

— d. Quadrat- u. Kubikzahlen von 1 bis 1000, nebst d. abgekürzt. logarithm. u. trigonometr. Tafeln, herausgeg. von F. Meinert. gr. 8. Halle, Hemmerde u. Schw. 790.

— der Quadrat- u. Kubikzahlen von 1—1000 u. der Quadrat- u. Kubikwurzeln von 1—100. 3., durch Maß-Reduktions-Tabellen verm. Aufl. gr. 8. (11 S.) Rudolstadt 886. Hofbuchdruckerei. n. — 50

Tafeln zur Reduction des Barometers in altfranzösischem Maasse auf 0° R. Temperatur, mit Rücksicht auf die Ausdehnung der Skala.
[Berlin, o. J.]

— zur Reduction von Fixstern-Beobachtungen für 1726—1750, s. Vierteljahrsschrift der astronom. Gesellschaft.

—— zur Reduction des alten preußischen Gewichts auf das neue preußische Gewicht, sowie der Preissätze für die Gewichts-Einheiten des alten Gewichts auf die Gewichts-Einheiten des neuen Gewichts behufs Berichtigung der Verkaufspreise für das neue preuß. Gewicht und der desfallsigen Preis-Courants. Für Kaufleute und Gewerbetreibende jeder Art. 8. (31 S.) Soest 856, Wehrle.

Tafeln zur Schilderung der durch den Alkoholismus verursachten Organerkrankungen des menschlichen Körpers. 4 farb. Blatt. gr. Fol. Mit erklär. Text v. L. Rovilliod u. Paul Binot. 8. (12 S. m. 4 Abbildgn.) Genf 891. (H. Stapelmohr.) n. 8. —

— u. Schriftproben zur Bestimmung der Sehschärfe, entworfen nach dem Metersystem. Hrsg. v. der St. Petersburger Augenheilanstalt. 2., verb. Aufl. 5 Wandtafeln à 88×31 cm. St. Petersburg 893. C. Ricker. n. 7. —; Lesebuch dazu. gr. 8. (III S. u. 24 Bl. in 9 Sprachen.) n. 3. —

— 47 (lith.), zur allgemeinen Uebersicht der Organisation der phanerogamen Pflanzen. Mit organolog., systemat. u. Namenregister. Separat-Abdr. aus G. W. Bischoff's Handbuch der botan. Terminologie u. Systemkunde. gr. 4. (23 S. Text.) Nürnberg 849, J. L. Schrag. n. 4 ₰

— zu den Sitzungsberichten der philos.-hist. Classe (der Akad. d. Wissensch. zu Wien), s.: Arneth, Jos. Cales., archaeolog. Analekten.

—— zur Statistik des Großherzogth. Krakau und der westl. Theile Galiziens aus den J. 1854—57, zum Theile auch aus späteren Perioden. Hrsg. von der krakauer Handels- und Gewerbekammer. gr. 8. Krakau 860, (Baumgardten.)

Tafeln zur Statistik der Land- und Forstwirthschaft des Königreichs Böhmen. Auf Grundlage amtlicher Quellen und der Erhebungen der Delegaten bearbeitet und herausgegeben durch das von der k. k. patriotisch-ökonomischen Gesellschaft konstituirte Central-Comité für die land- und forstwirthschaftliche Statistik Böhmens. Nebst einem Anh.: Bevölkerung und Viehstand. - Prag 1861-1881. 13 H. - H. 1: Kreis Budweis. 1861. X, 147 S. - H. 2: Kreis Tabor. 1862. IV, 171 S. - H. 3: Kreis Pisek. 1863. IV, 161 S. - H. 4: Kreis Caslau. 1864. IV, 161 S. - H. 5: Kreis Chrudim. 1865. IV, 137 S. - H. 6: Kreis Königgrätz. 1865. IV, 143 S. - H. 7: Kreis Jicin. 1866. IV, 159 S. - H. 8: Kreis Bunzlau. 1867. IV, 155 S. - H. 9: Kreis Leitmeritz. 1868. IV, 169 S. - H. 10: Kreis Pilsen. 1869. IV, 181 S. - H. 11: Kreis Saaz. 1870. IV, 170 S. - H. 12: Kreis Prag. 1873. 197 S. - H. 13: Kreis Eger. 1881. III, 71 S.

Tafeln zur Statistik der Land- und Forstwirthschaft des Königreichs Böhmen. Auf Grundlage amtlicher Quellen u. der Erhebungen der Delegaten bearb. und herausg. durch das von der k. k. patriotisch-ökonomischen Gesellschaft konstituirte Central-Comité für die land- und forstwirthschaftliche Statistik Böhmens. 1. Bd. Das Flächenmass der Kulturarten und die Vertheilung derselben unter die Kategorien des Besitzes. Nebst einem Anh.: Bevölkerung und Viehstand. 1—4. Heft. Prag 861—64. Credner in Comm. qu. Fol. Jedes Heft n. 2 ℛ

Inhalt: 1. Kreis Budweis. (X, 147 S.) — 2. Kreis Tabor. (IV, 171 S.) — 3. Kreis Pisek. (IV, 161 S.) — 4. Kreis Časlau. (IV, 161 S.)

Bevölkerung u. Viehstand. 5—11. Heft. Prag, (Calve'sche Universitätsbuchh.) qu. Fol. Jedes Heft n.n. 2 ℛ
Ermässigter Preis. Jedes Heft n.n. 1 ℛ

Heft 5. Kreis Chrudim. (IV, 137 S.) 865.
Heft 6. Kreis Königgrätz. (IV, 143 S.) 865.
Heft 7. Kreis Jicin. (IV, 159 S.) 866.
Heft 8. Kreis Bunzlau. (IV, 155 S.) 867.
Heft 9. Kreis Leitmeritz. (IV, 169 S.) 868.
Heft 10. Kreis Pilsen. (IV, 181 S.) 869.
Heft 11. Kreis Saaz. (IV, 170 S.) 870.

— zur Statistik der Land- u. Forstwissenschaft des Königreichs Böhmen. Auf Grundlage amtl. Quellen u. der Erhebungen der Delegaten bearb. u. hersg. durch das von der k. k. patriotisch-ökonom. Gesellschaft konstituirte Central-Comité für die land- u. forstwirthschaftl. Statistik Böhmens. I. Bd.: Das Flächenmass der Kulturarten u. die Vertheilung derselben unter die Kategorien des Besitzes. Nebst einem Anh.:

— zur Statistik der Land- u. Forstwirthschaft d. Königr. Böhmen. Auf Grundlage amtl. Quellen u. der Erhebgn. der Delegaten bearb. u. hrsg. durch das v. der k. k. patriotisch-ökonom. Gesellschaft konstituirte Central-Comité f. die land- u. forstwirthschaftl. Statistik Böhmens. 1. Bd. Das Flächenmaass der Kulturarten u. die Vertheilung derselben unter die Kategorien d. Besitzes. Nebst e. Anh.: Bevölkerung u. Viehstand. 12. Hft. Kreis Prag. qu. Fol. (197 S.) Prag 873. Calve. n.n. 6. — (1—12.: n.n. 60. —)

— zur Statistik der Land- u. Forstwirthschaft des Königreich Böhmen. Auf Grund amtl. Quellen bearb. u. hrsg. durch das von dem Landeskulturrathe f. das Königr. Böhmen konstituirte Comité für die land- u. forstwirthschaftliche Statistik Böhmens. 1. Bd. Das Flächenmass der Kulturarten u. die Vertheilung derselben unter die Kategorien des Besitzes. Nebst einem Anh.: Bevölkerung u. Viehstand. 13. Hft. Kreis Eger. qu. gr. 4. (III, 71 S.) Prag 881. Calve in Comm. n.n. 6. — (1 – 13.: n.n. 66. —)

— zur Statistik der österreich. Monarchie f. 1842. Zusammengestellt von der k. k. Direction der administrativen Statistik. gr. Fol. Wien 846. (Gerold.) n. 4 11/12 ℛ

— zur Statistik der österreichischen Monarchie für die Jahre 1842 bis 1846. Zusammengestellt von der Direction der administrativen Statistik im k. k. Ministerium für Handel, Gewerbe und öffentliche Bauten. 1 — 5. Bd. Fol. Wien 846 — 51, Hof- und Staatsdruckerei. à Bd. * 2 Thlr. 15 Ngr. *

— zur Statistik der österreichischen Monarchie zusammengestellt von der Direction der administrativen Statistik im k. k. Ministerium für Handel, Gewerbe u. öffentl. Bauten. Neue Folge. 1. Bd. Das J. 1851 mit übersichtlicher Einbeziehung der Jahre 1849 u. 1850 darstellend. 9 Hefte. Wien 856—58. Braumüller in Comm. gr. Fol. n. 10 ℛ. 15 ngr.

1. Heft. (83 S.) n. 24 ngr.; 2.: (102 S.) n. 24 ngr.; 3.: (170 S.) n. 1 ℛ. 10 ngr.; 4.: (210 S.) n. 1 ℛ. 26 ngr.; 5.: (144 S.) n. 1 ℛ. 6 ngr.; 6.: (112 S.) n. 28 ngr.; 7.: (73 S.) n. 20 ngr.; 8.: (122 S.) n. 1 ℛ. 5 ngr.; 9.: (183 S.) n. 1 ℛ. 22 ngr.

— — 2. Bd. Die Jahre 1852, 1853 u. 1854 umfassend. 6. Heft. Ebend. 858. Fol. (311 S.) n. 2 ℛ. 16 ngr.

— dass. — Neue Folge. 2. Bd.: Die J. 1852, 1853 und 1854 umfassend. 9 Hefte. gr. Fol. Wien 858—60, (Prandel und Ewald.) [1. Heft. (... S.) * 1 Thlr. 6 Ngr., 2. (171 S.) * 1 Thlr. 18 Ngr., 3. (210 S.) * 2 Thlr., 4. (225 S.) * 2 Thlr., 5. (214 S.) * 1 Thlr. 28 Ngr., 6. (313 S.) * 2 Thlr. 16 Ngr., 7. (111 S.) * 1 Thlr., 8. (... S.) * 1 Thlr. 10 Ngr., 9. (III und 130 S.) * 1 Thlr. 8 Ngr.] *

— zur Statistik der österreichischen Monarchie. Zusammengestellt von der Direction der administrativen Statistik im k. k. Ministerium für Handel, Gewerbe und öffentliche Bauten. Neue Folge. 2. Bd. Die Jahre 1852, 1853 u. 1854 umfassend. 1—5. 7—9. Heft. Wien 859, 60. Braumüller. Fol. n. 12 ℛ 10 ngr.

1. Heft. (5 Bl., 114 S.) n. 1 ℛ 6 ngr. — 2. Heft. (171 S.) n. 1 ℛ 18 ngr. — 3. Heft. (210 S.) n. 2 ℛ — 4. Heft. (225 S.) n. 2 ℛ — 5. Heft. (214 S.) n. 1 ℛ 28 ngr. — 7. Heft. (111 S.) n. 1 ℛ — 8. Heft. (2 Bl., 132 S.) n. 1 ℛ 10 ngr. — 9. Heft. (130 S.) n. 1 ℛ 8 ngr.

— dass. — Neue Folge. 3 Bd.: Die J. 1855, 1856 und 1857 umfassend. 1—4., 6. und 8. Heft. gr. Fol. (Ebendas.) 860—62. [1. Heft. (XI und 318 S.) * 4 Thlr. 4 Ngr., 2. (III und 157 S.) * 2 Thlr., 3. (217 S.) * 2 Thlr. 24 Ngr., 4. (231 S.) * 2 Thlr. 28 Ngr., 6. (168 S.) * 2 Thlr. 4 Ngr., 8. (162 S.) * 2 Thlr. 4 Ngr.] *

— — Neue Folge. 3. Bd. Die Jahre 1855, 1856 u. 1857 umfassend. 1—9. Heft. Ebend. 861, 62. Fol. n. 23 ℛ 6 ngr.

1. Heft. (6 Bl., 318 S.) n. 4 ℛ 4 ngr. — 2. Heft. (157 S.) n. 2 ℛ — 3. Heft. (217 S.) n. 2 ℛ 24 ngr. — 4. Heft. (231 S.) n. 2 ℛ 28 ngr. — 5. Heft. (173 S.) n. 2 ℛ 24 ngr. — 6. Heft. (168 S.) n. 2 ℛ 4 ngr. — 7. Heft. (134 S.) n. 1 ℛ 22 ngr. — 8. Heft. (162 S.) n. 2 ℛ 4 ngr. — 9. Heft. (207 S.) n. 2 ℛ 16 ngr.

— — Neue Folge. 4. Bd. Die Jahre 1858 u. 1859 umfassend. 1—8. Heft. Wien 862, 63. Prandel & Ewald in Comm. Fol. n. 16 ℛ 26 ngr.

1. Heft. (6 Bl., 87 S.) n. 1 ℛ 10 ngr. — 2. Heft. (136 S.) n. 1 ℛ 26 ngr. — 3. Heft. (100 S.) n. 2 ℛ 20 ngr. — 4. Heft. (210 S.) n. 3 ℛ — 5. Heft. (46 S.) n. 20 ngr. — 6. Heft. (262 S.) n. 3 ℛ 18 ngr. — 7. Heft. (131 S.) n. 1 ℛ 22 ngr. — 8. Heft. (146 S.) n. 2 ℛ

— zur Statistik der österreichisch-ungarischen Monarchie. Hrsg. von der k. k. statist. Central-Commission. Neue Folge. 5. Bd. Die J. 1860—1865 umfassend. 1.—7. Heft. gr. Fol. Wien, (Gerold's Sohn.) [1. Heft. (99 S.) 868. *ℳ 1,60.; 2. Heft. (149 S.) 868. *ℳ 2,80.; 3. Heft. (259 S.) 871. *ℳ 6.; 4. Heft. (133 S.) 869. *ℳ 4,40.; 5. Heft. (581 S.) 868. *ℳ 4,80.; 6. Heft. (136 S.) 871. *ℳ 2,40.; 7. Heft. (186 S.) 870. *ℳ 4.] *

Tafeln, Statistische, zu den Plänen der bedeutendsten Binnenhäfen Deutschlands. Bearb. u. herausg. von der Handels- und Gewerbekammer Dresden. 1890. Berlin. Fol. (KPA.; D.)

Tafeln, Statistische. betr. Vertretung von Industrie und Handel in den Kreistagen u. s. in Preussen. Hrsg. vom Deutschen Handelstag. Berlin 1909. 4°.

Tafeln der mustergiltigen Stempel im Eichungswesen. Berlin (1896?)

— synchronistische, der Universalhistorie von Christi Geburt ꝛc. 4. Hof 785. Bierling. 20 𝒳

Tafeln, Synchronistische, der Universalhistorie von Christi Geburt . . . Hof 1786. V: *Rennebaum, Johann Sophian Samuel.* (ML)

Tafeln zur Übersicht der . . . Länderkunde von Neu-Wirtemberg. Stuttgart 1804. V: *Ezdorff, Glieb Reichsgraf von.* (Heyd)

— zur Uebersicht der natürl., bürgerl. u. polit. Länderkunde von Neu-Würtemberg. Fol. Stuttg. 804 Steinkopf. 12 ℊ

Tafeln zur Umrechnung des Wiener Maßes in metrisches Maß. Klgft., Bertschinger & Heyn, 1876. Quart. 140 S.

— zur **Umrechnung** d. Wiener Maßes in metrisches Maß, sowie zur Inhaltsberechnung v. Kohlmeilern, Stamm- u. Schnitthölzern nach metrischem Maßsysteme. Ausgearb. f. den Gebrauch der Forstgewerbe im Bureau der Forstinspection der Hüttenberger Eisenwerks-Gesellschaft in Klagenfurt u. hrsg. vom kärtner. Forstvereine. gr. 8. (XV, 120 S.) Klagenfurt 876. (Wien, Faesy & Frick.) n. 4. 80

Tafeln zur Vergleichung der bisher gebräuchlichen Masse und Gewichte des Kts. Zürich mit den neuen schweizerischen Massen und Gewichten. Amtliche Ausgabe. Zürich 1837.

—— zur **Vergleichung** der bisher gebräuchl. Maße u. Gewichte d. Kantons Zürich mit d. neuen schweizer. Maßen u. Gewichten. Amtl. Ausg. gr. 8. (7½ B.) Zürich 838, Orell, Füßli u. Comp. *

— zur Vergleichung u. Verwandlung der k. bayerischen Maaße u. Gewichte in anderländische u. umgekehrt. gr. 4. (15 S.) Aschaffenburg 847, Pergay. n. ⅙ ℛ

Tafeln für die Verhältnisse des Kreises . . . O. O. [1870]. V: *Escher, Hnr.* (Cat. d. Stadtbibl. Zürich. Zürich 1864—97.)

Tafeln zur Verwandlung aller **Brüche** v. 1/1000 — 10000/1000 u. von 1/1000 — 100/100000 in fünf bis siebenziffrige Decimalbrüche, oder Tafeln zur Berechnung der siebenzifferigen Quotienten aller oben angegeb. Dividenden u. Divisoren. Nebst einigen auf benannte Zahlen bezügl. Decimaltabellen u. einer Anweisung zur allgemeinsten Anwendung der Decimalbruchrechnung auf die Auflösung d. gewöhnl. arithmet. Aufgaben. Für Mathematiker u. Geschäftsleute sowohl, als auch Lehrer u. Lernende eingerichtet u. berechnet. gr. 4. Oldenburg 842, Schulze'sche Buchh. (W. Berndt.) n. 2½ ℛ

— zur **Verwandlung** der in der Provinz Schleswig-Holstein gebräuchlichsten Landmaasse in Metermaass. Berlin 868. v. Decker. gr. 4. (32 S.) n. 10 *ngr.*

Preuss. Meteorologisches Institut. Tafeln zur Verwandlung der in den alten Maassen (Grade Réaumur, pariser Linien) ausgedruckten Thermometer- und Barometer-Stände, Dunstspannungen und Niederschlagshöhen in die entsprechenden neuen Maasse (Grade Celsius, Millimeter). Berlin 1879.

— 44, mit botanischen Abbildungen zur Erlauterung des natürl. Systems der **Gewächse**, so wie der Charaktere fast aller einheimischen Pflanzengattungen. Für den Schulgebrauch ꝛc. 1e u. 2e Lfrg. à 11 Tafeln. gr. Roy.-4. Berlin 835, 38. Reimer. à Lfrg 5/6 ℛ

[**Tafeln**, Vierzehn, orientalischer Alphabete und Accentzeichen.] o. O. u. J. Bb 1850.

— **zoologische**. 5 Bl. Farbdr. Leipzig, F. E. Wachsmuth. à 1.40; m. Rand à n 1. 60

Echinodermata, Medusae etc. (Stachelhäuter, Quallen usw.) 79×61 cm. (909.) — Gans. 62×83,5 cm. (909.) — Invertebrata aquae stagnalis biol. (Wirbellose des Süsswassers [biologisch]). 80,5×61 cm. (909.) — Seerosen. Hydra. 67×89 cm. (910.) — Stechmücke. 88,5×67 cm. (910.) Vergl.: Lehmann, Adf., zoologischer Atlas.

— dasselbe. Erläuterungen. „Aus dem niederen Tierreiche" (Süsswasser—Meer). Hrsg. v. Rud. Schiffel u. E. Arndt. (42 S. m. Abb.) gr. 8. Ebd. 909. — 80

— 62, mit **Façaden**, Grundrissen, Profilen, theils ausgeführter Gebäude, theils Entwürfe aller Gattungen von Palästen, Schlössern, Hotels ꝛc. ingleichen von Land-Gartenhäusern und Villas ꝛc. Nebst Vorlagen und Details zu Portiken, Freitreppen, Säulengängen ꝛc. 3. völlig neu bearb. Aufl. herausg. von Wilh. **Hertel**. Weimar 858. Voigt. 4 (Mit 53 S. Text.) 2 ℛ

— zwölf, m. 14000 **Divisionsaufgaben** ohne Rest, e. unentbehrl. Hilfsmittel zum Rechnen m. ganzen Zahlen u. Dezimalbrüchen. 8. (23 S.) Eßlingen 893. W. Langguth. n. — 20

— 12, z. Sprachbuch, enth. 7 Tafeln zur ersten Abtheil. d. Anleit. u. 5 Bog. mit großen Buchstaben. Karlsr. 182.. Braun. 12 ℊ

Tafel-Ordnung am Johannis-Feste [der Prov. Grloge von Niedersachsen] 1847. [Hamburg: 1847.] 1 Bl. 8⁰ [Kopftit.]

Tafel-Ordnung zum Schwestern-Feste der Loge zu den drei Schwestern [!] und Asträa zur grünenden Raute, Sonntag, den 12. März 1905. [Dresden 1905: Dietzsch.] 2 Bl. 4⁰ [Kopftit.]
Enth. auch 3 Liedertexte.

Tafel-Ordnung zum Schwestern-Feste der Loge zu den drei Schwertern und Asträa zur grünenden Raute, Sonntag, den 17. Jan. 1909. [Dresden 1909: Sprung.] 2 Bl. 8⁰ [Kopftit.]
Enth. auch 3 Liedertexte.

Loge zur Wahrhaftigkeit und Bruderliebe Or. Döbeln. **Tafel-Ordnung** zum 25jähr. Stiftungs-Fest, Sonntag, den 23. Febr. 1908. [Döbeln 1908: Thallwitz.] 6 Bl. 8⁰ [Umschlagtit.]
8 Liedertexte.

Tafel-Plätze beim Fest-Mahle zur Säcular-Feier der Loge zum goldenen Apfel. Dresden [1876]: Heinrich. 10 S. 8⁰ [Umschlagtit.]

Tafelrechen-Aufgaben in nöthiger Menge, method. geordnet. 1. Hft., Aufgaben üb. d. 4 Species in benannten ganzen Zahlen u. in Brüchen nebst d. dazu gehör. Antworten. 2., umgearb. Aufl. gr. 8. (3¼ B.) Barmen u. Elberfeld 839, (Castrop, Falkenberg.) *

Tafelredner, der. Eine reichhaltige Sammlung von Toasten in Poesie u. Prosa für alle festlichen Gelegenheiten, als Polterabende, Hochzeiten, Kindtaufen ꝛc. 8. (63 S.) Köln 879. Büttmann. n. -- 50

Tafelredner, der. Eine reichhalt. Sammlg. v. Toasten in Poesie u. Prosa f. alle festl. Gelegenheiten, als Polterabende, Hochzeiten, Kindtaufen, Jubiläen, Geburtstage, Sylvester- u. Neujahrsfeier, patriot. Feste, Stiftungsfeste, Einweihgn. ꝛc. 2., verm. Aufl. 8. (78 S.) Köln 889. Büttmann. n. — 50

Die Tafelrunde: Jahrgang 1–2, July 1870–June 15, 1872.
Bi-weekly. Sub-title: Spiritualistische Blätter für Fortschritt und Reform. Large quarto. Edited & published by P. L. Schucking
Washington, DC

Tafelspruch den Schwestern zum Logen-Stiftungsfeste 1855 gewidmet. Ein Erinnerungsblättchen. »Da droben, wo des Himmels Kuppel blaut ...« Von C. T. Gera 1855. V: *Teschner, Carl* (?). (wolfstieg II, 771)

Taefflinger, Frdr., Dorando. Trauersp. in 5 Aufzgn. 8. (XI, 106 S.) Hohenfelde-Hamburg 896. (Leipzig, K. F. Pfau.) n. 3. —

Tafinger, Fr. Wlh., († d. 2. Juni 1777.) Abhandl. über die Frage: Ob u. wie fern einzelne Beisitzer des Reichskammergerichts in einer besond. Verbindung mit ihren hohen Präsentanten stehen? 4. Tübing. 774.

Tafinger, Friedr. Wilh.: „Abhandlung von der Lehre der Policeywissenschaft auf teutschen Universitäten", Tübingen 1767. — Vorh.: Bibl. des Kammergerichts Berlin. — Je 1848.

— Or. de anatomia ejusque honore. 4. Tübing. 766.

Tafinger, Friedrich Wilhelm [Praes.], s. Feinmann, Gg. Christian: De jure principis civia ecclesiam eiusque ministros in genere et sacramenta in specie.

Tafinger, Fried. Guil.: De directorio camerae imperialis celsissimae generalia. Progr. Tubingae 1765.

Tafinger, Friedrich Wilhelm [Praes.], s. Hoffmann, Friedrich David: De suprema in Imperio Romano Germanico jurisdictione.

Tafinger, Fr. Guil.: Institutio jurisprud. cameralis. Ed. multo auctior. Sect. I—IV. *Tubingae*, Cotta. (754.) 775. 76. 8maj. (3 Thl. 8 Gr.)

— institutiones jurisprudentiae cameralis. 8. Tübing. 754. Edit. multo auctior. Sect. I—IV. 8maj. ibid. 775, 76. v. Cotta. 3 ꝑ 8 gr

— Diss. de suprema in imperio romano-germanico jurisdictione tempore interregni. 4. Tübing. 756. v. Cotta. 3 gr

Tafinger, Friedrich Wilhelm: „Von der Lehre der Policeywissenschaft auf teutschen Universitäten handelt und zeiget seine im Sommer 1767 zu haltende Vorlesungen an . . .", Tübingen 1767. — Vorh.: UB Tübingen.

— Or. de meritis Eberhardinae in Cameram imperialem. 4. Tübing. 771.

— Diss. de piarum causarum mutatione. 4. Tübing. 767.

— Commentatio de Directoriorum equestrium potestate judiciaria superiorique tutela. 4. Tübing. 765.

Tafinger, Friedrich Wilhelm A. S. 144/26

Oratio inauguralis de praerogativis almae Eberhardinae a principibus Wirtembergiae concessis et a serenissimo duce Carolo auctis.
Tübingen (Löffler) 27. VII. 1753. 30 S.

34151

Tafinger, Friedrich Wilhelm A. S. 606:57

De castrensibus exercituum imperialium atque circularium sacris.
Tübingen (Erhard) 1764. 70 S.

34152

Tafinger, Fr. Guil., de castrensibus exercit. imperial. et circular. sacris. 4. Tüb. Heerbrand. 765.

— Commentatio de castrensibus exercituum imperialium atque circularium sacris. 4. Tübing. 765. (Osiander). 4 gr

Tafinger, Friedrich Wilhelm [Praes.], s. Schübler, Johann Daniel: De potestate judiciaria statuum imperii Romano Germanici generatim serenissimorum Hassiae landgraviorum inprimis Damstadiensium speciatim.

— selecta juris cameralis ad illustrandas supplendasque institut. jurisprudentiae cameralis. 8. Tübing. 757. Heerbrand. 3 gr

Tafinger, Friedrich Wilhelm [Praes.], s. Strampffer, Johann Joachim: Effectus potiores communionis bonorum universalis constante matrimonio.

Tafinger, Johann Andreas (Ludwigstadt) A. S. 1421/24

Positiones morales de amore dei puro.
Präs. Daniel Maichel.
Tübingen (Cotta) IX. 1746. 24 S.

Gew.: Georg Bernhard Bilfinger. 34153

Tafinger, Jean André: Réflexions sur le caractère sacré d'un Ministre étranger. *Gött.* 732. gr. 8.

Tafinger, Wilhelm Gottlieb

— üb. die wichtigst. Angelegenheiten der kathol. Kirche u. besond. der deutschen, in Hinsicht auf gegenwärt. Zeit u. den bevorstehend. Frieden. 8. Tübing. 801.

— s. Archiv der jurid. Literatur.

Tafinger, Ritter Wlh. Gli., († d. 11. Juni 1813.) über die Bestimmung des Begriffs der Analogie des deutschen Privatrechts u. die Grundsätze, dasselbe zu bearbeiten. 1r Thl. 8. Ulm 787. Wohler. 8 gr [Mehr nicht erschienen.]

Tafinger, Wilh. Gottl.: „Encyclopädie und Geschichte der Rechte in Teutschland, zum Gebrauch bei Vorlesungen", Erlangen 1789. — Vorh.: Bibl. des Kammergerichts Berlin — Bc. 331.

Tafinger, W. Gli.: Encycl. u. Gesch. d. Rechte in Deutschl. *Erl.*, Palm. (789.) 800. gr. 8. (1 Thl. 12 Gr.)

Tafinger, Wilh. Gottl.: De fundamento separandi juris naturae et philosophiae moralis ex divisione officiorum in perfecta et imperfecta petendo quaestio retractata. Erlangae 1788.

— Pr. De fundamento separandi. 4. Erlang. 788. Palm. 2 gl

— Geschichte u. Encyklopädie der in Deutschland geltenb. Rechte. 8. Tübing. 799. 2e umgearb. A. 800. (Osiander). 1 ₰ 20 gl

— üb. die Idee e. Criminalgesetzgebung, in Bezieh. auf die Wissenschaft sowohl, als d. prakt. Leben. gr. 8. Tübing. 811. v. Cotta. 1 ₰ 4 gl

Tafinger, W. G., Criminalgesetzgebung. gr. 8. Tübing. Cotta. 811.

— über die Lehre von der Einkindschaft. 8. Nürnb. 785. Felsecker. 6 gl

W. Gli. Tafinger's Lehrsätze d. Naturrechts. *Tüb.*, Cotta. 794. 8° 18gl

— Lehrsätze des Naturrechts. 8. Tübing. 795. v. Cotta. 18 gl

— Diss. de methodo juris privati Germanici. 4. Tüb. 786.

Tafinger, Wilhelm Gottlieb (Tübingen) A. S. 124/13

Dissertatio historico-juridica de origine judiciorum curiae imperialis Italici et Germanici et utriusque inter se nexu. Präs. Karl Christian Hofaker. Tübingen (Fues) 1783. 62 S. 34154

TAFINGER, W. Gli.: Vers. ein. jurist. Methodol. z. Gebr. b. sn. Vorless. *Tüb.*, Cotta. 796. 8. (4 Gr.)

Tafinger, Wilh. Gottl.: „Ueber den Zweck des teutschen Polizey- und Cameral-Rechts", Tübingen 1787 (von Cotta).

— üb. den Zweck d. deutschen Polizei- u. Kameralrechts. gr. 8. Tübing. 787. Heerbrand. 3 gl

Tafnhilde; ein Trauerspiel. Cassel 1768. V: *Casparson, Johann Wilhelm Christian Gustav.* (Ky)

Blicke in die Geschichte des Volksstammes der Alemannen, von der Entscheidungsschlacht mit den Franken im Jahre 496 bis zur Aufhebung des Herzogthumes und der unmittelbaren Einverleibung Alemanniens in das Frankenreich im Jahre 748. Aus Quellen zusammengestellt. Von Joh. Bapt. Tafrathshofer, Stdl. — 1847. K., Dannheimer. — S. 3—17.
Progr. Kempten

Tafrathshofer, Joh. Bapt., Blüthen am Lebenswege. Gedichte. Regensburg 860. Pustet. 16. (XII, 464 S.) 24 ngr.

Tafrathshofer, Joh. Bapt., Lateinisches Lesebuch für die zwei untern Klassen der Lateinschule. gr. 8. (VIII u. 201 S.) Regensburg 850, Manz. 5/12 ₰

Tafrathshofer, Joh. Bapt., lateinisches Lesebuch für die zwei untern Klassen der Lateinschule. 2. verb. u. verm. Aufl. Regensburg 853. Manz. gr. 8. (VIII, 214 S.) 12½ ngr.

Tafratshofer, J. B.: Der Obstbaum- und Gemüsefreund. Stadt am Hof 1886.

Taft, J., praktische Darstellung der operativen Zahnheilkunde. Aus dem Engl. übertragen und mit Zusätzen versehen von Ad. zur Nedden. gr. 8. (X und 227 S. mit 63 eingedr. Holzschn.) Leipzig 860, [Felix.] *

Tag

— der, eine Zeitschrift für Geschichte, Politik u. Literatur. Redigirt von F. W. Benicken. 1r Bd. 35 Nummern u. Register. Mit Kpf. u. Karten. gr. 4. Weimar 826 u. 827. Industr.-Compt. 3 ₰

Tag, ein. 8. (65 S.) Zürich 898. Verlags-Magazin. n. — 60

Tag. – Der Tag. –
Berlin. – 1.I.1901 – 21.X.1934.

Tag, Der, Anderer . . . Berlin 1905. V: *Heyking, Elisabeth v. geb. Gräfin Flemming.* (Zuwachsverz. der Bibl. Zürich 1898 ff.)

Tag, der, Anderer. Von der Verf. der „Briefe, die ihn nicht erreichten" (Baronin Elisab. v. Heyking, geb. Gräfin Flemming). 1.—25. Aufl. (Je 224 S.) 8. Berlin 905. 906. Gebr. Paetel. n. 4.—; geb. in Leinw. n. 5.—

Tag, Der, von Aosta vom 11. Dezeber 1535. [Bern] 1902. V: *Liebenau, Theod. v.* (BBullschw 3, 1903)

Tag, der, von Aspromonte. Eine Stimme aus den Gefängnissen. Aus dem Italien. übers. u. herausg. von E. H. Coburg 862. Streit. 8. (35 S.) n. 5 ngr.

Tag, ein, in Basel. Ein Fremdenführer, m. Darstellung d. Stadt Basel.

Tag, ein, in Basel. Ein Fremdenführer. Neue verb. Ausg. A. u. d. T.: Kurze Darstellung der Stadt Basel und ihrer nächsten Umgebungen. gr. 16. (Mit 1 Plan.) Basel 844, Schweighauser'sche Buchh. geb. n. 5/12 ₰

Tag. Am Tag der Beerdigung des... Joseph Anton Felix Balthasars. Luzern 1810 *s.* [Müller, Thaddäus].

Tag, ein, in Bern. Führer zu den Sehenswürdigkeiten der Bundesstadt und deren nächster Umgebung. Für Fremde und Einheimische. gr. 16. (V und 94 S.) Bern 857, Heuberger's Buchh. *
Mit chromolithogr. Panorama in qu. Fol. *

— der, des Christen, od. kurze u. auserles. Morgen-, Abend-, Meß-, Beicht- u. Communion- u. and. Gebeten. .. Augsb. ... Bolling. 6 gl

Tag, der, des Christen, od. kurze u. auserles. Morgen-, Abend-, Meß-, Beicht-, Communion- u. and. schöner Gebete. 6e Aufl. Mit 1 Kpf. 18. Innsbr. 813. Wagner. 2 gl

Tag, der, des Christen geheiliget durch Andachten u. Gebete, aus dem Franz. übers. von F. Stark. 8. Augsburg, Kranzfelder. 818.

Tag, der, des Christen, geheiligt durch Gebet u. Betrachtung. Ein Andachtsbuch für gebild. Katholiken. Neue Aufl., mit 1 Kpfr. 8. Dresden 825, Walther. — 12

Tag, Der, des Christen, geheiligt durch Gebet und Betrachtung. A. d. Franz. ... Neue Aufl. Dresd. 1826. V: *Noailles.* (schmal)

—der, des Christen, geheiligt durch Gebet u. Betrachtung. Ein Andachtsbuch f. gebild. Katholiken. Neue Aufl. Mit 1 Kpf. 8. Dresd. 826. Walther. 12 gGr.

— der, des Christen, geheil. durch Gebet u. Betrachtung. A. d. Franz. übers. von e. Pfarrer d. Bisthums Augsburg. Nebst einigen Zusätzen. gr. 12. (11½ B.) München 841. (Regensburg, Manz.) •

— der, des Christen, geheiligt durch Gebet u. Betrachtung. Ein Andachtsbuch f. gebildete Katholiken. 3. verb. Aufl. kl. breit 8. (Mit 1 Stahlst. u. Titel in Buntdruck.) Stuttgart 846, Weise. ½ Thlr.

—der christliche, oder der tägl. Wandel eines frommen Christen. Aus d. Latein. übersetzt von J. M. Rauch. 12. Ingolstadt 833. (Landshut, Krüll.) ⅛ Thlr.

— der christliche, od. der tägl. Wandel e. frommen Christen. Ein freundl. Angebinde f. jeden Stand u. jedes Alter. A. d. Latein. übers. v. J. M. Rauch. 12. (3 B.) Ingolstadt 833. (Regensburg, Manz.)

— Concordiä, der. Eine Wächterstimme aus der neuen Lutherspforte, an die deutsche Kirche in allen Landen. 4. (4 B.) Erfurt 846, Hennings u. Hopf. •

Tag und Dämmerung. ... Leipzig 1846. V: *Emtor, Eduard (= Eduard Amthor?).* (BrMm)

Tag u. Dämmerung. Harmlose Gedichte eines Anti-Muckers. 16. Leipzig 846, O. Klemm. ½ Thlr.

— erster f. Denkmalpflege. Dresden, 24. u. 25. IX. 1900. (66 S.) 8. Berlin 900. (E. S. Mittler & Sohn.) n. — 50

Sonderabdruck aus: „Korrespondenzbl. d. Gesamtver. d. deut. Gesch. u. Alterthumsver."

— 2., f. Denkmalpflege unter dem Protektorat Sr. königl. Hoh. des Erbgrossherzogs v. Baden. Freiburg i. B. 23. u. 24. IX. 1901. Stenogr. Bericht. Mit Unterstützg. der kgl. preuss. u. der grossh. bad. Regierg. (151 S.) Lex.-8. Karlsruhe 901. (Ch. F. Müller.) n. 3. —

— 3.—7., der Denkmalpflege. Lex.-8. (Berlin, Gropius.) n. 13. 60

3. Unter dem Protektorat Sr. kgl. Hoheit des Fürsten v. Hohenzollern. Düsseldorf 25. u. 26. IX. 1902. Stenogr. Bericht. Mit Unterstützg. der königl. preuss. Regierg. (160 S.) Karlsruhe 903. n. 2. —
4. Erfurt 25. u. 26. IX. 1903. Stenographischer Bericht. Mit Unterstützg. der königl. preuss. Regierg. (178 S.) (904.) n. 2. 80
5. Unter dem Protektorat Sr. königl. Hoheit des Grossherzogs v. Hessen. Mainz, 26. u. 27. IX. 1904. Stenogr. Bericht. Mit Unterstützg. der grossh. hess. Regierung. (150 S. m. Abbildgn.) (904.) n. 2. 80
6. Unter dem Protektorat Sr. königl. Hoheit des Prinzen Rupprecht v. Bayern. Bamberg 22. u. 23. IX. 1905. Stenogr. Bericht. Mit Unterstützung der königl. bayer. Regierg. (184 S.) (905.) n.n. 3. —
7. Braunschweig, 27. u. 28. IX. 1906. Stenogr. Bericht. Mit Unterstützung d. herzogl. braunschweig. Regierg. (174 S.) (906.) n.n. 3. —

Tag, 8.—11., f. Denkmalpflege. Lex. 8. Berlin. (W. Ernst & Sohn.) nn 12. —

8. Mannheim 19. u. 20. IX. 1907. Stenograph. Bericht. Mit Unterstützg. der bad. Regierg. (187 S. m. Abb. u. 4 Taf.) (907.) nn 3. —
9. Lübeck, 24. u. 25. IX. 1908. Stenograph. Bericht. Mit Unterstützg. der Regierg. der Freien u. Hansastadt Lübeck. (190 S.) (908.) nn 3. —
10. Trier. 23. u. 24. IX. 1909. Stenographischer Bericht. Mit Unterstützg. der kgl. preuss. Regierg. (176 S.) (909.) nn 3. —
11. Danzig, 29. u. 30. IX. 1910. Stenographischer Bericht. Mit Unterstützg. der kgl. preuss. Regierg. (193 S.) (910.) nn 3. —

— ein, der niemals wieder kommt. 16. (24 S.) Barmen 874. (Wiemann.) — 15; Auszug (8 S.) n. — 6

Deutsche Tag. Der: Chi. 15. Juni 1893. Chicago, 1893.

Deutsch-Amerikanischer Nationalbund

--Chicagoer Zweig-Verband. Der Deutsche Tag, 5. Okt, 1906. Festprogramm. Chi, 1906.

Deutscher Tag : 1902 -- 1938.

Annual. None published 1917—1921. Sub-title: 1) Vereinigte Deutsche Gesellschaften der Stadt New York zum Deutschen Tag. Festschrift der Vereinigten Deutschen Gesellschaften der Stadt New York, 1902—37; 2) "Der Tag des Amerika-Deutschtums von Gross New York", 1938. Title varies: DEUTSCHER TAG, 1902—09, 1933—38; FEST-PROGRAMM ZUR FEIER DES DEUTSCHEN TAGS, 1910; GERMAN DAY: DEUTSCHER TAG, 1933—38. Numbering of this journal is irregular: 1909—16 are called no. 8—15, and 1927 is called 25th year, since establishment of "DEUTSCHER TAG." Published by the Vereinigte Deutsche Gesellschaften von Gross New York, 1902—08, 1935—38 [with co-operation of the German-American Conference, N.Y., and other societies, 1935]; by The Steuben Society of America [with co-operation of the United German Societies, and other societies, 1933], 1929—34.
New York, NY

Vereinigte Deutsche Gesellschaft von New Haven, Conn. Deutscher Tag und Schillerfeier ... 30.-31. Juli 1905. New Haven, 1905.

Tag, e., in der Einsamkeit als Vorbereitung auf e. guten Tod. [Nach der Methode d. P. de Lehen S. J.] Von e. kathol. Geistlichen der Diözese Linz. 16. (128 S.) Innsbruck 871. Vereins-Buchh. geb. n. — 55

Tag, e., in der Einsamkeit als Vorbereitung auf e. guten Tod. Nach der Methode d. P. de Lehen. Von e. kathol. Geistlichen der Diözese Linz. 3. Aufl. 16. (119 S.) Innsbruck 889. Vereins-Buchhandlg. u. Buchdr. n. — 48

Tag der Erlösung. Schausp. in 5 Akten v. Ziegler. 8. Wien, Rehm.

Tag, Der, der Freiheit. Speyer u. Iggelheim 1850 (?). V: *Ebrard, Joh. Hnr. Aug.* (Ky)

Tag, der, der Freiheit. (Von Ebrard.) 4. Gabe d. evangel. Vereins f. die Pfalz. 12. (54 S.) Speyer & Iggelheim 850. Kaiserslautern, Buchh. d. evangel. Vereins f. die Pfalz. — 10

Tag, Der, des neubelebten Frieden-Festes ... Breslau 1746. V: *Raschke, Johann David.* (Kat. d. Druckschr. üb. Breslau. Breslau 1903. S. 16.)

Tag, Der frohe. Ein Nachspiel. Wesel 1798. V: *Heuberger, Johann Wilhelm.* (MGT) (Ky) (GGr)

— der frohe; e. Nachspl. (v. Jh. Wlh. Heuberger). 8. Wesel 798.

Tag, Der Frohe, oder das Familien-Fest. Schauspiel in 2 Akten . . . [Lund 1803.] V: *Berling, Chn Fredrik.* (Bygdén, Svenskt anon. och pseud. lex. Upsala 1898 ff. I.)

Tag, Der, der Geburt Sr. Kaiserl. Hoheit des Grossfürsten Alexander Pawlowitsch, gefeyert in Riga. V: *Berens, Johann Christoph.* (R-N)

Tag, der geheiligte. Gebetbüchlein f. die kathol. Jugend. Ausg. Nr. 1. 16. (190 S. m. Titelbild.) Kevelaer (899). Butzon & Bercker. Geb. — 20

Der geheiligte Tag. Ein Gebet- u. Erbauungsbuch mit d. geheiligten Messe ... Deutsch u. Latein nach d. röm. Brevier. [9. Aufl.] *Saarlouis: Hausen & Co. [1901].* (352 S.) 8° [J.] [02. 10364 6

— **der geheiligte.** Ein Gebet- u. Erbauungsbuch m. der hl. Messe, wie sie der Priester am Altare liest, m. der Vesper-Andacht f. Sonn- u. Festtage, m. kirchl. Litaneien, Todtenvesper, Psalmen, Seelenmesse etc. Deutsch u. Latein nach dem röm. Brevier. 10. Aufl. (352 S. m. farb. Titel u. 1 Titelbild.) 16. (903.) Saarlouis, F. Stein Nachf. — 45; geb. in Leinw. n. — 55

Tag, der geheiligte, des Christen, od. die tägl. Gebete der kathol. Alten, gesammelt f. d. kathol. Jugend. 2. Aufl. 16. (3½ B.) Luzern 834. (Augsburg, Kollmann.)

— der **geheiligte**, des Christen, oder die täglichen Gebete der kathol. Alten, gesammelt für die kathol. Jugend. 2e Aufl. 16. Luzern 834. (Augsburg, M. Rieger.) 1/12 ₰

Tag, der geheiligte, des Christen oder die täglichen Gebete der katholischen Alten. Gesammelt für die katholische Jugend. 8. Aufl. 16. (124 S. m. Holzschn.) Luzern 848, Gebr. Räber. 1/12 ₰

—— der **geheiligte**, des Christen. Ein Gebetbuch für Katholiken. Mit der heil. Messe, mit der jedem Sonn- und Festtage des Jahres eigenen Vesperandacht, mit Litaneien, Todtenvesper &c. lateinisch und deutsch nach dem röm. Missale und Breviere. Ausg. 2. 1.—3. Aufl. 32. (444 S. mit feinen eingedr. Holzschn.) Einsiedeln 869—71, Gebr. Benziger. — 60

Tag, der geheiligte, d. Christen. Ein Gebetbuch f. Katholiken. Mit der hl. Messe, m. der jedem Sonn- u. Festtage d. Jahres eigenen Vesper-Andacht, m. Litaneien, Todtenvesper &c., lateinisch u deutsch nach dem röm. Missale u. Breviere. Ausg. Nr. 1 in kleinem Format. 32. (319 S. m. 1 Chromolith.) Einsiedeln 883. Benziger & Co. — 35

— **der geheiligte, des Christen.** Gebetbüchlein f. Katholiken, zum Gebrauche beim öffentlichen Gottesdienste u. bei der Privatandacht. 16. (288 S. m. 1 Farbdr.) Einsiedeln 899. Eberle, Kälin & Co. Geb. von n. — 45 bis 3.—

— **dasselbe.** Ein Gebet- u. Erbauungsbuch m. der hl. Messe, wie sie der Priester am Altare liest, m. der Vesper-Andacht f. Sonn- u. Festtage, m. kirchl. Litaneien, Todtenvesper, Psalmen, Seelenmesse &c. Deutsch u. Latein nach dem röm. Brevier. 9. Aufl. 16. (352 S. m. Titelbild.) Saarlouis (901). F. Stein Nachf. — 45; geb. in Leinw. n. — 50

Der Geheiligte **Tag** des Christen. Ein Gebetbuch f. Katholiken, enth. die hl. Messe, Vesperandacht f. alle Sonn- u. Festtage d. Jahres, Litaneien, Todtenvesper etc. lat. u. deutsch, nach d. röm. Missale u. Breviere. Neue, rev. Ausg. No 1. *Einsiedeln, Köln: Benziger & Co. 1902.* (319 S.) 8° [F.] [03. 14351

Der Geheiligte **Tag** des Christen. Ein Gebetbuch f. Katholiken. Mit d. hl. Messe, mit der jedem Sonn- u. Festtage d. Jahres eigenen Vesperandacht, mit Litaneien, Todtenvesper &c. lat. u. deutsch, nach d. röm. Missale u. Breviere. Ausg. No 2 in kleinem Format. *Einsiedeln, Köln: Benziger & Co. [um 1902].* (480 S.) 8° [F.] [03. 13953

Der geheiligte **Tag** des Christen. Ein Gebetbuch f. Katholiken. Mit d. heil. Messe, mit der jedem Sonn- u. Festtage d. Jahres eigenen Vesper-Andacht, mit Litaneien, Todtenvesper &c. lateinisch u. deutsch, nach d. röm. Missale u. Breviere. Ausg. No 3. *Einsiedeln, Köln: Benziger & Co. [1902].* (480 S.) 8° [F.] [03. 12738

— **dasselbe.** Ein Gebetbuch m. der jedem Sonn- u. Festtage eigenen Messe u. Vesper, lateinisch-deutsch, der Stationenandacht u. e. Anh. von Kirchenliedern aus dem Straßb. Diözesangesangbuch „Psallite". Neue, völlig umgearb. Aufl. 16. (VIII, 484 S. m. 1 Stahlst.) Straßburg (902). F. X. Le Roux & Co. n. — 35; feine Ausg. n. — 80; Einbde. von — 80 bis 5.—

— **der geheiligte, des Christen.** Gebetbüchlein f. Katholiken zum Gebrauche beim öffentl. Gottesdienste u. bei der Privatandacht. (288 S. mit 1 Farbdr.) 16. Einsiedeln (903). Eberle, Kälin & Co. Geb. in Leinw. n.n. — 44; m. Goldschn. n.n. — 64; in Ldr. m. Goldschn. n.n. 1. 20

— **der geheiligte, d. guten Christen.** Vollst. Gebetbuch f. Katholiken. M. d. hl. Messe sow. d. Vesper-Andacht f. jeden Sonn- u. Festtag d. Jahres, Todtenvesper, Litaneien u. s. w. latein. u. deutsch nach d. röm. Missale u. Brevier. (2. Aufl.) 24. (IV, 511 S. m. farb. Titel u. 1 Stahlst.) Dülmen 896. A. Laumann. Geb. n. — 75

Der geheiligte **Tag** des guten Christen. Vollst. Gebetbuch f. Kath. Mit d. hl. Messe ... lat. u. deutsch nach d. röm. Missale u. Brevier. 3. Aufl. *Dülmen: A. Laumann 1900.* (496 S.) 8° [F.] [01. 4394

— **der geheiligte, des römisch-katholischen Christen.** Ein vollständ. Gebetbuch, enth. die gebräuchlichsten Gebete, Gesänge u. Psalmen, lateinisch u. deutsch. Ausg. Nr. 2. 16. (384 S. m. Titelbild.) Kevelaer 898. Butzon & Bercker. Geb. in Leinw. — 40; Ausg. Nr. 3. 5. Aufl. — 70

— **der geheiligte, eines wahren Christen.** 8. Augsb. 789. Rieger. 16 Kr

[F.] Der durch das Gebet geheiligte **Tag**, oder: Andachtsübgn e. kathol. Christen. Sammt den m. 36 Holzschn. gezierten Mess- u. m. 14 Holzschn. gezierten Kreuzweg-Andachten. 16. Aufl. . . . *Saarlouis: Hausen & C. [1892].* (320 S.) 1 Bd 8. [98. 4399

— **der durch das Gebet geheiligte,** od. Andachtsübgn. e. kathol. Christen. Sammt den m. 36 Holzschn. gezierten Meß- u. m. 14 Holzschn. gezierten Kreuzweg-Andachten. 16. Aufl. 24. (320 S. m. farb. Titel u. Titelbild.) Saarlouis 892. F. Stein Nachf. n. — 35

— **der, durch das Gebet u. die Betrachtung geheiligte, des Christen.** Mit den jedem Sonn- u. Festtage des Jahres eigenen Vesperandachten, latein. u. deutsch, nach d. röm. Breviere. 18. Kempt. 826. Kösel. 6 Kr

— **der, durch das Gebet u. die Betrachtung geheiligte, des Christen.** Mit 1 Kpf. 18. Einsiedeln 830. (Kollmann in Augsb.; a. Orell in Zürich). 6 Kr

—— der durch d. Gebet u. d. Betrachtung **geheiligte, des Christen.** Mit der jedem Sonn- u. Festtage d. Jahrs eigenen Vesperandacht, latein. u. deutsch, nach dem röm. Brevier. 18. (10⅓ B. u. 1 Holzschn.) Einsiedeln 830. (Augsburg, Kollmann.)

— der durch das Gebet u. d. Betrachtung geheil., des Christen. Mit der jed. Sonn- u. Festtage d. Jahres eigenen Vesperandacht, latein. u. deutsch, nach d. röm. Brevier. 8. (.. B.) Einsiedeln 839. (Regensburg, Manz.)

— der durch das Gebet u. die Betrachtung geheiligte, des Christen. Mit der jedem Sonn- u. Festtage des Jahres eigenen Vesperandacht, lateinisch u. deutsch, nach dem römischen Brevier. (Mit Titelbild u. lithogr. Titel mit Vign.) ... Einsiedeln 839. (Regensburg 840. Manz.) n. 7 gr

— der durch das Gebet und die Betrachtung geheiligte, des Christen. Mit der jedem Sonn- u. Festtage des Jahres eigenen Vesperandacht, latein. u. deutsch nach dem röm. Brevier. Neue von e. Weltpriester verb. Ausg. 18. (Mit 1 Lithogr.) Einsiedeln 842, Gebr. Benziger. 1/4 rf Velinp. 8 3/4 ngr

— der durch das Gebet u. die Betrachtung geheiligte, des Christen. Mit der jedem Sonn- u. Festtage des Jahres eigenen Vesperandacht, latein. u. deutsch nach dem röm. Brevier. Neue von e. Weltpriester verb. Ausg. 18. (8 1/2 B. u. 1 Stnt.) Einsiedeln 844, Gebr. Benziger. 6 1/4 Ngr., Velinp.

— dass. 14. Aufl. 12. (15 B. mit Ttlbb. u. verziert. lith. Ttl.) Ebds. 847.

— der durch das Gebet u. die Betrachtung geheiligte, des Christen. Mit der jedem Sonn- u. Festtage des Jahres eigenen Vesperandacht, lateinisch u. deutsch, nach dem römischen Brevier. 14. Aufl. 18. (360 S. m. 1 Lith. u. Titel in Buntdruck.) Einsiedeln 849, Gebr. Benziger. — Mit der heil. Messe 2c. mit der jedem Sonn- u. Festtage des Jahres eigenen Vesperandacht; mit kirchl. Litaneien 2c. Deutsch u. lateinisch nach dem röm. Brevier. Sammt den gewöhnlichen Andachtsübungen. Neueste, ganz umgearb., mit Betrachtungen 2c. versehene Aufl. 24. (360 S. m. 1 Lith. u. lith. Titel in Golddr.) Ebd 851. 6 ngr

Tag, der durch das Gebet u. die Betrachtung geheiligte, des Christen. Mit der heil. Messe, wie sie der Priester am Altare liest, mit der jedem Sonn- u. Festtage des Jahres eigenen Vesperandacht 2c. Deutsch u. lateinisch nach dem röm. Missale. Sammt den gewöhnl. Andachtsübungen. 17., ganz umgearb. Aufl. Einsiedeln 867. Gebr. Benziger. 16. (352 S. mit 2 Chromolithogr.) 5 1/2 ngr

Tag, Der durch Gebet geheiligte, eines Christen; a. d. Franz. Breslau 1774. Ü: *Wolff, Frau von.* (Ky)

— der durch Gebet geheiligte, eines Christen; aus d. Französ. (v. Frau v. Wolff). 8. Bresl. 774. W. G. Korn. 12 gr

— der d. Gebet geheiligte, eines Christen. 8. Breslau, W. G. Korn. 779.

Tag, der (Gott) geheiligte, eines Christen. 8. Cöln ... Haas. 12 gr

— Dass. 8. Wien 804. Al. Doll. 6 gr

Tag, Ein, aus der böhmischen Geschichte. Leipzig 1845. V: *Hartmann, Moritz.* (Hartmann, Ges. Werke X, S. XI) (Zeitschr. f. Büch. N. F. 15, 1923, S. 124)

— ein, aus der böhmischen Geschichte. 16. Leipzig 845, Grunow. 1/2 rf

— der glückliche, Vorsp. v. Vulpius. 8. Erlangen, Palm. 789.

Tag, Der glückliche; ein Schauspiel in drei Aufzügen. Öls 1791. V: *Eugen Friedrich Heinrich Prinz von Würtemberg.* (Ky) (MGT)

— der glückliche; e. Schspl. in 3 Aufz. (von Prinz Eugen Friedrich Heinrich). 8. Oels 791.

Tag, Der glückliche, und das gute Beispiel. Zwei Lustspiele in einem Aufzug. Frankfurt a. d. O. 1796. V: *Schmidt, Friedrich Ludwig.* (Ky)

— der glückliche, u. das gute Beispiel. Zwei Lustspiele in 1 Aufz. (von Fr. Ldw. Schmidt). 8. Frankf. a. d. O. 796. (Sander).

Tag, gottseliger — der Vorbereitung zu einem guten Tod, gewidmet von der Bruderschaft unter dem Titel des an dem heiligen Kreuze sterbenden Erlösers und seiner schmerzhaften Mutter, in dem löblichen Kuratie-Gotteshause zum Steg im Lechthale. Gedruckt bei Felician Rauch in Innsbruck. Zu haben in der Kuratie Steg im Lechthale. (47 S. kl. 8.) 1856.

Tag, gottseliger — der Vorbereitung zu einem guten Tod, auf alle Monate des Jahres gewidmet von der Bruderschaft unter dem Titel: Des an dem heil. Kreuze sterbenden Erlösers und seiner schmerzhaften Mutter in der löbl. Expositur-Kirche zu Schattwald der Pfarre Thannheim. Innsbruck, Rauch'sche Buchdr. (36 S. 8.) (Ohne A. d. J.) 1857.

— der große. Gebete und Gesänge zur Festfeier der ersten heil. Communion. Hrsg. von der Direction des k. k. Waisenhauses in Wien. 12. (50 S.) Wien 884, (Woerl.)
Aus: Die himmlische Gnadenquelle, besonders abgedruckt.

— der große, nahet heran! od. Briefe üb. d. erste Kommunion, v. e. ehemal. amerikan. Missionar. N. d. 2. franz. Ausg. bearb. u. hrsg. v. L. Jung. 1. Aufl. (12 1/8 B.) 838., u. 2., verb. u. mit e. Anh. verm. Ausg. 16. (14 B. incl. Ttlbld. u. Holzschn.) Frankfurt a. M. 839, Andreäische Buchh.

— der große, nahet heran! oder Briefe über die erste Kommunion von einem ehemal. amerikan. Missionar. Nach der 2. französ. Ausg. bearb. u. herausgeg. von L. Jung. 3. verb. u. mit einem Anhange verm. Ausg. (Mit Titelbild.) 16. Frankfurt a/M. 842, Andreäische Buchh. 1/4 rf

Tag, der große, nahet heran! oder Briefe über die erste Kommunion von einem ehemaligen amerikan. Missionar. Nach der 2., französ. Ausg. bearb. und hrsg. von L. Jung. 5., verb. und mit einem Anhang verm. Ausg. 12. (XII und 225 S. mit 1 Holzschn.) Münster 854, Regensberg.

— der große, nahet heran! od. Briefe üb. die erste Kommunion, v. e. ehemal. amerikan. Missionär. Nach der 2. französ. Ausg. bearb. u. hrsg. von L. Jung. 17. Aufl. gr. 16. (189 S. m. 1 Farbdr.) Münster 902. Regensberg. Geb. n. — 80

— ein, in d. Hauptstadt. Lustsp. in 3 Akten v. Linden. 8. Berlin, Schmidt. 806.

Tag, Ein, in der Hauptstadt. Lustspiel in drei Akten. Berlin 1807. V: *Stein, Carl.* (GGr)

Der TAG des Heils: oder Vorbereitung zu einem heiligen Tod, an einem Tag eines jeden Monats durch eine kurze Versammlung des Geistes zu gebrauchen. Ofen 1768: Druck. Univ. 64 S. - 190 mm
- Dass. Preßburg 1778: Typ. Soc. - 8°

— der, des Herrn. Ein Sonntagsbuch für Christen. 1r u. 2r Jahrg. 1r in 52 Lieferr. 2r in 53 Lieferr. Mit 105 Kpf. kl. Fol. Augsb. 831, 32. Schlosser, (à Liefer. 1 gr) 4 Rthlr 9 gr

— des Herrn. Ein Sonntagsbuch für Christen. 1r Jahrg. 3e Aufl., mit 52 Kpfrn. kl. Fol. Augsburg 836. Schlosser. $1^2/_3$ Rthlr
— 2r Jahrg., in 53 Lfrgg. mit 53 Kpfrn. Ebd. 832. $1^2/_3$ Rthlr
— 3r Jahrg., in 52 Lfrgg. mit 52 Kpfrn. Ebd. 833. $1^2/_3$ Rthlr
— 4r Jahrg., in 52 Lfrgg. mit 52 Kpfrn. Ebd. 835. $1^2/_3$ Rthlr

—— der, des Herrn. Ein vollständ. christkathol. Gebetbuch, mit Morgen-, Abend-, Meß- und and. Gebeten; nebst Anhang der gewöhnl. Litaneien, Kirchengesänge und Kreuzweg. 12. (288 S. und 4 Stnt.) Linz 851. (Leipzig, Hübner.) *

Tag, der, d. Herrn. Ein Gebetbuch f. alle kathol. Christen, enth. deutsche u. latein. Gebete, m. besond. Rücksicht auf den öffentl. Gottesdienst. Mit (3 lith.) Bildern. 32. (320 S.) Einsiedeln 875. Eberle, Kälin & Co. geb. n. — 55

— der, des HErrn, od.: Warum sollen wir den Sonntag feiern? Drei Gespräche. Hrsg. von dem deutsch-amerikan. evangelisch-luther. Tractat-Verein. 8. (20 S.) St. Louis, Mo. 878. (Dresden, H. J. Naumann.) n. — 20

— der, d. Herrn. Blätter der Andacht. 16. (12 S. m. Bildern.) Leipzig 888. Baldamus, Sep.-Cto. cart. m. Goldschn. n. — 75

— dasselbe, s. a. Schriften, kleine.

Tag, Der, nach der Hochzeit. Lustspiel. [Wien 1764—1765.] V: *Petrasch, Joseph Freiherr von.* (Zeitschr. d. dtschn. Vereines f. Gesch. Maehrens u. Schlesiens XVIII, 110—111)

Tag, Der, nach der Hochzeit. [Wien 1780?] V: *Petrasch, Joseph Freiherr von.* (Sammlungen der vereinten Familien- und Privatbibliothek Sr. Maj. des Kaisers, hgbn. von A. Becker. Wien 1873/9) (Felix Freude, Die Schaubühne des Freih. von Petrasch: Zeitschr. d. deutschen Vereines f. Gesch. d. Dtschn. in Maehren XIX, 1915, S. 79—80)

Tag, Ein, auf Hohenstaufen. Gelegenheits-Gedicht ... Mannh. 1813. V: *Keller-Schleidheim, Franz de Paula Ign. Jos. Freiherr von.* (Ky) (MGT) (EE)

— ein, auf Hohenstaufen; Gelegenheitsgedicht für einen Familiencirkel, (v. Frz. P. J. J. v. Keller). 8. Manh. 813.

Tag, Ein, auf Hohenstaufen. Oder die schwäbischen Pilger. Eine kleine dramatische Skizze für Familienkreise. Mannheim 1823. V: *Keller-Schleidheim, Franz Ign. Jos. Frh. v.* (GGR X, 610, 161, 6) (Zeitschr. f. Büch. N. F. 15, 1923, S. 124)

Tag, ein, auf Hohenstaufen, oder die schwäbischen Pilger; eine kleine dramat. Skizze für Familienkreise. 12. Manh. 823. Schwan u. G. 9 gr

Tag, ein, auf Hohenstaufen od. die schwäbischen Pilger; eine kleine dram. Skizze für Familienkreise. 12. Manheim 824, Schwan u. G.

— ein, aus dem Jugendleben Heinrichs V. Lustsp. nach Düval, von Hell. 8. Leipz. Hinrichs. 809. — 10

Tag (Der jüngste). Organ der Demokratie Oberhessens. Hrsg. von A. Becker. Giessen 1848.

— der jüngste. 2. Aufl. Bremen 863. (Noltenius.) gr. 8. (24 S.) 1 ngr.

Tag, Der jüngste, der Grabenmädchen in Wien, 1790. (Lied, auf der Wiener Stadtbibl. befindlich.)

— der kleine geheiligte. Ein vollständiges Gebetbüchlein, besonders für die Jugend. Mit mehreren Bildern (Holzschn.). Köln 861. Schwann. 32. (VII, 336 S.) 5 ngr.

Tag, der, der heiligen Communion. Aus dem Franz. 16. (231 S.) Paderborn 880. Junfermann. n. — 80

[F.] Der **Tag** des Kranken. Frei nach d. Französischen v. A. v. B. Hrsg. z. Besten d. Krüppelpflege in Hannover. *Gütersloh: C. Bertelsmann 1895.* (4 Bl., 125 S.) 1 Bd 8. [96. 1330

— der, d. Kranken. Frei nach d. Franz. von A. v. B. 2. Aufl. 8. (VII, 126 S.) Gütersloh 897. C. Bertelsmann. n. — 80; geb. n. 1. —

Tag, Der, der Krönung ... Bresl. 1712. V: *Neumann, Caspar.* (Kat. d. Druckschr. üb. Breslau. Breslau 1903. S. 11.)

— der, auf dem Lande, (v. Chr. L. Neuffer). Leipz., Sommer. N. A., s. a. Neuffer.

Tag, Der, auf dem Lande. Idylle. Leipzig 1802. V: *Neuffer, Chn Ludw.* (Ky)

— e., auf dem Lande. qu. 4. (12 S. m. z. Tl. farb. Bildern.) Stuttgart 893. J. Loewe. — 40

— dasselbe. qu. 12. (8 S. m. z. Tl. farb. Bildern.) Ebd. 894. — 15

Tag, Ein, aus dem Leben des grossen Friedrich. Historisches Schauspiel. Berlin 1814. V: *Bonafont, Carl Philipp.* (Ky)

— ein, aus dem Leben des großen Friedrichs. Histor. Schspl. (von K. Ph. Bonafont). 8. Köln (Berl.) 814. u. 818. Maurers B. 8 gr

Tag, ein, aus d. Leben d. großen Friedrich. Histor. Schauspiel (von K. Ph. Bonafont.) 8. Berlin 814, auch 818; (jetzt Heymann). 1/3 Rthlr

Tag, Ein, des menschlichen Lebens in Hamburg ... O. O. 1820. V: *Knüppeln, Aug. Frdr. Julius.* (GGr) (Schr)

— ein, aus dem Leben des Bischof's J. M. von Sailer. Als eine Blume auf sein Grab. (Gedicht.) 8. Regensburg 841, Manz. 6¼ ngl

Frank Leslie's Tag für Tag: Jahrgang 1, no. 1—26, Apr. 14—Oct. 13, 1873.

Weekly, except that no. 1–2 issued semi-monthly. Sub-title: Illustrierte Wochenzeitung für aussergewöhnliche Tagesereignisse, Unterhaltung, Humor und Satyre. Large quarto, each issue 16 pages; illustrated, including cartoons.
Published by Frank Leslie, who reports that his three papers have a combined circulation of 200,000.
New York, NY

— der letzte, oder der Tag des Gerichtes. Betrachtungen über die vier letzten Dinge des Menschen: Tod, Gericht, Himmel u. Hölle. Nach den Kirchenvätern. Linnich 861. Quos. gr. 8. (512 S.) n. 1 Thlr.

Tag, der letzte, der Dubarry, s.: Trueba, der Giftbecher.

—— der letzte, im Jahre. Ein Lebensbild für das Volk, vom Verf. des „Gottlieb Rohr." gr. 12. (120 S.) Leipzig 848, Brauns.

—— der letzte, der Passion unseres Herrn und Heilandes Jesu Christi. 8. (243 S.) Berlin 868, (Matthies.) geb. 1 50

—— der letzte, eines Verurtheilten, s. a. Hugo, Vict.

— der letzte, eines Verurtheilten; hrsgg. v. V. Hugo; (aus d. Franzöſ.) 8. Stuttg. 829. Brodhag. 1 Thlr.

— der letzte, der Woche. Erzählung zur Beförderung der Familienwohlfahrt. Nach dem Engl. Eingeführt von Ottilie Wildermuth. Frankfurt a. M. 859. (Barmen, Langewiesche.) 16. (IV, 116 S.) n. 10 ngr.

— der, d. Liebe. Allegorisches Festspiel zur Feier des 28. Octobers. 8. Dresd. 817. Hilscher. 4 gr

— der lustige, s. a. Figaro's Hochzeit.

— der lustige; od. Figaro's Hochzeit. Lustsp. a. d. Franz. des Herrn v. Beaumarchais. 8. Kehl, Müller. (Benj. Fleischer in Lpz.) 785. — 8
gr. 8. — 12

— — dasselbe. 8. Leipz. Kummer. 785. — 6
Velinp. mit Kupf. 1 16

— Magdeburgs glücklichster. Der 24. Mai 1814, od. Beschreib. des Einzugs der königl. Preuß. Truppen in Magdeburg unter d. Grafen v. Tauenzien ꝛc. 8. Leipz. 814. Lauffer. 6 gr

Tag, Ein, in Meissen und seiner anmuthigen Umgebung. Meissen 1874. V: *Bärmann, E.* (Bibl. d. stat. Bureaus. Dresden 1890.)

Tag, Der, von Murten (22. Juni 1476); Schlachtsonette zur Murtenfeier. Solothurn 1876. V: *Amiet Jac.* (Zuwachsverz. d. Bibliotheken in Zürich 1898 ff.)

Der Tag von Murten. (22. Juni 1476.) Schlachtsonette zur Murtenfeier. 10 Stn. 8. Solothurn, Druck der Zepfel'schen Druckerei. 1876.

— u. Nacht. Zauber-Pantomime in 3 Aufz. 8. Wien, Wallishäuſſer. 807.

— u. Nacht. Zauber-Pantomime in 3 A. 8. Wien 808. Wallishauſſer. 2 gr

—— und Nacht oder Singsang eines poetischen deutschen Nachtwächters aus dem J. 1789 für politische und unpolitische Leute in allen Tonarten von Sigismund von Insterburg, Hoch- und Landesverräther a. D. 8. (136 S.) Paderborn 872, Schöningh. * 1 25

Tag und Nacht, Licht und Schatten ... Bresl. 1802. V: *Wenzel, Frdr. Aug.* (Ky)

— u. Nacht, Licht u. Schatten, vom Verf. d. merkwürd. Maskerade (Fr. A. Wenzel). 6 Thle. Mit Kpf. 8. Bresl. 802. Buchheister. 1 Thlr. 8 gr

Tag und Nacht in Madrid; aus dem Span. Dessau 1782. V: *Dios Santos, Francisco.* Ü: *Hess, Johann Carl.* (BGE IV, 343) (Zeitschr. f. Büch. N. F. 15, 1923, S. 124)

Tag u. Nacht in Madrid; aus d. Span. (v. Jh. Karl Heß). 8. Dessau 782. N. A. 794. (Leipz., Wienbrack). 12 gr

Tag u. Nacht in Madrit, nach le Sage. 8. Dessau, Gelehrte Buchhdl. (Gräff in Lpz.) 794.

TAG und Nacht in Wien. O. O. 1810. 8°.
Karajan's Bibl. II. Wien 1879. — Rar!

Tag. Der Tag von Neueneck. Bern 1863 s. [Bähler, Eduard /].

— ein, in der alten freien Reichsstadt Nürnberg v. e. kunstliebenden Niedersachsen. gr. 8. (46 S.) Schwerin 886. (Stiller.) n. 1. —

— ein, in Potsdam. Ein unterhalt. Würfelspiel, nebst e. Beschreib. u. 51 Ansichten der vornehmsten Gebäude, Gärten u. Statüen von Potsdam u. Sanssouci. Ein Seitenstück zu: Ein Tag in Berlin. Berl. 817. Amelang. 1 Thlr.

Tag, Ein, in Potsdam. Ein Führer für Fremde und Einheimische ... Berl. [1856]. V: *Tropus, C.* (Ky)

—— ein, in Potsdam. Ein Führer für Fremde und Einheimische durch die Stadt und deren Umgebung. 16. (29 S.) Berlin 856, Hirsch.

— e., in Rothenburg. A. Merz' Führer durch die Stadt u. ihre nächste Umgebung in neuer ergänzter Ausg. M. 2 Plänen. (Umschlag: Führer durch Rothenburg.) 8. (48 S. m. Abb.) Ansbach 896. C. Brügel & Sohn. — 60

— ein ruhiger, s.: Repertoir, neuestes, d. deutschen Theaters. Nr. 3.

— ein, in Salzburg. Kurzer Wegweiser f. Stadt u. nächste Umgebg. Mit neuem (chromolith.) Plan, gezeichnet v. E. Hettwer. 12. (8 S.) Salzburg 883. Dieter. n. — 60

—— ein, in Salzburg. Kurzer Wegweiser für Stadt und nächste Umgebung. 3. Aufl. 12. (8 S. mit Plan, gezeichnet von E. Hettwer.) Salzburg 888, Dieter. *

— e., in Salzburg. Kurzer Wegweiser f. Stadt u. nächste Umgebg. Mit Plan, gezeichnet v. E. Hettwer. 5. Aufl. 12. (8 S.) Salzburg 890. Dieter. n. — 60

— ein, in Salzburg. Kurzer Wegweiser f. Stadt u. nächste Umgebg. Mit Plan, gez. v. E. Hettwer. 6. Aufl. 12. (8 S.) Salzburg 892. H. Dieter. n. — 60

Tag, Ein, in Salzburg. Kurzer Wegweiser für Stadt und nächste Umgebung. Mit Plan. 8. Auflage. Kl.-8. (8 S.) Geh. —.30
Salzburg: Dieter 1896.

Ein Tag in Salzburg. Kurzer Wegweiser für Stadt und nächste Umgebung. Mit Plan, gezeichnet von E. Hettwer, k. u. k. Major. 10. Auflage. 12. (8 S.) In Umschlag —.30
Salzburg: Dieter 1897.

— ein, in Salzburg. Kurzer Wegweiser f. Stadt u. nächste Umgebg. Mit Plan, gezeichnet v. E. Hettwer. 11. Aufl. 12. (8 S.) Salzburg 898. H. Dieter. n. — 60

Ein Tag in Salzburg. Kurzer Wegweiser für Stadt und nächste Umgebung. Mit Plan, gezeichnet von E. Hettwer. 12. Auflage. Salzburg. 1900. Dieter. 8°. K —.60

Ein Tag in Salzburg. Kurzer Wegweiser für die Stadt und nächste Umgebung. Mit Plan, gezeichnet von E. Hettwer. 13. Auflage. Salzburg. 1901. Dieter. 8°. 8 S. K —.60

— ein, in Salzburg. Kurzer Wegweiser f. Stadt u. nächste Umgebg. Mit Plan, gezeichnet v. E. Hettwer. 14. Aufl. 12. (8 S.) Salzburg 902. H. Dieter. n. — 60

Ein Tag in Salzburg. Kurzer Wegweiser für Stadt und nächste Umgebung. 15. Aufl. 8°. (8 S. mit Karte) K —.60
Salzburg: Heinrich Dieter 1905.

— ein, in Salzburg. Kurzer Führer durch Stadt u. nächste Umgebg. Mit neuem Stadtplan, gezeichnet v. E. Hettwer. 16. Aufl. (8 S.) kl. 8. Salzburg 905. H. Dieter. — 36

Ein Tag in Salzburg. Kurzer Führer durch Stadt und nächste Umgebung. 18. Aufl. 8°. (8 S. mit 1 Plan) K —.36
Salzburg: Heinrich Dieter, K. u. K. Hofbuchh. 1907.

Ein Tag in Salzburg. Kurzer Führer durch Stadt und nächste Umgebung. 19. Aufl., 8°. (8 S. mit Plan) K —.36
Salzburg: Dieter 1908.

— ein, in Salzburg. Kurzer Führer durch Stadt u. nächste Umgebg. Mit neuem (farb.) Stadtplan, gezeichnet v. E. Hettwer. 20. Aufl. (8 S.) kl. 8. Salzburg 909. H. Dieter. — 30

— der schöne, ein rührendes Fest in der Kirche zu Schottenstein. 8. Lpz. Gräff. 805.

— der schöne, ein rührendes Fest in der Kirche zu Schottenstein. 8. Leipz. 805. (Wienbrack). 10 gr

Tag, Der schreckliche, am 9ten September des Jahrs 1798 in Unterwalden ... O. O. 1799. V: *Lüssi, Caspar Joseph.* (MGT)

—— der, von Sedan. Ein Festbüchlein für Schulen zur Feier des 2. Septbr. 1.—37. Aufl. 8. (16 S. mit 1 Stnt. und 1 Karte.) Ruhrort 872—75, Andreae und Comp. — 15

—— der, von Sedan. Ein Festbüchlein für Schulen zur Feier des 2. Septbr. 38.—41. Aufl. 8. (16 S. mit Port. des Kaisers und 1 Karte in Steindr.) Ruhrort 876, (Andreae und Comp.) — 15

— der, von Sedan. Ein Gedenkblatt an Deutschlands große Tage. Der deutschen Jugend zum Vortrag in Schule u. Haus gewidmet von M. C. 8. (16 S. m. 1 Holzschntaf.) Hamburg 880. B. S. Berendsohn. — 30

—— ein, in Stendal, oder, die Architekten. Lustspiel in 1 Akt. 8. (86 S.) Tangermünde 856(57,) Doeger'sche Buchh. **

— u. Stunde des jüngsten Gerichts aus den hinterlassenen Papieren einer christlich gläubigen Hellseherin. Stuttgart 865. Cammerer. gr. 16. (29 S.) n. 2 ngr

—— um Tag. Kalender f. 1891—1893. 16. (à Jahrg. 12 Blatt in Farbendr.) [Münch.] Nürnb., Stroefer. à Jahrg. * — 50

TAG, Tausend und Ein, Das ist: Persianische Historien und allerley Liebes-Intriguen, anfangs aus Persianischer Sprache in die Frantzösische übersetzt von Hrn. Petis de la Croix (zusammen mit Le Sage). Anietzo ins Hoch-Deutsche gebracht. Mit TKupf. Leipzig, In der Weidemannischen Buchhandlung, 1745. 8°. 8 Bll. u. 928 S. (7 Mk. 50 Pfg. Julius Neumann, Magdeb., 1906; 9 Mk. Adolf Weigel, 1908.)

— — Dasselbe. Ebd., Weidmanns Erben u. Reich, 1762. 8°. 4 Bll., 928 S. (30 Mk. v. Zahn & Jaensch, Dresden, 1911.)
— — Dasselbe, übersetzet von Herrn Petis de la Croix, Dechanten der königl. Dollmetscher (!) u. Prof. des königl. Colleg. zu Paris, und anjetzo ins Hochdeutsche gebracht. Leipzig, bey M. G. Weidemanns Erben u. Reich. 1777. Gr. 8°. 4 Bll. u. 928 S. (3 Mk. W. H. Kühl, Berlin, c. 1882; jetzt theurer!)

— tausend u. ein, oder die persian. Erzählung des Petits de la Croix; aus d. Französ. 3 Thle. 8. Leipz. 788, 789. Weidmann. 3 rf 8 gr

Tag, Tausend und ein, oder die Märchen der Solimena. Prag 1811—12. V: *Gerle, Wolfgang Adolph.* (GGr IX, 133) (Zeitschr. f. Büch. N. F. 15, 1923, S. 124) Vgl. IV, 4513.

— tausend u. ein, oder d. Mährchen d. Solimena. 6 Thle. 8. Prag 813. Enders. 4 rf Hbg. Pr. 1 rf 16 gr

Tag, tausend u. ein, morgenländ. Erzählungen; aus d. Persischen, Türkischen u. Arabischen nach Petits de la Croix, Galland, Cardonne, Chawis u. Cazotte, dem Grafen Caylus u. And., übers. v. F. H. v. d. Hagen. 11 Bde. gr. 16. Prenzlau 827—30. Ragoczy. 5 rf 20 gr

— — Dasselbe, tit.: Tausend und Ein Tag. Morgenländische Erzählungen. Hrsg. (übers.) von Friedr. Heinr. v. d. Hagen. 10 Bde. Prenzlau 1827—28. 12°. (10 in 4 voll. Mart. Breslauer's Berliner Oct.-Auct. 1910, no. 1286.)

—— Tausend und Ein, morgenländ. Erzählungen. Aus d. Persischen, Türkischen u. Arabischen nach Petis de la Croix, Galland, Cardonne Chawis u. Cazotte, dem Grafen Caylus u. A., übers. v. F. H. von d. Hagen. 11. Bd. 16. (19 B.) Prenzlau 832, [Kalbersberg.]
1—10. Bd. Ebendas. 1827. 6 Thlr. — 11 Bde. vollständig, hrbgs. Pr. 2 Thlr. 18 Gr.

—— Tausend u. Ein, morgenländ. Erzählungen. A. d. Persischen, Türkischen u. Arabischen n. Petits de la Croix, Galland, Cardonne, Chawis u. Cazotte, dem Grafen Caylus u. A., übers. v. F. H. v. d. Hagen. 11 Bde. 2., wohlf. Ausg. 16. (... B.) Prenzlau 836, [Kalbersberg's Buchh.] Thlr.

Tag, Tausend und ein, oder die Märchen der Solimena. Prag 184? V: *Gerle, Wolfgang Adolph.* (WBL)

— **tausendundein.** Orientalische Erzählgn. (Ausgewählt u. eingeleitet v. **Paul Ernst.** Übertragungen v. Paul Hansmann.) 1.—4. Bd. (XIV, 358; 372, 371 u. 423 S.) 8. Leipzig 909. 10. Insel-Verlag. à 4.—; geb. in Leinw. 5.—; in Ldr. 7.—; auf Büttenpap., geb. in Perg. 14.—

— — Dasselbe, tit.: Tausend und Ein Tag. Orientalische Erzählungen. Ausgewählt und eingeleitet von Paul Ernst. Uebertragen von Felix Paul Greve und Paul Hansmann. 4 Bde. Leipzig, Insel-Verlag, 1909. 8°. (Geheft. Mk. 16—, gebd. in Leinen 20—, in Ldr. 28; Luxus-Ausgabe [nur 100 numer. Expll.] auf Inselbüttenpap., in Prgt. mit Seidenvorsatz gebd., Mk. 56—.)

Tag, der tolle; od. Figaro's Hochzeit. Lustsp. in 5 Aufz. von Beaumarchais. gr. 8. Dessau, (Göschen in Leipz.) 785. Rthlr.

— **d. tolle; od. d. Hochzeit d. Figaro.** Lustsp. in 5 A. v. J. F. Jünger. 8. Regensb. Montag u. W. 804.

—, siehe auch Figaro.

— ein, der Ueberraschungen. 16. (16 S.) Frankfurt a/M. 898. J. Schergens. — 05

Tag (Ein) in socialistischen Utopien. Schauspiel in 5 Akten, von Z., Verfasser der „Weltuntergangsdämonen an der Arbeit". 8°. Dresden u. Leipzig, E. Pierson, 1892.

— e., in socialistisch Utopien. Schauspiel in 5 Akten v. Z. gr. 8. (75 S.) Dresden 892. E. Pierson. n. 1.—

Tag. Der Tag von Valangin.... Neuenburg 1852 s. (L[ommel]. G[eorg]).

— **der, der Verlassenheit Mariens.** Andächtige Uebung zur Ehre Mariä. Aus dem Italien. Innsbruck 859. F. Rauch. 24. (24 S.) n. 2 ngr.

— **ein, in Versailles.** Illustrirter Führer durch d. Schloss, das Museum, den Schlossgarten u. die beiden Trianons. 60 Holzschn. u. Pläne. 12. (126 S.) Versailles 900. L. Bernard. (Leipzig, G. Hedeler.) n. — 80

— ein, vor Weihnachten. qu. 4. (14 S. m. z. Tl. farb. Abbildgn.) Stuttgart 892. G. Weise. n. — 80

Tag, Der, zu Zürych am yngenden Meien 1351 . . . Zürich 1851. V: *Reithard, J. J.* (Cat. d. Stadtbibl. Zürich. Zürich 1864—97.)

— **der, ze Zürych am yngenden Meien 1351.** Drey Brieff des Jungkher Hannes von Moos v. Luzern an syne Frow Muotter. Sampt etzlichen Uszügen us der geschrybenen Hand- u. Huschronik des Jungkher Jacob Schwarzmurer, älter, zum Kiel in Zürych. Oder: Grundliche Bschrybung, wie es by der Eidleystung ze Zürych, am h. Walpurgistag, ergangen u. uff was Wys der Pundt der Statt Zürych mit den vier Ländern Uri, Schwyz, Unterwalden u. Luzern entstanden. 8. (IV u. 92 S.) Zürich 851, Meyer & Hanisch. n. 12 ngr.

Tag, Hippolyt. (Georg.) (geb. Königsberg i. Pr. 3. 9. 1839): De herniarum inguinalium mobilium curatione radicali. Berolini (1865). (30 S.) 8°

Berlin, Med. Diss. v. 3. Febr. 1865

Taeg, Fra., de obsidione urbis Ticinensis seu Papiensis, et captivitate, cura et studio Bern. Pezii. 4. Nürnb. Monath. 736.

TAGAMI, Kiyosada (Toyama): Ueber Hernia obturatoria.- München: Kastner & Callwey 1910. 36 S. 12.10.1910 - Chr 1910/11,25; 0 11.3745

Diss. Ingolst.-Landsh.-Mchn.

N[ikolaj] S[tepanovič] Tagantseff [**Tagancev**]. Das allerhöchste Manifest vom 1./13. Dezember 1890 u. d. finnländ. Strafgesetzbuch. Berlin: Ebering 1910. 56 S. 8°

Übers. aus d. Zeitschr. Juriditscheskaja Ljetopissj. Jg. 1891, Bd 1. (u. 395 7

Tagart, Eduard

Tagart, Ed., Charakterbilder der vornehmsten Reformatoren des 16. Jahrhunderts: Luther, Calvin, Zwingli, Socinus, Cranmer u. Knox. Nach d. Engl. bearb. von Wlh. Ad. Lindau. (Mit 6 Bildn.) gr. 8. (Mit 2 lith. Taf.) Dresden u. Leipzig 844, Arnoldische Buchh. 1 ₰

TAG- und Nachtbilder, Hamburger. (187*.) 12°. Zahm. (1/3 Rthlr. Fischhaber u. A.)

Tagblatt

— **vergl. Tageblatt.**

Tagblatt. –
Augsburg. 16.IX.1830 31.XII.1830.
Vorh. u.d.T.: Tagsblatt.
Fortges. u.d.T.: Tagspost.

Tagblatt. –
Augsburg. 4.II.1831 9.III.1831.
Vorh. u.d.T.: Tagspost.
Fortges. u.d.T.: Augsburger Tagblatt.

Tagblatt. –
Landshut. 12.III.1848 30.VI.1850.
Fortges. u.d.T.: Kurier.

Tagblatt. –
Pforzheim. 1.(?)I.1865 30.VI.1869.
Fortges. u.d.T.: Pforzheimer Tagblatt.

Tagblatt. – Aalener Tagblatt.
1.I.1896(?) 30.XI.1898.
Fortges. u.d.T.: General-Anzeiger.

Aarauer Tagblatt

(1) Täglicher Anzeiger für den Aargau und die Mittelschweiz (1950: und die übrige Schweiz) (2) Aargauer Tagblatt (1835) (3) 1.5.1847 (4) 2° (7) wöchentlich 6× (8) Aarau (9) Salomon Landolt (1856), Friedrich Kappeler (1869), Karl Stierli (1887), Buchdruckerei »Aargauer Tagblatt« (1887 ff.) (9) In Haus und Hof (Blätter für Landwirtschaft, Gartenbau und Hauswirtschaft) (1916), Sonntagspost (1891 ff., Format: 4°), Der häusliche Kreis (10) die jeweiligen Drukker; seit 1887 Aktiengesellschaft Buchdruckerei »Aargauer Tagblatt« (11) Salomon Landolt (1856), Friedrich Kappeler (1869), Karl Stierli, Gerichtspräsident Schoder (1887), Dr. Leupold (1891), Dr. Weder (1913), Fürsprech Karl Zimmerlin (1929), Dr. Eduard Lauchenauer (1942), Dr. Helmut Suter, Dr. W. Gisiger (1942 ff.) (12) freisinnig-demokratisch, seit 1887 Parteiorgan der Liberalen (13) BGSZ: 722, 941; 100 Jahre »Aargauer Tagblatt«, Sondernummer des »Aargauer Tagblatts« 1947 (14) Aa. K; Be. L (15) 1918 kaufte die Buchdruckerei Aargauer Tagblatt AG die Aargauer Nachrichten auf. Der »Aargauer Volksfreund« ist das Kopfblatt des »Aargauer Tagblattes«. Mit Nr. 179, 1951 Übergang zur Antiqua.

Tagblatt. – Altonaer Tagblatt.
Hamburg-Altona. 1.XII.1848 31.III.(?)1849.

Tagblatt. – Amberger Tagblatt.
1.I.1851 30.XII.1933.
Vorh. u.d.T.: Oberpfälzisches Zeitblatt.

Tagblatt. Ansbacher Tagblatt.
7.IV.1844 30.IV.1845.
Fortges. u.d.T.: Ansbacher Morgenblatt.

Tagblatt. – Tag- und A n z e i g e b l a t t . –
Kempten. – 1.I.1863 – 31.XII.1863.
Fortges. u.d.T.: Tag- & Anzeigeblatt.

Tagblatt. – Tag- & A n z e i g e b l a t t . –
Kempten. – 1.I.1864 – 2.XII.1895.
Vorh. u. fortges. u.d.T.: Tag- und Anzeigeblatt.

Tagblatt. – Tag- und A n z e i g e b l a t t . –
Kempten. – 3.XII.1895 – 4.III.1919.
Vorh. u.d.T.: Tag- & Anzeigeblatt.

Tagblatt für den Kanton Appenzell und Umgebung
v. **Tagblatt** für den Kanton Appenzell und die Umgebung.

Tagblatt für den Kanton Appenzell und die Umgebung
② Tagblatt für den Kanton Appenzell und Umgebung ⑤ 1. 4. 1848—31. 12. 1851 ⑥ 8°, letzter Jahrgang 4° ⑦ Tagblatt ⑧ Herisau: Michael Schläpfer ⑬ BGSZ: 943, 944 ⑭ Tr: K ⑮ Die gebundenen Jahrgänge in Tr: K tragen Rückenschildchen mit der Aufschrift «Herisauer Tagblatt», was wahrscheinlich die Unterlage für die Erwähnung in BGSZ 12, p. 37 bildete.

Appenzeller Tagblatt
① Correspondenz- und Anzeigeblatt für Herisau und die Kantone Appenzell, St. Gallen und Thurgau ④ Appenzeller Nachrichten (I) ⑤ 1. 7. 1879—Juni 1882 ⑥ 2° ⑦ wöchentlich 6× ⑧ Herisau: Suter & Scherzinger, J. Suter (1882) ⑪ Walter Senn-Barbieux, Schriftsteller und Verleger; Georg Baumberger ⑫ liberal-konservativ ⑬ BGSZ: 943, 944; «Helvetische Typographia» 1882, Nrn. 26, 27.

Tagblatt und Arbeiter-Zeitung: 1884—1912?
Daily, evening except Sunday. Labor organ. Banned by the anti-socialist laws from Zwickau in 1890. Title varies: ARBEITER-ZEITUNG, 1884—99. For weekly edition, see ST. CLAIR COUNTY VOLKSBLATT. For Sunday edition, see SONNTAGSBLATT DER ARBEITER-ZEITUNG. Circulation: 1890, 550; 1901, 878. Edited & published by Hans Schwarz, 1884—1900; published by St. Clair Printing & New Co., 1901—12.
Belleville, IL

Arboner Tagblatt
v. Der **Oberthurgauer** (II).

Tagblatt. – A u g s b u r g e r Tagblatt. –
10.III.1831 – 30.VI.1886.
Vorh. u.d.T.: Tagblatt.

Tagblatt der Stadt Baden
① Täglicher Anzeiger für Baden und die angrenzenden Landesteile (1856—1894) - Allgemeines Anzeigeblatt für Stadt und Bezirk Baden sowie für die angrenzenden Landesteile (1903) - Hauptanzeigeblatt für den Bezirk Baden. Amtliches Publikationsorgan - Freisinniges Organ für die Bezirke Baden und die angrenzenden Landesteile (1941) - Hauptanzeigeblatt für den Bezirk Baden - Amtliches Publikationsorgan (1945) ② Badener Tagblatt (1870) ③ Neue Eidgenössische Zeitung ⑤ 1856 (cont.) ⑥ 2° ⑦ Tagblatt ⑧ Baden: Jos. Zehnder (bis 1896), Otto Wanner, sein Enkel (bis 1938), Dr. Eugen und Dr. Otto Wanner, dessen Söhne (seit 1939) ⑨ Sonntagsblätter (von 1852 bis anfangs 20. Jahrhundert) ⑩ die Drucker ⑪ die Drucker ⑫ freisinnig ⑬ BGSZ: 941; Haberbosch: Badener Zeitungen (1950) ⑭ Be: L ⑮ Nicht zu verwechseln mit «Tagblatt für die Bäder zu Baden in der Schweiz» (Fremdenlisten, z. B. 1844, 1848, 1856).

Badener Tagblatt
s.a. **Tagblatt** der Stadt Baden.

Tagblatt. – B a d e n e r Tagblatt. –
Baden-Baden. – 2.V.1896 – 31.III.1936.
Vorh. u.d.T.: Badener Wochenblatt.
Fortges. u.d.T.: Neues Badener Tagblatt.

Tagblatt der Stadt B a m b e r g . –
29.I.1835 – 19.XII.1865.
Vorh. u.d.T.: Tagsblatt der Stadt Bamberg.
Fortges. u.d.T.: Bamberger Tagblatt.

Tagblatt. – B a m b e r g e r Tagblatt. –
20.XII.1865 – 30.IX.1934.
Vorh. u.d.T.: Tagblatt der Stadt Bamberg.

Tagblatt der Landschaft Basel — Landschäftler
v. Der **Landschäftler** (I).

Tagblatt der Stadt Basel (I)
v. Tägliches **Fremden-** und Anzeigeblatt der Stadt Basel.

Basler Tagblatt (II)
v. **Geschäftsfreund**.

Basler Tagblatt (I)
① Organ der unabhängigen Freisinnigen und der Bodenreformer ④ Basler Zeitung (II) ⑤ 26. 9. ? 1888—31. 12. 1890 ⑥ 2° ⑦ Tageszeitung ⑧ Basel: Chr. Krüsi's Witwe (26. 9. ? 1888—22.8 12. 1889), Otto Lehmann-Hirni (28. 12. 1889—31. 12. 1890) ⑨ Neue Gartenlaube (Ende 1888—Dezember 1890, 4°. Wochenblatt) ⑩ Chr. Krüsi's Witwe (26. 9. ? 1888—8. 11. 1889), Otto Lehmann-Hirni (9. 11. 1889—31. 12. 1890) ⑪ Otto Lehmann-Hirni (29. 12. 1889—19. 9. 1890), Dr. Karl Adolf Brodtbeck (20. 9. 1890—31. 12. 1890) ⑫ «freisinnige Linke» ⑬ Basler Tagblatt Nr. 90 v. 18. 4. 1890, Nr. 91 v. 19. 4. 1890 ⑭ Bs: U (unvollständig) ⑮ Organ der Handwerker und Kleingewerbetreibenden. Für soziale Reformen, vor allem Bodenreform. Gegen das «Manchestertum». Unterstützung der Basler Arbeiterpartei. Bezeichnet sich als das billigste Blatt der Schweiz. Gratisinserate für die Abonnenten.

Tagblatt. – B a y r e u t h e r Tagblatt. –
1.X.1856 – 28.II.1943.
1.X.1949 – 31.XII.1967.

Tagblatt der Bundestadt Bern
② auch mit gekürztem Titel: Tagblatt der Stadt Bern ④ Das Berner Tagblatt ⑤ 1852—1855 ⑥ 4° ⑦ wöchentlich 7× ⑧ Bern: Chr. Fischer ⑨ Mittheilungen ⑩ Chr. Fischer ⑫ politisch neutral ⑬ BGSZ: 973 ⑭ Be: L.

Tagblatt der Stadt Bern
v. **Tagblatt** der Bundesstadt Bern.

Berner Tagblatt: Das Berner Tagblatt
③ Tagblatt der Bundesstadt Bern ④ Neues Tagblatt (?) ⑤ Probenummer 28. 6. 1856; 1. 7. 1856—1857 ⑥ 4° ⑦ wöchentlich 7× ⑧ Bern: Chr. Fischer ⑨ Sonntagsblatt. (Enthält kurzgefaßte Originalartikel aus dem Volksleben. Übersetzungen englischer und französischer Schriftsteller. Unterhaltendes und Belehrendes) ⑩ Chr. Fischer ⑬ BGSZ: 973 ⑭ Be: S ⑮ Die Zählung des «Tagblattes der Bundesstadt Bern» wird fortgesetzt.

Berner Tagblatt (I)
④ Neues Tagblatt (?) ⑤ 1863—1864 ⑧ Bern ⑬ BGSZ: 973.

Berner Tagblatt (II)
⑤ Probenummer 24. 12. 1872; 1873 ⑥ 2° ⑦ wöchentlich 6× ⑧ Bern: J. Allemann ⑩ J. Allemann ⑫ «für Fortschritt und Freiheit» ⑬ BGSZ: 973 ⑭ Be: L.

Berner Tagblatt (III)
① «Berner Landeszeitung» vormals «Berner Intelligenzblatt» (1. 7. 1922—30. 11. 1938). Unabhängige Tageszeitung des Bundesstadt (ab 1. 12. 1938) ③ v. BGSZ 194. Thormann. p. 4; ferner sub 15 ⑤ 1. 12. 1888 (cont.); 14. 12. 1889—18. 12. 1889 zufolge Setzerausstand ersetzt durch die gemeinsam mit Bund, Berner Boten (I) und Winterthurer Nachrichten herausgegebene Normal-Zeitung (Zh); 29. 12. 1920—3. 1. 1921 zufolge Streik im Buchdruckergewerbe ersetzt durch das gemeinsam mit Berner Landes-Zeitung, Bund und Neue Berner Zeitung (III) herausgegebene Berner Nachrichtenblatt; 21. 11. 1922—15. 12. 1922 aus gleichen Gründen ersetzt durch die gemeinsam mit Bund. Neue Berner Zeitung (III) und Schweizer Bauer herausgegebene «Zeitung» ⑥ 2° ⑦ wöchentlich 7× (1. 12. 1888—31. 12. 1889 und 1. 10. 1905—14. 12. 1911), wöchentlich 6× (2. 1. 1890—30. 9. 1905 und 4. 10. 1920—15. 12. 1930, ferner ab 1. 4. 1935), wöchentlich 12× (15. 12. 1911—30. 10. 1920 und 15. 12. 1930—30. 3. 1935) ⑧ Bern: Buchdruckerei Berner Tagblatt (Geschäftsführer: Geering, Geymayr, A. Bergmann, Dr. W. Hunziker) ⑨ Der Erzähler (1888—1889); Berner Heim (ab 1890, sistiert während des ersten Weltkrieges und erneut ab 1945; redigiert von Pfr. Strasser, Chr. Gerber, Alb. und Rud. v. Tavel, Paul Sutermeister); Menschen und Schicksale: Bunte Blätter ⑪ Emil Joneli (1888—1890), Alb. v. Tavel (1888—1893), O. Bachmann (1888—1891), Friedr. Burren (früher Red. der Emmenthaler Nachrichten 1890—Mai 1908), E. Pillichody (1893—1898), Dr. Rud. v. Tavel (1894—1896, 1905—1915 und 1918), Pfr. Paul Sutermeister (1898—1905), Herm. Behle (5. 4. 1907—13. 8. 1921), Dr. Gottl. Beck (1. 6. 1908—1923), Max Degen (früher Red. der Zürcher Bürger Zeitung (10. 9. 1912—30. 3. 1931), Herm. Ällen (1915—1919), Dr. Gust. Renker (1919—1929), Ad. Schwab (ab 1919), Dr. Lessing (1923—31. 8. 1935), Dr. H. Wechlin (1. 10. 1924—1936), W. Thormann, Fürsprecher (ab 1927), Dr. W. Hunziker (1930—1933), Dr. R. Th. Weiß (ab 1935); Mitarbeiter: Wolfg. Friedr. v. Mülinen, Karl Born, Cecile v. Rodt ⑫ konservatives Parteiorgan, später politisch unabhängiges Blatt konservativer Richtung ⑬ BGSZ: 194, 505, 523, 585, 866, 973 ⑭ Be: L, S, St ⑮ Fusion des Blattes mit der «Bauernzeitung» auf Neujahr 1899; Fusion mit der «Berner Landes-Zeitung» am 1. 7. 1922.

Berner Tagblatt
⑮ In der Auseinandersetzung mit der Helvetischen Regierung wird für das «Berner Tagebuch» der Ausdruck «Berner Tagblatt» gebraucht. — v. Schweiz. Gutenbergmuseum 1951, S. 144.

Tagblatt der Stadt Biel
① Organ der Freisinnigen des Seelandes; später: Täglicher Anzeiger für das Seeland; zuletzt: Anzeigeblatt für Biel und das Seeland, amtlicher Anzeiger für den Amtsbezirk Nidau ④ Bieler Tagblatt und Seeländer Bote (v. sub 15) ⑤ 1863—spätestens 1904 (BGSZ 1, nur bis 1894) ⑥ 2° ⑦ wöchentlich 6× ⑧ Biel: L. Heer-Betrix, Louis Heer (ab 1901) ⑨ Illustriertes Sonntagsblatt. (Inhaltlich gleich mit der Sonntags-Post des Aargauer Tagblattes und mit der Beilage des Aargauer Volksfreundes); Reiseonkel (Illustriertes Witzblatt); Für die Familie (Kleines illustriertes Modeblatt) ⑩ der Buchdrucker ⑪ L. Heer-Betrix, J. U. Bärtschi, Paul Brandt, J. Gattiker ⑫ Lokalblatt freisinniger Färbung; unter Louis Heer Arbeiterblatt ⑬ BGSZ: 1 (no. 6443), 959, 973; Nidauer Anzeiger Nr. 50 v. 11. 12. 1896 ⑭ Be: L, St ⑮ Als Louis Heer die Interessen der Arbeiter zu unterstützen begann, kam es zu einer heftigen Opposition in bürgerlichen Kreisen, so daß sich das Blatt unter dem neuen Kurse nicht halten konnte. 1904 erwarb daher W. Gaßmann das Verlagsrecht und verschmolz das Blatt mit dem bisher wöchentlich 3× erscheinenden «Seeländer Boten». Dieser erschien von jetzt an wöchentlich 6× unter dem Namen «Bieler Tagblatt und Seeländer Bote». Das von Louis Heer vertretene parteipolitische Programm übernahm 1917 das von Fritz Jordi gegründete «Arbeiter Blatt» (Be).

Bieler Tagblatt und Seeländer Bote
v. **Seeländer** Bote.

Brugger Tagblatt
① und Aargauische Zeitung ③ Aargauische Zeitung ⑤ 1. 11. 1900 (cont.) ⑥ 2° ⑦ Tagblatt ⑧ Brugg: Effingerhof, Zeitungs-Verein (1. 1. 1903—24. 11. 1906), Effingerhof ⑩ Effingerhof, Brugg; Brugger Zeitungsverein AG (19. 12. 1900—24. 11. 1906) ⑪ P. K. Scholer (bis 20. 5. 1911), Hermann Aellen (15. 7. 1911—1. 3. 1912), Jos. Frey (1. 3. 1912—30. 9. 1918), H. Siegrist (1. 10. 1918—31. 7. 1920), F. W. Konrad (1. 8. 1920—31. 12. 1920), A. Lory (1. 1. 1921—30. 6. 1924), Dr. V. Sonderegger (1. 7. 1924—30. 9. 1930), G. Sommerhalder (1. 10. 1930—30. 9. 1931), Dr. M. Fischer (1. 11. 1931—31. 5. 1935), W. Burger (1. 8. 1935—30. 4. 1936), Dr. O. Beer (1. 6. 1936—31. 8. 1936), Dr. L. Bader (seit 1. 9. 1936) ⑫ freisinnig ⑬ BGSZ: 941; Brugger Tagblatt 1950, Nr. 71.

Tagblatt von Brunnen
⑤ 1882 ⑦ wöchentlich 6× ⑧ Ingenbohl-Brunnen ⑬ BGSZ: 12, p. 80.

Bündner Tagblatt
v. **Tagblatt** für den Kanton Graubünden.

Burgdorfer Tagblatt (I)
③ Schweizerischer Erzähler (II) ④ Die Emme ⑤ Dezember 1878—1. 10. 1879 ⑥ 2° ⑦ wöchentlich 6× ⑧ Burgdorf: M. A. Käch, A. Pfyl-Käch & Co., M. Krebs (ab 1. 9. 1879) ⑩ die Buchdrucker ⑪ die Buchdrucker ⑫ freisinnig ⑬ BGSZ: 215; Helvetische Typographia 1879, Nr. 16 ⑮ Konkurrenzblatt zum «Berner Volksfreund» (Be).

Tagblatt. – Darmstädter Tagblatt. –
1.I.1874 – 31.V.1941.
Vorh. u.d.T.: Allergnädigst privilegirtes Darmstädter Frag- und Anzeigeblatt.
Fortges. u.d.T.: Darmstädter Wochenblatt.

Tagblatt. – Erlanger Tagblatt. –
1.X.1858 – 31.III.1943.

Tagblatt. – Eßlinger Tagblatt. –
1.(?)1848 – 31.XII.1850.
Vorh. u.d.T.: Anzeiger.
Fortges. u.d.T.: Eßlinger Wochenblatt.

Tagblatt. – Eßlinger Tagblatt. –
1.I.1887 – 31.XII.1890.
Vorh. u.d.T.: Eßlinger Wochenblatt.

Tagblatt. – Eßlinger Tagblatt. –
25.XI.1910 – 31.III.1918.
Vorh. u.d.T.: Schwäbische Rundschau.

Tagblatt, Finanzielles, Continental-Börsen-Correspondenz. Verlag von G. Worżetzky in Wien. Erscheint täglich. 1892.

Tagblatt. – Freiburger Tagblatt. –
26.VI.1868 – 30.IX.1921.
Vorh. u.d.T.: Verkündigungsblatt.

Tagblatt. – Freisinger Tagblatt. –
1.I.1868(?) – 31.XII.1942.
Vorh. u.d.T.: Freisinger Wochenblatt.

Tagblatt. – Fürther Tagblatt. –
25.V.1838 -- 31.I.1934.

Tagblatt der Germania : Nov. 9, 1874 – 1922.

Daily, evening except Sunday. For weekly edition, see WOCHENBLATT DER GERMANIA. Independent Democratic; supported Tilden in 1876; Cleveland in 1884. Formed by union of QUINCY TRIBUNE, and WESTLICHE PRESSE. Circulation: 1875, 656; 1885, 1200; 1905, 1000; 1915, 800. Edited by George C. Hoffman, 1874 -Jan. 1888; by A. Rust, 1887; by Henry Bornmann, Jan. 1888—? Published by Germania Printing & Publishing Co. (varies), 1874 –1918.
Quincy, IL

Glarner Tagblatt
④ Glarner Volkszeitung ⑤ 1871 ⑥ 4° ⑦ wöchentlich 5× ⑧ Glarus: Jakob Vogel ⑩ Jakob Vogel ⑪ David Legler, Advokat, von Diesbach ⑫ franzosenfreundlich ⑬ BGSZ: 997 ⑭ Gl: Glarner Nachrichten.

Tagblatt des Kantons Glarus
⑤ 1. 1. 1862—1864 (evtl. 1865) ⑥ 4° ⑦ wöchentlich 6× ⑧ Glarus: Jakob Vogel ⑨ Glarner Blätter für Unterhaltung und Belehrung, wöchentliche Gratisbeigabe zum Tagblatt des Kantons Glarus ⑪ Jakob Vogel ⑬ BGSZ: 997 ⑭ Gl: Glarner Nachrichten (Nr. 38 vom 14. 2. 1862).

Tagblatt. – Gmünder Tagblatt. –
Schwäbisch Gmünd. -- 15.III.1891 – 30.VI.1906.
Vorh. u.d.T.: Gmünder Zeitung.

Tagblatt für den Kanton Graubünden
① Organ der Konservativ-demokratischen Partei von Graubünden (18. 6. 1921—21. 11. 1938); Organ der konservativen Volkspartei von Graubünden (ab 22. 11. 1938) ② Bündner Tagblatt (1853 cont.) ⑤ Probe-Nummer im Dezember 1851 (in-8°); 1. 1. 1852 (cont.) ⑥ 4°; 2° (ab 1890) ⑦ wöchentlich 6× ⑧ Chur: Pargätzi & Felix (1852—1869), Ulrich Pargätzi (1869—1870), Meyer, Sprecher & Cie. (1870—1871), Sprecher & Plattner (1871—1889), Sprecher, Vieli & Hornauer (1889—1895), Aktiengesellschaft Bündner Tagblatt (seit 1895) ⑨ Illustriertes Sonntagsblatt (1896—1914), Illustriertes Unterhaltungsblatt (1912—1913), Illustrierte Beilage (1926—1939), Sonntag ist's, etc. ⑩ die Drucker ⑪ Hans Hold (1852), Benedict Simeon (1853—54), C. Schneider (1854—57), Christian Tester (1857—71), Samuel Plattner (1872 und 1882—90), Hermann Sprecher (1872—82), Josef Bächtiger (1890—95), Leonhard Fopp (1895—98), Wilhelm Rust (1896—1913), Josef Demont (1913—1925), Alois Horat (1913—20), Hans Hilfiker (1921—24), Anton Habermacher (1924—36), Andreas Brügger (seit 1928) ⑫ ursprünglich ohne parteipolitische Bindung; seit 1872 konservativ-demokratisch ⑬ BGSZ: 213, 1001; Bündner Tagblatt Nr. 1 v. 2. 1. 1922, Nr. 179 v. 1. 8. 1952 ⑭ Ch: K; Be: L (1852—1855, 1867—1878, 1880 cont.).

Grenchener Tagblatt
v. Grenchener Volksblatt.

Grenchner Tagblatt
v. Grenchener Volksblatt.

Tagblatt. – Heidelberger Tagblatt. –
17.XII.1858 – 31.XII.1860.
Fortges. u.d.T.: Heidelberger Zeitung.

Tagblatt. – Heidenheimer Tagblatt. –
4.VII.1894 – 30.VI.1935.

Tagblatt. – Heilbronner Tagblatt. –
1.(?)IV. 1848 – 30.VI.1861.
Vorh. u.d.T.: Intelligenz-Blatt.
Fortges. u.d.T.: Neckar-Zeitung.

Tagblatt: Helvetisches Tagblatt
③ Helvetische Zeitung ④ Neues Helvetisches Tagblatt (von Usteri und Escher). Der Freyheitsfreund oder das alte helvetische Tagblatt (von Frz. X. Bronner) ⑤ 22. 4. 1799 (3. Floreal des Jahres 7) - 24. 7. 1799 (6. Thermidor des Jahres 7) ⑥ 8° ⑦ Tagblatt ⑧ Luzern: Gruner & Gessner (22. 4.—28. 5. 1799); Bern: Gruner & Gessner (6. 6.—24. 7. 1799) ⑩ mit Unterstützung der Helvetischen Behörden ⑪ Franz Xaver Bronner ⑫ unitarisch ⑬ BGSZ: 107, 1028, 1034 ⑭ Lu: Z; Be: L. ⑮ Durch die Übersiedlung der Regierung von Luzern nach Bern ergab sich in der Herausgabe der Zeitung ein Unterbruch: Nr. 31 am 28. 5. 1799, Nr. 32 am 6. 6. 1799. Nachdem Bronner abgedankt worden war, unternahm er den Versuch, das «Tagblatt» als «Freyheitsfreund» weiter zu führen.
--

Herisauer Tagblatt
⑮ Erwähnt in BGSZ: 12, p. 37. v. **Tagblatt für den Kanton Appenzell und Umgebung**, sub 15.

Herisauer Tagblatt (I)
⑤ 1860—1863 ⑥ 8° ⑦ wöchentlich 6× ⑧ Herisau: J. J. Brugger, vormals in Teufen ⑬ BGSZ: 943, 944.

Herisauer Tagblatt (II)
⑮ Die «Helvetische Typographia» schreibt in ihrer Nummer vom 28. Juni 1879: «In Druck und Verlag von Sutter & Scherzinger in Herisau wird vom 1. Juli an ein neues, wöchentlich sechsmal erscheinendes Blatt erscheinen, unter dem Titel «Herisauer Tagblatt». Die Zeitung wählte als Titel «Appenzeller Tagblatt».

Tag-Blatt. – Hofer Tag-Blatt. –
30.VI.1860 – 1.X.1860.
Vorh. u. fortges. u.d.T.: Anzeiger.

Tagblatt. – Ingolstädter Tagblatt. –
1.VII.1859 – 10.IX.1876.
Fortges. u.d.T.: Neue Bayerische Nachrichten.

Tagblatt. – Ingolstädter Tagblatt. –
27.III.1877 – 30.III.1940.
Vorh. u.d.T.: Neue Bayerische Nachrichten.

Tagblatt, Innsbrucker, s.a. Tageblatt

Innsbrucker Tag=Blatt. (5. Jahrgang.) Redakteur A. J. Hammerle. Druck und Verlag von A. Witting. 8. Täglich excl. Sonntag. 42 kr. und 1 fl. 30 kr. vierteljährig. Innsbruck 1854.

Innsbrucker Tagblatt. VI. Jahrg. Redaktion: A. J. Hammerle. Druck und Verlag von A. Witting. 8. Täglich Für Innsbruck monatlich 14 kr., Auswärtig 1 fl. 30 kr. vierteljährig. Innsbruck 1855.

Innsbrucker Tagblatt. Allgemeiner Anzeiger für Handel und Gewerbe. (VII. Jahrg) Redaktion: A. J. Hammerle. Druck und Verlag von A. Witting. 8. Erscheint täglich. Innsbruck 1856.

Innsbrucker Tagblatt. IX. Jahrg. Verantw. Red. *Joh. Aufschlager*. Druck und Verl. der Ver.-Buchdr. des *Joh. Aufschlager*.
Erscheint in **Innsbruck**, tägl. mit Ausnahme der Sonn- und Feiertage, 1/4 Bog. in 8°. Prän.-Pr. 1/4-jähr. 42 kr.; pr. Post 1 fl. 30 kr. Einzelne Blätt. 1 kr.

Tagblatt. – Karlsruher Tagblatt. –
1.I.1843 – 30.IV.1937.
Vorh. u.d.T.: Karlsruher Intelligenz- und Tage-Blatt.

Tagblatt, Kärntner, v.: Zeitung, Kärntner.

Langenthaler Tagblatt (I)
v. **Oberaargauer Tagblatt**.

Tagblatt. – Lindauer Tagblatt.
1.I.1861 31.III.1934.
Fortges. u.d.T.: Lindauer National-Zeitung.

Tagblatt. – Ludwigsburger Tagblatt. –
1.I.1846 – 31.XII.1872.
Vorh. u.d.T.: Ludwigsburger Wochenblatt.
Fortges. u.d.T.: Ludwigsburger Zeitung.

Tagblatt für die Kantone Luzern, Uri, Schwyz, Nid- und Obwalden und Zug
v. **Tagblatt** für die Kantone Luzern, Uri, Schwyz, Unter- und Obwalden und Zug.

Tagblatt für die Kantone Luzern, Uri, Schwyz, Unter- und Obwalden und Zug
① jetziger Untertitel: Fortschrittlich-liberale Zeitung - Hauptanzeigeblatt für Stadt und Kanton Luzern und die Zentralschweiz (seit 1948) ② Tagblatt für die Kantone Luzern, Uri, Schwyz, Nid- und Obwalden und Zug (10. 2. 1852—1. Hälfte 1858) Luzerner Tagblatt und der Kantone Uri, Schwyz, Unter- und Obwalden und Zug (2. Hälfte 1858—1871). Luzerner Tagblatt (seit 1872) ⑤ 24. 12. 1851 (Probeblatt); 1. 1. 1852 (cont.) ⑥ zuerst 4°, dann 2° ⑦ Tageszeitung; täglich 2× (31. 7. 1914—15. 8. 1914) ⑧ Luzern: Xaver Meyer (1852—1878), Meyersche Buchdruckerei H. Keller (1879—1892), Heinrich Keller (1893—1909), Buchdruckerei Keller (1910—1915), Keller & Co. (1916—1921), Keller & Co. AG (seit 1922) ⑨ Wochentliche Unterhaltungen (1855—1907), Zentralschweiz. Haushaltunesblatt (1888), Schweiz. Haushaltungsblatt (1889—1896), Das illustrierte Blatt der Erfindungen und Entdeckungen (Druckort Stuttgart, 1897), Illustrierte Luzerner Chronik (1908—1953), Zeitglocken (1922—1950), Wort und Bild aus aller Welt (1942), Die Zeit (seit 1950), Frauen-Spiegel (seit 1952; Redaktion: Laure E. Wyß) ⑩ zuerst die Buchdruckerei Meyer, dann die Buchdruckerei Keller ⑪ Josef Schmidlin (ca. 1852—1854), Josef Zingg (ca. 1855—1863), Johann Stocker (1863—1866), Dr. Franz Limacher (1866—1868), Dr. Johann Winkler (1868—1871), Dr. Philipp Willi (1871—1873), Vital Stutzer (1873—1889), Eduard Zumbühl (1888—1918), Dr. Oscar Allgäuer (1889—1892), Josef Zimmermann (1892—1899), Dominik Ceberg (1893—1897), Kaspar Achermann (1897—1905), Dr. Otto Sidler (1899—1912), Dr. Robert Zingg (1905—1917), Bernhard Felder (1910—1933), Anton Rölli (1912—1919), Dr. Fritz Keller (seit 1913), Dr. Ernst Ducloux (1919), Dr. August Ackermann (1919—1937), Dr. Erwin Haefeli (seit 1932), Dr. Walter Boesch (1933—1934), Dr. Siegfried Frey (1933—1943), Dr. Hans Bachmann (1943—1945), Dr. Hanspeter Landolt (1944—1946), Dr. Hermann Heller (seit 1945), Dr. Roland Petermann (seit 1947), Laure E. Wyß (seit 1950), Dr. Bruno Laube (seit 1954), Karl Keller (seit 1954) ⑫ freisinnig ⑬ BGSZ: 324, 591, 618, 702, 1028, 1032; Jubiläumsausgabe des Luzerner Tagblattes v. 20. 3. 1952; 155 Jahre Buchdruckerei Keller & Co. AG Luzern (1953) ⑭ Lu. Z ⑮ In den »Wöchentlichen Unterhaltungen« von 1888 finden sich Nachrichten in Volapük. — In der Zeit v. 6. 8. 1914—28. 8. 1914 brachte das »Luzerner Tagblatt« auch Nachrichten in englischer Sprache. Seit 1948 Druck in Antiqua.

Tagblatt der Stadt Luzern
⑤ anhand von Inseraten festgestellt für die Zeit von 1837—1849 (mit Unterbruch) ⑥ wahrscheinlich 8° ⑦ Tagblatt während den Monaten Juli—September ⑧ Luzern: Xaver Meyer (1837—1838), Huwyler & Cie. (1839), Josef Müller (1844), Gebr. Räber (1846), Anton Petermann (1847), Ulrich Müller (1848—1849) ⑫ Fremden- und Anzeigeblatt ⑬ BGSZ: 1028 ⑮ Anhand von Inseraten war es möglich, das Tagblatt für die obgenannten Jahre festzustellen. Ob es sich 1837 um den ersten und 1849 um den letzten Jahrgang handelt, ist nicht sicher. Bei der Übernahme im Jahre 1839 schreibt Huwyler u. a.: »... indem wir nach unserm Versprechen sonstige Tagesneuigkeiten, wie auch Inserate aller Art aufnehmen werden ...« Die Buchdruckerei Räber & Cie., Luzern, bewahrt eine einzige Nummer auf, diejenige vom 1. 7. 1846. Diese führt aber den Titel »Luzerner Tagblatt«. Daß es sich aber sehr wahrscheinlich um ein und dieselbe Zeitung handelt, ergibt sich aus den Inseraten der »Staatszeitung der katholischen Schweiz« 1846, Nrn. 57, 63, 70.

Luzerner Tagblatt (I)
⑤ ?—1846—? ⑥ 8° ⑦ Tagblatt ⑧ Luzern: Gebr. Räber ⑫ Fremden- und Anzeigeblatt ⑬ BGSZ: 1028; Abbildung der einzig bekannten Nummer v. 2. 7. 1846 in »Centenar-Feier der Buchdruckerei und Buchhandlung Räber in Luzern 1832—1932« (Beilage zum Vaterland) ⑭ Lu: Buchdruckerei Räber & Co. ⑮ Wahrscheinlich identisch mit dem »Tagblatt der Stadt Luzern«. v. dieses Stichwort, sub 15.

Tagblatt. Luzerner Tagblatt. Zentralschweizer. General-Anzeiger. 1852—1891. 50ster Jahrg. Seine Bedeutung als Insertions-Organ. Mit Uebersicht der Post- u. Telegraphen-Taxen, Münzen, Masse und Gewichte [und mit Kalender für 1901]. [40 S.] 8. [Luzern, H. Keller.]

Tagblatt. Luzerner Tagblatt. Zentralschweizer. General-Anzeiger. 1852—1902. 51ster Jahrg. Seine Bedeutung als Insertions-Organ. Mit Uebersicht der Post- u. Telegraphen-Taxen, Münzen, Masse und Gewichte ([und mit] Kalender für das Jahr 1902). [36 S.] 8. [Luzern, H. Keller.]

Luzerner Tagblatt (II)
Luzerner Tagblatt und der Kantone Uri, Schwyz, Unter- und Obwalden und Zug
v. **Tagblatt** für die Kantone Luzern, Uri, Schwyz, Unter- und Obwalden und Zug.

Tagblatt. – Magdeburger Tagblatt. –
7.II.1877 – 1878.
Fortges. u.d.T.: Generalanzeiger.

Tagblatt. – Mainzer Tagblatt. –
1815(?) 31.III.1921.

Tagblatt. – Mannheimer Tagblatt. –
8.X.1867 1891.
Fortges. u.d.T.: Badischer Generalanzeiger.

Tagblatt. – Mannheimer Tagblatt.
1895 – 1939.
Vorh. u.d.T.: Badischer Generalanzeiger.

Tagblatt. – Memminger Tagblatt.
1878 1889.
Fortges. u.d.T.: Memminger Stadt- und Landbote.

Tagblatt des Menschheitslebens, nebst einem litterarischen Anzeiger. (Nr. 1 52.) Nebst Literarischer Anzeiger Nr. 1 26. Dresden: Arnold 1811. 4°
Hrsg. v. Karl Chr. Fr. Krause.

Tagblatt. – Münchener Tagblatt. –
12.X.1842 1848(?).
Vorh. u.d.T.: Münchner Tagblatt.

Tagblatt, Münchner. Eine Zeitschrift histor.-ökonom. u. moral. Inhalts. Verlegt u. hrsg. von *Jos. Zängl*, hiesig. bürgerl. u. Stadtbuchdrucker. Jahrg. I, Quartal 2 (od. Nr. 52—126, vom 1. April—30. Juni 1802, enth. S. 507—1132). 8°. Ppb.

Tagblatt. – Münchner Tagblatt. –
1.I.1835 11.X.1842.
Vorh. u.d.T.: Münchner Tagsblatt.
Fortges. u.d.T.: Münchener Tagblatt.

Tagblatt. – Neues Tagblatt. –
Stuttgart. 3.XII.1844 31.III.1913.
Vorh. u.d.T.: Neues Tageblatt.
Fortges. u.d.T.: Stuttgarter Neues Tagblatt.

Tag(-blatt): Neues Tag- und Anzeigeblatt aus der östlichen Schweiz
v. **Neues Tagblatt** aus der östlichen Schweiz.

Tagblatt: Neues Tagblatt der Stadt Bern
① Ein Organ Derjenigen, welche Verbesserungen im Gemeindehaushalt anstreben (21. 11. 1861—1862—?) ③ Berner Tagblatt (I) (?) ⑤ Probe-Nr. v. 21. 11. 1861; 25. 11. 1861—1863—? ⑥ 2° ⑦ wöchentlich 6× ⑧ Bern: C. Gutknecht ⑨ Familienblätter ⑩ C. Gutknecht ⑫ liberal ⑬ BGSZ: 973 ⑭ Be: L. (1861—1863).

Tagblatt: Neues helvetisches Tagblatt
① Fortsetzung des schweizerischen Republikaners (bis 27. 9. 1799) ③ Der schweizerische Republikaner (Zh); Helvetisches Tagblatt (Lu) ④ Neues republikanisches Blatt ⑤ 25. 7. 1799—16. 4. 1800 ⑥ 4° ⑦ wöchentlich 6× (»täglich zwey halbe Bogen«); später unregelmäßig ⑧ Bern: Heinr. Gessner, Nationalbuchdrucker ⑩ Escher und Usteri, Mitglieder der gesetzgebenden Räte der helvetischen Republik ⑪ die Herausgeber ⑫ offizielles Blatt ⑬ BGSZ: 107, 973; Schweizerischer Republikaner Nr. 1, 25. 7. 1799 ⑭ Be: L. St. ⑮ Das Blatt entstand aus der Fusion des »Schweizerischen Republikaners« mit dem »Helvetischen Tagblatt«. In Ausgestaltung und Inhalt entspricht das »Neue helvetische Tagblatt« fast vollständig dem »Schweizerischen Republikaner«.

Tagblatt: Neues Tagblatt für die Kantone Luzern, Uri, Schwyz, Unterwalden und Obwalden und Zug
⑬ BGSZ: 1028 ⑮ Nach einer Einsendung des «Eidgenossen» (Lu) 1859, Nr. 58, beabsichtigte man um diese Zeit in Luzern unter diesem Titel eine neue Tageszeitung zu gründen.

Tagblatt. – N e u e s Münchener Tagblatt. –
29.IV.1877 – 31.V.1941.

Tag-Blatt: Neues Tag-Blatt für den Kanton Schaffhausen und seine Umgebung
⑤ November 1857—30. 6. 1858 ⑥ 4° ⑦ wöchentlich 6× ⑧ Schaffhausen: I. H. Oechslin ⑬ BGSZ: 1052, 1053 ⑭ Sh: St. S ⑮ Konkurrenzblatt zum Tageblatt für Schaffhausen, ging wegen Inseraten- und Abonnentenmangel ein.

Tagblatt: Neues Tagblatt aus der östlichen Schweiz
② Neues Tag- und Anzeigeblatt aus der östlichen Schweiz ⑤ 1. 7. 1856 (1. Probe-Nr.)—30. 6. 1874 (vom 5. 7.—3. 10. 1871 nicht erschienen) ⑥ 4° ⑦ Tagblatt ⑧ St. Gallen: Köppel & Buff (1856—19. 7. 1860), Sonderegger & Buff (26. 7. 1860—28. 3. 1866), J. J. Sonderegger (29. 3. 1866—30. 6. 1874) ⑨ St. Galler Sonntagsblatt; Sonntagsfreude; Illustriertes Unterhaltungsblatt ⑩ Köppel & Buff, A. J. Köppel (2. 2. 1858—19. 7. 1860), Sonderegger & Buff, J. J. Sonderegger ⑪ Valentin Fäßler, Wilhelm Rueß, Franz Furger, Augustin Egger, später Bischof v. St. Gallen ⑫ katholisch-konservativ ⑬ BGSZ: 1045—1047 ⑭ SG: Va; Lu: Z (1856—1859); Be: L ⑮ v. auch: St. Galler-Stimmen.

Winterthurer Tagblatt: Neues Winterthurer Tagblatt
③ Winterthurer Nachrichten ⑤ 16. 12. 1890 (cont.) ⑥ 2° ⑦ wöchentlich 7× ⑧ Winterthur: G. Binkert, Binkert AG, Buchdruckerei Winterthur vormals Binkert AG, Buchdruckerei Winterthur AG ⑨ Belletristisches Sonntagsblatt (1904—1924). Für den Sonntag (1919—1930). Sonntagsblatt (1925—1928, 1931), Heimatblätter (1929 cont.), Zwischen Samstag und Montag (1949 cont.) ⑩ die Drucker ⑪ Dr. Carl Täuber (bis 1897), Theodor Rebsamen (1892, später Mitarbeiter), Dr. August Welti (1895—1900), Dr. Albert Hablützel (1897—1930), Robert Wehrlin VDM (1901—1930), Hans Kägi (1920—1948), Dr. Walter Roth (1930—1942), Dr. Georg C. L. Schmidt (1942 ff.), Edwin Schneebeli, Dr. Hans Zwicky, Oskar Beck (1955 cont.) ⑫ freisinnig-demokratisch ⑬ BGSZ: 472; Neues Winterthurer Tagblatt 1952, Nr. 304 ⑭ Zh: Z; Be: L (1893 cont.) ⑮ Das Neue Winterthurer Tagblatt zählt die Jahrgänge seit der Gründung der Winterthurer Nachrichten (1878). — Kopfblätter vom Juni 1951—Januar 1957: Volkszeitung des Bezirkes Pfäffikon, Anzeiger für das Tößtal.

Zürcher Tagblatt: Neues Zürcher Tagblatt
⑮ Bei der Gründung der Zürcher Zeitung «Volksrecht» im Jahre 1898 standen auch die folgenden Zeitungstitel zur Diskussion: Neues Zürcher Tagblatt, Volkswohl, Volkswacht, Union, Freie Presse. In BGSZ 455 (Nobs, S. 5) wird berichtet: «Die Mehrheit von Vorstand und Kommission schlugen am 23. Januar 1898 den Namen «Freie Presse», die Minderheit «Volkswacht» vor. Da tritt im letzten Augenblick vor der Abstimmung Genosse Gerecke mit dem Vorschlag «Volksrecht» hervor. Eine erste Abstimmung ergibt sieben Stimmen für «Freie Presse», vier Stimmen für «Volksrecht», drei Stimmen für «Volkswohl». In der zweiten Abstimmung erhält die Bezeichnung «Volksrecht» mit neun gegen sieben Stimmen («Freie Presse») den Vorzug.»

Tagblatt. – N ü r n b e r g e r Tagblatt. –
1.VII.1848 – 2.IV.(?) 1850.

Tagblatt für den Oberaargau und die benachbarten Kantone Aargau, Luzern und Solothurn
v. Oberaargauer Tagblatt.

Oberaargauer Tagblatt
① 1. Untertitel: Tägliches Organ für die Interessen Langenthal und der umliegenden Gegend ② Langenthaler Tagblatt (belegt am 20. 12. 1865). Tagblatt für den Oberaargau und die benachbarten Kantone Aargau, Luzern und Solothurn (auch bloß: Tagblatt für den Oberaargau, belegt 1865, ferner 1867—1870) ④ Langenthaler Tagblatt (II) ⑤ 1865—18. 12. 1920 ⑥ 2° ⑦ wöchentlich 6×: einige Zeit 7× ⑧ Langenthal: M. Müller (1865—April 1865), Joh. Wegmüller (1865—4. 11. 1905), Merkur AG (ab Ende 1905) ⑨ Heimatklänge (identisch mit der gleichnamigen Beilage des Oberländer Tagblattes. Zugleich Beilage weiterer schweizerischer Blätter). Illustriertes Sonntagsblatt (Gedruckt bei Wegmüller. Auch Beilage der Schweizerischen Metzgerzeitung unter dem Titel «Feierabend»); Illustriertes Unterhaltungsblatt (?—1915—1916—?) ⑩ die Buchdrucker ⑪ Joh. Wegmüller, G. Kurz, Chr. Indermühle (2. 1906—31. 12. 1918), F. Ruef (ab 1918) ⑫ freisinnig ⑬ BGSZ: 973; 50 Jahre Buchdruckerei Merkur AG Langenthal (Festschrift) 1956 ⑭ Be: L.

Oberländer Tagblatt
v. Tagblatt der Stadt Thun.

Oltner Tagblatt
① Tagesausgabe des «Volksblatt v. Jura» - Anzeiger für Stadt und Land. Freisinnig-demokratisches Organ für den Kanton Solothurn. Anzeiger für Stadt und Land (1903—1908). Freisinnig-demokratisches Organ des Kantons Solothurn (ab Nr. 109, 1912) ⑤ 1. 1. 1878 (cont.) ⑥ 2° ⑦ wöchentlich 6× ⑧ Olten: Peter Dietschi, Buchdruckerei Dietschi (1908—1921), Buchdruckerei Dietschi & Cie. (18. 7. 1921—1925), Buchdruckerei Dietschi & Cie. AG (ab 30. 7. 1925) ⑨ Unterhaltungsblätter (1882—1913), Schweizerhaus (1914—1917—?); Die drei Tannen (1922—1941); Historische Mitteilungen (1907—1914 und seit 1948); Schweizerland ⑩ Peter Dietschi († 1907), Wwe. Adele Dietschi-Schmid (nach 1907), Buchdruckerei Dietschi & Cie. (1921—1925), Buchdruckerei Dietschi & Cie AG (seit 30. 7. 1925) ⑪ Peter Dietschi († 1907), Dr. Walter Stampfli, späterer Bundesrat (1908—1918), Walter Richard Ammann, Theophil Savoy, Dr. Alfred Wyser ⑫ freisinnig-demokratisch ⑬ BGSZ: 351, 1060; Oltner Tagblatt 1948, Nr. 83, Sonderbeilage; Oltner Neujahrsblätter 1954 ⑭ So: Z, St; Be: L; O: S ⑮ Zur Unterstützung der Redaktion bestand vom 28. 11. 1908—17. 7. 1921 eine Redaktionskommission, welche die Interessen der freisinnigen Partei wahrte. Präsident dieser Kommission war Dr. Adolf Christen (1843—1919), Arzt in Olten.

Tagblatt. – O r t e n a u e r Tagblatt. –
Lahr. – 1.I.1867 – 31.XII.1868.
Vorh. u.d.T.: Lahrer Wochenblatt.
Fortges. u.d.T.: Lahrer Zeitung.

Tagblatt: Ostschweizerisches Tagblatt und Rorschacher Tagblatt
v. Rorschacher Wochenblatt.

Tagblatt. – P a s s a u e r Tagblatt. –
1871 – 29.III.1896.

Tagblatt des Bezirkes Pfäffikon
v. Wochenblatt von Pfäffikon.

Tagblatt. – P f o r z h e i m e r Tagblatt. –
1.VII.1869 – 6.V.(?)1870.
Vorh. u.d.T.: Tagblatt.

PRESSBURGER TAGBLATT. Organ für christlich-soziale Volksinteresse. Schriftl. Theodor Binder, seit 1900 Hermann Pichler, seit 1902 Julius Nemessenyi, Alexander Galbl. Preßburg 1896-1916.

Tagblatt. – R a s t a t t e r Tagblatt. –
1.I.1897 – 30.IV.1943.
Vorh. u.d.T.: Rastatter Wochenblatt.

Tagblatt. – R e g e n s b u r g e r Tagblatt. –
1.(?)V.1838 – 26.V.1924.
Fortges. u.d.T.: Oberpfälzer Abendzeitung.

Rorschacher Tagblatt
⑤ Januar 1892—März 1892 ⑦ Tagblatt ⑧ Rorschach ⑬ BGSZ: 1045, 1047.

Tagblatt der Stadt St. Gallen und der Cantone St. Gallen und Appenzell
① Amtliches Publikationsorgan der Stadt St. Gallen und der benachbarten Gemeinden (ab 2. 1. 1909). Tagblatt der Stadt St. Gallen und der Kantone St. Gallen, Appenzell und Thurgau. Amtliches Publikationsorgan für die Stadt und die benachbarten Gemeinden (3. 1. 1910—31. 12. 1937). Tagblatt der Stadt St. Gallen und der Kantone St Gallen, Appenzell und Thurgau. Amtliches Publikationsorgan (3. 1. 1938 cont.) ② Tagblatt der Stadt St. Gallen und der Kantone St Gallen, Appenzell und Thurgau (2. 1. 1841—31. 12. 1909). St. Galler Tagblatt (ab 3. 1. 1910) ⑤ 2. 1. 1839 (cont.) ⑥ 8°, 4° (vom 1. 4. 1843—31. 12. 1867), dann 2° ⑦ Tagblatt, täglich 2× (ab 2. 1. 1885) ⑧ St. Gallen: Egli & Schlumpf (1839), J. F. Wartmann (1840), Zollikofersche Buchdruckerei (seit 1841), Scheitlin & Zollikofer (2. 1. 1854—3. 6. 1867), Zollikofersche Buchdruckerei (4. 6. 1867—1. 1. 1906), Zollikofer & Cie. (2. 1. 1906—8. 3. 1932), Zollikofer & Co. (ab 9. 3. 1932) ⑨ St. Galler Blätter (1853—1917); Literarisch-belletristische Beilage (1926—1927); Unterhaltungs-Beilage (1928 cont.); Stiller Sonntag; Panoptikum; Technik; Literatur ⑩ die Drucker ⑪ H. Seifert, O Fäßler, Dr. V. Hardung, A. Steinmann, E. Flükiger, Ständerat, Dr. E. Burckhardt ⑫ freisinnig ⑬ BGSZ: 386, 1045—1047 ⑭ SG: Va; Be: L (1851, 1853, 1895 cont.) ⑮ Vom 2. 1. 1841 an mit dem St. Gallischen Wochenblatt verschmolzen. Am 6. 12. 1948 ging die Zeitung zur Antiquaschrift über.

Tagblatt der Stadt St. Gallen und der Kantone St. Gallen, Appenzell und Thurgau
v. **Tagblatt** der Stadt St. Gallen und der Cantone St. Gallen und Appenzell.

St. Galler Tagblatt
v. **Tagblatt** der Stadt St. Gallen und der Cantone St. Gallen und Appenzell.

Tagblatt für den Kanton Schaffhausen
v. **Tageblatt** für Schaffhausen.

Schaffhauser Tagblatt
v. **Tageblatt** für Schaffhausen.

Tagblatt. – S c h w e i n f u r t e r Tagblatt. –
1.IV.1856 – 31.III.1943.
1.X.1949 ff.
[NA seit 1.X.1949 von: Main-Post, Würzburg (1945).]

Schwyzer Tagblatt
⑮ BGSZ: 12 (p. 80) kennt ein «Tagblatt der Urkantone. Schwyzer Tagblatt». Die Zeitung heißt aber «Tagblatt der Urkantone».

Seeländer Tagblatt
v. **Das Seeland (III).**

Tagblatt für Solothurn
⑤ Probenummer v. 27. 6. 1851 ⑥ 8° ⑦ sollte wöchentlich 6× erscheinen ⑧ Solothurn: Franz Xaver Zepfel ⑩ Franz Xaver Zepfel ⑪ Franz Xaver Zepfel ⑫ politisches und geschäftliches Nachrichtenblatt, ohne besondere politische Farbe ⑬ Amts-Blatt des Kantons Solothurn, 1851, p. 152, 156, 162 ⑭ Be: L ⑮ Das Tagblatt sollte auf den 1. 7. 1851 erscheinen. Mangels Abonnenten scheint es aber bei diesem «Probeblatt» geblieben zu sein.

Solothurner Tagblatt für Stadt und Land
① Organ der mittelständischen Bewegung des Kantons Solothurn (1936); Offizielles Blatt des Handwerker- und Gewerbeverbandes des Kantons Solothurn (ab Nr. 35, 1937); Offizielles Organ des kantonal-solothurnischen Handwerker- und Gewerbeverbandes. Organ der mittelständischen Bewegung (ab Nr. 36, 1937) ④ Solothurnische Gewerbezeitung ⑤ 3 Probe-Nummern v. Dezember 1861: 1. 1. 1862—31. 12. 1937 ⑥ 4°; 2° (ab Nr. 302, 1866) ⑦ wöchentlich 6×; wöchentlich 2× (ab Nr. 1, 1936) ⑧ Solothurn: Franz Xaver Zepfel, Wilhelm Zepfel, Zepfelsche Buchdruckerei, Zepfelsche Buchdruckerei AG (ab 1. 5. 1917), Vogt-Schild AG (ab 4. 11. 1935) ⑨ Unterhaltungsblatt (seit 1863), Beilage zur Belehrung und Unterhaltung (1910). Solothurner Wochenblatt (8. 11. 1919 an Stelle der ersten beiden). Illustriertes Sonntagsblatt (1935) ⑩ Wilhelm Zepfel, Zepfelsche Buchdruckerei, Solothurner Tagblatt AG (seit 1. 4. 1935) ⑪ Hans Buggle (1887), Dr. Paul Bloch (1907), Otto Zepfel (1929). Dr. Hans Peter (1929). Dr. Ernst von Bergen (1930), Dr. Ernst Grob (1932), Willy Miller (1933), Dr. Julius Staub (1935) ⑫ gegründet als reines Nachrichtenblatt, später Organ der freisinnig-demokratischen Partei, 1936 Organ der mittelständischen Bewegung ⑬ BGSZ: 409, 1060; Wyß: Politische Presse Solothurn ⑭ So: Z, St; Be: L.

Tagblatt. – S t r a u b i n g e r Tagblatt. –
1.X.1860 – 12.(?)IV.1945.
12.VIII.1949 ff.

Tagblatt der Stadt Thun (I)
⑤ 1879—1887 (evtl. nur 1879) ⑦ wöchentlich 6× ⑧ Thun ⑬ BGSZ: 12. p. 46; Helvetische Typographia 1879, Nr. 40 (Korrespondenz aus Solothurn).

Tagblatt der Stadt Thun (II)
① (21. 1. 1908—Ende 1908 vorangestellt: Oberländer Tagblatt). Täglicher Anzeiger des Berner Oberlandes (1. 1. 1909 — 31. 12. 1920 ergänzend: Geschäfts-Anzeiger für das Berner Oberland) - Verbreitetstes freisinnig-demokratisches Organ. Einzige Tageszeitung des Berner Oberlandes. Tagblatt der Stadt Thun. Mit Sonntagsbeilage «Heimatklänge» (ab 3. 1. 1921) (ab 21. 1. 1927 ergänzend: und «Thuner Stern»). Fortschrittlich-bürgerliches Organ des Berner Oberlandes ② Oberländer Tagblatt (Titel des Blattes für die auswärtigen Abonnenten, ab 1. 1. 1909) ③ Täglicher Anzeiger für Thun und das Berner Oberland ⑤ 1. 1. 1908 (cont.) ⑥ 2° ⑦ wöchentlich 6× ⑧ Thun: Stüssy & Muntwyler (1908—30. 9. 1911), Carl Muntwyler (2. 10. 1911—5. 4. 1937), Adolf Schaer (ab 6. 4. 1937) ⑨ Illustriertes Unterhaltungsblatt (1909—1911). Heimatklänge (identisch mit der gleichnamigen Beilage des Oberaargauer Tagblattes, mit der Beilage des Simmenthaler Blattes und weiterer schweizerischer Zeitungen; ab 1. 1912) ⑪ Dr. Hans Altherr (1. 1. 1908—31. 8. 1908), Herm. Aellen, später Redaktor des Brugger Tagblatt, dann Feuilleton-Redaktor des Freien Rätier und Redaktor der Heimatstimmen (1. 9. 1909—1. 7. 1911), Carl Muntwyler (ab 1. 9. 1909, nach einiger Zeit nur noch als Verleger tätig), Paul Kunz, früher Redaktor des Kurier, später Stadtpräsident von Thun (1. 9. 1911—31. 12. 1918 u. 3. 1. 1927 31. 12. 1938), Werner Hauswirth, früher Redaktor der Appenzeller Zeitung (3. 2. 1919—30. 6. 1920), Dr. E. Kunz (6. 1920—31. 12. 1926), Heinrich Kunz (ab 3. 1. 1939) ⑫ freisinnig-demokratisch, später fortschrittlich-bürgerlich ⑬ BGSZ: 346, 505, 973 ⑭ Be: L ⑮ Das Blatt fußt lt. Nr. 209, 3. 9. 1908 auf dem Konolfinger Programm der freisinnig-demokratischen Partei des Kantons Bern. Die Jahrgänge werden ab 1876 (Gründung des «Täglichen Anzeigers für Thun und das Berner Oberland») gezählt.

Tagblatt des Kantons Thurgau
v. **Thurgauer** Volkszeitung (I).

Thurgauer Tagblatt vormals Thurgauer Nachrichten
v. **Thurgauer** Nachrichten (I).

Thurgauer Tagblatt (I)
⑤ 1. 1. 1860—1. 7. 1861 ⑥ 2° ⑦ Wochenblatt ⑧ Frauenfeld: Joh. Kolb ⑩ der Drucker ⑫ konservativ ⑬ Hagen: Buchdruck- und Zeitungswesen im Thurgau.

Thurgauer Tagblatt (II)
① Publikationsorgan für den Kanton Thurgau und angrenzende Kantone ③ Thurgauer Volkszeitung (I) ⑤ 29. 6. 1885 (cont.) ⑥ 2° ⑦ wöchentlich 6× ⑧ Weinfelden: H. Gleditsch, Werner Schläpfer (1. 4. 1889), Neuenschwander'sche Buchdruckerei (1. 4. 1900), AG Thurgauer Tagblatt (1. 9. 1916), Werner Schläpfer (1. 7. 1932), Werner Schläpfer & Söhne (1942) ⑨ Thurgauer Landbote, illustriertes Sonntagsblatt (ca. 1905—?) (aus einem Beilagevertrieb), Thurgauischer Bauernbund (Monatsbeilage, 1895 ff.), Weinfelder Heimatblätter (alle zwei Monate; 1940 cont.) ⑩ bis 1894 die Drucker, dann Aktiengesellschaft Thurgauer Tagblatt (1. 7. 1894), Werner Schläpfer (1. 7. 1932), Werner Schläpfer Söhne (1942) ⑪ Martin Vögeli (1. 5. 1890—1. 3. 1930) ⑫ demokratisch bis 1930, seither freisinnig ⑬ BGSZ: 425, Thurgauer Tagblatt, Jubiläums-Nr. v. 30. 6. 1955; Hagen: Buchdruck- u. Zeitungswesen im Thurgau ⑭ Ff: K; Be: L.

Tagblatt für das Toggenburg
④ Der Arbeiterfreund ⑤ November 1875 (Probeblatt)—1878 ⑥ 4° ⑦ Tagblatt ⑧ Lichtensteig: J. Reinacher ⑩ J. Reinacher ⑬ BGSZ: 1045, 1047; Toggenburger Bote v. 16. 5. 1941 und Goßauer Zeitung v. 18. 4. 1942.

Tagblatt. – T ü b i n g e r Tagblatt. –
21.V.1898 – 30.IX.1923.
Vorh. u.d.T. : Tübinger Wochenblatt.

Tagblatt. – U l m e r Tagblatt. –
11.VIII.1860 – 28.IV.1934.
Vorh. u.d.T.: Amtliches Anzeigeblatt.

Tagblatt der Urkantone
① Der Schwyzer-Zeitung fünfundzwanzigster Jahrgang ③ Schwyzer Zeitung (I) ⑤ 1872 ⑥ 4° ⑦ wöchentlich 6× ⑧ Schwyz: August Eberle ⑩ August Eberle ⑪ August Eberle ⑫ konservativ-föderalistisch ⑭ Sz: K. A. (unvollständig).

Tagblatt der ... V e r s a m m l u n g (der Gesellschaft) deutscher Naturforscher und Aerzte, s. T a g e b l a t t ...

Tagblatt der ... V e r s a m m l u n g deutscher Philologen und Schulmänner, s. T a g e b l a t t ...

Tagblatt. – W i e s b a d e n e r Tagblatt. –
16.IX.1852 – 30.VI.1943.

Tagblatt. – W i l h e l m s h a v e n e r Tagblatt. –
21.VI.1879 – 8.I.1919.
Vorh. u.d.T.: Wilhelmshavener Tageblatt.
Fortges. u.d.T.: Die Tat.

Tagblatt von Winterthur
② Winterthurer Tagblatt (15. 6. 1856—31. 12. 1863) ④ Der Landbote (Fusion) ⑤ 1853—31. 12. 1863 ⑥ 8° (1853—14. 6. 1856); 4° (5. 6. 1856—31. 12. 1863, Vergrößerung seit 1858) ⑦ Tagblatt ⑧ Winterthur: Hegner (1853—25. 9. 1858), Meyer (26. 9. 1858—1. 3. 1859), Frau Bodmer-Hegner (2. 3. 1859—30. 9. 1861), Salomon Bleuler-Hausheer (1. 10. 1861—31. 12. 1863) ⑩ die Drucker ⑪ die Drucker und Herausgeber ⑫ demokratisch ⑬ BGSZ: 312 ⑭ Zh: Z (1855—1863); Wi: S (1861, 1863, einzelne Nummern von 1854 und 1855).

Winterthurer Tagblatt
v. **Tagblatt** von Winterthur.

Zofinger Tagblatt
① Täglicher Anzeiger für den Bezirk Zofingen, den Kanton Aargau und die angrenzenden Kantone. Täglicher Anzeiger für den Kanton Aargau und die Mittelschweiz; heute: Täglicher Anzeiger für den Kanton Aargau und die Mittelschweiz ⑤ 1. 2. 1873 (cont.) ⑥ 2° ⑦ wöchentlich 6× ⑧ Zofingen: Rudolf Steinegger, Johann Fehlmann, Johann Fehlmann jun. (1895), AG Zofinger Tagblatt (1918) ⑨ Der Hausfreund (1924), Illustrierte Sonntagsbeilage (1920—1930) ⑩ die jeweiligen Drucker ⑪ Johann Fehlmann, Liechti, Bern, Gottfried Keller, Lehrer, Franz Ebner, Emil Näf, argauischer Kantonsstatistiker, Hans Müri, O Weber, A. Maurer, Dr. Hs. Maurer, Dr. D. Roth ⑫ vertrat die demokratische Politik des Obersten Künzli in Aarau; später wurde es demokratisches Hauptorgan des Kantons; mit der Bildung einer Aktiengesellschaft Ruck nach rechts ⑬ BGSZ: 490, 701, 941; Zofinger Tagblatt 1947, Nr. 89 ⑭ Be: L.

Tagblatt der Stadt Zürich
① Städtisches Amtsblatt (15. 4. 1946 cont.) ② Tagblatt der Stadt Zürich und städtisches Amtsblatt (1. 1. 1894—13. 4. 1946) ③ Wochenblatt für den Kanton Zürich (Fusion 1. 7. 1843) ⑤ 1. 1. 1837 (cont.) ⑥ 8° (1. 1. 1837—16. 1. 1841; vergrößert 1. 1. 1839); 4° (17. 6. 1841—31. 12. 1872; vergrößert 1. 1. 1860); 2° (1. 1. 1873 cont.; vergrößert 1. 7. 1886) ⑦ Tagblatt ⑧ Zürich: J. J. Ulrich im Berichthaus (1. 1. 1837—17. 1. 1839, 5. 4. 1883—31. 8. 1895), Ulrichsche Buchdruckerei (18. 1. 1839—4. 4. 1883), Buchdruckerei Berichthaus (2. 9. 1895 cont.) ⑨ Städtischer Wohnungsanzeiger (3. 1. 1907 cont.; 2°; wöchentlich 2×, später monatlich 2×; Wochenbeilage im Januar und Juni) ⑩ die Drucker ⑪ Reithard (1855—1857), v. Marschall (1858—1875), G. H. Korrodi (1875—?), Konrad Girsberger, J. U. Allensbach ⑫ Anzeigeblatt; «Übersicht der Tagesnachrichten» seit 30. 12. 1854, später eine ganze Textseite umfassend. Unter dem Titel «Tagesrundschau», Juni 1940—1945 ⑬ BGSZ: 419 ⑭ Zh: Z; Lu: Z (1837—51); Be: L (einzelne Nummern älterer Jahrgänge, 1950 cont.).

Tagblatt der Stadt Zürich und städtisches Amtsblatt
v. **Tagblatt** der Stadt Zürich.

Tagblatt. – Z w e i b r ü c k e r Tagblatt. –
1.VI.1867 – 31.XII.1870.

Tag-Blätter: Schweizerische Tag-Blätter
① enthaltend die neuesten Begebenheiten der Löblichen Stände Zürich, Bern, Basel, Thurgäu und Rheinthal (Titelblatt der 1. Sammlung); enthaltend die neuesten Begebenheiten der Löblichen Stände Zürich, Bern, Basel, Luzern, Solothurn, Schafhausen und Thurgäu (Titelblatt der 2. Sammlung); oder die merkwürdigsten Ereignisse in der jetzigen Staats-Umwälzung vom May 1798 bis zu Anfang Julii (Titelblatt der 3. Sammlung) ④ Wochenblatt für den Kanton Säntis ⑤ Januar 1798–11. 7. 1798 ⑥ 8° und 4° ⑦ anfangs unregelmäßig, ab Februar wöchentlich 2× ⑧ St. Gallen: Johannes Zollikofer (?) ⑩ Johann Jakob Hausknecht ⑬ BGSZ: 107, 1045—1048 ⑭ SG: Va; Lu: Z; Be: L ⑮ Der Titel «Schweizerische Tag-Blätter» erscheint erst von der 2. Sammlung an als Kopf jedes Blattes. Das Titelblatt der 3. Sammlung schreibt «Tagblätter».

Tag-Buch der Witterungs-Beobachtungen
v. **Diarium** Meteorologicum.

T a g e. Acht Tage in Genf sa [V i o l l i e r, Edmond William].

Tage, Acht, in Genf. Offizielles Verkehrsbureau, Genf. Genf 1901. V: *Viollier, Edmond William.* (DBullSchw 5. 1905)

Tage. Acht Tage in Genf. [Herausgeber:] Offizielles Verkehrsbureau, Genf.... [Mit Illustrationen und 1 Plan.] IV + 36 S. 8. (Genf, Imp. Atar, 1901.)

— acht, in Heidelberg. Führer m. 1 Plan der Stadt, des Schlosses u. 18 Illustr. Im Auftrage des Stadtrathes hrsg. v. gemeinnütz. Verein Heidelberg. 2. Aufl. 12. (47 S.) Heidelberg 899. (G. Koester.) n. — 40

Tage, acht, vor der Confirmation. Eine einfache Dorfgeschichte als Festgabe. Ostern 1885. gr. 8. (III, 50 S.) Halberstadt 885. (Halle, Fricke's Verl.) n. 1. —

—— acht, aus dem Leben eines Fagotisten. Novellist. Scene, nach d. Wirklichkeit erzählt, u. allen geehrten Lesern d. Wochenschrift „Sundine" ergebenst gewidmet v. Wilhelm S... 8. (3½ B.) Berlin 830. (Stralsund, Löffler.)

Tage, acht merkwürd., aus d. deutschen Befreiungskriege im Herbst 1813, zur Zeit d. Hanauer Schlacht, des Durchzugs d. retirir. französ. Armee durch Frankfurt u. des Einzugs d. Alliirten in diese Stadt. Ein krieger. Gemälde, zur Erinnerung an jene Schreckens- u. Freudentage entworfen zu Frankfurt von e. Frankfurter. 8. (3½ B.) Tübingen 831, Osiander.

Tage, acht, in München. Eine kurzgefaßte Beschreib. der in dies. Hauptstadt befindl. Sehenswürdigkeiten; e. unentbehrl. Handbuch f. jeden Fremden. Mit xylograph. Vign. gr. 16. (8 B., König Ludwig I. Bildn. u. 1 Stadt-Plan, kl. Fol.) München 834, Franz. 18 Gr., Blnv.

—— dass. in franz. Sprache, s. Munich.

Tage, acht, in München. Eine kurzgefaßte Beschreibung der in dieser Hauptstadt befindl. Sehenswürdigkeiten; ein unentbehrl. Handbuch für jed. Fremden. Mit xylograph. Vignetten. (Mit König Ludwig I. Bildniß u. 1 Stadt-Plan.) gr. 16. München 834. Franz. ¾ ℛ, Velinp. 1 ℛ — 2e, verm. u. verb. Aufl. Mit xylograph. Vignetten u. einem neuen Plane der Stadt. kl. 8. Ebd. 838. ⅚ ℛ

— acht, in München. Eine kurzgefaßte Beschreibung der in dieser Hauptstadt befindlichen Sehenswürdigkeiten; als unentbehrl. Handbuch für jeden Fremden. Mit xylograph. Vignetten. 3. sehr verm. u. vollständ. umgearb. Aufl. 8. (Mit 1 Plan der Stadt.) München 841, Franz. n. 1 ℛ

— acht, in München. Für Reisende jedes Standes. Eine kurze Beschreibung der in dieser Hauptstadt befindlichen Sehenswürdigkeiten nebst Angabe von Ausflügen in die Umgebung. 5. ganz umgearb. Aufl. Mit 1 (lith.) Plane. 854. (XII, 139 S.) n. 14 ngr. — 6. verb. Aufl. Mit (lith.) Plänen. 856. (XII, 160 S.) n. 14 ngr. — 7. verb. Aufl. 857. (XII, 164 S.) n. 15 ngr. — 8. verb. u. verm. Aufl. Mit eingedr. Vignetten (Holzschn.), (lith.) Plänen der Stadt, des kgl. Lustschlosses Nymphenburg und des kgl. Hoftheaters (in 4.). München 858. Franz. 16. (XII, 188 S.) n. 20 ngr.

— acht, in München. Für Fremde und Einheimische. Kurze Beschreibung der in dieser Hauptstadt befindlichen Sehenswürdigkeiten nebst Angabe von Ausflügen in die Umgebung. 9. umgearb. u. verm. Aufl. von G. K. Nagler. Mit Vignetten (Holzschn.) u. 3 (lith.) Plänen (in 4.). München 862. Franz. 16. (IV, 287 S.) n. 20 ngr.

—— acht, in München. Wegweiser für Fremde und Einheimische. 2 Abthlgn. 8. München, Franz'sche Buchh. *

Inhalt:

Abthl. 1. Topographische Geschichte von München und seinen Vorstädten von G. K. Nagler. 2., umgearb. und sehr verm. Aufl. (VIII und 120 S. mit 2 lithogr. Plänen in 4.) 863. * 15 Ngr.

„ 2. Kurze Beschreibung der in dieser Hauptstadt befindlichen Sehenswürdigkeiten, öffentl. Anstalten, Plätze, Straßen ꝛc. nebst Angabe von Ausflügen in die nähere und weitere Umgebung. 10. Aufl. 1863. 21 Ngr. und 11., revid. und verm. Aufl. von G. K. Nagler. (IV und 236 S. mit vielen Vignetten in eingedr. Holzschn. und 3 lithogr. Plänen in 4. und gr. 4.) 866. * 20 Ngr.

—— acht, in Paris. Eine Anweisung alle Merkwürdigkeiten dieser Hauptstadt in Zeit von Einer Woche zu besehen. Mit einem neuen (lithogr. und ill.) Plan (in gr. Fol.) auf dem alle Monumente abgebildet sind und einer tabellar. Darstellung der Eisenbahnen, Omnibus-Linien, Miethwagen ꝛc. Diese äußerst vollständige Arbeit ist auf dem städtischen Kataster durchgesehen worden. 32. (195 S. und Anleitung zur deutschen und französischen Umgangssprache ꝛc. von Adler-Mesnard. VI und 355 S.) Paris 855. (Leipzig, Michelsen's Buchh.) *

— acht, unter den Räubern v. Tscherkesköi od. der Ueberfall d. Orient-Expreß-Zuges. Geschildert v. e. Ausgelösten. gr. 8. (48 S.) Berlin 891. Friedrichs & Co. — 50

— acht, in Wien. Ein treuer Führer zu den Merkwürdigkeiten der Kaiserstadt u. ein freundlicher Wegweiser in die reizendsten Umgebungen derselben. Mit einem vollständ. Namen- u. Sachregister u. einem Plane der Stadt u. Vorstädte in Stahlst. 2. Aufl. 12. Wien 845, Braumüller u. Seidel. ¾ ℛ

— acht, in Wien. Ein treuer Führer zu den Merkwürdigkeiten der Kaiserstadt u. ein freundl. Wegweiser in deren reizende Umgebungen. Mit einem (lith.) Plane der Stadt u. Vorstädte (in Fol.) 4. verb. Aufl. 16. (VIII u. 338 S.) Wien 852, Braumüller. 1 ℛ

— acht, in Wien. Ein treuer Führer zu den Sehenswürdigkeiten der österreichischen Reichshaupt- und Residenzstadt Wien und ein freundlicher Wegweiser in die reizenden Umgebungen derselben. Nebst einem Häusserschema, Strassenweiser etc. u. einem genauen (lith.) Plan der Stadt u. Vorstädte (in Fol.). 6., gänzlich umgearb. Aufl. Wien 862. Braumüller. 16. (XVII, 257 S.) n. 26 ngr.

— acht, in Wien. Wegweiser zu den Sehenswürdigkeiten der österreich. Reichshaupt- u. Residenzstadt Wien u. in die reizenden Umgebungen derselben. Mit dem neuesten (chromolithogr.) Plan der Stadt u. Vorstädte (in gr. Fol.). 7., umgearb. Aufl. Wien 868. Braumüller. gr. 16. (III, 290 S.) geb. n. 26 ngr.

—— acht, in Wien. Sehenswürdigkeiten der österreich. Reichs-Haupt- und Residenzstadt. 8. Aufl. 1872, und 9. Aufl. gr. 16. (103 S. mit 1 chromolithogr. Plane der Stadt und Vorstädte in Imp.-Fol.) Wien 874, Braumüller. geb. * 2 —

— acht, in Wien. Sehenswürdigkeiten der österreich. Reichshaupt- u. Residenzstadt. Nebst 1 (chromolith.) Plane der Stadt u. Vorstädte. 11. Aufl. 16. (IV, 131 S.) Wien 884. Braumüller. geb. n. 2. —

— 48, im (staatl.) Irrenhause. Erlebnisse u. Studien e. Freiwill. u. Nichtentmündigten v. G. Z. gr. 8. (VII, 92 S.) Leipzig 897. R. Friese, Sep.-Cto. n. 1. 20

— alle, Sonntag! Guter Rath für Alle, die gern gute Tage hätten. Berlin 869. (E. Beck.) 8. (16 S.) n. 1 ngr.

Am Tage der feierlichen Aufstellung des Kreuzes auf dem Thurme der Hauptstadtpfarrkirche St. Egid zu Klgft. Klgft., Leon, 1834. Quart. 4 S.

Tage (Die beiden letzten) des Hochverräthers Max Hödel. Von v. L. 8°. Kissingen, Schachenmayer, 1878.

— die denkwürdigst., des Jahres 1830. Gedächtnißtafel in 12 Tabl. (Kupferst.) gr. Fol. Nürnb. 832. Endter. 12 gℛ ill. 1 ℛ

Tage, drei, in Augsburg, ein kleiner Wegweiser für die Stadt und ihre Umgebungen nebst 1 (lithogr.) Plan (in qu. 8.) Mit Angabe der Anstalten, Bäder, Behörden etc. in alphabet. Ordnung. 32. (72 S.) Augsburg 859, Schmid'sche Verlagsbuchh. *

Tage, drei, in Augsburg, ein kleiner Wegweiser für die Stadt u. ihre Umgebungen nebst 1 (lithogr.) Plane (in 4.). 3., verm. u. verb. Aufl. Augsburg 865. Schmid's Verl. 16. (56 S.) n. 4 ngr.

Tage, drei, in Augsburg, ein kleiner Wegweiser für die Stadt und ihre Umgebungen, nebst einem neuen (lithogr.) Stadtplane (in 4.). Mit Angabe der Anstalten, Bäder, Behörden etc., in alphabet. Ordnung. Mit neuerv. Stadtplane und 2 (eingedr.) Ansichten (in Holzschn.) 5., vielfach verm. und verb. Aufl. 16. (64 S.) Augsburg 871, Schmid's Verlag. — 50

Tage, drei, in Augsburg. Kleiner Wegweiser für die Stadt und ihre Umgebungen. Mit Angabe der Anstalten, Bäder, Behörden etc. in alphabet. Ordnung. 6. und 7. vielfach verm. und verb. Aufl. Mit neurevid. (lithogr. und color.) Stadtplane (in qu. 4.) und 3 Ansichten (in Holzschn.). (64 S.) 1876; 8. verm. und verb. Aufl. Mit neurevid. (chromolithogr.) Stadtplane (in qu. 4.) und 3 Ansichten (in Holzschn.). 16. (65 S.) Augsburg 877, Schmid'sche Verlagsh. * — 50

Tage, drei, in Augsburg. Kleiner Wegweiser für die Stadt u. ihre Umgebungen. Mit Angabe der Anstalten, Bäder, Behörden, Fabriken etc. in alphabet. Ordnung. 9., verm. u. verb. Aufl. Mit neurev. Stadtplan (chromolith. 4.) u. 3 Ansichten (eingedr. Holzschn.). 16. (65 S.) Augsburg 881. Schmid's Verl. n. — 50

Tage, drei, in Augsburg u. in der schwäbischen Kreis-Industrie-, Gewerbe- u. kunsthistorischen Ausstellg. Kleiner Wegweiser f. die Stadt u. ihre Umgebgn., sowie f. die Ausstellg. Mit Angabe der Anstalten, Bäder, Behörden, Fabriken, Gasthäuser, Gesellschaften, Institute, Kaffeehäuser, Kirchen, Klöster, Leihbibliotheken, Sehenswürdigkeiten, Umgebgn., Vergnügungs- u. Unterhaltungs-Plätze, Weinhäuser etc., in alphabet. Ordng. 10. verm. u. verb. Aufl. Mit neurev. Stadtplane u. mehreren Ansichten. 12. (77 u. Ausstellungsführer 22 S.) Augsburg 886. Schmid's Verl. n. — 60; ohne Führer n. — 50

— drei, in Berlin u. Potsdam. Neuester Führer durch die beiden Residenzen u. ihre Umgebung. Mit einem neuen (lith.) Plane von Berlin (in qu. gr. Fol.). 16. (48 S.) Berlin 877. Staude. n. — 50

Tage, Drei, am Bord der deutschen Najade. . . . Leipzig 1828. V: *Bülow, Friedrich von.* (BrVV)

— drei, in Brüssel. Mit geschichtl. u. geograph. Einleitg. nebst nützl. Winken. Ausflug nach Waterloo. Nebst Ausflug nach Antwerpen u. e. Besuch in der Welt-Ausstellg. 1894. 12. (84, 25 u. 15 S. m. 2 Plänen.) Brüssel 894. Kiessling & Co. 1.20

Tage, drei, in Brüssel. Mit geschichtl. u. geograph. Einleitg, nebst nützl. Winken. Ausflug nach Waterloo. 5. durchgeseh. u. bedeutend verm. Aufl. 12. (115 S.) Brüssel (901.) Kiessling & Co. 1.20

Tage, drey, im Ehestande, Erzählung von Fr. Laun. 8. Dresden, Hilscher. 819. Rthlr.

Tage, Die drei, der Enthüllungsfeier des Gutenberg-Monuments am 14., 15. und 16. Aug. 1837. . . . Frankfurt a. M. V: *Wagner, Wilhelm.* (cb)

Tage, drei, unter Geistlichen. Blicke in das, was die Kirche drückt. (Aus den Papieren eines Unbekannten.) Mit dem Umschlagstitel: Würtembergische Zustände. 1. 8. (100 S.) Heidelberg 847, [Winter'sche Vrlgsh.] *

—— drei, in Hamburg. Ein pract. Führer für Fremde, um die Sehenswürdigkeiten der Stadt und Umgegend auf die genussreichste Weise in drei Tagen kennen zu lernen. Mit den (lithogr.) Plänen von Hamburg und Altona, 2 (lithogr.) Special-Karten der nächsten Umgegend (in gr. 16., Fol. und Imp.-Fol.), einem Anh. etc., so wie einer Beschreibung der Fahrt nach Helgoland, mit Beigabe eines (lithogr.) Planes der Insel und einer Elb- und Seekarte. 2. Aufl. 1863. 9 Ngr., 3. und 4. Aufl. 1863,64. à * 12 Ngr. und 5. und 6., verm. und verb. Aufl. gr. 16. (104 S.) Hamburg 865,68, Gassmann. *

—— drei, in Hamburg. Ein pract. Führer für Fremde, um die Sehenswürdigkeiten der Stadt und Umgegend auf die genussreichste Weise in drei Tagen kennen zu lernen. Mit den (lithogr.) Plänen von Hamburg und Altona (in qu. gr. Fol.), 2 (lithogr.) Kärtchen der Umgegend, dem (lithogr.) Plane des zoolog. Gartens und einem Anh., sämmtl. Fahrpläne und Taxen der Eisenbahnen, Dampfschiffe, Fuhrwerke etc. enth. Nebst Rathschlägen bei längerem Aufenthalte, sowie einer Beschreibung der Fahrten nach Kiel, Lübeck und Helgoland, mit Beigabe eines (lithogr.) Planes von Helgoland (in schmal Fol.) und einer (lithogr.) Elb- und See-Karte (in qu. Fol.) 7.—9. Aufl. 1869—72. *ℳ 1,50., und 10. verb. und verm. Aufl. 8. (130 S.) Hamburg 875, Gassmann's Verlag. * 1 80

— drei, in Hamburg. Ein pract. Führer f. Fremde um die Sehenswürdigkeiten der Stadt u. Umgegend auf die genussreichste Weise in 3 Tagen kennen zu lernen. Mit den (lith.) Plänen v. Hamburg u. Altona, (in Imp.-Fol.) zwei (lith.) Kärtchen der Umgegend, dem (lith.) Plane d. zoolog. Gartens u. e. Anh., sämmtl. Fahrpläne u. Taxen der Eisenbahnen, Dampfschiffe, Fuhrwerke etc. enth. Nebst Rathschlägen bei längerem Aufenthalte, sowie e. Beschreibg. der Fahrten nach Kiel, Lübeck u. Helgoland m. Beigabe e. (lith.) Planes v. Helgoland u. e. (lith.) Elb- u. See-Karte. 10. verb. u. verm. Aufl. gr. 16. (128 S.) Hamburg 873. Gassmann's Verlag. n. 1. 50

—— drei, in Hamburg. Ein prakt. Führer für Fremde, um die Sehenswürdigkeiten der Stadt und Umgegend auf die genussreichste Weise in drei Tagen kennen zu lernen. Mit den Plänen von Hamburg und Altona, 2 Kärtchen der Umgegend, dem Plan des zoolog. Gartens und einem Anhang, die Fahrpläne und Taxen der Eisenbahnen, Dampfschiffe, Fuhrwerke etc. enthaltend. Nebst Rathschlägen bei längerem Aufenthalte, sowie einer Beschreibung der Fahrten nach Kiel, Lübeck und Helgoland, mit Beigabe eines Planes von Helgoland und einer Elb- und See-Karte. 11.—13. verb. und verm. Aufl. 8. (IV, 143 S.) Hamburg 875—81, Gassmann'sche Sortimentsh. *

Tage, drei, in Hamburg. Ein prakt. Führer f. Fremde, um die Sehenswürdigkeiten der Stadt u. Umgegend auf die genussreichste Weise in drei Tagen kennen zu lernen. Mit den Plänen von Hamburg u. Altona, 2 Kärtchen der Umgegend, dem Plane d. zoolog. Gartens u. e. Anh.: Fahrpläne u. Taxen der Eisenbahnen, Dampfschiffe, Fuhrwerke etc. enth. Nebst Rathschlägen bei längerem Aufenthalte, sowie e. Beschreibg. der Fahrten nach Kiel, Lübeck u. Helgoland, m. Beigabe e. Planes v. Helgoland u. e. Elb- u. See-Karte. 14. verb. u. verm. Aufl. 8. (VIII, 154 S.) Hamburg 885. Gassmann's Verl. n. 2. —

Tage, drei, aus Gellert's Leben. Dem „Sonntagsboten", durch diesen dem von F. Naumann herausg. „Gellertbuche" entlehnt. Herausg. vom „Christlichen Verein." Bremen 856. (J. G. Heyse.) 8. (43 S.) 2½ ngr.

— drei, aus d. Leben d. Malers Ludw. Richter, s.: Geschichten u. Bilder fürs deutsche Volk, Nr. 3.

— drei, aus dem Leben e. Vereinsmitgliedes, s.: Dilettanten-Theater.

— drei, aus dem Leben e. Verschwenders. — Schulzen-Hochzeit, s.: Theater, kleines.

—— drei, aus dem Lebenslaufe eines Spielers. Dramat. Gemälde in 3 Abthln., n. d. Franz. bearb. v. † Th. Hell. 16. (15½ B.) Braunschweig 830, Vieweg.

—— drei, in München, s. Familien-Bibliothek, illustrirte.

— drei, in Paris. 1. bis 3. März 1871. Aus dem Tagebuch des E. v. P. u. G. Mit einer lith. Skizze. [Aus: „Allg. Militär-Zeitg."] gr. 8. (27 S.) Darmstadt 882. Zernin. n. 1. 50

— drei, in Passau. Kleiner Wegweiser durch die Stadt u. ihre Umgebungen. Mit Angabe der Anstalten, Bäder, Behörden etc. Der bayerische Wald. Abgang der Post-anschlüsse etc. Donaufahrt von Passau bis Linz, nebst Anh.: Vollständige Geschichte der Stadt Passau. gr. 16. (24 u. 16 S.) Passau 879. Deiters. n. — 50

— drey, zu Pferde, Erzählung von Fr. Laun. 8. Ebend. 816.

Tage, Drei schwere, oder Worte des evangelischen Trostes und der Erweckung für die Hinterbliebenen in der Zeit zwischen der Todes- und Begräbnissstunde theurer Angehörigen, vorherrschend aus älteren Quellen bearbeitet. Tübingen 1855. 2. (Titel-) Ausg. Basel 1859. V: *Schmidt, Adolph Johannes.* (ZU)

—— drei schwere, oder Worte evangelischen Trostes und der Erweckung für die Hinterbliebenen in der Zeit zwischen der Todes- und Begräbnißstunde theurer Angehörigen, vorherrschend aus älteren Quellen bearb. gr. 8. (XII und 172 S.) Tübingen 855, L. F. Fues.

—— drei schwere, oder Worte evangelischen Trostes und der Erweckung für die Hinterbliebenen. 2. (Titel-)Ausg. gr. 8. (XII und 172 S.) Basel (855)59, Bahnmaier's Verlagsh. *

Tage, drei, aus dem Soldatenleben. Lustspiel in 3 Bildern von M. v. F. gr. 8. (32 S.) Berl. 891, Eisenschmidt. * — 60

Tage, drei, in Triest. Herausgeg. von S. Formiggini, P. Kandler, P. Revoltella und J. B. Serinzi. *Triest* 1858. *Oesterr. Lloyd.* VII u. 120 S., 12°. Mit 17 Ansichten in Stahlst. u. Xylogr.
Veröffentlicht zu Ehren der Abgeordneten der Eisenbahn-Gesellschaften bei ihrer Versammlung in Triest zum General-Congress im Septemb. 1858. Auflage von 10.000 Exempl. in 4 Sprachen.

— die drei verhängnißvollen, des Julimonats 1830, in Hinsicht auf Frankreich, seine Hauptstadt, seinen König u. sein Volk. Nebst d. Lebensbeschreibb. u. Portrr. von Philipp I. u. Lafayette. Als Anh. die Charte (Staatsverfassung) von Frankreich. gr. 8. Meißen 830. Klinkicht. 2 ℛ

— drey, im Weinkeller, Kleinigkeit von Fr. Laun. 8. Leipzig, Hartmann. 821.

Drei Tage in Wien. Kürzester Führer f. fremde u. einheimische Besucher d. Hauptversammlung d. österr. Buchhändler-Vereines. 16. (32 S.) Wien, *Carl Graeser. 1 fl. N. b. 1885.

—— die, von Dresden u. Kulm, in d. Feldzuge 1813. — Als Anhang (od. 5. Hft.) zu den „Planen der Schlachten u. Treffen, welche von d. preuss. Armee u. ihren Verbündeten in d. Feldzügen 1813, 14, 15 geliefert worden." gr. 4. (15½ B. deutsch. u. franz. Text u. 4 ill. Karten, [3 Roy.-Fol. lith., 1 kl. qu. Fol. Kpfrst.]) Berlin 831, Reimer.
„Plane der Schlachten etc." 1—4. Hft. Ebendas. 1821—25. 23 Thlr.

TAGE, Die eilf. Neue arabische Mährchen, nebst andern Blumen der asiatischen Literatur, aus d. Französ. Jena, Mauke, 1789. 8°. 268 S. (2 Mk. 50 Pfg. M. Edelmann, Nürnb., 1906.)
Vgl. Allg. Lit.-Ztg. 1790. Nr. 8. Sp. 58—60. — Goedeke VII, 581: Die „Blumen" (S. 133 ff.)

—— die ersten, von Charlottenburg. Nach den Aufzeichnungen eines Augenzeugen. gr. 8. (15 S.) Berlin 861, Decker'sche geheime Ober-Hofbuchdruckerei.

Tage, die ersten, in Feindesland. Der Zukunftstraum e. Chasseur à cheval. 8. (63 S.) Leipzig 888. Reißner. n. 1. —

Tage, die festlichen, für Breslau, am 13., 14. u. 15. Septbr. 1841. qu. 16. (8 Lithographieen, wovon 1 ill. ist.) Breslau 842, (Friedr. Aderholz.)

Tage, die festlichen, für Breslau, am 13., 14. u. 15. Septbr. 1841. qu. 16. (8 Lithogr., wovon 1 color. ist.) Breslau 842. (Weinholb.) ½ ₰

— fröhliche. 4. (8 S. m. farb. Abbildgn.) Eßlingen (891). J. F. Schreiber. Kart. n. — 50

Tage, Die fünf merkwürdigsten, Neapels. Altenburg 1820. Ü: *Witte, Carl Heinrich Gottfried.* (KY) (MGT)

— die 5 merkwürdigst., Neapels. Uebersetzung der italien. Originalschrift eines Carbonari. 8. Altenb. 820. (Literat.-Cpt. in Ronneb.; a. Weber das.) 6 ℊ

Tage, die fünf merkwürdigsten, Neapels, v. e. Carbonaro. 8. Altenb. 820, Literar. Compt. in Zwickau.

Tage, 45. (Berechnung d. Gültigkeitsdauer d. Rückfahrkarten.) 1902. 128. (29 S.) Dresden (902). H. Jaenicke. — 10

Tage, Fünfzehn, auf der Donau. Wien 1878. V: *Rudolph Kronprinz von Österreich.* (KA)

Tage, Fünfzehn, auf der Donau. Jagdtagebuch d. Erzherzogs Rudolf, mit höchstdessen Bewilligung in stenographischer Uebertragung herausgeg. v. Josef Fuchs. 8. (174 S.) geh. 1 fl. 80 kr. Wien: W. Braumüller 1881.

—— die höchst gefahrvollen, Leipzigs im Sept. 1830, mit ihren Quellen, Schrecken u. kom. Begegnissen. Ganz ausführlich, vom Anfang bis zum Ende ganz unpartheiisch, also ohne Gift u. Galle, keineswegs in d. Tone e. Raisonairs dargestellt v. Alfons Licht. 8. (2¼ B.) Halle 830. (Leipzig, Klinkhardt.) Thlr.

— die höchst gefahrvollen, Leipzigs im Sept. 1830, mit ihren Quellen, Schrecken u. komischen Begegnissen ans Licht gestellt v. Alfons Licht. 8. Halle 830. (Sühring in Leipz.) 4 ℊ

— glückliche. Unzerreißbares Bilderbuch. kl. 4. (10 lackirte Chromolith. m. eingedr. Verschen.) Stuttgart 887. Loewe. geb. 1. 50

— goldene. schmal 8. (12 S. m. Abb. u. 1 Farbendr.) Eßlingen 896. J. F. Schreiber. n. — 25

Tage, goldene. Kalender f. Deutschlands Jugend 1907. Begründet u. hrsg. v. Egon H. Strasburger. 2. Jahrg. (124 S. m. Abbildgn. u. 2 Farbdr.) gr. 3. Berlin, Schall & Rentel. Geb. n. 1. —

Tage, goldene. Kalender f. die deutsche Jugend 1911. Begründet v. Egon Hugo Strasburger. Hrsg. v. Wilh. Ernst. 6. Jahrg. (124 S. m. Abb., 1 Farbdr. u. 1 Maske.) gr. 8. Berlin, Schall & Rentel. Geb. 1. —

Tage, Gute und böse, aus dem Leben der evangelisch-luther. Gemeinde Ratibor ... Dresden 1872. V: *Wagner, A.* (KY)

— gute u. böse, aus dem Leben der evang.-luther. Gemeinde Ratibor in Oberschlesien, v. ihr selbst erzählt in drei Abendunterhaltgn. an den Tagen der Einweihg. ihres neuen Gotteshauses. (Von A. Wagner.) gr. 8. (VIII, 142 S.) Dresden 872. H. J. Naumann. In Comm. n. 1. 20

Tage, Carl Ludwig Hardings letzte. Göttingen 1834. V: *Piper, Ferd.* (Hauptkat. d. Univ.-Bibl. Tübingen. K. S. 99.)

— heitere. Für meine Lieblinge. gr. 4. (12 S. m. z. Tl. farb. Abbildgn.) Konstanz (899). C. Hirsch. — 50

Tage, Hussens letzte, und Feuertod. In Sendbriefen von Pogius an L. Nikolai. Reutlingen 1852. V: *Schönhuth, Ottmar Frdr. Hnr.* (Bibl. d. Germ. Nat. Mus. Nürnberg 1855.

Tage, die, der Kindheit. 8. (8 S. und 10 ill. Stnt. mit Text.) Neu-Ruppin 852, Oehmigke und Riemschneider.

— der Kindheit. Erinnerungen e. alten Frau v. Caroline M. (89 S.) 8. Leipzig 905. Modernes Verlagsbureau. n. 2. —

— die, der Kindheit in Wort u. Bild. Orig.-Zeichngn. v. W. Schäfer. qu. 4. (14 Chromolith. m. Text.) Neu-Ruppin 876. Oehmigke & Riemschneider. 1. 50

Tage, Die Kritischen, von Olmütz im Juli 1866. Vom Eintreffen des Hauptquartiers der Nordarmee in Olmütz am 9. bis zum Abend des 15. Juli . . . Wien 1903. V: *Steinitz, Ed. Ritter v.* (EB)

Die Kritischen **Tage** von Olmütz im Juli 1866. Vom Eintreffen d. Hauptquartiers d. Nordarmee in Olmütz am 9. bis z. Abend d. 15. Juli. Mit Benützung d. Feldakten d. k. u. k. Kriegsarchivs bearb. von e. Generalstabsoffizier. Mit 25 Beilagen. Wien: L. W. Seidel & Sohn 1903. (XII, 251 S.) 4°(8°)
— [**Königgrätz**, Von, bis an d. Donau. 4.] [07. 3791]

— die kritischen, v. Olmütz im Juli 1866. Vom Eintreffen des Hauptquartiers der Nordarmee am 9. bis zum Abend des 15. VII. Mit Benützg. der Feldakten des k. u. k. Kriegsarchivs bearb. v. e. Generalstabsoffizier. Mit 25 Beilagen. (XII, 251 S.) gr. 8. Wien 903. L. W. Seidel & Sohn. n. 6. —

— dasselbe, Fortsetzg., s.: Operation, die letzte, der Nordarmee 1866.

—— einige, aus dem Leben des verstorbenen Georg Broßmann, Pfarrer in Biala. 8. (60 S.) Biala 860, Feitzinger.

— letzte, und seliger Heimgang des Pfarrers Dr. theol. Thdr. Fliedner, Gründers u. Vorstehers des Diakonissen-Hauses zu Kaiserswerth a. Rh. Kaiserswerth 864. (Berlin, Beck.) gr. 8. (40 S. u. 1 Holzschn.) n. 5 ngr.

— die letzten, des Bischofs Dupanloup, mit einer Vorrede des Erzbischofs von Albi. Autoris. Uebersetzung von C. Mosthaf. gr. 16. (95 S.) Mainz 879. Kirchheim. — 90

— die letzten, Friedrich Wilhelms II., Königs v. Preußen. Mit Kpf. 8. Leipz. 798. Sommer. 8 gr.

Tage, Die letzten, des sogenannten versperrten Klosters der Servitinnen zu Maria-Opferung in Innsbruck. Nach den handschriftlichen Aufzeichnungen der Schw. M. Salesiana von Sterzinger. [Innsbruck 1883.] V: ***Lindner, August.*** (Margr)

Tage. Die letzten Tage König Ludwig II. Erinnerungen eines Augenzeugen. Hrg. von Otto Gerold. [Mit Porträt auf dem Umschlag.] 110 S. 8. Zürich, Caesar Schmidt, 1903. [fr. 1. 90]

Tage. Die letzten T' König Ludwig II. Erinnerungen eines Augenzeugen. Hrg. von Otto Gerold. 4. Aufl. [Mit Porträt auf dem Umschlag.] 110 S. 8. Zürich, Schweizer Druck- und Verlagshaus, 1908. [fr. 1. 80]

— die letzten, des Daniel Mann, hingerichtet im Decbr. 1870 zu Kingston in Canada. 3. Aufl. 8. (63 S.) Elberfeld 877. (Langewiesche.) n. — 50

— die letzten, d. Daniel Mann, hingerichtet im Decbr. 1870 zu Kingston in Canada. 3. Aufl. 8. (63 S.) Elberfeld 890. (Faßbender.) n. — 30

Tage, Die letzten, des Daniel Mann, hingerichtet im Dez. 1870 zu Kingston in Kanada. 5. Aufl. Elberfeld 1902. V: *Loizeaux, P. J.* (Berl)

Tage, die letzten, d. Daniel Mann, hingerichtet im Dezember 1870 zu Kingston in Kanada. Aus dem Engl. übers. 5. Aufl. (63 S.) 8. Elberfeld 902. R. Brockhaus (durch J. Faßbender). n. — 25

Tage, Die letzten, von Pompeji. A. d. Engl. von Czarnowsky. Aachen 1834. Aus d. Engl. übers. von J. Sporschil. Leipz. 1835. Wohlf. Ausg. Leipzig 1835. V: ***Bulwer, Edward George Lytton Sir.*** (Kl 4005) (Taute, Ordens- u. Bundesromane 268) (wolfstieg II, 890)

Tage, Die letzten, von Pompeji. Naumburg 1838. V: *Bulwer, Eduard Geoffrey Lytton Baronet.* (Ky)

— die letzten, v. Rastatt 1866. Komitragischer, militär-polit., internationaler, histor., patriot. „Misch-Masch", gewidmet der unzertrennbaren Verbrüderg. unserer Armeen [Berlin, August 1889]. 8. (71 S. m. Titelbild.) Wien 889. (C. A. Müller.) n. 1. —

— die letzten, d. wendischen Rostock. Geschichtsbild aus Mecklenburg's Vorzeit v. Amosis. 8. (III, 154 S.) Schwerin 884. (Rostock, Werther.) n. 1. 20

Ⓑ — d. letzten, d. wendischen Rostock. 884. (KVL 24.) Jetzt: Rostock, H. Koch. Ladenpr. aufgeh.

Tage, die letzten, u. der Tod Robert Blum's. Eine Denkschrift an das deutsche Volk v. den Wiener Flüchtlingen: Deutsch, Adf. Franckel, Gritzner jun., Kolisch u. Pokorny. gr. 8. (16 S.) Leipzig 848. (Matthes.) n. 1/12 ß

Tage, Die letztern, der jüngeren Demoiselle M. Ch. A***. . . . Hamburg 1775. V: *Rathlef, Ernst Lorenz Michael.* (Arch. f. Litt. VIII, 209.) (GGr)

— die, des Menschensohnes auf Erden, od. die Geschichte unseres Herrn u. Heilandes Jesu Christi. gr. 12. Münch. 817. Lentner. 15 gr.

— merkwürd., meines Lebens. Feldzug u. Kriegsgefangenschaft in Rußland; aus d. Tagebuche eines deutschen Officiers. Mit 18 Kpf. 8. Stuttg. 817. Sattler. (Hofmann). Mit schwarz. Kpf. 1 ß 16 gr Mit illum. Kpf. 2 ß

Die merkwürdigen Tage der Stadt Pirna und umliegenden Gegend vom 22. August bis 13. November 1813. Pirna 1814. 8°.

— die merkwürd., der Stadt Pirna u. der umliegenden Gegend, im J. 1813. Mit 1 K. 4. Dresd. 814. (Arnold). 12 gr

Tage, Die, merkwürdigsten, des Jahres 1815; vom 15. Juni bis 18. Juli. Blätter aus dem Tagebuche eines preussischen Officiers. 8. Magdeburg.

— die merkwürd., des Jahres 1815. Briefe eines preuß. Officiers. 8. Magdeb. 815. Creutz. 4 gr

Tage, Neun heilige, zur Verehrung des hl. Antonius von Padua. Augsb. 1830. V: *Blum, Georg.* (Schmal)

— die schönen, protestant. Freiheit zu Cöthen. Erster vorläufiger Bericht über die Versammlung u. das Wirken der protestant. Freunde in der Pfingstwoche d. J. 1845. 8. Leipzig 845, Pönicke u. Sohn. 4 ngr

— sechs, im August 1865. Vierte General-Conferenz von Vertretern der evangel. Jünglingsvereine aller Länder. Hersg. vom Comité des rheinisch-westphäl. Jünglingsbundes. Elberfeld 866. Friderichs. gr. 8. (IV, 100 S.) 7½ ngr.

Tage, Sechs denkwürdige, aus dem Leben Napoleons vom 17. bis 22. Juli 1807. Dresden. V: *Engelhardt, Carl August.* (Ky) (NN)

— sechs denkwürd., aus d. Leben Napoleons, v. 17. bis 22. Juli 1807, (v. K. A. Engelhardt). 8. Dresd. ...

Tage, 17, lebendig begraben. Eine wahrheitsgetreue Schilderg. d. Unglücksfalles vom 4. Juli 1892 auf der Emeranzeche zu Bilin u. der wunderbaren Rettg. der verschütteten Bergleute. 12. (18 S. m. Bildnissen u. 1 Plan.) Bilin 892. A. Löwy. n. — 30

— sonnige. Gedichte u. Motto's v. Geibel, Goethe, Herder, Stieler u. A. qu. 8. (16 Bl. m. z. Tl. farb. Illustr.) Leipzig 891. Leipziger Kunstdruck- u. Verlags-Anstalt. Kart. m. Goldschn. n. 1.60

— sonnige. (16 S. m. z. Tl. farb. Abbildgn.) Lex. 8. Reutlingen (907). Enßlin & Laiblin. — 70; auf Pappe. (8 S. m. farb. Abbildgn.) Geb. 1.25

— unsere. Ergänzungsblätter zu allen Conversationslexiken. 1—3. Bd. (1—39. Heft.) 1. Bd. 12 Hefte, 2. und 3. Bd. à 13 Hefte. Lex.-8. (à Heft 60—70 S.) Braunschweig 859—61, Westermann. à Heft 6 Ngr.
Bildet die Fortsetzung des „Ergänzungs-Conversationslexikon".

— unsere. Blicke aus der Zeit in die Zeit. 1—5. Bd. à 13 Hefte (à 4—5 Bgn.). Braunschweig 859—64. Westermann. Lex.-8. Jedes Heft 6 ngr.

— unsere. Blicke aus der Zeit in die Zeit. 6—8. Bd. à Bd. 13 Hefte (à 4 Bog.). Braunschweig 865—67. Westermann. Lex.-8. Jedes Heft 6 ngr.

— vier, in Pest und Ofen. Ein prakt. Führer durch diese Schwesterstädte und ihre nächsten Umgebungen. In vier Sprachen: ungarisch, deutsch, französisch und englisch. Mit Plan und einem Anhange. 12. (181 und 129 S.) Pest 861, Hartleben's Verlags-Expedition.

Vierzehn **Tage** aus dem Jahre 1866. Von C. v. A. Hannover 1899: Göhmann. (43 S.) 8°

Tage, Vierzehn, in den Karpathen. Ein Wegweiser ... Neisse 1842. V: *Lohmeyer, Carl.* (Pk) (KU)

VIERZEHN Tage in London oder Enthüllung aller Betrügereyen, die in dieser grossen Stadt vorgehen, nebst den besten Vorsichtsregeln dagegen in der Geschichte eines jungen Menschen vom Lande. Aus d. Engl. Leipzig bey Chr. Gottl. Hilscher 1795. 8°. (10 Mk., etwas fleckig, Paul Neubner, Cöln, 1892; 9 Mk. Adolf Weigel, 1908.)

— vierzehn, in London, oder Enthüllung der Betrügereien in dieser Stadt. 8. Leipz. 795. Compt. f. Lit. 8 gr

Tage, Vierzehn, in Paris. Ein Mährchen. Leipzig 1801. V: *Fischer, Caroline Aug. geb. Venturini.* (Ky) (MGT) (GGr) (Schl)

— vierzehn, in Paris, v. Verf. v. Gustavs Verirrungen, m. K. 8. Lpz. Gräff. 801.

— vierzehn, in Paris, (von Karoline Auguste). 8. Leipz. 801. (Wienbrack). 20 gr

Tage. Vierzehn Tage in Paris. ⟨SA.⟩ 8. [Zürich 1855.]

Tage, Vierzehn, Stromertum ... [Sissach 1903.] V: *Probst, Emanuel.* (BBullschw 4, 1904)

Tage und Worte. Von B. A. W. Wittenberg 1903. V: *Wagner, Bruno Alwin.* (Berl 1917, S. 241)

Tage. Zehn Tage im Faulenseebad. Briefe des Engländers N(obody) an seinen Partner E(verybody). Unserm Freund in Apollo. Oberst Sch....r, gewidmet. 8. Bern 1871.

— zehn, lebendig begraben, od. Die unverhoffte Rettg. der 7 Besucher der Lurlochhöhle am 7. Mai 1894. 8. (16 S. m. 4 Abbildgn.) Chemnitz 894. C. A. Hager. n. — 10

Herrn Oberbürgermeister von Brandenburg Zieglers 14 Tage als Abgeordneter zur berliner Nationalversammlung. Beleuchtet vom patriotischen Verein in der Zauche. Berlin 1849. 26 S. 8.

Tage, zwei, Etatsdebatte. Stenograph. Bericht d. Verhandlgn. d. Reichstags üb. d. Septemberkurs am 11. u. 12. Dezbr. 1895. gr. 8. (96 S.) Berlin 895. Buchh. Vorwärts. n. — 15

Tage, Zwei festliche, in der evangel. Gemeinde A. C. in Klgft. Klgft., Leon, (1863). 44 S.

Tage, Zwei glückliche. Schwank in vier Akten. Berlin-Charlottenburg [1899]. V: *Schönthan, Frz. v. & Gust. Kadelburg.* (Berl)

Tage, 2 grosse, für Madagaskar. In-8°. Basel, Missionsbuchhandlung. 1883. — 10

Tage, zwei, in Hamburg. Ein practischer Führer für Fremde, um die Sehenswürdigkeiten der Stadt und Umgegend auf die genussreichste Weise in zwei Tagen kennen zu lernen. Mit den (lith.) Plänen von Hamburg und Altona, 1 (lith.) Specialkarte der nächsten Umgegend (in Fol.), einem Anh., sämmtliche Fahrpläne und Taxen der Eisenbahnen, Dampfschiffe, Fuhrwerke etc. enthaltend, sowie einer Beschreibung der Fahrt nach Helgoland, mit Beigabe eines (lith.) Planes der Insel und 1 Elb- u. Seekarte (in 4.). 2. Aufl. Hamburg 863. Gassmann. 16. (IV, 70 S.) 9 ngr.

— zwei, in Herrestad. [Mit d. Umschlagstitel: Die gute Frau Gerhard od. zwei Tage in Herrestad.] 24. (36 S.) Hamburg 850, Agentur d. Rauhen Hauses. 1 ½ ngr (siehe auch: Schillingsbücher.)

— zwei, in Cassel. Ein Führer durch Cassel, Wilhelmshöhe u. die schönsten Punkte der Umgegend. Göttingen 870. Wigand. gr. 16. (63 S.) n. 5 ngr.

— zwei, in Kassel. Ein Führer durch Kassel, Wilhelmshöhe u. die schönsten Punkte der Umgegend. Mit dem neuesten (lith.) Plan v. Kassel (in qu. gr. Fol.) gr. 16. (64 S.) Kassel 876. Wigand. — 75

— zwei, aus dem Leben einer Diakonissin, oder: Arbeit u. Lohn. Breslau 869. Dülfer. gr. 16. (24 S.) 3 ngr.

— zwei, eines Schwindsüchtigen, etwas Empfindsames von L. 8. Hamb. 772. Buchenröder. 4 gl.

Tage, Zwei, auf dem Semmering. Eine Anleitung, die Semmeringsalpe und die Staatseisenbahn von Gloggnitz bis Mürzzuschlag ... zu bereisen ... Wien 1852. 2. Ausg. 1853. V: *Gettinger, Theod.* (EngG)

— zwei, auf dem Semmering. Eine Anleitung die Semmeringalpe und die Staatseisenbahn von Gloggnitz bis Mürzzuschlag zweckmässig, angenehm und schnell zu bereisen. Nach eigenen Wanderungen und bewährten Quellen. 1. Aufl. 1852. * 28 Ngr. und 2., wohlf. Ausg. 8. (IV und 123 S. mit einer lithogr. Situazion und einem Profile der Eisenbahn in gr. Fol.) Wien 853, Lechner's Universitäts-Buchh. Thlr. *

— 12, in München, hrsg. vom Verein zur Förderg. des Fremdenverkehrs in München u. im bayer. Hochland E.V. (24 S. m. 1 farb. Plan.) 14,5×21,5 cm. München (910). Buchdr. u. Verlagsanstalt C. Gerber. — 20

— zwölf, in Spanien im Sommer 1860. Reise-Erinnerungen einer Sechzigerin. Stuttgart 861. Aue. gr. 8. (2 Bl., 46 S.) n. 12 ngr.

Täge's, Chr., Lebensgeschichte, s. Doro Caro.

Taege's, merkwürd. Leben, von ihm selbst beschr. u. herausg. v. Verfass. d. Novellen v. Doro Caro. 8. Konigsb. Unzer. 804. Rthlr.

Taege, Karl [aus Charlottenburg]: Beiträge zur Kenntniss der Nitrosalicylsäurealdehyde und der Nitrocumarine.... Marburg: Druck v. Rudolf Isaac in Charlottenburg 1887. 42 S., 1 Bl. 8°
Marburg, Phil. Fak., Inaug.-Diss. v. [21. Jul.] 1887.

Taege, Carl, Beiträge zur Kenntniss der Nitrosalicylsäurealdehyde und der Nitrocumarine. Diss. Marburg 1887, N. G. Elwertsche Univ.-Buchh. 8°. 42 S.

Taege, *Otto* Die älteste deutsche Plautus-Uebersetzung. 4 (11 S.). Progr. Rg. zu St. Petri u. Pauli *Danzig* 1887 (41)

Tageblatt

— Vergl. Tagblatt, Tagesblatt.

Tage-Blatt. –
München. – 1.VI.1827 – 31.X.1827.
Fortges. u.d.T.: Tags-Blatt.

Tageblatt. –
Zwickau. – 27.III.1848 – 6.V.1849.

Tageblatt. –
Kassel. – 1.VII.1858 – 1.I.1862.
Vorh. u. fortges. u.d.T.: Wochenblatt.

Tageblatt. –
Kassel. – 1873 – 14.VII.1879.
Vorh. u.d.T.: Gewerbliches Tageblatt.
Fortges. u.d.T.. Casseler Tageblatt.

Das Tageblatt: 1891? 1893?
Independent daily, evening except Sunday. For weekly edition, see Das Wöchentliche Tageblatt. For semi-weekly edition, see Das Zweimal-Wöchentliche Tageblatt. Published by Tageblatt Publishing Co.
Chicago, IL

Tageblatt: 1893?–1895?
Daily, evening except Sunday. Published by Northwestern German Publishing Co.
Portland, OR

Tageblatt. – Altonaer Tageblatt. –
Hamburg-Altona. – 1889 – 31.XII.1937.
1.X.1949 – 17.X.1955.
[NA bis 1905 von: Ottenser Nachrichten, Hamburg-Altona (1871). NA seit 1.II.1930 von: Norddeutsche Nachrichten, Hamburg-Blankenese (1879).]

Tageblatt. – Amtliches Tageblatt. –
Koblenz. – 1.II.1863 – 31.XII.1864.
Fortges. u.d.T.: Coblenzer Tageblatt.

Tageblatt. – Anhaltisches Tageblatt. –
Dessau. – 1.IV. 1882 – 25.I.1916.
Fortges. u.d.T.: Das Tageblatt.

Argentinisches Tageblatt Jahrgang 1, Apr. 29, 1889 – present
Daily. For weekly edition, and history see Argentinisches Wochenblatt. For Sunday edition, see Sonntagsblatt. Supplements issued, as with weekly edition. For annual yearbook, see Argentinischer Volkskalender. Established by Johann Alemann (changed his name Mar. 1878 to Juan Alemann), 1889–1893, edited and published by his son, Moritz Alemann, 1893–1908, then, by Theodor Alemann, until 1925; other editors: E. J. Alemann, Peter Bussemeyer. Adv. Manager Steinmetz. Circulation 1935, 28,000; 1958, 15,000.
Buenos Aires

Tageblatt der allgemeinen Ausstellung f. hygienische Milchversorgung in Hamburg vom 2.—10. V. 1903. Im Auftrage des Ausstellungs-Komitees unter Red. von Schiller-Tietz. 10 Nrn. (IV, 174 S. m. Abbildgn.) gr. 4. Hamburg (903). (C. Boysen.) n. 2.20

Tageblatt. – Barmer Tageblatt. –
Wuppertal. – 23.XI.1897 – 14.III.1899.
Vorh. u.d.T.: Haupt-Annoncen-Blatt.
Fortges. u.d.T.: Lokal-Anzeiger.

Tageblatt. – Bautzener Tageblatt. –
1.I.1898 – 1945.

Tageblatt. – Berliner Tageblatt. –
1.I.1872 – 31.I.1939.

Tageblatt der allgemeinen Beschlüsse und Verordnungen der helvetischen Republik
v. Tageblatt der Gesetze und Dekrete der gesetzgebenden Räthe der helvetischen Republik.

Tageblatt der Beschlüsse und Proklamationen der vollziehenden Gewalt der helvetischen Republik
⑤ 1799–1801 ⑥ 8° ⑧ Bern: National-Buchdruckerei ⑬ Helvetisches Direktorium ⑭ Lu: Z ⑮ Es erscheinen im Druck Heft 2 und Heft 3, letzteres mit der Jahrzahl 1800, aber mit Beschlüssen auch aus dem Jahre 1801.

Tageblatt. – Bielefelder Tageblatt. –
1.I.1877 – 30.XI.1883.
Vorh. u.d.T.: Bielefelder Wochenblatt.
Fortges. u.d.T.: Westfälische Zeitung.

Tageblatt. – Bonner Tageblatt. –
3.I.1883(?) – 31.XII.1890.

Tageblatt. – Braunschweiger Tageblatt. –
1.IX.1865 – 31.XII.1897.

Tageblatt. – Bremer Tageblatt. –
21.XI.1897 – 9.IX.1899.
Fortges. u.d.T.: Bremer Tageblatt und General-Anzeiger.

Tageblatt. – Bremer Tageblatt und General-Anzeiger. –
10.IX.1899 – 31.XII.1906.
Vorh. u. fortges. u.d.T.: Bremer Tageblatt.

Tageblatt. – Bremer Tageblatt. –
1.I.1907 – 31.XII.1920.
Vorh. u.d.T.: Bremer Tageblatt und General-Anzeiger.

Tageblatt. – Bromberger Tageblatt. –
1.X.(?)1877 – 30.IX.1919.
Fortges. u.d.T.: Ostdeutsche Rundschau.

Tageblatt. – Chemnitzer Tageblatt. –
1.IV.1848 – 31.VII.1848.

Tageblatt. – Chemnitzer Tageblatt. –
1.I.1850 – 30.VIII.(?)1944.
Vorh. u.d.T.: Chemnitzer Bote.

Tageblatt. – Coburger Tageblatt. –
15.V.1848 – 17.V.1851.
1.VII.1886 – 30.VI.1940.
1.X.1949ff.

Tageblatt. – Cöthener Tageblatt. –
1882 – 31.XII.1927.
Fortges. u.d.T.: Köthener Tageblatt.

Tageblatt. – Cuxhavener Tageblatt. –
1.I.1873 – 25.XI.1918.
22.II.1919 – 31.VIII.1922.
Vorh. u.d.T.: Zeitung für das Amt Ritzebüttel, dessen Haven und Umgebung.

Demokratisches Tageblatt: 1850 ? Cincinnati, OH

Demokratisches Tageblatt : Oct. 1850–1856?
Democratic daily. It is believed, but not proved, that a weekly edition was also published. Follows DIE OHIO STAATSZEITUNG. Edited by Heinrich Rödter, Oct. 1850 – Oct. 1851; by Heinrich Rödter & Wilhelm Albers, Oct. 25, 1851 – June 2, 1852; by Heinrich Rödter, June 1852 – 1855; other editors: Georg LaBarre, Oscar Thielemann, and Vieth. Published by Heinrich Rödter & Co., 1850–55; edited & published by Hiller & Becht, 1855–56.
Cincinnati, OH

Detroiter Tageblatt : 1888? – 1890
Labor daily, evening except Sunday. Title varies: MICHIGAN ARBEITER-ZEITUNG, 1888. For weekly edition, see MICHIGAN ARBEITER-ZEITUNG. Circulation: 1890, 1800 (est.). Published by German-American Publishing Co., 1888–89; by German Co-operative Publishing Association, 1890.
Detroit, MI

Tageblatt. – Das Deutsche Tageblatt. –
Berlin. – 1.V.1907 – 6.VII.1929.
Fortges. u.d.T.: Deutsche Nachrichten.

Tageblatt. – Deutsches Tageblatt. –
Berlin. – 1.IV.1881 – 29.III.1891.

Tageblatt. – Dortmunder Tageblatt. –
1.II.1883 – 24.X.1886.

Tageblatt. – Dortmunder Tageblatt. –
1.VII.(?)1895 – 2.I.1921.
Vorh. u.d.T.: Lokal-Anzeiger.
Fortges. u.d.T.: Westfälische Morgenzeitung.

Tageblatt, Dramaturgisches, über Ifflands Gastspiel in Hamburg. Hamburg 1805. V: *Schütze, Joh. Frdr.* (GGr)

Tageblatt. – Dresdner Tageblatt. –
1.VII.1846 – 31.III.1848.
Fortges. u.d.T.: Dresdner Journal.

Tageblatt. – Dresdner Tageblatt. –
14.XII.1883 – 30.IX.1887.
Fortges. u.d.T.: Sächsische Landeszeitung.

Tageblatt. – Dresdner Tageblatt. –
17.II.1891 – 28.III.1891.
Vorh. u.d.T.: Neues Dresdner Tageblatt.
Fortges. u.d.T.: Dresdner Stadtblatt.

Tageblatt. – Dresdner Tageblatt. –
17.IX.1891 – 28.II.(?)1895.
Vorh. u.d.T.: Dresdner Stadtblatt.

Tageblatt. – Duisburger Tageblatt. –
1.(?)X.1881 – 31.VIII.1893.
Fortges. u.d.T.: General-Anzeiger.

Tageblatt. – Düsseldorfer Tageblatt. –
15.VI.1904 – 31.V.1941.
Vorh. u.d.T.: Düsseldorfer Volksblatt.

Tageblatt. – Erfurter Tageblatt. –
1.VII.1880 – 31.XII.1882.
Vorh. u.d.T.: Erfurter Zeitung.

Tageblatt. – Erfurter Tageblatt. –
1889 – 31.XII.1895(?).

Tageblatt. – Frankenthaler Tageblatt. –
1876 – 31.VII.1933.

Tageblatt. – Frankfurter Tageblatt. –
Frankfurt a.M. – 16.VIII.1863 – 5.IX.1870.
Fortges. u.d.T.: Frankfurter Presse.

Tageblatt. – Freiberger Tageblatt. –
1875 – 30.IX.1891.

Tageblatt. – Fuldaer Tageblatt. –
1.X.1884 – 29.VI.1904.

Tageblatt. – Geraisches Tageblatt. –
1.IV.1874 – 31.V.1928.

Tageblatt d. Berlinischen Gesellschaft f. deutsche Sprache. 1s Stck. gr. 8. Berlin, Maurer. 815.

Tageblatt der Gesetze und Dekrete des gesetzgebenden Raths der helvetischen Republik
v. Tageblatt der Gesetze und Dekrete der gesetzgebenden Räthe der helvetische Republik.

Tageblatt der Gesetze und Dekrete der gesetzgebenden Räthe der helvetischen Republik
② Tageblatt der Gesetze und Dekrete der gesetzgebenden Räthe, nebst den Beschlüssen und Proklamationen des vollziehenden Direktoriums der helvetischen Republik (Heft 2). Tageblatt der Gesetze und Dekrete des gesetzgebenden Raths der helvetischen Republik (Heft 5). Tageblatt der allgemeinen Beschlüsse und Verordnungen der helvetischen Republik (Heft 6) ⑤ 1798—1801 ⑥ 8° ⑦ Tagblatt ⑧ Luzern: National-Buchdruckerei (Heft 2); Bern: National-Buchdruckerei (Heft 1, 3—6) ⑩ Gesetzgebende Räte der Helvetischen Republik ⑭ Lu: Z ⑮ Heft 2 ist als erstes erschienen, da es noch in Luzern gedruckt wurde; Heft 1 wurde erst 1800 in Bern gedruckt, daher lautet auch der Titel für die Hefte 1, 3, 4 gleich.

Tageblatt. – Gewerbliches Tageblatt. –
Kassel. – 5.XII.1853 – 1873.
Fortges. u.d.T.: Tageblatt.

Tageblatt. – Görlitzer Tageblatt. –
1.X.1856 – 31.XII.1862.
Fortges. u.d.T.: Niederschlesische Zeitung.

Tageblatt. – Gothaisches Tageblatt. –
15.III.1849 – 31.V.1941.

Tageblatt. – Göttinger Tageblatt. –
2.I.1868 – 31.XII.1870.
Vorh. u.d.T.: Göttingisches Wochenblatt.

Tageblatt. – Göttinger Tageblatt. –
5.VIII.1889 – 18.IV.1943.
27.X.1949 ff.

Tageblatt. – Greifswalder Tageblatt. –
1.I.1875 – 30.VI.1907.
Vorh. u.d.T.: Greifswalder Wochenblatt.
Fortges. u.d.T.: Tageblatt für Vorpommern.

Tageblatt. – Greizer Tageblatt. –
3.I.1877 – 30.IX.1900.
Vorh. u.d.T.. General-Anzeiger.

Tageblatt. – Gubener Tageblatt. –
1806 – 30.IV.(?)1936.

Tageblatt. – Hallesches Tageblatt. –
2.I.1872 – 30.VI.1892.
Vorh. u.d.T.: Hallisches Tageblatt.

Tageblatt. – Hallisches Tageblatt. –
3.I.1856 – 1.I.1872.
Vorh. u.d.T.: Hallisches patriotisches Wochenblatt.
Fortges. u.d.T.: Hallesches Tageblatt.

Tageblatt. – Hamelner Tageblatt. –
15.IX.1908 – 31.XII.(?)1918.
Vorh. u.d.T.: Hamelnsche Anzeigen und Tageblatt.

Tageblatt. – Hannoversches Tageblatt. –
1851(?) – 10.X.1940.

Tageblatt. – Heidelberger Tageblatt. –
3.I.1884 – 15.V.1937.
Vorh. u.d.T.: Heidelberger General-Anzeiger.
Fortges. u.d.T.: Tageblatt.

Tageblatt. – Hessisches Tageblatt. –
Kassel. – 16.XII.1879 – 31.XII.1886.
Vorh. u.d.T.: Hessisches Wochenblatt.
Fortges. u.d.T.: Casseler Journal.

Tageblatt. – Hildesheimer Tageblatt. –
14.IX.1890 – 3.VIII.(?)1914.

Tageblatt. – Hofer Tageblatt. –
1.VII.(?)1886 – 30.VI.1906.
Vorh. u.d.T.: Hofer Post.

Tageblatt. – Homburger Tageblatt. –
1888 – 1.I.1913.
Fortges. u.d.T.: Westricher Tageblatt.

Innsbrucker Tageblatt. Redakt. Druck. Verl. A. Witting 4. Jg. 8. Täglich excl. Sonntag. 14 kr. monatlich. 1853.

– Dass., s.a. Tagblatt ...

Jüdisches Tageblatt : 1885—1928. New York, NY
Yiddish & English.

Tageblatt. – Casseler Tageblatt. –
15.VII.1879 – 29.IX.(?)1932.
Vorh. u.d.T.: Tageblatt.

Tageblatt. – Kieler Tageblatt und Anzeiger. –
1.(?)X.1874 – 28.IX.1894.

Kieler **Tageblatt** und Anzeiger für Gaarden und Ellerbek.
Jg. 9–21. Kiel 1882–94. Fol.

Tageblatt. – Coblenzer Tageblatt. –
1847 – 25.XII.1850(?).

Tageblatt. – Coblenzer Tageblatt. –
1.I.1864 – 31.XII.1871.
Vorh. u.d.T.: Amtliches Tageblatt.
Fortges. u.d.T. : Rhein- und Moselzeitung.

Tageblatt. – Kölner Tageblatt. –
3.V.1862 – 31.I.1934.

Tageblatt f. den Kongress zur Bekämpfung der Tuberkulose als Volkskrankheit. Berlin, 24.—27. V. 1899. Red.: Kübler u. Schultzen. 5 Nrn. Fol. (20, 24, 32, 30 u. 22 S.) Berlin 899. (C. Heymann's Verl.) n. 2.70

Tageblatt des III. internat. Kongresses f. Philosophie, Heidelberg, 31. VIII. bis 5. IX. 1908. Red.: Arnold Ruge. 7 Nrn. (à ca. 8 S.) Lex. 8. Heidelberg 908. J. Hörning. 1.—

Tageblatt des 5. Internationalen Kongresses für angewandte Chemie, Berlin, 2.—8. Juni 1903. 6 H. Berlin, 1903. 346 S.

Tageblatt des trierischen Kongresses deutscher Wein- und Obstproducenten. No 1. 3.4. Trier 1874: Lintz. -- 12⁰ [Weiteres nicht ermittelt]

Tageblatt. – Königsberger Tageblatt. –
22.VIII.1897 – 31.VIII.(?)1944.

Tageblatt. – Konstanzer Tageblatt. –
24.VI.1873 – 1888.

Tageblatt. – Landauer Tageblatt. –
Landau/Pfalz. – 17.XII.1881 – 31.XII.1887.

Tageblatt, Leipziger, (als Fortsetz. v. Leipzig, ein Tageblatt rc.) 4r Jahrg. Juli bis Decbr. 1810. 2 ℳ 5r Jahrg. 1811. 4 ℳ 4. Leipz., Beygang. 6 ℳ Jahrg. 1812—32. 4. Ebd., Fest. à Jahrg. 4 ℳ

Tageblatt. – Leipziger Tageblatt. –
1.VII.1810 – 31.XII.1815.
Vorh. u.d.T.: Leipzig. Ein Tageblatt für Einheimische und Auswärtige.
Fortges. u.d.T.: Allergnädigst privilegirtes Leipziger Tageblatt.

Tageblatt. – Leipziger Tageblatt. –
1.I.1833 – 31.XII.1925.
Vorh. u.d.T.: Allergnädigst privilegirtes Leipziger Tageblatt.

„Leipziger Tageblatt zum Behuf der Polizey, des Handels und der Gewerbe", Leipzig 1816 ff.

Tageblatt. – L i e g n i t z e r Tageblatt. –
19.I.1886 – 1945.
Vorh. u.d.T.: Liegnitzer Stadtblatt.

Tageblatt der Ludoviciana. 1907. Nr. 1—4. Gießen 1907: Brühl. (32 S.) 4°

Tageblatt. – L ü n e b u r g e r Tageblatt. –
1.(?)I.1892 – 31.V.1941.
1.XI.1949 – 31.XII.1949.
Vorh. u.d.T.: Lüneburger Zeitung.

Tageblatt. – M a n n h e i m e r Tageblatt. –
1.I.1836 – 30.VI.1837.
Vorh. u.d.T.: Mannheimer Tageblätter.
Fortges. u.d.T.: Mannheimer Journal.

Tageblatt. – M e i n i n g e r Tageblatt. –
23.VI.1849 – 31.XII.1935.

Tageblatt. – M e i ß e n e r Tageblatt. –
1.I.1880 – 4.V.1945.
Vorh. u.d.T.: Meiszener Blätter.

Tageblatt. – N e u e s Tageblatt. – [„'s Tagblättle".]
Stuttgart. – 24.XII.1843 – 2.XII.1844.
Fortges. u.d.T.: Neues Tagblatt.

Neues Berliner Tageblatt. Red. W. Meiselbach. Vom 25. Juli 1848 ab einige Nummern bis Sept. 1848. 4.

Tageblatt. – N e u e s Berliner Tageblatt. –
1.X.1875 – 12.X.1877.
Fortges. u.d.T.: Deutsche Union.

Tageblatt. – N e u e s Dresdner Tageblatt. –
1.I.1889 – 16.II.1891.
Vorh. u.d.T.: Dresdner Stadtblatt.
Fortges. u.d.T.: Dresdner Tageblatt.

Tage-Blatt. – N e u e s Pommersches Tage-Blatt. –
Stargard. – 1.X.1877 – 30.VI.1935.

Tageblatt. – N e u e s Zweibrücker Tageblatt. –
1.IV.1885 – ?
Fortges. u.d.T.: Zweibrücker Anzeiger.

Newarker Tageblatt : 1877t–1880t
Democratic daily, evening except Sunday. Circulation: 1878, 400 (est.). Edited by Johann Heinrich Meyer [pseud.: Paul Julius Immergrün], & published by Heymann & Scholvien, 1877–78; edited & published by J. H. Meyer, 1879–80.
Newark, NJ

New Orleanser Tageblatt : June 1, 1851–? **New Orleans, LA**
Daily. Edited & published by Ludwig von Reizenstein.

Tageblatt. – O f f e n b a c h e r Tageblatt. –
23.X.1878 – 31.XII.1885.
Vorh. u.d.T.: Neue Offenbacher Zeitung.
Fortges. u.d.T.: Offenbacher Abendblatt.

Tageblatt. – O l d e n b u r g e r Tageblatt. –
29.VI.1891 – 31.XII.1892.
Vorh. u.d.T.: Neue Zeitung.

Tageblatt. – O s n a b r ü c k e r Tageblatt. –
1.X.1884 – 15.IV.1943.
1.XI.1949 – 30.IX.1967.

Tageblatt, Das patriotische, oder öffentliches Correspondenz- und Anzeigeblatt für sämtliche Bewohner aller k. k. Erbländer . . . Brünn 1800—5. H: *André, Christian Carl.* (ErschDL)

Tageblatt, Patriotisches, oder öffentliche Correspondenz und Anzeigeblatt für sämmtliche Bewohner der k. k. Erbländer über wichtige . . . Gegenstände zur Beförderung des Patriotismus. Brünn 1800—1805. H: *André, Chn. Carl & V. H. Riecke.* (BiblPort)

Tageblatt, patriotisches, oder öffentl. Correspondenz- u. Anzeigeblatt für sämmtl. Bewohner der k. k. Erbländer über wichtige ꝛc. Gegenstände z. Beförderung des Patriotismus; hrsgg. v. Chr. K. Andre u. Vict. Hnr. Riecke. 5 Jahrgg. od. 10 Bde. 4. Brünn 800—805.

— Pesther, zeitschriftl. Organ für Wissen, Kunst und Leben. I. Jahrg. 1839. hoch 4. Pesth, Heckenast. Prän.-Pr. ganzjähr. n. 6 ₰ — II. Jahrg. 1840. Ebd. n. 6 ₰

Tageblatt, Pesther. 3. Jahrg. 1841. Fol. Pesth, Heckenast. n. 6 ₰

Tageblatt. – P i r m a s e n s e r Tageblatt. –
1888 – 13.X.(?)1920.
[NA von: Pfälzer Volksbote, Ludwigshafen, sp. Kaiserslautern (1888).]

Tageblatt. – P o s e n e r Tageblatt. –
1878 – 31.X.1939.
Vorh. u.d.T.: Ostdeutsche Zeitung.

Tageblatt. – Allergnädigst p r i v i l e g i r t e s Leipziger Tageblatt. –
1.I.1816 – 31.XII.1832.
Vorh. u. fortges. u.d.T.: Leipziger Tageblatt.

Rendsburger **Tageblatt.** Red. v. J. J. H. Lütgens, C. Kühl, A. Römer, zuletzt nur von C. Kühl. Nr. 1—86. Rendsburg, Sonnabend den 25. März bis Freitag den 30. Juni 1848. Fol.
Vollständiges Exemplar. Nr. 24 ist nicht erschienen, auf Nr. 23 folgt durch einen Setzfehler Nr. 25.

Tageblatt. – S ä c h s i s c h e s Tageblatt. –
Berlin. – 1.(?)XII.1910 – 29.XII.1929(?).
[NA von: Germania, Berlin (1871).]

Tageblatt für Schaffhausen
① Alleiniges amtliches Publikations-Organ der Stadt Schaffhausen. — Amtliches Publikationsorgan des Kantons Schaffhausen (3. 1. 1877—19. 2. 1879 und 12. 2. 1884—31. 12. 1886 = 1. Untertitel). Publikationsorgan für die Stadt und den Kanton Schaffhausen (1. 8. 1937—31. 12. 1937 = letzter Untertitel) ② Tage-Blatt für den Kanton Schaffhausen (2. 1. 1843—24. 12. 1856 und 3. 5. 1864—30. 6. 1928). Tag-Blatt für den Kanton Schaffhausen (27. 12. 1856—31. 12. 1861). Tageblatt für den Kanton Schaffhausen (2. 1. 1862—15. 12. 1862). Tagblatt für den Kanton Schaffhausen (16. 12. 1862—2. 5. 1864). Schaffhauser Tagblatt (2. 7. 1928—31. 12. 1937) ⑤ 1. 7. 1840—31. 12. 1937 ⑥ 8° (1. 7. 1840—31. 12. 1853). 4° (2. 1. 1854—31. 12. 1861). 2° (ab 2. 1. 1862) ⑦ wöchentlich 6× (bis 31. 7. 1937), dann wöchentlich 3× ⑧ Schaffhausen: Brodtmann'sche Buchhandlung (bis 1889). Stötzner & Cie. (1890—1900). Kühn & Co. (ab 1901) ⑨ Illustriertes Sonntagsblatt (1883—1898); Lustige Blätter (1898); Zur guten Stunde (1899—1937) ⑪ Dr. Eugen Müller (1883—1928) ⑫ freisinnig ⑬ BGSZ: 1052. 1053. 1056. 1128; Schaffhauser Intelligenzblatt 1913, Nr. 303 und 1938, Nr. 1 ⑭ Sh: S. St; Be: L (1895—1937).

Tage-Blatt [Tageblatt] für den Kanton Schaffhausen
v. **Tageblatt** für Schaffhausen.

Tageblatt. – S c h n e i d e m ü h l e r Tageblatt. –
1890 – 1921.
Fortges. u.d.T.: Die Grenzwacht.

Tageblatt. – S i e g e r l ä n d e r Tageblatt. –
Siegen. – 1.X.1893 – 31.III.(?)1894.
Vorh. u.d.T.: Siegerländer Volksfreund.

Tageblatt. – S t a d e r Tageblatt. –
2.I.1872 – 30.IV.1945.
Fortges. u.d.T.: Nordwestdeutsche Allgemeine Stader Zeitung.

Tageblatt. – S t e t t i n e r Tageblatt. –
1.III.1877 – 30.VI.1910.

Tageblatt. – S t r a l s u n d e r Tageblatt. –
VII.1898 – 31.III.1943.

Tageblatt. – T i l s i t e r Tageblatt. –
1879 – 1886.
Vorh. u.d.T.: Das Tilsiter gemeinnützige Wochenblatt.
Fortges. u.d.T.: Tilsiter Volkszeitung.

Tageblatt der elften Versammlung deutscher Land- und Forstwirthe (in Kiel). (Beiblatt zur landwirthschaftlichen Zeitung.) Nr. 1–7. Kiel. 1847. 4°.

Tageblatt bei der 14. Versamml. d. Naturforscher u. Aerzte Deutschlands, hrsg. unt. d. Direction d. Geschäftsführer. Nr. 1—17. gr. 4. (8½ B.) Jena 836, Frommann. •

TAGBLATT FÜR DIE ... VERSAMMLUNG DER NATURFORSCHER UND AERZTE TEUTSCHLANDS.
XVI^te Versammlung. N^ro 1—11.*) Freiburg i. B. ... den 3—24. Sept. 1838. (Ohne bes. Titelblatt. — Gedruckt in der Fr. Xav. Wanglerschen Buchdruckerei.) 4°.

TAGEBLATT FÜR DIE ... VERSAMMLUNG DEUTSCHER NATURFORSCHER UND AERZTE.
17. Versammlung. № 1—9. Pyrmont ... 16—25 Sept. 1839. (Ohne bes. Titelblatt. Pyrmont. Georg Uslar.)

TAGBLATT DER ... VERSAMMLUNG DER GESELLSCHAFT DEUTSCHER NATURFORSCHER UND AERZTE.
18. Versammlung. Nr. 1—12. Erlangen, am 16 — 27. Sept. 1840. (Ohne bes. Titelblatt.)
19. Versammlung. № 1—9. Nebst Anlagen. Braunschweig, den 17 — 25. Sept. 1841. (Ohne bes. Titelblatt.)

—— der 19. Versamml. d. Gesellschaft deutscher Naturforscher u. Aerzte. Redig. v. Magnus. 9 Nrn. gr. 4. (8½ B.) Braunschweig 841, (Vieweg u. Sohn.) •

TAG(E)BLATT DER ... VERSAMMLUNG DEUTSCHER NATURFORSCHER UND AERZTE.
20. Versammlung ... in Mainz. № 1—8. Mainz, am 18—26. September. 1842. (Ohne bes. Titelblatt. — Hofbuchdruckerei von Th. v. Zabern in Mainz.)
22.*) Versammlung. № 1—8. Bremen. Den 17—25. September 1844. (Ohne bes. Titelblatt. — Bremen. Druck von C. Schünemann.)
23ste Versammlung. Nr. 1—8. Nürnberg, am 17—25. Sept. 1845. (Ohne bes. Titelblatt.)
24ste Versammlung. N° 1—9. Kiel, ... den 17ten — 25sten September. 1846. (Ohne bes. Titelblatt. — Kiel. Druck von C. F. Mohr.)
25. Versammlung. № 1—9. Aachen, ... den 18—26. September. 1847. (Ohne bes. Titelblatt. — Aachen. Druck von J. J. Beaufort.)
XXVI. Versammlung. Nr. 1—8. Regensburg, am 17—25. September 1849. (Ohne bes. Titelblatt.)
XXVII. Versammlung. Nr. 1—7. Greifswald, am 17—25. September 1850. (Mit 1 Tabelle. — Ohne bes. Titelblatt. — Greifswald, gedruckt bei Friedr. Wilh. Kunike.)
XXVIII. Versammlung. Nr. 1—6. Gotha, am 19—24. September 1851. (Ohne bes. Titelblatt. — Gotha, Druck der Engelhard-Reyher'schen Hofbuchdruckerei. 1851.)
29. Versammlung ... in Wiesbaden. №. 1—7. Nebst Beilage zu Nr. 7. Den 18—25. September 1852. (Ohne bes. Titelblatt. — Wiesbaden. Druck von W. G. Riedel.)
30. Versammlung ... in Tübingen. (Nro. 1—7.) 18—24. September 1853. (Ohne bes. Titelblatt. — Druck von H. Laupp jr. in Tübingen.)
31. Versammlung ... in Göttingen. № 1—7. 18—24. September 1854. (Ohne bes. Titelblatt. — Druck der Universitäts-Buchdruckerei von E. A. Huth in Göttingen.)
32. Versammlung ... in Wien im Jahre 1856. Herausgegeben von ... HYRTL und SCHRÖTTER. (Unter Mitwirkung des ... Dr. GRAILICH und des ... Dr. KOMPERT.) N° 1—8. Den 16. September — Den 3. October. 1856. (Ohne bes. Titelblatt. — Aus der k. k. Hof- und Staatsdruckerei in Wien.)
33. Versammlung ... in Bonn im Jahre 1857. Herausgegeben von ... NÖGGERATH und KILIAN. (Unter Mitwirkung des ... Dr. C. O. WEBER und des ... Dr. R. CASPARY.) № 1—7. ... den 18—25. September 1857. (Ohne bes. Titelblatt. — Bonn, gedruckt bei Carl Georgi.)
34. Versammlung ... in Carlsruhe im Jahre 1858. Herausgegeben von DIENGER und ZOLLIKOFER. N° 1—9. Den 16—24. September. 1858. (Ohne bes. Titelblatt. — Carlsruhe. Druck der Chr. Fr. Müller'schen Hofbuchdruckerei. — 1858.)
35. Versammlung ... in Königsberg im Jahre 1860. Herausgegeben von ... v. WITTICH und WAGNER. Redigirt von ... CASPARY, MÖLLER, SCHIEFFERDECKER und ELDITT. № 1—6. ... den 16—21. September 1860. (Ohne bes. Titelblatt. — Gedruckt bei H. Hartung in Königsberg.)
36. Versammlung ... in Speyer im Jahre 1861. Herausgegeben von: G. SCHMAUSS und L. GEENEN. Nro. 1—6. Den 17—22. September. 1861. (Ohne bes. Titelblatt. — Buchdruckerei von Daniel Kranzbühler in Speyer.)
Beilage zum Tagblatt der 36. Versammlung ... in Speyer. Vom 17. bis 24. September 1861. Herausgegeben von: G. SCHMAUSS und L. GEENEN. (Ohne bes. Titelblatt. — Druck von Daniel Kranzbühler in Speyer.)
37. Versammlung ... in Karlsbad im Jahre 1862. Herausgegeben von ... LÖSCHNER und HOCHBERGER. Nr. 1—7. Den 18—25. September. 1862. (Ohne bes. Titelblatt. — Karlsbad, gedruckt bei Gebrüder Franieck (Karl Franieck sen.))
38. Versammlung ... in Stettin im Jahre 1863. Herausgegeben von ... C. A. DOHRN und BEHM. № 1—7. ... den 18—30. September 1863. (Ohne bes. Titelblatt. — Druck von F. Hessenland in Stettin.)
39. Versammlung ... in Giessen, 1864. Unter Mitwirkung der Herren ... ENGELBACH, ROSSMANN und K. WERNHER herausgegeben von O. BUCHNER. Nr. 1—7. ... den 17—24. September 1864. (Ohne bes. Titelblatt. — Druck von W. Keller in Giessen.)
40. Versammlung ... in Hannover im Jahre 1865. Herausgegeben im Verein mit den Geschäftsführern der Versammlung vom ... Dr. MÜLLER. (Unter Mitwirkung der Herren ... DÜRR, GUTHE und HERM. HARRYS.) Nr. 1—7. Den 18—24. September 1865. (Ohne bes. Titelblatt. — Druck von Wilh. Riemschneider. Hannover.)
41. Versammlung ... in Frankfurt am Main vom 18. bis 24. September 1867. Unter Verantwortung der Redactions-Commission (G. VARRENTRAPP, CNYRIM, A. SPIESS). (Mit 1 Tafel.) Frankfurt a/M. Druck und Verlag von C. Naumann's Druckerei.
42. Versammlung ... in Dresden 1868. N° 1—10. Den 17—25. September 1868. (Mit 1 Karte. — Ohne bes. Titelblatt. — Druck und Verlag von B. G. Teubner in Dresden.)
43. Versammlung ... in Innsbruck vom 18. bis 24. September 1869. Unter Verantwortung des Redactions-Ausschusses J. DAUM, V. von EBNER, HUGO Graf ENZENBERG. Innsbruck. 1869. Wagner'sche Universitaets-Buchhandlung.
44. Versammlung ... in Rostock vom 18. bis 24. September 1871. Unter Verantwortung des Redactions-Comités H. AUBERT und W. FLEMMING. (Mit Tafeln.) Rostock. 1871. In Comm. der G. B. Leopold'schen Universitäts-Buchhandlung. (Ernst Kuhn.)
45. Versammlung ... in Leipzig vom 12. bis 18. August 1872. Unter Mitwirkung der Secretäre der Sectionen redigirt von A. WINTER. Leipzig. 1872. In Comm. bei C. Wilfferodt.
46. Versammlung ... in Wiesbaden vom 18. bis 24. September 1873. Wiesbaden. 1873. In Comm. bei Feller & Gecks.
47. Versammlung ... in Breslau vom 18. bis 24. September 1874. Breslau. 1874. In Comm. bei E. Morgenstern.
48. Versammlung ... in Graz vom 18. bis 24. September 1875. Redigirt von J. FRISCHAUF, V. GRABER, R. KLEMENSIEWICZ. Graz. 1875. Leuschner & Lubensky.
49. Versammlung ... in Hamburg vom 18. bis 24. September 1876. Mit einer „Beilage",*) enthaltend die Vorträge der allgemeinen und Sections-Sitzungen. Redigirt im Auftrage des Redactions-Ausschusses von J. W. SPENGEL. (Mit 1 Karte.) Hamburg. 1876. L. Friederichsen & Co.
50. Versammlung ... in München 1877. No. 1—5. Nebst Beilagen. Den 17 — 22. September 1877. (Ohne bes. Titelblatt. — Druck der Akademischen Buchdruckerei von F. Straub in München.)
51. Versammlung ... in Cassel 1878. Cassel. Druck von Baier & Lewalter.
52. Versammlung ... in Baden-Baden 1879. Baden-Baden, Druck von A. v. Hagen.
53. Versammlung ... in Danzig vom 18. bis 24. September 1880. Unter Mitwirkung der Schriftführer der Sectionen redigiert von OTTO VÖLKEL. (Mit Tafeln und Tabellen.) Danzig. In Comm. von L. Saunier (A. Scheinert).
54. Versammlung ... in Salzburg vom 18. bis 24. September 1881. Unter verantwortlicher Redaction von HERMANN PICK. Salzburg. Druck von R. Kiesel in Salzburg und Adolf Holzhausen in Wien. (Verlag der Mayrischen Buchhandlung.)
55. Versammlung ... in Eisenach vom 18. bis 22. September 1882. Unter Mitwirkung der Schriftführer der Sektionen redigiert von G. KÜHN. Eisenach. In Komm. der Baereckeschen Hofbuchhandlung (Otto Elsner).
56. Versammlung ... in Freiburg i. B. 1883. Für die Redaction verantwortlich: AD. CLAUS. No. 1—5. ... den 17—22. September. 1883. (Ohne bes. Titelblatt. — Freiburg. Verlag der Fr. Wagner'schen Universitäts-Buch- & Kunsthandlung.)
57. Versammlung ... in Magdeburg 18.—23. September 1884. Redigirt von AUFRECHT. Magdeburg 1884. Verlag: Faber'sche Buchdruckerei A. & R. Faber.
58. Versammlung ... in Strassburg 18. — 23. September 1885. Redigirt von J. STILLING. (Mit 1 Tafel.) Strassburg 1885. Druck und Verlag: Buchdruckerei G. Fischbach.

TAGEBLATT DER ... VERSAMMLUNG DEUTSCHER NATURFORSCHER UND AERZTE.

21. **Versammlung. N°. 1—6. Grätz. Den 18—23. September 1843. (Ohne bes. Titelblatt. — Druck und Papier von den Andreas Leykam'schen Erben.)**

59. **Versammlung ... zu Berlin vom 18. — 24. September 1886 unter Redaction von GUTTSTADT, S. GUTTMANN und SKLAREK. (Mit 1 Karte.) Berlin 1886. Buchdruckerei von L. Schumacher.**

TAGEBLATT DER ... VERSAMMLUNG DEUTSCHER NATURFORSCHER UND AERZTE.

60. Versammlung . . . in Wiesbaden vom 18.—24. September 1887. Redigirt von WILHELM FRESENIUS und EMIL PFEIFFER. Wiesbaden. 1887. J. F. Bergmann. 4°.

61. Versammlung . . . in Köln vom 18.—23. September 1888. Wissenschaftlicher Theil. (Redaction: FRANZ RITTER.) Köln. 1889. Albert Ahn. [1])

62. Versammlung . . . in Heidelberg vom 18.—23. September 1889. (Redactions-Commission: CANTOR, G. KOESTER, H. LOSSEN). Heidelberg. 1890. Universitätsbuchdruckerei von J. Hörning.

65[2]). Versammlung . . . in Nürnberg vom 11.—15. September 1893. Redactions-Ausschuss: BECKH, EBERHARD, FUCHTBAUER, SCHRAG. — Nürnberg. 1893. Kommissions-Verlag: Joh. Leonh. Schrag. (Ohne bes. Titelbl.)

66. Versammlung . . . in Wien (vom 24.—30. September) 1894. **Herausgegeben** von den Geschäftsführern Prof. KERNER und Prof. EXNER. **Redigiert von** HEINRICH ADLER. Wien. 1894. **Aus der kaiserlich-königlichen Hof- und** Staatsdruckerei.

67. Versammlung . . . in Lübeck vom 16.—21. September 1895. **Herausgegeben** von den Geschäftsführern: W. BREHMER und TH. ESCHENBURG. **Redigirt** von FRANZ ZIEHL. — Druck von Gebrüder Borchers in Lübeck. (Ohne bes. Titelbl.)

68. Versammlung . . . in Frankfurt a. M. vom 21.—26. September 1896. **Herausgegeben** von den Geschäftsführern: M. SCHMIDT und W. KÖNIG. **Redigirt** von H. SCHLESINGER. (Ohne bes. Titelbl.)

69. Versammlung . . . in Braunschweig vom 20.—25. September 1897. **Herausgegeben** von den Geschäftsführern WILH. BLASIUS und RICH. SCHULZ. Redigirt unter Mitwirkung von B. TEPELMANN, HANNIBAL LUPPRIAN . . . von JULIUS REISSNER. — Druck von Friedr. Vieweg & Sohn in Braunschweig. (Ohne bes. Titelbl.)

70. Versammlung . . . in Düsseldorf vom 19.—24. September 1898. **Herausgegeben** von der Geschäftsführung, redigirt unter Mitwirkung des Redactionsausschusses von ALOYS KOERFER. — Buchdruckerei Ed. Lintz in Düsseldorf. (Ohne bes. Titelbl.)

71. Versammlung . . . in München vom 17.—23. September 1899. **Herausgegeben** von der Geschäftsführung, redigirt unter Mitwirkung des Redactionsausschusses von B. SPATZ. — Druck von E. Mühlthaler's kgl. Hofbuchdruckerei, München. (Ohne bes. Titelbl.)

72. Versammlung . . . in Aachen vom 16.—22. September 1900. **Herausgegeben** von der Geschäftsführung. Redigiert unter Mitwirkung des Redaktionsausschusses von L. GOLDSTEIN. — Druck: C. H. Georgi, Aachen. (Ohne bes. Titelbl.)

73. Versammlung . . . in Hamburg vom 20.—22. September 1901. **Herausgegeben** von der Geschäftsführung. Redigiert von MAX FRIEDERICHSEN. — Druck von H. O. Persiehl, Hamburg. (Ohne bes. Titelbl.)

74. Versammlung . . . in Karlsbad vom 21.—27. September 1902. **Herausgegeben** von der Geschäftsführung. — Redigiert von JOS. MLADY. — Druck der Franieck'schen Druckerei & lithograph. Anstalt, Karlsbad. (Ohne bes. Titelbl.)

75. Versammlung . . . in Cassel vom 20.—26. September 1903. **Herausgegeben** von der Geschäftsführung. Redigiert vom Ausschuss für das Tageblatt. — Druck von Gebrüder Gotthelf, Kgl. Hofbuchdruckerei, Cassel. (Ohne bes. Titelbl.)

76. Versammlung . . . in Breslau vom 18. bis 24. September 1904. **Herausgegeben** von der Geschäftsführung. Redigiert vom Ausschuss für das Tageblatt. Nr. 1 — Nr. 5. 1904. Verlag der 76. Versammlung deutscher Naturforscher und Ärzte. — Druck von Wilh. Gottl. Korn in Breslau. (Ohne bes. Titelbl.)

77. Versammlung . . . in Meran vom 24. bis 30. September 1905. **Herausgegeben** von der Geschäftsführung. Redigiert von Dr. HEINRICH ADLER. Nr. 1 — Nr. 5. 1905. (o. O. o. Dr.)

78. Versammlung . . . in Stuttgart vom 16. bis 22. September 1906. **Herausgegeben** von der Geschäftsleitung. Redigiert von Hofrat Dr. DEAHNA. No. 1 — No. 5. 1906. Stuttgart. k. Hofbuchdruckerei Zu Gutenberg Carl Grüninger (Klett & Hartmann).

79. Versammlung . . . in Dresden vom 15. bis zum 21. September 1907. **Herausgegeben** von der Geschäftsleitung. Redigiert von Professor Dr. WITTING, Dresden-A. Nr. 1 — Nr. 5. 1907. Dresden Druck von Wilhelm Baensch.

80. Versammlung . . . in Cöln a. Rh. vom 20. bis zum 26. September 1908. **Herausgegeben** von der Geschäftsführung. Redigiert von Professor Dr. ASCHAFFENBURG, Cöln a. Rh. Nr. 1 — Nr. 5. 1908. Köln, Druck von M. Du Mont Schauberg.

81. Versammlung . . . in Salzburg vom 19. bis 25. September 1909. **Herausgegeben** v. d. Geschäftsleitung. Redigiert von Redakteur JUL. WINDBICHLER-Waldt, Salzburg. Nr. 1 — Nr. 5. 1909. Salzburg. Druck von R. Kiesel.

82. Versammlung . . . in Königsberg i. Pr. vom 18. bis 24. September 1910. **Herausgegeben** v. d. Geschäftsleitung. Redigiert von Prof. Dr. HERM. FLEISCHER, Königsberg i. Pr. Nr. 1 — Nr. 5. 1910. Königsberg Pr. Hartungsche Buchdruckerei. — (angebunden:) EINLADUNG zur 82. Versammlung Deutscher Naturforscher und Ärzte in Königsberg i. Pr. 18. bis 24. September 1910.

83. Versammlung . . . in Karlsruhe vom 24. bis 29. September 1911. **Herausgegeben** von der Geschäftsführung. Redigiert von Prof. Dr. AUERBACH, Dr. BONGARTZ und Dr. A. KNITTEL. Nr. 1 — Nr. 5. 1911. Karlsruhe i. B. G. Braunsche Hofbuchdruckerei.

84. Versammlung . . . in Münster i. W. vom 15. bis 21. September 1912. Herausgegeben von der Geschäftsführung. Redigiert von Dr. ROSENBERG und Dr. A. THIENEMANN. Nr. 1—5. 1912. Münster i. W. Buchdruckerei „Der Westfale".

[1]) Angeb. u. besonders paginiert: „Vorträge der Allgemeinen Sitzungen".

[2]) Die hier fehlenden Versammlungen habe ich nicht einsehen können.

Tageblatt der 24. Versammlung Deutscher Naturforscher und Aerzte. Nr. 1—9. Kiel 1846. Siehe in: Wochenschrift zum Besten der Armen in Kiel. (Jg. 54.) Kiel. 1846. 4°

Tageblatt der 42. Versammlung deutscher Naturforscher u. Aerzte in Dresden vom 18. bis 24. Septbr. 1868. Dresden 868. Schönfeld's Verl. gr. 4. (VIII, 216 S. mit 1 lith. Plan in Imp.-4.) n.n. 2 ₰

Tageblatt der 44. Versammlung deutscher Naturforscher und Aerzte in Rostock vom 18. bis 24. Sept. 1871. Unter Verantwortung des Redactions-Comités H. Aubert und W. Flemming. 4. (III, 186 S.) Rostock 871, (Leopold's Universitäts-Buchh.) *

—— der 45. Versammlung deutscher Naturforscher und Aerzte in Leipzig vom 12. bis 18. Aug. 1872. Unter Mitwirkung der Secretäre der Sectionen red. von A. Winter. gr. 4. (246 S.) Leipzig, 872, (Wilfferodt.) *

— der 46. Versammlung deutscher Naturforscher u. Aerzte in Wiesbaden vom 18. bis 24. Septbr. 1873. 4. (215 S.) Wiesbaden 873. Feller & Gecks. n. 8. —

— der 47. Versammlung deutscher Naturforscher u. Aerzte in Breslau v. 18. bis 24. Septbr. 1874. gr. 4. (VIII, 280 S.) Breslau 874. Morgenstern in Comm. n. 8. —

— der 48. Versammlung deutscher Naturforscher u. Aerzte in Graz vom 18. bis 24. Septbr. 1875. Red. v. J. Frischauf, V. Graber, R. Klemensiewicz. gr. 4. (X, 289 S.) Graz 875. Leuschner & Lubensky. n. 5. 60

— der 49. Versammlung deutscher Naturforscher u. Aerzte in Hamburg vom 18. bis 24. Septbr. 1876. Mit e. „Beilage" enth. die Vorträge der allgemeinen u. Sections-Sitzgn. Red. im Auftrage d. Red.-Ausschusses v. J. W. Spengel. gr. 4. (134 u. VI, 180 S. m. 1 lith. Karte in qu. Fol.) Hamburg 876. Friederichsen & Co. n. 6. —; Beilage ap. n. 5. —

Tageblatt der 51. Versammlung deutscher Naturforscher u. Aerzte in Cassel 1878. Red.: Giessler. gr. 4. (XXXII, 292 S.) Cassel 878. (Fischer.) n. 8. —

Tageblatt der 52. Versammlung deutscher Naturforscher und Aerzte in Baden-Baden im Septbr. 1879. gr. 4. (XXIX, 361 S.) Baden-Baden 879, (Wild.) *

— der 53. Versammlung deutscher Naturforscher u. Aerzte in Danzig vom 18. bis 24. Septbr. 1880. Unter Mitwirkung der Schriftführer der Sectionen red. von Otto Völkel. gr. 4. (VII, 302 S.) Danzig 880. Saunier in Comm. n. 6. —

— der 54. Versammlung deutscher Naturforscher u. Aerzte in Salzburg vom 18. bis 24. Septbr. 1881. Unter Red. von Herm. Pick. gr. 4. (144 u. 198 S.) Salzburg 881. Mayr. n. 8. —

Tageblatt der 55. Versammlung deutscher Naturforscher u. Aerzte in Eisenach vom 18. bis 22. Septbr. 1882. Unter Mitwirkg. der Schriftführer der Sektionen red. v. G. Kühn. gr. 4. (IV, 331 S.) Eisenach 883. (Baerecke.) geb. n.n. 6. —

— der 56. Versammlung deutscher Naturforscher u. Aerzte in Freiburg i. B. 1883. Red.: Ad. Claus. gr. 4. (Nr. 1—5. 104 S.) Freiburg i/Br. 883. Wagner. n. 6. —

— der 57. Versammlung deutscher Naturforscher u. Aerzte in Magdeburg 18—23. Septbr. 1884. Red. v. Aufrecht. gr. 4. (III, 400 S.) Magdeburg 884. Faber. 6. —

— der 58. Versammlung deutscher Naturforscher u. Aerzte in Strassburg 18—23. Septbr. 1885. Red.: J. Stilling. gr. 4. (Nr. 1: 3 B.) Strassburg 885. (Trübner.) n.n. 8. —

Tageblatt der 59. Versammlung deutscher Naturforscher und Aerzte zu Berlin vom 18.–24. September 1886. Unter Redaction von Dr. Guttstadt, Dr. S. Guttmann und Dr. Sklarek. Berlin 1886. VII, 467 S., 1 Krt. 4°

— der 59. Versammlung deutscher Naturforscher u. Aerzte in Berlin vom 18. bis 24. Septbr. 1886. Red. v. Guttstadt, S. Guttmann u. Sklarek. gr. 4. (Nr. 1: 60 S.) Berlin 886. (O. Enslin.) n.n. 9. —

Tageblatt der 60. Versammlung deutscher Naturforscher u. Aerzte in Wiesbaden vom 18.—24. Septbr. 1887. Red. v. W. Fresenius u. E. Pfeiffer. gr. 4. (XX, 379 S.) Wiesbaden 887. Bergmann. n. 8. —

— dasselbe, der 61. Versammlung in Köln vom 18.—23. Septbr. 1888. Red. v. F. Bardenheuer, H. Klein, Frz. Ritter, Alb. Ahn. gr. 4. (II, 129, VIII, 343, 104 S.) Köln 889. Albert Ahn. n. 10. —

Tageblatt d. 61. Versammlung deutscher Naturforscher u. Aerzte in Köln v. 18.—23. Septbr. 1888. Wissenschaftl. Thl. gr. 4. (III, VIII, 343 u. 104 S.) Köln 889. A. Ahn. n.n. 10. —

— dasselbe, der 62. Versammlung in Heidelberg, vom 18. — 23. Septbr. 1889. gr. 4. (750 S. m. eingedr. Abbildgn.) Heidelberg 890. (Koester.) n. 12. —

Tageblatt der 64. Versammlung der Gesellschaft deutscher Naturforscher u. Aerzte in Halle a. S. vom 21.—25. Septbr. 1891. Red.-Commission: Wangerin, Hüllmann, U. Schwetschke, Hitzig. 5 Nrn. gr. 4. (134 S.) Halle a/S. 891. (G. Schwetschke's Verl.) n. 2. —

— dasselbe der 65. Versammlung in Nürnberg vom 11. bis 15. Septbr. 1893. Red.-Ausschuss: Beckh, Eberhard, Füchtbauer, Schrag. 5 Nrn. gr. 4. (Nr. 1. 32 S.) Nürnberg 893. (J. L. Schrag.) n. 2. 70

Tagblatt der 66. Versammlung deutscher Naturforscher u. Ärzte in Wien. 24.—30. Septbr. 1894. Hrsg. v. Kerner u. Exner. Red. v. Heinr. Adler. 5 Nrn. gr. 4. (Nr. 1. 54 S.) Wien 894. (Deuticke.) n. 3. —

— dasselbe d. 67. Versammlg. in Lübeck vom 16. bis 21. Septbr. 1895. Hrsg. v. d. Geschäftsführern: W. Brehmer u. Th. Eschenburg. Red. v. Frz. Ziehl. 5 Nrn. gr. 4. (150 S.) Lübeck 895. (E. Schmersahl.) n. 3. 30

— dasselbe d. 68. Versammlg. in Frankfurt a/M. v. 21. bis 26. IX. 1896. Hrsg. v. d. Geschäftsführern: M. Schmidt u. W. König. Red. v. H. Schlesinger. 5 Nrn. 4. (232 S.) Frankfurt a/M. 897. (Mahlau & Waldschmidt.) n. 5. —; für d. Teilnehmer unentgeltlich.

— dasselbe d. 69. Versammlg. in Braunschweig vom 20. bis 25. IX. 1897. Hrsg. v. d. Geschäftsführern: Wilh. Blasius u. Rich. Schmitz. Red. unt. Mitwirkg. v. B. Tepelmann, Hannib. Lupprian, Christ. Mewis, Herm. Oelmann u. Jul. Troeger v. Jul. Reissner. 5 Nrn. gr. 4. (44, 8, 46, 34, 29 u. 21 S.) Braunschweig 897. (F. Vieweg & Sohn.) n. 2. —

Tageblatt der Versammlungen deutscher Naturforscher und Ärzte. 59. 1886 u. 71. 1899. Berlin und München

Tageblatt der 75. Versammlung Deutscher Naturforscher und Ärzte in Kassel vom 20. bis 26. September 1903. 6 H. Kassel, 1903. 262 S.

— der 78. Versammlung deutscher Naturforscher u. Aerzte in Stuttgart vom 16.—22. IX. 1906. Hrsg. v. der Geschäftsleitg. Red. v. Doehna. 5 Nrn. (55, 5; 54; 48; 36, 4 u. 23 S. m. Abbildgn.) Lex.-8. Stuttgart, (C. Grüninger). n. 2. 50

TAG(E)BLATT, auch: TAG-BLATT DER, auch: FÜR DIE ... VERSAMMLUNG DEUTSCHER PHILOLOGEN UND SCHULMÄNNER.
24. Versammlung ... Heidelberg 1865. № 1—5. ... den 26—30. September. (Ohne bes. Titelblatt. — Druck von G. Mohr in Heidelberg.) 8°.
XXVI. Versammlung ... № 1—3. Würzburg, ... 28. September — ... 1. October 1868. (Verantwortliche Redaction DAHN und GRASBERGER.) (Ohne bes. Titelblatt. — Druck der Stahel'schen Buchdruckerei in Würzburg.) 4°.
27. Versammlung ... № 1—5. Kiel, ... 26—30. September 1869. (Mit 1 Tafel. — Ohne bes. Titelblatt. — Druck von A. F. Jensen in Kiel.)
28. Versammlung ... in Leipzig am 22. bis 25. Mai 1872. Nr. 1—4. Am 21—25. Mai. 1872. (Ohne bes. Titelblatt. — Druck von B. G. Teubner in Leipzig.)
29. Versammlung ... in Innsbruck vom 28. September bis 1. October. Nr. 1—3. Am 26. September — 1. October. 1874. (Ohne bes. Titelblatt. — Druck der Wagner'schen Universitäts-Buchdruckerei in Innsbruck.)
30. Versammlung ... № 1—4. Rostock, 27—30. September. 1875. (Ohne bes. Titelblatt. — Universitäts-Buchdruckerei von Adler's Erben.) 4°.

TAG(E)BLATT DER ... VERSAMMLUNG DEUTSCHER PHILOLOGEN UND (&) SCHULMÄNNER.
XXXI. Versammlung. Nr. 1—5. Tübingen, den 24—28. September 1876. (Ohne bes. Titelblatt. — Druck von L. Fr. Fues in Tübingen.) 8°.
34.*) Versammlung ... in Trier 1879. No 1—5. Den 23—27. September 1879. (Ohne bes. Titelblatt. — Fr. Lintz'sche Buchdruckerei in Trier.) 4°.

TAGEBLATT DER ... VERSAMMLUNG DEUTSCHER PHILOLOGEN UND SCHULMÄNNER ...
32. Versammlung ... in Wiesbaden 1877. No. 1—5. Den 24—29. September 1877. (Für die Redaction verantwortlich: BÜSGEN.) (Ohne bes. Titelblatt. — Druck von Carl Ritter.) 4°.

FESTZEITUNG FÜR DIE XXXIII. VERSAMMLUNG DEUTSCHER PHILOLOGEN UND SCHULMÄNNER zu Gera.
No. 1—4. ... den 30. September — ... den 3. October 1878. (Für die Redaktion verantwortlich: FRENKEL.) (Ohne bes. Titelblatt. — Druck von Buhr & Draeger, Gera.) 8°.

TAGEBLATT DER ... VERSAMMLUNG DEUTSCHER PHILOLOGEN UND (&) SCHULMÄNNER ...
34. Versammlung ... in Trier 1879. No 1—4. Den 23—26. September 1879. (Ohne bes. Titelblatt. — Fr. Lintz'sche Buchdruckerei in Trier.). 4°.
35. Versammlung ... in Stettin 1880. No. 1—5. 26—30. Septbr.. (Für die Redaction verantwortlich FRIEDRICH HERBST.) (Ohne bes. Titelblatt. — Druck von Herrcke & Lebeling in Stettin.)
36. Versammlung ... in Karlsruhe 1882. No. 1—5. ... den 26—30. September. 1882. (Ohne bes. Titelblatt. — Karlsruhe. Druck der G. Braun'schen Hofbuchdruckerei.)
37. Versammlung ... in Dessau 1884. № 1—4. ... den 1—4. Oktober. 1884. (Ohne bes. Titelblatt. — Druck von L. Reiter, Dessau.)
38. Versammlung ... in Giessen 1885. № 1—4. ... den 30. September — ... den 3. Oktober. 1885. (Ohne bes. Titelblatt. — Druck von Wilh. Keller in Giessen.)

— der 35. Versammlung deutscher Philologen u. Schulmänner in Stettin 1880. Red.: Friedr. Herbst. 5 Nrn. gr. 4. (14 S.) Stettin 880. Herrcke & Lebeling. à n. — 20

Tageblatt der 49. Versammlung deutscher Philologen und Schulmänner, Basel 1907. 4 Nos. 1907 September 23—26. 11 + 8 + 4 + 6 S. 4. Basel (Basler Berichthaus).

TAGEBLATT DER ... VERSAMMLUNG DEUTSCHER PHILOLOGEN, SCHULMÄNNER UND ORIENTALISTEN.
11. Versammlung ... Nr. 1—4. Berlin 1850. ... den 30. September — ... den 3. October. (Ohne bes. Titelblatt. — Gedruckt in der akademischen Buchdruckerei.) 4°.

Tageblatt für Vorpommern. –
Greifswald. – 1.VII.1907 – 30.IX.1921.
Vorh. u.d.T.: Greifswalder Tageblatt.

Tageblatt d. 16., 21., 24., 25., 27. Wander-Ausstellung. Stück. 1—6. Halle 1901. 4°.
(Mitteilungen d. deutschen Landwirtschafts-Gesellschaft).
[27 ukompl.].

Tageblatt. – Weißenfelser Tageblatt. –
2.I.1899 – 12.IV.1945.
[NA seit 2.I.1939 von: Mitteldeutsche National-Zeitung, Halle/S. (1932).]
Vorh. u.d.T.: Weißenfelser Kreisblatt.

Tageblatt. – W e r n i g e r ö d e r Tageblatt. –
10.IV.1888 – 28.II.1935.
Vorh. u.d.T.: Neue Wernigeröder Zeitung.

Tageblatt. – W e s t f ä l i s c h e s Tageblatt. –
Hagen. – 10.III.1894 – 28.VI.1934.
Vorh. u.d.T.: Westfälische Post.
Fortges. u.d.T.: Hagener Neues Tageblatt (ab 1.X.1952).

Tageblatt. – W i l h e l m s h a v e n e r Tageblatt. –
1.IV.1874 – 20.VI.1879.
Fortges. u.d.T.: Wilhelmshavener Tagblatt.

Tageblatt. – W i t t e n b e r g e r Tageblatt. –
17.IV.1888 – 31.XII.1944.
Vorh. u.d.T.: Wittenberger Kreisblatt.

Das Wöchentliche Tageblatt : 1891?--1893? Chicago, IL
Weekly edition of Das Tageblatt.

Tageblatt. – W u r z e n e r Tageblatt. –
2.X.1883 – 28.VII.1945.
Vorh. u.d.T.: Wurzener Wochenblatt.

Tageblatt zur Zentenarfeier der Erneuerung der Universität Heidelberg. (Heidelberg: Heidelb. Verlagsanst. u. Druckerei 1903.)(55 S.) 4°[Kopft. F.]
Beilage z. Heidelberger Fremdenblatt. 1903, No 1–6. [07. 3063 11

— des V. internationalen Zoologen-Congresses, Berlin, 12. bis 16. VIII. 1901. Hrsg. vom Bureau des Congresses. Fol. (4, 4, 6, 6, 4, 8, 4 u. 30 S.) Berlin 901. (R. Friedländer & Sohn.) n. 4. —

Das Zweimal-Wöchentliche Tageblatt : 1891?--1893? Chicago, IL
Semi-weekly edition of Das Tageblatt.

Tageblatt. – Z w i c k a u e r Tageblatt. –
1.X.1862 – 15.VI.1941.
Vorh. u.d.T.: Zwickauer Anzeiger.
Fortges. u.d.T.: Neue Zwickauer Zeitung.

Tageblätter. – H e i d e l b e r g e r Tageblätter. –
1.I.1840 – 30.VI.1842.
Vorh. u.d.T.: Heidelberger Wochenblätter.
Fortges. u.d.T.: Heidelberger Journal.

Tageblätter. – H u g o ' s Tageblätter an Max,
s.a. B i r k e n s t o c k , Wilhelm Christian

Tageblätter, Hugos, an Max. Hamburg 1821. V: *Birkenstock, Wilhelm Christian.* (schr) (EE) (A)

Tageblätter. – M a n n h e i m e r Tageblätter. –
2.I.1819 – 31.XII.1835.
Vorh. u.d.T.: Mannheimer Intelligenzblatt.
Fortges. u.d.T.: Mannheimer Tageblatt.

TAGEBLÄTTER DER ... VERSAMMLUNG DEUTSCHER PHILOLOGEN, SCHULMÄNNER UND ORIENTALISTEN.
8.*) Versammlung ... Nr. 1–4. Darmstadt, 1845. ... den 30. September — den 3. October. (Redaction: AUGUST NODNAGEL.) (Ohne bes. Titelblatt. — Darmstadt. Verlag: Gustav Georg Lange.) 4°.

Tageblätter d. 8. Versammlung deutscher Philologen, Schulmänner und Orientalisten. Redaction: Aug. Nodnagel. No. 1—6. gr. 4. Darmstadt 845, Lange. 1/4 ℛ

Tagebuch, oder erbauliche B e t r a c h t u n g e n auf alle Tage im Jahre, gesammelt aus älteren Erbauungsschriften 2c. 2 Bdchn. 12. Nürnberg 833. Maw. 2/3 ℛ

Tagebuch. Berlin 1835. V: *Arnim, Bettina geb. Brentano.* (BrMm)

Tagebuch, Ein. Braunschweig 1842. V: *Bacheracht, Therese von geb. v. Struve.* (schr)

Tagebuch. 1856. 16. (366 S. mit eingedr. Holzschn.) Leipzig 855, G. Wigand. *

—— Blätter aus der Zeit und dem Leben. 1. und 2. Aufl. 12. (366 S.) Wien 862,63, Gerold's Sohn. *
In Leinen geb. mit Goldschn. *
In Leder geb. mit Goldschn. * 3 Thlr.; mit Schloss *
Prachtband *

— Blätter aus der Zeit u. dem Leben. 4. Aufl. Wien 870. Gerold's Sohn. 12. (336 S.) n. 1 ℛ 6 ngr.;
in engl. Einb. mit Goldsch. n. 1 ℛ 26 ngr.;
in Leder geb. mit Goldschn. n. 3 ℛ

—— Blätter aus der Zeit und dem Leben. 5. und 6. Aufl. gr. 8. (366 S.) Wien 880,81, Gerold's Sohn. *
geb. in Leinw. mit Rothschn. *
geb. in Ldr. mit Goldschn. *

Tagebuch. 1864. 16. (366 S. mit chromolithogr. Titel.) Leipzig 863, G. Wigand. geb. mit Goldschn. *

Tagebuch auf die J. 1865–67. Prag, Mercy's Verlag. Fol. Jeder Jahrg. (200 S.) geb. n. 20 ngr.

Tagebuch. Blätter der Erinnerung und Lebensweisheit. Mit Namen-Register. 16. (408 S.) Leipzig 877, Arnoldische Buchh. geb. mit Goldschn. *

— dasselbe. 2. Aufl. Mit Namen-Register u. einer Tabelle zur Ermittelung der Wochentage. 16. (VIII, 407 S.) Ebend. 881. geb. m. Goldschn. n. 3. 60

Tagebuch. Blätter der Erinnerg. u. Lebensweisheit. 3. Aufl. Mit Namen-Register u. e. Tabelle zur Ermittelg. der Wochentage auf jedes Datum d. 19. Jahrh. 16. (407 S.) Leipzig 884. Zehl. geb. m. Goldschn. n. 3. 60

— dasselbe. Mit Denksprüchen, biograph. Daten u. 12 (chromolith.) Illustr. von Marie v. Reichenbach u. E. Leistner-Beckendorff. 4. Aufl. Mit Namen-Register u. Tabelle zur Ermittelg. der Wochentage. 12. (409 S.) Ebend. 886. geb. m. Goldschn. n. 9. —;
ohne Illustr. geb. m. Goldschn. n. 4. —

—— Blätter der Erinnerg. und Lebensweisheit. Mit Denksprüchen u. biograph. Daten f. jeden Tag d. Jahres. 5. Aufl. Mit Anh.: Namen-Register. 12. (VIII, 407 S.) Lpz. 890, Haberland. geb. m. G. * 4 —

Tagebuch. Blätter der Erinnerung u. Lebensweisheit. Mit Denksprüchen, biograph. Daten u. 12 (farb.) Illustr. von Marie v. Reichenbach u. E. Leistner-Beckendorff. 5. Aufl. 12. (VIII, 407 S.) Lpz. 890, Haberland. geb. m. Goldschn. * 9 —

Tagebuch. Blätter der Erinnerg. u. Lebensweisheit. Mit Denksprüchen f. jeden Tag des Jahres u. 4 (farb.) Illustr. v. Jul. Höppner. 4. Aufl. gr. 16. (IV, 408 S.) Leipzig 893. E. Haberland. Geb. in Leinw. m. Goldschn. n. 3. —; ohne Text u. ohne farb. Illustr. 5. Aufl. geb. in Leinw. m. Goldschn. n. 2. —

—— für 1878. gr. 16. (24 S.) Metz, Deutsche Buchh.
Andere Jahrgänge sind nicht erschienen.

Tagebuch für 1878. gr. 16. (24 S.) Metz, G. Lang. — 60

—— für das J. 1885. 16. (62; 192 S.) Wien, Verlag der Photograph. Correspondenz. geb. * 1 —
Erscheint nicht mehr.

— Notiz-Kalender f. alle Jahre. 16. (365 S.) Lahr 887. Schauenburg. geb. in Leinw. n. 1. 20; in Ldr. als Brieftasche n. 2. —

— f. d. J. 1891. schmal Fol. (365 S.) Elberfeld 890. Lucas. geb. n. 5. —

— f. d. J. 1895. schmal Fol. (416 S.) Elberfeld 894. S. Lucas. Geb. n.n. 5. —

Tagebuch f. d. J. 1896. schmal Fol. (416 S.) Elberfeld, S. Lucas. Geh. n.n. 5. —

Tagebuch f d. J. 1903. (Schreibkalender.) schmal Fol. Elberfeld, S. Lucas. Geb. in Halbleinw. n.n. 5. —

Tagebuch f. d. J. 1906. (Schreibkalender.) schm. Fol. Elberfeld, S. Lucas. Geb in Halbleinw. n.n. 5. —

Tagebuch f. d. J. 1908. (Schreibkalender.) 34,5×13 cm. Elberfeld, S. Lucas. Geb. in Halbleinw. nn 5. —

Tagebuch, Aus dem, König Alexanders von Serbien. Aufzeichnungen u. Briefe d. letzten Obrenovic u. d. Königin Draga von Serbien. Leipzig (1905). 8⁰

Tagebuch, Das, — aliam tenui; sed jam quum gaudia adirem, admonuit dominae deseruitque Venus. O. O. 1810. V: *Goethe, Johann Wolfgang von.* (Mn)

— der Alsterdorfer Anstalten auf d. J. 1892—1894. (2.—4. Jahrg.) Von H. Sengelmann. 8. (à 48 S.) Norden 891—893. (D. Soltau's Verl.) à — 30
Fortsetzung s. u. d. T.: Gedenkbuch, tägliches, der Alsterdorfer Anstalten.

— für practische Aerzte. Von e. pract. Arzte hrsg. Fol. (99 S.) Stadtsteinach 894. E. Mulert. n. 3. —

— f. practische Ärzte. Von e. pract. Arzte hrsg. Fol. (99 S.) Stadtsteinach 894. W. Ostermann. n. 3. —

— für Aerzte und Wundärzte. Hamm 862. Grote. 16. (256 S.) 15 ngr.

—— **für Ärzte und Wundärzte.** gr. 16. (256 S.) Hamm 862. [Berlin, Hirschwald.] geb.

— ärztliches, nebst Liquidations-Register. Fol. (280 S.) Berlin 883. Dreyer. geb. n. 6. —

Tage- u. Rechnungsbuch, ärztliches. Fol. (104 S.) Arnstadt 882. Gimmerthal in Comm. geb. n.n. 3. 75

—— für die Aufnahme mit der Kippregel. 8. (22 S.) Berlin 878. Mittler und Sohn. *

— für die Aufnahme mit der Kippregel. 2. Aufl. 8. (32 S. m. 1 Steintaf.) Berlin 880. Mittler & Sohn. n. — 50

— f. die Aufnahme m. der Kippregel. 6. Aufl. gr. 8. (20 S. m. 1 Taf.) Berlin 894. E. S. Mittler & Sohn. n.n. — 50

— für die Aufnahme m. der Kippregel. 9. Aufl. (20 S. m. 1 Taf.) 8. Berlin 905. E. S. Mittler & Sohn. n.n. — 50

— für die Aufnahme m. der Kippregel. 10. Aufl. (21 S. m. 1 Fig.) 8. Berlin 909. E. S. Mittler & Sohn. nn — 50

Tagebuch, Ausführliches, des jetzigen Krieges zwischen Österreich und der Pforte. Wien 1788. V: *Rautenstrauch, Johann.* (Ky) (Pr)

— ausführl., des jetzigen Krieges zwisch. Oestreich u. der Pforte, (v. Jh. Rautenstrauch). 8. Wien 788. Stahel. (Schaumburg u. C.) 1 ₰ 12 gr

Ausführliches Tagebuch welches die Reise der Hessischen und Braunschweiger Trouppen von New Yorck nach Quebeck vom 15. May bis den 29. Junius 1780 enthält. Nebst einer Beschreibung dasiger Witterung, Bäumen, Thieren, Vögel, Fische und Preise von Lebensmitteln.
Quebeck. 1780. 39 S. 8⁰.
Landschaftliche Bibliothek Braunschweig im Staatsarchiv Wolfenbüttel

— —, Authentisches, der Comtesse Mizzi Veith. Mit Briefen von und an Komtesse Mizzi Veith, sowie einem Auszug aus ihrem Cassabuch. Illustriert. (190*.) (Mk. 2 = Kr. 2,40.)
Offerirte W. Schindler in Pressburg 1909.

TAGEBUCH, Authentisches, der Komtesse Mizzi Veith. Budapest, Gustav Grimm, 1908 [VII, Nefelejtgasse 14].
Verb. d. Urteil des Ldg. I, 11. Strafkammer v. 21. 5. 1912 (veröff. 7. 5. 13.)

—— für Beamte, k. k. Notare und Advokaten für das J. 1873 zu Vorbemerkungen von Tagsatzungen, Commissionen und Fristen, zur Einreichung von Berichten, Prozeßschriften, Eingaben anderer Art versehen mit der Bezeichnung der gerichtl. Ferialtage und der Feiertage der Israeliten, an denen diese nicht vor Gericht gefordert werden dürfen, ferner mit dem Personalstande der k. k. Gerichte und den Verzeichnissen der Advokaten und k. k. Notare in Mähren und Schlesien. 1. Jahrg. 4. (118 S.) Proßnitz 872, Hoffmann und Stein. *

Tagebuch der Begebenheiten in Dresden vom 13. bis 27. März 1813 . . . Dresd. 1813. V: *Guehery, Louis Amanley de.* (MGT) (Pr) (Ky)

Tagebuch der Begebenheiten in Dresden vom 13. bis 27. März 1813 von F. v. D. Dresden 1814. 24 S.

— **der Begebenheiten in Dresden, vom 13. bis 24. März 1813, vom Einrücken des Marschalls Davoust bis zur Räumung d. Stadt von den französ. u. zur Ankunft der ersten russ. Truppen, von F. v. D. (L. A. de Guehery). 8. Dresd. 814. Arnold. 2 gr**

— **der merkwürd. gelehrt. Begebenheiten. 2 Bde. 8. Braunschw. 783. Waisenhaus-B. 2 ₰**

— **der merkwürd. Begebenheiten u. Revolutionen in Paris rc. z aus d. Französ. (v. J. M. Babo). 8. Münch. 789. Fleischmann. 4 gr**

— der Belagerung von Colberg im J. 1807 und Tagebuch der Geschichte des Schill'schen Corps. Nach Handschriften von mitthätigen Offizieren. Berlin 857. Vereinsbuchhandlung. 8. (94 S.) n. 10 ngr.

Tagebuch von der Belagerung der Festung Colberg im Jahre 1807. Germanien [Berlin] 1808. V: *Roth, F. W.* (WR)

— von der Belagerung der Festung Colberg im J. 1807. Mit e. Anh. 12. Berl. 808. Littfas. 16 gr

— üb. die Belagerung von Mainz im J. 1689 etc. 8. Leipz. 788. (Fr. Fleischer). 3 gr

Tagebuch der Belagerung von Temesvár, vom 25. April bis 9. August 1849. V: *Weymann, Nicolaus.* (KA)

Tagebuch der Belagerung von Temesvár. Vom 25. April bis 9. August 1849. (Lithogr.) o. O. u. J. 48 S. 2°

Tagebuch, Ein, während der Belagerung von Wien im Jahre 1683 . . . Wien 1898. V: *Harrach, Ferd. Bonaventura Graf.* (KA)

— e., aus dem Belagerungsj. 1813/14. Hrsg. v. Heinr. Christensen. Progr. (55 S.) gr. 8. Hamburg 908. (Herold.) nn 1.50

Tagebuch der Belagerungs-Operationen gegen die Festung Hüningen, auf dem den eidgenössischen Truppen übergebenen rechten Rhein-Ufer. Bern 1815. V: *Hegner, Sal.* (Zuwachsverz. d. Bibl. Zürich 1898 ff. 8.)

— eines Beobachters über d. Belagerung von Glogau. 8. Berlin, Dieterici. 810.

— eines Beobachters üb. die Belagerung von Glogau. 8. Berl. 810. (Mittler). 12 gr

Berner Tagebuch
② Walthards-Zeitung (9. 11. 1798 — 10. 3. 1799) ⑤ 18. 3. 1798 — 10. 3. 1799 ⑥ 8° ⑦ wöchentlich 3× ⑧ Bern: Verleger B. L. Walthard ⑩ Beat Ludwig Walthard ⑫ Oppositionsblatt gegen die Helvetik, altgesinnt ⑬ BGSZ: 107. 195. 973 (Walthard); Das helvetische Volksblatt 1798. S. 116; Schweiz. Gutenbergmuseum 1951. S. 144 ⑭ Be: L. S. St ⑮ Illustriert von Balth. Anton Dunker. — Textproben in BGSZ 973. p. 38 ff.

Tagebuch eines jungen Berners.... Bern 1853 s. a. (H[allwyl, Hans von]).

Tagebuch eines jungen Berners während einer Reise nach Turin, Genua und Mailand im Herbst 1852. Bern 1853. V: *Hallwyl, H. von.* (BSCHWLK)

— u. Beschreib. des Fuchsthurmes bei Jena, zur Erinnerung f. Alle, die einst diese Universität besuchten. Mit 2 ill. Kpf. .. Jena 812. Voigt. 12 gr

Tagebuch, Ein, in Bildern. [Berlin 1902]. V: *Mumm von Schwarzenstein, Alfons von.* (BERL)

— d. Blokade d. Festung Stralsund und deren Folgen, geführt v. e. unterricht. Augenzeugen, b. d. 9. April 1807. m. 1 Grundriss. 8. Leipz. Gräff. 808.

— der Blokade der Festung Stralsund u. deren Folgen, geführt von e. unterricht. Augenzeugen, bis d. 9. April 1807. Mit 1 Grundriß. 8. Leipz. 808. (Wienbrack). 12 gr

Tagebuch der Blockierung von Stralsund u. deren Folgen; geführt von einem unterrichteten Augenzeugen bis zum 19. April 1807. Mit 1 Pl. Leipzig 1808. 100 S.

Tagebuch, Ed. Blondheims. Leipzig 1777. V: *Hase, Friedrich Traugott.* (Bresl 31, S. 173)

Bonapartes eigenes merkwürd. Tagebuch währ. der Feldzüge in Egypten u. Syrien. A. d. Franz. Hamburg 1800. 1,50.

Tagebuch, Breslauisches, eine Monatsschrift für den Bürger und Landmann. Breslau 1809. H: *Kanngiesser, Peter Friedrich.* (MGT) (KY) (GGR) *»Kannegiesser«* (Kat. d. Druckschr. üb. Breslau. Bresl. 1903. S. 396.)

— Breslauisches, e. Monatsschrift f. d. Bürger u. Landmann f. 1809; (hrsgg. v. Pt. Fr. Kanngießer). 12 Stcke. Mit Kpf. 4. Bresl. 809. Graß, B. u. C. 2 ₰

— eines bösen Buben. Aus dem Engl. v. J. Botstiber, s.: Universal-Bibliothek.

Tagebuch der deutschen Bühnen, s. Winkler, Karl Th.

Tagebuch, christliches. Hrsg. von der Verf. des „Kinderleben." gr. 8. (23¼ B.) Bremen 846, Schünemann's Vrlgsh.

— christl. z. häusl. Erbauung in d. Morgen- u. Abendstunden a. alle Tage im Jahre, herausg. v. C. F. Lohdius, und J. F. H. Cramer. 2 Thle. gr. 8. Zittau, Schöps. 809.

—— für Comptoire, Bureaux und Canzleien für die J. 1869—1874. schmal Fol. (à 240—260 S.) Prag, Mercy. geb. à Jahrg. *

—— dass. — für Comptoire, Fabriken, Bureaux, Kanzleien und Guts-Administrationen für das J. 1875. schmal Fol. (260 S.) Ebendas. 874. geb. *

—— für Comptoire, Fabriken, Bureaux, Kanzleien und Guts-Administrationen für die J. 1876—1880. schmal Fol. (260; 260; 276; 273; XVIII, 256 S.) Prag, Mercy. geb. à Jahrg. *

—— für Comptoire, Fabriken, Bureaux, Kanzleien und Guts-Administrationen für die J. 1882—1885. schmal Fol. (à Jahrg. ca. 278 S.) Prag, Mercy. geb. à Jahrg. *

—— für Comptoire, Fabriken, Bureaux, Kanzleien und Guts-Administrationen für die J. 1886—1888. schmal Fol. (281; 256; XXIII, 256 S.) Prag, Mercy. geb. à Jahrg. * 2 40

Tagebuch für Comptoire, Fabriken, Bureaux, Kanzleien und Guts-Administrationen für das Jahr 1891. Schmal-Folio. In Leinwd. geb. 1.20
Prag: Höfer & Klouček 1890.

Tagebuch für Comptoire, Fabriken, Bureaux, Kanzleien und Guts-Administrationen für das Jahr 1892. Schm.-Fol. Cart. 1.20
Prag: Höfer & Klouček 1891.

Tagebuch für Comptoire, Fabriken, Bureaux, Kanzleien und Guts-Administrationen für das Jahr 1894. Schmal-Folio. (256 S.) In Leinwand gebunden Prag: Höfer & Klouček 1893. 1.20

— f. Comptoire, Fabriken, Bureaux, Kanzleien u. Guts-Administrationen f. d. J. 1895. schmal Fol. (XXXVII, 256 S.) Prag 894. Höfer & Klouček. Geb. in Leinw. n. 2. 40

Tagebuch für Comptoire, Fabriken, Bureaux, Kanzleien und Guts-Administrationen für das Jahr 1896. Schmal-Folio. (256, XLIII S.)
Prag: Höfer & Klouček 1895.

Tagebuch für Comptoire, Fabriken, Bureaux, Kanzleien und Guts-Administationen für das Jahr 1897. Schmal-Folio. (256, XXXIX S.) Gebunden Prag: Höfer & Klouček 1896. 1.20

Tagebuch für Comptoire, Fabriken, Bureaux, Kanzleien und Guts-Administrationen für das Jahr 1898. Schmal-Folio. (256 u. XXXIX S.) Geb. Prag: Höfer & Klouček 1897. 1.20

Tagebuch für Comptoire, Fabriken, Bureaux, Kanzleien und Guts-Administrationen für das Jahr 1899. Schmal-Folio. (256 u. XXXIX S.) Geb. Prag: Höfer & Klouček 1898. 1 20

—— für Comptoire und Geschäfte aller Branchen. schmal Fol. (208 S. mit 1 lithogr. Karte in gr. Fol.) Leipzig 871, Reclam sen. geb. *

—— dass. — Ausg. für das Königr. Sachsen 1874. 2. Aufl. schmal Fol. (198 S.) Ebendas. 873. cart. *

—— dass. — 1875. schmal Fol. (206 S. mit 1 lithogr. Karte in qu. gr. 4.) Ebendas. 874. cart. *

—— für Comptoire und Geschäftsleute. Hülfsbuch für den großen und kleinen Geschäftsverkehr. 1880—1885. schmal Fol. (à Jahrg. 384 S.) Düsseldorf, F. Bagel. geb. à Jahrg. *

—— für Comptoire und Geschäftsleute. Hülfsbuch für den großen und kleinen Geschäftsverkehr. 1886—1889. schmal Fol. (à Jahrg. 384 S.) Düsseldorf, F. Bagel. cart. à Jahrg. * 2 80

—— f. Comptoire u. Geschäftsleute. Hülfsbuch f. den großen und kleinen Geschäftsverkehr. 1890—1893. schmal Fol. (384 S.) Düsseld., F. Bagel. à Jahrg. cart. * 2 80

— f. Comptoire u. Geschäftsleute. Hülfsbuch f. den großen u. kleinen Geschäftsverkehr. 1895. schmal Fol. (384 S.) Düsseldorf 894. A. Bagel. Geb. in Halbmoleskin. n. 2. 80

— f. Comptoire u. Geschäftsleute. Hülfsbuch f. d. großen u. kleinen Geschäftsverkehr. 1899. schmal Fol. (384 S.) Düsseldorf, A. Bagel. Geb. in Halbmoleskin n. 2. 80

— f. Comptoire u. Geschäftsleute. Hülfsbuch f. den großen u. kleinen Geschäftsverkehr. 1903. schmal Fol. (384 S.) Düsseldorf, A. Bagel. Geb. in Halbmoleskin n. 2.80

— f. Comptoire u. Geschäftsleute. Hülfsbuch für den großen u. kleinen Geschäftsverkehr. 1907. (384 S.) schmal Fol. Düsseldorf, A. Bagel. Geb. in Halbmoleskin n. 2. 80

— f. Comptoire u. Geschäftsleute. Hülfsbuch f. den großen u. kleinen Geschäftsverkehr. 1911. (384 S.) 35,5×14,5 cm. Düsseldorf, A. Bagel. Geb. in Halbmoleskin 2. 80

— — einer Dame. 2 Thle. München u. Leipzig, R. Piper & Co., 1907. 8° (Mk. 6—.) (5 Kr. A. H. Huber, Salzburg. 1908.)

— — einer Dame. Th. 1. Sechste Auflage. München und Leipzig(,) R. Piper & Co., 1908. 8°. VI (incl. 1 Bl. Vorwort d. Herausgebers zur 5. Aufl.), 237 S., 3 unbez. S. Verlag d. Firma. — Th. 2. Zweite Auflage. Ebd. 1909. 8°. 4 Bll., 214 S., 1 unbez. Bl. Verlagsanzeigen.

— e. Dame. 2 Tle. 8. München, R. Piper & Co. à 3.—; geb. in Leinw. à 4. —
I. 5. Aufl. (VI, 239 S.) 908. — II. (214 S.) 909.

Tagebuch für den Desinfektor und Gesundheitsaufseher ... in ... *Arnsberg: F. W. Becker 1902.* (30 Bl.) 8° [F.]

Tagebuch, deutsches politisches, für 1849. Ein Hülfs- und Notiz-Buch für Abgeordnete, Gemeindevertreter, Wahl- und Bürgerwehrmänner, so wie für jeden deutschen Staatsbürger. 1. Jahrg. 16. (VI, 184 und 176 S.) Berlin 849, Duncker und Humblot. *

—— dass. — 2. Jahrg. 16. (VI, 184 und 208 S.) Ebds. 850. *

—— dass. — Ausgabe für Sachsen. 16. (VI, 184 und 192 S.) Ebds. 850. *

—— dass. — Supplement, f. Verfassung des preuß. Staates.

Tagebuch, Diätetisches, für Ärzte und Nichtärzte. Leipz. 1803. V: *Consbruch, Gg Wilh. Chph.* (call)

Tagebuch, Dramaturgisches, über Ifflands Gastspiele in Hamburg. Hamb. 1805. V: *Schütze, Joh. Frdr.* (MGT)

— über Lübecks Drangsale während der Wiederbesitznahme dieser Stadt durch die Franzosen, vom 3. Juni bis 5. Dec. 1813. 8. Leipz. 814. Bruder. 8 gr

Tagebuch einer jungen Ehefrau. Stuttgart 1780. V: *Knab, Susanne Barbare.* (ML) »*Krab*« (KY) (Cat. d. Stadtbibl. Zürich. Zürich 1864—97.)

— e. jungen Ehefrau, (von Sus. B. Krab). 8. Stuttg. 780. Metzler. 12 gr

Tagebuch eines neuen Ehemanns oder eines Beobachters seiner Frau. Leipzig 1779. V: *Planck, Glieb Jac.* (GGr) (MGT) oder *Wetzel, Joh. Carl.* (BGE)

Tagebuch eines neuen Ehemanns. Leipzig 1779. (Nachdruck.) Frankf. u. Leipzig 1779. 2. Theil 1773. Theil 1 1772. Nachdruck. Theil. 1. Frankf. u. Leipz. 1772. Nachdruck. 2 Thle. Frankfurt u. Leipzig 1773/4. V (nicht): *Wezel, Joh. Carl.* V: *Planck, Gottlieb Jacob.* (BGE VII³, 510)

— e. neuen Ehemannes. 8. Leipz. Crusius. (F. C. W. Vogel.) 779.

— e. neuen Ehemannes, (von Gli. J. Planck). 8. Leipz. 779. (W. Vogel). 12 gr

Tagebuch von der Einnahme Frankfurts durch die Neufranken bis zur Wiedereroberung von der combinirten Armee . . . Frankfurt a. M. 1793. V: *Ihlee, Johann Jacob.* (MGT) (Ky) (GGr) (Pr)

— von der Einnahme Frankfurts bis zu Wiedereroberung d. combinirten Armee, (von J. J. Ihlee). Mit 2 Kpf. 8. Frankf. a. M. 793. Pech. 18 gr

— f. die Elementarschulen in Elsass-Lothringen, nebst I. Allgemeiner Stoffangabe, II. Verzeichnis des Memorier- u. Uebungsstoffes, III. Stoffverteilungsplan f. I. Kurs., IV., Stoffverteilungsplan f. II. Kurs., entworfen v. e. prakt. Schulmann. (260 u. 260 S.) gr. 8. Metz 902. P. Even. Geb. in Leinw. n. 1. 75

Tagebuch einer Entdeckungsreise nach den nördlichen Polargegenden im Jahr 1818 in dem Königlichen Schiffe Alexander unter dem Befehle des Lieutenant und Commandor Wilhelm Eduard Parry. Aus dem Englischen übersetzt. Mit 1 Karte. Hamburg. 1819. 8°.

— e. Entdeckungsreise nach der Südsee in den J. 1776—80 unter Anführung Cooks, Clerke, Gore u. King; aus d. Engl. mit Anmerkk. v. Jh. Reinh. Forster. Mit 1 Kpf. u. 1 Karte. gr. 8. Berl. 781. Haude u. Sp. 20 gr

— entomologisches. Hrsg. v. d. Red. der „Illustr. Wochenschrift f. Entomologie". (Ausg. A.) qu. Fol. (25 Bog.) Neudamm 897. J. Neumann. Geb. n.n. 3. 50; Ausg. B, 50 Bog. n.n. 5. —; Ausg. C, 75 Bog. n.n. 6. 50

— der Wiener Ereignisse im J. 1848. Mit dem jeweil. Kours der 5% Staatsschuldverschreibungen. 32. (64 S.) Wien 849, Seidel. n. 4 ngr

Tagebuch u. Erläuterungen über d. Kampf d. Philhellenen in Griechenland. Herausgeg. v. einem deutschen freiwilligen Waffen-Gefährten. 8. Dinkelsbühl 823, (Monath u. K.) — 16

— u. Erläuterr. über den Kampf der Philhellenen in Griechenland; hrsgg. von e. deutschen freiwilligen Waffen-Gefährten. 8. Dinkelsbühl 823. (Schönbrod in Ellwangen). 16 gr, Hbz. Pr. 6 gr

— einer Erzieherin. Roman v. Dolorosa. 1.—4. Taus. (205 S.) 8. Dresden 904. Leipzig, Leipziger Verlag. n. 3. —

— eines Erziehungshäftlings. Selbstbekenntnisse e. sinnl. Mädchens üb. ihre erste Manneeliebe u. üb. ihre weibl. Liebesempfindung. Hrsg. u. erklärt v. Wilh. Hammer. (16 S.) gr. 8. Leipzig 906. Verlag d. Monatsschrift f. Harnkrankh. n. — 80
Sonderabdruck aus: „Monatsschr. f. Harnkrankh."

Tagebuch des Prinzen Eugen von Württemberg, vom 1. Mai bis zum 4. Juni 1813. Beihft. z. „Milit.-Wochenblatt". — Berlin 1855.

Tagebuch des Preussischen Feldzugs in Holland 1787. O. O. 1789. V: *Kleist, Frdr. Wilh. von.* (Pr) (Ky) (MGT)

— des Preuß. Feldzugs in Holland im J. 1787, (v. Fr. Wlh. v. Kleist). 8. o. O. 789.

Tagebuch der Feldzüge des Krieges gegen Frankreich in den Jahren 1792 bis 1796 . . . Colmar 1818. V: *Desfours de Mont, Franz Joseph Graf.* (KA)

Tagebuch aus den 10 Feldzügen der Würtemberger unter der Regierung Königs Friederich 1799—1815. 2 Th. 8. Ludwigsburg 1820.

– Dass., s.a. Tagebücher ...

— — eines Floh's. O. O. u. J. 8°. (1 Mk. 50 Pfg. Oskar Rauthe, Berlin, 1909.)

§ FLORA'S Tagebuch. München 1871. Kl. 8°.

Tagebuch, Floras, zum Besten einiger im Feldzuge 1870 erblindeten Bayern . . . München 1875. 2. Aufl. 1896. V: *Schneidt, Laura.* (Biogr. Jahrb. II, 230.)

Tagebuch, Fortgesetztes Eckarthisches Historisches. Jhr. 1770—1791. Zittau. H: *Eckarth, Gottlob.* (Auct. Bruckstein, Juni 1910, Nr. 306, Jg. 1770—1783) (winter 123/1266 »1780—1781«) (GGr VII/572, Nr. 1/1 (BiblPort)

— einer Frau. Grösstenteils in französ. Sprache. gr. 8. (87 S.) Leipzig 895. A. Twietmeyer. n. 2. —; geb. n. 2. 80

— eines armen Fräuleins, s.a. Nathusius, Maria.

Tagebuch eines armen Fräuleins . . . Halle 1853. 2. Aufl. 1854. V: *Nathusius, Marie.* (Ky) (Hdschr. Mitth. Fr. Müller-Kiel.)

— eines armen Fräuleins. Abgedr. zur Unterhaltung und Belehrung für junge Mädchen (von Maria Nathusius.) 1— 3. Aufl. 1852—54. und 4. Aufl. 8. (168 S.) Halle 855, Mühlmann.

— eines armen Fräuleins. Abgedruckt zur Unterhaltung und Belehrung für junge Mädchen. (Von Maria Nathusius.) (Zuerst im Volksblatt für Stadt und Land.) 5. Aufl. 1857. und 6. Aufl. 8. (152 S.) Halle 859, Mühlmann.

Aus dem Tagebuch eines Freiwilligen, Bild. aus d. J. 1813 u. 1814, Leipzig, 259 S., 16°.

Aus dem Tagebuch eines Freiwilligen. Bilder a. d. Jahren 1813 u. 1814. Leipzig [1910]. 8°.
(A. vergilbten Pergamenten. hrsg. von Theod. Rehtwisch. Bd 3.)

Tagebuch eines Freudenmädchens, oder Geschichte der Emilie Berg. 8. Leipz. 800. (Rauck). 1 ₰ 8 gr

Tagebuch, eines Freudenmädchens, od. Gesch. d. Emilie Berg. m. K. 8. Lpz. Sommer. 800.

Tagebuch eines Freudenmädchens oder Geschichte der Emilie Lang. Leipzig 1804. V: *Kühn, Henriette geb. Jedermann.* (BGE VIII*, 88)

Tagebuch, Fromme's. Gedenk- u. Notizblätter für alle Tage jeden Jahres. 8. I. Ausg. in Leinwand geb. u. roth. Schnitt 1 fl. 20 kr.
— — II. Ausg. in Leinwand mit Goldschnitt 1 fl. 60 kr.
— — III. Ausg. Feiner Lederband mit Goldschn. 2 fl. 60 kr.
Wien: Carl Fromme 1881.

Tagebuch, Fromme's, Notiz- und Gedenkblätter für alle Tage jeden Jahres. Taschenformat (368 S.)
Ausg. I. In Leinwand geb. 1 fl. 20 kr.
„ II. In Leinwand mit Goldschnitt 1 fl. 60 kr.
„ III. Feiner Lederband mit Goldschnitt 2 fl. 20 kr.
Wien: Fromme 1882.

— Fromme's. Notiz- u. Gedenk-Blätter f. alle Tage d. Jahres. (3. Aufl.) 16. (XIV, 368 S.) Wien 890. Fromme. geb. in Leinw. n. 2. 40; m. Goldschn. n. 3. 20; in Ldr. m. Goldschn. n. 4. 40

Tagebuch, Fromme's, f. alle Tage jeden Jahres pro 1884. Taschenf. (368 S. Wien, Carl Fromme. In Leinwd. geb. 1 fl. 20 kr., eleg. in Leinwd. mit Goldschn. 1 fl. 60 kr., feiner Lederbd. mit Goldschnitt 2 fl. 20 kr.

Tagebuch einer Frühverwaisten. Posen 1852. Ü: *Lossow, Eduard v.* (Ky)

—— einer Frühverwaisten. (Aus dem Poln. übers. von Ed. v. Lossow.) 16. (III und 136 S. mit 1 Holzschn.) Berlin 852, David's Verlag. *

—— dass. — 2. Aufl. 16. (IV und 136 S. mit 1 Holzschnt.) Posen 856(57,) Merzbach.

— einer in den J. 1819 u. 20 gemachten Fußreise von Mancho auf der Insel Hainan nach Canton; aus d. Engl. 8. Jena 823. Bran. 1 ₰

Tagebuch eines Garde-Husaren der 2. Eskadron während der Campagne 1864. Berlin 1865. 8°. (Aus: Soldatenfreund.).

Tagebuch eines Garde-Husaren der 2. Esk. während der Campagne 1866. Berlin 1867. 8°. (Aus: Soldatenfreund.)

— f. Gas-Techniker 1894 v. Christ. F. Schweickhart. IV. Jahrg. gr. 4. (XIII, 160 S. u. Notizkalender m. Abbildgn.) Wien 894. Ch. F. Schweickhart. Geb. in Halbleinw. n. 10. —

— für Gas-Techniker 1896 v. Christ. F. Schweickhart. VI. Jahrg. gr. 4. (XI, XV, 189 u. 38 S. m. Abb.) Wien 895. Ch. F. Schweickhart. Geb. in Halbleinw. n. 10. —
Weiter nicht erschienen.

Tagebuch, Geheimes, von einem Beobachter seiner selbst. Leipzig 1771. V: *Lavater, Johann Caspar.* (Adel) (MGT) (Ky) H: *Zollikofer, Georg Joach.* (JL) (Grisebach, Weltliteraturkat. Berlin 1898—1900. II, 81.) »1771—73« (Winer) (AarK) (ADB 45, 416)

— geheimes, von e. Beobachter seiner selbst, (v. J. K. Lavater). 2 Thle. 8. Leipz. 771. 2e Aufl. 772. Weidmann. 20 gr — Dass. mit Vignetten. gr. 8. Ebd. 771—73. 2 ₰ 16 gr

Tagebuch, Geheimes, des Herzens. Dresden 1785. V: *Müller, Carl.* (MGT) (Ky)

— geheimes, des Herzens, (v. Karl Müller). 8. Dresd. 785.

—— eines Geistlichen während d. Cholera-Pest zu Saratow an der Wolga, vom 6. bis 31. August 1830. — Eine Beherzigungsschrift f. Jedermann in jetziger Zeit. gr. 8. (1½ B.) Erlangen 831, Heyder.

— e. Geistlichen, während der Cholera-Pest zu Saratow an der Wolga, vom 6. bis 31. Aug. 1830. gr. 8. Berl. 831. Trowitzsch u. S.; (a. L. Oehmigke). u. Erlang. bei Heyder. 2 gr

Tagebuch der Gemeinen von England, in Sachen gegen Warren Hastings; a. d. Engl. 3 Stücke. O. O. 1788. Ü: *Steinheil, Frdr. Chn Philipp von.* (MGT)

Tagebuch der schweizerischen Gesandtschaft nach Frankfurt 1813 nebst Beilagen ... [Bern] 1897. V: *Hirzel, Hans Jacob.* (Zuwachsverz. d. Bibliotheken in Zürich 1898ff.)

—— für das Geschäftsleben auf das J. 1850. 8. Jahrg. gr. 4. (120 S.) Frankfurt a. M. 849, (Lizius.) *

— für das Geschäftsleben oder praktischer Schreib- u. Notizkalender auf das Jahr 1869. Zum Gebrauch für Kanzleien, Gerichtsstellen, Anwälte, Rentämter rc. Für Protestanten, Katholiken u. Israeliten eingerichtet. 27. Jahrg. Frankfurt a/M. 868. (Jaeger.) gr. 4. (134 S.) cart. n. 14 ngr; durchschossen n. 17½ ngr

—— für das Geschäftsleben oder praktischer Schreib- und Notizkalender auf die J. 1869—1874. Zum Gebrauch für Kanzleien, Gerichtsstellen, Anwälte, Rentämter rc. Für Protestanten, Katholiken und Israeliten eingerichtet. 27.—32. Jahrg. gr. 4. (134 S.) Frankfurt a. M., Krebs-Schmitt. cart. à Jahrg. * M 1,40.; durchschossen à Jahrg. *

—— für das Geschäftsleben oder prakt. Schreib- und Notizkalender auf die J. 1888 und 1889. Zum Gebrauch für Kanzleien, Gerichtsstellen, Anwälte, Rentämter, Comptoirs, Haushaltungen und Landwirthschaft, für Protestanten, Katholiken und Israeliten eingerichtet. 46. und 47. Jahrg. gr. 4. (à Jahrg. 128 S.) Stuttgart, Neff's Sortiment. cart. à Jahrg. * 1 30

—— für das Geschäftsleben od. prakt. Schreib- u. Notizkalender auf d. J. 1890—1893. 48.—51. Jahrg. 4. (à Jahrg. 128 S.) Stuttg., Neff's Sort. à Jahrg. geb. * 1 30; durchsch. ** 1 80

— f. das Geschäftsleben od. prakt. Schreib- u. Notiz-kalender auf d. J. 1895. Zum Gebrauch f. Kanzleien, Gerichtsstellen, Anwälte, Rentämter, Comptoirs, Haushaltgn. u. Landwirthschaft, f. Protestanten, Katholiken u. Israeliten eingerichtet. 53. Jahrg. 4. (128 S.) Stuttgart 894. P. Neff's Sort. Kart. n. 1. 30; durchsch. n.n. 1. 80

— für d. Geschäftsleben od. prakt. Schreib- u. Notiz-kalender auf d. J. 1897. Zum Gebrauch f. Kanzleien, Gerichtsstellen, Anwälte, Rentämter, Comptoirs, Haushaltgn. u. Landwirtschaft, f. Protestanten, Katholiken u. Israeliten eingericht. 55. Jahrg. 4. (128 S.) Stuttgart, P. Neff's Sort. Kart. n. 1. 30; durchsch. n.n. 1. 80

—— der Geschichte und Biographie, s.a. Geschichts-Lexikon.

— der Geschichte u. Biographie. Historisch-biograph. Hand- u. Nachschlagebuch üb. alle wicht. Ereignisse u. Persönlichkeiten für alle Tage des Jahres von den ältesten Zeiten bis zur Gegenwart. Unter Mitwirkung von W. Kentzler, H. Preiß u. H. Tod hrsg. von der Red. des Geschichts-Lexikons. 43 Hfte. gr. 8. (1. Tl. IV, 443, 2. Tl. 389, 3. Tl. 228 u. 4. Tl. 352 u. Schlüssel zur Weltgeschichte u. Register zu ob. Werke 1. Tl. IV, 443 S.) Berlin 880. 81. Volm. à n. — 50 (cplt.: 1. Bd. [4 Tle.] n. 13. 50; geb. in Leinw. n. 15. —; in Halbfrz. n. 15. 50; 2. Bd. n. 5. —; geb. in Leinw. n. 6. 50; in Halbfrz. n. 7. —)

Geschichtl. Tagebuch Lembergs vor u. nach der Erstürmung durch den schwed. König Carl XII. u. währ. d. Belagerung durch die Türken. Verdeutscht v. Uhle. 8. Wien 1830.

— das, eines Glücklich-Verheirateten, unterschlagen u. mitgeteilt v. Karlchen. Umschlagzeichnung v. Paul Rieth. 1.—4. Aufl. (Je 92 S.) 8. München 906. G. Müller. n. 2. —

— das, e. Glücklich-Verheirateten, unterschlagen u. mitgeteilt v. Karlchen. 7. Aufl. (92 S.) 8. München 907. G. Müller. 2.—; geb. 3. —

— des Generals Patrik Gordon, s.a. Gordon.

— des Generals Patrick Gordon, während seiner Kriegsdienste unter den Schweden u. Polen vom J. 1655 bis 1661, u. seines Aufenthaltes in Rußland vom J. 1661 bis 1699, zum ersten Male vollständ. veröffentlicht durch Fürst M. A. Obolenski u. M. C. Posselt. 1. Bd. Lex. 8. (LXX u. 672 S. m. 2 lith. Portr.) Moskau 849. — Zum ersten Male vollständig veröffentlich durch M. C. Posselt. 2. Bd., m. 2 (lith.) Plänen (in Fol.) u. 1 (lith.) Zeichnung. Lex. 8. (XXVI u. 742 S.) St. Petersburg 851. Leipzig, Köhler in Comm. (1: n. 4 ℛ 2: n. 4½ ℛ) n. 8½ ℛ

—— des Generals Patrick Gordon, während seiner Kriegsdienste unter den Schweden und Polen vom J. 1655 bis 1661 und seines Aufenthaltes in Rußland vom J. 1661 bis 1699. Zum ersten Male vollständig veröffentlicht durch M. C. Posselt. 3. Bd. Lex.-8. (VII, 417 und Reg. 119 S. mit einem Facs. der Handschrift Gordons in Fol.) St. Petersburg 853. (Leipzig, Köhler.) *
1. und 2. Bd. Ebendas. 1849—51. * 8 Thlr. 15 Ngr.

Tagebuch des Königlich Bayerischen Gouverneurs der Landesfestung Mainz vom 18. Juni bis 26. Aug. 1866. München 1903. V: *Rechberg und Rothenlöwen, Ludw. Graf von.* (Berl)

AUS dem Tagebuch einer männlichen Gymnasiastin von ***. Wien 1910. 8⁰. (3 Kr. L. Rosner, Wien, 1911:)

Tagebuch einer kleinen Harzreise. [Nürnberg 1791.] V: *Hänlein, Heinrich Carl Alexander.* (MGT)

— hauswirthschaftl, für Damen, für alle Tage im Jahre. (36 Blätter auf farb. Schreibpap.) gr. 4. Berlin 836. Heymann. ½ ℛ

Anonym: „Hauswirthschaftliches Tagebuch für Damen auf alle Tage im Jahre", Berlin 1837 (Heymann).

Tage- u. Denk-Buch, hauswirthschaftl., für deutsche Frauen, auf das Jahr 1838 — 1840. Lithogr. 4. Grimma 838—840. Verlags-Comptoir. à Jahrg. n. ⅓ ℛ

—— hauswirthschaftliches, für deutsche Frauen. — Haushaltungs-Conto-Buch auf 1 Jahr mit Wäschtabellen. 4. (12¼ B.) Grimma 843, Verlags-Comptoir. *

—— der Hebamme .... Fol. (96 S.) (Berlin 855, A. Hirschwald.) **

Tagebuch für Hebammen. Verzeichniß der Entbindungen. [Nach Vorschrift des preuß. Hebammenbuchs.] 4. (80 S.) Merseburg 881. Stollberg. n. — 75

— f. Hebammen. 4. (XI, 67 S.) Berlin 889. Staude. n.n. — 75

— f. Hebammen. 4. (100 S.) Berlin 892. A. Hirschwald. n.n. 1. 50

— für Hebammen. gr. 8. Berlin (904). J. Springer. Ausg. A f. 72 Eintraggn. n. — 60; Ausg. B f. 312 Eintraggn. n. 1. 40; einzelne Bogen f. 21 Eintraggn. n. — 15

—— der Heiligen und der Kirchenfeste in kurzen Betrachtungen auf alle Tage des Jahres, s. Bibliothek, ascetische.

— heiliges, oder Andachtsübungen v. d. lieben Heiligen Gottes a. alle Tage d. Jahres. gr. 8. Insbruck. 742.

Tagebuch im Muskauer Hermannsbade mit einer vollständ. Beschreibung des russischen Dampf- und Schwitzbades . . . Zittau 1825. V: *Borott, Joh. Bapt.* (MGT) (Ky)

— im Muskauer Herrmannsbade, mit e. vollständ. Beschreib. des Russ. Dampf- u. Schwitzbades, nebst dessen Wirkungen, v. K. B. (Borott). 12. Zittau 825. Schöps. 8 Gr

Tagebuch, Historisches, nebst einer kurzen Erzählung der darin angeführten Begebenheiten. Halle 1784. V: *Fabri, Johann Ehregott.* (ML)

Tagebuch, Historisches, des Krieges zwischen Russland und der Pforte von 1768—74. Wien 1788. V: *Browne, Gg Graf v.* (EB)

Historisches Tagebuch des Krieges zwischen Rußland u. der Pforte von 1768 bis 1774. Aus einem franz. Mskr. Wien 1788. 342 S.

— histor., des Krieges zwischen Rußland u. der Pforte v. 1768 —1774. 8. Wien 788. Gräffer. 16 𝒦

Tagebuch, histor., der Kriegsbegebenheiten um u. bei Memmingen 1799—1801, (v. P. J. Karrer). 1e u. 2e Abtheil. 8. Memmingen 801, 804.

Tagebuch, Historisches, der vorzüglichsten Kriegsbegebenheiten um und bey Memmingen 1799—1801. Memmingen 1801—4. V: *Karrer, Philipp Jacob.* (MGT) (Pr) (Ky) (NN)

Historisches Tage-Buch eines Officiers vom Hoch-Fürstlich-Waldeckischen Regiment dessen gethaner Seereise nach Westindien bis Pensacola.
Aus den Original-Briefen abgedruckt.
Rinteln-Leipzig: Müller. 1779. 24 S. 8°.
Harvard University Library Cambridge, Mass.

Tagebuch, Historisch-politisches, der Sächsischen Geschichte . . . Leipzig 1785. V: *Leonhardi, Friedrich Gottlob.* (Adel) (OL)

— histor.-polit., der sächs. Geschichte, mit vollständ. genealog. Tabellen des ganzen Hauses Sachsen, (v. F. G. Leonhardi). 8. Leipz. 785. (Brockhaus). 20 𝒦

— histor. polit., d. sächs. Geschichte, mit vollst. genealog. Tabellen d. ganzen Hauses Sachsen. 8. Leipzig, Heinsius. (Gleditsch.) 785.

—— der königl. sächsischen Hoftheater vom J. 1885—1887. Von Friedr. Gabriel und Fr. Rößler. 69.—71. Jahrg. 8. (81; 131; 86 S.) Dresden, (Warnatz und Lehmann.) à Jahrg. ** 1 50

—— der königl. sächsischen Hoftheater von d. J. 1888—1891. Schauspielfreunden gewidmet v. Friedr. Gabriel u. Fr. Rößler. 72.—75. Jahrg. 12. (à Jahrg. 80—100 S.) Dresd., (Warnatz u. Lehmann). à Jahrg. * 2 —

— der königl. sächsischen Hoftheater vom J. 1890, 1891 u. 1892. Schauspielfreunden gewidmet v. Frdr. Gabriel u. Fr. Rößler. 74.—76. Jahrg. 8. (87, 92 u. 98 S.) Dresden 891—893. (Warnatz & Lehmann.) à n. 2. —

— dasselbe vom J. 1893. Schauspielfreunden gewidmet v. Frdr. Gabriel u. Fr. Deicke. 77. Jahrg. 8. (97 S.) Ebd. 894. n. 2. —

— der königl. sächsischen Hoftheater v. J. 1894—1897. Schauspielfreunden gewidmet von Frdr. Gabriel u. L. Knechtel. 78.—81. Jahrg. 8. (102, 98, 94 u. 103 S.) Dresden 895—898. (H. Burdach. — E. Weise.) à Jahrg. n. 2. —

— der kgl. sächs. Hoftheater v. d. J. 1898—1901. Schauspielfreunden gewidmet von Frdr. Gabriel u. L. Knechtel. 82.—85. Jahrg. 8. (112, 97, 91 u. 91 S.) Dresden 899—902. (H. Burdach. — E. Weise.) à Jahrg. n. 2. —

— der kgl. sächs. Hoftheater vom J. 1905. Theaterfreunden gewidmet v. Adf. Ruffani u. Louis Knechtel. 86.—89. Jahrg. (92, 109, 89 u. 104 S.) kl. 8. Dresden 903—906. (H. Burdach. — E. Weise.) n. 7. 50
86 n. 2. —; 87 n. 2. —; 88 n. 1. 50; 89 n. 2. —.

— der kgl. sächsischen Hoftheater von d. J. 1906—1909. Theaterfreunden gewidmet v. Adf. Ruffani u. Rob. Steiniger. 90.—93. Jahrg. (98, 97, 104 u. 109 S.) kl. 8. Dresden 907—10. (H. Burdach. — C. A. Klemm. — E. Weise.) à 2. —

Tagebuch eines Luzerner Jesuiten. Beiträge zur Geschichte der Gegenwart. 8. (VIII u. 101 S.) Leipzig 848, Naumburg. 1/3 ꝛß

Tagebuch, in welchem die wichtigsten Vorfälle u. Veränderungen bey dem anjetzt i. Kriege begriffenen kgl. preuß., churfürstl. sächs. und kayserl. österr. Armeen von jedem Tage richtig aufgezeichnet sind. Potsdam 1778. 117 S.

Tagebuch eines Invaliden auf einer Reise durch Portugal, Spanien, Italien, die Schweiz und Frankreich in den Jahren 1817—19 . . . A. d. Engl. . . . Dresden 1822. V: *Matthew, Henry.* (EngG)

Tagebuch eines Invaliden auf einer Reise durch Portugall, Italien, die Schweiz u. Frankreich in den J. 1817, 18 u. 19; übers. aus d. Engl. des H. Matthews, v. F. Schott. 2 Thle. 8. Dresden 822, Hilscher. Rthlr.

Tagebuch, Kalendarisches — zur Vormerkung aller gerichtlichen Gegenstände oder Tagsatzungen ꝛc. ꝛc., vermehrt mit einem möglichst vollständigen Verzeichnisse aller Jahrmärkte der österreichischen Monarchie und besonders der steiermärkischen Jahr-, Vieh- und Krämermärkte. Nebst haus- und landwirthschaftlichen Aufsätzen, Anekdoten ꝛc. ꝛc. für das Gemeinjahr 1854. 4. Gratz. Druck von A. Leykam's Erben. Verleger und Herausgeber Joseph Franz Kaiser.

Tagebuch, Kalendarisches — zur Vormerkung aller gerichtlichen Gegenstände oder Tagsatzungen ꝛc. ꝛc. für das Gemeinjahr 1855. Mit einer wohlgetroffenen Abbildung des Propheten Schamyl am Schlachtfelde. Vermehrt mit einem vollständigen Verzeichnisse aller Jahr-, Wochen-, Vieh- und Krämermärkte in Steiermark und in der ganzen österr. Monarchie, nebst mehreren anderen gemeinnützigen Aufsätzen. 4. (72 u. 60 S.) Gratz. Druck von A. Leykam's Erben. Verleger und Herausgeber Josef Franz Kaiser.

Tagebuch, Kalendarisches — zur Vormerkung aller gerichtlichen Gegenstände oder Tagsatzungen u. s. w. fur das Gemeinjahr 1856. Gratz. Druck und Papier von A. Leykam's Erben. Verleger und Herausgeber: Josef Franz Kaiser. Titelbild: Pelissier. (III, 72 S lith. 56 S., VIII, 2 Bl.)

Tagebuch, kalendarisches — zur Vormerkung aller gerichtlichen Gegenstände oder Tagsatzungen u. s. w. für das gemeine Jahr 1857. Vermehrt mit einem vollständigen Verzeichnisse aller Jahr-, Wochen-, Vieh- und Krämermärkte in Steiermark und in der ganzen österreichischen Monarchie, nebst mehreren anderen gemeinnützigen Aufsätzen. Gratz. Gedruckt bei C. Tanzer. Verleger und Herausgeber: Josef Franz Kaiser. (72, 64 S. 4.)

Tagebuch, kalendarisches — zur Vormerkung aller gerichtlichen Gegenstände oder Tagsatzungen ꝛc. für das Gemeinjahr 1858. Mit einer lithogr. Ansicht des Murthores in Gratz vor der Demolirung im Jahre 1837. Gratz. Verleger und Herausgeber: Josef Franz Kaiser. Druck von C. Tanzer.

— — einer Kammerjungfer. (Aus d. Französ.) Berlin, Reinhold Klinger (190*). 8⁰. (Mk. 3.30 franco.)

— das, Kaiser Karl's VII. aus der Zeit d. österreichischen Erbfolgekriegs, nach dem Autograf hrsg. v. Karl Thdr. Heigel. gr. 8. (XIX, 234 S.) München 883. Rieger. n. 8. —

Tagebuch, Karolinens, ohne ausserordentliche Handlungen. Prag 1774. V: *Sagar, Marie Anne geb. Rodoschny.* (Ky) (ML) (WBL)

Tagebuch f. fleißige, gute u. fromme Kinder. Ein Geburtstags- u. Weihnachts-Geschenk. 2 Abthln. 8. (..B.) Danzig 840, Gerhard'sche Buchh. à * 2 Gr. *
Abthl. 1. Für Knaben.
" 2. Für Mädchen.

— für Kinder zum lehrreich. u. angenehm. Zeitvertreib. 4 Thle. gr. 8. Bresl. 774: (J. F. Korn). 1 ℛ

—— kleines, s.a. Hoeppner, Jul.

— kleines. Gedenkblätter für alle Tage des Jahres m. Sinnsprüchen, biograph. Daten u. 4 (chromolith.) Illustr. [Jahreszeiten] nach Aquarellen v. Jul. Hoeppner. Mit Anh.: Namenregister u. Tabelle zur Ermittelung der Wochentage. 16. (VI, 407 S.) Leipzig 882. Arnold. geb. m. Goldschn. n. 5. —

Tagebuch, kleines, Gedenkblätter f. alle Tage d. Jahres, m. Sinnsprüchen, biograph. Daten u. 4 (chromolith.) Illustr. v. Jul. Hoeppner. Mit Anh.: Namenregister u. Tabelle zur Ermittelg. der Wochentage f. jedes Datum d. 19. Jahrh. 3. Aufl. 16. (407 S.) Leipzig 885. Zehl. geb. m. Goldschn. n. 5. —

— kleines. Gedenkblätter f. alle Tage d. Jahres — Geburts- u. Namenstagsbüchlein — m. 4 (chromolith.) Illustr. v. J. Hoeppner. Mit Anh.: Namenregister u. Tabelle zur Ermittelg. der Wochentage. 4. Aufl. 16. (411 S.) Leipzig 887. [Zehl.] Haberland. geb. m. Goldschn. n. 6. —

— eines unartigen Knaben. Aus dem Amerikan. 8. (III, 204 S.) Leipzig 886. Fr. Richter. n. 1. 50; geb. n. 2. —

— der Böhmischen Königskrönung Leopolds II. u. Marie Louise. 8. Prag 792. Walenta. 16 ℊ

Tagebuch der Convention der Republik Pennsylvanien, Welche am Dienstage, den Zwanzigsten November, im Jahr unseres HErrn Ein Tausend Siebenhundert und Sieben und Achtzig, in Philadelphia anfieng, Zu dem Endzweck, Die Constitution, welche die letztere Bundesschaftliche Convention für die Vereinigten Staaten von America entworfen, in Ueberlegung zu nehmen.
Aus dem Englischen übersetzt.
Philadelphia: Steiner. 1788. 38 S. 4⁰.
American Philosophical Society Library Philadelphia
Übers. v. Debates of the Convention of the State of Pennsylvania on the Constitution Proposed for the Government of the United States, 1788.
Evans 21372.

Tagebuch der Convention von Pennsylvanien, um Verbesserungen zu der Constitution vorzuschlagen. Harrisburg 1837-38. 2 Bde.

— des zweiten russ. Corps v. 1812—14, s. v. Hofmann, ...

— für Kranke. Betrachtgn. u. Gebete f. alle Tage des Jahres v. Ottilie B. Mit e. Vorwort von W. Ziethe. gr. 8. (XI, 600 S.) Berlin 896. Hauptverein f. christl. Erbauungsschriften. Geb. in Leinw. n. 3. —

Tagebuch eines Kriegsgefangenen auf „Dronning Marie" April bis Sept. 1848, s.a. Keck, Karl Heinrich.

—— eines Kriegsgefangenen auf „Dronning Marie" April bis September 1848. Hrsg. zur Erinnerung an den 24. Maerz 1848. gr. 8. (IV, 61 S.) Garding 873, Lühr und Dircks. *
Aus: Meyn's schleswig-holsteinischer Haus-Kalender, besonders abgedruckt.

— des preußisch-deutschen Kriegsruhmes. Aus amtl. Schriften zusammengestellt v. e. preuß. Offizier a. D. u. Nachforscher in histor. Dingen. 12. (94 S.) Lahr 887. Schauenburg. n. 1. —

— das, d. Kronprinzen. Aussprüche, Briefe u. andere Kundgebgn. 1831—1886. 3. Aufl. 8. (272 S.) Berlin 886. Steinitz. n. 5. —; Velinpap. n. 6. 50; Einbd. n.n. 1. 50

—üb. eine zweite magnet. Kur an d. Frau v. U**, s.a. Briefe über e. magnet. Kur, Fortsetzung.

Tagebuch über eine zweyte magnetische Kur an der Frau v. U***. . . . Pernau 1818. V: *Berg, Carl Ernst* (MGT) (Ky) (R-N) (EngM) & *Georg Frdr. Dumpf.* (Call)

— — über eine zweyte magnetische Kur an der Frau von U**. Fortsetzung der Briefe über eine magnet. Kur 2c. 8. Pernau, 818. (Riga, Deubner v. Treuy.)

— einer Landreise durch die Küstenprovinzen China's, s. Bibliothek der Reisebeschreibb. 31r Bd.

—— des Buch und Rechnung führenden Landwirths. 1.—3. Aufl. 4. (92 S.) Bonn 880, Strauß' Verlag.

—— dass. — 4. Aufl. 4. (... S.) Ebendas. 881.

—— dass. — 5. Aufl. 4. (... S.) Ebendas. 881.
Erschien früher u. d. T.: Schreib-Kalender des Buch und Rechnung führenden Landwirths.

Tagebuch, Leipziger gelehrtes, auf die Jahre 1780—94. Leipzig 1781—95. V: *Eck, Johann Georg.* (GGr) (MGT) »auf die Jahre 1780—1807« (Ky)

— Leipziger gelehrtes, (v. J. G. Eck), auf die Jahre 1780, 81, 82, 83, 84, 85. gr. 8. Leipz., Breitkopf u. H. 1 ℛ 4 ℊ Für 1786—94. gr. 8. Leipz., Beer. 2 ℛ 7 ℊ Für 1796—1803. gr. 8. Leipz. 797—804. Weidmann. 3 ℛ 8 ℊ Register üb. die J. 1780—1802, v. S. Ebert. gr. 8. Leipz. 804. Für 1798—1807. gr. 8. Leipz., Kummer. 1 ℛ 6 ℊ

— — für 1786—88. gr. 8. Leipz. Beer. (Graffé in Weißenfels.)

— der Liebe u. der Freundschaft, in Briefen. 8. Wien 781. Ghelen. 5 ℊ

Tagebuch für Liebhaber der Astronomie auf 1793 u. 94. Mit Kpf. gr. 8. Nürnb., Bauer. (Schmidmer). (793. 6 ℊ, 794. 8 ℊ) 14 ℊ

LISETTENS Tagebuch. Leipzig: F. A. Brockhaus. 18… 8⁰. 7 u. 325 S. (5 Mk., etwas geles., Max Harrwitz, Berl. 1908.)

Tagebuch, Lottenns, a. d. Franz., in Briefen streng vertraulichen Inhalts. Leipzig 1796. V: *Wiesenhütten, Friederike Henriette Freiin von geb. von Forstner.* Ü: *Lenz, Carl Gotthold.* (Ky) (Schl) (Adel) (GGr) »Halle« (MGT)

Tagebuch, Lumpis. Erlebnisse eines Dackels für die Kleinen erzählt von N. J. [Bozen] [1905.] V: *Jaesrich, Nina.* (Margr) (BiblPort)

— eines deutschen Mädchens auf der Heimreise vom Capland (der Ostküste v. Afrika entlang Jan.—März 1892) m. e. Vorwort v. O. Krieg. 8. (IV, 135 S.) Hirschberg 893. (P. Richter.) n. 1.—

— d. armen Mannes in Toggenburg, s. Lebensgeschichte d. armen Mannes in Toggenburg 2r.

— des armen Mannes in Toggenburg, s. Schriften des armen Mannes in Toggenburg.

Tagebuch des Armen Mannes in Tockenburg. Herausgegeben von H. H. Füßli. Zürich 1792. V: *Braeker, Ulrich.* (RHMBF I, 78)

Tagebuch, Mariens. Reisebilder aus dem Schwarzwalde, vom Bodensee ... Pforzheim 1841. V: *Fahnenberg, Marie von vereh. Hügel.* (Pataky, II. Anh., S. 39) (Zeitschr. f. Büch. N. F. 15, 1923, S. 124)

— das, e. Masseuse. Von Klara M. Aus dem Franz. übers. Illustriert v. Gottfried Sieben. (135 S.) 8. Budapest (906). G. Grimm. n. 2.—
Im Deutschen Reiche verboten.

— mein. Wien (855.) Haas Wwe. u. Campen. 12. (366 S.) n. 20 ngr.

—— mein. 12. (366 S.) Wien 856, Haas Wwe. und Campen. *

— mein. Mit 12 Monatsbildern u. Umrahmgn. nach Aquarellen von R. E. Kepler. Gedichte v. Vict. Blüthgen. 2. u. 3. Aufl. 4. (à 144 S.) Stuttgart (900. 901). Union. Geb. in Leinw. n. 6.—

Tagebuch, Wilhelm Meisters. Vom Verfasser der Wanderjahre. Quedlinburg 1821. V: *Pustkuchen-Glanzow, Joh. Friedrich Wilhelm.* (MGT) (NN) (EE)

—— des kleinen Melzers. Für Kinder reiferen Alters. Von C. W. gr. 8. (14½ B. u. 6 Stnt.) Neustadt a. d. O. 831, Wagner.

Tagebuch, Merkwürdiges als zuverlässiges, eines ... Offiziers aus dem Kanton Bern, über den Feldzug von 1712 ... [Bern 1788.] V: *Fankhauser, Joh.* (Zuwachsverz. d. Bibl. Zürich 1898ff. 8.)

— meteorologisches, in Verbind. mit Trampel u. Hölzermann geführt, v. Rud. Brandes I. 1s Hft. Die Monate Sept. bis Dec. 1821 enthaltend. 4. Schmalkald. 822. Barnhagen. 10 gr

— eines Modells. Von ***. (178 S.) 8. Leipzig (907). Stuttgart, J. Püttmann. 2.80; geb. in Leinw. 3. 50

Tagebuch, Margaret Mores. 1522—35. Deutsch von Dr. Adolf Bacmeister. 5. Ausg. Paderb. 1892. V: *Manning, Anne.* (Berl)

Tagebuch eines Wiener Nationalgardisten. Oktober 1848. (64.) 8. Leipzig 1848. 1.00. — 2. A.: Aufzeichnungen aus den Wiener Oktobertagen. (64.) 8. ib. 1850. 1,00.

— eines Wiener Nationalgardisten. October 1848. 8. (64 S.) Leipzig 849, Spamer. n. ⅓ Thlr

Tagebuch der V. ordentlichen National-Versammlung. I.—III. ordentl. Session. (3 Bde.) 8. Sofia 1888—1889.

— der zweiten französ. Nationalversamml.; nebst Nachr. von d. merkwürd. Vorfällen in den Departementen vom 1. Oct. 1791 bis 1. April 1792, (v. F. M. S. Schöll, Fritz, Dayler u. Fries). 4 Bde. gr. 4. Straßb. 792. Akad. B. 3 Thlr 8 gr

Tagebuch der zweiten Nationalversammlung vom 1. Oktober 1791 bis 1. Aug. 1792. Strassburg 1792. V: *Schöll, Maximil. Samson Frdr., Fritz, Johann Georg Dahler & Fries.* (Hitzig) (Ky)

Tagebuch, neuestes, der Freude u. des geselligen Vergnügens für junge Frauenzimmer u. Mannspersonen. Frankfurt u. Leipzig (Wien), bei Joseph Gerold. 1798. 8°. Saub. Hsrsb.
2 Bll., VIII—480 S. Mit TKpf. von Renard. — Seltenes Lexikon von Wahrsagungsspielen (S. 1—263) u. (48) Gesellschaftsspielen (S. 281 sq.), von denen viele ganz in Vergessenheit gerathen sind. — Von demselben Verf. (Vorr. unterz. H. S***.) erschienen vorher ebend. einige andere Unterhaltungsbücher.

— neuestes, der Freude u. des geselligen Vergnügens für junge Frauenzimmer u. Mannspersonen, enthalt. e. Samml. aller nur erdenklich. Gesellschaftsspiele. 8. Wien 798. Gerold. 1 Thlr 16 gr Hbg. Pr. 20 gr

— neuestes, der merkwürdigst. Weltbegebenheiten im 19. Jahrh. 1s Stck. 8. Frankenthal 816. (Marb., Krieger). 3 gr

Tagebuch der wichtigsten Neuigkeiten. Wien: Hartl 1786.

— eines Neuvermählten auf seiner Hochzeitsreise an den Bodensee u. in einen Theil der Schweiz, in Briefen an e. Freund. gr. 12. Stuttg. 832. Hallberger. 1 Thlr

— Notiz- u. Gedenk-Blätter für alle Tage jeden Jahres. 16. (XIV, 368 S.) Wien 880. Fromme. geb. 2. 40 bis 4. 40

— nützl., f. d. Christen uns. Zeit, dess. s. sich z. tägl. Gebr. statt e. Herzensweckers bedienen können, v. C. C. R. 2 Thlr. 8. Leipz. Blochberger. 739.

Tagebuch eines Teutschen Officiers über seinen Feldzug in Spanien im Jahr 1808. ... Nürnb. 1814. V: *Grolmann, Ludwig von.* (MGT) (Pr) (Ky)

— eines deutschen Officiers (Ldw. v. Grolmann) üb. seinen Feldzug in Spanien 1808; hrsgg. v. P. J. Rehfues. 8. Nürnb. 814. Riegel u. W. 1 Thlr 12 gr

Tagebuch eines französischen Offiziers, der von den Russen nach Sibirien verwiesen wurde. A. d. Franz. Amsterdam [Berlin] 1776. V: *Thesby de Belcour, Fred. Auguste.* (BrMm) (Wr) (Pr)

— eines französ. Officiers, in Diensten der poln. Conföderation; aus d. Französ. 8. Amsterd. 776. Voß in Berl. 12 gr

Tagebuch eines in Italien im Jahre 1848 gefangenen österreichischen Offiziers. Innsbruck 1850. V: *La Renodière Ritter von Kriegsfeld, Emanuel de.* (Karajan)

— eines in Italien im J. 1848 gefangenen österreichischen Offiziers. 2 Bde. gr. 16. (XIV und 534 S.) Innsbruck 850, (Wagner'sche Buchh.) *

Tagebuch eines Offiziers im Generalstabe der Bayerischen Armee während des Feldzuges in Russland 1812. [Wien 1893]. V: *Thurn und Taxis, Fürst.* (Dn)

— eines preuß. Officiers v. der königl. Armee, im J. 1760. 8. Bresl. 781. W. G. Korn. 10 gr

Tagebuch eines preussischen Offiziers von der Königl. Armée im Jahre 1760, nach dessen Tode ... herausgegeben. Cölln a. Rh 178 . 8.

Tagebuch eines Preussischen Offiziers während seiner Reise nach Petersburg ... Berlin 1836. V: *Staffehl.* (EngG)

— eines preuß. Offiziers währ. seiner Reise n. Petersburg u. seines Aufenthaltes daselbst bei Einweih. d. Alexandersäule. Zum Druck beförd. v. Friedr. Wilh. Streit. 12. (8 B. incl. 1/4 B. Musikbeil.) Berlin 836, Heymann.

— ökonom., für Hausväter u. Hausmütter. 2 Bde. gr. 8. Halle 786, 87. Gebauer. 2 Thlr

— der Operationen d. Armee von Catalonien in d. J. 1808 u. 809, s. Gouvion St. Cyr.

— **pädagogisches, für sächsische Lehrer auf das J. 1874. 1. Jahrg. gr. 16. (239 S.) Leipzig 873, C. H. Reclam sen. geb. ***

— parlamentarisches, des norddeutschen Bundes, enth die Verfassung, mit den dazu gehör. Erläuterungen, das Wahlgesetz u. die Geschäftsordnung des Bundes, die Friedens- u. Bündnißverträge mit Oesterreich, Sachsen u. den süddeutschen Staaten rc. Plauen 868. Schröter. gr. 16. (190 S.) 10 ngr

Tagebuch Peters des Grossen von 1689 bis zum Nystädter Frieden 1721. A. d. Russ. Berlin 1773. 8°

— Peter des Großen vom J. 1698 bis zum Neustädter Frieden, Russ. nach der im Archive befindl. eigenhänd. Handschrift Peters. gr. 8. Berl. 773. (Rottmann). 2 Thlr 8 gr

Tagebuch, Physikalisches, für Freunde der Natur. Jg. 1–4. (=St. 1–14). Salzburg 1784–88. 8°
Hrsg. v. Lorenz Hübner.

— prakt., für Landschullehrer zur Einrichtung ihrer sämmtl. Geschäfte. 1r Bd. 1s–4s Stck. gr. 8. Berl. 799, 800. Gädicke. 1 Thlr 8 gr

— f. die tierärztliche Praxis. 1. u. 2. Aufl. gr. 4. (VII, 132 S. u. Register.) Berl. 891, Schoetz. geb. ** 5 —

— f. die tierärztliche Praxis. 3. Aufl. gr. 4. (VII, 148 S. m. Register 25 Bl.) Berlin 894. R. Schoetz. Geb. in Leinw. n.n. 7. 50

— f. d. tierärztliche Praxis. 4. Aufl. gr. 4. (VII, 250 S.) Berlin 897. R. Schoetz. Geb. in Leinw. n.n. 7.50

— für die tierärztliche Praxis. 7. u. 8. Aufl. (VII, 148 u. Register 92 S.) gr. 4. Berlin (903. 905). R. Schoetz. Geb. in Leinw., Register durchsch. n.n. 7. 50

— für die tierärztliche Praxis. 10. Aufl. (VII, 144, 4 u. 98 S.) 32×25 cm. Berlin (909). R. Schoetz. Geb. in Leinw. nn 7.50; grössere Ausg. (VII, 288, 8 u. 116 S.) nn 13. 50

Tagebuch e. Predigers enth. die Seereise der Hannov. Truppen nach Minorca. 8. Hannover 1776.

— eines Proletariers. Nach den Aufzeichngn. e. Mannes aus dem Volke. gr. 8. (184 S.) Wiesbaden 894. G. Quiel. 1. 50

Tagebuch des Processes der Gemeinen von England gegen Warren Hastings Esq. A. d. Engl. 2 Stücke. Weissenfels 1788—89. Ü: *Lemp, Albr. Frdr.* (MGT) (Ky)

— d. Prozesses d. Gemeinen v. England, geg. Warren Hastings Esq. 3 Stck. a. d. Engl. 8. Weißenburg. (Gräff in Leipz.) 789.

— des Processes d. Gemeinen von England, gegen Warren Hastings Esq.; aus d. Engl. (von A. F. Lemp). 3 Stcke. 8. Weißenburg 789. ... 6 gr

Tagebuch des Prozesses des Hauses der Gemeinen gegen Warren Hastings. A. d. Engl. von Alb. Fr. Lemp. 8. Weissenburg 1789.

Tagebuch, Ramiros, aus alten Papieren eines Freundes des Grafen von Donamar ... Leipzig 1804. V: *Bouterweck, Friedrich.* (MGT)

Tagebuch des Raths der Censoren, Versammlet zu Philadelphia, Am Montage, den Zehnten November, Ein Tausend Sieben Hundert und Drey und Achtzig. Aus dem Englischen übersetzt.
Philadelphia: Steiner. 1784. 147 S. 2°.
Staats- und Universitätsbibliothek Göttingen
Übers. v. Report of the Committee of the Council of Censors, 1784.
Sabin 60661. Evans 18713.

— d. unterm Bande d. Conföderation im J. 1788 angefang. u. bis 1790 fortgesetzt. merkwürd. poln. Reichstages. 6 Bde. 8. Warschau 791. Gröll. 6 Thlr 6 gr

Tagebuch einer Reise durch die Portugisische Provinz Alemtejo im Januar 1797 . . . Hildesh. 1799. Ü: *Horstig, Susanne Christiane geb. v. Engelbronner d'Aubigny* (EngG) (MS) & *Jana Wynandina Gertraud von Engelbronner d'Aubigny.* (BrMm)

— einer Reise durch die portugies. Provinz Alemtejo im J. 1797, mit e. Beschreib. der Stiergefechte in Portugal. 8. Hildesh. 799. Gerstenberg. 10 gr

Tagebuch von der Reise der braunschweig. Auxiliär-Truppen von Wolfenbüttel und Stade nach Quebec. Frankf. a. M., Leipzig, Minden 1776. V: *Melzheimer, Frdr. Val.* (Pr)

Tagebuch der Reise eines Deutschen von Lübeck nach St. Petersburg im August 1785. Langensalza 1787. V: *Busse, Johann Heinrich.* (Ky) (MGT)

— der Reise e. Deutschen von Lübeck nach St. Petersburg im August 1785, (v. Jh. H. Busse.) 8. Langens. 787, Zollikg. 5 gr

Tagebuch einer Reise, die im Jahr 1781 . . . nach dem innern Caucasus unternommen worden. St. Petersburg 1797. V: *Pallas, Simon Peter*[?]. (BrMm) (Ky)

— einer Reise, die 1781 von der Gränzfestung Mosdok u. dem innern Kaukasus unternommen worden (Pt. S. Pallas). gr. 8. St. Petersb. 797. Logan. (Leipz., Gnobloch). 12 gr

Tagebuch der Reise eines Gallo-Amerikaners durch Grossbritannien in den Jahren 1810 und 1811. . . . Altenburg [Leipzig] 1817—18. V: *Simond, L.* (EngG) (Ky)

— — einer Reise eines Gallo-Amerikaners (L. Simond's), durch Großbrittanien in den Jahren 1810 u. 1811. Deutsch herausgegeben von Ludw. Schlosser. 2 Theile mit 6 Kpfrn. gr. 8. Leipzig, Brockhaus. 817 u. 818. 4 12
(1r Thl. 2 Thlr. 2r Thl. 2 Thlr. 12 Gr.)

Tagebuch einer Reise von der Westphälischen Grenze bis nach Leipzig. Leipzig 1785. V: *Seidel, Carl August (Carl Gottlieb).* (OL) (MGT) »1789« (Ky)

— e. Reise v. d. westphälischen Gränze bis nach Leipzig. 8. Leipzig, Schneider. 786.

— einer Reise von d. westphäl. Gränze bis nach Leipzig, an e. Freund 1785, (von K. A. Seidel). 8. Leipz. 789. Schneider. 9 gr

— einer Reise durch Griechenland u. Albanien. Von einem Deutschen, d. in Engl. Diensten stand. 8. Berlin 826, Vereinsbuchh.

— e. Reise auf d. bis dahin unerstiegnen Berg Groß-Glockner an d. Grenzen Kärnthens, Salzburgs und Tyrols im J. 1799. m. 1 K. u. Vignetten. gr. 8. Salzb. Mayr. 800.

Tagebuch einer Reise durch Holland und England . . . Offenbach 1788. V: *La Roche, Marie Sophie geb. Gutermann.* (Schl) (Ky) (HS) (EngG) (Adel)

— einer Reise durch Holland u. England, von d. Verf. v. Rosaliens Briefen (S. Laroche). gr. 8. Offenbach 788. Brede. 1 ℛ 16 gr

— einer Reise nach Italien im J. 1794. Mit Kpf. 8. Manh. 802. Schwan u. G. 1 ℛ 8 gr

Tagebuch e. Reise des russ. kays. Lieut. v. d. Flotte, Sergjei Pleschtschirew, von Paros nach Syrien u. Palästina, nebst Geschichte Alibeys. A. d. Russ. v. C. G. A. 8. Riga 1774.

Tagebuch meiner Reise um die Erde. 1892—93. Wien 1895—96. V: *Franz Ferdinand Erzherz. v. Österreich-Este.* (Berl) (Rothsch) (KA)

Tagebuch meiner Reise um die Erde. 1892—1893. (Von Erzherzog Franz Ferdinand v. Oesterreich-Este.) 2 Bde. Lex.-8. Wien, A. Hölder. à n. 10. 80; geb. in Leinw. à n.n. 12. 60
1. (VI, 574 S. m. Abb. u. 3 farb. Karten.) 895.
2. (566 S. m. Abb. u. 3 farb. Karten.) 896.

Tagebuch meiner ersten Reise. Kopenhagen 1782. V: *Brun, Sophie Christiane Friederike geb. Münter.* (Collin, Anonymer. Kiobenh. 1869.)

Tagebuch meiner Reise mit dem Hauptquartier des Kaisers Napoleon von Dresden nach Löwenberg und zurück . . . Dresden 1814. V: *Guehery, Louis Amanley de.* (MGT) (LVS) (Ky) (Pr)

— meiner Reise durch die Schweiz. Mit 2 Kpf. 8. Leipz. 811. (Rein). 2 ℛ

Tagebuch einer Reise nach Morea in den J. 1822—23. gr. 8. Tübing. 827. (Laupp). 18 gr

Tagebuch einer Reise durch die Schweiz . . . Altenb. 1786. V: *La Roche, Marie Sophie geb. Gutermann.* (Schl) (Ky) (MS) (EngG) (BrMm) (HS) (Adel)

Tagebuch einer Reise durch die Schweitz.... Altenburg 1787 s.a. [La Roche, Sophie von].

— einer Reise durch die Schweiz, von der Verfass. von Rosaliens Briefen (Sophie Laroche). 8. Altenb. 787.

— e. Reise in die französ. Schweiz u. Italien. Mit Kpf. gr. 8. Gießen 807. Tasché. 1 ℛ

— auf einer Reise durch die französ. Schweiz, nach Nizza, Mailand, Rom u. Neapel. gr. 8. Gießen 807. (Leipzig, Fr. Fleischer.) 1 ℛ

Tagebuch einer Reise durch die östliche, südliche und italienische Schweiz. . . . Kopenh. 1800. V: *Brun, Sophie Christiane Friederike geb. Münter.* (GGr)

Tagebuch auf einer Reise durch einen Theil von Baiern, Tyrol und Östreich . . . Neustadt a. d. O. 1828. V: *Ahlefeld, Charlotte Sophie Luise Wilhelmine v. geb. v. Seebach.* (EngG) (LS)

—— auf einer Reise durch einen Theil v. Baiern, Tyrol u. Oestreich, von d. Verfin. d. „Erna, Felicitas &c." (Charl. Soph. Luise Wilhe. v. Ahlefeld.) 8. (20 B.) Neustadt a. d. O. 828, Wagner.

Tagebuch einer Reise durch einen Theil Deutschlands und durch Italien in den Jahren 1804—6. Berlin 1815—17. V: *Recke, Charlotte Elisabeth Constantia von der geb. Reichsgräfin von Medem.* (GGr)

Tagebuch einer Reise nach dem südlichen Theil von Norwegen im Sommer 1788. Hamb. u. Kiel 1789. V: *Mumssen (Mumsen), Jacob.* (Ky) (schr) (EngG) (Collin, Anonymer. Kiobenh. 1869.) (Bruun, Bibl. Danica III, 841.) (Kordes, Schlesw.-holst. u. eutin. Schriftst. Schleswig 1797.) (Pettersen, Anon. og Pseudonymer. Kristiania 1890.)

— e. Reise nach d. südl. Theil v. Norwegen im Sommer 1788, (v. J. Mumsen). 8. Hamb. 789. Bohn. 16 gr

— auf Reisen [Sicilien, Athen, Constantinopel], hrsg. zu Gunsten des Bazars für „the foreigners in distress" von einem „foreigner not in distress" (A. Wattenbach). br. 8. (137 S. m. 10 Photogr.) London 881. Kolckmann. geb. m. Goldschn. n.n. 20. —

TAGEBUCH. – der Reisen des k. k. Schiffes Joseph und Theresia nach den neuesten österreichischen Pflanzorten in Asia u. Afrika. Hartl, Wien 1781/82.

Tagebuch eines brittischen Reisenden oder Denkwürdigkeiten über J. K. H. die Prinzessin Caroline von Wallis, geborene Prinzessin v. Braunschweig während der Jahre 1814 bis 1816. Aus d. Italienischen. Aarau 1817. 8°. (2 Mk. E. Frensdorff, 1905.) (Expl. in Hannover, Stadtbibl.)

— eines britisch. Reisenden, oder Denkwürdigkk. über J. K. H. die Prinzessin v. Wallis, während d. Jahre 1814 — 16; aus d. Italien. 8. Aarau 817. Sauerländer. 12 gr

Tagebuch eines unsichtbaren Reisenden. [Zürich] 1793. V: *Heidegger, Hnr.* (MGT) (BrMm) (Ky) (MGT) (Cat. d. Stadtbibl. Zürich. Zürich 1864—97.)

— eines unsichtbaren Reisenden, (von H. Heidegger). 2 Bde. 8. Zürich 793. Orell. 2 ℛ 4 gr Mit Kpf. 2 ℛ 20 gr

— eines Reiseonkels. Von e. v. der Landstraße (Carl A. Kellermann.) 1.—5. Taus. (54 S.) kl. 8. Oldenburg 906. F. Schmidt. 1. 20

— religiöses, ein Geschenk f. Kinder, mit Sprüchen u. Gedichten auf jeden Tag des Jahres. 8. Leipz. 793. N. Aufl. 821. (W. Nauck). 8 gr

Tagebuch der helvetischen Republik
① Motto: Eintracht macht stark ⑤ 8. 8. 1798 — 6. 2. 1799 (3 Nummern) ⑥ 8° ⑦ unregelmäßig ⑧ Zürich: Orell Füßli & Compagnie ⑩ der Drucker ⑪ Berichte über die Verhandlungen der gesetzgebenden Versammlung der helvetischen Republik in Aarau vom 12. April bis 12. Juni 1798 ⑬ BGSZ: 75. 107 ⑭ Zh: Z; Lu: Z.

— der Helvetisch. Republik. 2 Bde in 9 Hften. 8. Zürich 799. Orell. 3 ℛ

— des Revolutionstribunals in Paris. 3 Hfte. 8. Zürich 794. Ziegler u. S. 1 ℛ 22 gr

Tagebuch der Mainzer Schaubühne. Mainz 1788. V: *Schreiber, Alois Wilhelm.* (Kn) (Ky) (NN) (MGT)

— der Mainzer Schaubühne, (von A. Wlh. Schreiber). gr. 8. Mainz 788. Eichenberg in Frkf. a. M. 16 gr

Tagebuch der Mannheimer Schaubühne. O.O. 1786—87. H: *Trieweiler.* (GGr)

— Dass. 6 Hfte. 8. Manh. 786—88. Löffler. 1 ℛ 20 gr

— der Manheimer Schaubühne. 6 Hfte. 8. Manh. 788. Schwan u. G. 1 ℛ 8 gr

Tagebuch aus Dr. Mart. Luthers Schriften. 16. (366 S.) Neu-Ruppin 860, Bergemann. Thlr.

— für Deutschlands Schüler. Für 1880/81. Hrsg. v. F. Koch. Mit dem (Holzschn.-) Portr. u. der Biographie Fr. v. Schiller's. 16. (182 S.) Leipzig, Siegismund & Volkening. cart. n. — 60

Tagebuch eines Sechsundsiebzigers aus dem Feldzuge 1870. Hamburg. V: *Wichern, Johann Heinrich.* (schr)

— eines See-Kameraden von dem K. Preuß. Kriegsschiff: Merkur, siehe: Soldaten-Freund. 19. Jahrg. 6. Hft.

Tagebuch der Seereise von Stade nach Quebec in Amerika durch die zweyte Division Herzoglicher Braunschweigischer Hülfsvölker. Von einem Offizier unter des Herrn Obersten Specht Regimente.
Frankfurt-Leipzig. 1776. 48 S. 8°.
Stadtbibliothek Braunschweig
Sabin 94200. Baginsky 530. Palmer.

— d. Seereise v. Stade nach Quebeck. gr. 8. Frankfurt. 777.

Tagebuch der Seereise der Braunschweigischen Truppen von Stade nach Quebeck. Frankfurt a. M. 1776. V: *Melzheimer, Frdr. Val.* (ADB) (Ky)

— der Seereise der Braunschweigisch. Truppen von Stade nach Quebeck, (v. .. Melzheimer). gr. 8. Frankf. a. M. 776. . . . 3 gr Erste Fortsetzung. 8. Leipz. 776.

Tagebuch des Senates der Republik Pennsylvanien. Anfangend Dienstags, den zweyten December, Im Jahr unsers HErrn ein tausend sieben hundert und vier und neunzig, und der Unabhängigkeit der Vereinigten Staaten von America im neunzehnten.
Fünfter Theil.
[A. d. Engl.]
Germantown: Michael Billmeyer. [1795]. 289 S. 2°.
Library of Congress Washington
Übers. v. Journal of the Senate of the Commonwealth of Pennsylvania, ... 1794-1795, Philadelphia 1795.
Dt. Ausg. f. die Sitzungsperioden 1790-91, 1791-92, 1792-93, 1793-94, 1795-96, 1796-97, 1797-98, 1798-99, 1799-1800 [Tl. 1-4, 6-10] [Evans 23685, 24671, 27486, 32654, 34330 u. 36069, ohne Angabe f. d. J. 1792-93, 1795-96, 1799-1800 - bei Bristol nicht ergänzt] konnten nicht gefunden werden; ebenfalls kein Textnachweis in den Early American Imprints.
Evans 38211 betrifft die Berichte der am 15. Nov. 1800 begonnenen Sitzungsperiode und dürfte mithin in Wirklichkeit erst 1801 erschienen sein. Konnte nicht gefunden werden; ebenfalls kein Textnachweis in den Early American Imprints.
Vgl. die parallel publizierte dt. Ausg. d. Journal of the House of Representatives, s. Nr. 559 [dort auch Angabe über d. dt. Ausg. d. Journal of the General Assembly, 1786-1790].
Evans 29290.

Tagebuch der Ersten Sitzung [des] Zweyten Hauses der Representant[en] der Republik Pennsylvanien, Welche in Philadelphia, am Dienstag, den sechsten Tag Dece[m]bers, im Jahr unsers HErrn Ein Tausend Sieben Hundert Ein und Neunzig ihren Anfang nahm.
[Aus dem Englischen übersetzt.]
Germantown: Michael Billmeyer. 1791 [i. e. 1792]. 327, 33 S. 2°.
German Society of Pennsylvania Library Philadelphia
Ausg. enthält die Sitzungsberichte v. 6. Dez. 1791 - 10. April 1792.
Erscheinungsjahr muß daher offensichtlich richtig 1792 lauten.
Übers. v. Journal of the First Session of the House of Representatives of the Commonwealth of Pennsylvania, ... 1791-1792, Philadelphia 1792.
Dt. Ausg. f. die Sitzungsperioden 1790-91, 1792-93, 1793-94, 1794-95, 1795-96, 1796-97, 1797-98, 1798-99, 1799-1800, als Tagebuch ... des Ersten [- Zehnten] Hauses ..., konnten nicht gefunden werden.
Bei Evans 24669, 27481, 29288, 30979, 32652, 34327 u. 34328 [3.-8. Haus] nur Titel. Keine Ergänzungen bei Bristol, kein Abdruck in den Early American Imprints.
Vgl. die parallel publizierte dt. Ausg. d. Journal of the Senate, s. Nr. 703.
Als Vorgänger dieser Ausgaben, s. Tagebuch der General Assembly ... 1786-87, 1787-88, 1788-89, 1789-90, Germantown 1787-1790. Evans 19889, 21373, 22056 u. 22779. Konnten nicht gefunden werden: ebenfalls kein Textnachweis in den Early American Imprints.
Vgl. Evans 23684: mit richtiger Angabe des Berichtsraumes 1790-1791, erschienen 1791. Text der angezeigten Ausg. jedoch fälschlich in den Early American Imprints unter dieser Nr. abgedruckt. Dagegen Evans 24668: mit Angabe des Berichtsraumes 1791-1792, erschienen 1792, 327, 33 S. Unter dieser Nr. in den Early American Imprints weder Textabdruck noch Hinweis auf die unter 23684 abgedruckte Ausg. Vgl. ferner Evans 24669: Tagebuch des Dritten Hauses, mit den falschen Jahresangaben 1791-1792, 1792. Kein Textnachweis.

Tagebuch. Aus dem T' des Feldschreibers Hans Jakob von Staal.... Solothurn 1870 s. [Glutz-Hartmann, Ludwig].

Tagebuch für alle Stände Oesterreichs. Wien 1785. H: *Hübner, Gottfried.* (Skizze von Wien, S. 308) (Realzeitung Wien 1785. S. 207) (wrztg 1785, Beil. bei Nr. 76) (Anton Mayer, Wiens Buchdruckergeschichte. Wien 1887. Bd. 2, S. 126) (Bibl Port)

— des Sultans. Erinnerungen an Paris, London, Coblenz, Wien. [Nach der türk. Handschrift.] Berlin 870. Deutsche Verlags-Anstalt. 16. (III, 234 S.) n. 20 ngr.

—— des Sultans. Erinnerungen an Paris, London, Coblenz, Wien. [Nach der türk. Handschrift.] 16. (III, 234 S.) Berlin 870, Langmann und Comp. [Posen, Jolowicz.] (*M 2.)

Tagebuch auf alle Tage im Jahre 1865. Mit Anhang: Schlüssel zur kaufmännischen Zinsenberechnung. — Tarif der Provision für Postnachnahmen. Fol. (200 S.) Prag, Mercy's Verlag. geb. 1 fl.

— — für das Jahr 1866. Fol. (200 S.) Ebds. geb. 1 fl.

– auf alle T a g e im Jahre 1867. Prag: Mercy's Verlag. 1866. 200 S. Fol.

Tagebuch auf alle Tage im Jahre für 1868. Fol. (200 S.) Prag, Mercy Verlag. geb. 1 fl.

— Dasselbe. Ein Schreib- und Notizbuch für Jedermann. 16. (289 S.) Ebds. 1867. geb. 1 fl.

Tagebuch für alle Tage jeden Jahres, pro 1891 16. Elegant in Lnwd. m. Goldschnitt geb. 1.60 Wien: Fromme 1890.

Tagebuch über T a g s a t z u n g e n für das Jahr 1867. Korneuburg: Kühkopf. 1866. 53 S. Imp. Fol.

Tagebuch von dem Theil des Feldzuges der königl. Preussischen Truppen ... in welchem der Herzog von Braunschweig-Öls das Commando über dieselben führte ... Breslau 1796. V: *Friedrich August, Herzog zu Braunschweig-Lüneburg-Wolfenbüttel.* (MGT) *Langwehr, v.* (KA) »1797« (Ky)

— von dem Theile des Feldzugs der Preuß. Truppen am Niederrhein 1793, in welchem der Herzog v. Braunschweig-Oels das Commando üb. dieselben führte, (v. Friedrich August, Herzog v. Braunschw.-Oels). Nebst Beilagen, 1 Karte u. 4 Pl. gr. 4. Bresl. 797. W. G. Korn. 1 ℔ 12 gr

Tagebuch, Kitty Trevelyan's, eine Erzählung ... aus dem Englischen ... von Charlotte Philippi. Basel 1868. V: *Bundel-Charles, Bessy.* (zuwzür 1910)

Tagebuch d. B r ü n n e r T. V. 1861—1881, m. Abb., 1861—1881, 1881—1886, Brünn 1881 u. 1886, 86 u. 88 S., Kl.-8°. 2 Bde.

Tagebuch des Brünner Turn-Vereins 1861—1881. 8. (88 S.) geh. 80 kr. Brünn: Rud. M. Rohrer 1881.

Tagebuch des I g l a u e r Turnvereins 1862—1887, Iglau, 65 S., 8°.

— aus dem, eines in Großbritannien reisenden U n g a r n. gr. 12. Pesth 837. Heckenast. 1½ ℔

Tagebuch, Unser, oder Erfahrungen und Bemerkungen eines Hofmeisters und seiner Zöglinge ... Erlangen 1787—91. V: *Füssel, Johann Michael.* (MGT) (EngG) (Fiker) (Cb) (Ky) (MS)

— unser, oder Erfahrr. u. Bemerkk. e. Hofmeisters u. s. Zöglinge auf e. Reise durch e. großen Theil des Fränk. Kreises nach Karlsbad u. durch Baiern u. Passau nach Linz, (v. J. M. Füßel). 3 Thle. 8. Erlang. 787—91. Palm. (à 16 gr) 2 ℔

T a g e b u c h üb. d. Verhalten der bösart. **C h o l e r a** in Berlin, hrsg. v. Alb. Sachs. 1831. Sept. (14) — Decbr. 94 Nrn. (½ Bog.) gr. 4. Berlin, Fincke.

—— dass. — Nachtrag, s. **S a c h s**, A.

— — (zweier Verliebten). Mit Kpfr. Berlin 1835. 8°. (2 Mk. L. M. Glogau Sohn, Hamb., 1888.)

— einer Verlorenen. Von einer Toten. Ueberarb. u. hrsg. v. Margar. Böhme. 1.—105. Taus. (Je 307 S. u. 2 S. in Fksm.) 8. Berlin 905. 906. F. Fontane & Co. n. 3. —; geb. n. 4. —

— dasselbe. 100. Aufl. Luxus-Ausg. (308 S.) 8. Ebd. 907. 9.—; geb. 12. —

— dasselbe. Mit Illustr. v. Ludw. Berwald. (636 S.) 8. Ebd. (909). 4.—; geb. 5.—; auch in 20 Heften à — 20

— einer Verlorenen. Von einer Toten. Überarb. u. hrsg. v. Margar. Böhme. 131.—133. Taus. (Der Reihe nach das 161.—163. Taus.) (307 S.) 8. Berlin 910. F. Fontane & Co. 3.—; geb. 4. —

— einer andern Verlorenen. Auch von einer Toten. Nach dem. Orig.-Mskr. hrsg. v. Rud. Felseck. 1. bis 20. Taus. (Je 274 S.) 8. Leipzig 906. W. Fiedler. n. 3. — ; geb. n. 4. —

— der Madam Violet, der Geliebten Sr. königl. Hoheit des Prinzen Albert v. England, Herzog v. Clarence (1889—1894). (320 S.) 8. Berlin (908). Zehlendorf, R. Eckstein Nachf. 5.—; geb. bar 6.50
Infolge Rechtsspruchs unbrauchbar gemacht.

TAGEBUCH der Madame Violet, der Geliebten Sr. Kgl. Hoheit des Prinzen Albert von England, Herzogs von Clarence (1889—1904). Berlin, R. Eckstein Nachf. 1908.
Verb. d. Ldg. II Berlin 1 f. J. 270/09.

— vlämisches, über Vasco da Gama's 2. Reise 1502—1503. Hrsg., übers. u. erläutert v. H. C. G. Stier. 8. (42 S.) Braunschweig 880. Schwetschke & Sohn. n. 1. 20

Tagebuch, Vollständiges, der merkwürdigsten Begebenheiten und Revolutionen in Paris . . . A. d. Franz. 1790. Ü: *Babo, Franz Maria.* (Ky) (MGT)

— vollständ., von der Reise Pabst Pius VI. nach Wien, beschrieben von Dini; aus d. Italien. 8. Bresl. 783. Löwe. 8 gr

— vollständ. v. d. Reise Pabst Pius VI. nach Wien, beschr. v. Dini, a. d. Ital. 8. Breslau, Löwe. (Korn d. ältere.) 783.

Tagebuch der Vorfälle im Hannöverischen seit dem Ausbruche der Feindseligkeiten zwischen England und Frankreich . . . Wolfenbüttel 1803. V: *Oppermann & F. L. Bölsche.* (Pr) (MGT) (Ky)

— der Vorfälle im Hannöverschen seit dem Ausbruche der Feindseligkeiten zwisch. England u. Frankreich, (v. .. Oppermann u. F. L. Bölsche). 2 Hfte. 8. Wolfenb. 803. Albrecht. 20 gr

— üb. die Vorfälle im Tempelthurme, während d. Gefangenschaft Ludwigs XVI. von H. Clery. gr. 8. Wien, Gerold. 811.

— der wichtigst. Vorfälle u. Veränderr. bei den kaiserl. u. preuß. Armeen während des baierisch. Erbfolgekrieges. 5 Stcke. 4. Potsd. 779—82. Horvath. 10 gr

— d. Weisen, mit e. Vorbericht herausgg. von A. F. H. 8. Regensb. 781. Montag u. W. 12 gr

Tagebuch eines Weltmanns. Übersetzt von Heinrich Leopold Wagner. Frankfurt a. M. 1775. V: *Lamberg, Maximilian Joseph Graf von.* (schstr S. 175)

Tagebuch eines Weltmannes. Übersetzt von Heinrich Leopold Wagner. Frankfurt a. M.: Eichenberg 1775.
Cit. bei Hayn.
Betr. Cagliostro.

Tagebuch, Wiener. 1/1 1784. H: *Reilly, Franz Johann Joseph von.* (Hdschr. Mitth. von Gustav Gugitz, Wien) (wrztg 1789, Nr. 2, S. 42, 14) (BiblPort)

WILHELMS Tagebuch, oder das seltene Dorfmädchen. Mit Titelkpfr. (C. Funk fec. Pragae). Berlin. (Leipzig, Joachim), o. J. (1803). (Auch tit.: „Geheime Verständnisse".) 8°. 168 S. (⅔ Rthl.)

— das, der Lady Willoughby, siehe: Willoughby.

Tagebuch der Gräfin Ilse Yssen. Ria. Zwei Novellen. München 1890. V: *Ruville, Martha von.* (Russell XVI, III, 1, 384)

— der Gräfin Ilse Yssen. Ria. Zwei Novellen. 8. (124 S.) München 890. A. Ackermann's Nachf. n. 2. 40; geb. n. 3. —

— zahnärztliches. gr. 8. (350 S. m. Abbildgn. u. Register.) Leipzig 892. G. Thieme. Geb. in Leinw. n. 4. —

Tagebuchbetrachtungen, socialpolitische, eines Agrariers. gr. 8. (31 S.) Halle 871, (Petersen.) *

TAGEBUCHBLÄTTER. Erinnerungen und Skizzen aus den Kriegsjahren 1866—1871 von Major a. D. v. W. Leipzig. Gedruckt nur für private Zwecke. [Innentitel: Aufzeichnungen eines Venuspriesters. Leipzig 1904.] 8°. 102 S.
Verb. d. AG. Leipzig IV 498/05.

Tagebuchblätter einer Gouvernante in Brasilien. Eine Erzählung aus dem Sklavenleben, von *A. B.* 2 Thle. O. O. u. J. (c. 1905). 8°. 89 u. 96 S. Privatdruck. (12 Mk. Taussig, Prag, 1906; 10 Mk. Adolf Weigel, 1910.)

Tagebuchblätter aus dem Jahre 1866,
s.a. Beaulieu-Marconnay, Karl Frhr. von

Tagebuch-Blätter aus dem J. 1866. Erlebtes und Durchdachtes von einem deutschen Staatsmanne. 1. und 2., unveränd. Aufl. 8. (V und 78 S.) Darmstadt 867, Zernin. *

TAGEBUCHBLÄTTER aus dem Leben excentrischer Menschen. Masochistische Skizzen. Privatdruck. O. O. u. J. (c. 1905). 16°. 54 S. (Mk. 1,50.) (2 Mk. Taussig, 1906.)

TAGEBUCHBLÄTTER exzentrischer Menschen (Masochistische Skizzen.) O. O. u. J. (1904).
Verb. d. Ldg. Leipzig 4 A. 129/14., vgl. Z. f. B. 1914, S. 39.

Tagebuchblätter, Neue, des Verfassers von »Graf Bismarck und seine Leute«. Leipzig 1879. V: *Busch, Moritz.* (Kat. d. Bibl. des Reichs-Justizamts. 2. Ausg. Berl. 1897.) (JstBbH)

Tagebuchblätter eines Orientreisenden. gr. 8. (115 S.) Detmold 874, Meyer'sche Hofbuchh. *

Tagebuchblätter von einer Reise nach Ostasien 1873—74. Wien 1874—75. V: *Doblhoff, Jos. Freih. v.* (EB)

—— eines Sechsundsiebzigers, aus dem Feldzuge 1870. 1. Serie. Von Niendorf bis vor Toul. 8. (IV, 62 S.) Hamburg 870. (Agentur des Rauhen Hauses.) *

Tagebuchblätter aus Südwest-Afrika. (Von Haak.) Mitgeteilt v. Wgm. (46 S.) 8. Berlin 906. Voll & Pickardt. n. — 60

Tagebuchblätter aus Südwest-Afrika. Erh. Pr. n. 1.20.

Tagebuchblätter eines Weltpriesters. (431 S.) 8. Dresden (906. E. Pierson. n. 4. —; geb. n. 5. —

Tagebuchblätter eines Weltpriesters. Dresden [1908]. V: *Wasserburger, Paula von.* (EB)

Tagebuch-Notiz-Kalender pro 1893 1.—
Wien: Perles 1892.

Aus dem **Tagebuche** eines k. k. Adjutanten. (333) Leipzig 1854. 8°

Aus dem Tagebuche eines österreich. Adjutanten. Leipzig 1854. 333 S.

(F) **Aus dem Tagebuche einer männlichen Gymnasiastin.** 8°. (187 S.) Wien: Sigmund Pollak 1910. K 3.—

Ch. G. v. N. Aus dem Tagebuche meiner mit der im Jahre 1830 nach Marocco abgeordneten k. k. Gesandtschaft unternommenen Reise. 8. Wien 1831.

Aus dem Tagebuche eines Soldaten aber keines Landsknechts. (295) 8. Leipzig 1853. 4,50

[F.] Aus dem **Tagebuche** Kaiser Wilhelm I. *Berlin: H. Steinitz [1897].* (2 Bl., 71 S.) 1 Bd 8. [97. 4964

Tagebücher

— über, zur Beförder. d. Kenntniß u. Bildung des Herzens u. Verstandes f. die Jugend. 8. Münch. 813. Lentner. 6 gr.

Tagebücher der merkwürd. polit., kirchl. u. literar. Begebenheiten vom Tode Friedrichs II. bis z. Friedensschluß mit der französ. Republik. 2 Hfte. 8. Leipz. 799. Junius. 8 gr.

Tagebücher u. Briefe Goethe's, aus Italien an Frau v. Stein u. Herder, s.: Schriften der Goethe-Gesellschaft.

Tagebücher König Carols von Rumänien. Stuttg. 1894—1901. V: *Kremnitz, Mite.* (N. Wr. Tagbl. 1. Dez. 1914)

— aus den Feldzügen der Würtemberger unter der Regierung König Friedrichs. 2 Bde. Ludwigsb. 820. Nast. 1 ℛ 8 gr.

Tagebücher, aus den zehen Feldzügen der Würtemberger unter der Regierung Königs Friedrich. Ludwigsb. 1820. V: *Rossler.* (Heyd)

Tagebuecher aus den zehen Feldzügen der Würtemberger unter der Regierung Königs Friderich. Ludwigsburg 1820. 497 S.

— Dass., s.a. Tagebuch...

— aus Italien. 2 Hefte. gr. 8. Münch. 819 u. 820. (Krüll in Landsh.) (à 6 gr.) 12 gr.

Tagebücher, Potsdamer, 1740—1756, s.a. Beiträge u. Forschungen zur Geschichte des preußischen Heeres.

Potsdamer **Tagebücher** 1740 bis 1756. Berlin: E. S. Mittler & Sohn 1906. (109 S.) 8° [F.]
— **Beiträge**, Urkundliche, u. Forschungen z. Gesch. d. Preuß. Heeres. H. 10. [06. 11069

— aus Rom. gr. 8. München 820. (Krüll in Landsh.). 8 gr. Fortsetzung. 8. Ebd. 821. (Ebd.) 8 gr.

— aus Rom. Fortsetzung. 8. München 821, (Landshut, Krüll.)

— aus Venedig, s. Freiberg, M. Frh.

Aus den Tagebüchern des Grafen Prokesch von Osten, k. u. k. österr.-ungar. Botschafters und Feldzeugmeisters. 1830 bis 1834. 8°. (IV, 252 S.) Wien: Reisser 1909. K 5.—

Tagebuch-Kalender für Geometer, s. Termin-, Tagebuch- und Hülfs-Kalender.

Tagebüchlein f. katholische Lehrerinnen. Von e. Schulfreunde. 16. (27 S.) Trier 883. Groppe's Verl. n. — 40

Tagebüchlein f. katholische Lehrerinnen. Von e. Schulfreunde. 2. Aufl. 16. (31 S.) Trier 888. Lintz. n. — 40

Tagebuch-Notizen d. Schah v. Persien auf seiner Reise durch Europa. Hrsg. v. Wom-Bat. 2. Aufl. gr. 16. (11 Blatt.) Hamburg 873. Seippel & Leopoldt. In Carton 1. 20

Tagegelder für die Reichsboten und Änderung des Reichswahlgesetzes. Jena 1874. V: *Frommann, Friedrich Johannes.* (Russell VI, 102)

Tagegelder f. die Reichsboten u. Aenderung d. Reichswahlgesetzes. gr. 8. (7 S.) Jena 874. Fr. Frommann. — 15

Tagegelder- u. Gebührenordnung f. die Ausführung der Arbeiten geprüfter Landmesser u. Geometer. Festgestellt v. der 23. Haupt-Versammlg. des deutschen Geometer-Vereins zu Düsseldorf am 21. VII. 1902. gr. 8. (3 S.) Stuttgart (902). K. Wittwer. 10 Stück n. 1. —

[Tagegelder-Ordnung.] Tagegelder- und Gebühren-Ordnung für die Markscheider vom 22. Oktober 1894. Hrsg. vom Ministerium für Handel und Gewerbe. Dortmund, 1895. 7 S.

Taegel, Paulus (Franciscus Josephus) *(geb. Rothenburg in Schles. 6.10.1853)*: De enuntiatorum relativorum, temporalium, finalium usu ac ratione in fabulis Sophocleis. Part. 1. Vratislaviae (1878). (43 S.) 8°
Breslau, Phil. Diss. v. 16. März 1878

Tagelohn (Durchschnittlicher) für gewöhnliche Tagelöhner u. Arbeiter von 1858 bis 1870. 8°. Oldenburg 1872.

Tagelohn-Berechner, der, ein vollständiges Hülfs-Tableaux für Fabrikherren, Baumeister, Handwerker rc. Mit 1 Vign. Lithogr. Imp.-Fol. Magdeb. 841, Bühler'sche B. n. 1/3 ₰

Tagelohn-Berechner, der, e. vollständ. Hülfs-Tableaux f. Fabrikherren, Baumeister, Handwerker etc. Lith. Imp.-Fol. Magdeburg 841, [Inkermann.] (Leipzig, Klinkhardt.) *

Tagelöhne (Die) der europäischen Fürsten. Flugblatt mit obigem Titel. Endigend mit den Worten: „Es kommt nur auf die Völker an." 8°. s. l. s. a.

Tagelöhne, ortsübliche, gewöhnlicher Tagearbeiter, festgestellt auf Grund d. § 8 d. Gesetzes betr. die Krankenversicherg. der Arbeiter. Nach den Mittheilgn. der Landesregiergn. zusammengestellt im kaiserl. statist. Amt. [Aus: „Centralbl. f. das Deutsche Reich".] 4. (67 S.) Berlin 893. C. Heymanns Verl. n. 2. —

Tagelöhner, der adliche; Schspl. von R. zu H. (F. G. v. Nesselrode). 8. Frankf. 774. Eichenberg.

— Dass. 8. Augsb. 774. v. Jenisch u. St. 4 ℊ

— — dasselbe. 8. Augsb. Stage. 777.

Aus bewegten Tagen. Lieder eines Einjährig-Freiwilligen. kl. 8. (60 S.) geh. 45 kr. Innsbruck: Wagner'sche Univ.-Buchh. 1882.

In diesen Tagen ... Dem deutschen Abend. *Halle a. S. 1899: (Heynemann).* (6 Bl.) 8° [Umschlagt. F.] (00. 31) 3

Aus den Tagen der Götterdämmerung. Aufzeichnungen e. Kämpfers. Berlin & Leipzig: H. Seemann Nachf. [1905]. (99 S.) 8° (05. 1561)

Aus den Tagen des letzten preuss. Krieges. Von e. Augenzeugen. (IV. 154.) 8. Wien 1868.

Aus schweren **Tagen.** Gedanken über d. Probleme d. Gegenwart von Einem Balten. Gütersloh: C. Bertelsmann 1908. (142 S.) 8° [F.] (07. 2534) 6

Aus der Väter **Tagen.** Bdch. 1. Köln: Westdeutscher Schriftenver. 1904. 8° [F.] (06. 6311)

Aus vergangenen **Tagen.** Nachklänge von d. Gedächtnisfeier an d. 1. jülich-clevisch-bergische Generalsynode in Duisburg 1610. Duisburg a. Rh. (1910): Dietrich & Hermann. 25 S. 8° (11. 1487)

[F.] Aus vergangenen **Tagen** des Reussenlandes und der Stadt Schleiz hrsg. v. Geschichts- u. Altertumsforschenden Verein zu Schleiz. *Schleiz: A. Rosenthal 1896.* (2 Bl., 67 S.) 1 Bd 8. (97. 1011)

Tagen.– Aus Würzburgs alten Tagen. Bdch 1–3. Würzburg: Stahel 1884–1886. 12°

Tágen, Jo. Nep., Quadratura Circuli tandem inventa, et mathemat. demonstrata. Ed. J. J. K. Cum II tab. (qu. Fol.) 8 maj. (4¾ B.) Cassoviae 832. [Lipsiae, G. Wigand.]

Taegener, Ludwig, approb. Arzt aus Klinkenmühle: Über den Einfluss warmer Soolbäder auf den respiratorischen Stoffwechsel des Menschen. *Halle a. S. 1901: C. A. Kaemmerer & Co.* (24 S.) 8°
Halle, Med. Diss. v. 14. März 1901

Tager, G., bacteriologische Untersuchungen des Grundwassers in Jurjew, nebst Studien üb. das Verhalten einiger Saprophyten im Wasser. Diss. gr. 8. (56 S.) Jurjew (Dorpat) 893. (E. J. Karow.) n. 1.20

TÄGER, Arthur: Zum zweihiebigen Kiefernhochwald-Betrieb. – Görlitz 1885. 55 S

Täger, [Hans]: Beschreibung der naturwissenschaftlichen Räume. Luckenwalde: Gutdeutsch 1910. S. 10. 11. 4°
Luckenwalde, Friedrichs-S, Reform-RG i. E. m. R u. VS P 1910 (132) [S 10. 437

Taeger, Heinr., die geologischen Verhältnisse des Vértesgebirges, s. a. Mitteilungen aus dem Jahrbuche der kgl. ungar. geolog. Anstalt. XVII, 1.

Taeger, Heinrich: Die Geologischen Verhältnisse des Vértes-Gebirges. Breslau 1908: Fleischmann. S. 128—178. 8° ¶ (Aus: Mitteilungen aus d. Jahrbuche d. Kgl. Ungar. geol. Anstalt. Bd 17, H. 1.) (Vgl. Jg. 23, Br. 146.)
Breslau, Phil. Diss. v. 28. Febr. 1908, Ref. Frech
[Geb. 20. Juli 81 Stettin; Wohnort: Wien; Staatsangeh.: Preußen; Vorbildung: Oberrealsch. Breslau Reife M. 01; Studium: Breslau 13 S.; Rig. 19. Febr. 08.] [U 09. 632

Taeger, Ida, kleine Erzählungen aus d. Kinderwelt. Illustr. v. Ch. v. P. 8. (142 S.) Dresden 897. Verlagsanstalt Frauenerwerb. Geb. n. 1.80

Täger, Ida, Gretchens Mädchenjahre. (224 S.) 8. Dresden 904. E. Pierson. n. 2.50; geb. n. 3.50

Taeger, Kurt, cand. cam.: Die Einwirkung der letzten Wirtschaftskrisis auf die industriellen Aktiengesellschaften in Deutschland. *Breslau 1904: H. Fleischmann.* (2 Bl.) 8° ¶ [Nur Titelbl., Vita u. Thesen.]
Breslau, Phil. Diss. v. 9. Juli 1904

Taeger, Kurt, cand. cam.: Die Einwirkung der letzten Wirtschaftskrisis auf die industriellen Aktiengesellschaften in Deutschland. München: J. Schweitzer 1905. (73 S.) 8° [F. u. Ant.] ¶ [Nachgeliefert, vgl. 1903/04 Breslau Nr. 116.]
Breslau, Phil. Fak., Ref. Wolf, Diss. v. 9. Juli 1904
[Geb. 20. Mai 79 Stettin; Heimatsort: Stettin; Staatsangeh.: Preußen; Vorbildung: Oberrealsch. Breslau Reife M. 99; Studium: Breslau 7 S.; Rig. 27. April 04.]

Kürtzlich abgefasstes Tage-Register über die Feldt-züge der Dänischen Armeen u. Trouppen im Schleswig Holsteinschen v. 20. Mart. bis 27. Jul. 1700. 4.

Tageregister, Annabergisches trauriges, wegen d. Herey. 8. Chemnitz.

Ordentl. Tage Register von den Unternehmungen der Russen u. Sachsen bey -Belagerung der Stadt Dantzig. Von unpart. Feder entw. (987.) 4. M. K. Cöln 1737.

Tagereise, Die. Leipzig 1770.
V: *Bock, Johann Christian.* (ML) (Ky) (JL)

Tagereise, die, (von Jh. Chr. Bock). 8. Leipz. 770. Hilscher). 10 ℊ Neue Aufl. unt. d. T.: Geschichte e. empfindsamen Tages. 8. Ebd. 775. 12 ℊ

Tage-Reisen von Gross-Cairo nach dem Berge Sinai und wieder zurück. Aus einer Handschrift des Präfektus der Franciskaner in Egipten übersezet. Der Gesellschaft der Alterthümer in London zugeeignet von **Robert Clayton.** Aus der Englischen Ausgabe übersezet von J. P. Cassell. Mit Kupfern. Hannover 1754. 8°.

Tagereisen, neun, zum Tempel der Weisheit; ein Betrachtungsbuch. 8. Münch. 818. Lentner. 8 ℊ

Tägert: Abriss der Verhältnisslehre. 16 S.–Cöslin, Progr. 1862

Taegert: Beweis der von Jakobi gegebenen, die Zerlegung elliptischer Funktionen in unendliche Produkte betreffenden Formeln. Nachtrag. Berechnung einiger hyperbolischen Logarithmen bis auf 100 Dezimalstellen. 10 S.–Cöslin, Progr. 1860

Taegert: De functionibus sin x, cos x, $\frac{e^x - e^{-x}}{2}$, $\frac{e^x + e^{-x}}{2}$ in factores resolvendis.
14 S.–Coeslin, Progr. 1856

Tägert: Ueber die Laplacische R e l a t i o n zwischen dem Potentiale u. der Attraction eines nahezu kugelförmigen homogenen Sphäroids.
14 S. 4° – Coeslin, G. Progr. 1871.

Tägert, F., s.: Klein, F., Vorträge üb. ausgew. Fragen d. Elementargeometrie.

Tägert, Wilh. Antrittsrede. S. 1—7. **Progr.** *Siegen* 1876.

— Bemerkungen über die genauere Bestimmung der Schwankungen der Erdaxe. 5 S. **Progr.** *Siegen* 1882.

Tägert, Wilh. Über die Einwirkung der Ebbe und Flut auf die Präcession und Nutation sowie auf die Drehungsgeschwindigkeit der Erde. 22 S. **Progr.** *Siegen* 1881.

Tägert, *Wilhelm* Festrede zum fünfzigjährigen Jubiläum der Anstalt. 4 (S. 32—41). **Progr.** Rg. *Siegen* 1887 (352).

Tägert, Wilh. Zum Gedächtnis des verstorbenen Direktors Dr. Schnabel. S. 8—9. *Siegen* 1876.
Statut der Schnabelschen Töchterstiftung. S. 3—5. — Urkunde der „Johann Heinrich Dresler III. Stiftung". S. 6. — Abänderung des Statuts der „Reallehrer-Wittwen- u. Waisenkasse in Siegen". S. 7. **Progr.** *Siegen* 1877.

Tägert, Wilh. Mathematische Kollektaneen. [Die natürlichen Logarithmen einiger Primzahlen bis auf 100 Dezimalstellen berechnet. S. 11—15. — Bemerkungen zur Theorie der säkularen Störungen der Planeten. S. 15—16.] **Progr.** *Siegen* 1876.

Tägert, Wilh. Rede zur Feier des 80. Geburtstages Sr. Maj. des Kaisers. 7 S. **Progr.** *Siegen* 1878.

— Rede zur Feier des 83. Geburtstages Sr. Maj. des Kaisers. S. 3—11. **Progr.** *Siegen* 1880.

Tägert, Wilhelm, Dr., Dir.: Über **Schwankungen** der Drehungsachse der Erde im Inneren des Erdkörpers. *Siegen 1902: W. Vorländer.* (30 S.) 4° [F.]
Siegen, RG, P 1902 (418)

Tages-Anzeiger. Tausendjähriger Kalender, um zu bestimmen, auf welchen Tag d. Woche i. Zeitraume v. 1588 b. 2599 ein Datum gefallen ist od. fallen wird. 16. (18 S.) Mähr. Ostrau, Prokisch's Buchh. (Jul. Kittel) 10 kr.
1885.

Basler Tages-Anzeiger
v. Basler Anzeiger (III).

Tagesanzeiger für die Stadt und den Kanton Bern
① Intelligenzblatt ⑤ 1904—1905 ⑥ 2° ⑦ wöchentlich 6× ⑧ Bern: Hallersche Buchdruckerei ⑨ Alpenrosen ⑩ der Buchdrucker ⑪ E. K. Mescher, Dr. R. Lüdi ⑬ BGSZ: 973 ⑭ Be: St ⑮ Landauflage der Zeitung »Intelligenzblatt und Berner Stadtblatt«.

Tages-Anzeiger. – C a s s e l e r Tages-Anzeiger. –
1.VII.1878 – 1.I.1883.
Fortges. u.d.T.: Kasseler Tages-Anzeiger.

Tages-Anzeiger. – K a s s e l e r Tages-Anzeiger. –
2.I.1883 – 23.III.1884.
Vorh. u.d.T.: Casseler Tages-Anzeiger.
Fortges. u.d.T.: Hessische Zeitung.

Luzerner Tages-Anzeiger
① Unparteiisches Organ — Anzeigeblatt für Stadt und Kanton Luzern und die gesamte Centralschweiz (1897—1908); Stadtanzeiger für Luzern (1909—1917); Luzerner Neueste Nachrichten (1917) ④ Luzerner Neueste Nachrichten ⑤ 24. 10. 1897—31. 12. 1917 ⑥ 2° ⑦ Tageszeitung ⑧ Luzern: Genossenschaftsdruckerei (1897—1916), C. J. Bucher AG (1917) ⑨ Rütli (Wochenbeilage; 1898—1917) ⑩ die Drucker ⑪ Sebastian Schmidlin († 1901), Wilhelm Müller († 1912) ⑫ neutral ⑬ BGSZ: 1028, 1032 ⑭ Lu: Z.

Tages-Anzeiger für Solothurn und Umgebung
⑤ 2. 8. 1896—1. 4. 1897 ⑥ 4° ⑦ wöchentlich 6× ⑧ Solothurn: Lithographische Anstalt Solothurn AG ⑩ Lithographische Anstalt Solothurn AG ⑫ Anzeigeblatt mit Tagesneuigkeiten ⑬ BGSZ: 1060 ⑭ Be: L (Nr. 56, v. 8. 10. 1896).

Thurgauer Tagesanzeiger
④ Schweiz. Bodenseezeitung ⑤ 1. 1. 1889—1901 ⑥ 2° ⑦ wöchentlich 2× (1892); Wochenblatt (1894) ⑧ Frauenfeld: Hermann Gleditsch; Romanshorn: Hermann Gleditsch (ab 18. 3. 1890), J. Hauser (25. 12. 1891), E. Billeter (5. September 1894) ⑩ die Drucker ⑬ BGSZ: 1068 ⑭ Fl: K ⑮ 1894 von E. Billeter, dem Besitzer der »Schweiz. Bodenseezeitung« aufgekauft.

Tages-Anzeiger für Stadt und Kanton Zürich
① Zürcher Anzeiger - Stadt-Anzeiger - General-Anzeiger mit wöchentlichem illustriertem Unterhaltungsblatt »Zeitbilder« - Unparteiisches Organ für jedermann und Hauptinsertionsblatt für die deutschsprachige Schweiz (Untertitel nur am Mittwoch und Samstag) ⑤ 2. 3. 1893 (cont.) ⑥ 2° ⑦ wöchentlich 6× ⑧ Zürich: Wilhelm Girardet & Co. (bis Juli 1899), Girardet, Walz & Co. (bis Oktober 1912), Girardet, Walz & Co., AG (bis September 1933), Tages-Anzeiger für Stadt und Kanton Zürich AG ⑨ Zeitbilder (bis Ende 1928 in Buchdruck, seither in Tiefdruck durch die Anstalt Imago, Tochternunternehmen des Tages-Anzeigers); Euse Tagi (Jugend-Beilage; Wochenblatt) ⑩ Tages-Anzeiger für Stadt und Kanton Zürich AG, Zürich ⑪ Chefredaktoren: F. Walz (1893—1923), H. Schultheß (1923—1930), E. Wenninger (1930—1953), Dr. E. Syfrig; K. Schellenberger, F. Vogelsanger, P. Künzli, K. Mock, Dr. W. Boesch, Dr. W. Stutzer, Dr. J. Fierz, Dr. A. E. Hohler, Dr. L. Valsangiacomo, Dr. H. Riedle ⑫ politisch neutral ⑬ Zeitbilder Nr. 5, 1943 ⑭ Zh: Z; Be: L (1895—1899, 1938 cont.).

Tages-Befehl (für die Bürgerwehr). — Aschoff. 1 Bl. 4.
Flugblatt. Berlin , 14. Mai 1848.

(Tagesbefehle der franz. Armee in Ägypten, 1798 —1801.) 2 Sammelbände. 4°.

Tagesbefehle d. Gen.-St. <Etat-Major-Général> der großen Armee vom 30. u. 31. Okt. und Proklamation Napoleons vom 2. Dez. 1806. (In franz. Spr.) Berlin 1806. 28 Stücke. 2°

Tagesbefehle des Generalstabs (Etat-Major Général) vom 21. Vendémiaire an 14 (3. X. 1805) bis 1. I. 1806 und Proklamation Napoleons nach der Schlacht bei Austerlitz v. 12. Frimaire an 14 (3. XII. 1805). (In franz. Spr.) Ausgabeort 1805. 1806. 8 S. u. 27 Bl. 2°

Tagesbericht
⑤ 7. 1. 1831—28. 2. 1831 ⑥ 2° ⑦ Tagblatt (7. 1. 1831—24. 1. 1831); unregelmäßig (25. 1. 1831—28. 2. 1831; 29 Nummern erschienen) ⑧ Basel: Niklaus Müller ⑩ der Drucker ⑪ der Drucker ⑭ Bs: U ⑮ Das Blatt enthält die offiziellen Berichte, Nachrichten und Verlautbarungen während der kritischen Zeit der Baslerwirren. Einzelne Exemplare der ersten Nummer sind unter dem Titel: »Berichte des Tages« erschienen.

T a g e s b e s c h ä f t i g u n g der Wiener Gra b e n j u n g f e r n. (Erschien Wien 1848 censurfrei.)
G u g i t z: „Verspätete Nachahmung des „Taschenbuchs f. Grabennymphen."

Tagesbeschäftigungen einer glücklichen Familie, von Dücray-Dümenil. 8. Leipzig, Weygang. 805 — 810. (Weygand.)

Tagesbeschäftigungen u. Freuden e. glückl. Familie, v. Dücray-Dümenil. 6 Bdchn. 8. Lpz. Weygang. 805 – 10.

Tagesbeschäftigungen, Wilhelm und Linas. Wien und Prag 1816.
V: *Chimani, Leopold.* (GGr) (Ky) (WBL) (NN)

Tagesblatt der 2. Generalversammlung der deutschen Vereine gegen das Branntweintrinken. Nr. 1—3. gr. 8. (5 B.) Berlin 845, (J. A. Wohlgemuth, Berl.) *

Tagesblatt der Geschichte; hrsgg. von E. M. Arndt u. Fr. Lange. 1r Jahrg. 4 Quartale. gr. 4. Berl. 815. Reimer. 5 ₰ 8 gr.

Tagesblatt. – M e c k l e n b u r g e r Tagesblatt. –
Wismar. – 1.III.1877 – IV.(?)1945.
Vorh. u.d.T.: Neue Wismarsche Zeitung.

Tagesblatt, Olmützer —. Blätter für belletristische Unterhaltung. Eigenthümer, verantw. Redakteur und Verleger: Franz Slawik. Schnellpressendruck der Slawik'schen Buchdruckerei. 4. (2 spaltig.) Erscheint täglich. Olmütz 1856.

Tagesblock-Kalender pro 1893. Fertig adjustirt Graz: Leykam 1892. .40

Tagesblock-Kalender pro 1894. Fertig adjustirt Ebd. —.40

Tagesblock - Kalender für das Jahr 1895. Fertig adjustirt Ebd. —.40

Tagesblock - Kalender für das Jahr 1896. Fertig adjustirt Ebd. —.40

Tagesblock-Kalender pro 1897. Fertig adjustirt Ebd. —.40

Tages-Block-Kalender pro 1899. Fertig adjustirt. Ebd. —.40

Tages-Block-Kalender für 1897, mit Herz Jesu-Bild von Kupelwieser, in Farbendruck, reich ornamentirt. Auf jedem Blatte des Blockes ein religiöser Spruch. Format der Rückwand: 24 × 12 *cm*. Format des Blockes: 9:6 *cm* —.60 Wien: St. Norbertus 1896.

Tages-Bloc-Kalender, Fromme's, pr. 1882. 3. Jahrg. 50 kr. Wien: Carl Fromme 1881.

Bloc-Kalender, Tages-, Fromme's für das Jahr 1883. VI. Jahrgang. 50 kr. Wien: Carl Fromme 1882.

— Tages-, Fromme's. VII. Jahrg. pro 1884. Ebds. 50 kr., elegante Ausg. 80 kr.

— Tages-, pro 1885. VIII. Jahrg. Wien, Carl Fromme. 50 kr., eleg. Ausg. 80 kr.

— Tages-, pro 1886. IX. Jahrg. Wien, Carl Fromme. 50 kr., elegante Ausgabe. 80 kr.

Block-Kalender, Tages-, 10. Jahrg. 1887. Jedes Blatt mit altdeutscher Randverzierung. Ebd. fl. —.50.
— Derselbe, elegante Ausgabe. Ebd. fl. —.80.

Tages-Block-Kalender, Fromme's, für das Jahr 1888. XI. Jahrg. Auf fein satinirtem Papier mit rothem Schnitt. Wien, Fromme. fl. —.50.
— — Derselbe. Elegante Ausgabe. Ebd. fl. —.80.

Block-Kalender, Tages-, Fromme's. 13. Jahrgang. 1890. Auf fein satinirtem Papier, mit rothem Schnitt Ebd. —.50
Derselbe. Elegante Ausgabe. Ritterpaar —.80

Block-Kalender, Tages-, Fromme's, auf fein satinirtem Papier mit rothem Schnitt. 14. Jahrg. 1891. Elegante Ausgabe Ebd. * —.80

Block - Kalender, Fromme's Tages-, auf fein satinirtem Papier m. roth. Schnitt. 15. Jahrg. 1892 Ebd. —.50
Derselbe. Eleg. Wiener u. Pariser Ausg. —.80

Block-Kalender, Fromme's Tages-, auf fein satinirtem Papier m. roth. Schnitt. 16. Jahrgang Ebd. 1892. —.50
Derselbe. Elegante Wiener und Pariser Ausgabe —.80

— Fromme's Tages-, auf fein satinirtem Papier, mit rothem Schnitt, für 1894. 17. Jahrg. —.50 Ebd.

Block-Kalender, Tages-, Fromme's, für 1895. 19. Jahrgang. Auf fein satinirtem Papier, mit rothem Schnitt Ebd. —.50
Derselbe. Elegante Ausgabe, I., Chromo-Lithographie, Greenaway-Figur —.60
Derselbe. Elegante Ausgabe, II., Chromo-Lithographie mit religiöser Darstellung —.60
Derselbe. Elegante Ausgabe, III., vorjähriges Muster. Moschee —.80

Block-Kalender, Tages-, Fromme's, auf fein satinirtem Papier mit rothem Schnitt. Jahrgang 20. 1896 Ebd. —.50
Derselbe. Elegante Ausgabe. I. Chromo-Lithographie, Greenaway-Figur —.60
Derselbe. Elegante Ausgabe. II. Chromo-Lithographie mit religiöser Darstellung —.60
Derselbe. Elegante Ausgabe. III. Vorjähriges Muster. Moschee —.80

Block-Kalender, Tages-, Fromme's, pro 1897. 21. Jahrg. Auf fein satinirtem Papier mit rothem Schnitt Ebd. —.50
Derselbe. Elegante Ausgabe. I. Chromo-Lithographie, Greenaway-Figur —.60
Derselbe. Elegante Ausgabe. II. Chromo-Lithographie mit religiöser Darstellung —.60
Derselbe. Elegante Ausgabe. III. Vorjähriges Muster. Moschee —.80

Block-Kalender, Tages-, Fromme's, pro 1898. 22. Jahrg. Auf fein satinirtem Papier mit rothem Schnitt Ebd. * —.50

Block-Kalender, Fromme's Tages-, auf fein satinirtem Papier mit rothem Schnitt. Jahrgang 23. 1899 Ebd. * —.50
Derselbe. Elegante Ausgabe. I. Chromo-Lithographie, Greenaway-Figur * —.60
Derselbe. Elegante Ausgabe. II. Chromo-Lithographie mit religiöser Darstellung * —.60
Derselbe. Blindgepresstes Ornamenten-Muster in zwei verschiedenen Sorten (roth, braun und grün) * —.60

Tages-Block-Kalender, Katholischer, für 1896, mit geistlichen Sprüchen auf jedem Blatte des Blockes. Mit Herz Jesu-Bild von Kupelwieser in Farbendruck. Rückwand: 24×12 *cm*. Block: 9×6 *cm* Wien: St. Norbertus 1895. —.60

Tagesbote aus Böhmen. VII. Jahrg. Verantw. Red. und Herausgeb. *David Kuh.* Druck des art.-typ. Instituts von *Carl Bellmann* in *Prag.*
Erscheint in **Prag.** tägl. 1 Bog. (Montag, ½ Bog.) in gr. Fol. 3-spalt. Prän.-Pr. ¼-jähr. 3 fl.; pr. Post 4 fl. 6 kr. Einzelne Nummern 4 kr.

Tagesbote aus Böhmen, der. — Red. und Herausg. W. Kuhe; Druck. C. W. Medau. 4. 3splt. Täglich, 1 fl. 30 kr. viertelj. 1853

Tagesbote aus Böhmen. Redakteur und Herausgeber W. Kuhe. Schnellpressendruck von C. W. Medau. Fol. 3spaltig. Täglich. 1 fl. 30 kr. und 2 fl. 36 kr. vierteljährig. Prag 1854.

Tagesbote, der — aus Böhmen. Verantwortlicher Redakteur und Herausgeber: W. Kuhe. Druck von C. W. Medau. Papier von C. Bellmann. Fol. 3spaltig. Täglich. 1 fl. 30 kr. und 2 fl. 36 kr. vierteljährig. Prag 1855.

Tagesbote, Der — aus Böhmen. Verantwortl. Redakteur und Herausgeber: David Kuh. Druck des artist typogr. Instituts von Karl Bellmann. Fol 3spaltig. Erscheint täglich.
Prag 1856.

Tagescharaktere, politische, Italiens. Victor Emanuel II. — Leopold II. — Pius IX. — Ferdinand II — Franz V. — Cavour. — d'Azeglio. — della Marmora. — Antonelli. — Garibaldi. — Mazzini. hoch 4. (32 Sp.) Leipzig 859, Lorck. **
Vgl.: Lorck's Zeithefte.

Tages-Chronik des Jahres 1848 (herausgegeben von J. W. A. M.) Frankfurt a. M., Stritt 1848. 254 S. 8.

Tages-Chronik. –
Bremen. – 2.VII.1849 – 1.I.1851.
Fortges. u.d.T.: Bremer Tages-Chronik.

Tages-Chronik. – Bremer Tages-Chronik.
2.I.1851 – 20.V.1851.
Vorh. u.d.T.: Tages-Chronik.

Tages-Courrier
v. Intelligenzblatt von und für die Stadt Bern.

Tagesereigniss: Das Tagesereigniss in Wort und Bild
⑤ 30. 8. 1892 (Nr. 1) ⑥ 8° ⑦ zwanglose Reihe ⑧ Zürich: Art. Institut Orell Füßli ⑩ Art. Institut Orell Füßli, Zürich ⑫ Zh: Z ⑮ Die einzige Nummer, die erschienen ist, enthält eine Beschreibung des großen Brandes von Grindelwald.

Tagesereigniß, das, in Wort u. Bild. Nr. 1. gr. 8. Zürich 892. Art. Institut Orell Füßli, Verl. n. — 40
Der große Brand d. Dorfes Grindelwald. (16 S. m. 5 Illustr. u. 1 Plan.)

Tagesereignisse: Illustrierte Tagesereignisse
v. Der Werktag.

Tagesfahrt nach Karlsruhe an der Ammat . . . Riga 1794. V: *Buddenbrock, Gustav Johann von.* (Ky) (R-N)

Tagesfahrt nach Karlsruhe an der Ammat, (v. G. J. Buddenbrock). 12. Riga 794. (Hartknoch in Leipz.) 8 gr.

Tagesfrage, Die Brennendste, oder: Gebt mir auf die Kinder Acht! . . . O. O. 1872. V: *Hattler, Frz. Seraph.* (SO)

Zur militärischen Tagesfrage. Sonderabdruck aus der „Neuen Freien Presse". März—Mai 1905. Gr.-8°. (36 S.) K 1.—
Wien: Seidel u. Sohn 1905.

Tagesfragen. Bailleur de Marilly: Das Wohl der arbeitenden Klassen u. seine Pflege durch den Staat in den Schranken des Möglichen. — Bugeaud: Ueber das Unterbringen beschäftigungsloser Arbeiter. gr. 8. (20 S.) Stuttgart 848, Neff. ¼ ℛ

Tagesfragen. Nr. 1—3. gr. 8. Leipzig 879—81. Pfeil. n. 1. 25
1. Unsere Marine unter ihrer gegenwärtigen Verwaltung. Von v. M. [Aus: „Frankfurter Zeitg."] (28 S.) n. — 50
2. Der Normal-Arbeitstag, eine Konsequenz der heutigen Wirthschaftsordnung. Von Ludw. Knorr. (29 S.) n. — 50
3. Graf Moltke u. der Krieg. Betrachtungen über die Schule der edelsten Tugenden. (15 S.) n. — 25

Tagesfragen. Neue Wiener Flugschriften. 1.—3. Hft. gr. 8. Wien, J. L. Pollak. à n. — 50
1. Wie man e. Socialist wird. Von E. Wengraf. (32 S.) 887.
2. Der Antrag Liechtenstein. Von E. Hannak. (24 S.) 888.
3. Zweierlei Wahrheit. Von L. Fleischner. (44 S.) 889.

Tagesfragen. 1890 - 95. Vorher u.s.T.: Musikalische Tagesfragen.
Fortges.u.d.T.: Kissinger Blätter,
s.a. Aufsätze üb. musikal.Tagesfragen.

Tagesfragen (Kissinger Blätter). Zeitschrift fürs öffentliche Leben, für Musiker, Musikfreunde und Freunde der Wahrheit.) Hrsg.: Cyrill Kistler ab 1903.
Vorh.u.d.T.: Kissinger Blätter, s.a. Aufsätze üb. musikal. Tagesfragen.

Apologetische **Tagesfragen.** Hrsg. vom Volksver. f. d. kath. Deutschland. 1. u. 2. Aufl. No 1. *M.Gladbach: Zentralstelle d. Volksver. f. d. Kath. Deutschl. 1903.* 8° [03. 10143 6

Tagesfragen, apologetische. Hrsg. vom Volksverein f. das kathol. Deutschland. Nr. 1—6. 8. M.-Gladbach, Zentralstelle des Volksvereins f. das kathol. Deutschland. n. 5. 50
1. Kernfragen christlicher Welt- und Lebensanschauung. Gedanken u. Vorträge. Von Jos. Mausbach. 3. u. 4. (verb. u. verm.) Aufl. (110 S.) 905. n. 1. 20
2. Ist Jesus Christus der Sohn Gottes? Unkritische Federzeichngn. zu der krit. Schrift v. Adolf Harnack: „Das Wesen des Christentums". Von Andr. Brüll. 1. u. 2. Aufl. (32 S.) 903. n. — 50
3. Die geschichtliche Existenz Christi. Von Franz Meffert. 3. u. 4. verm. Aufl. (100 S.) 905. n. 1. 20
4. Weltgrund u. Menschheitsziel. 2 Vorträge. Von Jos. Mausbach. 1.—4. unveränd. Aufl. (56 S.) 904. 905. n. — 60
5. Die Stellung der Frau im Menschheitsleben. Eine Anwendg. kathol. Grundsätze auf die Frauenfrage. Von Jos. Mausbach. 1.—3. Aufl. (116 S.) 906. n. 1. —
6. Altchristliche u. moderne Gedanken üb. Frauenberuf. 3 Aufsätze. Von Jos. Mausbach. 1.—3. Aufl. (127 S.) 906. n. 1. —

Tagesfragen, apologetische. Hrsg. vom Volksverein f. das kathol. Deutschland. 1. 3. 4. 7. u. 8. Heft. 8. M.Gladbach, Volksvereins-Verlag. 6. 05
Mausbach, Jos., Kernfragen christlicher Welt- u. Lebensanschauung. Gedanken u. Vorträge. 5.—7. verb. Aufl. (110 S.) 908. (Heft 1.) 1. 20
— Weltgrund u. Menschheitsziel. 2 Vorträge. 5.—7. verb. u. verm. Aufl. (55 S.) 909. (Heft 4.) — 60
Meffert, Frz., die geschichtliche Existenz Christi. 5.—8. bedeutend verm. Aufl. (191 S.) 910. (Heft 3.) 1. 80
Rademacher, A., Gnade u. Natur. Ihre innere Harmonie im Weltlauf u. Menschheitsleben. Eine apologet. Studie. (130 S.) 908. (Heft 7.) 1. 25

Steinmann, Alphons, Sklavenlos u. alte Kirche. Eine histor.-exeget. Studie üb. die soziale Frage im Urchristentum. 1. u. 2. Aufl. (78 S.) 910. (Heft 8.) 1. 20

Tagesfragen, brennende. I u. II. gr. 8. Rostock, C. J. E. Volckmann. n. 1. 35

I. Für od. wider das Duell? Von Arn. Fischer. (2. Tausf.) (24 S.) 896. n. — 75

II. Christlich-social als Zeitproblem. Von Arn. Fischer. (23 S.) 897. n. — 60

— forstwissenschaftliche. Hrsg. v. Bernard Borggreve. 1. u. 2. Hft. gr. 8. Bonn 878. 79. Strauss. n. 7. 40

1. Die Forstreinertragslehre, insbesondere die sogenannte forstl. Statik Gust. Heyer's nach ihrer wissenschaftl. Nichtigkeit u. wirthschaftl. Gefährlichkeit. Studien über die Grundbedingungen u. Endziele der Forstwirthschaft. Von B. Borggreve. Mit einer Steindrucktaf. (XV, 229 S.) n. 5. —
2. Staatsforstwirthschaft u. Bodenreinertragstheorie v. E. Braun. (VI, 89 S.) n. 2. 40

Tagesfragen, hygienische. I—X. gr. 8. München, Rieger. n. 26. 20

I. Kritik der gegen die Schwemmkanalisation erhobenen Einwände. Von J. Soyka. Mit e. Vorwort v. M. v. Pettenkofer. (96 S.) 880. n. 2. —

II. Die Kanalgase, deren hygienische Bedeutung u. technische Behandlung. Von F. Renk. Mit 25 Abbildgn. (120 S.) 882. n. 3. —

III. Die schweflige Säure u. ihre Verwendung bei Herstellung v. Nahrungs- u. Genussmitteln. Von L. Pfeiffer. Mit 50 Abbildgn. (142 S.) 889. n. 3. —

IV. Die Mikro-Organismen der Luft. [Jahresbericht d. Observatoriums in Montsouris 1886.] Von Miquel, übers. v. E. Emmerich. Mit 5 Abbildgn. (IV, 68 S.) 889. n. 2. 40

V. Die Kaffeesurrogate. Ihre Zusammensetzung u. Untersuchg. Von H. Trillich. (III, 35 S.) 889. n. 1. 20

VI. Die Fleischvergiftungen in Andelfingen u. Kloten. Von J. J. Suter. (140 S.) 889. n. 3. 20

VII. Cholera. Geschichte u. Epidemiologie der Cholera. Von J. Fayrer. Die Cholera in Indien. Von Erni-Greiffenberg. Quarantänen. Von Schuster. Studien über die Aetiologie der Cholera. Von C. Cramer. Mit e. Vorworte von Max v. Pettenkofer. (VIII, 125 S. m. 3 Beilagen.) 889. n. 3. 60

VIII. Die Münchener Hochquellenleitung aus dem Mangfallthale. Nebst Beiträgen zur Untersuchg. d. Trink- u. Nutzwassers. Von H. Trillich. (VIII, 114 S. m. 3 Karten.) 890. n. 3. —

IX. Der Einfluss der Münchener Kanalisation auf die Isar, m. besond. Berücksicht. der Frage der Selbstreinigg. der Flüsse. Von W. Prausnitz. (94 S. m. 5 Zeichngn. u. 2 Karten.) 890. n. 3. 60

X. Die Verunreinigung der Isar durch das Schwemmsystem von München. Von Max v. Pettenkofer. Vortrag. (51 S.) 890. n. 1. 20

Beck, Otto

— land- u. volkswirthschaftliche Tagesfragen für den Regierungsbezirk Trier. Trier 866. (Troschel.) gr. 8. (95 S.) n. 7½ ngr.

—— land- und volkswirthschaftliche Tagesfragen über Obst- und Weinbau, insbesond. über Alleepflanzungen für den Regierungsbezirk Trier bearb. 2. Jahrg. gr. 8. (VIII und 152 S. mit 2 Stnt. in 4. und gr. 4.) Trier 867, (Groppe.) *

—— land- und volkswirthschaftliche Tagesfragen über Ent- und Bewässerungsanlagen für den Regierungsbezirk Trier bearb. 3. Jahrg. 4. (VI, 88 S.) Trier 869, (Groppe.) *

—— dass. — über die Förderung des Obstbaues und die Alleepflanzungen. Nach den im Regierungsbez. Trier bestehenden Einrichtungen und gesammelten Erfahrungen bearb. 4. Jahrg. und zugleich 1. Supplementheft der Beschreibung des Regierungsbez. Trier. gr. 8. (139 S.) Trier 878, Lintz' Verlag. *

—— dass. — enth. legislatorische Studien. 5. Jahrg. gr. 8. (XV, 335 S. mit 1 Stnt. in gr. 4.) Ebendas. 878. *

—— land- u. volkswirthsch. Tagesfragen üb. d. Förderg d. Obstbaues u. d. Alleepflanzgn. 4. Jahrg. u. zugleich 1. Suppl.-Heft d. Beschreibg d. Reg.-Bez. Trier. 8. (139) Ebd. 73. *n.* 2. — || 5. Jahrg. (325) *n.* 4. — || 6. Jahrg. (248) 74. *n.* 3. — || 7. Jahrg. d. ländl. Kreditnoth u. d. Darlehnskassen im Reg.-Bez. Trier. (312) 75. *n.* 4. —

Land- und volkswirthschaftliche Tagesfragen. Jg. 7 (1874): Die ländliche Kreditnoth und die Darlehnskassen im Regierungsbezirk Trier von Otto Beck. Trier. 1875. 8°.

Tages- u. Lebensfragen. Eine Schriften-Sammlg., hrsg. v. Wilh. Bode. Nr. 1—18. Bremerhaven, Chr. G. Tienken. à n. — 50

1. Zur Frage der staatl. Regulirung der Prostitution. Eine Ansprache v. Aug. Forel. Geh. in Stockholm. (31 S.) 892.
2. Die Verstaatlichung der Bergwerke, e. Stück staatserhaltender, organischer Bodenreform. Von Heinr. Wehberg. (43 S.) 892.
3. 4. Staatszwang od. Freiheit? Eine Einführg. in die Weltanschaug. der Freiheitspartei. Von Auberon Herbert. Mit Genehmigg. d. Verf. f. deutsche Leser bearb. u. eingeleitet v. Wilh. Bode. (72 S.) 892.
5.—8. Individ. Ein absonderl. Reisebericht. Hrsg. v. Wilh. Bode. (135 S.) 892.
9. Die Schattenseiten unserer Tagespresse. Von L. Koch. (58 S.) 892.
10. Die deutschen Gewerkvereine u. die moderne Arbeiterbewegung. In Form e. Rede, als Quintessenz e. grösseren Anzahl vor Gewerkvereinen geh. Vorträgen. Von Heinr. Wehberg. (32 S.) 892.
11. Geht der Handwerkerstand seinem Untergang entgegen od. nicht? Eine Mahnschrift v. Leop. M. Laa. (20 S.) 892.
12. Mäßigkeit od. Enthaltung? Ein Beitrag zur Bewegg. gegen die geist. Getränke. Von Wilh. Bode. [Aus: „Christl. Welt".] (19 S.) 892.
13. 14. Die Volkskunst! Von Osc. Schwindrazheim. (34 S. m. 8 farb. Taf.) 892.
15. 16. Eine Zuflucht der Elenden. Von Eberh. Cronemeyer. (75 S.) 893.
17. Die unsittliche Litteratur u der Buchhandel. Von Chr. G. Tienken. Mit e. Einleitg. v. Wilh. Bode. (47 S.) 894.
18. Die Medizin vor dem Gericht der Öffentlichkeit v. Spohr. (74 S.) 894.

Tages- u. Lebensfragen. E. Schriften-Sammlg. Nr. 19—24. 8. Leipzig, Ch. G. Tienken. n. 3. 75

19. Die Bibel u. d. Alkoholfrage, zugleich e. Erwiderung an E. Harnack, v. G. Asmussen, G. T. (32 S.) Bremerhaven 895. n. — 50
20. Die Wohnungsfrage im Lichte d. humanist. Sozialismus. Vortrag, geh. in öffentl. Volksversammlg., als Protest gegen d. Wohnungspolitik d. Düsseldorfer Stadtverwaltg. v. Heinr. Wehberg. (71 S.) Bremerhaven 895. n. — 50
21. Jugend u. Lebensfreude ohne Alkohol. D. reif. Jugend gewidmet v. W. Weiß. (16 S.) Bremerhaven 896. n. — 25
22. Die Enthaltsamkeit v. geist. Getränken e. Konsequenz moderner Weltanschauung. Von Heinr. Wehberg. (69 S.) 897. n. — 50
23. Alkohol u. geistige Arbeit. Vortrag, geh. in der deutschen Gesellschaft f. ethische Kultur. Sektion München. Von A. Smith. (48 S. m. 3 Tab.) 898. n. 1. —
24. Amethysta. Ein Versuch zur Lösg. d. Alkoholfrage, zugl. e. Mahnruf an das deutsche Volk. Von Wilh. Ueberhorst. (37 S.) 898. n. 1. —

Tages- u. Lebensfragen. Eine Schriften-Sammlung hrsg. v. Chr. G. Tienken. Nr. 25—28. 8. Leipzig, Chr. G. Tienken. n. 1. 25

25. Die Schädlichkeit mäßigen Alkoholgenusses. Ein Vortrag. Von Matthaei. (32 S.) 900. n. — 50
26. Der Alkohol als Störenfried in den Kolonieen u. Daheim. Von Matthaei. (20 S.) 900. n. — 25
27. Unsere Trinksitten in ihrer Bedeutung f. die Unsittlichkeit nebst deren Folgen. Den deutschen Frauen als Hüterinnen deutscher Sitte gewidmet. Ein Vortrag, geh. am 9. X. 1900 in öffentl. Versammlung des „Vereins zur Hebg. der öffentl. Sittlichkeit" im patriot. Gebäude zu Hamburg. Von Geo. Bonne. (24 S.) 901. n. — 25
28. Erhöht der Alkohol die Leistungsfähigkeit des Menschen? Ein Mahnwort an alle Hand- u. Geistesarbeiter. Von Hoppe. (20 S.) 902. n. — 25

Tages- u. Lebensfragen. Eine Schriften-Sammlg., hrsg. von Chr. G. Tienken. Nr. 27. 8. Leipzig 906. Ch. G. Tienken. n. — 25

Unsere Trinksitten in ihrer Bedeutung f. die Unsittlichkeit nebst deren Folgen. Ein Vortrag, geh. am 9. X. 1900 in öffentl. Versammlg. des „Vereins zur Hebg. der öffentl. Sittlichkeit" im patriot. Gebäude zu Hamburg. Von Geo. Bonne. 2. Aufl. (25 S.)

Tages- u. Lebensfragen. Eine Schriften-Sammlg., hrsg. v. Chr. G. Tienken. Nr. 29. 8. Leipzig 907. Ch. G. Tienken. — 50

Alkohol u. Jugend. Von Paul Bergemann. (31 S.)

Tagesfragen, Musikalische. Zeitschrift für Musiker und Musikerfreunde. 1887 - 90.
Vorh.u.d.T.: Aufsätze über musikalische Tagesfragen.
Fortges.u.d.T.: Tagesfragen.
s.a. Aufsätze über musikalische Tagesfragen

— pädagogische. Nr. I—IV. 8. Hilchenbach 890. Wiegand. n. 2.10
1. Die Mittelschulfrage, vom theoretischen u. praktischen Standpunkte aus beleuchtet v. J. Greßler. (16 S.) n. —40
2. Das öffentliche Interesse für die Volksschule. Wie ist es zu heben u. zu beleben? Vortrag, geh. v. R. Quandel. (II, 22 S.) n. —50
3. Die Fortbildung d. Volksschullehrers. Ein Wort an die freien Lehrer-Vereine Deutschlands, zugleich e. Beitrag zur Diesterweg-Jubelfeier 1890. Vortrag, geh. v. J. Langermann. (II, 38 S.) n. —60
4. Ueber Schulsynoden. Vortrag [erweitert], geh. auf dem 8. deutschen Lehrertage zu Berlin [Pfingsten 1890] von Jul. Greßler. (II, 135 S.) n. —60

Tagesfragen, die pharmaceutischen, beleuchtet vom Apotheker-Verein zu Hamburg. gr. 8. (24 S.) Hamburg. 872. O. Meissner. n. — 50

— politische. I. 8. Berlin 877. Behr. n. 1. —
Rußland u. England v. Junius junior. (51 S.)

—— praktische, für das katholische Deutschland. 1.—5. und 7. Heft. gr. 8. Köln, Rommerskirchen. *
Inhalt:
Heft 1. Ein Beitrag zur Lösung der Frage über die katholische Tagespresse. Von einem Priester der Erzdiözese Köln. Art. I. (62 S.) 868. * 50 Pf.
" 2. 3. —— dass. — Art. II. und III. (XXIII, 38; 27 S.) 869. * 80 Pf.
" 4. 5. —— dass. — Art. III. [Fortsetzung.] (67; 55 S.) 869. * ℳ 1,20.
" 7. —— dass. — Art. III. [Schluß.] — Stellung der Redaktion eines kathol. Blattes zur heil. Kirche und ihren Oberen. Von einem Priester der Erzdiöcese Köln. (22 S.) 869. * 20 Pf.

Tagesfragen, Sogenannte.

Erwiderung auf einen Artikel der Revue des deux mondes »Torpilleurs et Canonnières« von einem Seeoffizier. Berlin 1885. V: *Batsch, Viceadmiral.* (Russell XVI, I. 2, 2932)

Tagesfragen, sogenannte. Erwiderung auf e. Artikel der Revue des deux mondes „Torpilleurs et Cannonières" v. e. Seeofficier. gr. 8. (42 S.) Braunschweig 885. Göritz. n. — 80

— soziale. Zwanglose Hefte, hrsg. vom Volksverein f. das kathol. Deutschland. 1.—34. Hft. gr. 8. Ebd. n. 8. 70
Ausgestaltung, die praktische, der Handwerker-Innungen u. -Genossenschaften. 3 Vorträge, geh. auf dem praktisch-sozialen Kursus zu Köln am 12. X. 1900. (Grunenberg, Organisation des Handwerks in Innungen u. Handwerkskammern, deren prakt. Ausgestaltung u. Thätigkeit. — Retzbach, wie kann das Genossenschaftsgesetz f. die Handwerker nutzbar gemacht werden? — Schweitzer, wie kann der Gesellenverein bei der Durchführg. der Handwerksorganisation mitwirken?) (61 S.) 900. (Hft. 16—18.) — 30
Bedeutung u. Organisation der Arbeitskammern. 2. Aufl. (64 S.) 901. (Hft. 2. 3.) — 20
Bildung, die geistige, des Arbeiterstandes. (48 S.) 902. (Hft. 28.) — 40
Conferenzen, sociale, unter dem Klerus. Ihre Organisation u. Thätigkeit. Mit e. Anh.: Empfehlenswerte Schriften f. Präsides u. sociale Unterrichtskurse der Arbeiter- u. Gesellenvereine. 2. verm. Aufl. (13. u. 14. Tausend.) (48 S.) 902. (Hft. 4.) — 40
Engel, Aug., Detaillisten-Fragen. Neue Aufgaben des Kleinhandels. (160 S.) 905. (Hft. 33.) — 80
Erzberger, M., Sozialdemokratie u. Zollpolitik. Auf Grund der Parlamentsakten u. Parteitagsprotokolle geschildert. (28 S.) 905. (Hft. 30.) — 35
Fürsorge f. die Abwanderer vom Lande. (32 S.) 905. (Hft. 31.) — 30
Handwerker-Innungen u. -Genossenschaften, die. Ihre Bedeutung u. Aufgaben. 2. verm. Aufl. (50 S.) 902. (Hft. 5.) — 30
Herold, C., die wichtigsten Agrarfragen. 2 Vorträge, geh. auf dem praktisch-sozialen Kursus des Volksvereins f. das kathol. Deutschland zu Köln am 8. u. 9. X. 1900. (35 S.) 900. (Hft. 12. 13.) — 20
Jäger, Eug., die Reichsfinanzreform von 1906 u. ihre neuen Steuern. 1.—3. Tausend. (III, 70 S.) 906. (Hft. 34.) — 60
Invalidenversicherung, die. Stellg. der Centrumsfraktion zur Invalidenversicherung. Inhalt u. Bedeutg. des Invalidenversicherungsgesetzes v. 13. VII. 1899. [Aus: „Arbeiterwohl".] (49 S.) 1900. (Hft. 6. 7.) — 20
Ist e. Erhöhung der landwirtschaftlichen Schutzzölle notwendig? 2. Aufl. (128 S.) 902. (Hft. 25.) — 50
— das Zentrum arbeiterfeindlich? Eine Antwort auf sozialdemokrat. Angriffe, unter besond. Berücksicht. der Broschüre v. Gustav Hoch: „Worte u. Thaten des arbeiterfreundl. Zentrums". (80 S.) 902. (Hft. 26.) — 30
Kolportage, katholische. Nebst einem Verzeichnis geeigneter Schriften. [Aus: „Präsides-Korrespondenz".] (36 S.) 902. (Hft. 29.) — 40
Müller, Otto, katholische Arbeiterinnen-Vereine. (92 S.) 905. (Hft. 32.) — 50
— katholische Arbeitervereine. Ihre Notwendigkeit, Aufgaben u. Mittel. 2. verm. Aufl. (4.—6. Tausend.) (96 S.) 904. (Hft. 19 bis 22.) — 40
— Volksbildungsabende. (39 S.) 902. (Hft. 27.) — 40
Pieper, Aug., Mäßigkeitsbestrebungen. 2. Aufl. 5.—7. Tausend. (40 S.) 906. Hft. 14. 15.) — 35
— Volksbildungsbestrebungen. Ihre Notwendigkeit u. ihre Mittel. [Aus: „Arbeiterwohl".] (22 S.) 899. (Hft. 1.) — 10
Thissen, Otto, soziale Tätigkeit der Gemeinden. Eine Uebersicht üb. Aufgaben u. Leistgn. der kommunalen Sozialpolitik f. Arbeiter, Angestellte, Kleingewerbetreibende etc., sowie in der Wohnungsreform, Gesundheitspflege, Bildungsfürsorge. In Verbindg. m. Carl Trimborn. 3. Aufl. (7. u. 8. Tausend.) (144 S.) 906. (Hft. 8—11.) 1. 50
Unfallversicherung, die. Inhalt u. Bedeutg. des Unfallversicherungsgesetzes v. 30. VI. 1900. [Aus: „Arbeiterwohl".] (42 S.) 901. (Hft. 23. 24.) — 30

Tagesfragen, soziale. Hrsg. vom Volksverein f. das kath. Deutschland. 2. 4. 6. 12. 13. 16.—22. 24. 29. 30. 33. 35. 36. u. 38. Heft. gr. 8. M. Gladbach, Volksvereins-Verl. 14. 45
Bergarbeiterschutz u. Zentrum. Eine aktenmäß. Darstellung der Tätigkeit des Zentrums im deutschen Reichstage u. im preuß. Landtage zugunsten der Bergarbeiter. (78 S.) 908. (Heft 16.) — 50
Biesenbach, P., u. R. Dicke, Soldatenfürsorge u. Jugendvereine. (40 S.) 908. (Heft 17.) — 60
Burlage, E., Friedensvereine zur Schlichtung v. Rechtsstreitigkeiten. (60 S.) 907. (Heft 35.) — 60
Dieck, H., die Unfallversicherung. 2., völlig umgearb. u. verm. Aufl. 6.—10. Tausend. In Verbindg. m. Hitze bearb. (100 S.) 907. (Heft 24.) — 80
Engel, Aug., Detaillisten-Fragen. Neue Aufgaben des Kleinhandels. 2. verm. Aufl. (3.—5. Tausend.) (131 S.) 907. (Heft 33.) 1. —
— Handwerkerfragen. (1.—3. Tausend.) (144 S.) 907. (Heft 6.) 1. —
Erzberger, M., Sozialdemokratie u. Zollpolitik. Auf Grund der Parlamentsakten u. Parteitagsprotokolle geschildert. 2. verm. Aufl. 3. u. 4. Tausend. (32 S.) 908. (Heft 30.) — 35
Germann, Geo., die Streikversicherung in Deutschland u. Frankreich. (48 S.) 910. (Heft 36.) — 60
Hitze, Abriß der Agrarfrage. Vorlesungs-Skizzen. (VIII, 63 S.) 908. (Heft 13.) — 65
Hurtz, W., u. M. Desamari, wie man e. Rekrutenvorbildungskursus einrichtet. Vorschläge u. Erfahrgn., nebst e. prakt. Lehrgange u. Skizzen u. Vorträgen hrsg. (104 S.) 910. (Heft 38.) 1. —
Invalidenversicherung u. Wohlfahrtspflege. Alte u. neue Ziele f. die Invalidenversicherg. 1. u. 2. Tausend. (60 S.) 907. (Heft 19.) — 60
Kolportage, katholische. Nebst e. Verzeichnis geeigneter Schriften. 2., vollständig umgearb. Aufl. (79 S.) 907. (Heft 29.) — 80
Konferenzen u. Studienzirkel, soziale. 3. Aufl. (15.—17. Tausend.) (56 S.) 907. (Heft 4.) — 50
Lauer, Amalie, gewerblicher Kinderschutz. (72 S.) 908. (Heft 18.) — 80
Müller, Otto, katholische Arbeitervereine. Ihre Notwendigkeit, Aufgaben u. Einrichtgn. 3. verm. Aufl. (7.—10. Tausend.) (128 S.) 907. (Heft 22.) — 60
Pieper, Aug., Dienstbotenfrage u. Dienstbotenvereine. (78 S.) 908. (Heft 21.) — 60
— Jugendfürsorge u. Jugendvereine. Unter Mitwirkg. v. Vereinspräsides hrsg. 1.—3. Tausend. (310 S.) 908. (Heft 20.) 2. —; geb. 2. 70
Stoffels, Elisab., Bildungsfragen f. das weibliche Geschlecht. (56 S.) 908. (Heft 2.) — 60
Weydmann, J., die Wanderarmenfürsorge in Deutschland. (104 S.) 908. (Heft 12.) — 85

Tagesfragen, volkswirtsch., s.: Miniatur-Bibliothek.

Tagesgeschichte, Wiener, vom 15. März 1811. Oder: wie soll der Bürger u. Landmann das allerhöchste Finanzpatent vom 20. Febr. 1811 zu sr. Beruhigung f. die Gegenwart u. Zukunft verstehen? 8. Wien 811. Geistinger. 4 kr

Tagesgespräche über die Religionsgefahr. 8. Zürich 1839.
[1. Aufl.] — 2. Aufl.
Mutmasslicher Verfasser: Heinrich Escher

Tagesgrüße. Worte zur tägl. Erhebg. u. Förderg. 8. (60 S.) Berlin 885. Bouillon. n. 1. —

Tagesherold. — Der Tagesherold. — Konstanz. — 1.I.1847 — 10.IV.1848.

Tages-Kalender f. Handel u. Gewerbe. Fol. (12 S.) Würzburg 876. Etlinger. n. — 40

Tageslauf, der, des Christen, geheil. durch Gebet u. Betrachtung. A. d. Franz. Mit Zusätzen u. e. Einleit. v. S. Kaal. 12. (16⁶/₈ B. u. Titlbild.) Münster 840, Deiters.

Tages-Nachrichten. – H a n n o v e r s c h e Tages-Nachrichten. – 1.III.1899 – 31.III.1914.
Vorh. u.d.T.: Bürgerzeitung.
Fortges. u.d.T.: Hannoversche Zeitung.

New-Yorker Tages-Nachrichten: Marz 1870 - 1896?

Democratic daily, evening except Sunday. German edition of Daily News. For Sunday edition, see New-Yorker Sonntags-Nachrichten. Circulation: 1879, 42,400 [claims largest circulation of all German-American papers]; 1880, 42,000; 1890, 32,050; 1895, 32,000. Edited & published by Benjamin Wood, 1870 - 83; by New York News Publishing Co., 1884 - 96.
New York, NY

Tagesneuigkeiten. 1. Bd. 13 Nrn. (Bog.) 8. Leipzig 853, Friedlein. **
Einzelne Nrn. **

Tagesnotizblock pro 1885. Budapest, Deutsch. (Wien, *Friedr. Beck's Verlag.) 35 kr.

Tagesordnung, christliche, verfaßt vom heil. Franziscus Xaverius jetzt für die Katholiken Deutschlands, welche die folgenden Worte des Hirtenbriefes ihrer zu Würzburg versammelt gewesenen Erzbischöfe u. Bischöfe wohl zu Herzen nehmen: „Weil der Geist der Andacht u. des Gebetes aus so vielen Herzen u. Häusern u. Gemeinden entschwunden ist, darum ist so viel Täuschung u. so wenig Wahrheit, so viel Verlassenheit u. so wenig Kraft, so viel Herzeleid u. so wenig Trost unter Euch" auf's Neue nebst einigen Bemerkungen u. Zusätzen an's Licht gestellt v. einem kathol. Geistlichen. 2. verb. Aufl. 8. (16 S.) Paderborn 849, Schöningh. 1/24 ℛ

VII. Internat. Geographen-Kongr., Berlin 1899. **Tages-Ordnung** für die D a m e n d. Kongresses. (Berlin 1899.) (24 S.) 8°

Tagesordnung für die Generalversammlung des Vereins deutscher Eisenbahnverwaltungen. Sept. 1848. fol.

7. Internat. Geographen-Kongress, Berlin 1899. Tagesordnung. *Berlin 1899.* (20 S.) 8°

Tagesordnung, heilige, des kathol. Christen. Auf Verordnung d. Kardinals v. Noailles, Erzbischofes zu Paris, hrsg. A. d. Franz. in's Deutsche übers. 4., umgearb. Ausg. gr. 8. (25½ B., Titkpfr. u. Titvign.) Wien 828, Mechitaristen-Congregat.-Buchh.

Tagesordnung, heil., d. kathol. Christen. Ein Gebet- u. Erbauungsb. Hrsg. auf Verordn. d. Kardinal von Noailles. A. d. Franz. ins Deutsche übers. 4., umgearb. Ausg. gr. 8. (25½ B. u. Titkpfr.) Wien 840, Mechitaristen-Congreg.-Buchh.

Tagesordnung, heil., der kathol. Christen auf die Verordnung des Kardinals von Noailles, Erzbischofs zu Paris. 8. Wien 786. Trattner. 14 ℊ

—— und Lebensregel, heil., e. frommen Katholiken, od. Grundzüge d. wahren Gottseligkeit. 16. (3 B.) Wien 836, Mechitaristen-Congreg.-Buchh.

Tagesordnung eines Hofmeisters in Hinsicht auf seine Eleven. Wien 1790. V: *Lütgendorf, Carl Friedrich August Frh. von.* (MGT)

Tagesordnung für die am Donnerstag den 23. und Freitag den 24. Sept. 1897 zu Kiel stattfindende 17. Jahresversammlung des Deutschen Vereins für Armenpflege und Wohlthätigkeit. (Kiel. 1897.) 2 Bl. 4°.

Tages-Ordnung des 14. deutschen evangelischen Kirchentages in Kiel. Kiel. 1867. 8°.

Tagesordnung für den am 5. und 6. Oktober 1908 in Königsberg i. Pr. stattfindenden 6. Preußischen S t ä d t e t a g. (Königsberg 1908.) 1 Bl. 4°

Tagespost
v. Berner Tagespost, Schweizer Tagespost, Zofinger Tagespost.

Tagespost. Verantw. Red. *J. Kulnigg.* Druck u. Verl. v. *A. Leykam's Erben.*
Erscheint in Graz, täglich mit Ausnahme der Normatage, 1 Bog. in gr. 4°., 3-spalt. Prän.-Pr. ¼-jahr. 1 fl. 12 kr.; pr. Post 2 fl. 15 kr.

Berner Tagespost
① 2. 10. 1872—1879: die Zählung der Jahrgänge der »Berner Zeitung« (V) und des »Berner Blattes« wird im Untertitel fortgesetzt. 1873—1879 führt der Untertitel die wöchentliche Beilage an ③ Berner Blatt. Berner Zeitung (V) ④ Berner Post und Tagblatt der Stadt Bern, Schweizerischer Handels-Courier ⑤ Probenummern am 12. und 26. 12. 1868; 2. 1. 1869—30. 6. 1879 ⑥ 2° ⑦ wöchentlich 6×; die städtischen Abonnenten erhalten ferner vormittags das telegraphische Bulletin ⑧ Bern: J. Allemann, Lang, Blau & Comp. (ab 1872), Lang & Comp., Rieder & Simmen (ab 2. 1. 1879). Stämpfli, Lack & Scheim (ab 14. 1. 1879) ⑨ Bulletin der Tagespost; Sonntagsblatt der Tagespost ab 2.1.1879, erscheint nicht regelmäßig, politischen und belletristischen Inhalts; Der Hausfreund. Schweiz. Blätter zur Unterhaltung und Belehrung für das Volk. Später Beilage der Berner Post und Tagblatt der Stadt Bern, ferner Beilage der Allgemeinen Zeitung für Dorf und Stadt; Sonntagspost. Eine schweiz. Wochenschrift. Politische und belletristische Beilage. Nicht gratis. ⑩ Dr. Abraham Roth (12. 12. 1868—30. 6. 1870), ab 1. 7. 1870 nur noch Herausgeber der »Sonntagspost« (I); J. Allemann (1. 7. 1870—Ende 1871), A. Lang (ab 1872) ⑪ Dr. Abraham Roth (12. 12. 1868—30. 6. 1870); Mitredaktoren: Theod. Beck, Arnold Lang. Redaktionskomitee (vom »Liberalen Pressverein« bestellt) (1. 7. 1870—30. 6. 1879), als verantwortliche Redaktoren gehörten ihm an: J. Allemann (1. 7. 1870—30. 9. 1871), Arnold Lang (1. 10. 1872—31. 12. 1873), F. Hirsbrunner (früher Mitredaktor der »Zürcherpresse«) (1. 1. 1874—29. 6. 1878), A. Hohl (2. 1. 1879—31. 6. 1879) ⑫ freisinnig ⑬ BGSZ: 802, 973; Zur Entwicklung von Berner Blatt und Berner Tagespost v. Nr. 236, 4. 10. 1872; zur Gründung des Blattes v. Berner Tagespost Nr. 1, 2. 1. 1879 ⑭ Be: L, S, St.

Tagespost. – E i s e n a c h e r Tagespost. – 1.VII.1880 – 31.III.1943.

Tages-Post. – C a s s e l e r Tages-Post. – 21.IX.1861 – 22.III.1864.
Fortges. u.d.T.: Casseler Tagespost.

Tagespost. – C a s s e l e r Tagespost. – 23.III.1864 – 31.III.1885.
Vorh. u.d.T.: Casseler Tages-Post.

Tagespost. – F r ä n k i s c h e Tagespost. – Nürnberg. – 1.X.1878 – 9.III.1933.
6.XI.1948 – 30.XI.1971.
Vorh. u.d.T.: Nürnberg-Fürther Sozial-Demokrat.

Tagespost. – F r e i b u r g e r Tagespost. – 1.I.1908 – 7.I.1934.
Fortges. u.d.T.: Tagespost.

G r a t z e r T a g e s p o s t. Verantwortl. Redakteur: J. Kulnigg. Druck und Verlag von A. Leykam's Erben. Fol. 3spaltig. Erscheint täglich. (Bis Nr. 48 incl. erschien dieses Blatt in ½ Bogen unter dem Namen: T a g e s p o s t.) Gratz 1856.

G r a t z e r T a g e s p o s t. Verantw. Redakteur: J. Kulnigg. Druck und Verlag von A. Leykams Erben. kl. Fol. 2 und 3spaltig. Erscheint täglich. Gratz 1857.

Tagespost, Klagenfurter. Klgft., Bertschinger, v. Kleinmayr, 1871. Folio. Ein Jg. (Von Nr. 90, 24. Juni, bis Jahresschluß: K ä r n t n e r Z e i t u n g.)

Tagespost. – N e u n k i r c h e r Tagespost. –
? – 1894(?).
Vorh. u. fortges. u.d.T.: Neunkircher Volkszeitung.

Schweizer Tagespost
① Billigstes Tagblatt für das Schweizervolk ④ Zofinger Tagespost (1887) ⑤ 1. 10. 1886—1887 ⑥ 4° ⑦ täglich (Montag ausgenommen) ⑧ Zofingen: Jean Frey ⑩ Jean Frey ⑫ liberal.

Zofinger Tagespost
② Zofinger Post (1892) ③ Schweizer Tagespost ④ Zofinger Post und Wiggerthaler Anzeiger ⑤ 1887 (Ende Jahr)—31. 3. 1892 ⑦ wöchentlich 6×; wöchentlich 3× (1892 ff.) ⑧ Zofingen: Jean Frey, dann Frey & Francke ⑨ Kleine Gartenlaube. Der Spaßvogel. Illustriertes Sonntagsblatt ⑩ Frey & Francke ⑪ Göhringer, vom »Winterthurer Landboten«, Otto Erb, Schmidlin, vom »St. Galler Stadtanzeiger« ⑫ liberal; bekämpfte die linksliberale Politik des Zofinger Tagblattes ⑬ BGSZ: 939, 941 ⑭ Seengen: privat.

Berner Stadttheater. ⟨Aktiengesellschaft.⟩ (Tagespreise, Allgemeine Bestimmungen, Abonnements-Bedingungen, sowie Personal-Verzeichnis [für die am] 25. September 1903 [beginnende] Spielzeit.) 8 S. 8.

Tagespresse, die liberale, Berlins im Sommer 1866, von einem preuß. Patrioten. Leipzig 866. (Leiner.) gr. 8. (72 S.) 6 ngr.

Tagespresse, die politische, Sachsens. Charakteristik u. Statistik derselben. Aus der constitut. Staatsbürgerzeitung abgedruckt. 12. Grimma 844, Verlags-Comptoir. ¼ ℛ

Tagespresse, unsere, s. a. **Flugblätter**, deutsche, der Zeitschrift „Der Kynast". Nr. 1.

Unsere **Tagespresse**. *Oppeln & Leipzig: G. Maske 1899.* (16 S.) 8° [J.]
— **Flugblätter**, Deutsche, d. Zeitschr. 'Der Kynast'. No 1. [01. 6366

Tagesprogramm und Führer für die Sommer-Plenarversammlung der Landwirtschaftskammer für die Provinz Schleswig-Holstein in Segeberg am 27. u. 28. Juli 1908. (Segeberg. 1908.) 8°

—— für die 31. Plenarversammlung in Neustadt i. Holst. am 1. u. 2. Juli 1910. (Neustadt i. Holst. 1910.) 8°

Tages-Programm für die Plenarversammlung der Landwirthschaftskammer für die Provinz Schleswig-Holstein am 13. u. 14. Juli 1900 in Süderbrarup. Kiel. 1900. 2 Bl. 8°.

Tagesson-Möller, Axel
s. **Möller**. [10. 14137

Tagessplitter. Poetisches Flugblatt aus Deutschösterreich. 1868. 8. (63 S.) Stuttgart 869, Grüninger.

—— dass. — 2. Flugblatt 1869. 8. (74 S.) Ebendas. 869.

Tages-Tabellen zur Bestimmung der zwischen zweien Daten liegenden Anzahl von Tagen. [6 S.,] *zus.-gefaltet.* 8. Bern, J. Fischer-Lehmann, 1904. fr. —. 20

Tages-Vormerk-Block-Kalender, zum Aufstellen Wien: Engel 1890. —.60

Tageszeiten, Die. Geschildert für Bänkelsänger . . . Köln 1803. V **nicht:** *Richter, Joh. Paul Frdr.* (GGr)

Tageszeiten. 4 Chromolith. 8. Leipzig 883. (Baldamus Sep.-Cto.) n. 1. —

Tageszeiten, zum Bedürfniß unserer Zeiten, nach d. Gebet des Herren. 12. Augsb. 805. M. Rieger. (Al. Curisch). 1 kr Die größeren vom heil. Namen Jesus. gr. 8. Ebd. 795. 3 kr

— von der unbefleckten Empfängniß Mariä, sammt Litaneien u. and. Gebeten. 12. Augsb. 821. A. Doll. 1 kr

— unser lieben Frauen. 3 Thle. 12. Wien 751. Monath. 6 kr

— zu Jesus, Maria u. Joseph. 2e Aufl. 12. Wien 830, Mechitaristen-Congreg.-B. 2 kr

— des heiligen Johann von Nepomuk. 8. Wien 782. Ghelen. 4 kr

— zu d. heil. Joseph, zur Ehre d. göttl. Vorsehung. .. Augsb. ... Bolling. 5 kr

— kurze, d. heil. Johannes, d. Vorläufers u. Täufers Jesu Christi. .. Augsb. 817. Bolling. 1 kr

— u. Litaneien von d. göttl. Vorsehung; nebst Lehrsprüchen aus d. heil. Schrift u. Gebete der Kirche. 12. Augsb. 821. (A. Doll). 1 kr

— von Maria, sammt einem Lied u. e. Litanei. .. Augsb. ... Bolling. 5 kr

— zur heil. Maria Magdalena. 16. Landsh. 794. Storno. 1 kr

— der allersel. Jungfrau Mariä, in 3 unterschiedl. Zeiten des Jahres. 12. Cöln, Rommerskirchen. 4 kr

— zur Verehrung der allersel. Jungfrau Maria, f. ihre andächt. Verehrer. Mit 8 Kpf. 8. Augsb. 831. Schlosser. 3 kr

Tages- und Jahreszeiten, die vier. Ein Bilderbuch für artige Kinder. Fürth (857.) Löwensohn. 8. (8 lith. u. color. Bl.) n. 1 ngr.

— am Vorabend u. Tag der Geburt Jesu. 4. Salzb. 790. Duyle. 14 kr

Tageszeitung. –
Berlin. – 1874(?) – 20.II.1878.
Vorh. u.d.T.: Tribüne.
Fortges. u.d.T.: Die Tribüne.

Tageszeitung. –
Neuwied. – 1875 – 1877.
Fortges. u.d.T.: Rhein-Wied-Zeitung.

Tageszeitung für Brauerei. Eigentum d. Ver. Versuchs- u. Lehranst. f. Brauerei in Berlin. Off. Organ d. Deutschen Braumeister-Bundes... Jg. 1, Halbj. 1. Berlin: P. Parey 1903. gr. 2° [J.] [03. 4548

Tageszeitung. – D e u t s c h e Tageszeitung. –
Berlin. – 1.IX.1894 – 30.IV.1934.

Tageszeitung. – L i p p i s c h e Tageszeitung. –
Detmold. – 1.V.1896 – 31.VII.1938.

Tageszeitung. – N e u e Offenbacher Tageszeitung. –
24.XII.1874 – 30.IX.1876.
Fortges. u.d.T.: Neue Offenbacher Zeitung.

Tageszeitung. Offizielle Tages- und Schützen-Zeitung [für:] Aargauisches Kantonal-Schützenfest Rheinfelden 1905. Redaktion durch das Presskomité. 11 Nrn. 15. Juni—4. Juli. [Illustriert.] [zus. 80 S.] 4. Rheinfelden, U. Herzog. Abt. Für Rheinf. fr. 1. 20, auswärts per Post 1. 40

Tageszeitung. – P o t s d a m e r Tageszeitung. – 1901 – IV.1945.
Vorh. u.d.T.: Potsdamer Intelligenzblatt.

Tageszeitung. – S ü d d e u t s c h e Tageszeitung. – Heilbronn. – 1.X.1907 – 30.VI.1920.
Fortges. u.d.T.: Süddeutsche Volkszeitung.

Tageszeitung. – W e s t f ä l i s c h e Tageszeitung. – Arnsberg. – 12.XII.1906 – 31.XII.1919.
Vorh. u.d.T.: Arnsberger Zeitung.

Tage-Taschenbuch f. den Haus- u. Grundbesitzer. Jahr 1907. Fachmännisch bearb. an der Hand des bürgerl. Gesetzbuchs f. das Deutsche Reich. Hrsg. von Kurt Müller. (142 S.) kl. 8. Chemnitz (Leipzig, F. Schneider.) 1. 20

Tage-Taschenbuch f. den Haus- u. Grundbesitzer. Jahr 1908. Fachmännisch bearb. an der Hand des bürgerl. Gesetzbuchs f. das Deutsche Reich. Von Kurt Müller. (142 S.) kl. 8. Chemnitz. (Leipzig, F. Schneider.) — 75

Tagewerk, des Christen, siehe: C h r i s t e n, des, Tagewerk.

Tagewerk, des Christen, durch Gebete und Betrachtungen geheiliget. 4. Aufl. Paderborn 860. Junfermann. 16. (VIII, 232 S.) 3¾. ngr

— der Kinder, siehe: K i n d e r, der, Tagewerk.

Tagewerke, Die, Gottes, mit einem Anhang: vom Menschen insonderheit . . . Nürnberg 1779. V: *Kalteiss, Johann Leonhard.* (will)

T a g e - Z ä h l e r für das Aussetzen der Zinstage bei Rechnungs-Abschlüssen..., sowie zur Ermittelung der Anzahl der Tage von irgend einem Termin zum anderen, das Jahr zu 365 bezw. 360 Tagen berechnet. Für Banken, Handelshäuser, etc. [4 S.] 8. Bern ⟨Schweiz⟩, A. Benteli, 1903. fr. —. 30

Die k l e i n e n **Tagezeiten** von der unbefleckten Empfängnis Marias. Wortgetreu nach d. im Jahre 1838 von der hl. Congregation des hl. Offiziums approbirten u. zu Rom in d. Druckerei der apostol. Kammer erschienenen latein. Texte in Vers u. Reim übers. u. mit Anmerkungen versehen von Ludger Heinrich Brandenberg. Münster i. W.: Alphonsus-Buchh. (1893). (30 S.) 8⁰

Tagezeiten, die Pariser. [Handschriftlicher Text.] Hrsg. v. S t e p h W a e t z o l d. 8. (XXIII, 167 S.) Hamburg 880. O. Meissner. n. 4. —

T a g f r e y, Phpp., neue Räthsel. 16. (94 S.) Breslau 875, Trewendt. ℳ 1,20.; cart.

T a g f r e y, Phpp., Sphinx. Eine Sammlung von Räthseln, Charaden, Logogryphen ꝛc. 16. (176 S.) Leipzig [Dresden] 872, Baensch. cart.

TAGG, HENR. [LUDW.], Disqv. medico historica pestis, quæ initio sæculi decimi octavi in maris Baltici accolas sæviebat. Diss. inaug. Kiliæ. 1829. 4. P.

Aus dem heimischen Rechtsleben in den Jahren 1834–1894. Festschrift für die Eröffnung des neuen Oberlandesgerichtsgebäudes in Kiel am 18. Oktober 1894 [v. Wulf Tagg]. Kiel. 1894. 8° m.

T a g - und N a c h t g e d a n k e n, heilbring., ein. frommen Christen üb. Gott, üb. sich selbst u. üb. d. Nebenmenschen. Mit e. Anh. d. üblichsten Gebete, Litaneien u. Gesänge. Von d. Verf. d. geistl. u. weltl. Legende d. heil. Leopold bei d. P. P. Mechitaristen in Wien. 8. (8 B. u. Titlbild.) Linz 837, (Haslinger.)

Tagger, Jos., eine einfache Methode zur Bestimmung der Wärmeleitungskonstante v. Flüssigkeiten, s. a. M a c h e, Heinr.

Tagger, Josef und Mache, Heinrich, Dr.: Eine einfache M e t h o d e zur Bestimmung der Wärmeleitungskonstante von Flüssigkeiten. I. Mitteilung (mit Textfigur). S. 116. IIa. 1105.
Separatabdruck

T a g g e s e l l, Dav. Aug., Tagebuch eines dresdner Bürgers; oder Niederschreibung der Ereignisse eines jeden Tages, soweit solche vom J. 1806 bis 1851 für Dresden und dessen Bewohner von geschichtl., gewerbl. oder örtl. Interesse waren. Nebst einem Vorworte von Gust. Klemm. 8. (1023 S.) Dresden 854, Burdach. **

Taggesell, Richard [aus Dresden]: Über Mono- und Di-Chlorcrotonsäuren aus αββ-Trichlorbuttersäure ... Leipzig, *Druck v. E. Herrmann sen.*, 1895; 24 S., 1 Bl. 8.
Leipzig, Phil. Fak., Inaug.-Diss. v. [24. Sept.] 1895

Tagholm, M ä d c h e n b r i e f e. 8. (87 S.) Neuwied 895. Heuser's Verl. n. 1. 25

Tagi: Euse Tagi
v. Tages-Anzeiger für Stadt und Kanton Zürich.

Taegius, Franciscus. De obsidione urbis T i c i n e n s i s seu Papiensis, et captivitate Francisci I. Publici juris factus notisque illustratus, cura et studio. A. R. D. P. Bernardi P e z i i, Benedictini. (1524—1525.) 8. Norimbergae **1736.**

Taegii, Franc. De obsidione urbis Ticinensis seu Papiensis et captivitate Francisci I. regis Galliae liber. 8. Papiae 1525. Coloniae 1525 ed. per D. B. Pez. 4. Norimbergae 1736.

TAG- u n d N a c h t l e b e n i n d e r W e l t s t a d t, o d e r d i e G e h e i m n i s s e v o n B e r l i n. (c. 1900.) (1 Mk. W. A. Gabriel, Berlin.)

T a g l i a b u e, Emilio s. M o t t a, Emilio, et T a g l i a b u e, Emilio.

Tagliaferro, A. G., southern studies. 12 photogravures from negatives. gr. Fol. (1 Bl. Text.) Wien 893. R. Paulussen. In Mappe. 30. —

Tägliche, Der, s. B ü r g e r b l a t t, Berner.

Taeglichsbeck. Die Fahnenjunker v. Könitz und v. Kleist und der Fähnrich v. Platen des Infanterie-Regiments v. Treskow (Nr. 17) im Gefecht bei Halle a. d. Saale am 17. October 1806. (Berlin 1885.) 4°. (Aus: Kreuzzeitung.)

Lied zur Feier des Säkular-Festes der Aufnahme Friedrich des Grossen in den Orden der Freimaurerei, in der g. u. v. St. Johannis-Loge, Friedrich zur Tugend, im Or. zu Brandenburg, am 14. Aug. 5838, von M ü l l e r, Musik von **Täglichsbeck.** [Brandenburg 1838.] 1 Bl. 8⁰ [Kopftit.]
Ohne Noten: „Ihn, dess Ruhm die Welt verkündet, . . .“ 65.

Taeglichsbeck, F., die Belagerung der Stadt Anklam durch den Großen Kurfürsten im J. 1676. gr. 8. (IV, 60 S. m. 1 Skizze.) Stettin 892. (L. Saunier) n. 1. —

Taeglichsbeck, F., Füsilier-Regiment Prinz Heinrich von Preußen (brandenburgisches) Nr. 35, s. a. Isenburg.

—— Das Füsilier-Regiment Prinz Heinrich v. Preußen [Nr. 35] 1740—1806. Mit 2 farb. Uniformbildern u. 7 Geländeskizzen im Text. gr. 8. (X, 283 S.) Berl. 891, Mittler u. Sohn. * 6 —

Taeglichsbeck, F., die Gefechte bei Steinau an der Oder vom 29. Aug. bis 4. Septbr. 1632. Das Treffen bei Steinau an der Oder am 11. Oktbr. 1633. Eine kriegsgeschichtl. Untersuchg. auf Grund urkundl. Quellen, sowie der gleichzeit. u. späteren Litteratur. gr. 8. (XIV, 114 S. m. 1 Plan u. 1 Uebersichtsskizze.) Berlin 889. Mittler & Sohn. n. 2. 50

Täglichsbeck, Joh. Friedr., Beiträge zur Geschichte des Turnwesens, Brandenburg 1845, 38 S., 8°.

Täglichsbeck, Jh. Fr., Beiträge zur Geschichte des Turnwesens. Versuch einer Darstellung der geschichtl. Entwickelung desselben. 4. Brandenburg 845, Wiesike. 1/3 Thlr.

— Die musikalischen Handschriften des XVI. und XVII. Jahrhunderts in der Stadtbibliothek zu Breslau. Breslau 1890.

Taeglichsbeck, J. Fr., die musikalischen Schätze der St. Katharinenkirche zu Brandenburg a. d. Havel. Ein Beitrag zur musikal. Literatur des 16. und 17. Jahrh. Eine kunstgeschichtl. Abhandlung. 4. (50 S.) Brandenburg 857, Müller.

[F.] Die Belegschaft der Bergwerke und Salinen im Oberbergamtsbezirk Dortmund nach d. Zählg v. 16. Dez. 1893, zsgest. vom Kgl. Oberbergamte in Dortmund m. Erl. v. O[tto] **Taeglichsbeck**, ... Oberbergamtsdir. zu Dortmund. Th. 1. 2. *Dortmund: Dr. v. Hellmann & Muldendorf 1895. 96.* 2 Bde 4.
1. 1895. M. 7 Tab. (2 Bl., XXXI, 461 S.)
2. 1896. M. 7 Tab. (2 Bl., LXII, 663 S.) [96. 239

Taeglichsbeck, O., die Belegschaft der Bergwerke u. Salinen im Oberbergamtsbez. Dortmund nach d. Zählg. v. 16. Dezbr. 1893, zusammengest. v. kgl. Oberbergamte in Dortmund m. Erläutergn. v. T. 1. u. 2. Thl. gr. 4. Dortmund (Köppen). Kart. n.n. 30. —
1. (III, XXXI, 461 S. m. 7 Tab.) 895. n.n. 12. —
2. (III, XLII, 663 S. m. 7 Tab.) 896. n.n. 18. —

—— s. Bergmannstag, der 4. allgemeine deutsche, in Halle a. S.

Täglichsbeck, Otto, die Fahnen d. Infanterie-Regiments v. Treskow [Nr. 17] im Gefecht bei Halle an der Saale am 17. Oktbr. 1806. Ein kriegsgeschichtl. Beitrag zur Geschichte d. Jahres 1806 u. zur Lokalgeschichte v. Halle a. S. Unter Benutzg. der Akten d. königl. Kriegsarchivs in Berlin. Mit 2 (chromolith.) Uniformsbildern, 1 Plane u. 2 Anlagen. gr. 8. (VIII, 108 S.) Halle 886. Niemeyer. n. 3. 60

Taeglichsbeck, Otto, Festbericht u. Verhandlungen, s.: Bergmannstag, der 4. allgemeine deutsche, in Halle (Saale).

Taeglichsbeck, Otto. Die Wohnungsverhältnisse der Berg- u. Salinenarbeiter im Oberbergamtsbez. Halle. Nach amtl. Quellen im Auftrage d. königl. Oberbergamtes zu Halle [Saale] dargestellt. Mit e. Atlas v. 7 Taf. (in Fol. u. Mappe). gr. 4. (VI, 186 S.) Berl. 892, Ernst u. Sohn. * 12 —
Aus: Zeitschr. f. d. Berg-, Hütten- u. Salinenwesen, besonders abgedruckt.

Täglichsbeck, Theodor

Täglichsbeck, Th., deutsche Banner- und Schwertlieder, s. Banner- und Schwertlieder, deutsche.

— s. Buch, Das, der Lieder.

— s. Germania.

— s. Göpels Deutsches Lieder- u. Commersbuch.

— s. Lieder, Deutsche, für Schleswig-Holstein.

Täglichsbeck, Theod., deutsche Liederhalle, s. a. Liederhalle.

TAGLICHSBECK, Th. — Deutsche Liederhalle. Alte und neue Lieder. Mit Original-Campositionen berühmter deutscher Tonsetzer. Hrsg. von —. 3 Bde. Stuttgart, o. J. 8°. (Antiqu.-Pr. c. 5—6 Mk.)

Täglichsbeck, Th., deutsche Liederhalle. Vollständige Sammlung der beliebt. älteren u. neueren, sowie bisher noch ungedruckter Lieder und Gesänge, mit mehrstimm. Melodieen. I. Jahrg. 1. Heft. (Lieder zu Schutz u. Trutz, Liebe, Lust u. Leid.) 16. Stuttgart o. J. (841), Göpel. 1/4 Thlr.

— s. a. Odeon.

— — — — Odeon. Für Quartett- und Chor-Gesang ohne Begleitung. Mit Original-Compositionen berühmter deutscher Tonsetzer herausgegeben von —. Partitur-Ausgabe. Erster Band, enthaltend Nr. 1 bis 139. Stuttgart. Karl Göpel. O. J. 8°. 345 S. nebst 4 S. Reg. (In Berlin, Magistratsbibl.)

Täglichsbeck, Th., Odeon. Für Quartett- und Chor-Gesang ohne Begleitung. Mit Original-Compositionen berühmter deutscher Tonsetzer. Ausgabe in ausgesetzten Stimmen. 53. u. 54. Heft oder Neue Folge 5. u. 6. Heft des 5. Bds. Stuttgart, Göpel. 16. Jedes Heft (à 16 S.) 7½ ngr.

— — Partitur-Ausgabe. 27. Heft oder Neue Folge 3. Heft des 5. Bds. Ebend. 16. (S. 113—160.) 7½ ngr.

—— Orpheon, s. a. Orpheon.

Täglichsbeck, Th., Orpheon. Album für Gesang mit Pianoforte in Original-Compositionen der berühmtesten deutschen Tonsetzer. 1.—5. Bd. (oder 1.—30. Heft mit Portr.) hoch 4. Stuttgart o. J., Göpel. à Hft. 3/8 Thlr. à Bd. v. 6 Hftn. 2 1/4 Thlr. geb. à 2 2/3 Thlr. Pracht-Ausg. der Doppelband 6 Thlr. In roth. Saffian 7 1/3 Thlr.

— dass. Auswahl mit Begleitung der Guitarre eingerichtet von F. Siber. 1.—3. Heft. hoch 4. Ebend. o. J. (846.) à Heft 3/8 Thlr.

—— Philomele, s. Philomele.

— s. Trauergesänge.

Taglicht, J., Grab- u. Gedenkreden. (V, 141 S.) 8. Frankfurt a/M. 907. J. Kauffmann. 2. —

Taglicht, Israel [aus Brezova (Ungarn)]: Die Kuthäer als Beobachter des Gesetzes nach talmudischen Quellen nebst Berücksichtigung der samaritanischen Correspondenz und Liturgie .... Berlin, Druck v. Julius Feiertag. 1888; 45 S. 8°
Erlangen, Phil. Fak., Inaug.-Diss. v. 1886

Taglioni, Paul

Taglioni, königl. preuß. Balletmeister P. — Ballanda, oder: Der Raub der Proserpina. Ballet in drei Akten nebst Prolog. Von — —. Für das k. k. Hoftheater nächst dem Kärnthnerthore. Wien, 1855. Gedruckt bei Anton Pichler's Witwe und Sohn. (29 S. 8.)

Taglioni, Paul, s. Flick und Flock.

Taglioni, Flick u. Flock, s.: Stolze, Adf.

Taglioni, P., Margaretha, Königin v. Catanea. Pantomim. Ballet in 3 A. Wien, Wallishausser. 1 fl

Taglioni, Paul —. Der Seeräuber. Großes Ballet in drei Akten und sieben Tableaux. Vom königl. preuß. Balletmeister — — Musik vom königl. Kammermusikus Goehrich. Für das k. k. Hoftheater nächst dem Kärnthnerthore. Wien, 1855. Gedruckt bei A. Pichlers Witwe und Sohn. (20 S. 8.)

Taglöhner, Der adliche. Ein Schauspiel in drei Aufz. . . . Frankf. a. M. 1774. V: *Nesselrode zu Hugenboett, F. G. Freiherr von.* (Mn) (Ky) (CGr) (Minor, Weisse. Innsbr. 1880. S. 256.)

Taglöhner, Der adeliche, ein komisches Originalsingspiel in drey Aufzügen . . . Wien 1780. V: *Weidmann, Paul.* (Jahrb. d. Grillp.-Ges. XIII.)

Taglöhner-Buch. gr. 8. (128 S.) Trier 855, Lintz'sche Buchh. *

Taglöhner- u. Ehehalten-Ordnung von 1781, für Baiern u. die Oberpfalz. 8. Passau 822. Ambrosi. 1 fl

Tagmann. Zur Realschulfrage. I. Ueber die Einführung der Realschüler in den Geist des klassischen Alterthums. Tilsit, R., 1859.
Dasselbe. II. Ueber die Unterrichts- und Prüfungs-Ordnung vom 6. October 1859. Ebd. 1860.
Progr.

Tagmann, A[dolf]. Der junge Hund. Praktische Anleitung zur Züchtung, Aufzucht, Pflege und Dressur des Hundes.... 120 S. 8. Zürich..., Th. Schröter.

Ausg. A: ... im ersten Lebensjahr. Mit 17 Illustrationen [sowie 1 Tafel und illustriertem Umschlag]. Z' ⟨*und* Leipzig⟩, Th. Sch', [1905]. [geb. fr. 2. 50]

Ausg. B: ... in seinem ersten L'. Den Freunden des Hundesports gewidmet. Mit 17 [*d. i.* 18] Ill' [und ill' Umschlag]. Z' und Leipzig, Th. Sch', 1905. [fr. 2. —]

Tagmann, A[dolf]. Der illustrierte Kaninchenfreund. Praktische Anleitung zur Zucht in ihrem ganzen Umfange. Mit besonderer Berücksichtigung der Schlacht- u. Rassenkaninchen. 3., vermehrte Aufl. mit 14 Abbildungen. 120 S. 8. Zürich ⟨*und* Leipzig⟩, Th. Schröter, [1905]. [geb. fr. 2. —]

Tagmann, A[dolf]. Illustriertes Kynologisch-Ornithologisches Lehr- und Adressbuch der Schweiz. Verfasst von A. T'.... ⟨[Mit] 20 [*d. i.* 19] Tafeln auf Kunstdruckpapier und [über] 100 Illustrationen in Text und Inseraten⟩. II + VI + II + 352 [+ *Inserate zus.* 55] S. 8. Bern, Dr. Gustav Grunau, (1907). [geb. fr. 4. 50]

Tagmann, C., Berechnung d. Zinsen zu 2, $2\frac{1}{2}$, 3, $3\frac{1}{3}$, $3\frac{1}{2}$, 4, $4\frac{1}{6}$, $4\frac{1}{2}$ u. 5 Rthlr. vom Hundert jährl. von 5 Sgr. bis 100,000 Rthlr. auf e. Jahr, e. Halbjahr, e. Vierteljahr, ein. Monat u. ein. Tag. 4. (5 B.) Breslau 840, Graß, Barth u. Comp., Verl.

Tagmann, Rob., de Taciti Germaniae apparatu critico. Adjecta est de particulae *donec* apud Tacitum usu commentatio. 8maj. ($8\frac{1}{2}$ Bog.) Vratislaviae 847, Schulz et Soc. Thlr. –

Tagmann, Rob., über die zweckmäßigste Behandlung u. Anordnung der französ. unregelmäßigen Verba. gr. 4. (21 S.) Breslau 852, Gosohorsky. n. 1/6 ℛ

—— die Wasserheilanstalt Centnerbrunn (früher Kunzendorf bei Neurode in der Grafschaft Glatz). Zur Vorbereitung, Begleitung und Erinnerung für Kurgäste. 8. (78 S. mit 1 Stnt. und lithogr. Titel.) Breslau 854, [Trewendt.] *

Tagmann, (Ernestus Adolphus) Robertus *(geb. Oels 16.5.1822)*: Disputationis de codicibus mss. atque editionibus vett. Taciti Germaniae part. I. Vratislaviae (1846). (51 S.) 8° *[Vollst. 1847 bei Schulze & Ko. in Breslau unt. d. T.: „De Taciti Germaniae apparatu critico".]*
Breslau, Phil. Diss. v. 25. Febr. 1846

Tagmann, Rob., Friedrich bei Leuthen. Vaterländisches Schauspiel in 5 Aufzügen. Tilsit 859. (Königsberg,) Gräfe & Unzer. 8. (IX, 173 S.) n. 20 ngr.

Tagmann, Robert, Petrus Vincentius, der erste Schulen-Inspector in Breslau. Ein Beitrag zur Kulturgeschichte Schlesiens. Breslau 1857

Tago, Paul. Leitsätze fürs praktische Leben. Wegweiser zu Glück und Wohlstand. 23 S. 8. Leipzig und Zürich, Th. Schröter, 1905. [fr. —. 50]

TAG-ORDNUNG der Schul-Kinder, bey den Closterfrauen de la congregation de notre dame, in welcher ausführlich enthalten, wie sie ihr Gebett, und andere geistliche Übungen, wie auch ihre tägliche Lehr, und Arbeiten, Vor- und Nachmittags verrichten. Presburg 1753. Gedr. bey Joh. Mich. Landerer. 210 S. - 120 mm

Tagpost. – Münchner Tagpost.
8.XI.1837 30.VI.1840.
Fortges. u.d.T.: Münchner Morgenblatt.

Tagregister über . . . Christian des Fünften, Königs zu Dennemarck . . . Lebens- und Regierungs-Geschichte. . . . Kopenhagen 1701. V: *Lauerentzen, Joh.* (Collin, Anonymer. Kiobenh. 1869.) V: *Ernst, Joh. Bertram.* H: *Laverentzen, Joh.* (Bruun, Bibl. Danica III, 215 f.) V: *Lauritzen, Joh.* (BrMm)

Tagsatzung, Eidgenössische s. [Acten der Eidgenössischen T'].

Tagsatzung. An die Hohe Eidgenössische T' in Zürich. ([Bittschrift flüchtiger] Bürger des Kantons Luzern [um Erlass von Tagsatzungsbeschlüssen, durch welche die luzernerische Regierung zur Zurücknahme des Jesuiten-Berufungsdekretes und Einstellung jeder Art von Verfolgung gegen die am Aufstand vom 8. Dez. 1844 Beteiligten angehalten werden soll]. Aarau, den 25. Jänner 1845.) 8. *o. O.*

Tagsatzungsbeschluss. T'-B' betreffend die Behinderung und Bestrafung der Ausreisser, von den in K. K. französischen Diensten stehenden vier Schweizer-Regimentern. 8. *o. O.* 1808.

Tagsatzungsbeschluss über definitive Regulirung der politischen Verhältnisse im Kanton Basel in Kraft erwachsen den 26 August 1833. 8. *o. O.*

Tagsatzungsbeschlüsse, welche in den Angelegenheiten Basels ([im Jahre] 1831) ergangen sind. Auf Befehl E. E. Rathes [des Kantons Basel] gedruckt. 8. *o. O.*

Tagsatzungsbeschlüsse, welche in den Angelegenheiten Basels den 14. und 17. Herbstmonat 1832 ergangen sind. Auf Befehl E. E. Rathes [des Kantons Basel] gedruckt. 8. *o. O.*

(Tagsberichte.) Tagsbericht N° 1–29. (Basel den 7. Jenner – den 28. Februar 1831.) fol. [Basel 1831.]
N° 1, 5, 7, 8, 10, 14, 19–21, 23, 26, 29 *in je 2 Ausgaben, worunter N° 1, Ausg. A, u. d. T.:* Berichte des Tages. N° 1.

Tagsberichte über die Fortschritte der Natur- u. Heilkunde, erstattet von R. Froriep. Nr. 1 – 677. gr. 8. (à ½ Bog. od. 1 Kupfertaf.) Weimar 848 – 52, Landes-Industrie-Comptoir. (50 Nrn. 2 ₰) 23 ₰

Tagsberichte über die Fortschritte der Natur- und Heilkunde, erstattet von R. Froriep. 13. 14. Bd. Nr. 601—700. Mit Kupfer- u. Steintaf. Weimar (853.) Landes-Industrie-Comptoir. gr. 8. Jeder Band von 50 Nrn. (à ½ Bgn.) n. 2 ₰.

Tags-Blatt. –
München. – 1.XI.1827 – 31.XII.1828.
Vorh. u.d.T.: Tage-Blatt.
Fortges. u.d.T.: Münchner Tagsblatt.

Tagsblatt. –
Augsburg. – 2.I.1830 – 15.IX.1830.
Fortges. u.d.T.: Tagblatt.

Tagsblatt der Stadt Bamberg. –
1.I.1835 – 28.I.1835.
Vorh. u.d.T.: Täglicher Anzeiger.
Fortges. u.d.T.: Tagblatt der Stadt Bamberg.

Tagsblatt. – Münchner Tagsblatt. –
1.I.1829 – 31.XII.1834.
Vorh. u.d.T.: Tags-Blatt.
Fortges. u.d.T.: Münchner Tagblatt.

Tagspost. –
Augsburg. – 1.I.1831 – 3.II.1831.
Vorh. u. fortges. u.d.T.: Tagblatt.

Tagszeiten, die kirchlichen — der allerseligsten Jungfrau Maria. Zum Gebrauch für weibliche Ordensgemeinden und Bruderschaften. Wien, 1857. Mechitharisten-Buchdruckerei (XI. 304 S. 8.)

Tagszeitung
v. **Luzerner** Tagszeitung.

Luzerner Tagszeitung
⑤ 27. 12. 1854—32 (!) 7. 1855 (= 1. 8. 1855) ⑥ 4° ⑦ wöchentlich 5× (ausgenommen Freitag und Sonntag) ⑧ Luzern: Kaspar Hübscher ⑩ Kaspar Hübscher ⑪ Kaspar Hübscher ⑫ konservativ ⑬ BGSZ: 685, 1028, 1032 ⑭ Lu: Z ⑮ Am Freitag erschien jeweils die «Luzerner Wochenzeitung».

Tägtmeier, Herm., Entwurf zur Haushaltungsbuchführung. (12 S.) kl. 8. Quedlinburg (908). H. Schwanecke. —15; Haushaltungsbuch dazu. (I, 24 S.) 8. —25

Tägtmeyer, Samariterbuch, s.: Eydam, W.

Tägtmeyer, Ernst, approb. Arzt aus Wolfenbüttel: **Ein Beitrag zur Lehre vom Peniscarcinom.** *Göttingen 1904: L. Hofer.* (68 S.) 8°
Göttingen, Med. Diss. v. [1. Juni] 1904

Tägtmeyer, Ernst, ein Beitrag zur Lehre vom Peniscarcinom. Diss. (68 S.) 8. Göttingen 904. (Vandenhoeck & Ruprecht.) n. 1. 40

Tägtmeyer, Fritz, bacc. jur.: Der Schrankfach-Vertrag. Cöthen-Anhalt 1910: Schettler. 33 S. 8°
Leipzig, Jur. Diss. v. 26. Febr. 1910
[Geb. 11 Sept. 81 Riddagshausen; Wohnort: Leipzig; Staatsangeh.: Braunschweig; Vorbildung: Gymn. Braunschweig Reife M. 03; Studium: Leipzig 4, München 1, Leipzig 3 S.; Rig. 14. Juli 09.] [U 10. 2903

Gemeinsame **Tagung** des Nassauischen und Hessischen Städtetages am 24., 25., 26. u. 27. Juni 1909 zu Biebrich a Rh. Biebrich a. Rh. (1909): Zeidler. 16 S. 8° [10. 10929 4

Bund für Mutterschutz. [Zur **Tagung** über die Hebammenfrage.] — Berlin 1908. 1 Bl. 4° [Schriften des Deutschen Bundes f. Mutterschutz. 2.]

Internationales Statistisches Institut.
IX. Tagung. Berlin 1903. Druckschriften Bd. 1—3.

ZUR VIERZEHNTEN TAGUNG der Vereinigung für gerichtliche Psychologie und Psychiatrie im Grossherzogtum Hessen am 4. November 1911. (o. O. o. Dr.) (3 Bl.) 8°.

Tagwache zum Anbruch d. Reiches Gottes auf Erden. Od.: Der Armen Erlösung, d. Schwachen Heil, d. Reichen Glück, d. Menschheit höchstes Ziel. Eine Hirtenstimme a. d. Alpen, ausgegang. zu Ende d. J. 1837. 8. (.. B.) Aarau, Christen.

Tagwacht
v. **Berner** Tagwacht. . **Oltner** Tagwacht.

Tagwacht: Die Tagwacht
① Organ der sozial-demokratischen Partei (bis 17. 3. 1870) und der internationalen Gewerkschaften in der Schweiz (ab 2. 4. 1870). Sozialdemokratische Zeitung - Organ des Schweizerischen Arbeiterbundes (2. 7. 1873—1877). Organ der Sozialdemokratischen Partei in der Schweiz und des Schweizerischen Arbeiterbundes (1878) ④ Arbeiterstimme (Zh—Be) ⑤ 11. 12. 1869—25. 12 1880 ⑥ 4°; 2° (ab 2. 7. 1873) ⑦ alle 14 Tage; Wochenblatt (ab 2. 4. 1870); wöchentlich 2× (2. 7 1873) ⑧ Wülflingen-Winterthur (?); Zürich: Typographie der Tagwacht (Brunngasse 1, dann Alt-Spital 16) (23. 8. 1873—30. 1. 1875). Aktien-Buchdruckerei Zürich (Alt-Spital 16. ab 18. 9. 1875 Hottingen ehemal. Tapetenfabrik) (3. 2. 1875 — 30. 12. 1876). Schweiz. Vereinsbuchdruckerei Hottingen-Zürich (mittlerer Zeltweg) (ab 3. 1. 1877) ⑨ Die neue Welt ⑩ Sozialdemokratische Partei und allgemeiner Gewerkschaftsbund ⑪ Hermann Greulich ⑫ sozialdemokratisch ⑬ BGSZ: 455 (Nobs); H. Greulich: Vor 30 Jahren. «Volksrecht» 1899, Nr. 289: Aus der Geschichte der Zürcher Arbeiterbewegung 1848—1948 ⑭ Zh: Z; Be: L (1870—1872. 1876).

Tagwacht
⑮ Bei der Gründung der Ostschweizerischen Arbeiterzeitung (1905) standen auch die folgenden Zeitungstitel zur Diskussion: Zukunft, Zeitgeist, Menschentum, Ostwacht, Volksstimme, Tagwacht, St. Galler Zeitung, St. Galler Post. v. Festschrift «50 Jahren Volksstimme» (St. Gallen, 1954), p. 22.

Berner Tagwacht
① Organ der socialdemokratischen Partei des Kantons Bern (1893—30. 4. 1897 und 9. 6. 1906—27. 2. 1909). Organ der socialdemokratischen Partei des Kantons Bern. Offizielles Organ des schweizerischen Maurer- und Handlanger-Verbandes. Offizielles Organ der Arbeiterunion von Burgdorf und Thun (1. 5. 1897—23. 7. 1901). Organ der socialdemokratischen Partei des Kantons Bern. Offizielles Organ des schweizerischen Maurer- und Handlanger-Verbandes. Offizielles Organ der Arbeiterunion von Burgdorf, Thun und Interlaken (ab 20. 11. 1901: von Biel, Burgdorf, Thun und Interlaken). Offizielles Organ des Kantonalvorstandes bernischer Grütli- und Arbeitervereine. Offizielles Organ des Schweizerischen Sozialdemokratischen Abstinentenbundes S.A.B. (beigefügt bis 22. 3. 1902: Offizielles Organ des Verbandes Schweiz. Wagen- und Schriften-Controlleure V.S.M & S.C.) (24. 7. 1901—6. 6. 1906). Sozialdemokratisches Tagblatt (1. 3. 1909—23. 2. 1912). Offizielles Publikationsorgan der sozialdemokratischen Partei der Schweiz (ab 24. 2. 1912) ③ Schweizerischer Sozialdemokrat ⑤ 9. 12. 1892 (cont.) ⑥ 2° ⑦ halbwöchentlich, wöchentlich 6× (ab 1. 12. 1906) ⑧ Bern: Neukomm & Zimmermann (bis 30. 12. 1893). Obrecht & Käser (1. 1. 1894—28. 12. 1895). Lack, Scheim & Cie. (4. 1. 1896—30. 12. 1896). Lack, Aschlimann & Just (2. 1. 1897—29. 1. 1898). Unionsdruckerei (ab 1. 2. 1898) ⑨ Feierabend: Illustrierte Unterhaltungsbeilage der Berner Tagwacht (1900 ?—1913): Sonntagsblatt der Berner Tagwacht 1914—1916, inhaltlich identisch mit dem Feierabend. Beilage zur Schweizer Metzger-Zeitung (Zh) und mit dem Sonntagsblatt. Illustrierte Gratisbeilage zum Zuger Volksblatt: Rundschau. Blätter für Unterhaltung und Belehrung. Beilage der Berner Tagwacht (belegt für 1912—1924); Die Seite der Frau ⑩ Arbeiterunion

Bern (bis 28. 11. 1906), Sozialdemokratische Presseunion des Kantons Bern (ab 1. 12. 1906) ⑪ Gottlieb Ott (9. 12. 1892—30. 12. 1893), Karl Moor (1. 1. 1894—28. 11. 1906), J. Hüppy (20. 6. 1906—29. 9. 1906 und 1. 12. 1906—1. 1. 1909), Philipp Meister (1. 12. 1906—31. 3. 1909), C. A. Loosli (liter. Teil ab 7. 3. 1908), Robert Grimm (2. 2. 1909—8. 5. 1918 und 22. 5. 1918—15. 10. 1918), Friedr. Heeb (10. 5. 1918—21. 5. 1918), Hans Vogel (16. 10. 1918—19. 8. 1919 und erneut ab 4. 9. 1919), Paul Meiners (16. 10. 1918—24. 6. 1919), Josef Belina (20. 8. 1919—11. 9. 1919), Robert Bolz (25. 7. 1921—22. 8. 1921 und später mehrmals), E. Büttikofer (ab 16. 5. 1930—Ende 1954), Alfons Scherrer, Kurt Schweizer; Mitarbeiter: Alb. Steck, Siebemann, Wassilieff, Prof. Dr. Max Weber (ab 1955) ⑫ sozialdemokratisch ⑬ BGSZ: 52, 196, 973; Berner Tagwacht, Nr. 1, 3. 1. 1918: Ein Gedenkblatt — 25 Jahre Berner Tagwacht ⑭ Be: L, S, St.

Oltner Tagwacht

① Organ für die Interessen der Arbeiterpartei ⑤ 1. 4. 1896—31. 12. 1897 ⑥ 2° ⑦ wöchentlich 2×; wöchentlich 3× (1897) ⑧ Solothurn: Brugger & Gigandet (1896); Grenchen: A. Niederhäuser (1896—1897) ⑩ Pressekomitee der Arbeiterpartei von Olten-Gösgen ⑪ Eduard Keßler, Fürsprecher ⑫ sozialdemokratisch ⑬ BGSZ: 1060; Oltner Neujahrblätter 1954 ⑭ SO: Z (1896), St (1897).

Tagwacht. – Schwäbische Tagwacht. – Stuttgart. – 1.IX.1890 – 28.II.(?)1933. Vorh u.d.T.: Schwäbisches Wochenblatt.

Seeländer Tagwacht (I)

⑮ Projektierte Arbeiterzeitung. Das Blatt sollte die mit dem «Bieler Tagblatt und Seeländer Boten» fusionierten Zeitungen «Seeländer Nachrichten» und «Tagblatt der Stadt Biel» ersetzen. Trotz langen Verhandlungen kam es nicht zustande. An seiner Stelle gründete Fritz Jordi 1917 das «Arbeiter Blatt» (Be).

Tagwächter (Der). Wochenblatt. Hamburg 1847—48.

Tagwacht-Kalender, schwäbischer, f. d. J. 1895. Hrsg. vom Landesvorstand der Sozialdemokraten Württembergs. J. A.: Carl Sperka. 4. (56 S. m. Abbildgn. u. 1 Taf.) Stuttgart, J. H. W. Dietz. n. — 20

Tagwacht-Kalender, schwäbischer, f. d. J. 1899. Hrsg. v. Landesvorstand der Sozialdemokraten Württembergs. J. A.: A. Dietrich. 4. (56 S. m. Abb. u. Wandkalender.) Stuttgart, J. H. W. Dietz Nachf. n. — 20

Tagwacht-Kalender, schwäbischer, f. d. J. 1903. Hrsg. v. Landesvorstand der Sozialdemokraten Württembergs. J. A.: Otto Wasner. 4. (56 S. m. Abbildgn. u. Wandkalender.) Stuttgart, J. H. W. Dietz Nachf. n. — 20

Tagwacht-Kalender, schwäbischer, f. d. J. 1906. Hrsg. vom Landesvorstand der Sozialdemokraten Württembergs. J. A.: Otto Wasner. (56 S. m. Abbildg. u. Wandkalender.) Lex.-8. Stuttgart, P. Singer. n. — 20

Tagwacht-Kalender, schwäbischer, f. d. J. 1909. Hrsg. vom Landesvorstand der Sozialdemokraten Württembergs. J. A.: Otto Wasner. (64 S. m. Abb., Titelbild u. Wandkalender.) Lex. 8. Stuttgart, P. Singer. — 20

Tagzeiten v. der unbefleckten Empfängnis Mariä. 2. Aufl. 16. (15 S.) Paderb. 891, Junfermann. — 10

Tagzeiten v. der unbefleckten Empfängnis Mariä. (Rosenkranz u. kleine Korone.) (16 S.) 11,5×7,5 cm. Saarlouis (909). F. Stein Nachf. p — 05

Tagzeiten von der unbefleckten Empfängnis der seligsten Jungfrau und Mutter Gottes Maria. 1. und 2. Aufl. 16. (22 S. mit 2 Musikbeilagen.) Donauwörth 885,87, Auer. * — 10

Tagzeiten zu Ehren Uns. Lieben Frau, neu hrsg. v. J. Leitner, s. a. Handbücher d. klösterl. Lebens, I.

Tagzeiten zu Ehren Unserer Lieben Frau (Officium parvum). In lateinischem und deutschem Texte . . . Regensb. 1899. H: *Leitner*, *J.* (Mitth. d. Verlagsbuchh.)

— zum heiligsten Herzen Jesu, s. a. Schutzengelbrief.

— zum heiligsten Herzen Jesu. 9. Aufl. 16. (20 S.) St. Louis, Mo. 886. Freiburg i/Br., Herder. f. 12 Explre. n.n. 1. 60

Tagzeiten, kirchliche, zu Ehren Unsrer lieben Frau. Nebst dem Marianischen Psalter d. heil. Bonaventura, Cardinal-Bischofs zu Albano u. Kirchenlehrers. Aus d Latein. übersetzt von J. P. Silbert. 2e Ausg. (Mit Titelb.) 12. Wien 837. Armbruster. 2/3 ℛ

Tagzeiten, kirchl., zu Ehren Unsrer lieben Frau. Nebst d. marian. Psalter d. heil. Bonaventura, Cardinal-Bischofs zu Albano rc. **A. d. Latein. übers. v. J. P. Silbert. 2. Ausg. 837. 2/3 Thlr., u. 3. A. 12. (à 12 B. u. Ttlbild.) Wien 842, Mayer u. Comp.**

— **kirchliche, zu Ehren Unserer Lieben Frau.** Nebst dem Marianischen Psalter des heil. Bonaventura, Cardinal-Bischofs zu Albano u. Kirchenlehrers. Aus d. Latein. übersetzt von J. P. Silbert. 3. Ausg. (Mit Titelbild.) 12. Wien 843, Mayer u. Comp. 1/4 ℛ

Tagzeiten, die kirchlichen, für die Verstorbenen, s. a. **Officium defunctorum.**

Tagzeiten, die kirchlichen, für die Verstorbenen. Warendorf 860. Schnell. 16. (40 S.) 1½ ngr.

—— kleine, zu Ehren der unbefleckten Empfängnis der seligsten Jungfrau Maria. 16. (15 S. m. 1 Titelbild.) Wien 892, Verlag „St. Norbertus". * — 20

— **kleine, zum heil. Franciscus v. Sales, Bischof v. Genf u. glorreichen Stifter des Ordens von der Heimsuchung Mariä. 32. (48 S.) Paderborn 877. F. Schöningh.** n. — 20

Tagzeiten, kleine, zu der allerseligsten Jungfrau Maria. 16. (140 S.) Landshut 872. Thomann. — 35

Tagzeiten, Die kleinen, Unserer Lieben Frau, oder: Das Offizium für die Abgestorbenen, die sieben Bußpsalmen und andere gewöhnliche Gebete der Kirche und des Breviers, mit sehr nützlichen **Einleitungen versehen, und zum bequemeren Gebrauche zusammengestellt. Regensburg 1862.** V: *Leitner*, *J.* (RUSSELL IX, 769)

— die kleinen, Unserer lieben Frau [Officium parvum B. Mariae] oder kurze Anleitung, dieselben andächtig zu beten. Den Verehrern der allerseligsten Jungfrau gewidmet von einem kathol. Priester. 16. (31 S.) Regensburg 877. Manz. — 10

Tagzeiten, die kleinen, zu Ehren des hlst. Herzens Jesu, welche der apost. Stuhl durch Decret der hl. Ritencongreg. vom 26. II. 1901 f. den privaten u. öffentl. Gebrauch approbiert hat. In deutscher Uebersetzg. hrsg. von der Red. des „Sendboten des göttl. Herzens Jesu". 16. (20 S.) Innsbruck 901. F. Rauch. n. — 10

— die kleinen, zu Ehren des hlst. Herzens Jesu, welche der apost. Stuhl durch Dekret der hl. Ritenkongreg. vom 26. II. 1901 f. den privaten u. öffentlichen Gebrauch approbiert hat. In deutscher Übersetzg. hrsg. v. d. Red. des „Sendboten des göttl. Herzens Jesu". 64.—68. Taus. (24 S.) 16. Innsbruck 910. F. Rauch. p — 08

Die kleinen Tagzeiten zu Ehren der seligsten Jungfrau Maria [Officium parvum B. Mariae Virginis]. Treu dem Sinne, frei d. Wortlaut nach wiedergegeben von Dr. Alois Lanner. Dülmen: A. Laumann 1906. (VIII, 168 S.) 8° [F.] [08. 9256

Tagzeiten, die kleinen, zu Ehren d. sel. Jungfrau Maria m. beigefügten Commemorationen f. die Terziaren des hl. Franziskus. (104 S. m. Titelbild.) 16. Metz (907). Verlag des „Sendboten". Geb. in Leinw. — 50

Tagzeiten zum heil. Kreuz. Neu bearb. v. einem kathol. Geistlichen. Zunächst zum Gebrauch f. barmherz. Schwestern; dann auch zur gemeinsamen Hausandacht f. christl. Familien. gr. 16. (24 S.) Neuß 849. (Schwann.) n. 1/12 ₰

(U.-Titel:) Tagzeiten | zur | Ehre des bittern Leidens und Sterbens Jesu | Christi, | (Fig.: *Pieta,* aufgeklebtes Foto, 35 × 22) | zur | Danksagung für die empfangenen göttlichen | Gutthaten und zur Erhaltung der nothwendigen Gnaden. | Besonders zum Gebrauche für die Mitglieder des dritten Ordens vom | seraphischen Vater Franziskus.
Kol.: München. | Religiöser Bilder-Verlag von J. Pfeiffer, | Herzogspitalstraße 6/0.
o. J., 20 S., 130 × 85.
Diöz.-B. Rottenburg.

TAGZEITEN und Litaney zu den heiligen drey Königen. Pressburg (1797): Druck. Schauff, (23 f.) - 150 mm

Tagzeiten der allerseligsten Jungfrau Maria, wie sie das Jahr hindurch gebetet werden. 2. Auflage 12 (Falz. 96 S.) Gratz. Verlag bei Jos. Sirolla. Druck von C. Tanzer. 1855.)

Die **Tagzeiten** der allerseligsten Jungfrau Maria. *Einsiedeln, Köln: Benziger & Co. 1896.* (111 S.) 8° [F.] [illegible]

Tagzeiten der allerseligsten Jungfrau und Mutter Gottes Maria, wie sie das ganze Jahr hindurch gebetet werden. 8. (166 S.) Linz. J. Wimmer, Buchdrucker. 1854.

— der allerseligsten Jungfrau u. Mutter Gottes Maria. 4—7. Aufl. Innsbruck 861—68. Vereinsbuchh. 8. (208 S.) 9 ngr.

Tagzeiten zu Ehren der allerseligsten Jungfrau u. Mutter Gottes Maria. 3 Thle. 16. (160, 164 u. 167 S. m. je 1 Holzschntaf.) Salzburg 881. Pustet. à n. — 30

— zu Ehren der allerseligsten Jungfrau u. Gottesmutter Maria. 3 Thle. gr. 16. (160, 160 u. 170 S.) Salzburg 896. A. Pustet. — 90

Tagzeiten, Die Marianischen, und Ordensgebete für die Tertiaren des Ordens der Diener Mariä ... Innsbruck 1900. V: *Moser, Johann Paul Maria.* (MARGR)

— die marianischen, u. Ordensgebete f. die Tertiaren des Ordens der Diener Mariä. Aus dem Regel- u. Andachtsbuch. 16. (135 S.) Innsbruck 900. Vereins-Buchh. u. Buchdr. Geb. n. — 50

Tagzeiten zur Verehrung der seligsten Jungfrau Maria. Für Kloster-Jungfrauen und fromme Christen überhaupt. (Mit Titelbild.) 8. Düsseldorf 841, Roschütz u. Comp. 1/4 ₰

Tagzeiten zur göttlichen Vorsehung. [Martinsbühel 1899.] V: *Hager, Edmund.* (MARGR)

Tagzeiten, vier, zu Ehren der seligsten Jungfrau Maria. Mit einer marian. Meß-Andacht. 24. (72 S.) Regensburg 854, Manz. *

Tahata, Yoshiaki, prakt. Arzt a. Wakayama (Japan): Ueber Cysten der Conjunctiva der Uebergangsfalten. München 1908: Kastner & Callwey. (36 S., 2 Taf.) 8°
München, Med. Fak., Ref. v. Bollinger, Diss. v. 16. März 1908
[Geb. 30. Juli 79 Wakayama; Wohnort: Wakayama; Staatsangeh.: Japan; Vorbildung: Gymn. Wakayama Reife März 95; Studium: Med. Hochsch. Osaka 8, München 2 S.; Rig. 16. März 08.]

Tahintzis, C. Th., e. Fall v. Prolapsus vaginae bei e. Jungfrau. gr. 8. (32 S.) Strassburg 884. Trübner. n. 1. —

Tahko, der junge Indianer-Missionär, s.: Aus fernen Landen, 6. Bdchn.

— the young indian missionary, s.: Tales of foreign lands.

Tahmasp I., Šah. Die Denkwürdigkeiten Schâh Tahmâsp's des Ersten von Persien (1515—1576) ... übersetzt ... von Paul Horn. Strassburg 1891.

Die Geisteskrankheiten und die Psychiatrie in der Türkei. Vortrag, geh. ... von Prof. Dr. Raschid **Tahssin** Bey, Konstantinopel. Berlin 1910: Unger. 12 S. 8°
Aus: IV. Internat. Kongreß z. Fürsorge f. Geisteskranke. [10. 1804, 3

Tai und Scherik. Lustspiel in drei Aufzügen. Wien 1794. V: *Weidmann, Paul.* (Jahrb. d. Grillp. Ges. XIII.)

— — dasselbe. Lustsp. in 3 Aufz. v. Weidmann. 8. Wien, Wallishausser.

Tai u. Scherick, oder der Festtag d. bösen Gottes; Schspl. 8. Lpz. 787. (Andrä). 6 gr

Tai und Scherik, oder der Festtag des bösen Gottes. Schauspiel. Leipz. 1797. V: *Davidsohn, Wolf* [?]. (GGR)

Tai u. Scherik; od. der Festtag d. bösen Gottes. Schausp. 8. Leipz. Bauer. 797.

Ta'lab 's Kitâb al-Faṣîḥ. Nach den Handschriften von Leiden, Berlin und Rom hrsg., mit krit. und erläut. Noten versehen von J. Barth. gr. 8. (63 S. und 75 S. arab. Text.) Leipzig 876, Hinrichs'sche Buchh. *

Taidinge, die Salzburgischen, s.: Weisthümer, österreichische.

Tajemnice z klasztorów. Wiarogodny opis, o okrutnem zamurowaniu żywéj zakonnicy Barbary Ubryk w klasztorze Karmelitek bosych w Krakowie która 21 lat w takiin położeniu żyła. Posen 869. Jagielski. 8. (32 S.) 8 ngr.

Tajemnice społeczeństwa wykryte w sprawach kryminalnych krajowych i zagranicznych. Tom. I—3. A. u. d. T.: Tajemnice społeczeństwa wykryte w sprawach kryminalnych krajowych wydał L. T. Tripplin. 3 Tomi. 8. (XXVI und 777 S.) Breslau 852. [Berlin,] Schletter's Verlag.

—— dass. — Tom 4—6. A. u. d. T.: Tajemnice społeczeństwa wykryte w sprawach kryminalnych zagranicznych. 3 Tomi. 8. (XV und 731 S.) Ebds. 852.

Tajemstwí Žiwého Růžence s připojeným wzýwáním božského srdce Pána Ježíše Krista a presswatého srdce blahoslawené Panny Marie, Matky jeho s krátkým wyswětlením této pobožnosti. Olmütz 856. (Neugebauer.) 8. (8 S.) 1 ngr.

Taigny, Edm., Catherine II. et la princesse Daschkoff. gr. 8. (40 S.) Naumburg 860, Paetz.

Tailhié, A., s. C. Rollin, Histoire alter Zeiten, u. Dess. Abrégé de l'histoire ancienne.

Taillandier, s. a. Saint René Taillandier.

Taillandier, Saint René, Béatrice, Poëme. gr. in 8. Paris et Leipzig 840. Brockhaus et Avenarius. n. $2^{11}/_{12}$ ₰

St. René **Taillandier**: d. gegenw. Krisis d. Hegel. Philos.; m. e. krit. Einleit. üb. d. Bedeut. d. letzten 12 Jahre in Deutschl. v. Hm. **Jellinek**. *Lpz.*, Weller. 847. 8° 11 Ngl

(Taillard, J. B.,) le Célibat des prêtres etc., s. Célibat.

Taille, S. de la, Maiblumen od. Mai-Andacht für Kinder bis zum Alter von 14 Jahren. Autoris. Uebersetzung v. M. Hoffmann. 24. (XXVII, 266 S.) Freiburg i/Br. 881. Herder. — 90

Taillefas, J., Schreckensscenen aus d. Norden. 8. Dresd. 820. Arnold. 1 ₰

Taillefas, J., Skizzen e. Reise nach Holstein, besonders der Probstei Prees im Sommer 1817. Mit 1 Kpf. 8. Hamb. 819. (Nur in Altona). 1 ₰ 15 gl Schrbp. 1 ₰ 21 gl

Taillefer, Jean Baptist (Mich.)

Taillefer, M., choix d'anecdotes, de contes, d'historiettes, de documens historiques, de traits d'esprit, de saillies ingénieuses, d'épigrammes et de bons mots tant en prose qu'en vers. Livr. 1 et 2 formant le premier Vol. 16. Meissen 844, Goedsche. $2/3$ ₰

Taillefer, (Jean Bapt.,) neue franz. Grammatik, od. allgem. u. besond. Grundsätze d. franz. Sprache, durch lehrr. u. unterhalt. Beispiele aus franz. Classikern bestätigt. Zum Gebr. in Schulen u. beim Privatunterr. 2 Bde. gr. 8. Leipzig, Weidmann. 20 Gr., Schrbp. 1 —
Bd. 1. Grammatik. (26 B.) 828. 16 Gr., Schrbp. 18 Gr.
„ 2. Uebungs-Aufgaben. (7 B.) 829. 4 Gr., Schrbp. 6 Gr.

Taillefer, Jean Bapt., s. Heinsius, Thdr.: Grammaire allemande ...

— manuels classiques de conversations etc., s. Bellenger, ...

—— nouvelle méthode pour apprendre la langue franç. etc. — A. u. d. T.: Neue Methode, die franz. Sprache auf d. schnellste u. leichteste Art zu erlernen, od. leicht faßl. Verfahren, um mit dem Sprechen das Französ. gleich beim Anfange d. Studiums dess. zu beginnen, u. die grammatikal. u. stylist. Formen dem Gedächtniß einzuprägen. gr. 12. ($8^{1}/_{4}$ B.) Leipzig 835, O. Wigand.

Taillefer, M., neue Methode die französ. Sprache auf die schnellste und leichteste Art zu erlernen, oder leichtfaßliches Verfahren, um mit dem Sprechen das Französische gleich beim Anfang der Studien derselben zu beginnen, und die grammatikal. und stylist. Formen dem Gedächtniß einzuprägen. (Neue Titel-Ausg.) 12. (XXVII und 168 S.) Leipzig 848, O. Wigand.

s. Noël et Chapsal: Nouv. Grammaire.

— Oeuvres choisies du Général Bonaparte, ou nouveaux exercices français, cont. des modèles d'éloquence militaire et administrative, avec une analyse grammaticale et un vocabulaire français-allemand. Ornées du Portrait de Bonaparte et d'un facsimile. — Auch mit d. Umschl.-Titel: Kleines französisches Lesebuch großer Erinnerungen. gr. 12. Leipzig 833. W. Zirges, jetzt Melzer. $^{3}/_{8}$ ₰

„Taillemeter", Meisterschafts-Selbstunterricht i. Maassnehmen, Schnittzeichn. u. Zuschneiden. Zuverlässigste u. schnellste Selbsterlerng. des modernen Taillen- u. Rockschnittes f. Damen. 2 Tle. 4. (12 S. m. 7 Taf. u. 1 Musterschema.) Leipzig (899). Dresden, F. L. F. Koch. In Mappe n. 5. —

Taillenschnittmuster-Zusammenstellung zum Gebrauch f. Atelier u. Familie. 5 Blatt. 67×42,5; 43,5×35,5; 53,5×23; 67×36,5 u. 56×19,5 cm. Nebst 1 Bl. Text. gr. 4. Stuttgart (902). J. F. Schweickart (durch A. Koch & Co.). In Tasche n. 3. 25

Tailleur, le, de Bruxelles. Journal des modes et de l'art du tailleur. Red. H. Klemm. Jahrg. 1872. 12 Nrn. (B. m. 1 color. Kpfrtaf.) gr. Fol. Dresden. Exped. d. europ. Modenzeitg. 14. 40

Tailleur, le grand. Ed. spéciale du Chic parisien. Administrateur-gérant: A. Bachwitz. Jahrg. 1910. 12 Nrn. (à ca. 10 Taf. m. 4 S. illustr. Text in französ., engl. u. deutscher Sprache.) 43×38 cm. Wien, Verlag der Modejournale „Chic parisien" usw. 56.—; einz. Nrn. 4. 50

Tailleuse, la Journal des modes. Fachblatt f. einfache Pariser u. Wiener Modelle. (In französ. u. deutscher Sprache.) Juli 1906—Juni 1907. 12 Hefte. (à ca. 8 S. m. Abbildgn., farbigen Modenbildern u. Schnittbogen.) Fol. Wien, B. Finkelstein & Bruder. n. 12. —; halbj. 6. 25; einz. Hefte 1. 25; Ausg. II ohne Titelumschlag u. Orig.-Schnitt 10. —; bezw. 5. 25 u. 1. —

Tailleuse, la, de Paris. Journal mensuel. Gérant: A. Gruenwald. (In französ. u. deutscher Sprache.) Juli 1910—Juni 1911. 12 Nrn. (à ca. 8 S. m. Abbild., 4 farb. Modenbildern u. 2 Schnittbog.) 43×32,5 cm. Wien, Palais de la Mode „Le grand Chic". 12.—; halbj. 6.25; viertelj. 3.25; einz. Nrn. 1.20; Ausg. II ohne Titelumschlag u. Orig.-Schnitt 10. —
Jahres-Abonnenten erhalten 2 Blusen-Albums gratis.

Taillez, Louis de, Choix de lectures, extraites des productions modernes de la littérature franç. — A. u. d. T.: Auswahl franz. Lesestücke, aus d. neuern Producten d. franz. Literatur zusammengetr., mit zweckmäß. Uebungen u. Erläutern. vers. u. zunächst für d. obern Classen höh. Bildungsanstalten beiderlei Geschlechts bestimmt. gr. 8. ($9^{1}/_{2}$ B.) München 829, Finsterlin.

—— Grammaire théorique et pratique de la langue italienne, suivie des règles de la versification de cette langue; ouvrage travaillé sur un plan tout-à-fait nouveau. gr. in-8. ($12^{1}/_{2}$ B.) Munich 834, Finsterlin.

— kurzgefaßte französ. Grammatik, nebst Lese- u. and. Uebungen z. leichten u. gründl. Erlernung der französ. Sprache. 3 Hfte. gr. 8. Münch. 827—28. (Finsterlin). (à 6 gr) 18 gr
2e nach e. neuen Plane bearb. Aufl. 1s Heft. gr. 8. Ebd. 832. 9 gr

Taillez, Louis v., kurzgef. franz. Grammatik, nebst zweckmäß. Uebungen zur leichten u. gründl. Erlernung d. franz. Sprache. (1. Lehrkurs.) 2., nach e. ganz neuen Plane bearb. Aufl. 1. u. 2. Hft. gr. 8. München, Finsterlin. [1. (9 B.) 832. 9 Gr., 2. (10½ B.) 833. 10 Gr.] Thlr.
1. Aufl. 3 Hfte. (21 B.) Ebendas. 1827, 28. 18 Gr.

—— französ. Grammatik mit zweckmäß. Uebungen zur leichten u. gründl. Erlernung d. franz. Sprache, nebst e. Anh. üb. d. Versbau, u. e. Verzeichnisse d. berühmt. franz. Schriftsteller u. ihrer Werke. 2., nach e. ganz neuen Plane bearb. Aufl. 2. Lehrkurs. gr. 8. (16¾ B.) München 834, Finsterlin.

Taillez, L. de, kurzgefaßte franz. Grammatik, nebst zweckmäß. Uebungen z. leichten u. gründl. Erlernung d. franz. Sprache. Nach ein. ganz neuen Plane bearb. 1. u. 2. Hft. gr. 8. München, Finsterlin. [1. 3. Aufl. (8½ B.) 837. 9 Gr., 2. 3. u. 4. A. (à 10½ B.) 839, 41. à 10 Gr.]

— dass. 3. Heft oder 2. Lehrcursus. 3. durchges. Aufl. gr. 8. Ebend. 845. ⅔ ß

Taillez, L. de, kurzgefaßte französ. Grammatik nebst zweckmäß. Uebungen z. leichten u. gründl. Erlernung der franz. Sprache. Nach einem ganz neuen Plane bearb. (3 Hfte in 1 Bde. 1. u. 2. Hft. 5. Aufl. 3. Hft. als 2. Lehrcurs. 3. Aufl.) gr. 8. (34½ B.) München 846, Finsterlin.

de Taillez, L., kurzgefaßte französ. Grammatik nebst zweckmäß. Uebungen zur leichten u. gründl. Erlerng. der französ. Sprache, nebst einem Anhange üb. den Versbau, u. einem Verzeichnisse der berühmtesten franz. Schriftsteller u. ihrer besten Werke. Nach einem ganz neuen Plane bearb. 4. durchgesehene Aufl. 3. Hft. od. 2. Lehrkurs. gr. 8. (248 S.) München 849, Finsterlin. ⅔ ß

— s. Le Sage; Histoire de Gil Blas.

— französische Styl-Uebungen, bestehend in einer Samml. von Auszügen mannigfalt. u. anziehenden Inhalts, aus den vorzügl. neuern franz. Schriftstellern gewählt u. als Uebungsstücke zum Uebersetzen aus dem Deutschen in das Franz. eingerichtet. gr. 8. Ebd. 836. n. ⅔ ß

The Tailor: vol. 1–3, no. 5, Oct. 1887–Dec. 1891.
Monthly, each volume containing no. 1—24, covering a two-year period. Sub-title: Official Organ of the Journeymen Tailors' National Union. Trade journal, published in English and German through Dec. 1891; thereafter in English only, and not listed here. Large quarto, each issue 8 pages; illustrated, including ports., tables. Circulation: 1890, 8000. Published by the Union, John Brown Lennon, Secretary.
New York, NY

Tailor and Cutter, the. Engl. Journal für Herren-Moden. Deutsche Ausg. Redact.: John Williamson. (1. Ausg.) Jahrg. 1882—1884. à Jahrg. 12 Hefte. (à Heft 1—1½ Bog. mit eingedr. Schnittzeichnungen, geschnittenen Mustern und lithogr. Modebildern.) hoch 4. London. (Berlin, Egert.) à Jahrg. *
2. Ausg. à Jahrg. *ℳ 25.; 3. Ausg. à Jahrg. *
4. Ausg. à Jahrg. *ℳ 12.; 5. Ausg. à Jahrg. *

Tailor and Cutter, the. Journal englischer Moden. Deutsche Ausg. Redact.: John Williamson. (1. Ausg.) Jahrg. 1885—1888. à Jahrg. 12 Hefte. (à Heft 1—1½ Bog. mit eingedr. Schnittzeichnungen, geschnittenen Mustern und color. Modebildern.) hoch 4. London. (Berlin, Egert.) à Jahrg. *
2. Ausg. mit schwarzen Modebildern à Jahrg. *
3. Ausg. 2 color. (Saison-)Bilder mit Text. à Jahrg. *
4. Ausg. 2 schwarze (Saison-)Bilder mit Text. à Jahrg. *
5. Ausg. à Jahrg. 12 Hefte (wie 1. Ausg.) ohne Mode-Bilder. à Jahrg. *
Vgl.: Encyklopädie des Zuschneiders.

Tailor and Cutter, the. Journal englischer Moden. Deutsche Ausg. Red.: John Williamson. (1. Ausg.) Jahrg. 1886—1889. à 12 Hefte. (1—1½ Bog. mit eingedr. Schnittzeichnungen, geschnittenen Mustern u. color. Modebildern.) hoch 4. London. (Berlin, Jul. Egert.) à Jahrg. n. 28. —; 2. Ausg. mit schwarzen Modebildern à Jahrg. n. 25. —; 3. Ausg. 2 color. (Saison-)Bilder mit Text. à Jahrg. n. 15. —; 4. Ausg. 2 schwarze (Saison-)Bilder mit Text. à Jahrg. n. 12. —; 5. Ausg. à Jahrg. 12 Hefte (wie 1. Ausg.) ohne Mode-Bilder. à Jahrg. n. 17. —
s.: Encyklopädie des Zuschneiders.

Tailor and Cutter, the, and London Art Fashion Journal, f. d. Förderg. d. Kunst u. Wissenschaft d. Zuschneidens u. d. Schneiderei, published at the tailor's cutting academy and model pattern depot, the John Williamson company limited, London. (Deutsche Ausg.) Vol. 31—33. à 12 Nrn. (Bog. m. Abb. u. Taf.) M. 2 grossen kolor. Taf. gr. 4. London 896—898. (Leipzig, G. Brauns.) à Jahrg. n. 16. 40

Tailor and cutter, the. Continental edition & London Art Fashion Journal. Printed and published by The John Williamson Company ltd. (Deutsche Ausg.) Vol. 36. 12 Nrn. 4. (à ca. 8 S. m. Abbildgn., Taf. u. Schnittbog.) London 901. (Leipzig. G. Brauns.) n. 16.40
Nicht mehr im deutschen Buchhandel. — Vergl. a.: London Art Fashion Journal, the.

Tailor, Jos., Wunder d. Bäume, Pflanzen u. Sträucher, od. Beschreib. wunderbarer Eigenschaften derselben. Aus d. Engl. v. J. N. F. Mit 4 Abb. gr. 12. Linz, 1835. Eurich u. Sohn. 1. 5
— s.: Taylor, John.

Tailor-made. Modèles „Genre tailleur". Jahrg. 1910. 6 Nrn. (à ca. 8 farb. Taf. m. 2 S. Text in deutscher u. französ. Sprache.) 41×25,5 cm. Frankfurt a/M., Mode-Journal-Verlag M. G. Martens. 15. —

Die altirische Heldensage Táin bó Cúalnge. Nach d. Buch v. Leinster in Text u. Übers. mit e. Einl. hrsg. von Ernst Windisch. Leipzig: S. Hirzel 1905. (XCII, 1120 S.) 8°
[Der Viehraub von Cúalnge.]
= Texte, Irische. Extrabd zu Ser. 1–4. [07. 2676

Taina.—

Тайна игры въ рулетку и въ трантъ и карантъ. (Das Geheimniss des Roulette- und Trente et quarante-Spieles. 8. (31 S.) Leipzig 860, Hübner.

Tainach, Wolf v., Gräfin Saroltas Ehe. Roman. (427 S.) 8. Dresden (910). J. Bettenhausen. 3.—; geb. 4. —

Tainach, Wolf. v., die brennende Frage. Humorist. Roman. gr. 8. (338 S.) Dresden 901. E. Reißner. n. 4. —; geb. n. 5. —

— schwarze Kugeln. Humorist. Roman. 8. (227 S.) Ebd. 900. n. 3. 50; geb. n. 4. 50

Tainach (Umschlag Teinach), Wolf v., die Maikönigin. Roman. 8. (286 S.) Dresden 898. E. Pierson. n. 3. —; geb. n. 4. —

Taine, Hippolyte

—— s. Schrattenthal, Karl.

Hippolyte Taine. Aufzeichnungen über England [Notes sur l'Angleterre]. Autor. Ausg. (Aus d. Franz. übertr. von Ernst Hardt.) Jena & Leipzig: E. Diederichs 1906. (328 S.) 8° [07. 1081 8

Die Entstehung des modernen Frankreich. (Les Origines de la France contemporaine.) Von H[ippolyte] **Taine.** Autor. deutsche Bearb. von L(eopold) Katscher. Bd 1–3. Leipzig: Abel (3: & Müller) [1877]–(1893). 8°
1. Das vorrevolutionäre Frankreich. [1877.]
2. Das revolutionäre Frankreich. Abth. 1–3. [1878–1885.]
1. [1878.] 2. 1882. 3. [1885.]
3. Das nachrevolutionäre Frankreich. Abth. 1. 2. ([1891]–1893.) [11. 6890

Taine, H., die Entstehung des modernen Frankreich. Autoris. deutsche Bearbeitung v. L. Katscher. 1. Bd. A. u. d. T.: Das vorrevolutionäre Frankreich. gr. 8. (XXVI, 416 S.) Leipzig 877. Abel. n. 7. 50

— dasselbe. 2. Bd. 1. u. 2. Abth. A. u. d. T.: das revolutionäre Frankreich. gr. 8. (XXVI, 420 u. XXX, 452 S.) Ebend. 878. 82. n. 16. 50

Taine, H., die Entstehung d. modernen Frankreich. Autoris. deutsche Bearbeitg. v. L. Katscher. 2. Bd.: Das revolutionäre Frankreich. 3. Abth. gr. 8. (XXVII, 571 S.) Leipzig 885. Abel. n. 12. — (I—II, 3.: n. 36.—)

Taine, H., die Entstehung d. modernen Frankreich. Autoris. deutsche Bearbeitg. v. L. Katscher. 3. Bd. Das nachrevolutionäre Frankreich. 1. Abth. gr. 8. (XVI, 381 S.) Leipzig 891. Abel & Müller. n. 9. — (I—III, 1.: n. 45. —)

— dasselbe. 2., veränd. Aufl. 24 Lfgn. = 3 Bde. in 6 Abthlgn. gr. 8. Ebd. 893. 894. n. 51. 50; Einbde. à n.n. 2. 50
I. Das vorrevolutionäre Frankreich. (VIII, 450 S.) n. 7. 50
II, 1. Das revolutionäre Frankreich. 1. Abth. (VIII, 432 S.) n. 7. 50
2. — dasselbe. 2. Abth. (X, 470 S.) n. 9. —
3. — dasselbe. 3. Abth. (XXVII, 571 S.) n. 12. —
III, 1. Das nachrevolutionäre Frankreich. 1. Abth. (XVI, 381 S.) n. 9. —
2. — dasselbe. 2. Abth. (XXVI, 270 S.) n. 6. 50

— die Entstehung des modernen Frankreich. Autoris. deutsche Bearbeitg. v. L. Katscher. III. Bd.: Das nachrevolutionäre Frankreich. 2. Abtl. gr. 8. Leipzig, P. E. Lindner. 15. 50; geb. in Halbfrz. 20. 50
1. 3. veränd. Aufl. (XVI, 381 S.) (904). 9. —; geb. 11. 50
2. 2. veränd. Aufl. (XXVI, 270 S.) (906.) 6. 50; geb. 9. —

Taine, Hippolyte, die Entstehung des modernen Frankreich. Autoris. deutsche Bearbeitg. v. L. Katscher. 1. Bd.: Das vorrevolutionäre Frankreich. 3., veränd. Aufl. (VIII, 444 S.) gr. 8. Leipzig (908). P. E. Lindner. 7. 50

— Geschichte der englischen Literatur. Deutsch bearb. u. m. Anmerkungen versehen v. Leop. Katscher. Autoris. Ausg. 3 Bde. gr. 8. (XIX, 730; 503 u. V, 559 S.) Ebend. 877—80. n. 36. —; geb. n.n. 42. —

— Geschichte der englischen Literatur. Deutsch bearb. von Gust. Gerth. Autoris. deutsche Ausg. 21 Lfgn. oder 3 Bde. gr. 8. (XIX, 730; 503; V, 559 S.) Ebendas. 878—80. à Lfg. * *M* 1,50.; compl. * *M* 36.; geb. *

Taine, Hippolyte, Napoléon Bonaparte, hrsg. v. K. A. Mart. Hartmann, s.: Hartmann's, K. A. Mart., Schulausgaben. Nr. 16.

Taine, Hippolyte, Napoléon Bonaparte, hrsg. v. Bruno Herlet, s.: Perthes' Schulausgaben engl. u. französ. Schriftsteller, Nr. 6.

Napoléon Bonaparte p. H(ippolyte Adolphe) **Taine.** In Ausz. m. Anm. z. Schulgebr. hrsg. v. Dr. Julius Sahr, Oberl. . . . zu Dresden. M. 1 Bildn. (Text.) Anm. [&] Wörterb. *Bielefeld & Leipzig: Velhagen & Klasing 1897.* 3 Bde 8.
(Text.) (IX, 82 S., 1 Bl., 1 Portr.) Anm. (79 S.) Wörterb. (53 S.)
— **Sammlung,** Velhagen & Klasings, französ. u. engl. Schulausgaben. Prosateurs franç. Lfg 112. Ausg. B. [98. 1798

— dasselbe, hrsg. v. Jul. Sahr, s. a. Prosateurs français, Nr. 112.

Napoléon Bonaparte. Aus H[ippolyte] **Taines** Les origines de la France contemporaine. Ausgewählt u. f. d. Schulgebr. erkl. von Dr. A[rnold] Schmitz, Prof. zu Erfurt. 3. Aufl. Berlin: Weidmann 1905. (VI, 146 S.) 8°
— **Schulbibliothek** franz. u. engl. Prosaschriften aus d. neueren Zeit. Abt. 1. Bdch. 10. [05. 5640

Napoleon von Hippolyte **Taine.** Deutsch von Luise Wolf. Hrsg. u. eingel. von Hans Landsberg. 3. Taus. Berlin: Pan-Verl. 1907. (VI, 102 S.) 8° [F.]
(Napoleon-Bibliothek.)
= **Museum,** Das. 6. [08. 6476

— les origines de la France contemporaine, hrsg. von H. Gassner, s.: Klassiker-Bibliothek, französisch-englische. 36.

— dasselbe, hrsg. von Otto Hoffmann, s.: Schulbibliothek, französische u. englische. A. 57.

— les origines de la France contemporaine. F. d. Schulgebr. hrsg. v. Gust. Rolin. 1. Tl.: Einleitg. u. Text. 2. Tl.: Anmerkgn. u. Wörterverzeichnis. 8. (XV, 200 S.) Leipzig 899. G. Freytag. Geb. in Leinw. u. geh. n. 1. 60

H. Taine. Les origines de la France contemporaine. Für den Schulgebrauch herausgegeben von Gustav Rolin. I. Theil: Einleitung und Text. II. Theil: Anmerkungen und Wörterverzeichnis. (Freytags Sammlung französischer und englischer Schriftsteller.) Wien und Prag. 1899. Tempsky. 8°. 200 S. Geb. fl. 1.—

Les origines de la France contemporaine. Par H(ippolyte) **Taine.** Mit Anm. z. Schulgebr. hrsg. von Dr. August Sturmfels, Prof., Gießen. 1. Bielefeld & Leipzig: Velhagen & Klasing 1904. 8°
= **Sammlung,** Velhagen & Klasings, franz. u. engl. Schulausgaben. Prosateurs franç. Lfg 150 B. [05. 3149

— les origines de la France contemporaine, hrsg. v. Aug. Sturmfels, s. a. Prosateurs français.

— Philosophie de l'art, hrsg. v. M. Fuchs, s.: Schriftsteller, französische, aus dem Gebiete der Philosophie, Kulturgeschichte und Naturwissenschaft.

Taine, H., Philosophie der Kunst. Autoris. deutsche Uebersetzung. Paris 866. Jung-Treuttel. 8. (XIV, 144 S.) 1 *M*

— Philosophie der Kunst. Autoris. deutsche Uebersetzg. 2. Ausg. 8. (XIV, 144 S.) Leipzig 885. Le Soudier. 3. —

— Philosophie der Kunst. Aus dem Franz. übertr. v. Ernst Hardt. Mit Buchausstattung v. Fritz Schumacher. 1. u. 2. Bd. gr. 8. (IV, 284 u. 349 S.) Leipzig 902. 903. Jena, E. Diederichs. à n. 4. —; geb à n. 5. —

— Philosophie der Kunst. Aus dem Franz. übertr. v. Ernst Hardt. Autoris. Ausg. 2. Aufl. 3. u. 4. Taus. (533 S.) 8. Jena 907. E. Diederichs. 8.—; geb. 9. 50

— l'ancien régime, s.: Hartmann's, Mart., Schulausgaben, Nr. 18

L'ancien régime. Napoléon Bonaparte [Origines de la France contemporaine, Ausz.]. Par H[ippolyte] **Taine.** Hrsg. u. erkl. von Prof. Dr. F[ranz] J[osef] Wershoven. [Text.] Trier: J. Lintz 1907. 8°
— **Auteurs** français. 5. [08. 8616

— Reise in Italien. Aus dem Franz. übertr. v. Ernst Hardt. Den Buchschmuck zeichnete Walt. Tiemann. 1. u. 2. Bd. 8. Leipzig 904. Jena, E. Diederichs. à n. 5. —; geb. à n. 6. — 18. Bd.
1. Rom u. Neapel. (IV, 371 S.) — 2. Florenz u. Venedig. (385 S.)

— **Reisen in Italien.** Aus dem Franz. übertr. von Ernst Hardt. 3.—4. Taus. 2 Bde. (370 u. 397 S.) 8. Jena 910. E. Diederichs. 10.—; geb. 12. —

— eine Reise in den Pyrenäen. Plaudereien über alles Mögliche u. noch einiges Andere. Illustrationen (in eingedr. Holzschn.) v. Gust. Doré. Lex.-8. (356 S. m. 1 lith. Karte.) Berlin 878. Auerbach. n. 10. —; geb. n. 12. —

Taine, H., eine Reise in den Pyrenäen. Illustrirt von G. Doré. Lex.-8. Stuttgart 878. Leipzig, Unflad. * 10 — geb. * 12 —

—— Streifzüge in England, s. Zehnpfennig-Bibliothek.

[F.] Studien zur Kritik und Geschichte v. Hippolyte **Taine**. Autoris. Übs. v. Paul Kühn u. Anathon Aall. M. e. Vorw. v. Georg Brandes. *Paris, Leipzig, München: A. Langen 1898.* (XXVII, 551 S.) 1 Bd 8. [97. 5168

— der **Verstand.** Autoris. deutsche Ausg. nach der 3. franz. Aufl. übers. v. L. Siegfried. 2 Bde. gr. 8. (320 u. 372 S.) Bonn 880. Strauss. n. 16. —

Voyage aux Pyrénées p. H(ippolyte) **Taine**. In e. Ausw. m. Anm. z. Schulgebr. hrsg. v. Dr. Richard Faust, Oberl. . . . zu Dresden. [Nebst] Wörterbuch. *Berlin: R. Gaertner 1895.96.* 2 Bde 8.
[Text.] 1895. (2 Bl., 131 S.) Wörterb. 1896. (38 S.)
— **Schulbibliothek** französ. u. engl. Prosaschriften aus d. neueren Zeit. Abt. 1. Bdch. 15. [97. 8167

Tajnosti čili sbírka tajností hlavních měst celé země. Seši 1—32. Prag 861, 62. Silber. 16. Jedes Heft n. 2 ngr.
1—14. [Část I.] Tajnosti Pražské. Od. ***. (Díl I.: 222 S.; II.: 223 S.)
15—32. [Část II.] Tajnosti Pařížské. Roman sociální od Eug. Suea. (Díl I.: 332 S.; II.: 232 S.)

[Russ.] Tajny zimnjago dvorca. Sočinenie N. T. *Berlin: G. Štejnic 1902.* (332 S.) 8°
(Aus d. Unrecht. Geheimnisse d. Winter-Palais.)
(Izvěstnějšaja russkaja biblioteka. Č. 21.)

Taistrzik, F. A.: „Ueber Dienstreluitionen in Schlesien mittelst eines zu errichtenden landschaftlichen Creditinstituts, nebst entwickelten Grundsätzen zu einem dergleichen Creditinstitute", Ratibor 1817. — Vorh.: Preuß. Staatsbibliothek Berlin.

Taistrzik, T. A., Ueber Dienstreluitionen in Schlesien mittelst eines zu errichtenden landschaftlichen Creditinstitutes, nebst entwickelten Grundsätzen zu einem dergleichen Creditinstitute. 8°. Ratibor 1817.

Tait, Ant., Leben des ehrwürdigen Dieners Gottes Johann Nepomuk v. Tschiderer, Fürstbischofs v. Trient. Nach d. Prozeßakten u. beglaubigten Urkunden dargestellt. Mit Genehmigg. d. Verf. ins Deutsche übertr. v. Leo Schlegel, O. Cist. (XV, 598 S.) 8. Trient 908. Joh. Bapt. Monauni. (Nur direkt.) 4.25; geb. 6. —

Tait, Lawson, u. E. **Gryſanowski**, kritische Beleuchtungen der Vivisectionsdebatte im preußischen Abgeordnetenhause. 8. (22 S.) Dresden 883. Internationaler Verein zur Bekämpfg. d. wissenschaftl. Thierfolter. — 20

Tait, Lawson, die Nutzlosigkeit der Thier-Vivisection als wissenschaftliche Forschungs-Methode. Ein am 20. Apr. 1882 vor der Birminghamer philosoph. Gesellschaft geh. Vortrag. 8. (28 S.) Hannover 882. Schmorl & v. Seefeld. — 25

— dasselbe. gr. 8. (30 S.) Dresden 883. Buchhandlung des Internationalen Vereins zur Bekämpfung der wissenschaftl. Thierfolter. — 25

Tait, Peter Guthrie

Tait, P. G., die Eigenschaften der Materie. Autoris. Übersetzg. v. G. Siebert. gr. 8. (II, 322 S. m. eingedr. Fig.) Wien 888. Pichler's Wwe. & Sohn. n. 7. —

Tait, P. G., elementares Handbuch der Quaternionen. Autoris. Uebersetzung von G. v. Scherff. gr. 8. (XV, 332 S.) Leipzig 880. Teubner. n. 10. —

Tait, P. G., **Handbuch der theoret. Physik,** s.: Thomson, W.

— treatise on natural philosophy, s.: Thomson, W.

— Vorlesungen über einige neuere Fortschritte der Physik. Autorisirte deutsche Ausg. von G. Wertheim. Mit in den Text eingedr. Holzst. gr. 8. (XVII, 279 S.) Braunschweig 877. Vieweg & Sohn. n. 6. —

Tait, P. G., Wärmelehre. Autoris. deutsche Ausg., besorgt v. Ernst Lecher. Mit 53 Holzschn. gr. 8. (VIII, 327 S.) Wien 885. Toeplitz & Deuticke. n. 8. —

Tait, W. Cave, die Arbeiter-Schutzgesetzgebung in den Vereinigten Staaten. gr. 8. (VIII, 178 S.) Tübingen 884. Laupp. n. 3. —

Taitbout de Marigny, E.

— atlas de la Mer Noire et de la Mer d'Azov. Odessa 850. (Leipzig, Haessel.) qu. Fol. (36 lith. Bl.) nn. 6 ₰.

Taitbout de Marigny, E., Hydrographie de la Mer Noire et de la Mer d'Azow. Description topographique et archéologique de leurs côtes depuis les temps anciens jusqu'à nos jours. Lex.-8. (VI und 170 S.) Triest 856(57). (Leipzig, Haessel.) *

Taitelbaum, Itzek: Studien über Brennstoffketten. 1910. 50 S. 8° ¶ Aus: Zeitschrift f. Elektrochemie. Jg. 16. Braunschweig, Dr.-Ing.-Diss. v. 8. 3. 1910

Die **Taittirîya-Saṃhitâ**. Hrsg. von Albrecht Weber. Th. 1. 2. Leipzig: F. A. Brockhaus 1871–72. 2 Bde 8°
1. Kâṇḍa 1–4. 1871. 2. Kâṇḍa 5–7. 1872.
= **Studien,** Indische, hrsg. von A. Weber. Bd 11. 12. [07. 4383

Tak! Auf das grünes Wiesen. Komischer Text in verbessertem Deutsch auf den beliebten »Schrumm«-Marsch von Pane Karlitzku. Wien [1885]. V: *Lorens, Carl.* (EB)

Takács, Bernhardin

Takács, Bernh., carmina selecta. Recognovit ac adnotationibus illustravit Caes. Vagács. Comaromii 867. (Raab, Hennicke.) gr. 8. (X, 290 S.) n. 24 ngr

Takacs, B.: Über den Nutzen öffentlicher Unterrichtsanstalten. -- Gran, Progr. 1851.

Takács, Emerich, neueste bewährte Methode zur möglichst schnellen Erlernung der ungarischen Sprache für Deutsche. Mit einem prakt. Anhang, enthaltend Uebersetzungsaufgaben, Lesestücke, Sprichwörter etc. Nach den besten Quellen bearb. 2., verb. Aufl. A. u. d. T.: Die Kunst in 18 Lectionen ein Kern-Magyar zu werden. 2., verb. Aufl. 16. (140 S.) Wien 855, Wenedikt.

Takács, Emerich, neueste bewährte Methode zur möglichst schnellen Erlernung der ungarischen Sprache für Deutsche. Mit einem praktischen Anh., enth. Uebersetzungsaufgaben, Lesestücke, Sprichwörter etc. Nach den besten Quellen bearb. A. u. d. T.: Die Kunst in 18 Lectionen ein Kern-Magyar zu werden. Enth. eine theoretisch-praktische Anleitung die ungarische Sprache in 18 eingetheilten Lectionen fertig lesen, schreiben und sprechen zu lernen etc. 3. verb. Aufl. 860. — 4. verm. Aufl. Wien 861. Wenedikt. 16. (156 S.) 9 *ngr.*

Takács, Emerich, neueste bewährte Methode zur möglichst schnellen Erlernung der ungarischen Sprache für Deutsche. Mit einem prakt. Anhange, enthaltend Uebersetzungsaufgaben, Lesestücke, Sprichwörter etc. Nach den besten Quellen bearb. A. u. d. T.: Die Kunst in 18 Lectionen ein Kern-Magyar zu werden. Enthaltend eine theoretisch-prakt. Anleitung die ungar. Sprache in 18 eingetheilten Lectionen fertig lesen, schreiben und sprechen zu lernen etc. 3., verb. Aufl. 1860. und 4., verm. Aufl. 16. (156 S.) Wien 862, Wenedikt.

Takács, Emerich, neueste bewährte Methode zur möglichst schnellen Erlernung der ungarischen Sprache für Deutsche. Mit einem prakt. Anh., enth. Uebersetzungs-Aufgaben, Lesestücke, Sprichwörter etc. Nach den besten Quellen bearb. 5., verm. Aufl. 16. (156 S.) Wien 868, Wenedikt.

Takács, Emerich, Die Kunst, in 18 eingetheilten Lectionen ein Kern-Magyar zu werden. Nebst Aufgaben, Gesprächen, Sprichwortern u. Wortsammlung. 7., verbess. Aufl. 16. (155 S.) Wien. A. A. Wenedict. 36 kr. 1883.

Takács, Emerich, ungarischer Sprachquetscher, möglichst schnelle Erlerng. d. magyar. Sprache f. Deutsche. M. e. prakt. Anh. enth. Uebersetzungs-Aufgaben, Lesestücke, Sprichwörter, Spracheigenheiten, e. große Auswahl verschied. Conversations-Gespräche u. e. reichhalt. Wortsammlg. Nach d. besten Quellen bearb. (D. Kunst in 18 Lectionen e. Kern-Magyar zu werden.) 10., verm. Aufl. 16. (156 S.) Wien 896. (Leipzig, Literar. Anstalt, A. Schulze.) n. — 72

Takács, Emerich, ungarischer Sprachführer. Gründliche u. leichtfaßl. Methode, die ungar. Sprache durch Selbstunterricht theoretisch u. praktisch in sehr kurzer Zeit ohne Lehrer gut lesen, schreiben u. sprechen zu lernen. Mit ausgewählten Gesprächen, Spracheigenheiten, Sprichwörtern u. Leseübgn. (Wenedikt's Sprachbücher.) 11. [Titel-]Aufl. (156 S.) 16. Wien [896] (908). F. C. Mickl. — 60

TAKAHASHI, Yuji (Nikata): Zusammenstellung von 57 Fällen komplizierter Frakturen.- München: Kastner & Callwey 1908. 72 S.
25.9.1908 - Chr 1908/09,24; U 09.3412 (Prom.-Datum: 25.11.1908)
Diss. Ingolst.-Landsh.-Mchn.

Takahashi, Josuke, pr. Arzt: Ueber einen Fall von Mediastinalsarkom. München 1908: Kastner & Callwey. 40 S. 8°
München, Med. Diss. v. 14. Mai 1910, Ref. v. Bauer
[Geb. 16. April 79 Tokio; Wohnort: Tokio; Staatsangeh.: Japan; Vorbildung: Prov.-Mittelsch. Tokio Reife März 98; Studium: Chiba Med. Akad. 8, München 2 S.; Rig. 14. Mai 10.] [U 10. 3596

Takahashi, Sakuyé, Aeusserungen über völkerrechtlich bedeutsame Vorkommnisse aus dem chinesisch-japanischen Seekrieg u. das darauf bezügl. Werk: „Cases on international law during the Chino-Japanese war". Gesammelt v. T. gr. 8. (VII, 48 S.) München 900. E. Reinhardt. n. 1. 50

Takahasi, Sigeru [aus Osaka (Japan)]: Vier Fälle von primärer infectiöser Osteomyelitis .... Strassburg, Univ.-Buchdr. J. H. Ed. Heitz (Heitz & Mundel), 1887; 46 S. 8°.
Strassburg, Med. Fak., Inaug.-Diss. v. 1887.

Takaishi, Shingoro, Japans Frauen u. die Frauenmoral. Autoris. Uebersetzung aus dem Engl. v. Annemarie Heinck. (VII, 70 S.) 8. Rostock 906. C. J. E. Volckmann Nachf. n. 1. 50

— dasselbe, s.: **Weisheit, die, des Ostens.**

Takaki, Kurakichi, a. Chiba (Japan): Die Rechtsverhältnisse der Aktiengesellschaft bis zu ihrer Eintragung in das Handelsregister und die Haftung der Gesellschafter aus der Gründung und aus der Zeichnung. Heidelberg 1906: F. Schulze. (76 S.) 8°
Heidelberg, Jur. Fak., Ref. Schröder, Diss. v. 10. Mai 1906
[Geb. 24. April 77 Chiba, Japan; Wohnort: Heidelberg; Staatsangeh.: Japan; Vorbildung: Gymn. Tokio Reife M. 95; Studium: Tokio 6, Heidelberg 3 S.; Rig. 8. März 06.]

Takaki, Simpe [aus Japan]: Die stille Gesellschaft, die Participations- und die Gelegenheits-Gesellschaft nach den Entwürfen eines Handelsgesetzbuches für Japan. ... Halle a. S., Druck d. Buchdr. d. Waisenhauses, 1890; IV S. + 2 Bl. + 56 S. + 1 Bl. 8°
Halle, Jur. Fak., Inaug.-Diss. v. 17. März 1890

Takakusu, Jyun [B. A. aus Bingo, Japan]: An Introduction to I-tsing's Record of the Buddhist Religion as practised in India and the Malay Archipelago (a. d. 671—695)' ... (Aus: I-tsing, Record of the Buddhist Religion ... transl. by J. Takakusu ... Oxford 1896.) Oxford, print. by H. Hart, printer to the Univ., 1896; 1 Bl., XVII -LXIV S., 1 Bl. 4.
Leipzig, Phil. Fak., Inaug.-Diss. v. [11. Nov.] 1896

TAKAHASHI, Shigenosuke (Iohonomija): Ueber Gefässnaht.- M... 1910. 55 S.
24.9.1910 - Chr 1910/11,23; U 11.3746
Diss.Ingolst.-Landsh.-Mchn.

Die innere Kolonisation Japans. Von Dr. Kumao **Takaoka**, aus Sapporo, Japan. *Leipzig: Duncker & Humblot 1904.* (X, 106 S.) 8°
= **Forschungen,** Staats- u. sozialwissenschaftl. Bd 23, H. 3. [04. 13690

Takáts, Rev. Dno Martino, m. eccle. Colocensis canonico etc. ad diem Divo Martino sacram A 1779. O. O. u. J. V: *Bielek, Ladisl.* (PK 1/283) (BR) (BIBLPORT)

Takáts, Gabriel v. Der Scheintote. (Ungarisch: A Tetszhalott.) Szekszárd. Moritz Molnárs Druckerei. 1907.

Takayama, Masao, Beiträge zur Toxikologie u. gerichtlichen Medizin. Nebst e. Vorworte v. R. Kobert. (VII, 188 S. m. 4 Taf.) Lex.-8. Stuttgart 905. F. Enke. n. 7. —

Takayasu, Michishige: Aus der Breslauer chirurgischen Universitätsklinik. Beitrag zur Chirurgie des Pankreas. *Jena: G. Fischer 1898.* (74 S.) 8°
Breslau, Med. Diss. v. 1. März 1898

Magnetische und dilatometrische Untersuchung der Umwandlungen Heuslerscher ferromagnetisierbarer Manganbronzen. Von Dr. E[mil] **Take**. (Mit 14 Zahlen-Tab., 6 Fig. u. 7 Kurven-Taf.) Marburg: N. G. Elwert 1906. (104 S.) 8°
= **Schriften** d. Gesellschaft z. Beförderung d. ges. Naturwiss. zu Marburg. Bd 13, Abth. 6. [07. 2379 9

Take, Emil, aus Oberhausen (Ruhr): Magnetische Untersuchungen: 1. Untersuchung der Magnetisierbarkeit der bei den Spandauer Gravitationsmessungen verwendeten Materialien. Mit 2 Anhängen. 2. Historisches und Theoretisches über Umwandlungspunkte. 3. Bestimmung von Umwandlungspunkten Heusler'scher Mangan-Aluminium-Bronzen. *Marburg 1904: R. Friedrich.* (136 S.) 8° (Nur T. 1. 2; T. 3 erscheint demnächst in: Annalen d. Physik.)
Marburg, Phil. Diss. v. [13. Juli] 1904

Takeda, Kunimatsu, appr. Arzt: Aus d. physiol. Inst. d. Univ. Marburg. Physiol.-chem. Abt. Untersuchungen über einige nach Phosphorvergiftung im Harn auftretende Basen. Bonn: Hager 1910. 34 S. 8° [Umschlagt.] ¶ (Aus: Pflügers Archiv f. d. ges. Physiol. d. Menschen u. d. Tiere. Bd 133, H. 7/9.)
Marburg, Med. Diss. v. 5. Juli 1910, Ref. Kutscher, Schenck
[Geb. 28. Okt. 70 Aichi; Wohnort: Nagoya; Staatsangeh.: Japan; Vorbildung: Mittelsch. Aichi Reife 87; Studium: Tokio Med. Schule 8, Univ. 2, Gießen 1, Marburg 4 S.; Rig. 4. Jan. 10.] [U 10. 3332

Takelung u. Ankerkunde. Unter Anleitg. d. Militär-Hafencommandanten v. Pola, v. Sterneck verf. v. mehreren k. k. Seeofficieren. Hierzu 69 separat geb. (lith.) Fig.-Taf. (in qu. 4.) gr. 8. (XI, 360 S.) Pola 873. (Schmidt.) n. 19. —

Takenaka, Shigejiro, prakt. Arzt a. Japan: Ueber beginnende Lebercirrhose. München 1905: Kastner & Callwey. (23 S.) 8°
München, Med. Fak., Ref. v. Bollinger, Diss. v. 31. März 1905
[Geb. 27. Juli 66 Tomari, Japan; Wohnort: Tomari; Staatsangeh.: Japan; Vorbildung: Toyama-Gymn. Reife 91; Studium: Kanazawa 10, Leipzig 1, München 1 S.; Rig. 10. März 05.]

TAKENO, Yochijiro (Osaka): Beitrag zur Diagnose der Tuberkulose im frühen Kindesalter.- München: Kastner & Callwey 1910. 35 S. Diss. Ingolst.-Landsh.-Mchn.
29.4.1911 - Chr 1910/11,26; U 11.5747

Takens, Enno: Studien zur Gewinnung von Orthodiketonen der Cyklohexanreihe und über deren Stickstoffderivate. Göttingen 1910: Dieterich. 60 S. 8°
Göttingen, Phil. Diss. v. 5. Aug. 1910, Ref. Wallach
[Geb. 16. Mai 84 Weener; Wohnort: Weener; Staatsangeh.: Preußen; Vorbildung: Gymn. Leer Reife O. 05; Studium: Göttingen 10 S.; Rig. 11. Mai 10.] [U 10. 1475

Takeo, Tai: Über den Wert und die Wirkung des Hautmehls in der Behandlung der Rachitis. Erlangen 1908: Jacob. 42 S. 8°
Erlangen, Med. Diss. v. 6. Okt. 1908, Ref. Jamin
[Geb. 20. Okt. 72 Osaka; Wohnort: Erlangen; Staatsangeh.: Japan; Vorbildung: Privatschule Meido zu Sakai Juli 90; Studium: Tokio Med. Schule Saisei 90—94, München 1, Erlangen 2 S.; Rig. 21. Febr. 08.] [U 09. 791

Taeker, Jul., zur Kenntniss der Odontogenese bei Ungulaten. Diss. 4. (27 S. m. 4 farb. Taf.) Jurjew (Dorpat) 892. (E. J. Karow.) n. 2. —

Takiguchi, Kinji, prakt. Arzt a. Kioto (Japan): Drei Fälle von Aortitis syphilitica. München 1905: Kastner & Callwey. (25 S.) 8°
München, Med. Fak., Ref. v. Bollinger, Diss. v. 20. März 1905
[Geb. 2. Febr. 59 Kioto, Japan; Wohnort: Tokio; Staatsangeh.: Japan; Vorbildung: Gymn. Nischogakusha Tokio Reife Nov. 81; Studium: Tokio 10, Erlangen 1, München 1 S.; Rig. 10. März 05.]

Takke, F., latein. Lesebuch, nebst ein. stufenmäßig geordn. ersten Cursus in d. latein. Grammatik u. ein. in Wochen-Pensa abgetheilten Vocabulario, zunächst f. d. Gebr. in Vorbereitungsschulen u. f. d. Privatunterr. eingericht. gr. 8. (6 B.) Magdeburg 836, Wagner u. Richter. (?)

Taktik, Die, hergeleitet aus der Kriegscombinationslehre. Magdebg. 1816. V: *Biederstein, Ernst von.* (MGT)

Zur Taktik. Psychologie der Taktik. Die Artillerie im Jahre 1866. Die Ausbildung der Infanterie zum Gefecht gegen Cavallerie. (28) 8. Berlin 1869. 0,40

Taktik, die. Leitfaden zum Unterrichte in den Einjährig-Freiwilligen- und Landwehr-Officiers-Aspiranten-Schulen. 2. Aufl. gr. 8. (79 S. m. 42 Abbildgn.) Wien 889. (Arming.) n. 3. —

Angewandte **Taktik** in Aufgaben durchgeführt im Rahmen e. Division u. kleinerer gemischter Verbände. Ein Hilfsmittel z. Selbststudium ... Von v. P. Berlin: Liebel 1907. 48 S. 8°

Taktik, angewandte, in Aufgaben, durchgeführt im Rahmen e. Division u. kleinerer gemischter Verbände. Ein Hilfsmittel zum Selbststudium u. besonders zur Vorbereitg. zur Kriegsakademie. Von v. P. 2., verb. Aufl. (IV, 48 S. m. 1 Formular.) gr. 8. Berlin 910. Liebel. 1. 50

Von der Taktik der Artillerie. o. O. (c. 1875.) 8°. (Aus: Mil.-Lit.-Bl.)

Taktik in Beispielen. Autorisirte Bearbeitung nach dem Russischen von Josef Dvoráček, Rittmeister im k. k. 6. Husaren-Reg. (Wurde nicht fortgesetzt.) 8. Wien 1885.

— u. **Bewaffnung,** von O. v. N. gr. 8. (III, 82 S.) Berlin (901). Militär-Verlag R. Felix. n. 2. —

Taktik, die, unseres Exerzier-Reglements f. die Infanterie v. 1892. (Von K. Fisch.) 8. (7 S.) Aarau (898). (H. R. Sauerländer & Co.) n.n. — 25

Taktik d. Feldartillerie. 1896. [Aus: „Loebell's Jahresberichte".] gr. 8. (24 S.) Berlin 897. E. S. Mittler & Sohn. n. — 50

— dasselbe. 1897. [Aus: „v. Loebell's Jahresberichte".] gr. 8. (23 S.) Ebd. 898. n. — 60

— der Feldartillerie, Fortsetzung, s.: Rohne, H.

Zur Taktik der Gegenwart mit besonderer Rücksicht auf die Zündnadel-Infanterie. Von W. v. S(cherff). Berlin 1863. 83 S.

Zur **Taktik** mit **Hinterladern** und gezogenen Kanonen. Faßlich bearbeitet von einem praktischen Soldaten. gr. 8. (55 S.) Prag, Steinbauer. 1867. 80 kr.

Ueber die höhere Taktik oder kurze übersicht der Veränderungen, welche der letzte Krieg in dem bisherigen Kriegs-Systeme notwendig machte von Oberst v. G(roß). Mit Kpf. Leipzig 1804. 293 S.

Taktik der Infanterie und Cavalerie, von Pz., s. Pönitz, C. E.

Taktik der Infanterie und Cavalerie zum Gebrauche für Offiziere . . . Adorf 1846. V: *Pönitz, Carl Eduard.* (Pr) (Ky) (ABJP) (BrMm)

Taktik der Infanterie u. Cavalerie zum Gebrauche f. Offiziere aller Grade u. Waffen; bearb. v. Pz. (Carl Ed. Pönitz.) Neue umgearb. Aufl. 2 Bde. gr. 8. (1: XIV u. 373 S. 2: VIII u. 410 S.) Adorf 847, Verlagsbureau. (1: 1 1/2 ₰ 2: 1 5/8 ₰) 3 1/8 ₰ — 3. verb. Aufl. 2 Bde. gr. 8. (1: XIV u. 386 S. 2: VIII u. 426 S. m. 1 lith. Uebersichtskarte in 4. u. 1 lith. Plan in qu. Fol.) Ebd. 852. (1: 1 1/2 ₰ 2: 1 3/4 ₰) 3 1/4 ₰

Taktik der Infanterie und Cavalerie zum Gebrauche für Offiziere aller Grade und Waffen. Bearb. von Pz. (Carl Ed. Pönitz.) 2 Bde. 4., unveränd. Ausg. gr. 8. (XXII und 812 S. mit 1 lithogr. Plan und 1 lithogr. Uebersichtskarte in 4. und qu. Fol.) Adorf 859, Verlags-Bureau.

Zur Taktik der Kavallerie. Betrachtungen von L. W. Wien: Seidel & Sohn 1869. (68 S.) 8°

— der Kavallerie. 1896. [Aus: „Loebell's Jahresberichte".] gr. 8. (21 S.) Ebd. 897. n. — 50

— dasselbe, Fortsetzg, s.: Brixen, v., gen. v. Hahn.

Taktik für Miliz-Offiziere. Bern 1854. V: *Brugger*. (Zuwachsverz. d. Bibliotheken in Zürich 1898 ff. 7.)

Taktik, die neue, der Fußtruppen. Faßlich vorgetragen vom Verf. der Broschüre: Zur Taktik mit Hinterladern u. gezogenen Kanonen. Illustr. mit 18 Fig. (in Holzschn.) Wien 869. Gerold's Sohn. gr. 8. (67 S.) n. 16 ngr

Taktik, die neue, der Infanterie gegenüber der reglementarischen Taktik. Ein Beitrag zur Beurtheilg. der Abänderungsvorschläge d. Exercirreglements f. die Infanterie der königl. preuß. Armee. Vom Verf. der Schrift: „Die Compagniecolonne gegenüber Halbbataillon u. neuen Gefechtsformen." 1. u. 2. Thl. gr. 8. Berlin 874. Luckhardt. n. 5. —
1. (VI, 95 S.) n. 2. —. — 2. (IV, 154 S.) n. 3. —

Taktik, Neue, der Neueren, wie sie seyn sollte . . . Leipzig 1805. V: *Bülow, Adam Heinrich Dietrich von*. (KY) (MGT)

— neue, der Neuern, wie sie sein sollte; vom Verf. d. n. Kriegssystems (H. v. Bülow). 2 Thle. 8. Leipz. 805. (Rimer in Berl.) 3 rf

Die Taktik der Neuzeit an Kriegsbeispielen erläutert. Von R. V. Berlin: F. Dümmler 1889. (103 S.) 8° [F.]
— Essays, Militärische. 3. [08. 17091]

— die, der Neuzeit vom Standpunkt des Jahrhunderts u. der Wissenschaft. Von Arkolay. Unter besond. Rücksichtnahme auf die Verschlechterung der heutigen Feldartillerie u. auf deren Verhalten im Feldzug von 1866. Appell an alle Denker in den Heeren. Darmstadt 868. Bernin. gr. 8. (VIII, 349 S.) n. 1 rf 18 ngr

Taktik d. Infanterie, d. niedere und höhere, d. Feldverhaltungen d. Convoys rc. nebst e. Unterricht v. d. Wahl d. Positionen und Dispositionen, (von v. Mosch d. jüng.) m. 30 Plans. gr. 8. Dresden, Walther. 784.

Taktik, Die niedere und höhere, der Infanterie, die Feldverhaltungen des Convoys . . . Dresden 1784. V: *Mosch, de*. (KY)

Taktik der Infanterie, die Feldverhaltungen der Convoys etc. und ein Unterricht von der Wahl der Positionen und Dispositionen, aufgesetzt von einem k. preuss. Officier. Mit 30 Kupfertafeln. 8. Dresden 1784.

Taktik der Infanterie. Dresden 1784. V: *Saldern, Frdr. Chph von*. (ML)

— der Reiterei. 12. (63 S.) Straubing 847, Schorner. 1/6 rf

Zur Taktik der Reiterei. Mit 1 Beil. Stuttgart 1867. 39 S.

Taktik, Zur, der Reiterei. 2. Auflage. (Mit 1 Taf.) 8. Freiburg im Breisgau 1870.

Zur Taktik der Situation. (VIII. 185) 8. Berlin 1879. 4,50.

Taktik für Subaltern-Offiziere der Infanterie und Cavalerie . . . Adorf 1838. V: *Pönitz, Carl Eduard*. (ABJP)

Die Taktik der einzelnen Waffen an Kriegsbeispielen erläutert. Von R. V. Berlin: F. Dümmler 1890. (68 S.) 8° [F.]
— Essays, Militärische. 4. [08. 17092]

Zur Taktik der Zukunft. Drei Aufsätze von v. Wt. Berlin 1869. 82 S.

Taktik-Aufgaben. Von F. C. v. H. Wien 1892. V: *Conrad von Hötzendorf, Franz Freiherr*. (EB)

Taktik-Aufgaben von F. C. v. H. 1. u. 2. Hft. gr. 8. Wien 892. (L. W. Seidel & Sohn.) n. 7. —
1. Aufgabe 1. (IV, 123 S. m. 7 z. Tl. farb. Beilagen.) n. 3. —
2. Aufgabe 2, 3 u. 4. (151 S. m. 17 Beilagen.) n. 4. —

Taktik-Aufgaben v. F. C. v. H. 1. u. 3. Hft. gr. 8. Wien, L. W. Seidel & Sohn. n. 8. — (1.—3.: n. 12. —)
1. Aufgabe 1. 7 Beilagen. 2. Aufl. (135 S.) 897. n. 3. —
3. Aufgabe 5—40. Mit 4 Beilagen (u. 4 Skizzen). (160 S.) 896. n. 5. —

Taktik- u. Felddienstaufgaben, einige, zum applicatorischen Studium v. H. T. Mit 1 Karte u. 3 Beilagen (Oleaten). gr. 8. (84 S.) Wien 894. L. W. Seidel & Sohn. n. 1. 80

Taktik- u. Felddienstaufgaben, einige, z. applicator. Studium v. H. T. M. 1 Karte u. 3 Beilagen (Oleaten). 2., durchgesch. Aufl. gr. 8. (IV, 84 S.) Ebd. 895. n. 1. 80

Taktik-Notizen. 8. Teschen 884. 85. Prochaska. n. 7. —; geb. n. 9. —
I. Einleitung u. Elementartaktik der Infanterie. (93 S. m. 4 Steintaf.) n. 1. —
II. Elementartaktik der Kavallerie. (S. 95—196 m. 2 Steintaf.) n. 1. —
III. Elementartaktik der Artillerie u. Kampf ungleicher Waffen gegen einander. (S. 197—267 m. 1 Steintaf.) n. 1. —
IV. Angewandte Taktik. Märsche, Lager, Kantonirgn. u. Verpflegg. im Felde. (S. 269—430.) n. 1. —
V. Dasselbe. Nachrichten- u. Sicherungsdienst. (S. 431—691 m. 1 Tab.) n. 2. —
VI. Angewandte Taktik. Vom Gefechte. (S. 695—866.) n. 1. —

Taktik-Notizen. A. V. G. I—III. 2., neu bearb. Aufl. 8. Teschen 889. Prochaska. à n. 1. —
I. Einleitung u. Elementartaktik der Infanterie. (IV, 104 S. m. 2 Taf.)
II. Elementartaktik der Cavallerie. (VI u. S. 105—195 m. 2 Taf.)
III. Elementartaktik der Artillerie u. Kampf ungleicher Waffen gegen einander. (IV u. S. 197—267 m. 1 Taf.)

Taktiknotizen. Zusammengestellt nach d. method. Anleitung f. d. Unterricht in der Taktik an den k. u. k. Kadettenschulen. 3. Aufl. Neu bearb. v. H. Schmid. Wien 1901. 121 S.

Taktyka jazdy przez wyższego oficera wojsk polskich. 16. (183 S. m. 3 lith. Taf. in Fol.) Berlin 852, Schneider & Co. n. 1 rf

Takuji, Hojo, die Kunst der Selbstverteidigung bei tätlichen Angriffen nach dem Japanischen Dschiu-Dschitsu. Eine ausführl. Beschreibung, wie die Japaner durch geschickte Handgriffe u. ausgesuchte Vorteile selbst den stärksten Gegner zu überwinden vermögen. (93 S. m. 40 Abbildgn.) gr. 8. Leipzig (906). Modern-medizin. Verlag. n. 2. —

Takuji, H.: Die Kunst der Selbstverteidigung bei tätlichen Angriffen nach dem japanischen Dschiu-Dschitsu. 2. Aufl. Leipzig 1907. 91 S. m. Abb.

Takuji, Hojo, die Kunst der Selbstverteidigung bei tätlichen Angriffen nach dem japanischen Dschiu-Dschitsu. Eine ausführl. Beschreibg., wie die Japaner durch geschickte Handgriffe u. ausgesuchte Vorteile selbst den stärksten Gegner zu überwinden vermögen. 3. verb. Aufl. (91 S. m. 40 Abbildgn.) gr. 8. Leipzig (909). Modern-medizin. Verlag. 2. —

Taly, Armand de, Totentänze. Novellen u. Skizzen. (III, 98 S.) 8. München 904. E. Reinhardt. n. 1. 50

Tal

Thal, das, v. Almeria, s. a. Erzählungsschriften, sämmtliche, d. Verf. d. Beatushöhle, Bd. 4.

Thal, das, von Almeria. Eine Erzähl. für d. reifere Jugend. Von d. Verf. d. „Beatushöhle" (Bauberger). 8. (10 B. u. Titkpfr.) Augsburg 834, M. Rieger. Thlr.

Thal, das, von Almeria. Eine Erzähl. f. d. reif. Jugend. Von d. Verf. d. Beatushöhle. 3. Aufl. 8. (10 B. u. Titkpfr.) Augsburg 838, Rieger'sche Buchh.

Thal, das, von Almeria. Eine Erzählung f. die gesammte edlere Lesewelt, besonders f. die reifere Jugend. Von dem Verf. der Beatushöhle. 4., verb. Aufl. 8. (10 B. u. 1 Stahlst.) Regensburg 844, Manz.

Thal, das, von Almeria. Eine Erzählung für die gesammte edlere Lesewelt, besonders für die reifere Jugend. Von dem Verf. der Beatushöhle. Neue, illustr. Orig.-Aufl. 8. (212 S. mit 1 Stahlst. und feinen eingedr. Holzschnittbildern.) Regensburg 874, Manz.

Thal, Das, von Almeria. Eine Erzählung für die gesammte edlere Lesewelt, besonders für die reifere Jugend. Von dem Verfasser der Beatushöhle. 10. Aufl. Regensburg 1876. V: *Bauberger*, *Wilhelm*. (Russell IX. 772)

Thal, das, v. Almeria. Eine Erzählg. f. die gesammte edlere Lesewelt, besonders f. die reifere Jugend. Von dem Verf. der Beatushöhle. 10. Aufl. Mit 1 Stahlst. gr. 16. (157 S.) Regensburg 877. Manz. 1. 15

Thal, das, v. Amerika. Eine Erzählg. f. die gesammte edlere Lesewelt, besonders f. die reifere Jugend. Von dem Verf. der Beatushöhle. 12., verb. Aufl. Mit 2 Stahlst. 8. (158 S.) Regensburg 886. Verlags-Anstalt. 1. 15

Thal, das erleuchtete. Oder: Scheidescenen aus dem Leben der Abby Bolton mitgetheilt von einer ihrer Schwestern. Aus dem Engl. übers. von E. Sch. Barmen 861. Langewiesche's Verlag. 8. (2 Bl., 115 S.) n. 10 ngr.

Thal, Das, von Rimella und seine deutschen Bewohner. [Stuttg. 1836.] V: *Schottky*, *Julius Max*. (Mz)

Thal, Das Seifersdorfer. Leipz. u. Dresden 1792. V: *Becker*, *Wilh. Glieb.* (Kläbe, Neuestes Gel. Dresden. Leipz. 1796.)

Thal, das stille, e. romant. Gemälde aus d. Zeiten d. heiml. Gerichte, v. K. A. F. v. Witzleben. 8. Frkf. Eßlinger. 799.

Aus stillem Tal. Striegau: R. Urban in Komm. [1907]. (17 S.) 8° [Umschlagt. F.] [07. 11778

Ta'lab Ahmad b. Jahjā.

Ta 'lab 's Kitâb al-Fasîh. Nach den Handschriften v. Leiden, Berlin u. Rom hrsg., m. krit. u. erläut. Noten versehen v. J. Barth. gr. 8. (63 S. u. 75 S. arab. Text.) Leipzig 876. Hinrichs' Verl. n. 6. —

Talab, Otto, s.: Fuchs-Talab, Otto.

Talaczyński, Constantinus (geb. Powidz in Posen 1825): De carie ossis petrosi infantum tuberculosa. Berolini (1850). (30 S.) 8°
Berlin, Med. Diss. v. 19. Dez. 1850

Talander, (Pseud.), s. a. B o h s e, August (wirkl. Name)

Talander's unglückselige Prinzessin Arsinöe in einer der annehmlichsten Liebes-Geschichte. Mit Titelkpfr. Franckfurt und Leipzig, Weidmann, 1687. Kl. 12°. (1⅚ Rthl. Asher, Berlin, 1873.)
Auch im O. M. V. 1687. E 2 a u. J 2 b mit der Adresse „Leipzig, b. Chrn. Weidmannen", mit dem unrichtigen Format 4°; Bibl. Kielmans-Egg. I. p. 1191.
— — Dasselbe. Leipzig, Groschuff, 1700. 12°. 1 Alph. 12 Bogen.
O. M. V. 1700. K 1 a; Bibl. Ludov. I. p. 248; Koch II. p. 252.

— — Dasselbe, titulo: Die unglückselige Prinzessin Arsinöe, welche durch eine sehr angenehme Liebesgeschichte, sowohl in seltsamen Staats- und Glücksverwirrungen, als auch curieusen Liebesbriefen vorgestellt wird. Mit Kupfern. Nürnberg 1714. 8°. (In Leipzig, Univ.-Bibl.) (½ Rthl. Scheible, 1868; jetzt viel theurer!)
— — Dasselbe. Ebd. 1717. 8°.
Koch II. p. 252. (ohne Angabe der Quelle).

— allzeitfertiger Briefsteller. 3 Thle. 8. Leipz. 732.

— neu erläut. Briefsteller. 2 Thle. 8. Ebend. 716.

Talander, gründl. Einleit. z. deutsch. Briefen nebst der jetzt üblichen Titulaturen. 8. Jena. 732.

— neue Einleit. z. deutsch. Oratorie, durch Regeln und Exempel. 8. Jena, Bailliar. 708.

Schertz- und Ernsthaffte Historische Erqvickstunden, aus denen besten so wohl alten als neuen Scribenten mit curieusen Begebenheiten, denckwürdigen Sprüchen, lehrreichen Geschichten, und anmuthigen Sinnbildern angefüllet, und zur Vergnügung der Einsamen wie auch Reisenden, oder in Gesellschaft sich befindlichen eröffnet von *Talandern.* Mit Titelkpfr. Leipzig, bey Joh. Lud. Gleditsch Anno 1702. 8⁰. Selten! (In Stuttgart.) (7 Mk. Carl Uebelen, München, 1894.)

Titel (roth u. schwarz), 3 Bl. Dedic. (an Joh. Caspar Westermann d. Ält.), unterz.: *Augustus Bohse,* J. U. L. genannt *Talander,* 3 Bl. Vorr. (worin einige Quellen der Sammlung genannt sind), u. 1022 S., nebst 15 Bll. Reg. u. 2 Bll. Verz. neuer Bücher d. Verlegers. Enth. einige Hundert meist kürzere Geschichten, theilweise etwas frei.

— scherz- und ernsthafte Erquickstunden, a. d. best. Scribenten mit curieusen Begebenh. angefüllt. 8. Leipz. Weidmann. 702.

— d. französ. Helikons auserles. Frühlings-, Sommer-, Herbst- und Winterfrüchte ꝛc. 8. Ebend. 703.

— curiös bequemes Handbuch v. allerh. auserles. Sendschreiben ꝛc. 2 Thle. 8. Ebend. 734—37.

Die Liebenswürdige Europäerin CONSTANTINE In einer wahrhafftigen und anmuthigen Liebes-Geschichte dieser Zeit Der galanten und curieusen Welt vergönneter Gemüths-Ergötzung vorgestellet von *Talandern.* Mit curiosem Titelkpfr. Franckfurth und Leipzig, Verlegts Christoph Hülße in Leipzig. Anno 1698. 8⁰. (In Breslau, Kgl. u. Univ.-Bibl.: Lit. Teut. 8⁰. III 119m.) (⅔ Rthl. Schletter, Breslau, vor 1870; jetzt theuer!)

Titel (roth u. schwarz), 41 Bll. doppelte Vorrede an den Leser, 612 S. Enth. gegen Ende einige lüsterne Stellen.

— — Dasselbe. Mit Titelkpfr. Ib. ap. eund. 1704. 8⁰. 1 Alphab. 16 Bog.

Bibl. Ludov. II. p. 80. Das O. M. V. 1704. F 4 a giebt den Titel so: Die auffs neue angekleidete Liebenswürdige Europäerin Constantine, vorgestellet von *Talandern.*

— — Dasselbe. Mit Titelkpfr. Franckfurt u. Leipzig (Nürnberg), b. P. C. Monath. 1734. 8⁰. (1 fl. 30 xr. Scheible, vor 1870; jetzt theuer!)

Cat. Meissner II.

— — Dasselbe. Ib. ap. eund. 1735. 8⁰.

M. M. V. 1735. E 4 a hat die Bezeichnung „2te Auflage" (dieses Druckes); Bibl. J. J. Schwabii II. p. 290; Goedeke, l. c.

Der Durchlauchtigsten Alcestis und ihres Tapffern Printzen Arsaces Liebes- und Heldengeschichte Von *Talandern.* Leipzig, b. Joh. Ludw. Gleditschen u. M. G. Weidmanns Erben.

So im M. M. V. 1695. G 2 b; Bibl. Ludovici I. Vitemb. 1705. p. 248.

— — Dasselbe. Mit 1 Kpfr. Ebd. 1703. 8⁰. (25 Mk., Hprgt., Jos. Baer & Co., 1911.)

Frf. Herbst M. V. 1703. E 1 a; Goedeke, II c., 3.

— curiöse u. histor. Reisen d. Europa ꝛc. 2 Thle. 8. Leipzig, Weidmann. 721.

Ariadnens, Königlicher Printzessin von Toledo, Staats- und Liebes-Geschichte, Zu vergönnter Gemüths-Ergötzung an das Licht gegeben von *Talandern.* Mit Titelkpfr. LEIPZIG, bey Johann Ludwig Gleditsch, Anno 1705. 8⁰. (In Berlin: Yu 8251.)

8 Bll. Vorst. (incl. Titel in Roth u. Schwarz), 892 S., 2 Bll. Verlag d. Firma. Zuschr. (an Anna Sophie, Herzogin zu Sachsen) u. Vorr. dat.: Erffurth, d. 1. Dec. 1698. Enth. pikante u. lüsterne Stellen. — Zuerst gedr. 1699. 2 Alph. 11 Bog. — O. M. V. 1699. C 3 b. Bibl. Ludov. I. p. 248. (16 Sgr. Scheible 4. (1868) no. 1581; jetzt theuer!)

— Trauerreden, Leichenabdankungen ꝛc. 8. Ebendaselbst. 705.

— histor. Weltspiegel, enth. Freuden-, Trauer-, Wunder-Geschichten ꝛc. 8. Ebend. 714.

Talanoa, koe gaohi, meihe tohi tapu, kihe mama motua, moe fuakava foou ihe lea fekatoga. (Schuster's biblische Geschichte für die Freundschafts-Inseln.) 8. (171 S. mit eingedr. Holzschn. und 1 Holzschntaf.) Freiburg i. Br. 876, Herder'sche Verlagsh. *

Tal-Anzeiger

Thal-Anzeiger

① Allgemeines Publikationsorgan für Balsthal-Thal und Umgebung ③ Anzeiger für den Bezirk Gäu ⑤ 27. 2. 1890—1894 ⑥ 2⁰ ⑦ Wochenblatt ⑧ Mümliswil: Josef Jäggi-Ackermann ⑩ J. Jäggi-Ackermann ⑫ Anzeige- und Nachrichtenblatt ⑬ BGSZ: 1060; Oltner Geschichtsblätter 1950, Nr. 7, 8; Wyß: Politische Presse Solothurn (1950) ⑭ So: Z (einzelne Nummern).

Talbot, (Physiker in London,) ..., Lichtbilder (Portraits) auf Papier in ein bis zwei Minuten darzustellen. — Die Daguerreotypie ohne Quecksilberdämpfe, nach Gudin u. E. Becquerel. gr. 8. Aachen 841, Roschütz'sche B. (B. Fagot.) ¼ ℛ

Talbot, Ebenezer Rushton (Gainsborough)
The character, experience, and privileges of believres in Jesu Christ: in which the doctrine of the Witness of the Spirit, as taught by the Wesleyan Methodists and numerous Divines of the Church of England, is considered and vindicated. (A sermon.)
(London 1847)
[Zur Promotion eingereicht.]
Dr. phil. Giessen 25.10.1848. 26 Kriegsverlust.

Talbot, Edward

Talbot, Ed., Europa den Europäern. [Deutsche Uebersetzg. aus den Franz.] Zürich 869. (Schultheß.) gr. 8. (XX, 286 S.) 1 ℛ 6 ngr.

Talbot, Edward Allen

Talbot, (E. A.,) Reise in Canada u. einem Theile der vereinigten Staaten von Nordamerika, im Jahre 1823. gr 8. Jena 825, Bran.

Talbot, Edward Allen. Reise in Canada u einem Teile d VS v NA, im Jahre 1823. Nach d Englischen . . . Vienna, 1825.

Briefwechsel zwischen dem Bischof von Rochester (Edw[ard Stuart **Talbot**]) und dem Herausgeber der Christlichen Welt Prof. Dr. (Martin) Rade in Marburg, sowie der Artikel 'Eine Stimme aus Süd-Afrika'. *Berlin: M. John (1901).* (32 S.) 8° [F.] [02. 10148

Die Entartung der Kiefer des Menschengeschlechtes. E. Studie v. Eugene S. **Talbot** in Chicago. Übs. u. frei bearb. v. Max Bauchwitz. M. 30 Ill. *Leipzig: A. Felix 1898.* (2 Bl., 74 S.) 1 Bd 8. [98. 5690

Talbot, Gustav

Talbot, G., u. L. Wagels, Auskunftsbuch über die Wohlfahrts-Einrichtgn. der Stadt Aachen. Aus Anlass des VI. Charitastages des Verbandes f. das kathol. Deutschland im Auftrage des örtl. Ausschusses dieses Tages unter Beihülfe der Stadt Aachen hrsg. gr. 8. (XII, 87 S.) Aachen 901. A. Jacobi & Co. n. — 80

Talbot, Henry Paul [aus Boston, Mass. U. S. A.]: Über das Verhalten der Tiglinsäure und der Angelicasäure gegen Bromwasserstoff und Jodwasserstoff. . . . Leipzig-Reudnitz, Druck v. Max Hoffmann, 1890; 49 S. + 1 Bl. 8⁰

Leipzig, Phil. Fak., Inaug.-Diss. v. 11. Aug. 1890

Talbot, Robert

Talbot, R., die Amateur-Photographie. Ein Lehr- u. Handbuch für Künstler, Gelehrte, Militärpersonen, Architekten, Ingenieure, Forschungs- u. Vergnügungs-Reisende zur schnellen u. sicheren Erlerng. der Photographie. 2., sehr verm. Aufl. gr. 8. (61 S.) Berlin 889. [Polytechn. Buchhandlg.] R. Talbot. n. 1. 75

Talbot, Rob. Die Amateur-Photographie. 3. Aufl. gr. 8. (88 S.) Berl. 889, Talbot. * 1 50
1. Aufl. 1887;

Talbot, Rob., die Amateur-Photographie. Ein Lehr- u. Handbuch der Lichtbildkunst f. Künstler, Gelehrte, Militärpersonen, Architekten, Ingenieure, Forschungs- u. Vergnügungsreisende zur schnellen u. sicheren Erlerng. der Photographie. 3., ganz umgearb. Aufl. gr. 8. (87 S. m. 74 Abbildgn.) Berlin 891. R. Talbot. n. 1. 50

Talbot, Rob., d. Amateur-Photographie. E. Lehr- u. Handbuch f. Liebhaber d. Lichtbildkunst. 9. Aufl. gr. 8. (104 S. m. 68 Abb.) Berlin 895. R. Talbot. n. 1. 50

Die Amateur-Photographie. E. Lehr- u. Handbuch f. Liebhaber d. Lichtbildkunst v. Robert **Talbot.** 10. Aufl. ... *Berlin: R. Talbot 1898.* (119 S., 1 Bl., 8 Taf.) 1 Bd 8. [98. 8672

Lichtbildkunst. Ein Lehr- und Handbuch von Robert **Talbot.** 11. Aufl. *Berlin: R. Talbot 1901.* (115 S.) 8° [01. 5797

—— Monatliche Neuheiten, s. Neuheiten, photogr.

Talbot's monatliche Neuheiten in Photographie, Lichtdruck u. Metallätzung, sowie in der Optik, Feinmechanik, Mikroskopie, Elektrizität, Projektion, Lehrmittel, Kunstwerken u. a. Schriftleiter: Rob. Talbot. II.—V. Jahrg. 1891—1894. à 12 Nrn. (à ca. 1 Bog. m. Abbildgn.) gr. 8. Berlin, R. Talbot. à Jahrg. n. 3. —

Talbot, Romain. Apparate und Instrumente für den Unterricht. Prospect No. 182. Berlin 1883.

Talbot, Romain. Die Benutzung der Photographie zu wissenschaftlichen und technischen Zwecken. Berlin 1882.

Talbot, Romain: Die Benutzung der Photographie zu wissenschaftlichen und technischen Zwecken, speciell für Künstler, Gelehrte, Architekten, Ingenieure, Forschungsreisende, Touristen. 2 Aufl. Berlin 1883. 24 S. 8°. [N 5106

Talbot, Romain. Die Benutzung der Photographie zu wissenschaftlichen und technischen Zwecken. 3. A. Berlin 1885.

Talbot, Romain: Die Benutzung der Photographie zu wissenschaftlichen und technischen Zwecken. 4. Aufl. Berlin 1886

Talbot, Romain, les étapes d'un sceptique. 8. (IV, 197 S. m. Bildn.) Leipzig 898. Breitkopf & Härtel. n. 2. 50

Talbot, Romain, Étapes d'un sceptique. 2. éd. Revue et complétée. (III, 114 S. m. Bildnis.) 8. Leipzig (906). Breitkopf & Härtel. n. 2. 50

Talbot, Romain, Talbots Photographisches Jahrbuch. Eine ausführliche illustr. Preisliste der gebräuchlichsten Bedarfsartikel für die Fach- und Amateur-Photographie. 4. Auflage. Berlin 1895.

Talbot, Romain, der Lichtpaus-Process. Verfahren zum rein mechan. mühelosen Copiren v. Zeichngn. jeder Art u. Grösse mittelst lichtempfindl. Papiers. Für Bau-Behörden, Bergwerke, Maschinenfabriken etc. Nebst e. Lichtpause als Beilage. gr. 8. (15 S.) Berlin 873. Lichtwerck. — 50

Talbot, Romain, **Mémoires d'un idéaliste.** 8. (105 S.) Leipzig 902. Breitkopf & Härtel. n. 2. 50

Talbot, Romain: Das Scioptikon, vollkommene laterna magica für den Unterricht. 3. Aufl. Berlin 1876.

Talbot-Dillon, J. Geschichte Peter des Grausamen, Königs von Castilien. A. d. Engl. 2 Bde. 8. Leipzig 1790.

Talbott, Benjamin Erlie, aus Maryland (U. S. A.): Ueber 5-Nitro-4-Jodoso-, Jodo- und Jodiniumverbindungen aus 1,3-Xylol. *Freiburg i. B. 1900: E. Kuttruff.* (36 S.) 8°
Freiburg i. B., Phil. Diss. v. 1900

Tale, a, of Manchester life (by Mrs. Gaskyll), s.: Collection of the British authors. Vol. 182.

Tale Book, the. By the following authors: Miss C. Bowles, Sheridan Knowles, Mrs. Shelley etc. gr. 8. (III und 212 S.) Königsberg 859, Bon's Verlag.

Tale book, the. By the following authors: Miss C. Bowles, Sheridan Knowles, Mrs. Shelley etc. New edit. 8. (III und 212 S.) Königsberg 866, Bon's Verlag.

Taleisenbahn

Thaleisenbahn, die große. Ein Gleichnis. 8. (53 S.) Berlin 894. Deutsche Evangel. Buch- u. Tractat-Gesellschaft. n. — 40

Talent, das. Literarische Halbmonatsschrift zur Förderg. unbekannter Autoren. Hrsg. u. red. von Ernst Potthoff. 1. Jahrg. Oktbr. 1910—Septbr. 1911. 24 Hefte. (à ca. 30 S.) 8. Berlin-Charlottenburg, Talent-Verlag. 6. —

Talentprobe. Lustsp. in 1 Akt, von F. W. Gubitz. M. Musik von F. L. Seidel. 12. Berl. N. Soc. Buchh. 813.

Taler ...

Thaler, ein. Barmen, (Klein.) 8. (16 S.) n. 2 ngr.

Thaler, ein. 8. (16 S.) Barmen 869, (Buchh. der evangel. Gesellschaft.) *

Taler, der, der vom Himmel fiel, u. andere Märchen, s.: Heim u. Herd. 2. Bd.

[F.] Die neunundneunzig **Thaler.** Schwank in 1 Aufz. A. d. Ital. ins Deutsche übertr. v. J[os.] Buhr, Priester d. Bist. Strassburg. *Paderborn: J. Esser 1895.* (15 S.) 1 Bd 8.
= Sammlung, J. Esser's, leicht aufführb. Theaterstücke. H. 33. [96. 116

Taler, der, im Wasserschaff. Der Mann im Faß, s.: Bilderbücher, kleine lustige. Nr. 4.

Thaler, wie viel Stück Brabander, werden erfordert, wenn die Summe in Stück Carolin od. St. neue Thaler in Wechselgeld gestellt ist, berechnet von 1/8 bis 1350. 16. Frankf. Jäger. Rthlr. –

— — — — — wenn die Summe des Geldbetrags in Frankfurter. Wechselzahlung oder Carld'or à 6 Thaler 12 Xer gestellt ist, berechnet von ½ bis 5000 Stück. 16. Ebend.

Thaler, 200, für zwei Silbergroschen. Eine höchst wichtige Mittheilung für Gast- und Schankwirthe, Branntweinhändler rc., namentlich auch auf dem Lande, wie sie in Kurzem, unter Garantie, fast umsonst zu dem Genuß von mindestens 200 Thalern gelangen. (1 Bl. in 4.) Jüterbog 858, Krause.

Täler

Thäler, die friedlichen, an der Starrenburg, s. Albert u. Jacobine.

Taler-Kabinett

Anonym: „Thaler-Cabinet, d. i. histor. crit. Beschreibung der Reichs-Thaler", Königsberg und Leipzig 1735. — Vorh.: Bibl. des German. Museums Nürnberg.

Thaler-Cabinet. Beschreibung aller bekannt gewordenen Thaler ... München 1867. V: *Schulthess-Rechberg, K. G. Ritter von.* (BMarsch 379)

„Thaler-Cabinet, Auserlesenes, darinn die meiste und vornehmste derjenigen Silber-Müntzen, Welche unter dem Nahmen Der Reichs-Thaler bekannt sind ... In ihren Svlten, nach Chronologischer Ordnung, vorgestellet und zulänglich beschrieben werden .....", Königsberg, gedruckt mit Reussnerischen Schrifften o. J. — Vorh.: StB Nürnberg.

— auserles., darin die meisten u. vornehmsten Silber-Münzen, welche unter d. Namen der Reichs-Thaler bekannt sind rc., geschlagen worden. 8. Königsb. ... 2e Aufl. 8. Ebd. 789. Eckardt.

Thaler-Cabinet, Vollständiges, das ist: Historisch-critische Beschreibung derjenigen zweylöthigen Silber-Münzen, welche unter dem Namen der Reichs-Thaler bekannt sind ... 2. Aufl. Königsb. u. Leipz. 1747. V: *Lilienthal, Mich.* (CBH)

Thalerkabinet, vollständiges, aufs neue ansehnlichst vermehrt und mit nöthigem Register vers. v. D. S. v. Madai. 3 Thle. u. 3 Forts. gr. 8. Königsb. Hartung. (Unzer.) 765—69. (I. 2 Rthlr. II. 2 Rthlr. 8 gr. III. 1 Rthlr. 16 gr. 1s Supplem. 8 gr. 2s 16 gr. 3s 1 Rthlr. 8 gr.)

Taler-Kollektion

Thaler-Collection. Der Thaler-Collection erste Abtheilung. Hamburg 1710. V: *Lehmann, Peter Ambr.* (Bibliotheca Rinckiana. Lipsiae 1710.)

Tales from „Blackwood", s.: Collection of british authors.

English fairy tales. Für den Schulgebrauch herausgegeben von Prof. Dr. L. Kellner. I. Theil: Einleitung und Text. II. Theil: Anmerkungen und Wörterverzeichnis. (Freytags Sammlung französischer und englischer Schriftsteller.) Wien und Prag. 1899. Tempsky. 8°. VIII, 136 S. Geb. fl. —.75

Tales, fairy, translated from the French of the Countess d'Aunois. 2 Vol. 12. London, Walker. (Leipzig, Fr. Fleischer in comm.) 817.

— four, for the young, s.: Books for the young.

Tales of foreign lands. A series of illustrated tales for the young. Collected by Jos. Spillmann, S. J. Translated from the German. Vol. 1—6. 12. Freiburg i/B., Herder. Kart. à n. 1. 20; geb. in Leinw. à n. 1. 50

1. Love your enemies. A tale of the Maori-Insurrections in New Zealand. By Jos. Spillmann, S. J. Translated from the German by Miss Helena Long. 2. ed. (117 S.) 897.
2. Arumugam, prince, the steadfast Indian convert. By A. v. B. (V, 84 S.) 895.
3. Children of Mary. A. tale of the Caucasus. By Jos. Spillmann, S. J. Translated by Miss Helena Long. (122 S.) 896.
4. Maron, the christian youth of the Lebanon. By A. v. B. (V, 76 S.) 895.
5. The queen's nephew. An historical narration from the early Japanese mission. By Jos. Spillmann, S. J. Translated by Miss Helena Long. (149 S.) 896.
6. Tales, three Indian. Namameha and Watomilka. By Alex. Baumgartner, S. J. — Tahko, the young Indian missionary. By A. V. B. — Father René's last journey. By Ant. Huonder, S. J. Translated from the German by Miss Helena Long. (124 S.) 897.

Tales, merry little, for merry little hearts. With coloured pictures. 2. Edition. gr. 4. (16 Holzschnt. mit Text.) Leipzig 859. (Mainz, Janitsch.)

Tales of Ossian, v. Ossian.

Tales, Persian, designed for use and entertainment. Coburg 1779—81. H: *Facius, Johann Friedrich.* (NN) (Ky)

Tales of the present, being six stories by modern writers. With notes and introductions by Clifford Sully. (160 S. m. 3 Abb.) 8. Leipzig 908. G. Freytag. — Wien, F. Tempsky. Geb. 1.50

—— romantic, by the author of „John Halifax, Gentleman", s. Collection of british authors.

Tales, six, by modern English authors, Wörterbuch hrsg. von F. Lotsch, s.: Schulbibliothek, englische u. französische.

— and stories from american authors, hrsg. v. Fritz Meyer, s.: Schulbibliothek französischer u. englischer Prosaschriften.

Tales and stories from modern writers, hrsg. von J. Klapperich, s.: Schulbibliothek, franz. u. engl., A.

Tales, three, for boys, s. Series for the young.

Tales, three, for Girls, s. Series for the Young.

— three Indian, s.: Tales of foreign lands, vol. 6.

— of Wonder, v. Lewis.

Talestri, Regina delle Amazoni. Opera drammatica. Dresda 1767. V: *Maria Antonia Walburga Kurfürstin von Sachsen.* (ML) (ABJP)

Talestri, Regina delle Amazoni. Opera dramatica. gr. 4. Dresd. 767. Walther. 12 gr.

Talestris Königin der Amazonen. Ein Singspiel . . . Dresden 1763. V: *Maria Antonia Walburga Kurf. v. Sachsen.* (ABJP)

Talfingen, s.: Frank v. Talfingen.

Talfourd, Sir Thomas Noon

— the Athenian Captive, s. **Theatre**, British, No 17.

Talfourd, Th. N., Jon. A Tragedy, s. **Theatre**, British No.4.

Talheim [Schlagwort]

Talheim, s.: Württemberg. Höhenkurvenkarte.

Talhoffer's Fechtbuch aus dem J. 1467. Gerichtliche u. andere Zweikämpfe darstellend. Hrsg. v. G. Hergsell. gr. 4. (VII, 46 S. m. 268 Taf. in Lichtdr.) Prag 887. Calve. n. 50. —; geb. n. 60. —

— dasselbe [Ambraser Codex] aus dem J. 1459, gerichtl. u. andere Zweikämpfe darstellend. Mit hoher Bewilligg. d. k. k. Oberstkämmerer-Amtes hrsg. v. G. Hergsell. gr. 4. (VII, 45 S. m. 116 Taf. in Lichtdr.) Ebd. 889. geb. n.n. 50. —

— dasselbe [Gothaer Codex] aus dem J. 1443, gerichtl. u. andere Zweikämpfe darstellend. Hrsg. v. G. Hergsell. gr. 4. (IX, 42 S. m. 160 Taf. in Lichtdr.) Ebd. 889. geb. n.n. 50. —

Taliacotii, Gasp., de curtorum chirurgia per insitionem libri duo. Recogn. et ed. M. Troschel. 8maj. (28 B. u. 6 lith. Taf.) Berolini 831, Reimer.

Taljanzeff, A., Beitrag zur Lehre von der Natur der hemmenden Wirkung des Vagus auf das Herz, s. Archiv für Anatomie und Physiologie, Suppl.-Bd. zur physiolog. Abthl.

TALINUS (ps.). — Der vom Frauenzimmer unschuldig verfolgte, geplagte und endlich ins grösste Elend gestürzte Gelehrte, oder wahrhaffte Geschichte eines nicht unbekannten Rechts-Gelehrten, einer grossen . . . . Hansee-Stadt, aus dessen eigenhändigen hinterlassenen Nachrichten ans Licht gestellet, von *Talino*. Franckfurt u. Leipzig, Buchner in Commiss., 1754. 8°.
Sehr rar! Tit. u. 78 SS. — Cat. Monath II. Nürnb. 1783. p. 99: Geschichte eines Rechtsgelehrten, so beständig vom Frauenzimmer geplaget worden. Ibid. „1753". 8°.

Talíř, J.: Arithmetische Reihen höherer Ordnungen und die figurierten Zahlen. 20 S. 8° – Waidhofen a/Th., RG., Progr. 1872.

Talíř J.: Vom Unterrichte überhaupt, vom erziehenden insbesondere, und über die Bedeutung des Unterrichtes in der Mathematik für den letzteren. 18. Waidhofen a/Th. 88. Progr.

Talíř, M.

Talíř, Dr. Einige Gedanken über die provisorische Regelung der directen Besteuerung in Oesterreich. gr. 8°. Prag, Verl. d. Bohemia, 1877.

Talíř, einige Gedanken über die provisorische Regelung der directen Besteuerung in Oesterreich. gr. 8. (28 S.) Prag 877. Haase. n. 1. —

Talíř, M., über die Reform der direkten Steuern. [Mit Ausnahme der Grundsteuer.] Nach den Anträgen der Regierung. gr. 8. (IV, 196 S.) Prag 874, Dr. Grégr und Dattel. *

Talisman, der, eine Kleinigkeit, s. Fündling von C. W. Contessa.

Talisman, Der. Ein musikalisches Lustspiel, welches auf den Königlichen Schaubühnen aufgeführt werden soll. Italienisch und deutsch. Berlin. V: *Da Ponte, Lorenzo.* (BiblPort)

Talisman, Der; Lustspiel. Frankfurt 1764. V: *Zumbach, Carl Adolph.* (Ky) (GGr)

Talismann, der; Lstspl. (v. K. A. Zumbach). 8. Frankf. 764. Gebhardt u. K. 4 gl.

— der, oder d. Zigeuner. Singspl. 8. Amsterd. 791. (Lingen, Jülicher). 8 gl.

Talisman, der, oder: Trau, Schau, Wem? Neuestes scherzhaftes Nimm mich mit! um männl. weibl. Charaktere aus den Gesichtszügen leicht u. treffend zu erkennen. Nach Grundsätzen des J. C. Lavater. Mit 80 Brustbildern aus dem Leben u. 78 physiognom. Positionen. 8. (96 S. m. 8 lith. Taf.) Gratz 847, Ludewig. n. 16 ngr.

Talisman, der. Blätter f. „Neugedanke", gewidmet d. Realisation v. Glück, Erfolg, Gesundheit u. Wohlstand. Organ d. dtschn. Neudenker-Bundes. Schriftleiter: Paul Krojanker. 2. Jahrg. 1908. 12 Nrn. (96 S.) gr. 8. Berlin, C. Georgi. 4. —

Talisman des Glücks, s. Almanach für Karten-, Schach- und Pharospieler.

Talisman des Glücks oder der Selbstlehrer für alle Karten- . . . und Kegelspiele. Berlin 1816. 2. Aufl. 1820. V: *Flittner, Chn Gfr.* (MGT)

— der, für Jünglinge, welche in die Welt treten, od. Klugheitslehren für edle Söhne in den jetzigen Zeiten der Verführung. 8. Leipz. (817.) Centr.-Compt. 18 gl.

Talismann, neuer, der Fröhlichkeit, s. Gesellschaftsbüchlein, 2r Thl.

Talisman, Neuer, der Fröhlichkeit. Enthaltend die besten Lieder der vorzüglichsten Dichter . . . Quedlinb. 1816. H: *Basse, Gfr.* (MGT)

Talisman-Bibliothek. Hrsg. v. Harry Wienfield Bondegger. 1.–4. u. 7–9. Bd. 8. Berlin, C. Georgi. à n. 1.—
Bondegger, Harry, „Buschido", die Geheimwissenschaft Japans. (48 S.) (906.) (Bd. 2.)
— in zwei Stunden nicht mehr nervös. Eine Anleitung der Relaxationsmethode, in kürzester Zeit Nerven- u. Muskelkraft zu ersetzen u. Müdigkeit, Verstimmung, Zerstreutheit, Gedächtnisschwäche u. Unlust sogleich zu beseitigen, enth. den Weg, den Hunderttausende in Amerika m. Erfolg beschreiten, ohne Anwendg. v. Diät, Apparaten, Atmungstraining u. Medikamenten. (14.—16. Taus.) (46 S.) (906.) (Bd. 3.)
Bratley, Geo. H., die Kunst der Faszination. Eine allgemeinverständl. Abhandlg. über die Sonnen-Aetherkraft u. ihre Umwandlg. in persönl. Magnetismus. Autoris. Uebersetzg. v. H. W. Bondegger. (48 S.) (9.6.) (Bd. 7.)
Eaves, A. Osborne, die Bemeisterung des Todes. Autoris. Uebersetzg. v. H. W. Bondegger. (51 S.) (906.) (Bd. 8.)
— die Kräfte der Farben. Der Weg zur Gesundheit. Die Kunst des Schlafes. Autoris. Uebersetzg. v. Rich. Gollmer. (48 S.) (906.) (Bd. 9.)
Gedächtniskraft ohne Gedächtniskunst, Asturels Gedächtnissystem. Autoris. Uebersetzg. v. Harry Bondegger. (40 S.) (906.) (Bd. 1.)
Vairagyananda, Hindu-Hypnotismus. Theorie u. Praxis der Fakir-Illusionen u. hypnot. Experimente. Autoris. Uebersetzung in freier Wiedergabe von Harry Bondegger. 1.—5. Taus. (48 S.) (905.) (Bd. 4.)
Bd. 5 s.: Bondegger, Harry, nach der Photographie den Charakter zu erkennen. — 6.: Asturel, das Mysterium des Atems.

Talisman-Bibliothek. Hrsg. v. Harry Winfield Bondegger. 1.—7. u. 9.—30. Bd. 8. Ebd. à 1.—
Asturel, das Mysterium d. Atems. Autoris. Übersetzg. v. Harry Bondegger. 13.—15. Taus. (48 S.) (910.) (Bd. 6.)
Becker, F. W., auf d. Wege zum Glück (zur Gesundheit, zur Vollkommenheit). Aufsätze. (48 S.) (907.) (Bd. 13.)
Bondegger, Harry W., „Buschido", die Geheimwissenschaft Japans. 7.—9. Taus. (48 S.) (909.) (Bd. 2.)
— Die Entfesselung des Riesen. (48 S.) (910.) (Bd. 28.)
— Nach der äusseren Erscheinung, nach der Photographie, der Gangart, dem Klange der Stimme den Charakter, die Fähigkeiten u. Anlagen, die Launen u. die Gesinnung jeder beliebigen Person m. Sicherheit zu erkennen. 7.—9. Taus. (44 S.) (909.) (Bd. 5.)
— Wie man Selbstvertrauen u. Sicherheit entwickelt. 1. u. 2. Aufl. 1.—8. Taus. (47 S.) (909.) (Bd. 24.)
— In zwei Stunden nicht mehr nervös! Eine Anleitung der Relaxationsmethode, in kürzester Zeit Nerven- u. Muskelkraft zu ersetzen u. Müdigkeit, Verstimmg., Zerstreutheit, Gedächtnisschwäche u. Unlust sogleich zu beseitigen, enth. den Weg, den Hunderttausende in Amerika m. Erfolg beschreiten, ohne Anwendg. v. Diät, Apparaten, Atmungstraining u. Medikamenten. 8. Aufl. 23.—25. Taus. (48 S.) (909.) (Bd. 3.)
— Der Weg zum finanziellen Erfolge. (46 S.) (910.) (Bd. 29.)
Bratley, Geo. H., die Kunst der Faszination. Eine allgemeinverständl. Abhandlg. üb. die Sonnen-Aetherkraft u. ihre Umwandlung in persönl. Magnetismus. Autoris. Uebersetzg. von H. W. Bondegger. 3. Aufl. 7.—9. Taus. (48 S.) (909.) (Bd. 7.)
Buchanan, Uriel, wie erlangt man Geistesgegenwart, Energie u. Macht? Autoris. Bearbeitg. v. Harry W. Bondegger. (48 S.) (908.) (Bd. 17.)
Debay, A., die Wunder des Schlafes u. des Magnetismus. Aus dem Franz. Rev. Ausg. v. Thom. Heylin. 1. Tl.: Die Wunder des Schlafes. (62 S.) (909.) (Bd. 25.)
— dasselbe. 2. Tl.: Die Wunder des Magnetismus. (48 S.) (910.) (Bd. 26.)
— dasselbe. 3. Tl.: Die Wunder der Sinnestäuschgn. (43 S.) (910.) (Bd. 27.)
Eaves, A. Osborne, die Kräfte der Farben. Der Weg zur Gesundheit. Die Kunst des Schlafes. Autoris. Uebersetzg. v. Rich. Gollmer. 4.—6. Taus. (48 S.) (910.) (Bd. 9.)
Gedächtnis-Kraft ohne Gedächtnis-Kunst, Asturels Gedächtnissystem. Autoris. Uebersetzg. von Harry W. Bondegger. 4. Aufl. 10.—12. Taus. (47 S.) (909.) (Bd. 1.)
Kerning, J., der Schlüssel zur Geisterwelt. 2 Bde. (63 u. 64 S.) (908.) (Bd. 15, 16.)
Knappe, Marie, Leitfaden der Schädelform- u. Gesichts-Ausdrucks-Kunde, m. e. Anh. üb. die Ehe u. die Vererbg. geist. Eigenschaften, e. Hinweis zur Erziehg. besserer Menschen. (36 S.) Tilsit 908. (Bd. 11.)
Maas, Lilly, das Geheimnis der Graphologie. Anleitg. zum Erlernen d. Handschriftdeutg. (38 S.) (908.) (Bd. 19.)
Maxwell, William, Anleitung zur magnetischen Wissenschaft, worin sowohl die Theorie als Praxis dieser Wissenschaft enthalten ist, viele Naturwunder geoffenbart, die Wirkgn. des Lebensgeistes enthüllt u. die Fundamente dieser ganzen Kunst m. auf Erfahrg. gestützten Beweisgründen dargestellt werden. Den Liebhabern der geheimen Philosophie gewidmet. Aus dem Lat. des 17. Jahrh. Rev. deutsche Ausg. v. Thom. Heylin. (47 S.) (909.) (Bd. 23.)
Medizin, die höhere. Alchemistra redivivus od. d. reelle Seite der Alchemie, v. e. echten Alchemisten. (47 S.) (908.) (Bd. 18.)
Santanelli's, Ferd., geheime Philosophie od. magisch-magnetische Wissenschaft. Eine Erklärg. d. wunderbaren Erscheingn. des Magnetismus. Aus dem Lat. v. 1723. Rev. deutsche Ausg. v. Thomas Heylin. (45 S.) (909.) (Bd. 22.)
Towne, Elizab., neue Menschen. Wie man Kinder u. Eltern erzieht! Autoris. Übersetzg. v. Harry W. Bondegger. (40 S.) 907. (Bd. 12.)
Towne, Elizab., wie man das Sonnengeflecht weckt u. sein Schicksal bemeistert. Autoris. Uebersetzg. von Harry W. Bondegger. 1.—3. Aufl. 1.—8. Taus. (48 S.) (908—10.) (Bd. 10.)
Vairagyananda, Hindu-Hypnotismus. Theorie und Praxis der Fakir-Illusionen u. hypnot. Experimente. Autoris. Uebersetzg. in freier Wiedergabe v. Harry W. Bondegger. 4. Aufl. 10.—12. Taus. (48 S.) (909.) (Bd. 4.)
Wiedenmann, bringe Ordnung in Dein Gedankenleben. (48 S.) (908.) (Bd. 14.)
Wilde, Geo., Elemente der Astrologie. Wie d. Gestirne Leib, Seele u. Schicksal beeinflussen. (40 S.) (908.) (Bd. 20.)
— dasselbe. 2. (Schluss-)Bd. (45 S.) (909.) (Bd. 21.)
Ziemann, Frz., die Wunder der deutschen Sprache. (48 S.) (910.) (Bd. 30.)

Talismane gegen die lange Weile, v. A. F. E. Langbein, 1ste bis 5te Samml. 8. Berlin, Sander. 801 u. 2.
Velinpapier

Talismane zum Siege in Kampf u. Streit u. zum Festmachen gegen Hieb, Stich u. Schuss. Sowie die Kunst, Diebe zu stellen u. Gestohlenes wiederzuerlangen. — Die Kunst, im Spiel u. in der Lotterie stets zu gewinnen. (2. Aufl.) (48 S. m. 1 Fig.) 8. Leipzig (906). A. F. Schlöffel. n. 1.—

Talitz (Taliz) von Liechtensee, Joh. L.

— — Neu-aussgeschmuckter u. viel-vermehrter kurtzweiliger Rayse-Gespan, worinnen verschiedene annehmliche Schimpff- u. Ernst-Geschichte von allen Ständen der Welt vor Augen gestellet. Mit Titelkpf. Ulm 1702. 12/. (25 Mk., Prgt., Jos. Baer & Co., Frkfrt. a. M., 1911.)

Talke, Ludwig, approb. Arzt aus Rendsburg: **Beitrag zur Kenntnis der Regenerationsvorgänge in den Hautdrüsen der Amphibien.** ⟨Preis-Arbeit.⟩ *Kiel 1900: P. Peters.* (23 S.) 8°
Kiel, Med. Diss. v. [6. Juli] 1900

Talke, Paul: Ueber das Wesen und die Behandlung der Perityphlitiden ... Greifswald: Druck v. J. Abel 1893. 30 S. 8°
Greifswald, Med. Fak., Inaug.-Diss. v. 20. Juni 1893

Tallafus, J., die Erbauung u. das Aergerniß in d. Leben d. heil. Maria Magdalena. Eine Predigt, gehalt. am Festtage derselben 2c. 8. (1 B.) Wien 830, Wimmer.

TALLANDA, Die unvergleichliche, von Corfu. Aus d. italän. übers. Mit freiem Titelkpfr. Frankfurt u. Leipzig 1755. 8°. 160 S. (6 Mk. Frdr. Klüber, 1905.)
Pikanter Liebes- u. Abenteurer-Roman.

Tallanda, der unvergleichlichen, in Corfu, abentheuerliche merkwürdige Geschichte, aus dem Engl. dritte Aufl. 8. (Frankfurt) 778. (Fleischer) 7 ſgl.

Tallanda, der unvergleichl., in Corfu, abenteuerlich merkwürdige Geschichte, a. d. Engl. 8. Frkf. Fleischer. 779.

Tallar, Ge., visum repertum anatomico-chirurgicum, od. gründlicher Bericht v. d. Blutsaugern 2c. 8. Wien, Mößle. 781.

Tallar, Ge., Visum repertum od. gründl. Bericht v. d. sogen. Blutsaugern, Vampyren 2c. Wien. 8°. A. D. B. LIV, 102.
1784

Der gefangene Frantzösische Marschall Tallard, oder Dritte Forts. des mit Blut vermischten Donau-Stroms, worinnen alle neuere ausführl. Particularia von der unvergleichl. Schlacht bei Hochstädt. (20.) 4. M. K. Leipzig 1704.

Tallavania, Innoc., der Selbstmord, seine Ursachen, Arten, d. Mittel dagegen, u. d. Untersuchung desselben, in medic.-polizeil., u. in med.-gerichtl. Beziehung. gr. 8. (9 B.) Linz 834, Eurich u. Sohn.

Tallentyre, S. G., the money-spinner, s.: Merriman, Henry Seton.

Taller, Pfarrer. Rede bei der Fahnenweihe der Bundes-Jungfrauen am Feste der allerheiligsten Dreifaltigkeit den 18. Mai 1856 in Windischgarsten, gehalten von — —. Feichtinger'sche Buchdruckerei in Linz. (8 S. 8.)

TALLER, Joseph (Taugn): De pemphigo cum historia huius morbi annexa. (Titel nach der Urkunde) 30.8.1831 – Urk; F 60 (= Thaller)
Diss. Ingolst.-Landsh.-Mchn.

Taller, Placidus, OSB. Neu-eröffneter Mit allerhand raren, neuen und seltsamen Waaren, wohleingerichter Auch Auf alle Kirchweyh-Tag und Jahrmärckt aufgeschlagener Geistlicher Kram-Laden, Das ist, Dreysig sonderbare Kirchweyh-Predigen, Von Unterschiedlich raren Concepten, annehmlichen Historien … das Jahr hindurch zugebrauchen … Denen Seelsorgern und Lehrern des Worts Gottes zum Behülff. Regensburg, J. Z. Seidel, 1721. 4°. 4 Bl. 1338 S. 13 Bl. Leicht berieb. Ldbd. d. Z. m. Rsch.
Originalausgabe.

Talleyrand-Périgord, Charles Maurice, Fürst

Talleyrand's Briefwechsel mit König Ludwig XVIII. während des Wiener Congresses. Nach den im Archiv des Ministeriums des Auswärtigen zu Paris aufbewahrten Handschriften hrsg. von G. Pallain. Autoris. deutsche Ausg., besorgt von Paul Bailleu. gr. 8. (XXXVI, 441 S.) Leipzig 881. Brockhaus. n. 8. —; geb. n. 10. —

Talleyrand-Perigord, Memoiren, s. Memoiren.

Memoiren des Fürsten (Charles Maurice) **Talleyrand** hrsg. mit e. Vorr. u. Anm. vom Herzog [Albert] v. Broglie. Deutsche Orig.-Ausg. von Adolf Ebeling. 3. Taus. Bd 1–5. *Köln & Leipzig: A. Ahn 1891–92.* 5 Bde 8° [J.]
1–3. 1891. 4. 5. 1892.
— Memoiren-Bibliothek [5–0] [01. 10854

Talleyrand, Fürst, Memoiren, hrsg. m. e. Vorrede u. Anmerkgn. vom Herzog v. Broglie. Deutsche Orig.-Ausg. v. Adf. Ebeling. 5 Bde. 3. Taus. gr. 8. (XLII, 348; III, 428 S. m. Fcsm. u. 3 Bildnissen; 406 S. m. 1 Bildnis; 288 u. XXII, 292 S. m. 3 Bildnissen.) Köln 891. 892. A. Ahn. à n. 6. —; geb. à 8. —

Talleyrand, [Charl. Maur.] Fürst v.: Memoiren. Hrsg. v. Herzog [Albert] v. Broglie. Deutsch von Ad. Ebeling. 3. Tausend. 5 Bde. Köln u. Leipzig: Ahn 1891–93.

Talleyrand. Memoiren des Fürsten ..... Herausgegeben mit einer Vorrede und Anmerkungen vom Herzog von **Broglie** Deutsche Original-Ausgabe von Adolf Ebeling. 1. Bd. (Mit 2 Porträts u. 4 Facsimile.) II.—IV. Bd. (Mit je 1 Porträt.) V. Bd. (Mit 2 Porträts.) (5 Bde.) 8. Köln u. Leipzig 1891—1895

Tallicher, **J. L.**, de resecando femore ex articulo. 8maj. Halle 806. Schimmelpfennig. 2 gr.

Talli chet, Ed[ouard]. Zweibund und Dreibund. Warum die Kriegsbereitschaft vermehrt werden muss. (Uebersetzung.) 8. Lausanne 1893.

Tallichet, Ed. Zweibund und Dreibund. Warum die Kriegsbereitschaft vermehrt werden muss. Gr. in-8⁰. 48 S. Lausanne, B. Benda. 1893. — 75

Tallpil's Abenteuer u. Fahrten, s.: Abenteuer.

Tallquist, Hj[almar]: Ueber Arbeitsgrössen in der mathematischen Physik. (Helsingfors 1908: Soc. Litt. Fenn.) 27 S. 4⁰
(Acta Societatis scientiarum Fennicae. T. 33, Nr 5.)

Tallqvist, Hj. Bestimmung einiger Minimalflächen, deren Begrenzung gegeben ist. Akademische Abhandlg. gr. 4. (VI, 79 S. m. 2 Taf.) Helsingfors 890. (Berl., Mayer u. Müller.) * 2 50

Tallqvist, Hj. Bestimmung der Richtungs-Cosinus einer Geraden. Helsingfors 1890. 4.

Tallqvist, Hj. Bestimmung der Trägheitsmomente. Helsingfors 1890. 4.

Ueber die Elektricitätsbewegung in Stromkreisen mit veränderlichen Bahnconstanten von Hj[almar] **Tallqvist**. (Helsingfors: Soc. litt. Fenn. 1907.) (60 S.) 4°
= **Acta** Societatis scientiarum Fennicae. T. 34, No 5. [08. 12437

Ueber die Elektricitätsbewegung in verzweigten Stromkreisen mit Induktion und Capacität von Hj[almar] Tallqvist. *(Helsingforsiae: Soc. litt. fennica 1902.)* (696, CCLXXII S.) 4°
= **Acta Societatis scientiarum** Fennicae. T. 28, No 1.

Aus dem Gebiete der Kugelfunctionen von Hj[almar] **Tallqvist**. *(Helsingfors 1900: Off. typogr. soc. litt. fenn.)* (87 S.) 4°
= **Acta Societatis scientiarum** Fennicae. T. 26, No 4. [01. 8806

Tallqvist, Hj. Über specielle Integrationen. Helsingfors 1890. 4.

Tallqvist, Hj. Construction eines Modelles einer speciellen Minimalfläche. Helsingfors 1889.

Tallqvist, Hj[almar]. Lehrbuch der Technischen Mechanik von Hj. Tallqvist, Professor ... zu Helsingfors. (Band) 1: Geometrische Bewegungslehre; Mechanik des materiellen Punktes; Statik der starren Körper; Dynamik der starren Körper. Mit 473 Figuren im Text. XII + 750 S. 8. Helsingfors, Verlagsactienges. Helios; Zürich, C. Speidel, (1903). [geb. fr. 22. 50]

Tallqvist, Hj., Lehrbuch der technischen Mechanik. I u. II. gr. 8. Helsingfors. Zürich, E. Speidel. n. 24. —; geb. n. 28.
I. Geometrische Bewegungslehre. Mechanik des materiellen Punktes. Statik der starren Körper. Dynamik der starren Körper. (XII, 750 S. m. 473 Fig.) 903. n. 16. —; geb. n. 18. —
II. Theorie der Elasticität u. Festigkeit. Hydromechanik. (VI, 369 S. m. 250 Fig.) (904.) n. 8. —; geb. n. 10. —

Tallquist, Hj[almar]: Ueber die Stabilität der stationären Bewegung eines Punktes in einer Schraubenlinie. (Helsingfors: Finn. Lit.-Gesellsch. 1908.) 12 S. 4⁰
(Acta societatis scientiarum Fennicae. T. 35, Nr 5.)

Tallquist, Hj[almar]: Ueber die Stabilität des Gleichgewichts eines nicht freien materiellen Punktes. (Helsingfors: Finn. Lit.-Gesellsch. 1907.) 11 S. 4⁰
(Acta societatis scientiarum Fennicae. T. 35. Nr 3.)

Tallquist, Hj[almar]: Tafeln der abgeleiteten und zugeordneten Kugelfunctionen erster Art. (Helsingfors 1908: Soc. Litt. Fenn.) 67 S. 4⁰
(Acta Societatis scientiarum Fennicae. T. 33, Nr 9.)

Tallquist, Hj[almar]: Tafeln der Kugelfunctionen Pn (cos Θ). (Helsingfors 1908: Soc. Litt. Fenn.) 8 S. 4⁰
(Acta Societatis scientiarum Fennicae. T. 33, Nr 4.)

Tafeln der Kugelfunctionen $P_n(x)$ und ihrer abgeleiteten Functionen von Hj[almar] **Tallqvist.** (Helsingfors: Soc. litt. fennica 1906.) (27 S.) 4°
= **Acta** Societatis scientiarum Fennicae. T. 32, No 6. [06. 6093

Untersuchungen über elektrische Schwingungen v. Hj[almar] **Tallqvist.** [Th.] 1. *(Helsingfors: Off. typ. Soc. litt. fennicae 1897.)* 4.
= **Acta** Societatis scientiarum Fennicae. T. 23. No 4. [98. 1456

Tallquist, Knut Leonard

Tallqvist, Knut L., die **assyrische Beschwörungsserie Maqlû,** nach den Originalen im British Museum hrsg. [Acta societatis scientiarum fennicae, tom. XX, No. 6.] 2 Tle. in 1 Bd. gr. 4. (179 u. 98 S.) Leipzig 895. E. Pfeiffer. n. 48. —

Tallqvist, Knut L., s.: Ibn Sa'îd, Kitâb al-muġrib fî hulâ al-maġrib.

Neubabylonisches Namenbuch zu den Geschäftsurkunden aus der Zeit des Samaššumukîn bis Xerxes von Knut L[eonard] **Tallqvist.** (Helsingfors: Soc. litt. fennica 1906.) (XLII, 338 S.) 4°
= Acta Societatis scientiarum Fennicae. T. 32, No 2.

Tallqvist, Knut L., **neubabylonisches Namenbuch** zu den Geschäftsurkunden aus der Zeit des Samaššumukîn bis Xerxes. (XLII, 338 S.) Lex.-8. Helsingfors 905. (Leipzig, E. Pfeiffer.) n. 48. —
Sonderabdrucke aus: „Acta soc. scientiar. fennicae".

Tallqvist, K. L. Babylonische Schenkungsbriefe. Transcribiert, übers. u. commentiert. gr. 4. (24 S.) Helsingfors 891. (Lpz., Pfeiffer). * 2 60
Aus: Commentationes variae in memoriam actorum CCL annorum ed. Universitas Helsingforsiensis, besonders abgedruckt.

Tallqvist, K. L., die **Sprache der Contracte** Nabû-Nâ'ids [555—588 v. Chr.]. Mit Berücksicht. der Contracte Nebukadnezar's u. Cyrus'. gr. 8. (XVIII, 148 S.) Helsingfors 890. (Leipzig, Pfeiffer.) n. 5. —

Tallqvist, Knut L, **arabische Sprichwörter** u. Spiele, gesammelt u. erklärt. gr. 8. (152 S.) Helsingfors 897. Leipzig, O. Harrassowitz. n.n. 4. —

Tallqvist, T. W., **über experimentelle Blutgift-Anämieen.** Akademische Abhandlg. gr. 8. (IV, 205 S. m. 18 Bl. Kurven.) Helsingfors 900. Berlin, A. Hirschwald. n. 6.—

Talma, François Joseph

Talma's, J. F., Memoiren, s.: Lese-Cabinet, historisches. 31—34. Lfg.

Eröffnung collateraler Bahnen für das Blut der Venae portae. Von Prof. S[ape] Talma in Utrecht. Berlin: Fischer 1908. (19 S.) 8°
= Klinik, Berliner. H. 241.

Talmage, ist die **Bibel wahr?** (16 S.) 8. Neumünster (908). Vereinsbuchh. G. Ihloff & Co. nn — 05

Talmage, T. de Witt, die **Lebendigen** u. die Todten. Eine Predigt. Aus dem Engl. v. L. Rehfueß. 8. (20 S.) Bonn 883. Schergens. n. — 15

Talmage, T. de Witt, die **zwölf Perlenthore.** Eine Predigt. Aus dem Engl. von L. Rehfueß. 16. (20 S.) Bonn 882. Schergens. n. — 15

— **Predigten.** 8. (77 S.) Ebend. 881. n. — 60

Talmage, T. de Witt. **Predigten.** 1. Bd. 2. Aufl. gr. 8. (232 S. m. Bildnis.) Hamb. 891, Oncken Nachf. 2 50
Vgl.: Schwert u. Kelle.

— **zwölf Predigten.** Aus dem „Christian Globe" übers. 8. (153 S.) Hagen 883. Risel & Co. n. 1. 50

Talmage, T. de Witt, **Schwert u. Kelle.** Predigten. 7. Jahrg. gr. 8. (IV, 296 S.) Hamburg 887. J. G. Oncken Nachf. n. 2. 50

TALMAN, Ottokar: **Doctrina autoris Thomae Tamburini S. J. de virtutibus theologicis.** — 1907. III, 155 S. Diss. Graz, Univ.

Maurice **Talmeyr.** Das Ende einer Gesellschaft. Neue Formen d. Korruption in Paris. [La Fin d'une société. Les maisons d'illusion.] Autor. Übers. von Emile Charlet. Mit e. Nachw. von Dr. med. Iwan Bloch. 1.—5. Aufl. Berlin: L. Marcus [1910]. VII, 374 S. 8°
(Sexualpsychologische Bibliothek. Serie 1, Bd 6.)

Talmeyr, Maurice, das **Ende e. Gesellschaft.** Neue Formen der Korruption in Paris, s.: Bibliothek, sexualpsychologische. I, 6.

Talmi-Antisemitismus. Von e. zielbewußten Antisemiten (Hub. Frhr. v. Schorlemer). gr. 8. (V, 50 S.) Großenhain 895. H. Starke. n. — 50

Talmud [Sachliches OW]

Talmud, der, oder die **Sittenlehre des Judenthums.** Nebst einem Anhang, enthaltend Aussprüche deutscher Geistesheroen mit Portr., Episoden über den zerstörenden Einfluß des Judenthums, Statistisches ɔc. Volksausg. gr. 8. (64 S.) Berlin 881, M. Schulze. *
—— dass. — Nebst Kulturgeschichte des Judenthums, Aussprüchen hervorragender Männer aller Zeiten, jüdisch-deutschem Wörterbuch ɔc. 2.—5. Aufl. Wohlf. Volksausg. gr. 8. (45 S.) Ebendas. 880—84. *

Talmud, der, oder die Sittenlehre des Judenthums, nebst Kulturgeschichte des Judenthums, Aussprüchen hervorragender Männer aller Zeiten, jüdisch-deutschem Wörterbuch ɔc. 3. Aufl. Wohlf. Volksausg. gr. 8. (45 S.) Berlin 881. M. Schulze. n. — 50

Talmud, der, od. die Sittenlehre des Judenthums, nebst Kulturgeschichte d. Judenthums, Aussprüchen hervorrag. Männer aller Zeiten u. jüdisch-deutschem Wörterbuch ɔc. 7. Aufl. Wohlf. Volksausg. gr. 8. (45 S.) Marburg 889. Verlag d. Reichs-Herold. n. — 50

Talmud Babba M'Zia, s. Friedmann, M.

Talmud, babiloński. (In hebr. Sprache.) Tom 1—7. Fol. Warschau 859 — 61, (Orgelbrand.) à Tom. * * 2 Thlr. 10 Ngr. * *

Inhalt:

Tom 1. Traktat Berachot. (IV und 570 S.)
» 2. Traktat Szabas. (VIII und 312 S.)
» 3. Traktat Erubin. (VIII und 500 S.)
» 4. Traktat Pesachim. (568 S.)
» 5. Traktat Rosz Haszana. (544 S.)
» 6. Traktat Bejca. (684 S.)
» 7. Traktat Jewamot. (510 S.)

Talmud Babli mit allen früher erschien. Commentaren, nebst vielen neuen Zugaben u. Anmerkungen. In 36 Bdn. gr. Fol. Wien 841, v. Schmid u. Busch. Prän.-Pr. 35 ₰ Schreibp. $45^1/_2$ ₰ Velinp. $63^1/_2$ ₰

Talmud Babli. Babilonischer Talmud. Tractat Berachot Segensprüche. Mit deutscher Uebersetzung u. den Commentaren Raschi u. Tosephoth, nebst den verschiedenen Verbesserungen aller früheren Ausgaben. Hinzugefügt sind: Neue Lesarten u. Parallelstellen in allen Theilen dieses Tractates u. der Commentare, Vokalisation der Mischnah, Interpunktion der Mischnah u. Gemara, Raschi u. Tosephoth, Etymologie u. Uebertragung der fremden Wörter. Erklärungen des Meharschal u. Meharscha, R. Ascher mit Erläuterung der Halachah u. den abweich. Lesarten, R. Moscheh's, Sohnes R. Maimon's, Commentar zur Mischnah mit Berichtigungen, Einleitung in den Talmud, enthaltend Grundprincipien der Methodologie u. Exegetik des Talmud. Von E. M. Pinner. 1. Bd. (Hebräisch u. Deutsch.) gr. Fol. (93 B.) Berlin 842, Verfasser. (Berlin, Lewent. Leipzig, Barth.) * 8 Thlr. Velinp. Thlr. *

Talmud babli. (In hebr. Sprache.) Tom. 1. 9. 10. 13. et 14. Fol. (1840 S.) Wien 862, Typographisch-literarisch-artistische Anstalt. à Tom. * 3 Thlr. *

le Talmud de Babylone traduit en langue française, par L. de Chiarini, et complété par celui de Jérusalem et par d'autres monumens de l'antiquité judaïque. II Vols. gr. 8. Leipz. 831. (Weigel). 6 ℳ

— Babylonicum cum scholiis, glossario nec non indicibus adjectis. I. — Et. s. t.: Tractatus Macot cum scholiis hermeneuticis etc.: auctore H. S. Hirschfeld. Lex.-8. Berolini 842, M. Simion. n. 1½ ℳ

— babylonicum adjunctis commentariis omnibus antiquis quibus recentiores accesserunt. Edid. A. Salomon. (In hebr. Sprache.) Tom. I—X. Berlin 864. Adolf & Co. Lex.-8. Jeder Bd. (à ca. 25 Bgn.) n. 22½ ngr

Talmud babylonicum adjunctis commentariis omnibus antiquis quibus recentiores accesserunt. Edid. A. Salomon. (In hebr. Sprache.) Tom. 11 et 12. Berlin 864. Cohn. Lex.-8. Jeder Bd. (2513 S.) n. 22½ ngr.

—— babylonicum adjunctis commentariis omnibus antiquis quibus recentiores accesserunt. Edid. A. Salomon. (In hebr. Sprache.) Tom. 1. 3—12. Lex.-8. (4492 S.) Berlin 864, Cohn. à Tom. * 22½ Ngr. *

Talmud Babylonicum. Tractat Baba Mezia. Mit deutscher Uebersetzung und Erklärung von A. Sammter. Fol. (174 S.) Berlin 876, Benzian. Subscr.-Pr. *
Ladenpr. *
Velinpap. Subscr.-Pr. *

תלמוד בבלי — Talmud, der babylon., mit den alten Commentarien, Randglossen u. Zugaben, nebst Sprachberichtigung (מרפא לשון) u. Erklär. aller in d. alten Commentarien vorkomm. veralteten occidental. Fremdwörter. Hrsg. v. M. J. Landau. 12 Bde. gr. Fol. (... B.) Prag 840, Landau.
Gross fein Schrbp.
Gross fein Post-Schrbp.
Gross extra fein Vlnp. 1

תלמוד בבלי Der Talmud mit d. alten Commentarien, Randglossen u. Zugaben, nebst Sprachberichtigung (מרפא לשון) und Erklärung aller in den alten Commentarien vorkomm. occidentalen Fremdwörter, von M. J. Landau. In 3.1 Bdn. 1r — 12r Bd. gr. 8. Prag 840. Landau. (Leipzig, Fritzsche.) Prän.-Pr. fürs ganze Werk 37½ ℳ, Schrbp. 50 ℳ, Velp. 75 ℳ

Talmud, Der babylonische, in seinen haggadischen Bestandtheilen wortgetreu übersetzt und durch Noten erläutert von Aug. Wünsche. I. Halbband. II. Halbband. Abtheilung 1. 2. 3. 4. Leipzig 1889. 3 voll.

Talmud, der babylonische, m. Einschluss d. vollst. Mišnah. Hrsg. nach der 1., zensurfreien Bromberg-schen Ausg. (Venedig 1520—23), nebst Varianten d. späteren v. S. Lorja, J. Berlin, J. Sirkes u. aa. rev. Ausgaben u. der Münchener Talmudhandschrift, möglichst sinn- u. wortgetreu übers. u. m. kurzen Anmerkgn. vers. v. Laz. Goldschmidt. 1. Bd. (Berakhoth, Mišnah Zeraîm, Sabbath.) (LXI, 730 S.) Berlin 897. S. Calvary & Co. n.n. 50. —
Erschien auch in 10 Lfgn. à n.n. 5. .

Talmud, der babylonische. Hrsg. nach d. editio princeps (Venedig 1520—23) nebst Varianten d. spaeteren v. S. Lorja u. J. Berlin revidirten Ausgaben u. der Muenchener Handschrift (nach Rabb. VL.), moeglichst wortgetreu übers. u. m. kurzen Erklaergn. versehen v. Lazarus Goldschmidt. II. Bd. 5 Lfgn. gr. 4. Berlin, S. Calvary & Co. Subskr.-Pr. n.n. 69. 50;
Einzelpr. n.n. 83. 40

1. Des Traktats Êrubin. (Von der Gebietsvereinigg.) 1. Hälfte, nebst vollständ. Inhaltsverzeichnis zu Bd. III. (S. IX—XXII u. 1—184.) 899. Subskr.-Pr. n.n. 12. 50; Einzelpr. n.n. 15. —
2. Dasselbe. 2. Hälfte. (S. 185—337.) (900.) Subskr.-Pr. n.n. 10. —; Einzelpr. n.n. 12. —
3. Des Traktats Pesahim (vom Pesahfest). 1. Hälfte. (S. 341—584.) (900). Subskr.-Pr. n.n. 15. 50; Einzelpr. n.n. 18. 60
4. Dasselbe. 2. Hälfte. (S. 585—747.) (900.) Subskr.-Pr. n.n. 10. 50; Einzelpr. n.n. 12. 60

5. Der Traktat Joma. (Vom Versöhnungstag.) (XXIII u. S. 749—1042.) 901. Subskr.-Pr. n.n. 21. —; Einzelpr. n.n. 25. 20

— dasselbe. III. Bd. 1.—4. Lfg. gr. 4. Ebd. 898. Subskr.-Pr. n.n. 33. 50; Einzelpr. n.n. 40. 20

1. Der Traktat Sukkah (v. d. Festhütte). (III, 163 S.) Subskr.-Pr. n.n. 10. —; Einzelpr. n.n. 12. —; deutsche Uebersetzg allein (III S. u. 216 Sp.) Subskr.-Pr. n.n. 5. —; Einzelpr. n.n. 6. —
2. Der Traktat Jom — Tob (Beça) (vom Festtag). (S. 165—287.) Subskr.-Pr. n.n. 8. —; Einzelpr. n.n. 9. 60; deutsche Uebersetzg. allein (Sp. 217—380) Subskr.-Pr. n.n. 4. —; Einzelpr. n.n. 4. 80 (1. u. 2.: n.n. 9.)
3. Der Traktat Roš-Hašanah (vom Neujahrsfest). (S. 289—401.) Subskr.-Pr. n.n. 7. 50; Einzelpr. n.n. 9. —
4. Der Traktat Tânith. (S. 405—928.) Subskr.-Pr. n.n. 8. —; Einzelpr. n.n. 9. 60

Talmud, der babylonische. Hrsg. nach d. editio princeps (Venedig 1520—23) nebst Varianten d. spaeteren v. S. Lorja u. J. Berlin revidirten Ausgaben u. der Muenchener Handschrift (nach Rabb. VL.), moeglichst wortgetreu übers. u. m. kurzen Erklaergn. versehen v. Lazarus Goldschmidt. III. Bd. 5.—7. Lfg. gr. 4. Berlin, S. Calvary & Co. Subskr.-Pr. n.n. 24. —;
Einzelpr. n.n. 28. 80

5. Der Traktat Megilla. (S. 531—670.) 899. Subskr.-Pr. n.n. 9. —; Einzelpr. n.n. 10. 80
6. Der Traktat Moêd-Qatan. (Vom Halbfest.) (S. 671—779.) 899. Subskr.-Pr. n.n. 7. —; Einzelpr. n.n. 8. 40
7. Die Traktate Hagiga (Vom Festopfer) u. Šeqalim (Von der Tempelsteuer). (VIII u. S. 783—903.) 899. Subskr.-Pr. n.n. 8. —; Einzelpr. n.n. 9. 60

Talmud, der babylonische. Hrsg. nach der 1., zensurfreien Bombergschen Ausg. (Venedig 1520—23) nebst Varianten der späteren, v. S. Lorja, J. Berlin, J. Sirkes u. aa. revidirten Ausgaben u. der Münchener Talmudhandschrift, möglichst sinn- u. wortgetreu übers. u. m. kurzen Erklärgn. versehen v. Lazarus Goldschmidt. V. Bd. 1. Lfg. Der Traktat Nazir. (Vom Nazival.) (160 S.) Lex. 8. Leipzig 910. O. Harrassowitz.
nn 12. —

Talmud, der babylonische, m. Einschluss der vollständigen Mišnah. Hrsg. nach der 1., zensurfreien Bombergschen Ausg. (Venedig 1520—23), nebst Varianten der späteren, v. S. Lorja, J. Berlin, J. Sirkes u. aa. revidirten Ausgaben u. der Münchener Talmudhandschrift, möglichst sinn- u. wortgetreu übers. u. m. kurzen Anmerkungen versehen v. Lazarus Goldschmidt. VI. Bd. 1.—6. Lfg. gr. 4. Leipzig (O. Harrassowitz). n n. 20. —

1. 2. Der Traktat Baba Qamma. 2 Hälften. (456 S.) Berlin 904. 908. Subskr.-Pr. n.n. 28. 50; Einzelpr. n.n. 34. 20
3. 4. Der Traktat Baba Meçiâ (Mittlere Pforte). 2 Hälften. (915 S.) Berlin 905. Subskr.-Pr. n.n. 29. —; Einzelpr. n.n. 34. 80
5. 6. Der Traktat Baba Bathra (Letzte Pforte). 2 Hälften. (XLIV u. S. 917—1420.) 904. 906. n.n. 35. —
Die Subskr.-Preise sind aufgehoben.

— dasselbe. VII. Bd. Civil- u. Strafrecht. 1.—3. Lfg. gr. 4. Ebd. (902). Subskr.-Pr. n.n. 38. 50;
Einzelpr. n.n. 46. 20

1. Des Traktats Synhedrin. (Vom Synedrium.) 1. Hälfte. (240 S.) Subskr.-Pr. n.n. 15. —; Einzelpr. n.n. 18. —
2. Dasselbe. 2. Hälfte. (S. 241—513.) Subskr.-Pr. n.n. 17.50; Einzelpr. n.n. 21. —
3. Der Traktat Makkoth. (Von der Prügelstrafe.) (S. 515—609.) Subskr.-Pr. n.n. 6. —; Einzelpr. n.n. 7. 20

— dasselbe. 7. Bd. Synhodrin, Makkoth, Šebuôth, Âboda-Zara, Horajoth, Edijoth, Aboth. 4.—6. Lfg. gr. 4. Berlin [S. Calvary & Co.] Leipzig, O. Harrassowitz. Subskr.-Pr. n.n. 39. —; Einzelpr. n.n. 46. 80

4. Civil- u. Strafrecht. 4. Lfg.: Der Traktat Šobuôth. (S. 611—791.) (903.) Subskr.-Pr. n.n. 11.50; Einzelpr. n.n. 13.80
5. Der Traktat Âboda-Zara. (Vom Götzendienst.) (S. 793 bis 1047.) 903. Subskr.-Pr. n.n. 16. —; Einzelpr. n.n. 19. 20
6. Horajoth (v. den Entscheidungen), Edijoth (die Bekundungen), Aboth (Sprüche der Väter). Register u. Titelbog. (XXXI u. S. 1049—1194.) 903. Subskr.-Pr. n.n. 11. 50; Einzelpr. n.n. 13. 80

— dasselbe m. Einschluss der vollständigen Mišnah. Hrsg. nach der 1., zensurfreien Bombergschen Ausg. (Venedig 1520—23), nebst Varianten der späteren, v. S. Lorja, J. Berlin, J. Sirkes u. aa. revidirten Ausgaben u. d. Münchener Talmudhandschrift, möglichst sinn- u. wortgetreu übers. u. m. kurzen Erklärgn. versehen v. Lazarus Goldschmidt. VIII. Bd. 6 Lfgn. Lex. 8. Ebd. nn 100. —
1. 2. Der Traktat Zebaḥim (v. den Schlachtopfern). 2 Hälften. (403 S.) 907. nn 30. 60
3. 4. Der Traktat Menaḥoth (v. den Speiseopfern). 2 Hälften. (S. 405—800.) 908. nn 30. —
5. 6. Der Traktat Ḥolin (v. der Profanschlachtg.) 2 Hälften. (XXXVI u. S. 801—1280.) 909.

Der babylonische Talmud zur Herstellung einer Realkonkordanz vokalisiert, übers. u. signiert. Einleitung. Charlottenburg: Selbstverl. (von Dr. Jakob Fromer) 1909. 4°(8°) [09. 10446

Talmud, Babylonischer, erster Abschnitt, erster Traktat, betitelt: Brachoth, das ist von Lobsprüchen und Gebet . . . Hamburg 1836. Ü: *Löwe, Heinrich Georg Friedrich.* (Ky)

—— babylonischer, 1. Abschn. 1. Traktat, betit.: Brachoth, d. i. von Lobsprüchen u. Gebet; vollständ. übers., nebst Vorr. u. Einleit. Mit 3 Anhn. Von denen d. erste, die vornehmsten Gebetsformeln; der zweite, Anmerkn. u. Parallelstellen u. d. dritte, nachträgl. Erörtern. einzelner Stellen in d. Uebersetz. enthält. gr. 8. (10 B.) Hamburg 836, (Heroldsche Buchh.) *

—— der 9. u. letzte Abschnitt d. 1. Traktates, betit.: Brachoth. (Von d. Lobsprüchen.) In welchem unt. Andern auch e. große Abhandl. üb. Träume vorkömmt. Vollständig übers. u. mit Anmerkn. versehen v. Heinr. Geo. Fr. Löwe sen. gr. 8. (4 B.) Hamburg 839, (Perthes-Besser u. Mauke.) *

—— babylonischer. מסכת ב״כות מן תלמוד בבלי etc. Tom. I. Fol. (446 S.) Wien 860, Expedition des Talmud. *

— hierosolymitanum. Ordo Seraïm. Ad finem Venetae Danielis Bombergi editionem recognovit, commentariis illustravit, praefatus est Z. Frankel. Vol. 1., continens Massechoth, Berachoth, Pean. gr. 4. (IX, 184 S.) Wien 874. Brüder Winter. n. 6. —

Talmud Hierosolymitanum. Ordo Seraïm, ad fidem Venetae Danielis Bombergi editionis recogn., commentariis illustr., praefatus est Z. Frankel. Vol. II. Continens Massecheth Demaï. (In hebr. Sprache.) gr. 4. (VIII, 71 S.) Breslau 875 [Skutsch.] Hepner's Verlag. *
Vol. I. [Wien 1874, Brüder Winter.] Ebendas. ℳ 6.

— Jeruschalmi. Ordo Seraim [de seminibus] et tractatus Schecalim, commentario instructi per Rabb. Salomonem Josephi Syrileio filium, e numero exsulum Hispanorum, seculo XVI. Hierosolymis florentem. Opus adhuc ineditum, e codice per ipsum scriptorem exarato, Hierosolymis in sacra urbe invento, nunc primum ed. et adnotationibus illustr. M. Lehmann. Tom. 1., continens tractatum de benedictionibus [Berachot]. (In hebr. Sprache.) Fol. (XIV, 84 S.) Frankfurt a. M. 875. Kauffmann. n. 6. —

Talmud, der, mit besond. Rücksicht auf d. Emanzipation der Israeliten. Offenes Sendschr. an d. Prof. Krug v. B——i. gr. 8. (1 B.) Dresden 832, (Arnold.)

Talmud [Verfasser]

TALMUD, Bernhard Simon: Ein Fall von Retinitis proliferans.- München: Lehmann 1892. 18 S.
21.1.1892 - Chr 1891/92,26; Jv 1891/92,211
Diss. Ingolst.-Landsh.-Mchn.

TALMUD, Max: Ein Fall von Zwergwuchs mit Beziehungen zu Akromegalie, Cretinismus und Myxoedem.- München: Knorr & Hirth 1894. 24 S.
22.1.1894 - Chr 1893/94,13; Jv 1893/94,204
Diss. Ingolst.-Landsh.-Mchn.

Talmudas Żydų. Su Priglaudimų Knygelės Musų Żydai. Ktevirta [!] Karta iszspaustas żemaitiszkai. [Tilsit: O. v. Mauderode 1904.] (52 S.) 8°
[Sondert.:] Musų Żydai ir kaip nů anų turime gintiesi. Raraszė Ramojus. Naujame Jorke 1886: Lietuviszkas Balsas.
[Der Talmud d. Juden. Mit Beifügung des Büchleins 'Unsere Juden'. Zum 4. Male zemaitisch gedruckt. [Sondert.:] Unsere Juden u. wie wir uns gegen sie wehren müssen. Geschrieben von Ramojus. New York.] [05. 4871 10

Talmud-Auszug. (Schulchan-Aruch.) (Hauptsächlich entnommen dem Gutachten d. gerichtl. Sachverständigen Jak. Ecker in Münster.) Enth. die wichtigsten bisher übersetzten, noch heute gült., Gesetze der jüd. Religion. Fol. (4 S.) Berl. 892, (Dewald). — 05

Talmudist

— s. auch Bibliothek, wohlfeile, von Unterhaltungsschriften 326 Bdchn.

Talmudist, der, in d. eleg. Welt. Scenen u. Skizzen aus d. Gegenwart v. Verf. des „jüdischen Gil Blas." 8. (13¾ B.) Leipzig 837, C. Klein's literar. Compt.

Talmudlöwe, der aufgeblasene. Ergötzliche u. lehrreiche Gespräche d. Hrn. Schochet Isidor Eisenstein m. seinem Sohne Moritz üb. die unleugbaren Vorzüge u. unbestrittenen Vortheile der Jehudim üb. die Gojim. Zu Nutz u. Frommen beider Theile ans Licht gestellt durch Ernst Stußlieb. gr. 8. (VI, 90 S.) Würzb. 892, Etlinger. * 1 —

Talnowsky, Etja - Sonja Blinkoff -, s. Blinkoff - Talnowsky.

Talon, Jean Louis, Marquesita. Spanischer Sittenroman. Einzig berecht. Uebersetzg. v. Thdr. Wolfgang. (320 S.) 8. Budapest 903. G. Grimm. n. 3. —

TALON, Jean Louis. Marquesita. Spanischer Sittenroman. Budapest, Gust. Grimm (ca. 1909). 8°.
[E. VII, 526.]

Talský, Jos., eine ornithologische Exsursion in die Bezkyden. gr. 8. (48 S.) Neutitschein 881. (Hölzel.) n. — 80

Talský, Jos., eine ornithologische Excursion in die Bezkyden. gr. 8. (48 S.) Neutitschein 882, (Hölzel) *

Talsperre, die. Zeitschrift f. Wasserwirtschaft, Wasserrecht, Meliorationswesen u. allgemeine Landeskultur. Begründer: Hagenkötter. Hrsg.: Erich Hagenkötter. 9. Jahrg. Oktbr. 1910—Septbr. 1911. (36 Nrn.) (450 S.) Lex. 8. Beuel-Bonn, Fr. Weckmann. 14. —

Die Gothaer Talsperre bei Tambach. Ein Erinnerungsblatt von der Weihefeier am 7. Juli 1906. — Gotha 1906: (Meisenbach, Riffarth & Co. in Berlin). 42 S. 8.

Talsperre, die Gothaer, bei Tambach. Ein Erinnerungsblatt v. der Weihefeier am 7. VII. 1906. (42 S. m. Abbildgn., 1 graph. Taf. u. 1 Karte.) gr. 8. Gotha 906. (Thienemann's Hofbuchh.) n.n. 2. —

Talsperren-Post, die. Hrsg. u. Red.: Max Luxenberg. Jahrg. 1906. 12 Nrn. (Nr. 1. 8 S.) 4. Pössneck (Saalfelderstr. 8), Bureau der Talsperren-Vereinigg. — 25

Talsteelt, schwedische und deutsche Grammatik. 8. Leipz. Gleditsch. 760.

Talto u. Nanthild, od. die drei schweren Proben der Liebestreue. Schausp. in 2 Theilen, jeder zu 4 Aufz. von Chladenius. 8. Jena, Göpfert. 812. Rthlr.

Talu, S., decreta authentica sacrae rituum congregationis, notis illustrata. 8. Augsb. Rieger. 776.

Talundberg, Mannus, Spartakus. Tragödie in 3 Akten. (102 S.) 8. Strassburg 905. J. Singer. n 2.50

Talvj [Pseud.]
s.a.Robinson, Therese Albertine von [Wirkl. Name]

Talvj, (Therese Adelgunde Louise Robinson, geb. v. Jacob), die Auswanderer. Eine Erzählung. 2 Thle. 8. (XVI u. 657 S.) Leipzig 852, Brockhaus. 3 1/2 ₰

† Talvj, (Therese Albertine Louise Robinson), Marie Barcoczy, s. Bibliothek, europäische. 613.Bd.

—— Geschichte der Colonisation von Neu-England. Von den ersten Niederlassungen daselbst im J. 1607 bis zur Einführung der Provinzialverfassung von Massachusetts im J. 1692. Nach den Quellen bearb. gr. 8. (XVIII und 710 S. mit 1 lithogr. Karte von Neu-England im J. 1674 in Fol.) Leipzig 847, Brockhaus.

—— übersichtliches Handbuch einer Geschichte der slavischen Sprachen und Literatur. Nebst einer Skizze ihrer Volks-Poesie. Mit einer Vorrede von Edw. Robinson. Deutsche Ausg., übertr. und bevorwortet von B. C. Brühl. gr. 8. (XVI und 345 S.) Leipzig 852, Geibel. *

— Heloise. Eine Erzählung. gr. 12. (323 S.) Leipzig 852, Brockhaus. 1 1/2 ₰

Talvj, funfzehn Jahre. Ein Zeitgemälde aus dem vorigen Jahrhundert. 2 Thle. Leipzig 868. Brockhaus. 8. (V, 216 u. III, 232 S.) 2 ₰ 15 ngr.

— Kurmark und Kaukasus, s.: Bibliothek, Europäische, 575 u. 576. Bd.

Talvj, gesammelte Novellen. Nebst e. Auswahl bisher ungedr. Gedichte u. e. biograph. Einleitg. 2 Thle. 8. (XXXII, 304 u. 407 S.) Leipzig 874. Brockhaus. 8. —

– s. J. Pickering, über die indian. Sprachen.

Talvi, (Therese A. L. Robinson, geb. v. Jacob), Psyche, e. Taschenbuch f. d. J. 1825. A. u. d. T.: Drei Erzählungen. 8. Halle, Fr. Ruff. 1 ₰ 8 gr

† Talvj, (Therese A. L. Robinson,) die Unächtheit d. Lieder Ossian's u. d. Macpherson'schen Ossian's insbesondere. gr. 8. (8 B.) Leipzig 840, Brockhaus.

—— Versuch e. geschichtl. Charakteristik d. Volkslieder german. Nationen, mit e. Uebersicht d. Lieder außereuropä. Völkerschaften. gr. 8. (39 1/2 B.) Leipzig 840, Brockhaus.

—— Volkslieder der Serben, s. Volkslieder.

Tam, Rabbenu, das Buch vom rechten Lebenswandel, angeblich v. R. T., nach den ältesten u. correctesten Ausgaben zum ersten Male ins Deutsche übertr. gr. 8. (142 S.) Frankfurt a/M. 890. Kauffmann. n. 1. —

[Hebr.] Sēfer haj-jāšar le-rabbēnū **Tam.** Ḥelek haš-šeelōt we-hat-tešūbōt . . . 'im he'ārōt mêêt Šraga . . . Feiš Rozenthal . . .
[A. T.:] [Ant.] Responsen des Rabbenu **Tam** in Sepher Hajaschar. N. e. Hs. v. neuem hrsg. u. m. krit. Noten vers. v. Dr. F[erdinand] Rosenthal, Rabb. in Breslau. *Berlin: Dr. r. H. Itzkowski 1898.* (x, 228 S.) 1 Bd 8.
= Sefārim haj-jōṣāim lā-ōr 'al jedê ḥebrat Mekiṣê Nirdāmim. Šenat 14.

Tam, Aloys, Agnus Dei, od. d. unschuld. Jesus. 8. Augsb. Wolf. 709.

— d. heiligste Name Jesus rc. 8. Ebend. 790.

— ebener Weg z. Ewigkeit. 4. Ebend. 710.

Tam, Franz Josef Frhrr. von, s.a. Tann, Franz Josef Frhrr. von.

(Tam, Franz Joseph v.): 300 Hilfsmittel für Horn- Schaf- Pferd- und Federvieh... Wien u. Prag 1764. 605 S.

Tam, Fr. Jos. v., vierfaches Kleeblatt, worin m. erwies. Beyspielen 300 Hülfsmittel f. Horn-, Schaaf-, Pferd- und Federvieh enth. m. K. gr. 8. Wien, Trattner. (Tendler.) 764.

Tam, Franz Joh. Freiherr v., Bewährte Horn-, Schaf-, Pferde- u. Federvieh-Arzneikunst. Mit Kpfrn. gr. 8. (605 S.) Wien 765. Tendler & Schäfer. M. 3.50

Tama, collection de discours, procès-verbaux etc. voyez Collection.

Tama County Courier : 1880?—1882? Dysart, IA
Weekly. Edited & published by George Aschenbrunner.

Tama County Independent : 1874?—1878?
Weekly, published in English and German. Democratic; supported Tilden. Circulation: 1877, 837. Edited & published by Hans Andries Rudolph Reichmann, 1874—78.
Toledo, IA

[Ant. u. Japan.] . . . Karawanen-Reise in Sibirien von Kisak **Tamai** aus Japan. M. Anh.: Weltreise mehrerer Japaner über Sibirien vor 100 Jahren. *Berlin: K. Siegismund 1898.* (2 Bl., 163 S.) 1 Bd 8. 98. 11446

Tamai, K., siehe Patentgetz, japan.

Tamalet, Eutimio, SS. CC., Principios de sólida piedad. (XII, 249 S.) 16. Freiburg i/B. (910). Herder. 1.20; geb. in Kunstdr. 1.72

Tamamchef, J. v., der Kampf um Constantinopel in seiner Vergangenheit, Gegenwart und Zukunft. Ein historisch-polit. Beitrag. 8. (VI, 448 S.) Wien 887, (Huber und Lahme.) *

Tamarina, Chava. Ueber Pankreascysten. Diss. Med. Bern. 28 S. 8. Bern, H. v. Kamp-Berger, 1909.

Tamaro, Joh., s.: Sanitäts-Bericht des österreich. Küstenlandes.

Tamaro, M., le città e le castella dell' Istria. Vol. I o II. gr. 8. Parenzo. (Triest, J. Dase.) n.n. 11. —
I. (XIII, 330 S.) 892. n.n. 4. —
II. (Rovigno—Dignano.) (740 S.) 893. n.n. 7. —

Tamassia, G., J Celeres. S. A. 1888. 86 S.

Tamassia, Joh., s.: Bibliotheca iuridica medii aevi.

Tamayo y Baus, Manuel: Johanna v. Castilien, s. Hosaeus, Wilh.

Tamayo y Baus, Manuel: Yorick [Un Drama nuevo], Drama in 3 Aufz. metrisch übertr. von Johannes Fastenrath. Köln: Kölner Verl.-Anst. 1902. VII, 93 S. 8°

Tamayori Hime (Fräulein Edelstein.) Aus d. altjapan. 'Sumiyoshi Monogatari' von Dr. D. Itchikawa u. Anna Vogel. *Berlin: K. Koch-Krauss [1901].* (48 S.) 8°

Tamba, K., Studien über Verhalten der Ptomaine bei forensisch-chemischen Arbeiten. Diss. Erlangen 1886, Th. Blaesing. 8°. 20 S.

Tambach [Schlagwort]

Tambach, s.: Preussen. Messtischblätter. — Thüringen.

Tambach, Rudolf: Über Urothiomalsäure u. Diphenylurothiomalsäure und deren Spaltungsprodukte. ... Halle a. S.: Druck v. A. Klöppel in Eisleben 1890. 25 S. 8°
Halle, Phil. Fak., Inaug.-Diss. v. [14. Jan.] 1891

Tamberma [Schlagwort]

Tamberma, s.: Kolonialkarten.

Tambert, Arthur, Referendar in Oberhausen ⟨Rheinland⟩: Zur Auslegung und Anwendung des § 826 BGB. Leipzig-Reudnitz 1906: A. Hoffmann. (79 S.) 8°
Rostock, Jur. Fak., Ref. Matthiaß, Diss. v. 1. Juni 1906
[Geb. 12. Febr. 80 Saarbrücken; Wohnort: Oberhausen, Rheinland; Staatsangeh.: Preußen; Vorbildung: Gymn. Mülheim a. R. Reife O. 00; Studium: Kiel 4, München 1, Berlin 1, Göttingen 2 S.; Rig. 15. März 06.]

Tambor, Josef

Tambor, J. Die Synthese des Gentisins. In 8°. 24 S. Bern. These. 1894.

[J.] Elisabeth Mensing. In ihrem Leben u. Wirken dargest. v. M[aximilian] Tambor, Rektor... *Berlin: Germania 1897.* (47 S.) 1 Bd 8. [97. 6484

Tambor, Max, nach welchen methodischen Grundsätzen ist der Unterricht in der Stenographie zu ertheilen? Vortrag, geh. am 11. Oct. 1880 im Stenographischen Verein zu Berlin. [Aus: „Archiv f. Stenogr."] 8. (16 autogr. S.) Leipzig 881. Robolsky in Comm. n. — 35

Tambor, Max., die Stenographie u. die Volksschule. Mit besond. Beziehung auf das Stolze'sche Kurzschriftsystem. gr. 8. (29 S.) Hannover 886. Meyer. n. — 60

— stenographische Streifzüge. Vereinen u. Lehrern der Stenographie gewidmet. 1. Hft. 8. (32 S.) Ebend. 887. n. — 50

Tamborini, Franz Ferdinand

Tamborini, F(erdinand): Lustig Blut. Humoristisches. 1. bis 5. Taus. Berlin: R. Eckstein Nf. [1898]. (130 S.) 8°
= Bibliothek, Ecksteins Humoristische. No 93.

Tamborini, F., lustig Blut, s. Eckstein's humorist. Bibliothek.

Tamborini, Fr. Ferd., Excelsior. Pädagogisches Roman-Experiment. 1.—4. Heft. (V u. S. 1—176.) gr. 8. Leipzig (903, 904). R. Uhlig. à n. — 50

Ein Geniestreich. Lustspiel in 1 Aufz. von F. Tamborini. *Minden i. W.: W. Köhler [1899].* (15 S.) 8° [F.]
— Theater-Bibliothek, Köhlers, f. Vereine. [17.] [01. 9630

Tamborini, Fr. Ferd., poetisches Skizzenbuch. Sammlung I. 8. (VI, 127 S.) Leipzig 894. C. Glitsch. n. 1. 50; geb. n. 2. 50

Tamborini, Frz. Ferd., im fernen Westen. Erzählung f. die Jugend. Nach den Tagebuchblättern e. Auswanderers frei bearb. 8. (80 S. m. 4 Farbdr.) Stuttgart (899). G. Weise. Geb. n. — 50

Tamborini, Frz. Ferd., im fernen Westen. Erzählung f. die Jugend. Nach den Tagebuchblättern e. Auswanderers frei bearb. (80 S. m. 4 Farbdr.) 8. Stuttgart (907.) G. Weise. Kart. — 60

Tambornino, Julius: De antiquorum daemonismo capita duo. Numburgi a. S. 1909: Lippert. VI, 53—110 S. 8° ¶(Ersch. vollst. als: Religionsgeschichtl. Versuche u. Vorarbeiten. Bd 7, H. 3.)
Münster, Phil. Diss. v. 17. Mai 1909, Ref. Kroll
[Geb. 2. Jan. 85 Düren; Wohnort: Münster i. W.; Staatsangeh.: Preußen; Vorbildung: Gymn. Düren Reife O. 04; Studium: Bonn 3, Münster 6 S.; Rig. 7. Dez. 08.] [U 09. 3620

Tambornino, Julius: De antiquorum daemonismo. Gießen: Töpelmann 1909. 112 S. 8°
Ein T. erschien auch als Inaug.-Diss. Münster 1909.
(Religionsgeschichtl. Versuche u. Vorarbeiten. Bd 7, H. 3.)

Tambosini, G., Des Hauses Hohenzollern Glanz und Zukunft oder die Erscheinung der weissen Frau in der kgl. Residenz zu München u. ihre Enthüllungen über Deutschlands künftige Geschicke. Historischer und sozialer Roman. 2 Bde. München 1874. 8°. 666 u. 571 S. Selten! (6 Mk. B. Seligsberg, Bayreuth, 1906.)

Tambour, der kleine, des 20. Regimentes von Illinois. Erzählung einer höchst sonderbaren Schicksalsfügung. Frei nach dem Engl. bearb. 8. (36 S.) Pittsburg, Pa. 868. (Philadelphia, Schäfer und Koradi.)

Der Tambour von Kolding [Karl Frh. von **Wrangel**], vorgetragen bei der Generalversammlung der Offiziere der ehem. Schlesw.-Holsteinischen Armee zu Husum am 16. Mai 1894. — o. O. (1894). 2 Bl. 8° [Kopft.]

Tambour, Rudolf, Ein Bremser oder der letzte Pinselstrich an dem Freiland-Gemälde. (Billet für die Reise nach Ostafrikanaan.) 8°. Wien, R. Tambour, Druck von J. L. Bondi u. Sohn, s. a.

Tambour, Rud. Ein Bremser od. der letzte Pinselstrich an dem Freiland-Gemälde. gr. 4. (4 S.) Wien 892, (Schaumburg u. Weiger). * — 12

Tambour, Rud., Edward Chaim od.: Ein Stücklein Welt, durch die Briefmarken-Lupe betrachtet. Filatelistische Humoreske. 3. Aufl. 12. (29 S.) Wien (II/3, Grosse Sperlgasse 1) 902. Selbstverlag. — 55

— Freiland und die Freilandbewegung. (Freigepäck zur Reise nach Ostafrikanaan.) Sep.-Abdr. aus Nr. 15 der „Lichtstrahlen". 8°. Berlin, O. Harnisch, 1892.

— Der Geisterspuk. Eine Altwiener Orig.-Geschichte. 12. (30 S.) Berl. 892. (Lpz., Literar. Anstalt.) * — 60

— die literarische Hyksosherrschaft unserer Zeit. 1. u. 2. Thl. in 1 Bd. 8. Wien. (Leipzig, Literar. Anstalt A. Schulze.) Geb. n. 4. 80
1. Gegen Carl Emil Franzos! Ein Schreckbild f. aufstreb. jugendl. Literaten! nach der Natur aufgenommen, nebst e. Anhang. Erörterg.: „Blätter zur Hebg. d. Geschmacks auf dem Gebiete der neuesten deutschen Literatur" [I. u. II. Lesestück] u. der Schilderg.: Ein mißlungener Versuch, Redacteur zu werden. 2. Aufl. (V, 112 S.) 884. 885.
2. Blätter zur Hebung d. Geschmacks auf dem Gebiete der neuesten deutschen Literatur. [III. Lesestück.] Die sogen. öffentl. Meing. Eine Fastenpredigt. (IV, 91 S.) 885.

Tambour, Rud., die literarische Hyksosherrschaft unserer Zeit. III. Buch. 8. Wien 890. (Leipzig, Literar. Anstalt A. Schulze.) n. 4. 80
Ein literarisches Wunderkind. (VII, 179 S.)

— ostafrikananitische Nachklänge. Ausg. nach der durch die k. k. Preßbehörde in Wien erfolgten Beschlagnahme. gr. 8. (24 S.) Berlin 894. (Leipzig, Literar. Anstalt A. Schulze.) n. — 50

— nubiamus. (Es wird geheiratet!) Eine röm. Komödie in 3 Akten. 8. (32 S.) Wien 891. (Leipzig, Literar. Anstalt A. Schulze.) n. 1. 50

Tambour, Rud., nubamus. Es wird geheiratet. Eine altröm. Comödie in 3 Acten. 2. Aufl. 8. (32 S.) Wien 895. (Leipzig, Literar. Anstalt, A. Schulze.) n. 1. —

—— Doctor Hertzka's Ostafrikanaan. Ein freiländ. Strahl-Reflex aus dem Spiegel e. „Klugen". 12. (30 S.) Lpz. 891, Schaumburg-Fleischer. * — 50

— s.a. Hertzka's Ostafrikanaan.

Tambour, Rud., Die Reise nach Ostafrikanaan. gr.-4°. 4 pp. Wien (Leipzig, Literar. Anstalt A. Schulze) 1891.

— die Türkenbraut. Ein dreiactig. Schwänklein v. heutzutag m. Gesang u. Tanz f. luft. u. griesgräm. Leute. — Gedanken üb. Emile Zola. — Nachzitterndes Weh. 2 Gedichte. 8. (44 u. 3 S.) Ebd. 901. — 90

Tambour-Ordonnanz für die eidgen. Truppen, nebst Anleitung betreffend die Stellung des Tambourmajors und wie die Zeichen durch denselben gegeben werden sollen. Vom eidgen. Kriegsrath genehmigt. 16. Zürich den 14. August 1845.

Tamburinball. Leipzig 1898. 25 S. (Spielregeln d. technischen Ausschusses. 6.)
— — 2. Aufl. 1902. 24 S.
— — 3. Aufl. 1905. 21 S.
— — 4. Aufl. 1906. 21 S.
— — 5. Aufl. 1908. 25 S.

Tamburini, A., u. G. Seppili, Anleitung zur experimentellen Untersuchung des Hypnotismus. Mit Genehmigung der Verf. übertr. u. bearb. von M. O. Fränkel. Mit 3 lith. Taf. gr. 8. (IX, 27 S.) Wiesbaden 882. Bergmann. n. 2. —

Tamburini, A., u. G. Seppilli, Anleitung zur experimentellen Untersuchung d. Hypnotismus. Mit Genehmigg. der Verff. übertr. u. bearb. v. M. O. Fränkel. 2. Hft. gr. 8. (V, 44 S. m. 1 Taf.) Wiesbaden 885. Bergmann. n. 2. — (1. u. 2.: n. 4. —)

Tamburini, Pietro

Tamburin, P. Clar. Petr., Praelectiones de ecclesia Christi, quas habuit in Academia Ticinensi. Pars I. et II. 8maj. Rudolstad. 839. (Lipsiae, Engelmann.) 2¼ ₰

Tamburin, Clar. Petr., Praelectiones de ecclesia Christi, quas habuit in acad. Ticinensi. Ps. I. et II. 8maj. (30 B.) Rudolstad. 839, Froebel.

Tamburini, Petrus, Praelectiones de ecclesia Christi et universa iurisprudentia ecclesiastica, quas habuit in academia Ticinensi. IV partes. Leipzig (Teubner in Kommiss.) 1845, gr. 8°, 13,50 Mk.
Neben dieser vollständigen Ausgabe erschien der 1. u. 2. Teil der praelectiones zu Rudolstadt 1839, gr. 8°, 6,75 Mk. —

Tamchyna, Fr.: Einige Prinzipien der analytischen Mechanik und ihre Anwendung zur Erklärung verschiedener Bewegungs-Erscheinungen, besonders derjenigen an Gyroskopen. 20 S. 4° – Brüx, ROG., Progr. 1873.

Tamchyna, Fr., Sammlung v. Beispielen in besonderen Zahlen zur analytischen Geometrie der Kegelschnitte. gr. 8. (III, 78 S.) Prag 884. Storch Sohn. n. 1. 40

Tameha, Königin der Sandwichsinseln, (im Julius 1824 zu London gestorben,) od. Unfälle eines Stutzers; e. histor. u. satyr. Roman, vom Verf. der „Sabine v. Erfeld", der „Prinzessin von Reversis" ꝛc. 2 Thle. 8. Quedlinb. 827. Basse. 2 ₰ 12 ℊ

Tamen, s.: Stadttheater, das, in Salzburg.

Tamer, Marcell von —. Der Wirkungskreis und die Obliegenheiten der Behörden, Aemter, Organe und Gemeinden in Angelegenheiten der directen Steuern, nach dem neuen Verwaltungs-Organismus in der österreichischen Monarchie. Von — —. Wien. 1855. Gedruckt bei Jos. Stöckholzer von Hirschfeld. Wilh. Braumüller. (XXVI, 99 S. XCIX. 8.)

Tamerlans, Gotthold, eines reisenden Herrnhuthers Leben und seltsamliche Abentheuer, (von C. G. Cramer) 1r Thl. 8. Offenbach, 794. Brede. 1 Rthl.

Tamerlan's, Gotthold, eines reisend. Herrnhuters, Leben, Meinungen u. Abenteuer, v. Verf. d. Erasmus Schleichers. (K. G. Cramer.) 2 Thle. 8. Offenbach, Brede. (a. Simon in Frkf.) 802.

Tamestris, d. Prinzessin, a. Egypt., Gesch. 8. Nrnb. 732.

Tamianus, Jul., Sendschreiben an Hieron. *Pistellum*, Worinnen bey Veranlassung der unweit Jena unternommenen Satans-Beschwerung, der Anfang und Fortgang der Magie, wie nicht minder die Meynungen der Magorum untersuchet, auch von denen dabey gewöhnlichen Mitteln, denen Sigilla, Pontaculn, Charactora, und Magischen Schrifften Bericht erstattet wird. Nebst einem Pacquetgen an den verwegenen Authorem der sogen. Gerichte Gottes, und Sinnreichen Ueberschrifft, so er Franco zu erhalten hat. Zu Magiluna in Arabien. 52 S. 1716. 4°.

Tamieion. –

Ταμιεῖον τῶν τῆς καινῆς Διαθήκης λέξεων, sive Concordantiae omnium vocum novi testam. graeci prim. ab Eras. Smidio editae nunc secund. crit. et hermeneutices nostrae aetatis rationes emendatae, auctae, meliori ordine dispositae cura Car. Herm. Bruder. (VI Fasc.) Edit. stereot. 4maj. (115 B.) Lipsiae 841, 42, Car. Tauchnitz. •

Ταμιεῖον τῶν τῆς καινῆς Διαθήκης λέξεων, sive Concordantiae omnium vocum novi testamenti graeci primum ab Erasmo Schmidio editae nunc secundum critices et hermeneutices nostrae aetatis rationes emendatae, auctae, meliori ordine dispositae cura Car. Herm. Bruder. VI Fasc. Editio stereotypa. 4maj. Lipsiae 841—43, Car. Tauchnitz. n. 8 ₰

Taminantes [Pseud.]

— — Neue Art von Satyrischen, galanten u. Heroischen Gedichten. Dem Urtheil der Verständigen überlassen. Ebd. 8°.
So im Frf. u. Lpz. M. M. V. 1713. H 1 b, sub lib. fut. nund. prod. — Mit folgend. identisch? Ueberhaupt erschienen?

TAMINANTES (ps.), Vermischter, heroischer, galanter u. satyrischer Gedichte erster Theil. Nach der neuesten Art der Poësie; dem Urtheil der Verständigen unterworffen. Hamb. u. Lpz.
So ohne Verlegersangabe im Frf. u. Lpz. O. M. V. 1713. K 3 b sub libr. fut. nund. prod. — Weller, Lex. Ps. p. 549 (nach Hayn).

Tamira. Ein Drama v. Huber. 8. Tübing. Cotta. 791.

Tamise (Vues de la) et de la Medway, avec 82 Vues et une Carte. 4. London... Black et Armstrong. Cart.et doré 8 1/3 ß

Tamizey de Larroque, Ph., s.: Saint-Amans, Jean Florimond Boudon de, lettres inéditos.

Tamm, Adamus (*geb. Neustadt in Oberschles. 26. 9. 1833*): De hydrope foetus anasarca, subjuncto casu memorabili in policlinico gynaecologico Vratislaviensi observato. Vratislaviae (1857). (27 S., 1 Taf.) 8°
Breslau, Med. Diss. v. 31. Okt. 1857

Tamm, Albert: Über einen Fall von multiplem Melanosarcom. (Lobenstein 1896: Ch. Teich.) (16 S.) 8°
Erlangen, Med. Diss. v 20. Juli 1896

Tamm, C., kurz gefaßte prakt. Anweis. für Destillateure. Enth. 46 Recepte zur Anfertigung verschied. beliebter Liqueure, vorzügl. auf kaltem Wege. Nebst e. Anleit. zum Entfuseln d. Spiritus rc. 8. (1¼ B.) M. Gladbach 832. [Elberfeld, J. W. Schmachtenberg.]

—— Tabellen zur Bestimmung d. Maischtemperaturen beim Anstellen d. Branntwein-Maische mit Hefen. Nach Prüfung d. höh. Behörden hrsg. gr. 8. (1 B.) M. Gladbach 830. [Elberfeld, J. W. Schmachtenberg.]

Tamm, C., Tabellen z. Bestimm. d. Maischtemperaturen beim Anstellen d. Branntwein-Maische mit Hefen. Neue Ausg. 8. (1 B.) Elberfeld 836, Schmachtenberg.

Tamm, Franz, Postsekretär, aus Seligenstadt (Hessen): Ueber den Einfluss des Luftdruckes und der Luftfeuchtigkeit auf die Entladung statischer Elektrizität aus Spitzen. *Freiburg i. B. 1901: Ch. Lehmann's Nachf.* (54 S.) 8°
Freiburg i. B., Phil. Diss. v. 1901

Om ändelser hos adverb ock arkaiskt bildade prepositionsuttryck i svenskan av Fredr. Tamm. *Upsala: (Akad. Bokh.; Leipzig: O. Harrassowitz) 1899.* (41 S.) 8°
= Skriftor utg. af K. Humanist. Vetenskapssamfundet i Upsala. Bd 6, 9. [00. 8557

Om avledningsändelser hos svenska adjektiv, deras historia ock nutida förekomst av Fredr. Tamm. *Upsala: (Akad. Bokh.; Leipzig: O. Harrassowitz) 1899.* (68 S.) 8°
= Skriftor utg. af K. Humanist. Vetenskapssamfundet i Upsala. Bd 6, 8. [00. 8556

Granskning av svenska ord. Etymolog. ock fornhistor. studier av Fredr. Tamm. *Uppsala: Akad. Bokhandeln; Leipzig: O. Harrassowitz (1901).* (35, III S.) 8°
= Skrifter utg. af K. Humanist. Vetenskaps-Samfundet i Uppsala. Bd 7, 4. [03. 486

Tamm, H. Chr., der Realismus Jesu in seinen Gleichnissen. Erörtert. gr. 8. (209 S.) Jena 886. Dabis. n. 2. 40

Tamm, H. C., das Wesen des evangelischen Glaubens. 8. (195 S.) Berlin 899. C. A. Schwetschke & Sohn. n. 3. —

Tamm, Joannes Fridericus (*geb. Ludwigsdorf in d. Oberlausitz 9. 5. 1799*): De arsenici usu in carcinomate, adjecta historia morbi mammae carcinomatosae singulari. Vratislaviae (1820). (48 S.) 8°
Breslau, Med. Diss. v. 28. Nov. 1820

Tamm, Johann Gottfried

— Bruchstücke der Theologie od. Meinungen in Briefen. 16 Stck. 8. Leipz. 782.

— die Theuerung u. Hungersnoth, ein Beweis der Vorsehung aus Gründen der Vernunft u. Religion. 8. Merseb. 772.

Tamm, Jh. Gf., (+ d. 5. März 1804.) Vorschläge zur glückl. Erziehung eines Knaben bis in das 16e Jahr. 8. Leipz. 760. 2e Aufl. 762.

— Vorschläge zum glückl. Unterr. eines Kindes vom andern Geschlecht bis ins 16e Jahr. 8. Leipz. 762.

Tamm, Richard

Tamm, R. Bemerkungen zur Metrik und Sprache Villon's. Freiburg i. Schl., Rpg., 1879. 14 S. 4. Progr.

Tamm, Traugott

Tamm, T., die Anfänge d. Erzbistums Hamburg-Bremen. Inaug.-Diss. gr. 8. (80 S.) Jena 888. (Neuenhahn.) n. 2. —

Im Föhn. Erzählung von Traugott **Tamm.** 1. Taus. Berlin: Concordia [1907]. (128 S.) 8° [J.]
— Concordia-Bibliothek, Kleine. Bd 2. [07. 11898

Im Föhn. Erzählung von Traugott Tamm. 2. Taus. Berlin: Concordia [1907]. 128 S. 8°
(Kleine Concordia-Bibliothek. Bd 2.) [09. 8572 II

Im Föhn. Erzählung von Traugott **Tamm.** Berlin & Leipzig: Seemann [1910]. 128 S. 8°
(Siesta. 3.) [10. 16471

— Gül Hanum. Roman. (384 S.) 8. Berlin (907). Concordia. 4.—; geb. 5. —

Gül Hanum. Roman von Traugott **Tamm.** 2. Aufl. Berlin: Concordia [1907]. (384 S.) 8° [J.] [07. 16930

Im Lande der Jugend. Roman von Traugott **Tamm.** Berlin: Concordia [1905]. (451 S.) 8° [07. 11961 II

Tamm, Traugott, im Lande der Jugend. Roman. 1. bis 4. Aufl. (451 S.) 8. Berlin (906). Concordia. n. 4. —; geb. n. 5. —

Im Lande der Leidenschaft. Roman von Traugott **Tamm.** Berlin: Concordia (1906). (306 S.) 8° [J.] [07. 11139

Tamm, Traugott: Im Lande der Leidenschaft. Roman. 2. Aufl. Berlin. (1906). 8°

Ueber den Ursprung der Rumänen. Ein Beitr. zur Ethnographie Südosteuropas. Von Traugott **Tamm.** — Bonn: Strauss 1891. 150 S. 8°

Tamm, Traugott: Auf Wache und Posten. Roman aus d. siebenbürg. Volksleben. Berlin: Concordia (1909). 371 S. 8°

Tamm, Walter. Elektrolytische Reduktion aromatischer Sulfochloride. Diss. Phil. Basel. 67 S. 8. Basel, Froese & Co., 1909.

TAMM, Wilhelm (Königsberg): Über Appendicitis perforativa mit sekundärer chronischer, eitriger Paratyphlitis und Perityphlitis.- Königsberg: Liedtke 1896. 2 Bl.,26 S.,1 Bl.
10.7.1896 - Chr 1896/97,17; Jv 1896/97,240
Diss. Ingolst.-Landsh.-Mchn.

Über die Beziehungen zwischen den inneren Kräften und Eigenschaften der Lösungen. Ein Beitrag z. Theorie homogener Systeme von G[ustav] **Tammann** in Göttingen. Mit 28 Abb. Hamburg & Leipzig: L. Voss 1907. (VII, 184 S.) 8° [07. 8330

Tammann, G., die Dampftensionen der Lösungen, s.: Mémoires de l'académie impériale des sciences de St.-Pétersbourg.

Kristallisieren und Schmelzen. Ein Beitrag z. Lehre d. Änderungen d. Aggregatzustandes. Von Gustav Tammann, Prof., Göttingen. Mit 88 Abb. *Leipzig: J. A. Barth 1903.* (x, 348 S.) 8°

Tammann, Gust. Über die Metamerie der Metaphosphate. Diss. gr. 8. (33 S.) Dorpat 890, (Karow). * 1 —

Tammann, G., s.: Sitzungsberichte der Naturforscher-Gesellschaft bei d. Universität Jurjeff (Dorpat).

— s.: Zeitschrift f. anorganische Chemie.

Tamme, Geo., Denkmünzen u. Denkzettel f. alle Tage d. Jahres. Der modernen Gesellschaft geprägt. 1. u. 2. Aufl. 16. (V, 368 S. m. 4 Bildn.) Leipzig 895. R. Friese, Sep.-Cto. Geb. in Leinw. m. Goldschn. n. 3.—

— dasselbe. 4. Aufl. (Ausg. B ohne Bilder.) 16. (VII, 367 S.) Ebd. 897. Geb. in Leinw. n. 1.—

Tamme, Geo., 365 Gedanken. Alltägliches u. Nichtalltägliches. (373 S.) 16. Dresden 909. C. Reissner. Geb. in Leinw. 3. —

Tamme, J. A., Vorbereitung zur deutschen Sprachlehre. Zum Privatgebrauche. gr. 8. Prag 846, Calve'sche Verlagsb. 1/2 ₰

Tamme, Carl, thematisches Verzeichniss der Vocalwerke v. Joh. Seb. Bach. Auf Grund der Gesammtausgaben v. C. F. Peters u. der Bach-Gesellschaft verf. hoch 4. (XVI, 155 S.) Leipzig 889. C. F. Peters. 6. —

Tammen, Herm., Definition u. experimentelle Bestimmung e. neuen Konstanten der Elasticitätstheorie. Nachweis d. Bedürfnisses nach e. solchen, Korrektur d. Elasticitätsmoduls durch dieselbe. Mit 1 (lith.) Taf. gr. 8. (53 S.) Leipzig 881. (Zwickau, Thost.) n. 1. —

Tammen, Herm. Gerhard Über die unfilar aufgehängte Drehwage. 18 S. Progr. G. Zwickau 1881

Tammen, Ulrich

Tammen, Ulr.: Kaiser Friedrich II. und Papst Innocenz IV. in d. Jahren 1243—1245 .... Leipzig, 1886; 52 S. 8°. Leipzig, Phil. Fak., Inaug.-Diss. v. 21. Jan. 1886.

Tammen, Ulr., Kaisser Friedrich II. und Papst Innocenz IV. in den Jahren 1243—1245. Diss. Leipzig 1886, Gustav Fock. 8°. 52 S.

Tammen, U[lrich]: Rede gehalten bei der Schulfeier des Geburtstags Seiner Majestät des Kaisers und Königs am 26. Januar 1907. (Aurich 1908: Dunkmann.) S. 47—85. 8°
Aurich, k. G, in Festschr. zu d. Einweihung d. neuen Schulgebäudes, P 1908** [S 08. 478

Tammena, Ude, approb. Arzt aus Longewehr: Die Einwirkung des Ausspritzens einseitiger Cerumenpfröpfe auf das freie Ohr. *Göttingen 1903: W. F. Kaestner.* (26 S.) 8°
Göttingen, Med. Diss. v. [6. Aug.] 1903

Tammena, Ude, die Einwirkung des Ausspritzens einseitiger Cerumenpfröpfe auf das freie Ohr. Diss. (27 S.) gr. 8. Göttingen 903. (Vandenhoeck & Ruprecht.) n. — 80

Tammes, Tine, die Periodicität morphologischer Erscheinungen bei den Pflanzen. (Verhandelingen der koninkl. akademie van wetenschappen te Amsterdam.) (IV, 148 S. m. 1 Taf. u. 1 Bl. Erklärgn.) Lex.-8. Amsterdam 903. J. Müller. n. 3. 60

Tamms, Karl Heinrich

Tamms, G. H., s. L. v. Mühlenfels, Antrittsrede rc.

Tamms, C. H., Conrad Schlüsselburg, vierter Superintendent der evangelischen Kirchen Stralsunds. Nach gleichzeitigen handschriftlichen und gedruckten Quellen. Eine kirchenhistor. Monographie. 1. Abthl.: Bis zu Schlüsselburg's Berufung nach Stralsund. (1543—1594.) 4. (VIII und 48 S.) Stralsund 855, (Hingst.) *

Tamms, C. H., Conrad Schlüsselburg, vierter Superintend. der Evangel. Kirchen Stralsunds. Nach gleichzeitigen handschriftl. u. gedruckten Quellen. Eine kirchenhistor. Monographie. (2 Abthlgn.) Stralsund 855. Hingst. gr. 4. (VIII, 48; VII, 68 S.) n. 1 ₰.

Tamms, Karl Heinr., Peter Suleke, ein Religionsschwärmer des 16n Jahrh. Beitrag zur Kirchen- u. Stadtgeschichte Stralsunds. Aus handschriftl. Quellen. 4. Stralsund 837. Löffler'sche Buchh. 1/2 ₰

Tamms, M. (Maria Magd. Michaelis), draußen vor'm Thor u. and. Novellen, — Truggold,	s.: Roman-Gallerie f. Salon u. Reise.

Tamms, M. [M. Taunus]. Jemand's Liebling. Roman. 8. (121 S.) Stralsund 892, Bremer's Sort. * 2 50; geb. * 3 50

Tamms, W., s.: Jahresbericht, dermatologischer.

Tamnau, Fr.: Monographie des Chabasits. Inaug.-Diss. Stuttgart. 1836. 8°

Tamong, J. B., neuestes Complimentir- u. Anstands-Buch. Ein unentbehrl. Noth- u. Hülfsbüchlein für junge Männer. 8. (47 S.) Erfurt 852, G. Gebhardt. 1/6 ₰

Tamong, der geschickte Taschenspieler und Kartenkünstler; bestehend in den überraschendsten und ohne allen Apparat leicht ausführbaren Taschenspieler- und Kartenkünsten. Zur Erheiterung geselliger Kreise. 16. (XI und 65 S.) Erfurt 851, G. Gebhardt's Verlag.

—— der geschickte Taschenspieler und Kartenkünstler; bestehend in den überraschendsten und ohne allen Apparat leicht ausführbaren Taschenspieler- und Kartenkünsten. Zur Erheiterung geselliger Kreise. 2. Aufl. 8. (X und 68 S.) Erfurt 854, Bornemann. *

Tampke, Theodorus Guilielmus Jacobus (Brunovicensis)
De blennorrhoea oculi militari. Diss. inaug. medica
Gissae: Lichtenberger 1843. 30 S.
Diss. med. 26.5.1843. vorh. 4. △

Tampke, Wilhelm (geb. 1846 in Kaisersesch Kr. Kochem): Ueber Elephantiasis Arabum ... Bonn, Druck v. J. F. Carthaus [1871]. 1 Bl., S. 5—26, 1 Bl. 8. ¶ Teil e. grösseren preisgekrönten Arbeit.
Bonn, Med. Fak., nachträgl. erschienene Diss. v. 22 Juli 1870

Tamplin, R. W., über Natur, Erkenntniß u. Behandlung der Verkrümmungen. Eine Reihe v. Vorlesungen, geh. im Königl. orthopädischen Institute in London. In's Deutsche übertr. von Fr. Brandiß. Mit zahlreichen Holzschn. gr. 8. Berlin 846, Förstner. 1 ₰

Tamponet, l'Abbé, (Voltaire,) Lettre d'Amabed. 8. Dresd. 769. Walther. 8 ₰

Tams, Ernst

Tams, E., die seismischen Registrierungen in Hamburg vom 1. IV. 1908 bis zum 31. XII. 1908. (33 S. m. 3 Taf.) Lex. 8. Hamburg 909. L. Gräfe & Sillem. 3. — Sonderabdr. a.: „Jahrb. d. hambg. wiss. Anst." 6. Beiheft.

Tams, Ernst, a. Hamburg: Die geographische Verbreitung und erdwissenschaftliche Bedeutung der aus den Erdbebenbeobachtungen des Jahres 1903 sich ergebenden Epizentren. Leipzig 1908: W. Engelmann. (143 S., 1 Karte) ¶ (Aus: Beiträge z. Geophysik Bd 9.)
Straßburg, Phil. Fak., Ref. Gerland, Diss. v. 20. Juli 1907
[Geb. 24. Jan. 82 Hamburg; Wohnort: Hamburg; Staatsangeh.: Hamburg; Vorbildung: Realsch. vor d. Lübeckertor, Realgymn. d. Johanneums Hamburg Reife M. 00; Studium: Göttingen 5, Berlin 1, Straßburg 8 S.]

Tams, G., die portugiesischen Besitzungen in Süd-West-Afrika. Ein Reisebericht. Mit einem Vorworte von Karl Ritter. gr. 8. Hamburg 845, Kittler. n. 1 2/3 ₰

Tams, G.: Die portugiesischen Besitzungen in Süd-West-Afrika. Ein Reisebericht. Mit einem Vorworte von Professor Dr. Carl Ritter. Hamburg 1845. XVI. 205 S. 8°. II 5970

TAMS, GEORG, Conspectus luxationum et fracturarum quæ a mense Oct. A. 1837 ad eundem usque A. 1838 in Nosocomio Regio Fredericiano Kiliensi tractatæ sunt. Diss. inaug. Kiliæ. 1839. 4. P.

Tams, Hans, aus Hamburg: Zur Kenntnis des Methylcyclohexylamins und des Methylhexanons. *Hildesheim 1899: A. Lax.* (78 S.) 8°
Göttingen, Phil. Diss. v. [15. Juli] 1899

Tams, Hans, zur Kenntnis des Methylcyclohexylamins u. des Methylhexanons. Diss. gr. 8. (78 S.) Hildesheim 899. (Göttingen, Vandenhoeck & Ruprecht.) n. 1.60

Tamsel [Schlagwort]

Tamsel, s.: Geologische Karten. Karte (Preussen).

Tamson, George James

Word-stress in English: a short treatise on the accentuation of words in Middle-English as compared w. the stress in old a. modern English by George J. Tamson, ... Lecturer ... in the Univ. of Göttingen. *Halle a. S.: M. Niemeyer 1898.* (XIII, 164 S.) 1 Bd 8.
= Studien z. engl. Philologie. H. III. [98. 6960

Tamson, George *James*: Über Wortbetonung im Englischen ... (Erscheint vollst. als No 3 von: Stud. z. engl. Philol.) Halle a. S., Druck v. E. Karras, 1897; VI, 32 S., 1 Bl. 8.
Göttingen, Phil. Fak., Inaug.-Diss. v. [29. Mai] 1897

Tamsweg [Schlagwort]

Tamsweg, s.: St. Johann.

Tam-Tam : 1895–1899?
Humorous quarterly. Sub-title: Kritische und humoristische Vierteljahresschrift. Edited & published by Joseph Alexander Seebaum.
Chicago, IL

Tam-Tam Almanach : no. 1–10?, 1887?–1897? Chicago, IL
Edited & published by Joseph Alexander Seebaum.
Quarto, 40–48 pages; illustrated; no "Kalenderarbeit."

Tamura, Naomi, warum heiraten wir? Gedanken e. mod. Japaners üb. Ehe u. Frauenleben. Uebers. v. Auguste Bickel. M. e. Vorwort von Max v. Brandt. gr. 16. (XV, 104 S. m. Abb.) Wiesbaden 898. C. W. Kreidel. Geb. in Leinw. n. 2. —

Tamura, Rokusaburo, kaiserlicher, nipponischer Stabsarzt a. Tochiki (Japan): Casuistischer Beitrag zur Lehre von der Pankreas apoplexie [!] und Fettgewebsnekrose. München 1905: Kastner & Callwey. (39 S.) 8°
München, Med. Fak., Ref. v. Bollinger, Diss. v. 5. Aug. 1905
[Geb. 13. Juli 71 Kinumura; Wohnort: Kinumura, Japan; Staatsangeh.: Japan; Vorbildung: Gymn. Tochiki Reife 90; Studium: Med. Akad. Chiba bis 94, Rostock 3, München 1 S.; Rig. 5. Aug. 05.]

Tamuzzer, Ch. Die Gletschermühle auf Maloja. In-8°. 29 S. Chur, Hitz'sche Buchh. 1896. — 80
_ Sonderabdruck aus dem 39. Jahresbericht der Naturforsch. Gesellschaft Graubündens.

Tamvakopoulos, Engel, über Mastdarmscheiden-Fisteln. Diss. Würzburg 1887, Stahelsche Univ.-Buchh. 8°. 21 S.

Tan, durch die Mandschurei, s.: Bibliothek berühmter Autoren.

Io Tanaka. Karte der Pflanzenzonen Japans. 1 : 7 500 000. Gotha 1887. 1 Bl. c. L.

Tanaka, Kiichi, aus Japan: Einige neue Modifikationen osteoplastischer Amputationen an Fuß und Knie. *Greifswald 1903: J. Abel.* (42 S.) 8°
Greifswald, Med. Diss. v. 9. Dez. 1902

Tanaka, S: Studien im Gebiete der reinen Stimmung. Leipzig 1890

Tanaka, T., medicinisches Wörterbuch der deutschen, lateinischen, englischen u. japanischen Sprache. Rev. v. U. Ischiguro u. J. Suzuki. (VI, 684 S. m. 1 Schrifttaf.) gr. 8. Tokio 900. (Berlin, O. Rothacker.) Geb. in Leinw. n.n. 12. —

Tanchou, Stanislaus

Tanchou, S., neue physiolog. u. therapeut. Ansichten üb. die Kälte u. ihre Anwendung in Krankheiten, nebst Beobachtungen u. einigen aphorist. Zusätzen; aus d. Französ. von G. Wendt. 8. Leipz. 824. Fest. 18 gr.

Tanchou, S(tanislas): Über die Verengerungen der Harnröhre und des Mastdarmes nebst einer Beurtheilung der verschiedenen gegen diese Krankheiten angewendeten Behandlungsarten. (Traité des retrécissements du canal de l'urètre et de l'intestin rectum, contenant l'appréciation des divers moyens employés dans le traitement des maladies. Dt.) Übers. von Raimund Dietrich Brachmann. 232 S., gbd., 3 Taf.

Leipzig: Kollmann 1836

Tanchum Jeruschalmi

Tanchumi Hierosolymitani commentarius arabicus in lamentationes e codice unico Bodleiano literis hebraicis exarato descripsit charactere arabico et ed. Gul. Cureton. 8maj. (3 1/4 B.) Londini 843. Berolini, Asher et soc. *

Tanchum, R., Hierosolymitani ad libros veteris testamenti commentarii arabici specimen, una cum adnotationibus ad aliquot loca libri Judicum, a Chr. Fr. Schnurrer. 4maj. Tübing. 791.

Tanchumi Hierosolymitani, R., Commentarium Arabicum ad librorum Samuelis et Regum locos graviores e codice unico Oxoniensi (Pocok. 314.) secundum Schnurreri apographum edid. et interpretat. lat. adjecit Theod. Haarbruecker. 8maj. Lipsiae 844, Vogel. n. 1 ₰

— in prophetas commentarii Arabici specimen I. Litteris Arabicis exaravit et interpretatione Latina et annotatione instruxit Theod. Haarbruecker. Insunt IX capitum libri judicum poster. loci potiores. 8maj. Halle 843, Lippert (et Schmidt.) n. 1/3 ₰

Tanchuma ben Rabbi Abba, Rabbi, Midrasch Tanchuma, e. agadischer Commentar zum Pentateuch. Zum ersten male nach Handschriften aus den Bibliotheken zu Oxford, Rom, Parma u. München hrsg. Kritisch bearb., commentirt u. m. e. ausführl. Einleitg. versehen v. Salomon Bubor. 3 Bde. gr. 8. (212, 356 u. 339 S.) Wilna 885. (Berlin, Adf. Cohn.) n. 9. —

TANCK, CHR. HENR. NIC., De felicitate medici. Diss. inaug. Kiliae. 1839. P.

Tanck, Franz Johann Daniel

Tanck, Frz. Jh. Dn., Er soll Alexander heißen! Schspl. 8. Bayr. 790. Lübeck. 3 gr.

Tanck, Franz Johann Daniel, s. Freiheit u. Gleichheit.

HAMBURG; ein poetisches Gemählde (von *Franz Joh. Dan. Tanck*). Hamburg 1784.
Anon.-Lex. II. p. 253 (nach Meusel). — Rar!

— der Luftschiffer; e. prosaisch-poet. Divertissement. 8. Hamburg 784.

TANCK, Frz. Joh. Dan., Mehr als Lukrezia! Eine Begebenheit aus der wirklichen Welt in dialogirter (sic!) Form erzählt von —. Erlangen, Arnhold, 1789. 8°. 56 S.
Zahmes Subskriptionsopus. — Fehlt Kayser 1827 u. 1836.
— — Dasselbe. 2. Auflage. Ebd. 1790. 8°. (3 Mk. E. Frensdorff, 1906.)

Tanck, Frz. Jo. Dn., mehr als Lucretia, e. Begebenheit aus der wirkl. Welt. 8. Erlang. 789. 2e A. 790. (Heyder). 8 gr.

Tanck, Frz. Johann Daniel, mehr als Lucretia, e. Begebenh. a. d. wirkl. Welt. 8. Erlang. Breuning. 790.

— Skizzen des Hamburger Theaters von 1784. 8. Hamb. 784.

THERESE oder mehr als Lukrezia! Ein historisch-dramatisches Divertissement (von *Franz Johann Daniel Tanck*). Hamburg 1784.
Anon.-Lex. IV. p. 169 (nach Kayser u. Meusel).
Vgl. Therese.

WER ist der Vater zum Kinde? ein komisches Gedicht (von *Franz Joh. Daniel Tanck*). Hamburg 1783.
Anon.-Lex. IV. p. 390 (nach Meusel). — Rar!

Tanck, Heinrich (Wismar) A. S. 760/32

Dissertatio inauguralis de culpa lata tutoris an heredibus praestanda. Präs. Johann Joachim Schöpffer. Rostock (Weppling) 19. XII. 1711. 62 S.
34157

Tanck, Joachim: Anhang...chymischer Tractatlein...zu deutlicher Erklärung und besserm Verstand zu des Grafen Bernhardi Schrifften... 62 S.(S.211 - 272), gbd.

s.: Bernhardus Graf von der Marck und Tervis: Chymische Schriften von dem gebenedeyten Stein der Weisen. Nürnberg: 1747

Tanck, Joachim (Hrsg.):

s.: Bernhardus Graf von der Marck und Tervis: Chymische Schriften von dem gebenedeyten Stein der Weisen. Aus dem Lat. übers. von Kaspar Horn. Th.1—4 u.Anhang. Nürnberg: 1747

Tanck, Joachim (Ed.):

s.: Metallurgia, das ist von der Generation und der Geburt der Metallen... Nürnberg: (1747)
in: Bernhardus Graf von der Marck und Tervis: Chymische Schrifften von dem gebenedeyten Stein der Weisen. Nürnberg: 1747

Tanck, Joachim (Lübeck) A. S. 155/30

Dissertatio inauguralis iuridica de societate mercatoria. Präs. Johann Rudolph Engau. Jena (Schill) 8. VII. 1747. 36 S.

Gew.: Stadt Lübeck. 34158

Tanck, Joachim Ludwig

Tanck, Joach. Ldw., Diss. inaug. jur. de navi oppignorata ad Art. VI. Tit. IV. lib. III. juris Lubecensis. 4. Götting. 776. Dieterich. 2 gr.

Tanck, Wilhelm: Betrachtungen über das Zählen. Vortrag. Meldorf. 1890. 8°

Tanck, W., das Bruchrechnen als Rechnen mit angedeuteten Quotienten. Uebungsstoff für die Hand der Schüler. 8. (III, 36 S.) Neumünster 879, Brumby. n. — 40

Tanck, W., Fibel oder der erste Lesestoff in methodischer Ordnung. 1. u. 2. verm. u. verb. Aufl. Kiel 863. Akademische Buchhdlg. 8. (67 S.) n. 3 ngr.

Tanck, W., Fibel oder der erste Lesestoff in method. Ordnung. 3. u. 4. verm. u. verb. Aufl. Kiel 865—67. v. Maack's Verl. 8. (63 u. 10 lithogr. S.) n. 3 ngr.

Tanck, W., Fibel oder der erste Lesestoff in method. Ordnung. 6. verm. und verb. Aufl. 8. (64 S.) Kiel 873, v. Maack's Verlag. *

—— Fibel oder der erste Lesestoff in methodischer Ordnung. 7. verb. Aufl. gr. 8. (74 S., wovon 10 lithogr.) Kiel 877, v. Maack's Buchh. *

Tanck, W., Fibel oder der erste Lesestoff in methodischer Ordnung. 9., verb. Aufl. Ausg. in neuer Rechtschreibung. 8. (64 S.) Kiel 881. v. Maack. n. — 30;
cart. n.n. — 45

Tanck, W., das Invalidenversicherungsgesetz v. 13. VII. 1899. Hauptsächlich, was es dem Mittelstande, dem Handwerker u. Landmann gewährt. gr. 8. (31 S.) Meldorf 902. H. Bremer. n. — 40

— 17 Lesetabellen zur Fibel. Ebend. 863. gr. Fol. n. 20 ngr.

—— 17 Lesetabellen zur Fibel. gr. Fol. Kiel 864, v. Maack's Verlag. *

— Rechenbuch. Eine Sammlung methodisch geordneter Übungsaufgaben. 1. Hft. [Ausg. f. Lehrer.] 8. (II, 48 S.) Elmshorn 882. Groth. cart. n. — 50;
Ausg. f. Schüler (48 S.) cart. n. — 50

Tanck, W., Rechenbuch. Eine Sammlg. methodisch geordneter Übungsaufgaben. 1—8. Hft. [Ausg. f. Lehrer.] 8. Meldorf 883. 84. Bremer. cart. n. 5. 40;
Ausgabe f. Schüler zu gleichem Preise.
1. 2. Aufl. (50 S.) n. — 40. — 2. (S. 49—112.) n. — 45. — 3. (S. 113—176.) n. — 45. — 4. (70 S.) n. — 50. — 5. (S. 73—165.) n. — 70. — 6. (III u. S. 167—281.) n. — 90. — 7. 8. (119 u. 104 S.) à n. 1. —

— dasselbe. Begleitwort zum 1. u. 2. Hft. 8. (14 S.) Ebend. 882. n. — 15

— Auflösungen zum 1—3. u. 5—6. Hft. 8. (16, 26, 28, 26 u. 25 S.) Ebend. 883. cart. n. 1. 10

Tanck, Wilhelm: Rechenbuch. Eine Sammlung unterrichtlich geordneter Übungsaufgaben. Meldorf. 8°
Bd. 1. Unterstufe. 1889.
Bd. 2. Mittelstufe. 1890.
H. 3. 17. Aufl. 1906.
Schlußh. (4. 5. 6.) 3. Aufl. 1900.
H. 7. 3. Aufl. 1892.
H. 8. 1884.

— das Rechnen auf der Unterstufe, nebst Beitrag zur Frage nach der Entstehg. der Zahlenbegriffe. gr. 8. (99 S.) Elmshorn 884. Groth. n. 1. 20

Tanck, W., das Zählen u. erste Rechnen. 2. völlig umgearb. Aufl. vom „Rechnen auf der Unterstufe". (140 S.) gr. 8. Kiel (907). R. Cordes. 2. 50

Tanck, W., der Zahlenkreis von 1 bis 20. Eine kurze Anweisg. zur Behandlg. desselben in der Schule. 8. (IV, 24 S.) Meldorf 887. Bremer. n. — 30

— der Zahlenkreis von 1—20. Eine Anweisg. zur Behandlg. desselben in der Schule. 2. stark verm. Aufl. (60 S.) gr. 8. Ebd. (907). 1. 20

— dasselbe von 20—100 u. 100—1000. (67 S.) gr. 8. Ebd. (907). 1. 60

Tancke, Marie, s.: Schülerinnen-Jahrbuch, deutsches.

Ueber Feldversuche in den Jahren 1896–1899. Im Auftr. d. Ausschusses f. Ackerbau u. Forstwirtschaft von Dr. [August] Tancré. *Kiel 1900: Schmidt & Henkel.* (63 S.) 4°(8°) [F.]
= Arbeiten d. Landwirtschaftskammer f. d. Prov. Schleswig-Holstein. H. 1. [01. 1937 8

Tancré, C. A., Handbuch d. Schwarz-Seifensiederei, od. gründl. u. prakt. Anweis., die schwarze Talg- u. Kunst-Korn-Seife sowohl im Kleinen als Großen mit Sicherheit u. Vortheil zu sieden. Mit Vorr. v. Hermbstädt. 8. (10 B.) Stettin 830, Böhme. (Leipzig, Polet.) Verklebt.

— die Weiß-Seifensiederei auf ihrem jetzigen Standpunkte, od. gründl. Anleit., die weiße Seife sowohl fabrikmäßig, als auch für den Hausbedarf zu bereiten. Als Anh.: Ueber die Talglicht- u. Stärke-Fabrikation. Mit 2 Steinabdr. 8. Stettin 833. (832.) Hessenland.

—— die Weiß-Seifensiederei auf ihrem jetzig. Standpunkte, od. gründl. Anleit., die weiße Seife sowohl fabrikmäßig, als auch f. den Hausbedarf zu bereiten. Als Anh.: Ueber d. Talglicht- u. Stärke-Fabrikation. 8. (7 B. u. 2 Stnt.) Stettin 833. [Leipzig, Eisenach.] 16 Gr., hrbgs. Pr.

Tancré, C. A., die Weiß-Seifensiederei auf ihrem jetzigen Standpunkte, oder gründl. Anleitung, die weiße Seife sowohl fabrikmäßig, als auch für den Hausbedarf zu bereiten. Als Anhang: Ueber die Talglicht- u. Stärke-Fabrikation. Mit 3 Tafeln Abbildd. 2e Ausg. 8. Leipzig 839. Eisenach. $^{2}/_{3}$ ℛ, jetzt $^{1}/_{3}$ ℛ

Tancré, Johannes: Die Anfänge der Akzise in der Kurmark Brandenburg. Göttingen 1909: Kaestner. XI, 69 S. 8°
Göttingen, Phil. Diss. v. 13. Juli 1909, Ref. Lehmann
[Geb. 1. Febr. 85 Anklam; Wohnort: Anklam; Staatsangeh.: Preußen; Vorbildung: Gymn. Anklam Reife O. 05; Studium: Berlin 2, Göttingen 5 S.; Rig. 24. Febr. 09.] [U 09. 1408

Tancred, vgl. Tankred.

Tancred, ein Schauspiel, a. d. Engl. O. O. [17??]. Ü: *Kepner, Friedrich.* (WBL) (MGT)

Tancred; e. musikal. Schspl., aus d. Italien. von Lor. Hübner. 8. Münch. 782.

Tancred. Wien 1782. V: *Bode, Johann Joachim Christoph.* (ML) (Ky)

Tancred, heroische Oper in 2 Aufzügen. Nach dem Italien. von Chr. Grünbaum. 8. Wien, Wallishauser. 818.

— und Clorinde, Trauerspiel in 5 Aufzügen von K. Baron v. Nordeck. 8. Hamm, Schultz und Wundermann. 821. Besser Papier

Tancredi, Drama serio per Musica in 2 Atti. 8. Wien 806. Wallishausser. 6 Kr

Tancredus

Tancredi Summa de matrimonio. Edidit Agathon Wunderlich. 8maj. Gottingae 841, Vandenhoeck et Ruprecht. $^{3}/_{4}$ ℛ

Tancum-Jouddelowitz, Leo, die Geschlechtskrankheiten u. ihre Behandlung, s.a. Sammlung Mejo.

Tancum-Jouddelowitz, Leo, die Geschlechtskrankheiten u. ihre Behandlg. (Zum persönl. u. allgem. Gesundheitsschutz.) gr. 8. (168 S.) Halle 898. C. Marhold. 3. —

Tancum-Jouddelowitz, Leo, die Geschlechtskrankheiten u. ihre Behandlung. 2. Aufl. (168 S.) gr. 8. Halle 908. C. Marhold. n. 3. —

Tand, de, van Boeddha; een Indisch mirakel. gr. 8. Leiden 845, S. en J. Luchtmans. $^{1}/_{8}$ ℛ

Tandareis und Flordibel. Ein höfischer Roman von dem Pleiaere. Hrsg. von Ferd. Khull. gr. 8. (248 S.) Graz 885, Styria. *

Tandel, M. E., nouvel examen d'un phénomène psychologique du somnambulisme. (Mémoire lu à l'académie, dans la séance de 15. décembre 1839.) gr. in-4. Bruxelles 844, Muquardt. n. $^{2}/_{3}$ ℛ

Taendel-Blaetter. Erheiternde u. belehr. Tändeleien f. jeden Stand, jedes Alter u. jede Zone. Hrsgeb.: JoCosus (J. C. Schneemann.) 1. Tändeljahr. (1838.) 12 Lustblätt. (Bog.) gr. 4. Meißen, Goedsche.

—— dass. unt. d. T.: THAuEmNoDrEuLnBbLSAaEtTyTrEeR. Seifenblasen f. Scherz, Scharfsinn u. Witz, z. gesell. Erheiterung f. Lebenslustige. Redact.: JoCosus (J. C. Schneemann) u. dess. fröhl. Freunde auf d. Erdballe. 2. Tändeljahr 1839. 24 Nrn. ($^{1}/_{2}$ Bog.) gr. 4. Dresden. (Meißen, Goedsche's Bh.) *
Gehört als Beiblatt zur: Jugendzeitung v. Schneemann.

THAuEmNoDrEuLnBbLSAaEtTyTrEeR. Seifenblasen für Scherz, Scharfsinn und Witz, zur geselligen Erheiterung für Lebenslustige. Redacteur: JoCosuS (J. C. Schneemann). 2s Tändeljahr. 1839. 24 Numm. Mit Vignetten. gr. 4. Dresden 839. (Leipzig, Literar. Museum; Meißen, Goedsche.) n. $^{1}/_{2}$ ℛ

Tändelei u. Ernst, s. a. Taschenbuch f. d. J. 1813.

Tändeley u. Ernst. Ein Taschenbuch f. gesellschaftl. Unterhaltungen. Mit Kupf. u. Musik. 16. Wien u. Triest, Geistinger. (Leipz. Weygand.) 813.

Tändeleien. Leipzig 1759. Verbesserte Auflage. Leipzig 1760. Dritte u. vermehrte Aufl. Leipzig 1765. (Nachdruck) Amsterdam 1765. Frankf. u. Leipz. 1767. Wien 1803. Neue unveränderte Ausgabe. Wien o. J. [1824]. V: *Gerstenberg, Heinrich Wilhelm von.* (BGE VII³, 504/5)

Tändeleien, (v. H. W. v. Gerstenberg). 8. Leipz. 759. Verb. Aufl. 760. 3e Aufl 765. Dyck. 4 gl — Dass. Velinpap. 8. Wien 803 u. 821. Mörschner u. J. 12 gl N. A. (v. J. B. Degen). 8. Ebd. 824. (Armbruster). 12 gl

Tändeleyen, dramatische, v. C. Altving. 12. Leipz. Gräff. 801. — 12

Tändeleien, erotische, (von K. Müchler). 8. Halberst. 793. N. A. 802, a. 810. (Kummer in Leipz.) 8 gl

Tändeleyen, erotische, (v. K. Müchler.) 8. Halberstadt, Groß. 802.

Tändeleyen, erotische, von Karl Müchler. 8. Halberstadt, Büreau f. Lit. u. K. 810.
Schreitp.

Tändeleyen und Erzählungen, s. a. Claudius, Matth. 1763.

— u. Erzählungen, (v. Matth. Claudius). 8. Jena 764. (Cnobloch in Leipz.) 6 gl

— und Erzählungen. 8. Jena, Melchior. (Gabler.) 764.

Tändeleien f. d. frühe Jugendalter. Mit vielen color. Abbild. br. 8. (14 S. m. 4 lith. Taf.) Stuttgart 848, Schreiber & Schill. 3/8 ℛ

Tändeleien für das frühe Jugendalter in Bildern u. Reimen. 8 (lith. u.) color. Blätter mit über 100 von C. Roth gez. u. color. Gegenständen nebst vielen hübschen Verschen. 8. Aufl. Eßlingen 869. Schreiber. 4. (15 S.) cart. 11¼ ngr.

Tändeleien für das frühe Jugendalter in Bildern und Reimen. 8 color. (lithogr.) Blätter (auf Carton) mit über 100 von C. Roth gezeichneten und illum. Gegenständen nebst vielen hübschen Verschen. 8. Aufl. 1869, und 9. Aufl. 4. (13 S.) Eßlingen 874, Schreiber. cart.

Tändeleien f. das frühe Jugendalter in Bildern u. Reimen. 8 color. Blätter m. üb. 100 v. C. Roth gezeichneten u. illuminirten Gegenständen nebst vielen hübschen Verschen. 9. Aufl. 4. (14 S. m. 8 color. Steintaf.) Eßlingen 873. Schreiber. geb. 1. 15

Tändeleien für das frühe Jugendalter in Bildern u. Reimen. 6 elegante Farbendr.-Blätter mit über 60 Gegenständen u. vielen hübschen Verschen. 10. Aufl. gr. 8. (8 S.) Eßlingen 877. Schreiber. cart. n. 1. 50

Tandem, Karl Felix [d. i. Karl Spitteler]

Tandem, C. F., s.: Extramundana.

Tandem, Carl Felix, Prometheus u. Epimetheus. Ein Gleichniss. 1. u. 2. Thl. br. 8. Aarau 881. Sauerländer. n. 5. —
1. (136 S.) n. 2. —. — 2. (276 S.) n. 3. —

Tandem, F. [Carl Spitteler], Schmetterlinge. 8. (V, 100 S.) Hamburg 889. Verlags-Anstalt u. Druckerei, A.-G. n. 1. 60; geb. m. Goldschn. 2. 60

Tandem-Maschine m. Ventilsteuerung System Paul H. Müller, ausgeführt v. der Zwickauer Maschinenfabrik A.-G., Zwickau i. Sa. (6 S. m. Abbildgn. u. 5 Taf.) 32×24,5 cm. Potsdam 910. Bonnes & Hachfeld. 1. —
Sonderabdr. a.: „Ztschr. f. Elektrotechn. u. Maschinenbau".

Tandi, Prinz, an den Verfasser des neuen Menoza. Naumburg [Carlsruhe] 1775. V: *Schlosser, Johann Georg.* (WR) (ML) (LS)

Tandler, J. Ein deutsch-böhmischer Dichter. Leipzig 1891. V: *Kastner, Eduard Fedor.* (ADB 37, 370)

Tandler, Emil F.: Die industrielle Entwicklung Siebenbürgens. Kronstadt 1909: Gött. 153 S. 8° ¶(Ersch. auch als Buch b. Zeidner, Kronstadt.)
Tübingen, Staatswiss. Diss. v. 28. Nov. 1909, Ref. v. Schönberg †, Fuchs

[Geb. 27. Dez. 81 Kronstadt, Siebenbürgen; Wohnort: Kronstadt; Staatsangeh.: Ungarn; Vorbildung: Oberrealsch. Kronstadt Reife Sommer 00; Studium: Leipzig 1, Tübingen 6, Leipzig Handelshochsch. 4 S.; Rig. 5. Juni 08.]
[U 10. 4225

Tandler, Emil F., die industrielle Entwicklung Siebenbürgens. (Diss.) (IV, 153 S.) 8. Kronstadt 909. H. Zeidner. 1. 70

Tandler, J. (Florus Retland), Erzähltes. gr. 8. (VII, 535 S.) Wien 894. C. Gerold's Sohn. n. 6. —

Tandler, J., ps. Florus Retland, Gedichte. 2. Aufl. 12. (240 S.) Wien 887. Konegen. n. 2. —

— Junker Quirin. Ein Jahr seines Lebens. Dichtung. Hrsg. v. Alex. Engel. 8. (72 S.) Leipzig 892. Literar. Anstalt A. Schulze. n. 1. 60

Tandler, J., Spruchbüchlein. 16. (131 S.) Wien 875. v. Waldheim. n. 1. 80

Tandler, J., Spruchbüchlein. 2., verm. Aufl. gr. 16. (204 S.) Preßburg 880. Heckenast's Nachf. n. 1. 60; geb. n. 2. 80

Tandler, J., Spruchbüchlein. 2., verm. Aufl. 8. (204 S.) Wien 1880, nun *Carl Pohan's Nachfolger. 80 kr., Ganzlwdbd. mit Goldschnitt 1 fl. 40 kr.

Tandler, J., Spruchbüchlein. 3., verm. Aufl. 12. (X, 240 S. m. Portr. in Lichtdr.) Wien 890. Gerold's Sohn. n. 2. —

Tandler, Julius: Anatomie und Ätiologie der Genitalprolapse beim Weibe, s. Halban, Josef

TANDLER, Julius

Zur vergleichenden Anatomie der Kopfarterien bei den Mammalia von Dr. Julius Tandler. (Mit 8 Tafeln und 17 Textfiguren.) Besonders abgedruckt aus dem LXVII. Bande der Denkschriften der mathematisch-naturwissenschaftlichen Classe der kaiserlichen Akademie der Wissenschaften. Wien. 1898. In Comm. Gerold's Sohn. 4°. 108 S. fl. 7.45

— u. Paul **Bartels**, Gefässsystem, s.: Handbuch der Anatomie des Menschen. 17.

— Normentafel zur Entwicklungsgeschichte des Kiebitzes, s.: Normentafel zur Entwicklungsgeschichte d. Wirbeltiere. 9. Heft. (Grosser, O.)

— u. Jos. **Halban**, Topographie des weiblichen Ureters m. besond. Berücksicht. der pathologischen Zustände u. der gynäkologischen Operationen. In 32 chromolith. Taf. m. erläut. Texte. Imp.-4. (X, 70 S. m. Abbildgn.) Wien 901. W. Braumüller. Geb. in Leinw. n. 30.

Tandler, Rudolf: Über die Einwirkung von verdünnter Schwefelsäure auf . . . Pinakon, s. Goldberger, Felix.

Laboratoriumsbuch für den klinischen Chemiker. Von Dr. R. **Tandler**. Wien. Mit 10 Abb. Halle a. S.: Knapp 1910. X, 122 S. 8°
(Laboratoriumsbücher f. chem. u. verwandte Industrien. Bd 11.)

Tandler, R., Laboratoriumsbuch f. den klinischen Chemiker, s. a. Laboratoriumsbücher f. die chemische u. verwandte Industrie. 11. Bd.

TANDLER, Der, oder Streifereyen in die Wildnisse der Einbildungskraft, in die Werke der Natur und der menschlichen Sitten. 2 Thle. Leipzig, Schwickert, 1778. 8°. Aus d. Engl.
Bibl. J. J. Schwabii. — Selten!

TAENDLER, Felix (Posen): Zur Aetiologie der Todesfälle nach Lithotomie in pathologisch-anatomischer Beziehung.- München: Höfling 1892. 28 S.
10.3.1892 - Chr 1891/92,27; Jv 1891/92,211
Diss. Ingolst.-Landsh.-Mchn.

Taendler, Willy [aus Rogasen]: Beitrag zur operativen Behandlung kleincystischer Nieren . . . Würzburg, Druck v. F. Fromme, 1894; 43 S. 8.
Würzburg, Med. Fak., Inaug.-Diss. v. 1894

TAENDLERWEIB, Das, die Hindingerinn, ein Gespräch. O. O. 1779. 8°. Ueberaus rar!

Taneff, Georg *Stojanoff* [aus Nova-Zagora (Bulgar.)]: Ueber Endocarditis syphilitica . . . Berlin, C. Vogts Buchdr., *1896*; 46 S., 1 Bl. 8.
Berlin, Med. Fak., Inaug.-Diss. v. 14. Aug. 1896

Tanefiko, Riutei, Komats et Sakitsi ou la rencontre de deux nobles cœurs dans une pauvre existence. Nouvelles scènes de ce monde périssable, exposées sur six feuilles de paravent et traduites du japonais, avec le texte en regard, par F. Turrettini. Lex.-8. (XX, 85 S. mit 3 Stnt. in qu. gr. 4.) Genève 875. (Basel, Georg.) **
Aus: Ban Zai Sau, besonders aogedruckt.

Tanejew, S. (A.) von

Tanéeff, S. v., Grundzüge des Volksschulwesens in den Königr. Preußen und Sachsen. Aus dem Russ. übers. gr. 8. (XIX und 131 S.) Leipzig 862, Wagner. *

Танѣевъ, С. А., Очеркъ народно-учебнаго устройства въ королевствахъ Прусскомъ и Саксонскомъ. (Tanjew, Abrisse der nationalen Lehrordnung in den Königreichen Preussen und Sachsen.) Lex.-8. (XX und 227 S.) Leipzig 861, Wagner. *

Tanejew, Sergei, der bewegliche Kontrapunkt strenger Form. (In russ. Sprache.) (XI, 453 S. m. 2 farb. Taf.) Lex. 8. Leipzig (909). M. P. Belaieff. 10. —

Tanejew, S., Oresteia. Musikalische Trilogie nach Aeschylus. Text v. A. Wenkstern. Deutsch v. Hans Schmidt. Musik v. T. (1. Thl.: Agamemnon. 2. Thl.: Die Choëphoren. 3. Thl.: Die Eumeniden.) Vollständiges Textbuch m. Inscenirg. 8. (63 S.) Leipzig 901. M. P. Belaieff. n. 1. —

Tanera, Carl, Anleitung u. Schema's zu Terrain-Recognoscirungen u. zum Terraincroquiren ohne besondere Hülfsmittel. gr. 8. (IV, 73 S.) Berlin 877. F. Luckhardt. n. 1. 50

Tanera, **Karl**, Senhora Anninha. Brasilianischer Roman (397 S.) 8. Berlin (905). C. Duncker. n. 4. —

— aus der Prima nach Tientsin. Erzählung aus unsern Tagen. Der reiferen deutschen Jugend gewidmet. Mit 8 Tonbildern nach Zeichngn. v. C. Zimmer. 1. u. 2. unveränd. Aufl. gr. 8. (223 S.) Leipzig 902. F. Hirt & Sohn. 3. 50; geb. in Leinw. 5. —

— aus der Prima nach Tientsin. Erzählung aus unseren Tagen. Der reiferen deutschen Jugend gewidmet. Mit 8 Bildern nach Zeichngn. v. C. Zimmer. 3. u. 4. Aufl. (223 S.) gr. 8. Leipzig (904. 906). F. Hirt & Sohn. 3. 50; geb. in Leinw. 5. —

— **Aus der Prima nach Tientsin. Erzählg. aus unseren Tagen. Der reiferen deutschen Jugend gewidmet. Mit 8 Bildern nach Zeichngn. v. C. Zimmer. 6. Aufl. (223 S.) gr. 8. Leipzig 908. F. Hirt & Sohn** 3.50; geb. in Leinw. 5. —

Tanera, Carl, die Belagerung v. Paris, s.: Krieg, der, von 1870/71. Bd. 7.

— in der Bocchetta. Historische Erzählg. aus der Zeit des Feldzuges Napoleon Bonapartes in Ober-Italien 1796. gr. 8. (139 S.) Rathenow 893. M. Babenzien. n. 1. 50; kart. n. 2. —

Tanera, Karl, in der Bocchetta. Historische Erzählg. aus der Zeit des Feldzuges Napoleon Bonapartes in Ober-Italien 1796. 2. Aufl. (186 S.) 8. **Rathenow** (907). M. Babenzien. 1.50; geb. 2. —

In der Bochetta. Hist. Erzählung aus d. Zeit d. Feldzuges Napoleon Bonapartes in Ober-Italien 1796. Von Karl **Tanera**. 2. Aufl. Rathenow: M. Babenzien [1908]. (186 S.) 8° [F.] 1o8. 10494

Tanera, Carl. Hans v. Dornen, d. Kronprinzen Kadett. Eine Erzählg. aus dem deutsch-französ. Kriege 1870—71 f. die deutsche Jugend. Mit 16 Tonbildern v. Geo. Koch u. 1 Karte d. Kriegsschauplatzes. 1. u. 2. Aufl. gr. 8. (IV, 501 S.) Bielef. 890,92, Velhagen u. Klasing. geb. * 8 —

— Hans v. Dornen, d. Kronprinzen Kadett. Eine Erzählg. aus dem deutsch-französ. Kriege 1870—71 f. die deutsche Jugend. Mit 16 Tonbildern v. Geo. Koch u. 1 Karte d. Kriegsschauplatzes. gr. 8. (IV, 501 S.) Bielefeld 891. Velhagen & Klasing. geb. n. 8. —

[F.] Hans von Dornen, des Kronprinzen Kadett. E. Erzählg aus d. Deutsch-Französ. Kriege 1870—71 f. d. deutsche Jug. v. C[arl] **Tanera**. M. 16 Tonbild. v. Georg Koch u. 1 Kt. des Kriegsschaupl. 3. Aufl. Jubil.-Ausg. 1870—1895. *Bielefeld & Leipzig: Velhagen & Klasing 1895.* (VI S., 1 Bl., 501 S., 16 Taf., 1 Kt.) 1 Bd 8. 96. 6201

— **Hans v. Dornen**, des Kronprinzen Kadett. Eine Erzählg. aus dem deutsch-französ. Kriege 1870—71 f. die deutsche Jugend. Mit 16 Tonbildern v. Geo. Koch u. 1 Karte des Kriegsschauplatzes. 4. Aufl. (VI, 501 S.) gr. 8. Bielefeld 903. Velhagen & Klasing. Geb. in Leinw. n. 8. —

— Ein ehrenvolles Duell u. andere Erzählungen, s.: Hesse's, Max, Volksbücherei.

— Der Einsieher, s.: Reuter's Bibliothek f. Gabelsbergersche Stenographen.

— **das Erbe der Abencerragen.** Romantische Erzählg. f. die reifere Jugend aus der Zeit der Vertreibg. der Mauren aus Spanien. Mit 10 Vollbildern v. E. Zimmer u. H. Deppermann. (III, 278 S.) 8. Berlin (904). Trowitzsch & Sohn. Geb. in Leinw. n. 5. 50

Tanera, Carl, ernste und heitere Erinnerungen eines Ordonnanzoffiziers im Feldzug 1870/71. 8. (V, 221 S.) [Nördlingen 887.] München, Beck'sche Verlagsh. *ℳ 1.80.; cart. *

—— dass. — 2. Reihe. 1. und 2. Aufl. 8. (V, 230 S. mit 1 Übersichtskarte.) Ebendas. 887,88. *ℳ 1.80.; cart. *

— ernste u. heitere Erinnerungen e. Ordonnanzoffiziers im Feldzug 1870/71. 1. u. 2. Reihe. 3. Aufl. 8. (V, 221 u. V, 230 S. m. 1 Karte.) Nördlingen 889. München, Beck. à n. 1. 80; cart. à n. 2. 40

Tanera, Karl, ernste u. heitere Erinnerungen e. Ordonnanzoffiziers im Feldzug 1870—71. 2 Reihen. 4. Aufl. [10.—12. Tausend.] 8. München, C. H. Beck. à n. 1. 80; kart. à n. 2. 40
1. (V, 221 S.) 890. — 2. (V, 230 S. m. 1 Karte.) 891.

— dasselbe. 2. Reihe. Mit 1 Uebersichtskarte. 5. Aufl. (13.—15 Taus.) 8. (VI, 230 S.) Ebd. 894. n. 1. 80; kart. n. 2. 40

— dasselbe. (Jubel-Ausg. zur 25. Gedächtnisfeier des Feldzugs 1870/71.) Lex.-8. (VIII, 464 S. m. 20 Taf. u. 1 Karte.) Ebd. 896. Geb. in Leinw. n. 14. —
Erschien auch in 22 Lfgn. à n. — 50.

— ernste u. heitere Erinnerungen e. Ordonnanzoffiziers im Feldzug 1870/71. 2 Tle. 7. Aufl. 8. (VI, 210 u. V, 243 S. m. 1 Karte.) München 898. C. H. Beck. à n. 1. 80; kart. à n. 2. 40

— dasselbe. Illustriert v. Ernst Zimmer. 13.—16. Taus. Lex.-8. (VIII, 464 S. m. 20 Taf. u. 1 Karte.) Ebd. 899. n. 11. —; geb. in Leinw. n. 14. —

— ernste u. heitere Erinnerungen e. Ordonnanzoffiziers im J. 1870/71. 2 Tle. 8. Aufl. (VI, 210 u. V, 243 S. m. 1 Karte.) 8. Ebd. 902. à n. 1. 80; kart. à n. 2. 40

— ernste u. heitere Erinnerungen e. Ordonnanzoffiziers im J. 1870/71. 1. u. 2. Tl. (m. Uebersichtskarte). 9. Aufl. (VII, 210 u. V, 242 S.) 8. München 905. 906. C. H. Beck. Kart. à n. 2. 40

— Ernste u. heitere Erinnerungen e. Ordonnanzoffiziers im J. 1870/71. Neue Ausg. in 1 Bde. 11. Aufl. (31.—34. Taus.) Mit 1 (farb.) Übersichtskarte. (VI, 210 u. 242 S.) 8. München 911. C. H. Beck. Geb. in Leinw. 3. 50

— die Eurasierin. Roman aus der ind. Neuzeit. 2 Bde 8. (200 u. 171 S.) Jena (900). Berlin, H. Costenoble. n. 6. —; in 1 Bd. geb. n. 7. —

— indische Fahrten od.: Der Auftrag e. sterb. Vaters. Erzählung f. die reifere Jugend. gr. 8. (III, 251 S. m. 8 Vollbildern.) Leipzig (901). Schmidt & Spring. Geb. in Leinw. 3. —

Tanera, Carl, der Freiwillige des „Iltis". Erzählung aus unsern Tagen. Der reiferen deutschen Jugend gewidmet. Mit 8 Tonbildern nach Zeichngn. v. E. Zimmer. 1.—6. Aufl. gr. 8. (à 207 S.) Leipzig 900—902. F. Hirt & Sohn 3. 50; geb. in Leinw. 5. —

— der Freiwillige des „Iltis". Erzählung aus unseren Tagen. Der reiferen deutschen Jugend gewidmet. Mit 8 Tonbildern nach Zeichngn. v. E. Zimmer. 7.—10. Aufl. (207 S.) gr. 8. Leipzig 903—906. F. Hirt & Sohn. n. 3. 50; geb. in Leinw. n. 5. —

— Der Freiwillige des „Iltis". Eine Erzählg. aus unseren Tagen. Mit 8 Vollbildern nach Zeichngn. v. Ernst Zimmer. 11.—14. Aufl. (207 S.) gr. 8. Leipzig 907—11. F. Hirt & Sohn. 3.50; geb. in Leinw. 5. —

—— Geburt u. Verdienst, s. Eckstein's Reisebibliothek.

Tanera, Carl, die Gettatura, s.: Reuter's Bibliothek f. Gabelsberger-Stenographen.

— zu Hause u. im Felde, s.: Eckstein's humoristische Bibliothek.

— **Heinz der Brasilianer.** Der reiferen deutschen Jugend gewidmet. Mit 8 Bildern nach Zeichngn. v. E. Zimmer, H. Deppermann u. H. M. Lemme. 1. u. 2. Aufl. (Je 224 S.) gr. 8. Ebd. (903). n. 3. 50; geb. in Leinw. n. 5. —

— Heinz der Brasilianer. Der reiferen deutschen Jugend gewidmet. Mit 8 Bildern nach Zeichngn. v. E. Zimmer. 3., verb. Aufl. (224 S.) gr. 8. 3.50; geb. in Leinw. 5. —

— Heiteres u. Ernstes aus Altbayern, s.: Eckstein's Reise-Bibliothek.

— durch e. Jahrhundert. Drei kriegsgeschichtl. Romane. 3 Bde. 8. Rathenow 892. M. Babenzien. à n. 1. 50; kart. à n. 2. —
1. Aus schwerer Zeit. (IV, 159 S.)
2. Der Savoyen-Dragoner. Militärisch-histor. Erzählg. aus dem Anfang d. 18. Jahrh. (186 S.)
3. Baranyay u. Szekely-Husar. Militärisch-histor. Roman aus der Zeit d. 7jähr. Krieges. (212 S.)

— durch e. Jahrhundert. 3 kriegsgeschichtl. Erzählgn. I. Wolf der Junker. Kriegsgeschichtl. Erzählg. aus der Zeit Ludwigs XIV. Mit 8 Vollbildern nach Zeichngn. v. Ernst Zimmer. 1.—6. unveränd. Aufl. (Je 176 S.) gr. 8. Ebd. 907. n. 2. 50; geb. in Leinw. n. 3. 50

— Durch e. Jahrhundert. 3 kriegsgeschichtl. Erzählgn. I—III. Mit je 8 Vollbildern nach Zeichngn. v. Ernst Zimmer. gr. 8. Ebd. à 2.50; geb. in Leinw. à 3. 50
1. Wolf der Junker. Kriegsgeschichtliche Erzählg. aus der Zeit Ludwigs XIV. 7. Aufl. (175 S.) 909.
2. Wolf der Dragoner des Prinzen Eugen. Kriegsgeschichtliche Erzählg. 6. Aufl. (191 S.) 910.
3. Wolf, der Husar des alten Fritz. Kriegsgeschichtliche Erzählg. 6. Aufl. (191 S.) 911.

Karl Tanera. Frau Izuna. Japanischer Roman. *Berlin: C. Duncker [1904].* (479 S.) 8° [F.] [04. 10363

— **Frau Izuna.** Japanischer Roman. (479 S.) 8. Berlin (906). C. Duncker. n. 5. —

Der Russisch-japanische Kampf um die Vorherrschaft im Osten. Von Hauptm. a. D. Carl Tanera. Ill. von E. Zimmer. T. 1. Lahr i. B.: Groß & Schauenburg 1905. 8° [F.]

— Deutschlands Kämpfe in Ostasien, dem deutschen Volke erzählt. Illustriert v. Ernst Zimmer. Mit e. Uebersichtskarte v. Ost-China. Lex.-8. (VIII, 245 S. m. 17 Taf.) München 902. C. H. Beck. Geb. in Leinw. n. 9. —; auch in 12 Lfgn. à n. — 50

(B) — Deutschlands Kämpfe in Ostasien. 902. (KBL. 32.) Jetzt: Berlin, Neufeld & Henius.

— schwere Kämpfe. Roman aus dem deutsch-französ. Kriege v. 1870/71. 8. (434 S.) Hof 897. R. Lion. n. 4. —; geb. in Leinw. n. 5. 50

— Schwere Kämpfe. Roman aus dem deutsch-französ. Kriege v. 1870/71. 2. Aufl. (4.—5. Tauf.) Mit Illustr. v. Ernst Zimmer. (430 S.) 8. Hof (907). R. Lion. 4.—; geb. in Leinw. 5. —

König Karl von Württemberg. Ein Fürstenbild. Dem 13. (Kgl. Württemb.) Armeekorps ... gewidmet von Karl Tanera, Hauptm. z. D. Rathenow: M. Babenzien [1889]. (40 S.) 8° [Fr.]
= [Soldatenbibliothek. H. 3.] (15. 10310

— das Kismet Kurt Röders. Erlebn. e. jungen deutschen Malers in Ägypten, Palästina u. Syrien. Eine Erzählg. f. d. reifere Jugend. Illustr. v. Max Rabes. Mit 1 Uebersichtskarte. gr. 8. (V, 427 S.) München 895. Leipzig, Otto Drewitz Nachf. Geb. in Leinw. n. 7. —

— das Kismet Kurt Röders. Erlebnisse eines jungen deutschen Malers in Aegypten, Palästina u. Syrien. Eine Erzählg. f. d. reifere Jugend. Illustr. v. M. Rabes. Mit e. Uebersichtskarte. gr. 8. (V, 427 S.) München 895. Reutlinger, R. Bardtenschlager. Geb. n. 7. —

— Krieg u. Frieden. Ernstes u. Heiteres. Illustriert v. Ernst Zimmer. Lex.-8. (VIII, 787 S. m. Taf.) Berlin (900). R. Eckstein Nachf. n. 12. 50; geb. in Leinw. n. n. 15. —

— aus dem friedlichen Krieg. Manöverskizzen. 8. (V, (231 S. m. Abbildgn.) München 891. Beck. n. 2. —; cart. n. 2. 50

—— Deutschlands Kriege von Fehrbellin bis Königgrätz. Eine vaterländ. Bibliothek f. das deutsche Volk u. Heer. (In 9 Bdn.) 1.—3., 6. u. 7. Bd. 8°. Ebd. à Bd. * 2 —; * 10 — cart. à * 2 50; * 12 50

1. Deutschlands Mißhandlung durch Ludwig XIV. [1672—1714]. Mit 3 Karten u. 3 Schlachtplänen. 1.—6. Tauf. (VIII, 255 S.) 891.
2. Die Kriege Friedrichs d. Großen. 1. Tl. 1. u. 2. schlei. Krieg. Mit 1 Übersichtskarte v. Schlesien, Nordböhmen, Sachsen, nebst 5 Schlachtplänen. (VIII, 232 S.) 892.
3. Dass. — 2. Tl. Der 7 jähr. Krieg. Mit e. Karte. (V, 239 S.) 892.
6. Die Befreiungskriege. 1. Tl. 1813. Mit 2 Karten. (VII, 215 S.) 891.
7. Dass. — 2. Tl. 1814 u. 1815. Mit 1 Karte u. 1 Plan. (VI, 246 S.) 891.
4., 5., 8. u. 9. Bd. noch nicht erschienen.

— Deutschlands Kriege von Fehrbellin bis Königgrätz. Eine vaterländ. Bibliothek f. das deutsche Volk u. Heer. 9 Bde. 8. München, C. H. Beck, Verl. à n. 2. —; kart. à n. 2. 50

1. Deutschlands Mißhandlung durch Ludwig XIV. (1672—1714). Mit 3 Karten u. 3 Schlachtplänen. 1.—6. Tauf. (VIII, 255 S.) 891.
2. Die Kriege Friedrichs d. Großen. 1. Tl. 1. u. 2. schles. Krieg. Mit 1 Übersichtskarte v. Schlesien, Nordböhmen, Sachsen, nebst 5 Schlachtplänen: Mollwitz, Chotusitz-Czaslau, Hohenfriedberg, Soor u. Kesselsdorf. (VIII, 232 S.) 892.
3. — dasselbe. 2. Tl. Der 7 jähr. Krieg. Mit e. Karte der Hauptschlachten d. 7 jähr. Krieges: Pirna, Prag, Kollin, Roßbach, Leuthen, Zorndorf, Hochkirch, Kunersdorf, Liegnitz, Torgau. (V, 239 S.) 892.
4. Die Revolutions- u. Napoleonischen Kriege. 1. Tl. Von Valmy bis Austerlitz. (1792—1805.) Mit Übersichtskarte des Kriegsschauplatzes v. Süddeutschland, Schweiz u. Oberitalien, nebst Schlachtplänen v. Marengo u. Austerlitz. (VII, 245 S.) 893.
5. — dasselbe. 2. Tl. Von Jena bis Moskau. (1806/7, 1809 u. 1812.) Mit Übersichtskarten v. Thüringen, des Kriegsschauplatzes an der obern Donau u. v. Rußland, sowie Schlachtenplänen v. Saalfeld, Jena, Auerstädt, Eylau, Friedland, Aspern-Wagram u. Borodino. (V, 244 S.) 893.
6. Die Befreiungskriege. 1. Tl. 1813. Mit 2 Karten. (VII, 215 S.) 893.
7. — dasselbe. 2. Tl. 1814 u. 1815. Mit 1 Karte v. Nordost-Frankreich u. 1 Plan d. Schlachtfelds v. Waterloo. (VI, 246 S.) 893.
8. Die deutschen Einigungskriege. 1. Tl. Schleswig-Holstein meerumschlungen. (1848—1864.) Mit Übersichtskarte v. Schleswig-Holstein u. Jütland, 1 Plane des Sundewitt u. Alsen u. 1 Kärtchen zum italien. Feldzug v. 1859. (VII, 270 S.) 894.
9. — dasselbe. 2. Tl. Der Krieg v. 1866. Mit Übersichtskarte des böhm. u. des westdeutschen Kriegsschauplatzes, Spezialkarten v. Nordböhmen u. der Tauber- u. Maingegend, sowie Schlachtplänen v. Königgrätz, Langensalza, Kissingen u. Custozza. (IV, 249 S.) 894.

— zur Kriegszeit auf der sibirischen Bahn u. durch Rußland. Reisebriefe. Mit 1 Karte u. 69 Bildern nach eigenen Aufnahmen. 1.—8. Tauf. (Je VIII, 240 S. m. Bildnis.) gr. 8. Berlin 905. Trowitzsch & Sohn. n. 3. —; geb. in Leinw. n. 4. —

— die Kunstschützin, s.: Eckstein's Reisebibliothek.

— aus zwei Lagern. Kriegsroman aus den russisch-türk. Kämpfen von 1877/78. 2 Bde. 8. (274 u. 291 S.) Jena 899. Berlin, H. Costenoble. n. 6. —; geb. n. 8. —

— Lieutenant v. Werndorf's Liebe, s.: Eckstein's Reisebibliothek.

— an d. Loire u. Sarthe, s.: Krieg, d., v. 1870/71, dargest. v. Mitkämpfern, Bd. 6.

— die I. französische Loire-Armee. Mit 4 (lith.) Croquis. gr. 8. (VII, 134 S.) Ebend. 878. n. 4. —

— Mansura. Roman aus Algerien. 8. (229 S.) Ebd. (899). n. 3. —; geb. n. 4. —

Militärhumoresken und andere Erzählungen. Von Karl Tanera. Mit Ill. von A. Lewin. Berlin, Leipzig: Hillger [1910]. 112 S. 8°
(Kürschners Bücherschatz. Nr 744.)

— Militärhumoresken u. andere Erzählungen, s. d. Kürschner's Bücherschatz.

— Nser-ben-Abdallah, der Araberfritz. Erlebnisse e. deutschen Knaben unter den Arabern. Eine romant. Erzählg. Illustr. v. E. Zimmer. Mit e. Übersichtskarte. gr. 8. (VII, 461 S.) München 895. C. H. Beck. Geb. in Leinw. n. 7. —

— Nser-ben-Abdallah, der Araberfritz. Erlebnisse e. deutschen Knaben unter den Arabern. Eine romant. Erzählg. Illustriert v. E. Zimmer. Mit e. Uebersichtskarte. 2. Aufl. gr. 8. (VII, 461 S.) Stuttgart 902. Reutlingen, B. Bardenschlager. Geb. in Leinw. 7. —

— dasselbe. Illustriert v. Ernst Zimmer. 17.—20. Tauf. (XIII, 464 S.) Lex. 8. Ebd. (908). Geb. in Leinw. 14. —

— Offiziersleben in Krieg u. Frieden, s.: Eckstein's Reisebibliothek.

— rastlos vorwärts! Erlebnisse e. jungen Luftschiffers in Europa u. Amerika. Erzählg. f. die reife Jugend. Illustr. v. H. Deppermann u. E. Zimmer. (IV, 272 S.) 8. Stuttgart (904). Reutlingen, R. Bardtenschlager. Geb. in Leinw. 4. 50

— der Rauhreiter. Erzählung f. die reifere Jugend aus dem amerikan. Leben der Gegenwart. Mit 11 Vollbildern v. Ernst Zimmer. gr. 8. (III, 298 S.) Berlin (902). Trowitzsch & Sohn. Geb. in Leinw. n. 5. 50

— Raupenhelm u. Pickelhaube. Kriegserzählung aus den J. 1866 u. 1870/71 f. die reifere Jugend. Mit 8 Bildern nach Zeichngn. v. E. Zimmer. 1.–3. Aufl. (256 S.) gr. 8. Leipzig (905. 906). F. Hirt & Sohn. 3. 50; geb. in Leinw. 5. —

Tanera, Karl, Raupenhelm u. Pickelhaube. Kriegserzählung aus den J. 1866 u. 1870/71. Mit 8 Bildern nach Zeichngn. v. E. Zimmer. 4. Aufl. (255 S.) gr. 8. Leipzig 908. F. Hirt & Sohn. 3.50; geb. in Leinw. 5. —

— s.: Reise um die Erde.

— der Roman e. Lieutenants, s.: Eckstein's Reisebibliothek.

— Scherz u. Ernst aus dem Soldatenleben, s.: Eisenschmidt's Büchersammlung.

— die Schlachten v. Beaumont u. Sedan, s.: Krieg, der, von 1870/71. Bd. 3.

— der Talisman, s.: Reuter's Bibliothek f. Gabelsberger-Stenographen.

— v. der Tann. E. deutscher Held. Im Auftrage des Komitees f. d. Errichtg. e. General Ludwig v. der Tann-Denkmals in Tann (Rhöngebirge). gr. 8. (27 S. m. Titelbild.) Regensburg 896. W. Wunderling. n. — 50

— Aus dem militärischen Tierleben. Nach dem Manöver u. anderes, s.: Reuter's Bibliothek f. Gabelsbergersche Stenographen.

— Und doch!, s.: Reuter's Bibliothek f. Gabelsbergersche Stenographen.

Tanera, Karl, vom Nordkap zur Sahara. Mit 27 Abb. v. E. Zimmer. (299 S.) 8. Stuttgart (906). Union. Geb. in Leinw. n. 4. 50

Vom Nordkap zur Sahara. Von Karl Tanera. Mit 27 Abb. von E. Zimmer. 4. Aufl. Stuttgart, Berlin, Leipzig: Union [1906]. (299 S.) 8° [F.] [07. 1289

— Vom Nordkap zur Sahara. Mit 27 Abbildgn. v. E. Zimmer. 7. Aufl. (299 S.) 8. Stuttgart (909). Union. Geb. in Leinw. 4. 50

— das Vorgehen der Japaner gegen Port Arthur u. die Besetzung v. Korea, s.: Kampf, der russisch-japanische, um die Vorherrschaft im Osten. 1.

Was thun? Treu. Neue Novellen von C[arl] Tanera. *Berlin: O. Janke [1900].* (138 S.) 8° [F.]
(Collection Otto Janke.) [01. 567

— Weißenburg, Wörth, Spichern, s.: Krieg, der, v. 1870/71, dargest. v. Mitkämpfern, Bd. 1.

Eine Weltreise. Reisebriefe von Carl Tanera. Ill. von Henny Deppermann. 2. Aufl. *Berlin: Allgem. Ver. f. Deutsche Litt. 1903.* (329 S.) 8° [F.]
— Verein, Allgemeiner, f. Deutsche Litteratur. Abt. 28. [4.] [03. 803

Tanera, Carl: Aus Drei Weltteilen. Reiseskizzen. Ill. von Henny Deppermann. Berlin: Allg. Verein f. Deutsche Litt. 1898. (VI, 410 S.) 8°
= Verein, Allgemeiner, f. Deutsche Litteratur. Abt. 24, 4.

[F.] Aus Drei Weltteilen. Reiseskizzen v. Carl Tanera. Ill. v. Henny Deppermann. 2. Aufl. *Berlin: Allgem. Ver. f. Deutsche Litt. 1898.* (VI S., 1 Bl., 410 S., 8 Taf.) 1 Bd 8.
(Allg. Verein f. Deutsche Litteratur. Abt. 24. [No 4.]) [99. 771

— Kaiser Wilhelm II. 15 Jahre auf Deutschlands Kaiserthron 1888 15. VI. 1903. Ein Lebens- u. Charakterbild. (32 S. m. Abb.) gr. 8. Berlin 903. A. Duncker. n. — 20

Tang, Richard, appr. Tierarzt: Untersuchungen über die Oxydationsfermente einiger heimischer Wurzeln und Knollen mit besonderer Berücksichtigung von Solanum tuberosum. Moers: Brökelschen, Kramer & Co. 1909. 82 S. 8°
Gießen, Veterinär-Med. Diss. v. 26. Okt. 1909, Ref. Garten
[Geb. 22. März 85 Grälrath; Wohnort: Düsseldorf; Staatsangeh.: Preußen; Vorbildung: Oberrealsch. Elberfeld Reife O. 04; Studium: Hannover Tierärztl. Hochsch. 7 S.; Rig. 28. Juli 09.] [U 10. 1259

Tanga [Schlagwort]

Tanga, Hafen, s.: Seekarten.

Tange, Henricus: * De Bischri Asaditae carmine quodam. 4 [arab.], 24 S. 8° (4°)
Halle-Wittenberg, Phil. Diss. v. 20. Mai 1868
Geb. Wandsbek (Holst.) 29. 5. 1841. V.

Tango, Rinse Anthony. Die normalen Pupillenweiten nach Bestimmungen in der Poliklinik. Diss. Med. Bern. [Mit 4 Figuren im Text und 22 Tafeln.] 78 S. 8. Amsterdam, Delsman & Nolthenius, 1901.

Tangel, Jak. Ph., († ...) Erläuterung üb. das geschickte u. zweckmäßige Katechisiren, wie es im allgem. u. besond. Verstande nach d. verbess. Lehrart gewonnen wird. gr. 8. Wien 774. Trattner. 5 gr.

— Vorzug des öffentl. Unterrichts vor dem Privatunterrichte. 8. Innsbr. 775.

Tangemann, (Jh.) Bernard, (Pfarrer,) Gedichte. 8. Osnabrück 815.

— Predigten über die Sonntagsevangelien für den Landmann. 3 Bde. 8. Münst. 831, 32. Theissing. 1 ₰ 20 gr

Tangemann, Bern., Predigten üb. d. Sonntags-Evangelien f. d. Landmann. 3 Bde. 1. Aufl. 831. 1 Thlr. 20 Gr., 2. A. (à 34½ B.) 8. München 835, Theissing.

Tangen, K. D., Entwurf zu e. Börse, s.: Studien aus der Special-Schule von Th. R. v. Hansen.

Tangente, die, für die autonomen Bedürfnisse Kroatien-Slavoniens. Eine Studie von e. Abgeordneten. gr. 8. (45 S.) Agram 881. (Suppan.) n. — 60

Tanger, Gustav

Tanger, Gust., kurze systematische Formenlehre der englischen Sprache. Ergänzung zu den engl. Lehrgängen v. Plate-Kares u. Plate. 1. u. 2. verb. Aufl. (IV, 52 S.) 8. Dresden 902. 904. L. Ehlermann. — 40

Tanger, Gust., Lehrgang, bezw. kurzer Lehrgang der engl. Sprache, s.: Plate(-Kares), H.

— muß der Sprachunterricht umkehren? Ein Beitrag zur neusprachl. Reformbewegg. im Zusammenhange mit der Überbürdungsfrage. gr. 8. (36 S.) Berlin 888. Langenscheidt. — 75

Tanger, G., englisches Namen-Lexikon. Zusammengestellt und mit Aussprachebezeichnungen versehen. 8. (XXVIII, 272 S.) Berlin 885, Haude und Spener'sche Buchh. geb. *

Tanger, G., englisches Namen-Lexikon. Zusammengestellt u. m. Aussprachebezeichnung versehen. 8. (XXVIII, 272 S.) Berlin 888. Haude & Spener. geb. n. 5. —

Tanger, Gustav: Über die Natur der alt- und neuenglischen Consonanten. Ein Beitrag zur englischen Lautlehre. Halle a. S. 1878: (Lange in Berlin). 50 S. 8°
Halle-Wittenberg, Phil. Diss. v. [21. Okt.] 1878
Geb. Falkenburg (Kr. Dramburg; Pommern) 3. 5. 1855. V.

Tanger, G., Wörterbuch d. englischen u. deutschen Sprache, s.: Flügel, Fel.

Tangermann, Fritz, a. Belsdorf: Die Landgemeinde Belsdorf am Anfang des 20. Jahrhunderts. Borna-Leipzig 1905: R. Noske. (VI, 100 S.) 8° [F.]
Leipzig, Phil. Fak., Ref. Bücher u. Kirchner, Diss. v. 8. Aug. 1905
[Geb. 24. Juni 80 Belsdorf; Wohnort: Belsdorf; Staatsangeh.: Preußen; Vorbildung: Gymn. Greifswald Reife O. 99; Studium: Leipzig 1, Berlin 1 (Landw. Hochsch. u. Univ.), Breslau 1, Leipzig 2 S.; Rig. 6./10. Mai 05.]

Tangermann, Hans: Grundlagen der landwirtschaftlichen Buchhaltung. Mit Wiedergabe d. Buchhaltungsmethoden von Howard, Aereboe u. von Tilly. *Merseburg 1903: F. Stollberg.* (79 S.) 8°
Leipzig, Phil. Diss. v. [16. März] 1903

Tangermann, Jos. D., Licht, Harmonie u. Kraft. Eine naturwissenschaftlich-philosoph. Studie. gr. 8. (70 S.) Leipzig 883. Mutze. n. 1. 20

Tangermann, Wilhelm

—— s. a. † Granella, Victor.

Tangermann, W., Anastasia, Erhebung der Seele zu Gott. Ein Andachtsbuch für Katholiken. 12. (VI u. 481 S. m. 1 Stahlst.) Cöln u. Neuß 848, Schwann. 1 ℳ

Tangermann, W., Blumen u. Sterne. Gedichte. 12. (VIII, 268 S.) Leipzig 896. Breitkopf & Härtel. n. 4. —; geb. n. 5. —

Tangermann, W., [Vict. Granella], zur Charakteristik der kirchlichen Zustände. 2. unveränd. Aufl. 8. (XV, 56 S.) Leipzig 874. Mayer. n. 1. 20

Tangermann, Wilh[elm]. Erkenntnis und Liebe, die schönsten Leitsterne des Lebens. 148 S. 8. Essen-R., G. D. Baedeker, 1906. [geb. M. 3. —]

Tangermann, W., neuer Frühling, neues Leben. Zeitbetrachtungen. 8. (72 S.) Essen 889. Baedeker. geb. m. Goldschn. n. 3. —

— religiöse Gedichte. 16. (340 S.) Ebd. 847. 1 ℳ Feine Ausg. m. 2 Stahlst. 1½ ℳ In Engl. Einb. mit Goldschn. n. 2 ℳ

Tangermann, W., Leben, Licht u. Liebe. Eine Weihnachtsgabe. 12. (X, 150 S.) Leipzig 894. Breitkopf & Härtel. n. 2. —; geb. n. n. 2. 75

— patriotische Lieder, s.: Granella, V.

— Morgen u. Abend. Erinnerungen, Lebensbilder u. Selbstbekenntnisse. 8. (XIX, 264 S.) Ebd. 895. n. 4. —; geb. n. 5. —

— Natur u. Geist. Speculative Erörtergn. zur Erläuterg. u. Erweiterg. kosmolog. u. anthropolog. Begriffe. gr. 8. (XVI, 94 S.) Gotha 894. F. A. Perthes. n. 1. 60

— die römisch-jesuitische Neuerung. Mit Beziehg. auf das Verfahren d. Herrn Erzbischofs v. Köln gegen den Pfarrer v. Unkel, zugleich als Denkschrift f. das königl. Staatministerium. gr. 8. (36 S.) Bonn 871. Cohen & Sohn. n. — 60

Tangermann, W., Petrus u. Paulus. Ein Zeugniß des Glaubens in 2 Predigten gehalten am 25. Septbr. u. 23. Oktbr. 1870 zu Unkel a. R. Bonn 870. Cohen & Sohn. 8. (31 S.) 5 ngr.

— Philosophie u. Christenthum in ihren Beziehungen zur Cultur- u. Religionsfrage. 8. (VIII, 308 S.) Leipzig 876. Brockhaus. n. 4. —; geb. n. 5. —

Tangermann, W. (Victor Granella), Philosophie u. Poesie. Sonettenkränze. 8. (VII, 218 S.) Leipzig 886. E. H. Mayer. n. 4. —; geb. n. 5. —

— Philosophie u. Poesie. Sonettenkränze. 2. Aufl. 8. (VII, 218 S.) Leipzig 887. Mayer. n. 4. —; geb. n. 5. —

Tangermann, W., Pilgerklänge. gr. 12. (VI und 348 S.) Paderborn 853, Schöningh.

Tangermann, W. [Vict. Granella], das liberale Princip in seiner ethischen Bedeutung für Staat u. Kirche, Wissenschaft u. Leben. gr. 8. (VIII, 248 S.) Köln 883. Mayer. n. 4. —

— das liberale Princip in seiner ethischen Bedeutung f. Staat u. Kirche, Wissenschaft u. Leben. 3. m. e. Vorwort verm. Aufl. gr. 8. (XVI, 248 S.) Ebend. 886. n. 4. —

— Worte d. Glaubens. Predigt geh. am Schlußtage d. 2. (Alt-)Katholiken-Congresses den 22. Sept. 1872 in der St. Pantaleonskirche zu Köln. gr. 8. (12 S.) Ebend. 873. — 30

— zuerst die Wahrheit, dann den Frieden. 2 Vorträge. 8. (VI, 39 S.) Leipzig 875. Mayer. n. — 80

Tangermünde, s.: Woerl's Reisehandbücher.

Tanghsien [Schlagwort]

Tang hsiën, s.: Tschili.

Tangl, Eduard

Tangl, Ed., Beitrag zur Kenntniss der Perforationen an Pflanzengefässen. Lex.-8. (12 S. mit 1 lithogr. Taf. in qu. 4.) Wien 871, (Gerold's Sohn.) *

—— Zweiter Beitrag zur Kenntniss der Perforationen an Pflanzengefässen. Lex.-8. (14 S. mit 1 lithogr. Taf. in gr. 4.) (Ebendas.) 873. *
Vorstehende zwei Schriften sind aus: Sitzungsberichte der k. Akademie der Wissenschaften, besonders abgedruckt.

Tangl, Ed., Beiträge zur Mikrochemie der Pflanzenzellen. Lex.-8. (24 S.) Wien 876, (Gerold's Sohn.) *
Aus: Sitzungsberichte der k. Akademie der Wissenschaften, besonders abgedruckt.

Tangl, Ed., die Korn- u. Zelltheilungen bei der Bildung des Pollens von Hemerocallis fulva L. [Mit 4 (lith.) Taf.] [Aus: „Denkschr. d. k. Akad. d. Wiss."] Imp.-4. (22 S.) Wien 882. Gerold's Sohn in Comm. n. 2. 60

—— zur Lehre von der Continuität des Protoplasmas im Pflanzengewebe. Lex.-8. (29 S.) (Ebendas.) 884. **
Aus: Sitzungsberichte der k. Akademie der Wissenschaften, besonders abgedruckt.

—— zur Morphologie der Cyanophyceen. Imp.-4. (14 S. mit 3 lithogr. und color. Taf.) (Ebendas.) 883. *
Aus: Denkschriften der k. Akademie der Wissenschaften, besonders abgedruckt.

Tangl, Ed., das Protoplasma der Erbse. 1. und 2. Abhandlung. Lex.-8. Wien 878, (Gerold's Sohn.) [1. Abhandl. (71 S. mit 1 lithogr. Taf.) * ℳ 1,60.; 2. Abhandl. (124 S. mit 4 lithogr. Taf.) * ℳ 4,40.] *
Aus: Sitzungsberichte der k. Akademie der Wissenschaften, besonders abgedruckt.

Tangl, Dr. Eduard, Studien üb. d. Endosperm einiger Gramineen. S.-A. gr. 8. (38 S. m. 4 Taf.) Wien, * Carl Gerold's Sohn. 75 kr.
1885.

Tangl, Ed., Studien über das Endosperm einiger Gramineen. Lex.-8. (38 S. mit 4 lithogr. Taf.) Wien 885, (Tempsky.) *
Aus: Sitzungsberichte der k. Akademie der Wissenschaften, besonders abgedruckt.

Tangl, Dr. Eduard Prof., Ueber die Theilung der Kerne in Spirogyra-Zellen. (Sitzb. d k. Akad. d. Wissensch. 86. Bd. I. Abth. 1882. April.) gr. 8. (24 S. mit 2 Tafeln) In Comm. geh. 60 kr.
Wien: Gerold's Sohn 1882.

Tangl, Franz

Tangl, Frz., s.: Arbeiten auf dem Gebiete der chemischen Physiologie.

— s.: Beiträge zur Futtermittellehre u. Stoffwechselphysiologie der landwirtschaftlichen Nutztiere.

Tangl, F., katholisches Erbauungsbuch f. d. gemeinen Mann. 8. Salzburg, Mayr. (Tusch, Grdz.) 794.

Tangl, Frz., († 1806.) kathol. Erbauungsbuch f. den gemeinen Mann. 8. Salzb. 794. Mayr. (Wienbrack in Leipz.) 6 gr.

— s.: Jahresbericht üb. die Fortschritte in der Lehre v. den pathogenen Mikroorganismen.

Tangl, Karlmann

— Entgegnung auf den Aufsatz des Freiherrn Gottlieb von Ankershofen: Ob der Salzburger Erzbischof Gebehard der Gurker Kirche Friesach entzogen und Erzbischof Thiemo ihr dieses vorenthalten habe? Ar. 11. 387 . . . . . vgr.
Separatabdruck

— Die Grafen von Heunburg. 1103–1322. 1. Abteilung 1103–1249. Ar. 19. 49 vgr.
— — 2. Abteilung 1249–1322. Ar. 25. 157 . . . . . vgr.
Separatabdruck

Tangl Karlmann, Dr.: Die Grafen, Markgrafen und Herzoge aus dem Hause Eppenstein.
1. Abteilung 910—1122. Ar. 1. 157 . . . . . vgr.
— — 2. Abteilung 1039–1077. Ar. 6. 319 . . . . . 1.32
— — 3. Abteilung 1077–1090. Ar. 11. 225 . . . . . vgr.
— — 4. Abteilung 1090–1122 (mit 1 Taf.). Ar. 12. 91 . . . . . vgr.
Separatabdruck

Tangl, Karlmann, die Grafen, Markgrafen u. Herzoge aus dem Hause Eppenstein. II. Abth. [1039—1077.] [Aus d. Archiv f. Kunde österreich. Geschichts-Quellen 1851 abgedr.] Lex. 8. (83 S.) (Wien 851, Braumüller.) n. ½ ₰

Tangl, Karlmann, die Grafen von Ortenburg in Kärnten. 1. Abth. von 1058 bis 1256. (Aus dem Archiv für Kunde österreich. Geschichtsquellen abgedr.) Wien 863. Gerold in Comm. gr. 8. (150 S.) n. 24 ngr.

Tangl, Karlmann, die Grafen von Ortenburg in Kärnten. 2. Abthlg. von 1256—1343. [Aus „Archiv für Kunde österreichischer Geschichtsquellen."] Wien 866. (Gerold's Sohn.) Lex.-8. (183 S.) n. 26 ngr.

— Die Grafen von Pfannberg. 1140–1362. 1. Abteilung bis 1237. Ar. 17. 59 . . . vgr.
— — 2. Abteilung 1237–1282. Ar. 18. 95 . . . . . vgr.
— — 3. Abteilung. Ar. 18. 209 . . . . . vgr.
Separatabdruck

Tangl, K., Handbuch der Geschichte des Herzogth. Kärntens, s. Ankershofen, G. Frhr. v.

Tangl, Karlmann. Reihe der Bischöfe von Lavant. Klgft., Leon, 1841. 513 S.

— **Römerdenkmale zu Töplitz bei Warasdin in Kroatien.** [„Aus Archiv für Kunde österreichischer Geschichtsquellen."] Ebend. 865. Lex.-8. (32 S.) n.n. 5 ngr.

Tangl, Mich., s.: Archiv f. Urkundenforschung.

Tangl, Michael (Hrsg.), s. Arndt, Wilhelm: Schrifttafeln z. Erlernung d. latein. Paleographie.

Tangl, Dr. Michael, Die päpstlichen Kanzlei-Ordnungen von 1200—1500. Gr.-8. (LXXXI, 460 S.)
Innsbruck: Wagner 1894.

Tangl, Mich., Studien üb. das Stiftungsbuch d. Klosters Zwettl. [Aus: „Archiv f. österr. Geschichte".] Lex.-8. (88 S.) Wien 890. (Tempsky.) n. 1. 60

Tangl, Michael: Das Taxwesen der päpstlichen Kanzlei vom 13. bis zur Mitte des 15. Jahrhunderts.
D: Mitteil. des Inst. f. österr. Geschichtsforschung, Bd. 13, H. I. 1889. Diss. Wien, Univ.

Tanhäuser, vgl. Tannhäuser.

Tanhäuser, Der neue. Berlin [1869]. 2. Ausg. Berlin 1871. 3. sehr verm. Aufl. Berlin 1872. 4. veränderte u. verm. Aufl. Wien 1873. 5. neuverm. Aufl. Wien 1873. 6. unv. Aufl. Wien 1873. 7. Aufl. m. e. Anhang. Wien 1874. 8. unveränderte Aufl. Wien 1875. 9. Aufl. Wien 1876. 10. unv. Aufl. Wien 1877. 11. Aufl. Leipz. 1880. 12. Aufl. 1882. 13. Tausend. Leipzig 1885. 14. Taus. Berl. 1888. 15. Taus. Berl. 1888. Ill. Prachtausg. Berlin 1888. V: *Grisebach, Eduard.* (Weltliteratur-Katalog von Eduard Grisebach. 2. verm. Aufl. Berlin 1905. S. 506—509.)

Tanhäuser, der neue. 16. (VIII, 99 S.) Berlin 871, Dümmler's Buchh. *

—— dass. — 4. und 5. veränd. und verm. Aufl., und 6. unveränd. Aufl. 16. (111 S.) Wien 873, Rosner. *

—— dass. — 7. und 8. Aufl. Nebst einem Anhang: „Das alte lied vom Tanhäuser." 16. (134 S.) Ebendas. 874. *

— **dasselbe.** 9. vielfach verb. u. neuverm. Aufl. gr. 16. (153 S.) Ebend. 876. n. 3. 60

Tanhäuser, der neue. 10. Aufl. gr. 16. (153 S.) Wien 876, Rosner. *

—— dass. — 11. veränd. und verm. Aufl. Nebst einer bibliograph. Notiz. 12. (157, VII S.) Leipzig 880, Thiel. **
geb. **
Mit „Tanhäuser in Rom" in 1 Bde. **
geb. **

Tanhäuser, der neue. 12., veränd. u. verm. Aufl. Nebst einer bibliograph. Notiz. 12. (157 u. VII S.) Leipzig 882. Thiel. n.n. 3. 60; geb. n.n. 4. 50; m. „Tanhäuser in Rom" in 1 Bde. n.n. 7. —; geb. n.n. 8. —

Tanhäuser, der neue. 13. Tausend: Editio ne varietur; nebst e. Tanhäuser-Bibliographie, sowie dem Texte d. Volksliedes v. dem Tanhäuser. hoch 4. (171 u. 21 S.) Berlin 885. F. & P. Lehmann. n. 6. —

— dasselbe. Illustrierte Prachtausg. m. Bildern v. G. Max, M. Klinger, M. Liebermann ꝛc. hoch 4. (171, XXI S. m. 8 Vollbildern nebst dem Porträt des Tanhäusers.) Ebd. 888. geb. n. 20. —

Tanhäuser, der neue. 14. Tausend. 8. (IX, 183 S.) Berlin 888, F. und P. Lehmann. *M 3.—.; geb. *

Tanhäuser in Rom. Wien 1875. 2. unv. Aufl. Wien 1875. 3. Aufl. Wien 1876. 4. Aufl. Leipzig 1880. 5. definitive Ausg. Leipz. 1882. Sechstes Tausend. Berl. 1886. V: *Grisebach, Eduard.* (Welt-Literaturkatalog von Eduard Grisebach. Berl. 1905, S. 510—511.)

— in Rom. Vom Verf. d. „Neuen Tanhäuser". 3. Aufl. gr. 16. (118 S.) Ebend. 876. n. 3. —

—— in Rom. 4. vielfach veränd. und verm. Aufl. Nebst einem Anhang: Das Volkslied von dem Tanhäuser. 12. (XIV, 136 S.) Leipzig 880, Thiel. **

—— dass. — Mit einem Anhang: Das Volkslied von dem Tanhäuser. 5. definitive Ausg. 12. (XV, 142 S.) Ebendas. 882. **M 3,60.; geb. *

— in Rom. 6. Tausend. Mit e. Titelbordüre aus dem Vitruv-Drucke Philipps de Giunta Florenz M. D. X. J. J. J. 12. (142 S.) Ebend. 886. n. 3. —

Tani, Takasaburo, a. Okayama: Untersuchungen über die Bestimmung des Kohlenoxydes im Tabakrauch und seine hygienische Bedeutung. Würzburg 1907: C. J. Becker. (24 S.) 8°
Würzburg, Med. Fak., Ref. Lehmann, Diss. v. 9. Dez. 1907
[Geb. 3. Aug. 75 Okayama; Wohnort: Würzburg; Staatsangeh.: Japan; Vorbildung: Gymn. Okayama Reife Juni 94; Studium: Okayama 8, Würzburg 3 S.; Rig. 27. Nov. 07.]

Tanja, Tiete [aus St. Anna Parochie '(Holland)']: Über die Ausnützung der Nahrung und den Stoffwechsel bei Leukaemie ... Freiburg i. Br., Univ.-Buchdr. v. Ch. Lehmann, 1896; 67 S. 8.
Freiburg i. B., Med. Fak., Inaug.-Diss. v. 1896

Taniak, L., Über die Ausübung des Hufbeschlages in der Bukowina. S.-A. gr. 8. (9 S.) Dresden 894. Schönfeld.

(Aus d. Prosektur d. städt. Krankenhauses r. d. I. in München.) Zur Kenntniß der sogenannten perivasculaeren Infiltrate im Zentralnervensystem. Von Dr. K. Taniguchi. München 1905: Kastner & Callwey. (26 S.) 8° [illegible]

Tank, Franz [Dr.]: Die Behandlung des Wortschatzes im fremdsprachlichen Unterricht. (Umschl.-Tit.: ... (Erster Teil.) Treptow a. R., Schnellpressendr. v. F. Lehfeldt, 1890; S. 1—25; 4°
Treptow a. R., k. Bugenhagen-G, P 1890

Tank. F.. De Tristibus Ovidii recensendis. Diss. 1879. 60 S.

Tank, Ludwig: Untersuchungen über die Beständigkeit der Ringsysteme. Die Aufspaltung des Cyclopentens zum Glutardialdehyd und zur Glutaraldehydosäure. Zur Kenntnis des Azelaons (Cyclooctanon). Kiel 1908: Lüdtke & Martens. 52 S. 8°
Kiel, Phil. Diss. v. 26. Sept. 1908, Ref. Harries
[Geb. 19. Aug. 84 Kiel; Wohnort: Kiel; Staatsangeh.: Preußen; Vorbildung: Oberrealsch. Kiel Reife O. 02; Studium: Kiel 2, München 2, Kiel 2, Genf 1, Berlin 1, Kiel 4 S.; Rig. 18. Juli 08.] [U 09. 2344

Tank, Otto [aus Treptow a. R.]: Ueber das Strassburger sogenannte kyphotische Becken Nº 4 ... Strassburg i. E.: Druck v. Ed. Hubert, E. Simons Nachf., 1885. 52 S. u. 5 Taf. 8°
Strassburg, Med. Fak., Inaug.-Diss. v. 1885.

Tank, Otto, über das Strassburger sogenannte kyphotische Becken No. 4. Diss. Strassburg i. Els. 1885, Trübners Buchh. u. Antiqu. (E. d'Oleire). 8°. 52 S. mit 5 Taf.

Tankmar, Prinz; Drama. 8. Köln 784. Imhof. 3 gl

RITTER Tankmar und die schöne Adelinde. Eine romant. Geschichte. Braunschweig, bei Carl Aug. Schröder. 1805. 8°. 248 S. Zahm.

Tankred, vgl. Tancred.

Tankred. Trauersp. v. Voltaire. 8. Hamb. Hertel. 762.

— — dasselbe. 8. Augsb. Klett. 771.

— od. f. Liebe, Ehre u. Vaterland. Trauersp. in 5 Akten nach Voltaire v. Crenzin. 8. Frankf. Gebhardt u. K. (Macklot in Carlsruhe.) 783. — 6

— Trauersp. nach Voltaire, v. J. W. v. Göthe. 8. Tübing. Cotta. 802.

— und Sigismunde. Trauersp. v. Thomson. 8. Carlsruhe, Macklot. (Gebhardt u. K. in Frankf.) 771. — 5

Kanfredi, eine lokale Parodie in 2 Akten von Ad. Bäuerle. 2te Aufl. 8. Wien, Tendler und v. Manstein. 817.

Tann [Schlagwort]

Tann. s.: Preussen. Messtischblätter.

Tann [Verfasser]

Weber, Imm. [Präs.] u. Christoph Friedr. L. B. de Tann [Resp.]
Societas leonum, Vulgo Die Löwen-Gesellschafft, Quae circa finem Seculi XV. in Bavaria innotuit.
Giessae Jan. 1713: Müller. (8), 56, 36 S. 4°

Tann, Franz Josef Frhrr. von, s.a. Tam, Franz Josef Frhrr. von.

v. **Tann,** Frhrr. Frz. Jos., bewährte Horn-, Pferd- u. Federvieh-Arzneikunst. 8. Wien 765.

Tann, Geo., traurige Zeiten. Historischer Roman. Bern 865. Haller'sche Verlagh. gr. 8. (III, 402 S.) 1 ₰

Tann, Georg Friedrich von und zu A. S. 1/26

Dissertatio juris publici de Augustae imperatricis archi-cancellario. Präs. Jo. Wilhelm Waldschmiedt. Marburg (Müller) X. 1715. 60 S. 34161

Tann, Frhr. H. v. d., Sollten die adeligen Gutsbesitzer in Baiern nicht Creditvereine errichten? gr. 8°. Meiningen, Keysner, 1819.

Tann, Joh., 60 Jahre aus dem Leben eines „Kreenländers". Statt einer 4. Aufl. der Knospen der Poesie. 8. (IV, 372 S.) München 878. (Kellerer.) n. 2. —

Tann, Joh., Knospen der Poesie. Lyrische Gedichte. 2. Aufl. München 865. (Fritsch.) 16. (VII, 120 S.) n. 15 ngr; geb. mit Goldschn. n. 25 ngr.

Tann', Concordia v. der, s. a. Wichern, Elisab.

Ferien am Strande von Pegli. Eine Erzählung f. Kinder von Concordia v. d. Tann [d. i. Elisabeth **Wichern**]. Hamburg: Agentur d. Rauhen Hauses. [um 1901]. (72 S.) 8° [F.]
= [**Jugendschriften**, Neue. 6.] 08. 7301

— Giovanni, der neapolitanische Hirtenknabe. Eine Erzählg. f. Kinder. 12. (43 S.) Ebd. (900). Geb. n. — 50; m. „Cordelchen" in 1 Bd. geb. n. 1. —

Giovanni, der neapolitanische Hirtenknabe. Cordelchen im Gebirge. 2 Erzählungen f. Kinder von Concordia v. d. Tann [d. i. Elisabeth **Wichern**]. Hamburg: Agentur d. Rauhen Hauses [um 1900]. (43, 72 S.) 8° [F.]
— **Jugendschriften**, Neue, 1. 2. 08. 7178

— Cordelchen im Gebirge. Eine Erzählg. f. Kinder. 12. (72 S.) Ebd. (900). Geb. n. — 50; m. „Giovanni" in 1 Bd. geb. n. 1. —

Die Chokoladenmühle im San Martinothal. Eine Erzählung f. Kinder von Concordia v. d. Tann [d. i. Elisabeth **Wichern**]. Hamburg: Agentur d. Rauhen Hauses [um 1901]. (62 S.) 8° [F.]
= [**Jugendschriften**, Neue. 5.] 08. 7301

(F) **Tann**, Concordia v. d:, d. Chocoladenmühle. — Cordelchen. — Ferien. — Giovanni. (KVL 32.) Jetzt: Bielefeld, Verlagshandlg. d. Anstalt Bethel.

Tann-Bergler, Ottokar (Hans Bergler), Wiener Art u. Unart. E. Bilderbuch „aus d. enteren Gründen". 16. (134 S.) Wien 896. R. Mohr. n. 1. 80; geb. n. 2. 40

— an der schönen blauen Donau, s.: Universal-Bibliothek.

(F) Ottokar Tann-Bergler. Im Dreiviertel-Takt. Wienerisches. 3. Auflage. Wien. 1902. Mohr. 8°. 148 S. K 1.80, geb. K 2.40

Tann-Bergler, Ottokar (Hans Bergler), im Dreiviertel-Takt. Wienerisches. 4. Aufl. gr. 16. (V, 148 S.) Wien 902. R. Mohr. n. 1. 50; geb. n. 2. —

— der Herr Gegenkandidat, s.: Universal-Bibliothek.

Tann-Bergler, O., Wiener Guckkastenbilder, s. Eckstein's Reisebibliothek.

— „Se. Majestät, das Kind". Kleine Geschichten v. unseren Kleinen. 8. (192 S.) Leipzig 902. Berlin, H. Seemann Nachf. n. 3. —; geb. n. 4. —

Tann-Bergler, Ottokar (Hans Bergler), „o du lieber Augustin!" Aus der Wienerstadt. 1. u. 2. Aufl. (Je II, 162 S.) gr. 16. Wien 904. R. Mohr. n. 1. 50; geb. n. 2. —

(F) Ottokar Tann-Bergler. Pomeisl & Comp. Wienerisches. Wien. 1900. Mohr. 16°. 145 S. fl. —.90, geb. fl. 1.20

— Pomeisl & Comp. Wienerisches. 2. Aufl. gr. 16. (III, 145 S.) Wien 900. R. Mohr. n. 1. 50; geb. in Leinw. n. 2. —

— Alt-Wiener Ränke u. Schwänke, s.: Universal-Bibliothek.

— Raubvögel, s.: Herzla, Jul.

— die alte Schachtel, s.: Berg, O. F.

Tann-Bergler, Ottokar, aus der Wiener Scholle, s.: National-Bibliothek, deutsch-österreichische.

Tann-Bergler, Ottok. (Hans Bergler), Wiener Spaßetteln. (III, 158 S.) 16. Wien 909. R. Mohr. 1.50; geb. in Leinw. 2. —

Tann-Rathsamhausen, Frhr. Ludwig v. d., s. Garlepp, Bruno. Die Paladine Kaiser Wilhelms I. 8. Bdchn.

Tann-Rathsamhausen, Ludw. Frhr. v., königl. bayer. General der Infanterie. Eine Lebensskizze, s. Beiheft zum Militär-Wochenblatt.

Tanna, Richard

Tanna, R., richtig atmen, s.: Neumann, A. C.

Tanna, Rich., schöne Stimme u. Sprache u. wie sie zu erlangen. Eine prakt. Anleitg. gr. 8. (VIII, 214 S.) Leipzig (902). Modern-medizin. Verlag. n. 4. 50

Tanna, Rich., schöne Stimme u. Sprache u. wie sie zu erlangen. Eine prakt. Anleitg. (2. [Umschlag-]Aufl.) (VIII, 214 S.) gr. 8. Leipzig [902.] 903. Modern-medizin. Verlag. n. 4. 50

Tannahill, Rob., Gedichte, s. Caledon.

Tanndorff, Werner v. Der Adonis d. Regiments, s. Humor, deutscher.

Tanne, Fritz, Edelwolf von Tyren. Historisch-romantische Rittergeschichte aus dem Jahre 1263. 2 Thle. kl. 8. Nordhausen 841, Fürst. 2 ℛ

Tanne, Fritz, Geronimo, der Räuberhauptmann, u. sein Zögling Leonardo. Romant. Erzähl. 2 Bde. 8. (27 B.) Nordhausen 841. [Leipzig, Literar. Museum.] 2 Thlr., hrbgs. Pr.

— Jobst von Bahner, oder: Die Zerstörung des Klosters Marienborn. Ritter- und Klostergeschichte aus dem 13. Jahrh. kl. 8. Ebend. 841. 1 ℛ

Tanne, Fritz, Marquardo Marquardini und seine gefürchtete Bande, oder: Die Räuber in Santa Januario. Romantisches Räuber-Gemälde. 2 Bde. Mit 2 (lithogr.) Abbild. 8. (386 S. mit 2 Stnt.) Leipzig 854(55,) (Colditz.) **

Tanne, Fritz, Marquardo Marquardini und seine gefürchtete Bande, oder: Die Räuber in Santa Januario. Romantisches Räuber-Gemälde. 2 Bde. Mit 2 (lith.) Abbildgn. Leipzig 855. Colditz in Comm. 8. (192; 194 S.) 1 ℛ.

Tanne, Fritz, die Schlacht bei Frankenhausen. Historisch-romant. Gemälde aus den Zeiten des Bauernkriegs. 3 Bde. 8. (40 B.) Nordhausen 842. [Leipzig, Literar. Museum.]

—— der Tod d. Grafen Günther v. Hohenstein, od. d. Zerstörung der Schnabelburg. Histor.-romant. Gemälde aus Nordhausens Vorzeit. 8. (12 B.) Nordhausen 841. [Leipzig, Literar. Museum.] 1 Thlr., hrbgs. Pr.

Tanneberg [Schlagwort]

Tanneberg, s.: Sachsen. Messtischblätter.

Tanneberg [Verfasser]

Tanneberg, Ernst Ed., Themis. Eine jurist. Zeitschrift, s. Themis.

Tänneberg, M., d. Vater unser, mit gesund. philosoph. Augen betracht. 8. Frankfurt, Garbe. (Hermann, Brönner.) 767.

Tanneberger, Alfred: Sprachliche Untersuchung der französischen Werke John Gowers. Chemnitz & Leipzig 1910: (Schettler, Cöthen). 53 S. 8° ¶ (Ersch. vollst. in: Zeitschrift f. französ. Sprache u. Litter. Bd 30.)

Leipzig, Phil. Diss. v. 3. Mai 1910, Ref. Birch-Hirschfeld, Wülker

[Geb. 14. Juli 83 Riesa a. E.; Wohnort: Leipzig; Staatsangeh.: Sachsen; Vorbildung: Realgymn. Leipzig Reife O. 04; Studium: Leipzig 8 S.; Rig. 26. Febr. 09.] [U 10. 3250

Schöner grüner Tanneboom. Deutsches Flottenlied mit Chor zum Thiergarten-Musikfest. Berlin. Druck von W. Fähndrich und Comp. 1 Bl. Fol.
Flugblatt. Berlin, 1848/49.

Tannen: Die drei Tannen
v. Oltner Tagblatt, Volksblatt vom Jura.

Tannen, Karl (wirkl. Name), s. a. E i c h w a l d , Karl (Pseud.)

C a s a n o v a , d e r v e n e t i a n i s c h e E u l e n s p i e g e l , a l s E r z i e h e r. Von einem Deutschen (*Karl Tannen*, Buchhändler und plattdeutscher Dialektdichter). Mit 2 Illustrationen (Porträt C's, Waldstein'sches Schloss in Dux). Bremen 1899. 16°. III u. 182 S. (2 Mk. Rich. Bertling, Dresden, 1907.)

Tannen, Karl, Dichtungen un Spreekwoorden up syn Moermerlander Oostvrees. 8. (VII, 360 S.) Leer 892. (Bremen, [J. Kühtmann] Gust. Winter.) n. 4. —

— niederdeutsches Haupt- u. Heldenbuch. 2 Thle. in 1 Bde. gr. 8. Bremen 894. E. Hampe. 7. 50
1. Tyl Eulenspeegel's eerste weltvaart in 60 historien m. vöörreeden van Ghold. Ephr. Lessing. Myn bestvaar un My. (XII, 83 S.)
2. Reinke Vos van Karl Tannen. 2., verb. Uplaage. (LIIII, 248 S.)

Tannen, Karl, de bösige Hinrich a's Tüge vöör Gericht. Ländlich kom. Scene in 1 Act. 12. (32 S.) Bremen 883. Diercksen & Wichlein. n. — 50

Tannen, Karl, der deutsche Prinz-Admiral in Kiautschou. Lied. 12. (4 S. m. 1 Abb.) Bremen 898. Nordwestdeutsches Antiquariat. — 20

Tannen, Karl, Bremer Rathes-Keller-Lied. In Musik gesetzt von Jul. Zech. Bremen 864. Tannen. 16. (12 S.) 6 ngr.

Tannen, Karl, Bremer Rathes-Keller-Lied. In Musik gesetzt von Jul. Zech. 16. (12 S.) Bremen 869, Tannen.

Tannen, Carl, Reinke Voß, s. Reinete Voß.

— Reinke Vos. 2., verbeeterde Uplaage. gr. 8. (LIII, 248 S.) Ebd. 894. n. 6. —;
Luxusausg. auf Büttenpap. n. 9. —

[Tannen, Karl,] Niederdeutsche Sprichwörter u. Redensarten, gesammelt und mit einem Glossar versehen von Karl Eichwald. [Pseudonym.] Leipzig 1860. 8. . . (D.)
—, — 2. (Titel-)Ausg. Ebda 1863. 8. (D.)
—, — 3. Aufl. Bremen 1867. 8.
—, 4. Ausg. Ebda 1870. 8.
, — 5. Ausg. Ebda 1881.

— Tyl Uulenspeegel's eerste weltvaart in 60 historien m. vöörreden v. Ghold. Ephr. Lessing, myn bestvaar u. my. gr. 8. (XII, 83 S.) Ebd. 894. n. 2. —;
Luxus-Ausg. auf Büttenpap. n. 3. —

Tannen, Carl Heinr. Thdr., Blüthen der Einsamkeit. Gedichte. 12. (VI u. 53 S.) Aurich 848, Prätorius & Seyde. 1/6 ₰

— 2. Sammlung. A. u. d. T.: Des jungen Friesen Sinn u. Sein. Mit 1 lith. Titelkpfr.: „Das Denkmal zu Upstall." 12. (XXII u. 274 S.) Aurich 850. (Oldenburg, Schulze.) n. 2/3 ₰

Tannenbauer, Der; eine wahre Geschichte von ihm selbst beschrieben. Frankfurt 1789. V: *Lobauer, Philipp Gottfried.* (MGT) »Stuttg. 1790« (Ky)

Tannenbauer, der, eine wahre Geschichte, von ihm selbst beschrieben; (herausgg. v. Ph. Gf. Lobauer). 8. Stuttg. 790. Erhard. 10 gr

Tannenbauer, Erfahrr. im häusl. Leben, kein Roman, sond. eine wahre Lebensgeschichte. 8. Heilbr. 801. Claß. 18 gr

H i l a r i u s G o l d s t e i n s L e b e n u. R e i s e n , o d e r d e r u n s i c h t b a r e R o b i n s o n , welcher die Kunst der Unsichtbarkeit erlanget u. vermittelst derselben die guten u. bösen Handlungen der Menschen entdecket hat. Mit dienlichen Anmerkungen ans Licht gestellet von L u c i a n T a n n e n b a u m (ps.). Mit TKpf. Frankfurth u. Leipzig. 1752. 8°.

3 Bll. u. 186 SS. Gehört nur dem Titel nach unter die Robinsonaden. Die Einleitung beginnt: „Man wird sich irren, wenn man in meinem Robinson neuentdeckte Inseln, unglückliche Schiffbrüche u. andere dergleichen Siebensachen, womit sich bisher Kinder u. Mägde belustiget haben, zu finden meynt. Meine Geschichte sind von ganz andrer Art, ein jeder kann die Wahrheit derselben gleichsam mit Händen greiffen".

Inh.: 1. Der betrogene Goldmacher. (S. 6—14.) 2. Die sterbende Jungferschaft. (S. 15—27.) 3. Das volleingeschenkte Bierglas, od.: lustige Geschichte, welche sich in denen Bier- u. Weinhäusern der Stadt Augspurg zugetragen. (S. 28—60.) 4. Die gelehrte u. bekehrte Närrin. (S. 60—95.) 5. Die listigen u. lustigen Streiche der Kaufmannsjungen in großen Handelsstädten. (S. 95—186.) (Von Nr. 3 u. 5 erschienen schon weit früher Einzeldrucke.)

Hieraus e i n z e l n : H e r r n H a r d i ' s M i t t h e i l u n g e n u b e r B u c h h a n d e l u n d B u c h d r u c k v o r 1 4 0 J a h r e n. Neudruck aus Hilarius Goldsteins Leben und Reisen. (1752.) Frankfurt 1885. Gr. 8°.

— — — — Theil 2, tit.: H i l a r i u s v o n I s i g r i m m u n d n i c h t : G o l d s t e i n s L e b e n u. R e i s e n , o d e r d e s u n s i c h t b a r e n R o b i n s o n s Z w e i t e r T h e i l , in welchem die Historie derer Kaufmannsjungen in grossen Handelsstädten fortgesetzet u. beschlossen wird. Nebst dem wahren Geschlechtsregister des Verfassers und einer Vorrede eines erstaunlich gelehrten Mannes. Mit Anmerk. ans Licht gestellet von L u c i a n T a n n e n b a u m. Mit TKpf. Ibid. 1756. 8°.

16 Bll. Vorst. u. 256 SS., überschrieb.: Die listigen u. lustigen Streiche d e r Kaufmannsjungen.

Tannenbaum, M., der Talmud in seiner Wichtigkeit. Eine Beleuchtung der Schrift von A. Buchner „der Talmud in seiner Nichtigkeit." Nach einem hebräischen Mscr. bearbeitet v. H. Nußbaum. gr. 8. (VI u. 64 S.) Magdeburg 849, Fabricius in Comm. n. 1/4 ₰

Tannenbaum, Maria, Blumensträußlein oder Erzählungsbüchlein für Kinder. 16. (95 S.) Dülmen 888, Laumann'sche Verlagsh. cart. *

Tannenbaum, Maria, Blumensträußlein. Erzählungsbüchlein f. Kinder. 2. verm. Aufl. 12. (96 S.) Dülmen 901. A. Laumann. n. — 40

— Handarbeitsbüchlein f. Kinder, enth. Vorlagen f. Strick-, Häkel-, Stick-, Näharbeiten ꝛc. 8. (62 S. m. Illustr.) Düsseldorf 885. Schwann. n. — 60

Tannenbaum, Maria, Himmelsgärtlein. Enth.: Jugendgeschichten heil. Kinder mit Nutzanwendung u. Gebeten. Ein Geschenk für brave Kinder. 24. (IV, 192 S. m. eingedr. Holzschn. u. 1 Stahlst.) Dülmen 882. Laumann. geb. n. — 50

Himmelsgärtlein. Enth. Jugendgeschichten heil. Kinder mit Nutzanwendung u. Gebeten. Ein Geschenk f. brave Kinder. Hrsg. von M a r i a T a n n e n b a u m. 2. Aufl. *Dülmen: A. Laumann 1901.* (189 S.) 8° [K.]
[c2. 483: 6

v. Tannenberg, Ottofried, od. der Fluch der Verführung, (v. Jos. Al. Gleich). 8. Wien 800. Doll. 1 ₰

Tannenberg, Ottfried von, od. d. Fluch d. Verführung. 8. Wien, Doll. (Liebeskind in Lpz.) 800.

G.G. Tannenberg's [Gottfried Wilhelm Tannenberg: Spicilegium observationum circa partes genitales masculas avium. Deutsch:] Abhandlung über die männlichen Zeugungstheile der Vögel. Übers., mit einigen Noten u.e. neuen Kupferplatte versehen von J[oergen] J[ohann] A[lbrecht von] Schönberg u. G[eorg] Spangenberg. Göttingen: Dieterich 1810. 36 S. 8°

Tannenberg, G. Circa partes genitales masculas avium. Gottingae 1789. 4.

Tannenberg, Gregor von (vgl. Tannenburg, Georg v.)

— Ansichten des Nordens ohne Brille. Fürth 803. Hernach unt. d. T.: Bemerkk. üb. Rußland, seine Bewohner rc. Ebd. 805, s. Ansichten rc., auch Bemerkk.

v. Tannenberg, Frhrr. Gregorictsch, († 1805.) Leben Katharina II. von Rußland. gr. 8. Innsbr. 797. Fischer. (Böhme; a. Linke in Leipz.) 1 ₰ 6 gl.

(v. Tannenberg, G.) Pauls I., Kaisers u. Selbstherrschers aller Reussen, Leben. Nebst Geschichte der Feldzüge der Russen in Italien, in der Helvetischen u. Batavischen Republik gegen die Franzosen. (414.) 8. Frankfurt a. M. 1804.
Vgl. Leben Pauls I.

(v. Tannenberg, Gregoriew.) Leben Pauls I., nebst einer authentischen Geschichte der Feldzüge der Russen in Italien, der helvetischen und batavischen Republik. 8 Frankfurt 1804.

v. Tannenberg, G. Lebensgeschichte des Grafen Suwarow-Rymnikskoy, Russischen General-Feldmarschalls. 8. M. K. Wien 1799.

Tannenberg, von. Die Zustände der Fürstbistümer Würzburg u. Bamberg zu Anfang dieses Jahrhunderts, geschildert in 22 im Jahre 1803 in Frankfurt erschienenen Briefen. 8. (110 S.) Bamberg 888, Handels-Druckerei u. Verlagshdlg. 1 50

Tannenberg, v., die Zustände der Fürstbistümer Würzburg u. Bamberg zu Anfang dieses Jahrh., geschildert in 22 im J. 1803 in Frankfurt erschienenen Briefen d. russ. Majors v. T. gr. 8. (VI, 110 S.) Bamberg 889. Handelsdruckerei u. Verlagsh. 1. 50

Tannenberg, Heinr., s.: Bibel, die, od. die sogenannten hl. Schriften der Juden u. Christen.

Tannenberg, Heinr. (Herm. Teistler), religionsgeschichtliche Bibliothek. I u. II. gr. 8. Berlin-Friedrichshagen 898. Verlagshaus f. Volkslitteratur, C. Teistler & Co. n. 1. 50
I. D. Religionsforschg. u. d. histor. Prinzip. E. Programmschrift. (IV, 21 S.) n. — 50
II. Was ist Religion? (46 S.) n. 1. —

Tannenberger, Chr. Fr., Glockenweihe. — Eine Predigt am Kirchweihfeste d. 3. Nov. 1828 in d. Kirche zu Reuden bei Zeitz gehalt. gr. 8. (1 B.) Neustadt a. d. O. 829, Wagner.

— zwei Predigten am Trinitatisfeste, vor d. Altar sitzend gehalten. gr. 8. Neust. a. d. O. 824. (Wagner). 6 gl

— Stimme e. Leidenden, in sieben Predigten vor dem Altar sitzend gehalten. gr. 8. Neust. a. d. O. 825. Wagner. 12 gl; (a. Barth in Leipz.) 8 gl

Tannenberger, Johann Christoph (Jena) A. S. 1291/12

Exercitatio academica de elatere sanguinis.
Präs. Hermann Teichmeyer.
Jena (Fickelscherr) 27. V. 1724. 24 S.

W. v.: Daniel Peucer, Johann Rudolph Mehmel, Johann Gottfried Conradi. 34166

Tannenburg, Die Burg, und **ihre Ausgrabungen. Frankf. a. M. 1850. V:** ***Hefner-Alteneck, Jacob Heinrich von & Joh. Wilhelm Wolf.*** (BrMm)

Tannenburg. – Rosa von Tannenburg, s.a. Schmid, Chrph. v.

Tannenburg, Rosa v., od. der Segen d. 4. Gebotes. Eine rühr. Geschichte aus der Ritterzeit. Neu bearb. f. die Jugend. 8. (64 S.) Reutlingen 883. Bardtenschlager. — 25

Tannenburg, Rosa v., eine Geschichte aus der Ritterzeit. Von Christoph v. Schmid. Neu bearb, f. d. Jugend. (78 S. m. 1 farb. Vollbild.) kl. 8. Reutlingen (910). R. Bardtenschlager. Kart. — 40; m. 2 farb. Vollbildern — 50

Tannenburg, Georg Frhr. v. („Herzogl. Sachsen-Coburg-Meining. Kammer-Junker, vormals Rittmeister in Diensten Sr. Kaiserl. Majestät von Rußland"), Leben Catharina II., Kaiserin und Selbstherrscherin aller Reussen etc. etc. („Nec vigebat quidquam simile, aut secundum". Horat.) Leipzig, auf Kosten des Verfassers. 1797. 8°. (3 Mk. 50 Pfg. der Vorige, 1905; 4 Mk., Expl. auf Schreibpap. in Hfrz., B. Seligsberg, Bayreuth, 1906.)
Schönes Titelkpfr. in Punktirmanier mit Portrait (ganze Figur im Hermelinmantel), M. Benedetti del., Schleich sc., Titel, 2 Bll. Zuschr. an Friedrich Eugen, regierenden Herzog zu Würtemberg, 1 Bl. Vorr. (dat. Augsburg, d. 29. März 1797), 2 Bll. Inh. u. 256 S. (Lat. Lettern.)

Vgl. Tannenberg, Greg. v.

Tannengrün. Aus Natur u. Leben des Erzgebirges. 1. u. 3. Bd. 8. Annaberg, Graser. à n. 1. 80; geb. à n. 2. 40
1. Allerlei aus dem Erzgebirge in Bildern u. Geschichten. Von Frdr. Straumer. 1. Bd. 3. Aufl. (160 S.) 903.
3. Gangstücke aus dem Erzgebirge. Von H. Montanus. (H. Jacobi.) (160 S.) 902.

Tannengrün. Aus Natur u. Leben des Erzgebirges. 4. Bd. 8. Annaberg 904. Graser's Verl. n. 1. 80; geb. n. 2. 40
Geschichten aus dem oberen Erzgebirge. Von Hans Siegert. (150 S.)

Tannengrün. Aus Natur u. Leben des Erzgebirges. 5.—9. Bd. 8. Annaberg, Graser's Verl. 6.—; geb. in Leinw. n 9. —
Löscher, Frdr. Herm., Mutter Heimat. Geschichten u. Gestalten a. dem Erzgebirge. (VI, 96 S.) 907. (Bd. 5.) 1.20; geb. n 1. 80
Schmerler, M., Bergwasser. Gedichte u. Gesammeltes in vogtländisch-erzgebirg. Mundart. Hrsg. v. E. Gerbet. (VII, 80 S.) (907.) (Bd. 6.) 1.20; geb. in Leinw. 1. 80
Siegert, Hans, Geschichten aus dem oberen Erzgebirge. Neue Folge. (II, 103 S.) 909. (Bd. 9.) 1.20; geb. in Leinw. 1. 80
Taura, Elfried v., erzgebirgische Erzählungen. Volks-Ausg., hrsg. v. F. H. Löscher. (XII, 122 S.) 910. (Bd. 8.) 1.20; geb. in Leinw. n 1. 80
Wildenhahn, Aug., erzgebirgische Dorfgeschichten. Volks-Ausg., hrsg. v. F. H. Löscher. (VI, 115 S.) 909. (Bd. 7.) 1.20; geb. in Leinw. n 1. 80

(F) Tannengrün und Christbaumkerzen. Weihnachtsdeklamationen in Poesie und Prosa. [Fest- und Gelegenheitsgedichte. Bd. 13] 8°. (110 S.) K 1.20
Linz-Urfahr: Kath. Pressverein 1904.

— u. Christbaum-Kerzen, s. a. Fest- u. Gelegenheitsgedichte.

Tannengrün und Edelweiß. Lieder aus stillen Stunden. Leipzig 862. O. A. Schulz. 16. (2 Bl., 80 S.) n. 12 ngr.

Tannenhofer, Karl: Astrella, s. Grunewald, Gottfried.

Tannenhofer, Carl, die Kaffeesiederin, f.: Universal-Bibliothek.

Tannenhofer, C., die Ammergauer Lise, f.: Universal-Bibliothek.

Tannenhofer, Carl, Lust u. Leid im Lieben u. Leben. Gedichte u. Deklamationen. 8. (V, 168 S.) Dessau 882. Neubürger. n. 2. —; geb. n. 3. —

Tannenhofer, C., Sonnenaufgang, — das erste Weihnachtsgeschenk, f. Universal-Bibliothek Nr. 793 u. 1094.

Tannenhorst, Ritter, Moriz von, der versteinerte, oder die Eulenhöle, eine Schauergeschichte, mit 2 Kupf. 8. Wien, Haas. 820.

v. Tannenhorst, s. Moritz.

Tannen-Reiser. Eine Festgabe für die liebe Jugend. 16. (63 S. mit 3 Holzschntaf.) Cleveland, O. 875. (Philadelphia, Schäfer und Koradi.) cart. *

— zum Besten der Basler Mission v. der Verf. der Matblumen. 16. (IV, 37 S.) Basel 876. Missionsbuchh. n. 1. 20; geb. m. Goldschn. n. 2. —

Tannenwald [Schlagwort]

Tannenwald. s.: Sachsen. Karte. Messtischblätter.

Tannenwald [Sachliches OW]

Tannenwald, der immergrüne, ein Lesebuch für artige Knaben u. Mädchen. [Vom Verf. d. Brodkorbs.] 12. (IV u. 164 S.) Dorpat 848, Karow. [Glaeser.] 1/2 ß

Tannenwald [Verfasser]

Tannenwald, Bruno, Referendar in Hamburg: Unmöglichkeit der Leistung bei einer Wahlschuld nach bürgerlichem und gemeinem Recht. Eine vergleichende Studie. Hamburg 1906: Berngruber & Henning. (80 S.) 8°
Jena, Jur. Fak., Ref. Danz, Diss. v. 18. Sept. 1906
[Geb. 18. Okt. 83 Rendsburg; Wohnort: Hamburg; Staatsangeh.: Preußen u. Hamburg; Vorbildung: Gymn. Altona Reife M. 02; Studium: München 1, Berlin 2, Kiel 3 S.; Rig. 17. Juli 06.]

Tannenzweige. Erzählung u. Skizzen. gr. 16. (89 S.) Neusalz 877. Lange. n. 1. —

Tannenzweige. Sechs Erzählgn. f. die Weihnachtszeit. 16. (48 S.) Berlin 884. Hauptverein f. christl. Erbauungsschriften. — 30

Tannenzweige. Ein illustr. Büchlein m. e. größ. Weihnachtserzählg. u. and. kleinen Geschichten u. Gedichten f. Kinder. Hrsg. v. O. Pfennigsdorf. 1. Bdchn. 8. (32 S.) Dessau 898. Buchh. d. Evang. Vereinshauses. n.n. — 15

Tannenzweige. Ein illustr. Büchlein m. e. größeren Weihnachtserzählg. u. andern kleinen Geschichten u. Gedichten f. Kinder. Hrsg. v. O. Pfennigsdorf. 2. Bdchn. 8. (32 S.) Dessau 898. [Buchh. des ev. Vereinshauses.] Berlin, Deutsche Sonntagsschul-Buchh. n.n. — 15

— Erzählungen f. Jung u. Alt. 1.—17. Hft. 12. (Mit je 1 Bild.) Barmen, Wupperthaler Traktat-Gesellschaft. à n. — 25

1. Wie ihnen geholfen wurde. — Fröhliche Weihnachten. 2 Erzählgn. Von Clara Hagen. (40 S.) (898.)
2. Der Weihnachtsabend des kleinen Tom. Von Mathilde Roos. — Selig sind, die da leidtragen. Von Gtleb. Fischer. 2 Erzählgn. (40 S.) (898.)
3. Das Allerteuerste. Von Mathilde Roos. — Am hl. Abend. Von Gtleb. Fischer. — Winterfreuden fürs kleine Volk. Von Fr. Gr. 3 Erzählgn. (39 S.) (898.)
4. In der Sägemühle. — Unter der Weihnachtsglocke. 2 Erzählgn. (39 S.) (898.)
5. Gerettet. Eine Weihnachtserzählg. Von Wilh. Wittgen. (40 S.) (899.)
6. Aus lauter Lieb' allein. — Der Pflaumenmann. — Die sprech. Tiere. Von Walth. Domansky. (39 S.) (899.)
7. Der unsichtbare Gast. Von Mathilde Roos. — Der kleine Zeitungsträger. Von M. Dahnow. (39 S.) (899.)
8. Von Gott geführt. Von M. Dahnow. — Christoph der kleine Kurrendeknabe, od. der Weihnachtsmarkt. (40 S.) (899.)
9. Treu geführt. Eine Hugenottenerzählg. Von Wilh. Wittgen. (44 S.) (900.)
10. In Gottes Schutz. Unter dem Weihnachtsbaum vereint. In Thränen fröhlich. 3 Weihnachtserzählgn. Von Wilh. Wittgen. (40 S.) (900.)
11. Mutterliebe. Samuel Franklins Schatzkammer. 2 Erzählgn. Von P. D. v. Blomberg. (49 S.) (900.)
12. Warum? Eine Erzählg. v. M. v. P. (40 S.) (900.)
13. Weihnachts-Erinnerungen. Von Walth. Berg. (36 S.) (901.)
14. Die beiden Brüder. Erzählung. Von M. Dahnow. — Der Herr ist mein Licht. Erzählg. Von W. Wittgen. (36 S.) (901.)
15. Der Wurstdieb. — Unnützchen. 2 Erzählgn. Von M. Frohmut. (40 S. m. Abbildgn.)
16. Weihnachtsfreude. Eine Erzählg. Von Mathilde Roos. — An der Krippe. Erzählung. Von Clara Hagen. (36 S.) (901.)
17. Kein Ort ist schöner als die Heimat. Von Hesba Stretton. Uebers. von P. D. v. Blomberg. (48 S.) (901.)

Tannenzweige. Erzählungen f. Jung u. Alt. H. 1. *Barmen: Wupperthaler Trakt.-Ges. [1899].* 8° [F.] [∞. 2314 5

Tannenzweige. Erzählungen f. Jung u. Alt. 18.—36. Heft. 12. Barmen, Wuppertaler Traktat-Gesellschaft. à n. — 25
Blumner, Marie, um Heimat u. Eigentum. Eine Erzählg. Mit Bild. (38 S.) (904.) (Hft. 27.)
Dahnow, M., zwei Kranke, f.: Wildermuth, O., Schäfers Margareth.
Himmelmann, Luise, eine schwarze Lilie. Eine Erzählg. — Stöber, Karl, die kurze Wanderschaft. Erzählg. (36 S.) (903.) (Hft. 19.)
Schubert, G. H. v., der Krüppel v. Rottenstein. Erzählung. (32 S. m. 1 Abbildg.) (906.) (Hft. 35.)
Seifert, Emmy, der Höhlenvitus. Erzählg. (36 S. m. 1 Abbildg.) 903. (Hft. 20.)
— zwei Weihnachtsabende. Erzählung. (44 S. m. 1 Abbildg.) (905.) (Hft. 30.)
Stöber, Karl, Joh. Jac. Fabricius, f.: Weg, der z. Himmel.
— d. kurze Wanderschaft, f.: Himmelmann, Luise, e. schwarze Lilie.
Titelius, M., der Geigenheiner vom Karwendel. Eine Erzählg. Mit 3 Bildern. (39 S.) (904.) (Hft. 25.)
— eine liebe Last. Eine Erzählg. Mit 3 Bildern. (32 S.) (904.) (Hft. 26.)
— das Lotterielos. Eine Erzählg. (40 S. m. Abb.) (903.) (Hft. 21.)
Weg, der, zum Himmel. Erzählung von E. v. W. — Stöber, Karl, Johann Jac. Fabricius. Erzählung. (40 S. m. 1 Abbildg.) (903.) (Hft. 18.)
Weitbrecht, Imman., Geläutert. Erzählung. (32 S. m. 3 Abbildgn.) (905.) (Hft. 31.)
— Georg. Erzählung. (36 S. m. 3 Abbildgn.) (903.) (Hft. 23.)
— Konrad od. Ein schöner Sieg. Eine Erzählg. (32 S. m. 3 Abbildgn.) (905.) (Hft. 32.)
— Wiedergefunden. Erzählung. (31 S. m. 2 Abb.) (903.) (Hft. 24.)
Wendlandt, Rob. P. G., ein Gottesgeschenk. Erzählung. (40 S. m. 1 Abbildg. (905.) (Hft. 29.)
Wildermuth, Ottilie, Schäfers Margareth. Erzählg. — Dahnow, M., zwei Kranke. Erzählung. Mit Bild. (35 S.) (904.) (Hft. 28.)
Wittgen, Wilh., der Bergmann v. Klostergrab. Eine geschichtl. Erzählg. (52 S. m. 1 Vollbild.) (903.) (Hft. 22.)
— es ist das Heil uns kommen her. Geschichtliche Erzählung. (32 S. m. 1 Abbildg.) (906.) (Hft. 33.)
— Hindurch! Geschichtliche Erzählg. aus der Zeit der Vertreibg. der Zillertaler. (32 S. m. 1 Abbildg.) (906.) (Hft. 34.)

Tannenzweige. Erzählungen f. Jung u. Alt. 36.—47. Heft. kl. 8. Barmen, Wuppertaler Traktat-Gesellschaft. à p — 20
Brandt, W., der Flötenmann. Der westfälische Knecht. Zwei Erzählgn. Mit Bild. (36 S.) (909.) (Heft 44.)
— Zwei Geschichten v. der Nahe. Mit Bild. (32 S.) (908.) (Heft 39.)
Dahnow, M., Gottes Wege sind wunderbar. Erzählg. (39 S. m. 1 Abb.) (910.) (Heft 46.)
Dalmer, Helene, im Bachmoserhof. Eine Erzählg. Mit Bild. (39 S.) (908.) (Heft 40.)
Durch Erdennacht zur Himmelspracht. Erzählung von M. v. P. Mit Bild. (909.) (Heft 42.)

Fischer, Glieb., Elisabeths Vermächtnis. Aus dem Leben einer Frühvollendeten. 3. Aufl. (7.–10. Tauf.) Mit Bild „Zu Gott" von W. v. Kaulbach. (32 S.) (907.) (Heft 38.)

Jahn, O., klar Deck! Ein Bild aus dem Seemannsleben. — Der kleine Kreuzer „München" der kaiserl. Marine. (32 S. m. 1 Abb.) (907.) (Heft 38.)

Küfermeister, der, v. Erbach. Eine geschichtl. Erzählg. aus der Zeit des Bauernkrieges. Mit Bild. (32 S.) (908.) (Heft 41.)

Weihnachtsglocken. Erzählung von E. v. W. (31 S. m. 1 Abbildg.) (910.) (Heft 45.)

Weller, Gust. Adf., Friede auf Erden. Weihnachtsgeschichten. (32 S. m. 1 Abb.) (907.) (Heft 37.)

Wittgen, Wilh., das Exulantenhaus od. Das Andenken des Gerechten bleibet im Segen. Erzählung. (32 S. m. 1 Abb.) (910.) (Heft 47.)

— „Wie schön leucht't uns der Morgenstern". Erzählung aus dem Leben des Kirchenliederdichters Philipp Nicolai. Mit Bild. (30 S.) (906.) (Heft 34.)

Auch der Preis der früheren Hefte beträgt jetzt à — 20.

Tanner, welche Bedeutung haben Schulkarten in Kuhnerts Reliefmanier, s.: Wauer, A.

TANNER, A., Von dem Ehestande der Geistlichen. Augsburg 1786. 8°. (1 Mk. Conr. Skopnik, Berlin, 1909.)

Tanner, A. Die Sage von Guy von Warwick. Untersuchung über ihr Alter und ihre Geschichte. Diss. Heidelberg 1877. 68 S.

Tanner, A., die Sage von Guy v. Warwick. Untersuchung über ihr Alter u. ihre Geschichte. Inaugural-Dissertation. gr. 8. (68 S.) Heilbronn 877. Henninger in Comm. n. 2. —

Tanner, Anton

Tanner, Ant., Festpredigt, an dem 25jährigen Pfarrjubiläum des hochw. Pfarrers u. Dekans Beat Jak. Stocker in Art geh. gr. 8. (22 S.) Luzern 879. Räber. — 30

Tanner, A., der selige Bruder Klaus in seinem wunderbaren Fasten. Festpredigt, geh. zur 400jähr. Todesfeier d. Seligen in der Pfarrkirche zu Sachseln den 20. März 1887. gr. 8. (18 S.) Einsiedeln 887. Benziger & Co. n. — 20

Tanner, Anton, Über die Konzilien. Vortrag, geh. in der Hauptversammlung des Schweizer Piusvereins in Sursee 1869. Luzern, Räber, 1869, gr. 8°, 25 S., 40 Pf.

Zuerst Kath. Blätt. a. d. Schweiz. N. F. Bd. 1 (1869), Heft 1 S. 399 – 122. Litt. Handw. 1869, S. 433.

— Leichenpredigt, geh. bei der Beerdigungsfeier für Hochw. Herrn Dr. Friedrich Fiala, Bischof v. Basel, in der Kathedralkirche Urs u. Viktor in Solothurn. gr. 8. (22 S.) Luzern 888. Gebr. Räber. n. — 40

Tanner, A., Predigt üb. die geistige Auferstehung, geh. am hl. Ostertage 1885 in der Hofkirche zu Luzern. gr. 8. (23 S.) Luzern 885. Räber. n. — 40

Tanner, A., Predigt üb. die welthistorische Bedeutung der Leidens-, Todes- u. Auferstehungsgeschichte Jesu Christi, geh. in der Hofkirche am heil. Osterfeste 1875. gr. 8. (14 S.) Luzern 875. Räber. — 30

Tanner, Ant. (Dr., Probst.) Predigt am eidgenössischen Bettag 1881 in der Hofkirche in Luzern. In-8°, 19 S. Luzern, Gebr. Räber. — 30 1881.

Tanner, Ant., Predigt bei der Einweihung der neuen Todtenkapelle in Hitzkirch. Gehalten am 5. August 1861. Luzern 861. (Gebr. Räber.) gr. 8. (16 S. u. 1 Lithogr.) 3 ngr.

— Predigt auf die Feier der ersten heiligen Messe des N. Kittel, gehalten in Vitznau, den 8. Mai 1870. Luzern. 870. Gebr. Räber. gr. 8. (17 S.) 3 ngr.

Tanner, Ant., Predigt auf das Fest der Geburt des heil. Johannes des Täufers gehalten in Reiden den 24 Juni 1867. Ebend. 867. gr. 8. (18 S.) 3 ngr.

—— Predigt über den wahren Fortschritt, gehalten am eidgenöss. Bettage in der Hofkirche zu Luzern. gr. 8. (24 S.) Luzern 862, (Gebr. Räber.)

Tanner, Ant., Predigt, geh. zur 25jährigen Jubiläums-Feier d. hochwürdigen Herrn Niklas Schürch, Dekan u. Stadtpfarrer in Luzern. gr. 8. (19 S.) Luzern 892. (Gebr. Räber.) n. — 40

— Predigt auf die Primizfeier des Priesters Joseph Geiger gehalten in Sins den 26. Juli 1868. Ebend. 868. gr. 8. (16 S.) 3 ngr.

—— Predigt an der Primizfeier des hochw. P. Beda Horat, gehalten in Engelberg den 6. Herbstmonat 1863. gr. 8. (16 S.) Luzern 863, Gebr. Räber.

—— Predigt an der Primizfeier des hochw. Herrn Jos. Leonz Sigrist, gehalten in Meggen den 14. Aug. 1864. 8. (18 S.) Luzern 864, Gebr. Räber.

— Predigt auf die zweite Säcularfeier der Seligsprechung des Niklaus v. Flüe, gehalten den 9. Mai 1869 in der Pfarrkirche zu Sarnen. Ebend. 869. gr. 8. (16 S.) 3 ngr.

Tanner, Ant., Dr. Probst. Predigt über die natürliche u. übernatürlichen Weltordnung, gehalten am hl. Pfingstfest in der Hofkirche. In-8°, 20 S. Luzern, Gebrüder Räber. 1887. — 40

Tanner, Ant., das Reich Gottes auf Erden, oder kathol. Religionslehre für höhere Schulanstalten und gebildete Christen. gr. 12. Luzern 841; Augsb., Kollmann'sche B. n. 1½ ꝑ

— Sammlung von Predigten über freie Texte. Einsiedeln 866. Gebr. Benziger. gr. 8. (III, 217 S.) 21½ ngr.

Tanner, Anton, Über das kathol. Traditions- und das protestantische Schrift-Princip. Ein Beitrag zur Symbolik. Luzern, Räber, 1862, gr. 8°, VIII u. 618 S., 6,60 Mk.

Recens. von Linsenmann, (Tüb.) Theol. Quartalschr., Jahrg. 45, S. 348 ff.

— über das Verhältniß von Vernunft u. Offenbarung. [Aus: Katholische Schweizer-Blätter für Wissenschaft u. Kunst.] Ebend. 864. gr. 8. (92 S.) n. 12 ngr.

Tanner, Anton, Über das Verhältnis von Vernunft und Offenbarung. [Abdruck aus den „Kathol. Schweizerblätt.] Luzern, Räber, 1865, 8°, 92 S., 1,20 Mk.

Tanner, Anton, Vorlesungen über den Materialismus. Luzern, Räber, 1864, gr. 8°, 200 S., 1,80 Mk.

***Tanner*, B.,** select Miscellanies in Prose and Verse for the Improvement and Entertainment etc. 8. Jena 769. Cröker. 16 gr.

Tanner, Bartholome, Speicher, im Kanton Appenzell. Versuch einer geographischen, historischen u. statistischen Beschreibung der Gemeinde seit dem ersten Kirchenbau bis auf die Gegenwart (1614—1850). Trogen 853. (St. Gallen, Huber u. Co.) 8. (VIII, 683 S. u. 1 Lithogr.) n. 2 ꝑ.

Tanner, Bernh., Choralbuch, enth. 221 Melodien nebst d. nöthigen Vorkenntnissen z. Gebr. in Schulen in leichtere Tonarten gesetzt. 8. (.. B.) Altenburg 837, Pierer.

Tanner, B., die nöthigsten Vorkenntnisse für Rechenschüler in Stadt- und Landschulen. Mit besond. Berücksichtigung des neuen Münz-, Maß- u. Gewichts-Systems für Alle, welche sich über die neuen, wichtigen Einrichtungen Aufschluß verschaffen wollen, bearb. 1. Bdchn. 8. Altenburg 841, Helbig. n. 2 ngr — 2. Bdchn. 8. Ebend. 841. 1/6 Thlr

Tanner, Carl Rudolf, s. T a n n e r , Karl Rudolf.

Tanner, Conrad, s. T a n n e r , Konrad.

Tanner, Dan., vor dem Feierabend. Gebetbüchlein für Alte. Als Auszug aus dem Gebetbuche „Senum labores optimi" d. i. „der alten Leut beste Arbeit" zur Feier des 100jähr. Bestehens der oberösterreich. evangel. Gemeinden Ruzenmoos und Wallern hrsg. 8. (XV, 139 S.) Gmunden 883, (Mänhardt.) *

Tanner, Georg. G' Tanners Briefe an Bonifacius und Basilius Amerbach. 1554 -1567. Ein Beitrag zur Geschichte der Novellen-Editionen. Zur Säcularfeier des Geburtstages Friedrich Carl von Savigny's ... hrg. und erläutert von Dr. R[oderich] v[on] Stintzing.... gr.-8. Bonn 1879. Marcus.

Tanner, H[einrich], et Zingg, E[duard]. De Frobourg à Waldenbourg. Excursion dans le Jura soleurois et bâlois. Avec 18 illustrations par J[ohann] Weber [dont 4 planches] et une carte. [Nouvelle éd.] (L'Europe illustrée. N° 37.) 8. Zurich ([18]87).

Tanner, H., et E. Zingg, de Frobourg à Waldenbourg, excursion dans le Jura Soleurois et Bâlois, s. a. l'Europe illustrée.

Tanner, H[einrich]. Zur zweihundertjährigen Erinnerung an die Aufhebung des Edikts von Nantes. Vortrag, gehalten ... [zu Bern]. ⟨SA.⟩ 4. [Bern 1885.]

[Tanner, Heinrich, and Zingg, Eduard.] From Froburg to Waldenburg. An Excursion among the Mountains of Soleure and Basle. With 18 Illustrations by J[ohann] Weber [4 Plates] and one Map. (Illustrated Europe. № 33.) 8. Zurich, London [1883].

Tanner, H[einrich], und Zingg, E[duard]. Von Froburg bis Waldenburg. Ein Bild aus dem Solothurner und Basler Jura. Mit 18 Illustrationen von J[ohann] Weber [wovon 4 Tafeln] und einer Karte. (Europäische Wanderbilder. № 33.) 8. Zürich, (Paris, London) [1882].

Tanner, H. u. E. Zingg. Von Frohburg bis Waldenburg. Siehe a. Wanderbilder, europäische, No. 33.

Tanner, Hermann. Beiträge zum Kapitel der Röntgenschädigungen. Diss. Med. Univ. Zürich. 39 S. 8. Zürich, Gebr. Leemann & Co., 1910.

Tanner, H[ermann] A[lfred]. Beiträge zur Erschliessung der südlichen Bergeller Berge und Führer für Forno-Albigna-Bondasca. Auf die Einweihung der Sciorahütte hin verfasst..., unter freundlicher Mitarbeit von Chr[istian] Klucker, Fex; nebst einer geol.-mineral. Skizze von Dr. Chr[istian] Tarnuzzer, Chur, und einem geschichtlichen Rückblick von Präs. G[audenzio] Giovanoli, Soglio. Mit zahlreichen Bildern nach photographischen Aufnahmen des Verfassers, einem Titelbild nach Giovanni Segantini und einer Kartenwiedergabe in 1:100000. VIII + 160 S. 8. Basel, Selbstverlag des Verfassers; im Buchh.: H. G. Wallmann, Leipzig, 1906. [fr. 3.—]

Tanner, H. A., Engadiner Winterbilder. I. Serie. (Mit engl., französ. u. deutschen Unterschriften.) qu. 4. (16 Photozinkogr.) Samaden 898. S. Tanner. n. 2.—

Tanner, J., Lehrbuch d. Metaphysik m. encyclop. id. methodolog. Bemerkungen z. Behufe d. akadem. Studiums. gr. 8. München, Lentner. 808.

Tanner, J. J., Ansichten v. Homburg v. d. Höhe, s. Ansichten.

Tanner, J. J., Sammlung der schönsten Rheinansichten von Mainz bis Cöln. In Aqua tinta. (24 Bl.) qu. gr. 4. Mainz 840. v. Zabern. In Etui n 5 1/3 Thlr — Einzeln à n. 5 gr

Tanner, J. J., 24 der schönsten Rheinansichten von Mainz bis Cöln. In Aquatinta. 2. Aufl. 4. Mainz 846, v. Zabern. geb. n. 4 Thlr col. n. 17 Thlr Einzelne Bl. n. 7 ngr col. n. 21 ngr

Tanner, J. J., Andenken an den Rhein. Eine Sammlung der schönsten Ansichten des Rheins zwischen Mainz und Cöln. (2. Aufl.) qu. gr. 4. (24 Stahlst.) Mainz 847, v. Zabern. *
Mit ill. Stahlst. **

Tanner, J. J., Andenken an den Rhein. Eine Sammlung der schönsten Ansichten des Rheins zwischen Mainz und Cöln. Mainz (854.) v. Zabern. qu. gr. 4. (24 Bl. in Kpfrst.) n. 4 Thlr.

Tanner, Ilse-Dore. 1910 [Pseud.]
s. Oelkers, Elsa. [10. 7398

Tanner, Ilse-Dore (Frau Elsa Oelkers), ... denn das Glück ist immer da, s.: Kürschner's Bücherschatz.

— Von Königskindern u. andere Märchen. Mit Bilderschmuck v. Frieda Fittbogen. (75 S. m. Abbildgn. u. 2 farb. Taf.) gr. 8. Berlin 909. Schriftenvertriebsanstalt. Geb. 1.50

Tanner, Ilse-Dore, Luise Charlotte, s.: Klambt's Bücherschatz.

Tanner, Johann

Tanner, J., Geschichte derer Helden von Sternen oder des uhralten Geschlechts von Sternberg. 2 Thle. u. Reg. Prag 1732. fol.

Tanner, (des Kentuckier's) John, Denkwürdigkeiten über seinen 30jähr. Aufenthalt unter den Indianern Nord-Amerika's. Aus d. Engl. übersetzt von Karl Andree. gr. 8. Leipzig 840. Engelmann. 1 1/4 Thlr

Tanner, Joannes (Ledburia/Brit.)
De laryngitide et bronchitide.
[lt. Dekanatsbuch nur handschriftlich eingereicht.]
Dr. med. Giessen 30.12.1844.

Tanner, Karl Rudolf

Tanner, K. R., heimathl. Bilder u. Lieder. 12. Aarau 826. Sauerländer. 6 gr 2e verm. Aufl. 829. Ebd. 9 gr

Tanner, Karl Rud., heimathl. Bilder u. Lieder. 3., verm. Aufl. gr. 12. (4 B.) Aarau 836, [Sauerländer, Brlsh.]

Tanner, Carl Rud., heimathliche Bilder u. Lieder. 4., verm. Aufl. 8. (11 B.) Aarau 842, Sauerländer, Brlgsh. -

—— heimathliche Bilder u. Lieder. Ausg. letzter Hand, verm. u. vermind. 8. (14 B.) Zürich 846, Meyer u. Zeller.

Tanner, Konrad

Tanner, C(onr.), Aphorismen aus (seinen) Geistesübungen, s. Heythausen.

Tanner, Konr., der Aufruhr gegen Gott. Oder: Die Sünde der Hoffart u. ihre zerstörenden Wirkungen in der Menschheit. Mit Anmerkk. u. Zusätzen verm. herausg. von einem kathol. Priester. 8. Luzern 838. Gebr. Räber. (St. Gallen, Scheitlin u. Zollikofer.) ½ ß

Tanner, Conr., der Aufruhr gegen Gott. Od.: Die Sünde d. Hoffart u. ihre zerstör. Wirkungen in d. Menschheit. Mit Anmerkn. u. Zusätzen verm., hrsg. von e. kathol. Priester. 8. (11 B.) Regensburg 838, Manz.

— über Besserung. Eine christl. Hausmoral, zunächst für das Landvolk, als auch f. Gebildete; hrsgg. v. Cölest. Müller. 8. Einsiedeln ... (Kranzfelder in Lindau). 1 ß; (a. M. Rieger; (Himmer) in Augsb.) 1 ß 2 gl

Tanner, Konr., Betrachtt. zur sittl. Aufklärung im 19. Jahrh. 4 Thle. 8. Augsb. 804—808. Doll. (Krüll in Landsh.) 4 ß 14 gl (1r Thl. A. u. d. T.: ein ernster Blick in die Ewigkeit. Der sterbl. Mensch. 4e A. 828. 1 ß 2 gl 2r Thl. A. u. d. T.: der fehlerhafte Mensch. A. u. d. T.: der Weg des Verderbens. 2e Aufl. 827. 1 ß 4 gl 3r Thl. A. u. d. T.: der reumüthige Mensch. A. u. d. T.: die Rückkehr des Sünders zu Gott. 2e Aufl. 829. 1 ß 4r Thl. A. u. d. T.: der tugendhafte Mensch. A. u. d. T.: die wahre Würde d. Menschen, oder Betrachtt. üb. die christl. Tugend. 2e Aufl. 830. 1 ß 8 gl) 3r Thl. Aus dess. nachgelass. Schriften hrsgg. v. Cöl. Müller. Der reumüthige Mensch. 2r Thl. A. u. d. T.: über die Besserung. 8. Einsiedeln 831. (Kranzfelder in Lindau). 1 ß

Tanner, Conr., Betrachtungen zur sittl. Aufklärung im 19. Jahrh., sowohl f. Geistliche als f. Weltleute. 1. Thl. Der sterbliche Mensch. — A. u. d. T.: Ein ernstl. Blick in d. Ewigkeit, od. Betrachtungen üb. d. vier letzten Dinge des Menschen. 4. Aufl. (40 B. u. Titkpfr.) 828., 5. A. (41 B. u. Titkpfr.) 8. Augsburg 833, N. Doll. (Regensburg, Manz.) à

—— dass. 2. Thl. Der fehlerhafte Mensch. — A. u. d. T.: Der Weg d. Verderbens, od. Betrachtn. üb. d. Sünden des Menschen. 2. Aufl. (41½ B. u. Titkpfr.) 827., 3. A. (38½ B. u. Titkpfr.) 8. Ebds. 834. à

—— dass. 3. Thl. Der reumüthige Mensch. — A. u. d. T.: Die Rückkehr d. Sünders zu Gott, od. Betrachtn. üb. d. wahre Bekehrung u. göttl. Bußanstalt. 2. Aufl. (31½ B. u. Titkpfr.) 829., 3. A. (28½ B. u. Titkpfr.) 8. Ebds. 835. à

—— dass. 4. Thl. Der tugendhafte Mensch. — A. u. d. T.: Die wahre Würde des Menschen; od. Betrachtn. üb. d. christl. Tugenden. 2. Aufl. 8. (40 B. u. Titkpfr.) Ebds. 830.

—— Betrachtungen z. sittl. Aufklärung im 19. Jahrh., sowohl f. Geistliche als Weltleute. 1. Thl. Der sterbl. Mensch. — A. u. d. T.: Ein ernstlicher Blick in d. Ewigkeit, od. Betrachtn. üb. d. vier letzten Dinge d. Menschen. 6. Aufl. 8. (38 B.) Augsburg 840. (Regensburg, Manz.)

2—4. Thl. Ebendas. 1834, 35, 30. 3 Thlr. 12 Gr.

Tanner, Konr., Betrachtungen z. sittl. Aufklärung im 19. Jahrh. ꝛc. 6. Aufl. erschien 1841.

Tanner, Conr., Betrachtungen zur sittlichen Aufklärung im 19. Jahrh., sowohl für Geistliche als Weltleute. 1. Thl. Der sterbliche Mensch. 7. Aufl. A. u. d. T.: Ein ernstlicher Blick in die Ewigkeit, oder Betrachtungen über die vier letzten Dinge des Menschen ꝛc. Augsburg 855. Doll. 8. (XII, 591 S.) 28 ngr.

— — 2. Thl. A. u. d. T.: Der Weg des Verderbens, oder Betrachtungen über die Sünden des Menschen ꝛc. 4. verb. Aufl. Augsburg 858. Doll. 8. (VIII, 574 S.) 28 ngr.

Tanner, Conr., Betrachtungen zur sittlichen Aufklärung im 19. Jahrhunderte, sowohl für Geistliche als Weltleute. 1. Thl. 8. Aufl. und 3. Thl. 4. Aufl. 8. Augsburg, Doll'sche Buchh.

Inhalt:

Thl. 1. Ein ernstlicher Blick in die Ewigkeit oder Betrachtungen über die vier letzten Dinge des Menschen. (XII und 594 S.) 861. 28 Ngr.

„ 3. Die Rückkehr des Sünders zu Gott, oder Betrachtungen über die wahre Bekehrung und göttliche Bußanstalt, sowohl für Geistliche als Weltleute. (XIII und 452 S.) 862. 22½ Ngr.

Tanner, Conr., Betrachtungen zur sittlichen Aufklärung im 19. Jahrhundert, sowohl für Geistliche als Weltleute. Regensburg, Pustet. 8. Jeder Thl. 22½ ngr.

1. Thl.: Ein ernstlicher Blick in die Ewigkeit, oder Betrachtungen über die vier letzten Dinge des Menschen. 8. Aufl. 863. (XII, 594 S.)

3. Thl.: Die Rückkehr des Sünders zu Gott oder Betrachtungen über die wahre Bekehrung und göttliche Bußanstalt, sowohl für Geistliche als Weltleute. 4. Aufl. 861. (XIII, 452 S.)

4. Thl.: Die wahre Würde des Menschen, oder Betrachtungen über die christlichen Tugenden, sowohl für Geistliche als Weltleute. 4. Aufl. Sorgfältig durchgesehen u. verb. von Frz. Ant. Schmid. 864. (VIII, 567 S.)

Tanner, Conr., Betrachtungen zur sittlichen Aufklärung im 19. Jahrh., sowohl für Geistliche als Weltleute. 2. Thl. Der Weg des Verderbens oder Betrachtungen über die Sünden der Menschen, sowohl für Geistliche als Weltleute. 5., verb. Aufl. Regensburg 866. Pustet. 8. (VIII, 574 S.) 22½ ngr.

Tanner, Conr., Betrachtungen auf d. Festtage des Herrn u. der Heiligen. Aus dess. nachgelass. Schriften. 2 Bde. gr. 8. Augsburg 830, Kranzfelder. Thlr.

Bd. 1. Festtage d. Herrn. (25 B.) 1 Thlr.

„ 2. Festtage d. Heiligen. (34 B.) 1 Thlr. 8 Gr.

Fortsetz., vgl. unt. dess. „Predigt-Entwürfe ꝛc."

— Betrachtungen über verschied. Gegenstände, sowohl für Geistliche, als Weltleute. Ein Nachtrag zu dessen Werken; aus dessen nachgelass. Schriften gesammelt u. herausg. v. Cölestin Müller. 8. Einsiedeln 832. (Lindau, Kranzfelder.) 1 ß

Tanner, (Conr.) Bildung d. Geistlichen durch Geistesübungen. 2 Bde. gr. 8. (mit 1 Portr.) Einsiedeln 825, (Augsburg, Veith u. R.)

— Bildung des Geistlichen durch Geistesübungen. 2 Bde. Mit 1 Portr. gr. 8. Einsiedeln 825. 2e (3e) Aufl. 829. (N. Doll in Augsb.) 1 ß 16 gl (Landsh., Krüll). 2 ß

—— Bildung des Geistlichen durch Geistesübungen. 2 Bde. 2., verb. Aufl. gr. 8. (46½ B. u. d. Verf. Bildn.) Einsiedeln 829. (Augsburg, Rieger; Regensburg, Manz.) 2 Thlr., (N. Ausg. 834.)

Tanner, Konr., Bildung des Geistlichen. 2 Thle. (Mit Tanner's Bildniß.) 8. Einsiedeln 834. (Augsburg, Rieger'sche Buchh. (Himmer.) n. 1⅔ ß

Tanner, Conr., Bildung des Geistlichen durch Geistesübungen. 5. Aufl., neu bearb. u. hrsg. von Athanas Tschopp. 4 Lfgn. gr. 12. (28⅙ B. u. T's. Portr.) Einsiedeln 844—46, Gebr. Benziger. à 12½ Ngr.

—— dass. in 1 Bde. gr. 8. (40⅞ B.) Ebds. 846.

Tanner, Conr., ein ernstl. Blick in die Ewigkeit, od. Betrachtungen üb. die 4 letzten Dinge des Menschen. 8. Augsb. Doll. 812.

—— Darstellung d. Wesens d. Sünde u. ihrer zerstör. Folgen f. d. Menschheit. Als Einleit. zu d. sieben Todsünden. Mit Anmerkn. u. Zusätzen verm. v. e. kathol. Weltpriester. 8. (15 B.) Regensburg 838, Manz.

—— Predigt-Entwürfe üb. d. Evangelien in der Fasten, üb. mehr. sonntägl. Evangelien, u. üb. verschied. Gegenstände d. Sittenlehre, als 3. Bd. zu den „Betrachtungen auf d. Festtage d. Herrn u. der Heiligen." Aus d. nachgelass. Schriften d. sel. Verf. hrsg. v. Cöl. Müller. 8. (26 B.) Einsiedeln 832. (Augsburg, Kranzfelder.)
1. u. 2. Bd., vgl. oben dess. „Betrachtungen 2c."

— der Tod der Liebe. Oder: Das Laster des Neides und sein schädlicher Einfluß auf das Wohl der Menschheit. Mit Anmerkungen u. Zusätzen verm. 8. Luzern 838. (St. Gallen, Scheitlin u. Zollikofer.) 5/12 rß

—— der Tod d. Liebe. Od.: Das Laster d. Neides u. sein schädl. Einfluß auf d. Wohl d. Menschheit. Mit Anmerkn. u. Zusätzen verm., hrsg. v. e. kathol. Priester. 8. (8½ B.) Regensburg 838, Manz.

— der Todeshauch auf die Blume der Erlösung. Oder: Die zerstörenden Einflüsse des Zornes auf die segensreichen Wirkungen der Erlösung Jesu Christi. Mit Anmerkk. u. Zusätzen verm. 8. Ebd. 837. (Ebd.) 5/8 rß

— die herrschende Unmäßigkeit, als Quelle des zeitlichen u. ewigen Verderbens. Mit Anmerkk. u Zusätzen verm. 8. Landshut 834. Krüll. 1/3 rß

—— die herrschende Unmäßigkeit, als Quelle d. zeitl. u. ewigen Verderbens. Mit Anmerkn. u. Zusätzen vermehrt hrsg. v. e. kathol. Priester. 8. (6½ B.) Landshut 834. [Regensburg, Manz.]

Tanner, Conr., die Vernachlässigung d. ewigen Heiles. Mit Anmerkn. u. e. Zugabe verm., hrsg. v. e. kathol. Priester. 8. (10½ B.) Regensburg 835, Manz.

— der Verräther des Reiches Gottes. Oder: Das Wesen des Geizes u. dessen verderbliche Wirkungen in d. Menschheit. Mit Anmerkk. u. Zusätzen verm. 8. Luzern 838. (St. Gallen, Scheitlin u. Zollikofer.) 1/2 rß

—— der Verräther d. Reichs Gottes. Od.: Das Wesen d. Geizes, u. dess. verderbl. Wirkungen in d. Menschheit. Mit Anmerkn. u. Zusätzen verm., hrsg. v. e. kathol. Priester. 8. (10½ B.) Regensburg 838, Manz.

—— die Zerstörung d. Blüthe d. Unschuld durch d. Ausbreit. d. verheer. Stromes d. Unzucht. Mit Anmerkn. u. Zusätzen verm., hrsg. v. e. kathol. Priester. 8. (13 B.) Regensburg 836, Manz.

Tanner, Ludwig Gottfried (Gotha) A. S. 3/33

Dissertatio inauguralis iuridica exhibens differentiam iuris Romani et Germanici circa connubium impar. Präs. Johann Christian Schroeter.
Jena (Müller) I. 1731. 43 S. 34167

Zur geologischen Geschichte des Kilpisjärwi-Sees in Lappland. Von V[äinö] Tanner. (Mit 1 Kt. u. 2 Taf.) Helsingfors 1907: Frenckell. 23 S. 8°
(Bulletin de la Commission géologique de Finlande. No 20.) A 12, 0:05

Tanner, Whw., moderne Darstellungen des Lebens Jesu. (Hersg. in den „Katholischen Schweizerblättern" der Gesellschaft für christliche Wissenschaft u. Kunst, 1866.) Luzern 866. (Gebr. Räber.) gr. 8. (111 S.) n. 21 ngr.

Tannert, A. C., d. Sonnenstoff als Zukunftslicht u. Kraftquelle. Eino physikal. Entdockung. gr. 8. (VI, 47 S. m. 1 Abb.) Neisse 896. C. Tannort. n. 2. -

— dasselbe, s.: Studien, metaphysische, Hft. 3.

Tannert, G., Recht u. Brauch im kirchenmusikalischen Amte, s.: Stöbe, B.

Tannert, Geo., das Terrarium, s.: Miniatur-Bibliothek.

— Der Tierfreund, s.: Miniatur-Bibliothek.

Tannert, Karl [aus Neisse]: Ueber die Aenderungen der Kohlensäure-Ausscheidung des Thierkörpers nach den Tageszeiten und im Hungerzustande. (Nach Versuchen an der Katze.) . . . Neisse, Druck v. F. Bär, 1890; 80 S. u. 11 Tab. 8°
Erlangen, Med. Fak., Inaug.-Diss. v. 20. Febr. 1890

Unterm Roten Kreuze. Ein Leitfaden f. d. Unterricht i. d. Sanitätskolonnen von Dr. C[arl] Tannert, Kolonnenarzt. 2. Aufl. Neisse: [Hintze in Komm.] 1910. 58 S. 8°

Tannert, Karl Arth., zur hygienischen Bilanz des 19. Jahrh. 1. Folge, 1. Hft. Kneipp, Priessnitz-Oertel, heraus m. der Wahrheit!! Nothwendige Ergänzg. der Priessnitz-Schriften v. Philo vom Walde (Reinelt). Zugleich e. Antwort auf Oberlieutenant Hans Rippers offenes Sendschreiben an Kneipp: „Zur Steuer der Wahrheit" etc. gr. 8. (32 S. m. 2 Abbildgn.) Neisse 899. (C. Tannert.) n. — 75

— werthvolle Gläser. Kunstgeschichtliche Studie. gr. 8. (12 S.) Neisse 899. J. Graveur. n. — 80

— Manila. gr. 8. (45 S.) Neisse 898. Selbstverlag. 2. —
Sonderabdruck aus: „Germania".

Tannert, Carl Arth., Ultramar. Kritischo Bloistiftskizzon. gr. 8. (198 S. m. 12 Illustr.) Berlin 893. (Nitschko & Loochner.) n. 3. 50

Tannert, Karl Frdr., Gedichte. 3. Bdchn. 8. (VIII u. 144 S.) Altenburg 850, Jacob in Comm. n. 1/2 rß

Tannert, Karl Fr., poetische Versuche eines Erblindeten. 8. Altenburg 843. (Pierer.) 1/2 rß

Tannert, Max, appr. Arzt in Leipzig: Wann ist der Arzt berechtigt, unkomplizierte Frakturen blutig zu behandeln, mit besonderer Berücksichtigung der Frakturen am oberen Teile des Humerus? Leipzig 1906: B. Meyer. (27 S.) 8°
Leipzig, Med. Fak., Ref. Trendelenburg, Diss. v. 11. Nov. 1906
[Geb. 28. Febr. 63 Walddorf; Wohnort: Leipzig; Staatsangeh.: Sachsen; Vorbildung: Kreuzsch. Dresden Reife O. 85; Studium: Leipzig 8, Würzburg 4, Leipzig 6 S.; Coll. 26. Nov. 06; Approb. 29. Mai 94.]

Tannert, Paul, aus Hainewalde (Sachsen): Arbeiten aus dem Laboratorium für allgemeine Botanik und Pflanzenphysiologie der Universität Zürich. Entwicklung und Bau von Blüte und Frucht von Avena sativa L. Mit e. Taf. u. Abb. im Text. Zürich. (Dresden) 1905. 52 S. 8°. [30. III. 05.]
Zürich. Phil. Diss. II. S. 1904/1905.

Tannert, Richard ⟨geb. am 19 Sept. 1857 in Dresden⟩: Die Entwickelung des Vorstimmrechtes unter den Staufen . . . Strassburg, K. J. Trübner 1882. 2 Bl., 41 S., 1 Bl. 8. ¶ Teil einer gleichbetitelten Abh., die 1884 vollständig bei Ahn in Köln erschien.
Bonn, Phil. Fak., Diss. v. 5 Aug. 1882

Tannert, Rich., die Entwickelung d. Vorstimmrechtes unter den Staufen u. die Wahltheorie d. Sachsenspiegels, e. Vorgeschichte der Entstehg. d. Kurfürstencollegs. gr. 8. (IX, 90 S.) Köln 884. Alb. Ahn. n. 3. —

— wider die Zünftelei in der Musik. Eine Streitschrift. 8. (60 S.) Oldenburg 885. Stalling's Verl. n. — 80

Tannery, Jules, Elemente der Mathematik. Mit e. geschichtl. Anh. v. Paul Tannery. Autoris. deutsche Ausg. v. P. Klaess. Mit e. Einführungswort v. F. Klein u. 184 Fig. im Text. (XII, 339 S.) gr. 8. Leipzig 909. B. G. Teubner. 7. —; geb. 8. —

Tannhauser, Moriz [aus Buttenhausen]: Stich-Schnittverletzungen der Leber ... Berlin, Buchdr. v. G. Schade, *1892*; 33 S., 1 Bl. 8.
Berlin, Med. Fak., Inaug.-Diss. v. 27. Juli 1892

Tannhäuser [Sachl. OW] (vgl. T a n h ä u s e r)

Tannhäuser, od. die Keilerei auf der Wartburg, s. a. F a s t n a c h t s - B ü h n e.

Tannhäuser oder: Die Keilerei auf der Wartburg. Große sittlich-germanische Oper . . . Hoyerswerda [1856]. V: *Wollheim, Herm.* (Erman & Horn. Bibliogr. d. dtsch. Univ. 2. Leipz. und Berl. 1904.) (Kat. d. Druckschr. üb. Breslau. S. 291.)

Tannhäuser, oder: Die Keilerei auf der Wartburg. Große sittlich-german. Oper mit Gesang und Musik in 4 Aufzügen. Text, Composition, Decorationen und Beleuchtung von Demselben. 8. (24 S.) (Hoyerswerda 856, Erbe.) *

Tannhäuser oder: die Keilerei auf der Wartburg. Große sittlich-german. Oper mit Gesang und Musik in 4 Aufzügen. Text, Compositionen, Decorationen und Beleuchtung von demselben. (2. Aufl.) 16. (32 S.) Hoyerswerda 857, Erbe. *

Tannhäuser, e. moderner. Bekenntnisse u. Reflexionen e. Dualisten, aus hinterlassenen Briefen u. Papieren gesammelt v. ***. (IV, 69 S.) gr. 8. Berlin (910). Herm. Walther. 1.50

Tannhäuser [Verfasser]

Tannhäuser, Felix

Tannhäuser, F., A n a l y s e n des Neuroder Gabbrozuges. (S. 1069—1075 m. 1 Fig.) Lex. 8. Berlin 908. G. Reimer. — 50
S.-A.aus:Sitzungsber.d.preuss.Akad.d. Wissensch.

— E r g e b n i s s e d. petrographisch-geologischen Untersuchungen des Neuroder Gabbrozuges in d. Grafsch. Glatz. (8 S.) Lex. 8. Ebd. 907. — 50
S.-A.aus:Sitzungsber.d.preuss.Akad.d. Wissensch.

Tannhäuser, Felix, aus Oberhausen: Die jüngeren Gesteine der ecuatorianischen Ost-Cordillere von Cordillera de Pillaro bis zum Sangay sowie die des Azuay und eines Teiles der Cuenca-Mulde. *(Berlin 1904: Gebr. Ernst.)* (70 S.) 4° ¶ (Aus: W. Reiß, Ecuador 1870—1874. Petrographische Untersuchungen, H. 2.)
Berlin, Phil. Diss. v. 16. Apr. 1904

— V o r s t u d i e n zu e. petrographisch-geolog. Untersuchung des Neuroder Gabbrozuges in der Grafsch. Glatz. (5 S.) Lex. 8. Ebd. 906. — 50
Sonderabdr. a.: „Sitzungsber. d. preuss. Akad. d. Wiss."

— Vulkanismus u. Erdbeben, s.: V o r t r a g s s t o f f e f. Volks- u. Familienabende. I, 19.

Tannhäuser, H., Wandkarte zur Veranschaulichung der Meter u. seiner decimalen Abtheilungen für Schulstuben u. Geschäftslokale. 2 Blatt. Langensalza 869. Greßler. gr. Fol. 7½ ngr.

Tannhäuser d. Ä. [Pseud.], s. K l a p p, Michael

Tannhäuser-Bibliothek. Kleine Romanzeitung. Jahrg. 1907. Mai—Dezbr. ca. 32 Nrn. (à ca. 48 S.) kl. 8. Berlin (907). A. Michow. à Nr. — 10
Vergl.: R o m a n z e i t u n g, kleine.

Tannhäuser - Nachklänge. Briefe, Berichte und Betrachtungen über die Aufführungen des »Tannhäuser« in Bayreuth ... Berlin [1892]. H: *Ritter, Alexander.* (Berl)

Tannich, Ant., s.: Gebet- u. Gesangbuch f. d. kathol. Schüler österr. Lehranstalten.

Tannich Karl: Ulrich II. von Rosenberg.
H. 1906 PN 2214 Diss. Wien, Univ.

Tanno, Wilh., Gedichte. 8. (69 S.) Dresden 900. E. Pierson. n. 1.20; geb. n. 2.20

Tannroder Forst, s.: Ausflug-Karten.

Tano, E. [aus Tokio '(Japan)']: Über die bakteriologischen Untersuchungen der Urethralfilamente bei der Urethritis chronica männlichen Geschlechts ... Bern, Buchdr. Gebr. Fischer, 1896; 47 S. 8.
Freiburg i. B., Med. Fak., Inaug.-Diss. v. 1896

Tano, Kaichiro, approb. Arzt aus Japan: Ueber den Zusammenhang der Leukocytenzahl und der Harnsäureausscheidung in den verschiedenen Lebensaltern. *Göttingen 1899: Dieterich.* (30 S.) 8°
Göttingen, Med. Diss. v. [9. Mai] 1899

Tanodal és Utazási Zsebszótár, Magyar-Német és Német-Magyar, s. S c h u l - u. R e i s e - T a s c h e n w ö r t e r b u c h.

Tanquerel des Planches, Dr. ..., die gesammten Bleikrankheiten in ihren histor., anatom., physiolog., chemischen, ätiolog., patholog., therapeut. u. sanitätspolizeilichen Beziehungen vom neuesten Standpunkte der Medicin aus gewürdigt. Ein gekröntes Werk. Deutsch bearb. v. Siegm. Frankenberg, u. mit e. erläut. Vorworte versehen v. Jh. Narr. 1. u. 2. Bd. Mit 1 Taf. Abb. gr. 8. Quedlinb. 842, 43, Basse. à 1½ ℳ

Tanquerey, Ad., S. J., Synopsis theologiae dogmaticae fundamentalis, ad mentem S. Thomae Aquinatis hodiernis moribus accomodata. De vera religione, de ecclesia, de fontibus theologicis. Ed. VI, ster. (XII, 656 S.) 8. Tournai (Belgien) 903. Desclée, Lefebvre & Co. n. 4.40

— Synopsis theologiae dogmaticae specialis, ad mentem S. Thomae Aquinatis, hodiernis moribus accomodata 2 tomi. 8. Ebd. 903. à n. 4.40
I. De fide, de Deo uno et trino, de deo creante et elevante, de verbo incarnato. Ed. VI, ster. (XII, 642 S.)
II. De deo sanctificante et remuneratore seu de gratia, de sacramentis et de novissimis. Ed. VI, ster. (776 S.)

— Synopsis theologiae moralis et pastoralis, ad mentem S. Thomae et S. Alphonsi, hodiernis moribus accomodata. 3 Tomi. 8. Ebd. n. 13.35
I. De poenitentia, de matrimonio et ordine. Ed. altera. (VIII, 634 u. 37 S.) 904. n. 4.45
II. Theologia moralis fundamentalis. De virtutibus et praeceptis. (XIX, 676 S.) 905. n. 4.45
III. De virtute justitiae et de variis statuum obligationibus. (XX, 547 S.) 904. n. 4.45

Tansen, Alb.

— u. J. Valentin **Peters,** Lehrbuch der französischen Stenographie. Übertragung des Einigungssystems Stolze-Schrey auf die französ. Sprache. (20 S.) gr. 8. Hamburg 904. (Berlin, F. Schrey.) 1. —

Tansen, Alb., Lehrbuch der vereinfachten deutschen Stenographie, Einigungssystem Stolze-Schrey. In method. Einheiten dargestellt. (40 S.) 8. Hamburg 908. C. Boysen. Kart. 1. —

— dasselbe. Ausg. B. In method. Einheiten dargestellt. (32 S.) 8. Ebd. 909. — 60

Tansillo, Sonette, s.: Kuhlenbeck, Ludw., Lorbeer u. Rose.

Tańska-Hof(f)man(n)owa, Klementyna

Tańske-Hofmann, Made., Biblioteka, nowa, s. Biblioteka.

—— Krystyna, s. Krystyna.

Tánska-Hoffmann, Clementine, Leben der heiligen Elisabeth, Landgräfin von Thüringen. Uebersetzt von Th. Lary. kl. 8. Gleiwitz 842, Landsberger. n. 1/3 Thlr.

Tańska Hoffmannowa, Klementyna, Pisma pośmiertne. IX. tomow. 8. 1—3: Pamiętniki. 3 tom. (VI u. 761 S.) 4—6: O powinnościach kobiet. tom 1—3. (XXII u. 621 S. m. 1 Stahlst.) 6—9: Rozmaitości. 3 Tom. (XXXIV u. 524 S.) Berlin 849, Behr. (jede Abthlg. 3 Thlr.) 9 Thlr.

(—) powiastki, powieści i komedyjki moralne. 16. (205 S. m. 6 col. Lith.) Breslau 847, Schletter. 1 1/6 Thlr.

(Tańska Hoffmannowa), małe powieści i rozmowy dla dzieci. 16. (211 S. m. 4 col. Lith.) Breslau 847, Schletter. 1 Thlr.

Tańska Hofmanowa, Klementyna z, wspomnienia z podrózy w obce kraje w listach do Helenki T*****. Wydanie nowe. Ozdobione 45 drzeworytami. Leipzig 853. Librairie étrangère. 8. (4 Bl., 299 S.) 2 Thlr. 15 ngr.

Tansky, J., Spanische Zustände, s. Weltpanorama, 61.—64. Bd.

Tansky, J., Spanische Zustände. Aus dem Französ. 2. Ausg. Stuttgart 854. Franckh. 16. (364 S.) 12 ngr.
(Neuer Titel zu: Weltpanorama. Eine Chronik der neuesten Reisen rc. 61—64. Bd. (Ebend. 846.)

TANTALUS, Fräulein. (189*.) (2 Mk. E. Demuth, Straßburg i. E., c. 1900:)

Tantalus, der moderne, oder die Holsteinische Hungerschulstelle. Den hohen Holsteinischen Ständen von 1863 ehrerbietigst gewidmet von einem Holsteiner. 1. u. 2. Aufl. Hamburg 863. (Altona, Hestermann.) 8. (16 S.) 2 1/2 ngr.

Tante, die alte schlaue, u. ihre Erben, Lustsp. in 5 Abtheil. frei nach Picard, v. Lambrecht. 8. München, Lindauer. 815.

Tante Amanda, s.: Amanda.

Tante Elisabeth's Reise um die Welt in Begleitung ihrer Neffen und Nichten zum Besuch der Wesleyanischen Missionen. Bremen 860. Verlag des Tractathauses. 16. (2 Bl., 132 S. m. Holzschn.) n. 8 ngr.

Tante Freundlichs Erzählungen f. Mädchen. gr. 8. (1 B. u. 5 ill. Bild.) Leipzig, (Herm. Fritzsche.) *

Tante Hedwigs Geschichten, s. Hedwigs, Tante, Geschichten.

—— Lisbeth's neunzehntes Testament, s. Knorring, S. v.

Tante Lorchen. Die Feldberge. Orig.-Novellen von A. Freiin v. L. 8. (196 S.) Paderb. 889, Junfermann. * 1 80; geb. * 2 50

Tante Nieritz, neue und einfache Art, Kinder leicht und schnell lesen zu lehren, zugleich ein Bilderbuch mit anmuthigen und lehrreichen Erzählungen rc. 12. (Mit 8 ill. Bildern.) Neu-Ruppin 845, Kühn. (Leipzig, Thomas.) geb. n. 1/3 Thlr.

Tante Pontipool. Roman, aus d. Engl von C. Richard. 3 Bde 8. Aachen 836. Mayer. (Brüssel, Mayer u Somerhausen.) 4 Thlr.

— die schwarze. Märchen u. Geschichten für Kinder (v. Clara Fechner, geb. Volkmann). Mit (eingedr.) Holzschn. nach Ludw. Richter. gr. 16. (158 S.) Leipzig 848, G. Wigand (jetzt: Schlicke.) n. 2/3 Thlr.

Tante, die schwarze. Märchen und Geschichten für Kinder. 2. Aufl. br. 8. (158 S. mit eingedr. Holzschn. nach Ludw. Richter.) Leipzig 853, Schlicke. *

Tante, die schwarze. Märchen und Geschichten f. Kinder Mit (eingedr.) Bildern (in Holzschn.) v. Ludw. Richter 3. Aufl. br. 8. (172 S.) Leipzig 871. Schlicke. 3. -

Tante, die schwarze. Märchen u. Geschichten für Kinder. Mit Bildern (in eingedr. Holzschn.) von Ludw. Richter. 4. Aufl. 8. (172 S.) Leipzig 878. Breitkopf & Härtel. 3. —; geb. n. 4. —

Tante, die schwarze. Märchen u. Geschichten f. Kinder. (Von Frau Clara Fechner.) M. Bild. v. Ludw. Richter. 5. Aufl. 8. (172 S.) Leipzig 896. Breitkopf & Härtel. n. 2. 50; geb. n. 3. —

Tante, die schwarze. Märchen u. Geschichten f. Kinder. (Von Frau Clara Fechner.) Mit Bildern v. Ludw. Richter. 6. Aufl. (172 S.) 8. Leipzig (905). Breitkopf & Härtel. Geb. in Leinw. n. 2. —

Tante, die todte. Novelle. gr. 12. Hannover 845, Hahn'sche Hofbuchh. 1 1/3 Thlr.

Tante U. (Ein Lebensbild.) Von A. v. S. 1893. V: *Schaeffer, Anna von.* (M. Laue, Zentralbl. f. Bibl. 13/122) (Franz Brümmer, Lexikon der deutschen Dichter des 19. Jahrh. Leipzig 1913 ff. VI/636)

Tante U. Ein Lebensbild von A. v. S. I. 8. (VI, 249 S.) Gotha 894. F. A. Perthes. n. 4. —; geb. in Leinw. n. 5. — Fortsetzung u. d. Titel:

Tante U., unsre. Ein Lebensbild von A. v. S. II. 8. (VII, 361 S.) Gotha 895. F. A. Perthes. n. 5. —; geb. n. 6. —

Tante, die unverheirathete, a. d. Engl. 2 Thle. 8. Leipzig, Schwickert. 776. 77.

Tante, die unverheirathete, eine Erzählung, aus dem Engl. 2 Theile, 8. Leipzig, 777. Schwickert. 1 Rthl.

Tante, die verheirathete; aus d. Engl. 2 Thle. 8. Leipz. 776 u. 777. Schwickert. 1 ∱

Zürcher Tante. Ultramontan-freidenkerisches-föderalistisches-freimaurerisches Organ für das Sechseläuten.... [Jahrg.] 1902. [Illustriert.] [4 S.] fol. (Zürich-Altstetten, J. Kopp-Tanner.) fr. —. 40

Zürcher Tante. Ultramontan-freidenkerisches-föderalistisches-freimaurerisches Organ für das Sechseläuten.... [Jahrg.] 1904. [Illustriert.] [4 S.] fol. (Zürich, A. Kopp-Tanner.) fr. —. 40

Zürcher Tante. Ultramontan-freidenkerisches-föderalistisches-freimaurerisches Organ für das Sechseläuten.... Jahrg. 20. 1905. Nr. 20. [Illustriert.] [4 S.] fol. (Zürich, Kopp-Tanner.) fr. —. 40

Zürcher Tante. Ultramontan-freidenkerisches-föderalistisches-freimaurerisches Organ für das Sechseläuten.... Jahrg. 22. 1907 — Nr. 22. [Illustriert.] [4 S.] fol. (Zürich, Kopp-Tanner.) fr. —. 40

Zürcher Tante. Ultramontan-freidenkerisches-förderalistisches-freimaurerisches Organ für das Sechseläuten.... Jahrg. 23 *u.* 24. 1908 *u.* 1909 — Nr. 23 *u.* 24. [Illustriert.] [*je* 4 S.] fol. (Zürich, Kopp-Tanner — *Jahrg. 24:* & Co.—) *je* fr. —. 40

Tanten, Die vier. Lustspiel in einem Acte. Wien 1826. V: *Döring, Georg Christian Wilhelm Asmus.* (EB)

Tanträkhyäyika, die älteste Fassung des Pañcatantra. Aus dem Sanskrit übers. m. Einleitg. u. Anmerkgn. v. Johs. Hertel. 2. Tle. (X, 159 u. IV, 159 S.) Lex. 8. Leipzig 909. B. G. Teubner. 12.—; geb. 16. —

— dasselbe, hrsg. v. Johs. Hertel, s.: Abhandlungen der königl. Gesellschaft der Wissenschaften zu Göttingen. Philolog.-histor. Klasse. N. F. XII, 2.

Tanty, F., Gramática de la lengua francesa. (Grammaire française à l'usage des espagnols.) Con ejercicios de traducción, lecturas y diálogos. (Método Gaspey-Otto-Sauer.) gr. 8. (VIII, 450 S. m. 1 Karte u. 1 Plan.) Heidelberg 902. J. Groos. Geb. in Leinw. n. 4. —; clave. (57 S.) Kart. n. 1. 60

Tanty, F., Gramática de la lengua francesa. (Grammaire française à l'usage des Espagnols.) (Método Gaspey-Otto-Sauer.) 2. ed., revisada y corregida por Fernando de Arteaga y Pereira, M. A., y por José Ma Arteaga Pereira. (VIII, 452 S. m. 1 farb. Karte u. 1 farb. Plan.) gr. 8. Heidelberg 910. J. Groos. Geb. in Leinw. 4.—; clave. (52 S.) kart. 1. 60

— Gramática sucinta de la lengua francesa, s.: Otto, Emil.

Tanty, F., petite grammaire espagnole. gr. 8. (IV, 156 S.) Heidelberg 898. J. Groos. Geb. in Leinw. n. 2. —

— Petite grammaire espagnole. (Méthode Gaspey-Otto-Sauer.) 2. éd. entièrement refondue. (IV, 159 S. m. 2 Karten.) 8. Heidelberg 907. J. Groos. Geb. in Leinw. 2. —

— Grammatica franceza (grammaire française à l'usage des Portugais et Brésiliens) com themas, exercicios de leitura e de conversação. (Methodo Gaspey-Otto-Sauer) gr. 8. (VIII, 423 S. m. 1 Karte u. 1 Plan.) Heidelburg 901. J. Groos. Geb. in Leinw. n. 4. —; chavo. (48 S.) Kart. n. 1. 60

— Grammatica franceza (grammaire française à l'usage des Portugais et Brésiliens) com themas e exercicios de leitura e conversação. (Methodo Gaspey-Otto-Sauer.) 2. ed. Rev. por Gaston Le Boucher e Carolina Michaëlis de Vasconcellos. (VIII, 499 S. m. 1 Karte u. 1 Plan.) 8. Ebd. 907. Geb. in Leinw. 4.—; chave. (49 S.) Kart. 1. 60

Tantz ... [Sachl. OW], s. Tanz ...

Tantzen, Wilhelm [app. Arzt aus Hiddingen '(Oldenb.)']: Beobachtungen über Bahnungsvorgänge '(Exner)' unter pathologischen Bedingungen ... Bühl, Druck d. Aktienges. Konkordia, 1896; 20 S., 2 Bl. 8.
Freiburg i. B., Med. Fak., Inaug.-Diss. v. 1896

Täntzer, Johann & Johann Wilhelm v. Pärson. Der Dianen Hohe und Niedere Jagd-Geheimnisse. Darinnen die gantze Jagd-Wissenschaft ausführlich zu befinden ... beschrieben von Johann Täntzern. Hiernachst ist Als ein neuer ... Theil mit beygefüget Der Edle Hirschgerechte Jäger ... verfertiget von Johann Wilhelm von Pärson ... Mit ... Kupfer-Stichen Leipzig, Im Weidmannischen Buch-Laden 1734.
Vortit., Titelkupfer. Tit., 7 Bl., 198 S., 1 Bl., 122 S., 1 Bl. m. 2 Kupferst., 59 Taf. in Kupferst. 4°
Die 1. Ausg. von Täntzer Kopenhagen 1682, mit Pärson zusammen Leipzig 1683. Eine weitere Ausg. Kopenhagen 1699
Souhart Sp. 152

Täntzer, Johann: Notabilia venatoris. Nürnberg u. Altdorf 1718.

— notabilia venatoris. 8. Nürnb. 731.

Tantzscher, Georg

Tantzscher, Geo., im innersten Großrußland. Schilderungen u. Studien. (176 S.) 8. München 910. E. Reinhardt. 2. —

Tantzscher, Geo., Friedrich Nietzsche u. die Neuromantik. Eine Zeitstudie. gr. 8. (102 S.) Dorpat 900. (J. G. Krüger.) n. 2. —

— die Schulreform u. die baltischen Provinzen. 8. (25 S.) Riga 901. Jonck & Poliewski. n. — 50
Sonderabdruck aus: „Nordlivländ. Zeitung".

Zur Behandlung der perforirenden Bauchwunden. Von K. **Tantzscher,** (Riga). *Leipzig: Breitkopf & Härtel 1901.* (S. 248–274.) 4°(8°) = Sammlung klinischer Vorträge. No 319. [01. 11444

Tantzscher, R., Zur älteren Geschichte Olympias. Pr. 1890. 37 S.

Über die Lebensweisheit der Grimmschen Kinder- u. Hausmärchen. Vortrag von Oberl. R. **Tantzscher.** St. Petersburg 1905: Kais. Akad. d. Wiss. (23 S.) 8° [05. 12881 7

Tanz, vom, ein Beitr. zur Berichtigung der Urtheile über denselben, mit Rücksicht üb. die v. Jos. Fornet darüber herausgg. Broschüre, (v. Dn. Sonntag). 8. Eperies 797.

UEBER den Tanz der Alten. HALLE, bey J. J. Gebauers Witwe und Joh. Jac. Gebauer 1774. 8°. Tit., 1 Bl., 64 S. (Bibl. Lipperheide no. 3084.) (3 Mk. Theod. Bertling, Danzig, 1887.)

(U.-Titel:) Ueber Tanz und Bekanntschaften. | Für die reife Jugend. | Anna und Elisa. | Erzählung nach dem Leben von Beba. | *(Text).* (= *Schutzengelbrief,* 37).
Kol.: Druck und Verlag der Buchhandlung L. Auer in Donauwörth. | Agentur in New York bei J. Schaefer, 60 Barclay Street 6c.
o. J. (um 1890), 16 S., 119 × 80.
Diöz.-B. Rottenburg.

Tanz, der, des Christen vor dem Richterstuhle des heiligen Sakramentes der Taufe, als Nachklang der Volksmission in unsern Tagen. Eine Ermahnung an das Christen-Volk von J. S. P. 2. Aufl. Mainz 860. F. Schott. 16. (32 S.)
2 ngr.

Tanz, Der glückliche, oder, was ein Mädchen nicht kann. Berlin 1788. V: *Heinse, Gottlob Heinrich.* (MGT)

Tanz, der glückliche, oder was ein Mädchen nicht kann! ein Roman in zwey Büchern, 8. Berlin, (Gera) 788. (Rothe) 23 sgl.

Tanz! Wiener. Auf die Arie. Mir hab'n ka Silbergeld. Wien [1885]. V: *Herzog, Engelbert.* (EB)

Tanz-Album d. modernen Ballsaals. 2., verm. u. verb. Aufl. 32. (44 S.) Leipzig 874. Matthes. n. 50

Tanzalbum. Neues Schweizer T'-A'. (II + zus. 34 S.) 4. Basel, Max Pohl-Wohnlich, (1904). fr. 2. 50
Edition Pohl-Wohnlich. Nr. 1.
Enthält 6 einzelne Hefte resp. Stücke; s. Bern, Adolphe — Bloch, D[avid] — Doppler, Josef — Schindler, [Hermann].

Das Tanzbein. Berlin: Kleines Witzblatt [um 1904]. (63 S.) 8°
= Witzblatt-Bilderbuch. Bd 13. [06. 9390

Tanzbilder nach Entwürfen v. Professor Hölzel, Prof. Pankok, Hofrat Plappert. Musik zum Tl. nach Originalen zusammengestellt u. bearb. v. Erich Band. (Erläuterungen dazu.) (8 S.) gr. 8. Stuttgart (909). H. Wildt. — 20

Tänze,

— — Englische. Nebst einer vollständigen Erklärung der Figuren für Anfänger. Von einem Böhmen. Mit einem *Anhange* von 21 in Kupfer gestochenen Tabellen, den dazu gehörigen Figuren, und neu verfertigter Musik von 12 Kontretänzen, von der Erfindung des Verfassers. Wien, bei Joseph Anton Edlen von Trattner, K. K. priv. Gross- und Buchhändlern. 1777.
l. c. (ohne Formatsangabe).

— — aller Nationen. Ein Lehrbuch f. grosse Kinder. Danse nationale. National dansing. Illustrationen mit Text. O. O. u. J.
Verboten v. K.-G. Eger, 6. August 1895. § 516.

TÄNZE, Neue englische, nebst dazu gehöriger vollstimmigen Musik, componirt von E. Chr. Fricke. Helmstädt 1772. Mit 24 Noten- u. 24 Tanztafeln. Quer-8°.
Bartholomäus p. 22.

Ueber die theatralischen Tänze und die Balletmeister *Noverre, Muzarelli* und *Vigano.* Wien 1799. 8°.
Bartholomäus p. 24.

TANTZEN, Das, der Christen beurtheilt nach u. aus dem Wort GOttes, bey Maximilian Fernau.
So kurz citirt im Lpz. M. M. V. 1709. C 3 a., ohne Formats- u. Ortsangabe.

Tanzer, A.: Historische Beziehungen in den Gedichten des H. Reinmar v. Zweter. 13 Bozen R. 1880.
Progr.

Tanzer, A.: Katalog der Lehrerbibliothek. 23 S. Iglau, L. R., Progr. 1898

Tanzer Em.: Der deutsche Sprachschatz nach Friedrich Kluge: Etymologisches Wörterbuch der deutschen Sprache. 48. 65. Böhm. Leipa R. 904. 905.
Progr.

Tanzer, J. F., s.: Schwarzau, Hans v. der.

Josephs Tanzers, ordentlichen Lehrers der Physik und Mathematik zu München, mathematisches Lehrbuch, zum Gebrauche der churfürstlichen Lyceen. 1 Theil. München, 14 und ein halber Bog. 8. 1 Kupf. 1780.

Tanzer, V. L., die Mineralquellen zu Krapina-Töplitz nächst Rohitsch in Kroatien. gr. 8. (55 S.) Wien 861. (Warasdin, Zuber's Wwe.) *

Tänzer, Einweihung der Capelle St. Crucis zu Landsberg, s. Einweihung.

Tänzer, A., die Geschichte der Juden in Tirol u. Vorarlberg. 1. u. 2. Tl. Die Geschichte der Juden in Hohenems u. im übr. Vorarlberg. (XXXV, 802 S.) gr. 8. Meran 905. F. W. Ellmenreich. n. 17. —

Judentum und Entwicklungslehre. Nach einem in Innsbruck 1903 über 'Babel u. Bibel' geh. Vorträge. Von Dr. A. **Tänzer**, Rabbiner in Hohenems. *Berlin: Calvary & Co. 1903.* (68 S.) 8° [03. 15158

Tänzer, A., zwei Casual-Reden. gr. 8. (22 S.) Frankfurt a/M. 898. J. Kauffmann. n. — 50

— drei Neujahrs-Predigten. gr. 8. (V, 45 S.) Ebd. 897. n. 1. 50

Tänzer, A., d. Religionsphilosophie Josef Albo's, nach s. Werke „Ikkarim" dargest. u. erläut. 1. Thl. gr. 8. (VII, 80 S.) Frankfurt a/M. 896. J. Kauffmann. n. 2. —

Tänzer, Anna, Spiel u. Sang für unsere Kleinen. Eine Sammlg. v. Liedern u. Spielen. (88 S.) gr. 8. Halle 904. (Buchh. der ev. Stadtmission.) 1. —; geb. 1. 75

[J.] Borgen macht Sorgen. Posse in 1 Aufz. v. Arno **Tänzer**. *Berlin: E. Bloch (1894).* (22 S.) 1 Bd 8.
— Herren-Bühne, Ludwig Blochs. No 26. [96. 5622

Tänzer, Arno, Borgen macht Sorgen, s. Bloch's, Ludw., Herren-Bühne.

Tänzer, Arno, der Erzieher. Schwank in 3 Aufzügen. gr. 8. (IV, 193 S.) Leipzig 900. [R. Wöpke.] Berlin, L. W. Siedenburg. n. 2. —

Tänzer, (*Johann*) *August* (*Karl*) [Oberl.]: Die Natur unserer Sprachlaute mit Berücksichtigung des Französischen und Englischen. Zwickau, Druck v. R. Zückler, 1890; 1 Bl., 41 S. 4°
Zwickau, RG, OP 1890

Tänzer, Hermann: Ueber hepatitis fibrosa. Halle a. S. 1882: Plötz. 35 S. 8°
Halle-Wittenberg, Med. Diss. v. 14. Okt. 1882
Geb. Lodersleben (Kr. Querfurt) 28. 5. 1855. V.
Verf. erlebte die Diplomerneuerung 1932 als Sanitätsrat in Berlin-Charlottenburg.

Tänzer, Johann, s. Täntzer, Johann.

Tänzer, Karl Heinr. Gottfr., Belehrung für künftige u. wirkl. Schullehrer über ihre Fortbildung, Erhebung u. Veredlung. 8. Leipzig 827. (W. A. Künzel.) 1 ½ ℔

— Belehrung für künftige u. wirkl. Schullehrer üb. ihre Fortbildung, Erhebung u. Veredlung. 8. Leipz. 827. (Schumann). 8 gl.

Tänzer, (Pastor) K. H. G., Trauer- u. Gedächtnißpredigt auf den frühen Tod des Grafen Fr. M. v. Hohenthal 1824. gr. 8. Leipz., Märker. 4 gl.

Taenzer, Paul: Die Haftung für Betrug bei Kaufabschluss. (Unter Berücks. d. Gemeinen Rechts). Göttingen 1909: Kaestner. 40 S. 8°
Göttingen, Jur. Diss. v. 16. Dez. 1909, Ref. Titze
[Geb. 31. Okt. 86 Hannover; Wohnort: Hannover; Staatsangeh.: Preußen; Vorbildung: Kaiser-Wilhelms-Gymn. Hannover Reife O. 06; Studium: Bonn 1, Berlin 2, Göttingen 3 S.; Rig. 12. Okt. 09.] [U 10. 1357

Taenzer, P., s.: **Monatshefte f. prakt. Dermatologie.**

Taenzer, Paul [aus Leipzig, Assistenzarzt an Dr. Unnas Klinik f. Hautkrankh. zu Hamburg]: Über das Ulerythema ophryogenes, eine noch nicht beschriebene Hautkrankheit. . . . Hamburg, Verl. v. Leopold Voss, 1889; 18 S. + 1 Bl. 8°
Kiel, Med. Fak., Inaug.-Diss. v. 15. Jan. 1889

Tänzerin, die, eine Erzählung, a. d. Ital. ist Unterricht u. Zeitvertreib für.

Tänzerin, Die. Berlin 1741. V: *Rost, Joh. Chph.* (Wahl, Rost. Leipz. 1902. S. 37.) (ADB 17, 582) **nicht:** *Lamprecht, Jacob Friedrich.* (Jl.) (Mn) »Tänzerinnen, Die« (schr)

Tänzerin, Die schöne. Aus d. Ital. Augsburg u. Memmingen 1768. V: *Chiari, Pietro.* Ü: *Schatz, Johann Jacob.* (BGE VII³, 506)

Tänzerin, die schöne; aus dem Italien. (von J. J. Schatz). 2 Bde. 8. Augsb. 788.

Tänzerles, Frdr., vier Rechtsfragen betr. die Erlöschung des Privilegiums der k. k. priv. Ferdinands-Nordbahn. gr. 8. (52 S.) Wien 881. Rosner. n. 1. —

Tanz-Greuel d. i. vollkommne acta publica was zwischen Hrn Ehrenfried Walther von Tschirn-Hauss und dessen Pfarrern des Tantzens wegen gestritten. Angstburg [Bautzen] 1716. V: *Kellner von Zinnendorf, Joh. Wilh.* (Wr) (BGE) »1715« (ADB)

Tanzini, Reginaldo (Hrsg.), s. Acta congregationis archiepiscoporum . . .

Tanz-Musik- und Fest-Kalender für das J. 1863. Zum Gebrauche für Jedermann, insbesondere für Verwaltungsbeamte, Pfarrer, Magistrate etc. im ganzen Königr. Bayern. gr. 8. (28 S.) München 863, Lentner'sche Buchh. *

Neuer Tanz= und Ball=Kalender für das Jahr 1801. ([Hrsg. v. Christian August Fischer mit Kupf. v.] J[ohann] W[ilhelm] Meil.)
Berlin: Joh. Friedr. Unger [1800]. 16 Bl., 144 S., 14 Bl., 1 Titelkupf., 12 Kupfertaf. 12°

TANZ- u. Ball-Kalender, Neuer, für das Jahr 1801. (Hrsg. von Chrn. Aug. Fischer, 1771—1829.) Mit 13 Kpfrn. (incl. Titelkpfr.) von Wilh. Meil (welche Tänze verschied. Nationen darstellen). Berlin. Bey Johann Friedrich Unger. 12°. (1½ Rthl.) 16 Bll., 244 S. u. 14 Bll. (12 Mk., Orig.-Cart., Jos. Baer & Co., 1894; 18 Mk., Orig.-Umschl., O. Rauthe, Friedenau-Berlin, 1908; 13 Mk., Expl. im reizend illustr. Orig.-Cart. m. Goldschn., Max Perl's Berliner März-Auct. 1909, no. 1056.)

Allgemeiner Deutscher Sprachverein. **Tanzkarte.** o. O. [um 1900]. (2 Bl.) 8° [Kopft. F.] [05. 15210 3

Tanzkunst, die. Zeitschrift f. die Interessen des Tanzes auf der Bühne, in der Gesellschaft u. in Vereinen. Hrsg.: Die Genossenschaft deutscher Tanzlehrer. Red.: Frz. Schachwitz. 3. Jahrg. Septbr. 1894—Aug. 1895. 12 Nrn. (Bog.) gr. 4. Berlin, Ed. Bloch. n. 6. —
Vorh.unt.d.T.:Der Tanzlehrer.

Tanzkunst, die, Fortsetzg., s.: Tanzlehrer, der.

Tanzkunst, die, u. die Tänze. Eine Anleitung zur gründlichen Erlernung aller gebräuchlichen modernen Tanzarten, sowie zur Aneignung eines eleganten Benehmens beim Tanze. Nebst einer ästhet. Abhandlung über den Tanz u. die Geschichte desselben von einem Tanzfreunde. 8. (27 S.) Teschen 877. Wien, H. Winkler. n. — 50

Tanzkunst, die, und die Tänze. Eine Anleitg. z. gründl. Erlernung aller gebräuchl. modernen Tanzarten. 2. Aufl. 12. (32 S.) geh. 25 kr. Neutitschein: L.V.Enders 1881.

Tanzkunst, die, u. die Tänze. Ein vollständ. Handbuch der Tanzkunst zur Erlerng. aller modernen Tanzarten, sowie e. eleganten Benehmens beim Tanze. Ferner enthaltend die Nationaltänze unserer Culturvölker, ebenso die hauptsächlichsten histor. Tänze u. Volksfeste älterer u. neuerer Zeit. Nebst e. Orig.-Beitrag: Quadrille noblesse m. 69 Illustr., componirt v. Ed. Reisinger. 3., umgearb. Aufl. m. 189 Illustr. 8. (XII, 256 S.) Wien 889. Daberkow. n. 3. 30; cart. n. 4. —

Tänzl, Aemil., Jubelrede bei d. Erneuerung der Ordensgelübde. 8. Augsb. 787. Wolff. 1 gl.

Tanz- und Anstandslehre. Anordnung, Kommandos und Touren der modernen Salontänze und zwei Original-Quadrillen zur Erklärung. Nebst einem Anhange: die Lehre der Kaligrafie betreffend. V. Aufl. München 1881. V: *Richter, Hermann.* (BGE VII³, 580)

Tanzlehrer, der. Fachblatt f. die berufl. Interessen der deutschen Tanzlehrer. Organ d. Allgem. sächs. Tanzlehrer-Verbandes. Hrsg. v. J. W. Oldenburg. Unter Mitwirkg. bewährter Fachmänner. 1. Jahrg. 1892. 12 Nrn. (Bog.) gr. 4. Zwickau, (C. A. Möckel's Buchh.). n. 4. —; f. Verbandsmitglieder n. 2. —

— dasselbe. Red. v. Rob. Wilhelmi. 2. Jahrg. 1893. 12 Nrn. (Bog.) gr. 4. Ebd. n. 6. —

— dasselbe. 3. Jahrg. 1894. 6 Nrn. (Bog.) gr. 4. Ebd. n. 3. —
Hieran schließt sich: Tanzkunst, die, s.: oben.

Tanzlehrer, der. Fachblatt f. d. berufl. Interessen d. Genossenschaft deutscher Tanzlehrer. Gegründet v. J. W. Oldenburg. Weitergef. v. Rud. Knoll. Zur Zeit hrsg. vom Vorstand d. G. D. T. Schriftleitung: Rud. Knoll. 4. Jahrg. Juli 1895—Aug. 1896. 12 Nrn. (Bog.) gr. 4. Berlin, E. Bloch. n. 6. —

— dasselbe. Zur Zeit hrsg. vom Vorstand d. G. D. T. Schriftleitung: F. Wesner. 5. Jahrg. Oktbr. 1896—Septbr. 1897. 12 Nrn. (Bog.) gr. 4. Ebd. n. 6. —; einz. Nrn. n. — 50

— dasselbe. Schriftleitung: F. Wesner. 6. u. 7. Jahrg. Oktbr. 1897—Septbr. 1899. à 12 Nrn. (à ca. 12 S.) gr. 4. Ebd. à Jahrg. n. 9. —; einz. Nrn. — 75
Kann auch halbjährlich bezogen werden.

Tanzlehrer, der. Fachblatt für die berufl. Interessen der Genossenschaft deutscher Tanzlehrer. Gegründet v. J. W. Oldenburg. Zur Zeit hrsg. vom Vorstand der G. D. T. Schriftleiter: Jürgen Schmidt. 8.—11. Jahrg. Oktbr. 1899—Septbr. 1903. à 12 Nrn. gr. 4. (à ca. 8 S.) Berlin, E. Bloch. à Jahrg. n. 9. —
Die Jahrgänge 8 u. 10 sind v. F. Wesner, der 9. Jahrg. v. E. Radermacher redigiert.

Tanzlehrer, der. Fachblatt f. die berufl. Interessen der Genossenschaft deutscher Tanzlehrer. Gegründet v. J. W. Oldenburg. Zur Zeit hrsg. vom Vorstand der G. D. T. Schriftleiter: Jürgen Schmidt. 12.—15. Jahrg. Oktbr. 1903—Septbr. 1907. à 12 Nrn. (à ca. 8 S.) gr. 4. Berlin, E. Bloch. à Jhrg. n. 9. —

Tanzlehrer, der. Fachblatt f. die berufl. Interessen der Genossenschaft deutscher Tanzlehrer. Zur Zeit hrsg. vom Vorstand der G. D. T. Schriftleiter: Jürgen Schmidt. 16.—19. Jahrg. Oktbr. 1907—Septbr. 1911. à 12 Nrn. (à ca. 8 S.) 32,5×25 cm. Berlin, E. Bloch. à Jahrg. nn 9. —

Tanzlehrer, n e u e s t e r Wiener. Praktische Anleitung zur schnellen Erlernung der jetzigen beliebtesten Modetänze. Kör. Mazur und Polka-Mazurka; Quadrille francaise: Cotillon; les Lanciers oder Quadrille a la Cour. 16. Wien: Wenedikt. 1869.

— — Dasselbe in 5 Heften. 16. Ebds. 1868.
Inhalt: 1. Heft. Der ungarische Nationaltanz „Kör". ... Nebst erklärenden Zeichnungen und einer Musikbeilage. Vom Tanzlehrer Miklos Ferencicz. (38 S. u. 6 Tafeln.)
2. Heft. Der vollendete Cotillon-Tänzer. Erläutert durch zahlreiche Zeichnungen. Vom Tanzlehrer Francois Lestienne-Dubois. (46 S. u. 11 Tafeln.)
3. Heft. Mazur, Polka und Polka-Mazur, drei der beliebtesten modernen Salon-Tänze. Mit einer Original-Composition und zahlreichen erläuternden Zeichnungen der Tanzfiguren. Vom Tanzlehrer Francois Lestienne-Dubois. (41 S. u. 12 Tafeln.)
4. Heft. Die Quadrille francaise oder der Contretanz. Der beliebteste moderne Gesellschaftstanz. Mit vielen erläuternden Zeichnungen. Vom Tanzlehrer Francois Lestienne-Dubois. (28 S. u. 4 Tafeln.)
5. Heft. Les Lanciers. Zum Selbstunterrichte bearbeitet von Carl Haßreiter Mit 11 Tafeln Abbildungen und 1 Musikbeilage. (VIII u. 24 S.)

Tanzlehrer-Zeitung, allgemeine deutsche. Fachblatt f. die Berufs-Interessen aller deutschen Tanzlehrer. Gegründet am 15. VII. 1898 v. Max Geißler-Meves. Organ des Bundes deutscher Tanzlehrer. Hrsg. vom Haupt-Vorstand des „Bundes deutscher Tanzlehrer". Red.: Max Geißler-Meves. 9. Jahrg. 1906. 12 Nrn. (86 S. m. 24 Abb. u. 5 Beil.) Brandenburg a/H., Allgemeine deutsche Tanzlehrer-Zeitg. (Nur direkt.) n. 10. —

Tanzlehrer-Zeitung, allgemeine deutsche. Fachblatt f. die Berufs-Interessen aller deutschen Tanzlehrer. Gegründet am 15. VII. 1898 v. Max Geißler-Meves. Organ des Bundes deutscher Tanzlehrer. Hrsg. vom Haupt-Vorstand des „Bundes deutscher Tanzlehrer". Red.: Max Geißler-Meves. 10. u. 11. Jahrg. 1907 u. 1908. à 12 Nrn. (à ca. 8 S.) Brandenburg a/H., Allgemeine deutsche Tanzlehrer-Zeitg. (Nur direkt.) à Jahrg. 10. —

Tänzler, Fritz (Hrsg.), s. Ä r z t e o r d n u n g f.d. Königreich Sachsen .

— u. A. Poetter, Aerzteordnung f. das Königr. Sachsen vom 15. VIII. 1904 u. die f. den Arzt wichtigen reichs- u. landesgesetzlichen Bestimmungen. (IV, 128 S.) 8. Leipzig 904. J. B. Hirschfeld. n. 2. 40; geb. n. 3. —

Der Generalstreik in Schweden 1909. Von Dr. jur. **Tänzler.** Berlin: Zillessen 1909. 72 S. 8°
(Schriften d. Hauptstelle Deutscher Arbeitgeber-Verbände. H. 4.) [10. 6969

Tänzler, Fritz, das Gesetz üb. die Zwangsvollstreckung wegen Geldleistungen in Verwaltungssachen f. das Königr. Sachsen, s.: H i r s c h f e l d ' s Taschen-Gesetzsammlung. Nr. 22.

Die Hauptstelle deutscher Arbeitgeberverbände. Von Dr. Fritz **Tänzler,** Syndikus. Berlin: J. Guttentag 1905. (20 S.) 8° [F.] 05. 4111

Die Hauptstelle Deutscher Arbeitgeberverbände von Dr. jur. Fritz **Tänzler,** Syndikus. 2. veränd. u. verm. Aufl. Berlin: J. Guttentag 1907. (52 S.) 8°
= **Schriften** d. Hauptstelle Deutscher Arbeitgeberverbände. H. 2. [07. 20405

Tänzler, Dr., Das gewerbliche Unternehmertum, seine Bedeutung für Volkswirtschaft und Staat. 8°. Berlin, F. Zillessen, 1909. (Schriften der Hauptstelle deutscher Arbeitgeberverbände, Heft 3.) (24 S.)

T ä n z l e r , Karl, Übersichtskarte der Turnvereine des XIV. Kreises „Königreich Sachsen", 1:675 000, Leipzig 1882, 1 Kt.

Tänzler, M., Volksaufklärung üb. Schädigung der Jugend durch Genussgifte, s.: Z e i t f r a g e n, pädagogische. (Schüssler, Ludw.)

Tänzler, Paul, a. Gera ⟨Reuß j. L.⟩: Über die Koeffizienten der inneren Reibung für Gemische zwischen Argon und Helium. Halle a. S. 1906: C. A. Kaemmerer. (37 S.) 8°
Halle, Phil. Fak., Ref. Dorn, Diss. v. 16. Febr. 1906
[Geb. 25. April 82 Gera; Wohnort: Halle a. S.; Staatsangeh.: Reuss j. L.; Vorbildung: Gymn. Gera Reife O. 01; Studium: Göttingen 4, Halle 6 S.; Rig. 8. Jan. 06.]

Tanz-Lieder, Gesangs-Walzer u. Couplets, die schönsten. 8. (30 S. m. Bildern.) München 892. Münchener Verlags-Institut. F. Braunbeck. — 10

Tanzmann, Josephus Joannes *(geb. Ullersdorf bei Löwenberg in Schles. 26. 3. 1831)*: De C. Plinii Caecilii Secundi vita, ingenio, moribus quaestio. Vratislaviae (1865). (36 S.) 8°
Breslau, Phil. Diss. v. 14. Aug. 1865

Tanzmeister, Der, eine Posse mit Gesang in drey Aufzügen vom Verfasser des Zwirnhändlers. Wien 1807. V: *Kringsteiner (Kriegsteiner? Kriegstein?), Joseph Ferdinand.* (GGr V/342, Nr. 156/18) (BiblPort) (DARP)

Tanzmeister, der; Posse in 3 A. 8. Wien 807. Wallishausser. 6 *K*

Tanzmeister, der. Anleitung zur Ausführg. der neuesten u. beliebtesten Gesellschafts-Tänze. 16. (48 S.) Styrum 891, Spaarmann. -- 20

Tanzmeister, der kleine. Unentbehrliches Hülfsbüchlein f. tanzlust. Damen u. Herren. 5. Aufl. 32. (94 S.) Harburg 876. Elkan. 1. —

Tanzmeister, der kleine. Unentbehrliches Hilfsbüchlein für Damen u. Herren. 6. Aufl. 12. (95 S.) Harburg 880. Elkan. 1. 50; geb. m. Goldschn. n. 2. 25

Tanzmeister, der, in der Westentasche. Eine Sammlung neuester u. beliebtester Tanz-Ordnungen, Contretanz-(Quadrillen-), Mazurka-, Polka- u. Cotillon-Touren. Zum Selbstunterricht bearb. u. zum Commando für Ball-Dirigenten eingerichtet von Jean Jacques. 4. Aufl. Hamburg 857. Berendsohn. 32. (119 S.) 7½ *ngr.*

Tanzmeister, der, in der Westentasche. Eine Sammlung neuester und beliebtester Tanz-Ordnungen, Polonaise-, Contretanz-, Mazourka- rc. Touren, sowie der Quadrille à la Cour. Zum Selbstunterricht bearb. und zum Commando für Ball-Dirigenten eingerichtet von Jean Jacques. 5. Aufl. 859. — 6. sehr verm. Aufl. Hamburg 863. B. S. Berendsohn. 32. (127 S.) 7½ *ngr.*

Tanzmeister, der, in der Westentasche. Eine Sammlung neuester u. beliebtester Tanz-Ordnungen, Polonaise-, Contretanz-, Mazourka-Touren rc. Ideen zu Masken-Scherzen. Zum Selbstunterricht bearb. u. zum Commando für Ball-Dirigenten eingerichtet von Jean Jacques 7., sehr verm. Aufl. Hamburg 866. B. S. Berendsohn. 32. (128 S.) 7½ *ngr.*

Tanzmeister, der, in der Westentasche. Enth. das beliebteste Commando zum Contre-danse. Quadrille à la cour. Variété parisienne. 128. (16 S.) Berlin (899). (Berolina-Versand-Buchh.) — 10

Tanzni u. Neardane, oder der Schaumlöffel; aus d. Französ. (v. W. C. S. Mylius). 8. Berl. 785.

TANTZ-PLATZ, Der gantz neueröffnete, oder neu ankommender Frantzösischer Tantz-Meister, mit vielen neuen Täntzen samt den Characteurs (so!) und vielen Kpffrn. durch denen (sic!) berühmten Monsieur (sic!) *Bauchant*, *Feuillet*, *Pecour*, *Pallon*, in Frantzös. Sprache beschrieben, und nunmehro ins Teutsche übersetzet (,) vermehret mit einem *Anhang* gantz neuer Englischen Täntzen mit Figuren durch *D.* Hamburg bey dem Autor 1703. 4°.

So im Frf. M. V. 1703. J 1 a, sub lib. futur. nund. prod. -- Wirklich erschienen?

Zwei Tanzreigen, 2. Aufl., Gera 1888, 16 S., 16°.

Tanz-Reigen, zwei. 3.—10. Aufl. 16. (15 S.) Gera 888, Bauch. *

TANZSCHULE, Neue vollständige, für die elegante Welt, oder fassliche und umfassende Anleitung zum gesellschaftlichen und theatralischen Tanze: zum Selbstunterricht sowohl, wie auch zum Handbuch für Tanzlehrer bestimmt. Enthaltend die Geschichte des Tanzes, die Anfangsgründe desselben und eine allgemein verständliche Anweisung zu allen Arten des gesellschaftlichen Tanzes, allen Pas, Positionen und Gruppirungen des theatralischen Tanzes und des Ballets und zu den berühmtesten Nationaltänzen, wie dem Bolero, Fandango, Tarantella u. a. Nach den neu erschienenen vollständigen Werken eines *Blasis*, ersten Ballettänzers am Coventgarden-Theater zu London, eines *Blanchard* u. A. bearbeitet. Mit 68 Abbildungen (auf 7 Tafeln). Ilmenau, Voigt, 1830. 8°. (⅔ Rthl.) (⅓ Rthl. Heberle, Cöln, c. 1870, 1 Mk. 80 Pfg. B. Seligsberg, Bayreuth, 1906.) (160 S.)

Tanzschule, Wiener. Gründliche und für Jedermann leicht faßliche Darstellung der beliebtesten und modernsten Tänze, nebst klarer und ausführlicher Beschreibung und Zeichnung der Figuren rc. sowohl für Lehrer als zum Selbstunterricht herausg. von den ersten Tanzlehrern Wiens. Mit vielen Zeichnungen, Erklärungstabellen u. Musikbeilagen. (Neue Ausgabe.) 1—3. Bdchn. Wien 853. Sallmayer u. Co. 16. (131 S. mit 26 lith. Taf. u. 6 Musikbeilagen in 4.) Jedes Bdchn. 15 *ngr.*

Tanzschule, wiener. Gründliche und für Jedermann leicht faßliche Darstellung der beliebtesten und modernsten Tänze, nebst klarer und ausführlicher Beschreibung und Zeichnung der Figuren rc. sowohl für Lehrer als zum Selbstunterricht hrsg. von den ersten Tanzlehrern Wiens. Mit vielen Zeichnungen, Erklärungstabellen und Musikbeilagen. (Neue Ausg.) 1—3. Bdchn. 16. (131 S. mit 26 Stnt. und 6 Musikbeilagen in 4.) Wien 854, Sallmayer und Comp. à Bdchn. 15 Ngr.

Tanzschule, wiener. Gründliche und für Jedermann leicht faßl. Darstellung der beliebtesten und modernsten Tänze, nebst klarer und ausführlicher Beschreibung und Zeichnung der Figuren rc., sowohl für Lehrer als zum Selbstunterrichte. Hrsg. von den ersten Tanzlehrern Wiens. Mit vielen Zeichnungen, Erklärungstabellen und Musikbeilagen. 4 Bdchn. Enthaltend: l'Alliance, Mazur-Quadrille, Quadrille à la cour. 8. (... S.) Wien 860, Sallmayer und Comp.

Tanzschule, Wiener. Leichtfaßliche Darstellg. der beliebtesten u. modernsten Tänze, nebst klarer Beschreibg. u. Zeichng. der Figuren rc., sowohl f. Lehrer als zum Selbstunterricht. Neue Ausg. 1. Bdchn. 16. Wien, M. Stern. — 60

Quadrille française, wie sie jetzt allgemein getanzt wird, choreographisch beschrieben, nebst 42 erläut. Abbildgn. Nebst Anweisg. zur Erlerng. des Sechsschritt-Walzer. Von Heinr. Reisinger. (30 S.) 901.

Tanzschule, Wiener. Leichtfaßliche Darstellung der beliebtesten u. modernsten Tänze, nebst klarer Beschreibg. u. Zeichng. der Figuren etc., sowohl für Lehrer als zum Selbstunterricht. Neue Ausg. 2. Bdchn. 16. Wien 903. M. Stern. — 60

Polonaise. Eröffnungstanz bei großen Bällen. Les Lanciers en Carré. Contretanz in 5 Fig., wie er jetzt allgemein getanzt wird. Gezeichnet u. beschrieben v.. A. Bauckinger. Sir Roger. Holländischer Matrosentanz. Beschrieben v. Heinr. Reisinger. Nebst Beschreibung des Cotillons u. Angabe beliebter neuer Fig. Mit zusammen 15 Zeichngn. (32 S.)

Tanzschule, Wiener. Leichtfaßliche Darstellg. der beliebtesten u. modernsten Tänze, nebst klarer Beschreibg. u. Zeichng. der Figuren etc. Neue Ausg. 1. u. 3. Bdchn. 16. Wien, Mor. Stern. à — 60

1. Anleitung z. Selbstunterricht der Quadrille française nebst kurzer Beschreibung des Sechsschritt-Walzer. Choreographisch erläutert. Von Heinr. Reisinger. 3. Aufl. (32 S. m. 42 Fig.) 911.
3. Kör. Beliebtester ungar. Nationaltanz in 6 Fig. u. 23 Zeichngn. Von L. Kilányi. — Menuett. Beschrieben m. 17 Zeichngn. Von Charles Bourbon. — Polka française. Polka mazur. Schnellpolka. Schottisch (Polka). Choriographisch beschrieben u. erläutert. Von Heinr. Reisinger. (32 S.) (904.)

Tanz-Touren, 138 neue, s.: Vortänzer, der, des Cotillon.

Tanzunterhaltung, kritische, im Salon bei Ludwigsburg nebst etwas Erfrischung für Herrn Sam. Liesching u. einen votirenden Laien. Von einem Unbetheiligten. gr. 8. Leipzig 845. (C. F. Schmidt.) ⅙ *ng*

Tanz-Unterricht, neuester. Nach der Natur d. Tanzes u. nach alten u. neuern Lehrern dargestellt. Ein nützliches u. nothwendiges Büchlein f. alle Liebhaber, Freunde u. Feinde des Tanzes, f. Eltern u. Kinder, Jung u. Alt. 2. Aufl. 32. (64 S.) Dülmen 850. (Coesfeld, Wittneven Sohn.) n. 1 *ngr*

Tanzunterricht, Neuester. (9. Aufl.) Dülmen 1861. V: *Eming, Johann Heinrich.* (Rass)

Tanz-Unterricht, neuester. Nach der Natur des Tanzes u. nach ältern u. neuern Lehrern dargestellt. Ein nützliches u. nothwendiges Büchlein für alle Liebhaber, Freunde u. Feinde des Tanzes, für Eltern u. Kinder, Jung u. Alt. 13., verb. u. stark verm. Aufl. 16. (69 S.) Dülmen 878. Laumann. n. — 10

Tanz-Unterricht, neuester. Nach der Natur des Tanzes und nach ältern und neuern Lehrern dargestellt. Ein nützl. und nothwendiges Büchlein für alle Liebhaber, Freunde und Feinde des Tanzes, für Eltern und Kinder, Jung und Alt. 14. verb. und stark verm. Aufl. 16. (58 S.) Dülmen 880, Laumann'sche Verlagsh. *

Tanz-Unterricht, neuester. Nach der Natur des Tanzes und nach ältern und neuern Lehrern dargestellt. Ein nützl. und nothwend. Büchlein für alle Liebhaber, Freunde und Feinde des Tanzes, für Eltern und Kinder, Jung und Alt. „Mane, Thekel, Phares". 16. verb. und stark verm. und 17. Aufl. 16. (60 S.) Dülmen 885,87, Laumann'sche Verlagsh.

Tanz-Unterricht, neuester. Nach der Natur d. Tanzes u. nach ältern u. neuern Lehrern dargestellt. „Mane, Thekel, Phares." 18. Aufl. 16. (60 S.) Dülmen 890. Laumann. — 15

[F.] Neuester Tanz-Unterricht. Nach d. Natur d. Tanzes u. nach ältern u. neuern Lehrern dargestellt. E. nützl. u. nothwend. Büchl. f. alle Liebhaber, Freunde u. Feinde d. Tanzes ... 'Mane, Thekel, Phares.' 19. Aufl. *Dülmen i. W.: A. Laumann [1895?].* (62 S.) 1 Bd 8. [96.1157]

Neuester Tanz-Unterricht. Nach d. Natur d. Tanzes u. nach ältern u. neuern Lehrern dargest. Ein nützl. u. nothwend. Büchlein f. alle Liebhaber, Freunde u. Feinde d. Tanzes ... 21. Aufl. *Dülmen: A. Laumann (1902).* (62 S.) 8° [F.] [03. 7811 6]

TANZWUTH. Eine Krankheit. Mit Beispielen aus der Geschichte. Weimar 1813. (A.) 8⁰. (75 Pfg. Paul Neubner, Cöln, c. 1890.)

Taparelli, Luigi d'Azeglio

Taparelli, Aloys, Versuch eines auf Erfahrung begründeten Naturrechts. Aus d. Italien. übers. v. Fridolin Schöttl u. Karl Rinecker. 2 Bde. gr. 8. Regensburg 845, Manz. 3⅔ ₰

Tapeinon. Skizzen aus e. Stück Kleinleben. 2., wenig veränd. Aufl. gr. 8. (VI, 128 S.) Neusalz 876. Lange. n. 1. 50

Tapeinon. Skizzen aus einem Stück Kleinleben. 2., wenig veränd. Aufl. gr. 8. (VI, 128 S.) [Neusalz 878, Lange's Buchh.] Stuttgart, J. F. Steinkopf. *

Tapeten, e. moral. Wochenschrift. 12 Dutzend. 8. Leipz. Hertel. 733.

Tapeten; als Fortsetz. der Wochenschrift Fidibus, (v. Jh. Jak. Ebert). 8. Leipz. u. Wittenb. 771—76. ...

Tapeten, eine satyrisch-scherzhafte Wochenschrift . . . Witt. u. Leipz. 1771—77. H: *Ebert, Johann Jacob.* (BGE) (Ky) (MGT) 1771—76 (BrMm) (JL) 1771—73 H: *Ebert, J. J. & Carl Gfr. Küttner.* (ErschDL)

TAPETEN, eine satyrisch-scherzhafte Wochenschrift, von dem Herausgeber der Fidibus (Joh. Jac. Ebert [1737—1805], Carl Gottfr. Küttner [1739—89] u. Andern). 12 Dutzend od. 96 Stücke in 6 Banden. Mit 6 (einander gleichen) Titelvignetten. Wittenberg, zu finden bey Carl Christian Dürr. 1771—77. 8⁰. (Cplt. auch in Carlsruhe; 1771—76 im British Museum; in Dresden nur Dutzend 1—8 od. Bd. 1—4: Lit. Germ. rec. D. 91; schönes unbeschn. Expl. in Pappbdn.; in Berlin nur Dutzend 1—10, 1771—75: Ac 6270, 3 voll.)

Ebeling III. p. 541. Manches derb u. frei. Sehr selten complet!

TAPETEN. (Eine satyrisch-scherzhafte Wochenschrift.) Erstes bis zwölftes Dutzend. Mit Churfl. Sächs. gnädigsten Privilegio. Wittenberg zu finden bey Carl Christian Dürr 1771/73, Leipzig bey Cristian Gottlieb Hertel. 1775/77. 8⁰. In 6 Bänden. [B. VII, 589.]

Tapetenwand, die,. Lustsp. in 1 Akt von Jul. von Voß. 8. Berlin, Schmidt. 809.

Tapeten-Wandkarte, grosse, v. Mittel-Europa. 10 Bl. Revid. Ausg. 1889. Farbendr. Format 5 m : 2,70 m. Wien 890, (Artaria u. Comp.) * 50 —

Tapeten-Wand-Karte von Mittel-Europa. (Grenzen: Madrid — Sinope — Killarney — Moskau.) 10 große farbige Sectionen. Gesammtgröße: 470 × 270 *cm.* In Comm. * 25.—
Wien: Artaria 1890.

Tapeten-Zeitung. Fachblatt f. Tapeten-Fabriken u. Tapeten-Handlungen, sowie deren verwandte Hilfszweige Papier-, Farben-, Bronze-, Maschinen-, Linoleum-, Leisten-, Rouleaux-, Stuck-Fabriken u. s. w. f. Deutschland, Oesterreich-Ungarn u. die Schweiz. 1.—3. Jahrg. 1888—1890. à 24 Nrn. (B. m. Beilagen.) gr. 4. Darmstadt, Alex. Koch. à Jahrg. n. 6.—

Tapeten-Zeitung. Fachblatt f. Tapeten-Fabriken u. Tapeten-Handlgn., sowie deren verwandte Hilfszweige Papier-, Farben-, Bronze-, Maschinen-, Linoleum-, Leisten-, Rouleaux-, Stuck-Fabriken usw. f. Deutschland, Oesterreich-Ungarn u. die Schweiz. 4.—7. Jahrg. 1891—1894. à 24 Nrn. (Bog. m. Beilagen.) gr. 4. Darmstadt, Alex. Koch. à Jahrg. n. 8. —

Tapeten-Zeitung. Fachblatt f. Tapeten-Fabriken u. Tapeten-Handlgn., sow. deren verw. Hilfszweige Papier-, Farben-, Bronze-, Maschinen-, Linoleum-, Leisten-, Rouleaux-, Stuck-Fabriken usw. f. Deutschland, Oesterreich-Ungarn u. die Schweiz. 8.—11. Jahrg. 1895—1898. à 24 Nrn. (à ca. 12 S.) gr. 4. Darmstadt, A. Koch. à Jahrg. n. 8. —; einz. Nrn. n. — 50
Kann auch halbjährlich bezogen werden.

Tapeten-Zeitung. Fachblatt f. Tapeten-Fabriken u. Tapeten-Handlungen, sowie deren verwandte Hilfszweige Papier-, Farben-, Bronce-, Maschinen-, Linoleum-, Leisten-, Rouleaux-, Stuck-Fabriken u. s. w. f. Deutschland, Oesterreich-Ungarn u. die Schweiz. Red.: Max Roestel. 12.—15. Jahrg. 1899—1902. à 24 Nrn. gr. 4. (à ca. 12 S. m. Abb.) Darmstadt, A. Koch. à Jahrg. n. 8.—

Tapeten-Zeitung. Fachblatt f. Tapeten-Fabriken & Tapeten-Handlgn., sowie deren verwandte Hilfszweige Papier-, Farben-, Bronce-, Maschinen-, Linoleum-, Leisten-, Rouleaux-, Stuck-Fabriken u. s. w. f. Deutschland, Oesterreich-Ungarn u. die Schweiz. Red.: Hans Winterfeld. 16.—18. Jahrg. 1903—1905. à 24 Nrn. (III, 422; III, 532 u. IV, 604 S.) gr. 4. Darmstadt, Verlags-Anstalt A. Koch. à Jhrg. n. 8.—

— dasselbe. Offizielles Vereins-Organ des „Vereins deutscher Tapeten-Fabrikanten" usw. Red.: Hans Winterfeld. 19. Jahrg. 1906. 36 Nrn. (V, 766 S. m. Abbildgn.) gr. 4. Ebd. n. 8.—

Tapeten-Zeitung. Fachblatt f. Tapetenfabriken u. Tapetenhandlgn., sowie derenverwandte Hilfszweige: Linoleum-, Linkrusta-, Papier-, Farben-, Bronze-, Maschinen-, Leisten-, Rouleaux-, Stuck-Fabriken usw. Hrsg.: Alex. Koch. Verantwortlich i. V.: Fr. Stanger. 20.—23. Jahrg. 1907—1910. à 36 Nrn. (à ca. 18 S. m. Abbildgn.) Lex. 8. Darmstadt, Verlags-Anstalt A. Koch. 20. Jahrg. 8.—; 21.—23. Jahrg. à 10.—

Tapezereyen, königl. französische, od. überaus schöne Sinnbilder, in welchen die vier Elemente sammt den vier Jahreszeiten vorgestellt werden. [J. U. Krauss in Augsburg 1687.] Fol. (8 Lichtdr.-Taf.) Wien 886. Schroll & Co. In Mappe. n. 18.—

Tapezierer, der, ein Hülfsbüchlein für die, welche tapezieren lassen, oder ihre Zimmer auf eine gute u. billige Art selbst tapezieren wollen. 8. Leipz. 829. Frohberger. 4 gGr.

Tapezierer, der, od. vollständ. Unterr. im Tapezieren mit Papier-Tapeten, f. Professionisten u. Privatpersonen, nebst e. Darstellung d. gegenwärt. Zustandes d. Tapeten-Fabrikation. 2. Ausg. gr. 8. (4 B.) Breslau 833, Hentze.

Tapezirer, der elegante, Zimmerverzierungen im modernsten Geschmacke. — Le Tapissier élégant. Décorations pour appartements de goût. Nach Osmonts u. dess. Nachfolger Methode zu Paris. 1. Samml. 1—4. Hft. Mit (à 8) col. Kpfrtaf. qu. ½ Fol. Augsburg 838—40, Rieger'sche Buchh. à *

Tapezierer, der moderne, s. Schneider, Carl.

Tapezierer, der moderne. Sammlung der neuesten Muster und Möbeln, Gardinen, Vorhängen, Ofen- und Bettschirmen, Draperien, Zimmer-Einrichtungen ꝛc. Hrsg. von Carl Schneider. 1—11. Lfg. Fol. (à Lfg. 6 Stnt.) Berlin 857—60, Th. Grieben. à Lfg. * 20 Ngr. *
ill. à Lfg. * 1 Thlr. *

Tapezierer, der moderne. Sammlung der neuesten Muster von Möbeln, Gardinen, Vorhängen, Ofen- und Bettschirmen, Draperien, Zimmer-Einrichtungen ꝛc. Hrsg. von Carl Schneider. 12. Lfg. Fol. (6 Stnt.) Berlin 863, Grieben. * 20 Ngr.; ill. *

—— dass. — Hrsg. von Carl Schneider. Fortgesetzt von Ferd. List. 13.—24. Lfg. (Neue Folge. 1.—12. Lfg.) Fol. (à Lfg. 6 Stnt.) Ebendas. 863—65. à Lfg. * 20 Ngr. *

Tapezierer u. Dekorateur, der süddeutsche. Illustrierte prakt. Fachzeitschrift f. die gesamten Interessen der Tapezierer, Dekorateure, Möbel- u. Polsterwarengeschäfte, der Posamenten-, Textil-, Tapeten- u. Linoleumbranchen sowie der verwandten Geschäftszweige. Unter Mitwirkg. hervorrag. Fachmänner hrsg. u. red. v. Leonh. Heilborn. Mit Beilage: Gute Unterhaltg. 1. u. 2. Jahrg. 1905 u. 1906. à 24 Hefte. (480 u. 500 S. m. farb. Taf. u. Detailbog. u. 192 u. 192 S. m. Abbildgn. in gr. 8.) gr. 4. Stuttgart, Greiner & Pfeiffer. à Jhrg. n. 8.—

Tapezierer u. Dekorateur, der süddeutsche. Illustrierte praktische Fachzeitschrift f. die gesamten Interessen der Tapezierer, Dekorateure, Möbel- u. Polsterwarengeschäfte, sowie der verwandten Geschäftszweige. Unter Mitwirkg. hervorrag. Fachmänner hrsg. u. red. v. Leonh. Heilborn nebst illustr. Beiblättern: Südd. Sattler u. Südd. Möbelindustrie. 3.—6. Jahrg. 1907—1910. à 24 Hefte. (668, 664, 748 u. 752 S. m. 45, 71, 62 u. 49 z. Tl. farb. Taf.) 36,5×27 cm. Mit Beilage: Gute Unterhaltg. (à 8 S. m. Abbildgn.) gr. 8. Stuttgart, Greiner & Pfeiffer. à Jahrg. 10.—

Tapezierer-Vorlagen. Vorbilder für die Praxis. Zusammengestellt aus der illustrirten Fachzeitschrift „Die Mappe" von Fr. Nauert. 1.—8. Serie. gr. 4. Leipzig 885, (Scholtze.) [1. Serie. (15 Taf.) * M 1.80.; 2. Serie. (14 Taf.) * M 1.80.; 3. Serie. (13 Taf.) * M 1.60.; 4. Serie. (11 Taf.) * M 1.50.; 5. Serie. (7 Taf.) * M 1.—; 6. Serie. (5 Taf.) * 60 Pf.; 7. Serie. (4 Taf.) * 60 Pf.; 8. Serie. (3 Taf.) * 40 Pf.] *
Vergriffen.

Tapezierer-Zeitung. Illustrirtes Fach-Organ f. das deutsche Tapezierer-Gewerbe. Correspondenzblatt f. sämmtliche Kranken- u. Sterbe-Kassen der deutschen Tapezierer. Red.: R. Sander. 3.—5. Jahrg. 1887—1889. à 24 Nrn. (B. m. Beilagen.) Imp.-4. Berlin. (Hamburg, Jensen & Co.) à Jahrg. n. 6.—

Tapezierer-Zeitung, allgemeine. Organ zur Vertretg. der gewerbl. Interessen der Tapezierer Deutschlands. Illustriertes Fachorgan. Redact.: Thdr. Meyer. 1. u. 2. Jahrg. 1889 u. 1890. à Jahrg. 52 Nrn. (à Nr. 2 Bog.) Fol. Hamb., (Jensen u. Comp.). à Jahrg. * 6 —

Deutsche Tapezierer-Vereinigung. 'Allgemeine **Tapezierer-Zeitung**'. Organ f. d. Gesamtinteressen d. Tapezierer, Dekorateure u. verwandten Gewerbe Deutschlands. Verantwortl. Red.: S[imon] Feder. Jg. 1. Berlin: Deutsche Tapezierer-Vereinigung 1902. 4° [07. 15807]

—— deutsche. Illustrirte Fachzeitschrift für Tapezierer, Dekorateure, Polsterer, Möbelfabrikanten und -Händler und verwandte Berufszweige. Correspondenzblatt für den deutschen Tapezierer-Bund (Innungs-Verband), Organ der Berliner Tapezierer-Innung. Mit ca. 24 Kunstbeil. und der Gratisbeilage: Mode und Handarbeit. gr. 4. VI. Jahrg. 1888. 12 Nrn. Berlin, Expedition. *
Mit der Deutschen Sattler-Zeitung (s. d.) zusammen *

— deutsche. Illustrirte Fachzeitschrift f. Tapeziere, Dekorateure, Polsterer, Möbelfabrikanten u. -Händler, Posamentiere u. verwandte Berufszweige, sowie f. die Interessen d. gesammten Tapezierer- u. Dekorations-Gewerbes. Red. v. Rich. Schoch. Hrsg. v. E. F. W. Berg. 8. Jahrg. 1890. 12 Nrn. gr. 4. (Nr. 1: 30 S. m. 2 Beilagen.) Berlin, Exped. Halbjährlich n. 3.50; große Ausg. m. 4 Beilage-Mappen, enth. je 6 z. Tl. farb. Taf. in gr. Fol. halbjährlich n. 5.—; m. der Sattler-Zeitg. zusammen kleine Ausg. n. 5.—; große Ausg. n. 6.50

Tapezierer-Zeitung, deutsche. Illustrirte Fachzeitg. f. Tapezierer, Dekorateure, Polsterer, Möbelfabrikanten- u. -Händler, sowie verwandte Berufszweige, ferner Organ f. die Interessen d. gesammten Tapezierer- u. Dekorations-Gewerbes. Correspondenzblatt f. den deutschen Tapezierer-Bund, Vorort Leipzig. Organ der Berliner Tapezierer-Innung. Red. v. Rich. Schoch. 9.—12. Jahrg. 1891—1894. à 24 Nrn. (à 2¼ Bog. m. Beilagen.) gr. 4. Berlin, E. F. W. Berg. Halbjährlich n. 3.50; große Ausg. m. 4 Beilage-Mappen, enth. je 6 z. Tl. farb. Taf. in gr. Fol. Halbjährlich n. 5.—; m. der Sattler-Zeitg. zusammen kleine Ausg. n. 5.—; große Ausg. n. 6.50

Tapezierer-Zeitung, deutsche. Illustr. Fachzeitg. f. Tapezierer, Dekorateure, Polsterer, Möbelfabrikanten u. -Händler, sow. verw. Berufszweige, ferner Organ f. d. Interessen d. ges. Tapezierer- u. Dekorations-Gewerbes. Correspondenzblatt f. d. deutschen Tapezierer-Bund, Vorort Leipzig. Organ d. Berliner Tapezierer-Innung. Red. v. Rich. Schoch. 13.—16. Jahrg. 1895—1898. à 24 Nrn. (à ca. 24 S. m. Taf.) gr. 4. Berlin (Berg & Schoch). à Jahrg. n. 7.—; große Ausg. m. 4 Beilage-Mappen, enth. je 5—6 z. Tl. farb. Taf. in gr. Fol. u. gr. 4 u. 2 Schnittmuster. à Jahrg. n. 10.—; m. der Sattler-Zeitg. zusammen, kleine Ausg. n. 10.—; große Ausg. n. 15.—

Tapezierer-Zeitung, deutsche. Illustrirte Fachzeitg. f. Tapezierer, Dekorateure, Polsterer, Möbelfabrikanten u.-Händler, sowie verwandte Berufszweige, ferner Organ f. die Interessen des gesammten Tapezierer- u. Dekorations-Gewerbes. Korrespondenzblatt für den deutschen Tapezierer-Bund. Vorort Berlin. Organ der Berliner Tapezierer-Innung. Red. v. Rich. Schoch. 17. u. 18. Jahrg. 1899 u. 1900. à 24 Nrn. gr. 4. (à ca. 40 S. m. Taf.) Berlin, Berg & Schoch. à Jahrg. n. 7.—; große Ausg. m. 4 Beilage-Mappen, enth. je 5—6 z. Tl. farb. Taf. in gr. Fol. u. gr. 4 u. 2 Schnittmuster. n. 10.—; m. der Sattler-Zeitg. zusammen, kleine Ausg. n. 12.—; große Ausg. n. 15.—

— dasselbe. 19. u. 20. Jahrg. 1901 u. 1902. à 24 Nrn. gr. 4. (à ca. 40 S. m. Taf.) Ebd. à Jahrg. n. 8.—; große Ausg. m. 4 Beilage-Mappen, enth. je 5—6 z. Tl. farb. Taf. in gr. Fol. u. gr. 4 u. 2 Schnittmuster. n. 12.—; m. der Sattler-Zeitg. zusammen, kleine Ausg. n. 14.—; große Ausg. n. 17.—

Tapezierer-Zeitung, deutsche. Organ f. Intelligenz u. Fortschritt in der Tapezierer-, Polster- u. Dekorations-Kunst. Red. v. Rich. Schoch. 21.—24. Jahrgang. 1903—1906. à 24 Hefte. (à ca. 44 S. m. Abbildgn. u. Taf.) gr. 4. Berlin, Berg & Schoch. à Jhrg. n. 8.—; große Ausg. m. 4 Beilage-Mappen in gr. Fol. u. 2 Schnittmustern. à Jhrg. n. 12.—; m. der Sattler-Zeitung zusammen, kleine Ausg. n. 14.—; große Ausg n. 17.—

Tapezierer-Zeitung, deutsche. Schreinerkunst. Organ für Intelligenz u. Fortschritt in der Tapezierer-, Polster- u. Dekorations-Kunst. Red. v. Rich. Schoch. 25.—28. Jahrg. 1907—1910. à 52 Hefte. (1476, 1648, 1774 u. 1804 S. m. Abbildgn. u. Taf.) 31,5×24,5 cm. Berlin, Berg & Schoch. à Jahrg. 8.—; große Ausg. m. 4 Beilage-Mappen in gr. 4. u. 2 Schnittmustern, 12.—

Tapezierkunst, die. 1.—4. Lfg. Fol. (à 8 Chromolith.) Berlin 887—890. Wasmuth. In Mappe. à n. 20.—

Tapezierkunst, die. 5.—7. Lfg. gr. Fol. (à 8 farb. Taf.) Berlin 892. E. Wasmuth. In Mappe. à n. 20.—

Tapezierkunst, die. Vorlagen f. Decoration u. Moeblirg. mod. Herren- u. Damenzimmer, Salons, Schlafzimmer, Arbeitszimmer, Erker u. s. f. in allen Stilen. 8.—10. (Schluss-) Lfg. gr. Fol. (à 8 farb. Taf. m. 3 Bl. Text.) Berlin 895. E. Wasmuth. In Mappe à Lfg. n. 20.—

Tapfer, Anton

— christl. Andenken an den Prof. Ant. Tapfer in St. Luci zu Chur. 12.
Landshut: Thomann 1835.

Tapfer, Ant., Abhandlung üb. d. gemischten Ehen, betrachtet in ihrer Natur, Folgen u. verschiedenart. Beziehungen. 12. (.. B.) Landshut ..., Thomann'sche Buchh.

—— octo beatitudines. 16. (..B.) Landishuti 831, libr. Thomann.

Tapfer, A., Octo beatitudines. Kempten, Kösel, 1836, 8°, 50 S., 45 Pf.

—— analyt.-literal. expositio in eruenti missae sacrificii secund. ritum romanum. II. edit. retract., emend. et aucta. 8. (.. B.) Landishuti 835, libr. Thomann.

Tapfer, Anton: Liber psalmorum apertus. Pars I.–III. Kempten. Kösel 1834. 282 S. 8°

—— Liber psalmorum apertus. Part. I—III. 8maj. (..B.) Landishuti 834, libr. Thomann.

Tapfer, A., Littera epistolae ad Romanos. Kempten, Kösel, 1835, 8°, 80 S., 70 Pf.

—— Litera epistolae ad Romanos. 8maj. (.. B.) Landishuti 835, libr. Thomann.

— Loci obscuri psalmodiae et liturgiae dilucidati etc. Ebenda., 1836, 8°, 36 S., 15 Pf.

—— Legitima concionandi methodus. 16. (1 B.) Landishuti 836, libr. Thomann.

Tapfer, A., Paraphrasis s. Evangelii secundum Joannem. Kempten, Kösel, 1835, 8°, 204 S., 1,55 Mk.

—— Paraphrasis sancti evangel. secund. Joannem. 8maj. (.. B.) Landishuti 835, libr. Thomann.

Tapfer, Ant., Philosophia moralis systematica. 8maj. (16 B.) Friburgi Helvet. 832. (Lindau, Kranzfelder.)

—— Philosophia moralis systematica. 8maj. (16 B.) Landishuti 835, libr. Thomann.

—— Philosophia moralis systematica. Opus secund. Ps. I. et II. 8maj. (..B.) Landishuti 835, libr. Thomann.

Tapfer, Anton. Rede bei Beerdigung des... Bischofes von Chur und St. Gallen Carl Rudolph [von Buol-Schauenstein] vorgetragen. 8. Chur 1833.

—— Rede bei Beerdigung d. Fürsten u. Bischofs v. Chur u. St. Gallen Carl Rudolph. 8. (..B.) Landshut 833, Thomann'sche Buchh.

Tapfer, Anton. Rede bei der Beerdigung des am 27. Dez. 1830... entschlafenen... Gottfried Purtscher, Regens des bischöfl. Seminariums bei St. Luzi, vorgetragen am 29sten Dezember 1830.... [zu St. Luzi].... [Mit 1 Tafel.] 8. Chur 1831.

—— Rede bei d. Beerdigung d. Hrn. Gtfr. Purtscher, Regens d. bischöfl. Seminars bei St. Luci. 8. (..B. u. 1 Kpfr.) Landshut 831, Thomann'sche Buchh.

—— wörtlicher Sinn der Lauretanischen Litaney, nach d. latein. Texte. 8. (7½ B.) Lichtensteig 828, Kappler. (Leipzig, Schmidt.)

Tapfer, W(ilhelm), Postinspektor zu Berlin: Die deutschen Privat-Stadtposten. o. O. (1908). 67 S. 8°
Königsberg, Phil. Diss. v. 15. Dez. 1908, Ref. Diehl, Gerlach
[Geb. 18. Nov. 75 Berlin; Wohnort: Berlin; Staatsangeh.: Preußen; Vorbildung: Friedrichs-Realgymn. Berlin Reife O. 94; Studium: Berlin 6, Königsberg 6 S.; Rig. 24. Juni 08.] [U 09. 3421

Tapferkeit d. Märkischen Adels, od. d. v. Joachim I. zu Ruppin gehaltene Turnier ɪc. 4. Frankf. 728.

Tapferkeit, Die alte, gepriesen an denen jenigen aus der Gemeine Richteschweil . . . O. O. 1712. V: *Orelli, Daniel.* (Cat. d. Stadtbibl. Zürich. Zürich 1864—97.)

Tapferkeit, die von dem Glück belohnte,. 8. Nrnb. 751.

Tapia, D. de, confessonario mas lato y mas breve en lengua cumanagota, s.: Obras, algunas, raras sobre la lengua cumanagota.

Tapis d'Orient. Publié par le musée commercial J R Autrichien. (43. 22 S 150 T) grfol Vienne 1892

Tapisserist, der. Zeitschrift f. die Interessen der Tapisserie u. verwandten Branchen. Red.: Walth. Plessner. Jahrg. 1901. April—Dezbr. 18 Nrn. gr. 4. (à ca. 10 S. m. Abb) Berlin, C. M. A. Müller & Co. n. 4.50

— dasselbe. 2. Jahrg. 1902. 24 Nrn. gr. 4. (à ca. 12 S. m. Abbildgn.) Ebd. n. 6.—

Tapisserist, der. Zeitschrift f. die Interessen der Tapisserie u. verwandten Branchen. Red.: Walth. Plessner. 3.—5. Jahrg. 1903—1905. à 24 Nrn. (290, 291 u. 290 S. m. Abbildgn.) gr. 4. Berlin-Rixdorf [C. M. A. Müller & Co.]. Darmstadt, Verlagsanstalt A. Koch. à Jhrg. n. 8.—

— dasselbe. 6. Jahrg. Jan.—Sept. 1906. 24 Nrn. (à ca. 12 S. m. Abbildgn.) gr. 4. Ebd. n. 8.—

Tapisserie-, Spitzen- u. Posamenten-Zeitung. Zentral-Organ f. Fabrikanten, Künstler u. Händler. Hrsg.: Alex. Koch. Red.: A. Jaumann. 7. Jahrg. v. „Der Tapisserist". Oktbr. 1906—Septbr. 1907. 24 Hefte. (360 S. m. 172 Abbildgn.) Lex.-8. Darmstadt, Verlags-Anstalt A. Koch. n. 8.—

Tapisserie- u. Stickerei-Zeitung. Zentral-Organ f. Fabrikanten, Künstler u. Händler. Hrsg.: Alex. Koch. Red.: H. Lang. 8. u. 9. Jahrg. Oktbr. 1907—Septbr. 1909. à 24 Hefte. (à ca. 16 S. m. Abbildgn.) Lex. 8. Darmstadt, Verlags-Anstalt A. Koch. à Jahrg. 8.—
Fortsetz., s.: Stickerei-Zeitung.

Tapken, Anton

Tapken, A., Anleitung zur Geburtshilfe. Ein Ratgeber bei der Trächtigkeit und Geburt unserer Haustiere für Landwirte. 8. (VI, 50 S. mit 16 Abbild.) Varel 887, Bültmann und Gerriets Nachf. *M 1.60.; cart. *

Tapken, A[nton]: Geburtshilfe. F. Landwirte bearb. 2., neubearb. u. verm. Aufl. M. 32 Textabb. Berlin: P. Parey 1899. (VIII, 158 S.) 8°
= Thaer-Bibliothek. Bd 99.

Geburtshilfe. Für Landwirte bearb. von A[nton] **Tapken.** 3., verb. u. verm. Aufl. Mit 33 Textabb. Berlin: P. Parey 1908. (VIII, 167 S.) 8° [Ž.]
= **Thaer-Bibliothek.** Bd 99. [08. 3307

— Die Geburtshilfe beim Rind, s.: Handbuch d. tierärztl. Chirurgie u. Geburtshilfe. (Bruin, M. G. de.)

Tapken, A., Über Geburtshilfe beim Schwein. S.-A. (31 S.) Leipzig 93. Felix. M. 1.50

Tapken, A, üb. Geburtshilfe beim Schwein, s. a. Vorträge, thiermedizinische. III, 3.

Tapken, Johannes, pr. Tierarzt: Beitrag zur Kenntnis der Eitererreger des Pferdes. Hannover: Schaper 1909. 80 S. 8°
Gießen, Veterinär-Med. Diss. v. 12. Okt. 1909, Ref. Olt
[Geb. 13. Jan. 83 Varel; Wohnort: Varel; Staatsangeh.: Oldenburg: Vorbildung: Realgymn. Osnabrück Reife O. 01; Studium: Gießen 3, Berlin Tierärztl. Hochsch. 1, Münster 2, Berlin Tierärztl. Hochsch. 3 S.; Rig. 9. Juli 09.]
[U 10. 1260

TAPLA, Theodor
Grundzüge der niederen Geodäsie von Theodor Tapla. I. Methoden und Dispositionen (Dispositionslehre). Mit 9 lithographirten Tafeln. Leipzig und Wien. 1901. Deuticke. Gr.-8°. 58 S. K 3.—

Tapla, Thdr., Grundzüge der niederen Geodäsie. I. u. II. gr. 8. Wien, F. Deuticke. 12.—
I. Methoden u. Dispositionen (Dispositionslehre). 2., verb. Aufl. (VII, 60 S. m. 11 Taf.) 910. 3.—
II. Instrumentenkunde. (VIII, 279 S. m. 25 lith. Taf.) 908. 9.—

Tapla, Thdr., Grundzüge der niederen Geodäsie. III. Kartierung. Mit 14 lith. Taf. (VII, 107 S) gr. 8. Wien 906. F. Deutioke. n. 3.50
I. Ebd. 901. n. 2.50.

Tapla, Thdr., geodät. Constructionen u. Berechngn. Directiven für die Herstellg. kleinerer geodät. Elaborate aus Feld-Daten u. f. d. Berechng. einf. Dreiecks-Systeme. gr. 8. (V, 87 S. m. 14 lith. Taf.) Wien 895. F. Deuticke. n. 3.—

Tapla, Thdr., Leitfaden f. den Unterricht im geometrischen u. projectiven Zeichnen. Mit Rücksicht auf die Bedürfnisse der gewerbl. Praxis u. e. sehr beschränkte Unterrichtszeit. Nach dem am Hausindustrie-Curse d. technolog. Gewerbe-Museums eingehaltenen Lehrgange bearb. Mit 7 lith. (z. Thl. farb.) Taf. Mit Unterstützg. d. k. k. Ministerium f. Cultus u. Unterricht hrsg. vom technolog. Gewerbe-Museum. Lex.-8. (VI, 52 S.) Wien 883. Graeser. n. 1.92

— Leitfaden f. d. Unterricht im geometrischen u. projectiven Zeichnen. M. Rücksicht auf d. Bedürfnisse d. gewerbl. Praxis u. e. sehr beschränkte Unterrichtszeit. Nach d. am Hausindustrie-Curse d. k. k. technolog. Gewerbe-Museums eingehalt. Lehrgange bearb. M. Unterstützg. d. k. k. Ministeriums f. Cultus u. Unterricht hrsg. v. k. k. technolog. Gewerbe-Museum. 2., unveränd. [Titel-] Aufl. M. 7 lith. Taf. gr. 8. (VI, 52 S.) Wien (883) 898. C. Graeser & Co. n.n. 1.92

Tapla Th., die Messtisch-Praxis. (30 S 5 T) Wien 1895

— d. Meßtisch-Praxis. Leitfaden f. e. ration. Durchführg. d. wichtigsten Meßtisch-Operationen. gr. 8. (IV, 31 S. m. 5 Taf.) Wien 896. F. Deuticke. n. 1.50

— Vademeoum d. darstell. Geometrie. Für Schüler gewerbl. Lehranst., f. Schüler u. Absolventen d. Gymnasiums, sowie f. Praktiker. m. 344 Fig. auf 39 Taf. gr. 16. (XIII, 163 S.) Wien 898. C. Fromme. Kart n 5.—

— Vademekum der darstellenden Geometrie. Für Schüler gewerbl. Lehranstalten, f. Schüler u. Absolventen des Gymnasiums sowie f. Praktiker. 2., durchgeseh. Aufl. (XII, 182 S. m. 344 Fig. auf 39 Taf.) 8. Wien 909. C. Fromme. Kart. 5.—

Taplau [Schlagwort]

Taplau, s.: Deutschland. Kürschner-Peip.

Taplin, William

Taplin, Will., Vollst. Pferdearzneibuch od. Stallmeister od. neuere Rossarzneikunde, nebst einem Anhang über die Hundeseuche. 1797. 2 Teile. 8°. Leipzig. E. Fleischer. N. A. 1804. Aus dem Engl. v. S. Hahnemann. (Richm, Basel.) M. 4.20

Taplin, W., vollständ. Pferdearzneibuch od. Stallmeister; aus d. Engl. mit Anmerkk. v. G. Hahnemann. 2 Thle. 8. Leipz. 797 u. 798. N. A. 804. Cr. Fleischer. 1 ₰ 12 g̃

[F.] Tapolski, William [aus Danzig]: Der Kaffeeterminhandel ... Hamburg, L. Gräfe & Sillem, 1896; 56 S. 8.
Heidelberg, Phil. Fak., Inaug.-Diss. v. [19. Juni] 1896

Taponier, Augustin

Taponier, A. Bavière et Tyrol. Notes sur l'Allemagne du Sud. In-8°. 364 p. Fribourg (Suisse), Librairie de l'Université. 1892. 3 50

Taponier, [Augustin]. Voltaire et Frédéric-le-Grand. (Mélanges Soc. Helvét. St-Maurice. [Vol.] 1.) 8. Fribourg 1895.

Taponier, [Augustin]. (Louis) Windthorst (1812–[1891]). (Mélances Soc. Helvét. St-Maurice. [Vol.] 1.) 8. Fribourg 1896.

Tapp, J.: De resurrectione Christi. Helmst. 1738. 4°

v. Tapp-Ehrenschild. Das 1. grossherzogl. badische Leib-Grenadier-Reg. [jetzt Königl. preuss. 1. bad. Leb-Grenad.-Reg. Nr. 109] im Feldzuge. 1870—1871. [1. u. 2. Aufl.] Mit 1 Krt., 10 Skizzen. (196) 8. Karlsruhe 1875. 6.00.

Tappan, H. P., Abraham Lincoln. Rede bei der Gedächtnißfeier in der Dorotheenkirche zu Berlin, 2. Mai 1865, gehalten. Autoris. Uebersetzung. Frankfurt a. M. 865. Keller. gr. 8. (IV, 36 S.) n. 4 ngr

Tappe, Alfred, approb. Arzt, aus Neheim a. d. Ruhr: Zur pharmakologischen Kenntniß einiger Kondensationsprodukte des Chlorals. *Lüdenscheid (1903): W. Crone jr.* (51 S.) 8°
Bonn, Med. Diss. v. 16. Dez. 1903

Tappe, (Dietrich) August Wilhelm

— neues Russ. Elementarbuch für Deutsche, enthalt. Sentenzen u. Maximen, Fabeln u. Anekdoten, e. geograph.-statist. Uebersicht Rußlands, e. Komödie im Ausz., u. Bruchstücke aus Karamsins Schriften, durchaus accentuirt, nebst Uebersetzungen, Wörtern u. Phraseologien 2c. 2e Abtheil. der Russ. Sprachlehre. 8. St. Petersb. u. Riga 810. 2e A. 811. 3e A. 812. 4e A. ... 5e A. 818. 6e A. 823. 7e A. 826. (Arnold in Dresd.) 18 g̃

— neues Russisches Elementar-Lesebuch für Deutsche 2c., als 2r Theil der Sprachlehre. 5te Aufl. gr. 8. (Dresden, Arnold.) 820. — 18

Tappe, Aug. Wilh., neues russisches Elementar-Lesebuch f. Deutsche. Als 2. Thl. v. dess. „Sprachlehre." 7., unveränd. Aufl. gr. 8. (8½ B.) Riga 826, Deubner. (Dresden, Arnold.)
Dess. „Sprachlehre 2c.", vgl. unten.

—— Geschichte Rußlands, nach Karamsin. A. d. Urschrift deutsch bearb., u. mit vielen Anmerkn., als Erläuterungen u. Zusätzen, begleitet. 2 Thle. gr. 8. (43 B.) Dresden 828, 31, Arnold.
Der 2. Thl. nach dem Tode d. Verf. hrsg. v. E. v. Goldbach.

— vom Göttlichen u. Ewigen im Menschen, oder vom Reiche Gottes auf Erden; drei religiöse Reden. gr. 8. St. Petersb. u. Riga 815. 2e unveränd. Aufl. Ebd. u. Dresd. 819. 3e A. 823. Arnold. 10 g̃

— erstes Russ. grammat. Lesebuch üb. die Formenlehre, oder: Russ. Uebersetzungen der deutschen Aufgaben nach den Hauptlehren der Grammatik in d. Sprachlehre. Als Anh. zur 3n Aufl. des Russ. Elementar-Lesebuchs für Deutsche. gr. 8. St. Petersb. 812. 5e A. 818. 6e A. 826. ...

— Russ.-histor. Lesebuch, aus Karamsins Geschichte Rußlands. Mit Worterklärung u. Redensarten in deutscher u. französ. Sprache. 1e u. 2e Abtheil. gr. 8. Riga u. Leipz. 819. 2e A. auch unt. d. T.: tableau abrégé de l'histoire de Russie etc., Geschichte Rußlands v. Karamsin, im Auszuge. Ein histor. Lesebuch für Schul- u. Selbstunterricht, mit Worterklärr. u. Redensarten in deutscher u. französ. Sprache. Als 3r Thl. zur 5n Aufl. der Russ. Sprachlehre. gr. 8. Riga 825. Deubner. (Dresd., Arnold). 2 ₰ 22 g̃

— russisches histor. Lesebuch, aus Karamsins Geschichte Rußlands. Mit Worterklärung u. Redensarten in deutscher u. franz. Sprache; als 3r Theil d. Sprachl. In 2 Bden. gr. 8. (Ebend.) 820. 3 —

—— Geschichte Rußlands im Auszuge, als 3. Thl. d. Sprachlehre, s. Karamsin, N. M. de, Tableau etc.

Tappe, (Dietr.) Aug. Wilh., Predigt von der Unzertrennlichkeit des Glaubens u. der Tugend; e. Preisschrift. 8. Götting. 802. Schröder. 3 g̃

Tappe, (Dietr.) Aug. Wilh., († d. 3. April 1830.) Diss. theol. de regno Dei, a Jesu servatore nostro in terris condito, quae ejus sit ratio et quousque vigeat nostris temporibus? 8. Dorpat 815. N. A. 8maj. St. Petersb. 819. (Arnold in Dresd.) 6 g̃

Tappe, A. W., de regno Dei, a Jesu servato Dissert. theol. gr. 8. Petersburg, Gräff. 819. — 4

— über Scheintodte. 8. Erfurt 798.

— neue theoret.-prakt. Russ. Sprachlehre f. Deutsche, mit vielen Beispielen als Aufgaben zum Uebersetzen 2c. gr. 8. St. Petersb. u. Riga 810. Auch mit d. besond. Titel: neues Russ. Elementar-Lesebuch 2c., als 2e Abtheil. der Russ. Sprachlehre. 2e verm. Aufl. 812. 3e A. nebst d. Elementar-Lesebuche. 3e A. 812. Nebst den ersten Russ. grammat. Lesebuche üb. die Formenlehre 2c. 4e A. ... 5e Aufl. 818. Die Grammatik 2c. u. das Elementar-Lesebuch, als 2r Thl. der Russ. Sprachlehre mit slawonischen Schriftstellen vermehrt. 818. Noch verm. mit d. Russ.-histor. Lesebuche aus Karamsins Geschichte Rußlands. 819. Auch mit französ. u. deutsch. Titel. Die Grammatik 2c. u. neues Russ. Elementar-Lesebuch 2c. 6e A. gr. 8. St. Petersb. u. Riga 823. Deubner. 2 ₰ 12 g̃ Vergl. die einzelnen Abtheilungen.

— neue theoret.-prakt. russische Sprachlehre f. Deutsche, mit vielen Beyspielen als Aufgaben zum Uebers. 2c. 5te Aufl. gr. 8. (Ebend.) 820.

—— neue theoret.-prakt. russ. Sprachlehre f. Deutsche, mit vielen Beispielen zum Uebersetzen, nebst e. Abrisse d. Geschichte Rußlands bis 1826. (1. Thl.) 6., verb. u. verm. Aufl. gr. 8. (22 B.) Riga 826, Deubner. (Dresden, Arnold.)
2. Thl., vgl. oben dess. „Elementar-Lesebuch 2c." — 3. Thl., vgl. Karamsin, N. M. de, Tableau.

Tappe, Aug. Wilh., neue theoret.-prakt. russ. Sprachlehre f. Deutsche, mit vielen Beispielen, als Aufgaben z. Uebersetzen aus d. Deutschen in d. Russische u. aus d. Russischen in d. Deutsche, nach d. Hauptlehren d. Grammatik, nebst e. Abrisse d. Gesch. Rußlands bis 1835. 7., verb. u. verm. Aufl. (Mit e. Vorw. v. Böttiger, u. d. 2 Anh.: Erstes russ. grammat. Lesebuch, üb. d. Formenlehre. — Neues russ. Elementar-Lesebuch f. Deutsche. 8. unveränd. Aufl.) gr. 8. (33½ B.) St. Petersburg 835. (Leipzig, Hinrichssche Buchh.)

Tappe, August Wilhelm, s. Swinin, P. v.: Untrügl. Heilmittel wider d. Biß toller Hunde.

— Tugendlehren für Kinder, in kurzen Sätzen u. Versen. 12. St. Petersb. 812.

— Progr. Ueber den Ursprung, Begriff u. Werth e. gründl. Anthropologie. 8. Wiburg 806.

— Diss. theolog. de usu ac ratione dictionis anthropopaticae in scriptura sacra. 8. Dorpat 815, (nicht 1835, wie auf d. Titel steht). (19 S.)

— Worte aus d. Buche d. Bücher, oder über Welt u. Menschenleben. Niedergeschrieben v. Fürsten N. 8. Dresd. 824, (Arnold.)
Vgl. W o r t e ...

Tappe, Erich, Kammergerichts-Ref. aus Berlin: Die s. g. irregulären Personal-Servituten nach Gemeinem Recht, unter besonderer Berücksichtigung des Bürgerlichen Gesetzbuches für das Deutsche Reich. *Berlin 1899: Nauck.* (42 S.) 8° [F.]
Erlangen, Jur. Diss. v. 14. Nov. 1899

Tappe, Fr., wie erzieht man die Schüler durch d. Unterricht zur Selbstthätigkeit, s.: Lehrer-Prüfungs- u. Informations-Arbeiten. Hft. 20.

Tappe, Kaspar H.

Tappe, Ksp. H., das Bild v. Atma, od. Grundlinien der Zeichenkunst. Mit 12 Steindrucktaf. qu. Fol. Essen 824. Bädeker. 20 gr

— Elemente des Zeichnens, vorzügl. des Landschaftszeichnens. qu. 4. Essen u. Duisb. 817. (Bädeker). 1 ♂

— Punkte, oder Anfangsgründe im Zeichnen. Mit 12 Steint. gr. 4. Essen 825, Bädeker.

Tappe, Kaspar H., s. T a p p e , Wilhelm: Allgem. erste Übungen ...

Tappe, C. H., Uebungen im Schreiben. 5 Stntaf. (u. 1 Bl. Text.) ½ Fol. Barmen 838, Langewiesche.

— erster Unterricht im Figurenzeichnen. Mit 9 Steint. qu. Fol. Essen 825, Bädeker.

Tappe, L., Zeugnisse v. Christo. Predigten. Ausgewählt u. hrsg. v. Fr. Witten. gr. 8. (108 S.) Helmstedt 884. (Braunschweig, Wollermann.) n. 1. —

Tappe, Silvester

— wahre Abbild. d. christl. Religion in Glaubensregeln u. Trostgründen. 8. Hildesheim, Schröder. 740.

Tappe, Sylv., Anweis. zu chronologischen Tabellen. 8. Hildesheim. 728.

Tappe, Sylvest., Einleit. in die Universalhistorie vom Anfange der Welt bis auf unsere Zeiten; hrsgg. v. Hnr. Ksp. Baurmeister. Fol. ... 762.

— richtige Glaubensprobe. 8. Ebend. 709.

— Hauptgründe d. wahren Weisheit und Glückseligkeit. 4. Hildesheim. 720.

— Licht im Schatten. 8. Ebend. 711.

— Wahrheit d. christl. Religion. 8. Hannover, Helwing. 733.

Tappe, Wilhelm

Tappe, (Wilh.,) die Alterthümer d. deutschen Baukunst in d. Stadt Soest. 1e u. 2e Hälfte. Mit 6 Bl. Steinzeichnn. 4. Essen 823—24, Bädeker. à 20 gr.

— Anleit. zur Landkarten- u. Planenschrift. Mit 16 Vorbildern. 8. Duisb. 807. (Bädeker in Essen). 6 gr

Tappe, W., die Aetiologie u. Histologie der Schafpocke, nebst Bemerkungen über die staatswirthschaftliche Bedeutung der Schafpocken-Seuche. Mit einer lith. Taf. gr. 8. (V, 58 S.) Berlin 881. Hirschwald. n. 1. 60

TAPPE, W.: Darstellung einer neuen äußerst wenig Holz erfordernden und höchst feuersichern Bauart. - Essen 1819-1824. 8 H.

— Darstell. einer neuen, äußerst wenig Holz erfordernden u. höchst feuerfesten Bauart. 8 Hfte. Mit Kpf. 4. Essen 819—824. Bädeker.

[F. u. Ant.] Tappe, Wilhelm (geb. am 28 Nov. 1842 in Dinslaken Rgbz. Düsseldorf): Die einheimischen Eidechsen ... Oberhausen, Druck v. A. Spaarmann 1868. 41 S. 8.
Bonn, Phil. Fak., Diss. v. [19 März] 1868

— die wahre Gegend u. Linie der dreitägigen Herrmannschlacht. Mit 1 Karte. 4. Essen 820. Bädeker. 18 gr

Tappe, W. Die wahre Gegend der dreitägigen Hermannsschlacht. Mit 1 Krt. Essen 1820. 34 S.

— Nachtrag zu der wahren Gegend u. Linie der 3tägigen Herrmannsschlacht. Mit 2 Steinzeichnn. 4. Essen 822. Bädeker. 12 gr

Tappe, Wilh., Handb. d. verschönerten Natur, a. u. d. T.: Uebungen z. Bildung junger Gartenkünstler etc. Mit Kpf. 8. Duisburg, 1807. Essen, Bädeker. 1. —

— Handbuch für Freunde der verschönerten Natur. Mit Kpf. 8. Duisb. 807. (Bädeker in Essen). 1 ♂ N. Aufl., s. unten: 3e Uebungen ꝛc.

Tappe, Wilhelm: Der Lungenbrand der Pferde vom aetiologischen und pathologisch-anatomischen Standpunkte besprochen. Jena 1883. 40 S.

(Vorträge für Thierärzte. Ser. 6, H. 1.)

— Der Lungenbrand der Pferde. (40 S.) Jena 83. Dege & Hänel. (Dürselen, Wiesbaden.) M. 1.50

Tappe, W., der Lungenbrand der Pferde, s. a. V o r t r ä g e f. Thierärzte.

— Musterkarten v. Märkischen u. Bergischen Metallwaaren. 5 Hfte. 4. Duisb. (ohne Jahrz.) (Bädeker in Essen). (à 2 ♂) 10 ♂

— der Sonntag am Brunnen bei Schwelm. 8. Duisb. ... (Bädeker in Essen). 21 gr

— — desselben Werkes 1ste u. 2te Fortsetzung. 8. Ebendas. 813.

— allgem. erste Uebungen im freien Zeichnen. Mit 100 Kpftaf. 16. Duisb. 805. 2e A. 816. 3e A. 820. Bädeker. 3 ♂ 4e A. verändert, vergrößert u. verm. von K. H. Tappe. 12. Ebd. 832. 1 ♂ 16 gr — Dess. 1e u. 2e Fortsetz. Mit 20 Kupf.: Blumen, Früchte, Vasen ꝛc. 8. Ebd. 3 ♂ 2e Aufl. Lexic. 8. 832. 1 ♂

Tappe, W., allgem. Uebungen im freien Zeichnen, mit 120 K. 2te verm. wohlf. Ausg. 8. Essen u. Duisb. Bädeker. 816.

Tappe, Wilh., allgem. erste Uebungen im freien Zeichnen. 4. Ausg. Verändert, vergrößert u. verm. v. C. H. Tappe. 12. (104 Stnt. u. 2⅓ B. Text.) Essen 831, (Bädeker.

Tappe, Wilhelm: Allgemeine erste Uebungen im mathematischen Zeichnen. Nebst 12 Kupfertafeln. Duisburg und Essen 1806. X, 62 S. 8°.
— Zweyte Uebungen für Planzeichner. Für Schulen und Selbstübung. (Enthält auch eine Anweisung zum Aufnehmen einzelner Grundstücke, und zum Berechnen und Copiren ganzer Plane.) Mit 17 illuminirten Vorbildern. Duisburg und Essen 1806. 2 Bde. VI, 60 S. (29 Tf. zu beiden Uebungen als bes. Bdch.) 8°.

— allgem. erste Uebungen im mathemat. Zeichnen, nebst e. Anweis. zum Aufnehmen u. Berechnen einzelner Grundstücke. Nebst 12 Steintaf. 12. Essen 806. 2e Aufl. mit 14 Steintaf. 8. Ebd. 822. Bädeker. 18 gr

— zweite Uebung im Planzeichnen, Berechnen u. Aufnehmen einzelner Grundstücke. Mit 17 Kpf. 12. Duisb. u. Essen 806. Bädeker. 22 gr

— dritte Uebungen im Zeichnen, für Kaufleute u. Fabrikanten, die ihre Geschäfte in Metallarbeiten haben; auch für Schmiede u. andere in Metall arbeitende Handwerker. (2e Aufl. des obigen Handbuchs ꝛc.) Mit 8 Kpf. 8. Duisb. 809. Bädeker in Essen. 1 ß

— Vorübungen im Schreiben u. Zeichnen. Mit 12 Kpf. 16. Duisb. 805. Bädeker in Essen. 10 gr

Tappehorn, Anton

Der Adel der christlichen Familie. Zur Belehrung u. Erbauung f. Eltern u. Verlobte. Von Dr. A[nton] Tappehorn. Dülmen: A. Laumann 1907. (176 S.) 8° [F.] [08. 9314

Tappehorn, Ant., Anleitung zur Verwaltung des heiligen Bußsacramentes. gr. 8. (VIII, 448 S.) Dülmen 878. Laumann. n. 3. —

Tappehorn, Ant., Anleitung zur Verwaltung des heil. Bußsacramentes. 2. verb. und verm. Aufl. gr. 8. (VIII, 494 S.) Dülmen 880, Laumann'sche Verlagsh. *

Tappehorn, Ant., Anleitung zur Verwaltung d. heil. Bußsacraments. 3. Aufl. gr. 8. (IV, 412 S.) Dülmen 886. Laumann. 4. —; geb. n. 5. —

Tappehorn, Ant., Anleitung zur Verwaltung des hl. Bußsacramentes. 4., verm. Aufl. gr. 8. (VIII, 438 S.) Dülmen 893. A. Laumann. 4. —

— Anleitung zur Verwaltung des hl. Bußsakramentes. 5. Aufl., neubearb. v. Rich. Heinrichs u. Everhard Illigens. (VII, 472 S.) gr. 8. Ebd. 908. 4. —; geb. 5. —

— Brod der Engel. Vollständiges Andachtsbuch für die Verehrer des allerheiligsten Altarsacraments. (Ausg. in feinem Druck.) 8. Aufl. 16. (XVI, 576 S. m. chromolith. Titel u. 1 Stahlst.) Ebend. 878. 1. 50; geb. m. Goldschn. 2. 50

— dasselbe. 2. Aufl. Ausg. in grobem Druck. 16. (XVI, 608 S. m. chromolith. Titel u. 1 Stahlst.) Ebend. 879. 1. 50; geb. von 2. — bis 20. —

— Brod der Engel. Vollständ. Andachtsbuch für die Verehrer des allerheil. Altarssacraments. Ausg. in feinem Druck. 9. Aufl. 16. (XVI, 608 S. mit chromolithogr. Titel und 1 Stahlst.) Ebendas. 881. *M 1,20.; geb. von *M 2. bis *

— dass. — Ausg. in feinem Druck. 10. und 11. Aufl. 16. (XVI, 576 S. mit 1 Stahlst. und Farben-Titel.) Ebendas. 882—84. *M 1,50.; geb. von *M 2. bis *

— dass. — Ausg. in grobem Druck. 3. Aufl. 16. (XVI, 576 S. mit 1 Stahlst. und Farben-Titel.) Ebendas. 883. * geb. von *M 2. bis *

— Brod der Engel. Vollständiges Andachtsbuch f. die Verehrer d. allerheil. Altarssacraments. Ausg. in feinem Druck. 12. Aufl. 16. (XVI, 576 S. m. 1. Stahlst. u. Farben-Titel.) Ebend. 886. n. 1. 50; geb. von n. 2. — bis n. 30. —

Tappehorn, A., Brod der Engel. Vollständ. Andachtsbuch für die Verehrer des allerheiligsten Altarssacraments. Ausg. m. großem Druck. 4. Aufl. 16. (608 S.) Dülmen 889. Laumann Verl. n. 1. 50

— Brod der Engel. Vollständiges Andachtsbuch f. die Verehrer d. allerheil. Altarssacramentes. 15. u. 16. Aufl. (Feindr.) 16. (XVI, 583 S. m. 1 Stahlst. u. farb. Titelbl.) Ebd. 891. 893. 1. 50

— dasselbe. 6. Aufl. (Ausg. in Grobdr.) 16. (XVI, 624 S. m. farb. Titel u. 1 Stahlst.) Ebd. 893. 1. 50

[F.] Brod der Engel. Vollst. Andachtsbuch f. die Verehrer d. allerheil. Altarssacramentes. Von A[nt.] Tappehorn, Domherr. 17. Aufl. ... *Dülmen i. W.: A. Laumann [1895!].* (1 Bl., XVI, 584 S., 1 Taf., 1 Bildert.) 1 Bd 8. [96. 1138

Tappehorn, Ant., Brot der Engel. Vollst. Andachtsbuch f. d. Verehrer d. allerheiligsten Altarssacramentes. 20. Aufl. 16. (XVI, 583 S. m. farb. Titel u. 1 Stahlst.) Dülmen 897. A. Laumann. Geb. in Leinw. n. 1. 50

Brod der Engel. Vollst. Andachtsbuch f. d. Verehrer d. allerheil. Altarssacraments von A[nton] Tappehorn. 8. Aufl. [in grobem Druck]. *Dülmen: A. Laumann 1897.* (XVI, 600 S.) 8° [F.]

Brod der Engel. Vollst. Andachtsbuch f. d. Verehrer d. allerheil. Altarssacraments von A[nton] Tappehorn. 9. Aufl. [in grobem Druck]. *Dülmen: A. Laumann 1900.* (XVI, 600 S.) 8° [F.]

— dasselbe. Andachtsbuch f. Verehrer des allerheiligsten Altarssacramentes. Ausg. II. 23. Aufl. 16. (XV, 512 S. m. farb. Titel u. 1 Stahlst.) Ebd. 901. Geb. in Leinw. n. 1. —

Tappehorn, Ant., Brot der Engel. Vollständ. Andachtsbuch f. die Verehrer des allerheiligst. Altarssacramentes. 25. Aufl. 16. (XVI, 583 S. m. farb. Titel u. 1 Stahlst.) Dülmen 902. A. Laumann. Geb. in Leinw. n. 1. 50

Brod der Engel. Vollst. Andachtsbuch f. d. Verehrer d. allerheil. Altarssacramentes von A[nton] Tappehorn. 26. Aufl. *Dülmen: A. Laumann 1902.* (XVI, 583 S.) 8° [F.] [03. 4340 6

Brod der Engel. Andachtsbuch f. Verehrer d. allerh. Altarssacramentes von Dr. A[nton] Tappehorn. Ausg. 2. 27. Aufl. *Dülmen: A. Laumann 1903.* (XVI, 583 S.) 8° [F.] [03. 4341 6

Brod der Engel. Andachtsbuch f. Verehrer d. allerh. Altarssacramentes von Dr. A[nton] Tappehorn. Ausg. 2. 28. Aufl. *Dülmen: A. Laumann 1902.* (XVI, 583 S.) 8° [F.] [03. 4340 6

Brod der Engel. Vollst. Andachtsbuch f. d. Verehrer d. allerheil. Altarssacraments von A[nton] Tappehorn. 10. Aufl. [in grobem Druck]. *Dülmen: A. Laumann 1902.* (XVI, 600 S.) 8° [F.] [03. 4337

Brod der Engel. Andachtsbuch f. Verehrer d. allerh. Altarssacramentes von Dr. A[nton] Tappehorn. 2. Ausg. 29. Aufl. Dülmen: A. Laumann 1904. (XV, 512 S.) 8° [F.] [05. 12494 6

Brod der Engel. Andachtsbuch f. Verehrer d. allerh. Altarssacramentes von Dr. A[nton] Tappehorn. 2. Ausg. 30. Aufl. Dülmen: A. Laumann 1904. (XV, 512 S.) 8° [F.] [05. 12495 6

Brod der Engel. Vollständ. Andachtsbuch f. d. Verehrer d. allerheiligsten Altarssacramentes von A[nton] Tappehorn. 31. Aufl. 1904. (XVI, 583 S.) 8° [F.] [05. 11883 6

Brod der Engel. Vollständ. Andachtsbuch f. d. Verehrer d. allerheiligsten Altarssacramentes von A[nton] Tappehorn. 32. Aufl. 1904. (XVI, 583 S.) 8° [F.]

Tappehorn, Ant., Brot der Engel. Vollständiges Andachtsbuch f. d. Verehrer des allerheiligsten Altarssakraments. (Grobdr.-Ausg.) 11. Aufl. (XVI, 600 S. m. farb. Titel u. 1 Stahlst.) 16. Dülmen 905. A. Laumann. Geb. in Leinw. n. 1. 50

Brot der Engel. Andachtsbuch f. Verehrer d. allerheil. Altarssakramentes von Dr. A[nton] Tappehorn. Ausg. II. 33. Aufl. Dülmen: A. Laumann 1906. (XV, 512 S.) 8° [F.]

Brot der Engel. Andachtsbuch f. Verehrer d. allerheil. Altarssakramentes von Dr. A[nton] Tappehorn. Ausg. II. 34. Aufl. Dülmen: A. Laumann 1906. (XV, 512 S.) 8° [F.] [06. 13805 6

Brot der Engel. Andachtsbuch f. Verehrer d. allerheil. Altarssakramentes von Dr. A[nton] Tappehorn. Ausg. II. 35. Aufl. Dülmen: A. Laumann 1906. (XV, 512 S.) 8° [F.] [06. 13806 6

Brot der Engel. Vollst. Andachtsbuch f. d. Verehrer d. allerheil. Altarssacraments von A[nton] Tappehorn. Ausg. III. 12. Aufl. Dülmen: A. Laumann (1906). (XVI, 600 S.) 8° [F.] [08. 8350

Brot der Engel. Vollst. Andachtsbuch f. d. Verehrer d. allerheil. Altarssakramentes von Anton Tappehorn. Ausg. I. 2./3. Aufl. Dülmen: A. Laumann 1907. (XVI, 583 S.) 8° [F.] [08. 7555 6

— Brot der Engel. Andachtsbuch f. Verehrer des allerheiligsten Altarssakraments. Ausg. II. 45. Aufl. (XV, 512 S. m. farb. Titel u. 1 Farbdr.) 16. Ebd. 907. Geb. in Leinw. 1. —

— dasselbe. Ausg. III. (In großem Druck.) 12. Aufl. (XVI, 600 S. m. farb. Titel u. 1 Farbdr.) 16. Ebd. (907). Geb. in Leinw. 1. 50

Brot der Engel. Vollst. Andachtsbuch f. d. Verehrer d. allerheil. Altarssakramentes von Dr. Anton Tappehorn. Ausg. IV. 36. Aufl. Dülmen: A. Laumann 1907. (XXIV, 976 S.) 8° [F.] [08. 8676

— dasselbe. Ausg. V. 52. Aufl. (XVI, 560 S. m. farb. Titel u. 1 Farbdr.) 10,9×6,6 cm. Ebd. (908). Geb. in Leinw. m. Goldschn. 1. —

Das Brot des Lebens. Kath. Gebetbuch von Dr. Ant. Tappehorn. Kevelaer: Butzon & Bercker [1905]. (672 S.) 8° [F.]

— Das Brot des Lebens. Katholisches Gebetbuch. Ausg. II (Prachtausg.). (884 S. m. farb. Umrahmgn. u. 1 Stahlst.) 13,5×7 cm. Kevelaer (907). Butzon & Bercker. Geb. in Ldr. 4. —

— Empor die Herzen! Katholisches Gebetbuch. Deutsch-latein. (320 S. m. farb. Umrahmgn. u. 1 Stahlst.) 12,4×7 cm. Ebd. (907). Geb. in Ldr. m. Goldschn. 8, 50

Tappehorn, A., Erhöre mein Gebet, o Herr! Ein vollständiges kathol. Gebet- und Betrachtungsbuch mit eingestreuten Belehrungen. München 857. Mitsdörffer. 16. (XVI, 695 S. u. 1 Stahlst.) n. 22½ ngr.

Tappehorn, A., erhöre mein Gebet, o Herr! Ein vollständ. kathol. Gebet- und Betrachtungsbuch mit eingestreuten Belehrungen. 1. Aufl. 1857. * 22½ Ngr. und 2., veränd. Aufl. 16. (XXIV und 803 S. mit 1 Stahlst.) Münster 861, Mitsdörffer. –

Tappehorn, A., Erhöre mein Gebet, o Herr! Ein vollständiges kathol. Gebet- und Betrachtungsbuch mit vielen eingestreuten Belehrungen. 3. verm. Aufl. Münster 862. Mitsdörfer. 8. (XVI, 735 S. u. 1 Stahlst.) n. 18 ngr.

Tappehorn, A., erhöre mein Gebet, o Herr! Ein vollständiges katholisches Gebet- u. Betrachtungsbuch mit eingestreuten Belehrungen. 4., veränd. Aufl. Münster 866. Mitsdörffer. 32. (XX, 779 S. mit 1 Stahlst.) n. 16 ngr.

Tappehorn, Ant., erhöre mein Gebet, o Herr! Ein vollst. kathol. Gebet- u. Betrachtungsbuch mit eingestreuten Belehrgn. 5., veränd. Aufl. 16. (XIX, 619 S. m. e. Stahlst.) Münster 871. Mitsdörffer. n. 1. 40

— erhöre mein Gebet, o Herr! Ein vollständ. kathol. Gebet- u. Betrachtungsbuch. 7. Aufl. 16. (XVI, 592 S. m. farb. Titel u. 1 Stahlst.) Münster 889. Mitsdörffer. 1. 20

—— dass. – Grobdruck. 16. (XV, 623 S. m. farb. Titel u. 1 Stahlst.) Ebd. 889. 1 20

[F.] Erhöre mein Gebet, o Herr! E. vollst. kathol. Gebet- u. Betrachtgsbuch v. A[nt.] Tappehorn, Ehrendomherr. 7. Aufl. ... *Dülmen: A. Laumann [1896?].* (XVI, 592 S., 1 Taf., 1 Bildertit.) 1 Bd 8. [96. 8272

— erhöre mein Gebet, o Herr! E. vollständ. kathol. Gebet- u. Betrachtungsbuch. (Grobdr.) 8. Aufl. 16. (XVI, 575 S. m. farb. Titel u. 1 Stahlst.) Ebd. 898. Geb. in Leinw. n. 1. 50

Erhöre mein Gebet o Herr! Ein vollst. kath. Gebet- u. Betrachtungsbuch von A[nton] Tappehorn. 9. Aufl. Dülmen: A. Laumann 1904. (XVI, 575 S.) 8° [F.] [05. 14065 6

Tappehorn, Ant., Erklärung der Genesis. Paderborn, Schöningh, 1888, gr. 8°, XI, 493 S., 7 Mk.

— Erklärung d. Genesis. Neue (Titel-) Ausg. gr. 8. (XI, 493 S.) Paderborn (888) 895. F. Schöningh. n. 4. —

— Erklärung u. Predigtentwürfe zu den sonn- u. festtäglichen Evangelien des katholischen Kirchenjahres. 1. Thl., welcher die sonntäglichen Evangelien behandelt. gr. 8. (750 S.) Ebend. 881. 82. n. 7. —

— Erklärung u. Predigtentwürfe zu den sonn- u. festtäglichen Evangelien d. katholischen Kirchenjahres. 2. Thl., welcher die festtägl. Evangelien behandelt. 1. u. 2. Abth. gr. 8. (S. 1—384.) Dülmen 883. Laumann. à n. 1. 80 (I—II, 2.: n. 10. 60)

— Erklärung u. Predigtentwürfe zu den sonn- u. festtägl. Evangelien des kathol. Kirchenjahres. 2 Tle. 2., verb. u. bedeutend verm. Aufl. gr. 8. Dülmen 895. A. Laumann. à 7. 50; geb. in Halbfrz. à n. 8. 80
1. Tl., welcher d. sonntägl. Evangelien behandelt. (VIII, 910 S.)
2. Tl., welcher d. festtägl. Evangelien behandelt. (844 S.)

—— Das Fegfeuer. Eine dogmatisch-eth. Abhandlg. 8. (148 S.) Ebd. 891. * 1 —

— Friede im Herrn. Ein vollständ. Andachtsbuch für kathol. Christen. [Mit vielen Belehrgn.] 16. (XVI, 618 S.) Dülmen 872. Laumann. 1. 20

Tappehorn, Ant., Friede im Herrn. Ein vollständ. Gebetbuch für kathol. Christen. [Mit vielen Belehrungen.] **3. Aufl. 16. (VIII, 528 S. mit chromolithogr. Titel und 1 Stahlst.) Dülmen 879, Laumann'sche Verlagsh.** geb. von * M 1,50.

—— Friede im Herrn. Ein vollständ. Gebetbuch für kathol. Christen. [Mit vielen Belehrungen.] Mit chromolithogr. Titel und 1 Chromolithogr. 4. Aufl. (XVI, 544 S.) 1882; 5. Aufl. 32. (XVI, 536 S.) Ebendas. 883. *
geb. von *ℳ 2. bis *

Tappehorn, Ant., Friede im Herrn. Ein vollständ. Gebetbuch f. katholische Christen. [Mit vielen Belehrgn.] 6. Aufl. 24. (XVI, 536 S. m. Farbentitel u. 1 Stahlst.) Dülmen 886. Laumann. n. 1. 20; geb. von n. 1. 80 bis n. 25. —

— Friede im Herrn. Ein vollständ. Gebetbuch f. kathol. Christen. (Mit vielen Belehrgn.) 9. Aufl. 16. (XVI, 560 S. m. farb. Titel u. 1 Stahlst.) Ebd. 894. 1. 20

— Friede im Herrn. Vollst. Gebetbuch f. kathol. Christen m. vielen Belehrgn. 10. Aufl. 16. (XVI, 496 S. m. farb. Titel u. 1 Stahlst.) Ebd. 897. Geb. n. 1. —

Friede im Herrn. Vollst. Gebetbuch f. kath. Christen mit vielen Belehrungen. Von A[nton] Tappehorn, Ehrendomherr. 11. Aufl. *Dülmen: A. Laumann 1900.* (XVI, 496 S.) 8° [F.] [01. 4395

Friede im Herrn. Vollständ. Gebetbuch f. kath. Christen mit vielen Belehrungen. Von Dr. A[nton] Tappehorn, Ehrendomherr. 12. Aufl. Dülmen: A. Laumann 1906. (XVI, 496 S.) 8° [F.] [07. 11147

— Gottvertrauen. Gebet- u. Andachtsbuch. Auszug aus dem größeren Buche „Stern des Heiles". (386 S. m. 1 Stahlst.) 11,7×7 cm. Ebd. (910).
Geb. in Ldr. nn 1. 35

— Katholisches Haus- u. Kirchenbuch. Zur Belehrg. u. Erbaug. f. d. Familie. (XVI, 656 S. m. 1 Farbdr.) gr. 16. Dülmen 903. A. Laumann. n. 1. 50; geb. n. 2. —

— Herz-Mariä-Büchlein. 16. (215 S.) Ebd. 893. n. — 50

— Herz-Mariä-Büchlein. Allen Verehrern der lieben Mutter Gottes gewidmet. 2. Aufl. (208 S. m. farb. Titelbild.) 16. Dülmen (910). A. Laumann. Geb. in Leinw. — 75

— Himmelsleiter. Vollständiges Gebet- u. Andachtsbuch f. kathol. Christen. 24. (XVI, 528 S.) Ebend. 883. n. 1. 20; geb. von n. 2. — bis n. 20. —

— Himmelsleiter. Gebet- u. Andachtsbuch f. kathol. Christen. 4. Aufl. 24. (528 S.) Dülmen 888. Laumann Verl. 1. 20

— dasselbe. Ausg. II. Grobdruck. 16. (XV, 623 S. m. farb. Titel u. 1 Stahlst.) Ebd. 889. 1. 20

— Himmelsleiter. Vollständiges Gebet- u. Andachtsbuch f. kathol. Christen. 7. Aufl. 16. (XVI, 540 S. m. farb. Titel u. 1 Stahlst.) Ebd. 894. 1. 20

— Himmelsleiter. Vollst. Gebet- u. Andachtsbuch f. kathol. Christen. 8. Aufl. 16. (XVI, 496 S. m. 1 Stahlst.) Ebd. 897. Geb. n. 1. —

Himmelsleiter. Vollständ. Gebet- u. Andachtsbuch f. kath. Christen. Von A[nton] Tappehorn, Ehrendomherr. 10. Aufl. Dülmen: A. Laumann 1906. XVI, 496 S.) 8° [F.] [07. 11148

— die Kunst, immer fröhlich zu sein. 2. Aufl. (168 S.) 16. Ebd. 904. n. — 40

Die Kunst, alt zu werden. Von Dr. Anton Tappehorn, Pfarrer von Vreden. *Dülmen: A. Laumann 1903.* (126 S.) 8° [F.]

—— Die Kunst, reich zu werden. 16. (100 S.) Ebd. 891. * — 40

Die Kunst, reich zu werden. Von Anton Tappehorn. 2. Aufl. Dülmen: A. Laumann 1903. (144 S.) 8° [F.]

— Leben des heiligen Ansgar, Apostels von Dänemark und Schweden, u. die Geschichte der Verbreitung des Christenthums im skandinavischen Norden. Münster 863. Theissing. gr. 8. (XII, 290 S.) 1 ₰ 10 ngr.

Tappehorn, Anton: Das Leben des heiligen Willehad, ersten Bischofs von Bremen. Dülmen: A. Laumann 1901. (49 S.) 8°

— Mai-Andacht, s.: Eming, J.

— Maria, die Hülfe der Christen. Ein vollständ. Gebetbuch f. alle Verehrer der Mutter Gottes m. hinzugefügten kurzen Unterweisgn. 3. Aufl. gr. 16. (XVI, 576 S. m. 1 Stahlst. u. farb. Titel.) Dülmen 891. A. Laumann. 1. 50

— Maria, d. Hülfe d. Christen. Vollst. Gebetbuch f. alle Verehrer d. Mutter Gottes m. hinzugef. kurzen Unterweisgn. 4. Aufl. 16. (XVI, 576 S. m. 1 Stahlst.) Dülmen 898. A. Laumann. Geb. n. 1. 50

Tappehorn, Ant., Maria, die Hilfe der Christen. Vollständ. Gebetbuch f. alle Verehrer der Mutter Gottes m. hinzugefügten kurzen Unterweisgn. 5. Aufl. (XVI, 496 S. m. farb. Titel u. 1 Stahlst.) 16. Dülmen 903. A. Laumann. Geb. in Leinw. n. 1. 60

Maria die Hilfe der Christen. Vollst. Gebetbuch... Von Anton Tappehorn. 6. Aufl. Dülmen: A. Laumann 1907. (XVI, 496 S.) 8° [F.] [08. 7036 6

— Maria, die Hilfe der Christen. Gebetbuch f. alle Verehrer der Mutter Gottes. Ausg. III. Auszug aus dem vollständ. Buche. 7. Aufl. (XVI, 496 S. m. farb. Titel u. Titelbild.) 11,7×7,8 cm. Dülmen (909). A. Laumann.
Geb. in Leinw. 1. —

— Myrtenblüten. Katholisches Gebet- u. Andachtsbuch der christl. Frau. Sammlung der schönsten u. vorzüglichsten, zumeist aus den Schriften der Heiligen entnommenen Gebete, nebst Belehrgn. u. Unterweisgn. üb. das hl. Sacrament der Ehe. 4. u. 5. Aufl. 16. (IV, 552 u. VIII S. m. 1 Stahlst.) Dülmen 891. 893. A. Laumann. n. 2. —

— Myrtenblüthen. Gebet- u. Andachtsbuch d. kathol. Frau. Sammlg. d. schönsten u. vorzüglichsten, zumeist aus den Schriften der Heiligen entnomm. Gebete, nebst Belehrgn. u. Unterweisgn. üb. d. hl. Sacrament d. Ehe. 9.—11. Aufl. 16. (à XVI, 564 S. m. 1 Stahlst.) Ebd. 898. n. 2. —

— Myrtenblüthen. Gebet- u. Andachtsbuch der kathol. Frau. Sammlung der schönsten u. vorzüglichsten, zumeist aus den Schriften der Heiligen entnommenen Gebete, nebst Belehrgn. u. Unterweisgn. üb. das hl. Sacrament der Ehe. 15. Aufl. 16. (XVI, 504 S. m. 1 Stahlst.) Dülmen (901). A. Laumann. Geb. in Ldr. m. Goldschn. n. 2. —

Myrtenblüthen. Gebet- u. Andachtsbuch d. kath. Frau. Sammlung d. schönsten u. vorzüglichsten, zumeist aus d. Schriften d. Heiligen entnommenen Gebete nebst Belehrungen u. Unterweisungen über d. hl. Sacrament d. Ehe, von A[nton] Tappehorn. 16. Aufl. *Dülmen: A. Laumann 1902.* (XVI, 564 S.) 8° [F.] [03. 4363 6

Myrtenblüthen. Gebet- u. Andachtsbuch d. kath. Frau. Sammlung d. schönsten u. vorzüglichsten, zumeist aus d. Schriften d. Heiligen entnommenen Gebete nebst Belehrungen u. Untersuchungen über d. hl. Sacrament d. Ehe, von A[nton] Tappehorn. 17. Aufl. *Dülmen: A. Laumann 1902.* (XVI, 564 S.) 8° [F.] [03. 4544 G

Myrtenblüthen. Gebet- u. Andachtsbuch d. kath. Frau. Sammlung d. schönsten u. vorzüglichsten, zumeist aus d. Schriften d. Heiligen entnommenen Gebete nebst Belehrungen u. Untersuchungen über d. hl. Sacrament d. Ehe, von A[nton] Tappehorn. 18. Aufl. *Dülmen: A. Laumann 1902.* (XVI, 564 S.) 8° [F.] [03. 4545

Myrtenblüthen. Gebet- u. Andachtsbuch d. kath. Frau. Sammlung d. schönsten u. vorzüglichsten, zumeist aus d. Schriften d. Heiligen entnommenen Gebete nebst Belehrungen u. Untersuchungen über d. hl. Sacrament d. Ehe, von A[nton] Tappehorn. (Ausg. 2.) 19. Aufl. *Dülmen: A. Laumann 1902.* (XXI, 504 S.) 8° [F.] [03. 4546 G

Myrtenblüthen. Gebet- u. Andachtsbuch d. kath. Frau. Sammlung d. schönsten u. vorzüglichsten, zumeist aus d. Schriften d. Heiligen entnommenen Gebete nebst Belehrungen u. Untersuchungen über d. hl. Sacrament d. Ehe, von A[nton] Tappehorn. (Ausg. 2.) 20. Aufl. *Dülmen: A. Laumann 1902.* (XVI, 504 S.) 8° [F.] [03. 4547 G

— Myrtenblüten. Gebet- u. Andachtsbuch der kathol. Frau. Sammlung der schönsten u. vorzüglichsten, zumeist aus den Schriften der Heiligen entnommenen Gebete, nebst Belehrgn. u. Unterweisgn. üb. das hl. Sakrament der Ehe. Ausg. I. 21. Aufl. (XVI, 564 S. m. farb. Titel u. 1 Stahlst.) 16. Ebd. 904. Geb. in Leinw. n. 1. 50

Myrtenblüthen. Gebet- u. Andachtsbuch d. kath. Frau. Sammlung d. schönsten u. vorzüglichsten, zumeist aus d. Schriften d. Heiligen entnommenen Gebete nebst Belehrungen u. Unterweisungen über d. h. Sacrament d. Ehe von A[nton] Tappehorn. 1. Ausg. 22. Aufl. Dülmen: A. Laumann 1904. (XVI, 564 S.) 8° [F.] [05. 11497 G

Myrtenblüthen. Gebet- u. Andachtsbuch d. kath. Frau. Sammlung d. schönsten u. vorzüglichsten, zumeist aus d. Schriften d. Heiligen entnommenen Gebete nebst Belehrungen u. Unterweisungen über d. h. Sacrament d. Ehe von A[nton] Tappehorn. 1. Ausg. 23. Aufl. Dülmen: A. Laumann 1904. (XVI, 564 S.) 8° [F.] [05. 11498 G

Myrtenblüthen. Gebet- u. Andachtsbuch d. kath. Frau. Sammlung d. schönsten u. vorzüglichsten, zumeist aus d. Schriften d. Heiligen entnommenen Gebete nebst Belehrungen u. Unterweisungen über d. h. Sacrament d. Ehe von A[nton] Tappehorn. 1. Ausg. 24. Aufl. Dülmen: A. Laumann 1904. (XVI, 564 S.) 8° [F.] [05. 11499 G

Myrtenblüthen. Gebet- u. Andachtsbuch d. kath. Frau. Sammlung d. schönsten u. vorzüglichsten zumeist aus d. Schriften d. Heiligen entnommenen Gebete nebst Belehrungen u. Unterweisungen über d. h. Sakrament d. Ehe von A[nton] Tappehorn. 2. Ausg. 25. Aufl. Dülmen: A. Laumann 1904. (XVI, 504 S.) 8° [F.] [06. 11765 G

— dasselbe. Ausg. II. 25. Aufl. (XVI, 504 S. m. farb. Titel u. 1 Stahlst.) 16. Ebd. 905. n. 1. 50

Myrtenblüthen. Gebet- u. Andachtsbuch d. kath. Frau. Sammlung d. schönsten u. vorzüglichsten zumeist aus d. Schriften d. Heiligen entnommenen Gebete nebst Belehrungen u. Unterweisungen über d. h. Sakrament d. Ehe von A[nton] Tappehorn. 2. Ausg. 26. Aufl. Dülmen: A. Laumann 1905. (XVI, 504 S.) 8° [F.] [06. 11766 G

Myrtenblüthen. Gebet- u. Andachtsbuch d. kath. Frau. Sammlung d. schönsten u. vorzüglichsten zumeist aus d. Schriften d. Heiligen entnommenen Gebete nebst Belehrungen u. Unterweisungen über d. h. Sakrament d. Ehe von A[nton] Tappehorn. 2. Ausg. 27. Aufl. Dülmen: A. Laumann 1905. (XVI, 504 S.) 8° [F.] [06. 11767 G

Myrtenblüten. Gebet- u. Andachtsbuch d. kath. Frau... Von A[nton] Tappehorn. Ausg. I. 28. Aufl. Dülmen: A. Laumann 1907. (XVI, 562 S.) 8° [F.] [08. 7037 G

— Myrtenblüten. Gebet- u. Andachtsbuch der kathol. Frau. Sammlung der schönsten u. vorzüglichsten, zumeist aus den Schriften der Heiligen entnommenen Gebete, nebst Belehrgn. u. Unterweisgn. üb. das hl. Sakrament der Ehe. Ausg. II. 32. Aufl. (XVI, 508 S. m. farb. Titel u. 1 Stahlst.) 16. Ebd. 907. Geb. in Leinw. 1. —

Tappehorn, Anton, Außerbiblische Nachrichten oder die Apokryphen über die Geburt, Kindheit und das Lebensende Jesu und Mariä. Paderborn, Schöningh, 1885, gr. 8°, 95 S., 1 Mk.
Recens. von Eich, Litt. Handw. 1887, S. 168—169.

— der Priester am Kranken- u. Sterbebette. Anleitung zur geistlichen Krankenpflege. gr. 16. (X, 247 S.) Paderborn 872. F. Schöningh. n. 1. 30

— der Priester am Kranken- u. Sterbebette. Anleitung zur geistl. Krankenpflege. 2. Aufl. 16. (X, 264 S.) Ebend. 886. n. 1. 40

Tappehorn, Ant., der Priester am Kranken- u. Sterbebette. Anleitg. zur geistl. Krankenpflege. 3., verm. Aufl. 16. (XI, 276 S.) Paderborn 893. F. Schöningh. n. 1. 40

Der Priester am Kranken- und Sterbebette. Anleitung z. geistl. Krankenpflege. Von Dr. Ant. Tappehorn, Landdechant. 4., von neuem durchges. Aufl. *Paderborn: F. Schöningh 1902.* (XI, 263 S.) 8° [F.] [03. 3147

— Der Priester am Kranken- u. Sterbebette. Anleitung zur geistl. Krankenpflege. Neu durchgesehen v. R. Heinekamp. 5. Aufl. (XI, 272 S.) kl. 8. Paderborn 909. F. Schöningh. 1. 60

— Stern d. Heils. Vollständiges Andachtsbuch f. Katholiken m. Belehrgn. 2. Aufl. 32. (XIV, 500 S. m. e. Stahlst.) Ebend. 873. 1. 20; geb. m. Goldschn. n. 2. —; in Chagrin geb. m. Goldschn. n. 2. 40

— dasselbe. Ausg. Nr. 2. in grobem Druck. 16. (IV, 636 S. m. e. Stahlst.) Ebend. 873. n. 1. 40

—— dass. — Ausg. Nr. 3. 64. (XVI, 416 S.) Ebendas. 874. * 1 50

— Stern des Heiles. Vollständiges Andachtsbuch für Katholiken. 2. Aufl. Ausg. Nr. 2 in grober Schrift. gr. 16. (IV, 636 S. m. 1 Stahlst.) Paderborn 879. F. Schöningh. n. 1. 40

—— Stern des Heiles. Vollständ. Andachtsbuch für Katholiken. Ausg. Nr. 3. Diamant-Ausg. mit rother Einfassung. 3. Aufl. 32. (XVI, 436 S. mit 1 Stahlst.) Paderborn 881, F. Schöningh. *

— Stern d. Heiles. Vollständiges Andachtsbuch f. Katholiken. 6. Aufl. Ausg. III. 32. (XVI, 436 S. m. 1 Stahlst.) Paderborn 888. F. Schöningh. n. 1. 50

— die läßliche Sünde. Eine moral- u. pastoral-theolog. Abhandlg. gr. 8. (IV, 80 S.) Dülmen 883. Laumann. n. — 75

— unsere Wallfahrt zum Himmel. Katholisches Gebetbuch. (III, 704 S. m. farb. Titelbild.) 16. Kevelaer 904. Butzon & Bercker. Geb. n. 1 —

— christlicher Wanderstab auf dem Wege zur himmlischen Heimat. Gebet- u. Andachtsbuch für katholische Christen. 16. (544 S. m. 1 Chromolith. u. 1 Stahlst.) Dülmen 878. Laumann. 1. 20

— christlicher Wanderstab auf dem Wege zur himmlischen Heimath. Gebet- u. Andachtsbuch f. kathol. Christen. 2. Aufl. gr. 16. (VIII, 560 S. m. 1 Stahlst. u. farb. Titel.) Dülmen 891. A. Laumann. 1. 20; geb. in Leinw. 2. —

—— Der Weg zur Vollkommenheit. Oder: Vollständiges Regel- u. Gebetbuch f. die Mitglieder d. 3. Ordens d. hl. Franciscus. 12. (IV, 416 S. m. 1 Stahlst.) Ebd. 892. * 1 —

Tappehorn, Franz, Die vollkommene Association als Vermittler in der Einheit des Vernunftstaates u. der Lehre Jesu. Ein Beitrag zur ruhigen Lösung aller großen Fragen dieser Zeit. Augsburg, Kollmann, jetzt Verlagsanst., 1834, 8°, 1,50 Mk.

Zur Maj.frage. Den verehrten Anthropologen Österreichs u. Deutschlands bei ihrem Besuche Merans am 28. Aug. 1894 gewidmet von Dr. Fr[anz] Tappeiner. Meran: Selbstverl. 1894. 12 S. 8° [Umschlagt.]
(… 5999

Tappeiner, Frz., Studien zur Anthropologie Tirols u. der Sette Comuni. Lex.-8. (64 S. u. 40 Tab.) Innsbruck 883. Wagner. n. 6. —

TAPPEINER, Franz Hugo von (München): Untersuchungen über den Angriffsort der fluoreszierenden Substanzen auf rote Blutkörperchen.- Berlin: Springer 1908. 25 S.- S.-Abdr.aus: Biochemische Zeitschrift. Bd.13.
29.12.1908 - Chr 1908/09,25; U 09.3413
Diss. Ingolst.-Landsh.-Mchn.

Tappeiner, Hermann (von)

Tappeiner, H., Anleitung zu chemisch-diagnostischen Untersuchungen am Krankenbette. 8. (62 S.) München 885. Rieger. cart. n. — 80

— dasselbe. Mit 8 Holzschn. 2. Aufl. 8. (VI, 81 S.) Ebend. 886. cart. n. 1. —

Tappeiner, H., Anleitung zu chemisch-diagnostischen Untersuchungen am Krankenbette. 3. u. 4., verb. Aufl. 12. (VI, 88 S. m. 8 Holzschn.) München 888. 890. Rieger. cart. n. 1. —

Tappeiner, H., Anleitung zu chemisch-diagnostischen Untersuchungen am Krankenbette. 5., verm. Aufl. 12. (VI, 88 S. m. 8 Holzschn.) München 892. M. Rieger. Geb. in Leinw. n. 1. 20

Tappeiner, H., Anleitg. zu chemisch-diagnostischen Untersuchungen am Krankenbette. 6., verm. u. verb. Aufl. 8. (VI, 90 S. m. 8 Holzschn.) München 896. M. Rieger. Geb. in Leinw. n. 1. 40

— dasselbe. 7., verm. u. verb. Aufl. 12. (VII, 104 S. m. 8 Holzschn.) Ebd. 899. Geb. in Leinw. n. 1. 60

Tappeiner, H. v., Anleitung zu chemisch-diagnostischen Untersuchungen am Krankenbette. 8. umgearb. Aufl. 12. (VII, IV, 126 S. m. 12 Fig.) München 903. M. Rieger. Geb. in Leinw. n. 1. 60

Tappeiner, Herm. v., Anleitung zu chemisch-diagnostischen Untersuchungen am Krankenbette. 9. umgearb. Aufl. (VII, 136 S. m. 12 Fig.) kl. 8. München 908. M. Rieger. Geb. in Leinw. 1. 80

Tappeiner, H., über die Aufsaugung der gallensauren Alkalien im Dünndarme. I. Abhandlung. [Aus dem Laboratorium des pathologischen Instituts in München.] [Aus: „Sitzungsber. d. k. Akad. d. Wiss."] Lex.-8. (24 S.) Wien 878. (Gerold's Sohn.) n. — 40

— über die Einwirkung von saurem chromsauren Kali u. Schwefelsäure auf Cholsäure. [Aus dem Laboratorium des pathologischen Institutes in München.] [Aus: „Sitzungsber. d. k. Akad. d. Wiss."] Lex.-8. (27 S.) Ebend. 878. n. — 40

— üb. die Entwicklung u. die Aufgaben der Pharmakologie. Rede, geh. bei der Eröffnungsfeier des pharmakolog. Instituts in München am 22. Apr. 1893. [Aus: „Münch. med. Wochenschr."] gr. 8. (16 S. m. Abbildgn. u. 1 Taf.) München 893. J. F. Lehmann's Verl. n. 1. —

Tappeiner. Über die Entwicklung und die Aufgaben der Pharmakologie. Rede gehalten b. d. Eröffnungsfeier d. pharmakolog. Instituts in München. In-8°. 13 S. Oberstrass-Zürich, E. Speidel. 1893. 1 35

— Lehrbuch der Arzneimittellehre u. Arzneiverordnungslehre unter besond. Berücksicht. der deutschen u. österreichischen Pharmakopoe. gr. 8. (VII, 291 S.) Leipzig 890. F. C. W. Vogel. n. 6. —

— Lehrbuch d. Arzneimittellehre u. Arzneiverordnungslehre. Unt. bes. Berücksicht. d. deutschen u österreich. Pharmakopoe. 2., neu bearb. Aufl. gr. 8 (VII, 302 S.) Leipzig 895. F. C. W. Vogel. n. 6. —; geb. n. 7. 25

Lehrbuch der Arzneimittellehre und Arzneiverordnungslehre unter bes. Berücks. d. deutsch. u. österreich. Pharmakopoe v. Dr. H[ermann] Tappeiner, o. Prof. . . . d. Univ. München. 3. neu bearb. Aufl. *Leipzig: F. C. W. Vogel 1899.* (VII, 326 S.) 1 Bd 8.

— Lehrbuch der Arzneimittellehre u. Arzneiverordnungelehre unter besond. Berücksicht. der deutschen u. österreichischen Pharmakopoe. 4. neu bearb. Aufl. gr. 8. (VIII, 336 S.) Leipzig 901. F. C. W. Vogel. n. 7. —; geb. n. 8. 25

Tappeiner, H. v., Lehrbuch der Arzneimittellehre u. Arzneiverordnungslehre unter besond. Berücksicht. der deutschen u. österreich. Pharmakopoe. 5. neu bearb. Aufl. (VIII, 347 S.) gr. 8. Leipzig 904. F. C. W. Vogel. n. 7. —; geb. n. 8. 25

Lehrbuch der Arzneimittellehre und Arzneiverordnungslehre … von Dr H[ermann] v. Tappeiner. 6. neu bearb. Aufl. Leipzig: F. C. W. Vogel 1907. (VII, 378 S.) 8°

Lehrbuch der Arzneimittellehre und Arzneiverordnungslehre, unter besond. Berücks. d. deutschen u. österr. Pharmakopoe. Von Dr. H[ermann] v. Tappeiner, Prof. 7. neu bearb. Aufl. Leipzig: F. C. W. Vogel 1908. (VII, 384 S.) 8°

— Lehrbuch der Arzneimittellehre u. Arzneiverordnungslehre unter besond. Berücksicht. der deutschen u. österreichischen Pharmakopoe. 8. neu bearb. Aufl. (VIII, 394 S.) gr. 8. Leipzig. Ebd. 910. F. C. W. Vogel. 8. —; geb. 9. 25

— u. A. Jodlbauer, die sensibilisierende Wirkung fluorescierender Substanzen. Gesammelte Untersuchgn. üb. die photodynam. Erscheing. Aus dem pharmakolog. Institute der k. Universität München. (VIII, 210 S. m. 8 Abbildgn. u. 6 Taf.) gr. 8. Ebd. 907. 4. —

Tappeiner, *Karl*: Professor Anton Prix †. (Nekrolog). 8 (S. 57—60). Leopoldstädter Communal-Real- u. Oberg. *Wien* 1896.
Nicht im Tauschverkehr.
Progr.

Tappen, Ad., Geschichte d. Hannoverschen Pionier-Bataillons Nr. 10 von seiner Formation bis zum J. 1885, nach offiziellen Quellen zusammengestellt u. bearb. Mit mehreren Plänen u. Brücken-Zeichngn. gr. 8. (VIII, 286 u. 58 S.) Minden 885. Bruns. n. 7. 50; geb. n. 10. 50

Tappen, Hans, aus Goslar a. H.: Synthesen in der Phenanthren-Reihe. *(Berlin 1904: E. Ebering.)* (46 S.) 8°
Berlin, Phil. Diss. v. 25. Juni 1904

Tappen, Johann Peter (Hildesheim) A. S. 729/50

Dissertatio juridica, nobiliores quasdam controversias de eo quod justum est circa renitentem complexa. Präs. Jakob Brunnemann.
Halle (Krebs) XI. 1700. 75 S. 34168

Tappen, Johann Sylvester (Hannover) A. S. 142/19

Dissertatio inauguralis juridica de remediis emendandae laesionis ex dote, et sigillati, ea, quae inofficiosa dicitur. Präs. Tobias Jakob Reinharth.
Göttingen (Vandenhoeck) 9. VI. 1741. 97 S.

Gew.: Johann Peter Tappen (Vater). 34169

Tappen, Th., das Gesetz betr. die Gebührentaxe in Verwaltungssachen, mit Anmerkungen und einem Gebührentarif. Hannover 862. Helwing. gr. 8. (32 S.) n. 6 *ngr.*

Tappen, Th., Handbuch zur Dienstführung für Gemeindebeamte im Königr. Hannover. Hannover 866. Meyer. gr. 8. (VIII, 228 S.) 22½ *ngr.*

Tappen, Th., Handbuch für die provinzialständische Verwaltung der Prov. Hannover. gr. 8. (XIV, 537 S.) Hannover 880, Hahn'sche Buchh. *

— allgemeines Sachregister der Hannoverschen Gesetzsammlung von 1818 bis 1. März 1863, soweit deren Inhalt noch in Wirksamkeit ist. Hannover 863. Schmorl & v. Seefeld. gr. 8. (IV, 117 S.) n. 20 *ngr.*

— allgemeines Sachregister der Hannoverschen Gesetzsammlung von 1818 bis 1865 incl., soweit deren Inhalt noch in Wirksamkeit ist. 1. Aufl. 1863. n. 2 *ngr.* u. 2., vervollständ. u. mit Folge versehene Aufl. Hannover 866. Schmorl & v. Seefeld. gr. 8. (IV, 144 S.) n. 25 *ngr.*

Tappenbeck. Weg von der Jaúnde-Station bis Ngila (Hinterland von Kamerun). Mai 1889. 1 : 150000. (Berlin 1890.) 1 Bl. c. L. Sch.

Deutsch-Neuguinea von Ernst Tappenbeck. *Berlin: W. Süsserott 1901.* (178 S.) 8° [F.]
= Kolonialbibliothek, Süsserotts. Bd 1. [01. 117

Tappenbeck, Ernst, Deutsch-Neuguinea, s. a. Süsserott's Kolonialbibliothek. I.

1908. Eine wirtschaftl. Studie über d. Zusammenschluß d. Brennereigewerbes u. s. Aussicht f. d. Zukunft. Ein Mahnruf an d. deutschen Brenner! Von E[rnst] Tappenbeck. *Berlin: W. Süsserott 1901.* (107 S.) 8° [F.] [01. 1401

Tappenbeck, Ernst, 1908. Eine wirtschaftl. Studie üb. den Zusammenschluß des Brennereigewerbes u. seine Aussicht f. die Zukunft. Ein Mahnruf an die deutschen Brenner! 2. Aufl. (107 S.) 8. Berlin 906. W. Süsserott. n. 1. 60

Wie rüste ich mich für die Tropenkolonien aus? Von Ernst Tappenbeck. *(Berlin: W. Süsserott 1903.)* (80 S.) 8° [F.] [04. 1366

Wie rüste ich mich für die Tropenkolonien aus? Von Ernst Tappenbeck. 4.–6. Taus. Berlin: W. Süsserott 1905. (69 S.) 8° [F.]
= **Kolonialbibliothek,** Süsserotts. Bd 10. [06. 10147

— **dasselbe, s. a. Süsserott's Kolonialbibliothek. 10. Bd.**

Tappenbeck, (J. W.,) latein. Lesebuch. Eine Sammlung sorgfältig geordneter Uebungs- u. Lesestücke f. d. untern Classen d. gelehrten Schulen. gr. 8. Bremen 827, Heyse.

Tappenbeck, Wilhelm

Tappenbeck, W., der Alte am Meere. Schauspiel in 8 Akten. 8. (100 S.) Altenburg 888. (Bonde's Verl.) n.n. 1. 50

Tappenbeck, Wilh., die Religion der Schönheit. Ihr Fundament. gr. 8. (96 S.) Leipzig 898. H. Haacke n. 2. —

Tapper, Emil, auf dem Gauturnfest, s. a. Bloch's, Ludw., Herren-Bühne. Nr. 57.

Auf dem Gauturnfest. Schwank mit Gesang in 2 Aufz. von Emil Tapper. *Berlin: E. Bloch (1901).* (27 S.) 8° [F.]
= Herren-Bühne, Ludwig Blochs. No 57. [02. 11508

Tapper, Emil, ein famoses Quartier, s.: Lustspiele, turnerische.

Tapper, Joh. Leonh., de vaccinae virtute prophylactica, iterata insitione confirmanda. Dissert. med. inaug. 8maj. (4 B.) Groningae 837, Smit. (Lipsiae, libr. Weidmann.) Thlr. *

Tapper, Josef

Tapper, J., „A-B-C" der Holzbrand-Technik. 24 Blatt in Chromolith. und 1 S. Text in illustr. Umschlag. 4. * 10.75
Innsbruck: Wagner 1890.

Tapper, Jos., „ABC" der Holzbrand-Technik. gr. Fol. (24 z. Th. farb. Taf. m. 1 Bl. Text.) Innsbruck 891. Wagner. n.n. 19. —

Tapper, Jos., „A, B, C" der Holzbrand-Technik. 2., verm. u. verb. Aufl. Fol. (28 z. Tl. farb. Taf. m. 3 S. illustr. Text.) Innsbruck 895. Wagner. n. 12. —

Tapper, J., Entwürfe zu praktisch verwendbaren Objecten der Holzbrandtechnik nebst einer Anleitung über die polychrome Ausführung derselben. gr. Fol. (40 Bl. m. 1 S. Text.) Wien 888. Waldheim. In Mappe. n. 36. —

— Vorlagen f. Holzbrand-Decor. Möbel. 10 Blatt. gr. Fol. (2 S. Text.) Leipzig 893. E. Haberland. n. 10. —; in Mappe n. 13. —; einzelne Blätter à n. 1. 25; kolor. Ausg. in Mappe n. 22. —

Tapper, Walther, Referendar in Hannover: Die Haftung für Tierschäden nach §§ 833, 834 B.G.B. Berlin 1904: A. Marchwinski. (115 S.) 8°
Münster, Jur. Fak., Ref. Krückmann, Diss. v. 27. Sept. 1904
[Geb. 6. Sept. 79 Annaburg, Kr. Torgau; Wohnort: Hannover; Staatsangeh.: Preußen; Vorbildung: Gymn. Demmin i. P. Reife O. 98; Studium: Greifswald 1, München 1, Berlin 1, Göttingen 3 S.; Rig. 18. Juli 04.]

Täpper, Willem

— Festlieder f. die Hochzeits-Feier. 8. (8 S. m. 2 autogr. S. Melodien.) Ebend. 885. n.n. — 25

Täpper, Wilh., Gedichte od. Lieder zu d. Namens- resp. Geburtstagen d. Eltern. E. Büchlein f. dankbare Kinder. 12. (15 S.) Essen 896. Fredebeul & Koenen. n. — 20

Täpper, Willem, plattdütsche Gesundheitspillen vam ollen Doktor Hannes Brands. Lustig taurecht gebreiht. Dat 1. Döskten, taum twedden Mol gefüllt. gr. 8. (14 S.) [Bochum 885, Hengstenberg.] Leipzig, Knaur. *

Täpper, Willem, Doctor H. Brands plattdütsche Lachpillen. Lustig taurecht gebreiht. Dat 2. u. 3. Döskten. gr. 8. (à 15 S.) Bochum 885. (Hengstenberg.) à n. — 30
2. 2. Dutzend.

—— plattdütsche Lachpillen oder Universal-Medizin för Alle, de ümmer gesund und munter bliewen wellt. 8. (143 S.) Ebendas. 887. **

—— dass. — oder lustige Reimereien im leicht verständl. Dialecte der Essener Kanonen- und Kohlengegend. 1. und 2. Bdchn. 2. Aufl. 8. (192 S.) Ebendas. 888. **

Täpper, Willem, plattdeutsche Lachpillen, od. lustige Reimereien in der Mundart der Kanonen- u. Kohlenstadt Essen. 4 Bde. 8. Bochum. (Leipzig, Giegler's Sort.) à n. 1. 50; geb. à n. 2. 50
1. 2., verb. Aufl. (189 S.) 888.
2. (191 S.) 888.
3. Achterin steht noch enige Reuter'sche u. vaterländsche Gedichte. 2. Tausend. (172 S.) 889.
4. Nebst e. Anh.: „Glück auf!" (172 S.) 890.

—— dass. — 3. u. 4. Bd. 8. Bochum 890, Selbstverlag. à Bd. * 1 50; geb. * 2 50
3. Achterin steht noch enige Reuter'sche u. vaterländsche Gedichte. 2. Taus. (172 S.)
4. Nebst e. Anh.: „Glück auf!" (172 S.)
2. Bd. Bochum 1888, Selbstverlag. * 1 50; geb. * 2 50.

Täpper, Willem, plattdütsche Lachpillen od. lust. Reimereien in der Mundart der Kanonen- u. Kohlenstadt Essen. 3., verb. Aufl. 1. Bd. 12. (188 S. m. Bildnis.) Leipzig 892. O. Lenz. n. 1. 20; geb. n. 2. 10

— dasselbe od. Lustige Reimereien in d. Mundart d. Kanonen- u. Kohlenstadt Essen. 1. Bd. 4., verb. Aufl. 8. (190 S.) Ebd. 897. n. 1. 50; geb. n. 2. 50

— plattdütsche Lachpillen od. lustige Vertellkes in de Sprok van de Essen'sche Kohlen- un Kanunnengegend. 5. u. 6. Bd. 12. (189 u. 190 S.) Bochum (897). Rüttenscheid (Rheinl.), Selbstverlag. à 1. 50; geb. à n. 2. 50

— dasselbe. 7. Bd. 8. (190 S.) Leipzig 898. O. Lenz. n. 1. 50; geb. n. 2. 50

Täpper, Willem, plattdütsche Lachpillen met hübsche Prauwen van annere plattdütsche Dichters. 8. Bd. 12. (189 S.) Rüttenscheid (bei Essen, Ruhr) 899. Selbstverlag. 1. 50; geb. m. Goldschn. n. 2. 50

Plattdütsche Lachpillen oder Lustige Reimereien in d. Mundart d. Kanonen- u. Kohlenstadt Essen von Willem Täpper. 5. verb. Aufl. Bd 1. Leipzig: O. Lenz 1905. 8° [F.]
= [Bibliothek niederdeutscher Werke. Bd 9.]

Täpper, Willem, plattdütsche Lachpillen. 3. Bd. Achterin stoht noch enige Reuter'sche un vaterländ'sche Gedichte. 3. Dutzend. (172 S.) kl. 8. Leipzig 906. O. Lenz. n. 1. 50; geb. n. 2. 50

Plattdütsche Lachpillen van Willem Täpper. (3. Aufl.) Bd 4. Essen-Ruhr: Fredebeul & Koenen [1909]. 8° [10. 3485 5

Täpper, W., plattdütsche Lachpillen od. Lustige Reimereien in leicht verständl. Dialekte der Essener Kanonen- u. Kohlengegend. 2. u. 4. Bd. kl. 8. Essen, Fredebeul & Koenen. à 1.50; geb. in Leinw. à 2. 50
2. 4. Aufl. (172 S.) 910.
4. Nebst e. Anh.: „Glück auf!" 2. Dutzend. (160 S.) (909.)

— Lieder f. Deutschlands Feuerwehren. gr. 16. (V, 78 S.) Ebend. 882. cart. n. — 60

— allgemeine Lieder f. deutsche Feuerwehrkameraden. 11. Aufl. (118 S.) 16. Essen (906). Fredebeul & Koenen. Kart. n. — 60

— Allgemeine Lieder f. deutsche Feuerwehrkameraden. 12. Aufl. (118 S.) 16. Ebd. (910). —50; geb. — 60

— plattdütsche Vertellkes taum Tiedverdriew an lange Winterowende un bi Regenwähr. 12. (126 S.) Ebd. 890. n. 1. —; geb. n. 2. —

Tappert, Dionys-Maria, der heilige Bruno, Stifter des Karthäuser-Ordens, in seinem Leben u. Wirken. gr. 8. (526 S. m. e. Stahlst.) Luxemburg 872. Brück. n. 4. —

Tappert, Car. Ludov. Franc. (geb. Driesen 1800): De ossium regeneratione nonnulla adjecto casu singulari regeneratae mandibulae. Berolini (1831). (26 S.) 8°
Berlin, Med. Diss. v. 24. Mai 1831

Tappert, Wilhelm

Tappert, W. Bilder und Vergleiche aus dem Orlando Innamorato Bojardo's und dem Orlando Furioso Ariosto's. Diss. Marburg 1885. 49 S.

Tappert, W., Bilder u. Vergleiche aus dem Orlando innamorato Bojardo's u. dem Orlando furioso Ariosto's, s. a. Ausgaben u. Abhandlungen aus dem Gebiete der romanischen Philologie.

54 Erlkönig-Kompositionen. Gesammelt von Wilh. Tappert. [Nebst] Nachtr. (A-E). Berlin: Liepmannssohn 1898–99. 14, 13 S. 8° A 12. 8436

70 Erlkönig-Kompositionen. Gesammelt von Wilhelm Tappert. Katalog. Neue u. verm. Ausg. Berlin: A. Stahl 1906. (16 S.) 8° [06. 14334

Tappert, Wilh., Für und Wider. Eine Blumenlese aus den Berichten über die Aufführungen des Bühnenweihfestspieles Parsifal. gr. 8. (50 S.) Berlin 882, Barth. *

Tappert, Wilh., Gedichte. gr. 16. (VII, 130 S.) Berlin 879. Damköhler. n. 2. —; geb. n. 3. —

Tappert, Wilh., Gedichte. gr. 16. Berlin 879, Hettler. * 2 — geb. * 3 —

Allgem. Musik-Ausstellung z. Errichtung e. Wagner-Denkmals in Berlin. Die Entwicklung der Musik-Notenschrift vom 8. Jahrhundert bis zur Gegenwart. Katalog d. Spezial-Ausstellung von Wilh. Tappert. Berlin 1898: (W. Büxenstein). (22 S.) 8° [08. 24437

Sebastian Bachs Compositionen für die Laute von Wilhelm Tappert. *(Berlin 1901.)* (16 S.) 4° [F. u. Ant.]
Aus: 'Redende Künste', VI. Jg. H. 30–40. [01. 4071

Französischer Lektüre-Kanon. Verzeichnis aller bis z. 31. März 1908 v. Kanon-Ausschuß d. allg. deutschen Neuphilologen-Verbandes f. brauchbar erklärten Schulausgaben franz. Schriftsteller. Zsgest. von Dr. W[ilhelm] Tappert. 3. Aufl. Marburg i. H.: N. G. Elwert 1908. (33 S.) 8° [Umschlagt.]
Aus: Die Neueren Sprachen. Bd 16. [08. 13670 4

Tappert, W., wandernde Melodien. Eine musikal. Studie. 2., verm. Aufl. gr. 8. (III, 95 S.) Leipzig 890. List & Francke. n. 2. 40

Tappert, Wilh., Musik u. musikalische Erziehung. Berlin 867. Guttentag. gr. 8. (72 S.) n. 16 ngr.

Tappert, Wilhelm. Esajas Reusner, der Kammerlautenist des grossen Kurfürsten. (Sep.-Abdr. aus den Monatsheften für Musikgeschichte. 1900. No. 8.)

Sang und Klang aus alter Zeit. 100 Musikstücke aus Tabulaturen d. 16. bis 18. Jhs. Gesammelt u. übers. von Wilhelm **Tappert**. Mit d. Portr. d. letzten Lautenisten Christian Gottlieb Scheidler u. zahlr. Nachbildungen alter Notenschriftproben. Berlin: L. Liepmannssohn (1906). (XVI, 129 S.) quer-8° [06. 10735

—— musikalische Studien. gr. 8. (III und 252 S.) Berlin 868, Guttentag.

Tappert, W[ilhelm], Dr.: Die beiden ersten **Unterrichtsjahre** im Französischen nach dem Lehrbuche von Rossmann-Schmidt. Ein Beitrag zum Anschauungsunterrichte. *Quedlinburg 1900: Gensler & Strauss.* (S. 3—16.) 4° [F.]
Quedlinburg, st. HM, P 1900**

Tappert, Wilh., das Verbot der Quinten-Parallelen. Eine monograph. Studie. 8. (98 S.) Leipzig 869, Matthes.
Vgl.: Fuchs, Carl.

— Richard Wagner, sein Leben u. seine Werke. gr. 8. (VIII, 101 S. m. Holzschn.-Portr. u. 1 phototyp. Facsim.) Elberfeld 883. Lucas. n. 2. —

Tappert, Wilh., Richard Wagner im Spiegel der Kritik. Wörterbuch der Unhöflichkeit, enth. grobe, höhn., gehäss. u. verläumder. Ausdrücke, die gegen den Meister Richard Wagner, seine Werke u. seine Anhänger v. den Feinden u. Spöttern gebraucht wurden. Zur Gemütsergötzg. in müss. Stunden gesammelt. 2., bedeutend verm. u. umgearb. Aufl. des „Wagnerlexikons". (VII, 106 S.) gr. 8. Leipzig 903. C. F. W. Siegel. Geb. n. 2. 60

— Ein Wagner-Lexicon. Wörterbuch der Unhöflichkeit . . . gegen den Meister Richard Wagner, seine Werke und seine Anhänger . . . Leipzig 1877.

Tapports, Eduardus [Rhonanus]: De coniunctionum usu apud Manilium quaestiones selectae ... Monasterii Guestf., ex typogr. Brunniana, 1892; 77 S., 3 Bl. 8.
Münster, Phil. Fak., Inaug.-Diss. v. [20. Juli] 1892

Tappeser, Johann, approb. Arzt aus Altenessen: **Beitrag** zur Casuistik der Gliome des Gross- und Kleinhirnes, des Rückenmarks und der Retina. *Altenessen 1902: W. Rehmann.* (27 S.) 8°
Würzburg, Med. Diss. v. 1902

Tappius, Eberhard. Waidwerck vnd Federspiel. || Von der Häbichen vnnd || Falcken natur / art / vnnd eygen || thumb / wie mann sie berichten / gewehnen / ätzen || vnnd von allen jren kranckheyten soll er- || ledigen / Allen Häbich / vnnd Falcken tre- || gern vast nötig vnnd zu wis- || sen nutzlich. || Durch Eberhardum Tappium Lunen- || sem Burger zu Cöln. || Zu Straßburgk bey M. Jacob Cammer Lander. [Umschlagtit.:] Anno M. D. XLij [1542]. Stuttgart, J. Scheible's Verlagsbuchhandlung [1887].
Tit., 38 Bl. m. 5 Abb. 8°.
Hatting Nr. 93.

Tappolet, Aug[ust]. Die grosse Lebensmacht für heute. Synodalpredigt über Hebräer 13,8 am 1. Dezember 1908 in der Peterskirche in Zürich. 11 S. 8. Zürich und Winterthur, Buchh. der Ev. Gesellschaft, 1909. [fr. —. 20]

Tappolet, Ernst. Zur Agglutination in den französischen Mundarten. Aus der Festschrift zur 49. Versammlung Deutscher Philologen und Schulmänner. Basel 1907. II S. + S. 324—340. 8. [Basel, Buchdr. Emil Birkhäuser;] — *Aufdruck:* Leipzig, Carl Beck, Verlag —, [1907]. [M. —. 60]

Tappolet, Ernst. Über die Bedeutung der Sprachgeographie, mit besonderer Berücksichtigung französischer Mundarten. Sonderabdruck aus: «Aus romanischen Sprachen und Literaturen», Festgabe für Heinrich Morf. II + 32 S. 8. Halle a. d. S., Max Niemeyer, 1905. [M. 1. —]
(... etwas erweiterte Antrittsvorlesung, ... im Januar 1903 ... an der Universität Zürich gehalten....)

Tappolet, Ernst, über die Bedeutung der Sprachgeographie m. besond. Berücksicht. französischer Mundarten, s. a. „Aus romanischen Sprachen u. Literaturen.

— eine soziale Reform. Ein Wort zur Alkoholfrage. 12. (36 S.) Zürich 899. Th. Schröter. n.n. — 25

Tappolet, E(rnst). Die Sprache des Kindes. Vortrag gehalten in der Aula des Museums zu Basel 1907. [Mit Vignetten.] II S. + S. 81—96. gr.-8. Basel, Walz & Miéville, 1907.
[Sep.-Abzug aus dem nicht erschienenen Heft 2 der Mittel-Europäischen Monats-Schrift.]

Tappolet, Ernst. Die Sprache des Kindes. Von E' T' [Professor in Basel]. Sonderabdruck [aus:] Deutsche Rundschau.... Jahrg. 33. Heft 9. Juni 1907. II S. + S. 399—411. 8. Berlin, Gebrüder Paetel.

Tappolet, E[rnst]. Über den Stand der Mundarten in der deutschen und französischen Schweiz. [Habilitationsschr. Phil. Univ. Zürich 1902.] II + 40 S. 8. Zürich, Zürcher & Furrer, 1901. [fr. 1. 50]

Mitteilungen der Gesellschaft für deutsche Sprache in Zürich. Heft 6. —

Tappolet, Ernst, aus Zürich: Die romanischen Verwandtschaftsnamen. Mit besonderer Berücksichtigung der französischen und italienischen Mundarten. Ein Beitrag zur vergleichenden Lexikologie. Strassbg K. J. Trübner 1895. 4 Bl., 178 S. 8°. [Die der Buchausgabe beigegebenen 2 Karten fehlen der Diss.].
Zürich, Phil. Diss. [v. 17. Juni 1895].

Wustmann und die Sprachwissenschaft. Von Dr. E[rnst] **Tappolet.** *Zürich: E. Speidel 1898.* (28 S.) 1 Bd 8.
= **Mitteilungen** d. Gesellschaft f. deutsche Sprache in Zürich. II. III.
[98. 1975

(Tappolet, P[aul].) Eine reife Aehre. Zum Andenken an unsere unvergessliche Elisabeth Tappolet geb. Peyer, geboren ... 1843. gestorben 24. September 1893. 8. (Basel [1893].)

Taps, oder wie gewonnen, so zerronnen; Posse in 2 A. Aus d. Französ. 8. Wien 793. Wallishausser. 5 K

Taps; oder: wie gewonnen, so zerronnen. Posse in 2 Aufz. 8. Wien, Wallishaußer. 794.

Taps, Hans, od. Kinder, wie mans treibt so gebts. Neun lehrreiche Geschichten m. schönen bunten Bildern (in eingedruckten Holzschn.) 4. (26 S.) Leipzig 850, Poenicke. n. 1/2 ℛ

— in der Schenke; Lstspl. 8. Lüneb. 798. Herold u. W. 3 K

Tapsiana, ein kl. Bündel Briefe d. weit. berühmten Theaterkritikus Sosius von Taps, gerichtet an Cornelius, designirten Recensenten; im Nachlasse des Erstern aufgefunden von Alethophilos d. Jüng. 8. Leipz. 826, (Voß.)

Tap-Tap [Pseud.]

— — Miss Callipyas Abenteuer. Zum ersten Male ins Deutsche übertragen von Fritz Mautner. Privatdruck. O. O. u. J. (190*). (Br. Mk. 12—, gebd. Mk. 15—.)

TAP-TAP (ps.), Miss Callipyas Abenteuer. Aus d. Französ. übertragen von Fritz Mautner. Amsterdam 1909. Privatdruck. 8°. Lat. Lett.

TAP-TAP. Mit Peitſche und Rute. Miß Mary. Zum erſten Male aus dem Engliſchen ins Deutſche überſetzt von Bruno Hammer. Prag [= Wien, C. W. Stern] 1909. Privatdruck. 8°. 126 S. 600 numer. Expl.

Tapuach, Max. Zur Kenntnis der Hydratisomerie bei Di- und Trihalogenochromsalzen. Diss. Phil. [II.] Univ. Zürich. [Mit 1 Figur.] II + 86 S. 8. Borna-Leipzig, Robert Noske, 1907.

Taquet, Droit public d'Allemagne enrichi d'une compilation de loix fondamentales de l'Empire. VI Vol. 12. Strasburg, Acad. Buchhdl. 784.

Tarabey. Neuer Führer durch Danzig und seine Umgegend. Beschreibung der Stadt und alles Sehens- und Wissenswürdigen; Charakteristiken und Enthüllungen; Oeffentliches und Geheimes. 8. (X und 85 S. mit humor. Illustr. in eingedr. Holzschn.) Danzig 853, [Devrient's Nachfolger.] *

Tarafa

Tarafae Moallaca cum Zuzenii scholiis. Textum ad fidem Cod. Paris. dilig. emendatum latine vertit, vitam poetae accurate exposuit, selectas Reiskii annotat. suis subjunxit, indicem arabicum addid. Jo. Vullers. 4maj. (16 B.) Bonnae 829, (Habicht.)

Tarafae Moallaca cum Zuzenii scholis. Textum ad fidem codicum parisiensium diligenter emendatum latine vertit, vitam poëtae accurate exposuit, selectas Reiskii annotationes suis subiunxit, indicem arabicum addidit J. A. Vullers. 4. Bonn 830. Habicht. 2 ₰ 8 ℊ

Tarajans, Sedrak: Das Gewerbe bei den Armeniern. *Leipzig 1897: C. Grumbach.* (63 S.) 8°
Leipzig, Phil. Diss. v. [31. Dez.] 1897

Taramelli, Torquato. Il Canton Ticino meridionale ed i paesi finitimi. Spiegazione del foglio 24. Duf..... [Con 4 tavole. 2 parti.] (Mater. Carta Geol. Svizzera. Vol. 17.) 4. Berna (1879–)1880.

Taramelli, T., il canton Ticino meridionale ed i paesi finitimi, s.a. Beiträge zur geologischen Karte der Schweiz.

Târanâtha

— Geschichte des Buddhismus in Indien. Aus d. Tibet. übersetzt von Ant. Schiefner. Ebend. 869. Lex.-8. (XII, 346 S.) n. 1 ₰ 16 ngr.

Târanâthae de doctrinae Buddhicae in India propagatione narratio. Contextum Tibeticum e codicibus petropolitanis ed. Anton. Schiefner. Lex.-8. (X, 220 S.) Petropoli 868. Leipzig, Voss. *

Taranda, Valesco de, philonium pharmaceuticum et chirurgicum. 4. Lips. 714.

Taranek, K., Monographie der Nebeliden Böhmens, s. Abhandlungen der königl. böhmischen Gesellschaft der Wissenschaften.

Tarantola, Gaetano. Praktische Darstellung der Mailändischen Steuerregulirung . . . A. d. Ital. Jena 1821. Ü: *Böttger (Böttcher), F. A. G.* (WFM) (KY)

Tarantola, Gaet., Praktische Darstellung der Mailändischen Steuerregulirung im 18. Jahrhundert; aus d. Italien. von F. A. G. Böttger. 4°. Jena, Cröker, 1821.

Tarapani, Anna. Beiträge zur physiologisch-pathologischen Wirkung und therapeutischen Anwendung der Radiumstrahlen. Aus der Universitätspoliklinik für physikalische Heilmethoden in Zürich.... Diss. Med. Univ. Zürich. 37 S. 8. Zürich, A. Schereschewsky, 1910.

Tarapani, Helena. Zur Entwickelungsgeschichte des Hyobranchialskelettes von Salamandra atra Laur. und Titron alpestris Laur. Diss. Phil. [II.] Univ. Zürich. Mit 6 Tafeln. (Abdruck aus der Jenaischen Zeitschrift für Naturwissenschaft. Bd. 45. N. F. 38. Heft 1. 1909.) II + 54 S. 8. Jena, Gustav Fischer, 1909.

Tarare, Opéra en 5 Actes p. Beaumarchais. 8. Brunsw. Pluchart. 806. — 9

— Trauersp. v. Beaumarchais. 8. Carlsr. Macklot. (Gebhardt u. K. in Frankf.) 788. — 6

Das Geschlechtleben des ukrainischen Bauernvolkes. Folkloristische Erhebungen aus d. russ. Ukraina. Aufzeichnungen von Paulo **Tarasevśkyj**, Einl. u. Parallelennachweise von Volodymyr Hnatjuk, Vorw. u. Erl. von Friedrich S[alomo] Krauss. T. 1. Leipzig: Deutsche Verlagsaktiengesellsch. 1909. 4°
(Beiwerke z. Studium d. Anthropophyteia. Bd 3.) [09. 15237

Tarasevśkyj, Pavło, das Geschlechtleben des ukrainischen Bauernvolkes. Einleitung u. Parallelennachweise v. Vłoodymyr Hnatjuk, Vorwort u. Erläutergn. v. Frdr. S. Krauss, s.a. Beiwerke zum Studium der Anthropophyteia. III.

Tarasp. Die Bäder u. Heilquellen von Tarasp. Eine gedrängte Uebersicht für Aerzte. 8. Chur, Fl. Gengel. 1872.

Briefalbum. Illustriertes B'-A' Kurhaus Tarasp-Engadin-Schweiz, 1200 m ü. M. (12 Tondruck-Illustrationen [und] Kurzer erläuternder Text.) [12 S.] *Ansichten* + 1 S. *Text, in Umschlag,* 8. Davos, Buchdr. Davos A.-G., [1905].

Tarasp. Kurhaus T'. Engadin – Schweiz. [Illustriert.] 8. (Samaden) *o. J.* [1880/97].

Tarasp-Schuls. Kurhaus T'-Sch', Engadin – Schweiz.... Reichhaltigste Glaubersalzquellen – Eisenhaltige Quellen.... [Illustriert.] 4. (Samaden) *o. J.* [1890/1900].

Tarasp-Schuls. Kurhaus T'-Sch', Engadine – Suisse.... Puissantes sources de sel de Glauber – Sources ferrugineuses.... [Illustré.] 4. (Samaden) *s. d.* [1890/1900].

Tarassewitsch, Th., Führer durch die deutschen usw. Bäder, s.: Wetschesslow, M. G.

— russischer illustrierter Führer durch die westeuropäischen Heilanstalten, Kurorte, Seebäder u. Städte. 3. Jahrg. 1906. (XXXIX, 463 S. m. Abbildgn.) 8. Berlin, Deutsch-russ Verlags-Gesellschaft. Geb. n. 3.—

Tarassewitsch, Th., russischer illustr. Führer durch die westeurop. Heilanstalten, Kurorte, Seebäder u. Städte. 4. Jahrg. 1907. (XXXIX, 489 S. m. Abb.) 8. Berlin, Deutsch-russ. Verlag u. Druckerei. Geb. 3.—

Taraszkewicz, Eduard: Einige Methoden zur Werthbestimmung der Milch. Diss. Dorpat. 1873. 41 S. 8°

Taratte, E. J., arithmétique des écoles, accompagnée d'exercices et de nombreux problèmes. 11. éd. 8. (IV, 117 S.) Metz 872. Wwe. Alcan & Co. n. — 60

— premiers éléments de littérature française à l'usage des écoles et des pensions des deux sexes. 3. éd. 8. (VII, 208 S.) Ebend. 866. n. 1. —

Taratte, E. J., premiers éléments de littérature française à l'usage des écoles et des pensions des deux sexes. 4. éd. 8. (VII, 208 S.) Metz 877. Even. cart. n. 1. 20

Tarbé, Edmond, Bernard, der Mörder. Roman. Autoris. Uebersetzung von E. Plastein. 8. (461 S.) Mannheim 887, Bensheimer's Verlag. *

Tarbe des Sablons, Roseline oder ohne Erziehung in Gott kein dauerndes Familienglück. Frei nach dem Französ. 2. Aufl. Aachen 859. Cremer. 8. (351 S.) 25 ngr.

Tarbuck, Ed. Lance, eine Woche in London. Neuer illustr. London-Führer. 2., vollständig umgearb. Ausg. Leipzig 862. Payne. 8. (VI, 122 S., 2 Stahlst. u. 2 lith. Pläne in 4. u. Fol.) n. 15 ngr.

Tarchanjanz, Tarchan: Aus d. Chir. Univ.-Klinik. Blutige Naht oder primäre conservative Behandlung der Olekranonfraktur. (Berlin 1910: Blanke.) 33 S. 8°

Berlin, Med. Diss. v. 21. Juni 1910, Ref. Bier

[Geb. 28. (15.) Jan. 84 Schuscha; Wohnort: Baku; Staatsangeh.: Rußland; Vorbildung: Gymn. Baku Reife 05; Studium: Berlin 10 S.; Rig. 3. Juni 10.] [U 10. 104

Tarchanoff, Fürst J. v., rationelle Organotherapie, s.: Poehl, A. v.

Tarcsa. Fürdö és környéke. (Tatzmannsdorf. Bad und Umgebung.) 12 lithogr. Ansichten in Tondruck sammt Text in ungar. und deutscher Sprache. Quer-Quart. Wien, Carl Gerold's Sohn. (Comm.-Debit.) 1864 Steif geb. 3 fl. 80 kr.

Tárcza naptàr. 1868. 128. (32 S. mit 1 Photogr.) Wien 868, (Fromme.) * 50 Pf.; in Metall-Einb. *

Tàrcza naptàr. 15. Jahrg. I. Broschirte Ausgabe mit 1 Photographie 20 kr. 1882. Wien: Carl Fromme.
— II. Leinwand-Ausgabe mit 1 Photographie. Englischer Leinwand-Einband 30 kr.
— III. Bronce-Ausgabe mit 1 Photographie. Bronce-Einband mit ungarischem Wappen 40 kr.
— IV. Leder-Ausgabe mit 1 Photographie. Eleganter Juchten-Einband 40 kr.
— V. Elfenbein-Ausgabe mit 1 Photographie. Eleg. Ivoirit-Einband 50 kr.

Tárcza-naptár Fromme's XVI. Jahrg. 1883. Ebda.
I. Broschirte Ausgabe mit 1 Photographie 20 kr.
II. Leinwand-Ausgabe mit 1 Photographie. Englischer Leinwand-Einband 30 kr.
III. Bronce-Ausgabe mit 1 Photographie. Bronce-Einband mit ungarischem Wappen 40 kr.
IV. Leder-Ausgabe mit 1 Photographie. Eleganter Juchten-Einband 40 kr.
V. Elfenbein-Ausgabe mit 1 Photographie. Eleganter Ivoirit-Einband 50 kr.

— — Fromme's. 17. Jahrg. 1884. Wien, Carl Fromme. I. Brosch. Ausgabe mit 1 Photogr. 20 kr. — II. Leinwand-Ausg. mit 1 Ph. Engl. Leinwand-Einbd. 30 kr. — III. Bronze-Ausg. mit 1 Ph. Bronze-Einband mit ungar. Wappen 40 kr. — IV. Leder-Ausg. mit 1 Ph. Eleganter Juchten-Einband 40 kr. — V. Elfenbein-Ausg. mit 1 Ph. Eleg. Ivoirit-Einbd. 50 kr.

— — 20. Jahrg. 1887. Wien, Fromme. Brosch. Ausg. fl. —.20. Leinw.-Ausg. mit Goldschn. fl. —.30, Bronze.Ausgabe, Bronze-Einbd. mit ungar. Wappen fl. —.40, Leder-Ausg., eleg. Leder in Juchten oder schwarz. fl. —.40, Leder-Phantasie-Einbände, licht u. farbig fl. —.40, Elfenbein-Ausg., eleg. Ivoirit-Einband fl. —.50, Beschlags-Ausg.. altdeutsch, Gold-, Cuivre poli u. Oxid-Beschlag mit Atlas unterlegt fl. —.50, dieselbe mit Seiden-Sammt unterlegt fl. —.60.

Tárcza-naptár. (Ungarischer Portemonnaie-Kalender.) 23. Jahrg. 1890. Wien: C. Fromme.

Tárcza-naptár. (Ungarische Portemonnaie-Kalender.) 24. Jahrgang. 1891. Ebda.
Broschirte Ausgabe —.20
Leinwand-Ausgabe mit Goldschnitt —.30
Bronze-Ausgabe. Bronze-Einband mit ungarischem Wappen —.40
Elfenbein-Ausgabe. Eleg. Ivoirit-Einb. —.50

Tárcza-naptár, Fromme, pro 1892. (Ungarischer Portemonnaie-Kalender pro 1892.) 25. Jahrgang. Broschirte Ausgabe —.20
Wien: Carl Fromme.

Tárcza-naptár. (Ungarischer Portemonnaie-Kalender.) 26. Jahrg. 1893. Ebda.
Broschirte Ausgabe —.20
Leinwand-Ausgabe mit Goldschnitt —.30
Bronze-Ausgabe. Bronze-Einband mit ungarischem Wappen —.40
Leder-Ausgabe. Elegantes verschiedenfarbiges Leder —.40
Elfenbein-Ausgabe. Eleganter Ivoirit-Einband —.50
Beschlag-Ausgabe. Altdeutscher Gold-, Cuivre poli- und Oxyd-Beschlag, mit Atlas unterlegt —.50
Dieselbe, mit Seidensammt unterlegt —.60

Tárcza-naptár. Fromme's Ungarischer Portemonnaie-Kalender. 1894. 27. Jahrg. Ebda.
Broschirte Ausgabe —.20
Ausgabe in feinem lithogr. Umschlag —.30
Leinwand-Ausgabe mit Goldschnitt —.30
Bronze-Ausg. Bronze-Einband mit ungarischem Wappen —.40
Leder-Ausgabe. Elegant verschiedenfarbiges Leder —.40
Elfenbein-Ausg. Eleg. Ivoirit-Einband —.50
Beschlag-Ausg. Altdeutscher Gold-, Cuivre poli und Oxyd-Beschlag m. Atlas unterlegt —.50
Dieselbe mit Seidensammt unterlegt —.60

Tárcza-naptár. (Ungarischer Portemonnaie-Kalender) für 1895. 28. Jahrgang. Ebda.
Broschirte Ausgabe —.20
Ausgabe in feinem lithograph. Umschlag —.20
Leinwand-Ausgabe mit Goldschnitt —.30
Bronze-Ausgabe. Bronze-Einband mit ungarischem Wappen —.40
Leder-Ausgabe. Eleg. verschiedenf. Led. —.40
Elfenbein-Ausg. Eleg. Ivoirit-Einbd. —.50
Beschlag-Ausgabe. Altdeutscher Gold-, Cuivre poli- u. Oxyd-Beschlag m. Atlas unterl. —.50
Dieselbe mit Seidensammt unterlegt —.60

Tárcza-naptár. (Fromme's Ungarischer Portemonnaie-Kalender.) 1896. 29. Jahrg. Ebda.
Broschirte Ausgabe —.20
Ausgabe in feinem, lithogr. Umschlag —.20
Leinwand-Ausgabe mit Goldschnitt —.30
Bronze-Ausgabe. Bronze-Einband mit ungarischem Wappen —.40

Tárcza-naptár. (Fromme's Ungarischer Portemonnaie-Kalender.) 1897, 30. Jahrg. Ebda.
Broschirte-Ausgabe —.20
Ausgabe in feinem lithograph. Umschlag —.20
Leinwand-Ausgabe mit Goldschnitt * —.30
Bronce-Ausgabe. Bronce-Einband mit ungarischem Wappen * —.40
Leder-Ausgabe. Elegante, verschiedenfarbige Leder * —.40
Elfenbein-Ausgabe. Eleg. Ivoirit-Einbd. * —.50
Beschlag-Ausgabe. Altdeutscher Gold-Cuivre poli- und Oxyd-Beschlag mit Atlas unterlegt * —.50
Dieselbe, mit Seidensammt unterlegt * —.60

Tárcza-naptár. (Fromme's Ungarischer Portemonnaie-Kalender.) 1898. 31. Jahrg. Ebda.

Tárcza-naptár. (Fromme's Ungarischer Portemonnaie-Kalender.) 32. Jahrgang. 1899. Ebda.
Broschirte Ausgabe —.20
Ausgabe in feinem lithograph. Umschlag —.20
Leinwand-Ausgabe mit Goldschnitt —.30
Bronze-Ausgabe. Bronze-Einband mit ungarischem Wappen —.40
Leder-Ausgabe. Elegantes verschiedenfarbiges Leder —.40
Elfenbein-Ausgabe. Eleg. Ivoirit-Einband —.50
Beschlag-Ausgabe. Altdeutscher Gold-, Cuivre poli- und Oxyd-Beschlag mit Atlas unterlegt —.50
Dieselbe mit Seidensammt unterlegt —.60

Tárcza-naptár a müvelt világ részere 1883. X. Jahrg. (Ungarischer Portemonnaie-Kalender mit Photographien ungarischer Persönlichkeiten.) Wien: Moritz Perles.
Ausg. A. Eleg. in ganz neuartigem Umschlage broschirt, mit 2 Photographien 20 kr.
„ B. In englischem Einband 30 kr.
„ C. 1. Eleg. geb. in fein ausgeführtem Metalldeckel 36 kr.
2. Elegant gebunden. mit Email 40 kr.
„ D. 1. In fein ausgeführtem Platinadeckel 35 kr.
2. Elegant gebunden, in Email 40 kr.
„ E. In Juchten- oder Chagrinleder 40 kr.
„ F. In feinem Kalbieder mit ausserst originellem verkäuflichen Einband 65 kr.
„ G. In Seide oder Jockey-Einband, eleg. geb. 40 kr.
„ H. In Holzeinband 40 kr.
„ I. 1. In Kork oder Leinwand mit Malerei 40 kr.
2. Feine Ausgabe 50 kr.
„ K. Elfenbeinähnlich 40 kr.
„ L. In Celloid 45 kr.

Tarcza naptár a müvelt világ részére. (Ungarischer Portemonnaie-Kalender). 1886. XIII. Jahrg. Wien, Moritz Perles. Ausstattung u. Preis der Ausgabe A—M wie der deutschen Portemonnaie-Kalender

Tárcza naptár (ungar. Portemonnaie-Kalender. 1887. XIV. Jahrg. *A.* Eleg. in Umschlag brosch. mit 2 Photographien. Wien, Perles. fl. —.20.
— *B.* In engl. Einband fl. —.30.
— *C.* Eleg. geb. in fein ausgeführtem Metalldeckel fl. —.36, eleg. geb. in Email fl. —.40.
— *D.* Eleg. geb. in fein ausgeführtem Platinadeckel fl. —.36.
— *E.* Eleg. geb. in Juchten fl. —.40, eleg. geb. in Seide fl. —.40. eleg. geb. in Gelatine fl. —.40, eleg. geb. in Liebhaberband fl. —.40.
— *F.* Eleg. geb. in diverse moderne Einbände fl. —.50, eleg. geb. in Elfenbein mit Nickelbeschlag fl. —.50, eleg. geb. in Schweinsleder-Imitation fl. —.50, eleg. geb. in Atlas mit Blumen oder Malerei fl. —.50.
— *G.* Eleg. geb. in feinem Kalbleder mit Pressung: „Glück auf!", „Viel Glück!", „Prosit Neujahr!" fl. —.65, eleg. geb. in feines Kalbleder mit Goldpressung fl. —.65.
— *H.* Eleg. geb. in Leder mit feingeschliffenem Spiegel fl. —.75. eleg. geb. in Plüsch mit Nickelbeschlag fl. —.75, eleg. geb. in feinem Kalbleder mit Schliessen fl. —.75.
— *I.* Eleg. geb. in feinem Kalbleder mit Ecken und Schliessen fl. 1.—, eleg. geb. in feinem Kalbleder, Brieftasche darstellend, fl. 1.—.

Tárcza naptár a müvelt világ részére 1890. XVII. Jahrgang. (Ungarischer Portemonnaie Kalender). Wien: Moritz Perles.

Tárcza-naptár a müvelt világ részére 1893. (Ungarischer Portem.-Kalender.) XX. Jahrg. Dieselben Ausgaben wie Portemonnaie-Kalender für die elegante Welt.
Wien: Moritz Perles.

Tárcza-naptár a müvelt világ részére 1894. (Ungarischer Portem.-Kalender.)
Ebda.

Tarcza naptár. (Ungarischer Portemonnaie-Kalender.) Pro 1895. In denselben Ausgaben wie Almanaco per Portamonete.
Wien: Mor. Perles.

Tarcza naptár. (Ungarischer Portemonnaie-Kalender pro 1896.) In denselben Ausgaben wie „Kapesni Kalendář". Ebda.

Tarcza naptár. (Ungarischer Portemonnaie-Kalender pro 1897.) In denselben Ausgaben wie „Kapesni Kalendár". Ebda.

Tarcza naptár. (Ungarischer Portemonnaie-Kalender pro 1898.) In denselben Ausgaben wie „Kalendarzyk kieszonkowy". Ebda.

Tárcza-Naptár a müvelt vilag részére. (Ungarischer Portemonnaie-Kalender pro 1899.)
Wien: M. Perles.

Tarczyński, Stanisław. Die Kondensation von Benzilsäure mit zweiwertigen Phenolen und Derivaten derselben. Diss. Math.-Naturw. Freiburg in der Schweiz. 57 S. 8. Freiburg ⟨Schweiz⟩, St.-Paulus-Druckerei, 1904.

Die sozialen Gesetze. Skizze zu e. Soziologie [Les Lois sociales. Esquisse d'une sociologie]. Von G[abriel] **Tarde**. Deutsch von Hans Hammer. Einz. autor. Übers. Leipzig: Klinkhardt 1908. IV, 108 S. 8°
(Philosophisch-soziologische Bücherei. Bd 4.) [11. 10697 11

Tardel, Hermann *August Heinrich*: Das englische Fremdwort in der modernen französischen Sprache. 8 (S 359–420).
Festschrift der 45. Vers. d. Philologen u. Schulmänner dargeboten v. d. öffl. höh. Lehranstalten *Bremens* 1899.
Nicht im Tauschverkehr
Progr.

Tardel, Herm., das englische Fremdwort in der modern. französ. Sprache, s.a. Festschrift der 45. Versammlung deutscher Philologen etc.

'Der arme Heinrich' in der neueren Dichtung. Von Dr. Hermann **Tardel.** Berlin: A. Duncker 1905. (69 S.) 8°
= **Forschungen** z. neueren Literaturgeschichte. 30. [05. 14997 3

Tardel, Hermann [Dr.]: Quellen zu Chamissos Gedichten. Graudenz, Druck v. G. Röthe's Buchdr., 1896; 22 S., 1 Bl. 8.
Graudenz, st. R, OP 1896 (50 [vielm. 49])

Tardel, Herm., Quellen zu Chamissos Gedichten. Progr. gr. 8. (23 S.) Graudenz 896. (Leipzig, Buchh. G. Fock.) n. — 70

Die Sage von Robert dem Teufel in neueren deutschen Dichtungen und in Meyerbeers Oper. Von Dr. Hermann **Tardel**. *Berlin: A. Duncker 1900.* (82 S.) 8°
= **Forschungen** z. neueren Litteraturgeschichte. 14. [... 4319

Tardel, Hermann, Dr.: **Studien** zur Lyrik Chamissos. *Bremen 1902: A. Guthe.* (64 S.) 8°
Bremen, Handels-S ⟨Abt. d. Haupt-S⟩, OP 1902 (807)

— **Studien zur Lyrik Chamissos.** Progr. gr. 8. (64 S.) Bremen 902. (G. Winter.) n. 1. —

Tardel, Hermann: Untersuchungen zur mittelhochdeutschen Spielmannspoesie. 1. Zum Orendel. 2. Zum Salman-Morolf ... Schwerin i. M., E. Herberger's Buchdr., 1894; 72 S. 8.
Rostock, Phil. Fak., Inaug.-Diss. v. [14. Aug.] 1894

Tardel, Herm., Untersuchungen zur mittelhochdeutschen Spielmannspoesie. 1. Zum Orendel. 2. Zum Salman-Morolf. Diss. gr. 8. (72 S.) Schwerin 894. (Leipzig, G. Fock.) n. 1, 20

Tardieu, Encyclopédie de la jeunesse, ou nouvel abrégé élémentaire des Sciences et des Arts. II Vol. av. fig. 8. Paris (Sommer à Lpz.) 802.

Tardieu, Ambroise, die Vergehen gegen die Sittlichkeit in staatsärztlicher Beziehung betrachtet. Nach der 3. französischen Aufl. ins Deutsche übertragen von Fr. Wilh. Theile. Mit 3 erläuternden (lith.) Taf. Weimar 860. Voigt. gr. 8. (X, 188 S.) 22⅓ ngr.

Tardieu, Ambr., die Vergiftungen in gerichts-ärztlicher und klinischer Beziehung dargestellt. Der gerichtlich-chemische Theil bearb. von Z. Roussin. Autorisirte deutsche Ausg. Bearb. von Fr. Wilh. Theile und Herm. Ludwig. Lex.-8. (XIII, 598 S. mit 27 xylograph. Abbild.) Erlangen [Stuttgart] 868, Enke. *

Tardieu, André, Fürst v. Bülow. (Autoris. Übersetzg. v. Mario Spiro.) (336 S.) 8. Berlin 910. H. Bondy. 4.—; geb. n 5, 50

Tardieu, Jean Bapt. Pierre fils, Carte des routes de postes de l'Empire français, du Royaume d'Italie et de la Confédération du Rhin ... Dressée et dessinée. Paris 1814. 4 Bll. . . . . (Br. Mus.; RPA.)
——, —— Vermehrt u. berichtigt von F. N. Diewald. Nürnberg, Schneider & Weigel, (Bauer & Raspe.) 1819. Roy.-Fol.

Tarducci, A. Beschreibung eines Feldzuges des Grafen Basta in Siebenbürgen 1600. Breslau 1772. 4°.

Tarducci, A. Des Röm. Kays. Generals Grafen von Baste Lager bey Weitzen 1597 gegen die Türken . . . Aus d. Welschen. Breslau 1771. 4°.

Tardy, Herm. v., eine Stimme aus Böhmen. Vorrede zu der neuen böhmischen Postille. Ins Deutsche übers. u. hrsg. v. e. Freunde. gr. 8. (17 S.) Halle 871. Anton. n. — 20

Tardy's von Montravel's Versuch über die Theorie des magnetischen Somnambulismus. Aus dem Franz. von Ph. A. H—l. Mainz u. Frkf. 788. 8.

Tardy v. Montravel, Versuch über die Theorie des magnet. Somnambulismus; aus d. Französ. gr. 8. Mainz 788. (W. Vogel in Leipz.) 9 gr

Tarenetzky, Alexander (Iwanowitsch)

Tarenetzky, A., Beiträge zur Anatomie des Darmkanals, s.: Mémoires de l'académie impériale des sciences de St.-Pétersbourg.

Tarenetzky, A., Beiträge zur Craniologie der Ainos auf Sachalin, s.: Mémoires de l'académie impériale des sciences de St.-Pétersbourg.

Tarenetzky, A., Beiträge zur Craniologie der grossrussischen Bevölkerung der nördlichen u. mittleren Gouvernements d. europäischen Russlands, s.: Mémoires de l'académie impériale des sciences d. St.-Pétersbourg.

Beiträge zur Skelet- und Schädelkunde der Aleuten, Konaegen, Kenai und Koljuschen mit vergleichend anthropologischen Bemerkungen. Von Prof. A. Tarenetzky [**Aleksandr Ivanovič Tareneckij**.] Mit 4 Taf. *St.-Pétersbourg: Acad. Imp. d. Sciences 1900.* (73 S.) 4°
= **Mémoires** de l'Académie Impériale d. sciences de St.-Pétersbourg. Sér. 8. Classe physico-mathém. Vol. 9, No 4. [01. 1801

Tarenetzky, A., weitere Beiträge zur Craniologie der Bewohner v. Sachalin—Aino, Giljaken u. Oroken, s.: Mémoires de l'académie impériale des sciences de St.-Pétersbourg.

Tarenetzky, Thdr., der Lorbeer-Zweig. Eine Sammlung von Gedichten. 1. Liefg. Weimar 855. (Kühn.) 16. (2 Bl., S. 1—68.) n. 6 ngr.

Targe, Histoire générale d'Italie, depuis la décadence de l'empire romain jusqu'au temps présent. IV Vol. gr. 12. Paris (Unzer à Königsb.) 773.

Targé, P., das Maaß u. Gewicht der Staaten des norddeutschen Bundes u. die Münze des preußischen Staates in ihren verschiedenen Verhältnissen, als Handbuch für Geschäftsleute zusammengestellt. Magdeburg 869. Hinrichshofen'sche Buchh. gr. 4. (IV, 104 S.) 1 Rthl.

Targe, P., über Schneeverwehungen auf Eisenbahnen und Mittel dawider. gr. 8. (23 S. mit 24 eingedr. Abbildungen.) Leipzig 847, Weber. *

Targioni-Tozzetti, O., lezioni di agricoltura, specialmente Toscana. IV Vol. 8. Firenze (Tourneisen Sohn in Paris) 802.

Targioni-Tozzetti, G., die Rantzau, s.: Mascagni, Pietro.

Das **Targum** zum **Buch** der Richter in jemenischer Überlieferung von Franz Praetorius. *Berlin: Reuther & Reichard 1900.* (61 S.) 8° [01. 8035

Das **Targum** zu Josua in jemenischer Überlieferung. Von Franz Praetorius. Berlin: Reuther & Reichard 1899. (XI, 47 S.) 8°

Targum Onkelos. Hrsg. u. erläut. v. A. Berliner. 2 Thle. Lex.-8. (249 u. X, 266 S.) Berlin 884. [Mampe.] M. Poppelauer. n. 15. —; auf holl. Büttenpap. n. 20. —

Targum, Das samaritanische, zum Pentateuch. Zum erstenmale in hebraeischer Quadratschrift, nebst einem Anhange textkritischen Inhaltes herausgegeben von Adolf Brüll. Frankfurt a. M. 1875.

Targum Scheni zum Buche Esther, nebst variae lectiones nach handschriftlichen Quellen erläutert u. mit einer literarhistorischen Einleitung versehen von L. Munk. gr. 8. (V, 37 u. 45 S.) Berlin 876. Benzian. n. 2. —

Targumim in usum auditorum in Academia Julia. Helmstadii [1714]. H: *Hardt, Hermann von der.* (BrMm)

Tarján, Ferd., der Erwerb u. der Verlust der ungarischen Staatsbürgerschaft, s.: Berényi, Alex.

Tarif,

— über den, von e. Anhaltiner. 8. Zerbst 827. Kummer. 4 gr

Tarif der Abgaben, welche durch die Zollämter des türkischen Reiches von den Waaren der Zollvereinsländer bei ihrer Einfuhr und von den Waaren des türkischen Reiches bei ihrer Ausfuhr erhoben werden ... nebst dem zwischen den Zollvereins Ländern und der H. Pforte am 20. Maerz 1862 geschlossenen [so!] Handelsvertrage. Veröffentlicht durch die K. Preussisehe [so!] Gesandtschaft. Constantinopel 1862.

Tarif de l'argent d'Empire en argent de France .. Strassb. 793. König. 1 ℛ

— u. **Ausführungsbestimmungen**, nach welchen die Abgaben f. das Befahren des Dortmund-Ems-Kanals, einschließlich der kanalisirten Ems bis zur Schleuse Herbrum u. des Seitenkanals Oldersum-Emden zu entrichten sind. Gültig vom 1. IV. 1898. gr. 8. (25 S.) Ebd. 898. n.n. — 25

Tarif und **Ausführungsbestimmungen**, nach welchen die Abgaben für das Befahren des Dortmund-Ems-Kanals, einschliessl. der kanalisierten Ems bis zur Schleuse Herbrum u. d. Seitenkanals Oldersum-Emden zu entrichten sind. Gültig v. 1. Apr. 1898. *[Dortmund: Ruhfus 1899.]* (25 S.) 8° [F.] [00. 6531 6

Tarif vom 1. März 1898 ⟨in der zufolge d. erlassenen Nachträge am 1. April 1901 gültigen Fassung⟩ und **Ausführungsbestimmungen** vom 14. März 1901, nach welchen die Abgaben f. d. Befahren d. Dortmund-Ems-Kanals, einschl. d. kanalisirten Ems bis z. Schleuse Herbrum u. d. Seitenkanals Oldersum-Emden zu entrichten sind. *Münster i. W. (1901): J. Bredt.* (18 S.) 8° [F.] [04. 9399

[**Contenar**]feier 1901 in Schaffhausen. Tarif und Auszug aus der Fahr-Ordnung für den Wagen-Verkehr während der Dauer der Bundesfeier 1901 in Schaffhausen vom 9. bis 12. August ([Nebst:] Regulativ für die Unternehmer des Droschkendienstes während — — Schaffhausen.... — 1901 Mai.) 3 + 4 S. 8. [Schaffhausen, H. Meier & Cie.]
8 verschiedene Ausgaben.

[Kopft.:] [F.] **Tarif** und Bedingungen der städtischen **Wasserwerke**. *(Potsdam: Dr. v. F. Stein 1895).* 2 Bl. 2. [96. 617

Sensethalbahn. Tarif für die Beförderung von Gütern im internen Verkehr. Gültig vom Tage der Betriebseröffnung an. II + 12 S. gr.-8. Bern, Ott & Bolliger, [1903].

Tarif für die Benutzung der öffentlichen städtischen Wasserleitung zu Greifswald. (Greifswald 1892: F. W. Kunike.) (6 S.) 4° [Kopft. F.] [93-13635 9

Tarif zur Berechnung der Gerichtskosten in Grundbuchsachen und Instruktion des Justiz-Ministers vom 3. Juli 1872. Nebst Tab. und Anhang. Amtl. Ausg. Fol. (18 S.) Berlin 872, v. Decker'sche Geh. Ober-Hofbuchdr. *

Tarif zur Berechnung der Gerichtskosten für das Subhastations-Verfahren. Amtl. Ausg. Berlin 1869. fol.

— zur Berechnung der Gerichtskosten für das Subhastations-Verfahren. Amtliche Ausg. Berlin 870. v. Decker. Fol. (8 S.) n. $3\frac{1}{2}$ ngr.

Tarif für Boston-Whist. 4. Grünberg 840. Levysohn u. S. $1\frac{1}{2}$ ℛ

— für Boston-Whist. 4. Grünberg 849, Weiss. 3 ngr; auf Pappe 1/6 ℛ

Tarif für Buchbinder-Arbeiten. Für die Schweiz zusammengestellt und hrg. vom Zürcher Buchbinder-Meister-Verein. [5. Aufl.] 1902. [Illustriert.] 48 S. 8. [Zürich, J. J. Wagner & Co.] [geb. für Mitglieder fr. 2. 50, für Nichtmitglieder fr. 3. 50]

Tarif für Buchbinder-Arbeiten. Hrg. vom Buchbindermeister-Verein Solothurn. 3. umgearb. Aufl. 1904. ([Mit] Formaten-Tabelle.) 32 S. 8. Solothurn, C. Gassmann.) [fr. 1. 50]

Tarif für Buchbinder-Arbeiten. 4., umgearbeitete Aufl. 1907. Hrg. vom **Buchbindermeister-Verein** Solothurn. [Mit 2 Beilagen und illustr. Inseraten.] II + 40 S. 8. Solothurn, C. Gassmann. [fr. 1. 50]

Tarif für Buchbinder-Arbeiten. Thurgau 1908. Hrg. vom Thurg. **Buchbindermeister-Verein.** [Mit illustr. Inseraten.] 50 S. 8. Kreuzlingen, August Honer, 1907. [geb. fr. 2. 50]

Tarif pour les colis postaux et les articles de messagerie à destination de l'étranger. Publié par la Direction générale des postes suisses. Du 1er septembre 1903. II + VI + 220 p. 4. [Berne, Rösch & Schatzmann.] fr. 4. 50
Administration des postes suisses. [Tarif] N° 2.

Tarif pour les colis postaux et les articles de messagerie à destination de l'étranger. Publié par la Direction générale des postes suisses. Du 1er octobre 1907. 249 p. [+ 3 feuilles]. kl.-4. Berne, Rösch & Schatzmann, 1907. [cart.] fr. 2. —
Administration des **postes suisses.** [Tarif de messagerie] N° 2.

Tarif des correspondances pour l'étranger, comprenant les services de la poste aux lettres, des lettres et boîtes avec valeur déclarée, des remboursements, des mandats de poste et des recouvrements. Du 1er octobre 1907. Publié par la Direction générale des postes suisses. 88 p. [+ 4 feuilles]. kl.-4. [Berne,] R[ösch] & S[chatzmann], X. [19]07. [cart.] fr. —. 75
Administration des **postes suisses.** [Tarif des corr'] N° 2.

Tarif des correspondances pour la Suisse, comprenant les services de la poste aux lettres, des mandats de poste et des recouvrements. Du 1er octobre 1907. Publié par la Direction générale des postes suisses. 17 p. kl.-4. [Berne,] R[ösch] & S[chatzmann], IX. [19]07. fr. —. 25
Administration des **postes suisses.** [Tarif des corr'] N° 1.

Tarif für Depeschenbeförderung von u. nach den hauptsächlichsten Stationen des deutsch-österreich. Telegraphen-Vereins u. nach den übrigen europäischen u. den wichtigsten aussereuropäischen Staaten. Nach authent. Quellen bearb. (Nr. 1.) Leipzig 867. Pardubitz. 16. (51 S.) $7\frac{1}{2}$ ngr.

Tarif des douanes suisses pour l'importation et l'exportation ⟨du 10 avril 1891⟩. Tarif d'usage avec Registre alphabétique des marchandises. Mis à jour au 1er janvier 1903. IV + 260 p. kl.-4. Berne, Stämpfli & Cie, 1903.

Tarif des douanes du Zollverein valable à partir du 1 Janvier 1854 en langues française et allemande dressé d'après documens officiels et traduit en français par Zinnow. 4. (48 S.) Cologne 854, libr. Du Mont-Schauberg. *

—— des douanes du **Zollverein**, s. Zinnow.

— des droits d'entrée et de sortie de la république Française etc., av. la traduction allem. 8. Strassb. 798. Levrault. 14 ℛ

— für den directen Eil- u. **Frachtgüter-Verkehr** zwischen Stationen der k. k. priv. österr. Staats-Eisenbahn-Gesellschaft u. der Ungarischen West-Bahn vom 1. Juli 1873. Nachtrag III. Giltig vom 15. Mai 1875. gr. 4. (4 S.) Wien 875. v. Waldheim. n. — 10

Tarif für den directen Eil- u. **Frachtgüter-Verkehr** zwischen den ingenannten Stationen der Waagthalbahn, k. k. priv. österr. Staats-Eisenbahn-Gesellschaft, a. priv. Kaiser Ferdinands- u. Mähr.-Schlesische Nordbahn, k. k. pr. österr. Nordwestbahn, k. k. pr. Kaiser Franz Josefs-Bahn, k. k. pr. böhm. Nordbahn. Giltig vom 1. Mai 1875 bis auf Weiteres. gr. 4. (8 S.) Ebend. 875. n. — 20

Tarif d. Ein-, Aus- u. Durchfuhr-Zölle d. Zoll-Vereins. [Gültig vom 1. Octbr. 1851 an.] gr. 8. (24 S.) Leipzig 851, Hübner. — 2. Aufl. gr. 8. (24 S.) Ebd. 851. 4 ngr

—— der Ein-, Aus- und Durchfuhr-Zölle des Zoll-Vereins, wie sie laut dem Vertrage vom 19. Febr. für die unmittelbare Einfuhr von Oesterreich, und laut Zollvereins-Vertrag vom 4. April für die allgem. Einfuhr mit dem J. 1854 in Kraft treten, nebst Angabe der vom 5. April 1853 bis zur Vereinigung des Steuer- und Zoll-Vereines am 1. Jan. 1854 geltenden Zollsätze für die unmittelbare Einfuhr aus dem Steuer-Verein. br. 8. (34 S.) Leipzig 853, Hübner.

Tarif der Ein- u. Ausfuhrzölle d. Königr. Italien, welche m. 1. Jan. 1888 zur Erhebung kommen. Gesetz vom 14. Juli 1887, Nr. 4703. gr. 8. (46 S.) Strassburg 887. (Strassburger Druckerei u. Verlagsanstalt.) n. 1. 60

Tarif der Ein- und Ausfuhrzölle des Königreichs Italien vom 1.1.88. Strassburg (1888)

Der in Bayern grösstenteils amtlich eingeführte Lorische Tarif nebst Instruktion u Aufschluss zur Berechnung des Brot- u Mehlsatzes etc. 4° Augsburg 1855

Tarif für die Aachen-Düsseldorf-Ruhrorter Eisenbahn. Aachen 1854.

Tarif der Emolumenten für die Aemter Thun und Oberhofen. Bern 1774. 4.

Tarif der Emolumenten für die Aemter Wildenstein, Biberstein, Kastelen u. Königsfelden. Bern 1773. 4.

Tarif der Emolumenten für das Amt Zweysimmen. Bern 1783. 4.

— zur Erhebung der Eingangs-, Durchgangs- u. Ausgangs-Zölle im Großherzogth. Hessen vom 1. Juli 1828 bis Ende 1830. (Von J. Prätorius u. L. Sartorius.) gr. 8. Darmst. 830. Leske. 3 g/

Tarif zur Erhebung der Eingangs-, Durchgangs- und Ausgangs-Zölle im Grossherzogthum Hessen . . . Darmstadt 1830. V: *Prätorius*, *Joh.* & *L. Sartorius.* (Ky)

Tarif zur Erhebung der Kosten für Auktionen. (Berlin: Decker o. J.)

Tarif der Fahrpreise auf den herzogl. Braunschweig'schen Eisenbahnen. 1854. fol.

Tarif der Fahr- und Frachtpreise für den directen Güterverkehr (Mitteldeutscher Eisenbahnverband). Cassel 1853.

— zur Gebührenordnung für Rechtsanwälte vom 1. Juli 1879. Tabelle in Imp.-Fol. Dresden 879. Meinhold & Söhne. — 60

Tarif général des Douanes Belges, arrangée par ordre alphabétique, annoté de toutes les lois et décisions intervenues sur la matière depuis la création du tarif de 1822, et suivi d'un grand nombre de renseignemens utiles. Mis au courant jusqu'au 1. Mars 1842, à l'usage du commerce et des employés de l'administration. Par van den Bussche. gr. in-8. Anvers 842. (Brüssel, Muquardt.) n. $1^{1}/_{3}$ ℔

— général des Douanes Belges, avec la législation sur les droits différentiels établis par la loi du 21. Juillet 1844, arrangé par ordre alphabétique, etc. Par Van den Bussche. Lex.-8. le même 845. n. $1^{1}/_{3}$ ℔

— général de l'union des douanes allemandes [Zollverein] mis en vigueur le 1. Octbr. 1870. Traduit du texte officiel par A. Kessler. Autorisé par le Reichs-Kanzler-Amt. 3. Ed. gr. 8. (54 S.) Berlin 871. Kortkampf. n. 1. —

Tarif für den Hafen und die Lagerhäuser der Stadt Dortmund. *Dortmund 1900: F. W. Ruhfus.* (15 S.) 8° [J.] [01. 8768

Tarif des Handelsvertrags zwischen dem Zoll-Verein und Frankreich. Einfuhrzölle in Frankreich. Leipzig 862. O. Voigt. gr. 8. (24 S.) 5 *ngr.*

—— dass. — Einfuhr-Zölle im Zollverein. gr. 8. (16 S.) Ebendas. 862.
Beide zusammen * 6 Ngr.

—— B zu dem Handelsvertrage zwischen dem Zollverein und Frankreich. gr. 8. (16 S.) Ebendas. 862.
Gratis-Beilagen zum „Deutschen Handelsblatt".

— du jeu de Boston. 4. Eisleben 842, Reichardt. $1^{3}/_{4}$ *ngl*

-- du Jeu de Boston Russe. Lithogr. 8. Trèves 832. Troschel. 3 g/

Jura-Simplon-Bahn (einschliesslich der von ihr betriebenen Linien anderer Gesellschaften). Tarif und Instruktionen für das Zugspersonal vom 1. Februar 1899. Nachtrag 9 *und* 10. 3 *und* 9 Bl. 8. Bern, Lack Aeschlimann & Jost.

— internationaler, f. die Telegraphen-Stationen im deutschen Reiche. gr. 4. (268 S.) Berlin 872. v. Decker. 3. 75

Tarif der Wreschener Kleinbahn f. die Beförderung v. Personen, Reisegepäck, Leichen, lebenden Tieren u. Gütern u. Uebergangstarif zwischen den Stationen der Wreschener u. der Witkowoer Kleinbahn ab Station Kleparz. Gültig v. 1. V. 1909. (29 S.) 8. Wreschen (909). W. Schenke. 1. —

—— des Königr. der Niederlanden. 16. (78 S.) Haag 862. (Rotterdam, Kramers.) *

— der Consumtionssteuer. gr. 8. Hannov. 812. Hahn. 4 g/

Tarif, Der, der Courtisanen von Venedig. (Nach einem italien. Orig., wohl aus d. I. Hälfte des XVI. Jh.) Privatdruck. O. O. u. J. (1908).

Tarif der Land- und See-Zölle des französischen Reichs. A. d. Franz. . . . Lüneburg 1811. V: *Magnien-Grandpré*, *N.* (EB)

Tarif d. Land- u. Seezölle des franz. Reichs, aus d. Franz. übersetzt von D. W. Soltau. gr. 8. Züneb. Herold u. W. 811. Rthlr.

Tarif de messagerie pour la Suisse. Du 1er octobre 1907. Publié par la Direction générale des postes suisses. 12 p. kl.-4. [Berne,] K[ösch] & S[chatzmann], VIII. [19]07. fr. —. 20
Administration des postes suisses. [Tarif de messagerie] No 1.

Tarif nach welchem die Gebühren der Lootsen auf den Binnengewässern d. Reg.Bez. Stettin ... zu entrichten sind. Stettin, d. 9. Nov. 1897. *(Stettin [1897]: L. Pasenow].)* (1 Bl.) 4°(2°) [01. 2912 9

— nach welchem die in königl. preuß. Provinzen zwischen der Elbe, Weser, Maas, d. Rhein, d. Mosel &c. kursirenden fremden Geldsorten angenommen werden sollen. Mit Berechnung des Werthes im 24 fl. - u. französ. Decimalfuß. Med.-Fol. Kreuznach, Kehr. 1½ g/

Tarif, nach welchem v. der Stadtgemeinde Dortmund die Gebühren f. die Benutzung des städtischen Hafens u. seiner Einrichtungen zu erheben sind. gr. 8. (7 S.) Dortmund 898. (Ruhfus'sche Kunst- u. Buchh.) n.n. — 25

Tarif, nach welchem von der Stadtgemeinde Dortmund die Gebühren für die Benutzung des städtischen Hafens und seiner Einrichtungen zu erheben sind. *Dortmund 1899: F. W. Ruhfus.* (10 S.) 8° [F.] (00. 653. 6

Tarif, der neue englische, vom 9.7.42. Deutsche Übersetzung. Frankfurt a. M. 1842

— der neue englische, vom 9. Juli 1842 nebst specieller Angabe der Zollsätze nach d. früheren Tarife. Deutsche Uebersetzung. gr. 8. Frankfurt a/M. 844, Schmerber'sche Buchh. n. 1/3 ℔

— der neue, für Postsendungen u. Postanweisungen in Oesterreich-Ungarn. gr. 8. (18 S.) Prag 878. Haase. n. — 40

— neuer vollständ., d. Ein- u. Ausgangszölle f. d. Königreich Baiern. gr. 8. Bamb. 827. Drausnick. 4 gl

Tarif für den Pferde- und Viehverkehr auf der Magdeburg-Wittenbergeschen Eisenbahn. Magdeburg 1852.

Tarif postal de poche pour la Suisse et l'Étranger. Publié par la Direction générale des postes suisses. Du 15 juillet 1901. II + 45 p. 8. Berne, Körber. fr. —. 40

Tarif de poche postal pour la Suisse et l'Étranger. Publié par la Direction générale des postes suisses. Du 1er décembre 1903. II + 57 p. 8. Berne, Kœrber, (I. [19]04). fr. —. 40

Tarif postal de poche pour la Suisse et l'Étranger. Publié par la Direction générale des postes suisses. Du 15 février 1906. IV + 66 p. 8. Berne, Hans Feuz, (II. [19]06). fr. —. 40

Tarif postal de poche pour la Suisse et l'Étranger. Publié par la Direction générale des postes suisses. Du 1er octobre 1907. IV + 67 p. 8. Berne, Hans Feuz, (IX. [19]07). fr. —. 40

Tarif für Poststücke und Fahrpoststücke nach dem Auslande. Hrg. von der Schweizerischen Oberpostdirektion. Vom 1. September 1903. II + VI + 220 S. 4. ([Bern,] R[ösch] & S[chatzmann], VIII. [19]03.) fr. 4. 50
Schweizerische Postverwaltung. [Tarif] No 2.

Tarif für Poststücke u. Frachtpoststücke nach dem Auslande. Hrg. von der Schweiz. Oberpostdirektion. Vom 1. Oktober 1907. 247 S. [+ 3 Bl.]. kl.-4. Bern, Rösch & Schatzmann, 1907. [cart.] fr. 2. — Schweizerische Postverwaltung. [Tarif der Paketpost] No 2.

Tarif der in der k. k. Kriegs-Marine eingeführten Pulverladungen 8. Triest 1853.
— — (Neuauflage.) 4. Triest 1855.

Städtisches Elektrizitätswerk Aarau. Tarif und Reglement für die Abgabe elektrischen Stromes. Neu-Ausgabe vom 3. Oktober 1902. 6 S. 4.
Verordnungen des Gemeinderates Aarau, Neue Folge Nr. 82.

— f. die Schiffahrt m. Ruderbooten auf dem Wörther-See [als Grundlage 15 kr. per Kilometer]. Tabelle. qu. 4. Klagenfurt 889. (v. Kleinmayr.) n. — 12

— der Stempelpapierabgaben. gr. 8. Hannov. 810. Hahn. 4 gl

Tarif der königl. Telegraphen-Station Stettin vom 1. Febr. 1859 ab. Nach amtl. Materialien. 1 Bog. in Imp.-Fol. Stettin 859, [v. der Nahmer.] *

—— sämmtlicher Telegrafen-Stationen von Europa. 9 lithogr. Tabellen in Fol. und gr. Fol. Innsbruck 854, Pfaundler. *

— für den in- u. ausländischen Telegraphenverkehr der österreichisch-ungarischen Monarchie, mit einem Verzeichnisse der Telegraphen-Stationen in Oesterreich-Ungarn, dann in Bosnien u. der Herzegowina. Red. von L. J. Wolschitz. Giltig vom 1. April 1879 an. Lex.-8. (29 S. m. 1 Tab.) Wien 879. k. k. Hof- u. Staatsdruckerei. n. — 60

Tarif für den directen Transport von Eilgütern u. gewöhnlichen Gütern zwischen Wien [loco u. transit] sowie Prag [loco u. transit] einerseits u. den ingenannten Stationen der k. k. priv. Aussig-Teplitzer Eisenbahn, böhm. Nordbahn, böhm. Westbahn etc. etc. andererseits. Giltig vom 1. Septbr. 1878. gr. 8. (XVII, 94 S.) Wien 878. v. Waldheim. n. 1. 20

Tarif für den Transport in gewöhnlicher Fracht von Getreide, Mehl und Mühlenfabrikaten, Sämereien ..., von, in und nach der Schweiz. Bern: Magron 1878. 8°

Chemins de fer du Jura-Simplon. 4e Supplément au Tarif pour le transport des voyageurs, des bagages et des colis express en service intérieur des chemins de fer du Jura-Simplon (Chemin de fer du Brunig excepté) du 1er Juin 1899. Applicable à partir du 1er Juillet 1901. — Jura-Simplon-Bahn. 4. Nachtrag zum Tarif für die Beförderung von Personen, Gepäck und Expressgut... vom 1. Juni 1899. Gültig vom 1. Juli 1901 an. 183 p. 4. Bern, Lack Aeschlimann & Jost.

Städtische Strassenbahnen Bern. Tarif und Transport-Reglement. (1901 ... *und* 1901 Juni 25.) II + 23 S. 8. Bern, C. Sturzenegger, 1901. fr. —. 20

Tarif, Türkischer, zu dem zwischen den Zollvereinsländern und der Hohen Pforte am 20. März 1862 geschlossenen Handelsvertrage. [Berlin] o. J.

— zur Vergleichung des französ. Geldes mit d. deutschen. Speyer, Kolb. 7 gl

—— nebst Waaren-Verzeichniß mit Angabe der Classifikation für den Güter-Transport auf den königl. bayerischen Staats-Eisenbahnen. Giltig vom 1. Juli 1855 ab. Veröffentlicht von der General-Direktion der k. Verkehrs-Anstalten. Lex.-8. (39 S.) München 855, Franz.

Tarif nebst Waaren-Verzeichniß mit Angabe der Classification für den Güter-Transport auf den Kgl. Bayer. Staats-Eisenbahnen. Giltig vom 1. April 1856 ab. München 856. (Franz.) Lex.-8. (39 S.) 7½ ngr.

Tarif nebst Waarenverzeichniss mit Angabe der Classification für die Güterversendung auf den Gr. badischen Eisenbahnen. Karlsruhe 1854.

Tariff d. Zollgefälle üb. die ein- u. ausgehenden Waaren der franz. Republik, a. d. Frz. 8. Neuwied (Gehra in Th. Ehr.) 798.

Tarif- und Verkehrs-Anzeiger der preußisch-hessischen Staatseisenbahnverwaltung für den Güter- und Tierverkehr. Hrsg. von d. Kgl. Eisenbahndirektion Berlin, zugl. namens d. übrigen Kgl. Eisenbahndirektionen. No 1. Berlin: J. Springer 1908. 4° [F.] (08. 8331

Tarif- u. Verkehrs-Anzeiger, gemeinsamer. f. den Güter- u. Tierverkehr im Bereich der preuß.-hess. Staatseisenbahnverwaltung, der Militäreisenbahn, der mecklenburgischen u. oldenburgischen Staatseisenbahnen u. der norddeutschen Privateisenbahnen. Hrsg. v. der königl. Eisenbahndirektion Berlin zugleich namens der teilnehm. Verwaltgn. Jahrg. 1909 u. 1910. à 104 Nrn. (1454 u. 1550 S.) Lex. 8. Berlin, J. Springer. à Jahrg. 6. —

Tarif- und Verkehrs-Anzeiger der preußisch-hessischen Staatseisenbahnverwaltung für den Personen-, Gepäck- und Expreßgutverkehr. Hrsg. von d. Kgl. Eisenbahndirektion Berlin, zugl. namens d. übrigen Kgl. Eisenbahndirektionen. No 1. Berlin: J. Springer 1908. 4° [F.] (08. 8331

— — der preuß.-hessischen Staatseisenbahnverwaltung f. den Personen-, Gepäck- u. Expreßgutverkehr. Hrsg. v. der königl. Eisenbahndirektion Berlin zugleich namens der übr. königl. Eisenbahndirektionen. Jahrg. 1909 u. 1910. à 104 Nrn. (314 u. 270 S.) Lex. 8. Ebd. à Jahrg. 6. —

Tarifbuch, deutsches. I. Der neue Zolltarif u. deutscher Wechselstempeltarif. 8. (50 S.) Reutlingen 879. Enßlin & Laiblin. — 30

— vollständiges, für schlesische Steinkohlen u. Kokes. Uebersichtliche Darstellung aller Tarifsätze für den Transport in ganzen Wagenladungen nach dem Absatzgebiet der schlesischen Steinkohlen, nach Stationen a) der deutschen Eisenbahnen, b) der österreichisch-ungarischen nebst der rumänischen u. russischen Kiow-Brester Eisenbahn. Mit Angabe der verschiedenen Routen, unter Berücksichtigung aller officiellen Verband- u. Local-Tarife u. deren Nachträge. Aus dem niederschlesischen Gruben-Revier von den Kohlen-Versand-Stationen der niederschlesisch-märkischen u. der Breslau-Schweidnitz-Freiburger Eisenbahn. Aus dem oberschlesischen Gruben-Revier von den Kohlen-Versand-Stationen der oberschlesischen u. der Rechte-Oder-Ufer-Eisenbahn, nebst alphabetisch geordnetem Stations-Register zum schnellen Auffinden der Tarifsätze. Bearb. u. hrsg. von A. W. Berger & Co. in Waldenburg i/Schl. Jahrg. 1876. 3 Nrn. Lex.-8. (Nr. 1. VII, 204 S.) Berlin 878. Driesner. n. 12. —; einzelne Nrn. à n. 5. —

Tarife betr. die Gebühren d. Zeugen u. Sachverständ. in bürgerlichen Rechtsstreitigkeiten nach den §§ 346, 347 u. 365 d. Civilprocessordng. (Gesetz v. 1. VIII. 1895, Nr. 113 R.G.Bl. u. d. §§ 20 u. 32 d. Verordng. d. Justizministeriums vom 17. IX. 1897, Nr. 221 R.G.Bl.). Die instch. v. mähr.-schles. Oberlandesgerichte mit Beschluss vom 10. VIII. 1897, Z. 6106 aufgest. Tarife wurden m. d. Erlasse d. k. k. Justizministoriums vom 24. X. 1897, Z. 18646 genehmigt. Hrsg. v. k. u. k. Oberlandesgerichts-Präsidium. 8. (10 S.) Brünn 897. (C. Winiker.) n. — 40

Tarife, provisorische, der Canal- u. Hafengebühren, dann der Krahnen-, Waag- u. Lagergebühren in den Häfen u. Lagerhäusern des Ludwig-Canals, u. Vorschriften üb. die Schiffs-Aichung. Mit tabellar. Gebühren-Berechnungen. 8. Bamberg 843, literar.-artist. Institut. 1/8 ₰

Tarife und Regulativ für die directen Waaren-Transporte Belgien-Deutschland, Russland, Polen etc. (Belgische Staatseisenbahn). Köln 1854. 4.

Tarife, die, der k. k. priv. Südbahn-Gesellschaft. Lex.-8. (43 S.) Wien 864, (Manz'sche Buchh.) *

Tarife der k. k. priv. Südbahn-Gesellschaft vom 15. Novbr. 1871. [3. Aufl. vom 15. Octbr. 1877.] gr. 8. (176 S. m. 1 lith. Karte.) Wien 877. v. Waldheim. n. 1. 60

Tarife, vollständige, der schweizerischen Rentenanstalt. Zürich 1860. fol.

Tarife für den Waaren-Transport auf den deutschen Eisenbahnen, sowohl im Local-Verkehr, als auch im direkten Verkehr mit einander u. mit den anschließenden franzöf. u. belg. Eisenbahnen. Zum Gebrauch für Spediteure, Kaufleute ꝛc. zusammengestellt u. bearb. nach amtlichen Mittheilungen. 2 Hefte. Glogau 857. Zimmermann in Comm. 4. (1. Heft: (VIII, 32 S.) n. 25 ngr.

Tarife zur Wechselstempel-Steuer für den norddeutschen Bund. Nach dem Gesetz vom 10. Juni 1869. Berlin 870. Kortkampf. Imp.-Fol. 2½ ngr.

— für das Holsteinische Zollvereinsgebiet, s. Peters.

Tarif-Erhöhung od. Reichs-Eisenbahnen? Eine volkswirthschaftl. Studie v. e. Fachmann. gr. 8. (61 S.) Berlin 876. Guttentag. n. 1. 20

Tariff,

— the new, of the United States of North-America, introduced 1846, arranged in alphabetical order. With a history of the proceedings connected with the passage of the act; the new warehousing bill, and the value of foreign moneys, as estimated at the custom house, by a late act of congress. gr. 8. (16 S.) Hamburgh 850, Niemeyer. 12 ngr

Tariff, or rates of duties payable on goods, wares and merchandise imported into the United States of America, from and after the first day of December, 1846. In conformity with the act of congress, approved July 30, 1846. Also, containing all the recent circulars and decisions of the treasury department, relating to commerce and the revenue. Revised and corrected by E. D. Ogden. gr. 8. (83 S.) Hamburgh 850, Schuberth & Co. n. 1 ₰

Tariffa Die Landvogtey Mayenfeld betreffende So von Lobl. Pundtstag An. 1751. und einem Lobl. grossen Congress. An. 1754. revidirt, und verbesseret, auch von denen Ehrsa. Råthen und Gmeinden... gut geheissen, und aus Dero Befelch zum Druck befördert worden. (Geben den ¹/₁₂· Octobris 1754.) fol. *o. O.*

Tariffa per i colli postali e gli invii di messaggeria a destinazione dell'estero. Pubblicata dalla Direzione generale delle poste svizzere. Del 1° settembre 1903. II + VI + 220 p. 4. [Berna,] R[ösch] & S[chatzmann], IX. [19]03. fr. 4. 50
Amministrazione delle poste svizzere. [Tariffa] N° 2.

Tariffa per i colli postali e gli invii di messaggeria a destinazione dell'estero. Pubblicata dalla Direzione generale delle poste svizzere. Del 1° ottobre 1907. 249 p. [+ 3 fogli]. kl.-4. Berna, Rösch & Schatzmann, 1907. [cart.] fr. 2. —
Amministrazione delle poste svizzere. [Tariffa di mess'] N° 2.

Tariffa del datio, delle eccelse Tre Leghe, Che si scode nell Valtelina. Nuovamente riveduto e ricorretto secondo l'Originale. [Con 1 vignetta.] 4. Coira 1717.

Tariffa dei dazi svizzeri d'importazione ed esportazione ⟨del 10 aprile 1891⟩. Tariffa d'uso: A. Tariffa d'importazione e spiegazioni e decisioni speciali, nello stesso tempo repertorio statistico delle merci ... (— B. Tariffa d'esportazione ...). Edizione riveduta del 1° gennajo 1903. IV + 120 p. kl.-4. Berna, Stämpfli & Comp., 1903.

Tariffa d a z i a r i a generale del 25 maggio 1882 per il territorio doganale Austro-Ungarico colle modificazioni risultanti dalle leggi 10 maggio 1884, 21 maggio 1887, 25 aprile 1888, 20 giugno 1888, 23 giagno 1891 coll' aggiunta delle deviazioni risultanti dai Trattati di commercio. Valevole dal 1 febbraio 1892. Wien: Hof- und Staatsdruckerei 1892. (63 S.) 4°

Tariffa daziaria generale 25 maggio 1882 pel territorio doganale Austro-Ungarico. Indice ufficiale alfabetico delle merci, riveduto e completato a sensi delle leggi e delle ordinanze publicate fino al 1. Settembre 1892. Lex.-8. (556 S.) 2.50
Wien: Hof-u.Staatsdruckerei 1894.

Tariffa generale ossia regolamento de Dazi di sua Maesta Imp. Regia Apost etc. per li suoi State Ereditari di Germani etc. gr. 4. Wien. Gerold. 776.

Tariffa di messaggeria per la Svizzera. Del 1° ottobre 1907. Pubblicata dalla Direzione generale delle poste svizzere. 12 p. kl.-4. [Berna,] R[ösch] & S[chatzmann], VIII. [19]07. fr. —. 20
Amministrazione delle poste svizzere. [Tariffa di mess'] N° 1.

Tariffa postale tascabile per la Svizzera e l'Estero. Pubblicata dalla Direzione generale delle poste svizzere. Del 15 luglio 1901. II + 45 p. 8. Berna, Kœrber. fr. —. 40

Tariffa postale tascabile per la Svizzera e l'Estero. Pubblicata dalla Direzione generale delle poste svizzere. Del 1º dicembre 1903. II + 57 p. 8. Berna, Kœrber, (II. [19]04). fr. —. 40

Tariffa postale tascabile per la Svizzera e l'Estero. Pubblicata dalla Direzione generale delle poste svizzere. Del 15 febbraio 1906. IV + 66 p. 8. Berna, Giovanni Feuz, (III. [19]06). fr. —. 40

Tariffa postale tascabile per la Svizzera e l'Estero. Pubblicata dalla Direzione generale delle poste svizzere. Del 1º ottobre 1907. IV + 67 p. 8. Berna, Giovanni Feuz, (IX. [19]07). fr. —. 40

Tariffa della posta-lettere per l'estero, comprendente i servizi della p'-l', delle lettere e scatole con valore dichiarato, dei rimborsi, dei vaglia postali e delle riscossioni. Del 1º ottobre 1907. Pubblicata dalla Direzione generale delle poste svizzere. 85 p. [+ 4 fogli]. kl.-4. [Berna,] R[ösch] & S[chatzmann], XI. [19]07. [cart.] fr. —. 75
Amministrazione delle poste svizzere. [Tariffa della p'-lett'] Nº 2.

Tariffa per il servizio della posta-lettere nella Svizzera, comprendente i servizi della p'-l', dei vaglia e delle riscossioni. Del 1º ottobre 1907. Pubblicata dalla Direzione generale delle poste svizzere. 17 p. kl.-4. [Berna,] R[ösch] & S[chatzmann], XI. [19]07. fr. —. 25
Amministrazione delle poste svizzere. [Tariffa della p'-lett'] Nº 1.

Tariffa Derer Zöllen, Fuhrleitenen Weg-Geldter &c. So aus Befelch Einer hohen Superiorität, Von Deren respectiven Inhaberen, bis dahin ad Acta eingegeben worden. fol. Chur 1756.

Der Tariff-Advokat: Aug.? 1844—?
Edited & published by Carl Cook.
Danville, PA

Der Tariff-Advokat: 1846 **New Berlin, PA**

Tariff Reform Advocate: vol. 1, no. 1--11, Feb.—Dec. 1888?
Monthly, published in English and German; the German section [page 4] is entitled: TARIF REFORM ADVOKAT. Small folio, each issue 4 pages.
Edited by R. B. Kirkland & C. N. Gregory, with O. F. Roessler as German editor; published by The Jefferson Tariff Reform League.
Jefferson, WI

Tarifgemeinschaft, die neue, d. Buchdrucker, e. national-liberal-gouvernementales Kuckucksei f. d. Arbeiterbewegg. Ein Betreiben, hinauslaufend auf die Unterbindg. des Koalitionsrechts. Von *.*. gr. 8. (15 S.) Leipzig 896. Buchdruckerei u. Verlagsanstalt d. Leipziger Volkszeitg. n. — 10

Tarifierung u. **Beförderung** v. Fischen auf den Eisenbahnen in Österreich-Ungarn, Bosnien u. der Herzegowina, sowie im Ausland. (41 S.) 8. Wien 904. (C. Fromme.) n. — 85

Tarifreform u. Eisenbahn-Verstaatlichung in Oesterreich. gr. 8. (12 S.) Prag 886 Řivnáč.) n. — 72

Tarifreform, die, in Oesterreich. Zur Würdigung der schutzzöllnerischen Bestrebungen. Mit Tabellen über die Ein- und Ausfuhr seit 1851. Wien 859. Gerold. Lex.-8. (36 S.) 12 ngr.

Tarifs. Les T' téléphoniques, d'après les documents officiels communiqués au Bureau international des Administrations télégraphiques. 2e éd. (Extrait du « Journal Télégraphique » [28e—29e volume, 36e—37e année,] Mai 1904 [— Décembre 1905].) 498 p. 8. Berne, Bureau int' des Adm' tél', 1905. [fr. 1. 60, port compris 2. 40]

Tarif-Bestimmungen für den Gütertransport auf den k. bayerischen Eisenbahnen. München 1854.

Tarifvertrag (Der) und seine Regelung in Halle a. S. 8⁰. Halle a. S., Gebauer u. Schwetschke, 1910. (Beiträge zur Stat. Halle a. S., Heft 12.) (XII,55 S.)

Der **Tarifvertrag** im Deutschen Reich. 1–3. Bearb. im Kais. Statist. Amt, Abt. f. Arbeiterstatistik. Berlin: C. Heymann 1906. 3 Bde 8° [F.]
— **Beiträge** z. Arbeiterstatistik. No 3–5.

Der **Tarifvertrag** im Deutschen Reich. Bearb. im Kaiserlichen Statistischen Amt, Abt. für Arbeiterstatistik (von V. Leo). 8 T. Berlin, 1906. 1011 S.

Der **Tarif-Vertrag** im deutschen Zimmergewerbe mit besond. Berücks. der Tarifbewegung im J. 1908. Hrsg. vom Vorstand d. Zentralverbandes d. Zimmerer u. verwandten Berufsgenossen Deutschlands. Hamburg: Schrader 1908. 287 S. 8°

Tarifverträge. 1.–5. Taus. M. Gladbach: Westdeutsche Arbeiter-Zeitung 1905. (32 S.) 8° [F.]
— **Arbeiter-Bibliothek.** H. 9.

Tarifverträge. Hrsg. von der Zentralstelle des Volksvereins für das katholische Deutschland. M. Gladbach, 1906. 32 S.

Tarifverträge. Hrsg. v. Zentralverband christl. Holzarbeiter Deutschlands. Cöln 1907: Theissing. 135 S. 8°

Tarifverträge im Bergbau, Reichsversicherung und Arbeitskammern, Bergarbeiterkongress und Berggesetzgebung. Drei Vorträge geh. auf d. 18. Generalversamml. d. Verbandes d. Bergarbeiter Deutschlands 1909 zu Eisenach. Bochum: Hansmann (1909). 75 S. 8°

Tarifverträge (Die) im J. 1908, bearb. im Kais. Statist. Amte. (Sonderbeilage zum Reichs-Arbeitsblatt, Nr. 11.) 8⁰. Berlin, C. Heymann, 1909. (43 S.)

Vereinigung d. Maler, Lackierer, Anstreicher, Tüncher u. Weißbinder Deutschlands. Die **Tarifverträge** im Malergewerbe für 1906. Hamburg 1907: F. Meyer. 98 S. 8⁰

Tarifverträge, die, d. Deutschen Reiches m. dem Auslande im Auszug, nebst e. Einleitg. u. e. Zusammenstellg. der durch diese Tarifverträge bewirkten Abändergn. der Zollsätze d. allgemeinen deutschen Zolltarifs v. 22. Mai 1885. Ein Suppl. zum allgemeinen deutschen Zolltarif vom 22. Mai 1885. 16. (33 S.) Nördlingen 885. Beck. n. — 40

Zentral-Verband christl. Bauhandwerker u. Bauhilfsarbeiter Deutschlands. **Tarifverträge,** abgeschlossen im Jahre 1908, nebst Tarif-Statistiken aus d. J. 1907 u. 1908. Hrsg. v. Verbandsvorstande. Berlin: (Wiedeberg) 1909. XLIII, 312 S. 8°

Zentralverband christlicher Bauarbeiter Deutschlands. **Tarifverträge** abgeschlossen im Jahre 1910 ff. nebst Tarifstatistik. Hrsg. vom Verbandsvorstande (Jos. *Wiedeberg*). Berlin 1910 ff. 8°

Zentralverband Deutscher Brauereiarbeiter und verwandter Berufsgenossenschaften. Die im Jahre 1907 abgeschlossenen **Tarifverträge**. Hannover: Zentralverband 1908. 304 S. 8⁰

Tarifvorschriften, allgemeine, u. Klassifikation rc. der deutschen Güter-Tarife. Gültig v. 1. Apr. 1887. 16. (42 S.) Elberfeld 887. Friederichs. n. — 20

Tarisch, Anton: Erinnerung an die 18. Versammlung deutscher Forst- und Landwirthe im Jahre 1856 zu Prag, und Mahnruf an die 26. Versammlung deutscher Forst- und Landwirthe im Jahre 1866 zu Wien, hinsichtlich a) der aufgehobenen Fleischtaxe in den österreichischen Staaten; b) des gefahrvollen Eintriebs fremden Schlachtviehes. Wien: Seidel & Sohn in Komm. 1866. (60 S.) 8⁰

Tarisch, Ant., Erinnerung an die 18. Versammlung deutscher Forst- u. Landwirthe im Jahre 1856 zu Prag, u. Mahnruf an die 26. Versammlung deutscher Forst- und Landwirthe im Jahre 1866 zu Wien. Teschen 866. (Prag, Calve.) gr. 8. (61 S.) n. 10 ngr.

Studien zur Geschichte der Arbeiterklasse in Frankreich während der Revolution. Die Arbeiter d. nat. Manufakturen ⟨1789–1799⟩ nach Urkunden d. franz. Archive. Von Eugen **Tarle**, Privatd. Leipzig: Duncker & Humblot 1908. (XIV, 128 S.) 8°
— **Forschungen**, Staats- u. sozialwissenschaftl. H. 132. [08. 18361]

Tarler, Sigmund [aus Odessa (Russland)]: Bericht über Infectionskrankheiten die zur Section kamen vom Jahre 1852 bis 1885 .... Würzburg, Druck d. Bonitas-Bauer'schen Buchdr., 1886; 16 S. 8°.
Würzburg, Med. Fak., Inaug.-Diss. v. 1886.

Tarler, Sigmund, Bericht über Infectionskrankheiten die zur Section kamen vom Jahre 1852 bis 1885. Diss. Würzburg 1886, Stahelsche Univ.-Buchh. 8°. 16 S.

TARLOWSKY, Kasimir: Betrachtungen über die Bedingungen des Normalwaldes. - Wien 1909. 46 Bl. (Hdschr.) - Diss. Hochsch. f. Bodenkultur

Tarlowsky, Lydia Proskura, aus Charkow (Russland): Drüsenschlauchähnliche Bildungen im perikarditischen Exsudate. ⟨Aus dem pathologischen Institut der Universität Zürich.⟩ Zürich [1908.] 42 + 1 S. und 5 Figuren. 8°. [17. VII. 08.]
Zürich. Med. Diss. 1907/08.

Tarlowsky, Lydia Proskura. Drüsenschlauchähnliche Bildungen im perikarditischen Exsudate. Diss. Med. Univ. Zürich. [Mit 2 Tafeln.] *Kopftitel:* Aus dem pathologischen Institut der Universität Zürich. 43 S. 8. Zürich, Gebr. Leemann & Co., (1908).

Tarmann C.: Über das Laplace'sche Integral u. seine Anwendung zur Auswertung bestimmter Integrale. (14.) Wien R. Meixn. 886.
Progr.

Tarmann C.: Über die Krümmung räumlicher Curven. (26.) Wien R. Meixn. 84.
Progr.

Tarmess, Gisep, la spousa dil solegl. Romanza. gr. 8. (8 S.) Solothurn 885. (Chur, Kellenberger.) — 25

Tarmini, Renaldi, prakt. italien. Grammatik. 8. Wien 805. (v. Mösle). 1 fl 8 kr

— Wegweiser zur italien. Sprache. 8. Wien 760. Gräffer. 12 kr

— Wegweiser z. ital. Sprache. 8. Wien, Gräffer. (Sommer in Lpz.) 790.

Tarn, W., zur Lage. gr. 8. (48 S.) Berlin 890. Wilhelmi. n. 1. —

Tarnawa, s.: Maleczewski v. Tarnawa.

Tarnawski, Ant., Kalk, Gyps, Cementkalk und Portland-Cement in Oesterreich-Ungarn. Erste mit ausschliessl. Rücksichtnahme auf die inländ. Productionsverhältnisse und Gewerkschaften hrsg. Abhandlung über geolog. Verhältnisse mit besond. Berücksicht. der zur Verkalkung geeigneten Mineralien; fossile Brennstoffe und deren Brennwert; Fabrikationsvorgang und Brennprocess, insbesondere für Portland-Cement; Dolomit-Cement und k. k. a. priv. Albolith-Cementkalk; chem. Zusammensetzung und Eigenschaften der in den bedeutenderen inländ. Etablissements erzeugten Fabrikate; Wertstellung und Anwendung der hydraul. Bindemittel im Allgemeinen etc. Unentbehrl. Handbuch für k. und k. Landesbaubehörden, Eisenbahnverwaltungen, Bauunternehmungen, Kalk- und Cement-Industrielle, Ingenieure, Architekten, Bau- und Maurermeister etc., nach eigenen langjähr. Erfahrungen und besten Quellen verfasst. gr. 8. (VIII, 264 S. mit mehreren Holzschn. und 1 lithogr. Taf.) Wien 887, (Teufen.) *M 6.—; geb. *

Tarneller Josef: Die Hofnamen im Burggrafenamt und in den angrenzenden Gemeinden (Meraner Gegend, Schnals, Passeir, Tschögglberg, Sarntal, Gericht Neuhaus, Gericht Maienburg, Deutschgegend auf dem Nons, Ulten und Martell). 1. Teil. Ar. 100. 1 . . . . 6.90
— — 2. Teil. Ar. 101. 181 . . . . 9.—
Separatabdruck

Tarneller, Jos., die Hofnamen im Burggrafenamt u. in den angrenz. Gemeinden (Meraner Gegend, Schnals, Passeir, Tschögglberg, Sarntal, Gericht Neuhaus, Gericht Maienburg, Deutschgegend auf d. Nons, Ulten u. Martell). I. Tl. (308 S.) gr. 8. Wien 909. A. Hölder. 6.90
Sonderabdr. aus: „Archiv f. österr. Gesch."

Tarneller, Josef Die Hofnamen des Burggrafenamtes in Tirol. 8 (XVIII, 14 S.). Fortsetzung. (1 Bl., S. 15—59). Fortsetzung. 8 (S. 61—112, 2 S. unpag.).
Progr. K. k. Ober-G. *Meran* 1892. 1893. 1894.

Tarneller, Josef: Die Hofnamen des Burggrafenamtes in Tirol. Fortsetzung. 8 (S. 113—159, 1 S. unp.). Schluss. 8 (S. 160—191).
Progr. K. k. Ober-G. *Meran* 1897. 1898.

Tarnier, Paul **Bahr** u. A. **Worcester**, Eklampsie u. deren diätetisch-physikalische Behandlg., s.: Bücherei, freie medizinische.

Tarnke, H., die Rechnungs-Grundlagen d. Lebensversicherung. E. Handbuch f. Agenten u. sonst. Beamte d. Lebensversicherungs-Gesellschaften. gr. 8. (XI, 148 S.) Leipzig 898. Rüstel & Göttel. n. 4. —

Tarnke, H. Rechts- und Verwaltungsgrundsätze des Kaiserl. Aufsichtsamtes für Privatversicherung aus dem Bereiche seiner Aufsichtstätigkeit 1902—1904. Leipzig 1905.

Tarnke, H. Rückkauf und Beleihung der Lebensversicherungspolice. Leipzig 1896.

TARNOCZY, Maximilianus: De miraculis. — (1832) 172 S. 8° (Handschr.)
Diss. Wien, Univ. Diss. 31

TARNÓCZY, STEPHAN S. J.: Der aus seiner Aschen neu erstandene Phoenix / oder stäts auf das neue vereinbahnrende Gute Will des Menschen / mit dem Willen Gottes / so vorher beschrieben worden ... Anjetzo aber in das Teutsche übersetzet / von jemand der sich wünschet / sambt der gantzen Welt in vollkommener Vereinigung mit dem Göttlichen Willen zu stehen / und mit demselbigen ewig zu leben. o. O. Gedruckt im Jahr 1731. o. Dr. 3 f., 7-136 S. - 8°

Tarnovius, Herm.

Tarnov, Herm., grammatica hebraea biblica. 8. Rostock, 722.

Tarnovius, Herm.: Dissertatio philologica de r h y t h m o Hebraeo-biblico sive numero oratorio veteris T.: magnam partem ex interpunctione prosaica exhibendo, quam ... praeside – ... examini submittit Balth. Fried. Wittenburg. Rostochii 1721.

Tarnovius, Joh.

Tarnov, Ioh., comment. in prophetas minores. 4. Lips. Gleditsch. 706.

— — idem libor. 8. Nördling. Beck. 745.

Tarnow, Gräfin; Drama in 3 A. (von Jh. Hnr. Fr. Müller). 8. Wien, Wallishausser. 6 kr

Tarnow, Gräfin. Original-Drama in fünf Aufzügen. [Wien] 1771. V: *Müller (Schröter), Joh. Heinr. Friedrich.* (Behrisch, Die Wiener Autoren. 1784.) (GGr) »Drei Aufz.« (Ky)

Tarnow, C. F. J., Mecklenburgs vorzügl. Erwerbzweige, verglichen mit den Rittergüter-Preisen. 8. Lübeck 801.

Tarnow, Fanny (Franciska Chrst. Joha. Frieder.), †(Fanny,) Auguste, od. die Gefahren d. großen Welt. Frei n. d. Engl. 2 Thle. 8. (44½ B.) Leipzig 828, Rein. Thlr.

Tarnow, Fanny, s. Balzac: Eugenie.

– s. Bastide, J.: Anais.

Tarnow, Fanny, s. Bawr, Alexandrine Sophie de: Die Familie Flavy. – Das Ehrenfräulein. – Robertine.

– s. Berthet, E.: Das Thal Andorra. – Dess. der Edelfalke.

– s. Bodin, C.: Kleinstädtereien. – Dess. Melchior.

– s. Bodin, Camilla: Laura. – Marcelline.

Tarnow, Fanny, Briefe auf e. Reise nach St. Petersburg, an Freunde geschrieben. 8. Berl. 818. Th. Enslin. 1 ℛ 6 ℊℊ

– s. Brisset: Der Balafré.

——, Celeste. Nach Drouineau. 2 Thle. 8. (45 B.) Leipzig 834, Kollmann.

Tarnow, Fanny, s. Chlorinde.

– s. Crequn, v.: Denkwürdigkeiten einer Aristokratin.

– s. Crusius, G. F. Ed.: Bethanien.

– s. Cubieres, v.: Hector von Goldon.

– s. Cüstine: Die Welt wie sie ist. – Dessen Ethel.

– s. Dasch: Maskenbälle. – Deren Graf v. Sombreuil. – Deren Schloß Pinon.

– s. Ducange: Das Testament. – Dess. Meister Jacobs Söhne.

— Emmanuel. Nach Drouineau deutsch bearb. 3 Bde. 8. Ebd. 836. 3 ℛ

——, Emanuel Drouineau, s. Drouineau.

— Erzählungen. 8. Leipz. 820. Engelmann. 1 ℛ 18 ℊℊ

—— gesammelte Erzählungen. 1–4. Bd. 8. (92 B.) Leipzig 840–42, Kollmann.
Bd. 1. Mutter u. Tochter. – Der Verbannte. – Der Abbe Perrin. – Mutterliebe. – Eine Alltagsgeschichte. – Franziska. – Emma.
" 2. Weibliche Ehrsucht. – Eine alte Fabel im neuen Gewande. Von Bernard.
" 3. Vater u. Tochter. – Iselde. Ein Mährchen.
" 4. Die glücklichste aller Frauen. Von Charlotte v. Sor. – Das moderne Vehmgericht.

— gesamm. Erzählungen. 1r u. 2r Bd. kl. 8. Ebd. 840. 2½ ℛ

Tarnow, Fanny, gesammelte Erzählungen. 3., 4. Bd. kl. 8. Leipzig 841, 42, Kollmann. 3 ℛ (1–4: 5 ℛ)

— kleine Erzählungen. 8. Berl. 815. Dümmler. 1 ℛ 12 ℊℊ (Romanenbibliothek für Leser.)

Tarnow, Fanny [Hrsg.]

Erzählungen und Novellen. Fremd und eigen.
Leipzig: Kollmann 1833. 384 S. 8°

—— Erzählungen — eigene u. fremde. — 2. Thl. 8. (18 B.) Leipzig 835, Kollmann.
(1. Thl.) Ebendas. 1833. 1 Thlr. 12 Gr.

Tarnow, Fanny

Sir Richard Falconnet und William. Frei nach dem Englischen. Th. 1.2.
Leipzig: Rein 1825. 8°

—— Gallerie weiblicher Nationalbilder. 2 Thle. Deutschland. Frankreich. Rußland. Schweden. Spanien. 8. (48⅓ B.) Leipzig 838, Kollmann.

– s. Gay, S.: Die Herzogin von Chateauroux. – Dess. Maria von Mancini. – Dess. Septimania.

– s. Gay-Girardin, E.: Der Marquis von Portanges.

—— die Großmutter, s. Großmutter.

— die Großmutter. Eine Familiengeschichte. Nach d. Franz. 2 Bde. 8. Ebd. 840. 2⅓ ℛ

Tarnow, Fanny, Heinrich v. England u. seine Söhne. Eine alte Sage, neu erzählt. 2 Thle. 8. (44 B.) Leipzig 842, Kollmann.

Tarnow, (Fanny,) Heloise. 3 Thle. 8. Leipz. 826, Rein.

(——) zwei Jahre in Petersburg, s. Jahre rc.

Tarnow, Fanny, zwei Jahre in Petersburg. Aus den Papieren eines alten Diplomaten. 2. Aufl. gr. 12. (XXXVIII u. 352 S.) Leipzig 848, Brockhaus. 1 ℛ 24 ℊℊ

– s. Iduna: Schriften deutscher Frauen.

—— Kaiserin u. Sklavin rc., s. Kaiserin.

– s. Lavergne, Al. v.: Schwert u. Feder. – Dess. der Unbekannte.

— Lebensbilder. 2 Thle. 8. Leipz. 824. Rein. 3 ℛ

Tarnow, Fanny

Lilien. Bd 1-4.
Leipzig: Rein 1821-23. 8°

— Lilien, 3r u. 4r Bd. 8. Leipz. 823, Rein. 3 Rthl. Alle 4 Bde.

— Mädchenherz um Mädchenherz. 8. Leipz. 816. Engelmann. 1 ℛ 10 ℊℊ

— Malwina, oder die Ruinen von Inismore. 2 Bde. 8. Leipz. 824. Rein. 3 ℛ

Tarnow, Fanny

Natalie. Ein Beitrag zur Geschichte des weiblichen Herzens.
Berlin: Hitzig 1811. 284 S. 8°

Vgl. Fanny.

— Oscar v. Aizac, s. Viel Castell.

– s. Pannier, S.: Liebe über Alles.

– s. Pfarrer Moritz.

– s. Pitre-Chevalier: Manuela Avilez.

Tarnow, Fanny

Die Prophetin von Caschimir oder Glaubenskraft und Liebesglut. Nach Lady Sidney Morgan. Th. 1.2.
Leipzig: Rein 1826. 8°

— die Prophetin v. Caschimir, s. Morgan.

— Margarethens Prüfungen, s. Margarethens Pr.

— Resedą. 2 Thle. 8. Leipz. 827, Reinsche Buchh.

– s. Reybaud: Anton. – Dessen Ehestandgeschichten. – Dess. Mutter u. Tochter.

– s. Reybaud, Mad. Charles: Clemenze.

——, St. Nelly Jugendbilder, s. Nelly, St.

– s. Sand, Geo.: Mauprat.

—— Schriften. Auswahl. 12 Bde. gr. 12. (121 B.) Leipzig 830, Focke.
Bd. 1. Thekla. — Leo Graf v. Tönsberg.
„ 2. Erinnerungen aus Graf Gustavs Jugendleben. — Kleopatra, Königin v. Aegypten. — Amala.
„ 3. Natalie. Ein Beitrag zur Geschichte d. weibl. Herzens.
„ 4. Alwina v. Rosen. — Das getheilte Herz. — Jugendansichten. — Ottilie.
„ 5. Thorilde v. Adlerstein, od.: Frauenherz u. Frauenglück.
„ 6. Blätter aus Theresens Tagebuch. — Glaubenskraft.
„ 7. Erinnerungen aus Franziska's Leben. — Eudoxia Feodorowna, Kaiserin v. Rußland. — Cäcilie.
„ 8. Briefe an Freunde, geschrieben auf e. Reise nach Petersburg.
„ 9. Paulinens Jugendjahre. — Zwei Jahre aus Melaniens Leben. — Erinnerungen aus d. Leben d. Grafen Silverstiöld.
„ 10. Franz v. Bourbon, Kronfeldherr v. Frankreich, u. Margarethe v. Valois, Königin v. Navarra.
„ 11. Marie. — Augustens Tagebuch. — Fürst Olaf u. Frau Lotte. — Frauenliebe u. Frauenfreundschaft. — Dalinde v. Linsingen.
„ 12. Glaubensansichten. — Das Ideal.

—— dass. 13—15. Bd. — A. u. d. T.: Novellen. 3 Bde. gr. 12. (33⅓ B.) Ebds. 830.
Bd. 13. Leonidens Verirrungen. — Valentine.
„ 14. Miranda od. d. Folgen e. Fehltrittes. — Die Stimme d. Herzens.
„ 15. Berthold. — Helena.

– s. Soult, v.: Heloise.

Tarnow, (Fanny,) die Spanier auf Fühnen, s. Spanier.

Tarnow, Fanny, die Spanier auf Fühnen. Schspl. in 4 Aufz.; nach d. Französ. 8. Leipz. 827. Rein. 16 gr

—— Spiegelbilder. 1. Bd. 8. (23 B.) Leipzig 837, Kollmann.

Tarnow, Fanny [Hrsg.]
s. Stricker, Karoline

– s. Thorilde v. Adlerstein.

—— die Töchter der Wittwe. Nach Ducange. 3 Thle. 8. (49½ B.) Leipzig 834, 35, Kollmann.

– s. Viel-Castel, Graf: Albert von St. Pouance. – Dess. Fräulein von Berdün.

— Sydoniens Wittwenjahre; nach d. Französ. frei bearb. 2 Thle. 8. Leipz. 822. Rein. 3 ß

Tarnow, Joachim Christian (Rostock) A.S. 633/8

Dissertatio inauguralis iuridica de cautione criminali.
Präs. Johann Matthias Martini.
Buetzow 25. III. 1777. 28 S. 34171

Tarnow, Jh. Mark. Konst., († d. 29. März 1828.) s. 1) Fr. Gutehr. 2) Protestantismus, Katholicismus. 3) Urtheil e. protestant. Theologen ꝛc.

Tarnow, Jul., die größere Einheit in der protestant. Kirche. Ein Versuch zur Förderung kirchl. Eintracht. gr. 8. Güstrow 842, Opitz u. Comp. ⅜ ß

— Reformationspredigt. Zugleich ein Wort für die kirchl. Bewegung uns. Zeit. 8. Güstrow 846. (Opitz u. Comp.) 3 ngl

Tarnow, Ludw. Rob., s. Robert, Ludw.

Tarnow, P., s.: Reforma la, demando.

Tarnowiecki G.: Grundsätze der schiefen Projection. 19. m. 70 Fig. Czernowitz R.876.
Progr.

Tarnowitz [Sachliches OW]

Tarnowitz, s.: Woerl's Reisehandbücher.

Oberschles. Knappschaftsverein Tarnowitz u. die Krankheits-, Sterblichkeits- u. Invaliditäts-Statistik s. Mitglieder v. 1872—81.

Tarnowitz [Schlagwort]

Tarnowitz, s.: Industriekarten.

Tarnowitz, Kreis, s.: Beuthen. — Kreiskarten.

Tarnowitz, s.: Oppeln, Reg.-Bez.

Tarnowitz-Beuthen, s.: Bergbau.

Tarnowitz, Kreis. Mueller, Kreiskarte v. Tarnowitz O.-S. 1 : 100,000. 31×32 cm. Farbdr. Kattowitz (903). C. Siwinna. n. — 60

Tarnowski, Felix, Referendar: Die Anerkennung als Grund der Unterbrechung der Anspruchsverjährung. Nach Gemeinem u. Deutschem Bürgerl. Recht unt. Berücks. d. Partikulargesetzgebung. *Berlin 1904: J. S. Preuß.* (77 S.) 8° [J.]
Rostock, Jur. Diss. v. [28. Apr.] 1904

Tarnowski, Georg, Referendar am Kgl. Landgericht Brieg: Die fiduciarische Abtretung von Forderungen. *Breslau 1901: Bresl. Genossenschafts-Buchdr.* (62 S.) 8°
Breslau, Jur. Diss. v. 16. Febr. 1901

Tarnowski, Jan Graf: Zur Kritik der Landwirthschaftlichen Taxationsmethoden. . . . Leipzig-Reudnitz, Druck v. Oswald Schmidt, 1890; 76 S. 8°
Leipzig, Phil. Fak., Inaug.-Diss. v. 16. Jun. 1890

Tarnowski, Julius [aus Lenz]: Ueber die Retraktion der Palmaraponeurose . . . . Erlangen, Druck d. Univ.-Buchdr. v. E. Th. Jacob (1887); 22 S. 8°
Erlangen, Med. Fak., Inaug.-Diss. v. 22. Jul. 1887

Tarnowski, Casimir, approb. Arzt aus Tarnówko, Kr. Obornik: Die **Ovariotomie** während der Schwangerschaft. *Leipzig 1901: B. Georgi.* (48 S.) 8°
Leipzig, Med. Diss. v. (24. Juni) 1901

Tarnowski, Ladislaus

Tarnowski, Ladisl., der Bluträcher, s. Bilder-Gallerie, romantische, 10. Bd.

Tarnowski, Ladislaus, die Blutrosen von Augsburg. Ein deutscher Volksroman. 2 Bde. kl. 8. Leipzig 842, 43, Fort. 2 ₰

— der Findling des Henkers, s. Bildergallerie, romantische, 3. Bd.

— s. Flygare-Carlén, der Reichsverweser.

— blutige Fußtapfen. Arme-Sünder-Geschichten. 2 Bde. Potsdam den 4. April 1817. Der Horndrechsler u. das Menschengebeln. Der Glockengießer u. sein Lehrling. Der Edelmann als Delinquent. — Die sieben Hiebe der Wiedervergeltung. Der Dichter auf dem Schaffot. 8. Braunschweig 842, G. C. E. Meyer sen. 1¾ ₰

— die jüdische Gaunerbande. Criminalgeschichte aus neuerer Zeit. kl. 8. Leipzig 843, Literar. Museum. (Verlags-Comtoir in Breslau.) 1 ₰

Tarnowski, Ladisl., Kreuz u. Halbmond. Eine span. Novelle aus d. 13. Jahrh. 2 Bde. 8. (27 B.) Breslau 838, H. Richter.

— Criminalgeschichten nach wahren Begebenheiten in Novellenform dargestellt. 2 Bde. kl. 8. Ebend. 843. 3 ₰

— Küchenknecht u. Viscounteß. Eine histor. Novelle. 8. Braunschweig 843, Meyer sen. ⅚ ₰

Tarnowski, Ladisl., der Makkabäer, siehe: Bibliothek, Europäische, 7 u. 69. Bd.

— die Makkabäer. Ein geschichtl. Emancipations-Roman aus dem Morgenlande. 1. u. 2. Bd. Die Berglöwen. — Der Spitzkopf. gr. 12. Grimma 842, Verlags-Compt. 3 ₰

Tarnowski, L., der Meister und sein Thurm, s. Volksbücher, neue.

— Menschen u. Zeiten. In novellist. Rahmen gefaßt. 3 Bde. 8. (45½ B.) Braunschweig 840, G. C. E. Meyer sen.
Inh.: Hugo O'Nial. Das griech. Feuer. — Bar-Kocheba od. d. Stern v. Zion. Die drei Könige. Der Meister u. sein Thurm. — Der Prior. Der Häuptling od. Irland u. England im 12. Jahrh.

— der Musikant von Calloa, s. Bilder-Gallerie, romantische, 8. Bd.

Tarnowski, Ladislaus, Napoleon u. die Philadelphen. Ein Roman aus den Kriegsjahren 1806 bis 1809. 3 Bde. gr. 12. Braunschweig 841, G. C. E. Meyer sen. 4½ ₰

— die Schleuderer an der Haselmattküste. Eine Schweizernovelle aus dem 14. Jahrh. — Der blutige Osterjubel. Ein italien. Volksbild aus dem 13. Jahrh. 8. Ebend. 843. ⅚ ₰

— der Tenorist u. seine Braut, s. Bilder-Gallerie, romantische, 9. Bd.

TARNOWSKI, Ladislaus, Waldteufel. Gespenster-Geschichten und Geistersagen. 3 Thle. Grünberg u. Leipzig, Levysohn, 1842. 8°.
Gmähle's (München) Leihbibl. no. 16, 671—73.

Tarnowski, Stanislaus, u. Bobin, Romuald, Polnisches Lesebuch für höhere Classen der Realschulen und der Lehrerbildungsanstalten. I. Theil. Lemberg 1894. (Min.-Erl. v. 20. März 1895, Z. 26187 ex 1894) 1.50

Tarnowsky, Benjamin (Michailowitsch)

TARNOWSKY, B. Die krankhaften Erscheinungen des Geschlechtssinnes. Eine forensisch-psychiatrische Studie. Berlin, August Hirschwald, 1886. 8°. 152 S.

[Tarnovskij, Veniamin Michajlovic:] Prostitution und Abolitionismus. Briefe v. B. Tarnowsky. — Hamburg & Leipzig: Voss 1890. XI, 222 S. 8°
Aus: Internat. Centralblatt f. d. Physiologie u. Pathologie d. Harn- u. Sexualorgane.

Tarnowsky, B., Vorträge üb. venerische **Krankheiten.** Mit 7 color. u. schwarzen (lith.) Taf. gr. 8. (XVI, 406 S.) Berlin 872. Hirschwald. n. 10. —

Tarnutzer, Marie. Ein Fall von Meningo-Myelitis lumbalis specifica. Diss. Med. Basel. 23 S. 8. Basel, Friedrich Reinhardt, 1907.

Tarnuzzer, Chr. Gedichte. 8. (140 S.) Frauenfeld 892, Huber. * 2 40; geb. * 3 20

Tarnuzzer, Chr[istian]. Die Albulabahn — Nach dem Engadin und Filisur-Davos. 4. Aufl. von «Mit der Albulabahn ins Engadin». Illustriert. [Mit 1 Karte.] 102 S. quer-8. Chur, Manatschal Ebner & Cie., 1909. [cart. fr. 1. 50]

Tarnuzzer, Chr., die Albulabahn. Nach dem Engadin u. Filusur-Davos. 4. Aufl. v. „Mit der Albulabahn ins Engadin". (102 S. m. Abbildgn. u. 1 Karte.) 13,5×21 cm. Chur 909. (J. Rich.) Kart. 1.40

Tarnuzzer, Chr[istian]. Die Asbestlager im Puschlav, Kanton Graubünden ⟨Schweiz⟩. Mit einem petrographischen Beitrag von A[rnold] Bodmer-Beder und einer Karte 1 : 50,000. 2., vervollständigter Abdruck aus dem 45. Jahresbericht [Vereinsjahr 1901/2] der Naturforschenden Gesellschaft Graubündens. II + 19 S. 8. Chur, Manatschal Ebner & Cie., 1904.

Tarnuzzer, Chr[istian]. Die Asbestlager der Alp Quadrata bei Poschiavo ⟨Graubünden⟩. Mit einem petrographischen Beitrag von A[rnold] Bodmer-Beder, Zürich. [Mit 2 Figuren.] Sonder-Abdruck aus «Zeitschrift für praktische Geologie» 1902. Juli. [7 S.] gr.-8. ⟨Berlin, Julius Springer.⟩

Tarnuzzer, Chr., der geologische Bau d. Rhätikongebirges. [Aus: „XXXV. Jahresbericht d. naturf. Gesellsch. Graubündens".] gr. 8. (123 S. m. 1 Lichtdr.-Bild u. 18 eingedr. Profilen u. Skizzen.) Chur 891. (J. Rich.) n. 2. 20

Tarnuzzer, Chr[istian, und] Grubenmann, U(lr[ich]). Beiträge zur Geologie des Unterengadins. Teil 1: Das Gebiet der Sedimente. Von Dr. Chr. T'. Teil 2: Die kristallinen Gesteine. Von Prof. Dr. U. G'. Mit 1 geologischen Karte in 1: 50,000, 1 Profiltafel und 25 Textfiguren. XII + 248 S. 4. Bern, Komm. A. Francke, Buchdr. Stämpfli & Cie., 1909. (fr. 12.—)
Beiträge zur geologischen Karte der Schweiz.... Neue Folge, Liefg. 23; des ganzen Werkes Liefg. 53.

Tarnuzzer, Chr., u. A. **Bodmer-Beder**, neue Beiträge zur Geologie u. Petrographie des östlichen Rhätikons. Mit 3 Taf. u. 2 in den Text gedr. Fig. gr. 8. (53 S.) Chur 899. (J. Rich.) n. 2. —
Sonderabdruck aus: „Jahresber. d. naturforsch. Gesellsch. Graubündens".

Tarnuzzer, Chr[istian]. Geologische Beobachtungen während des Baues der Eisenbahn Davos-Filisur. Separat-Abdruck aus dem Jahresbericht der Naturforschenden Gesellschaft Graubündens pro 1908. Band 50. II S. + S. 33—48. 8. Chur, Bischofberger & Hotzenköcherle, 1908.

Tarnuzzer, Chr[istian]. Die Bernina-Bahn. Illustrationen nach Originalaufnahmen von D[omenik] Mischol. Mit Übersichtskarte der Bernina-Bahn. IV + 88 + 8 S. 8. Chur und St. Moritz, Manatschal Ebner & Cie., [1909]. [fr. 1. 50]

Tarnutzer, Christian, von Schiers, (Kt.) Graubünden: Die Schweizerischen Erdbeben im Jahre 1887. Bearbeitet nach den von der schweiz. Erdbebenkommission gesammelten Berichten. Bern Stämpfli Dr. (1888). 47 S. 4°.
Zürich. Phil. Diss. [v. 22. Mai 1888].

Tarnuzzer, Chr[istian]. (Rudolf) Falb und die Erdbeben. Vortrag, gehalten in der naturforschenden Gesellschaft Graubündens in Chur am 29. Januar 1890. 8. Hamburg 1891.
(Sammlung gemeinverständlicher wissenschaftlicher Vorträge... hrg. von Rud[olf] Virchow und Wilh[elm] Wattenbach. Neue Folge. Serie 6. Heft 139.)

Tarnuzzer, Christian: Falb und die Erdbeben. Vortrag, gehalten in der Naturforschenden Gesellschaft Graubündens in Chur am 29. Januar 1890. (Sammlung gemeinverständlicher wissenschaftlicher Vorträge. Neue Folge. Ser. 6. Heft 139.) Hamburg 1892. 32 S. 8°. [B 6529

Tarnuzzer, Chr. Falb u. die Erdbeben, s. a. Sammlung gemeinverständlicher wissenschaftlicher Vorträge.

Tarnuzzer, Chr[istian]. Der Felssturz von Valdätscha bei Trimmis ⟨1910⟩. [Mit 1 Figur.] Separatabdruck aus dem Jahresbericht der Naturforschenden Gesellschaft Graubünden, Bd. 52. II S. + S. 53—59. 8. Chur, Jos. Casanova's Erben, 1910.

Tarnuzzer, Chr[istian]. Führer durch Chur und Umgebung. Von (*Umschlag: Chur. Reiseführer, mit Stadtplan & Karte der Umgebung [sowie vielen Illustrationen]. Bearb. von Prof.) Dr. Chr. Tarnuzzer. IV + 64 S. 8. Chur (& St. Moritz), Manatschal Ebner & Cie., [1903]. [fr. —. 50]

Tarnuzzer, Chr[istian]. Neue steinzeitliche Funde in Graubünden. [Mit 1 Abbildung.] Separat-Abdruck aus dem «Anzeiger für schweizerische Altertumskunde» ⟨Nr. 1⟩, 1905/1906. 4 S. gr.-8. [Zürich, Gebr. Leemann & Co., 1905.]

Tarnuzzer, Ch., die Gletschermühlen auf Maloja. [Aus: „Jahresber. der naturforsch. Gesellsch. Graubünden's".] gr. 8. (29 S.) Chur 896. (Hitz.) n. — 80

Tarnuzzer, Chr[istian]. Guarda im Unter-Engadin, 1653 m ü. Meer. 2. verbesserte Aufl. [Mit Illustrationen und 1 Tafel.] II + 39 S. 8. Chur, Hermann Fiebig, 1903.
([Hrg., als Prospekt, vom] Hôtel Meisser in G'.)
2 Ausgaben mit verschiedenen Umschlag-Vignetten.

Tarnuzzer, Chr[istian]. Über die Herkunft und Entstehung der Thermen von Pfäfers-Ragaz. ⟨Mit [1 Illustration und] einer Karte.⟩ Separat-Abdruck aus der «Deutschen Rundschau für Geographie». Jahrg. 33. 10 S. 8. ⟨Wien, A. Hartleben, [1910].⟩

Tarnuzzer, Chr[istian]. Mit der Albulabahn in's Engadin. ⟨Illustriert⟩ Bearb. von Dr. Chr. T'. [Mit 1 Tafel.] 84 S. quer-8. Chur, Manatschal Ebner & Cie., [1904]. [cart. fr. 1. 50]

Tarnuzzer, Chr[istian]. Mit der Albulabahn in's Engadin. ⟨Illustriert⟩ Bearbeitet von Dr. Chr. T'. [Mit 1 Tafel.] 2., verbesserte Aufl. 80 S. quer-8. Chur, Manatschal Ebner & Cie., (Juli 1904). [cart. fr. 1. 50]

Tarnuzzer, Chr., mit der Albulabahn in's Engadin. 1. u. 2., verb. Aufl. (à 80 S. m. Abbildgn., 1 Karte u. 1 farb. geolog. Profil.) qu. 8. Chur 904. (J. Rich.) Kart. 1. 40; engl. Ausg. (80 S.) 1. 80; französ. Ausg. (84 S.) 1. 80

Tarnuzzer, Chr[istian]. Mit der Albulabahn in's Engadin. 3. Aufl. Illustriert. [Mit 1 Tafel.] 80 S. quer-8. Chur, Manatschal Ebner & Cie., 1906. [cart. fr. 1. 50]

Tarnuzzer, Christian s. Notice sur quelques gisements métallifères.... Coire 1900 —

Tarnuzzer, Chr[istian]. Notiz über den Marmor von Lavin. Separat-Abzug aus dem Jahresbericht der Naturforschenden Gesellschaft Graubündens. [Neue Folge. Band 49. Vereinsjahr 1906/07.] II + 5 S. 8. Chur, Sprecher & Valer, 1907.

Tarnuzzer, Chr[istian]. Bündner Oberland (*Umschlag: Grisons O') Illustrated. ⟨Switzerland.⟩ By Dr. Chr. T'. With a historical sketch by Prof. J[ohann] C[aspar] Muoth ([and a chapter on] Tours, Walks and Drives by Dr. [Alois] Steinhauser). Translated into English by Dr. [Otto] & Mrs. [Catherine] Spöndly-Blakiston. [Published by] The Traffic Society of Bündner Oberland. [With 1 Plate, 1 Panorama and 1 Map.] IV + 169 p. 8. Zurich, Orell Füssli, [1905]. ([fr. 1. 50,] Each number 6 d.)
(Illustrated Europe. N° 177, 178, 179.)

— Bündner Oberland, s. a. Europe, illustrated.

Tarnuzzer, Chr[istian]. L'Oberland Grison illustré. Par le Dr. Chr. T'. Appendice historique par J[ohann] C[aspar] Muoth, Professeur. Traduit de l'allemand par F[riedrich] Hasselbrink. Publié par le Syndicat d'initiative de l'Oberland Grison. [Avec 1 planche, 1 panorama et 3 cartes.] IV + 176 p. 8. Zurich, Orell Füssli, [1905]. [fr. 1. 50]
(L'Europe illustrée. N° 190, 191, 192.)

— L'Oberland Grison, s. a. L'Europe illustrée.

Tarnuzzer, Chr[istian]. Illustriertes Bündner Oberland. Von Dr. Chr. Tarnuzzer. Mit einem geschichtlichen Beitrag von Prof. J[ohann] C[aspar] Muoth ([und einem Beitrag über] Verkehrswesen von Dr. [Alois] Steinhauser). Hrg. vom Bündner-Oberländer-Verkehrsverein. [Mit 1 Ansichts-Tafel, 1 Panorama und 3 Karten.] 164 S. 8. Zürich, Art. Institut Orell Füssli, 1903. [fr. 1. 50]
Ausg. A: (Europäische Wanderbilder. № 256. 257. 258.)
Ausg. B: (Europäische Wanderbilder. № 256. [257. 258.])

— illustr. Bündner Oberland, s. a. Wanderbilder, europäische.

Tarnuzzer, Chr[istian]. Par le chemin de fer de l'Albula vers l'Engadine. ⟨Illustré.⟩ Traduit de l'allemand par F[riedrich] Hasselbrink. [Avec 1 planche.] 88 p. 8-obl. Coire, Manatschal Ebner & Co., [1904]. [cart. fr. 2. —]

Tarnuzzer, Chr[istian]. Bad Rothenbrunnen in Graubünden. Mit 13 landschaftlichen Ansichten [und illustriertem Umschlag]. 8. Zürich 1897.

Tarnuzzer, Chr[istian]. St. Moritz, Oberengadin, Schweiz (*Umschlag: St M', Engadin). Neuer Führer für Kurgäste. [Mit Illustrationen und 1 Karte.] IV + 142 S. 8. (Chur und St. Moritz, Manatschal Ebner & Cie., [1908].) [cart. fr. 2. —]

— St. Moritz, Oberengadin, Schweiz. Neuer Führer f. Kurgäste. (Neue Aufl.) (IV, 141 S. m. Abbild. u. 1 farb. Karte.) 8. Kart. 1.80
Chur: J. Rich 1908.

Tarnuzzer, Chr[istian]. Serpentingesteine und Asbest im Puschlavertale, Kanton Graubünden. Sonder-Abdruck aus Heft 8, Jahrg. 3 vom 25. April 1908 [von:] Der Steinbruch. Zeitschrift für die Kenntnis und Verwertung natürlicher Gesteine.... 8 S. 4. Berlin, Union Deutsche Verlagsgesellschaft.

Tarnuzzer, Chr[istian]. Stratigraphie und Tektonik zwischen Val d'Assa und Piz Lad im Unter-Engadin. Vorläufige Mitteilungen mit Bewilligung der geologischen Kommission gedruckt. Extrait des Eclogæ geologicæ Helvetiæ, Vol. 8, N° 5, Août 1905. S. 546—552. 8. [Lausanne, Georges Bridel & Cie.]

Tarnuzzer, Ch[ristian]. Temperaturmessungen unter der Eisdecke des Canova-See's im Domleschg. [Mit Figuren.] Separat-Abzug aus dem Jahresbericht der Naturforschenden Gesellschaft Graubündens. [Neue Folge. Band 49. Vereinsjahr 1906/07.] II + 9 S. 8. Chur, Sprecher & Valer, 1907.

Tarnuzzer, Christian, s. Theobald, Gottfried: Naturbilder aus den Rhätischen Alpen. 3. Aufl.

Tarnuzzer, Chr[istian]. Uebersicht der Marmor-Vorkommnisse in Graubünden. Separat-Abdruck aus dem 47. Jahresbericht der Naturforschenden Gesellschaft Graubündens. II + 12 S. 8. Chur, Hermann Fiebig, 1905.

Tarnuzzer, Chr[istian]. Geologische Verhältnisse des Albulatunnels. Mit einem Geologischen Längenprofil 1 : 10,000 und einem Lokalprofil [auf 1 Tafel]. ⟨Separatabdruck aus dem 46. Jahresbericht der Naturforschenden Gesellschaft Graubündens.⟩ 17 S. 8. Chur, Hermann Fiebig, 1904.

Tarnuzzer, Chr[istian]. With the Albula Railway to the Engadine. ⟨Illustrated.⟩ [With 1 Plate. Translated from the German by W G Lockett, Davos.] 84 p. 8-obl. Chur, Manatschal Ebner & Co, [1904]. [cart. fr. 2. —]

— geologische Verhältnisse des Albulatunnels. Mit e. geolog. Längenprofil 1 : 10,000 u. 1 Lokalprofil. (17 S.) gr. 8. Chur 904. (F. Schuler.) n. 1. 20
Sonderabdruck aus: „Jahresber. d. naturforsch. Gesellsch. Graubündens".

Taroc, das deutsche od. große, eine Anleit. selbiges spielen zu lernen, f. Freunde gesellschaftl Spiele. 8. Leipz. 816. (Centr.-Compt.) 4 gr

Taroc-l'Hombre, d., eines d. feinsten Kartenspiele ꝛc. 8. Nürnb. 795. Monath u. K. 3 gr

Taroc à l'Hombre, d. verbesserte u. Bostonspiel. 8. Berlin, Gädicke. 801.

Die Tarocchi. Zwei italienische Kupferstichfolgen aus dem XV. Jh. 50 Taf. in Heliograv. (Hrsg.: Paul Kristeller.) Berlin: B. Cassirer 1910. 4 Bl., 50 Taf. 2°
(Graphische Gesellschaft. Ausserordentl. Veröffentlichung. 2.) 10. 6745

Tarocchi, die. Zwei ital. Kupferstichfolgen aus dem XV. Jahrh., s. a. Veröffentlichung, 2. ausserordentl., d. graphischen Gesellschaft.

Taroc-Tappspiel, d., in e. Lehrgedicht vorgetragen. 8. Wien ... Geistinger. 4 gr

Tarok [sans prendre]. Gründliche u. prakt. Anleitg. zu diesem beliebten Kartenspiele, auf Grund vieljähr. Uebg. zusammengestellt v. e. erfahrenen Spieler. 5. Aufl. 8. (18 S.) München 890. Dr. Wild'sche Buchdruckerei. n. — 30

Tarok (Sans prendre). Gründl. u. prakt. Anleitg. zu diesem beliebten Kartenspiele, auf Grund vieljähr. Uebg. zusammengest. v. e. erfahr. Spieler. 6. Aufl. 8. (II, 18 S.) München 895. Dr. Wild'sche Buchdr. — 30

Tarok (Sans prendre). Gründliche u. prakt. Anleitg. zu diesem beliebten Kartenspiele, auf Grund vieljähr. Uebg. zusammengestellt v. e. erfahrenen Spieler. 6. Aufl. 8. (18 S.) München (899). Dr. Wild'sche Buchdr. — 30

— ausführl. Leitfaden zur Erlerng. des Tarokspiels u. dessen verschied. Spielarten. Neue Aufl. 16. (VIII, 111 S.) Leipzig 895. Literar. Anstalt, A. Schulze. n. 1.40

Taroni, Joseph. (geb. Posen 23. 9. 1800): De sensibilitate. (Berolini 1823.) (34 S.) 8°
Berlin, Med. Diss. v. 29. Dez. 1823

Tarouca, s.: Silva Tarouca.

Tarquini, Camillo, juris ecclesiastici publici institutiones. Accedit dissertatio ejusdum de regio placet habita in academia religionis catholicae die 2 septbr. 1852 nunc primum latine reddita. Ed. IV. gr. 8. (XII, 170 S.) Romae 875. (Regensburg, Pustet.) n.n. 3. —

Tarquinius Superbus. Trspl. in 5 A. 8. Frankf. 802. Eichenberg. 18 gr

Tarrago, J. Ribera, s.: Bibliotheca arabico-hispana.

Tarral, Nikolaus, aus Lubeln i. Lothr.: Laut- und Formenlehre der Mundart des Kantons Falkenberg in Lothr. *Straßburg 1903: J. H. E. Heitz.* (117 S.) 8°
Straßburg, Phil. Diss. v. 1903

Tarrasch, Georg [aus Breslau]: Die Aetiologie des Uterusprolapses .... Würzburg, Druck d. Ferdinand Röhrl'schen Buchdr., 1888; 42 S. 8°
Würzburg, Med. Fak., Inaug.-Diss. v. 1888

Tarrasch, G., die Aetiologie d. Uterusprolapses. gr. 8. (42 S.) Würzburg 888. Kressner. n. 1. 20

Tarrasch, Siegbert

Tarrasch, das Champion-Turnier zu Ostende im J. 1907. Sammlung sämtl. Partien m. ausführl. Anmerkgn. Mit Genehmigg. d. Turnier-Komitees hrsg. (136 S. m. Diagr.) 8. Leipzig 907. Veit & Co. 4.—; geb. in Leinw. 5.—

— s.: Kongress, der 15., des deutschen Schachbundes.

Tarrasch, der Schachwettkampf Lasker-Marshall im Frühj. 1907. Mit Erläuterungen hrsg. (IV, 55 S. m. Diagr.) 8. Nürnberg (907). [J. L. Schrag.] Leipzig, Veit & Co. 2. 50

Der Schachwettkampf Lasker-Tarrasch um die Weltmeisterschaft im August-Sept. 1908. Von Dr. (S[iegbert]) Tarrasch. Mit e. Anh.: Neue Untersuchungen über Turmendspiele. Leipzig: Veit & Co. 1908. (148 S.) 8° 08. 17345

Tarrasch, der Schachwettkampf Marshall-Tarrasch im Herbst 1905. Mit Erläutergn. hrsg. (62 S. m. Diagr.) 8. Nürnberg (905). (J. L. Schrag.) n. 2. 50

Tarrasch, Siegb., 300 Schachpartieen. Gespielt u. erläutert v. T. Mit dem Bildnis u. der Autobiographie des Verf. 8. (VIII, 500 S. m. Diagrammen.) Leipzig 895. Veit & Co. n. 8. 50; geb. in Leinw. n. 9. 50

— 300 **Schachpartien.** Ein unsystemat. Lehrbuch des Schachspiels f. geübte Spieler. 2., gekürzte u. durch neue Partien ergänzte Aufl. (XVI, 532 S. m. 474 Diagr.) 8. Leipzig 909. Veit & Co. 11.—; geb. in Leinw. 12. —

— u. Chr. **Schröder,** das **internationale Schachturnier** des Schachclubs Nürnberg im Juli—Aug. 1896. Sammlg. sämtl. Partien. Mit d. Bildnis v. E. Lasker. gr. 8. (XXX, 294 S. m. Diagr.) Leipzig 897. Veit & Co. n. 7. —

Tarrasch, Siegbert, s.: **Schachzeitung,** deutsche.

Tarrasch, Siegfried [pr. Arzt]: Ueber die Complikation der Hauptsymptome des Ileotyphus und der Meningitis cerebrospinalis. Aus d. med. Abtheilung d. Herrn Prof. Rosenbach zu Breslau. . . . Breslau, H. Proskauer jr., 1889; 40 S. + 1 Bl. 8°
Breslau, Med. Fak., Inaug.-Diss. v. 29. März 1889

Tarrasch, Siegfr. Über die Complikation der Hauptsymptome d. Ileotyphus u. der Meningitis cerebrospinalis. Diss. gr. 8. (40 S.) Bresl. 889, (Köhler). * 1 —

Tarrasch, Victor: Die Anatomie des Richardus. Berlin (1898): E. Ebering. (49 S.) 8°
Berlin, Med. Diss. v. 15. März 1898

Tarrasko, Alfr., auf Tod u. Leben [Schön Hedwig], s.: Olla podrida.

Tarride, eine ehrbare Frau, s.: Residenz-Theater. (Rivoire.)

Der Durchlauchtigste TARTAR. In einem angenehmen (zahmen) Liebes- und Helden-ROMAN, Der Galanten Welt vorgestellet, und mit schönen Figuren (Kpfrn.) gezieret. 2 Thle. Mit 1 Titelkpfr. Gedruckt im Jahr MDCC.XXVI. (1726.) — Th. 2 titulo: Adanax Fürsten von Tanais Seltzamer Liebes-Händeln 2ter Theil. 8°. (In Dresden: Lit. Germ. rec. C. 1144. 1 vol.) Sehr rar!
I: Titel (roth u. schwarz), 2 Bll. Vorr. u. 180 S. II: 72 S. (incl. Titel).

Tartara, Alex., animadversiones in locos nonnullos Valeri Catulli et Titi Livi. Iterum emendatiores editae. gr. 8. (102 S.) Rom 882. Loescher & Co. n. 2. —

Tartianus, Alex., harmonia evangelica, c. animadversionibus Palthenii. 8. Hamb. 706.

Tartreaux, Geo., († 1778.) epistola apologetica viri celebris B. L. Tralles adversus Ant. de Haen, in causa de cicutae usu. 8. Wien (Manh.) 767. Löffler. 5 gr

Tartufari, Clarice, der brennende Busch. Alleinige autoris. Uebersetzung aus dem Ital. v. Katharina Brenning. (376 S.) 8. Berlin 910. Verlag Dr. Wedekind & Co. 4.—; geb. 5. —

Tartufari, Clarice, Mammon (L'Eroe). Schauspiel in 3 Akten, deutsch v. Jos. Mager. (75 S.) 8. München 906. J. Lindauer. n. 1. —

Tartufes, les deux, ou Cordélie, par A—D—D. L. M. III Vols. gr. 8. (Braunschw.) 802. Vieweg. 2 ₰ — in 12. 2 ₰

Tartüff, Lustspiel von Moliere, neu übersetzt von D. Langenbeck. 16. Zwickau, Schumann. 821.

Tartüffe, der, Lustsp. 8. München, Strobl. (Fleischmann.) 784. — 5

— in Deutschland. Lustsp. in 5 A. nach Moliere, f. d. deutsche Bühne bearb. v. H. Zschokke. 8. Zürich, Geßner. 805. — 9

Tartuffe, Die jüdischen. Leipzig 1860. V: *Wolf, Gerson.* (EB)

— d. zweyte; oder die schuldige Mutter. Schausp. nach Beaumarchais v. Huber. 8. Lpz. Schmidt. 795. — 10

Tartüffe, der zweyte, oder die schuldige Mutter. Schauspiel in 5 Aufzügen, nach dem Franz. von L. F. Huber. Neue Aufl. 8. Frankfurt a. M., Sauerländer. 819.

Taruffi, Cesare, Hermaphroditismus und Zeugungsunfähigkeit. Eine systemat. Darstellg. der Missbildgn. der menschl. Geschlechtsorgane. Autoris. deutsche Ausg. v. R. Teuscher. (VII, 417 S. m. Abbildgn.) gr. 8. Berlin 903. H. Barsdorf. n. 20. —; geb. n. 22. —

TARUFFI, Cesare. Hermaphrodismus und Zeugungsunfähigkeit. Mißbildungen der menschlichen Geschlechtsorgane. Mit 40 Abbildungen. Berlin, M. Lilienthal (später H. Barsdorf), 1908. 8°. 417 S.

Taruffi, Cesare, Hermaphrodismus u. Zeugungsunfähigkeit. Eine systemat. Darstellg. der Missbildgn. der menschl. Geschlechtsorgane. Autoris. deutsche Ausg. v. R. Teuscher. 2. [Titel-]Aufl. (VII, 417 S. m. 40 Abb.) gr. 8. Berlin [903] 908. H. Barsdorf. 10.—; geb. 12. —

Tarumians, Mesrop: Aus d. Chir. Univ.-Klinik. Sarkome und Carcinome der Kiefer. (Berlin 1910: Blanke.) 86 S. 8°
Berlin, Med. Diss. v. 29. Juli 1910, Ref. Bier
[Geb. 27. Sept. 85 Schuscha; Wohnort: Schuscha; Staatsangeh.: Rußland; Vorbildung: Gymn. Elisawetpol Reife Mai 05; Studium: Berlin 3, München 1, Berlin 6 S.; Rig. 22. Juli 10.] [U 10. 105

Tarun, W., die prakt. Müllerei, auch üb. Anfertigung der Wasserräder u. Windmühlenflügel m. Jalousien, m. 27 Zeichngn. (48 S.) gr. 8. Dt. Krone (909). A. Schapler. 1.50

Tarvis. Markt Tarvis in Kärnten (Canalthal) u. dessen Umgebung. Klgft., Leon, 1894. 21 S.

Tarychi, Fenai, historia persica. 4. maj. Vien. Camesina. 785.

Tarychi, Fenai, historia Persica. 4maj. Wien 785, a. 795. (Heubner). 2 ₰

Kolibri 360 GmbH
Ferdinand-Jühlke-Straße 7
99095 Erfurt, Deutschland
produktsicherheit@kolibri360.de